En-I-III-1-58

GEOGRAFÍA DE ESPAÑA

ARIEL GEOGRAFÍA

RICARDO MÉNDEZ y FERNANDO MOLINERO
Coordinadores

GEOGRAFÍA DE ESPAÑA

Con la colaboración de

JOSÉ LUIS CALVO PALACIOS, CAYETANO-SANTOS CASCOS MORAÑA,
AGUSTÍN GAMIR DE ORUETA, JAVIER GUTIÉRREZ PUEBLA,
JUAN MATEU BELLÉS y FERNANDO VERA REBOLLO

EDITORIAL ARIEL, S. A.
BARCELONA

1.ª edición: octubre 1993

© 1993: Ricardo Méndez y Fernando Molinero

Derechos exclusivos de edición en castellano
reservados para todo el mundo:
© 1993: Editorial Ariel, S. A.
Córcega, 270 - 08008 Barcelona

ISBN: 84-344-3451-2

Depósito legal: B. 31.546 - 1993

Impreso en España

Ninguna parte de esta publicación, incluido el diseño de la cubierta, puede ser reproducida, almacenada o transmitida en manera alguna ni por ningún medio, ya sea eléctrico, químico, mecánico, óptico, de grabación o de fotocopia, sin permiso previo del editor.

SUMARIO

Relación de autores

Introducción

PRIMERA PARTE

FACTORES Y PROCESOS DE ORGANIZACIÓN TERRITORIAL

1. Etapas y condicionantes en la configuración de las estructuras territoriales

SEGUNDA PARTE

ESTRUCTURA Y ARTICULACIÓN DEL TERRITORIO: LOS CARACTERES DEL MEDIO FÍSICO

2. La variedad del relieve y los grandes conjuntos morfoestructurales
3. La diversidad del clima y del paisaje vegetal
4. Las aguas
5. Riesgos naturales y protección del medio ambiente

TERCERA PARTE

SOCIEDAD, ECONOMÍA Y ESTRUCTURAS TERRITORIALES

6. Lógica espacial del sistema productivo: el declive de las actividades agrarias y pesqueras
7. Lógica espacial del sistema productivo: la reestructuración de la industria
8. Significado espacial de la terciarización económica
9. Actividad y espacios turísticos
10. La población española

11. Los caracteres del poblamiento
12. El sistema de transportes y comunicaciones

CUARTA PARTE

DESIGUALDADES, CONFLICTOS ESPACIALES
Y POLÍTICAS DE INTERVENCIÓN

13. Desequilibrios territoriales y política regional
14. Hacia una gestión integrada del espacio: las políticas de ordenación

Bibliografía general

Índice

RELACIÓN DE AUTORES

Calvo Palacios, José Luis
Universidad de Zaragoza
Autor capítulo 10 y capítulo 14 (apartados 6 a 8)

Cascos Maraña, Cayetano
Universidad de Valladolid
Autor capítulos 2 y 3

Gamir de Orueta, Agustín
Universidad de Salamanca
Autor capítulo 8 y coautor capítulo 13

Gutiérrez Puebla, Javier
Universidad Complutense
Autor capítulo 11 (apartados 1 y 2) y capítulo 12

Mateu Belles, Juan
Universidad de Valencia
Autor capítulos 4 y 5

Méndez Gutiérrez del Valle, Ricardo
Universidad Complutense
Autor capítulo 7 y capítulo 11 (apartados 3-6) y coautor capítulos 1 y 13

Molinero Hernando, Fernando
Universidad de Valladolid
Autor capítulo 6, capítulo 11 (apartados 7 y 8) y coautor capítulo 1

Vera Rebollo, Fernando
Universidad de Alicante
Autor capítulo 9 y capítulo 14 (apartados 1 a 5)

INTRODUCCIÓN

La organización del territorio en España se ha visto sometida a profundas transformaciones en las últimas décadas como respuesta a los cambios técnico-productivos, sociodemográficos, políticos y culturales que han tenido lugar en su interior.

El tardío proceso de industrialización, culminado en los años sesenta, trajo consigo una verdadera mutación en la sociedad y la estructura territorial preexistentes, reflejada en aspectos tan conocidos y diversos como la aceleración del crecimiento urbano y los flujos migratorios o turísticos, tanto interiores como exteriores, la densificación de los intercambios de mercancías e información ligados a la mejora de las infraestructuras de comunicación y a una motorización creciente, al paralelo aumento de los desequilibrios interregionales, del deterioro medioambiental, etc.

Pero desde hace ya más de una década, algunas de las claves definitorias de ese modelo de organización se han visto afectadas por una crisis estructural asociada y que está generando importantes alteraciones en la lógica espacial precedente. El aparente debilitamiento de la industria como motor esencial del crecimiento, con el consiguiente declive de algunas regiones fabriles tradicionales y la difusión de ciertas actividades hacia espacios calificados de periféricos, la detención de las migraciones interregionales y la conversión de España en tierra de refugio para un número creciente de personas procedentes de África y Latinoamérica, la caída de la fecundidad y el consiguiente envejecimiento demográfico, la progresiva urbanización del medio rural, o la consolidación del turismo como modelador de numerosos espacios, especialmente en las áreas litorales, son algunas de sus manifestaciones geográficas principales.

El proceso democratizador y la institucionalización de la llamada España de las Autonomías ha supuesto, en paralelo, un importante movimiento de descentralización política y administrativa que transforma el marco competencial en que se toman las decisiones y genera la yuxtaposición de políticas públicas con incidencia territorial, emanadas de los gobiernos central, regionales y locales. Finalmente, la integración en la Comunidad Europea ha venido a acentuar unos procesos de globalización que no sólo afectan al funcionamiento de la actividad económica (competencia interempresarial, aumento de la inversión exterior, transnacionalización de mercados, control monetario, etc.), sino que ya tienen reflejo creciente en la vida de una población cada vez más afectada por actuaciones de alcance supranacional. Si las decisiones en materia de política agraria, de reconversión industrial, de infraestructuras, o de desarrollo regional y local son algunas de las que han tenido hasta el momento mayor repercusión, otras no menos importantes como las vinculadas a la legislación medioambiental, la política social (empleo, inmigración, formación), etcétera, dejarán sentir su peso de modo cada vez mayor en los próximos años.

Ante este cúmulo de transformaciones, reflejo del período histórico de cambio acelerado que vivimos, parecía conveniente la publicación de una obra de carácter general sobre las interrelaciones entre sociedad y territorio en España que abordase de manera decidida una actualización de contenidos con objeto de otorgar especial protagonismo a fenómenos como los mencionados. Al mismo tiempo, la propia evolución de la Geografía ha ampliado las perspectivas y el abanico temático tradicional, incorporando una preocupación explícita por lograr una visión más integrada y menos descriptiva del espacio, así como una mayor atención a los problemas derivados para el desarrollo, el medio ambiente, la ordenación territorial y el planeamiento urbanístico.

Desde esa doble perspectiva —cambios en la realidad y en los enfoques geográficos— esta *Geografía de España* que ahora se presenta intenta ofrecer una contribución original al panorama bibliográfico en esta materia, tanto por la actualización de contenidos e informaciones que ofrece, como, sobre todo, por la estructura general de la obra y el esquema argumental que se propone, organizado en cuatro grandes apartados.

El primero aborda los factores y procesos que explican muchas de las claves del presente, tomando como hilo conductor la relación entre sistema productivo, relaciones sociales y pautas básicas de organización territorial, e identificando una serie de etapas en la configuración de las estructuras espaciales que sirven como base para abordar los siguientes capítulos sin necesidad de remontarse en cada caso a los precedentes históricos. Se trata, por tanto, de una verdadera geografía histórica de España que, pese a su brevedad y su atención prioritaria a las herencias del proceso industrializador, puede servir de base a estudios posteriores más amplios que tomen como punto de partida la visión integrada que aquí se sugiere.

Los apartados segundo y tercero constituyen el núcleo central de la obra al analizar los diversos componentes que caracterizan la organización del territorio en la España actual. Se comienza con un estudio pormenorizado de los espacios naturales que, junto a los apartados habituales en este tipo de obras dedicados a analizar los factores y características del relieve, clima, vegetación e hidrografía, así como a identificar los grandes conjuntos morfoestructurales y dominios ecológicos, incluye un capítulo final dedicado a los riesgos naturales, los problemas y las políticas en materia de medio ambiente, lo que constituye una aportación también original. A continuación se aborda la lógica espacial de las actividades económicas, del sistema de poblamiento urbano y rural con especial atención a la dinámica actual de las ciudades, de la red de transportes y comunicaciones, así como su reflejo en la distribución, movilidad y estructura de la población sobre el territorio.

Como colofón, también inusual en este tipo de manuales, un cuarto apartado aborda monográficamente los principales problemas derivados de las estrategias aplicadas por los diversos agentes sociales sobre el territorio y las políticas públicas que intentan atenderlos, identificando sus características, limitaciones y principales efectos derivados. Comenzando con el problema de las desigualdades interterritoriales, medidas tanto desde la perspectiva del potencial económico como del bienestar social, y de las políticas de desarrollo, el libro finaliza con una referencia a los conflictos que provoca la competencia por el uso del suelo y una valoración crítica de las políticas en materia de ordenación territorial y planeamiento urbanístico.

Se trata, por tanto, de una obra que, aunque dirigida principalmente a los estudiantes que cursan la licenciatura de Geografía en las diversas universidades españolas, confiamos pueda también interesar a geógrafos y otros profesionales de las ciencias sociales que abordan muchas de las cuestiones aquí tratadas desde perspectivas complementarias, así como a todos aquellos interesados en comprender mejor el territorio en que viven.

Los autores, que aceptaron el reto que suponía abordar una obra con pretensiones explícitas de integración y no organizada en compartimentos estancos, son profesores de Geografía con dilatada experiencia docente en seis universidades españolas. Su especialización profesional en diversas áreas de conocimiento y un bagaje investigador ya muy amplio parecen asegurar una suficiente actualización y rigor en el tratamiento de los diferentes capítulos, así como en la selección del abundante material gráfico y la bibliografía recomendada que los acompaña.

Se trata, pues, de una *Geografía de España* que no surge con la voluntad de aportar una simple actualización informativa, sino que ofrece al debate, la reflexión y la crítica una organización general de sus contenidos y algunos capítulos específicos que nos atrevemos a calificar de novedosos. En la medida que contribuya a fomentar esa necesaria discusión interna y a difundir entre quienes se acercan a nuestra ciencia el trabajo y las preocupaciones de los geógrafos, sus objetivos iniciales se habrán visto cumplidos.

PRIMERA PARTE

FACTORES Y PROCESOS DE ORGANIZACIÓN TERRITORIAL

Capítulo 1

ETAPAS Y CONDICIONANTES EN LA CONFIGURACIÓN DE LAS ESTRUCTURAS TERRITORIALES

Resulta un hecho generalmente aceptado que «el progreso económico de la humanidad en los últimos doscientos años se ha apoyado fundamentalmente en los incrementos de productividad conseguidos en el sector industrial, que han revolucionado las condiciones de producción en los otros sectores, obligándolos a emprender el camino de la modernización» (Carreras, A., 1990, 65). No obstante, el proceso de industrialización tiene un carácter multidimensional que desborda su consideración desde un punto de vista exclusivamente económico, pues, como recuerda Sánchez Albornoz, «a la vez modifica hábitos y niveles de consumo, el régimen de trabajo y la estructura social» (Sánchez Albornoz, N., 1985, 14).

Desde tal perspectiva, el grado de precocidad, intensidad y peculiaridades que definen el movimiento histórico de industrialización propio de cada país o región resulta un componente explicativo esencial de sus características socioeconómicas y territoriales presentes, así como de algunos de los problemas clave para su desarrollo futuro. De ahí la utilidad de considerar la evolución de las estructuras productivas y las diversas etapas que pueden diferenciarse en la misma como línea argumental básica para interpretar las sucesivas transformaciones ocurridas en el modelo de organización territorial español hasta la actualidad, limitando, en cambio, a breves apuntes las referencias a aquellos rasgos heredados del período preindustrial que aún mantienen cierta capacidad de justificar realidades próximas.

Sin entrar en los detalles del intenso debate que caracteriza la historiografía reciente sobre tales cuestiones (Carreras, A., 1984 y 1990; Donges, J. B., 1976; García Delgado, J. L., 1975 y 1988; Martín Aceña, P., y Prados, L., 1988; Nadal, J., 1975 y 1984; Nadal, J., y Carreras, A., dirs., 1990; Nadal, J., Carreras, A., y Sudriá, C., compils., 1987; Prados, L., 1988; Roldán, S., García Delgado, J. L., y Muñoz, J., 1973; Sánchez Albornoz, N., 1968 y 1985; Tortellá, G., 1973; Vicens Vives, J., 1969), en el proceso industrializador español cabe diferenciar una serie de etapas, aunque los límites temporales resulten siempre discutibles y sometidos a una cierta subjetividad según los criterios considerados, el grado de precisión buscado en la descripción, etc. En la división aquí utilizada, que opta por la generalización abandonando matices más propios de otro tipo de textos, lo esencial es tener presente que en cada una de ellas el cambio en los indicadores macroeconómicos se sustentó en transformaciones profundas, tanto en las estructuras productivas y las pautas de localización de las diversas actividades, como en las relaciones sociales, los comportamientos demográficos y la movilidad de la población, o los vínculos interregionales e interurbanos.

En este sentido, parece oportuno dedicar un primer apartado al comentario de algunas herencias básicas de la sociedad preindustrial española que aún mantienen cierta capacidad de explicar realidades próximas, para pasar después a sintetizar los rasgos fundamentales del territorio y sociedad finiseculares, tras el relativo fracaso de la primera revolución industrial. No cabe duda que el inicio de nuestro siglo supuso también un cambio en las estructuras económica y social vigentes en España; por ello, en el apartado tercero se analiza la situación y evolución del territorio nacional durante los seis primeros decenios, definidos globalmente por un lento despegue económico, si bien alternando coyunturas progresivas, como los años que van desde principios de siglo hasta el fin de la primera guerra mundial o los de la Dictadura de Primo de Rivera, con otras depresivas, como la derivada de la guerra civil, que retrasó durante dos décadas la evolución socioeconómica del país, para iniciar la recuperación en la segunda mitad de los años cincuenta. El Plan de Estabilización de 1959 abrió una nueva etapa —la del desarrollismo—, que dio lugar a la apertura exterior y modernización de la economía y la sociedad en el marco de un modelo espacial de crecimiento fuertemente polarizado. Una etapa que se prolongó hasta mediados de los años setenta, momento en que las transformaciones estructurales asociadas al inicio de lo que algunos han definido como la tercera revolución industrial, sumadas a las que conllevó la transición política española y la posterior integración en la Comunidad Europea, supusieron una verdadera mutación que inauguraba los rasgos imperantes en la actualidad, objeto central de nuestra atención en los restantes capítulos.

1. Herencias e inercias de la España preindustrial

Es evidente que la organización del espacio aparece modelada según los intereses y capacidades de la sociedad que lo ocupa, ejerciendo con frecuencia una importancia decisiva los elementos y factores heredados de un pasado más o menos reciente o remoto según los casos. Desde esa perspectiva, la larga secuencia histórica que ha seguido la ocupación humana del territorio español fue decantando en una serie de características estructurales, vigentes en gran medida a mediados del siglo XIX y que ayudan a comprender la evolución posterior e, incluso en ciertos casos, determinadas situaciones del presente. Aun con el riesgo de evidente simplificación que supone reducir un período de tiempo tan dilatado a unos pocos retazos y la complejidad del paisaje resultante a simples trazos que pretenden resultar muy selectivos, algunas de esas señas de identidad no pueden dejarse de lado si se busca una comprensión de los condicionantes heredados que han influido de modo directo en los rumbos y limitaciones seguidos por las transformaciones contemporáneas experimentadas por el espacio y la sociedad españoles.

Un primer hecho a destacar tiene que ver con la escasa *población* que el territorio español sustentó durante siglos, afectada por un crecimiento muy débil a largo plazo. En el marco de un modelo demográfico marcado por tasas de natalidad y mortalidad regularmente situadas por encima del 3 % anual, en tanto la mortalidad infantil oscilaba en torno al 20-25 %, los períodos de lenta expansión se vieron con frecuencia interrumpidos por unas crisis cíclicas de subsistencia de efectos particularmente acusados si se compara con otros países del entorno. Los años de malas cosechas o los efectos de las guerras internas o externas desencadenaban en ellas la conocida espiral carestía-hambre-epidemias-sobremortalidad, que estuvo vigente hasta bien entrado el pasado siglo (aún pueden mencionarse epidemias de cólera en fechas tan tardías como 1853 y 1885), impulsando también la secular emigración ultramarina.

De este modo, al comenzar el siglo XVIII los poco más de 7,5 millones de habitantes apenas representaban un 7 % de la población europea, con una densidad media de sólo 15 hab./km^2, y esa participación se redujo al 5,4 % en 1850, pese a haberse duplicado la cifra anterior. Ese débil poblamiento supuso una rémora para el crecimiento económico, tanto por la dificultad para elevar la producción de bienes en un contexto técnico y de capitalización que limitaba las mejoras de productividad, como por la debilidad crónica de un mercado de consumo afectado, además, por la baja capacidad adquisitiva de la mayor parte de la población.

Pero la propia evolución demográfica es indisociable de una *estructura económica* dominada por un sector agrario (66 % de la población activa en 1797) que mayoritariamente seguía respondiendo a la lógica de las economías locales de autosubsistencia. Aquí, la posibilidad de obtener excedentes y mejorar así el nivel de vida del campesinado se vio persistentemente frenada por dos tipos de obstáculos que opusieron una tenaz resistencia: la pervivencia de un fuerte atraso técnico y una débil presencia del regadío, que sumados a las circunstancias meteorológicas anuales mantuvieron una cierta aleatoriedad en las cosechas y escasos rendimientos (salvo en algunas comarcas mediterráneas), junto a unas estructuras de propiedad y explotación disfuncionales, marcadas por la tradicional dicotomía latifundio-minifundio.

«Los fenómenos de concentración y amortización de la propiedad de la tierra en España fueron el resultado de dos mecanismos: los repartos de tierra realizados durante la Reconquista y la vinculación, figura de derecho en virtud de la cual unos bienes o un conjunto de bienes quedaban asignados a un destino peculiar o sujetos a un especial orden sucesorio que los separaba de la circulación económica general y los inmovilizaba en manos de determinadas personas, familias o corporaciones que recibían el nombre genérico de *manos muertas*» (Tamames, R., 1974, 55). De ese modo, los vastos patrimonios territoriales acumulados durante siglos —especialmente en la mitad sur peninsular— por la nobleza, el clero y, en ciertos casos, los municipios, generaron una fuerte concentración en el dominio de la tierra, que instituciones como el mayorazgo (herencia del primogénito) impedían fragmentar. Por contra, una amplia mayoría de campesinos subsistía apenas como propietarios de pequeños fundos, aparceros, arrendatarios o subarrendatarios, sin apenas capacidad ni incentivos para capitalizar sus explotaciones. A ello se sumaban unos privilegios de la Mesta calificados de excesivos, que impedían el cerramiento de los campos de labor y mantenían extensos baldíos para pasto de una ganadería ovina trashumante, junto a un déficit crónico de caminos y canales para el transporte de los productos cosechados, o unas elevadas cargas tributarias que favorecían el endeudamiento.

Más allá de las revueltas campesinas que salpican nuestra historia, los primeros proyectos de *reforma agraria* que intentaban abordar los problemas estructurales del campo español fueron obra de los ilustrados del siglo XVIII (Olavide, Aranda, Campomanes, Cabarrús, Floridablanca, y otros), destacando por su posterior difusión el «Informe sobre la Ley Agraria» redactado por Jovellanos y presentado al Consejo de Castilla por la Sociedad Económica Matritense de Amigos del País en 1795.

Las resistencias de los grupos privilegiados, que abortaron la puesta en práctica de medidas destinadas a «remover» algunos de esos obstáculos, tampoco fueron superadas por las reformas liberales del siglo XIX. En efecto, las desamortizaciones eclesiástica y civil promovidas en 1836 y 1855 por los gobiernos de Mendizábal y Madoz respectivamente, supusieron la salida al mercado de un elevado volumen de tierras (la superficie cultivada aumentó en cuatro millones de ha en la primera mitad del siglo), pero las condiciones en que ésta se produjo —guiada por razones prioritariamente fiscales— favorecieron su acaparamiento por los terratenientes y miembros de la burguesía urbana, sin mitigar los agudos contrastes sociales ni impulsar la modernización agraria.

La rígida estructura social y el secular control —económico, social, político— ejercido por ciertas minorías sobre buena parte de esa población sólo comenzaría a evolucionar lentamente con el inicio de la industrialización litoral y la intensificación del éxodo rural a que se hará referencia en el siguiente apartado. Pero incluso entonces, la Ley Electoral de 1836, que estableció una división en circunscripciones basada en un gran número de pequeños distritos electorales vigente hasta 1931, sirvió para perpetuar el caciquismo en muchas de esas áreas durante decenios.

Ya desde el siglo XVII, la crisis estructural del campo se hizo especialmente aguda en el reino de Castilla, especialmente en ambas Mesetas, transformando el sentido de los *desequilibrios regionales* de siglos anteriores. Como afirmaba hace ya dos décadas Domínguez Ortiz, «desde entonces acá el incremento de las regiones periféricas, más favorecidas por la naturaleza, ha sido continuo» (Domínguez Ortiz, A., 1973, 348).

Al agotamiento provocado por las guerras exteriores y las numerosas cargas fiscales soportadas por su población para sufragarlas, se sumaron los más graves efectos provocados por los períodos de hambre y carestía, al no contar con la posibilidad de importar grano que tenían las regiones litorales ante el mal estado de las infraestructuras viarias, la falta de redes comerciales organizadas y el deficiente funcionamiento de los más de cinco mil Pósitos existentes a finales del siglo XVIII. Esa crisis tuvo como reflejo visible la aparición de numerosos despoblados desde el siglo XVII, de los que el Censo de 1797 identifica un total de 932, localizándose 739 de ellos en las dos Castillas y León (Herr, R., 1973, 74).

Se produce así «una verdadera inversión poblacional de densidades» (Vilá Valentí, J., 1989, 124) en favor de las regiones litorales, que en 1787 ya sumaban el 58 % de los habitantes (a los que habría que sumar otro 3,3 % en los archipiélagos), destacando las altas densidades de Galicia (46,1 hab./km^2), Baleares (35,0), Valencia (34,0) y Asturias (31,8), si bien el mayor volumen de población (1,8 millones de habitantes) se concentraba en Andalucía (Bielza, V., 1989, 68). No obstante, los contrastes regionales en el reparto de la población, los recursos y la riqueza no resultan comparables a los de fechas más recientes, cuando el aumento de las relaciones y los flujos intensificó la competencia, especializando y jerarquizando mucho más los territorios.

La *crisis urbana*, en particular de aquellas ciudades interiores que habían basado su anterior prosperidad en el comercio y la manufactura (Burgos, Toledo, Segovia, Medina del Campo, etc.), con la consiguiente ruralización del conjunto, acompañó ese proceso frenando con ello la expansión de la burguesía y las clases medias, esenciales en el desarrollo de la economía capitalista. Puede afirmarse, por tanto, la hegemonía casi absoluta de un poblamiento y una sociedad típicamente rurales, con ciudades escasas, mayoritariamente litorales, especializadas en funciones administrativas, eclesiástico-militares o comerciales, de pequeñas dimensiones y que mantuvieron casi intactos los recintos construidos en su día con fines defensivos o de control sanitario-fiscal, sin aventurarse apenas más allá. Sólo la dinamización de algunos ejes durante el Medievo (líneas fronterizas del Duero o Ebro, Camino de Santiago, etc.), y de ciertas ciudades con salida al mar en siglos posteriores (Sevilla, Barcelona, Valencia, Cádiz, etc.), además de la propia capital del reino a medida que se ejercía un control político-administrativo más centralizado, pueden considerarse contrapunto a esa atonía general.

En su interior, la trama más o menos regular que aún identificaba algunas urbes fundadas en los principales nodos de la red de calzadas durante el período de dominación romana (Zaragoza, Tarragona, León, Mérida, Astorga, Lugo, etc.) se vio alterada por la consolidación de unos trazados medievales más complejos, adaptados a emplazamientos muchas veces defensivos, especialmente en las ciudades de la España musulmana (Córdoba, Toledo, Granada, Sevilla, Badajoz, Almería, Murcia, etc.). La construcción de plazas mayores de planta regular, sobre todo en los siglos XVI y XVII, en cuyo entorno se situaban los símbolos de los poderes que dominaban la ciudad (iglesia, ayuntamiento, mercado) y algunos otros vestigios puntuales del urbanismo renacentista o barroco, junto al crecimiento de arrabales extramuros, completaban el tejido urbano, sometido en bastantes casos a un progresivo deterioro.

Por su parte, el *poblamiento rural* consolidó unas situaciones regionales muy diversas, herederas en parte del modelo repoblador medieval, las estructuras agrarias imperantes y los condicionamientos del medio natural. Así, frente a los pueblos de grandes dimensiones y relativamente alejados entre sí dominantes en la mitad meridional peninsular (Andalucía occidental, Castilla la Nueva, Extremadura), se estableció un poblamiento disperso —con frecuencia complementado con la existencia de pueblos y aldeas (poblamiento intercalar)— en Galicia, áreas montañosas de la cordillera Cantábrica, Prepirineo catalán y algunas áreas mediterráneas de huerta. Entre ambos extremos puede situarse la concentración en pequeños núcleos de población relativamente próximos en Castilla la Vieja, León, Aragón, Andalucía oriental e interior de Cataluña, Valencia y Murcia.

En este marco demográfico, socioeconómico y territorial comenzarán a hacerse patentes algunos de los impactos derivados del movimiento industrializador que, tanto fuera como dentro de nuestras fronteras, marcaron los cambios esenciales de la pasada centuria. Un breve comentario de sus características, factores, limitaciones y desiguales efectos generados puede servir como argumento explicativo de las profundas transformaciones territoriales acaecidas en ese período.

2. Los inicios del proceso y el fracaso de la Revolución Industrial del siglo XIX

a) UNA INDUSTRIALIZACIÓN TARDÍA Y DISCONTINUA

Cualquier aproximación a la historia contemporánea de España debe tener presente como elemento esencial el retraso relativo con que se inició aquí la industrialización por comparación con lo ocurrido en otros países de la Europa noroccidental y, sobre todo, la atonía imperante durante décadas, que, sumada a la presencia de numerosas discontinuidades en el ritmo de crecimiento, acabaron por situar al nuestro entre los países de desarrollo tardío que constituyen la periferia continental (Seers, D., Schaffer, B., y Kiljunen, M. L., edits., 1981; Méndez, R., y Molinero, F., 1991).

Tras el profundo estancamiento que para la economía española supusieron las tres primeras décadas del siglo XIX, con el efecto acumulado de las guerras napoleónicas y su consiguiente devastación, la pérdida del imperio colonial y la política del período absolutista, el segundo tercio conoció los inicios de un proceso modernizador que, si bien partiendo de niveles muy modestos, permitió cuadruplicar la producción industrial entre 1831 y 1861 (Carreras, A., 1990).

Junto al *desarrollo de la agroindustria* en Andalucía y las regiones interiores (productos de molinería, vinos, aceites, azúcar, etc.), o del textil lanero y algodonero, principalmente catalán, que en 1860 representaban en conjunto más del 70 % del VAB industrial español, esos años conocieron también cierta dinamización de la metalurgia y la química (8 % del VAB), en tanto otras actividades también tradicionales, como los curtidos, calzado, madera o papel, mantuvieron un carácter artesanal y disperso, ligado casi en exclusiva a satisfacer las necesidades básicas de la población en mercados locales (7 % del VAB industrial en 1860). La incorporación española a la «era del maquinismo», de la que suele mencionarse como hito histórico la puesta en funcionamiento de la primera máquina de vapor en la fábrica algodonera barcelonesa de José Bonaplata (1831), fue, por tanto, bastante tímida y selectiva, tanto desde el punto de vista sectorial como regional.

En años posteriores, el *surgimiento de la siderometalurgia* asturiana en la década de los sesenta (fábricas de Mieres y La Felguera) y vasca en los ochenta (ría del Nervión), que acabaron con las ferrerías y los hornos basados en el empleo de carbón vegetal como combustible (Málaga, Sargadelos), la modernización de la manufactura del papel (Cataluña, Guipúzcoa, Alcoy), que también supuso la crisis de los antiguos molinos, o el surgimiento de la química (explosivos, fertilizantes, jabones y colas, tintes, etc.) y la fabricación de maquinaria, igualmente concentrados en Cataluña, son hitos de un proceso que generó una creciente desigualdad territorial. El propio textil algodonero catalán localizado en Barcelona y ciertos valles fluviales (Llobregat, Ter, Besós) para aprovechar la energía hidráulica, que de producir tres mil toneladas en 1831-1835 alcanzó las cincuenta y cuatro mil en 1891-1895, tuvo como contrapartida la práctica desaparición de una industria rural difusa ligada a la manufactura del lino (Galicia), la lana (Castilla), la seda (Valencia), o el cáñamo (Aragón, Granada), que no pudo capitalizarse y mecanizarse al ritmo que exigía la creciente competencia.

El otro pilar básico en que se cimentó el crecimiento económico de la época fue la *minería exportadora*, tanto del hierro (Vizcaya, Málaga, Almería), como del plomo (sierra de Gádor), cobre (Riotinto, Tharsis), mercurio (Almadén), cinc (Reocín), etc., cuya producción ya representaba el 15 % restante del VAB industrial en 1860 (Prados, L., 1988; Carreras, A., 1990). Desde sus inicios estuvo fuertemente participada por el capital extranjero, principalmente británico, francés y belga, que también dirigió su interés hacia la inversión en ferrocarriles y la creación de sociedades de crédito. La liberalización que supuso la Ley de Bases de 1869, al eliminar las restricciones a la dimensión de las explotaciones y poner en venta los principales cotos propiedad del Estado, reforzó esa especialización minero-exportadora.

Así, durante varias décadas, España se especializó en el contexto internacional como abastecedora de materias primas, poco o nada elaboradas, hacia las potencias industriales dominantes, al tiempo que importadora de capitales, manufacturas diversas y tecnología, sobre todo por lo que se refiere a maquinaria y bienes de equipo complejos, con un carácter semicolonial. Incluso la minería del carbón (Asturias, León, Palencia, Peñarroya), limitada en su expansión por la escasa calidad de las vetas, las dificultades de extracción y el elevado coste de transporte, mantuvo un alto control por parte de empresas extranjeras, del que sólo se libró, parcialmente, el mineral de hierro vizcaíno.

Como resultado de todo ello, en 1900 la *población activa industrial* no superaba el 15 % del total, frente a dos tercios ocupados aún en el sector primario (cuadro 1.1 y fig. 1.1). El millón de empleos fabriles suponía una densidad media de tan sólo dos trabajadores por km², con una distribución regional que ya venía a suponer una primera fase de concentración en ciertos enclaves, frente a la relativa dispersión artesanal y manufacturera del período preindustrial (Olábarri, I., 1981; Nadal, J., y Carreras, A., dirs., 1990). Destaca, ante todo, la indudable hegemonía detentada por Cataluña, con casi un 22 % de los trabajadores industriales (27,6 % de sus

CUADRO 1.1. *Distribución regional de la población activa industrial en 1900*

Región	Población (núm. habs.)	Población activa industrial	Total España %	Densidad industrial
Galicia	1.980.515	59.834	5,8	2,0
Asturias	627.069	27.463	2,7	2,6
Cantabria	276.003	16.556	1,6	3,1
País Vasco	603.596	75.691	7,4	10,4
Navarra	307.669	12.845	1,3	1,2
Rioja	189.376	10.954	1,1	2,2
Aragón	912.711	40.646	4,0	0,9
Cataluña	1.966.382	223.887	21,8	7,0
Comunidad Valenciana	1.587.533	89.799	8,8	3,9
Murcia	577.987	18.372	1,8	1,6
Andalucía	3.549.337	195.122	19,0	2,2
Extremadura	882.410	35.678	3,5	0,9
Castilla-León	2.302.417	67.072	6,5	0,7
Castilla-La Mancha	1.386.133	55.366	5,4	0,7
Madrid	775.034	58.466	5,7	7,3
Baleares	311.649	22.436	2,2	4,5
Canarias	358.564	14.912	1,4	2,2
España	18.594.405	1.025.079	100,0	2,0

Fuente: Olábarri, I., 1981, y elaboración propia.

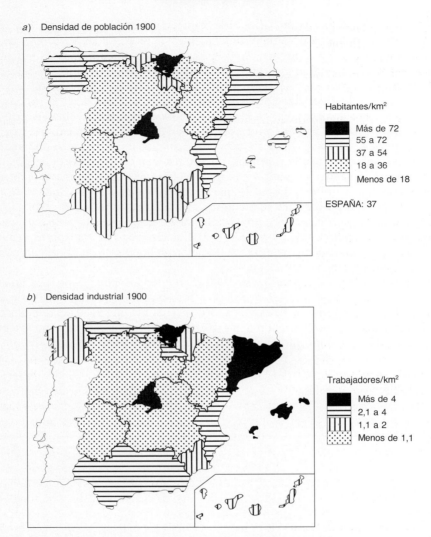

FIG. 1.1. *Población e industria en las regiones españolas, 1900.* Fuente: Olábarri, I., 1981, y elaboración propia.

activos), un coeficiente de especialización de 3,47 y el 38,6 % de las cuotas fiscales pagadas por tal concepto, proporción que alcanza hasta el 82 % en la industria textil. Esta última, convertida en sector motriz de la economía regional, generó importantes efectos multiplicadores sobre otras actividades relacionadas con ella, desde la fabricación de maquinaria (husos y telares), o la de tintes y aprestos, hasta la marina mercante y la construcción (Maluquer, J., y Nadal, J., 1985).

Pese al declive de los focos industriales pioneros surgidos en la primera mitad del siglo, Andalucía ocupaba aún una posición destacada, con un 19 % de los activos en el sector y una densidad de 2,2 empleos/km², si bien en este último aspecto se veía ya ampliamente rebasada por el País Vasco (10,4) y Madrid (7,3). En el primer caso, la confluencia del capital procedente de la extracción minera, del comercio y las finanzas, o del exterior, junto a la oportunidad tecnológica que supuso el convertidor Bessemer, que permitía utilizar menas no fosforosas como las existentes en las Encartaciones, favorecieron la formación de un complejo siderometalúrgico vizcaíno en la ría del Nervión (confluencia del ferrocarril minero y el carbón galés), frente a la mayor diversificación de la industria guipuzcoana (Ferrer, M., 1968; González Portilla, M., 1981; Fraile, P., 1985). La industrialización madrileña, en cambio, fue posterior y directamente ligada al crecimiento del mercado local de consumo y su consolidación como principal centro financiero y de transportes dentro de España (Méndez, R., 1986; García Delgado, J. L., 1990). En un plano intermedio habría que situar a Baleares (4,5), Valencia (3,9) o Asturias (2,6), frente al vacío casi absoluto del resto de la España interior, con densidades siempre inferiores a la unidad, ante la progresiva desaparición de su base manufacturera tradicional (Manero, F., 1985). Los datos de la «Contribución Industrial y de Comercio» para 1900, analizados por Nadal, ofrecen resultados bastante coincidentes, pese a la no inclusión de las provincias «exentas» (País Vasco y Navarra), mostrando de paso el tipo de especialización regional: metalurgia en Asturias, madera y mueble en Valencia, textil en Cataluña, alimentación en las dos Castillas, Aragón y Andalucía, artes gráficas en Madrid (Castilla la Nueva), curtidos en Galicia y León, etc. (Nadal, J., 1987).

La existencia de *límites internos al desarrollo del capitalismo industrial español* ha sido el argumento más frecuente para justificar el fracaso —al menos relativo— de esa primera Revolución Industrial. Junto a la clásica tesis de Nadal, que pone el énfasis en la deficiente desamortización del suelo y subsuelo, que impidió una efectiva modernización del campo español y un control de los recursos naturales orientado al propio desarrollo (Nadal, J., 1975), pueden también mencionarse otros tres tipos de factores.

En primer lugar, la relativa escasez de recursos productivos, tanto humanos como tecnológicos, de capital e, incluso, naturales, limitó el potencial puesto a disposición del proceso industrializador. Una población poco densa y sometida a un régimen demográfico primitivo generador de un crecimiento débil y discontinuo, un secular déficit de iniciativas empresariales al estar la riqueza concentrada socialmente y vinculada a la tierra o a la inversión especulativa en Bolsa y títulos de la Deuda, así como unos recursos hulleros de baja calidad, que sólo iniciaron una explotación masiva cuando se cerraron las fronteras al carbón importado, actuaron como condicionantes negativos.

En segundo lugar, la debilidad mostrada por el mercado de consumo interno ante la estructura social imperante, con un predominio de población campesina poco productiva y con escasa capacidad de compra, así como la difícil exportación ante la débil competitividad empresarial, tampoco incentivó la inversión productiva endógena, en tanto el capital exterior se orientaba hacia otros sectores. Finalmente, la inestabilidad política que acarrearon las guerras carlistas, los sucesivos golpes militares y la pérdida de las últimas colonias supuso un freno complementario a los anteriores.

b) Revolución del transporte e integración territorial

La parcial incorporación de España al conjunto de las sociedades industrializadas resulta indisociable de otra transformación esencial ligada a la aplicación de la máquina de vapor en el ámbito del transporte, tanto marítimo como, sobre todo, terrestre: la aparición del *ferrocarril.*

Desde los 28 km de la primera línea Barcelona-Mataró, inaugurada en 1848, a los 5.316 existentes en 1870 y los 11.040 de 1900, las inversiones destinadas a la construcción del tendido ferroviario por compañías privadas, que, tras la promulgación de la Ley General de Ferrocarriles (1855), iniciaron una fuerte competencia por conseguir la concesión de los diferentes tramos, fueron enormes. El control por parte del capital exterior, al menos en las principales sociedades (Compañía de los Ferrocarriles del Norte, M.Z.A., etc.), resultó similar al existente en la minería (Wais, F., 1974; Gómez Mendoza, A., 1982).

En el plano geográfico, fueron diversos los efectos generados por la consolidación de los «caminos de hierro» como medio hegemónico de desplazamiento, comenzando por la crisis de los caminos carreteros y de ciertos canales como el de Castilla o el Imperial de Aragón, tanto en el transporte de mercancías como de personas. Al aumentar la rapidez y seguridad de los movimientos, junto a la capacidad de carga, tuvo lugar una reducción de los costes y las restricciones impuestas por la distancia que hicieron posible la formación de un mercado integrado y, por consiguiente, una creciente especialización productiva regional, pese a que el trazado esencialmente radial y arborescente de la red (fig. 1.2) no favoreció la comunicación entre las regiones litorales, más dinámicas. Se consolidó, en cambio, la posición de Madrid como principal centro de intercambio y redistribución, rompiendo su anterior aislamiento y beneficiándose de unos flujos migratorios procedentes de las áreas rurales, que también crecieron de forma generalizada en las décadas finales del siglo.

No obstante, el auge ferroviario tampoco estuvo exento de diversas limitaciones, que ensombrecieron en cierto modo el balance final. Por un lado, los elevados recursos financieros invertidos «pudieron haberse utilizado en otros sectores más rentables que quizá hubieran acelerado el desarrollo económico» (Izquierdo, R., 1981, 406), sin haber logrado impulsar una industria de material ferroviario y bienes de equipo ante el frecuente recurso a las importaciones. Por otro, el carácter especulativo y apenas planificado de bastantes de esas inversiones (el Plan General de Ferrocarriles sólo se aprobó en 1877), los altos costes infraestructurales que ocasionó el complejo relieve de ciertos tramos y el escaso tráfico en muchas de las líneas construidas dieron al traste con una parte de las sociedades ferroviarias, generando quiebras espectaculares. El modesto desarrollo industrial y, sobre todo, los limitados avances en la consolidación de una agricultura moderna de mercado, son factores de primer orden para su interpretación.

c) Las inercias de una agricultura tradicional

Tal como se ha señalado, todavía a comienzos de nuestro siglo más de dos tercios de la población activa total, equivalentes a unos cinco millones de personas, se

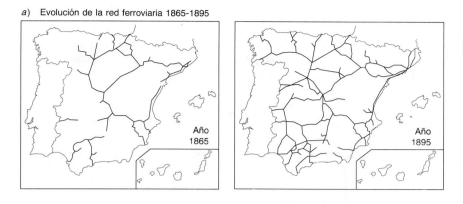

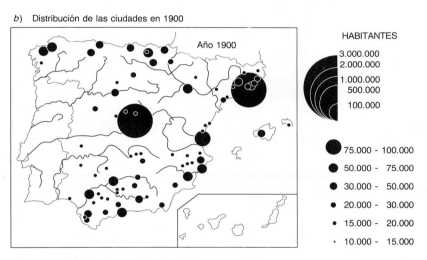

Fig. 1.2. *Red ferroviaria y sistema de ciudades a finales del siglo XIX.* Fuente: Izquierdo, R., 1981; Zalacaín, R., 1982.

empleaba en la agricultura, frente a tan sólo un 15 % en la industria y un 18 % en los servicios. Una agricultura que aportaba todavía un 46 % al PIB del país (Tortellá Casares, G., 1980, 65). De ahí la enorme importancia de todos los fenómenos relacionados con el campo.

Entre éstos sobresale el de la *propiedad agraria* como un factor histórico recurrente, que, como hubo ocasión de señalar, mantenía en España acusados desequilibrios, ya superados en la Europa de la revolución industrial. Los intentos de reforma agraria se habían sucedido desde Carlos III al decir de Malefakis (Malefakis, E., 1976, 488) y se habían mantenido vivos desde entonces, de modo que incluso Alfonso XIII patrocinó en 1903 un concurso de soluciones «Para el problema agrario del Sur de España». Esta preocupación se manifestó también en la promulgación de la Ley de Colonización de 1907 y otras sucesivas, que pretendían fijar el campesino a la tierra, entregándole pequeños lotes, pero el resultado fue nimio: 11.243 ha colonizadas y 1.679 campesinos asentados. Asimismo, bajo Primo de Rivera, se propugnó el acceso a la propiedad de los arrendatarios, con un balance de 21.501 ha para 4.202 arrendatarios, al tiempo que el Decreto-Ley de 1926 sobre redención de foros echó las bases para solucionar el problema del foro gallego (Jiménez Blanco, J. I., 1986, 119-120). Esta política culminó con la reforma agraria de la Segunda República, que, como demuestra el autor citado, acabó sin resultados prácticos, por más que se repartieran 573.190 ha entre 114.343 campesinos en sólo cinco meses de la última etapa del Frente Popular (Malefakis, E., 1976, 433). De ahí que la lucha por la tierra en el sur representó para los braceros el objetivo irrenunciable mientras que en el norte la crisis agraria finisecular condujo a los jornaleros e incluso a pequeños campesinos hacia la emigración nacional y ultramarina.

Pascual Carrión daba, para fecha tan avanzada como 1930, una propiedad catastrada de 22,4 millones de ha en España, repartidos entre 1,79 millones de propietarios, de los que 1,77 millones disponían de una media de 6,41 ha (50,7 % de la superficie), mientras 12.721 controlaban el 49,3 % restante, con una media de 870 ha/propietario; datos que ponen de manifiesto esa polarización de la propiedad que continuó arrastrándose hasta fechas recientes. Como herencia de esa situación y de una fuerte acumulación de población en el campo se fue generando una presión elevada sobre la tierra, y ello a pesar de un importante éxodo rural, concentrado temporalmente, que fue dejando un gran número de pueblos vacíos o semivacíos.

Estos núcleos de población albergaban a una *sociedad agraria tradicional*, que no permaneció, sin embargo, estancada, puesto que la crisis finisecular no representó una coyuntura nacida del anquilosamiento, sino, más bien, un período de *adaptación a las nuevas coyunturas mundiales*, pero acompañada de un verdadero crecimiento de las producciones agrarias. Éstas, como ponen de manifiesto Garrabou y Sanz, crecieron al mismo ritmo que la población durante todo el siglo en conjunto, ya que si la producción de cereales per cápita alcanzó 245 kg en 1795, se elevó hasta 258 en 1895 y llegó a 319 en 1925 (Garrabou, R., y Sanz, J., eds., 1985, t. 2, 122).

Esta crisis estuvo motivada en buena parte por el nacimiento de un mercado mundial muy competitivo, por mor de la caída de los precios surgida a consecuencia de la revolución de los transportes, por un lado, y de la afluencia de trigo y productos agrarios americanos a bajo precio, por otro; lo que, unido al colapso de las exportaciones de trigo hacia las extintas colonias, a la drástica disminución (a partir de 1891) de las exportaciones de vino a Francia, ya recuperada de la filoxera, y a la propia invasión filoxérica en España, o a la desaparición de cuantiosas superficies comunales vendidas durante la Desamortización, provocó un declive general, que hubo de saldarse con una emigración masiva desde el campo hacia los incipientes centros industriales españoles y hacia los países iberoamericanos. Pero esta crisis finisecular, potenciada sicológicamente por la pérdida de las últimas colonias, obligó a buscar nuevas respuestas, a incrementar las superficies cultivadas (véase cuadro 1.2) y las destinadas a la obtención de productos exportables, sobre todo cítricos, a disminuir los barbechos y a elevar los aranceles, con la nueva ley de 1891, para defenderse de la competencia exterior; todo lo cual no encubre el atraso técnico y la escasez de infraestructuras existentes en el campo en particular y en el país en general.

El secular atraso y falta de dinamismo agrario se pretendió corregir, en parte,

CUADRO 1.2. *Uso del suelo agrario en España. 1891-1910 (miles ha)*

Uso del suelo	1891-95	1900	1910
Agricultura	15.829	17.822	18.884
Cereales-Leguminosas	11.777	13.706	14.182
Viñedo	1.460	1.429	1.347
Olivar	1.123	1.197	1.379
Frutales	—	307	365
Otros cultivos	1.469	1.183	1.611
Montes, dehesas y pastos	28.046	27.367	26.044
Total	43.875	45.189	44.928

Fuente: Tortellá Casares, G., 1984, p. 66, y GEHR.

mediante la Desamortización, que si produjo una auténtica mutación agraria, no fue capaz de incidir en la superación de los obstáculos que frenaban la evolución de la agricultura española. El impulso roturador, en parte derivado del incremento de la demanda debido al crecimiento de la población, no se acompañó de un análogo *impulso técnico y de capitalización* de las explotaciones agrarias sino que se basó, más bien, en la utilización de una mano de obra abundante y barata. Ello no supuso, sin embargo, un inmovilismo total, pues, como apunta García-Badell, en 1910 se calculaba que se construían en España anualmente 30 trilladoras, 200 aventadoras, 2.500 arados Brabant, 25 arados de desfonde, 200 sembradoras, 10.000 arados de vertedera fija de fundición, 4.000 arados de acero de fundición, 10.000 arados Jaén, Lincoln y de vertedera giratoria, 1.000 prensas para vino y 300 trillos (García-Badell y Abadía, G., 1963, 173), si bien esos medios de producción representaban muy poco para un sector agrario que ocupaba a 5 millones de activos.

Pese a todo, «a finales del siglo XIX, en el conjunto de la agricultura española, eran abrumadoramente mayoritarios los aperos tradicionales. Los arados de vertedera y las máquinas sembradoras, segadoras y trilladoras, aunque eran conocidos, no salían del marco de algunas explotaciones pioneras, que llamaban la atención de los contemporáneos. El arado romano era el protagonista indiscutible de los trabajos agrícolas» (Gallego Martínez, D., 1986, 202).

El *consumo de abono* tampoco realizó grandes progresos en el siglo pasado. Así, se puede establecer una etapa, anterior a 1896, que representaría la «prehistoria de los abonos minerales en España», en la que en torno al 97 % de los abonos aportados al suelo eran orgánicos, mientras que entre 1897 y 1911 se generalizó el uso de los inorgánicos, de modo que si en 1900 se disponía en España de 148.828 tm de abonos minerales (importación – exportación + producción interior) en 1911 se alcanzaban las 621.287 tm, de las que se consumían realmente 581.320, mientras que países como Alemania, Francia o Italia consumían, respectivamente, nueve, cuatro y tres veces más que España por hectárea de cultivo (Gallego Martínez, D., 1986).

Algo similar ocurría con las *infraestructuras*, tanto viarias como hidráulicas. El estado lamentable de los caminos y vías de comunicación dificultaba y encarecía los transportes, lo que determinaba que los precios del trigo interior, una vez puesto en los puertos de la periferia, superasen a los del trigo «navegado», llegado desde Estados Unidos. La utilización de algunos canales (como el de Castilla o el Imperial de Aragón) y, sobre todo, de las vías férreas, favoreció la formación de un mercado nacional de productos agrarios, protegido, además, por el aumento de los aranceles durante la última década del siglo. Sin embargo, la modernización de la red viaria española tardó mucho tiempo en conseguirse.

Por último, respecto a las *obras hidráulicas*, a pesar de las reivindicaciones de algunos insignes regeneracionistas como Costa, que pretendían asentar la población rural y multiplicar las producciones, a principios de siglo la superficie regada en España —que, como país mediterráneo, podía obtener el máximo provecho de esta modalidad de cultivo— no alcanzaba más que 1,23 millones de ha. Las medidas de fomento del regadío adoptadas por el Estado a partir de la publicación del decreto de 29 de abril de 1860 concediendo subvenciones de entre el 30 y el 50 % del coste de la obra, apenas tuvieron eco, como tampoco lo tuvo el Plan Nacional de Aprovechamientos Hidráulicos de 1902, que contemplaba la transformación en regadío de casi millón y medio de ha (Gómez Ayau, E., 1961; Monclús, F. J., y Oyón, J. L., 1986), aunque no llegaron más que a 178.154 las efectivamente transformadas. Tampoco los planes de 1909, 1916 y 1919 supusieron grandes avances, aunque incrementaron la superficie regada. Lo mismo sucedería con el Plan Nacional de Obras Hidráulicas de Lorenzo Pardo en 1933, retrasada su ejecución por la guerra civil (Lorenzo Pardo, M., 1933; Junta Consultiva Agronómica, 1904 y 1918).

d) CRECIMIENTO Y URBANIZACIÓN DE LA POBLACIÓN

Como consecuencia de todo lo anterior, la población española experimentó diversas alteraciones a lo largo de la centuria que pueden resumirse en cuatro fundamentales: un moderado crecimiento de sus efectivos, una aceleración de los procesos migratorios y, con ello, de la urbanización, así como ciertos cambios en su distribución regional. Aunque propios de toda sociedad industrial, estos procesos se vieron distorsionados por las contradicciones señaladas en páginas anteriores, estableciendo claras diferencias con lo ocurrido coetáneamente en otros países europeos.

Entre 1797 y 1900, los residentes en el territorio español aumentaron en más de ocho millones, un 76,5 % sobre la cifra inicial, con lo que la densidad media pasó de 21 a 37 hab./km^2. La reducción de las crisis debidas a períodos de hambre,

CUADRO 1.3. *Evolución de la población en el siglo XIX*

Años	Población (número habitantes)	Densidad (hab./km^2)
1797	10.541.221	20,9
1857	15.454.514	30,6
1900	18.616.630	36,9

Años	Natalidad (‰)	Mortalidad (‰)	Mortalidad infantil (‰)	Crecimiento vegetativo (‰)
1861-1870	37,9	30,7	193	7,2
1881-1890	36,2	31,4	189	4,8
1891-1900	34,8	30,0	175	4,8

Fuente: Campo, S. del, y Navarro, M., 1987.

epidemia o guerras estabilizó unas *tasas de crecimiento* que, pese a todo, apenas superaron el 0,5 % de promedio anual, al mantenerse las tasas de natalidad y, sobre todo, de mortalidad en valores propios del ciclo demográfico primitivo. En consecuencia, al iniciarse nuestro siglo, la esperanza media de vida se limitaba a 34,8 años (33,8 para los hombres y 35,7 para las mujeres) y la pirámide demográfica mostraba una amplia base, con un tercio de la población por debajo de los 15 años, mientras sólo un 5,2 % rebasaba los 65 y el resto se encontraba entre ambos umbrales.

Aunque las *migraciones interiores* aumentaron en la segunda mitad del siglo al acentuarse la crisis agraria, mejorar las comunicaciones e irse consolidando los focos industriales catalán y vasco, junto al de Madrid, sus efectos fueron aún bastante limitados. De este modo, en 1900 las regiones con mayor volumen de habitantes seguían siendo Andalucía (19,1 % del total), Castilla-León (12,4 %) y Galicia (10,7 %), mientras Cataluña sólo alcanzaba una cuarta posición (10,5 %). Aunque las mayores densidades correspondían ya a Madrid (97,0 hab./km^2), el País Vasco (85,1) y Valencia (69,9), las tasas anuales de crecimiento entre 1857 y esa fecha (España = 0,47 %) continuaron siendo máximas en áreas de alta fecundidad como Canarias (1,24 % de promedio) o Murcia (1,20 %), además de la capital (1,46 %), frente a valores inferiores en el caso vasco (1,07 %) y catalán (0,44 %), confirmando lo limitado de unos flujos humanos, procedentes en su mayoría de la mitad norte peninsular (Puyol, R., 1988). El hecho de que únicamente el 8,5 % de los censados residiera fuera de su provincia de origen viene a incidir en esa valoración.

Más importancia relativa tuvo, en cambio, la *emigración exterior*, dirigida hacia los nuevos países de ultramar y el norte de África, en tanto la destinada a Europa quedaba en un segundo plano. Así, las salidas anuales hacia América, calculadas en 347.000 entre 1882-1900, fueron la válvula de escape para un buen número de campesinos procedentes principalmente de Galicia, Asturias y Canarias, siendo Argentina, Cuba, Brasil y México los principales receptores. Por su parte, los flujos de alicantinos, murcianos y almerienses, que ante el agravamiento de la situación agraria y minera en sus lugares de origen emigraron hacia Argelia hasta alcanzar los 160.000 residentes en ese territorio al comenzar nuestro siglo («emigración golondrina»), deben explicarse también en función de la incapacidad de la economía y la estructura social españolas para absorber el modesto excedente de población habido en esos años.

El inicio de un efectivo e ininterrumpido *proceso urbanizador* fue el corolario de todos los cambios señalados hasta ahora. Si en 1857, al realizarse el primer censo oficial de población, tan sólo un 16 % de los españoles residía en municipios con más de 10.000 habitantes, calificados estadísticamente como urbanos, tal proporción se duplicó en 1900, pese a lo cual es indudable que la nuestra siguió siendo una sociedad esencialmente rural, tanto si se tiene en cuenta el tamaño de los asentamientos (cuadro 1.4), como la economía y la cultura dominantes.

La situación urbana heredada a mediados del siglo XIX mostraba los rasgos propios de una sociedad preindustrial: tamaño y ámbito de influencia reducido, funciones dominantes de carácter comercial, administrativo, portuario o eclesiástico/ militar, y una estrecha relación con el entorno rural circundante, lo que explica que el mayor número de ciudades y el mayor dinamismo correspondiera con frecuencia a espacios de próspera agricultura.

CUADRO 1.4. *Distribución de la población según tamaño de los municipios en 1900*

Tamaño municipios (habitantes)	Población	% total
Más de 100.000	1.676.358	9,0
De 50.000 a 100.000	856.371	4,6
De 20.000 a 50.000	1.452.107	7,8
De 10.000 a 20.000	2.010.609	10,8
De 2.000 a 10.000	7.495.852	40,3
Menos de 2.000	5.125.333	27,5

Fuente: Censo de Población.

En cuanto a su distribución regional, «la franja andaluza y el eje levantino-catalán se singularizaban por el predominio de asentamientos de entre 10.000-20.000 habitantes en la base, una densa red de ciudades medias y los mayores centros urbanos del país en aquel entonces (se exceptúa Madrid). En la mitad sur de la meseta, la red urbana de base era semejante a la de Andalucía, pero los niveles medio y superior estaban escasa o nulamente representados. En la mitad norte se entrelazaba una red de asentamientos rurales de pequeño tamaño con ciudades medias y algunos grandes núcleos urbanos de función eminentemente comercial. Por el contrario, en la franja cantábrica, una estructura extraordinariamente densa de pequeños o diminutos asentamientos rurales dispersos se mezclaba con pequeños núcleos mineros e industriales; algunas ciudades, a la actividad comercial (vinculada a los puertos principalmente) añadían las actividades industriales» (Ferrer, M., y Precedo, A., 1981, 300).

La expansión de la segunda mitad del siglo, cimentada en la inmigración ante la pervivencia de una alta mortalidad urbana derivada de las deficientes condiciones de vida y salubridad que padecía buena parte de su población, se concentró especialmente en dos tipos de núcleos, originando un inicio de polarización: los de carácter industrial, en Cataluña y ciertos sectores del litoral cantábrico y mediterráneo, y las capitales administrativas de las provincias delimitadas por Javier de Burgos en 1833, que de 1.190.000 habitantes en esa fecha pasaron a sumar 3.088.000 en 1900, un 16,8 % del total. Los casos de Barcelona (que pasó de 111.000 a 533.000 habitantes en el siglo), de Bilbao (de 12.000 a 83.300), o de Madrid (de 167.000 a 544.000 respectivamente) son, sin duda, los mejores exponentes de tal evolución. Fue también en ellas donde surgieron los *proyectos de ensanche* que pretendían superar el progresivo hacinamiento en unas ciudades limitadas muchas veces por cercas o murallas, y en donde las densidades medias en 1860 llegaron a alcanzar los 860 habitantes por hectárea de Barcelona, o los 540 de Madrid. Dejando de lado las diferencias teórico-ideológicas en su concepción y objetivos, la variedad de diseños y dimensiones, o las frecuentes desviaciones sobre la idea original introducida por la actuación posterior de los agentes urbanos, los sucesivos proyectos aprobados en las últimas décadas del siglo (Barcelona, 1860; Madrid, 1860; San Sebastián, 1864; Bilbao, 1877; Santander, 1880; Valencia, 1887) incorporaron una unidad morfológica claramente identificable por la regularidad y amplitud de su trazado, ocupada habitualmente por la burguesía urbana, y que se vio acompañada por el paralelo crecimiento de los núcleos de extrarradio en sus márgenes, donde encontró cobijo un proletariado urbano sin apenas solvencia en el mercado inmobiliario.

Finalmente, otros dos cambios de interés fueron el aumento de la relación entre las ciudades, que acentuó su especialización funcional, y una reorientación del proceso urbanizador en favor de la mitad norte y el litoral peninsular, que contribuyó a modificar los desequilibrios interregionales en la dirección ya iniciada el siglo precedente, en detrimento de la España interior.

3. Modernización económica y crisis en la primera mitad de nuestro siglo

La primera mitad del siglo actual en España se caracteriza por un comportamiento dispar, dado que, frente a coyunturas expansivas, se suceden otras regresivas, de modo que en conjunto se asiste a una ligera modernización del país, que sólo a partir de los años cincuenta comienza a superar el atraso y los problemas surgidos a raíz de la crisis del 29 y de la guerra civil. Esta etapa termina en 1959, cuando el Plan de Estabilización puso las bases para un cambio estructural del espacio y sociedad españoles.

a) LA SEGUNDA REVOLUCIÓN INDUSTRIAL EN ESPAÑA

La atonía industrial que acompañó la crisis finisecular de la economía española y la pérdida de las últimas colonias, prolongándose en los inicios de la actual centuria, ahondó la distancia que nos separaba de los países centrales del sistema, embarcados ya en una segunda revolución industrial, que daría paso a la consolidación del modelo fordista de producción. Sólo tras el comienzo de la primera guerra mundial y, sobre todo, en la década siguiente, se reinició un *proceso de crecimiento* sostenido, que permitió situar las tasas anuales de aumento de la producción industrial por encima del 5 % durante más de una década, pese al declive en la exportación de minerales. Se incorporaron, al tiempo, de forma progresiva algunos de los símbolos de la revolución tecnológica del momento, como el automóvil, el avión, el teléfono, la radio, los ferrocarriles metropolitanos o los nuevos materiales (aluminio, plástico, etc.).

En consecuencia, entre 1920 y 1930 la participación del sector secundario se elevó desde menos del 20 % de la población activa y el PIB hasta niveles en torno al 30 %, en tanto la densidad industrial se duplicaba para alcanzar los 5,3 trabajadores/km^2 en ese último año. Todo ello justifica que autores como Donges hayan situado en el período de entreguerras la fase de «despegue» o «impulso inicial» en el camino del crecimiento económico, siguiendo la terminología rostowiana (Donges, J. B., 1976). Los excedentes acumulados con el aumento de las exportaciones hacia los países contendientes en la guerra europea, la fase expansiva que para la economía internacional supuso el fin del conflicto, las fuertes inversiones en infraestructuras que promovió la Dictadura de Primo de Rivera, junto al progresivo aumento del consumo privado, fueron factores esenciales para esa reactivación.

El paréntesis que supusieron la recesión económica iniciada en 1929 y, sobre todo, la guerra civil, volvió a interrumpir el proceso expansivo, registrándose una tasa media anual de −1,8 % para la producción industrial durante el decenio 1931-1940. El aislamiento exterior, la burocratización y los errores de una imposible política autárquica que pretendía basar exclusivamente el desarrollo español en los insuficientes recursos endógenos, retrasaron la recuperación económica posterior, con lo que sólo en 1950 volvió a alcanzarse el PIB logrado 20 años antes. En ese período, la estructura sectorial también se estabilizó, manteniendo la industria una importancia limitada al 26,5 % de la población ocupada, frente al 48,9 % del sector agrario (fig. 1.3). Como se afirma en un texto reciente, «la guerra civil todo lo interrumpió. Estalló cuando la economía occidental recuperaba la senda del crecimiento y cuando innovaciones fundamentales se lanzaban al mercado. Debilitó a España, y el nuevo régimen la apartó del mundo por varios lustros. El aislamiento adquirió su máxima intensidad en la década de los cuarenta y se fue relajando lentamente durante los cincuenta. Su paroxismo fue la autarquía... Tales propósitos cerraron España a cal y canto, convirtiéndola en exótica a fuer de pobre» (Nadal, J., Carreras, A., y Martín Aceña, P., 1988, 149).

Fue también en ese medio siglo cuando se consolidaron toda una serie de rasgos estructurales que han marcado la evolución del sistema industrial español en años posteriores, identificados genéricamente con un *modelo de sustitución de importaciones* orientado a satisfacer la demanda interna y con fuertes barreras defensivas frente a la competencia exterior.

La aprobación de un arancel claramente proteccionista en 1891, reforzado con posterioridad (1896, 1906, 1922), junto al establecimiento de diversas leyes de fomento y defensa de la industria nacional, que alcanzaron su cenit en los primeros años del franquismo, supusieron un evidente cierre exterior. Si bien posibilitaron un nuevo auge de la extracción carbonífera, o el surgimiento de ciertos sectores de cabecera y bienes de equipo donde la competitividad inicial era escasa, a largo plazo la excesiva protección derivó en toda una serie de efectos desfavorables que han condicionado negativamente la necesaria adaptación reciente de la economía española al contexto mundial.

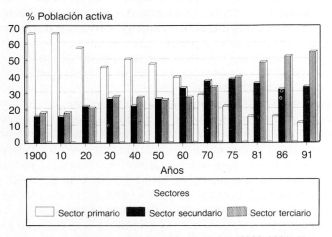

FIG. 1.3. *Evolución sectorial de la población activa (1900-1991)*. Fuente: INE.

Así, pese al inicio de un tímido proceso de concentración, que permitió la formación de grandes sociedades en sectores como el financiero, el eléctrico, etc., pervivió un acusado minifundismo empresarial, con bajos niveles de productividad y un limitado esfuerzo de capitalización e innovación, lo que redujo las posibilidades exportadoras a ciertos productos primarios, sin apenas presencia industrial.

Al tiempo, frente a la debilidad mostrada por la burguesía industrial salvo en casos como el catalán, la presencia de la banca privada y, más tarde, del capital público en la propiedad de las empresas, aumentó de forma general, en coherencia con los rasgos propios de un país de desarrollo tardío según Gerschenkron (1970). Si en el primer caso la banca vasca fue pionera en su vinculación a la industria, en el segundo la participación directa se produjo con la creación del Instituto Nacional de Industria en 1941.

Los objetivos del INI se centraron en el control de los sectores estratégicos y la industria militar, junto a la sustitución de la iniciativa privada en aquellos otros que exigían cuantiosas inversiones en capital fijo, sólo amortizables a largo plazo. Como accionista mayoritario en 40 empresas y minoritario en otras 15, su actividad entre 1941 y 1959 estuvo marcada por la diversificación, contribuyendo a impulsar ciertos sectores de cabecera (siderurgia, electricidad, refino de petróleo, química básica) e intermedios (automóvil, construcción naval, maquinaria) y, de modo indirecto, algunas áreas donde fueron instaladas grandes factorías. No obstante, parece evidente la inexistencia de una política regional definida por parte del Instituto, que localizó las actividades extractivas y la industria pesada junto a los recursos naturales o los puertos, en tanto las restantes se situaron en los principales mercados de consumo y trabajo, con un comportamiento similar al de la empresa privada, contribuyendo así a reforzar los contrastes territoriales. Los datos de 1955, con un 21,8 % de su capital inmovilizado en Cataluña, otro 11,4 % en Aragón, el 10,7 % en Galicia y el 8,9 % en Madrid, junto a un empleo mayoritariamente concentrado en Asturias (24,4 % del total), Cataluña (14,4 %), Andalucía (13,6 %) y Madrid (10,0 %), así lo ponen de manifiesto (Martín Aceña, P., y Comín, F., 1990, 408).

Ante el proceso de «nacionalización económica», la presencia de las empresas multinacionales resultó bastante marginal, salvo en aquellos sectores más avanzados, como los de material eléctrico (Siemens, A.E.G., General Eléctrica Española, Standard Eléctrica, Marconi) o química (Solvay, Cros). La dependencia exterior, pues, estuvo más vinculada en este período a la importación de tecnología y bienes de equipo, cuyas necesidades crecieron más que proporcionalmente al propio desarrollo industrial en ambos extremos del paréntesis que supuso el período autárquico.

Este último aspecto se relaciona con el mantenimiento de un importante *desequilibrio sectorial* entre la expansión de las industrias ligeras, intensivas en trabajo y orientadas a la fabricación de bienes de consumo, frente al menor crecimiento de las básicas y de bienes intermedios (maquinaria, material de transporte, material eléctrico, cemento, química), que sólo alcanzaron una destacada presencia en las regiones del Cantábrico y Cataluña. Si en 1925 las industrias agroalimentaria y textil representaban en España el 58 % del empleo y el 50 % del valor añadido industrial, en 1950 aún suponían un 39 % y 36 % respectivamente, pese al efecto ejercido por el INI. Según el clásico modelo de Hoffmann (1931), que diferencia tres etapas en la evolución industrial de países y regiones mediante el cociente entre el VAB de las industrias de bienes de consumo y de inversión, los países más avanzados alcanzaron la segunda etapa (índice en torno a 2,5) a finales del siglo XIX y la tercera (índice cercano a la unidad) apenas 20 años después, en tanto España sólo lo logró hacia 1920 y 1960, con un desfase de cuatro décadas (Carreras, A., 1990, 99).

b) HACIA LA CONCENTRACIÓN ESPACIAL DEL POTENCIAL PRODUCTIVO

En lo referente a la distribución territorial de la capacidad productiva, y pese a las limitaciones informativas también existentes para este período, el crecimiento parece asociado a un progresivo *reforzamiento de la polarización*, la especialización funcional y, por tanto, los contrastes entre los tres vértices dominantes (Cataluña, País Vasco, Madrid) y el resto, entre las regiones litorales e interiores y, finalmente, entre las áreas urbanas y rurales. La complementación de la red ferroviaria con las de carreteras, aérea, de distribución eléctrica, o telefónica, jugó un destacado papel en ese proceso, tendente a consolidar un verdadero sistema territorial de ámbito estatal.

Respecto a la primera de tales dicotomías, ya en 1930 las tres regiones sumaban un 35,7 % de la población ocupada en la industria, proporción que ascendió al 41,7 % un cuarto de siglo después, según el primer informe publicado por el Banco de Bilbao. Por contra, el conjunto formado por Andalucía, Galicia, las dos Castillas y Extremadura retrocedió desde el 37,7 % al 30,4 % durante el mismo período. Si se desciende a la escala provincial (fig. 1.4), se hace más visible la formación de una serie de focos dinámicos o «dasicoras» litorales en expresión de Perpiñá Grau, que formarían los vértices de un hipotético hexágono (La Coruña-Bilbao-Barcelona-Valencia-Sevilla-Lisboa) con centro en Madrid (Perpiñá, R., 1972). Por último, las decisiones empresariales en materia de localización se vieron particularmente atraídas por los puertos y los nudos ferroviarios, puntos de ruptura de carga en el tráfico interurbano de mercancías, así como por las capitales provinciales, que muchas veces constituían los únicos mercados de consumo con cierta entidad. La competencia del transporte por carretera sólo se hizo efectiva a partir de los años cincuenta, cuando el parque de automóviles pasó de 197.600 a más de un millón y el de camiones de 80.000 a 147.400 unidades. Todos éstos, junto a ciertos núcleos de tradición artesanal o próximos a recursos naturales explotables (minerales o agrarios), constituyeron una red de enclaves fabriles con escasas interrelaciones, que sólo alcanzaban cierta densidad y continuidad en los casos vasco y catalán.

Finalmente, el aumento de la población y, aunque de forma discontinua, de su capacidad de compra, junto a la incipiente expansión de algunos servicios sociales y del turismo (440.000 visitantes en 1930), así como de los empleos en la administración civil y militar, elevaron de forma apreciable el peso relativo de los servicios hasta situarlos en una cuarta parte de la población activa total al final del período. Su progresiva concentración en las ciudades, en comparación con los importantes déficit que padecían las áreas rurales, fue, sin duda, uno de los factores que incidieron sobre la aceleración del éxodo rural, aunque en menor medida que las transformaciones producidas durante esos años en la actividad agraria.

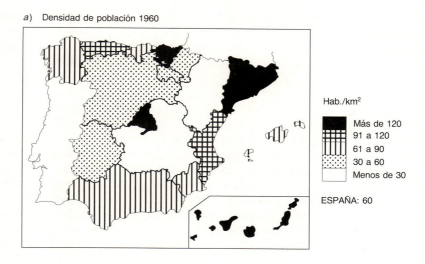

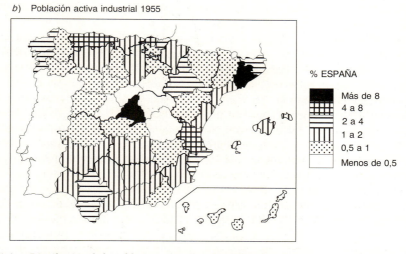

Fig. 1.4. *Distribución de la población y la industria (1955-1960)*. Fuente: Banco de Bilbao.

c) La lenta modernización del campo español

En la superación de la crisis finisecular tuvo una importancia destacada la parca recuperación y modernización del campo, con todas sus implicaciones económicas, sociales y espaciales derivadas. Así, entre 1900 y 1931 aumentó la superficie agrícola en un 23 %, mientras cayó la población agraria —desde 5,1 a 4,04 millones de activos— y creció en un 55 % el valor de la producción, con un incremento considerable de los rendimientos (Jiménez Blanco, J. I., 1986). En conjunto, y al margen de las coyunturas específicas, se observa una clara recuperación y progreso agrarios desde los últimos años del siglo pasado hasta el inicio de la década de los treinta, en que, a consecuencia de la crisis del 29, se produjo una inflexión a la baja, que afectó principalmente a los cultivos de exportación, debido a la contracción de la demanda en los mercados mundiales. A ello se sumó la coyuntura recesiva de la guerra civil, que colapsó la evolución positiva precedente, de modo que hasta mediados de los cincuenta no se consiguieron los niveles técnicos y productivos de preguerra. Sólo a partir de finales de los cincuenta comenzó una nueva etapa que cambió radicalmente el espacio y la sociedad rural. Aspectos que podremos comprobar a través del análisis de la población, superficie, explotación y producción agrarias, y de la evolución técnica e infraestructural de la agricultura.

La *población activa agraria*, que, como vimos, había empezado a decaer a principios de siglo, logró reducir sus efectivos en cantidades destacables, según han puesto de manifiesto los trabajos del Grupo de Estudios de Historia Rural, que, apoyándose en los datos de la Junta Consultiva Agronómica, hacen una valoración evolutiva entre 1900 y 1930 en la que se observa la pérdida de más de 800.000 activos, mientras cae a un 45 % la proporción de activos agrarios sobre los totales en vísperas de la guerra civil (1935), año en el que la agricultura aporta un 35 % al PIB, cuando la industria, que emplea a un 33 % de activos, contribuye con un 32 % (Tortellá Casares, G., 1984, 65; Jiménez Blanco, J. I., 1986, 91 y 101), tal como se constata en el cuadro 1.5.

Los años treinta y cuarenta conocen un estancamiento evolutivo de la población y de otras variables a causa de la crisis mundial y, sobre todo, de los problemas derivados de la guerra y posguerra civil. La acumulación de población en el campo, que alcanza un máximo histórico en 1955, favorece el mantenimiento de la agricultura tradicional en todas sus facetas y en todas las regiones, pese a que las más mediterráneas se han especializado en una economía agraria exportadora (cítricos, vinos, aceites), amparadas en la sobreabundante y barata mano de obra del campo.

El comportamiento de la población corre parejo con el de las otras variables agrarias. Así, las *superficies, producciones y rendimientos* conocen una incipiente

CUADRO 1.5. *Evolución de la población y la productividad agraria (1900-1960)*

Años	Población activa agraria (millones)		Productividad 1900 = 100
1900	5,114		100
1910	5,100		104
1920	4,639		144 (*a*)
1930	4,039		176 (*b*)
	Población ocupada		% del PIB agrario
	Millones	%	sobre PIB total
1940	5,010	51,9	31,9
1945	5,228	50,3	26,5
1950	5,226	48,9	26,5
1955	5,414	45,9	20,5
1960	5,033	41,7	22,6

a Dato de 1922. *b* Dato de 1931.
Fuente: Jiménez Blanco, J. I., 1986, pp. 91 y 101; Requeijo, J., 1990, pp. 6-7.

fase de auge entre 1900 y 1930, interrumpida entre el comienzo de la guerra civil y el final de la autarquía y retoman un acelerado impulso a partir de los años sesenta, como muestra el cuadro 1.6. En efecto, si en el último cuarto del siglo pasado se asiste a una expansión de las tierras cultivadas para hacer frente a una población en auge y sólo se reducen aquéllas en la primera mitad de los años noventa, a partir de 1895 empieza la recuperación de la crisis, aumentando la superficie sembrada en toda España y disminuyendo considerablemente los barbechos y eriales temporales en la periferia (Galicia, Cantabria, Cataluña, Valencia y Baleares) y en las regiones interiores con mayor presión demográfica, mientras en Aragón, Castilla la Nueva y Extremadura se incrementa tanto la superficie cultivada como la de barbechos y eriales (Sanz, J., 1987, 240-243). En conjunto, entre 1900 y 1931, se roturan algo más de cuatro millones de ha.

El campo español conoce, pues, una etapa expansiva, tanto en superficie cultivada como en intensidad de cultivo, que origina un crecimiento del producto agrario bruto de un 55 % entre 1900 y 1931, con unas tasas anuales del orden del doble de las registradas en Francia en el mismo período y superiores, en todo caso, al ritmo de crecimiento de la población, para llegar a los 6,11 qm/ha de tierra cultivada (tierra sembrada + tierra barbechada) en 1931-1935 (Jiménez Blanco, J. I., 1986, 138).

El marasmo de la guerra civil y el fracaso de la política intervencionista, con precios controlados por el Estado y una escasez de insumos, sobre todo de abonos, desvió hacia el mercado negro buena parte de las producciones agrarias básicas, sin conseguir el equilibrio agrario. Aun en el período 1953-1956 el consumo medio en calorías y proteínas por habitante y año no alcanzaba el mínimo necesario y hasta la década de 1960 no se consiguieron los niveles de consumo de azúcar de la etapa republicana (Barciela, C., 1987, 267-268). Sin embargo, los años cincuenta, según este autor, pueden ser considerados como la etapa dorada de la agricultura tradicional, pues, a partir del nombramiento de Rafael Cavestany como ministro de Agricultura en 1951 comenzó una fase de liberalización de precios y de apoyos y subvenciones a la producción agraria que, unida a la sobreabundante y barata mano de obra, logró reequilibrar las producciones básicas, antes de entrar en la etapa desarrollista; todo ello acompañado de importantes transformaciones técnicas e infraestructurales.

CUADRO 1.6. *Evolución de la superficie agraria (1900-1960)*

	1900	1910	1922	Miles de ha 1931	1940	1950	1960
Agricultura	17.822	18.884	20.277	21.964	18.783	(*a*)	20.523
Cereales-Leguminosas	13.706	14.182	15.511	16.172	12.776	(*b*)	13.789
Viñedo	1.429	1.347	1.334	1.540	1.559	1.590	1.726
Olivar	1.197	1.379	1.622	1.911	2.115	2.215	2.308
Frutales	307	365	434	498	514	574	612
Plantas industriales	569	713	554	776	666	748	441
Mundo	27.367	26.044	25.281	23.602	23.279	23.078	20.803

    a 14.612 miles de ha. sin incluir los barbechos.
    b 8.419 miles de ha, sin barbechos.
    Fuente: GEHR, tomado de Jiménez Blanco, J. I., 1986, p. 84, excepto los datos de 1940, 1950 y 1960, que han sido tomados de los Anuarios Estadísticos de las Producciones Agrícolas de los respectivos años.

Ciertamente, los sesenta primeros años de este siglo, a pesar de que mantengan viva la agricultura tradicional, introducen avances técnicos significativos, por más que haya un claro atraso en la utilización de maquinaria agrícola y en el consumo de insumos modernos, abonos y semillas seleccionadas sobre todo. De los datos del Anuario Estadístico de las Producciones Agrícolas de 1932, se deduce el carácter tradicional de la agricultura española, en la que casi los dos tercios de los arados utilizados son romanos, no llegando a 27.000 las sembradoras, hay poco más de 100.000 segadoras y no alcanzan esta cifra las máquinas aventadoras, mientras que tan sólo hay 5.000 trilladoras y 4.000 tractores; datos que revelan el escasísimo valor de los aperos modernos y la importancia de las labores manuales, cuando el número de explotaciones agrarias debía rondar los tres millones (la población activa agraria masculina era de 3,8 millones en 1930). En los años de autarquía y ante la falta de divisas, el régimen decide estimular la producción interior de maquinaria agrícola, con lo que declara a Lanz Ibérica, Motor Ibérica (en 1953) y SACA (S. A. de Construcciones Agrícolas, en 1957) empresas de interés nacional, con los beneficios correspondientes. Éstas, unidas a ENASA, que producía tractores-oruga desde los primeros años cincuenta, logran elevar la producción nacional de tractores desde 47 unidades en 1953 a 850 en 1955 y a 8.943 en 1960, mientras el número de cosechadoras fabricadas en el país pasó de 24 en 1954 a 2.567 en 1960 (Buesa, M., 1983, 228-231).

Junto a tractores y cosechadoras, que más tarde se erigen en protagonistas de la desaparición de la agricultura tradicional, se asiste en estos años a una decisiva expansión del consumo de abonos, que, como vimos, se inicia con el siglo, se frena durante la primera guerra mundial, ante las dificultades de importación, se recupera en los años veinte y treinta y retrocede tras la guerra civil. Así, en 1920 se alcanza el mismo nivel de disponibilidades de 1910: 0,6 millones de tm frente a 0,57, pero a partir de los años veinte se dispara la producción, las disponibilidades y el consumo, de modo que en 1935 se producen 1,4 millones de tm, cantidad coincidente con el consumo, y las disponibilidades se elevan a 1,8 millones, con unas importaciones netas de 0,4 millones de tm y la particularidad de que predominan claramente los abonos fosfatados y potásicos sobre los nitrogenados (Gallego Martínez, D., 1986). De ahí que en la posguerra se potencien las fábricas de abonos nitrogenados para hacer frente a la escasez de estas sustancias, que se consideran, además, esenciales para la defensa de un país, dado que los compuestos nitrogenados eran la base para la preparación de explosivos; así, en 1940 se declara a NICAS e Hidro-Nitro Española S. A. empresas de interés nacional, y lo mismo se hace con SIN (Sociedad Ibérica de Nitrógeno) y SEFANITRO (Sociedad Española de Fabricación de Nitrogenados) en 1941 (Buesa, M., 1983).

El incremento del consumo de abonos y la tímida incorporación de maquinaria facilitan el crecimiento de las producciones agrarias a lo largo del siglo, pero, junto a estos factores, no se puede olvidar la expansión considerable que alcanzan las *infraestructuras hidráulicas*, pues es precisamente en estos decenios cuando se construyen, organizan y ponen en funcionamiento el mayor número de embalses, canales y zonas regables del país.

Fue a partir de la Ley de Grandes Regadíos de 1911 cuando la legislación contempló la posibilidad de que el Estado construyera de forma exclusiva todas las obras necesarias para la puesta en riego, frente a la idea predominante hasta enton-

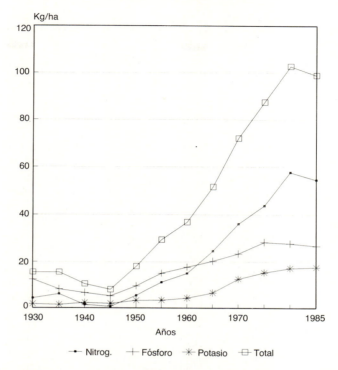

FIG. 1.5. *Evolución del consumo de abonos (1930-1985)*. Fuente: Anuarios Estadísticos Agrarios; Garrabou, 1986.

ces de que debían ser los particulares quienes ejecutaran las obras de transformación (Gómez Ayau, E., 1961). Sin embargo, ni esta ley, ni los sucesivos planes, ni la creación de las Confederaciones Hidrográficas por Decreto-Ley de 28 de mayo de 1926 para el aprovechamiento integral del agua lograron grandes avances, como tampoco los consiguió la Ley de Grandes Zonas Regables de 1939, o la creación del Instituto Nacional de Colonización en ese mismo año, pues, como se puede observar en el cuadro 1.7, no se logró la transformación de grandes superficies hasta la década de 1950. Según Barciela (1986), si en los años cuarenta se colonizaron 10.000 ha, entre 1951 y 1960 se alcanzaron casi las 200.000, además de otras tantas transformadas por la iniciativa particular para hacer frente a la demanda de cultivos remuneradores, como la remolacha u otros. Según este autor, también la Ley de Fincas Manifiestamente Mejorables, de 3 de diciembre de 1953, ayudó indirectamente a la transformación en regadío, no por la propia ley, sino por el miedo de los terratenientes a ser incluidos en el catálogo si no regaban las tierras situadas en zonas regables (Barciela, C., 1986, 427).

En suma, durante los años cincuenta hubo un progreso generalizado de la agricultura española, que se acompañó de otras transformaciones importantes, como la repoblación forestal de más de un millón de ha (unas 60.000 ha anuales), si bien en un 80 % en montes consorciados con los ayuntamientos, lo que dio lugar a graves

CUADRO 1.7. *Evolución de la superficie regada (1900-1960)*

Año	ha	Año	ha
1900	1.230.000	1950	1.459.000
1916	1.366.000	1955	1.680.000
1933	1.500.000	1960	1.810.000
1940	1.500.000		

Fuente: Monclús, F. J., y Oyón, J. L., 1986, pp. 378-379; MAPA, Anuarios de Estadística Agraria (diversos años).

conflictos de intereses por los problemas de uso de dichos montes, que antes habían sido terrenos comunales, lo que a menudo degeneró en incendios provocados (Barciela, 1986, 428-429). Asimismo, durante estos años se potenció la cabaña ganadera, que había sufrido un retroceso enorme con la crisis finisecular, se apoyó la producción de cereales-pienso para la nueva ganadería de renta y empezaron a cambiarse las condiciones de la explotación agraria a través de otra reforma técnica —la concentración parcelaria—, con la Ley Experimental de 20 de diciembre de 1952, dado que el problema de la división parcelaria se veía como uno de los más graves obstáculos para la modernización del campo.

La *explotación agraria*, como célula básica del campo español, tanto en su sentido económico como espacial y social, conoció una evolución acorde con los procesos señalados, pero, ante todo, llama la atención por sus desequilibrios, reflejo de una situación en la que numerosísimos minúsculos propietarios hacían frente a su subsistencia mediante el aprovechamiento de pequeñas explotaciones, parceladas en una veintena de fincas, que no llegaban a un tercio de hectárea cada una y que debían complementar la subsistencia de sus titulares mediante el trabajo a jornal, junto a los braceros, para los hacendados y grandes propietarios, quienes, según Malefakis (1976, 481), controlaban más de la mitad (53,9 %) de la superficie catastrada en 1959. La mano de obra sobreabundante y, en consecuencia, barata, permitía a éstos no invertir en medios técnicos y realizar las labores a base de trabajo humano.

Es evidente que la evolución comentada no afectó por igual a todas las *regiones*, pues ni las condiciones ecológicas ni las sociales y económicas eran análogas. En efecto, los desequilibrios estructurales se centraban en el sur y en el oeste, donde el cortijo y la dehesa constituían los tipos de explotación predominante, que acaparaban más de la mitad de la superficie agraria; con la particularidad de que en Andalucía se mantenían unos niveles más altos de población rural que en Extremadura o Salamanca, por lo que cuando en la etapa siguiente se produzca el vaciamiento del campo por el éxodo rural, los resultados serán muy distintos en las feraces campiñas béticas y en los regadíos costeros que en las áreas ganaderas extremeñas o salmantinas.

Sin embargo, las áreas de regadío, tanto las del Guadalquivir como las del Guadiana o las de la costa andaluza, pudieron acumular población agraria, merced a los planes de colonización, como el de Jaén o Badajoz, a pesar de que la mayor parte de las tierras transformadas en regadío fuesen a parar a manos de la gran explotación a la que se expropiaba el terrazgo de secano. En suma, los desequilibrios básicos de las explotaciones agrarias se fueron potenciando a medida que se acumulaba población en el campo y sólo a finales de esta etapa comienza un alivio de la presión sobre la tierra.

En el resto de las regiones sucedía un fenómeno similar. Así, en el norte la explotación agraria disminuía de tamaño, por mor de la acumulación de campesinos. Era lo que se observaba en Galicia, donde la densidad bruta de 1960 superaba ampliamente la media nacional; también la dimensión media de la explotación gallega, con sus 5,6 ha (véase cuadro 1.8) era de las más pequeñas de España. El campo gallego, basado en el elevado rendimiento de los prados y en una ganadería tradicional, mantuvo un altísimo número de pequeñas explotaciones, casi de mera subsistencia, que encontrarán más dificultades para una modernización posterior.

No sucedió lo mismo en Asturias, Cantabria o País Vasco, donde la actividad agraria se pudo combinar con la industrial, de modo que la agricultura a tiempo parcial favoreció la capitalización de las explotaciones, pero, al mismo tiempo, potenció el mantenimiento de un excesivo número de ellas, y de pequeñas dimensiones. Por el contrario, las regiones del interior peninsular, mantuvieron una explotación familiar media predominante, basada en los cultivos típicos de los secanos —cereales, leguminosas y viñedos, algunos olivares en el Ebro y en Castilla-La Mancha—, y con una clara polarización entre hacendados, por una parte, y pequeños agricultores y jornaleros, por otra.

Finalmente, la España mediterránea cálida, desde Cataluña, pasando por Valencia, hasta Murcia, se consolidó en esta etapa como el dominio de la explotación agraria intensiva, apoyada en los cultivos de exportación, principalmente cítricos y hortalizas, en unidades de explotación de talla familiar, pequeñas en superficie, pero económicamente viables, que en el caso catalán se vieron favorecidas por el mantenimiento del sistema del *hereu-pubilla*, a pesar de que el *mas* pasará en la etapa posterior a representar un elemento poco dinámico de la economía regional. En contra de lo que sucede en Valencia, donde se fraguan explotaciones agrarias, a veces de tiempo parcial, otras veces bajo sistemas cooperativos, que harán más complejo el espacio rural levantino; las huertas y huertos levantinos y catalanes, de pequeñas dimensiones y con una agricultura progresiva, están a la cabeza de las producciones y de las explotaciones agrarias del país durante esta etapa. A ellas se suma la explotación agraria balear y, con mayores contrastes, la canaria. Según se aprecia en el cuadro 1.8, el tamaño medio de la explotación por regiones revela estos hechos, aunque las dimensiones físicas distan enormemente de las económicas.

Cuadro 1.8. *Tamaño medio regional de la explotación agraria en España en 1962 (ha)*

Andalucía	19,4	Comunidad Valenciana	7,1
Aragón	26,7	Extremadura	24,4
Asturias (Principado)	7,0	Galicia	5,6
Baleares	10,3	Madrid	26,3
Canarias	5,3	Murcia	11,8
Cantabria	9,0	Navarra	16,7
Castilla-La Mancha	27,9	País Vasco	9,9
Castilla-León	19,9	La Rioja	12,1
Cataluña	13,2	*España*	15,5

Fuente: Primer Censo Agrario de España, 1962.

d) Efectos sobre la población y el poblamiento

Si la evolución de la población es un buen indicador de los cambios económicos y sociales experimentados en cualquier etapa histórica, lo ocurrido en España durante la primera mitad de nuestro siglo vino a reforzar algunas tendencias ya apuntadas en los años finales del pasado y propias de una sociedad en proceso de industrialización, pero incorporando algunos rasgos originales que permiten una clara identificación del período.

En primer lugar, se produjo una notable, aunque tardía, *caída de la mortalidad*, cuya tasa anual llegó a reducirse en esos sesenta años a menos de una tercera parte, pese a las graves alteraciones que representaron la epidemia de gripe en 1918 y la guerra civil. A las mejoras producidas en la medicina y en la fabricación de productos farmacéuticos, o en las condiciones materiales de vida, hay que sumar el proceso urbanizador de esos años, que favoreció una más rápida difusión de los avances técnicos en la lucha contra las enfermedades infecciosas (cuadro 1.9).

La tendencia, que se fue afirmando lentamente y que se vio acompañada por un *retroceso de la natalidad*, pero con un desfase aproximado de una década, hizo posible elevar las tasas de crecimiento natural hasta valores en torno al 1 % anual desde 1930, con lo que los 18,6 millones de habitantes censados a principios de siglo pasaron a ser 23,6 millones en 1930 y 30,5 en 1960, con una densidad media de 60 hab./km^2, duplicándose la esperanza media de vida (de 34,8 a 69,8 años). En cualquier caso, España no conoció una fase de crecimiento demográfico comparable a la que experimentaron las sociedades más industrializadas de Europa en el siglo pasado, o las menos desarrolladas en la segunda mitad del presente, lo que supone un modelo de transición peculiar (fig. 1.6).

El excedente de brazos en el campo, la creación de empleo en las ciudades y

Cuadro 1.9. *Evolución demográfica en España (1900-1960)*

Años	Población (número habitantes)	Densidad (hab./km^2)
1900	18.616.630	36,8
1910	19.990.909	39,9
1920	21.388.551	42,2
1930	23.677.095	46,7
1940	26.014.278	51,3
1950	28.117.873	55,4
1960	30.528.539	60,3

Años	Natalidad ‰	Mortalidad ‰	Mortalidad infantil (‰)	Crecimiento vegetativo (‰)
1901-1910	34,5	24,4	167	10,1
1911-1920	29,8	23,5	157	6,3
1921-1930	29,2	19,0	138	10,2
1931-1935	27,0	16,3	118	10,7
1936-1940	21,6	17,9	125	3,7
1941-1945	21,6	14,3	115	7,3
1946-1950	21,4	11,6	81	9,8
1951-1955	20,3	9,8	54	10,5
1956-1960	21,4	9,1	43	11,7

Fuente: Campo, S. del, y Navarro, M., 1987.

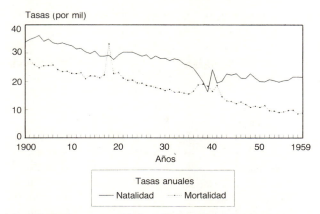

Fig. 1.6. *Movimiento natural de la población (1900-1959)*. Fuente: Nadal J., 1966.

en las obras públicas, o la mejora en los medios de comunicación, intensificaron el *éxodo rural* y los *flujos migratorios interregionales*, hasta hacerlos más importantes que los exteriores. Si en 1900 sólo un 8,5 % de los censados eran originarios de una provincia diferente a la de residencia, en 1950 alcanzaban ya el 15,3 %, con máximos en Madrid (44,3 %), Barcelona (37,8 %) y Vizcaya (26,0 %), los tres focos de atracción principales (Nadal, J., 1973, 244). La huida de la miseria y en busca de mayores oportunidades se acentuó en los años de posguerra, abandonando su provincia de origen 2,7 millones de personas entre 1940-1960, más que en los cuarenta años anteriores.

Junto a su mayor volumen, aumentó la distancia media de los desplazamientos, el número de provincias afectadas, es decir, el área de captación, y la concentración territorial de los destinos. Así, y mediante el recurso al método del balance (diferencia entre crecimiento total y crecimiento vegetativo), García Barbancho (1967) estimó de manera aproximada los saldos migratorios provinciales desde comienzos de siglo, comprobando la concentración de los valores positivos (2,9 millones) en Cataluña, Madrid y el País Vasco (quedando la Comunidad Valenciana y los archipiélagos a considerable distancia), frente a las pérdidas del resto. Aunque las regiones de emigración tradicional (Galicia, Murcia, Castilla-León) y las más cercanas a los focos industriales (Aragón, Rioja, Navarra, Cantabria) continuaron presentando saldos ampliamente negativos, la diferencia más significativa con el período anterior fue la incorporación de las regiones meridionales (Andalucía, Extremadura, Castilla-La Mancha) a esa «España peregrina» que inició así un proceso de despoblamiento, compensado aún por el crecimiento natural. La comparación entre los años anteriores y posteriores a la contienda civil (fig. 1.7) permite comprobar una intensificación de los movimientos y un retroceso de estas últimas frente al País Vasco y las regiones mediterráneas, que apuntaron ya una trayectoria positiva.

En consecuencia, la densidad regional de Madrid, que multiplicaba por ocho la de Aragón en 1930, llegó a hacerlo por catorce al finalizar el período, poniendo con ello de manifiesto un dualismo en la evolución de los diversos territorios que vino a acentuarse con el paso del tiempo (cuadro 1.10).

La *emigración exterior*, en cambio, experimentó una desaceleración al aumen-

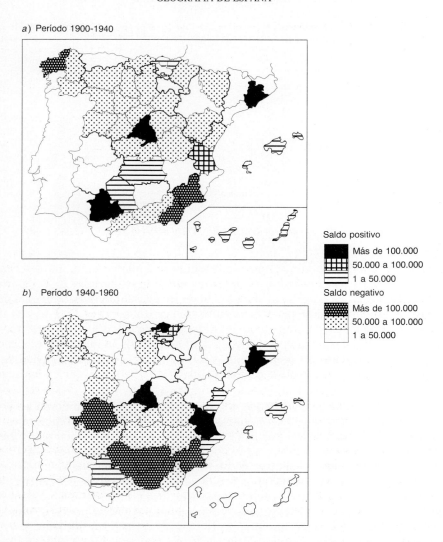

FIG. 1.7. *Saldos migratorios de las provincias españolas (1900-1960)*. Fuente: García Barbancho, A., 1967.

tar las restricciones en los países de acogida. Los flujos ultramarinos, que alcanzaron su máximo histórico en el decenio 1904-1913 (el balance de pasajeros por vía marítima se cifró en 689.443), se invirtieron durante la primera guerra mundial (– 97.800 entre 1914-1918) y, más tarde, con la depresión iniciada en 1929 (– 112.874 entre 1931-1935), para quedar paralizados con la guerra civil, la segunda guerra mundial y el período de aislamiento posterior, recuperándose débilmente en los años cincuenta (370.401 entre 1950-1959). De modo complementario, la emigración a Francia de agricultores mediterráneos y castellanos, que elevaron a 351.864 el número de residentes españoles en ese país en 1930, localizados sobre

Cuadro 1.10. *Distribución regional de la población y la industria (1900-1960)*

Región	Densidad 1960	Saldo migratorio 1900-1960	% Empleo industria 1955
Andalucía	67,3	− 224.107	11,5
Aragón	23,2	− 207.552	3,7
Baleares	87,6	+15.175	1,8
Canarias	128,3	+31.253	1,6
Cantabria	81,6	− 89.392	1,9
Castilla-La Mancha	24,9	− 585.629	3,4
Castilla-León	30,3	− 1.021.238	7,0
Cataluña	122,9	+1.386.589	22,8
Comunidad Valenciana	106,4	+140.239	9,3
Extremadura	33,1	− 269.920	2,1
Galicia	88,2	− 592.833	6,3
Madrid	325,7	+1.248.612	9,7
Murcia	70,8	− 218.821	2,0
Navarra	38,5	− 102.265	1,3
País Vasco	188,4	+228.936	9,3
Principado de Asturias	93,3	− 22.820	5,5
Rioja	45,8	− 71.651	0,8
España	60,5	− 936.379	100,0

Fuente: García Barbancho, A.; Banco de Bilbao, y elaboración propia.

todo en los departamentos meridionales, se vio reforzada con los refugiados de la contienda civil, hasta alcanzar unos 800.000 en 1939.

La suma de factores que han venido apuntándose intensificó el trasvase de población en favor de las ciudades, que por vez primera en 1950 reunieron un volumen de residentes mayor que los municipios con menos de 10.000 habitantes. La existencia de una correlación positiva entre el tamaño urbano y su tasa de crecimiento comenzó a hacerse evidente, siendo las ciudades con más de 50.000 habitantes las que absorbieron casi tres cuartas partes del incremento poblacional registrado en esos años: de sumar apenas 2,5 millones de residentes en 1900, alcanzaron los 4,7 en 1930 y hasta 10,8 en 1960 (cuadro 1.11). En el extremo opuesto, los municipios con menos de 2.000 habitantes comenzaron a registrar pérdidas, aún modestas (− 250.000 habitantes entre 1900-1930 y otros 450.000 entre 1930-1960) pero ya tangibles.

Como era lógico suponer, el *proceso urbanizador* resultó más intenso en aquellas regiones afectadas por un mayor impulso industrial, lo que explica que las mayores tasas en 1960 se situaran en la cornisa cantábrica, Cataluña y Madrid, siendo también elevadas en la Andalucía occidental, costa mediterránea y valle del Ebro (fig. 1.8). Pero la expansión de las ciudades no se limitó a ser un reflejo del crecimiento fabril, pues en otras muchas áreas las difíciles condiciones de vida en el medio rural ejercieron un efecto expulsor, que, además de originar flujos hacia esos focos, también contribuyeron a engrosar la población de muchos centros de servicios y administrativos, donde se desarrolló un sector terciario de refugio con muy escasa productividad. Las capitales de provincia, que de 3,1 millones de habitantes en 1900 (16,8 % de la población española) crecieron hasta los 9,4 millones de 1960 (30,8 % del total), son el mejor exponente de esos enclaves urbanos vinculados a su

CUADRO 1.11. *Distribución de la población según tamaño de los municipios en 1930 y 1960*

Tamaño municipios (habitantes)	Población 1930	% total	Población 1960	% total
Más de 100.000	3.551.564	15,0	8.517.462	27,9
De 50.000 a 100.000	1.183.855	5,0	2.320.169	7,6
De 20.000 a 50.000	2.533.449	10,7	3.052.854	10,0
De 10.000 a 20.000	2.841.251	12,0	3.449.725	11,3
De 2.000 a 10.000	8.689.494	36,7	8.761.691	28,7
Menos de 2.000	4.877.482	20,6	4.426.638	14,5

Fuente: Censos de Población.

entorno inmediato, de especial significado en la España interior. La densificación de los flujos de intercambio entre las ciudades y las diversas ventajas comparativas ofrecidas por unas y otras favorecieron una especialización de sus funciones en el marco de un sistema urbano progresivamente integrado (Capel, H.,1974).

La aceleración del movimiento urbanizador planteó una creciente necesidad de ordenación del espacio interno de la ciudad, al tiempo que se acentuaban las contradicciones con los intereses dominantes, haciendo surgir así uno de los componentes esenciales para comprender la urbe española contemporánea: la frecuente disociación, señalada por F. Terán, entre las ciudades tal como fueron imaginadas y como realmente llegaron a ser construidas/destruidas.

El primer tercio de siglo fue especialmente fértil en innovaciones teóricas y normativas. La incorporación de algunas propuestas del urbanismo racionalista defendidas por la Carta de Atenas (zonificación, edificación abierta, etc.), de las ciudades jardín según el modelo de Howard e, incluso, del planeamiento regional de corte anglosajón son las más destacadas entre las primeras. Sobresale como aportación autóctona la propuesta de «ciudad lineal» realizada por Arturo Soria que, con el objetivo de lograr «para cada familia una casa, en cada casa una huerta y un jardín», pretendía la urbanización de espacios de baja densidad e interclasistas, articulados por un eje de comunicación (tranvía urbano), en estrecho contacto con el campo circundante, de los que tan sólo llegó a realizarse un tramo de apenas 6 km en la periferia nororiental de Madrid.

La institucionalización del planeamiento que supuso el Estatuto Municipal (1924), al obligar a elaborar planes de extensión a todas las ciudades con más de 50.000 habitantes, o las acciones de reforma interior apoyadas en la Ley de Saneamiento y Mejora de Poblaciones (1895), cuyo mejor exponente fue la apertura de grandes vías, destacan entre las segundas. No obstante, la realización de nuevos ensanches, desprovistos ya de las pretensiones que tuvieron los proyectos originarios (Valencia, 1907; Pamplona, 1915; Zaragoza, 1925) y el fracaso en los intentos de ordenación de unos extrarradios que crecían con rapidez, de forma inconexa y con escasez de dotaciones básicas, marcaron la reestructuración urbana del período.

La posguerra trajo consigo el triunfo de un urbanismo retórico, defensor de «una estética apoyada, por un lado, en el casticismo autóctono y, por otro, en el monumentalismo historicista» (Terán, F., 1978, 119), junto a la aprobación de diversos planes generales para ciudades medias y grandes, cerrando su balance con la aprobación del Plan Nacional de la Vivienda (1955) y la Ley del Suelo (1956), que in-

a) Tasas de urbanización en 1960

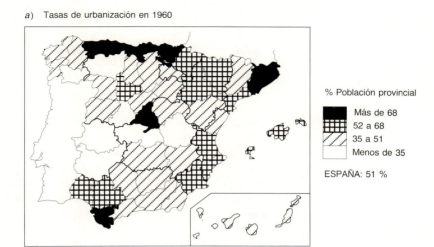

b) Especialización funcional de las ciudades en 1950

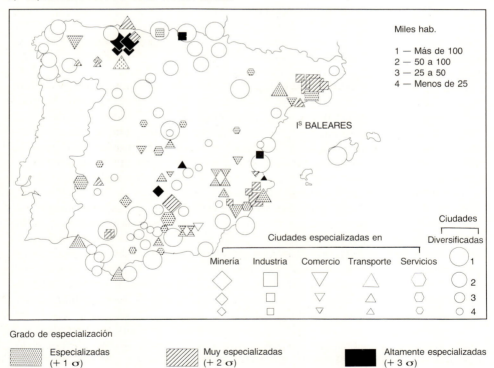

Fig. 1.8. *La España urbana en 1950-1960.* Fuente: Capel, H., 1974.

fluyeron decisivamente en la posterior producción de suelo urbano. En la práctica, el déficit de viviendas para absorber los contingentes inmigratorios propició la expansión de la urbanización marginal y el barraquismo en las grandes ciudades (ocupación ilegal, autoconstrucción, falta de urbanización) hasta límites antes desconocidos. El «malestar urbano», suma de pobreza, marginación, infravivienda y escasez de servicios, alcanzó en estos barrios sus mayores cotas.

4. **Apertura, crecimiento y dependencia en los años del desarrollismo**

Frente a las etapas anteriores, en las que la sociedad y el espacio españoles evolucionaron lentamente, en esta nueva fase que comprende el período 1960-1975 se produjo una aceleración de los cambios apuntados, que comenzó con la apertura de nuestras fronteras al exterior y siguió con la integración plena de la economía en el contexto internacional, a pesar de que aún se conservaron algunos lastres tradicionales, cuya modificación no se logró hasta fechas recientes. La movilidad de la población, el proceso urbanizador, los desequilibrios regionales, o la planificación indicativa conocieron también un notable auge, modificando sustantivamente el modelo territorial español. La especial influencia de este período para comprender la situación actual justifica un comentario algo más extenso, manteniendo en todo caso la estructura de apartados anteriores.

a) LA CONSOLIDACIÓN DEL PROCESO INDUSTRIALIZADOR

Los años cincuenta conocieron ya una cierta recuperación del pulso económico y una moderación del aislamiento precedente con la mejora de los abastecimientos exteriores tras la firma del acuerdo con Estados Unidos y la incorporación a los organismos internacionales. No obstante, la definitiva ruptura con el modelo autárquico, junto a una relativa liberalización del mercado interior y la plena inserción en la economía mundial sólo se produjeron con el Plan de Estabilización, aprobado en 1959.

En esencia, se trató de un programa de reequilibrio interno unido a una liberalización, al menos parcial, de los intercambios exteriores. El control monetario, salarial y de precios para frenar la inflación, la apertura comercial y a la inversión extranjera, la convertibilidad de la peseta y la limitación del gasto público supusieron el definitivo final de una política económica que, en palabras de Sardá, había dejado al país «en práctica suspensión de pagos». El ajuste, apoyado por la mayor parte de la burguesía industrial y financiera nacional, y contando con el apoyo de organismos internacionales como la OECE y el Fondo Monetario Internacional, comenzó a dejar sentir sus efectos en 1961.

Desde esa fecha y hasta 1974-1975 se registró un período de crecimiento sin precedentes del PIB, con tasas anuales acumulativas en torno al 7 % (hasta el 10 % en la industria y el 11,5 % en el consumo de energía primaria), que permitió elevar los niveles de renta de la población en un 119,2 % (en pesetas constantes), frente al 37,6 % de los años cincuenta y al 18,7 % de los cuarenta (Alcaide, J., 1988, 642), logrando, al tiempo, la definitiva consolidación en España de los rasgos inherentes a las sociedades industrializadas. Su abrupta crisis en la segunda mitad de los años setenta, al converger el final del ciclo económico con la descomposición del régimen político, supuso el inicio de un proceso de reestructuración —económica, política, sociodemográfica y territorial— que marca lo ocurrido en años recientes.

La intensidad de las transformaciones productivas encuentra un primer reflejo en la distribución sectorial de la población activa (fig. 1.3): si en 1960 el sector agrario continuaba siendo mayoritario, tal hegemonía se había desplazado a la industria 10 años después, para hacerlo ya a los servicios en 1975, iniciándose así un proceso de terciarización que marcaría el siguiente decenio. Por lo que se refiere específicamente al sector secundario, éste aumentó su participación relativa del 33 % al 37 % entre ambas fechas (27 % en la industria fabril y 10 % en la construcción), con la generación de más de un millón de empleos (642.000 industriales), en tanto su presencia dentro del PIB de ese último año alcanzaba el 39,5 % del total. La mejora de la productividad, favorecida por el aumento en las importaciones de bienes de equipo y tecnología, superó el 7 % anual (Monchón, F., Ancochea, G., y Ávila, A., 1991). Esa favorable evolución afectó también a nuestras relaciones comerciales exteriores, con lo que en 1976 el 64,8 % de la exportación correspondió a manufacturas (sólo el 11,1 % 20 años antes), frente a un 20,3 % de productos agrarios y un 14,9 % de otros bienes, entre los que representaban ya una parte exigua los minerales.

La convergencia de diversos factores de impulso internos y externos permitió una rápida e intensa *mutación del sistema industrial* heredado, que ha sido profusamente analizada (Fanjul, O., y otros, 1975; García Delgado, J. L., 1977; Carballo, R., y otros, 1981; Martínez Serrano, J. A., y otros, 1982), de la que pueden destacarse ciertos rasgos con incidencia posterior.

En cuanto a la apertura exterior, la incorporación a una economía mundial, que vivía una fase expansiva sin precedentes, supuso un impulso global para la economía española: aumento de ingresos por turismo que reactivan la demanda, emigración de excedentes laborales hacia Europa como válvula de seguridad frente al paro, transferencias de capital generadas por esos emigrantes, aumento de la exportación al devaluarse la peseta, energía barata, etc. Pero el efecto más significativo fue, sin duda, el rápido incremento de la inversión extranjera directa (8.700 millones de dólares entre 1959-1977) mediante la instalación de un buen número de empresas *multinacionales*, principalmente de capital estadounidense (35 % del total), suizo (19 %), alemán (12 %), británico (11 %) y francés (6 %).

La existencia de un mercado de consumo en expansión, que mantenía importantes barreras externas, así como unos costes productivos y una conflictividad laboral bajos, que aseguraban los excedentes empresariales y, finalmente, la reducción de los controles administrativos a la instalación y la repatriación de beneficios desde 1963 —y, sobre todo, tras la Ley de Inversiones Extranjeras de 1974— debieron ser factores básicos de atracción. En consecuencia, estas empresas localizaron aquí filiales que reproducían la organización y actividad de su país de origen, adaptándose a la escala y peculiaridades del mercado nacional.

Junto a la creación de empleo directo, concentrado principalmente en Cataluña, Madrid y el País Vasco (71,7 % del total entre 1960-1975), las multinacionales centraron su actividad en los sectores motrices del período, de rápido crecimiento, alto componente tecnológico y rentabilidad, tales como el material de transporte, en especial el automóvil (41,9 % de la inversión total), la industria química y farmacéutica (24,1 %), los productos envasados de alimentación (8,7 %), la maquinaria eléctrica y electrodomésticos (6,9 %), las máquinas-herramienta, etc. Con ello, además de ejercer un control estratégico sobre el sistema productivo español, contribuyeron a modernizar su perfil estructural en beneficio de los bienes de equipo y de consumo duradero, con lo que el índice de Hoffmann se redujo ya a 0,67 en 1970 (Muñoz, J., Roldán, S., y Serrano, A., 1978). No obstante, la transnacionalización impulsó también un creciente desequilibrio de las balanzas comercial y tecnológica, al elevar con rapidez las compras al exterior por estos conceptos. Crecimiento y dependencia (financiera, tecnológica, comercial, decisional) marcharon, por tanto, en paralelo durante esos años, reafirmando la posición semiperiférica del sistema productivo español en el contexto internacional.

Pero buena parte de la expansión y del cambio estructural debe vincularse directamente a la actuación de las *empresas de capital nacional*, que continuaron siendo ampliamente dominantes en el conjunto, y que debieron evolucionar para adaptarse a la nueva situación.

En primer lugar, mientras el INI perdía el peso de su anterior protagonismo en la política industrial, quedando relegado a una función subsidiaria y de apoyo en sectores de cabecera o poco atractivos para el capital privado (absorbiendo, incluso, diversas empresas en crisis), este último reforzó su grado de centralización con la formación de algunos grandes grupos empresariales, al tiempo que se reforzaban los vínculos entre los sectores industrial y financiero.

El aumento en el consumo de manufacturas privado y público (viviendas, infraestructuras, etc.), la existencia de crédito barato, un estricto control político de la fuerza de trabajo, o diversos incentivos fiscales y financieros que cristalizaron en los Planes de Desarrollo a partir de 1964, crearon un marco que animó la inversión empresarial. La ampliación de muchas instalaciones y del número de firmas multiplanta (de 5,8 trabajadores de promedio en 1962, a 11 en 1975), el aumento de la cuota exportadora hasta el 13 % de la producción total, etc., ponen en evidencia unos progresos que tampoco pueden ocultar la pervivencia de importantes déficit. Un alto número de microempresas en el umbral de la subsistencia, una escasa autofinanciación, una excesiva dependencia energética exterior, la elevada presencia de sectores maduros intensivos en trabajo poco cualificado, o una inversión en investigación y desarrollo (I + D) equivalente a sólo un 0,33 % del PIB en 1974, pueden ser los de mayores consecuencias futuras.

El propio crecimiento industrial, junto a la motorización creciente de la población (de 200.000 vehículos en 1953 a 4,5 millones en 1975) y la elevación de la demanda para usos domésticos justifican el fuerte incremento del *consumo energético* en esos años. La progresiva sustitución del carbón, que del 46,1 % del total consumido en 1960 redujo su presencia al 17,2 % en 1973, por los hidrocarburos (28,3 % a 68,4 %) es el cambio más sustantivo, quedando la hidroelectricidad (25,6 % a 11,9 %) y la energía nuclear (2,5 % en el último año) en un segundo plano (Sudriá, C., 1988). A la crisis minera generada en las principales cuencas carboníferas peninsulares se sumó una creciente dependencia del abastecimiento exterior, que haría sentir sus riesgos cuando se produjeron las grandes alzas en los precios del petróleo (1973 y 1979): de representar el 13 % de las importaciones totales en 1973, los hidrocarburos pasaron a suponer el 25,4 % en 1974 y hasta el 38,4 % en 1980.

Mencionar también que el sector energético, junto con el químico y el metal-mecánico, se situó en la punta de lanza del cambio tecnológico experimentado por la industria española. Las grandes refinerías, base por lo general de complejos petroquímicos más o menos amplios, tuvieron un destacado protagonismo en determinados enclaves litorales (Santa Cruz de Tenerife, Escombreras, Algeciras, La Coruña, Huelva, Castellón, Bilbao y Tarragona), además de Puertollano, tanto por sus efectos multiplicadores como por el negativo impacto ambiental derivado.

No pueden olvidarse tampoco los importantes efectos económicos y territoriales generados por el *auge turístico* iniciado en esos años. El incremento de la demanda en los países europeos, donde la población elevaba su renta y su tiempo de ocio, los bajos precios relativos, los atractivos que propiciaban un extenso litoral junto a unas favorables condiciones climáticas, y la fuerte entrada de capital en los sectores inmobiliario y de promoción, fueron factores esenciales para justificar su despegue. De este modo, la corriente turística internacional creció desde las 878.884 entradas registradas en 1950 a las 34.558.943 del año 1973, para reducirse luego ligeramente ante el inicio de la crisis económica, generando unos ingresos en divisas estimados en 297 millones de dólares en 1960 y 3.402,2 en 1975. En cuanto a su país de origen, más de las tres cuartas partes de los llegados procedía de la Comunidad Europea, escaseando en cambio los de procedencia extraeuropea.

La difusión de estos comportamientos entre amplias capas de la población urbana española permitió también elevar el turismo interior hasta una cifra próxima a los 25 millones en 1975, al tiempo que se generalizaba el fenómeno de la segunda residencia (más de 700.000 censadas en 1970) en los entornos de las grandes aglomeraciones (238.774 en los de Madrid, Barcelona, Valencia y Bilbao) y las costas (Ortega Valcárcel, J., 1975).

Frente a sus efectos positivos en la generación de empleo (construcción, hostelería, comercio, etc.) y rentas, tampoco pueden ignorarse los problemas de deterioro ambiental ligados generalmente al crecimiento incontrolado y especulativo, los que se relacionan con la estacionalidad y frecuente precariedad de los puestos de trabajo, o su fragilidad frente a las oscilaciones de la economía internacional.

El auge turístico se integra en un proceso más amplio de avance hacia una *economía de servicios*. La elevación de los niveles de renta en buena parte de la población, las crecientes necesidades de servicios por parte de las empresas, una expansión del empleo en la administración pública y la lenta respuesta a las demandas sociales en materia de equipamientos educativos o sanitarios, justifican los 3,5 millones de ocupados en el sector terciario que reflejaba el Censo de Locales de 1970. Además de su volumen y su creciente diversificación interna (servicios a la producción y el consumo, públicos y privados), destaca su fuerte concentración cuantitativa y cualitativa en las grandes ciudades, frente al notorio déficit padecido en los núcleos de rango inferior del sistema urbano y las áreas rurales. Las diferencias en el nivel de ocupación por cada mil habitantes que refleja el cuadro 1.12, no son sino exponente de esa desigualdad que sirvió de incentivo adicional a las migraciones.

Junto a una rápida evolución en las pautas culturales y de comportamiento, tuvieron lugar importantes *cambios sociolaborales*, con ampliación de las clases medias y del proletariado urbanos. De este modo, la población asalariada creció hasta 8,96 millones en 1975 al tiempo que las rentas salariales pasaban de repre-

CUADRO 1.12. *Empleo en actividades de servicios según tamaño de los municipios en 1970*

Número habitantes municipio	Empleo terciario	Ocupados/1.000 habitantes
Más de 500.000	1.010.822	166,9
100.000 a 500.000	838.847	133,7
50.000 a 100.000	257.167	116,4
20.000 a 50.000	414.796	100,9
10.000 a 20.000	291.180	82,7
Menos de 10.000	710.230	60,8
España	3.523.024	104,1

Fuente: INE, Censo de Locales 1970.

sentar un 52,0 % de la Renta Nacional en 1960 al 62,4 % 15 años después. Pese a todo, la distribución personal de la renta no llegó a atenuar los tradicionales contrastes existentes en el seno de la sociedad, pues según la Encuesta de Presupuestos Familiares del INE en el decenio 1964-1974 el 10 % de la población con menores ingresos sólo incrementó su participación en el conjunto desde el 1,43 % al 1,76 % mientras el 10 % que gozaba de ingresos mayores lo hacía desde el 36,85 % al 39,57 %.

El crecimiento económico también acarreó *transformaciones demográficas*, que podemos resumir en una progresiva moderación de las tasas anuales de mortalidad general y, sobre todo, de mortalidad infantil, en tanto las de natalidad se mantenían prácticamente constantes con lo que, dentro de la peculiar transición demográfica española, entre 1956 y 1965 se alcanzaron los mayores crecimientos vegetativos del siglo, algo superiores al 1 % anual. En consecuencia, los 30,4 millones de 1960 ascendieron a 35,9 15 años después (cuadro 1.13), con un incremento considerable de la densidad general y un rejuvenecimiento de la pirámide demográfica ya que los menores de sólo quince años elevaron su representación desde el 26,2 % de 1950 al 27,8 % en 1970. Este *baby boom* español, asociado al aumento de la nupcialidad y fecundidad que propició la mejora económica, se convertiría en factor de presión sobre el mercado de trabajo en los años ochenta ante el elevado número de jóvenes que alcanzaron la edad activa en esas fechas.

CUADRO 1.13. *Evolución demográfica (1960-1975)*

Años	Población (número habitantes)	Densidad (hab./km^2)
1960	30.430.698	60,3
1970	33.823.928	67,0
1975	35.899.094	71,1

Años	Natalidad (‰)	Mortalidad (‰)	Mortalidad infantil (‰)	Crecimiento vegetativo (‰)
1960	21,3	8,6	32	12,7
1970	20,0	8,5	24	11,5
1975	19,1	8,4	21	10,7

Fuente: Campo, S. del, y Navarro, M., 1987.

b) Crisis de la agricultura tradicional y modernización del campo

Los años del desarrollismo, entre 1960 y 1975, supusieron para la agricultura española un vuelco total de las condiciones en que se desenvolvía, transformándose radicalmente todos los elementos del espacio, la sociedad y la economía agrarias. El proceso industrializador desencadenó los cambios iniciales, demandando mano de obra industrial, que, procedente del campo, emigró hacia la ciudad en busca de mejores condiciones de vida. La pérdida de activos agrarios fue encareciendo progresivamente la mano de obra agraria, por lo que los agricultores se vieron obligados a mecanizarse, favorecidos por los créditos baratos de la Administración.

Al mismo tiempo, se fueron abandonando producciones tradicionales excedentarias y potenciando otras demandadas por una población que cambió su dieta tradicional de cereales y legumbres por otra más rica, que añadía leche, carne, frutas y hortalizas a las producciones básicas. La explotación agraria, mejor equipada y tecnificada, se fue agrandando y adaptando a la demanda del mercado nacional e internacional, a pesar de las rémoras e inercias del pasado, de modo que el campo español quedó así completamente renovado, enormemente disminuido en trabajadores, cuya edad media se elevó, excesivamente equipado, con unas explotaciones aún pequeñas, que producían a costes mayores de los del mercado internacional. Eran la cara y la cruz de la agricultura española: una modernización evidente, pero con claras disfuncionalidades, como lo pone de manifiesto la tremenda caída de la agricultura en el PIB, a pesar de la paralela disminución del empleo, según se aprecia en la figura 1.9, en la que se representan los datos desde la posguerra civil para ver más claramente el fenómeno.

Así, si la década de 1950 supuso la etapa dorada de la agricultura tradicional, con el Plan de Estabilización termina la autarquía y comienza el proceso básico de modernización del campo, al que sigue una etapa de estancamiento y modernización coyuntural (1975-1985), motivada por la crisis económica mundial y el inicio del proceso de adaptación de las estructuras y producciones agrarias a la Política Agraria Común. Esta etapa, al contrario de lo que sucedió en la industria, no supuso más que un período neutro para la agricultura, a pesar del aumento del costo de la energía y otros insumos; por ello, incluimos su análisis en este apartado, como una prolongación del proceso de modernización. A partir del ingreso en la Comunidad comienza una nueva fase, derivada de la integración y reforma de la Política Agraria Común (PAC), que estudiaremos más adelante.

El fenómeno arranca, pues, del *éxodo rural* y de la consiguiente mecanización, desencadenados a partir del proceso industrializador, de modo que pastores, jornaleros, braceros, pequeños agricultores y menestrales de los pueblos empiezan a engrosar las corrientes migratorias del campo a la ciudad hasta totalizar más de 2,6 millones de emigrantes interiores en todo el territorio nacional y 1 millón más de integrantes de la emigración exterior asistida. Así, si en 1960 se contabilizaba una población agraria de 12,7 millones (de los que 4,8 millones eran activos y 7,9 dependientes), en 1975 esa cifra se reducía a 7,4 millones (2,7 activos y 4,7 dependientes) y en 1985 caía a 5 millones (2 y 3 respectivamente). Un primer efecto a destacar fue el rápido envejecimiento de toda la población agraria española en este período, comprobable a través de la Encuesta de Población Activa (véase cuadro 1.14).

El hecho de que en torno al 42 % de la población activa (en 1985) supere los

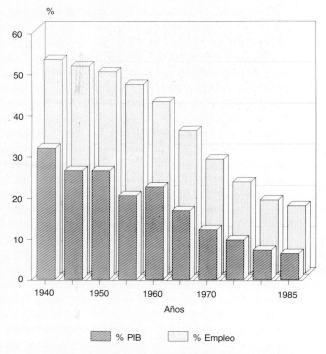

FIG. 1.9. *Evolución del empleo y del PIB. Sector primario (1940-1985).* Fuente: Requeijo, J., 1990.

cincuenta años ha levantado muchas voces en contra de ese pretendido peligro de «consunción» del labrador español, aunque ciertamente no es más que el resultado de un proceso de modernización de la agricultura, inacabado e inexorable, que conducirá a un mayor envejecimiento y reducción de la población activa, sin que se hayan resentido por ello las producciones.

CUADRO 1.14. *Caída y envejecimiento de la población agraria española (1960-1985)*

Años	Miles personas	% sobre total activa	Población activa agraria			
			% de 14-25 años	% de 25-44 años	% de 45-64 años	% de ≥ 65 años
1960	4.816,9	40,8	—	—	—	—
1965	3.932,4	32,3	21,9	35,9	35,4	6,8
1970	3.596,9	28,3	18,9	32,5	39,6	9
1975	2.753	20,7	15,1	30,7	45,1	9,1

Años	Miles personas	% sobre total activa	Población activa agraria			
			% de 16-30 años	% de 30-49 años	% de 50-59 años	% de ≥ 60 años
1980	2.152,1	16,7	19,6	37,6	27,1	15,7
1985	2.052,4	16,1	23,9	34,2	27,2	14,7

Fuente: FAO, *Anuarios de producción, 1974, 1982 y 1988* para la población agraria; Ministerio de Agricultura: *Anuarios de Estadística Agraria 1975 y 1985 a 1989* para la población activa, con datos basados en la EPA.

Ahora bien, como lógica consecuencia, los núcleos rurales españoles se han convertido en refugio de jubilados, sobre todo en la España interior (Castilla y León, Castilla-La Mancha, Aragón) y en casi prácticamente todas las áreas de montaña —interiores o periféricas—, donde apenas cuentan con actividades económicas distintas de las agrarias. El éxodo rural, que ha afectado más a la población joven (la mitad de los emigrados en el período 1962-1970 tenía menos de 25 años) y a ambos sexos casi por igual (52,5 % varones y 47,5 % mujeres en ese período; Cfr. Campo, S. del, y Navarro López, M., 1987, 102), ha dejado al campo de estas regiones y de Extremadura en una situación de retroceso demográfico, sólo paliado por el reasentamiento de algunos jubilados urbanos, antiguos emigrantes.

Un éxodo rural que, como señalamos, exigió a los labradores remanentes la sustitución del trabajo humano por el mecánico. Y el *proceso de mecanización* se realizó de una manera descontrolada y desorganizada, pues si los agricultores encontraron sobradas razones para sustituir la energía humana y animal por la de las máquinas, como demostró hace tiempo Naredo (1971), la realidad social y estructural de la agricultura española, con un elevadísimo número de explotaciones pequeñas (3 millones en el Censo de 1962, que continuaban siendo excesivas, por más que la ficción estadística censal elevara enormemente la cifra real), favoreció la rápida utilización del tractor y la cosechadora de cereales como los símbolos de la mecanización y modernización del campo, acompañados de los remolques y aperos necesarios para todo tipo de labores.

Fue un proceso fulgurante, pues de la práctica inexistencia de estas máquinas en los años cincuenta se pasó, ya hacia 1972, a su utilización generalizada y tan sólo algunas comarcas marginales continuaron prescindiendo de ellas. No obstante, aunque, como revela el índice de mecanización, ya hacia 1970 se había conseguido una cifra idónea (0,6 CV/ha frente a 0,1 en 1960), continuó aumentando su número y su potencia (1,49 CV/ha en 1980 y 1,85 en 1985), a menudo incluso contra toda lógica económica, pero amparándose en una fragmentación excesiva de la explotación familiar y en los créditos y subvenciones de la propia Administración a los Grupos Sindicales de Colonización y Cooperativas, constituidas frecuentemente por familiares que se unían con el objetivo de hacerse acreedores de los créditos y subvenciones.

Éxodo y mecanización modificaron las bases de la agricultura tradicional, que se vio obligada a adaptarse a las nuevas realidades. Las *producciones, superficies y el comercio agrarios* cambiaron de signo. Las producciones tuvieron que responder a una demanda más exigente y voluminosa, tanto por el cambio de la dieta tradicional como por la gran afluencia de turistas. Las superficies cultivadas se reorientaron a las necesidades y exigencias de las máquinas y del mercado; el comercio exterior se hizo subsidiario de las producciones internas, aportando gran cantidad de piensos para una ganadería que se modernizaba aceleradamente (cuadro 1.15).

Ciertamente, si la superficie cultivada se mantuvo en torno a los 20,5 millones de ha, se abandonaron muchas tierras no mecanizables y se roturaron otras, pero, sobre todo, creció a un ritmo vivo el regadío y disminuyó en la misma medida el barbecho, lo que favoreció el progreso general de las cosechas, destacando especialmente los incrementos de frutas y hortalizas en la España mediterránea cálida y valle del Ebro, y los de uva, girasol, patata, maíz, además de los de trigo, del que se produjeron excedentes estructurales desde 1967, frente a toda la etapa anterior, cla-

CUADRO 1.15. *Superficies y producciones agrarias de España (1960-1985) (a)*

	1960		1975		1985	
	ha (b)	Tm	ha (b)	Tm	ha (b)	Tm
Agricultura	20.522,50	—	20.833,60	—	20.415,40	—
Secano	18.694,20	—	18.216,80	—	17.409,00	—
Regadío	1.828,30	—	2.616,80	—	3.006,40	—
Barbechos (¹)	6.539,00	—	5.035,90	—	4.573,00	—
Cereales grano	7.278,00	7.292,0	7.197,00	14.208,0	7.591,00	20.972,0
Trigo	4.233,00	3.520,3	2.660,60	4.302,4	2.043,30	5.328,7
Cebada	1.428,00	1.562,2	3.261,90	6.728,4	4.245,60	10.698,3
Maíz	461,30	1.011,6	484,90	1.793,6	526,20	3.413,8
Arroz	65,80	361,4	62,10	378,7	74,60	462,3
Leguminosas grano	1.085,00	681,0	675,00	492,0	411,00	338,0
Patata	394,67	4.619,8	384,80	5.337,8	330,90	5.927,0
Viñedo (²)	1.725,59	3.368,0	1.739,70	5.202,1	1.592,90	5.450,2
Olivar (²)	2.307,89	2.366,7	2.207,30	2.357,6	2.086,70	1.989,5
Cultivos forrajeros	791,20	17.571,0	1.128,10	31.790,1	1.212,50	32.613,3
Cultivos industriales	461,00	—	1.147,00	—	1.325,00	—
Remolacha	144,35	3.507,0	200,20	6.337,0	180,40	6.619,0
Algodón	250,07	217,0	62,10	159,5	63,90	204,4
Girasol	3,60	1,7	791,80	415,8	988,60	915,3
Frutas	699,13	4.339,4	1.174,20	6.048,9	1.129,20	7.000,6
Hortalizas	314,00	5.491,0	472,00	8.234,0	481,00	9.692,0
Ganadería						
Bovino (³) (carne)	3.640	159,6	4.335	453,7	4.930	400,7
Bovino (³) (leche)	—	2.602,4	—	4.983,9	—	6.112,0
Ovino (³) (carne)	22.622	109,9	15.195	136,1	16.954	192,4
Ovino (³) (leche)	—	257,7	—	231,4	—	224,6
Caprino (³)	3.299	11,7	2.293	12,1	2.584	17,3
Porcino (³)	6.032	257,9	8.662	601,9	11.960	1.387,7
Aviar (³)	10.201	12,7	461.514	621,1	526.991	815,2
Huevos (millones docenas)	—	312,2	—	845,6	—	933,0
Equino (⁴)	2.350	15,1	831	10,2	540	7,6
Terreno forestal (⁵)	11.416,80	—	14.943,50	—	15.614,20	—
Prados naturales y pastizales	14.366,30	—	7.225,80	—	6.727,80	—

a En miles de hectáreas, miles de cabezas y miles de tm.
b Los datos de ganadería correspondientes a esta columna se expresan en cabezas de cada especie de ganado, incluidas las crías.
1. Corresponde a «barbechos y otras tierras no ocupadas», según datos de los Anuarios de Estadística Agraria de 1980 y 1985.
2. La producción de viñedo y de olivar corresponde a uva y aceituna respectivamente.
3. Los datos del bovino y ovino corresponden al número de cabezas en la primera columna y a la producción de carne y leche en la segunda. Los de las otras especies, al número de cabezas (en el aviar a las cabezas sacrificadas) y a la producción de carne. La carne se refiere en todos los casos al peso en canal y la leche a la producción, expresada en millones de litros (miles de tm).
4. El equino incluye el caballar, mular y asnal.
5. El terreno forestal y los prados naturales y pastizales fueron introducidos como tales conceptos específicos por el Ministerio de Agricultura en 1973. Antes se utilizaba la división entre superficie con pastos y sin pastos.
Fuente: MAPA: *Anuario de Estadística Agraria 1989*, y anuarios de los años respectivos.

ramente deficitaria. A partir de ese año el trigo fue cediendo extensión a la cebada, que se consagró como el cereal-pienso por excelencia, cuya espectacular expansión estuvo motivada por la subida de los precios.

En conjunto, los cereales mantuvieron la misma extensión en el período, pero casi triplicaron la producción, a pesar de la enorme caída de la población agraria, lo que habla bien claramente de los grandes avances de la productividad. Las leguminosas para grano, por el contrario, conocieron un descenso fortísimo, tanto las de consumo humano como, sobre todo, las de consumo animal, debido a la dificultad o imposibilidad de mecanizarlas. Reducción compensada por el auge de los cultivos forrajeros, tanto de praderas naturales como polifitas, bien en las áreas de montaña, bien en los regadíos de las grandes zonas regables del Duero, Ebro, Tajo y Guadiana. En los cultivos industriales se incrementaron las producciones, en función del aumento de los rendimientos (la remolacha pasó realmente de unas 35 tm/ha a 60 en los regadíos del Duero, aunque se consolidó también en los secanos andaluces de Cádiz y Sevilla, mientras desapareció en el Ebro) y se produjo una auténtica explosión en el girasol, que fue expandiéndose desde el sur hacia el norte de España, por todas partes (depresión del Guadalquivir, Mancha de Cuenca, campiñas del sur del Duero, etc.).

La ganadería asimismo conoció una expansión sin precedentes, tanto la de bovino como la de porcino y aviar. La primera consiguió mejorar claramente la raza, pasando a predominar nítidamente la frisona como raza de aptitud lechera, bien en las explotaciones con tierra de la España atlántica, bien en las explotaciones periurbanas de ganado estabulado, mientras la pardo-alpina (vaca suiza) se extendió por todas las montañas españolas como la de mejor aptitud cárnica, aunque en Galicia se mantuvo la rubia gallega y se produjeron numerosos cruces de poco valor. El incremento de la cabaña de porcino, merced, en parte, a las importaciones de piensos, permitió hacer frente a la demanda de carne y, junto con el aviar, que pasó de 10 a 527 millones de cabezas sacrificadas en los años 1960 y 1985 respectivamente, permitieron superar el déficit de alimentos y mejorar definitivamente la dieta, a pesar de que la producción de leche continuó siendo insuficiente, aunque se multiplicó por más de dos.

El único ganado de renta a la baja fue el ovino y el caprino (de 22 a 14 millones de cabezas entre 1960 y 1980), debido, sobre todo, a la falta de pastores, quienes, dadas sus desfavorables condiciones de vida, fueron los primeros en emigrar del campo. Ni que decir tiene que la ganadería de equino se hunde, presionada por la mecanización, reduciéndose en casi un 80 % entre las dos fechas extremas.

Ante estos cambios profundos de las producciones y superficies agrarias, se modifica también el *comercio exterior*, para adaptarse a la nueva demanda. Si tradicionalmente España había sido exportadora de productos agrarios, a partir de 1964 cambió el signo de la balanza exterior agraria, en virtud de las cuantiosas importaciones de piensos (fundamentalmente maíz y soja) para la nueva y mucho más exigente y productora ganadería. Desde 1965 hasta 1984 pasan dos decenios en los que se agudiza el déficit comercial agrario y las exportaciones agrarias dejan de ser las más importantes; así, si en 1960 los productos alimenticios representaban un 53,2 % del valor total exportado, en 1975 habían caído al 21,7 % y en 1985 al 12,9 % (Requeijo, J., 1990, 8).

La composición del comercio exterior agrario en 1964 y 1985 (véase fig. 1.10) refleja bien estos hechos. En la primera fecha todavía se observa un leve superávit, merced a las valiosas exportaciones de frutas (particularmente naranjas) y hortalizas, producidas en la España mediterránea y depresión del Ebro, además de Canarias, a lo que se suma el aceite y los vinos de la depresión del Guadalquivir y, secundariamente, de otras áreas mediterráneas. Las importaciones, no muy cuantio-

Año 1964

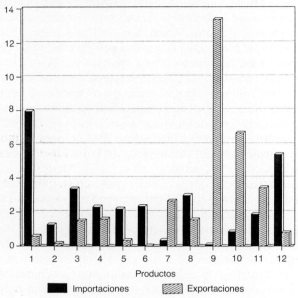

Año 1985

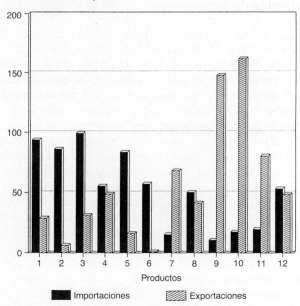

Fig. 1.10. *Composición del comercio exterior agrario de España en 1964 y 1985.* 1: Cereal. 2: Oleaginosas. 3: Prod. ganad. 4: Madera-Corcho. 5: Café, té. 6: Tabaco. 7: Bebidas. 8: Textil. 9: Frutas. 10: Hortalizas. 11: Aceite. 12: Otros.

sas, se centraban en el trigo, tabaco, productos ganaderos, etc., pero a partir de 1965 cambió el signo de la balanza comercial, que se hizo deficitaria hasta 1984 y, ya en esta fecha, las importaciones típicas se mantuvieron, pero se elevaron hasta cotas altísimas las de cereales —con la salvedad de que el maíz para la ganadería sustituyó al trigo para consumo humano— y de soja, procedentes de Estados Unidos.

Este conjunto de mutaciones afectaron tanto a los aspectos *estructurales* como a los *infraestructurales*, dando lugar a cambios significativos en los regímenes de tenencia de la tierra y a la modificación física del labrantío, por mor del incremento del regadío, del auge de la Concentración Parcelaria y de la Ordenación Rural.

La denominada «política de estructuras» se orientó a la labor concentradora, que, con buen criterio, se consideraba indispensable para la modernización del campo, como demuestra Alario Trigueros (1991). En efecto, si en 1954 había 54 millones de parcelas con una extensión media de 0,79 ha/parcela, que no llegaban más que a 0,17 ha/parcela en Galicia, a 0,32 en Asturias, a 0,5 en La Rioja o a 0,48 en Castilla y León, en 1984 se habían concentrado 5,5 millones de ha (equivalente al 20 % de la superficie teóricamente concentrable), a las que habría que añadir más de otros 2 millones de ha en proceso, con un Índice de Reducción de 7,5, es decir, que los 16,3 millones de parcelas concentradas se habían reducido a 2,2 millones de «fincas», sobresaliendo Castilla y León, donde se habían terminado 3,4 millones de ha, seguida de Castilla-La Mancha (1,3 millones). Es evidente que la labor concentradora no consistió en una mera operación de reorganización física del labrantío, sino que, como afirma dicha autora, la concentración hizo cambiar la mentalidad del agricultor, que pasó a considerar la tierra como un bien económico, más que como un patrimonio y atributo familiar del que no se podía desprender.

Junto a la Concentración Parcelaria, la Ordenación Rural, amparada en el Decreto de 1964, completada por la Ley de 27 de julio de 1968, fue concebida, en principio, como una actuación global, aunque se redujo a dinamizar la Concentración Parcelaria sobre todo y, secundariamente, a la compra y redistribución de tierras para incrementar el tamaño de las explotaciones, al fomento de agrupaciones cooperativas, a apoyar la capitalización de la empresa agraria mediante la mecanización y el desarrollo ganadero, y a la realización de obras y mejoras territoriales como caminos, redes de saneamiento, regadío e industrias agrarias, quedando en un plano secundario la mejora de las condiciones sociales.

En cuanto a infraestructuras, la ampliación, mejora y extensión del regadío continuó siendo la clave. La actuación del Instituto Nacional de Colonización directamente y del Servicio Nacional de Concentración Parcelaria y Ordenación Rural indirectamente (reunidos todos en el IRYDA —Instituto Nacional de Reforma y Desarrollo Agrario— a partir de 1971), y a través de la Dirección General de Obras Hidráulicas, logró poner en marcha diversos planes, que elevaron la superficie regada desde 1,828 a más de 3 millones de ha, distribuidas por todo el territorio nacional, aunque con predominio claro en la España mediterránea cálida y valles o cuencas de los grandes ríos. Como pone de manifiesto Sáenz Lorite (1988, 91-92) fue en esta etapa cuando se produjo un salto espectacular en el regadío español, que afectó principalmente a Aragón, Andalucía y Extremadura, aunque no fue despreciable en las demás regiones, como se advierte en los mapas de distribución del regadío (fig. 1.11). Algunos regadíos con aguas subterráneas, como los de la costa mediterránea andaluza (Campo de Dalías, Costa del Sol, etc.) y levantina han intro-

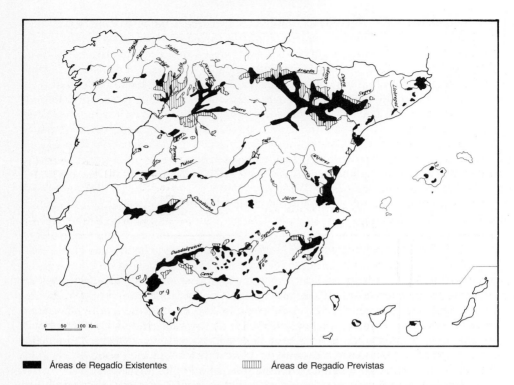

■ Áreas de Regadío Existentes   ▥ Áreas de Regadío Previstas

Fig. 1.11. *Localización de las principales áreas de regadío en España a mediados de los setenta.*

ducido una dinámica y economía agrarias completamente nuevas y, aunque en cifras absolutas no alcanzan superficies muy extensas, tienen un extraordinario valor económico, dada su intensidad de explotación.

A pesar del indudable progreso del regadío y de todas las transformaciones del campo español, las *estructuras agrarias básicas —propiedad y explotación—* no cambiaron suficientemente; y no se puede olvidar que ambas reflejan y sintetizan nítidamente todos los elementos, los factores, los condicionantes y los agentes responsables del espacio agrario.

Las modificaciones en la propiedad agraria no tuvieron demasiada importancia, pues el número de propietarios continuó siendo muy elevado y muy parco el tamaño de la propiedad. Según los Censos agrarios de 1962 y 1982 el número de explotaciones que disponían de toda o parte de la tierra en propiedad pasó de 2,36 millones en 1962 a 2,18 millones en 1982, bien entendido que la propiedad agraria tiene escaso significado y sobre todo en los umbrales bajos, en los que se contabiliza un elevado número de propietarios que apenas ejerce la actividad agraria.

Por su parte, la extensión media total aumentó desde 14,85 a 18,66 ha, por más que estas cifras de explotaciones sean falsas, ya que en muchos casos figuran como titulares marido y mujer y en otros se trata de «explotaciones» gestionadas por jubilados que las «mandan» trabajar (cuadro 1.16). En realidad, el tamaño medio en la primera mitad de los ochenta está en torno a 1 Unidad Agraria Tipo, o sea, unas

CUADRO 1.16. *Estructura de las explotaciones agrarias en España (1962-1982)*

Tamaño	1962		1972		1982	
	Número	Ha	Número	Ha	Número	Ha
De menos de 1 ha	965.667	318.551	631.937	271.819	626.244	264.942
De 1-<3 ha	682.170	1.220.199	652.226	1.152.896	593.536	1.038.704
De 3-<5 ha	349.631	1.342.235	326.674	1.244.303	287.250	1.087.808
De 5-<10 ha	417.125	2.927.613	388.002	2.708.830	334.285	2.324.648
De 10-<20 ha	300.996	4.192.331	271.160	3.742.303	241.925	3.339.417
De 20-<50 ha	196.001	5.872.086	181.443	5.489.373	168.253	5.126.522
De 50-<70 ha	31.066	1.810.581	34.168	1.994.892	35.412	2.068.131
De 70-<100 ha	20.606	1.700.254	24.934	2.057.668	26.206	2.166.019
De 100-<300 ha	24.556	5.525.419	39.523	6.520.441	41.403	6.727.865
De 300-<500 ha	8.246	3.138.275	8.992	3.418.358	8.955	3.415.126
De 500-<1000 ha	6.728	4.670.836	6.955	4.774.876	6.947	4.778.801
De 1000 y más ha	4.834	11.931.709	5.045	12.326.861	4.911	11.973.727
Total	3.007.626	44.650.089	2.571.059	45.702.620	2.375.327	44.311.710

Fuente: INE: Censos Agrarios de España (años respectivos).

65 ha equivalentes de secano, aunque las disparidades dimensionales sean enormes. P. Sánchez, basándose en el Censo de 1982, en la Encuesta de Población Activa y en los datos de la Seguridad Social Agraria, calcula que de los 2,3 millones de explotaciones del Censo Agrario sólo 850.000 eran verdaderas explotaciones en el sentido de que constituían la ocupación principal del empresario y tan sólo 410.000 de ellas eran económica y socialmente viables, aportando, además, el 74 % del Margen Bruto Total de la agricultura española (Sánchez, P., 1985).

Durante los años sesenta y setenta se echan, pues, las bases de la agricultura moderna en España, que ha conocido una crisis profunda para adaptarse a un nuevo modelo económico: el propio de un país industrial de Europa occidental, que ha obligado a reducir tremendamente el empleo en el campo, a incrementar el tamaño de la explotación, a tecnificarla y modernizarla, a producir a costos competitivos, etc.; hechos que han provocado cambios drásticos y adaptaciones insuficientes a la nueva realidad social y económica del país. Los años posteriores a la crisis mundial de 1973 no supusieron más que una fase de estancamiento y adaptación a las coyunturas, una especie de freno a la crisis general del campo, aunque ya en los años ochenta se cambió el rumbo de la política agraria para empezar a adaptarse a la normativa de la Comunidad Europea.

c) DE LA POLARIZACIÓN ESPACIAL A LOS PROCESOS DE DIFUSIÓN

La consolidación de una sociedad plenamente industrializada, tanto en lo económico como en los aspectos socioculturales o demográficos, supuso una paralela profundización de los procesos polarizadores, dominantes desde el pasado siglo. No obstante, esa intensificación de los movimientos de carácter centrípeto, que reforzaron los contrastes espaciales a diferentes escalas, se vio contrarrestada por el desarrollo de procesos difusores que favorecieron el trasvase de actividades y población hacia ciertos ejes, ciudades medias, etc., contribuyendo eficazmente a lograr una mayor integración del sistema territorial español.

Las *tendencias concentradoras* fueron visibles, inicialmente, en la industria con el reforzamiento de aquellas áreas que ya contaban con una mayor densidad fabril previa, si bien se inició el debilitamiento de algunas monoespecializadas en la primera transformación de recursos básicos como Asturias, pese al esfuerzo racionalizador que supuso la creación de HUNOSA (1967), ENSIDESA (1956) y UNINSA (1961), junto a la posterior fusión de estas dos últimas en 1973. También los moderados efectos de una política regional cuyo mejor exponente fueron los Polos de Promoción y Desarrollo (analizados en un capítulo posterior), hicieron algo más compleja esa relación al potenciar el crecimiento de algunas ciudades medias. Su constatación puede hacerse en tres planos sucesivos y complementarios:

— A escala regional, Cataluña, Madrid, el País Vasco y la Comunidad Valenciana aumentaron su presencia en la población activa industrial española del 51,1 % en 1955 al 60,5 % en 1975, frente al declive continuado de Andalucía, Galicia, las dos Castillas, Extremadura (del 30,3 % al 23,7 %) e, incluso, de Asturias (del 5,5 % al 3,3 %). El progresivo desplazamiento de la actividad industrial hacia el cuadrante nordeste peninsular permitió a algunos autores proponer una hipotética diagonal Castropol-Cartagena como divisoria entre la España fabril y la agraria.

— Al reducir la unidad de observación, los contrastes se agudizaban, pues si en 1955 las cinco provincias más industrializadas reunían el 44 % de la producción y el empleo en el sector, dos décadas después superaban ya la mitad del total, en tanto las veinticinco situadas en peor posición redujeron su participación del 18,0 % al 13,5 %. El abismo que separaba los 107 trabajadores industriales/km^2 de Barcelona o los 85,5 de Vizcaya, frente al vacío casi total de las provincias interiores, donde siete de ellas no alcanzaban siquiera un empleo/km^2, resulta suficientemente elocuente de tal dicotomía (fig. 1.12). Aún era mayor la concentración de las funciones decisorias y de gestión correspondientes a las 500 mayores empresas en 1972, situándose en Madrid un total de 216 sedes sociales, por 133 en Barcelona, 29 en Vizcaya y sólo 22 en el resto (Gámir, A., 1986).

— En el plano urbano, las economías externas ligadas a la gran ciudad explican también que mientras las aglomeraciones metropolitanas con más de medio millón de habitantes duplicaron con creces sus efectivos industriales en establecimientos con más de 50 trabajadores entre 1965-1975, y las situadas entre 200.000-500.000 habitantes lo hicieron en un 80 %, los núcleos que no alcanzaban los 20.000 sólo crecieron un 43 %, muy por debajo del 69 % correspondiente al promedio español (Méndez, R., 1986).

Esas tendencias centrípetas se vieron complementadas, aunque sólo parcialmente compensadas, con el inicio de un *proceso difusor* desde las áreas más saturadas hacia su entorno próximo, fácilmente accesible y con suelo urbanizado abundante, pero con menores costes y apenas controles urbanísticos, lo que explica que la red de carreteras actuase como vector del proceso ante la crisis del transporte ferroviario. Esa tendencia, que se inició en los focos tradicionales catalán y vasco, dio origen a la formación de verdaderos ejes de desarrollo, principalmente en el valle del Ebro y litoral mediterráneo, con algunas ciudades como Vitoria, Zaragoza, Valencia o Alicante, en rápida expansión. La estructura espacial de la industria española en 1975 queda así reflejada en el mapa de la figura 1.13, donde se localizan

a) Densidad de población 1975

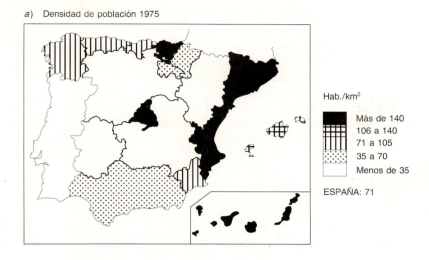

b) Densidad industrial 1975

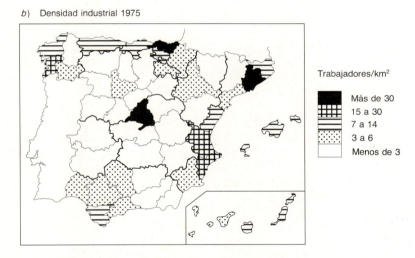

Fig. 1.12. *Distribución de la población y la industria en 1975.* Fuente: Banco de Bilbao.

puntualmente todos los núcleos por encima del millar de empleos en establecimientos con un mínimo de 50 trabajadores, a los que se unen aquellos otros municipios contiguos que también contaban con algunas industrias de estas características (Méndez, R., 1988).

Además de acentuar la relación existente entre la madurez industrial de cada región y sus pautas de distribución, dominando los enclaves aislados en la España interior frente a la formación de verdaderas redes de centros interdependientes en las más desarrolladas, los procesos de difusión tuvieron también una incidencia directa sobre el crecimiento de la población (fig. 1.13), modificando en consecuencia

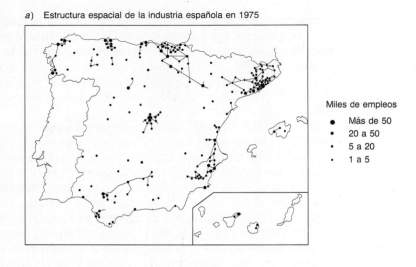

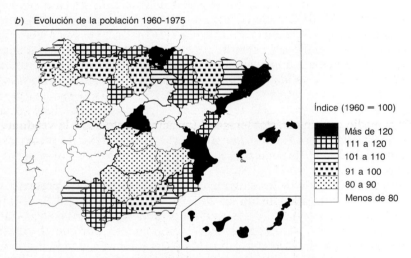

Fig. 1.13. *Procesos de difusión espacial en España (1960-1975).*

el esquema básico de organización territorial vigente en períodos anteriores. Frente al contraste litoral-interior, la concentración en el triángulo Barcelona-Madrid-Bilbao, o las «dasicoras» periféricas, se fue definiendo con progresiva nitidez una *«Y» griega* en rápida expansión que enlazaba los litorales cantábrico y mediterráneo a través del Ebro. En posición excéntrica quedaron otros focos dinámicos como Madrid, Valladolid, el «ocho» asturiano (Avilés-Gijón-Oviedo-Mieres-Langreo), la Galicia litoral (Ferrol-Vigo) o la Andalucía occidental, al tiempo que se acentuaba la evolución regresiva del resto.

El efecto multiplicador de la industria sobre los servicios, destinados tanto a la producción como a una población que elevaba su renta, junto con la crisis de la agricultura tradicional, aceleraron el *trasvase de población del campo a la ciudad* y de las regiones agrarias a las industriales hasta límites extremos, agravando el despoblamiento de extensos territorios. La emigración hacia los mercados de trabajo localizados en los países de Europa occidental se añadió a lo anterior para impulsar unos movimientos de masas sin precedentes que acentuaron un desarrollo desigual cada vez más acusado.

En los años sesenta, unos 2,6 millones de personas abandonaron su provincia de residencia, en tanto 1,4 millones se desplazaba de unos a otros municipios dentro de las mismas, lo que supone unos flujos equiparables a los habidos en los 20 años anteriores. El éxodo rural continuó siendo su principal fuente de alimentación, afectando no sólo ya a los municipios más pequeños y a las comarcas más deprimidas, sino también a muchos centros comarcales privados de su tradicional área de influencia y a espacios de agricultura próspera en proceso de modernización. En conjunto, más de un 80 % del territorio español experimentó saldos migratorios negativos durante el período, focalizándose los desplazamientos hacia los centros dinámicos ya mencionados, que definieron áreas de atracción bastante bien delimitadas: mientras Madrid absorbía buena parte de los excedentes castellanos y extremeños, o Bilbao los de Castilla la Vieja, Barcelona fue principal destino para andaluces y aragoneses, o Valencia para los emigrantes del sureste peninsular (fig. 1.14).

Respecto a la emigración exterior, el cambio esencial fue la sustitución del tradicional flujo ultramarino —que tan sólo arrojó un saldo de 61.437 personas entre 1961-1975 (275.121 salidas y 213.684 llegadas)— por el destinado a los países europeos. Pese a estar infravalorada, la emigración asistida de carácter permanente entre 1962-1976 ascendió a más de un millón de personas, al que debe sumarse otro millón y medio con un carácter temporal (principalmente hacia la vendimia francesa), lo que supone una cifra muy importante que vino a aliviar las presiones que sobre el mercado de trabajo supuso el Plan de Estabilización y la acelerada desagrarización posterior.

Mientras el reparto de los emigrantes por regiones de origen presentó una relativa dispersión, correspondiendo un 28,5 % a Andalucía, un 24 % a Galicia, un 11 % a Castilla-León, un 6,5 % a Extremadura, un 6 % a la Comunidad Valenciana, un 5 % a Aragón, etc., sus destinos mantuvieron un alto grado de concentración al corresponder un 94 % del total a Suiza, Alemania y Francia, donde fueron a ocupar por lo general puestos de escasa cualificación, aunque dentro de un perfil sectorial muy variado, que abarcaba desde la industria y la construcción, a las obras públicas, la hostelería, etc. A diferencia de las migraciones interiores, que afectaron mayoritariamente a núcleos familiares completos, aquí la presencia de la mujer se redujo al 15 % del total, dominando también ampliamente las personas en edad activa, entre 15 y 55 años (García Fernández, J., 1965; Puyol, R., 1979).

En la valoración de ambos tipos de flujos, el balance entre ganancias y pérdidas resulta siempre muy sesgado según la óptica adoptada en cada caso. Si bien es cierto que la menor presión demográfica hizo posible la capitalización/mecanización de las explotaciones agrarias, insuflando rentas exteriores al campo español, permitió mejorar los niveles de renta y las expectativas para una parte de los emigrantes o, en el caso de las salidas a Europa, supuso una entrada de divisas por remesas de ahorro y transferencias de capital estimada en unos 7.223 millones de dó-

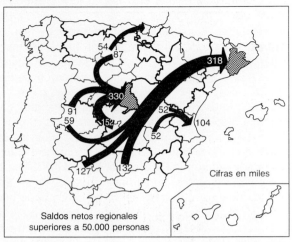

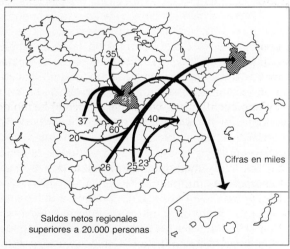

Fig. 1.14. *Saldos migratorios en España en los períodos 1961-1970 y 1971-1975.* Fuente: Campo, S. del; Navarro, M., 1987.

lares durante esos quince años, tampoco puede ignorarse la existencia de sombras de singular importancia. La descapitalización humana y el envejecimiento de amplios espacios, privados así de lograr un cierto desarrollo endógeno, el consiguiente aumento de la desigualdad territorial, el desarraigo social y familiar padecido por algunos de los implicados, o los problemas de vivienda y déficit de equipamientos que acumularon muchas de las ciudades que recibieron la avalancha inmigratoria, son algunas de las más importantes.

La *urbanización de la sociedad española* es, precisamente, el último tipo de

Cuadro 1.17. *Distribución regional de la población y la industria (1960-1975)*

Región	Densidad 1975 (hab./km^2)	Saldo migratorio 1960-1975	% Empleo industrial 1975
Andalucía	70,1	– 1.041.545	9,4
Aragón	24,6	– 48.211	3,5
Baleares	117,8	+ 119.103	1,2
Canarias	176,4	+ 137.436	1,5
Cantabria	92,3	– 12.647	1,6
Castilla-La Mancha	20,8	– 604.599	3,1
Castilla-León	27,0	– 627.209	4,7
Cataluña	176,9	+ 947.137	26,2
Comunidad Valenciana	144,9	+ 476.867	12,1
Extremadura	25,8	– 494.031	1,1
Galicia	91,0	– 220.062	5,4
Madrid	543,4	+ 996.681	12,2
Murcia	77,7	– 109.139	2,1
Navarra	46,2	– 15.814	1,8
País Vasco	277,2	+ 320.311	10,0
Principado de Asturias	103,5	– 17.390	3,3
Rioja	47,7	– 14.973	0,8
España	70,8	– 170.491	100,0

Fuente: Campo, S. del, y Navarro, M., Banco de Bilbao, y elaboración propia.

transformación a mencionar. No sólo aumentó el número de municipios por encima de los 10.000 habitantes hasta superar el medio millar, o la población residente en ellos en más de un 40 %, sino que además el crecimiento resultó superior en las ciudades de mayor dimensión, dando origen a la formación de verdaderas áreas metropolitanas. En el plano cuantitativo, puede destacarse el hecho de que más de una tercera parte de la población residía ya en ciudades con más de 100.000 habitantes en 1970 por sólo un 27,8 % diez años antes (cuadro 1.18), o que las diez mayores áreas metropolitanas reunían ya en esa fecha 13 millones de residentes, superando Madrid y Barcelona los tres y medio, en tanto Valencia y Bilbao alcanzaban también rango de aglomeraciones millonarias (Esteban, A., 1981). Tal como refleja el mapa de la figura 1.15, las mayores tasas de urbanización se situaron lógicamente en la «Y» griega, además de los archipiélagos. Pero más importante fue la «transformación radical de la red urbana, consolidando la estructura de ligazones intermetropolitanos y debilitándose la tradicional jerarquía de los lugares centrales por la inestabilidad de los niveles de orden inferior y la pérdida del potencial demográfico de las áreas complementarias tradicionales» (Precedo, A., 1988, 48).

En el interior de las ciudades tuvo lugar una profunda transformación de su morfología y estructura interna, que vino a sumarse a su rápida expansión física.

Por un lado, se produjo una fuerte presión sobre ciertas áreas del centro histórico y del ensanche, que experimentaron una intensa remodelación y terciarización —a veces con destrucción de un patrimonio arquitectónico de inestimable valor—, en tanto aquellas otras menos accesibles, de peor calidad, etc., sufrieron con frecuencia un proceso de degradación física y social, al tiempo que un envejecimiento de su pirámide demográfica.

Pero lo más representativo, sin duda, de esos años fue la rápida expansión de las periferias urbanas para acoger los nuevos contingentes de población en grandes

CUADRO 1.18. *Distribución de la población y saldo migratorio según tamaño de los municipios en 1960-1975*

Tamaño municipios (habitantes)	1970 (% total)	Saldo 1960-1975
Más de 100.000	36,7	+ 942.442
De 20.000 a 100.000	18,6	+ 583.981
De 10.000 a 20.000	10,8	− 14.505
De 2.000 a 10.000	23,0	− 661.945
Menos de 2.000	10,9	− 875.930

Fuente: Censos y Padrones de Población.

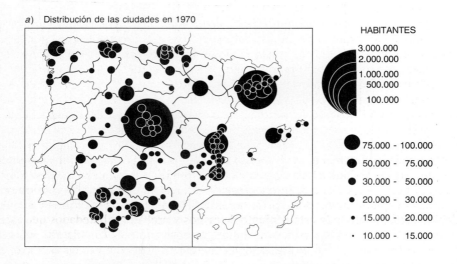

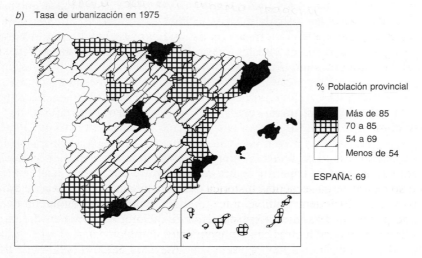

FIG. 1.15. *La España urbana en los años 70.* Fuente: Zalacaín, R., 1982.

polígonos de viviendas, de iniciativa pública o privada, con su característica fisonomía de bloque abierto, escasamente integrados y con frecuentes insuficiencias en materia de equipamientos ante el carácter especulativo que guió con frecuencia su construcción y los convirtió en simples barrios-dormitorio. Pese a la política pública de vivienda, la autoconstrucción continuó siendo un componente habitual del paisaje en esa margen urbana (111.826 chabolas censadas en 1970), exponente material de algunas de las lacras sociales asociadas a un modelo de crecimiento poco atento a solventar los déficit de equidad. En el extremo opuesto, algunos enclaves de esas periferias también conocieron la aparición de espacios residenciales de alta calidad, próximos en su fisonomía externa al modelo de ciudad-jardín, hacia los que se fue trasladando parte de la burguesía urbana que abandonaba unos centros cada vez más congestionados.

En la gestión del cambio urbano, la actuación de los agentes privados (propietarios del suelo, promotores inmobiliarios, etc.) tuvo un evidente protagonismo no exento de conflictos internos y con unos movimientos vecinales cada vez más importantes. Por su parte, un planeamiento jerarquizado según lo dispuesto en la Ley del Suelo (planes generales, parciales, de reforma interior) vino con frecuencia a sancionar actuaciones ya consolidadas, estableciendo tan sólo algunas precisiones en materia de calificación de suelo, trazado viario, volúmenes de edificabilidad, etc.

Todo este conjunto de tendencias, que definían un modelo de organización territorial coherente con una determinada fase en el proceso de acumulación y con una determinada estructura social, comenzó a verse alterado a partir de los años setenta, iniciándose un período de cambios acelerados que llega hasta la actualidad. No obstante, la nueva lógica que define el momento presente y que será protagonista en los próximos capítulos, dedicados prioritariamente al análisis de la realidad actual, ha debido actuar sobre todo este conjunto de rasgos y problemas heredados que inciden directamente sobre la diversidad de respuestas observable. Si «la historia y las relaciones de los individuos y los grupos en el pasado constituyen una de las llaves para la comprensión de la relación entre espacios y sociedades» (Frémont, A., Chevalier, J., Hérin, R., y Renard, J., 1984, 105), muchos de los aspectos abordados en este capítulo inicial deberán ser recuperados a lo largo del texto para lograr una visión integrada de la realidad geográfica española, aunque, previamente, no podemos pasar por alto algunos otros condicionantes internos y externos que han influido decisivamente en la configuración de las estructuras espaciales españolas.

5. El significado de las influencias exteriores y de otros condicionantes internos

Aunque el hilo argumental elegido ha optado por una perspectiva dinámica que permita interpretar el análisis de la situación actual como una instantánea en el transcurso de una larga secuencia histórica que ha conocido la sucesión de estructuras productivas, sociodemográficas y territoriales desarrolladas en apartados anteriores, no puede finalizarse esta presentación de factores explicativos del presente sin aludir con brevedad a otros condicionamientos complementarios, no asimilables con facilidad a la periodización utilizada. La influencia ejercida por lo que pueden calificarse como infraestructuras físico-naturales y superestructuras político-institucionales constituye referencia obligada, no tratada hasta el presente, a la que parece conveniente incorporar un comentario acerca de las cambiantes influencias procedentes del exterior, centradas sobre todo en los efectos del proceso de integración europea que tantos y tan diversos impactos está derivando.

a) El peso de los factores ecológicos en la organización espacial

El primer tipo de condicionantes internos aludido se refiere a los factores ecológicos. Las interpretaciones sobre su incidencia en la organización espacial se polarizan a veces en extremos irreconciliables. Mientras unos autores defienden su irrelevancia, por cuanto las estructuras espaciales procederían básicamente de la transformación humana del medio ecológico a través de las inversiones realizadas, de acuerdo con el grado técnico de la sociedad que ocupa y explota el espacio, otros otorgan a los condicionantes ecológicos un valor casi determinante. Sin llegar a estos extremos, es evidente que el espacio físico representa algo más que un mero soporte de la actividad económica y que dicha actividad se adapta en cierto modo al medio ecológico, en cuanto pretende aprovechar su potencial. Así, un relieve accidentado y con grandes desniveles dificulta los intercambios y la articulación e integración regional, al igual que los climas fríos o áridos dificultan el aprovechamiento agrario... Sin embargo, todos estos factores se superan cuando existen recursos cuya explotación económica compensa los gastos necesarios para su puesta en funcionamiento.

En este sentido, España cuenta con un potencial ecológico considerable, aunque dispar y no suficientemente aprovechado, en función de las propias dificultades del medio, como la elevada altitud, la escasa accesibilidad de extensos territorios, etc. A ello se unen unos recursos mineros diversos, aunque hoy poco rentables, pero también unos climas contrastados, algunos de los cuales favorecen el desarrollo de una amplia gama de cultivos, además del gran atractivo turístico de ciertas regiones.

La *situación planetaria*, entre los 36° 00' de latitud norte en la punta de Tarifa y los 43° 47' N de la Estaca de Bares, confiere al territorio español peninsular una primera singularidad: un clima templado, en el que la conjunción de masas de aire tropical y polar origina el desarrollo de tipos de tiempo cálidos o fríos sucesivamente en cortos lapsos, aunque en las regiones mediterráneas costeras predominen los caracteres tropicales sobre los polares. Este fenómeno se ve potenciado por su posición suroccidental en el continente eurasiático, con lo que hace de encrucijada entre éste y el africano, sirviendo de puente de influencias dispares, tanto biogeográficas como culturales, entre ambos.

Por otro lado, la posición entre dos grandes masas de agua —las del Atlántico y Mediterráneo— le proporcionan una nueva especificidad. Primero, por las importantes precipitaciones que caen sobre las regiones noroccidentales, incrementadas por los relieves montañosos. Segundo, por los contrastes térmicos entre un océano templado (Atlántico) y un mar cálido (Mediterráneo), cuyas temperaturas medias en verano alcanzan 5° más en éste que en aquél en las latitudes meridionales de la Península (21 y 26 °C respectivamente). Estos aspectos, unidos al gran desarrollo de las costas —3.904 km en la España peninsular, según las últimas mediciones de la Dirección General del IGN— potencian la importancia de la pesca como actividad económica. Tal como señalaba Terán en la introducción a la *Geografía general de España* publicada por esta misma editorial en 1978, «la situación entre dos mares y dos continentes —determinante en unión con la configuración del relieve de la variedad climática— y la variedad de constitución geológica —con su acción en la compleja arquitectura del solar hispano— hacen de España, y en esto consiste otra de las originalidades de su geografía, un país de paisajes naturales diferenciados, justificando la definición que de la Península hizo Reclus como un continente en miniatura» (Terán, F., 1987, 12).

El *clima* de estas latitudes es básicamente mediterráneo, con predominio de los vientos del Oeste, excepto en el caso de las Canarias —entre los 27° 38' y 29° 25' N—, afectadas por los alisios, si bien el relieve modifica los caracteres básicos del clima, haciendo de la Península Ibérica un espacio contrastado, con una diversidad y hasta cierta disparidad de regiones climáticas y, por tanto, de potencialidades y riesgos.

En principio, existen dos dominios climáticos, de los que el mediterráneo ocupa la mayor parte de la Península, mientras el atlántico tan sólo se extiende por Galicia y el norte, hasta las vertientes meridionales de los Pirineos y cordillera Cantábrica, si bien se puede establecer un pequeño sector en el SE, que correspondería a un medio árido, antesala de los desiertos del norte de África. El ámbito mediterráneo se distingue ante todo por la aridez estival, que dura entre 3 y 5 meses, según regiones, lo que determina un tipo de cobertera vegetal específica, principalmente de encinar, con toda su riqueza florística y faunística y, al mismo tiempo, otorga una importancia capital a la utilización del agua durante los meses secos, lo que exige la construcción de infraestructuras para su aprovechamiento. El mundo mediterráneo es, pues, desde la perspectiva agraria, el mundo de los secanos extensivos, a base de la denominada «trilogía mediterránea» —cereal, vid y olivo— y de los regadíos intensivos; el aprovechamiento del agua en verano se convierte, así, en una necesidad y en una gran potencialidad.

Por otro lado, esa aridez estival ha permitido la explotación de otro recurso de gran trascendencia en la España actual: el turismo. La abundante insolación, unida a la casi certeza del verano seco mediterráneo, ha favorecido el desarrollo de un turismo de masas, aunque, evidentemente, este fenómeno se ha apoyado en otros factores socioeconómicos para hacer de España la primera potencia mundial por número de turistas. Este turismo masivo se ha localizado en la costa mediterránea, que goza de mayores niveles de insolación que la cantábrica y atlántica, si bien San Fernando (Cádiz) registra el mayor número de horas de sol al año, con 3.233, frente a Gijón, que ocupa la última posición, con 1.637; Almería y Málaga superan un poco las 3.000, Barcelona llega casi a las 2.500, mientras La Coruña apenas supera las 2.000.

Como país mediterráneo, España cuenta también con una serie de riesgos derivados del clima, especialmente las inundaciones de otoño o primavera, lo que ha obligado, sobre todo en la vertiente mediterránea, a regular los ríos mediante embalses, que, a su vez, proporcionan el agua necesaria para la puesta en práctica del regadío. Por otro lado, los riesgos térmicos y, principalmente las olas de frío en primavera, causan a menudo serios perjuicios a los cultivos y a las comunicaciones. La sequía, además, es un fenómeno frecuente durante gran parte de la primavera y el otoño, llegando incluso en el SE peninsular y en las islas Canarias a causar problemas de abastecimiento de agua por sobreexplotación y agotamiento de acuíferos subterráneos.

La España atlántica, que tan sólo ocupa en torno a un 20 % del territorio, se caracteriza por un clima lluvioso a lo largo del año, bajo el que la hierba —el prado— permanece verde, sin agostarse, en verano. Aquí el clima introduce un riesgo de fuertes nevadas y de dificultades de comunicación durante el semestre invernal (mediados de octubre a mediados de marzo). La intensidad y la permanencia de la nieve en las montañas, dada su proximidad al océano, representa, pues, un riesgo potencial, aunque la suavidad de las temperaturas y la abundancia de las precipitaciones permiten unos elevados rendimientos de los bosques, del prado y de la ganadería.

El *relieve* supone un elemento más a contabilizar en la organización territorial. España es, en principio, un país grande, a escala europea, aunque mediano en una consideración planetaria. Sus dimensiones —504.750 km^2— permiten el desarrollo de una cierta diversidad no sólo climática, sino también geológica y, por lo tanto, de roquedo y de minerales. Dimensiones y situación le otorgan un papel relevante en la geoestrategia mundial, aunque, desde otra perspectiva, no aportan abundancia de recursos minerales, más bien escasos, sobre todo en lo referente a energía, ya que no cuenta prácticamente con petróleo y el carbón se localiza en vetas estrechas y muy fracturadas.

Esta considerable extensión, por otra parte, se distribuye en un conjunto de tierras altas predominantes —altitud media de la Península Ibérica de 660 m, superior a la de cualquier país europeo, excepto Suiza, que alcanza 1.300 m—, de manera que tan sólo un 11,4 % del territorio nacional queda por debajo de los 200 m, siendo, pues, muy escasas las llanuras litorales y depresiones bajas, mientras los dos quintos del país se hallan entre los 600 y 1.000 m (véanse cuadro 1.19 y fig. 1.16).

Esta elevada altitud media hace de España un conjunto de tierras frías, de acusados rigores invernales, que dificultan seriamente las comunicaciones, los intercambios y la integración regional. No se puede olvidar que las comunicaciones interregionales tienen que superar a menudo puertos de montaña elevados, con los consiguientes riesgos de nevadas y, sobre todo, de heladas durante los meses centrales de invierno. Como apunta Piñeiro, unos 21 puertos de la red principal de carreteras sobrepasan los 1.200 m (Piñeiro Peleteiro, R., 1987, 18), destacando las dificultades de tránsito por la cordillera Cantábrica y Macizo Galaico, que aíslan a Cantabria, Asturias y Galicia del resto de España, al igual que los Pirineos la separan de Francia; problemas que aún afectan a numerosas carreteras nacionales y comarcales, si bien los «accesos a Galicia» o el túnel de Pajares han favorecido los flujos.

Todos estos aspectos señalados inciden claramente en el aprovechamiento del potencial ecológico. Como país predominantemente mediterráneo, España cuenta

CUADRO 1.19. *Distribución altitudinal del territorio español*

< 200 metros	57.414 km^2	(11,4 %)
200 - <600	156.014 km^2	(30,9 %)
600 - <1000	198.310 km^2	(39,3 %)
1000 - <2000	88.466 km^2	(17,5 %)
≥ 2000	4.546 km^2	(0,9 %)

Fuente: INE: *Anuario Estadístico de España, 1991.*

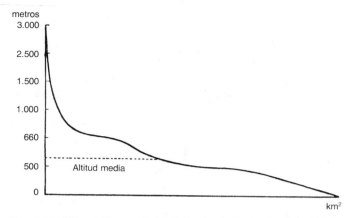

Fig. 1.16. *Curva hipsográfica de la Península Ibérica* (según Solé Sabarís).

con un clima de prolongada insolación anual y de una alta integral térmica en las tierras bajas, pero, dada su aridez estival, necesita el concurso del agua, embalsada, explotada y distribuida artificialmente, para aprovechar adecuadamente dicho potencial. La escasez de la cobertera arbórea, que en estado de monte alto no representa más que un 8,6 % del territorio nacional, es fiel reflejo de la pobreza en precipitaciones, por más que las seculares roturaciones y deforestaciones hayan reducido enormemente la cubierta vegetal climácica, mucho más extensa que la actual, y por más que la España atlántica conserve aún importantes masas de coníferas y frondosas en buen estado. En los capítulos siguientes se aborda precisamente el análisis de los elementos y factores ecológicos como paso previo para la mejor comprensión de la dinámica reciente y de las estructuras territoriales de España.

b) Incidencia de la organización político-administrativa del territorio

Puede afirmarse que «la naturaleza del poder político requiere varios elementos: un ente o lugar donde se producen las decisiones, un ámbito en el cual se pretende que éstas tengan vigencia y unos órganos encargados de garantizar su ejecución. En definitiva, involucra a unos ingredientes espaciales que interesa identificar: un sistema de focos de decisión, unos servicios investidos de unas competencias (funciones) sobre unas áreas de influencia anexas. Principios basados en la idea de eficacia de esa gestión al servicio del poder determinan que esas organizaciones ostenten una estructura sumamente jerarquizada» (Moreno, A., y Escolano, S., 1992, 92).

En consecuencia, la *estructura político-administrativa* del Estado conlleva la formalización de un modelo de organización espacial que suele tener, por lo general, un alto grado de permanencia en el tiempo, manteniendo su vigencia durante períodos muy prolongados, y que ejerce diversas formas de influencia sobre otros componentes del sistema territorial. Por tales motivos, la división actual en municipios, provincias y Comunidades Autónomas resulta un factor de raíz política, pero con una incidencia geográfica que puede ahora resumirse en algunas de sus dimensiones principales.

La *división provincial* resulta de especial interés. Su delimitación, propuesta por Javier de Burgos en 1833 (Real Decreto de 30 de noviembre) dividió el territorio en 49 provincias, que ascendieron a 50 a partir del Decreto de 21 de noviembre de 1927, el cual desdobló en las dos actuales la antigua provincia de Canarias. Esta división tuvo algunos precedentes, como, sobre todo, la de «España dividida en Provincias e Intendencias» (referida al 22 de marzo de 1785 y realizada a instancias de Floridablanca) o la derivada del Decreto de abril de 1810, firmado por José I, que estableció 38 prefecturas y 111 subprefecturas, a imitación de los departamentos franceses, aunque en realidad constituyeron un antimodelo (Melón, A., 1958; CEOTMA-MOPU, 1980; Nadal, F., 1987; Quirós, F., 1990).

La pretensión de Javier de Burgos fue impulsar la riqueza y el desarrollo, mediante un sistema administrativo centralizado en cada capital de provincia. Tenía, por lo tanto, un carácter de instrumento regionalizador más que de mera división político-administrativa; era una especie de «región-plan», pues, como afirma Del Hoyo Sáinz, intentó dar a cada provincia «cuantos elementos de vida se juzgaban necesarios en aquella época», como suelos de vega y llanos de buena producción, laderas y cumbres, ríos de fácil comunicación..., lo que originó un perímetro de trazado sinuoso en algunas de ellas (formas alargadas en Burgos, Palencia, Granada, Zaragoza, etc.).

La provincia fue asumida pronto y ha llegado a convertirse en una unidad funcional con más de siglo y medio de vigencia en virtud de la capacidad de gestión administrativa, política y económica desarrollada por las Diputaciones Provinciales creadas en 1836. En una perspectiva geográfica, su significado puede relacionarse con, al menos, dos efectos complementarios:

— Por un lado, la división provincial favoreció desde sus orígenes una polarización administrativa, comercial y de servicios profesionales o personales en las respectivas capitales, principalmente en aquellas áreas de la España interior donde faltaron otros elementos de dinamización de sus economías urbanas. Se ha asistido, en consecuencia, a una progresiva concentración de la población provincial reflejada en un dato suficientemente expresivo por sí solo: si entre 1833 y 1991 la población española se multiplicó por tres, la correspondiente a las 50 capitales provinciales lo hizo por doce, pasando de 1,2 millones (10 % del total español) a 13,6 millones (35,4 %). Según el último censo, en cuatro provincias (Madrid, Valladolid, Zaragoza y Álava) la capital representa más de la mitad de los efectivos demográficos, siendo otras quince (nueve de ellas interiores) las que presentan valores situados entre el 35-50 %.

— Por otro, debido a su tradición la provincia resulta un marco espacial que condiciona notablemente la propia visión y utilización del territorio. Resulta la unidad básica con la que se confeccionan en la actualidad numerosas estadísticas, lo que conlleva un sesgo en nuestra percepción de la realidad, al definir *a priori* una serie de conjuntos territoriales heterogéneos, y en su aplicación como base informativa para numerosas políticas de intervención. Pero resulta, además, la circunscripción electoral con la que eligen tanto el Parlamento español como los Parlamentos autonómicos. La existencia de un mínimo garantizado de representantes por provincia con independencia de su cifra de habitantes genera así un trato desigual para los diferentes partidos en función del número de votos necesarios para obtener un escaño en cada una de ellas; así, por ejemplo, frente a los 26.402 electores por diputado y senador correspondientes a Soria en las elecciones generales de 1989, o los 38.431 de Guadalajara, están los 112.254 por diputado y 926.096 por senador de Madrid, o los 112.638 y 901.101 de Barcelona.

En el organigrama administrativo, las provincias aparecen subdivididas en las entidades de base que son los *municipios*, de los que en 1991 se contabilizaban aún 8.126, destacando especialmente su elevado número en Castilla-León, con 2.268 de los que nada menos que 1.939 (85,5 %) no alcanzaban el millar de habitantes, y Castilla-La Mancha con 925 (de los que 651, el 70,4 %, estaban por debajo de ese umbral). Las propuestas de mayor descentralización en favor de las corporaciones municipales, de las que resulta buen exponente la creciente importancia otorgada a las políticas de desarrollo local, encuentra en esa atomización de la gestión y los recursos públicos uno de sus frenos, sin que la experiencia de las mancomunidades de municipios, mayoritariamente limitadas a la adquisición de algunos servicios colectivos, resulte por el momento suficiente.

Pero la unidad territorial de mayor importancia, tanto en la tradición de estudios geográficos como desde la perspectiva político-administrativa que ahora interesa, es, sin duda, la *región*.

El debate sobre la división regional de España y sobre la descentralización de competencias en favor de esos entes intermedios se retrotrae al enfrentamiento entre posiciones centralistas y federalistas o autonomistas que, con mayor o menor intensidad según épocas, está presente desde hace más de dos siglos. No obstante, la era contemporánea ha conocido una indiscutible hegemonía de las primeras, salvo en breves intervalos como los correspondientes a los períodos republicanos.

Desechando la descripción de los avatares históricos que ha conocido tal contienda (VV.AA., 1981), baste ahora señalar que la Constitución de 1978 consagró el surgimiento del llamado Estado de las Autonomías, constituido por 17 Comunidades que, sólo en parte, se superponen al mapa de las regiones históricas del siglo XVIII sin alterar los límites provinciales que les sirven de base. La transferencia de competencias desde la administración central a los gobiernos y parlamentos autonómicos, producida con ritmo e intensidad diversos, ha incorporado así un ingrediente nuevo y cada vez más necesario para analizar y valorar las políticas sectoriales y territoriales que se aplican hoy en España. Al mismo tiempo, los problemas de duplicidad y burocratización, de los que puede ser exponente el aumento en el número de funcionarios que integran las tres administraciones, de coordinación entre las mismas, o la nueva polarización que se apunta en favor de las capitales regionales son otros tantos retos a solventar en el futuro próximo.

c) La creciente apertura exterior: incidencia de la integración en la Comunidad Europea

La historia de España parece marcada por la alternancia de períodos en los que domina la apertura a las influencias exteriores con otros de cierre de fronteras, en que cobran fuerza las tendencias aislacionistas. Razones muy diversas, desde las estrictamente económicas a las político-ideológicas, culturales e, incluso, dinásticas subyacen en esas fluctuaciones cuya presencia en la evolución contemporánea fue ya objeto de alguna atención en anteriores apartados.

Con tales precedentes, la reciente integración en la Comunidad Europea supone un cambio cualitativo con relación a situaciones anteriores, pues la progresiva disolución de las fronteras estatales en la Europa de los Doce y la mayor movilidad de personas, mercancías, capitales, información o tecnología está forzando un profundo cambio estructural, necesario para operar en ese nuevo contexto. Parece así hoy evidente que frente al aislamiento y autarquía de la posguerra civil, la nueva realidad del territorio, sociedad y economía españoles está marcada por la adaptación a las «reglas del juego» vigentes en el interior de la Comunidad Europea, que fuerzan mutaciones de toda índole en la España actual generadoras de una «crisis de integración» que se ha sumado a las oscilaciones cíclicas inherentes al propio sistema capitalista mundial.

En este sentido, el factor de mayor incidencia ha sido y continúa siendo la necesidad de adaptar nuestras infraestructuras técnicas, estructuras productivas y recursos humanos a los de la Comunidad Europea, como ponen de manifiesto las consecuencias de las medidas tomadas con ese fin ya antes del ingreso en 1986, las derivadas de la firma del Acta Única, o el estrechamiento de la unión política europea a través del Tratado de Maastricht.

El *Tratado de Adhesión* de España a la CEE significó un paso decisivo para la integración en Europa y, a través de ella, en el resto del mundo. Fue la consagración de la apertura iniciada en los años cincuenta y supuso la aminoración del papel del Estado como garante y agente de la política económica, social y espacial frente a la iniciativa privada de grupos y empresas nacionales o extranjeros. El Tratado se amparó en los diversos contactos y negociaciones precedentes, que cristalizaron en el Acuerdo Preferencial de 1970, el cual, criticado desde distintas perspectivas, supuso un primer paso hacia la homologación de nuestras estructuras productivas con las comunitarias y una reducción considerable de los aranceles para nuestras exportaciones industriales hacia los seis países signatarios (Arroyo, F., 1988, 36).

Las duras negociaciones que siguieron, tanto antes como después de la muerte del general Franco, evidencian las dificultades y disparidades existentes entre España y los países de la CEE de entonces, hasta que, por fin, se consiguió la formalización del Tratado y el Acta de Adhesión, que entraron en vigor en enero de 1986, obligando a España a la aceptación de la normativa comunitaria referente al establecimiento del mercado único, para lo cual se acordó un período transitorio, que terminaba en 1992, excepto para algunos sectores, como el de las frutas y hortalizas (enero de 1996), uno de los más competitivos y temidos por los otros países comunitarios.

Pero esta situación se profundizó con la firma del Acta Única en febrero de 1986, cuyo objetivo era el logro de un mercado interior, es decir, «un espacio sin fronteras interiores, en el que la libre circulación de mercancías, personas, servicios y capitales estará garantizada de acuerdo con las disposiciones del presente Tratado» (art. 8A del Acta Única). Su entrada en vigor a partir del 1 de julio de 1987 favoreció la armonización de políticas económicas y sociales, así como de todo tipo de intercambios.

No obstante, el paso más importante en este sentido ha sido dado recientemente mediante el Tratado de Maastricht, firmado en dicha ciudad el 7 de febrero de 1992, que contempla la Unión Monetaria y la Unión Política como objetivos finales; a lo que se añade, además, la toma de decisiones supranacionales por los organismos comunitarios. Estos procesos, que implican un elevado grado de integración y de estabilidad, suponen la cesión de una parte de la capacidad operativa de las administraciones nacionales en favor de las comunitarias, lo que origina un marco legal nuevo, un espacio económico y social tremendamente ampliado, una gran competencia en ese mercado nuevo y unas nuevas posibilidades de especialización productiva regional o comarcal, pero, al mismo tiempo, el riesgo de inadaptación —y, por tanto, de desaparición— de algunos elementos o factores en el nuevo marco superestructural comunitario.

Desde la perspectiva que aquí interesa destacar, la adhesión viene ejerciendo una serie de efectos que probablemente se harán cada vez más visibles en los próximos años, afectando algunas de las características internas propias de la sociedad, la economía y el territorio españoles, de los que ahora pueden apuntarse algunos de especial relevancia que serán objeto de ampliación en los próximos capítulos.

En una panorámica de conjunto que presta especial atención a los aspectos geográficos, la integración supraestatal incide sobre los países miembros en cuatro vertientes complementarias, donde la presencia de la Comunidad resulta ya indispensable para interpretar una situación y unos problemas actuales (Méndez, R., y Molinero, F., 1991, 76-83) definidos por:

1.ª   Una creciente especialización regional de la actividad agraria en el marco de este gran mercado común que se extiende sobre 2,4 millones de km^2 y reúne a 350 millones de personas, contraponiendo la especialización ganadera y los pastos, forrajes o cereales-pienso de la vertiente atlántica a la especialización agrícola (cereales-grano, oleaginosas, viñedo, frutas y hortalizas) de la mediterránea. El fuerte proteccionismo impuesto por la Política Agraria Común (PAC) desde 1962 y su crisis en los últimos años —ante la incidencia de las enormes subvenciones aplicadas en el presupuesto global y las presiones internacionales ejercidas en la Ronda Uruguay del GATT—, junto con la competencia interna suponen hoy condicionantes esenciales para el futuro de la actividad, el empleo y los espacios agrarios españoles, actualmente en plena discusión.

2.ª   Una progresiva integración de España en el marco de una economía-mundo de carácter global, donde se intensifican los movimientos internacionales de capital y la importancia estratégica de los grandes grupos empresariales, cada vez más diversificados en su actividad y multilocalizados según una estricta división espacial del trabajo que asigna a cada país o región aquellas funciones para las que ofrece ventajas competitivas según la cantidad, calidad y precio de sus recursos (naturales, humanos, de capital, conocimiento, etc.). El fuerte aumento de la inversión exterior directa, los intercambios comerciales y los flujos tecnológicos desde 1986, así como la creciente dependencia que supone el saldo negativo de la balanza en los tres indicadores (fig. 1.17), son un síntoma externo de un proceso de fondo que aumenta las exigencias de competitividad para las empresas españolas hasta límites antes desconocidos. Aunque la capacidad de aprovechar la ampliación y diversificación del mercado potencial, evitando ser absorbidos o expulsados por otros

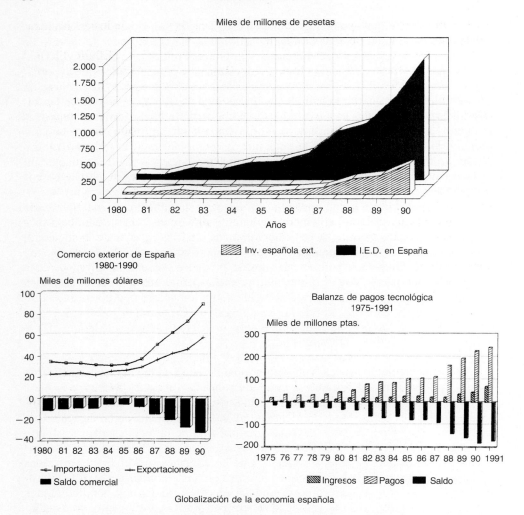

FIG. 1.17. *Globalización de la economía española: evolución de la inversión extranjera, el saldo comercial y tecnológico exterior en los años 80.*

competidores, resulta muy diversa según sectores, empresas o regiones, la evolución de conjunto en los años transcurridos produce graves incertidumbres para el futuro inmediato.

3.ª Una integración territorial cada vez más estrecha mediante el fortalecimiento en la densidad y calidad de las redes de transporte y telecomunicación transeuropeas (red de autopistas y autovías, red ferroviaria de alta velocidad, programas ESPRIT, BRITE, COMETT, etc.) financiados parcialmente por programas comunitarios. Evitar estrangulamientos que frenen la libre movilidad y conseguir una buena accesibilidad a los espacios identificados como ejes de desarrollo europeos se han convertido así en objetivos de primer orden para muchas de las políticas en materia de infraestructuras y planes estratégicos abordados hoy desde instancias nacionales, regionales e, incluso, locales en nuestro país.

4.ª Una creciente presencia de los Fondos Estructurales (FEDER, FEOGA, FSE) en la implementación de las políticas de desarrollo regional/local y de la política social/laboral, sustituyendo o complementando las competencias tradicionales del gobierno central. La declaración de un área como Región de Objetivo 1 (regiones atrasadas), de Objetivo 2 (industrializadas en declive), o de Objetivo 5b (zonas rurales desfavorecidas), o su inclusión en otras iniciativas de desarrollo (programa LEADER...) se ha convertido en factor de primer orden para la captación de recursos públicos con estos fines. Los recursos destinados por el Fondo Social Europeo a la lucha contra el desempleo de larga duración o la inserción profesional de los jóvenes suponen apoyos complementarios. Pese a todo, el logro efectivo de una mayor cohesión social y territorial dentro de la CE sigue siendo una de las principales asignaturas pendientes del proceso, con repercusión muy directa en países como el nuestro que se sitúan en la periferia de la Comunidad. La posibilidad de transformar lo que algunos denominaron la «Europa de los mercaderes» en una «Europa de los ciudadanos» continúa siendo, más allá de la simple retórica, un objetivo de difícil consecución, pero necesario para hacer plenamente efectivo el Tratado de la Unión Europea.

Bibliografía básica

Anes, G., y otros (1979): *La economía agraria en la historia de España*, Alfaguara, Madrid.
Arija, E. (1972-1974): *Geografía de España*, Espasa-Calpe, Madrid, 4 vols.
Bielza, V. (coord.) (1989): *Territorio y sociedad en España*, Taurus, Madrid, 2 vols.
Bosque, J., Vilá, J. (dirs.) (1990-1991): *Geografía de España*, Planeta, Barcelona, 10 vols.
Campo, S. del, y Navarro López, M. (1987): *Nuevo análisis de la población española*, Ariel Sociología, Barcelona.
Carballo, R., y otros (1980): *Crecimiento económico y crisis estructural en España (1959-1980)*, Akal, Madrid.
Carreras, A. (1990): *Industrialización española: estudios de historia cuantitativa*, Espasa-Calpe, Madrid.
CEOTMA (1980): *Divisiones territoriales en España*, Centro de Estudios de Ordenación del Territorio y Medio Ambiente - Ministerio de Obras Públicas y Urbanismo, Serie Monografías, n.º 3, Madrid.
Donges, J. B. (1976): *La industrialización en España*, Oikos-Tau, Barcelona.
Douglass, W. A. (1978): *Los aspectos cambiantes de la España rural*, Ed. Barral, Barcelona.
García-Badell y Abadía, G. (1963): *Introducción a la historia de la agricultura española*, CSIC, Madrid.
García Delgado, J. L. (dir.)(1989): *España. Economía*, Espasa Calpe, Madrid.
Garrabou, R., Barciela, C., y Jiménez Blanco, J. I. (eds.) (1986): *Historia agraria de la España contemporánea. Tomo III: El fin de la agricultura tradicional 1900-1960*, Crítica, Barcelona.
Garrabou, R., y Sanz, J. (eds.) (1985): *Historia agraria de la España contemporánea. Tomo II: Expansión y crisis (1850-1900)*, Crítica, Barcelona.
Malefakis, E. (1976): *Reforma agraria y revolución campesina en la España del siglo XX*, Ariel, Barcelona, 3.ª ed.
Nadal, F. (1987): *Burgueses, burócratas y territorio*, Instituto de Estudios de Administración Local, Madrid.

Nadal, J. (1973): *La población española (siglos XVI al XX)*, Ariel, Barcelona.
Nadal, J., Carreras, A., y Sudriá, C. (compils.) (1987): *La economía española en el siglo XX. Una perspectiva histórica*, Ariel, Barcelona.
Nadal, J., Carreras, A., y Martín Aceña, P. (1988): *España: 200 años de tecnología*, Ministerio de Industria y Energía, Madrid.
Naredo, J. M. (1971): *La evolución de la agricultura en España. Desarrollo capitalista y crisis de producción de las formas tradicionales*, Estela, Barcelona.
Puyol, R. (dir.) (1987-1991): *Geografía de España*, Síntesis, Madrid, 18 vols.
Sánchez Albornoz, N. (compil.) (1985): *La modernización económica de España 1830-1930*, Alianza, Madrid.
Sevilla-Guzmán, E. (1979): *La evolución del campesinado en España*, Ed. Península, Barcelona.
Tamames, R. (1990): *Estructura económica de España*, Alianza Universidad, 19.ª ed., Madrid.
Terán, M. (dir.) (1952): *Geografía de España y Portugal*, Montaner y Simón, Barcelona, 5 vols.
Terán, M., Solé, L., y Vilá, J. (dirs.) (1986): *Geografía general de España*. Ariel, Barcelona, 2.ª edición.
Vilá Valentí, J. (1989): *La Península Ibérica*, Ariel, Barcelona.
VV.AA. (1981): *La España de las Autonomías*, Espasa-Calpe, Madrid, 2 vols.

SEGUNDA PARTE

ESTRUCTURA Y ARTICULACIÓN DEL TERRITORIO: LOS CARACTERES DEL MEDIO FÍSICO

Capítulo 2

LA VARIEDAD DEL RELIEVE Y LOS GRANDES CONJUNTOS MORFOESTRUCTURALES

1. **Un relieve original: factores y etapas en la configuración de la Península**

La elevada altitud media peninsular de 660 m se basa en un relieve singular en el reparto de altiplanicies, llanuras bajas y montañas. Éstas cierran un perímetro de 2.200 km desde Galicia a Gibraltar por las cordilleras Cantábrica, Pirenaica, Catalana, Ibérica y Bética. Las diagonales de la cordillera Central y el norte de la Ibérica rompen el interior en gajos y el aislamiento global o sectorial se acentúa por la especial energía de las vertientes montañosas hacia el mar.

Las llanuras, en dos tercios de su extensión, se sitúan en compartimientos interiores, como el de las altiplanicies del Duero (650-1.200 m) o las orientales del Tajo-Guadiana (500-1.100), cayendo hacia el oeste en las extremeñas (300-500 m). Desde La Rioja hasta Cataluña una franja baja (100-500 m) forma la depresión del Ebro, con parangón en la del margen litoral del Guadalquivir (0-400 m). El resto son llanuras costeras, orlando al Mediterráneo en fajas de unas pocas decenas de kilómetros de ancho, lo que sorprende en un país peninsular con 3.904 km de costa. Los desniveles y pendientes notables no se limitan a las montañas; los cerros de la depresión del Ebro destacan más de 500 m, mientras que el Duero y el Tajo se encajan 400 y 300 m en llanuras.

La accidentación montañosa resulta dispar; las moles romas de la cordillera Central alternan con cimas afiladas, como los Picos de Europa, con el factor común de la continuidad de alineaciones sólo franqueables por altos puertos. El avenamiento e incisión fluviales son contrastados; entre las grandes redes del Duero, Tajo, Guadiana, Guadalquivir y Ebro, la primera destaca por su escasa agresividad, frente a la energía de los breves ríos cantábricos y mediterráneos.

La originalidad del relieve se enmarca en una gran variedad de rocas, donde sólo las volcánicas carecen de presencia notable, y en una sucesión de hechos que se remonta más allá de los – 570 millones de años del Paleozoico.

a) El roquedo antiguo y el zócalo paleozoico

El conjunto rocoso más antiguo es el Precámbrico de pizarras y neises, como el conocido *ollo de sapo* con nódulos de feldespato y dureza homogénea, aflorando

Cuadro 2.1. *Umbrales y áreas de altitud en España peninsular*

Altitud m	0-200	201-400	401-600	601-1.200	1.201-2.000	> 2.000	Total[1]
Área km^2	53.998	77.167	85.691	233.923	37.144	4.426	492.459
% total	11,0	15,7	17,4	47,5	7,5	0,9	100,0

1. Excluyendo del total español Baleares, Canarias y norte de África.

Altitud en metros de cimas y desniveles máximos en distancias 10-5 km

Cordillera-macizo	Techo	Umbrales de grandes cimas	Desnivel en 10 km[2]	Desnivel en 5 km[2]
Béticas	3.478	3.400-2.500	2.200	1.600
Pirineos	3.404	3.400-2.800	2.300	2.160
Cantábrica	2.648	2.600-2.100	2.440	2.300
Central	2.592	2.500-2.000	2.220	1.780
Ibérica	2.313	2.300-1.800	1.740	1.420
Noroeste	2.188	2.100-1.600	1.500	1.320
Costeras Catalanas	1.712	1.700-1.400	1.580	1.400

2. Sobre cartografía oficial del Instituto Geográfico de España.

Altitud de puertos en carreteras de montaña[3]

Cordillera-macizo	Puerto más alto	Media 10 puertos más altos	Número de puertos
Béticas	2.000	1.226	26
Pirineos	2.072	1.607	31
Cantábrica	1.625	1.526	71
Central	1.909	1.642	22
Ibérica	1.753	1.651	81
Noroeste	1.360	1.142	28
Costeras Catalanas	918	623	11

3. Con problemas de nieve según el MOPT, excluyendo vías a estaciones de invierno, accesos a cumbres, parajes y similares.

Fuente: Instituto Nacional de Estadística, *Anuario* (1991); Instituto Geográfico Nacional, Mapas de España a 1:50.000 y 1:200.000, Ministerio de Obras Públicas y Transportes, *Mapa de Carreteras de España*.

sobre todo en Galicia y sus bordes. Pero más extensión y variedad alcanza el roquedo paleozoico, dominante en el O desde Galicia y Asturias hasta Sierra Morena y con formaciones de todos los períodos.

Afloramientos vastos y relativamente blandos de pizarras dominan en el Cámbrico, alternando con fajas de cuarcitas del Ordovícico, de espesor moderado. Las cuarcitas oponen su gran dureza a las pizarras, resaltando ante el ataque erosivo en crestas desde los Montes de León o de Toledo hasta sierra Morena, y en grupos de fajas NO-SE con equidistancia de varios kilómetros. Pese a su variedad (pizarras, cuarcitas y calizas), el Silúrico y el Devónico se reducen a asomos modestos.

El Carbonífero alcanza gran diversidad, contraste y espesor; duros tramos calizos del crestería de los Picos de Europa, bajo areniscas y pizarras, dan paso a conglomerados silíceos y capas de carbón, sede principal de los yacimientos de España. La deformación muy variada diversifica los afloramientos, pero, salvo los del oeste de la cordillera Cantábrica, los restantes son enclaves dispersos. Las areniscas o conglomerados silíceos del Pérmico, sin gran extensión, apenas se distinguen de los del Triásico, en el inicio de la Era Secundaria.

Tal variedad rocosa se enmarca en la orogenia Herciniana centrada en el Carbonífero que, al afectar a las rocas anteriores, dio lugar a masas sedimentarias, incorporadas luego a la cordillera. El ascenso de batolitos graníticos en el núcleo montañoso, bajo alta presión y temperatura en lo profundo del orógeno, metamorfizó al entorno; las arcillas devinieron pizarras y las areniscas cuarcitas, entre otros cambios. A la par, se formó un complejo filoniano rico en minerales metálicos (de cobre, hierro, plomo, antimonio, mercurio, etc.) pero intrincado y difícil de explotar. El arrasamiento finipaleozoico de la cordillera descubrió su raíz en masas de granito macizas (hasta miles de km^2) desde el NO hasta sierra Morena y orladas por corneanas con metamorfismo gradual. Los batolitos forman conjuntos homogéneos en dureza, con extensión equiparable a los de las pizarras cámbricas.

Así se fraguó el elemento nuclear ibérico: un *zócalo* endurecido y cimiento sedimentario, que asume esfuerzos en tectónica de fractura dentro de una rigidez variable; mayor en el centro de rocas viejas, cristalinas y homogéneas, y menor en las condiciones opuestas. El oeste de la cordillera Cantábrica, marginal y en rocas sedimentarias del Carbonífero, forma uno de sus sectores más endebles.

Salvo las Béticas, Pirineos y depresiones adyacentes del Guadalquivir y Ebro, las tres cuartas partes de la extensión peninsular tienen soporte de zócalo con doble papel. En la franja occidental, con avances al E en las cordilleras Cantábrica, Central e Ibérica, el relieve se produce directamente en rocas del zócalo, cuya alta fracción de sílice da pie al nombre de *España silícea*, que se completa con enclaves paleozoicos del núcleo de los Pirineos y las Béticas, pero sin conexión estricta con el resto del zócalo ibérico (fig 2.1).

De las herencias paleozoicas destaca la dirección NO-SE, habitual en pliegues y fallas, y clave de la sucesión de fajas de cuarcitas en las sierras y de pizarras en los valles del oeste ibérico. Y a eso se añaden haces de fallas NE-SO con especial incidencia en Extremadura, o bien O-E en la cordillera Cantábrica, mostrando un doble papel en el relieve: algunas se reactivaron más tarde y otras fueron explotadas por la erosión en valles, sin excluirse ambos hechos.

b) La cobertera sedimentaria mesozoica

El Mesozoico se consideró una era de tectónica débil en la Península, afectada por el hundimiento gradual del zócalo hacia el E; no obstante, interpretaciones recientes le asignan un papel notable. Tempranamente se señala la separación del borde occidental peninsular de Norteamérica y luego la del margen cantábrico del oeste de Francia, al abrirse el golfo de Vizcaya. Eso supuso la separación de la Península como placa tectónica en torno al núcleo paleozoico, que se desplazó hasta su posición actual en traslación compleja y rotación cercana a 30° (fig. 2.2).

Tal interpretación no cuestiona el referido hundimiento por el E, donde recibió la carga de una cobertera sedimentaria, cuyo espesor, entre cientos de metros y va-

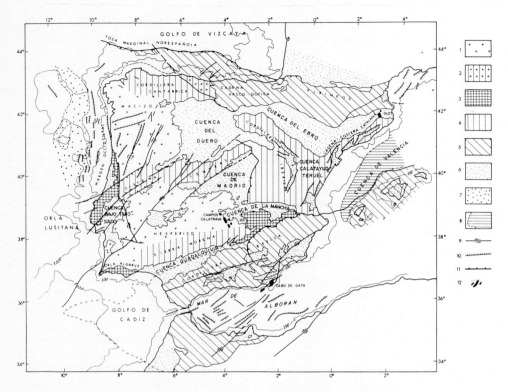

FIG. 2.1. *Grandes conjuntos estructurales de la Península Ibérica y sus márgenes* (según Alvarado, M., 1983). 1: Zócalo Hercínico en el Macizo Hespérico. 2: Zonas levantadas por tectónica compresión en el Macizo Hespérico. 3: Mesozoico tabular en los bordes del Macizo Hespérico y moderadamente deformado en las Orlas Lusitana y Algarve. 4: Cadenas plegadas de tipo intermedio. 5: Cordilleras Alpinas. 6: Cuencas Terciarias. 7: Graben con sedimentos del Cretácico inferior muy potentes en la margen continental occidental. 8: Zona con Mesozoico erosionado en la parte central de la Fosa de Valencia. 9, 10 y 11: Fallas. 12: Áreas volcánicas.

rios kilómetros, incluye estratos de origen marino o continental desde el Triásico al Cretácico. El Triásico se inicia con areniscas y pudingas rojas (piso Buntsandstein), dando paso a calizas y culminando en margas yesíferas plásticas (piso Keuper), que son agentes de fenómenos diapíricos notables al inyectarse a través de fallas, reventar pliegues o atravesar estratos.

En el Jurásico alternan margas y calizas diversas; desde dolomías y micritas hasta gredosas; tal conjunto flexible y apto para formar pliegues es una de las claves de la competencia de la cobertera. La otra corresponde al Cretácico, que se inicia con una potente base detrítica y en parte continental, sobre la alternancia de arcillas, arenas y areniscas blandas; pero los tramos superiores son marinos, sobre una sucesión de calizas y margas, mostrando las primeras gran continuidad lateral y vertical, en espesores de varias decenas al centenar de metros, lo que les otorga la mayor competencia (fig. 2.3).

La cobertera mesozoica sustenta en sus deformaciones el relieve de las monta-

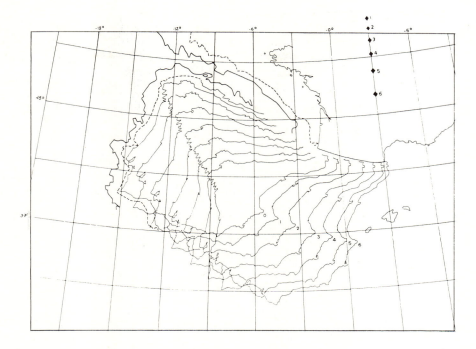

Fig. 2.2. *Traslación y giro de la Península Ibérica desde el Mesozoico.* Los números indican las posiciones sucesivas y los polos de rotación (Choukroune, Seguret y Galdeano, 1973).

ñas de la cordillera Ibérica y el este de la Cantábrica, pero también tiene gran papel en los Pirineos, Béticas y Catalanas. La abundancia de estratos calcáreos hizo acuñar el nombre de *España caliza* para el conjunto, frente a la *silícea* occidental.

c) La orogénesis alpina como fenómeno decisivo del Terciario

Hasta alcanzar su posición actual empotrada entre Francia y el norte de África, la placa ibérica experimentó grandes esfuerzos y deformaciones en los bordes delanteros del avance. El enfrentamiento al zócalo francés y al africano elevó los Pirineos y las Béticas en cordilleras de tipo alpino; el zócalo ibérico se cuarteó en bloques, de acuerdo con su rigidez, formando macizos o cuencas. Y la secuencia compleja de estos hechos se centra en los 66 millones de años del Terciario.

La compresión dominante alternó o simultaneó con la distensión; en los Pirineos las fases compresivas distantes en el tiempo se enmarcan tanto en el papel de bisagra en la rotación peninsular, como en el prieto deslizamiento O-E entre la Península y el zócalo francés. En las Béticas, recientes y de mayor envergadura, el empuje de África se acompañó de movimientos sucesivos al E y el O (fig. 2.4).

Entre los Pirineos y las Béticas hay rasgos comunes, como la génesis a partir de masas sedimentarias ligeras y flexibles oprimidas entre rígidos topes de zócalos

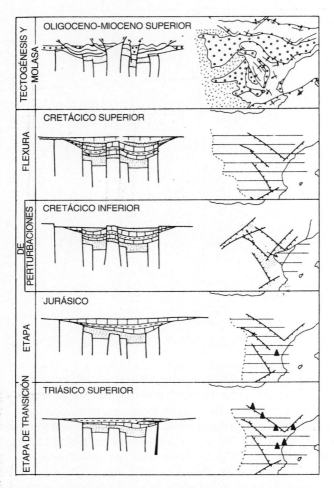

Fig. 2.3. *Secuencia de la formación de la cobertera sedimentaria en el este ibérico y de su deformación terciaria en la cordillera Ibérica* (modificado de Álvaro y otros, 1979).

en acercamiento, que se plegaron y estrecharon, ascendiendo en el volumen de las cordilleras y mostrando los elementos de las grandes cadenas. A las depresiones externas de prefosa (Ebro y Guadalquivir) suceden alineaciones con deformación moderada (sierras exteriores pirenaicas y Prebéticas) y a éstas las internas, muy desgajadas por la tectónica de corrimientos (sierras interiores pirenaicas y Subbéticas), hasta los ejes metamórfico-plutónicos del techo montañoso (Pirineo axial y Bético interno).

El ascenso montañoso desató una erosión intensa y una sedimentación aledaña potente, cuyos depósitos iniciales se adosaron a las cordilleras en movimientos posteriores, pero los recientes tapizan en disposición calma las depresiones del Ebro y Guadalquivir.

EVOLUCIÓN DE LA PLACA IBÉRICA

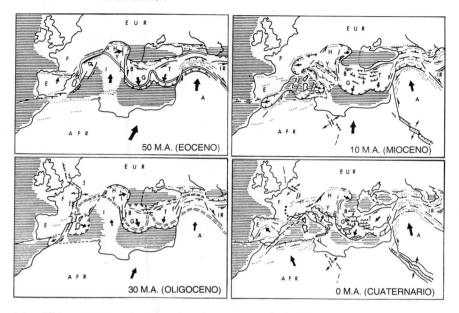

Fig. 2.4. *Deformaciones terciarias en el Mediterráneo*. Las flechas indican los rumbos y empujes (Tapponier, P., 1977).

En el zócalo ibérico los efectos resultaron dispares según etapas y áreas. En fases de compresión se señalan abombamientos con roturas, mientras que la distensión soltó grandes dovelas de falla, perfilando macizos (Galaico-Leonés, cordillera Central y oeste de la Cantábrica) y cuencas (Duero y Tajo-Guadiana). Más al E, el movimiento del zócalo bajo la cobertera mesozoica fue asumido en dos modos: en el centro ibérico, la delgada cobertera ciñó en pliegues o fallas a los bloques de zócalo, reflejando fielmente su deformación; no obstante, en la cordillera Ibérica y el este de la Cantábrica, donde era gruesa e incluía tramos plásticos, se onduló en pliegues regulares o se rompió en fallas, concordando sólo a grandes rasgos con el zócalo subyacente.

1.º *El valor de las superficies de erosión*

La erosión, a partir del bosquejo de las montañas y cuencas, produjo notables arrasamientos, nivelando fallas y truncando pliegues en superficies erosivas, cuyos restos perduran en cimas planas, tanto de macizos en roquedo paleozoico, como de muelas y parameras calcáreas mesozoicas en las montañas orientales, donde se acentúa el valor de los arrasamientos. Al adelgazamiento dispar de la cobertera con diferencias de muchos cientos de metros entre las áreas más rebajadas y preservadas, se añade la pérdida en las primeras de las calizas cretácicas competentes; tal desequilibrio polarizó luego las deformaciones en las áreas endebles y adelgazadas, frente a cierta estabilidad de las duras y gruesas.

Las superficies de erosión no son exclusivas del Terciario. De las antiguas destacan las *pretriásicas*, marcando el fin de la cordillera Herciniana, y *finicretácicas*. No obstante, para el relieve, interesan más las terciarias en torno al Mioceno: las *premiocenas* crearon desequilibrios de cobertera y persisten en bastantes cimas aplanadas y las *finimiocenas*, además, nivelaron en tramos el contacto de las montañas y llanuras, enlazando con el relleno de las cuencas.

2.º *Las cuencas sedimentarias y la España arcillosa*

La erosión de las montañas surtió el relleno en cuencas sedimentarias de las áreas hundidas, cuyos estratos horizontales (en varios cientos a miles de metros) asientan las llanuras orientales del Duero y Tajo-Guadiana. Los estratos profundos datan del Eoceno, pero los más gruesos y extendidos son miocenos, marcando el de las grandes masas rocosas ibéricas. El gran volumen detrítico, sobre todo de arcillas o arenas finas y semejante a la de las depresiones del Ebro y Guadalquivir, da base al término de *España arcillosa* para este dominio, equiparable a los de la *caliza* y la *silícea*, lo que se matiza con la presencia calcárea en los estratos superiores; pese a su espesor modesto, las calizas forman vastas plataformas en torno al Duero y al Tajo-Guadiana, así como en el centro de la depresión del Ebro (fig. 2.5).

3.º *La secuencia de las deformaciones terciarias*

Entre el inicio del Terciario y el Oligoceno se señala la fase compresiva principal de la deformación pirenaica y la incipiente de la bética; en el O ibérico se esbo-

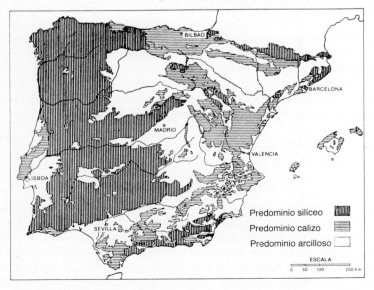

Fig. 2.5. *El roquedo de la Península Ibérica* (según Solé Sabarís, L., 1987).

zan las cuencas sedimentarias a partir de abombamientos del zócalo, frente a la génesis de pliegues laxos en el este de la cordillera Cantábrica y la Ibérica. Cierta distensión parece suceder hasta el albor mioceno, acorde con el desarrollo de las superficies erosivas. En el Mioceno la gran deformación bética y el remate de la pirenaica fijan otra fase compresiva, que desniveló al zócalo, activó el relleno de las cuencas y apretó los pliegues del sector oriental.

Para el Mioceno final y el presente hay controversia; las mismas etapas se consideran de compresión o distensión, acaso simultáneas según áreas. Globalmente dominaría la distensión y el reajuste de los desequilibrios creados por los empujes previos, o por la erosión al rellenar las cuencas y descargar las montañas. Eso facilitaría la desnivelación en dovelas de falla, en parte de raíz isostática, y acompañada por un vulcanismo modesto en el S y E ibéricos.

En las montañas orientales se acentúan las deformaciones ligadas al relieve o *morfotectónicas*. Los desequilibrios de cobertera creados por la erosión hicieron afluir hacia las áreas adelgazadas, con débil presión, a las masas plásticas, ligeras y profundas, que ascendieron hacia la superficie en varias modalidades; desde la energía de los fenómenos diapíricos o la elevación de núcleos dislocados de grandes anticlinales hasta meras inyecciones de capas plásticas (fig. 2.6).

Entre los efectos del reajuste, sobre todo pliocenos, destaca el basculamiento peninsular al O con bisagra en la cordillera Ibérica, y acompañado de emersión en el E; la sedimentación pliocena continuó en la depresión del Guadalquivir y el margen mediterráneo. Todo ello orientó las grandes redes fluviales hacia el Atlántico, dando tiro a los ríos Duero, Tajo y Guadiana desde las cuencas cerradas en el Mioceno. El Ebro, encerrado tras la cordillera Ibérica y taponado por la Catalana, accedió también al Mediterráneo a fines del Plioceno.

d) LA DISECCIÓN Y LA SECUENCIA MORFOCLIMÁTICA DEL CUATERNARIO

Pese a su duración breve (1,7 millones de años), este período es decisivo para el relieve, aun a escala media. La compresión actual señalada en las Béticas por avance de África al NNO sólo ha producido efectos leves, acaso por incipientes o porque las directrices del relieve se habían fijado antes. Lo esencial del Cuaternario es la disección de las redes fluviales, que cortaron y afilaron las moles precedentes en las enérgicas montañas actuales, y también vaciaron las cuencas, encajando sus valles cientos de metros y formando llanuras más bajas. La disección fue variable, no sólo entre montañas y cuencas sino entre las distintas redes fluviales, y los contrastes se enmarcan en una secuencia de fases vinculadas a grandes oscilaciones climáticas.

1.º *El glaciarismo de montaña y el efecto de las glaciaciones*

Al menos en la última glaciación (Würm, 80.000-10.000 años) el aumento del frío y la nivosidad produjeron glaciares en las montañas Galaico-Leonesas y las cordilleras Cantábrica, Pirenaica, Central, Ibérica y Bética. La presencia glaciar requirió niveles de cumbres crecientes hacia el S; desde 1.700 m en la cordillera Cantábrica hasta 2.500 en la Bética; el frente de las lenguas, afectado por la alimenta-

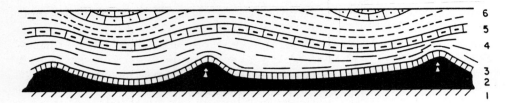

FIG. 2.6a. *Dinámica morfotectónica en el relieve de cobertera.* Superficie de erosión a comienzos del Mioceno. 1: Sustrato de la cobertera mesozoica. 2: Materiales plásticos e incompetentes del Keüper. 3: Sustrato infracretácico competente. 4: Tramo incompetente del Cretácico. 5: Estratos competentes del Cretácico superior. 6: Margas coniacenses. 7: Superficie de erosión premiocena al nivel de las calizas santonienses y margas coniacenses (según García Fernández, 1980).

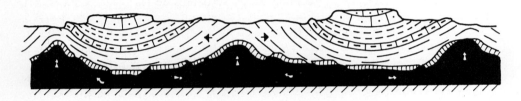

FIG. 2.6b. *Migración plástica hacia anticlinales debilitados.*

FIG. 2.6c. *Ascenso oliapírico y rotura y desventrado de los anticlinales.*

ción y el tipo de pie montañoso, descendió a menos de 400 m en la cordillera Cantábrica, sin bajar casi de 2.000 en la Bética.

El hielo modeló áreas pequeñas; la principal forma una faja de 400 km desde el Pirineo navarro al gerundense, alcanzando las lenguas más largas 50 km. En el NO y la cordillera Cantábrica los glaciares se redujeron a focos, destacando los de Picos de Europa y sierra Segundera, cuya lengua principal de casi 20 km excavó el lago de Sanabria. Las cordilleras Central e Ibérica sólo tuvieron glaciares junto a cimas de más de 2.100 m, sobre todo de circo, y algunas lenguas como las de Gredos y Urbión. En la Bética, las breves lenguas de sierra Nevada no llegaron a media docena, ni a una los glaciares de circo.

Con sus limitaciones, la impronta glaciar perdura en los diedros de las paredes y fondos de los circos o artesas de las cimas, frente a la angostura o la monotonía de las faldas. La talla glaciar, por ser reciente y por el roquedo duro en que operó (granito, calizas), se conserva bien, lo mismo que los depósitos de morrena; las cubetas y depresiones cerradas, alojando más de mil lagos y lagunas, son buena muestra, aunque la mayoría se concentra en los *ibones* pirenaicos.

Al margen de las interferencias glaciares en el trabajo erosivo de los ríos y en el entorno periglaciar, los efectos generales de las glaciaciones, como la oscilación de nivel marino hasta más de 100 m, interesan en España por su entidad de costas. Pero el aumento rápido de altitud hacia el interior y la invasión reciente del mar limitan la incidencia en el relieve actual, donde no faltan plataformas de abrasión marina *(rasas)*, ni playas colgadas.

2.º *La extensión, eficacia y valor de retoque último de los procesos periglaciales*

Durante las glaciaciones, los procesos basados en la alternancia hielo-deshielo afectaron a gran parte de la Península, con mucha eficacia en las montañas, donde algunos continúan vigentes, y también en las vertientes de las llanuras del Duero, las altas del Tajo y algunas del Ebro. La gelifracción de las rocas, expuestas por la disección, separó fragmentos gruesos en pedreras pero habitualmente el canturral se envolvió con matrices arcillosas en mantos de barro y piedras, que se desplazaron en las vertientes y las tapizaron en diversas modalidades de solifluxión.

Los caballones y las coladas de solifluxión, a veces en lechos calibrados, son fenómenos destacables pese a su espesor habitual de uno a algunos metros. Constituyen un tapiz reductor de la energía del modelado y el último retoque geomorfológico sensible en vastos sectores, que ha perdurado diez milenios tras los últimos episodios fríos, merced a su inmunidad frente al arroyamiento, otorgando una notable protección a las vertientes. Ese tapiz provee aceptables suelos agrícolas y forestales, cuyo manto vegetal fomenta su conservación (fig. 2.7).

La variedad periglacial supera el binomio gelifracción-solifluxión e incluye reticulación de suelos y fenómenos crionivales, vinculándose en el tiempo a otros procesos. A etapas del Würm, secas y frías, se atribuye la extracción eólica de are-

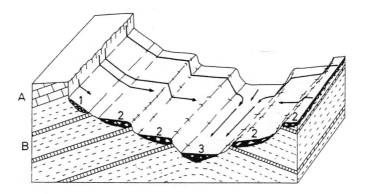

FIG. 2.7. *Derrubios de solifluxión en la montaña media septentrional ibérica.* A: Cantiles en calizas. B: Taludes, en margas y cejos, en capas calizas, 1, 2 y 3: Derrubios de solifluxión, atenuando la energía de las vertientes y empastando un modelado previo de pequeñas cárcavas. 1: Coladas con matriz menos abundante. 2: Caballones longitudinales. 3: Caballones transversales bloqueando los fondos de valle. Flechas: trayectorias de flujos.

nas desde los valles fluviales y su esparcimiento o modelado en dunas, tapizando llanuras del interior, como la Tierra de Pinares al sur del Duero.

3.º *Las terrazas fluviales, el precedente de la raña y los glacis*

La alternancia de etapas frías y cálidas, con precipitación dispar, implicó otra del comportamiento fluvial. La merma de caudal en los episodios frío-secos y la abundante carga gruesa, que aportaba la gelifracción en las montañas, forzaron depósitos fluviales en mantos de canturral, al perder velocidad en las llanuras. Recobrado el poder excavador en etapas cálidas y lluviosas, los ríos volvieron a encajarse, realzando el depósito en escalones de terraza fluvial, cuya génesis climática no descarta factores como los tectónicos, entre otros.

Los conjuntos vastos de terrazas se ubican en las llanuras del Duero, Ebro, Tajo, Guadiana y Guadalquivir, pero aún no es posible fijar equivalencias, ni siquiera entre los valles de cada una de las grandes cuencas, donde el número de niveles para un afluente medio puede superar la decena. El carácter permeable, el buen tamaño de los cantos o la cementación eventual hacen resistentes a las terrazas, de modo que la planitud del lecho fluvial de su depósito subsiste en la de los rellanos y plataformas tabulares actuales.

Las terrazas antiguas, en el límite cuaternario, son posteriores a otros depósitos fluviales, semejantes también en la composición de canturral silíceo y finipliocenos, conocidos como *rañas*. Se trata de mantos de recubrimiento con espesor entre varios metros y algo más de una decena, dispuestos en vastas plataformas por comportamiento similar al de las terrazas. Las llanuras marginales del Duero y parte de las de Extremadura y Castilla-La Mancha tienen ese origen. Estrictamente, la raña se debe a abanicos aluviales de cursos cargados, cuyo acceso a llanuras produce un depósito desparramado y soldado a los adyacentes en faja continua. Pero también se llamó raña a tapices de cantos silíceos y matriz, fruto de procesos de vertiente, como coladas de solifluxión, que se enmarcan en la variedad de glacis cuaternarios.

Los glacis, sobre todo de acumulación detrítica, llegan a dominar en áreas del sureste ibérico, alcanzando buen desarrollo en la depresión del Ebro, y presencia en llanuras de las grandes cuencas del Duero al Guadalquivir. Ante la vaguedad de usos, parece oportuno restringir el término glacis a rampas generadas por procesos de vertiente (sobre todo el arroyamiento), bajo taludes con los que enlazan y evolucionan en conjunto. Eso excluye gran parte de las rañas, cuyas áreas fuente se hallan a veces a muchas decenas de kilómetros, y las vertientes cercanas apenas aportaron materia, ni influyeron en la génesis del depósito.

Como formas de esencia climática, los glacis se vinculan tanto a episodios áridos como fríos siempre bajo un manto vegetal raquítico que facilita el movimiento de derrubios. Su desarrollo y variedad resultan acordes con la compleja sucesión de frío y aridez, o la convergencia de ambos, en el Cuaternario ibérico.

Pese a la variedad y eficacia erosivas, en las *unides principales del relieve* rige el factor estructural, basado en la tectónica terciaria, que establece la diferenciación de montañas y llanuras, así como su nivel, dirección y distribución, siendo desencadenante del conjunto de los factores geomorfológicos. A la mayor escala en la Península, la estructura es la clave de la dualidad entre el dominio mayoritario de zócalo y el de cordilleras de tipo alpino del NE y SE.

2. El estilo de bloques en Galicia y el noroeste

Ese cuadrilátero de 200 km de lado del zócalo, incluyendo las sierras N-S del O asturiano, las de la Cabrera y Segundera y los Montes de León, debe su unidad al estilo de bloques de falla dispuestos en macizo, sobre afloramientos rectangulares u ovales de neises, migmatitas y pizarras precámbricos alternando con batolitos o stocks graníticos de dureza homogénea en el centro y oeste de Galicia. Y en las sierras orientales domina la sucesión paleozoica de pizarras blandas con cuarcitas o areniscas duras. El Terciario detrítico rellena las cubetas de Puentes de García Rodríguez al NO (con yacimiento de lignito), de Monforte de Lemos en el centro, y del Bierzo en el E, entre las mayores.

Esas grandes teselas rocosas entroncan con aplanamientos separados en el tiempo. Desde la génesis del zócalo hasta mediado el Terciario la erosión fue anulando deformaciones en una penillanura de retoques sucesivos. En el Mioceno una tectónica neta de fallas y bloques forzó el relleno de las cubetas e inició aplanamientos desde los sectores más bajos, aunque sin anular el efecto de movimientos sucesivos en las fallas; al final de la época se perfiló la trama de los bloques elevados y hundidos actuales, cuyos escarpes retrocedieron desde el Plioceno sin anularse, alimentando formaciones de raña. La tectónica reciente es débil y concuerda con los movimientos anteriores.

Cabe hablar de una penillanura de degradación, deformada especialmente en el E en bloques de horsts y fosas y dispuesta en escalera, que corona a más de 2.100 m en las cimas del Teleno y Peña Trevinca, como ejemplos de las cumbres cercanas a 2.000 m propias de las sierras orientales. El perfil trapezoidal de cimas amplias y llanas muestra el carácter ancho de los bloques y los restos de la penillanura.

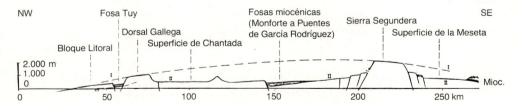

Fig. 2.8. *Corte esquemático del relieve del macizo Gallego* (según Solé Sabarís). I: Penillanura deformada antigua, poligénica, cuyo abombamiento separaba del Atlántico la cuenca endorreica castellana. II: Penillanura premiocénica de la Meseta, equivalente a la superficie de Chantada, con relieves residuales y encajada en los relieves residuales de la superficie anterior; posteriormente algo deformada y cortada por las fosas miocénicas de Galicia central. III: Ciclos pliocénicos y cuaternarios encajados en los bloques próximos al litoral.

a) La sucesión de bloques

En el centro-oeste de Galicia predominan alineaciones N-S; al bloque externo litoral, donde se entallan las rías, sucede, tras un estrecho surco de fosa, el remonte hasta 400-500 m en el escalón de Santiago. Desde esta grada, que corona un trozo de penillanura cortado por la disección, otro escarpe eleva el nivel a 800-1.100 m en el horst granítico de la Dorsal gallega, cuyo trazo de cumbres fija la divisoria entre el Miño y la red centrífuga de las rías, mostrando su subordinación a la tectónica.

Al este de la Dorsal se extiende una sucesión de cubetas con fondo hacia los 500 m y anchura del orden de 50 km desde el norte de Lugo hasta el de Orense, formando en lo esencial la cuenca del Miño, por la Terra Cha y la llanada de Monforte, que hacia el sur de Orense, y tras un leve umbral, da paso a la fosa de la Limia. Los fondos de las cubetas son monótonos y están tallados en pizarras precámbricas o cámbricas del zócalo; hacia Monforte, el hundimiento acusado por el O en falla normal asentó el relleno arenolimoso terciario de la cuenca homónima, mientras que al S y aislada del Miño, la Limia muestra un tapiz cuaternario en torno a la vieja laguna de Antela.

En el este de Galicia, el oeste astur-leonés y noroeste de Zamora, el paso al relieve neto de montaña no implica un mero ascenso en escalera de bloques, sino un cruce y puzzle de moles y fallas. Las de trazo N-S, paleozoicas reactivadas, o las armoricanas NO-SE, se cortan con las O-E propias de la tectónica alpina. Los confines astur-lucenses en las sierras de Meira, Rañadoiro, Ancares (1.987 m) y Caurel, forman parte de una masa cambro-ordovícica en fajas duras N-S de arenisca-cuarcita, alternando con pizarras blandas, que se eleva hacia el SE. Tal contraste y las fallas entre fajas, fue explotado por las redes del Eo y del Navia en un relieve de sierras en uve invertida y valles en uve, encajados hasta 1.000 m en las pizarras.

El bloque rectangular del Bierzo, hundido en el SE en cubeta más de 1.500 m y con potente relleno terciario, centra un perímetro de robustos horsts, elevados a 2.100-2.200 m y en dirección variable. El más modesto forma los Montes de León de trazo SO-NE, con el umbral del puerto del Manzanal y fuertes estribos de enlace con el bloque de Omañas en el NE, bisagra de unión a la cordillera Cantábrica, y con la sierra del Teleno por el SO, cerrando la fosa berciana por el S.

El extremo suroriental está muy dividido por fosas estrechas. La de la Cabrera se incrusta entre la sierra del Teleno y la homónima (2.124 m), soldada en el O al ancho horst N-S de la sierra Segundera en una alta meseta de nivel de penillanura, a cuya caída a la fosa del Bibey por el O sucede el remonte en horsts de las sierras de Queija (1.778 m) y San Mamed; al norte y al sur de aquélla se sitúan las fosas de Valdeorras y la Gudiña. La gama paleozoica del SE, incluyendo al Carbonífero del Bierzo, aloja notables y variados recursos mineros: al carbón y las series metalíferas, desde el oro a los sulfuros y pasando por las mayores reservas españolas de hierro, se añade la entidad mundial de los yacimientos de pizarras para construcción.

Si los circos y algunas artesas son comunes en el techo de esas sierras, el glaciarismo de la Segundera-Cabrera resulta singular a nivel ibérico. La extensión y la altitud de la meseta permitieron la génesis de un casquete *(fjell)* emisor de lenguas, cuya confluencia en el S (alto Tera), explica la longitud de 18 km de la principal, así como su poder sobreexcavador en el lago de Sanabria, el mayor de la Península

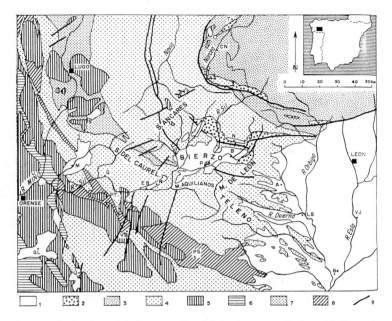

FIG. 2.9. *Esquema litoestructural de las montañas galaico-leonesas y la fosa del Bierzo* (según Hérail, G., 1981: adaptada la leyenda). 1: Fosas y cuencas con relleno terciario detrítico. 2: Conglomerados, areniscas y capas de carbón (Carbonífero). 3: Paleozoico y Precámbrico del Macizo Asturiano. 4: Pizarras y cuarcitas paleozoicas. 5-6: Granitos y orlas metamórficas. 7-8: Pizarras y neises precámbricos. 9: Fallas.

entre los de ese origen. La serie de más de una decena de morrenas frontales ante el lago, junto al lamido del casquete en la cima montañosa llana, acentúan la originalidad del conjunto.

b) Una disección enérgica

Con gran densidad y encajamiento, las redes fluviales recortan bastante la trama de bloques. La cercanía del mar, la longitud de la costa, la altitud y la variedad en rumbos de fallas o fajas de rocas blandas inciden en tres tipos de redes.

Una red centrífuga avena con cierta regularidad la aureola externa (50-80 km) rematada en las rías; sus valles próximos se encajan hacia el interior hasta varios cientos de metros en un enérgico recorte, aunque en dos modos. Los ríos occidentales, entre Vigo y Ferrol, siguen fracturas y, pese a su retroceso, rara vez cortan la *Dorsal gallega*; los septentrionales, de trazo más recto, explotan además fajas de pizarras. Entre éstos se singulariza el Navia, cuyo alojamiento en una banda pizarreña de 20 km de anchura concuerda con el retroceso de más de 100 km y una cuenca mucho más amplia.

El dúo Miño-Sil, avenando la mitad del sector, es dispar hasta la confluencia. El encajamiento del Miño en la cubeta de Lugo, que en el S se hunde 400 m en el escobio de Belesar, cede hacia la capital y al N no pasa de débil. El Sil es más agresivo; con trazo quebrado de gargantas accede del Bierzo a menos de 500 m y remonta por el oeste de la cordillera Cantábrica, donde capturó un sector a la red del Duero.

La red del Duero, entre el Tera y el Tuerto, se distingue por su incisión y retroceso débiles; ingresa en las montañas con nivel alto (900 m) y, pese a explotar algunas fosas, sus lechos se elevan con rapidez, cediendo paso en pocas decenas de kilómetros a la red del Sil.

Pese a sus contrastes, la disección otorga al relieve un carácter muy quebrado, incluso en desniveles modestos. Si la pendiente limita el potencial agrario de Galicia, en las montañas se añaden la altitud y el frío; y todo eso incide en el problema de los accesos viarios, que no radica tanto en los puertos de montaña (los principales se hallan entre 1.100 y 1.360 m) como en la accidentación continua del interior.

3. La dualidad morfoestructural en la cordillera Cantábrica

Entre el oeste astur-leonés y el este del País Vasco esta alineación de 400 km es muy enérgica en su vertiente marítima y más dispar en la meridional, sobre las llanuras del Duero y Ebro. Las cimas superan los 2.400 m en el O, alcanzan los 2.648 en los Picos de Europa y descienden en el E a 1.500. La continuidad se produce en dos grandes unidades; la occidental del *macizo Asturiano* responde a la deformación del zócalo y la oriental de la *montaña Cantábrica* a la de la cobertera mesozoico-terciaria.

a) LA ENERGÍA DEL MACIZO ASTURIANO

Entre la cabecera de captura del Sil y la del Narcea por el O y las del Pisuerga y Nansa por el E, esta montaña se distingue por sus alineaciones O-E en crestas y picos, cuya esbeltez dista mucho de las moles propias de los macizos. Tales rasgos concuerdan con la escasa rigidez del zócalo, carente de granitos y abundante en rocas sedimentarias como calizas, areniscas y conglomerados, sobre todo carboníferos; la abundancia de pizarras (hasta precámbricas) y cuarcitas no acentúa en exceso la rigidez. El Carbonífero aloja los mayores yacimientos de carbón españoles y, con el resto del roquedo, una gama metalífera amplísima de hierro, antimonio, mercurio y hasta radiactivos. La variedad y reparto de afloramientos se esbozan en la orogenia herciniana y el trazo de la *rodilla asturiana*: un brusco giro que rige el cambio de dirección estructural desde NE-SO y N-S, hasta la O-E predominante (fig. 2.10).

1.º *La sucesión estructural*

La intensa tectónica herciniana conjugó pliegues y fallas con corrimientos, desplazando masas de unas áreas y acumulándolas en otras; el prieto apilamiento de escamas calcáreas en los Picos de Europa contrasta con los meros retazos calcáreos de otras áreas. A ese desgaje sucedieron los desgarres tardihercinianos O-E y NO-

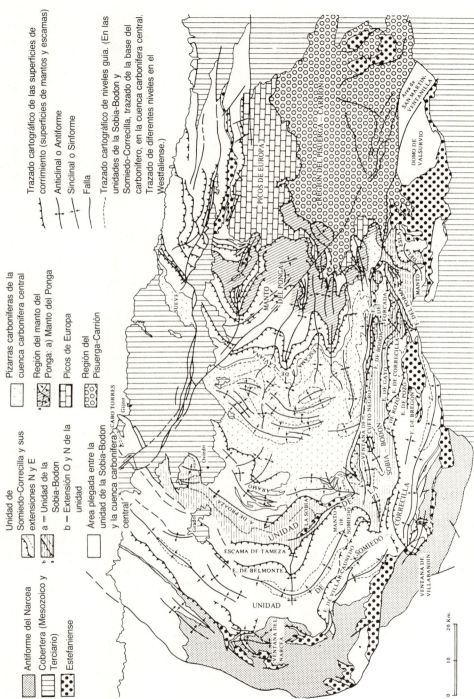

Fig. 2.10. *Esquema de las grandes unidades estructurales del macizo Asturiano* (según Jullivert, M., 1983).

SE, dividiendo en sectores la cordillera, cuyo arrasamiento formó un mosaico de teselas reducidas. Sobre los bordes se formó una orla de cobertera sedimentaria mesozoica que, cerrando por el E y avanzando hasta Avilés por el N y hasta el Órbigo por el S, remató el marco para la tectónica de fractura terciaria.

La desnivelación terciaria se organizó en accidentes O-E, a veces por reactivación de grandes fallas. Una, inversa y de trazo arqueado en detalle, levanta entre el Pisuerga y el Órbigo al borde meridional en escarpe de casi 1.000 m sobre las llanuras del Duero y en cimas de hasta 2.000 m de altitud. Otra, contraria o formando haz, se prolonga desde el norte de Oviedo paralela a la costa, rebasando el macizo por el E; su movimiento eleva a las *sierras litorales*, como la de Cuera en calizas carboníferas, a 1.315 m, empotra la orla mesozoica y fija un relleno terciario en la estrecha depresión o *surco prelitoral*, desde donde se alzan las altas cumbres más altas hacia el S (fig. 2.11).

En el corazón del macizo la trama de fallas O-E, N-S y NO-SE forma escaleras, sin enmarcar bloques netos. Los horsts carecen de pesadez, al formarse por suma de fallas en rocas dispares, hecho que explota la disección abriéndolos en crestas. En las fosas destacan dos tipos; las O-E propias de la vertiente sur tienen fondo llano como La Babia, avenada por el río Luna; las de la vertiente norte, como La Liébana, están más entalladas y más vaciadas por los ríos cantábricos.

2.º *Energía y contrastes en la disección*

Al fin del Plioceno los valles ya estaban perfilados, tajando con energía los escarpes. En el S, la red del Duero, con acceso a las llanuras a 1.000 m, no pudo com-

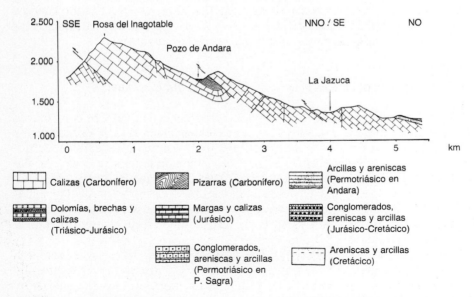

Fig. 2.11. *Sucesión de crestas calcáreas en el este de los Picos de Europa* (según Castañón y Frochoso, 1986).

petir con el nivel cero de los ríos cantábricos. La red del Duero, mediante colectores regulares N-S, corta en hoces encajadas entre 500 y 900 m la barrera caliza del escarpe meridional; pero en la cabecera se diversifica la dirección, siguiendo fosas o fallas. A esa red afluye otra O-E, cuya densidad favorece los interfluvios en crestas y cuya energía se incrementa sobremanera si coronan en las duras calizas, sobre todo del Carbonífero. Las cimas de Correcilla (2.011 m) y las hoces de Vegacervera en el Torío, o las crestas de la Peña del Fraile (2.025 m) al este del Carrión, ejemplifican tales formas. En areniscas, cuarcitas, conglomerados o pizarras duras los perfiles varían desde crestas moderadas hasta cumbres romas.

La red cantábrica, del Narcea al Nansa, alcanzó una agresividad extrema, descendiendo 1.500 o 2.000 m en sus cursos breves y dispares en trazado. En el O la dirección S-N explota la de las estructuras y su contraste de dureza; en el centro el curso del Nalón hacia el NO aprovecha el carácter blando general del Carbonífero medio de pizarras y capas de carbón. Finalmente en el E, el descenso brutal del Cares hacia el N desde los Picos de Europa, da paso a codos y desvíos O-E en torno a la falla del *surco prelitoral*.

Las redes del Cares y del Sella aledaño ahondan en gargantas hasta más de 2.000 m bajo las crestas calcáreas, en una dinámica enriquecida por carstificación; muchas cuencas cumbreñas tienen fondo cerrado en embudo *(jou)*, cuyos sumideros proveen surgencias bajas. Los embudos se deben a una compleja evolución glaciocárstica y hoy nivocárstica, alojándose en fondos de circo o cubeta recrecidos por disolución. La conjunción con lo cárstico es propia de los mayores focos glaciares, como el occidental del alto Somiedo, donde las artesas y lagunas de Saliencia realzan los pliegues de una escama caliza (fig. 2.12).

Por volumen, dureza, concentración y buzamiento fuerte, las calizas son claves de la energía del macizo en sus crestas más altas, desde Ubiña (2.417 m) en el O, por los Picos de Europa y hasta el Espigüete (2.450 m) en el E. El difícil acceso a Asturias, por la altitud y la nivosidad de los puertos y por la brusca caída de los ríos cantábricos, se agudiza en los tramos calizos de las gargantas.

b) El relieve en cobertera plegada de la montaña cantábrica

Entre el macizo Asturiano y el este vasco, donde surge el Paleozoico iniciando los Pirineos, las cimas pierden altitud desde su techo occidental de la sierra de Híjar (2.222 m) hasta el oriental de la de Aralar (1.427 m). La fuerte incisión de los ríos cantábricos, que se mantiene, alterna con la moderada de la red del Ebro y la modesta de la del Duero. La montaña cantábrica se levanta en una cobertera mesozoica completa, diversa y competente, sobre la que montan masas terciarias crecientes hacia el E. En tal espesor, que llega a superar los 12 km, abundan margas, como las triásicas ligadas al diapirismo, areniscas y arenas bastante repartidas, y calizas, sobre todo cretácicas, en el techo competente.

Tras la tectónica inicial en pliegues suaves ONO-ESE, el adelgazamiento erosivo desigual de la cobertera dio primacía a las fallas y al diapirismo. El Keuper, inyectado en anticlinales endebles, fallas y chimeneas, forma asomos alargados o redondos hasta decenas de kilómetros cuadrados desde el Pisuerga hasta el País Vasco (Aguilar de Campoo, Villasana de Mena, Orduña, Murguía); pero se trata de

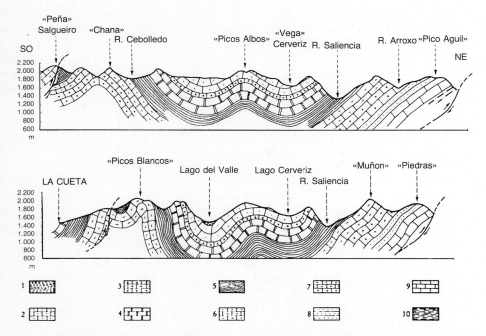

Fig. 2.12. *Pliegues del oeste del macizo Asturiano, realzados por la dirección glaciar en calizas, areniscas y pizarras paleozoicas* (Muñoz, 1986). 1: Namuriense-Westfaliense. 2: Namuriense Inferior. 3: Areniscas del Devónico superior. 4: Calizas del Devónico Superior. 5: Couviniense-Givetiense. 6: Emisiense-Couviniense Inferior. 7: Devónico inferior. 8: Silúrico. 9: Ordovícico. 10: Cámbrico.

fenómenos secundarios frente a los pliegues que, al margen de su desnivelación morfológica, fijan el reparto de afloramientos y la disección. Los pliegues varían desde kilómetros de longitud y pocos de anchura hasta decenas; en tipo, los laxos alternan con los prietos en haces y es frecuente la sucesión en relevo. Todo ello se combina con los sectores diferenciados por el arrasamiento terciario en las grandes unidades del relieve.

1.º *Las sierras centrales y meridionales*

Descendiendo desde el oeste de Reinosa en Híjar (2.222 m), por Valnera (1.717 m) y Gorbea (1.275 m) en el sureste vizcaíno, las sierras centrales son una sucesión de vastas crestas disimétricas con buzamiento leve, tanto de la base triásica areniscosa en el O como de la cretácica areniscoso-calcárea en el E. Los monoclinales de las crestas son flancos de pliegues laxos, rotos y levantados en amplio abombamiento, donde el arrasamiento terciario barrió todo el Cretácico superior de la cobertera (fig. 2.13).

Hacia el borde meridional el ascenso menor preservó las calizas del Cretácico que, con la variedad de pliegues, perfilan cuatro unidades. En el SO, las Loras forman un original relieve inverso entre el Urbel y el Pisuerga; los sinclinales colgados en mesa por el arrasamiento premioceno, a 1.100-1.400 m, alternan con am-

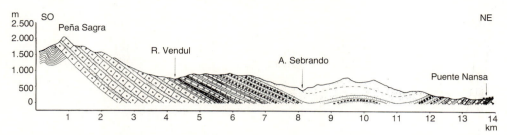

FIG. 2.13. *Relieve de crestas disimétricas en la cobertera mesozoica de la montaña Cantábrica (oeste de Cantabria)* (según Castañón y Frochoso, 1986).

plias combes de inversión. Al NE, los páramos de la Lora (Masa o Carrales, a 1.000-1.100 m) son planicies en calizas cretácicas sobre sinclinales laxos arrasados y tajados en cañones por la red del Ebro. Más al E el relieve conforme de la depresión sinclinal de Valdivielso y la bóveda anticlinal de Tesla (1.332 m), dan relevo al haz plegado de los montes Obarenes sobre la Bureba, que acaba en el norte de La Rioja en faja-mosaico de crestas rotas de la sierra de Cantabria.

La mayor unidad meridional la forman las grandes cuencas sinclinales con fondo terciario de Villarcayo y Miranda-Treviño. Sus flancos gigantescos se elevan en los bordes en crestas-cuestas de calizas del Cretácico superior, separadas por las anchas depresiones ortoclinales de Espinosa de los Monteros y Losa, que al E enlaza con la hondonada de la llanada alavesa en un sector más deformado del flanco cretácico. Más al N estas crestas enlazan sin ruptura con las centrales de Valnera-Ordunte, recortadas por los ríos cantábricos (fig. 2.14).

2.º *El margen cantábrico y las sierras vasconavarras*

El descenso desde las sierras centrales hacia la costa se produce en un relieve accidentado, pero bajo. Las crestas calcáreas cretácicas o terciarias dominan a los valles en arenas o margas de la base cretácica. Asomos blandos del Keuper y del Terciario completan el denso mosaico rocoso. Los estrechos pliegues se agrupan en

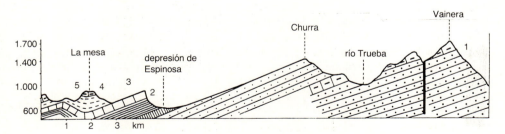

FIG. 2.14. *Corte geomorfológico de la depresión cretácica y ortoclinal de Espinosa de los Monteros y crestas de Valnera* (según Ortega Valcárcel, 1974). 1: Areniscas y conglomerados. 2: Margas. 3: Calizas. 4: Margas. 5: Calizas.

anticlinorios o sinclinorios, que definen los afloramientos entre una red densa de fallas. Los ríos cantábricos cortan los ejes, aumentando la compartimentación.

La orla marina de Cantabria se basa en pliegues OSO-ENE, dominando los sinclinales cuyos flancos forman crestas, que también se producen en pinzas desgajadas por diapiros (Peña Cabarga, 560 m). En la orla vasca, los anticlinorios (ONO-ESE) de Bilbao y del norte de Vizcaya forman depresiones imprecisas en el Cretácico inferior, entre los sinclinorios de Vizcaya y del norte de Guipúzcoa, más levantados. El primero, con núcleo terciario e inyectado por basaltos, se extiende entre el sureste de Éibar y el norte de Bilbao. El guipuzcoano, roto por cabalgamientos y atravesado por diapiros, acaba en en un potente flysch areniscoso eoceno, cuyas crestas se hunden bajo el mar (fig. 2.15).

Las sierras vasconavarras se alzan en el cambio a grandes pliegues, que enlazan al O con la cuenca de Miranda y la llanada alavesa. Pero los núcleos sinclinales terciarios se estrechan y elevan hacia el E como sinclinales colgados en las sierras de Urbasa y Andía (1.495 m), cuyas crestas septentrionales destacan casi 1.000 m sobre el corredor de la Burunda (Alsasua). Se trata de una larga depresión ortoclinal y de falla, cuyo dorso se eleva al N hasta la bóveda anticlinal de calizas jurásicas de la sierra de Aralar (1.427 m). Las crestas (Aitzgorri-Urquiola, 1.544 m) y las depresiones ortoclinales en flancos de pliegues a veces rotos por fallas son norma en este sector, sin gran ruptura al E con las sierras externas del Pirineo occidental.

3.º *La disección de las redes fluviales*

La energía modesta de la red del Duero en las Loras, con incisión interrumpida desde antiguo pese a excavar combes de fondo blando, se opone a la agresividad de la red cantábrica, cuyos cursos S-N cortan las estructuras, capturando cuenca al Duero y al Ebro. El descenso de cumbres hacia el E reduce poco el vigor de la red cantábrica, fomentado por el carácter corto de los ríos y por las rocas blandas de la base de la cobertera; las margas del Keuper y la base cretácica areno-margosa facilitan la incisión y el vaciamiento de anfiteatros de cabecera, como el del Nervión en Orduña en caída de 800 m.

La red del Ebro tiene energía moderada en su trazado estructural; ha capturado cuenca al Duero perdiéndola ante la red cantábrica. En el Ebro dominan tramos largos, adaptados en depresiones sinclinales u ortoclinales, frente a otros breves de cluse y hoz, como las del anticlinal de Tesla en la Horadada y los Hocinos; pero tampoco faltan los meandros encajados en cañones con relieves ruiniformes cársticos, como los de los páramos de la Lora, con profundidad de hasta 400 m.

El glaciarismo de Castro Valnera (1.717 m) sorprende por el nivel bajo de cimas y por la génesis de artesas. La situación bien encarada al NO y la energía de la vertiente norte parecen ser las claves de la nivación abundante y del desarrollo glaciar.

4. El relieve de cobertera deformada en la cordillera Ibérica

El Mediterráneo por el E, la depresión terciaria del Ebro por el N, las llanuras del Duero, Tajo o Guadiana por el O y la cuenca del Júcar como extremo meridio-

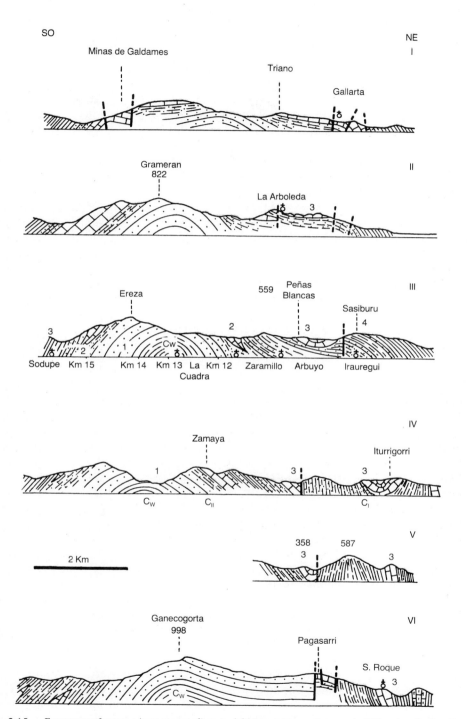

FIG. 2.15. *Formas conformes e inversas en pliegues del Mesozoico en el sector de Bilbao* (según Rat, P., 1959). 1 y 4: Areniscas y margas. 2 y 3: Calizas.

nal delimitan este conjunto, variado en redes y disección fluvial. El relieve se sustenta en pliegues y fallas de la cobertera mesozoica, matizados por núcleos del zócalo paleozoico en horsts, cuyo ascenso provocó el barrido erosivo de aquélla al tiempo que las fosas se rellenaban de un terciario detrítico.

La cobertera incluye areniscas triásicas, un Jurásico calcáreo diverso y calizas con margas del Cretácico superior. Hacia el S y el E aumenta el papel de las calizas del Triásico medio y de las margas del Keuper, frente a la regularidad cretácica desde su base arenomargosa. El grosor y la variedad del conjunto lo hacen apto para formar pliegues en tectónicas propias, reflejando sólo a grandes rasgos los movimientos del zócalo; pero no hay que omitir el papel creciente de las fallas, al avanzar las deformaciones y la erosión terciarias.

La cordillera resulta ejemplar en la incidencia de superficies de erosión, de mediados y fines del Terciario, patentes en sus parameras y en los contactos atenuados con llanuras del entorno o del interior. El ascenso y el rebaje erosivo del centro fijan en él los núcleos del zócalo, frente a las orlas mesozoicas en los bordes. Pero las grandes unidades morfológicas se basan en las fallas del zócalo, que parten la cordillera en gajos o ramas como el noroccidental, estribado por los robustos horsts de la Demanda y el Moncayo (fig. 2.16).

a) LA ALTITUD Y ENVERGADURA MONTAÑOSA DE LAS SIERRAS DEL NOROESTE

La sierra de la Demanda (2.217 m) y el techo del Moncayo (2.316 m), extremos de las sierras centrales de esta rama, muestran la pesadez de los horsts paleozoicos, en areniscas, cuarcitas y pizarras. El de la Demanda se subdivide en horsts y fosas, surcadas por las redes del Duero y Ebro, oponiendo el perfil más suave de la vertiente duriense a la incisión fuerte de la del Ebro. Esa disimetría, común en las sierras centrales, acentúa la estructural; el contacto de esta rama con la depresión del Ebro corresponde al salto brusco de un gran cabalgamiento, frente al hundimiento más gradual en el sur hacia las llanuras del Duero.

Entre los estribos, las sierras de Neila, Urbión y Cebollera, que rebasan los 2.000 m, son crestas-cuestas disimétricas en areniscas duras jurásicas; sus monoclinales corresponden a flancos de pliegues laxos, fallados en escalera hacia el Ebro o en pupitres hacia el Duero. Las crestas miran al N y su brusco frente da paso al dorso suave y plano, cayendo 1.000 m al S. Las cimas alojan las únicas formas glaciares de la cordillera en circos desde la Demanda al Moncayo, cuya orientación principal NNE incrementa la disimetría, junto con breves artesas en Urbión (2.233 m). La continuidad de las sierras centrales se interrumpe al E en la fosa de Ágreda, desde cuyo fondo se eleva el Moncayo, pero el estilo de bloques prosigue al E en las sierras paleozoicas de Tablada (1.749 m) y la Virgen, donde las fracturas se imponen a los pliegues amplios mesozoicos situados al SE del Moncayo.

Una larga depresión ortoclinal disimétrica, acentuada por fallas y vaciada por el Duero en margas y arenas jurásico-cretácicas, separa las sierras centrales de las sierras exteriores, formadas en calizas del Cretácico y en grandes pliegues O-E. Aunque alternan el relieve conforme y el inverso, éste domina en sinclinales colgados, como las sierras de Carazo (1.462 m) y Nafría (1.432 m), destacando sobre combes vaciadas en la base cretácica. Entre las sierras exteriores y la fosa de Ágre-

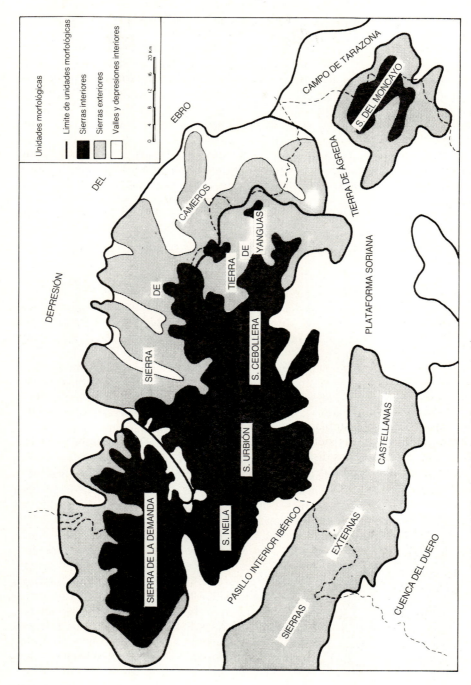

FIG. 2.16. *Unidades morfológicas del noroeste de la cordillera Ibérica* (según Ortega Villazón, M., 1993).

da la plataforma soriana forma un enlace sutil de la cordillera con la cuenca terciaria del Duero. La superficie de erosión en calizas mesozoicas (1.000 m) da paso sin ruptura al relleno terciario, con el matiz de pequeños bloques levantados por fallas recientes.

El margen septentrional de los Cameros (cimas a 1.300-1.500 m), al norte de las sierras centrales, tiene un relieve accidentado y con escaso desarrollo de alineaciones O-E. La incisión de la red del Ebro entre el Tirón y el Alhama corta al escarpe del cabalgamiento en valles en uve e interfluvios, que forman las culminaciones N-S. La densidad de fallas, el poder de la red y el débil contraste de dureza (falta el Cretácico calizo) merman el papel de los pliegues laxos O-E, cortados fácilmente por los ríos; sólo al E se esbozan sinclinales destacados y pasillos ortoclinales. La incidencia de esta barrera, cuyos puertos de Piqueras y Santa Inés superan los 1.700 m, se acentúa en el flanco de Cameros, carente de vías O-E; al contrario, los valles ortoclinales y combes del flanco sur facilitan los trazados en esa dirección.

b) El relieve de cobertera plegada y arrasada de la rama occidental

Centrada en la sierra de Albarracín (1.920 m), esta rama está ceñida por el Jalón al N y el Júcar al S, enmarcando una altitud que supera los 1.500 m en su vasto sector central. Al O las llanuras del Tajo y al E la fosa del Jiloca forman sus límites más netos. Y las redes del Ebro, Tajo, Turia, Júcar, Guadiana y Duero trazan la divisoria de aguas ibérica más compleja en laberinto de valles, pero sin gran densidad.

El bloque de cuarcitas y pizarras de Albarracín, elevado en falla por el E y tallado en perfil romo, no es el único enclave paleozoico, pero por situación, ascenso y entorno, deviene núcleo entre largos pliegues de cobertera (NO-SE) de estilo jurásico, arrasados y rotos, sobre todo los anticlinales. Hacia el NE dominan sinclinales anchos en calizas jurásicas, a veces con relleno terciario, cuyos flancos forman crestas hasta la fosa del Jiloca. Al SO los montes Universales muestran conformidad e inversión alternas en pliegues longitudinales. Flanqueando la depresión sinclinal, que surcan el Tajo y el Cabriel, destacan anticlinales rotos en cabalgamiento, cuyas crestas montantes jurásicas alcanzan 1.813 m, e inmediatamente al ENE suceden sinclinales colgados, en mesas arrasadas de calizas cretácicas, siendo la más notable la muela de San Juan (1.832 m).

En el O, la serranía de Cuenca (1.400-1.700 m) se enmarca en grandes sinclinales de núcleo calcáreo cretácico, a veces redondos en plato, formando muelas o cuencos; los anticlinales fallados producen crestas en su flanco montante, completando las cimas. El Cretácico resurge del Terciario muy al O en el anticlinal roto, arrasado y exhumado de la sierra de Altomira (1.180 m), donde los embalses de Entrepeñas-Buendía aprovechan las hoces del Tajo. Los sinclinales y flancos cretácicos alojan un modelado cárstico notable, explotando también la malla de fracturas; a conjuntos ruiniformes, como la Ciudad Encantada, se suma una gama de dolinas y torcas cilíndricas de fondo inundado, retrocesos, cañones y tobas, entre surgencias y cascadas (fig. 2.17).

El norte de la rama en las parameras de Sigüenza-Molina de Aragón corona a

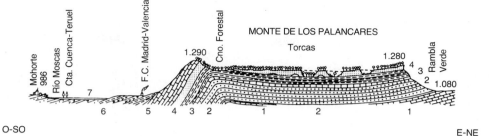

FIG. 2.17. *Muela carstificada de Palancares en la Serranía de Cuenca.* 1: Dogger: calizas marmóreas. 2: Albense: arcillas y arcosas. 3: Cenomanense-Turonense: margas con intercalaciones calizas. 4: Emscheriense: calizas silíceo-magnesianas. 5: Aturiense y Danés: calizas superiores. 6: Oligoceno: margas yesíferas bajo conglomerados. 7: Cuaternario (según Sáenz García, C.).

1.200-1.400 m, salvo núcleos paleozoicos algo más altos. Los grandes pliegues de buzamiento débil están arrasados hasta la base de arenisca triásica *(rodeno)* exhumada en largas fajas NO-SE, cuya fracturación es proclive al desarrollo de crestas muy disimétricas. A ellas se adosan, entre valles ortoclinales, crestas dispares de la serie jurásica y hasta fragmentos de orla cretácica, cuyos dorsos se hunden bajo el Terciario del Tajo y Ebro. Algunas muelas cretácicas, en sinclinales colgados o bloques empotrados por falla, matizan el horizonte abierto de las parameras, avenadas un tanto al margen de las estructuras y en hoces modestas por las redes del Tajo y Ebro.

En el término suroccidental de la rama las cumbres apenas superan 1.000 m, entre las redes del Júcar y Guadiana. Finos haces de pliegues N-S, que prolongan en decenas de kilómetros la sierra de Altomira y se digitan en ramales, alternan al E con anticlinales regulares NO-SE cepillados en las calizas cretácicas y con sinclinales de núcleo terciario; el terciario antiguo, plegado a veces, forma algunas cimas y el carácter montañoso se diluye en transición gradual hacia la llanura manchega.

c) LAS FOSAS TECTÓNICAS CENTRALES

Este conjunto de depresiones en gajos o compartimentos de bordes rectos y centrado en la cordillera separa a la rama occidental considerada de la oriental. Sus rasgos se ciñen al carácter de fosas con fondo terciario entre umbrales del Mesozoico o del zócalo; algunas formas en pliegues de los primeros no ocultan el predominio del relieve de fractura. La fosa principal NO-SE, a lo largo de 160 km entre el sur del Moncayo y Teruel, tiene una anchura de 20-25; en Calatayud el Jalón da paso al Jiloca, que avena la mayor parte de la fosa, cuyos bordes nítidos son fallas de zócalo y cobertera. En Teruel, esa fosa se une a la oriental del río Alfambra y el relleno de ambas está inclinado por movimientos recientes. La inclinación y variedad del Terciario (detrítico, calizo, evaporítico) convergen con la disección en un relieve accidentado, y acarcavado en las laderas de sus cuestas y muelas terciarias (fig. 2.18).

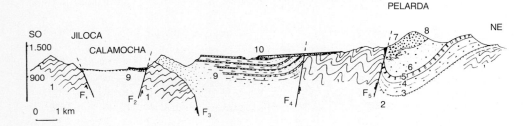

Fig. 2.18. *Fosas y sierras centrales de la cordillera Ibérica* (según Moissenet, E., 1980; leyenda adaptada). 1: Zócalo paleozoico. 2-4: Margas, calizas y arenas del Triásico al Cretácico superior. 5: Calizas del Cretácico superior. 6-9: Terciario principalmente detrítico deformado. 10: Depósito pliocuaternario horizontal.

Al sur de Teruel el domo y horst de Javalambre (2.020 m), con vastos flancos jurásicos y núcleo de areniscas triásicas, separa otros dos ramales de fosas terciarias. El más modesto es el oriental del río Mijares, frente al occidental del Turia, que se prolonga entre breves umbrales mesozoicos por el Rincón de Ademuz, en plataformas y cuestas de areniscas rojas. Más al S, el relleno mioceno subhorizontal de la llanada de Utiel-Requena (750-850 m) pone término a estas fosas; sus bordes enlazan al O con el Terciario de La Mancha entre sierrecillas de la cobertera mesozoica plegada y arrasada, pero al E dominan contactos de falla con las sierras de la rama oriental.

d) La energía de la rama oriental

Entre las fosas centrales y la costa mediterránea las sierras de esta rama destacan con energía. Al este de la fosa de Teruel la sierra de Gúdar (2.019 m) es un domo en dovelas de falla, levantando un anticlinal arrasado; su breve núcleo triásico da paso a los flancos calizos jurásico-cretácicos, que enlazan al E con un sinclinal amplio. Las rampas de dorsos de cresta dominan en el relieve, sin gran energía para su altitud. Al N, el tránsito a la depresión del Ebro corresponde a pliegues O-E; sinclinales anchos de núcleo cretácico enlazan con anticlinales más prietos y rotos en su núcleo jurásico, cuyos flancos levantados, junto con muelas sinclinales destacadas, forman las culminaciones, entre valles adaptados de la red del Guadalope, afluente del Ebro.

Más enérgica y fragmentada es la franja oriental del Maestrazgo (1.813 m) y las sierras (Espadán, Tejo, Martés) del interior valenciano hasta el valle de Cofrentes al S. Salvo enclaves terciarios, las formas corresponden a la cobertera mesozoica, enriquecida por calizas triásicas y con mayor entidad del Keuper, que fomenta el diapirismo. Junto a grandes sinclinales en plato, los pliegues longitudinales y sus haces muestran direcciones variables (NO-SE, N-S y O-E); es común la sucesión de anticlinales estrechos de charnela triásica rota entre sinclinales anchos de núcleo cretácico. Pero se trata sobre todo de un relieve de fracturas en malla densa y bloques pequeños, con cierto predominio de la dirección costera

NNE-SSO y de la NO-SE secundaria, a las que la disección explota sólo parcialmente.

Las culminaciones son crestas en jirones de buzamiento dispar, que miran en cualquier dirección, sobre todo las triásico-jurásicas. Las muelas sinclinales colgadas y los cerros monoclinales de falla forman las demás cimas, dominando la inversión sobre la conformidad. Ejemplo de inversión es la depresión de Lucena del Cid, excavada en un horst triásico ONO-ESE y opuesto a las sierras del Maestrazgo; la conformidad se observa en los valles de fosa tectónica paralelos a la costa, entre fallas en escaleras y pupitres. Y el carácter desgajado aumenta en el S, pese a la modestia de las cimas (1.000 m); la depresión de Cofrentes, vaciada por el Júcar en un cruce de fajas triásicas rotas en micropuzzle de fallas, muestra una orla caótica de retazos de crestas calcáreas cretácicas, dislocadas por haces de fallas O-E.

La anfractuosidad de estas sierras mediterráneas, al margen de la fracturación, de la inyección de masas plásticas y del contraste de tramos alternos calizos y margosos, responde a la disección densa de los ríos y las ramblas en la cercanía marina. Los trazados fluviales adaptados en fosas paralelas a la costa alternan con codos y desvíos modélicos en el Turia y Júcar, aunque casi siempre explotan fallas. En los valles o fosas amplios dominan los glacis de acumulación, a veces escalonados y encostrados, pero la aspereza alcanza al modelado de detalle con acarcavamientos de los taludes de frentes de cresta y hasta afilados lapiaces en las cimas y muelas calizas.

La variedad litoestructural de la cordillera Ibérica no es pareja con sus recursos minerales. Los metálicos se ciñen al hierro de sierra Menera (Ojos Negros), prolongando al NO el paleozoico de Albarracín, y los energéticos a lignitos, sobre todo en arcosas cretácicas (piso Albiense) de las sierras del norte de Teruel. La altitud, la energía y las calizas (base de suelos raquíticos) contribuyen a la formación del mayor vacío demográfico español, tejido por una red viaria con el mayor nivel de puertos (media de 1.651 m en los 10 más altos).

5. El relieve de bloques del zócalo en la cordillera Central

Desde la sierra de la Estrella portuguesa, esta cordillera OSO-ENE se prolonga en España 400 km y en 35-70 de anchura, hasta enlazar con la Ibérica. Las cimas, con techo en Gredos (2.592 m), superan los 2.000 en casi todos los tramos y la abrupta vertiente del Tajo contrasta con la más suave del Duero, a cuyo desnivel 500 m menor se une el carácter ralo y menos encajado de la red. El predominio de granitos y neises, con pizarras y cuarcitas marginales, acentúa la rigidez del zócalo, cuya uniformidad por tramos fomenta la desnivelación en bloques. Los escarpes de los horsts se recortan con su cima ancha y roma, y más con los fondos llanos de las fosas. Hacia el E se adosan al zócalo sendos flancos de cobertera mesozoica en fajas monoclinales o en pliegues anchos.

Varias direcciones estructurales convergen en el trazo montañoso; desde la NO-SE, armoricana y secundaria y la principal OSO-ENE, que se vincula a reactivaciones de fallas tardihercínicas, hasta la malla O-E y N-S propiamente alpina. Las superficies de erosión terciarias, presentes en cimas de los horst, y la tectónica final en la génesis del relieve son hechos debatidos; la idea de un reajuste en distensión de dovelas, a partir del arrasamiento y abombamiento miocenos del zócalo, es de las más aceptadas. Movimientos leves cuaternarios acentuarían los anteriores, sobre todo en la vertiente sur.

a) LA SINGULARIDAD TECTÓNICA Y EL CONTRASTE ROCOSO EN LAS SIERRAS DE GATA Y FRANCIA

Este tramo occidental corona en la Peña de Francia (1.723 m) y sucede a la fosa portuguesa de la Beira Baja en brusco ascenso fronterizo; por el E acaba en la fosa del Alagón (SO-NE), que es la única gran brecha de la Cordillera. Por el N y el S el ascenso se produce en escaleras de fallas, con mayor densidad y salto de las meridionales, que remontan 1.000 m desde las Hurdes; más amplias son las gradas septentrionales, enlazando con la fosa terciaria de Ciudad Rodrigo o con las penillanuras más altas del sur de Salamanca.

El perfil en espinazo, rematado en crestones o crestas y carente de la pesadez habitual de la cordillera, responde también al tipo de roquedo y la erosión diferencial. El predominio de pizarras en la sierra de Gata (1.592 m) está matizado por pequeños batolitos graníticos en las cimas del O, y aún más en el E por las duras cuarcitas ordovícicas, que forman la punta sinclinal levantada y desgajada por falla de la Peña de Francia. La disimetría entre la red del Duero, modestamente encajada en el N, y la prieta del Alagón en el S, hundida hasta 1.000 m, acusa las facilidades de la incisión en pizarras.

b) EL TRAMO EJEMPLAR DE MOLES GRANÍTICAS DE GREDOS

Bajo el nombre de su sierra dominante y entre la fosa del Alagón y la cabecera del río Guadarrama al E, este tramo es el más alto, ancho y modélico en formas. La rigidez y homogeneidad del roquedo granítico fomentan el estilo rotundo de bloques y la unidad, hasta en el modelado; las sierras de horsts alternan con valles de fosa tectónica o de línea de falla. Desde la fosa del Alagón la sierra de Béjar (2.425 m) se eleva en mole roma, que al NE desciende hacia la depresión de fosa y fondo llano de Aravalle y al SE hacia el valle ejemplar de línea de falla, recto y muy encajado, del Jerte o de Plasencia.

La sucesión más neta de bloques anchos y alargados se observa en el centro de Ávila. Desde el N, en contacto de falla con el terciario de las llanuras del Duero, se eleva en horst la sierra de Ávila (1.727 m), enlazando al S con la fosa de Amblés, surcada por el Adaja, de cuyo fondo terciario ancho y llano remonta la alineación de la Paramera-Serrota (2.294 m). Su vasta cima plana de penillanura miocena forma perfil trapezoidal con los duros flancos, cayendo al S 1.000 m en la fosa excavada por el Tormes y el Alberche. Desde ahí el escarpe norte de Gredos (2.592 m) remata la escalera ascendente en bloque robusto, pero más cuarteado que la Paramera y de dirección O-E; el flanco sur de Gredos en descenso brutal de 2.000 m hasta el terciario de la fosa del Tiétar, forma el máximo escarpe (fig. 2.19).

La disimetría tiene raíz estructural, pues el ascenso progresivo de bloques por el N contrasta con la polarización del desnivel en el S, pero se acentúa por la disec-

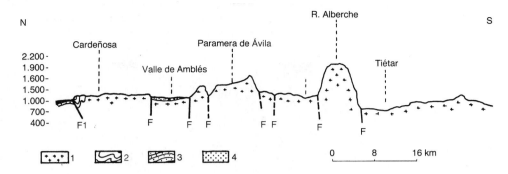

FIG. 2.19. *Corte de conjunto de la cordillera al este de Gredos, pasando por la Paramera de Ávila*. 1: Granito. 2: Cuarcitas paleozoicas. 3: Mioceno cabalgado de Monsalupe. 4: Depósitos del valle de Amblés. F: Fallas (según Birot, P. y Solé Sabarís, L., 1954).

ción fluvial. La agresividad menor de la red del Duero se muestra en el Adaja, incapaz de excavar el fondo de la fosa de Amblés; y el Alberche, de curso tortuoso hacia el Tajo, muestra energía intermedia, frente a la máxima de la red del Tiétar, que forma gargantas regulares y encajadas hasta más de 1.000 m en el frente sur de Gredos, pese a la dureza del granito.

Este tramo acogió los mayores focos glaciares de la cordillera en circos, artesas y cubetas que modelan la sierra de Béjar, la Serrota y Gredos en formas nítidas, favorecidas por el granito y su fracturación y orientadas sobre todo al N y E. La altitud, la amplitud de las cumbres y la situación occidental más nivosa son otras claves de la entidad glaciar, limitada al E (Guadarrama-Somosierra) a circos.

c) EL ENTRAMADO DE BLOQUES DE GUADARRAMA

Entre el río Guadarrama y el collado de Somosierra por el E se mantienen la disimetría y la pesadez, pero las sierras viran al NE y se estrechan, adosándose a las externas retazos de crestas cretácicas. Tales rasgos se enmarcan en cambios rocosos en alternancia de granitos con neises, más variables en rigidez, pero, sobre todo, cambian los bloques a un estilo menos alineado y más variable en tamaño que en el tramo de Gredos.

La fracturación radial en gajos es frecuente, con dos nudos en las cabeceras del Guadarrama-Eresma y Eresma-Lozoya. En el primero los horsts más modestos SSO-NNE de la Mujer Muerta (2.192 m) y La Peñota convergen con el O-E de Siete Picos, cuyo espinazo rematan siete tors graníticos. En el segundo conectan horsts más robustos: el Carpetano SSO-NNE (Peñalara, 2.430 m) se prolonga en 50 km hasta Somosierra y el O-E de la Cuerda Larga (2.384 m) es más discontinuo y breve; entre ambos la fosa del Lozoya empotra al Cretácico y comparte con otras, como las del Espinar y Cercedilla, la forma triangular (fig. 2.20).

Las fosas enlazan con vastas rampas de piedemonte del N y el S, de las que destacan cerros, atribuidos tanto al realce de enclaves duros como a leves horsts, que anteceden a las crestecillas cretácicas marginales. A menor escala el modelado

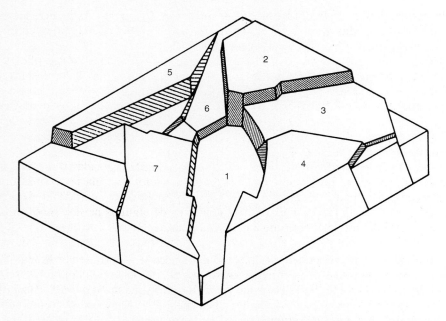

FIG. 2.20. *Estructura de la sierra del Guadarrama en torno al valle del Lozoya.* 1: Fosa de Lozoya. 2: Horst de Peñalara. 3: Horst del Reventón. 4: Horst de Peñacabra. 5: Horst de la Cuerda Larga. 6: Horst de la Cabeza Mediana. 7: Horst de la sierra de Canencia o del Hontanar (según Sanz, C., 1986).

granítico logra un gran esplendor de formas en la Pedriza de Manzanares; los domos (Peña del Yelmo) y los lanchares convexos alternan con el pintoresquismo de los tors, berruecos y piedras caballeras.

d) EL DESCENSO DE NIVEL Y LOS FLANCOS MESOZOICOS DEL TRAMO ORIENTAL

Al este del collado de Somosierra, las sierras de zócalo de Riaza (2.270 m), Ayllón (2.035 m) y Alto Rey (1.848 m) van dando paso a la envoltura mesozoica que, en muelas y crestas más bajas, enlaza sutilmente con formas de cobertera similares de la cordillera Ibérica. Los flancos mesozoicos plegados y rotos, con mayor entidad del septentrional en la sierra de Pela, tienen réplica lejana en crestas a decenas de kilómetros al N entre las llanuras terciarias del Duero, llamadas *serrezuelas*. El roquedo del zócalo muestra cambios decisivos, desde los neis en el O a las pizarras y cuarcitas en pliegues apretados del E.

La merma de rigidez y los ejes hercinianos NNO-SSE de pliegues y fallas reducen la pesadez de los horst a perfiles en uve invertida. Su vertiente sur está bien tajada por el Jarama y el Henares en fajas de pizarras o líneas de falla, frente a los rasguños del Duratón y Riaza en la breve vertiente norte hacia el Duero. La fracturación en gajos, anudada en las cabeceras del Riaza y Jaramilla, se plasma en el cruce del horst general de la cordillera SO-NE, en las sierras de Somosierra-Ayllón, con la perpendicular de la del Robledal, coronada en los crestones pizarreños de Ocejón (2.048 m). Más al E, el zócalo de la sierra de Alto Rey se eleva en un bloque romo E-O, realzado en las cuarcitas ordovícicas.

Como flanco norte de la de Alto Rey, la sierra de Pela consta de dos pliegues laxos separados por falla; el interno es un sinclinal de núcleo cretácico, destacado en la muela calcárea del Pico de Grado (1.513 m). El anticlinal externo, arrasado hasta el núcleo triásico, forma una combe tenue ceñida por crestas muy disimétricas. El flanco mesozoico meridional se reduce a una orla monoclinal arrasada, desde el Triásico hasta el Cretácico superior, realzado en crestecillas sucesivas entre rellanos o surcos ortoclinales.

Las rampas de piedemonte en el tramo oriental están tapizadas por rañas de canturral silíceo, cuya leve pendiente no resta demasiada energía a la cordillera, pues forman diedro con el escarpe montañoso. Los crestones en cuarcitas o pizarras duras, o los resaltes alargados y disimétricos propios de algunos neises, suponen un cambio general del modelado, frente a la norma granítica dominante en el O.

La cordillera Central separa totalmente los dos grandes conjuntos de llanuras de España en una barrera, cuyo promedio de los 10 puertos más altos alcanza 1.642 m. Los recursos mineros, escasos en granitos y neises, tampoco abundan en las pizarras, con variedad filoniana (plata, estaño y radiactivos) pero sin interés económico. Finalmente, al raquitismo de los suelos de montaña se añade la constante de una acidez elevada, acorde con los substratos rocosos.

6. Las penillanuras de zócalo y llanuras sedimentarias en las grandes cuencas

Los grandes continuos españoles de llanuras, casi un tercio de la extensión, se alojan en dos sectores del zócalo hundidos en cuenca y separados por la cordillera Central. El septentrional, alto y cerrado, está avenado por el Duero; el meridional, compartido por el Tajo y Guadiana, es más vasto y difuso en sus bordes. Ambos poseen notables semejanzas rocosas, estructurales y morfológicas.

En el O aflora el zócalo en penillanuras poligénicas, diversas en planitud y modelado por varios factores. Uno es el contraste rocoso en grandes afloramientos como el granito de batolitos, las masas de pizarras, las fajas de cuarcitas o los enclaves terciarios. Otro, la fracturación que, siendo débil, desnivela sectores grandes. Asimismo, los contrastes de disección fijan las llanuras bajas junto a los ejes fluviales. Y, por último, los recubrimientos (rañas, terrazas, derrubios) acentúan la planitud, distinguiendo vastas áreas.

En el E los sectores más hundidos y rellenados, en sendas cuencas sedimentarias de estructura subhorizontal, se asemejan en el predominio mioceno y su composición. La base blanda arcillo-arenosa aflora en los bordes y los sectores excavados, formando llanuras levemente alomadas o casi planas de *campiñas*. Encima, un tramo margocalizo da lugar a fuertes taludes de *cuesta* en los valles o a rellanos. Y el techo calcáreo asienta las tablas altas de los *páramos calizos*, cuya situación centro-oriental en ambas cuencas responde a la coincidencia con su ombligo, a la cercanía de las sierras calizas de la cordillera Ibérica, de las que proceden, y a la merma del desmantelamiento hacia al E, que preservó ese techo en buena medida.

La horizontalidad y la dureza limitada de los estratos favorecieron el desarrollo pliocuaternario de arrasamientos subparalelos, así como la expansión de mantos guijarrosos fluviales de raña o terraza. Los arrasamientos subsisten en los páramos y plataformas, limando las calizas, y los depósitos, resistentes por su calibre y permeabilidad, protegen bien al substrato en que se apoyan, formando otros relieves tabulares de *plataformas detríticas*. Sin embargo, pese a las semejanzas, la disección fluvial supone un gran contraste entre ambas cuencas.

a) Altitud y disección modesta en las llanuras del Duero

En sus 50.000 km^2, casi la totalidad de estas llanuras se halla entre 700 y 1.100 m, formando una rampa sutil desde las bajas del centro-oeste hasta las altas marginales. El encajamiento de los valles rara vez supera los 160 m, por la merma de incisión del Duero desde la frontera con Portugal, remontando 500 m hasta la ciudad de Zamora. Ese tramo breve y de hondo tajo muestra un modelado ejemplar de exfoliación granítica en domos y llambrias, pero, junto a la dureza granítica, la pérdida de incisión parece reforzada por la tectónica reciente. El desnivel, la angostura y el caudal del río son recursos del mayor complejo hidroeléctrico ibérico; pero estos hechos no encubren el predominio de llanuras extensas y abiertas en la cuenca.

1.º *Las penillanuras occidentales*

Situadas al oeste del meridiano de Zamora, son las llanuras menos perfectas por el contraste rocoso, la cercanía del colector principal y la tectónica reciente. La penillanura septentrional, en las comarcas zamoranas de Aliste, Sanabria y Carballeda tiene un relieve de lomas y valles ralos en neises o pizarras, pero dividido por las crestas de cuarcitas NO-SE de la sierra de la Culebra (1.100-1.300 m). Las crestas, entre valles amplios en pizarras, se deben sobre todo a la erosión diferencial en pliegues paleozoicos arrasados, cuyos ejes y contrastes de dureza fijan el rumbo y tamaño de alineaciones en ese relieve de tipo apalachense, sin apenas entidad montañosa (fig. 2.21).

En el suroeste de Zamora y noroeste de Salamanca un gran batolito granítico arrasado forma la penillanura más perfecta. La homogeneidad rocosa y su manto continuo de alteritas arenosas filtrantes, de modo que la roca berroqueña apenas aflora, fomentan la suavidad del relieve y del modelado. Las lomas amplias y casi llanas en su cima, sobre las que destaca algún resalte en diques duros de cuarzo, alternan con valles cóncavos, que no se encajan ni 100 m. Sólo en el O, junto al tajo del Duero, se incrementa la energía y los escalonamientos.

El sur y suroeste salmantinos corresponden a otra penillanura pizarreña más recortada, por el carácter blando y poco permeable de sus alteritas arcillosas, pero también por la mayor agresividad del Huebra y el Agueda, que afluyen al Duero a nivel bajo (130 m) y, sobre todo, por el Alagón en la red del Tajo. La fosa de Ciudad Rodrigo, con fondo terciario de espesor modesto y a 700 m, y la sierra de Tamames, realzada en cuarcitas ordovícicas a 1.450 m y acaso por fallas, son matices de la transición a la cordillera Central.

Fig. 2.21. *Situación y tipos de llanuras en la cuenca septentrional del Duero*. 1: Penillanura granítica. 2: Penillanuras pizarreñas. 3: Páramos calcáreos. 4: Campiñas arcillosas. 5: Plataformas detríticas: a) páramos detríticos, b) terrazas fluviales. 6: Cubetas con relleno terciario. 7: Macizo Asturiano. 8: Alta montaña de formas macizas. 9: Montaña media de relieve plegado. 10: Serrezuelas. 11: Llanuras. 12: Montañas.

2.º *Campiñas, páramos calizos y plataformas detríticas de la cuenca sedimentaria*

Al este de las penillanuras y ceñido por una depresión periférica este conjunto integra tres unidades de llanuras. Las *campiñas*, fruto del vaciamiento general en arcillas y arenas miocenas, son las llanuras menos perfectas en su alternancia de lomas y colinas con vaguadas, pero también las de menor desnivel (< 100 m) y más suave modelado. El continuo mayor (7.000 km^2 y entre 700-800 m) es la Tierra de

Campos, arcillosa, entre Zamora, Valladolid, León y Palencia. En otra faja al sur del Duero, la Tierra de Pinares (noroeste de Segovia, sur de Valladolid y norte de Ávila) se distingue por su tapiz de arenas y dunas fósiles. El resto, en la Tierra del Vino zamorana, la Armuña salmantina o la Moraña abulense son más dispares, accidentadas y semejantes a las *campiñas marginales*, dispersas y de acuerdo con la variedad rocosa en los bordes de la cuenca.

Las llanuras tabulares y los *páramos calizos* destacan 100 o 150 m sobre los valles en artesa que los tajan (separando a veces cerros testigo), cuyas vertientes enérgicas de cuesta están suavizadas por la solifluxión. Se sitúan en el centro-este de la cuenca, desde los de Torozos (850 m) entre Tierra de Campos y el Pisuerga, dando paso hasta el Duero al gran conjunto del Cerrato (850-1.000 m); otro sector al sur del Duero (Cuéllar-Campaspero a 900-1.000 m) y un apófisis alto hacia Soria (1.000-1.100 m) completan su área (fig. 2.22). Bajo el techo de los páramos, en arrasamientos casi paralelos al techo calcáreo y tapizados por *terra rossa*, se encajan otros niveles de plataforma, aprovechando tramos calizos inferiores.

Con carácter tabular y en mantos de canturral silíceo, grueso y permeable, las *plataformas detríticas* son dispares en altitud, desde 650 a 1.200 m. Las bajas (650-1.000 m) corresponden a vastas terrazas fluviales escalonadas, con alguna muela aluvial de inversión (*motas*, *oteros*); el Páramo y los Oteros en León, o la Tierra de Medina en Valladolid, singularizados por los suelos guijarrosos, son buenos exponentes. Las más altas (1.000-1.200 m), llamadas páramos de raña, se asientan en ese tipo de depósitos y forman una orla de planicies en los bordes, sobre todo en el NO y el N, entre el Tera y el Pisuerga, junto con enclaves al pie de las cordilleras Ibérica y Central.

b) Contrastes y unidad en las llanuras de la cuenca meridional

Pese a incluir algunas sierras, como las Villuercas y montes de Toledo, y pese a la disección dispar del Tajo y el Guadiana, la unidad, basada en el predominio de llanuras, tiene raíz estructural, a través del enlace de las penillanuras de zócalo en el O con las sedimentarias en el E y las formas que se repiten en ambas.

1.º *La fosa del Tajo, las sierras de Cáceres y los Montes de Toledo*

Forman el conjunto más desnivelado de esta gran cuenca, en vecindad al N con la cordillera Central, por la fracturación terciaria débil pero continua y por el contraste de dureza rocosa. El valle occidental del Tajo es una fosa de relleno terciario bastante desmantelado; desde Toledo y en el zócalo, el río explota fallas hasta la frontera, lo que le permite alcanzar el centro ibérico a nivel bajo (400-500 m), fomentando la energía de su red densa y encajada.

Al sur del Tajo occidental una rampa del zócalo granítico remonta en pedimento 300 m (Muñoz J., 1986), salpicada por cerros en cuarcitas, como el de Noez (1.035 m) y dando paso a los montes de Toledo y a las Villuercas en el O. Las sierras, salvo su techo de Villuerca a 1.601 m, no rebasan los 1.500 m; su dirección no la fijan fallas terciarias y la anchura de caja de sus valles supera a la de las crestas. Hacia el S y sierra Morena ese tipo de crestas, con carácter más laxo, no pasa de un

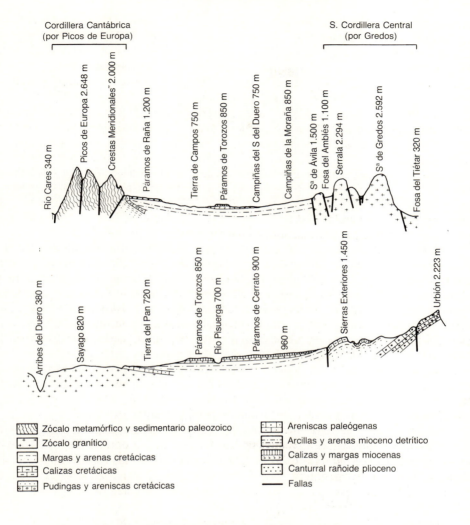

FIG. 2.22. *Esquemas N-S y O-E de las llanuras del Duero y su enlace con las montañas.*

matiz en el dominio de llanuras, por lo que se encuadran mejor como penillanuras accidentadas que como entidades montañosas.

Las sierras tienen una larga génesis hasta su carácter apalachense actual, a partir de haces de largos pliegues paleozoicos NO-SE y ONO-ESE, que sólo en los sinclinorios se preservaron del arrasamiento. Las cuarcitas ordovícicas forman el tramo competente y duro, pero no muy grueso, sobre pizarras cámbricas en los núcleos anticlinales y bajo formaciones blandas hasta el Devónico en los núcleos sinclinales. La tectónica terciaria levantó este sector de la penillanura y lo troceó en malla de fallas-desgarre, que no interrumpen las alineaciones y las desnivelan gradualmente (fig. 2.23).

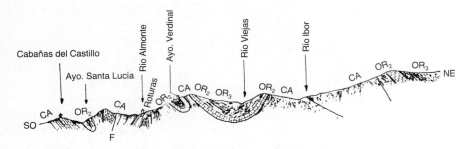

Fig. 2.23. *Relieve de tipo apalachense en las sierras del norte de Cáceres* (según Tello, B., 1986). Corte geológico de las Villuercas por el sinclinal del río Viejas. (Escala original 1:50.000). OR₃ (Ordovícico): Areniscas, pizarras y pizarras arenosas. OR₂ (Ordovícico): Cuarcita armoricana y conglomerados. CA (Cámbrico): Conglomerados, pizarras y cuarcitas.

La erosión diferencial en las fajas de los pliegues excavó valles anchos y hondos como combes en núcleos cámbricos, caso del Ibor en las Villuercas, frente a otros más modestos en sinclinales, frecuentes en los Montes de Toledo. Las cimas son crestas con anchura limitada por el grosor y el buzamiento fuerte de los flancos de cuarcitas como las de Villuerca, Palomera y Altamira, o Torneros y el Pocito al E, sin faltar las de bóveda anticlinal o sinclinal colgado. La disección de la red del Tajo, más acusada que la del Guadiana, produce disimetría a partir de la divisoria en la llamada sierra de Guadalupe.

La escasa anchura y las fallas transversales fomentan los perfiles astillados en las crestas, modeladas por gelifracción. Su efecto más reciente son pedreras, cuya base enlaza con coladas de solifluxión, formando glacis de pendiente moderada, vinculados a los episodios fríos del Cuaternario y llamados a veces raña. La verdadera raña, antigua y desparramada como depósito fluvial en pendiente muy débil, tapiza las áreas llanas y más distantes de las sierras. La sucesión canchales-coladas-rañas, que aquí logra un desarrollo modélico, es común en las crestas de cuarcitas de las penillanuras occidentales.

2.º *Roquedo antiguo, relleno terciario y volcanismo en las penillanuras del SO*

Las penillanuras del sur y el oeste extremeños y del oeste de Ciudad Real son llanas y bajas (300-700 m en rampa sutil, para sus 25.000 km²), pero no uniformes. A las crestas ralas de cuarcitas, a la fracturación, o a la distancia de los ejes de la disección se imponen, al distinguir grandes sectores, los afloramientos rocosos y su modelado. En el O los batolitos graníticos de Cáceres, Trujillo, Montánchez, Mérida y otros del suroeste de Badajoz, forman las penillanuras más homogéneas en valles anchos y laxos; las lomas pesadas interfluviales, donde destaca algún monadnock, o algunos recortes del pie de las vertientes dejan entrever el pintoresquismo de los berrocales.

Más vastas y dispares son las penillanuras pizarreñas, con entidad similar de las precámbricas en la Serena y las cámbricas, flanqueando en grandes masas el batolito de Cáceres. Su modelado opone las formas afiladas de crestoncitos, dientes y uñas del diablo a las superficies suaves de los mantos de alteración de cascotes y arcilla pardorrojiza, mientras los enclaves de raña dan lugar a las formas más planas.

En torno al Guadiana entre Badajoz y Mérida y en Tierra de Barros el fondo terciario de una concavidad del zócalo de amplio radio aloja las llanuras más bajas (< 400 m) y suaves, enlazando sin ruptura con el lecho aluvial. La poca altitud y la continuidad de facies, desde una base arcósica y un nivel de arcilla roja *(barros)* hasta un techo carbonatado claro *(caleños)*, fomentan la perfección de las llanuras y la suavidad del modelado. Los asomos calizos paleozoicos del oeste de Badajoz alimentaron ese Terciario carbonatado, asentando en mantos de *terra rossa* suelos aceptables, dentro de la mediocridad general.

En el oeste de Ciudad Real la penillanura del Campo de Calatrava se basa en un mosaico rocoso desde el Precámbrico hasta el Ordovícico en resaltes de cuarcitas y numerosos enclaves terciarios. La altitud (700-900 m), la fracturación y el contraste de dureza se aunan en el relieve compartimentado y matizado por un leve volcanismo finiterciario. Los conos de algunos volcanes forman cerros *(cabezos)*, pero la mayoría apenas destaca, enlazando con tapices de coladas de lava o de piroclastos y pasan desapercibidos en la penillanura (fig. 2.24).

3.º *El borde meridional de sierra Morena*

En 450 km desde Huelva hasta Albacete y en franja OSO-ENE de 40-80 km de anchura, el zócalo se eleva levemente a 700-1.300 m en el N para caer bruscamente a 100-200 m en la depresión del Guadalquivir, donde se hunde bajo el Terciario. Tal escalón, sin entidad montañosa septentrional pues sólo supera los 1.000 m en crestas laxas, hasta el techo de sierra Madrona a 1.323 m, forma en el S un frente continuo que no logra romper la incisión fuerte de la red del Guadalquivir. Se trata de una deformación moderada, considerando el empuje desde el S al ascender la cordillera Bética, que se interpretó como una falla y sección del zócalo. Pero es más verosímil el carácter de flexión e incurvación brusca del zócalo (Solé Sabarís, 1952), mejor avenido con la regularidad del movimiento, con las rocas afectadas y con la edad de los esfuerzos de la orogenia bética.

Como toda gran flexión ésta incorpora fallas asociadas, destacando las NE-SO del tramo central que empotran al Terciario de la depresión del Guadalquivir hacia Bailén o Linares y están explotadas por la red fluvial. El roquedo, enriquecido con pizarras, areniscas y calizas carboníferas, o con volcanitas diversas, incluye granitos, pizarras precámbricas y cámbricas y cuarcitas ordovícicas, esboza la variedad del zócalo, sin excesiva rigidez. Las fallas y los contactos rocosos, proclives a la

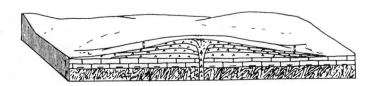

FIG. 2.24. *Sección de un volcán del Campo de Calatrava.*

erosión diferencial, se combinan con pliegues O-E o NO-SE y con batolitos, diferenciando grandes tramos.

El occidental de Huelva-Sevilla lo forman sierras bajas O-E, como las de Aroche y Aracena (917 m), paralelas a los flancos metamórficos de los pliegues; los valles, más dispares, están excavados por las redes del Guadiana, Guadalquivir, Tinto y Odiel en pizarras, granito o volcanitas. El central de Córdoba-Jaén es más enérgico a partir de crestas NO-SE en cuarcitas de las sierras de Puertollano (1.067 m) y Madrona que flanquean al valle de Alcudia, vaciado por el Jándula en pizarras; al S, la rampa alomada del batolito de los Pedroches se aligera en los apófisis hacia Bailén y Linares. El oriental, al este de Despeñaperros, está quebrado por crestas breves en cuarcitas (Cabeza de Buey, 1.155 m) y vallejos en pizarras; el tamaño de las formas refleja el de los pliegues, muy rotos y truncados en el Ordovícico.

El Paleozoico de sierra Morena se estrecha en el NE para acabar en el vértice de la sierra del Relumbrar (1.151 m) en el oeste de Albacete flanqueado por la cobertera triásico-jurásica subhorizontal y bien arrasada. Ésta se extiende hacia el N por las llanuras en calizas jurásicas del Campo de Montiel, cuya carstificación provee la circulación hipógea, alumbrada en el rosario de lagunas de Ruidera que represan rellanos de toba. Hacia el E y SE la cobertera se levanta muy deformada en las alineaciones béticas de las sierras de Alcaraz, Cazorla y Segura.

La variedad litoestructural de sierra Morena es paralela a la de sus recursos mineros; si el Carbonífero aloja los energéticos convencionales (antracita, hulla y pizarras bituminosas) entre Puertollano y el norte del Guadalquivir, tienen más interés y diversidad los sulfuros filonianos del complejo metamórfico. El yacimiento cerrado de Almadén contiene cinabrio en reservas a nivel planetario y los de Riotinto, Bailén o La Carolina destacan por la gama metalífera de sus minerales (cobre, plomo, cinc, hierro, plata y oro). Los metales radiactivos, también abundantes, muestran un reparto más generalizado.

4.º *Las llanuras sedimentarias: páramos calizos septentrionales, campiñas y planicie manchega*

Este dominio, en 40.000 km² de la mitad oriental de la cuenca, engloba las llanuras más netas, cuya perfección a veces tabular no empaña el desnivel hasta más de 500 m, pues se disponen en rampa ascendente al E, sobre la inclinación del techo mioceno, desde 700 m al norte de Toledo hasta 1.050 en la Alcarria. Diferencias sectoriales del ascenso, las facies y las redes del Tajo, Guadiana, o el Júcar en el SE, dan lugar a tres tipos de llanuras.

Las más altas son *páramos calizos,* en dos conjuntos divididos por el Tajo. Al N los alcarreños dominan el interfluvio Tajo-Henares y culminan a 800-1.050 m, destacando 200-300 m sobre valles en artesa. Al S la Mesa de Ocaña forma otra unidad de 1.000 km², más baja (700-800 m) y menos destacada. Los páramos se asientan en arrasamientos ceñidos a los estratos, carstificados y tapizados por *terra rossa*; las cuestas, en margas yesíferas potentes, son rectas y enérgicas, pues apenas están suavizadas por derrubios de solifluxión. En los márgenes y las confluencias los cerros testigo y algunos escalones inferiores en estratos duros completan las formas.

Las *campiñas*, rebajadas y arcillo-arenosas, se muestran dispersas y periféricas. Sus lomas, colinas y vaguadas alternan con muelas y rellanos de terrazas en los valles amplios; algunos taludes enérgicos y breves, en margas yesíferas, están acarcavados. El conjunto mayor y más bajo (450-650 m) del sur de Madrid y norte de Toledo, en torno a la Sagra, se distingue por el desarrollo de las terrazas sobre todo en la confluencia Jarama-Henares. El resto son campiñas marginales en el Mioceno de los bordes; unas ciñen a los Montes de Toledo y otras, dispares y accidentadas, se adosan a la cordillera Ibérica, acusando contrastes de disección en las redes del Tajo, Guadiana y Júcar.

La Mancha, a lo largo de 250 km desde el centro de Ciudad Real al este de Albacete, con anchura N-S de 60-100 km por el sur de Cuenca y sureste de Toledo, es la planicie ibérica más extensa y tabular, entre los umbrales de 600 y 800 m, y no faltan sectores de cientos de kilómetros cuadrados con desnivel inferior a 20 m. Tal perfección de llanura se basa en el relleno mioplioceno horizontal, permeable y rematado por calizas, pero también en la sucesión de arrasamientos generales pliocuaternarios, en depósitos de tipo raña (sobre todo en el borde meridional) y en el mal avenamiento de la red del Guadiana.

El Guadiana, que ingresa en La Mancha al nivel de 600 m y recibe el aporte de la surgencia cárstica de los Ojos, se forma en la unión del Cigüela y el Záncara, cuyos valles apenas se encajan entre terrazas amplias, pero mal escalonadas. Las llanadas de recubrimiento aluvial son muy extensas por la divagación de los lechos inestables, viejos y desvinculados de cursos actuales, como hecho compartido con la red del Júcar al E en los llanos de Albacete. Ciertas áreas carecen de avenamiento externo; desde suaves navas cársticas o uvalas con radios de hasta varios kilómetros y secas, hasta lagunas, charcas y pantanales con turberas, alimentados por regatos en valles apenas esbozados.

A la trama de factores en la monotonía de La Mancha se añade un rosario de enclaves paleomesozoicos arrasados, casi inapreciables en el paisaje, que preludian los bordes difusos de la cuenca terciaria. Las crestas de cuarcita del Campo de Calatrava van destacando al SO entre placas miocenas en ancha transición, y lo mismo sucede al S con el Jurásico del Campo de Montiel o al NE con las lomas y crestas cretácicas de la cordillera Ibérica.

7. La cordillera Bética y las unidades asociadas: la depresión del Guadalquivir y las Baleares

En 620 km de SO a NE y ceñida desde Cádiz al cabo de la Nao por el Mediterráneo, esta unidad montañosa ibérica es la más vasta, la más rica en elementos estructurales y la más joven por su tectónica reciente y activa. El nivel del Mulhacén (3.482 m) y de sierra Nevada contrasta con el resto de las sierras, que apenas superan o no alcanzan los 2.000 m, y con la peculiaridad de que las cimas altas se hallan en moles romas, frente a la energía mayor de las crestas en las sierras intermedias.

Fruto del acercamiento de las placas ibérica y africana, la cadena incluye áreas extrapeninsulares del Mediterráneo o emergidas, como el Rif marroquí y las Baleares. La génesis por reducción marina aumentó y diversificó las masas sedimentarias del volumen montañoso con los elementos propios de una cordillera geosinclinal.

Desde su sector nuclear meridional conocido como *zona interna o Bética*, formado por rocas viejas, metamorfizado y apelmazado, se suceden hacia el N las sierras en rocas sedimentarias mesoterciarias de la *zona externa* en dos dominios. El más meridional, o *subbético*, está muy deformado en corrimientos, extendiéndose desde Cádiz hasta Alicante; al N, el más externo o *prebético*, se muestra menos desplazado y en pliegues de cobertera, pero sólo aflora desde el este de Jaén (fig. 2.25).

Entre esas unidades se hunden fosas internas (Guadix-Baza, Granada), que alojan entre fallas gruesos rellenos finiterciarios detríticos, aunque no faltan calizas ni evaporitas. Las fallas, la compresión actual y el diapirismo, siendo deformaciones menores y postorogénicas, poseen gran valor morfológico; a su desnivelación se añade la situación divisoria entre unidades de la cordillera.

Las posibles superficies de erosión finiterciarias tienen un papel menor en este relieve, fruto de la tectónica directa y la disección. La red del Guadalquivir, que alcanza el corazón de sierra Nevada, explota el contraste de margas y calizas en la zona externa, y caso similar es el del alto Segura al este. A ambas se opone una multitud de cursos cortos y casi todos mediterráneos, pero dispares: unos surcan fosas, como el Vinalopó y el Guadalete en los extremos; otros, más breves y violentos, descienden miles de metros en tajos breves y angostos, como la red del sur de

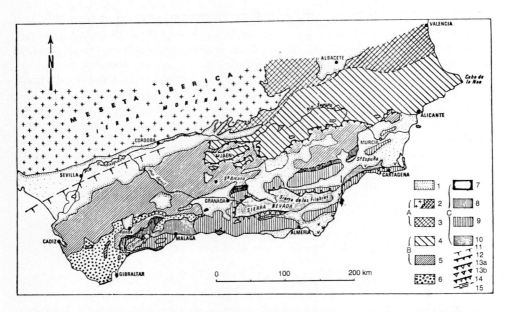

FIG. 2.25. *Grandes unidades estructurales de las montañas béticas* (según Aubouin, J., 1980 y adaptado de otros). 1: Neógeno post-tectónico. 2: Meseta ibérica y su cobertera tabular. A: Antepaís. 3: Cordillera ibérica. 4: Prebética. B: Zonas externas. 5: Subbética y Penibética. 6: Dominio de los flysch. 7: «Dorsal bética» (cordillera calcárea). C: Zonas internas. 8: Maláguides. 9: Alpujárrides (9a peridotitas). 10: Nevado-Filábrides. 11: Frente de los mantos (formados por olistolitos procedentes de distintas unidades), reconocido por sondeo debajo del Neógeno de la depresión del Guadalquivir. 12: Cabalgamiento subbético. 13a: Frente del cizallamiento sobre las zonas externas. 13b: El mismo contacto sellado por formaciones de edad Oligo-Mioceno inferior a Mioceno inferior. 14: Cabalgamiento de los Alpujárrides sobre los Nevado-Filábrides. 15: Desgarre supuesto.

sierra Nevada entre el Guadalfeo, abocado a Motril en honda hoz calcárea con tobas, y el Adra. Si la disección acentúa el puzzle de los corrimientos, desnivelado por fallas en tectónicas sucesivas, no impide una distinción de grandes unidades morfoestructurales.

a) La altitud y pesadez de las sierras béticas

Orlando a sierra Nevada, cuya loma de 80 km de longitud supera los 3.000 m en el O y cae a 2.000 en el E, se dispone un marco de sierras robustas. Al ENE las de Filabres (2.168 m) y Baza (2.271 m), al S las de Gádor (2.336 m) y Lújar (1.824 m), al SO la de Almijara (2.065 m) y al NNO la de Harana (2.029 m), en general en rocas más jóvenes. Pero el aspecto domático-concéntrico es mera ilusión; se trata de una serie de mantos corridos unos sobre otros al N, en tiempo y distancia mal conocidos (fig. 2.26).

Los mantos basales nevado-filábrides son los más metamorfizados en sus pizarras micáceas oscuras, paleozoicas, junto con masas menores, grisáceas y más blandas, del Triásico. Por su gran espesor, su dureza moderada y su escaso contraste, el conjunto genera formas monótonas y alomadas en las sierras homónimas, así como en el sur de la de Baza, Alhamilla y Almenara. Sierra Nevada, retocada por los glaciares sus cimas occidentales, se muestra poco afectada por la disección; el fondo de los valles en uve entre anchos interfluvios remonta a gran altitud en sus flancos. Asimismo, la energía de las vertientes septentrionales está fomentada en general por el predominio de la inclinación al S en las estructuras de las pizarras.

Corridos sobre los anteriores, los mantos alpujárrides se ciñen a sus flancos y su ausencia en el techo de sierra Nevada asimila a ésta a una ventana tectónica ampliada por erosión. Los alpujárrides, con base de pizarras paleozoicas y triásicas, incluyen un Triásico calizo duro; ese contraste y la fracturación fomentan crestas troceadas, dispares en tamaño, y con permuta de situación de frente y el dorso en una misma. Entre Málaga y el sur de Alicante esas sierras forman el grupo más

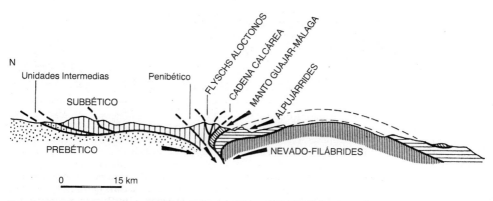

Fig. 2.26. *Esquema de los desplazamientos en los mantos de las montañas béticas* (según Durán Delga, 1966).

vasto del interior bético; por tamaño y altitud, junto al norte de la de Baza y las de Gádor, Lújar, Almijara o Harana, destacan la Bermeja y su enlace con la de Ronda (1.915 m), la de las Estancias (1.501 m) y buena parte de la de Carrascoy (1.066 m).

Sobre los alpujárrides y a modo de flancos estrechos se disponen los mantos *maláguides*, de volumen modesto y presencia bastante ceñida al sur de Málaga. Son mantos variados en edad y composición, pues a las pizarras y rocas paleozoicas se añade un tramo sedimentario detrítico y calizo (mesozoico-eoceno). Pese al contraste de dureza, el carácter poco levantado y la fracturación limitan la entidad de las formas, cuyo techo casi nunca supera los 1.000 m en crestas o cerros monoclinales y a veces con buzamiento débil.

Las erupciones mioplicenas de rocas ácidas en torno al cabo de Gata, y en enclaves hasta el de Palos, dan lugar a cerros y sierras de flancos abruptos y acantilados litorales. La dureza moderada y el apelmazamiento volcánico concuerdan con el perfil romo en cerros y lomas, modelados con gran aspereza. El apéndice oriental del nevado-filábride y alpujárride en las redes de fallas de Cartagena y Palos contiene ricos filones minerales. A la variedad metalífera (plata, cinc, oro, hierro), objeto de la minería tradicional y hasta de cielo abierto en La Unión, se añaden yacimientos en el interior bético de mercurio o antimonio, y rocas nobles, como los mármoles, explotados en el norte de la sierra de Filabres. Por el N el cambio estructural entre las sierras internas béticas y las subbéticas resulta difuso; a veces está fosilizado por el Terciario y otras forma gajos calizos de la llamada Dorsal bética, adosados a la zona interna o la externa.

Mayor entidad tiene el flysch del campo de Gibraltar en el centro-sur de Cádiz y en fajas estrechas al E, marcando el tránsito bético-subbético. El flysch consta de capas y tramos alternos de areniscas, arcillas, margas y calizas desde el Cretácico al Terciario antiguo, superpuestas en mantos y cabalgando al resto de las unidades en su corrimiento al NO. El carácter potente e inconsistente, proclive a corrimientos desgajados, da lugar a pilas de paquetes replegados y rotos sin rumbos dominantes, que forman crestas, hog backs, ojivas y pitones en los trozos abundantes en areniscas o calizas, y lomas o cerros en los de dominio margoso o arcilloso. Rasgo común es la modestia y brevedad de las sierras, que rara vez alcanzan los 1.000 m.

b) La energía y el troceamiento de las sierras del subbético

Entre el centro de Cádiz y el de Alicante, esta unidad incluye las sierras de Ubrique (1.665 m), el norte de la de Ronda, Cabra-Priego (1.570 m), Pandera (1.872 m), Mágina (2.167 m), Sagra (2.382 m), María (2.045 m), Revolcadores (2.001 m), Benamor (1.427 m) y Argallet (1.053 m), en una franja de 60-80 km de anchura. La altitud notable, la dirección OSO-ENE, la culminación en calizas y la sucesión desgajada son norma, alternando las culminaciones formadas en anchos asomos calcáreos ovales (Mágina, Sagra o Revolcadores) con las estrechas del E y del O.

La cobertera mesozoica-terciaria, corrida al N, es proclive a la erosión diferencial. Las margas plásticas triásicas tienen el doble papel de base de despegue en los mantos y agente diapírico, perforando y acentuando deformaciones de pliegues y fallas con mayor entidad hacia el E (norte de Murcia-suroeste de Alicante). Un tramo jurásico calizo-dolomítico forma el cuerpo principal de los mantos, muy troceado; las escamas y placas poco deformadas alternan con otras en pliegues y fallas vergentes al N, y con retazos de klippes. El tramo margocalizo Cretácico-Terciario, corrido sobre el Jurásico, tiene un papel más secundario, adosándose a los flancos de las sierras.

La trama estructural fija el mosaico del relieve en crestas breves e inconexas, y el contraste de dureza fomenta su energía por erosión diferencial. Las crestas del Jurásico calizo miran al N y se asientan en frentes de escamas, flancos de pliegues rotos —de acuerdo con su vergencia— o retazos de klippe. Los sinclinales colgados y abovedamientos anticlinales dan lugar a culminaciones aisladas, sin formar relieves plegados. Los fragmentos en pliegues anchos son proclives a la carstificación en dolinas, poljés (Líbar, Cabra), o en pasillos laberínticos y pozos, como el Torcal de Antequera (mesa anticlinal).

Las depresiones, junto a las grandes fosas de relleno finiterciario, están vaciadas en margas, triásicas (Keuper), cretácicas o del Terciario antiguo por las redes del Guadalquivir y Segura sobre todo, dando lugar a un relieve enérgico y abierto, sin que falten gargantas y boquetes. El Tajo de Ronda corta el relleno finiterciario de la hoya homónima al norte de la Serranía, que agrupa gran variedad; desde el alpujárride y maláguide en el S hasta el subbético en el N.

c) LOS CONTRASTES DE ALINEACIÓN Y LA ENERGÍA DE LAS SIERRAS PREBÉTICAS

Desde el noreste de Jaén en las sierras de Cazorla-Segura (2.107 m), por el sur de Albacete en Alcaraz (1.798 m), el norte de Murcia en la Muela (1.414 m) y el Carche (1.371 m), hasta las alicantinas del Maigmó (1.296 m) o Aitana (1.558 m) y otras menores del margen sur de Valencia, esta unidad de 300 km de longitud tiene una anchura de 60 a 90. Los desniveles hasta más de 1.000 m enmarcan una energía acusada y dispar. La mayor se observa en el extremo occidental, donde el Guadalquivir y el Segura se entallan profundamente, y en el oriental de Aitana junto al mar; la menor es propia del centro, donde las sierras más modestas destacan sobre depresiones anchas en un relieve bastante abierto.

La cobertera mesozoico-terciaria se diversifica por la entidad del Cretácico, cuyo contraste de tramos margo-arenosos y calizos fomenta el relieve de crestas en deformaciones más variadas. Desde el límite con el subbético que lo cabalga en el S, y con estructuras de corrimiento parecidas en ambos dominios, éstas ceden paso hacia el N al estilo de cobertera proautóctono, acabando al N en pliegues rotos por fallas, que se imponen en la traza del relieve.

Las fallas, en pupitres, escaleras, domos o cubetas, se conjugan con el diapirismo en fajas del Keuper. Pero los grandes diapiros, de kilómetros de diámetro, siguen grandes accidentes en rosario, como el del Vinalopó entre Villena y Novelda, desde donde se bifurca en ramales a E y O, o la alineación desde el suroeste de Jumilla hasta Yecla. Junto a crestas volcadas en los márgenes, en las depresiones con diapiros se alzan espolones calizos jurásico-cretácicos verticales o pinzados, reduciendo la monotonía. La fracturación de la cobertera, combinada con pliegues, no rompe en general las alineaciones, como ocurre en las sierras de Cazorla y Segura a lo largo de más de 70 km.

El anticlinorio rematado en calizas jurásicas de Cazorla muestra los anticlinales rotos y montantes hacia el NO, comportándose como serie monoclinal en crestas sucesivas; el centro, reventado por el Keuper, está vaciado por el Guadalquivir, cuyo valle se ensancha en el Tranco de Beas. La sierra de Segura, en contacto por falla con la de Cazorla, se eleva en una especie de sinclinorio cretácico menos roto, formando un relieve de crestas, surcos ortoclinales, combes y mesas calcáreas en sinclinales, que fomentan el desarrollo del carst. Un conjunto ejemplar, al NE y junto a la sierra de Alcaraz, es la mesa del Calar del Mundo, lacerada por dolinas y uvalas entre la desnudez del lapiaz, cuya percolación provee la cascada del río Mundo.

Al norte de los diapiros situados entre Albacete, Murcia y Alicante el enlace con la cordillera Ibérica se produce en un estilo laxo de cobertera; la diferencia con el margen bético son las direcciones estructurales N-S y ONO-ESE respectivas. Mesas sinclinales y crestas cretácicas, depresiones sinclinales y bóvedas o combes, en anticlinales rotos o perforados por el Keuper, forman las sierras de Solana, Grosa y Enguera. La sierra de Aitana se alza en un anticlinal coronado en calizas eocenas y muy roto; su flanco sur en dorsos de cresta da paso al norte a crestas en peldaños de falla en una escalera de más de 700 m; y el relieve de crestas en calizas terciarias y cretácicas, domina en todo el norte de Alicante (fig. 2.27).

El periglaciarismo cuaternario tiene impronta general en las sierras béticas desde los 1.000 m, sobre todo en procesos de solifluxión. Las pizarras de las sierras internas y la alternancia calizo-margosa en el resto son formaciones aptas al respecto; en las cimas altas, desde 1.500-2.000 m según situación, persiste la gelifracción, patente en canchales de gravedad o campos de piedras y lajas.

d) Las hoyas y su modelado de glacis y cárcavas

Estas depresiones en artesa son fosas postorogénicas, hundidas miles de metros bajo los bloques serranos, rellenadas en el Mioceno y separadas por umbrales netos. A la de Ronda siguen al E las de Antequera, Granada, Guadix-Baza, Lorca y Murcia, junto a las de Málaga y Tabernas, más al S. Pese a la situación y altitud dispares (700-1.200 m en la de Guadix-Baza y menos de 400 m en las del E) con sus efectos climáticos, y pese a la variedad de tamaños, hay rasgos comunes, fomentados por el carácter blando (arcillas, margas y arenas, aunque no faltan capas de caliza o arenisca) y poco inclinado de los fondos miocenos.

La aridez acusada o fuerte y la precipitación eventual intensa dan lugar a un desarrollo extraordinario de los glacis y cárcavas, sobre todo hacia el E. Suelen ser glacis de acumulación en rampas vastas, endurecidos con frecuencia por costras calcáreas y a veces escalonados, cuya planitud y pendiente leve proveen gran parte del terrazgo, en contraposición al abancalamiento en las vertientes fuertes de las crestas. Los taludes blandos de frentes de cresta muestran, sobre todo en el E, un acarcavamiento general, a veces en paisajes de badlands, como los de la cresta del Gallo (Murcia), de Guadix (Granada) y aún más en el Campo de Tabernas (Almería).

El acarcavamiento, basado en hechos naturales como la aridez y la intensidad lluviosa, resulta fomentado antrópicamente; al deterioro del modesto manto vegetal

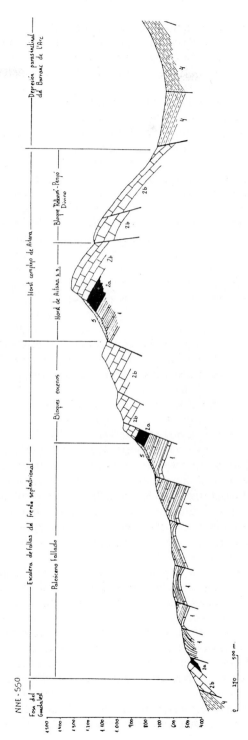

FIG. 2.27. *Corte geomorfológico de la sierra de Aitana* (según Marco Molina, J. A., 1990).

secular y reciente (quema, laboreo abusivo con la mecanización), se une el cese de usos tradicionales de freno a la erosión y control del agua. El abandono de sistemas de regadío eventual con desvío de barrancos y laminación por bancales, laborioso pero eficaz, acelera la escorrentía y agrava las inundaciones, junto con otras obras de tapón y bloqueo de las ramblas, sujetas a grandes avenidas pero normalmente secas. Los cursos principales, sobre todo en las redes del Guadalquivir y del Segura, muestran buen desarrollo de terrazas, en sus tramos del fondo de las hoyas.

El carácter amplio y relativamente bajo de las hoyas favorece los accesos viarios por su fondo, y su desalineación provee umbrales N-S, suficientes para carreteras sin puertos altos, cuyo promedio de 1.226 m de los 10 más elevados se halla entre los más bajos de las montañas españolas, al tiempo que la situación minimiza los problemas de nieve o hielo. Eso no obsta para subrayar problemas de trazado en sectores como el nudo estructural de la sierra de Ronda, sin surcos y cortada en tajos angostos, o como el grupo alto y sin fisuras de las sierras de Alcaraz, Cazorla y Segura; asimismo, la vía costera mediterránea se enfrenta, sobre todo en Andalucía, a un trazo difícil y recortado.

e) LAS CAMPIÑAS DE LA DEPRESIÓN DEL GUADALQUIVIR

Desde el golfo de Cádiz esta depresión se estrecha, pasando de 75 km en el interior de la orla costera a 30 en torno a Córdoba, para acabar en mero vértice en el noreste de Jaén y a lo largo de 330 km. Hundida respecto a sierra Morena y antefosa de la cordillera Bética, aloja las llanuras ibéricas más bajas con ascenso tenue desde la costa hasta los 150-250 m en el sector central; sólo en el apéndice oriental se superan los 800 m en la loma de Úbeda, destacando bruscamente del lecho del Guadalquivir.

Con génesis desde mediados del Mioceno en sedimentación marina y rematada en el Plioceno, el relleno es grueso y consta de margas, arcillas, arenas, calizas o calcoarenitas, pero el predominio margoso y arcillo-arenoso otorga un carácter blando general. La estructura subhorizontal se complica en el S y el E por deslizamientos en mantos y masas de sedimento, intercalados o envueltos con resto del relleno. Tales fenómenos, sea por su fosilización bajo estratos posteriores, o su carácter blando, que limita las estructuras con contraste de dureza, afectan al reparto de afloramientos pero no crean contrastes sustanciales en el relieve, donde dominan las campiñas alomadas.

Las campiñas difieren por su roquedo, nivel y situación respecto a los ejes fluviales; dentro del carácter blando de las rocas, hay una gradación desde arenas de los bordes hasta margas y arcillas en el eje central, cuyo tramo bajo del SO vaciado en campiña alomada de colinas y vaguadas aloja excelentes suelos negros o *bujeos*. En el sector sevillano, la persistencia en motas de calcoarenitas finimiocenas da paso a la campiña con los cerros de Los Alcores. Y en el margen sur, estas campiñas se completan con el tipo un tanto compartimentado en margas claras, formadas a partir de algas (diatomeas), asentando los suelos de *albarizas* del viñedo jerezano.

En cambio gradual y desde Jaén, el tránsito a las campiñas altas del vértice de la Depresión conlleva variaciones rocosas con presencia de arenas, areniscas y calizas, donde el Guadalquivir se encaja cientos de metros entre lomas de leve perfil trapezoidal, suavizado por falta de tramos duros y gruesos: son las lomas altas, hasta 1.000 m en los bordes, pesadas y rayadas por el olivar, que ejemplifica la de Úbeda.

Tampoco faltan en la Depresión perfiles tabulares o en rampa plana, basados en mantos de guijarral. Unos son abanicos aluviales finipliocenos desparramados en el contacto con los bordes montañosos, y los otros las terrazas del Guadalquivir con mayor desarrollo en la margen izquierda de su tramo bajo, enmarcando la disimetría del valle que se ciñe a sierra Morena. En el gran número de niveles escalonados, los altos son más pedregosos y muestran costras calcáreas o ferruginosas; los bajos, poco destacados del lecho mayor, forman con éste la vega y su fracción limoarenosa provee buenos suelos sueltos. Finalmente, el relleno fino del Guadalquivir en la costa, enlazando al O con los del Tinto y Odiel, forma la planicie de las Marismas, salpicada de canales o lagunas, en conexión con dunas y cordones litorales.

f) Las Baleares: su carácter de enclave y bisagra de las unidades béticas

Pese a la extensión modesta del archipiélago (5.014 km^2) y concentrada en Mallorca, Menorca e Ibiza (97,4 %) estas islas tienen relieves diversos de montaña y plataforma. A la variedad rocosa del Paleozoico, Mesozoico y Terciario, se añade la tectónica, con estilos de mantos, zócalo y cuencas terciarias. Finalmente, la insularidad enriquece las formas, en dos dominios morfoestructurales.

El más pequeño se ciñe a Menorca, formada en el zócalo paleozoico, que empotra en trama de fallas a la cobertera mesozoica arrasada con él y removida por la tectónica finiterciaria. El contraste de dureza en bloques de buzamiento dispar fomenta crestas modestas, alcanzando en el centro 358 m en calizas y dolomías triásico-jurásicas; al N dan paso a lomas y cerros romos en la base triásica areniscosa o en el zócalo pizarreño-calizo. A esa vertiente norte o Tramuntana se opone al S el Migjorn en plano-rampa del Mioceno calizo, roto por gargantas y cañones, que se encajan hasta más de 100 m entre anchos interfluvios para desembocar en angostas calas.

Frente al zócalo menorquín, semejante al de la cordillera Catalana (Solé Sabarís, L., 1987) del que se habría desgajado y desplazado al E, el resto del archipiélago es plenamente bético. Las islas y sus sierras se alinean con los rumbos nororientales del cabo alicantino de la Nao, del que Ibiza dista 85 km, y las estructuras de corrimientos y mantos de cobertera se homologan a la zona externa bética, si bien acusando la distancia y los contrastes entre islas. Mallorca, en casi 3/4 de la extensión del archipiélago, encierra las mayores analogías con la montaña bética, en dos sierras paralelas al NO y SE, en rocas mesozoicas, flanqueando una depresión central terciaria.

En el NO, la sierra de Tramuntana se alza enérgica desde la fachada marina y el contacto recto con la cuenca central la enmarca como un horst, que levanta escamas y restos de pliegues, corridos y montantes hacia el mar en calizas triásicas y jurásicas duras, o fajas blandas triásicas o terciarias. Eso fomenta el relieve de crestas y espolones, mirando al NO y disimétricas, pero no faltan placas y sinclinales aislados, que forman muelas, como el techo del Puig Major (1.445 m). En el SE, la sierra de Llevant (562 m) está ceñida en gran parte por una orla terciaria; el rumbo variable y menos prieto de las estructuras de corrimiento reduce o impide la alineación de las crestas, rota por collados en el Triásico. La carstificación externa e hipogea es intensa en ambas sierras; desde dolinas, uvalas, pequeños poljés y grandes cavernas, hasta la aspereza general de los lapiaces.

La cuenca central se asienta en un relleno subhorizontal terciario de molasas, margas, arenas y calizas, formando llanuras bajas (*Pla*), matizadas por diminutos macizos entre fallas y por asomos mesozoicos. El enlace de las llanuras, cuya perfección tabular se acentúa hacia la costa, con las sierras se produce en rampas de glacis de acumulación a veces encostrados, marcando un diedro nítido con la montaña. El margen litoral de las llanuras es dual, alternando la suavidad de las playas y las formas de acumulación en las amplias bahías de Palma y Alcudia, con el recorte de los bordes acantilados en el SE.

Ibiza, alineada con la sierra de Tramuntana, cuyo estilo desgajado de escamas comparte, si bien con mayor presencia del Cretácico, tiene un relieve de crestas más modestas SO-NE y mirando al NO, en general mal alineadas, que no superan los 500 m y destacan depresiones formadas y excavadas en fajas miocenas o de la base triásica blanda. El gran desarrollo de recubrimientos en glacis y depósitos aluviales encubre buena parte de los accidentes pero tiende a realzar el contraste entre el borde noroccidental, tallado en enérgicas puntas de crestas y estrechas calas, y la vertiente sudoriental, más suave. Del resto de las islas, Formentera se dispone como prolongación de Ibiza en retazos terciarios soldados por una barra, mientras que Cabrera destaca como sucesión de la sierra de Llevant mallorquina.

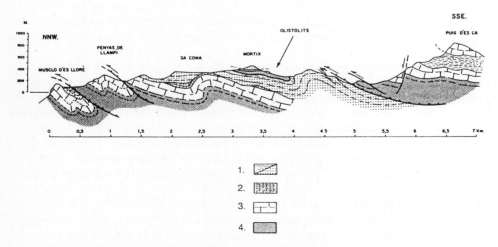

FIG. 2.28. *Corte geológico de la sierra de Tramuntana* (según Batlle i Gargallo, A., 1979). 1. Burdigaliense. Superior: margas; Inferior: areniscas y conglomerados. 2. Jurásico (medio y superior): calizas margosas y margas. 3. Liásico: calizas y dolomías. 4. Keuper: arcillas, yesos, carniolas y dolomías.

8. **Los Pirineos como eje vertebrador del NE; la depresión del Ebro y las sierras y depresiones catalanas**

Entre el golfo de Vizcaya y el cabo de Creus, distantes casi 450 km, y con una anchura de hasta 100 km para la vasta franja española, la montaña pirenaica desempeña cierto papel rector en el NE ibérico respecto a las unidades vecinas. Las cimas de más de 3.000 m, hasta el techo del Aneto (3.404 m), jalonan su tercio central; los desniveles de 2.000 m en algunos kilómetros y la entidad del glaciarismo, junto al escaso número de puertos y su gran altitud, perfilan el tipo de montaña alpino y su continuidad como barrera.

Si la vertiente española dobla en anchura a la francesa, en el plano litoestructural existe cierta simetría. Al eje paleozoico, apelmazado y duro en la línea de cumbres, suceden a N y S flancos mesozoico-terciarios flexibles, dispares en dureza, corridos y plegados hasta enlazar con rellenos apenas deformados de las depresiones de antefosa del Ebro y Aquitania. La gran vertiente española no sólo refleja la mayor envergadura de las masas sedimentarias desplazadas al S, sino que posee elementos ausentes en la septentrional.

La red fluvial N-S (Aragón, Gállego, Cinca, ambos Nogueras, Segre y algunos afluentes) en intervalos de 20-30 km parece sencilla. Todos vierten al colector del Ebro, que explota el hundimiento y el fondo blando de su depresión, circulando bajo (150-300 m) y potenciando la energía de los ríos pirenaicos, muy encajados en sus cabeceras. Pero esos ríos forman codos y segmentos O-E en su tramo medio, amoldándose a las estructuras directamente o mediante afluentes; en los valles se suceden gargantas, al tajar masas calcáreas, artesas glaciares de cabecera y ensanches en afloramientos blandos. Los valles perpendiculares sólo matizan el dominio de las formas estructurales paralelas a la cordillera y O-E, que definen sus grandes unidades.

a) ALTITUD E IMPRONTA GLACIAR DEL PIRINEO AXIAL Y SIERRAS INTERIORES

La mitad septentrional de la vertiente española, con anchura mínima en los extremos y de 50 km en el centro, constituye una franja singular, incluyendo el eje paleozoico prolongado en Francia o Andorra, y el inicio del flanco sur. Las cimas superan los 1.500 m desde Roncesvalles, remontan a 2.500 junto al noreste de Navarra y a más de 3.000 en Huesca y Lérida, cayendo en Gerona desde el Puigmal (2.913 m) hasta el Mediterráneo, y la concentración de la impronta glaciar supone un factor de unidad. La formación en dos conjuntos geológicos como el zócalo o zona axial, sede principal de grandes cimas, y el margen de cobertera mesozoico-terciario no genera cambios bruscos del relieve; en tramos largos del este de Navarra y en otros altos, como el del Monte Perdido (3.355 m), el techo pirenaico corresponde a la cobertera.

El zócalo, sometido a deslizamiento, compresión y giro de placas, es singular; junto a pizarras, cuarcitas y granitos en batolito o stock, lo forman masas paleozoicas sedimentarias —calizas y areniscas— en fajas O-E. La variedad rocosa y la rigidez moderada, combinadas con tectónicas de mantos, prepararon un mosaico de dureza irregular, orientado tanto a la génesis de crestas alineadas, como de macizos

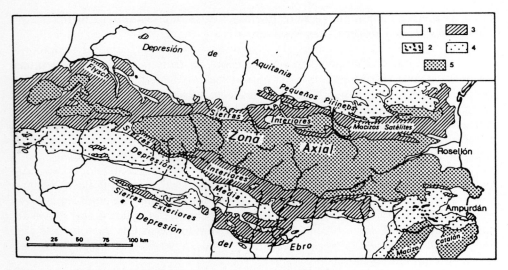

FIG. 2.29. *Unidades estructurales del Pirineo* (según Solé Sabarís). A un lado y a otro de la Zona Axial, formada por el Paleoxoico, se extiende el Prepirineo alpino, constituido por sedimentos secundarios y eocénicos. 1) Paleozoico; 2) Manifestaciones volcánicas alpinas; 3) Mesozoico, generalmente calcáreo; 4) Eoceno marino; 5) Terciario superior y Cuaternario.

en los batolitos más homogéneos. A su vez, el margen de la cobertera mesozoicoterciaria, de predominio calizo, está adosado al zócalo y deformado en escamas y pliegues de corrimientos (tumbados, disarmónicos y hasta en rodillo); ese carácter apelmazado tiende a atenuar la ruptura morfológica con el sector de zócalo.

El contraste entre los batolitos y pizarras, más homogéneos, y la disparidad de la cobertera, trasciende a las sierras. En el zócalo del Pirineo axial destacan por uniformidad y talla glaciar las del tramo Cinca-Noguera Pallaresa (Posets, 3.375 m, Maladeta-Aneto, 3.404 m) en plutones graníticos. Desde sus cimas afiladas por coalescencia de circos, o picos escuadrados en horns, caen escalones explotando fracturas hasta los fondos de las artesas, cuyas lenguas de 40-50 km alcanzaron niveles bajos (900 m). La extensión relativa de las áreas a más de 2.000 m, como nivel de nieves perpetuas cuaternarias, y la situación central —más favorable a la nivación que la oriental y algo menos que la occidental— enmarcan el desarrollo glaciar.

Como es propio del granito (granodiorita en este caso), las formas de excavación glaciar son nítidas y se conservan, pese al retoque de gelifracción que se mantiene activo. Las cubetas sobreexcavadas y las represas morrénicas alojan los principales grupos de *ibones*, frente a su escasez en las sierras calcáreas o pizarreñas; en las primeras la carstificación vacía las cubetas y el carácter blando de las morrenas de pizarras provocó su tajo o su destrucción. En estos macizos y en otros del Pirineo oscense persisten los únicos glaciares españoles, en cascotes o placas de hielo residuales.

Las grandes masas de pizarras paleozoicas forman sierras menos enérgicas, con cimas romas en las bajas, y cuya dirección no sigue en exceso a la estructural O-E. Ese relieve, que distingue al Urgell, está matizado por cierto vigor en las altas cumbres, que rondan los 3.000 m, y por pinas crestas en calizas paleozoicas. El eje paleozoico, que incluye otras grandes cimas de O a E (Balatious, 3.151 m, Vignemale, 3.303 m, y Puigmal) alterna en el techo o da paso al S a las sierras interiores, en el flanco de la cobertera mesozoico-terciaria.

Los corrimientos de rumbo S, favorecidos por la base plástica del Keuper, no se limitan en este margen del flanco, dispuesto en estructuras muy prietas. Apilamientos calizos tortuosos, como el del Monte Perdido, forman enormes espolones y cantiles, que explotan las fallas y la proclividad de las calizas a los paredones, y alternan con crestas y mesas estrechas en frentes de escamas o en pliegues inconexos. Los retazos aislados y bloques de fractura destacan como pitones o cimas troncocónicas en el relieve pirenaico más recortado, al combinarse la carstificación y la fracturación con la acción glaciar, tendente a las formas enérgicas en paredes de circo y vertientes de artesas.

Fuera del Monte Perdido, cuyo reducto glaciar sigue en entidad al de la Maladeta, las demás sierras son en general crestas O-E, cuya altitud y extensión de cimas menores limitaron la talla glaciar. Pero no faltan circos, artesas o escalones de umbrales, bien marcados en las calizas, donde las cascadas y gargantas se rigen por la dinámica nivocárstica. Desde el O estas sierras, por las cimas de Orhí (2.021 m) y Visaurín (2.670 m), techos pirenaicos como el Monte Perdido, dan paso a las de Collarada (2.886 m), Tendeñera (2.853 m), Cotiella (2.912 m) y Cadí (2.647 m), adosadas a las axiales y más bajas que ellas.

b) Pliegues, diapirismo y contraste rocoso en las depresiones intramontanas y sierras exteriores

A las sierras precedentes sucede al S una gran caída al fondo (500-800 m) de depresiones estrechas (15-25 km) y largas, conocidas en conjunto como *depresión media*; en el Pirineo oriental se interrumpen, pero no faltan buenas hoyas en un relieve compartimentado. Más al S, el borde montañoso hasta la depresión del Ebro corresponde a las alineaciones modestas (1.000-1.700 m) de las *sierras exteriores*. Esas formas reflejan cambios en el flanco alóctono de los mantos, dispuesto en haces más regulares de pliegues largos O-E, cuyo borde meridional marca el frente de los corrimientos pirenaicos. Desde ahí el paso a la depresión del Ebro es gradual; bien en un pliegue amplio, cuyo flanco sur se hunde bajo el Mioceno, o bien en grupos de pliegues cada vez más sueltos.

Los pliegues septentrionales, con anticlinales rotos o disimétricos, se suceden en sinclinorio terciario desde el este de Pamplona hasta cerca del Cinca, donde, tras un umbral de sierras N-S en Sobrarbe, se reanudan y prosiguen en la cuenca de Tremp, vaciada por el Noguera Pallaresa. Las depresiones intramontañosas alojadas aquí explotan el rumbo estructural y el carácter de sinclinorio, pero sobre todo las masas blandas del Eoceno: flyschs margoarenosos en el N y potentes tramos margosos en el centro y S. Las calizas y areniscas intercaladas son meras capas o tramos mucho menos gruesos y el buzamiento leve ha favorecido un vaciamiento ortoclinal en depresiones anchas.

La depresión de Pamplona, hasta el término del Irati, se asemeja a la cantábrica de la Burunda, cambiando a rumbo ESE; es disimétrica como su concavidad sinclinal, oponiendo a vastos dorsos de cuesta en la vertiente septentrional la brevedad de la meridional, en modestas sierras exteriores, como la de Alaiz (1.169 m) de núcleo cretácico. Al E, la canal de Berdún, excavada de O a E por el Aragón hasta Jaca, se adapta en su amplio fondo aluvial al núcleo blando del sinclinorio y prosigue junto a Sabiñánigo vaciada por el Gállego. El flanco sur, fruncido en pliegues menores, acaba levantándose en el cabalgamiento frontal inyectado por el Keuper, haciendo aflorar al Cretácico calizo en las sierras exteriores de Caballera (1.567 m) y Guara (2.077 m).

Tras el umbral de Sobrarbe se reproduce el sinclinorio, excavado en el entorno del Cinca y la depresión de Ribagorza, que enlazan con sierras exteriores muy complejas del máximo avance meridional de los Pirineos hasta cerca de Balaguer. Diapiros en rosario, cabalgamientos y pliegues se aúnan en las crestas y jirones calizos en el Cretácico, como las de la sierra de Carodilla (1.107 m) y las más notables de la sierra de Montsec (1.678 m), mirando al S y tajadas en hondas gargantas por los Noguera Ribagorzana y Pallaresa. El vaciamiento de éste en torno a Tremp alcanza el fondo cretácico sinclinal, aislando muelas terciarias, que destacan cientos de metros.

Al E, en el Segre, las sierras exteriores viran al NE y se adosan a la sierra del Cadí en fallas, pliegues y diapiros, marcando el fin del largo surco intrapirenaico, que coincide con otros cambios en el Pirineo oriental a relieves de bloques. Las moles axiales paleozoicas de Andorra y del Puigmal, cuyos niveles escalonados se han atribuido a superficies de erosión terciarias, flanquean la fosa tectónica de la Cerdaña; su larga artesa de fondo mioceno, hundida más de 2.000 m y surcada por el Segre, forma uno de los pocos portillos bajos.

En el norte de Gerona al cabalgamiento y los pliegues pirenaicos OSO-ENE se impone un haz NO-SE de fallas, que separan en divergencia a la Transversal Catalana en sucesión de bloques en pupitres, formada por sierras (1.000-1.500 m) de crestas eocenas, mirando al NE. El tipo normal-contrario de las fallas y su cruce con los ejes pirenaicos en torno a Olot se conjugan con un volcanismo activo hasta el Cuaternario más reciente, por lo que sus formas persisten frescas. Decenas de conos modestos de piroclastos, con altura de hasta 150 m se suceden alineados en fallas o se agrupan en sus intersecciones. Mayor entidad tienen las coladas basálticas, cuyas plataformas taja en cantiles el Fluviá, separando espigones y cerros de cima plana.

El mosaico cuarteado de la Transversal por el SO, donde las formas volcánicas son un matiz original de las crestas, y la rama pirenaica oriental por el N cierran la depresión del Empordà en fosa tectónica, cuyo fondo (< 400 m, miopioceno y arcilloarenoso) recubren las terrazas y aluviones del Muga, Fluviá y Ter. Los bordes de la fosa se muestran bastante recortados, a través de una variedad extrema de rocas y contactos; a los del margen pirenaico y de la Transversal se añaden la singularidad del relleno y del volcanismo.

c) LAS FACIES TERCIARIAS, LAS DEFORMACIONES MARGINALES Y LA DISECCIÓN COMO CLAVES DE LA DEPRESIÓN DEL EBRO

Desde su apófisis en la Bureba burgalesa y en amplia canal, se prolonga desde ONO-ESE 420 km hasta el centro de Cataluña, con anchura cercana a los 100 km en el tramo central y algo mayor hacia el E. La altitud oscila entre menos de 200 y

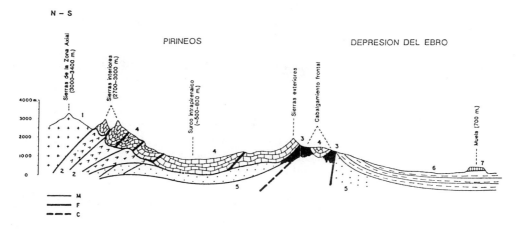

Fig. 2.30. *Corte-esquema de las unidades morfoestructurales en la vertiente meridional de los Pirineos y la depresión del Ebro.* 1. Sierras y macizos axiales en el Paleozoico autóctono. 2. Sierras y valles en el Paleozoico alóctono. 3. Diapiros en torno al cabalgamiento frontal. 4. Sierras y depresiones en la cobertera mesozoico-terciaria alóctona. 5. Base del Terciario antiguo muy deformada. 6. Llanuras excavadas en el Mioceno blando de la depresión del Ebro. 7. Muelas en calizas miocenas de la depresión del Ebro. *M.* Superficies y contactos de corrimientos. *F.* Fallas y desgarres. *C.* Cabalgamiento frontal.

más de 1.000 m, pero casi dos tercios de la extensión no alcanzan los 500, mostrando el carácter bajo; 1.000 m sólo se superan en la transición con la orla montañosa, completa y variada: las cordilleras Cantábrica y Pirenaica por el N, la Ibérica por el S y la Catalana por el E.

La diversidad de los bordes concuerda con la del relleno terciario que alimentaron, con espesor de algunos miles de metros; marino el antiguo y continental el reciente. Al contraste entre rocas de grano grueso marginales como conglomerados, y evaporitas o calizas centrales, se une el estructural; en los bordes dominan monoclinales a veces bien levantados y rotos o plegados (sobre todo en el pirenaico), frente a la disposición calma central, pero con cierta inclinación. El Ebro, en tarea ingente de disección y vaciamiento desde fines del Plioceno formó un relieve de llanuras centrales, tanto de cima tabular entre amplios valles, como de rellanos y campiñas recortadas, en contraposición con los bordes más accidentados, que en masas de rocas duras y deformadas adquieren rasgos montañosos.

En la orla externa abundan abruptos en bloques monoclinales de conglomerados terciarios de distintas épocas (pudingas y brechas), formando grandes cantiles en tajos transversales de los valles o en frentes de cresta. Tormos cilíndricos, prismas o pináculos esbeltos, explotando las diaclasas, resultan ejemplares en torno a Riglos, en el margen del Pirineo oscense, o a Montserrat, en el occidental de la cordillera Catalana, pero tampoco faltan en el margen ibérico en franja casi continua desde la Demanda.

El apófisis nororiental de la depresión, entre los Pirineos y las montañas catalanas, tiene un relieve accidentado de sierras (700-1.000 m) en cuestas monoclinales, o crestas y muelas en sinclinales laxos, sobre el contraste margas-calizas desde el este del Llobregat. Entre las sierras las *concas* y *planas* (Igualada, Manresa, Vic) son depresiones ortoclinales o combes anchas, por el buzamiento débil y el grosor notable de las margas; algunas crestas enérgicas ciñen anticlinales diapíricos, inyectados por el Keuper o el Terciario margoso-yesífero, sede de yacimientos de sal y potasa. La red del Llobregat, vaciando directamente al Mediterráneo, se encaja aún más que la del Segre en el O, y hacia el Ebro. Y este tipo de relieve, con matices locales, se repite en la franja aledaña a las sierras exteriores pirenaicas, desde Balaguer en el Segre hasta el sur de Pamplona.

En el apófisis del NO dominan las llanuras sedimentarias en el Mioceno subhorizontal, que rellena las fosas de la Bureba y La Rioja, entre las cordilleras Cantábrica e Ibérica. En la Bureba, las campiñas onduladas arcillosas o cortadas en vallejos de vertientes acarcavadas alternan con perfiles trapezoidales de muelas (hasta 1.000 m en los bordes y 800 en el centro) a veces rematadas por calizas, entre valles en artesa de vertientes fuertes y ásperas, talladas en yesos.

En La Rioja, el carácter estrecho de la depresión (30-45 km) y el vaciamiento mayor dan preeminencia a las facies de borde e inferiores (arcillas, arenas y areniscas) frente a los yesos y calizas centrales. La inclinación leve favorece cuestas monoclinales, cuyos dorsos caen en rampa hacia el Ebro en el norte y noreste de Logroño. El margen de la cordillera Ibérica forma una escalera de rampas-glacis pliocuaternarios hasta las terrazas y aluviones, que alcanzan gran amplitud al confluir el Ebro con la red meridional (entornos de Santo Domingo de la Calzada y Logroño); esos depósitos forman las llanuras más bajas y perfectas (350-450 m) en un tercio de la extensión total.

Al este de La Rioja la depresión se abre hasta 100 km de anchura en un relieve dominado por muelas y cerros, sobre evaporitas y calizas. La ausencia de vastos niveles de páramos se debe a la irregularidad e inclinación de los estratos por movimientos póstumos de la cuenca, siendo cortados por arrasamientos, pero sobre todo refleja el amplio vaciamiento del Ebro, que redujo el Mioceno superior a enclaves.

Las grandes muelas, de varios kilómetros de anchura y hasta alguna decena de longitud, culminan de 600 a 800 m como norma, según su situación —pues la inclinación leve de los estratos genera variaciones notables en distancia larga—, según su nivel calizo —el Mioceno tiene varios—, y sin excluir movimientos tectónicos recientes. Caso singular es la sierra de Alcubierre (822 m), cuya larga muela-espinazo conserva sobre las calizas del nivel principal retazos superiores del techo Mioceno.

Entre muelas y rellanos, que jalonan las comarcas de las Bardenas, Cinco Villas o Monegros al norte del Ebro y por el S, desde el este de Tarazona al de Cariñena, se suceden depresiones más amplias y de fondo bajo, conocidas como *riberas, hoyas y campos*, en ampliaciones laterales por los afluentes del Ebro. El desnivel de 300 a más de 500 m entre esos fondos y las muelas muestra el encajamiento brutal del Ebro (triplica al del Duero) y se produce en vertientes complejas.

Los cejos o cantiles calizos del techo, sobre taludes acarcavados en yesos y margas, se repiten a veces en plataformas sucesivas y dan paso en los niveles medios a glacis, cuya sucesión escalonada domina vastas áreas. Hacia los tramos bajos se imponen los rellanos de las terrazas fluviales, bien desarrolladas en toda la red, hasta caer al lecho mayor del Ebro, cuya faja aluvial cercana a 5 km se amplía en las confluencias, y el conjunto de terrazas y lechos se acerca a un tercio de la exten-

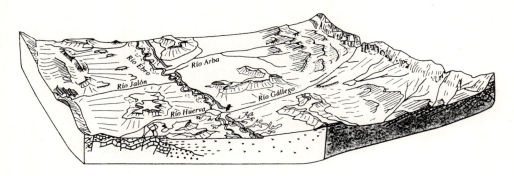

Fig. 2.31. *Bloque-esquema de las formas de relieve en el sector central de la depresión del Ebro* (según Pellicer y Echeverría, 1989).

sión. Las cárcavas son modelado habitual de los taludes entre glacis y terrazas, lo que unido a efectos de pseudocarst en yesos otorga gran aspereza, pues falta el modelado de solifluxión que suaviza vertientes similares en el Duero y el Tajo.

El vaciamiento más generalizado de la red del Ebro corresponde al sur de Huesca y Lérida en el Somontano Sur y el Segriá, cuyas llanuras se hallan en su totalidad entre 200 y 400 m, sobre margas y areniscas de la base miocena, recortadas por vallejos y cárcavas. Pero casi la mitad de la extensión está recubierta por depósitos fluviales de las redes del Cinca y Segre, cuyo guijarral asienta formas tabulares en terrazas y lechos. La contrapartida al sur del Ebro, en el Desierto de Calanda turolense, corresponde a llanuras bajas y más accidentadas en un Mioceno inferior de predominio detrítico-areniscoso y tajado en valles estrechos, pero laxos dentro de un avenamiento deficiente, como muestran las lagunas en torno a Alcañiz.

d) El relieve en bloques y pliegues de la montaña Costera Catalana

Como cordilleras Costeras Catalanas, nombre excesivo para su entidad, se designa a dos alineaciones: la cordillera Litoral casi no supera los 500 m junto a la costa; la Prelitoral, paralela en el interior y más continua, culmina entre 1.000 y 1.712 m en el techo del Montseny. Entre ambas se sitúa la depresión Prelitoral de fondo bajo (< 200 m). A lo largo de 250 km, cerrando por el E la depresión del Ebro, y con 20-40 km de anchura global, los extremos montañosos se fijan en los cruces de sierras con la Transversal Catalana y la cordillera Ibérica. La altitud moderada no ha de ocultar el desnivel sobre las depresiones aledañas o sobre el mar, ni la energía a escala media.

Con un zócalo paleozoico de pizarras y granito, bajo la cobertera mesozoica de dominio calizo, la estructura se rige por grandes fallas y con un papel menor de los pliegues; las sierras se alzan en horsts largos y rectos, flanqueando al relleno terciario de la fosa de la depresión Prelitoral. La tectónica, similar en tipo a la de la cordillera Ibérica y en tiempo a la Pirenaica, parte del ascenso y plegamiento de cobertera al inicio del Terciario, desatando el rebaje erosivo central y el depósito en los bordes, que atestiguan los conglomerados adosados de Montserrat y Montsant. Desde el inicio del Mioceno, con la cobertera barrida o debilitada, se impusieron las fallas causantes de la desnivelación actual, con efectos y roquedo distintos en tres tramos de las cadenas que se suceden de NE a SO.

Los bloques del NE entre el Ter y el Besós, formados directamente en el zócalo y con la cobertera reducida a enclaves triásicos, tienen carácter macizo, acorde con la rigidez del granito dominante o de las pizarras. La cordillera Litoral se inscribe en un lomo granítico de horst recortado en la proximidad del mar; la Prelitoral, en su ancho y alto tramo del Montseny, se eleva en un bloque pesado de granito en los bordes y pizarras en la cima. Entre ambas se hunde el Mioceno del Vallès en la depresión Prelitoral, que termina al NE en la hoya suave y amplia de La Selva con fondo plioceno. Las lomas, cerros, glacis, esbozos de cuesta monoclinal y rellanos de terraza fluvial forman el modelado general de la depresión, de acuerdo con la composición (arcillas, arenas, gravas y areniscas) del Terciario.

El tramo central, hasta los confines de Barcelona y Tarragona, se asienta en un mosaico de bloques de zócalo y cobertera, acorde con la merma del volumen montañoso; la depresión Prelitoral se ensancha entre los bordes de falla del Penedès. En la cordillera Litoral, a las cimas en horsts paleozoicos como el Tibidabo (512 m), sucede al SO la cobertera mesozoica en marquetería de bloques, formando crestas que miran al E, o mesas los menos inclinados, y dando fin a la cadena en el macizo cretácico de Garraf, carstificado y áspero.

La cadena Prelitoral parte en el nordeste de bloques paleozoicos pequeños y desgajados, que elevan al Terciario hacia la depresión del Ebro en falla y escarpe inversos; así destacan los conglomerados de Montserrat (1.236 m). Al SE se abre en haces de pliegues mesozoicos rotos, formando crestas largas y surcos ortoclinales, integrados a veces en combes, sinclinales colgados y hasta en bóvedas anticlinales.

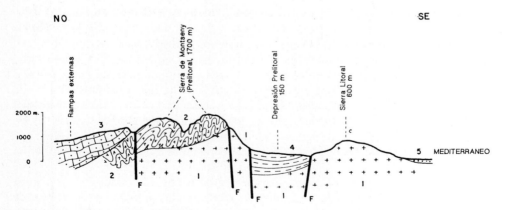

Fig. 2.32. *Corte-esquema de las montañas costeras catalanas por el Montseny.* 1. Horst del zócalo paleozoico en granitos. 2. Horst del zócalo paleozoico en pizarras. 3. Rampas hacia la depresión del Ebro en el Terciario antiguo. 4. Depresión prelitoral con relleno mioceno. 5. Margen litoral cuaternario. F. Falla.

El tramo del SO se ciñe a la cordillera Prelitoral, levantada en escarpe brusco sobre la llanada litoral de Reus y flanqueada siempre por fallas. Se inicia en el valle del Francolí en falla transversal, que enmarca un bloque ancho del zócalo y flancos mesozoicos centrado en la sierra de Prades, cuyo ascenso se transmite al O en los conglomerados terciarios del Montsant, levantados a 1.166 m. En el sur de Tarragona la cadena acaba en dos ramas mesozoicas de horsts plegados, flanqueando las fosas miocenas de Mora de Ebro y Tortosa.

La rama occidental alcanza los 1.434 m en los Puertos de Beceite y está formada por crestas calcáreas en pliegues rotos, montando al O hasta cabalgar al Terciario, pero no faltan formas en pliegues regulares: sinclinales colgados o en cuenco, combes y bóvedas anticlinales. La rama oriental, baja y en pliegues dispares, resulta discontinua entre los depósitos cuaternarios del litoral. El carácter calizo, alterno con margas, desde el Triásico medio y el Jurásico dominante hasta el Cretácico, otorga gran energía a estas formas y una aspereza extrema al modelado de talla cárstica hasta las microformas del lapiaz.

Los ríos no circulan paralelos a las sierras; ni explotan el canal de la depresión Prelitoral, ni su fondo blando, sino que cruzan directos hacia el mar. Tal inadaptación es relativa por el carácter de valles de línea de falla-desgarre del Besòs, Llobregat o Francolí, plasmado en sus trazados rectos y su gran encajamiento. Los codos del Ebro y Tordera marcan la sucesión de tramos de falla, cortando sierras, y de fosa tectónica, paralelos a ellas. Todo ello reduce decisivamente la continuidad de la barrera montañosa, de modo que los puertos no alcanzan los 1.000 m y rara vez los 600, pese a la densa trama viaria.

9. La originalidad del relieve volcánico en Canarias

En apenas 7.242 km² para 7 islas y algún islote, el archipiélago tiene un relieve muy enérgico y original y más aún comparado con el resto de España, donde forma una unidad distante y distinta. El techo del Teide (3.718 m) y otras grandes cimas en reducidas áreas insulares no expresan del todo la energía, ni los contrastes entre las islas, pero, incluso las de cimas más modestas, poseen escarpes y taludes notables como muestra el cuadro adjunto, muy a grandes rasgos.

Cuadro 2.2. *Rasgos fisiográficos elementales de las Islas Canarias*

Isla	Superficie	Techo	Distancia recta menor del techo al mar	Pendiente media*
Tenerife	1.920 km²	3.718 m	13,5 km	27,5 %
Fuerteventura	1.690 km²	807 m	1,8 km	48,3 %
Gran Canaria	1.530 km²	1.949 m	19,1 km	10,2 %
Lanzarote	845 km²	671 m	1,4 km	47,9 %
La Palma	660 km²	2.426 m	9,1 km	26,6 %
La Gomera	350 km²	1.487 m	8,2 km	18,2 %
El Hierro	264 km²	1.501 m	4,4 km	34,1 %

* Referida a la distancia menor del techo al mar.
Fuente: INE, *Anuario Estadístico de España 1991* y elaboración propia.

a) LA INFRAESTRUCTURA DE FALLAS Y LA SITUACIÓN INTERNA DE PLACA

El vigor del relieve, incluso a escalas pequeñas del modelado, se basa en la génesis por erupciones volcánicas desde el Mioceno hasta hoy; ahí radica la distribución insular alineada en tres fallas como vehículos magmáticos. Dos, ONO-ESE (La Palma-Tenerife-Gran Canaria) y OSO-ENE (El Hierro-La Gomera-Tenerife), organizan la mayor parte de las islas; si Tenerife corresponde a su intersección, ésta se ajusta aún más a la mole del Teide. La falla restante SO-NE rige la alineación de espinazos y cimas de Fuerteventura y Lanzarote.

Las Canarias no se hallan en el borde de la placa, sino dentro de la africana en el contacto de la litosfera oceánica y la continental, proclive a la fracturación por el contraste de grosor y rigidez. La situación interna en la placa permitió una evolución independiente a este volcanismo, de acuerdo con la larga formación de las islas.

b) LOS GRANDES COMPONENTES Y FORMAS INSULARES

Por edad y posición se distinguen cuatro grandes conjuntos en los edificios (Romero C., y otros, 1986). El más antiguo corresponde al sustrato de la corteza e incluye lavas submarinas y sedimentos mesozoicos atravesados por intrusiones diversas, que afloran en enclaves, fragmentos o márgenes de islas; su composición fomenta la erosión diferencial y las formas abruptas en los diques e intrusiones duros o algunos escarpes, pero carece de extensión, para distintinguir conjuntos grandes.

Los «macizos antiguos» (término al margen de su uso habitual para las montañas de zócalo) se forman en superposiciones miopliocenas de coladas basálticas fluidas con acceso fisural y muy expandidas. La cuadrícula que forma los lechos de coladas y la red de diaclasas bien marcada otorga cierta homogeneidad a estas masas, sometidas a una erosión dilatada, que muerde y aligera sus moles. Los rellanos, en coladas resistentes poco inclinadas, y los cantiles interiores o marinos, sobre el buen diaclasamiento, están tajados por barrancos, reduciendo a algunos apófisis basálticos a espinazos descarnados; es el caso de la península de Anaga en el nordeste de Tenerife, aunque este tipo de rocas y formas están presentes en casi todas las islas.

El caso de excavación más espectacular en macizos es el anfiteatro enorme (6,5 km de diámetro y paredes de más de 1.000 m) de la caldera de Taburiente en La Palma. Esta depresión, con gollete y salida hacia el SE, no se debe a la construcción volcánica sino a la ampliación de cabecera del barranco de las Angustias, explotando una intersección de fallas y abriendo cuencas de recepción radiales de afluentes menores, que a veces arrancan de cantiles de cientos de metros.

Otro gran elemento son las «dorsales», acumulaciones alargadas de erupciones fisurales más recientes y más pequeñas que los macizos, y fruto de añadidos sucesivos en un tiempo dilatado. Su juventud y la erosión menor dan preeminencia a formas directas de construcción volcánica; a partir del eje o cumbre de la dorsal, donde se alinean cráteres y piroclastos, se disponen los flancos de coladas de lava derramadas desde el primero hacia ambos. La convergencia de varias dorsales, con perfil de uve invertida abierta da lugar a islas en gajos como los tres de El Hierro, formada en esta modalidad.

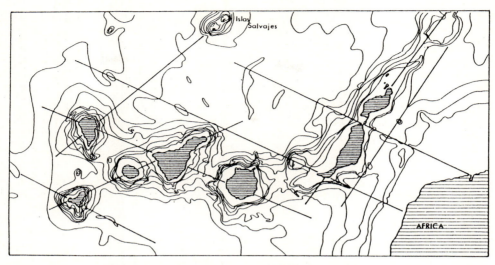

Fig. 2.33. *Encuadramiento macroestructural en grandes fallas del archipiélago canario* (según Arozena y Romero, 1984).

La complejidad se incrementa en edificios de génesis larga como el del Teide-Las Cañadas, cuyas rocas se formaron a partir de productos ácidos, pastosos y dispares en su acceso, junto a coladas basálticas fluidas. La mole basal de Las Cañadas se acumuló desde el inicio del Cuaternario por añadidos de domos, coladas y dorsales, explotando la convergencia de fallas. Las erupciones finales crearon vacíos en el techo de la cúpula volcánica, provocando su hundimiento en caldera (10-15 km de ejes) de paredes abruptas. Desde el fondo y el flanco norte desportillado de la caldera, nuevas erupciones en cráteres gemelos construyeron el estratovolcán del pico del Teide. Su cima, a 3.718 m, destaca casi 1.700 del fondo de la caldera y la tapona por el N.

El volcanismo ácido y sus construcciones, al margen del Teide, son propios de Gran Canaria, pero su carácter antiguo da preeminencia a las formas de disección sobre contrastes de dureza, forzando trazados irregulares en los barrancos e interfluvios rematados en crestones de diques duros y pitones o *roques*. La variedad de roques es notable en las islas: unos tienen origen en agujas o domos volcánicos, otros en tapones de chimenea al perder funcionalidad y un tercer tipo muy residual corresponde a retazos de diques, entre otros; a los de disección del interior, se añaden algunos marinos en el litoral.

Todo eso no es más que una muestra de la riqueza suma en formas y procesos erosivos, con gran papel de los glacis en series escalonadas incluso, los conos de deyección de los barrancos o los canchales de gelifracción en las cumbres de Tenerife y La Palma; a menor escala destaca la taffonización, con desarrollo ejemplar en los litorales, fomentada por las gotitas *(spray)* del oleaje.

La aspereza de las formas erosivas se acrecienta a escala similar con formas menores debidas a la acción volcánica. Es el caso de los cráteres, o calderas de explosión, como la de Bandama (Gran Canaria) en cavidad cerrada de orden hectomé-

Secuencia de los hechos geológicos y geomorfológicos principales de la formación del relieve ibérico

Millones de años	Era	Período	Época	Rocas más significativas	Movimientos tectónicos y hechos sedimentarios	Acciones erosivas
	Precámbrico			Pizarras y neises		
−570	Primaria o Paleozoica	Cámbrico		Pizarras y grauvacas		
−500		Ordovícico		Cuarcitas		
−452		Silúrico		Pizarras y cuarcitas		
−400		Devónico		Calizas y pizarras		
−340		Carbonífero		Granito, pizarras, areniscas, calizas, conglomerados y capas de carbón	Orogenia y cordillera hercinianas	
−260		Pérmico		Conglomerados y areniscas		Arrasamiento de la cordillera Herciniana. Formación de superficies erosivas pretriásicas. Consolidación del zócalo ibérico
−230	Secundaria o Mesozoica	Triásico		Arenisca roja (rodeno) del Buntsandstein. Calizas conchíferas. Margas yesíferas diapíricas (piso Keuper)	Génesis de cobertera sedimentaria competente	
−180		Jurásico		Calizas y margas	Separación de la placa Ibérica e inicio de la orogenia pirenaica	
−120		Cretácico		Calizas, margas, arenas y areniscas		Superficies de erosión intracretácicas
−68	Terciaria o Cenozoica	Paleógeno	Paleoceno	Areniscas	Culminación de la orogenia pirenaica. Orogenia bética. Desnivelación en las demás montañas ibéricas	
			Eoceno	Conglomerados y areniscas		
			Oligoceno			Superficies de erosión premiocenas
−37		Neógeno	Mioceno	Arcillas, margas, arenas, conglomerados y calizas	Progresión de la orogenia bética y desnivelación en el resto de las cordilleras. Reajustes morfotectónicos y diapirismo. Relleno de las cuencas sedimentarias	Superficies poligénicas intramiocenas (base de las penillanuras actuales)
−12			Plioceno	Recubrimientos de rañas	Comatación final de las cuencas sedimentarias	Retroceso de escarpes; formación de rañas; desagüe al mar de las cuencas interiores y esbozo de las redes fluviales actuales
−1,8		Cuaternario	Pleistoceno	Recubrimientos de terrazas	Tectónica leve en el E y SE peninsulares	Disección y consolidación de las redes fluviales actuales. Episodios y procesos morfoclimáticos fríos, áridos y húmedos. Glacis y terrazas fluviales. Suavizamiento de modelado periglacial en el N y las montañas. Retoque glaciar en las altas cumbres atribuido a la última glaciación (Würm) para las formas subsistentes.
−0,07			Holoceno		Compresión en las Béticas	Intensa morfogénesis litoral (playas y rasas), fomentada por los cambios eustáticos glaciales.

trico, o de los cerros de pequeños conos, en campos y alineaciones, debidos a las erupciones subactuales y actuales. Pero son más extensas las coladas de *malpaís* en disposición fragmentada de bloques, filos y vértices, o en mantos continuos de placas y ondas *(pahoehoe)*, formando pagos hostiles y de difícil tránsito, que se completan con masas de piroclastos dispersas.

La altitud a veces, la pendiente, el recortamiento y la dureza del modelado donde predomina la desnudez rocosa —sea por la aridez o por la génesis reciente en el caso de las coladas— otorgan al relieve un papel hostil en el potencial agrario, como muestran los abancalamientos tradicionales y suelos artificiales. El trazado viario resulta costoso, tanto en los márgenes litorales acantilados y dentados como en el interior, donde a desniveles de miles de metros se añade el problema de los escarpes y, en Tenerife, hasta la nieve, con puertos a 2.300 m. A su vez, el roquedo corresponde a los tipos más estériles en yacimientos mineros y energéticos. En contrapartida, la variedad, originalidad y grandiosidad de las formas no dejan de suponer un recurso para el turismo, faceta clave de la economía canaria.

Bibliografía básica

Alvarado, M. M. (1983): «Encuadre paleogeográfico y geodinámico de la Península Ibérica», *Libro jubilar de J. M. Ríos*, t. 1, pp. 9-56.
AA.VV. (1983): *Geología de España*, Libro jubilar de J. M. Ríos, t. 1, Instituto Geológico y Minero de España, Madrid, 656 pp.
Canerot, J. (1979): «Les Iberides: essai de synthèse structurale», *Homenatge a Lluís Solé i Sabarís. Acta Geológica Hispana*, pp. 167-171.
Durán J. J., y López, J. (eds.) (1989): *El karst en España*, Monografía n.º 4, S.E.G., Madrid, 413 pp.
Hernández Pacheco, E. (1932): *Síntesis fisiográfica y geológica de España*, Trabajos Museo Nacional de Ciencias Naturales, 38, Madrid, 584 pp.
ITGE (1989): *Mapa del Cuaternario de España. Escala 1/1.000.000*, coordinado por Pérez-González, A., y otros, ITGE, Madrid, 277 pp.
Julivert, M., y otros (1974): *Mapa tectónico de la Península Ibérica y Baleares. Escala 1/1.000.000*, IGME, Madrid, 113 pp.
Lautensach, H. (1967): *Geografía de España y Portugal*, Vicens Vives, Barcelona, 814 pp.
López, F.; Gómez, A., y Tello, B. (1989): «El relieve», en *Geografía de España*, t. 1, *Geografía Física*, Planeta, Barcelona, 591 pp.
Martínez de Pisón, E., y Tello, B. (1989): *Atlas de geomorfología*, Alianza Editorial, Madrid, 365 pp.
Peña Monné, J. L. (1991): «El relieve», en *Geografía de España*, Síntesis, Madrid, 166 pp.
Romero, C.; Quirantes, F., y Martínez de Pisón, E. (1986): *Los volcanes: Guía Física de España 1*, Alianza, Madrid, 256 pp.
Sala, M. (1984): «Pyrénées and Ebro Basin Complex Iberian Massif. Baetic Cordillera and Guadalquivir Basin», en Embleton, C. (ed.): *Geomorphology of Europe*, MacMillan, Londres, pp. 268-340.
Solé, L., y Llopis, N. (1952): «Geografía Física de España», en Terán, M. de (ed.): *Geografía de España y Portugal*, t. 1, Montaner y Simón, Barcelona, 487 pp.
Terán, M. de; Solé Sabarís, L., y otros (1987): *Geografía Regional de España*, Ariel, Barcelona, 556 pp.
Terán, M. de, y otros (1987): *Geografía General de España*, Ariel, Barcelona, 494 pp.

Capítulo 3

LA DIVERSIDAD DEL CLIMA Y DEL PAISAJE VEGETAL

1. **La acusada variedad climática**

El papel ecológico del clima se deja sentir con diversidad en España. Pese a la forma ibérica maciza y la extensión moderada, los contrastes, desde el norte fresco-húmedo hasta el sureste cálido-seco, son norma. El clima rige la dinámica de las aguas interiores y del manto vegetal, siendo factor notable de espacios como los agrarios, turísticos o viarios. La España peninsular, en la base de las latitudes medias (36-44° N), se halla en el filo del intercambio entre la atmósfera tropical y la polar.

La insolación, contemplada en la duración del tiempo soleado o en la energía recibida, aumenta casi del simple al doble desde el Cantábrico a Andalucía, pero sin ritmo gradual; en el sur de la cordillera Cantábrica y los Pirineos se produce un salto a valores elevados con aumento leve hacia el S. Pero tal brusquedad no empaña el carácter general soleado y luminoso, donde la atmósfera transparente concuerda con buenas tasas de energía, como aspectos favorables.

Este clima destaca por la nitidez en ritmos de tiempo: estacionales, episódicos y diarios, merced a hechos de gran escala dentro de la circulación atmosférica de las áreas oceánicas atlánticas y árticas, o de las continentales europeas y africanas, donde se forman sus masas de aire (fig. 3.1). Más cerca, la trama de mares, islas y montañas del O europeo alteran los rasgos del aire y sus modos de acceso.

La forma peninsular y el carácter de puente Atlántico-Mediterráneo crean una dualidad costa-interior. El influjo marino de las brisas, la humedad del aire y la amplitud térmica anual y diaria débiles (10-13 °C) se ciñe a breves orlas costeras. El interior, alto y cerrado por montañas, tiene amplitud fuerte, cuyos valores anuales de 17-21 °C son semejantes a los diarios del tiempo cálido y soleado estival.

Por situación y tamaño, el Atlántico tiene un papel rector; es área fuente para el aire del viento dominante del O. Como extremo europeo entre los 4° E y 10° O, la Península forma una avanzada en el océano y, si su elevada altitud la aísla del mar, la dirección zonal de las montañas facilita entre el Tajo y el Guadalquivir los accesos del O. Los del NO, que introducen tiempo húmedo e inestable, hallan freno en la alta barrera montañosa de los macizos Galaicos, la cordillera Cantábrica y los Pirineos. Las cordilleras Ibérica y Bética refuerzan el aislamiento de la depresión del Ebro y del sureste mediterráneo.

LOS CARACTERES DEL MEDIO FÍSICO 135

CUADRO 3.1. *Umbrales significativos de la insolación anual en España*

Sector	Insolación total (a)		Horas de sol (b)	
	Mínimos	Máximos	Mínimos	Máximos
Galicia, Cantábrico, Pirineos	3	4,2	1.650	2.300
Castillas, Levante	4,2	4,8	2.300	2.800
Extremadura, Andalucía, Murcia	4,8	5,2	2.800	3.000
Enclaves sur y sureste	5,2	5,3	3.000	3.200

a Promedios anuales en kw/h/m².
b Promedios anuales de horas de sol despejado.

La temperatura del agua atlántica es moderada para su latitud; en invierno varía de 11 °C en el golfo de Vizcaya a 15 en el de Cádiz y en verano alcanza 18 y 21 °C respectivamente. La temperatura estival del interior peninsular supera en 3-8 °C a la marina, mientras que la invernal es inferior en modo similar. Por eso,

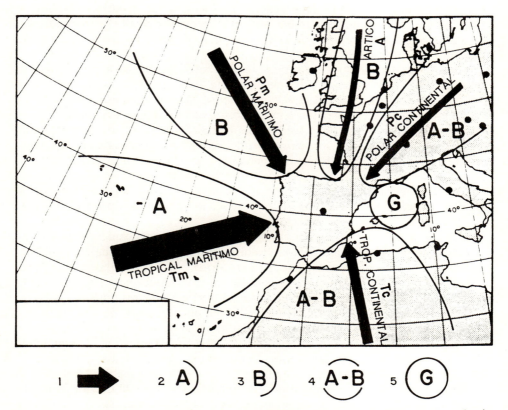

FIG. 3.1. *Encrucijada de masas de aire y situaciones dinámicas en la península Ibérica.* 1. Procedencias de las masas de aire (grosor de flecha proporcional a la frecuencia). 2. Altas presiones en altura y superficie. 3. Bajas presiones en altura y superficie. 4. Inversiones de presión entre altura y superficie. 5. Gotas frías.

en verano el océano juega como margen fresco, en el inicio de la corriente marina fría de Canarias, acentuando la estabilidad y el tiempo seco.

Merced al viento dominante del O el papel del Mediterráneo resulta secundario. Su dorso montañoso, desde las sierras Catalanas hasta las Béticas, reduce más la influencia. En su costa, este mar interior y calentado en verano, donde el agua alcanza 21-26 °C y baja en febrero a 12-15, incide en la templanza térmica (amplitud diaria y anual de 10-14 °C) y en las intensas lluvias otoñales de gota fría.

A los factores naturales del clima se unen los de índole humana. Los cultivos y cambios vegetales, los embalses y desecaciones, o los espacios urbanos, crean topoclimas, cuyo papel es difícil de evaluar por lo sutil de sus efectos. Pero en la jerarquía de la diversidad climática hay un factor preeminente: el relieve.

a) El relieve en la diferenciación del clima

A escalas de decenas de miles de kilómetros cuadrados y otras menores el relieve origina cambios decisivos. Si la elevada altitud aísla al interior del mar, también produce un descenso térmico general de 3-4 °C. Pero el interior no destaca como una mesa, sino como una trama de llanuras a distinto nivel y entre montañas, cuyos climas fresco-húmedos, o de aridez mitigada, contrastan con la sequedad y el calor estival en las llanuras.

La extensión montañosa, casi 1/3 de la total, tiene carácter de perímetro, al que sólo se sustraen la cordillera Central, buena parte de la Ibérica y los montes de Toledo, y el cierre sólo remite por el SO en el Tajo, Guadiana y Guadalquivir. La altitud, de 1.000-3.000 m, del contorno montañoso se deja sentir en una unidad climática basada en el aislamiento, que acentúa la energía de las vertientes externas cortadas hacia el mar. A su vez, el interior del cerco está desgajado por las montañas restantes en sectores de llanura o depresión.

Las altas llanuras del Duero, cuyo cierre rematan las cordilleras Central e Ibérica, tienen invierno largo y frío frente a la brevedad estival. Su escasa precipitación, inferior a la mitad de la de los bordes montañosos, acaba de enmarcar el valor del aislamiento.

Las llanuras del Tajo-Guadiana forman otro gajo extenso, aunque roto por los montes de Toledo. La altitud menor, el abrigo del N por la cordillera Central, la apertura al O y el modesto obstáculo de sierra Morena para los flujos del S son claves del carácter cálido y largo del verano. El invierno resulta más dispar, desde la suavidad del bajo Guadiana al rigor de la Alcarria o La Mancha oriental.

La depresión del Ebro, bien cerrada, tiene su único collado en la montaña media vascocantábrica. La altitud baja y el aislamiento se dejan sentir en veranos cálidos e inviernos moderados; más decisiva es la escasez de lluvia, por el freno montañoso a las perturbaciones, que con el régimen térmico conforman un enclave de aridez fuerte.

La depresión del Guadalquivir acoge el grupo más vasto de llanuras bajas, lo que unido a la situación meridional da lugar al clima más cálido. Frente al caluroso verano, el invierno es lluvioso, merced a la apertura al SO para el acceso de las depresiones del Atlántico.

Para las orlas costeras el papel de las montañas adosadas es dual; en las gallegas y cantábricas, enfrentadas a flujos dominantes del ONO, fomentan la nubosidad y las lluvias. En la costa mediterránea, a resguardo del O, se reduce la precipitación en general, pero el encare a perturbaciones del E, como gotas frías, tiende a elevar la intensidad y la concentración de las lluvias.

El juego del relieve se liga a las masas de aire y las dinámicas llegadas de los vastos centros atmosféricos del entorno. Las montañas y depresiones tienen a veces un papel crítico; siempre modifican los rasgos del aire, pero a veces inducen cambios decisivos, que suponen la presencia o la ausencia de efectos y meteoros tan importantes como las heladas o la precipitación.

b) LA CIRCULACIÓN DE ALTURA EN LA VARIEDAD DE TIPOS DE TIEMPO

El clima se basa en la repetición al ritmo de varios días de episodios de tiempo cálido, frío, seco o lluvioso, merced a semejanzas del aire y la dinámica atmosférica en sus campos de presión. Tales episodios, en sus rasgos comunes, constituyen los *tipos de tiempo*. Para definirlos es oportuno el criterio de la dinámica en la troposfera media-alta, donde tienen más nitidez fenómenos clave que, por mor del relieve y situación ibéricos, se diluyen en capas atmosféricas bajas. Aun con la norma más restrictiva, el número de dinámicas singulares supera la veintena, exigiendo agrupar por afinidades o familias.

La *circulación zonal del O* ceñida a los paralelos es posible todo el año. Varía desde el flujo fuerte y salto brusco de la atmósfera polar a la tropical (invierno) hasta el borde difuso de aire tropical (verano). En invierno, con el salto y el Chorro *(jet stream)* asociado situados en la Península, introduce aire *polar marítimo (Pm)* del Atlántico norte, donde el aire frío oriundo del Ártico se templa y humedece tras largo recorrido. En las capas bajas la inestabilidad del aire *Pm* se encauza en familias de borrascas y frentes, dentro de un tiempo nuboso y de los temporales de lluvias más largos, duraderos y generales, con temperaturas positivas y leve oscilación diaria (fig. 3.2).

Con el contacto zonal estival desplazado al N, la Península queda bajo margen del aire *tropical marítimo (Tm)*, cálido, húmedo, estable y ligado a altas presiones del anticiclón persistente de las Azores. En superficie el aire *Tm* accede con poco contraste de presión, aun en el borde anticiclónico, en un tiempo estable, cálido y despejado. Un matiz se debe a frentes fríos poco activos de borrascas situadas muy al N; al rozar sus extremos el margen cantábrico se produce nubosidad y, a veces, lluvias débiles y dispersas (fig. 3.3).

La *circulación meridiana N-S* accede en ondas de depresión de altura o vaguadas, transportando desde las latitudes noratlánticas o árticas aire fresco-frío e inestable, vinculado a tiempo nuboso y con frecuencia lluvioso o nivoso. Bajo el sector suroriental de las vaguadas se centran en superficie depresiones o borrascas, frecuentes de otoño a primavera y raras en verano. En las borrascas los frentes fríos tienen más entidad, y de ahí el dominio de los chubascos en la precipitación, sobre las lloviznas propias de frentes cálidos. Pero el tiempo de la *circulación N-S* resulta dual térmicamente en función del tipo de aire, y diverso según la estación del año.

Las vaguadas de aire *Pm* introducen temperaturas suaves en invierno y frescas en verano. Muy distintas son las finas vaguadas o coladas de aire *ártico (A)*, forma-

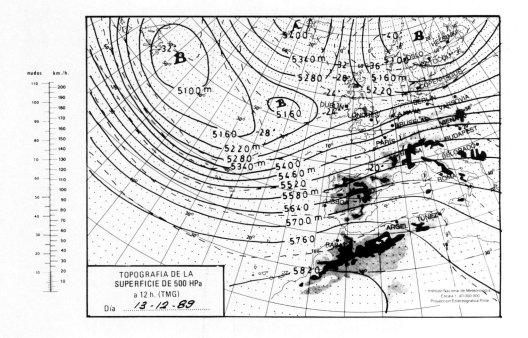

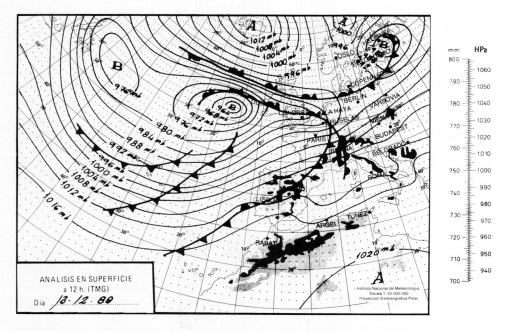

Fig. 3.2. *Circulación zonal del O. Aire Pm. Bajas presiones y frentes en superficie barriendo la Península. Tiempo lluvioso.*

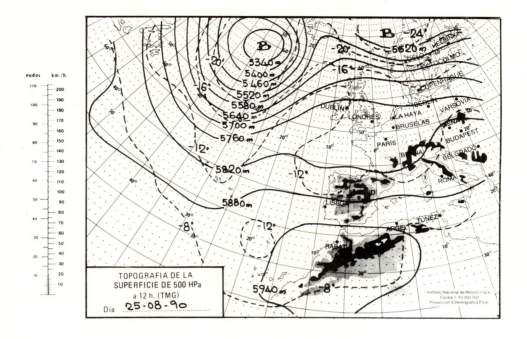

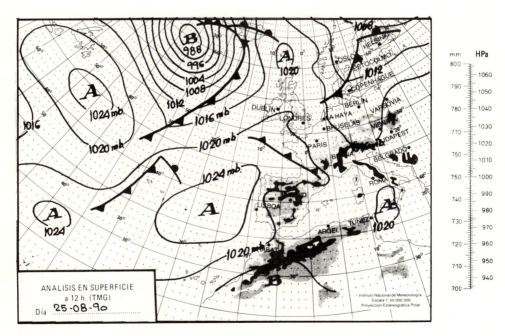

Fig. 3.3. *Circulación zonal del O. desplazada al norte de la Península. Aire Tm en tiempo estable y anticiclónico estival.*

do en el océano homónimo y el norte de Rusia con carácter frío, seco y estable; en su viaje se eleva algo la temperatura y, persistiendo frío, se humedece e inestabiliza. Tales coladas, propias de invierno y ausentes en verano, traen tiempo frío y nivoso, frente a la lluvia de las vaguadas de aire *Pm*, que sólo en invierno y en montaña dan lugar a nevadas (figs. 3.4 y 3.5).

Los rasgos genuinos de la *circulación N-S* exigen vaguadas grandes y hondas, más persistentes, pero la génesis o ausencia de precipitación radica en su situación. Sólo el avance neto de las ondas al S, con el eje situado al oeste peninsular, garantiza precipitación copiosa y general, bajo la acción plena de las borrascas. Esto es propio del invierno y poco frecuente, pues requiere que la vaguada invada el dominio habitual de altas presiones del anticiclón Atlántico.

Otras situaciones son las de vaguada centrada en la Península, con precipitación en su mitad oriental, o desplazada al E, con tiempo fresco o frío y algo nuboso. Frecuentes, aun en verano, resultan las vaguadas de poco avance, con ápice al noroeste, norte y noreste de la Península, y tiempo dispar. En Galicia, Cantábrico y Pirineos se producen nubes y precipitación favorecidas por el relieve, mientras que al Duero y Ebro sólo alcanza cierto refrescamiento con nubes dispersas; al sur de la cordillera Central carecen de incidencia.

En su evolución, las vaguadas se desplazan al E, se debilitan o se retraen, dando tiempo final fresco y despejado. A veces, el ápice de las vaguadas se desgaja en *gotas frías*; estas depresiones celulares, con radio de cientos de kilómetros, conservan rasgos de la vaguada de origen (inestabilidad y aire más frío que su entorno). Los flujos externos las desplazan con rumbo diverso y las mantienen activas hasta más de una semana. Salvo las más grandes y hondas, con base de borrascas, la mayoría de las gotas frías sólo se marcan en la troposfera alta (5.000 m) sobre campos difusos de presión en superficie (fig. 3.6) El tiempo de gotas frías de aire *Pm* o *A* difiere del de las respectivas vaguadas en su carácter más irregular y cambiante en el espacio.

Las gotas frías pueden generar inestabilidad fuerte, sobre todo bajo su cara oriental. Para ello, además de la energía de la depresión, se exige el concurso abajo de aire cálido-húmedo, cuyo ascenso produce nubosidad potente y precipitación. La normal es el chubasco, a veces tormentoso, pero el techo se logra en los aguaceros mediterráneos de otoño; su intensidad (100 mm/h-500 mm/día, superando promedios anuales) alcanza rasgos catastróficos. La acción a escala pequeña-media es propia de estos aguaceros, cuya cuantía puede variar brutalmente entre lugares no muy distantes.

Las tormentas estivales se producen fomentadas por el calor tras el mediodía, tendente a elevar el aire, o por ascensos forzados por el relieve; de ahí el carácter vespertino-nocturno y la actividad tormentosa en las montañas. Pero ni el calor ni el relieve generan tormentas si no concurre una dinámica de altura propicia, como gotas frías débiles. Los extremos de vaguadas juegan de modo similar, sobre todo en el norte ibérico, y de ahí su mayor actividad tormentosa.

La *circulación del NE*, en sentido inverso respecto al normal y poco frecuente, es casi exclusiva de los inviernos; en unos se repite con duración larga (7-15 días) y en otros no afecta. Introduce aire *polar continental (Pc)*, formado en el noreste de Europa con carácter frío, seco y estable en la base, que accede en vaguadas de profundidad y anchura medias, y cuyo eje cruza la Península en diagonal desde el cen-

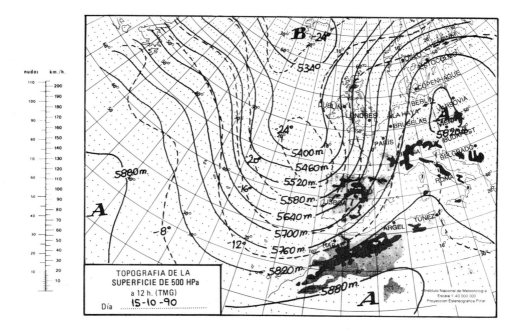

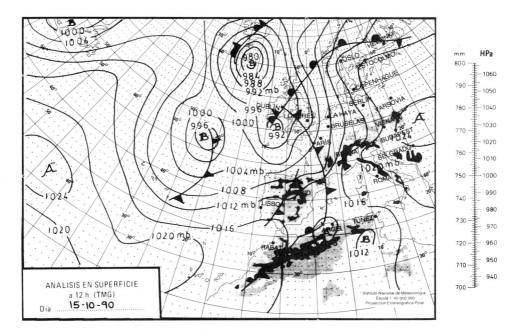

Fig. 3.4. *Vaguada centrada al oeste de la Península. Aire Pm. Borrascas y frentes en superficie. Tiempo lluvioso.*

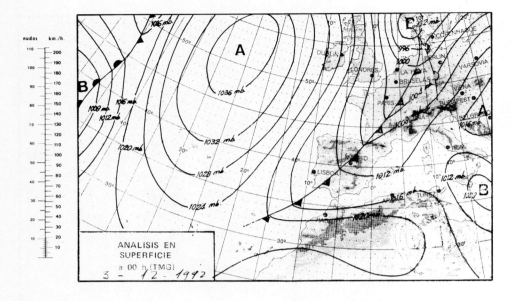

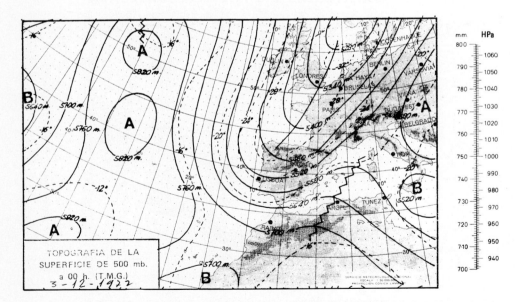

Fig. 3.5. *Vaguada del norte centrada en el oeste de la Península. Aire Am. Bajas presiones y frente frío en superficie. Tiempo nivoso.*

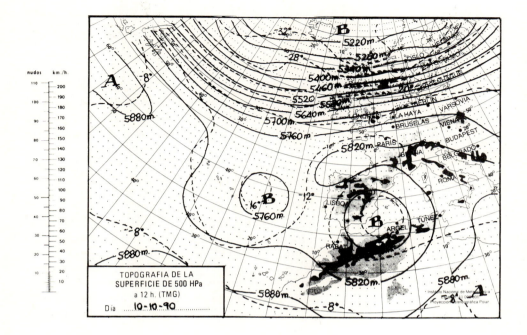

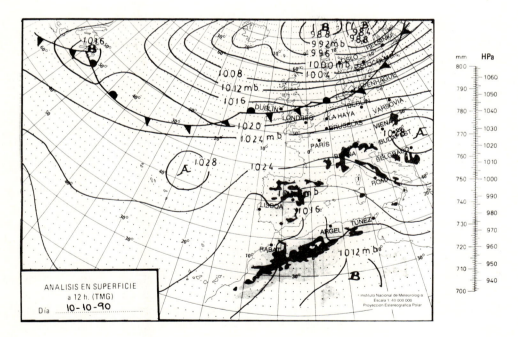

FIG. 3.6. *Gota fría centrada en la costa mediterránea, sobre campos inorgánicos de presión en superficie. Tiempo lluvioso en Levante.*

tro y noroeste europeos. La dirección anómala y forzada de las ondas y el relieve ibérico favorecen un pronto desgaje en gotas frías (fig. 3.7).

La circulación del NE introduce tiempo frío dual. Uno, nuboso y nivoso, es propio de los días iniciales, bajo el margen suroriental de la vaguada. El otro lo sucede al centrarse ésta en la Península, sobre presión media-alta en superficie, y marca el techo del frío, sin nevar. La niebla de inversión y la temperatura negativa constante del Duero, La Mancha o el Ebro se acompañan de mínimas hasta – 20 °C, y las heladas afectan hasta Andalucía. Con evolución a gota fría sólo nieva si la vaguada inicial penetra bien, centrando las gotas en el oeste ibérico; en situación más oriental el tiempo es frío y nebuloso.

La *circulación S-N* transporta aire cálido tropical del Atlántico y de África, predominante en el verano y su entorno. El acceso se produce en anchas crestas, dorsales de alta presión y eje S-N o SW-NE, ligadas a tiempo soleado, seco y cálido o caluroso.

El caluroso es típicamente estival, menos frecuente, y se debe al aire *tropical continental (Tc)* sahariano muy cálido y seco en origen. Pese a la inestabilidad en las capas bajas, por la alta temperatura y el aumento de humedad adquirido al cruzar el mar, y aun con leves depresiones térmicas en superficie, apenas se forman nubes (fig. 3.8). En las olas de calor, las máximas diarias superan los 40 °C en el sur ibérico y 35 en el norte, con alza térmica gradual al inicio y caída más rápida al final, cuando el contacto de aire *Tc* con el borde de depresiones favorece tormentas vespertino-nocturnas.

Este tiempo tiene gran efecto negativo si se adelanta al verano (mayo-inicio de junio). El calor y la baja humedad relativa (< 20 %) dan lugar al abrasamiento o *asuramiento* de cultivos herbáceos, sobre todo cereales, o arruinan la floración de los arbustivos.

El aire *tropical marítimo (Tm)* es habitual en verano, sin faltar el resto del año. La persistencia de una dorsal o cresta atlántica al OSO peninsular sobre el anticiclón de las Azores otorga a este centro de acción un papel rector del clima. Su movimiento frena o permite el acceso de otras penetraciones, y sus avances de amplia cresta por el oeste europeo, o en apófisis menores, introducen el tiempo estival cálido y más estable, despejado y frecuente (fig. 3.9).

En la Península el aire *Tm* estival se calienta y reseca; en superficie las presiones media-alta forman campos imprecisos, ausentes el resto del año. Las máximas diarias en verano alcanzan 30 °C en el norte ibérico y 35 en el sur, enmarcando una oscilación elevada (18-20 °C). Una variante fresca se asocia a avances fuertes de la cresta al N, rozando su margen oriental y el borde del anticiclón a la Península (viento del NO) con aire estable refrescado en su curso noratlántico; la temperatura cae unos 5 °C, manteniéndose el cielo despejado.

Para algunos autores, el incremento de humedad e inestabilidad del aire sobre el Mediterráneo permiten distinguir una masa homónima (Font Tullot, I., 1983, 107). Pero el tamaño reducido del mar y la mezcla de distintas procedencias, hacen pensar más en un área de intercambio que una fuente de masas. A su vez, la situación oriental limita la incidencia de la «masa mediterránea» a la costa homónima y Baleares.

La variedad dinámica y del aire implican fuertes contrastes de tiempo. La temperatura media de un mismo lugar y día puede variar más de 20 °C en años distin-

LOS CARACTERES DEL MEDIO FÍSICO 145

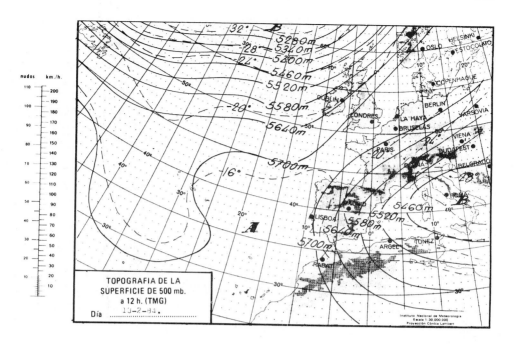

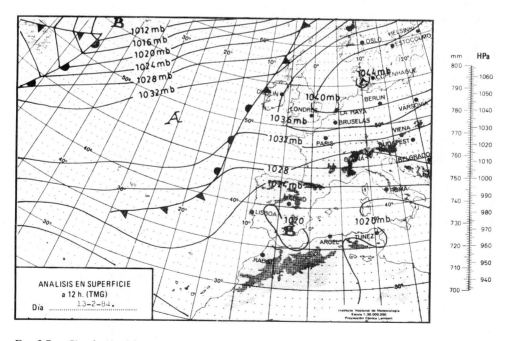

Fig. 3.7. *Circulación del noreste. Vaguada inversa con presión alta en superficie. Tiempo frío invernal.*

146 GEOGRAFÍA DE ESPAÑA

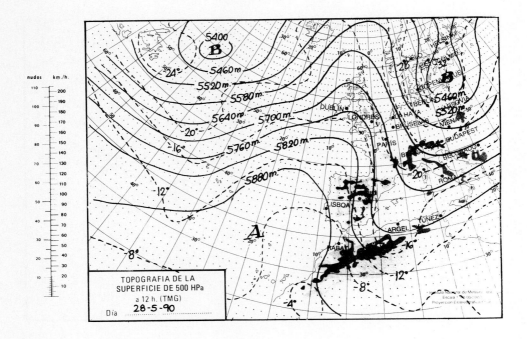

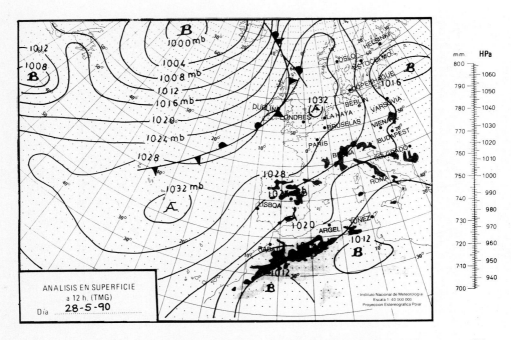

Fig. 3.8. *Penetración de cresta atlántica sur-norte. Aire Tm. Anticiclón en superficie y tiempo cálido y estable.*

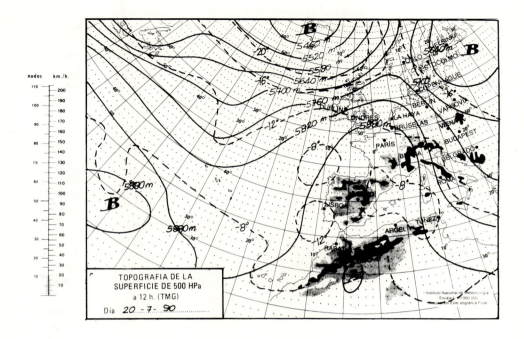

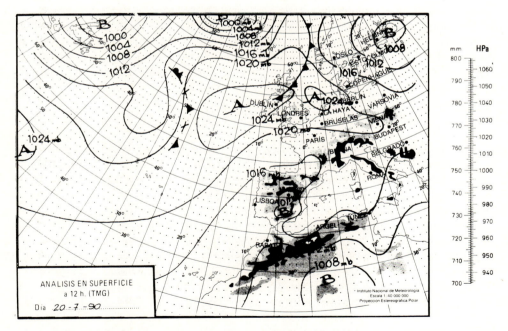

FIG. 3.9. *Circulación sur-norte. Penetración de cresta africana y Aire Tc. Baja térmica en superficie y tiempo seco y caluroso estival.*

tos en el interior y de 15 °C en la costa; además, entre máximas y mínimas extremas, las variaciones alcanzan 40 y 35 °C. Los años con más entidad de tiempos con precipitación triplican la cuantía y doblan la frecuencia de los más secos. Otros contrastes se producen a menor escala cronológica y espacial; la intensa precipitación o la sequía, propias de áreas interiores o del borde mediterráneo, son a la vez un tópico y una realidad de un clima diverso, pero sujeto a tendencias que se repiten y lo caracterizan.

c) LA GAMA DE REGÍMENES TÉRMICOS

Las isotermas anuales trazan un mosaico desde < 6 a 19 °C, que afirma el valor del relieve (lámina 1). La línea de 10 °C ciñe a núcleos montañosos del centro-norte ibérico y las cumbres béticas. Inversamente, las cálidas de 16-18 °C enmarcan altitudes bajas del Tajo al Guadalquivir y la orla mediterránea al sur del Ebro. Entre tales extremos se perfilan tres umbrales.

El más fresco (10-12 °C) cubre el interior gallego, las llanuras altas del Duero y la montaña media cantábrica, central, ibérica y pirenaica. El intermedio (12-14 °C) bordea a Galicia, el Cantábrico y al valle del Ebro, afectando al suroeste bajo del Duero, se amplía en La Mancha y se diluye en la montaña del sur. El cálido (14-16 °C) cierra las llanuras bajas del Ebro y las intermedias del Tajo-Guadiana.

A la oposición altitud-temperatura se suma el papel de la latitud. Del Cantábrico a Andalucía hay un alza de 3-4 °C, empañada a veces por el frescor marino; entre Finisterre y San Vicente o entre Gerona y Cádiz la variación es de 2 °C, pero en otros casos se duplica. Todo eso, junto a la nubosidad variable (tendente a refrescar) perfila una encrucijada comandada por el relieve, que separa y fija umbrales. La cordillera Central se interpone entre los 14 °C de Madrid y los 12 de Valladolid, con altitud idéntica y a sólo 1° de latitud.

1.º *Los contrastes estacionales y la oscilación anual*

Temperaturas medias parecidas encubren regímenes dispares. Los 13,9 °C de Gijón se deben al ritmo gradual desde 9,3 °C en enero a 19,5 °C en agosto; los 13,4 °C de Albacete se basan en el salto del invierno frío al calor estival (enero 4,2 °C y julio 24,1 °C). Las isotermas de invierno y verano precisan mejor la sucesión anual (lámina 2).

Las costas galaico-cantábricas tienen ritmo suave y único, entre 7 y 20 °C. La costa mediterránea, el bajo Guadalquivir y bajo Guadiana forman otra unidad, cuya amplitud no rebasa los 17 °C pese a los extremos de 8-26 °C; la oscilación moderada, a partir del invierno templado, por la altitud baja y cierta influencia marina contrasta con el interior. En las llanuras del Duero, con términos de 2-22 °C, alterna el frío invernal con un verano sin calor excesivo (amplitud de 17-19 °C); los 6-26 °C del bajo Ebro separan veranos cálidos e inviernos moderados, y los 4-27 °C de las llanuras internas de La Mancha fijan la amplitud máxima (20-21 °C) entre inviernos fríos y veranos calurosos.

Se ha interpretado esa amplitud fuerte como rasgo de continentalidad acusada, lo que parece excesivo; aun la mayor contrasta con los 30-40 °C de climas interiores de Asia o América en latitud similar y debida a mecanismos distintos. Sin negar cierto efecto continental por la forma ibérica maciza, lo que incide es sobre todo el aislamiento y la compartimentación derivados del relieve.

2.º *Los contrastes regionales en los períodos fríos y cálidos*

Las isotermas extremas eluden la evolución anual, en la que la duración del frío es un factor limitante. Los promedios mensuales < 10 °C, con cierto valor de umbral ecológico, no afectan a la costa mediterránea, el suroeste de Andalucía y las rías gallegas. Y también destaca el invierno leve en orlas internas del Mediterráneo y del Guadalquivir, junto al bajo Guadiana y la costa cantábrica, siempre por encima de 8 °C.

Invierno breve, aunque neto, tienen el bajo Ebro aragonés y el norte de Extremadura, donde los promedios de mínimas diarias bajan a 2-4 °C en enero. Pero la duración y el frío distinguen a las llanuras altas del interior; sus inviernos menos duros en Madrid, el oeste de Castilla-La Mancha, La Rioja y sur de Navarra alcanzan promedios de mínimas diarias en enero de 1-2 °C. En el este de La Mancha, más aislado, esos promedios bajan hasta – 2 °C. Y el techo de la crudeza se da en las llanuras del Duero (hasta 7 meses fríos y – 4 °C en mínimas medias de enero), por la altitud, la situación y el cerramiento montañoso.

El frío del Duero sólo lo supera la alta montaña; a más de 1.500 m algunos de los 8-10 meses fríos tienen media negativa en las montañas del norte y centro, lo que en las del sur sólo ocurre a más de 2.000 m. Con todo, en el mosaico invernal de montaña no sólo influye la altitud, sino la orientación y otros hechos locales.

El calor intenso perturba el trabajo y daña cultivos o al ganado. Las medias mensuales de máximas > 30 °C fijan un umbral neto de calor pero diluyen episodios calurosos, cabiendo unirlas a medias simples > 20 °C. Galicia, la costa Cantábrica y las llanuras al norte del Duero no alcanzan esos umbrales, y las esporádicas olas de calor matizan un verano suave. Bastante similares resultan las llanuras del suroeste del Duero y la orla externa del valle del Ebro, con promedios de máximas inferiores a 30 °C junto a medias de 20-22 °C en julio-agosto.

CUADRO 3.2. *Duración y rigor del período frío en la España peninsular y Baleares*

Sector	Meses (a)	Período	Temperaturas frías (b)
Suroeste Andalucía, costa mediterránea y área balear, Rías Bajas	0	–	10-13 °C
Interior costa mediterránea, Guadalquivir medio, bajo Guadiana, costa cantábrica	1-3	Dic.-febr.	8-10 °C
Bajo Ebro aragonés, norte de Extremadura	3-4	Nov.-febr.	6-7 °C
Madrid, oeste Castilla-La Mancha, La Rioja, ribera Navarra	4-5	Nov.-mar.	5-6 °C
Este Castilla-La Mancha, Llanada de Álava	5	Nov.-mar.	4-5 °C
Llanuras del Duero	5-7	Oct.-abr.	1,5-4 °C
Montaña norte-centro > 1.500 m y sur > 2.000 m	8-10	Sep.-jun.	< 0 °C

a   Número de meses con temperatura media < 10 ºC dentro del sector.
b   Temperaturas medias de los meses más fríos dentro del sector.

En las costas mediterránea y andaluza las medias de junio-septiembre (20-26 °C) muestran el carácter cálido, aunque las de máximas rara vez superen los 30 °C, por la templanza marina, que remite en el interior. En el bajo Ebro se supera el umbral de máximas (30-33 °C en 2-3 meses) y el de medias de junio a septiembre, y semejantes resultan el este de Extremadura, Madrid y La Mancha, con menos duración del calor.

Con todo, el calor más fuerte y duradero corresponde al interior de Andalucía y el bajo Guadiana, con medias de máximas diarias de 30-38 °C y simples de 22-28 °C en junio-septiembre. En mayo se rebasan los 20 °C de media en enclaves del Guadalquivir, superando octubre los 19 y elevándose las máximas absolutas de ambos a 36-40 °C. La situación meridional y el fácil acceso de aire Tc, la baja altitud, la insolación estival fuerte, el resguardo de penetraciones frescas del N (frenadas por el relieve y la distancia) y la merma del efecto regulador marino convergen en estos veranos calurosos.

Al margen de la costa galaico-cantábrica, muy gradual, el paso del calor al frío varía en duración y fecha. En la costa mediterránea y el suroeste de Andalucía, el inicio y fin del calor no son bruscos, con la mayor alza y caída de máximas diarias en mayo y octubre. En Madrid, La Mancha, Extremadura y el medio Ebro, el calor tiene límites bruscos; las máximas diarias remontan 5-7 °C de mayo a junio para caer 7-8 de septiembre a octubre, y los términos del frío son netos en noviembre y marzo. En las llanuras del Duero el frío accede en descenso largo desde octubre, cediendo aún más dilatadamente desde abril.

3.º *Los ritmos diarios y el significado de las heladas*

La oscilación térmica diaria varía de elevada a débil. La primera muestra la diferencia entre las altas temperaturas máximas diarias estivales del interior y las mínimas moderadas del amanecer, y alcanza techo (> 25 °C) en días de transición entre tipos de tiempo estables. La segunda (< 5 °C) responde a casos varios; desde el tiempo nuboso y húmedo, con poco enfriamiento por irradiación nocturna, a la regulación marina del litoral, y a los días fríos invernales con máximas negativas. Hay una clara tendencia a la oscilación débil en invierno y en las costas, frente a la enérgica y estival del interior.

Al margen queda el mosaico montañoso y su contraste entre valles o cumbres,

CUADRO 3.3. *Intensidad y duración del calor en la España peninsular y Baleares*

Sector	Meses (a)	Período	t (b)	T (c)
Galicia, Cantábrico, norte Duero, montañas	0	–	< 20	< 30
Llanuras sur del Duero y exterior valle Ebro	1-2	Jul.-ago.	20-22	< 30
Costa mediterránea y andaluza	4	Jun.-sep.	20-26	28-31
Bajo Ebro, Madrid, Castilla-La Mancha, norte Extremadura	4	Jun.-sep.	20-26	30-33
Andalucía interior y bajo Guadiana	4-5	May.-sep.	20-29	30-38

a   Número de meses con media de máximas diarias > 30 ºC o de medias > 20 ºC
b   Temperaturas medias en ºC de los meses cálidos del sector.
c   Medias de máximas diarias en ºC de los meses cálidos del sector.

CUADRO 3.4. *Sectores y umbrales de promedios en la oscilación térmica diaria*

Sector	Julio-agosto	Diciembre-enero
Costa galaica y cantábrica	5-6 °C	5-6 °C
Costa mediterránea y atlántica andaluza	7-11 °C	7-10 °C
Llanuras del Duero, depresión del Ebro	16-19 °C	7-11 °C
Llanuras Tajo, Guadiana, depresión Guadalquivir	16-19 °C	8-13 °C

solanas o umbrías, y otros efectos locales. Pero valores idénticos de oscilación tienen significado distinto; al producirse entre temperaturas diarias bajas endurecen las condiciones. El caso más rotundo se produce con las heladas, que destruyen brotes y flores o retraen e impiden el desarrollo vegetal. El peso de los cultivos de primor en la agricultura española otorga a las heladas un papel clave, interesando su frecuencia, intensidad y sobre todo su período de riesgo; las tardías (primavera avanzada) causan el mayor daño.

Las heladas, de las que falta un registro preciso, pueden afectar en el centro invernal a toda la España peninsular, si bien en los litorales del oeste de Galicia y de Andalucía son rarísimas (< 1/año) y el riesgo casi no existe (lámina 3). A veces, la helada afecta a áreas reducidas, con escarcha y sin que los observatorios registren mínima negativa (por emplazamiento inapropiado en núcleos de población, o porque sólo afecta a ras del suelo y el termómetro a 1,5 m no las recoge). Algunos datos disponibles de mínimas junto al suelo (15 cm), en noches calmas de gran irradiación, muestran valores 3-4 °C menores que los estándar.

Las costas restantes, el oeste de Andalucía y de Extremadura registran 5-20 heladas/año con riesgo nulo en octubre y débil en abril, salvo en el Cantábrico, cuyo período se dilata ligeramente. El bajo Ebro, este de Extremadura y oeste de Castilla-La Mancha, en los umbrales de 20-40 heladas/año, rozando octubre y entrando en abril, alcanzan mínimas bajas (hasta < − 10 °C). El conjunto de Madrid, este de Castilla-La Mancha, bordes del Ebro e interior gallego (40-60 heladas/año) resulta aún más duro (hasta < − 20 °C en La Mancha oriental) y el período se alarga, con alguna helada débil las quincenas extremas de mayo y octubre.

Al margen de la montaña alta, donde puede helar cualquier día, las llanuras del Duero, La Rioja y las parameras ibéricas sufren las heladas más numerosas, fuertes y espaciadas en el año, con promedio de 60 a 120. Las mínimas absolutas invernales (− 12 a < − 20 °C) han alcanzado en mayo y octubre de − 1,8 a − 5,1 °C en las ciudades castellano-leonesas, Vitoria, Logroño y Teruel. Algún valor negativo de los términos de junio y septiembre en Ávila, León, Teruel, Valladolid y Vitoria, confirman el riesgo en parte de mayo y octubre.

d) LOS CONTRASTES EN LA PRECIPITACIÓN: LA ESCASEZ GENERAL Y ESTIVAL

Desde los promedios anuales de 2.000-2.500 mm en núcleos montañosos a 120-200 mm en el litoral almeriense hay un gran recorrido, salpicado de contrastes entre años, estaciones y meses. Los días anuales con precipitación apreciable, desde 160-180 mm en el Cantábrico a 15-20 mm en el SE, acentúan los contrastes (lámi-

CUADRO 3.5. *Umbrales de frecuencia, período e intensidad de las heladas*

Sector	Promedio/año	Período riesgo	Mín. absol.*
Costas del oeste de Galicia y Andalucía	0-1	Dic.-febr.	0 a – 5 °C
Cantábrico, oeste de Andalucía, Extremadura, este Mediterráneo	2-20	Dic.-mar.	– 5 a – 10 °C
Bajo Ebro, este Extremadura, oeste Castilla-La Mancha	20-40	Nov.-abr.	– 10 a – 15 °C
Madrid, este Castilla-La Mancha, Int. Galicia, Bord. Ebro	40-60	Finales oct.-abr.	– 15 a – 24 °C
Duero, medio Ebro, cuenca param. Ibérico	60-120	Oct.-may.	– 13 a – 25 °C

* Mínimas absolutas en estaciones meteorológicas de primer rango.

nas 5 y 6). En las áreas secas, con grandes intensidades, la altura anual varía del simple al triple.

Esas diferencias fundamentan la distinción de las llamadas *España húmeda, de transición y seca*, definidas por los umbrales de 800 y 300 mm (Capel Molina, J. J., 1981, 48). La desproporción entre la España seca (3 % de la extensión) y las demás realza la dualidad entre el norte húmedo y la sequedad estacional, o más larga, del resto.

1.º *El norte húmedo*

Incluye en 1/6 de la superficie española gran parte de Galicia, Asturias, Cantabria, el País Vasco y una faja de 75 km en la vertiente sur pirenaica. Su precipitación es copiosa y bien repartida (900-2.500 mm anuales en más de 100 días); los meses más secos, julio y agosto, superan los 30 mm, y 170 mm el total junio-septiembre, alternando chubascos o lloviznas de borrascas situadas al N con tormentas. La situación, la energía montañosa y el encare a barlovento para las perturbaciones del NNO son claves de la cuantía y frecuencia de la precipitación.

Fuera de esa faja hay áreas con más de 900 y hasta de 2.000 mm, que no cabe calificar de húmedas sin matices. Las sierras altas de las cordilleras Ibérica y Central superan los 1.000 mm y 100 días, pero el peso de las tormentas crea fuertes contrastes estacionales, a lo que se une la brusca merma de precipitación en los valles. Otros núcleos de los montes de Toledo, sierra Morena y las Béticas rebasan los 900 mm y 80 días, y la sierra gaditana de Ubrique registra más de 2.000 mm, pese al fuerte mínimo de julio y agosto, que no alcanzan los 10 mm.

2.º *La precipitación moderada-escasa dominante en España: sus variantes*

Los 3/4 de la extensión española basan su unidad en los rasgos mediterráneos: medias anuales moderadas o escasas (< 800 mm y 80-40 días), contrastes entre años y períodos, sequías, y un mínimo estival neto (< 20-15 mm/mes) en junio-septiembre, o desbordando ambos meses. Pero bajo estas normas hay variedad y excepciones.

En el oeste de Andalucía y Extremadura, abiertos a entradas del OSO, la montaña media y los bordes de cordilleras, por la incidencia del relieve, los promedios anuales se acercan a 600-700 mm en 60-70 días, con carácter de transición. Y, en su modesta extensión, Almería, el este de Murcia, el sur de Alicante y las fosas aleda-

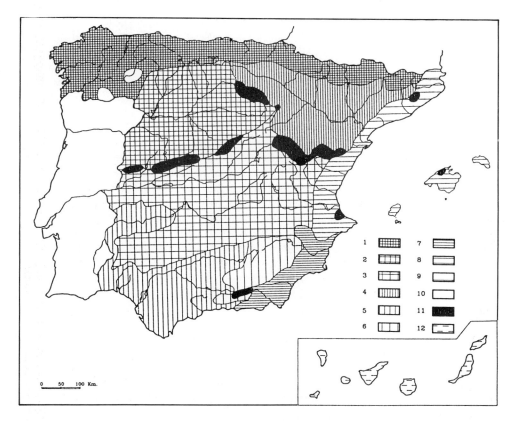

Fig. 3.10. *Regionalización climática de España.* Dominio atlántico: 1. Climas húmedos y templados o frescos. Dominio mediterráneo: 2. Clima fresco-frío de las llanuras del Duero. 3. Clima de contraste estacional de las llanuras del Tajo-Guadiana. 4. Clima de la depresión del Ebro y sus márgenes. 5. Clima cálido del sur y suroeste ibéricos. 6. Clima fresco de las montañas y cuencas béticas. 7. Clima cálido y seco del sureste ibérico. 8. Clima costero valenciano-balear. 9. Clima catalán de aridez estival atenuada. 10. Enclaves mediterráneos en el dominio atlántico. 11. Enclaves de montaña mediterránea especialmente fríos o lluviosos. Dominio subtropical canario: 12. Clima cálido y seco de margen tropical.

ñas no alcanzan los 300 mm en 20-30 días anuales, por el aislamiento que generan las sierras Béticas.

La influencia del relieve, clave en las áreas más húmedas y secas, se observa a mayor escala en las vastas cuencas y llanuras interiores; sus centros, bajos y aislados, reciben precipitación de 300-400 mm en 50-70 días/año, con aumento concéntrico hacia los bordes hasta 600-800 mm y 80-90 días. La cuenca del Duero con el mínimo al suroeste de Valladolid, el valle del Ebro en torno a Zaragoza o el centro de La Mancha muestran esa distribución.

Los contrastes de la costa mediterránea oriental (800-2.000 mm y 80-20 días) muestran en grado sumo el papel de su orla montañosa, que la aísla desigualmente; al tramo catalán llegan aún frentes activos del NO, siguiendo el Ebro; pero hacia el S sólo alcanzan sus extremos desgastados. Acentuando el contacto tierra-mar, el dorso montañoso favorece la lluvia con situaciones del E como gotas frías, tendentes a centrarse en el golfo de León, que afectan más al tramo septentrional hasta el cabo de San Antonio, cuyas sierras alcanzan los 1.000 mm. Más al S, el retroceso de la costa desde Alicante, la distancia al origen de las depresiones y su desgaste en los extremos de las cordilleras Ibérica y Bética reducen decisivamente la precipitación.

3.º *Los mínimos estivales y el equilibrio del resto del año*

La norma de la precipitación, dentro de la variabilidad señalada, se distingue por un fuerte mínimo estival, aunque dispar. En el norte húmedo se reduce a 2 meses y no baja de cantidades notables. Y hacia el sur se eleva a 3 meses en el Duero y 4 en La Mancha y Extremadura, rebasando junio-septiembre en Andalucía. Y a la duración se une la indigencia; las medias mensuales, basadas en tormentas aleatorias, no suelen alcanzar los 15 mm, ni a veces 10 en julio y agosto.

Como excepción destacan núcleos del este de la cordillera Ibérica y los Pirineos, donde el verano es a veces la estación más lluviosa por las tormentas que favorece el relieve. El tiempo tormentoso estival no es raro en Cataluña, bajo el margen de depresiones mediterráneas, aunque no evita, sino atenúa, un claro mínimo estival.

Fuera del verano hay un reparto más equilibrado pero con variantes. La fachada mediterránea oriental alcanza un máximo neto en octubre, paralelo a la actividad de las gotas frías, seguido por un mínimo invernal en enero y por un alza en la primavera bastante lluviosa. El este de la cordillera Ibérica y de los Pirineos tienen un leve mínimo invernal por el freno de las sierras a los avances inestables del O y por la cercanía del anticiclón invernal europeo, y esos rasgos se extienden con matices a parte de la depresión del Ebro.

Pero lo dominante en el O, desde Galicia a Andalucía, en el centro y parte del centro-este, País Vasco, Navarra, La Rioja y La Mancha, es un reparto equilibrado; de otoño a primavera los meses registran precipitación moderada-abundante de acuerdo con la media anual. Se ha destacado en exceso un máximo invernal del O y el Cantábrico, frente a un mínimo invernal del centro-este, pero desde Galicia a Navarra o desde Extremadura a Albacete, casi cualquier mes de octubre a mayo alcanza el máximo. En ocho observatorios cercanos a Madrid (radio de 20 km y datos de 20-50 años) el techo mensual corresponde a octubre, noviembre, diciembre, enero, febrero y abril, según casos.

4.º *El papel decisivo de la lluvia y el significado de la nieve y el granizo*

La precipitación líquida aporta la inmensa mayoría del agua y el tipo dominante son los chubascos o aguaceros de frente frío y de gota fría. La lluvia fina y persistente de frente cálido sólo logra entidad en el norte y, de modo limitado, en la mitad occidental ibérica. Las tormentas, gestadas en la convección violenta del verano, aportan del 5 al 25 % en mm y días, y sólo en las montañas orientales rebasan 1/3 de ambos.

La nieve, que puede caer en toda España, tiene incidencia ceñida a las montañas y en menor medida a las llanuras altas y septentrionales. En el resto nieva débilmente algún año sin formar capa duradera. En las llanuras altas del Duero y el medio Ebro, las nevadas son sólo invernales, asociadas a vaguadas árticas o del NE; las finas capas (hasta algunos dm) duran poco y la mayor parte del invierno el suelo está descubierto, sin producirse superposición. Frente a problemas de tráfico y estabulación ganadera, estas nevadas proveen un aporte regular de agua fluvial y una excelente recarga de acuíferos, pues la fusión lenta y la evaporación débil fomentan la filtración.

Con diversas transiciones de montaña media, en la montaña alta cántabro-pirenaica y por encima en las cordilleras Ibérica, Central y Bética la nivosidad anual (hasta varios cientos de milímetros en 40-120 días) y el período (septiembre-junio) son muy superiores. Y no sólo nieva con aire A o Pc, sino Pm del NO. El espesor (hasta varios metros) y el número de nevadas dan lugar a su superposición, acentuada en las cumbres por el viento y los aludes. Si la nieve es norma del invierno de los valles, en las cimas se produce una acumulación compactada y permanente, y nieve de octubre-noviembre se funde en julio.

Los neveros perpetuos del macizo Asturiano, sierra Nevada y los Pirineos son expresivos de la acumulación invernal, con paso a la fusión centrada en mayo. Esta nieve regula ríos, provee manantiales y rige los complejos de mayor rendimiento fluvial; en su reducida extensión la montaña nivosa encierra una parte notable de los recursos hídricos. La nieve aísla del frío al suelo y la vegetación, dando base al turismo de invierno, pero es a la vez el mayor problema de la montaña. A la incomunicación añade dificultades como la actividad limitada a los 5-6 meses de ausencia nival.

El granizo, propio de las tormentas finiprimaverales y estivales, es meteoro de poco aporte; no llega al 10 % de los milímetros y días globales, y a veces ni al 1 %. Al carácter intenso, breve, puntual y solapado con lluvia se añade la variación espacial. En el Guadalquivir y el SE no alcanza 1 día anual, frente a 10 o 15 en la faja húmeda del norte desde Galicia a Gerona; frecuencia similar, con más intensidad y pedrisco, tienen las sierras de las cordilleras Ibérica y Central.

El granizo y el pedrisco grueso, negativos para la vegetación y la fauna, resultan localmente muy dañinos o catastróficos para los cultivos. El problema radica más en el calibre de la granizada y el viento simultáneo, o en el tipo y valor del cultivo, que en la frecuencia. Buen ejemplo es el bajo Ebro, como área de gran riesgo, pese a no alcanzar el promedio anual de 1 día de granizo.

5.º *Las precipitaciones invisibles: su papel atenuante de la aridez*

La variedad de meteoros que mojan, cuyo carácter microscópico o baja intensidad impiden la percepción visual, concuerda con la encrucijada dinámica y el relieve peninsulares. Más que invisibles son precipitaciones sin medida en la observación al uso y mal conocidas.

Al margen de escarchas y cencelladas invernales, el rocío y la niebla que moja tienen más interés por su frecuencia y generalidad. Las cantidades equivalentes en milímetros/año parecen pequeñas, de decenas al centenar, que se superaría en áreas montañosas. Estos fenómenos tienen un papel muy cualitativo, mitigante de la aridez allí donde abundan en verano, ante la escasez de precipitación visible.

En las montañas, y menos en las llanuras del norte, el rocío intenso es norma del tiempo estable estival; humedece desde el atardecer hasta avanzada la mañana y suele unirse a niebla matinal de irradiación e inversión, ceñida a los fondos de los valles. Otras nieblas, propias de cumbres y frecuentes en verano, responden a dinámicas variadas estables o frontales; el encare montañoso a vientos húmedos fuerza el ascenso y enfriamiento del aire, generando condensación. Las montañas cercanas al mar y enfrentadas sus vientos son las más afectadas por esas nieblas, bajo la constante estival de la brisa marina. La cordillera Cantábrica y los Pirineos tienen condiciones óptimas para el fenómeno, conocido en Asturias como *borrín*.

Con todo, la niebla es un meteoro más generalizado en invierno y causa de problemas de tráfico, entre otros. La más frecuente es la de irradiación e inversión térmica, formada en tiempo estable y con aire frío pegado al suelo. En los fondos de las cuencas interiores la niebla cubre largas series de días, con medias anuales de 20-60 en el Duero, el Ebro, La Mancha y el Guadalquivir. Algunos valles y fosas menores alcanzan 90-100 días, pero la máxima persistencia anual de nieblas, con variedad de tipos, corresponde a las montañas.

e) LA DIVERSIDAD EN LOS VIENTOS Y SUS FACTORES: PRESIÓN, SITUACIÓN, RELIEVE Y ENTORNO MARINO

Además de influir en elementos del clima, como la precipitación o la evaporación, el viento afecta directamente a la actividad humana; si las calmas agravan la contaminación urbana, los cultivos requieren protección y las rachas fuertes llegan a ser catastróficas. La disparidad de aire, dirección y velocidad es propia de España, faltando vientos estacionales moderados y constantes. En general dominan las calmas y vientos flojos, con medias anuales de recorrido entre poco menos de 10 km/h (Guadalquivir) y poco más de 20 (Mancha y Ebro); sólo en las costas del noroeste de Galicia, del Estrecho en Cádiz y del norte de Gerona superan los 25 km/h.

Los rasgos del viento reflejan los campos y gradientes de presión, variables y difusos en la encrucijada ibérica. La presión media anual o estacional es inexpresiva; la más alta en verano se registra en la orla cantábrica, donde más afectan las borrascas, debido a las bajas presiones térmicas dominantes en el interior, que dan paso hacia el invierno a la sucesión de anticiclones y depresiones más nítidos. Por eso, los vientos estivales, dentro del carácter flojo, son volubles en rumbo; en invierno, la alternancia de calmas y vientos fuertes la marca el ritmo de los tipos de tiempo.

La energía del relieve acentúa la variedad eólica; las montañas frenan, desvían o encauzan los flujos, alterando sus caracteres. Con altitud idéntica y sólo a 150 km, León y Burgos tienen regímenes casi opuestos en dirección; y casos similares son Zaragoza y Lérida en el Ebro. El contacto tierra-mar y las brisas, junto al dorso montañoso, dan lugar en la costa mediterránea a un intrincado mosaico eólico.

Con todo, hay tendencias regionales o estacionales, asociadas a tipos de tiempo y recogidas en amplia nomenclatura. Del NNE soplan el *cierzo* y la *tramontana* con aire fresco-frío y velocidad moderada, bajo el margen de depresiones centradas al este de la Península y su contacto por el O con anticiclones avanzados hacia el N.

Los *levantes* son una gama de vientos del ESE, templados o cálidos, y desde húmedos hasta secos. Se enmarcan en gotas frías y depresiones centradas al ESE peninsular o el norte de África y se producen todo el año. El más persistente, con rachas fuertes y frecuencia estival, es el encauzado en el surco del Estrecho; en otoño abundan los de gota fría, asociados a lluvias intensas. Del SE destacan el *bochorno* y el *solano*, cálidos, secos y vinculados a depresiones térmicas.

Los vientos del SSO son templado-cálidos y húmedos, variando de moderados a fuertes en el seno de borrascas de aire *Pm* centradas al OSO peninsular de otoño a primavera. Entre ellos destaca el *ábrego* del SO, sobre todo en la mitad occidental peninsular.

Los vientos templado-fríos del ONO soplan en todo el año. Los más fuertes se dan con borrascas de aire *Pm* y *A* centradas al N peninsular, o bajo el sector nororiental de anticiclones centrados al O. Los húmedos *ponientes* con lluvia contrastan con el *regañón* o *gallego* del NO, frío en invierno, fuerte, racheado y preludio de nevadas.

Estos vientos resultan alterados a menor escala por el relieve, junto a otros locales, como brisas costeras, frenando su acceso al interior. Y el relieve es también clave de la disparidad de dirección, velocidad y riesgo catastrófico de las rachas máximas.

f) VARIEDAD NUBOSA Y RASGOS DE LA HUMEDAD Y EVAPORACIÓN

Por la variedad dinámica, se producen en España casi todos los tipos de nubes, desde cirros sutiles a potentes cumulonimbos; y los veranos del SE, casi sin días cubiertos, contrastan con la abundancia nubosa de los cantábricos. Considerando la entidad nubosa, la asociación a lluvia y humedad, el valor de freno a la insolación o la irradiación nocturna y las heladas, interesan los sistemas nubosos de borrascas o frentes y los convectivos inorgánicos, sobre todo de gotas frías.

El registro nuboso, en octavos de cielo cubiertos y tres observaciones diarias, considera despejados los días con total hasta 5 octavos, nubosos de 5 a 19 y cubiertos de 20 a 24, marginando la nubosidad nocturna. A su vez, la relación de la nubosidad con la humedad relativa y la evaporación se diluye en invierno, por el peso de la niebla y el frío del interior. El máximo de humedad y mínimo de evaporación no

CUADRO 3.6. *Dirección, velocidad y mes de las rachas máximas de viento*

Observatorio	Dirección	Velocidad km/h	Mes
Santiago de Compostela (A)	O	155	Febrero
San Sebastián (Igueldo)	SSE	187	Enero
Zaragoza (A)	NO	160	Julio
Salamanca (A)	SO	151	Marzo
Tortosa	NO	159*	Marzo
Madrid (Retiro)	N	137	Enero
Albacete (A)	ONO	175	Febrero
Alicante (A)	N	167*	Abril
Tarifa	E	147	Enero

(A) Aeropuerto-aeródromo.
* Varias direcciones y meses.

vinculan a las áreas con mayor entidad nubosa de borrascas como el Cantábrico, sino a las llanuras del Duero; el valor de la nubosidad radica en frenar la irradiación y las heladas.

En verano la nubosidad frontal y convectiva se ligan a la humedad relativa alta y a la reducción de temperatura, insolación y evaporación, aliviando globalmente la aridez y concordando con la precipitación. Para los 122 días de junio-septiembre, los días cubiertos en el norte húmedo se acercan a 1/3, con variaciones locales de 25-50. En las llanuras del Duero, del Ebro y Cataluña se observa un descenso a menos de la mitad (10-20). Y en Extremadura, La Mancha o Valencia los umbrales bajan a 8-15 días, para lograr el mínimo en Andalucía y su costa, donde Almería y Málaga no superan los 5.

Los contrastes nubosos estivales entre el norte húmedo y el resto son en parte paralelos a los de vapor de agua del aire respecto a su saturación. La humedad relativa, ligada al origen del aire, está muy controlada por la temperatura; la oscilación diaria estival genera cambios desde < 20 % a mediodía hasta > 80 % al alba. La humedad alta y estable de las costas (media > 60 %), por la evaporación marina y la amplitud térmica débil, contrasta con la del interior, cuyos mínimos de mediodía bajan al 30-40 %, remontando en la noche al 60-70 %.

Menor, aunque sensible, es la diferencia entre la faja del Norte húmedo (promedios a mediodía > 50 %) y la costa mediterránea, donde los valores, un 10 % más bajos, caen al nivel del interior a pocas decenas de kilómetros. También se observa otro descenso leve (5-8 %) de N a S en el interior peninsular, con mínimos en Extremadura y La Mancha; en el interior de Andalucía la influencia marina lo atenúa ligeramente.

El valor de la humedad relativa se polariza en sus extremos. Los mínimos marchitan las plantas, fomentando la evaporación; los máximos, además de reducirla, aportan precipitación en rocío. Los promedios mensuales del verano y los promedios extremos de julio (7 y 13 h), aunque insuficientes, resultan expresivos de los contrastes.

La relación nubosidad-humedad deviene inversa entre ambas y la evaporación, que a su vez aumenta con la insolación, la temperatura y el viento. La captación de

CUADRO 3.7. *Promedio de días despejados y cubiertos en el tramo junio-septiembre*

Observatorio	x despejados	%	x cubiertos	%
La Coruña	18	14	37	30
San Sebastián (Igueldo)	14	11	48	39
Valladolid	40	32	13	10
Barcelona	31	25	18	14
Zaragoza	39	31	14	11
Madrid	50	40	11	9
Albacete	43	35	10	8
Alicante	43	35	8	6
Badajoz	65	53	8	6
Sevilla	65	53	6	5
Málaga	69	56	5	4

Fuente: INM-INE, período 1931-1980.

CUADRO 3.8. *Humedad relativa media en % y a las 7 y 13 horas en junio-septiembre*

Observatorio	Junio	Julio	Agosto	Septiembre	cuatrimestre	Julio 7 h	13 h
San Sebastián	82	82	82	81	82	88	73
Alicante	62	62	64	69	64	70	55
Valladolid	51	44	45	54	48	67	30
Zaragoza	53	49	52	59	53	66	36
Sevilla	54	49	51	66	55	78	40
Cáceres*	43	34	35	43	38	56	27

* Mínimo de los observatorios principales.
Fuente: INM-INE.

vapor de agua por el aire es difícil de medir y parte del adquirido procede de la transpiración de las plantas. Eso hace más precisa la noción de evapotranspiración, que se estima con carácter potencial (la que se produciría en suelo óptimamente provisto de agua y vegetación) y de modo indirecto, por fórmulas, como la de Thornthwaite basada en la temperatura.

Siendo imprecisos, los índices de evapotranspiración realzan el carácter estival del fenómeno, que constituye una de las claves de la aridez; el cuatrimestre estival alcanza hasta 2/3 de los totales anuales, que varían del simple al doble entre Galicia y Andalucía.

g) LA ARIDEZ ESTIVAL COMO CLAVE CLIMÁTICA

El dominio de las crestas de aire tropical produce veranos cálidos y secos. Al sur del Tajo, julio y agosto no alcanzan los 10 mm y en el Duero y el Ebro los 10 a 20 mm se deben a tormentas. Tal situación, prolongada a junio y septiembre, genera falta de agua para las plantas o aridez: un rasgo esencial del clima mediterráneo, que frena el desarrollo vegetal en las especies leñosas, pero limita más a las herbáceas, reducidas a pajonales.

CUADRO 3.9. *Promedio de evapotranspiración potencial en milímetros junio-septiembre y año*

Observatorio	Junio	Julio	Agosto	Septiembre	Cuatrimestre*	Anual
La Coruña	88	104	101	81	374	722
San Sebastián (Igueldo)	92	108	104	84	388	709
Valladolid (A)	103	127	117	81	428	680
Barcelona	121	149	139	100	509	846
Zaragoza	122	150	136	94	502	795
Madrid (Retiro)	120	160	138	97	515	783
Albacete (A)	115	147	138	90	490	744
Alicante	126	157	154	115	552	914
Badajoz	130	163	149	106	548	878
Sevilla	144	180	173	121	618	988
Almería	118	150	144	114	526	916

* Total cuatrimestre.
Fuente: *Agroclimatología de España y Caracterizaciones agroclimáticas.*

Al carácter bioclimático de la aridez se une el agrario, impidiendo los cultivos herbáceos en secano. El raquitismo y cese de producción de pastizales y prados, salvo en el N, dominan el paisaje estival. Varios meses se insertan en los umbrales de aridez, como la precipitación media ≤ 30 mm (Lautensach, H., 1951), con valor de mínimo agroecológico. Lo mismo ocurre con el criterio de Gaussen, considerando secos los meses cuya media de precipitación no duplica la de temperatura, y pese a su insuficiencia en períodos cálidos.

Los índices no pueden calibrar un hecho tan complejo a través de pocos aspectos. La precipitación irregular, la insolación fuerte y las temperaturas máximas elevadas acrecientan la aridez, que requiere un plazo seco previo en el que se gaste la reserva hídrica del suelo. El tiempo bochornoso de tormentas, base de la precipitación estival, también reduce el aporte a las plantas, mientras que la nubosidad, la humedad relativa y la precipitación invisible, que frenan la aridez, sólo tienen entidad estival en el N y las montañas.

La aridez de julio-agosto es rotunda en más de 3/4 de la extensión peninsular y la de junio y septiembre en el S. A la escasa lluvia y su contraste estival (el total junio-septiembre en años lluviosos es 5-10 veces mayor que en años secos) se suman el corto número de días (< 3 en julio o agosto y ≤ 5 en junio o septiembre) y el tipo tormentoso. Y los promedios térmicos mensuales (> 20 °C) encubren el efecto de las olas de calor seco y las altas temperaturas máximas.

La reserva de agua primaveral gradúa el inicio del período seco. Andalucía, Murcia y el sur extremeño, con gran merma de precipitación en mayo y altas máximas diarias (25-30 °C) muestran un resecamiento acusado al comenzar junio. De sierra Morena a la cordillera Central, sin mengua de lluvia en mayo y temperatura 3-4 °C más baja, se retrasa el período hasta entrado junio, e inicio similar tienen el bajo Ebro y Valencia. En el Duero, el equilibrio de lluvia y calor en junio (35-40 mm y máximas de 20-25 °C) remiten la aridez al fin de mes, e idéntica fecha tienen el medio Ebro y Cataluña, donde la precipitación mayor, 40-60 mm, pero tormentosa, converge con máximas de 25-29 °C.

El fin de la aridez es brusco y exige lluvia copiosa para romper el ciclo; aunque este arranque resulta frecuente en la lluvia otoñal de vaguadas o gotas frías, varía en fecha hasta un mes, según años. La caída térmica u otros factores sólo influyen en la lluvia necesaria para extinguir la aridez, pero combinados con la penetración gradual al sur de las depresiones, modifican la duración.

Pocas decenas de milímetros en la segunda mitad de septiembre bastan para que cese la aridez en el Duero, con temperaturas medias de 15 °C; pero algunos años la lluvia no llega hasta octubre. Y la misma fecha cabe señalar en Cataluña y el medio Ebro, con más lluvia y más calor. En Levante, Extremadura, La Mancha y el Guadalquivir la aridez termina con la lluvia copiosa de octubre (60-80 mm). Y en el singular otoño, poco lluvioso, del bajo Ebro aragonés la aridez desborda octubre.

En el sur de Alicante, este de Murcia y Almería la aridez es dominante en 8-9 meses, debido a la escasez y contraste de precipitación, más que a la temperatura. Los modestos máximos de lluvia, desde la caída térmica de octubre hasta abril, según áreas, enmarcan en dicho tramo los pocos meses sin carácter seco.

La aridez estival, de 3 a más de 4 meses y en 3/4 de la extensión, distingue a la llamada *España mediterránea* del norte húmedo de costa y montaña o *España atlántica* sin aridez, pese a la merma de precipitación aun en junio y septiembre, sin ser escasa (50-100 mm) y manteniendo el primero una reserva hídrica para el centro estival.

En julio y agosto disminuye la lluvia, hasta 30 mm en el borde montañoso interior, suscitando indicios de aridez ante temperaturas medias de 15-19 °C. Pero la unión de temperaturas y lluvias menores en la montaña supone un paliativo, al que se suman el reparto de la precipitación (5-10 días/mes), el tipo variado de chubascos, lloviznas y tormentas, o el contraste interanual moderado. La suavidad de las máximas diarias (< 25 °C) por el influjo marino, la nubosidad y la insolación limitada, es otro alivio. La humedad relativa alta, con rocío fuerte y el aporte de nieblas completan los atenuantes. Los observatorios, en fondo de valle, reflejan un clima más cálido y seco que el de altitud media; a 1.500 m se registra un descenso térmico en julio y agosto de 6-8 °C y casi se dobla la precipitación.

En la montaña septentrional hay enclaves de aridez, en torno a dos meses, como las fosas del sureste de Galicia, El Bierzo o el margen sur de la cordillera Cantábrica y los Pirineos, en transición al verano seco del Duero y Ebro. La aridez atenuada o breve es propia del resto de las montañas pero con diferencias; entre 2 meses en la cordillera Central y 4 o más en las sierras del sureste peninsular.

En la cordillera Ibérica, el agostamiento del pasto y las plantas xerófilas sorprenden, ante la precipitación y el frescor estival de las sierras centrales. Julio y agosto suelen superar los 30 mm, y la temperatura en los valles (17-19 °C a 1.100-1.200 m) confirma el marco ambiguo de la aridez. Ésta se debe al predominio tormentoso, oscilando los registros de julio de 0 a 150 mm; la intensidad de decenas de milímetros/hora o fracción acaba de reducir la absorción por el suelo. Los atenuantes de la montaña del norte (rocío, niebla) pierden entidad en la Ibérica, algo menos fresca y lluviosa, a cuya aridez leve centrada en agosto se une la ausencia de cumbres o umbrías, como deja entrever la estimación del puerto de Piqueras.

Como referencia de aridez se adjunta el cociente de precipitación P y ETP (Thornthwaite), siendo secos los valores < 0,5, húmedos los > 1 e intermedios el resto, pero ha de deducirse el plazo seco previo (hacia un mes) de consumo de la reserva de agua del suelo. Pese al carácter teórico, es expresivo de los contrastes señalados.

La aridez, que separa a la España atlántica de la España mediterránea, entronca con el gran problema actual del agua y la sequía abordado también en el siguiente capítulo.

h) LA SEQUÍA Y SUS FACETAS

La escasez de precipitación en períodos largos, o sequía, constituye otra de las claves climáticas. La situación fronteriza entre depresiones polares y crestas tropicales hace del predominio de éstas fuera de su límite normal de verano un hecho anómalo, pero no excepcional y base de fuertes carencias hídricas.

La sequía muestra diversidad de facetas; desde la incidencia en ríos, fuentes y acuíferos hasta el papel en el marco de los recursos hídricos. La sequía climática genuina implica una gran escasez de precipitación respecto a la habitual; es propia de períodos lluviosos en general y excluye al verano de la España mediterránea y al año normal del sureste peninsular, aunque sus rasgos la potencien.

Cuadro 3.10. *Cocientes mensuales y anuales de P/ETP (Thornthwaite)*

Observatorio	E	F	M	A	M	J	J	A	S	O	N	D	Año
La Coruña	4,1	2,9	2,2	1,3	0,8	0,5	0,3	0,4	0,9	1,5	3,3	5,0	1,3
San Sebastián	6,2	4,9	2,2	2,0	1,7	1,0	0,9	1,1	1,8	2,7	4,5	8,4	2,1
Valladolid	5,9	2,7	1,6	0,8	0,6	0,4	0,1	0,1	0,4	0,8	2,3	5,2	0,7
Barcelona	1,6	1,9	1,2	0,9	0,6	0,4	0,2	0,3	0,8	1,3	1,4	2,1	0,7
Zaragoza	1,6	1,1	0,8	0,5	0,6	0,3	0,1	0,1	0,3	0,6	1,1	2,7	0,4
Madrid	3,8	2,3	1,4	0,9	0,6	0,2	0,1	0,1	0,3	1,1	2,1	4,8	0,6
Albacete	3,2	1,9	1,1	0,8	0,7	0,2	0,1	0,1	0,4	0,9	0,9	2,8	0,5
Alicante	1,6	0,9	0,5	0,7	0,3	0,1	0,0*	0,1	0,4	0,8	0,8	1,2	0,4
Badajoz	4,1	2,3	1,7	0,7	0,4	0,1	0,0*	0,0*	0,2	0,7	2,0	3,5	0,5
Sevilla	3,6	2,7	2,3	0,9	0,4	0,1	0,0*	0,0*	0,1	0,9	1,9	3,8	0,6
Almería	1,1	0,7	0,5	0,3	0,2	0,0*	0,0*	0,0*	0,1	0,4	0,6	1,2	0,3
Leitariegos	**	**	13,4	5,1	2,8	1,3	0,4	0,9	2,1	3,4	12,6	22,0	3,5
Montseny	**	12,4	6,4	2,4	1,8	0,8	0,4	0,9	1,5	3,0	3,5	17,4	1,9
Piqueras	**	**	**	26,3	1,6	0,6	0,5	0,4	0,9	2,3	6,2	**	2,0
Navacerrada	**	**	10,6	5,0	2,4	0,8	0,2	0,3	1,1	3,0	8,9	**	2,2
Orgiva	2,7	3,0	1,6	0,7	0,4	0,1	0,0	0,0	0,2	0,7	1,7	3,7	0,6

* Valores 0 – < 0,05.
** ETP = 0 por temperatura media negativa. Montaña: Leitariegos (Asturias-León, 1.525 m), Montseny (Barcelona, 1.712 m), Piqueras (Soria-La Rioja, 1.709 m), Navacerrada (Segovia-Madrid, 1.860 m) y Orgiva (Granada, 1.842 m).

Fuente: Elaboración a partir de: *Agroclimatología de España* y *Caracterizaciones agroclimáticas provinciales.*

Los ritmos de sequía varían desde meses a años y la intensidad no sólo depende del período o el déficit habido, sino de la irregularidad de la precipitación. En la orla mediterránea, con cientos de milímetros en 24 horas, años de gran sequía superan la precipitación media. La variedad se amplía en el espacio; el mismo período seco en un sector es lluvioso en otro, si bien la sequía incide sobre todo a escala de decenas al centenar de miles de kilómetros cuadrados.

Los contrastes de precipitación hacen difícil fijar umbrales entre la norma y la sequía. Las medias son meras referencias y la mayoría de los valores distan mucho de ellas. La variación anual del simple al triple en la precipitación de observatorios, o la existente entre 700 mm de los años muy secos de la España atlántica y 100 mm en áreas del Ebro o del SE, permiten atisbar la complejidad.

Aunque encubren la sequía regional y estacional, muy duras, los promedios anuales globales de precipitación en la España peninsular son referencia del problema. La media roza los 700 mm y parece romper el tópico de España como país seco, pero los años extremos fijan un contraste fuerte a tan gran escala, entre menos de 500 y 1.000 mm. Las carencias se agravan por el gran número de años inferiores a la media y, sobre todo, por la frecuencia de bienios muy secos.

Con todo, hay sequías singulares por frecuencia, área, período y significado. La estival de la España atlántica genera aridez y agota manantiales, agostando prados y pastos. Más frecuente y general es la de otoño, si no avanzan o se retrasan las vaguadas atlánticas o las depresiones mediterráneas; junto a la falta de agua o el riesgo de incendio, esta sequía es muy negativa en el S, arruinando la otoñada de las dehesas y los cultivos de invierno.

La sequía invernal, sin gran frecuencia ni efecto inmediato en el sector agrario, incide en la disponibilidad de agua; la recarga de acuíferos, la reserva nival y la

CUADRO 3.11. *Años según su precipitación media en la España peninsular (1940-1989).*

Años que superan el promedio	21
Años que no alcanzan el promedio	*29*
Años muy húmedos, húmedos e intermedios (> 650 mm)	27
Años secos (650-600 mm)	6
Años muy secos (< 600 mm)	*17*
Bienios muy secos (< 600 mm)	6*

* En 4 bienios de los 6 no se alcanzaron los 550 mm en ningún año.
Fuente: Elaboración sobre datos INM.

provisión de embalses se basan en la precipitación de invierno. La sequía primaveral es frecuente, dispar en duración e intensidad y la más grave en el ámbito agrario, malogrando los cultivos básicos y el pasto. Estas sequías, antaño catastróficas, tienen hoy un papel más secundario, merced al regadío y al cambio de significado de la actividad agraria.

2. Áreas y regiones climáticas: el papel distintivo del relieve

La diversidad en los elementos y factores climáticos propicia muchos criterios de distinción, como la oposición marítimo-continental o la de influencias atlántico-mediterráneas. A escala regional el relieve genera las mayores diferencias, merced a la altitud, al perímetro montañoso ibérico y a la división interna en gajos por el resto de las montañas. Las unidades de la España mediterránea y atlántica, siendo parte de distintos dominios, están perfiladas y delimitadas por la barrera montañosa septentrional.

a) LOS CLIMAS FRESCO-HÚMEDOS SEPTENTRIONALES

Desde Galicia y las montañas del NO se extienden en faja de unos 75 km por la cordillera Cantábrica y los Pirineos. La precipitación abundante y regular, el carácter fresco y la ausencia de aridez en un verano breve son sus rasgos distintivos, junto a la insolación reducida (1.900 h/año), la nubosidad elevada, la variedad de nieblas y precipitaciones invisibles. El contraste de altitud entre la costa y las montañas, y en la influencia marina, dan lugar a dos conjuntos singulares (fig. 3.11).

La costa se distingue por el atemperamiento, sobre todo invernal; ningún mes baja de 7 ni a veces de 10 °C, siendo raras las heladas y la nieve, pese a la frecuente precipitación. La débil amplitud anual (10 °C) tiene el salto mayor en la caída de noviembre e inicio invernal, frente al alza gradual de primavera, del final de marzo al de junio y más larga que el otoño, de poco más de dos meses y centrado en octubre, como reflejan los diagramas de La Coruña y San Sebastián.

Las montañas son las más frías y nivosas de las españolas. Desde 1.300 m hay promedios mensuales negativos y los 10 °C sólo se superan de junio a septiembre, con riesgo de heladas. La duración invernal de más de 7 meses y el verano breve en julio-agosto desvirtúan otras estaciones. La nieve domina, en 30-70 días anuales, la precipitación centroinvernal, la más abundante.

Los rasgos de la costa y la montaña no empañan toda una gama de transiciones, ni la aridez estival de las fosas del sureste de Galicia y el noroeste de León, cuya amplitud anual ronda los 15-16 °C. La precipitación invernal del este pirenaico, sin escasear (60-100 mm/mes), supone el mínimo anual como matiz diferenciador.

Por el carácter frío y por la precipitación copiosa y nival en buena parte, el resto de la montaña alta española, pese a la aridez estival (siempre atenuada) se asemeja a la septentrional, a partir de una altitud creciente hacia el S. Las diferencias rotundas con el entorno no se observan hasta casi los 1.500 m en las cordilleras Central o norte de la Ibérica, aumentando hasta los 2.000 en sierra Nevada. Y, aun a esos niveles no cabe hablar de climas netos de montaña si las cumbres no los superan y funcionan como pantallas, alterando la precipitación, la humedad o la nubosidad. Por debajo está el marco de la montaña media, sin excesivo contraste con las llanuras aledañas.

Bajo la dureza y la duración invernal, la montaña alta ofrece un mosaico de regímenes de precipitación; desde el techo centroinvernal de la cordillera Central o las Béticas andaluzas, en este caso con una escasez neta y aridez estival, hasta la relativa debilidad en el invierno de la cordillera Ibérica. Leitariegos, Navacerrada, Piqueras (fig. 3.12).

b) El clima fresco-frío con aridez estival del Duero

La altitud y el cerco montañoso dan unidad al sector, completado por la montaña media aledaña (unos 70.000 km^2). El invierno frío y largo, el verano leve, breve y seco, y la precipitación modesta (750-350 mm) son sus distintivos. Las medias anuales de 8-12 °C y la amplitud de 14-18 no reflejan el rigor centroinvernal, predominando las mínimas diarias negativas; sólo se superan los 10 °C de abril o mayo a octubre, habiendo en los dos últimos riesgo de heladas, cuyo número anual varía de 70 a 90. El verano, de moderación térmica y aridez neta, se enmarca entre el centro de junio y el de septiembre (fig. 3.13).

La duración invernal de 5 a casi 7 meses y los límites estivales reducen la primavera, centrada en mayo, a poco más de dos meses en las llanuras del SO y menos en las altas del N y la montaña media; el salto de 7-9 °C de abril a junio es significativo. El otoño, breve y centrado en el inicio de octubre, sólo alcanza mes y medio, de acuerdo con el descenso de 9-11 °C de septiembre a noviembre.

La precipitación, fuera del verano, resulta equilibrada por meses, variando los días anuales de 60 a 120. Al aumento en días y cuantía desde el centro bajo de las llanuras a los bordes y la montaña media, se añade en ésta la entidad muy superior de las nevadas. La insolación notable (2.300-2.800 h/año) y las nieblas invernales completan los rasgos, recogidos en los diagramas de Valladolid y Soria.

c) El contraste estacional desde el sur de la cordillera Central a sierra Morena

En este sector de 100.000 km^2, englobando las llanuras y montaña media del norte y este de Extremadura, Madrid y Castilla-La Mancha, se opone el verano cáli-

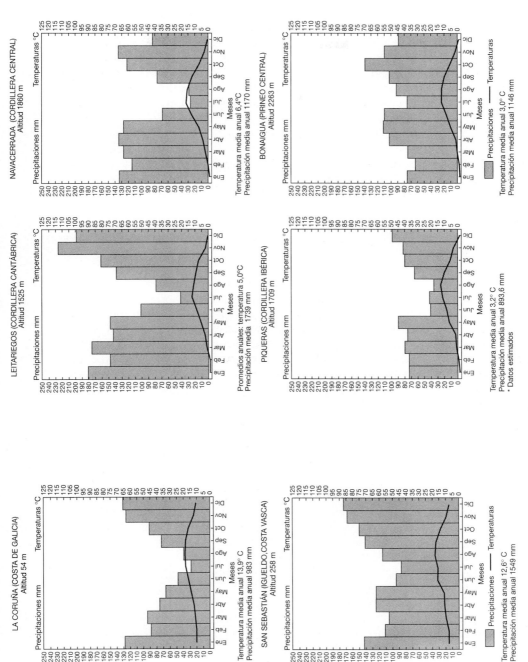

FIG. 3.11. *Diagramas ombrotérmicos de La Coruña y San Sebastián: clima templado oceánico.*

FIG. 3.12. *Diagramas ombrotérmicos de Leitariegos, Navacerrada, Piqueras y Bonaigua: climas de montaña.*

do, seco y largo al invierno frío. La precipitación (350-750 mm y 55-90 días) se reparte de octubre a mayo. Los promedios anuales (13-17 °C) no muestran el calor estival (julio, 23-27 °C) rozando mayo-octubre y base de una intensa aridez (fig. 3.14).

El invierno es menos homogéneo por la influencia atlántica en el margen extremeño, más bajo, frente al matiz continental de La Mancha. Las medias < 10 °C rozan los extremos de noviembre y marzo, bajando en enero a 4-7 °C. La primavera, del inicio de marzo al fin de mayo, es más larga que el otoño, ceñido a octubre-noviembre; la caída de 5-6 °C entre ambos supera en casi 2 °C al remonte homólogo primaveral.

La insolación fuerte (2.900 h/año) y la escasez nival son rasgos comunes, frente a diferencias normales para un sector tan amplio; el número anual de heladas varía de 15 a 40 en Extremadura hasta 70 en el este de La Mancha, siempre con gran concentración invernal. Pero las semejanzas dominan sobre los contrastes en esta unidad, como reflejan los diagramas de Trujillo, Madrid y Albacete.

d) LA GRADACIÓN TÉRMICA Y LA PRECIPITACIÓN DÉBIL CON ALTIBAJOS EN LA DEPRESIÓN DEL EBRO

El noroeste de La Rioja, sur de Navarra, centro de Aragón y oeste de Cataluña forman este sector de 40.000 km². Para su situación periférica sorprende la amplitud anual de 16-20 °C, merced al carácter de honda canal entre los Pirineos y la cordillera Ibérica, completando el cerco la Cantábrica y las Catalanas. Las isotermas anuales (12-16 °C) tienen gradación paralela e inversa a la altitud (80-400 m en los extremos del lecho del Ebro y 700-800 m en los somontanos pirenaico e ibérico), que influye más en el verano cálido (julio, 20-26 °C) y sobre todo en su duración, rozando mayo y octubre en el fondo de la depresión y reduciéndose casi un mes en los márgenes (fig. 3.15).

El invierno, frío y homogéneo en su centro (enero, 4-6 °C) y en las heladas (20-50/año), es bastante soleado, variando la duración desde diciembre-febrero hasta más de 4 meses en la altitud de los márgenes. La primavera de 3 meses supera en duración al otoño, de poco más de 2, de acuerdo con la caída térmica de 5-6 °C en noviembre.

La precipitación escasa (300-500 mm y 40-80 días) se reduce hacia el fondo y muestra altibajos. Los máximos, otoñal y finiprimaveral, se deben a la unión de aportes frontales por el golfo de Vizcaya y de gotas frías, frecuentes al noreste ibérico. El mínimo invernal acusa el aislamiento de las borrascas del oeste peninsular por la cordillera Ibérica y del SO, también por la Central. El breve mínimo estival en julio-agosto no se produce siempre, pero medias mensuales (20-40 mm) se basan en tormentas, que alivian poco la aridez.

Los rasgos recogidos en los diagramas de Logroño y Zaragoza, que se rematan con la insolación elevada (2.400-2.900 h/año) y la frecuencia del cierzo, cambian hacia los bordes. Frente a la estribación pirenaica, húmeda y casi sin aridez estival, las muelas y surcos de la cordillera Ibérica tienen invierno muy frío y precipitación poco mayor y de régimen similar a los de la depresión.

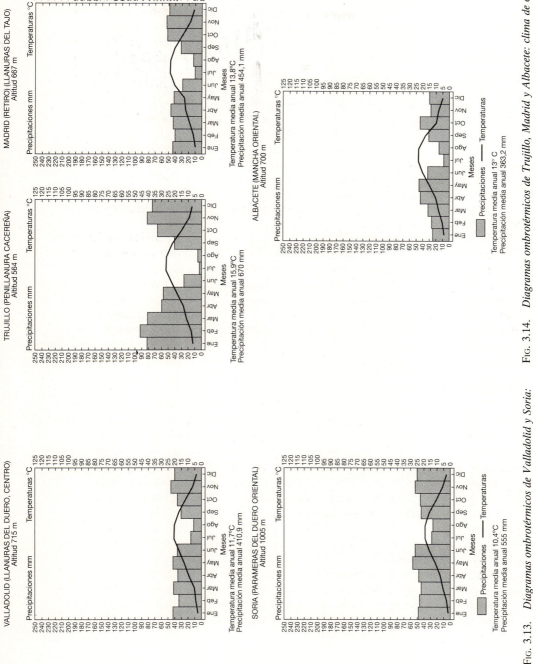

FIG. 3.13. *Diagramas ombrotérmicos de Valladolid y Soria: clima fresco-frío de las llanuras del Duero.*

FIG. 3.14. *Diagramas ombrotérmicos de Trujillo, Madrid y Albacete: clima de contraste estacional de las llanuras del Tajo-Guadiana.*

e) EL CARÁCTER CÁLIDO, LA ARIDEZ ESTIVAL Y PRECIPITACIÓN MODERADA DEL BAJO GUADIANA Y DEL CENTRO-OESTE DE ANDALUCÍA

La altitud baja, la latitud, la apertura a influencias del SSO y el abrigo montañoso de las frías del N se aúnan en el clima cálido de la mayor parte de Andalucía y el sur de Extremadura, extendido en 72.000 km^2 y con isotermas de 16-19 °C. La amplitud anual variable (11-19 °C) separa las áreas de costa del interior más extenso; pero, aun en la costa, alcanza 14 °C (fig. 3.16).

El verano caluroso (julio, 24-28 °C) y seco alcanza los márgenes de mayo y octubre. Y no es menos singular el invierno suave (enero, 8-11 °C), breve (diciembre a mediado febrero), lluvioso y sin nieve; las heladas, ausentes en la costa, marcan cierta diferencia con el interior, entre 5 y 25 anuales sin rebasar noviembre-marzo. En 3 meses la primavera tiene alza térmica gradual y lluvia abundante; el otoño, húmedo y del orden de 2 meses, se centra en noviembre.

Fuera del verano la precipitación anual (450-800 mm y 40-80 días) no tiene mal reparto; pese al máximo invernal casi todos los meses alcanzan 50 mm. El techo de insolación ibérico, de 3.000 horas/año, remata la originalidad, recogida en los diagramas de Huelva y Jaén.

En el este de Andalucía y oeste de Murcia la montaña bética da lugar a una merma notable de precipitación (300-650 mm) y un gran contraste, sobre todo invernal, entre los surcos intramontañosos, a 700-1.200 m, y la costa. Los primeros tienen inviernos fresco-fríos de hasta más de 4 meses, llegando a las 80 heladas anuales, mientras que los de la costa, sin heladas, son los más cálidos de la Península (12-13 °C en enero). El carácter soleado o los veranos calurosos y muy secos contrastan mucho menos respecto a los rasgos del resto de Andalucía.

f) LA ARIDEZ DEL SURESTE PENINSULAR

La mayor parte de Almería, el este de Murcia y el sur de Alicante (15.000 km^2) forman un pequeño dominio marcado por la precipitación anual escasa e irregular (150-300 mm y 15-35 días), merced al freno de las montañas béticas para depresiones invernales del OSO y al difícil acceso de las mediterráneas por la situación y la retracción de la costa. Ante el carácter cálido, en las isotermas anuales de 17-19 °C, destaca el papel de la aridez como dominante, que excede al verano largo y caluroso, donde julio y agosto superan los 25 °C, rozando los 20 °C mayo y octubre (fig. 3.17).

Los regímenes dispares de precipitación, con máximo invernal en Almería, primaveral en Murcia y otoñal en Alicante, modifican los 3-4 meses no secos. Diciembre, enero o febrero, con promedios de 11-15 °C y sin llegar a 20 mm a veces, pueden ser secos en un invierno de menos de 3 meses. La casi ausencia de heladas, ni en el interior alcanzan la docena anual, y la insolación anual de 3.000 horas matizan los rasgos, recogidos para Almería en la costa y Lorca en el interior.

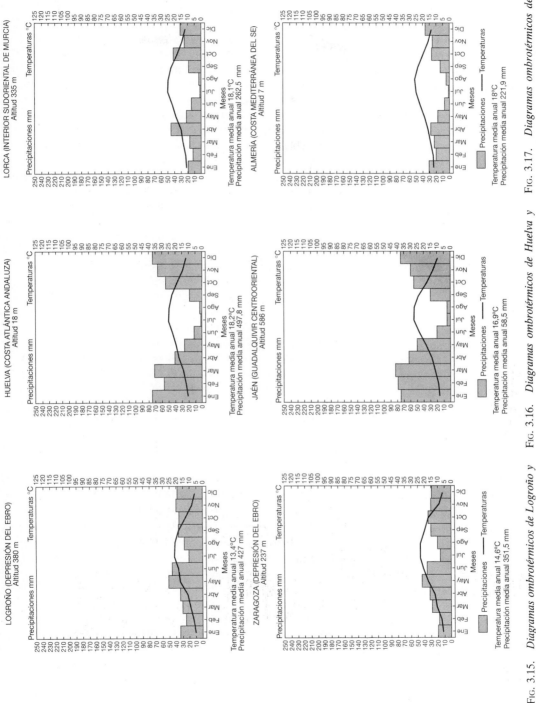

Fig. 3.15. *Diagramas ombrotérmicos de Logroño y Zaragoza: clima de la depresión baja y aislada del Ebro.*

Fig. 3.16. *Diagramas ombrotérmicos de Huelva y Jaén: clima cálido de la depresión del Guadalquivir.*

Fig. 3.17. *Diagramas ombrotérmicos de Lorca y Almería: clima cálido y seco del sureste peninsular.*

g) Papel del Mediterráneo en el clima de la región valenciana y sus semejanzas con el Balear

Excluido el sur de Alicante e incluido el de Tarragona, esta unidad de 25.000 km² tiene clima cálido en las isotermas anuales de 15-18 °C. El calor estival, plasmado en medias mensuales hasta 24-26 °C, sólo se alivia en las máximas diarias suavizadas por el mar; el umbral de 20 °C se supera de junio a septiembre, y hasta en octubre por la acumulación térmica marina de verano (fig. 3.18).

Octubre difiere de los meses estivales por lluvioso, e inicia un otoño largo hasta avanzado diciembre, con paso al invierno suave y corto hasta cumplido febrero: las heladas no alcanzan la docena y las medias de enero son de 8-12 °C. El alza térmica de primavera hasta el fin de mayo es gradual y remata un ciclo anual, cuya amplitud de 13-15 °C refleja la del agua del Mediterráneo (12-13 °C). Pero la templanza marina apenas traspasa las planas costeras; los valles interiores levantinos, incluso a altitud moderada (500-800 m), se distinguen por el invierno frío con caída de 5-7 °C respecto a la costa.

La precipitación anual modesta e irregular, con norma de 350-750 mm y 40-60 días, supera los 1.000 mm en sierras propicias del cabo de la Nao o el suroeste de Tarragona. Frente al máximo de otoño y sus altas intensidades de octubre, por la actividad de gotas frías (Oliva, en Valencia, parece ostentar el techo: 817 mm el 3-XI-1987), hay un mínimo estival vinculado a aridez en 3-4 meses. En invierno-primavera, el cierre de la cordillera Ibérica a los frentes del OSO estanca los promedios mensuales en 30-40 mm, con leve aumento en abril-mayo.

Las islas Baleares, dentro de la dinámica y los umbrales de tiempo del levante ibérico, tienen peculiaridades, como la gama de vientos en todos los cuadrantes, destacando la tramontana del N. La situación y la apertura marina facilitan accesos del N y el S. Desde coladas invernales encauzadas en el valle del Ródano, que azotan con olas de frío (Palma de Mallorca ha registrado – 6 °C), hasta las más frecuentes y cálidas estivales de África; para éstas las islas se ubican en el eje normal de avance, alcanzando máximas absolutas de 36-40 °C.

Si tales extremos no empañan la dulzura del clima insular, en las calmas habituales del Mediterráneo, el relieve es factor notable en Mallorca. La sierra noroccidental de Tramontana (1.445 m) constituye una pantalla de condensación encarada a las gotas frías y frentes del NO, fomentando precipitación elevada (700- > 1.000 mm), pero no es menor el efecto de abrigo y sotavento para el resto de la isla, en cuyo borde meridional no se alcanzan los 400 mm. Y a esto se añade el efecto en la insolación, desde apenas 2.400 horas/año en la montaña a más de 2.800 a su abrigo, dentro de la norma del sector valenciano.

h) La suma de influencias en el clima de Cataluña

La mayor parte de Cataluña, 18.000 km², salvo áreas de Lérida y Tarragona insertas en los climas del Levante y del Ebro, se enmarca en las isotermas anuales de 14-17 °C, con amplitud anual notable (13-19 °C) que en el litoral supera los 16 °C y muestra una débil influencia marina ceñida a la costa, frente al mosaico térmico del interior desgajado por el relieve. Los veranos cálidos incluyen junio-septiembre, alcanzando en julio los 22-24 °C, y se oponen a inviernos frescos y dispares; desde apenas 3 meses en el litoral hasta casi 5 en el interior con medias de enero de 10 a 4 °C y heladas anuales de 3 a 50. La primavera y el otoño suaves, con mayor brevedad del segundo, cierran el ciclo (fig. 3.19).

Los rasgos térmicos, que parecen cuestionar la unidad climática, no se deben sólo al relieve regional; la depresión del Ebro aísla menos a Cataluña que al resto del Mediterráneo del NO, y la situación la expone sobremanera a penetraciones frías del N y NE y cálidas de África, tendentes a entrar o centrarse al este de la Península.

La precipitación anual moderada a notable (450-900 mm en 40-80 días) es clave de unidad. Sus máximos de otoño y primavera reflejan el apogeo de las depresiones mediterráneas, a cuyo aporte se une el de los frentes del NO. El mínimo invernal en torno a enero (30 mm) se enmarca en el aislamiento, sobre todo por la Cordillera Ibérica, de las borrascas atlánticas del OSO. El mínimo estival en torno a julio, trasfondo de aridez leve, completa la singularidad, por los valores (30-50 mm) altos para verano y basados en lluvias convectivas, por la frecuencia de gotas frías en el golfo de León que, merced al calor y siendo débiles, generan inestabilidad local fuerte. La insolación anual modesta (2.200-2.600 h), pese al cielo despejado invernal, acusa la nubosidad abundante en otoño y primavera.

i) LAS INFLUENCIAS TROPICALES EN EL CLIMA DE CANARIAS

Cercanas al trópico (27-30° N), las islas se sustraen al dominio de la circulación del oeste, situándose bajo el SE del anticiclón de las Azores, el aire tropical atlántico y los vientos alisios del NE. En invierno accede eventualmente aire polar del N en las depresiones con mayor avance.

La proximidad al aire muy cálido y seco del Sahara, con dinámica dual de base en verano (depresión térmica) e invierno (presión alta), expone a las islas a algunas olas de calor tórrido. La constancia del anticiclón atlántico, entre otros hechos, impide el viento del SE propio de este tiempo. Y el contraste entre el aire sahariano y el marítimo, mucho menos cálido y más húmedo, supone una brusca ruptura, favorable al acceso de otras penetraciones.

La corriente marina fría de Canarias, que arranca al oeste ibérico y costea el de África, es factor decisivo, pues mantiene estable la temperatura anual del agua, con amplitud de 0,5-3 °C según las costas isleñas. La magnitud estival del flujo marino produce tendencia a la inversión térmica, al agarrarse a la superficie el aire refrescado por el mar —lo que fomenta nieblas—, así como estabilidad, y es una barrera para la entrada de aire sahariano.

Por su energía, el relieve insular genera los mayores contrastes, no sólo por la gradación en altitud, alterada por inversión térmica, sino por la oposición de vertientes. Las encaradas al N y el alisio húmedo, constante y regular, ante su ascenso forzado, muestran una banda nubosa estratiforme, entre 500 y 1.500 m, que se extiende tras la costa en el llamado *mar de nubes*, sobre el aire húmedo basal con temperatura fresca. La inversión térmica del techo nuboso da paso al aire cálido y seco en cielo de suma transparencia en las cumbres. Las vertientes al N juegan también como pantallas ante las perturbaciones siendo las más lluviosas, frente al intenso resecamiento e indigencia de precipitación en las meridionales a sotavento.

El tiempo estable del alisio marca la norma estival y es relativamente fresco en la estación, matizada por lapsos calurosos con aire sahariano. Como tipos de excepción destacan los accesos de depresiones tropicales del SE o alguna gota fría del N, con duración breve y precipitación convectiva intensa.

El tiempo del alisio es frecuente el resto del año, pero resulta cálido en invierno. Entonces alterna con el aire polar marítimo en borrascas de gran penetración atlántica y tiempo fresco, lluvioso y ventoso. Más incidencia tiene la *gota fría de Canarias*, nombre común de las depresiones de altura tendentes a centrarse al norte del archipiélago y poco activas en general; las más enérgicas, si captan abajo aire cálido-húmedo, desencadenan aguaceros intensos en las islas, aunque en otras no pasan de chubascos. Al marco del tiempo invernal se añaden avances secos y estables de África o, incluso, de Europa.

Resultado de las condiciones citadas son unos contrastes en las variables y ritmos del clima únicos en España. Las horas anuales de sol varían desde 3.400 en el entorno del Teide hasta 2.000 (propias de la España atlántica) bajo las nubes del alisio, con valores normales en torno a 2.900. Estos rasgos conectan con una nubosidad dispar; a la variación anual se añaden máximos de verano en las costas del N, frente a mínimos en las del S, libre de la banda nubosa.

Las isotermas anuales de 19-21 °C en la costa y de 9-10 °C a 2.000 m acogen una amplia gama de regímenes térmicos, con el rasgo común de su débil oscilación (5-7 °C la anual y diaria en la costa, y mayor en altitud). Las temperaturas medias de agosto junto al mar, 23-25 °C, y las de enero, 17-18 °C, perfilan el marco de «eterna primavera». Pero la altitud y la exposición generan cambios brutales; La Laguna, a 500 m sobre Santa Cruz de Tenerife y aledaña, tiene un promedio de enero 5 °C más bajo. También destaca la ausencia de heladas por debajo de 600 m, con mínimas absolutas de 4-10 °C, frente a máximas absolutas estivales > 40 °C con aire sahariano en las costas meridionales (fig. 3.20).

La ausencia estival de depresiones del norte y su acceso esporádico de octubre a marzo concuerdan con la escasez de precipitación anual, en umbrales de 250-500 mm y 40-60 días para la mayor parte de las islas con relieve destacado, e inferiores en las de baja altitud (Lanzarote y Fuerteventura). En el techo de altas vertientes al N se alcanzan 700-1.000 mm y 100 días, con alguna nevada a partir de 1.600 m y en general de 2.000; a la inversa, las costas abrigadas del S no llegan a 100 mm ni 30 días. La intensidad y los fuertes contrastes interanuales o estacionales dejan ver la carencia de precipitación, base de uno de los mayores problemas canarios como el del agua, y la aridez dominante en gran parte del archipiélago.

Fenómeno extraordinario de precipitación invisible es la niebla, en la condensación de ascenso del alisio y su banda nubosa. Persistente y agarrada a la superficie en bosques de notable densidad y extensión foliar como la laurisilva, esta niebla mantiene mojados en verano al suelo y la vegetación, aportando en la recarga de acuíferos. Aunque su valor se conoce poco, las equivalencias en mm/año de lluvia varían de 300 a más de 2.000, según cálculos, áreas e islas. Pero las nieblas y el bosque exigente en humedad se ciñen a fajas breves, entre las más lluviosas de la cara norte de las islas altas, y sólo constituyen un matiz ante el peso general de la aridez.

Al alisio, muy regular entre 20 y 30 km/h en verano, se añade un cuadro de vientos muy variado, acorde con la insularidad, desde las brisas, a los fuertes vientos de cumbres (ráfagas hasta 190 km/h), que difieren y hasta se oponen en rumbo a los del nivel marino.

La débil amplitud anual y la alternancia del verano largo y seco con la lluvia el

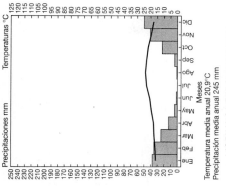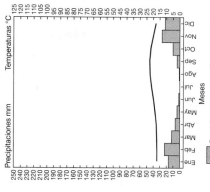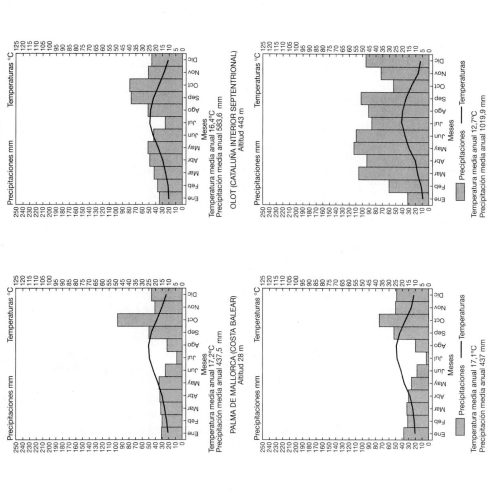

Fig. 3.18. *Diagramas ombrotérmicos de Valencia y Palma de Mallorca: clima mediterráneo costero.*

Fig. 3.19. *Diagramas ombrotérmicos de Barcelona y Olot: clima mediterráneo de aridez estival atenuada.*

Fig. 3.20. *Diagramas ombrotérmicos de Santa Cruz de Tenerife y Las Palmas: clima seco de margen tropical.*

resto del año desdibujan el otoño y más la primavera, acercándose a la dualidad estacional de los tropicales. Pero el verano lluvioso tropical y el seco de Canarias, o el ritmo inverso invernal, marcan la diferencia basada en el origen opuesto de las perturbaciones, tropical y polar respectivamente.

3. El manto vegetal y los suelos: su fuerte antropización

Los individuos vegetales, cuya fisionomía forma la vegetación, y los suelos, como elemento orgánico-mineral de enlace entre ésta y el resto de los seres vivos con el relieve y las rocas, alcanzan en España gran variedad, potenciada por la del clima. Pero, al margen de lo natural, la vegetación y los suelos muestran una antropización milenaria, que rige en gran medida sus caracteres actuales.

Salvo áreas muy secas del SE, altas cimas, pedregales, arenales, saladares, tremedales y otros pequeños enclaves, que en total suponen hacia el 10 % de la extensión, a la inmensa mayoría de la Península corresponden potencialmente formaciones arboladas de bosque, que no alcanzan hoy ni 1/5 de su área. La mayoría de los bosques actuales se basan en especies introducidas por el hombre, trasladadas en el territorio ibérico o alóctonas, y sujetas a gran intervención, por lo que su dinámica y cortejo vegetal distan mucho del equilibrio y riqueza propios del bosque climácico. Parte de los pinares del parque de Doñana, ensalzado como espacio natural, se deben a repoblaciones de la Edad Moderna (Rubio, J. M., 1988, 47).

En algunas perspectivas esas masas introducidas no se consideran bosques, sino cultivos arbóreos; pero el carácter gradual y solapado de los cambios respecto a la dinámica natural y el sentido geográfico de esta obra aconsejan tratarlos como tales. De los vegetales objeto de este apartado se excluyen los cultivos herbáceos y arbustivos (cereales, leguminosas, viñedo, etc.) y los árboles frutales u ornamentales.

Los suelos, afectados por los cambios de vegetación, han sido aún más modificados por el cultivo y la agricultura. Las labores alteran directamente elementos someros del perfil natural, como los horizontes A y B, envolviendo al humus con la materia más profunda y creando horizontes artificiales; pero también afectan a la dinámica del agua (absorción, retención), la textura y otros elementos. El abonado, el regadío y la extracción de biomasa en cosechas son otros factores de los cambios. El carácter milenario de la agricultura, su intensidad a veces y la extensión de los espacios de cultivo (42,7 % de la total), enmarcan la magnitud de las transformaciones (lámina 7).

Los suelos, el manto vegetal y los cultivos han experimentado una merma reciente. Las áreas urbanas, industriales, infraestructuras viarias, recreativas, embalses, canales, minas, obras y similares ocupan en su expansión bastante más del 4,9 % declarado.

Estos hechos y datos, aún insuficientes para mostrar el peso de lo humano en la vegetación y el suelo desde la dilatada prehistoria, conectan con un rasgo general de ambos, como su carácter vulnerable y muy modificable por las sociedades, incluso en estados de desarrollo poco avanzados. Bajo la aridez estival, el incendio ha sido y es en España técnica esencial de intervención con varios fines (creación de pastos a costa del bosque, supresión de obstáculos o preámbulo de roturos, entre otros). Los efectos del fuego, como los de las talas, roturaciones y hechos similares,

CUADRO 3.12. *Distribución general, estado y uso de la superficie española*

	km²	%	Especificación
Cultivo	215.621	42,7	Incluido barbecho y prados de siega
Bosque	71.887	14,2	Con repoblaciones y huecos de tala
Aclareo-tallar	86.178	17,1	Dehesas y arbustos de especies arbóreas
Matorral-pastizal	106.116	21,1	Especies arbustivas y herbazal espontáneo, incluyendo roquedales
Otros	24.910	4,9	Urbano, infraestructura, acuáticas.
Total	504.712	100,0	

Fuente: Anuario de Estadística Agraria de 1990, MAPA, Madrid.

se acrecientan por el carácter lento del desarrollo vegetal y de la evolución edáfica.

Esa impronta humana no ha de ocultar la diversidad biogeográfica, que tuvo y tiene un gran papel en la actividad agraria, en sentido amplio y con su diferenciación regional o comarcal, y hoy cobra vigencia ante los problemas y concepciones medioambientales.

a) LA AMPLITUD ECOLÓGICA Y LA SITUACIÓN COMO FACTORES DE LA VARIEDAD VEGETAL

El contraste entre la exuberancia vegetal en la España atlántica, con el raquitismo del matorral y herbazal ralo del SE más árido, se conjuga con una gran riqueza en la flora, definida por el número de especies, en torno a 6.000 para las ibéricas e incrementadas con la singularidad canaria. La variedad radica a gran escala en los dos grandes dominios climáticos: el atlántico, con humedad abundante y permanente, y el mediterráneo de la aridez estival.

1.º *El clima como dominante y la compleja influencia del relieve*

La España atlántica se ajusta a la fisionomía o formación vegetal del bosque templado caducifolio y a su matorral de sotobosque, entorno o sustitución, conocido como landa (brezos y escobas), alto y tupido, pero también se distingue por sus especies, como único sector ibérico extenso de la región florística eurosiberiana. El dominio mediterráneo se vincula a la formación más achaparrada, áspera y dura en sus hojas perennes en general, del bosque esclerófilo mediterráneo bajo el predominio de la encina con un rústico matorral o garriga (jaras y tomillos); por sus especies y rasgos genéticos esta formación se encuadra como buena parte de la región florística mediterránea.

La altitud, clave de medios muy fríos y húmedos de las montañas, da lugar a la estratificación en *pisos de vegetación*, donde el cambio más sensible se observa en la ausencia arbórea sobre el techo del piso forestal. Éste, con variaciones según la situación y adaptación al frío de los árboles respectivos, se alcanza en todas las cordilleras españolas, entre 1.600 m en la Cantábrica y 2.500 en los Pirineos, por la tolerancia del pino negro acantonado en ellos. Asimismo, a la vinculación de la montaña al aumento general de la precipitación, incluyendo la de inducción orográfica, se añade el valor especial de la precipitación *invisible* estival (niebla, rocío), que, al reducir la aridez, explica la presencia de masas vegetales que no la toleran en las montañas centrales y septentrionales, sobre todo.

Los contrastes de exposición de las vertientes al viento afectan a distintas escalas, desde generales de barlovento y sotavento hasta locales de ventisqueros y abrigaños. Y no inciden menos las variaciones de insolación (calor y luz) reforzadas por la dirección principal O-E de las montañas y depresiones; en áreas de transición climática se produce contigüidad entre el bosque atlántico en las umbrías y el encinar mediterráneo en las solanas. Y tampoco hay que omitir la oposición entre medios bajos costeros, atemperados por el mar, y los interiores más rigurosos y aislados por el relieve.

Al margen del efecto de la pendiente en la escorrentía y dinámica del agua, el relieve, que controla los afloramientos rocosos o sus tapices de recubrimiento fruto de procesos erosivos, influye a través de los suelos. La gran oposición entre la *España silícea* occidental y la *España caliza* oriental da base a una dualidad edáfica: la acidez (pH) alta de la primera, se vincula al predominio de las formaciones vegetales acidófilas, como la mayor parte de los robledales y de los pinares, mientras que en la segunda alternan las más tolerantes a la acidez con las de preferencia basófila.

En las planicies de cuenca sedimentaria del Duero y Tajo-Guadiana, y en las depresiones del Ebro y Guadalquivir, que formarían la *España arcillosa* si no fuera por la extensión de las calizas, se observa cierta disposición en aureolas vegetales, siguiendo las litofacies y los recubrimientos. En los márgenes suelen abundar conglomerados, y areniscas o rañas de composición silícea, sustentando vegetación acidófila, frente al carácter basófilo del centro de las cuencas, que culmina en los suelos en evaporitas y yesos.

El recorrido entre los promedios anuales térmicos de las montañas frías y los casi tropicales del sur ibérico, con diferencia >15 °C e incrementada por variaciones en las heladas, o entre los de precipitación (los más altos son 10 veces mayores que los más secos) y de su reparto y tipo (desde la abundancia a la ausencia nival), acaban de pergeñar la extraordinaria amplitud ecológica. Bosques como los abedulares o los pinares de pino silvestre, dominantes en Escandinavia al norte del Círculo Ártico y presentes en las montañas españolas con un cortejo más rico, coexisten con plantas de temperamento tropical de la familia de las palmeras.

2.º *La situación ibérica de extremo y puente: su efecto en la variedad vegetal y florística*

La situación ibérica en el extremo sudoccidental de Eurasia, que arranca del Mesozoico al abrirse el Atlántico y separarse la placa Eurasiática, otorga a la Península un carácter de rincón y límite para la expansión vegetal, pero también de puente y enlace con África. En el Terciario, hasta el Plioceno, hubo enlace directo iberoafricano; la apertura entonces del Mediterráneo por el estrecho de Gibraltar limitó la comunicación vegetal sin cortarla. En las crisis y retrocesos vegetales del frío de las glaciaciones, o en las expansiones y retornos con la templanza de los interglaciales cuaternarios, el Estrecho no fue infranqueable.

Si en el pasado reciente cuaternario y en el presente la Península funcionó como el gran puente Eurasia-África en el oeste del Mediterráneo, su papel no se ciñó al de área de tránsito, sino de reducto de masas y especies, favorecido por el aislamiento a varias escalas; desde la peninsular, acentuada por barrera de los Pirineos, pasando por la de las cuencas y cordilleras internas, hasta las menores. El aislamiento acentúa la diferenciación florística a través de los *endemismos*, que son especies o entidades genéticas mayores (género, familia, orden) ceñidas a un espacio y desconectadas de sus semejantes más cercanos.

Surgidos como ramas distintas de un mismo tronco genético que se ha aislado en dos o más sectores, o fruto de la regresión y refugio desde áreas extensas en enclaves dispersos, los endemismos marcan la riqueza florística. La situación y la amplitud ecológica, conjugadas con las vicisitudes cuaternarias —alternaron medios glaciales en la montaña alta, periglaciales en la montaña media o las llanuras altas y templado-frescos en el resto—, la Península posee más endemismos que cualquier otro territorio de extensión similar en Europa, bajo el siguiente encuadre y división florísticos (fig. 3.21).

A la mayor escala se integra en el *reino holártico*, extendido en los continentes al norte del trópico de Cáncer bajo endemismos de familia como las betuláceas (abedul, aliso, avellano) y salicáceas (sauces, chopos) de gran entidad. De las 11 grandes *regiones florísticas* del reino, el norte ibérico, coincidiendo en general con la España atlántica, se integra en la región *eurosiberiana*, que comprende desde el oeste de Europa hasta el de Siberia, y el resto en la *mediterránea*, periférica del mar homónimo. Esta región es muy rica en endemismos de especie, destacando algunas coníferas forestales como la sabina albar y el pinsapo, éste ceñido a la montaña bética. Canarias, en la *región macaronésica* de los archipiélagos, es caso aparte.

A la escala menor de *provincias florísticas*, la España peninsular y balear for-

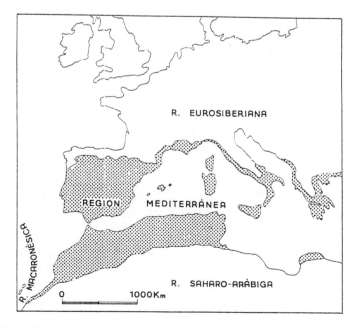

Fig. 3.21. *Regiones biogeográficas de Europa occidental y África del Norte.*

ma parte de 12 de las 29 del oeste de Europa (fig. 3.22) como referencia de su singularidad y su densidad de especies, que dobla para las fanerógamas a la de Europa central y se acerca a niveles de algunos ámbitos tropicales húmedos. Combinando esa variedad con los distintos portes y acomodos de cada especie en la diversidad de las condiciones ecológicas en España, y con la larga e intensa antropización, se esboza la complejidad suma del paisaje vegetal (fig. 3.23).

b) Las formaciones climácicas de referencia y los tipos de sustitución, degradación o explotación

Si el bosque es constante en la vegetación potencial de España y el matorral de composición, origen, forma y tamaño diversos domina sobre aquél y sucede en extensión a las áreas de cultivo, parece oportuno tomar a ambos como referencias del paisaje. Las hierbas y herbazales, que agrupan mayor variedad en especies, se limitan como masas climácicas a las cimas montañosas, en torno a 2.000 m en la cordillera Cantábrica y por encima en las restantes, así como a enclaves encharcadizos o de suelo singular.

La dualidad entre el bosque caducifolio oceánico, o formación *aestilignosa* por su vitalidad estival, y el esclerófilo mediterráneo, o *durilignosa*, se acompaña de otras dos formaciones de gran entidad. Una corresponde al bosque marcescente *(aestidurilignosa)* del rebollo, o roble rebollo, y del quejigo, o roble enciniego, cuyas hojas secas del otoño no se desprenden hasta la foliación primaveral, mostrando en eso y en su reparto caracteres de transición entre los anteriores. La otra *(acicueilignosa)* son bosques de coníferas y acículas, de las familias de las pináceas (pinos y abetos) y cupresáceas (sabinas y enebros); su carácter climácico se precisa mal, sobre todo en los pinos, por el frecuente origen antrópico, mientras que las sabinas y enebros suelen adaptarse al rigor climático del interior ibérico.

c) El bosque templado-oceánico y su adaptación a la montaña fresco-húmeda

En buenas condiciones climatico-edáficas este bosque alcanza 25-30 m de altura, pero destaca más su frondosidad, que reduce la luz en el pie hasta 1/20 de la exterior, merced a su producción de hoja blanda y fina. A partir del otoño, la hojarasca desprendida en el suelo húmedo se descompone con facilidad, humidificándolo y atenuando la alcalinidad o la acidez excesivas de aquél.

En tales condiciones, el cortejo arbustivo es raquítico, por falta de luz y competencia con los árboles, y más lo es el manto herbáceo, a veces imperceptible entre la seroja. En general, se observa cierta tendencia a las masas monoespecíficas con ejemplares o cepas arbóreas de otras especies, sin que falten las mixtas. Esta formación desborda la franja de clima oceánico por las montañas fresco-húmedas; no sólo por las aledañas galaico-leonesas, la cordillera Cantábrica o el oeste de los Pirineos, sino por la totalidad de estos y otros núcleos altos del interior con aridez estival tenue en las cordilleras Central, Ibérica y Catalana. Si la precipitación invisible tiene gran papel en esas presencias de montaña, la altitud y el frío imponen un techo claro a este bosque, que desde 1.600 m en la Cantábrica remonta hasta 1.800 en el interior ibérico más cálido y seco.

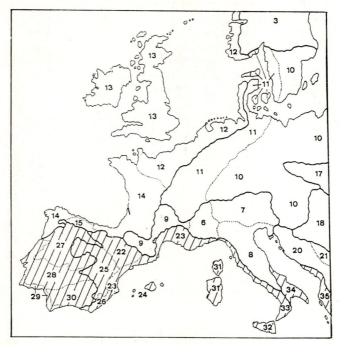

Provincias biogeográficas de Europa Central, occidental y meridional. — A. Región Eurosiberiana. 3: Boreo europea. 6: Alpina occidental. 7: Alpina centro-oriental. 8: Apenino-Padana. 9: Pirenaica (incl. Cevenense). 10: Centroeuropea. 11: Subatlántica. 12: Noratlántica. 13: Británica. 14: Cantábrica (Cántabro-Atlántica). 15: Orocantábrica. 17: Panónica. 20: Ilírico-Bósnica. 21: Servo-Macedónica. — B. Región Mediterránea. 22: Aragonesa. 23: Valenciano-Catalano-Provenzal. 24: Balear. 25: Castellano-Maestrazgo-Manchega. 26: Murciano-Almeriense. 27: Carpetano-Ibérico-Leonesa. 28: Luso-Extremadurense. 29: Gaditano-Onubo-Algarviense. 30: Bética. 31: Corso-Sarda. 32: Ligurio-Romano-Calábrica. 33: Sícula. 34: Pública. 35: Etólico-Epirota.

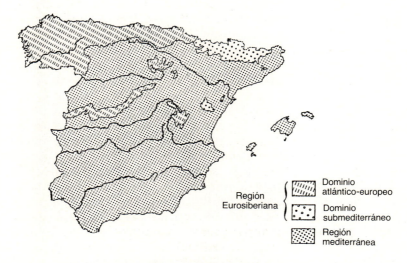

FIG. 3.22 *a* y *b*. *Diferentes divisiones biogeográficas.*

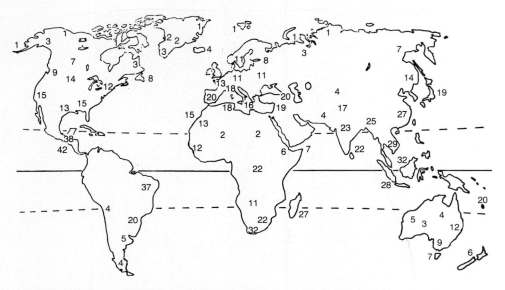

Fig. 3.23. *Riqueza florística en flores fanerógamas: número de especies por cada 10.000 km² (cuadrado de 100 km de lado).*

1.º Los hayedos como formación de los medios fresco-húmedos

Con una sola especie, el haya suele formar masas monoespecíficas donde se adapta mejor y masas mixtas con los distintos robles, hasta con los marcescentes, en áreas marginales. El hayedo tolera mal el calor y exige gran humedad del aire, resultándole favorables las nieblas y rocíos estivales de las montañas. Se adapta a sustratos calizos y silíceos, moderando su acidez, lo que explica de su extensión desde el este de Galicia por la cordillera Cantábrica o el Pirineo navarro, disminuyendo en el Pirineo central, para acabar más disperso en el oriental. Otros núcleos están en macizos de la Prelitoral Catalana (Montseny), noroeste de la cordillera Ibérica (Demanda, Urbión, Cebollera y Moncayo) y este de la Central, en enclaves (fig. 3.24).

Con madera de buena calidad, dura y densa, el hayedo es bosque de interés económico; si antaño se destinaba al carboneo, la celulosa o la construcción, hoy se limita a la madera de muebles o utensilios, y a la leña. El crecimiento bastante rápido permite turnos madereros de 80-100 años, o algo menos en el tipo de demanda actual.

Al margen de su mixtura con los robles y otras especies capaces de formar bosques propios, destacan entre los árboles acompañantes del hayedo pero no exclusivos, en ejemplares aislados o corrillos, los serbales, mostajos, arces, fresnos, tejos, sauces y alisos. Entre los arbustos destacan los acebos y avellanos (a veces arbóreos), y estrictamente arbustivos el boj (en hayedos xerotermófilos del NE), o los arándanos y brezos (en hayedos acidófilos del oeste de la cordillera Cantábrica y los de la Ibérica y Central).

Caso aparte son los abedules, que a veces crecen entre las hayas, pero son más

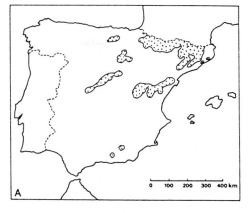

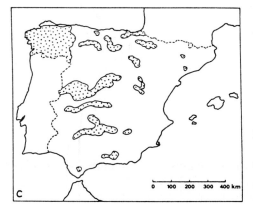

Fig. 3.24. *A) Área del* Pinus silvestris, *eurosiberiano continental, poco exigente. B) Área del* Fagus silvatica*; el haya es eurosiberiana, indicador de un clima muy húmedo y templado. C) Área del* Quercus pyrenaica *o marojo, roble indicador del clima atlántico atenuado.*

criófilos y acidófilos en sus cuatro especies; también forman bosquetes propios encima de los hayedos y hasta bosques en el oeste de la cordillera Cantábrica y las montañas galaico-leonesas. Este género de frondosas acompaña también a robledales o pinares y a veces se inserta en bosques de ribera con alisos, chopos, sauces y una rica gama arbórea; en el matorral del abedular dominan los brezos, escobas y arándanos. La madera clara, blanda, apta para artesanía y sin valor como leña, carece hoy de usos e interés económico.

2.º *La variedad de robledales caducifolios*

Con base en las especies del carballo, albar y pubescente, o sus híbridos, los robledales alternan con los hayedos y hasta se mezclan, pero ceñidos a altitudes algo más bajas por su menor tolerancia al frío, como el carballo que apenas supera los 1.000 m. Son menos exigentes en humedad, mostrando en el sustrato cierta tendencia silicícola, salvo el roble pubescente. Con áreas potenciales vastas en Galicia y en la orla inferior de los hayedos, el carballo es la especie principal y de mayor talla, hasta 40 m de altura y 3 de diámetro en ejemplares pluricentenarios.

El roble albar es algo más rústico y propio de la montaña, donde se intercala o forma corros entre el hayedo, pero en su porte y su madera se acerca al carballo, resultando en ambos noble, dura, densa, bella y resistente a la intemperie. Tal calidad, junto con la de la leña, es factor del retroceso de sus masas, cuyos bosques escasean por sobreexplotación secular; la construcción (vigas, parquet), las traviesas de ferrocarril, barcos, toneles, carros, muebles, utensilios, leña y carboneo, han sido algunos usos. El crecimiento lento, acorde con la longevidad, requiere turnos largos para buena madera (150-300 años), y marca límites a la explotación o recuperación.

El cortejo vegetal de estos robles coincide bastante con el del haya, destacando el abedul y el fresno con los que llegan a formar bosques mixtos, junto a ejemplares aislados o corrillos de serbales, arces, olmos, tilos, acebos y avellanos; en arbustos bajos abundan casi todos los del hayedo acidófilo y del abedular, y en el manto herbáceo destaca el helecho común.

El roble pubescente, de hoja pilosa, difiere de los anteriores en su temperamento xerotermófilo y basófilo, así como en su área ceñida al margen sur de los Pirineos en la cobertera margocaliza mesozoico-terciaria. Además de un cortejo distinto, con arces y penetración del quejigo o la encina, y con matorral de boj, majuelo, rosal o zarzamora, este roble no pasa del grosor y talla medianos (hasta 20 m); la calidad inferior de su madera o el fuste torcido y nudoso merman bastante sus usos, limitados en general a la leña.

3.º *El matorral de entorno, degradación, sustitución o nivel supraforestal del bosque oceánico*

Conocida como landa o *aestifructiceta*, esta formación es un matorral tupido y bastante alto en general, pero variable desde pocos decímetros hasta 4 m, por tres factores principales: al clima frío y ventoso por encima del piso forestal corresponden tipos rastreros y almohadillados. Los suelos ácidos, raquíticos, permeables o encharcadizos fijan también masas arbustivas bajas y ralas, como ocurre en los canchales. Y el nivel de degradación reduce también el porte; la merma del arbolado, las rozas y las quemas no sólo aminoran la variedad sino la talla del matorral. Las condiciones opuestas de altitud menor, mejor suelo y degradación menos avanzada corresponden a los matorrales de mayor porte y biomasa (fig. 3.25).

Las familias de los brezos (ericáceas, en general acidófilas) y de las leguminosas (fabáceas) dominan este matorral, junto a un buen grupo de espinosas: majuelos, endrinos, rosales o zarzamoras. A los arbustos citados con los bosques se unen también el enebro enano y común, aligustre, arraclán y otros de más porte, como el cerezuelo.

Los brezales, incluyendo al brezo blanco (hasta 3 m), los brezos comunes de flor rosada y la brecina, se vinculan a una degradación vegetal avanzada y a suelos lavados y posolizados. En los posoles grisáceos, frecuentes en Galicia y la montaña silícea y húmeda, el humus evoluciona mal; la acidez acentúa la pérdida de sustancias en disolución (lixiviación), formándose niveles de arena y gravilla cuarzosa, que empobrecen el suelo y hacen difícil su recuperación.

El matorral de leguminosas corresponde a una degradación edáfica y vegetal menores; y la fijación de nitrógeno aéreo por estas plantas es positiva para la fertili-

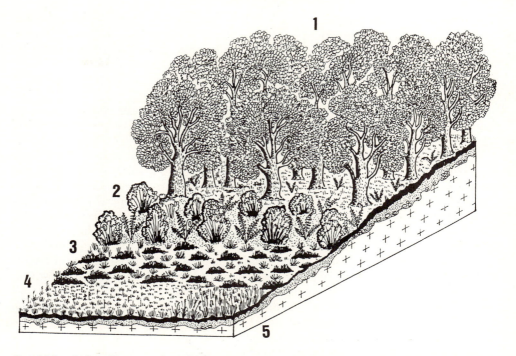

Fig. 3.25. *Serie colino-montana galaico-asturiana y orocantábrica acidófila del roble (Blechno spicanti-Querceto roboris* sigmetum). 1. Robledal *(Blechno spicanti-Quercetum roboris).* 2. Piornales de «brezo arbóreo» *(Erica arborea),* «helecho común» *(Pteridium aquilinum)* y «escoba negra» *(Cytisus scoparius) (Genistion polygaliphyllae).* 3. Brezales *(Ulici gallii-Ericetum mackaianae).* 4. Cervunales *(Violion caninae).* 5. Pastizales de *Agrostis capillaris* y *Brachypodium pinnatum* subsp. *rupestre.*

dad. El tojo, silicícola y símbolo de los arbustos de Galicia, ha sido objeto de explotación y cultivo en los descansos de rotación de las parcelas, usándose para cama del ganado y abono natural; en las montañas altas y frescas lo sustituye el tojo enano y, en peor suelo, la carquesa. El grupo de las escobas, piornos y retamas, hasta 4 m y muy tupidas, alcanza en el oeste de la cordillera Cantábrica la mayor biomasa de este matorral.

Otras genistas, enebros enanos y ericáceas adaptadas a sustratos margocalizos (brezos enanos, gayuba) son propias de la montaña caliza oriental, junto a los espinales y el boj. Y toda esa variedad, o el hecho de que landas parecidas se asocien a bosques marcescentes o pinares (autóctonos o antrópicos) y a su nivel supraforestal, se combina con sus distintos significados en la dinámica vegetal.

En situación supraforestal (1.600 a más de 2.000 m) los matorrales pueden acercarse a la vegetación climácica, si bien los incendios o el pastoreo y sus técnicas, como el redileo para la transformación en prado, produjeron cambios notables. Caso distinto son las aureolas de bosque en dos modalidades; una estable y de protección es común en enclaves de bosque que, ceñidos a la humedad y frescor de umbrías o vallejos, tienen limitada ahí su expansión potencial, como ocurre en los hayedos sobre todo; la restante son las orlas de recuperación y expansión en mancha. Otra modalidad progresiva se produce en áreas deforestadas y ocupadas por espinales o matas de leguminosas y hasta frutales asilvestrados, donde resta algún árbol o especie del antiguo bosque, a partir de los cuales se inicia la recuperación.

4.º *El estado y los problemas del bosque caducifolio*

Este bosque no alcanza hoy 5.000 km^2, ni el 10 % de su área potencial con criterio optimista, incluyendo hayedos o robledales muy castigados; pero tiene vitalidad y puede recobrarse naturalmente en bastantes casos.

Donde restan corros, o desde bosques actuales, el haya es agresiva y resurge entre el matorral o los pinos repoblados que la suplantaron, incluso en las cordilleras Ibérica y Central; su débil capacidad para brotar de raíz y cierto riesgo de incendio en la orla arbustiva, que pese a la humedad y verdor no escapa al fuego, son algunas de sus limitaciones. En los robles la degradación mayor, el crecimiento más lento, el mayor riesgo de incendio del matorral y el hecho de que su área potencial corresponda en gran medida a los prados y tierras de cultivo actuales reduce las perspectivas; pero brotan muy bien de raíz en chirpiales y resisten mejor el fuego.

La recuperación y pervivencia del bosque caducifolio, como las del resto de los bosques autóctonos, se enfrentan a problemas de falta de interés de la población rural y de escasa rentabilidad. La pérdida de usos tradicionales de la madera (construcción, aperos) se une a la marginalidad de la leña ante el gas, el carbón o el gasoil en la cocina y calefacción rurales. Los ingresos obtenidos por municipios, pueblos y entidades en los espacios comunales, que ocupaban y ocupan la mayoría de los bosques, han caído drásticamente. Y el aumento del matorral es un obstáculo para la actividad ganadera del norte de España; reduce el pasto y dificulta el pastoreo hasta impedir el paso del ganado y, con la quema del matorral, el bosque arde o no se recobra.

Todo eso y las repoblaciones hechas al margen o contra el interés de la población rural, o la picaresca del sector maderero explican el efecto devastador de las quemas en Galicia, donde en el quinquenio 1986-1990, 23.347 incendios registrados quemaron 1.760 km^2 de arbolado repoblado o autóctono. Se trata de más de 1/3 en número y área de los incendios de España, concentrados en el 5,8 % de su extensión, lo que se agrava por los casos similares y aledaños del oeste de la cordillera Cantábrica y el oeste de León, sobre todo si se considera la humedad del clima sin excesiva propensión a las quemas (fig. 3.26).

Sin valores de autoconsumo y de fuente de ingresos, por los que la sociedad rural sostuvo los bosques, su recuperación exige medidas que beneficien e interesen en ello al mundo rural. Las normas sancionadoras, la concienciación social, o los medios técnicos de prevención, detección precoz y extinción de incendios apenas son eficaces ante los provocados (la mayoría y casi todos los muy dañinos).

d) EL BOSQUE MARCESCENTE Y SU VARIEDAD DE ADAPTACIONES

A partir del rebollo y de dos especies de quejigo, esta formación *(aestidurisilva)* muestra en su marcescencia y sus formas rasgos intermedios entre el bosque caducifolio y el mediterráneo xerófilo. Su presencia y área potencial corresponden a sectores con aridez estival algo atenuada y dentro de un gran recorrido climático;

CUADRO 3.13. *Distribución en los bosques de España*

Comunidad Autónoma	km² de hayedo	% hayedo España	km² de bosque	% bosque total
Aragón	60,0	2,1	5.389,9	1,1
Asturias	154,1	5,3	1.590,3	9,7
Cantabria	218,1	7,6	1.381,5	15,7
Cataluña	260,3	9,0	9.205,0	2,8
Castilla-León	259,1	9,0	10.396,6	2,1
Navarra	1.217,1	42,2	2.808,7	43,3
País Vasco	501,8	17,4	3.426,5	15,5
Rioja	213,0	7,4	1.028,0	20,7
España	2.883,5	100,0	74.526,0	3,9

Fuente: Anuario de Estadística Agraria, 1990, Madrid. Por motivos técnico-estadísticos no incluye algunos hayedos modestos fuera de las Comunidades referidas, como los del este de la cordillera Central..

las isotermas anuales de 6 y 17 °C y las isoyetas entre 400 y más de 1.000 mm encuadran el abanico y su variedad de combinaciones.

El bosque marcescente se extiende desde el sureste de Galicia por el borde meridional y la montaña media cántabro-pirenaica o catalana, las faldas y altitudes medias de las cordilleras Ibérica y Central, las sierras entre los montes de Toledo y Sierra Morena, y enclaves frescos o húmedos en las Béticas. Dentro de las llanuras, las del Duero son su área más vasta; ahí, merced al verano breve y fresco, crece a partir de una precipitación anual de 400 mm. En las montañas del NE se beneficia de tormentas estivales, mientras que en el S requiere temperaturas más bajas, exigiendo mayor altitud, una precipitación anual considerable (> 700 mm), o la combinación de ambas.

Este bosque tiene talla moderada, pues pocos árboles superan los 20 m, siendo el diámetro también mediano, así como los fustes más torcidos y la cobertura menor que en el bosque caducifolio, permitiendo una entidad mayor del sotobosque. Sin embargo, la variedad del matorral que acompaña a estos bosques se basa en la ubicuidad y disparidad de las condiciones climáticas referidas, en las edáficas y en los usos y estados de degradación. Por su talla, forma y la calidad mediana de su madera, los usos se polarizaron en la leña o el carboneo, con buena aptitud, y la bellota —de calidad, cantidad y tamaño inferiores a las de la encina—, a veces combinado con los anteriores. Pero, a la mayor escala, hay una dualidad en función del

CUADRO 3.14. *Distribución de los robledales de carballo y albar en España*

Comunidad Autónoma	km² de robledal	% robledal España
Asturias	181,7	12,4
Cantabria	162,5	11,1
Cataluña	169,9	11,5
Castilla-León	271,2	18,4
Galicia	486,6	33,1
Navarra	135,6	9,2
País Vasco	63,4	4,3
España	1.470,9	100,0

Fuente: Inventario Forestal Nacional, 1980, Madrid. Por motivos técnico-estadísticos no incluyen robledales modestos fuera de las Comunidades referidas.

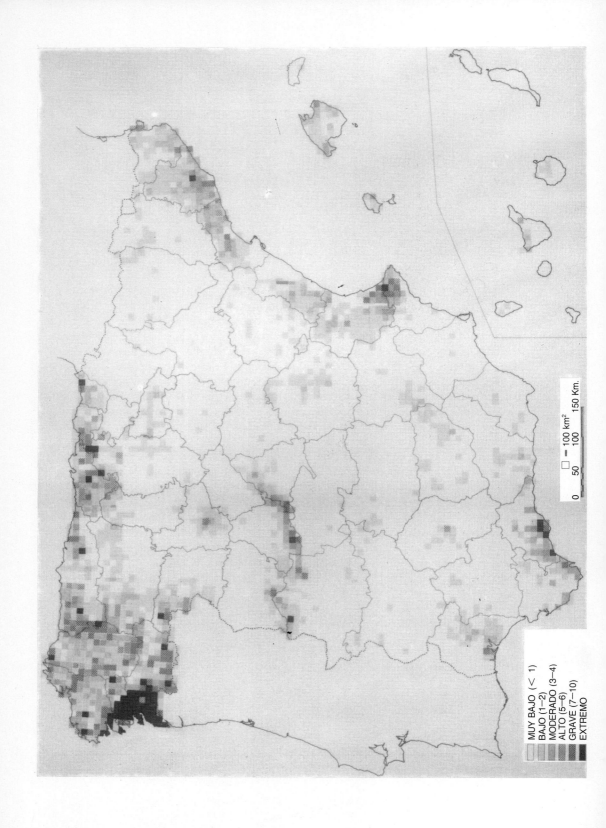

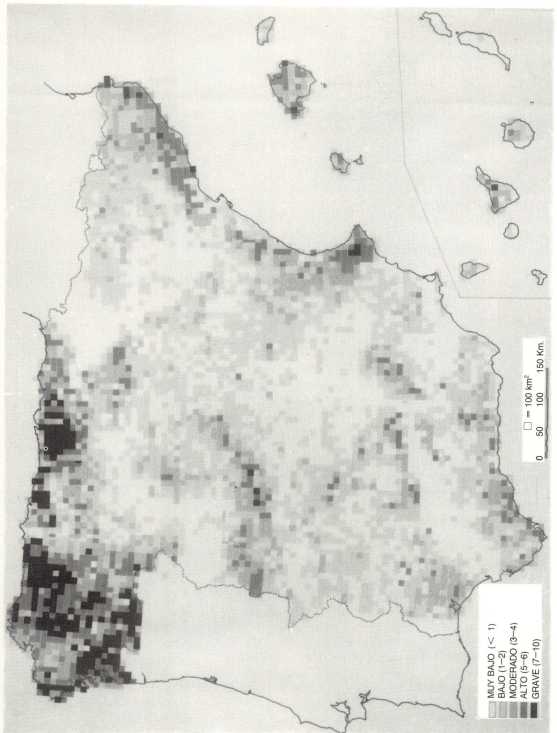

FIG. 3.26 *a* y *b*. *Riesgo y causalidad de incendios forestales en España.*

suelo por el carácter silicícola y acidófilo del rebollo; el quejigo, versátil en sustratos y suelos, resulta desplazado en parte hacia los calcáreos.

1.º *La difusión y vitalidad del rebollar*

El sureste de Galicia, parte de las montañas galaico-leonesas y las penillanuras del Duero, el margen sur de la cordillera Cantábrica y casi toda la Central con las crestas altas desde los montes de Toledo a Sierra Morena, la orla de rañas-terrazas altas de las llanuras del Duero, así como sectores en la cordillera Ibérica y el este de la Cantábrica (en el zócalo, o en combes y crestas en areniscas y arenas mesozoicas) son áreas del rebollo, con enclaves en Sierra Nevada, donde asciende hasta 2.000 m. Tal difusión muestra la tolerancia al frío y el contraste térmico, así como cierta exigencia de precipitación (desde 500 mm en veranos frescos y cortos hasta más de 800 a la inversa); pero también se adapta a precipitación copiosa (> 1.000 mm) con abundancia nival (fig. 3.27).

Con ramas desarrolladas y hojas grandes, que muestran la tolerancia a la aridez en la marcescencia, en la gran separación de lóbulos y la pilosidad, el rebollar produce un pie de media luz, donde puede crecer un manto herbáceo de helecho común o gramíneas duras y densas. La hojarasca y la materia humífera bastante abundante, sin excesiva resistencia a la descomposición de la hoja, tienden a estabilizar la acidez edáfica en niveles no muy elevados.

La excelente reproducción y la vitalidad del rebollo distinguen a su paisaje vegetal. Si los brotes de bellota prenden bien, abundan más los de sus raíces someras en estolones o corros de varas prietas, tenaces y de crecimiento rápido en edades jóvenes. Eso le permite superar incendios y cerrar claros en tiempo bastante breve. Pero no es menos llamativa la variedad de portes, pues en pedregales y malos suelos no alcanza talla arbórea sino arbustiva en manto tupido; en canchales de montaña, sobre el piso forestal, forma matas rastreras.

Con esas tolerancias el rebollar alterna con el bosque caducifolio, hasta en bosques mixtos, pero también con el encinar xerófilo. Los cortejos del rebollar son variadísimos e incluyen casi todos los árboles presentes en el hayedo y robledal (abedul, serbal, fresno), así como los arbustos (acebo, arándano, avellano, brezos, escobas, espinales) salvo algunos calcícolas. Pero también incluye gran parte del matorral xerófilo del encinar, sobre todo el más generalizado, de cistáceas (estepa, jara, carpaza), labiadas (cantueso, tomillo) y ericáceas como el madroño (fig. 3.28).

La degradación del rebollar, desde el aclareo o el tallar, pasa por el escobal al brezal en los medios menos secos, hasta el prado de calidad media (gramíneas y trébol) y las tierras centeneras ácidas cultivadas cada varios años. En medios más secos, los tallares dan paso a brezos muy rústicos y éstos a jaras y cantuesos, para acabar en un pobre pastizal. Sin embargo, de los 5.854 km^2 en que se cifra su extensión forestal, son raras las masas de carácter boscoso neto.

Desde los años cuarenta el rebollar, que nunca se valoró mucho por su uso ceñido a leña y carboneo, suprimiéndolo cuando alternaba con encinas o robles más apreciados, sufrió un nuevo deterioro ante la competencia con los pinos silvestres y resineros. La repoblación, objetivo de propaganda entonces, supuso el descuaje del rebollo a veces, o su permanencia en filas alternas con las de pinos. Ambos

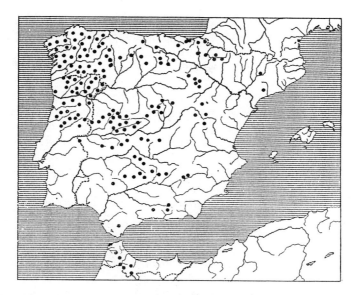

Fig. 3.27. *Mapa de dispersión del rebollo o roble tozo en la Península Ibérica.*

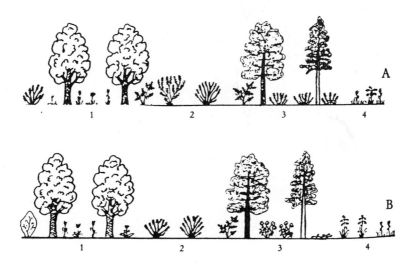

Fig. 3.28. *Los rebollares o melojares y sus etapas de sustitución* (según Ferreras y Arocena). A) Los melojares húmedos: 1. Melojar con sotobosque de piornos, brezo arbóreo, helechos y hierbas acidófilas. 2. Matorrales de piornos, codesos, brezo arbóreo y helecho común. 3. Brezales en los que suele dominar *Erica aragonensis*. 4. Pastizales exigentes en humedad. B) Los melojares subhúmedos: 1. Melojar. 2. Piornales y helechales. 3. Jarales en los que domina la jara estepa. 4. Pastizales menos exigentes en humedad. La pluviosidad es el factor determinante fundamental en las etapas de sustitución de los melojares con brezales en los más húmedos y jarales en los más secos. Los pinares que pueden formar bosques secundarios en robledales degradados o eliminados son en ambos casos los mismos: el pino resinero y el pino silvestre.

pinos y el laricio, que hoy forman la mayoría de los bosques, tienen exigencias de clima y suelo que caben en las del rebollo. Los suelos del pinar, empobrecidos respecto a los del rebollar (acidificados y lavados), el riesgo de incendio y la pérdida de pasto, junto con la crisis actual y el bajo precio de la madera, cuestionan bastante el éxito.

Si el rebollo ocupa áreas sin valor para cultivos, en suelos ácidos y en climas frescos, y ante los problemas del pinar, cabe potenciar su recuperación. Con pocas expectativas económicas (leña y carbón) el rebollar tiene valor ecológico como bosque mejorante de suelos, protector de la erosión y acogedor de fauna; su vitalidad permite la recuperación desde estados bastante degradados y sin coste elevado.

2.º *La dispersión del quejigal y su entidad en el noreste ibérico*

Alguna de las dos especies de quejigo arbóreo (el enciniego y el andaluz) se observan en casi toda la España peninsular, escaseando o faltando en el noroeste en Galicia y el sureste desde Almería hasta Valencia. Pero el enciniego, que forma la gran mayoría de las masas, ocupa sustratos calizos de montañas y llanuras altas del noreste peninsular: la montaña media de la cordillera Ibérica y del sureste de la Cantábrica o del sur de los Pirineos, junto con los páramos calizos del Duero y la Alcarria. El andaluz, menos ubicuo y junto a su núcleo mayor, centrado en las sierras lluviosas del este de Cádiz, forma enclaves en Sierra Morena, los montes de Toledo y las montañas catalanas septentrionales.

Pese al carácter rústico del enciniego, desde precipitación anual de 400 mm y temperatura de 8 °C con gran amplitud, frente al andaluz, termófilo y exigente en lluvia (> 800 mm), ambos quejigos tienen mucho en común. Sus portes de buena

CUADRO 3.15. *Distribución de la superficie forestal del rebollar y quejigal*

Comunidad Autónoma	Rebollar km²	% rebollar España	Quejigal km²	% quejigal España
Andalucía	**	**	78,9	2,8
Aragón	**	**	761,1	27,1
Asturias	**	**	**	**
Cantabria	199,3	3,4		
Castilla-León	3.909,0	66,8	772,0	27,4
Castilla-La Mancha	278,2	4,8	702,9	25,0
Cataluña			158,0	5,6
Extremadura	679,8	11,6	**	**
Galicia	353,2	6,0		
Madrid	154,9	2,7	**	**
Navarra	**	**	168,7	6,0
Rioja	183,7	3,1	**	**
País Vasco	96,0	1,6	133,6	4,7
Comunidad Valenciana			38,4	1,4
España	5.854,0	100,0	2.813,9	100,0

** Presencia en bosquetes o como acompañante en bosque mixto.
Fuente: Inventario Forestal Nacional, 1980, Madrid. No incluyen corros aislados ni la presencia mixta.

copa, despegada del pie, superan al del rebollo, sobre todo en grosor, creando fondos de luz media. Sus hojas medianas-pequeñas, dentadas y tardas en secarse en invierno son un tanto duras y coriáceas, haciendo lenta la humificación. La querencia de suelo hondo, tanto en sustrato calizo como silíceo, que prefiere el andaluz, es común; pero el enciniego no compite en los silíceos con el rebollo, y de ahí su fijación calcícola en el noreste ibérico.

La dispersión del quejigo concuerda con su tendencia a mezclarse en bosques mixtos, como acompañante, o acantonado en bosquetes; por eso se halla junto a los caducifolios en el N y junto a la encina y el alcornoque en el S. Pero la marginalidad es también antrópica; los quejigos, orientados a leña y carboneo, se postergaron en favor de casi todos los demás árboles, salvo el rebollo, más rentables por su fruto, corteza o madera, como encinas, alcornoques, robles y hayas. El acomodo en sustratos calizos del enciniego lo salvó en parte de la competencia con el pinar repoblado, pues los pinos más apreciados son silicícolas; pero también lo reemplazan el laricio y el carrasco. Los quejigales de las llanuras, como los páramos calizos del Duero, se roturaron por la calidad agrícola de sus suelos.

Esos factores naturales y antrópicos explican la disparidad extrema del paisaje actual de los quejigos, así como la gama variadísima de niveles y matorrales de sotobosque y degradación. Enclaves de porte adehesado, con árboles gruesos, claros y de gran copa, alternan con masas claras de quejigos despuntados y viejos; pero lo más común son rodales arborescentes y tallares más bajos, desde los que el bosque parece recuperable; en situación de corros rastreros y dispersos, usados como pastizales de ovejas o cabras y quemados periódicamente por los pastores, las perspectivas son menos halagüeñas.

Aunque los quejigos crecen bastante bien de cepa o bellota, tienen menor vitalidad estolonífera que el rebollo, con el que comparten los problemas de rentabilidad. Una recuperación de índole ecológica, a favor del suelo, la fauna, y con algún esquilmo marginal (leña, caza) parece deseable, ante el abandono de parte de las tierras de cultivo detraídas al quejigal en las montañas.

Las especies arbustivas vinculadas a quejigales son más variadas que en cualquiera de los cortejos o matorrales subseriales precedentes, incluyendo a la mayoría, merced a la dispersión en la Península, en climas dispares y en sustratos calizos o silíceos. En quejigales de enciniego y sustrato calizo, los más abundantes, cabe destacar el boj en los más húmedos, junto con numerosos espinos. En los más secos, las estepas, aliagas, espliegos y tomillos forman, bien en parcelas abandonadas o bien en sectores muy degradados con presencia marginal del quejigo, el paisaje dominante.

e) Los encinares como dominante del bosque esclerófilo y la variedad de paisajes derivados

La *durisilva*, basada en el encinar, constituye la formación climácica y potencial de bosque más extensa y general en España. Con dos encinas, la interior o carrasca (la más extendida) y la costera, los encinares se suceden desde el sureste de Galicia hasta Almería y desde el noreste de Cataluña hasta Cádiz, incluyendo Baleares. Eso no impide destacar su concentración en las penillanuras del suroeste, entre la cordillera Central y Sierra Morena, mientras que en el margen cantábrico o el sureste peninsular no pasan de enclaves. Los alcornocales completan la durisilva con entidad mucho menor, ciñéndose bastante al suroeste ibérico, así como un sector en el noreste de Cataluña (fig. 3.29).

La adaptación a la aridez y a otros contrastes de clima o suelo de este bosque no se limita a la hoja dura, dentada, pequeña, pilosa y mate, ni a la corteza áspera y gruesa con su mejor expresión en el alcornoque; afecta a toda la morfología. La cobertura de las copas amplias y cerradas mitiga en el suelo la insolación y la evaporación, y las potentes raíces captan el agua escasa. El carácter perennifolio, que suele compartir el cortejo arbustivo, permite aprovechar a veces la dulzura invernal y la humedad de otoño o primavera, resistiendo a las heladas. La variedad de portes, hasta rastreros para la encina en condiciones duras (en roquedales de la cordillera Cantábrica supera 1.700 m y 2.000 en Sierra Nevada), así como el brote fácil de tocón y de raíz en estolones, completan el carácter tenaz.

Pero el bosque esclerófilo crece lentamente y tarda en lograr su techo (hasta 20 m de altura y 1 de diámetro, sobre todo el alcornoque algo más voluminoso) hasta varios siglos, dentro de una longevidad de 7-8 siglos. Eso no implica una producción de biomasa muy reducida, sino moderada, pero concentrada en las copas y el tupido sotobosque, cuya materia forma un manto que se descompone despacio en el suelo.

La disparidad de áreas, masas y paisajes entre el alcornocal y el encinar aconseja centrarnos en éste, con algunas referencias sobre aquél. El alcornocal, silicícola en sustratos, es más termófilo y exigente en lluvia anual que el encinar, soportando bien la aridez estival. En el oeste de Andalucía y sur de Extremadura, su mayor área, se mezcla con la encina, con la que comparte usos y paisajes, dominando los adehesados de orientación ganadera, a partir de su bellota algo peor que la enciniega, pero con mayor vocación forestal, a través del corcho. Este producto, con vaivenes de demanda, no pudo salvar del descuaje a la mayor parte de los alcornocales, que se reducen hoy a 996 km^2 de superficie forestal total, en lo que con amplio criterio puede considerarse bosque y casi la mitad en el oeste de Andalucía.

1.º *La disparidad de paisajes derivados de encinares*

El desequilibrio entre la encina costera, ceñida al noreste de Cataluña, Baleares y el borde cantábrico, con querencias de humedad y templanza térmica, frente al área enorme de la encina interior, más tolerante y rústica, aconseja, asimismo, tomar a ésta como referencia. Eso no obsta para destacar la riqueza del matorral ligado al encinar costero, intercalado o solapado con alcornoques, y con especial papel de la coscoja en mantos ásperos que, en mayor degradación, da paso al romero.

Las isotermas anuales de 5 y 18 °C, y la precipitación desde poco más de 300 mm hasta más de 2.000 dan idea de la gama de adaptaciones de la encina interior, junto con la indiferencia a los sustratos del suelo; desde canchales silíceos hasta margas yesíferas. Los contrastes de porte derivados, acentuados por la acción humana, hacen que los encinares actuales superen rara vez los 15 m, pues los cultivos los desplazaron de las de mejores condiciones. Y al desalojo o situación marginal de las encinas actuales (montañas, piedemontes, rañas), se une una variada explotación forestal y agraria.

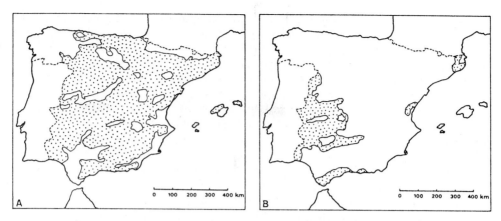

FIG. 3.29. *Áreas de la encina y el alcornoque en España. A)* Área del *Quercus ilex:* la encina es típica de las partes no muy áridas de la región mediterránea. *B)* Área del *Quercus suber,* árbol mediterráneo calcífugo, exigente en humedad y temperatura.

2.º *La crisis en los complejos usos de la encina*

Hasta los años sesenta la bellota, de máxima calidad nutritiva para el ganado, la leña y la madera fueron esquilmos notables. La primera, clave en las dehesas del oeste y suroeste ibérico, permitió la subsistencia del árbol en aclareo ralo, con altura limitada y copa ampliada por poda, que aportaba una producción secundaria de leña, apta para carboneo. En el resto del área, los enclaves adehesados, hasta en montes comunales, alternaban con los corros, cepas y tallares vastos destinados a la leña, el carboneo y el pastizal, semejantes a paisajes del rebollo. La madera se obtenía por talas controladas a nivel de individuos arbóreos.

Si la leña y el carbón son de gran calidad, por poder calorífico y buena combustión, la madera era muy apreciada: densa, durísima y resistente, se usaba para ruedas, carrería, utensilios y carpintería exterior exigente. Perdidos casi todos estos usos, el parquet y la carpintería fina dan lugar hoy a una demanda marginal, por la dureza, difícil trabajo y alto precio. La crisis de la encina afecta a todos sus usos, exigentes en mano de obra y complicados por la lentitud del crecimiento arbóreo; las bellotas para montanera del cerdo ibérico —ante el aprecio de sus productos— parecen una alternativa modesta.

La crisis del encinar adehesado coincidió con la mecanización en la agricultura, de modo que el arbolado dificulta en grado sumo las labores de tractor o cosechadora y aún más los sistemas de regadío móviles, fueron y son causa de descuajes en las dehesas. Los regadíos intensivos coetáneos en grandes Planes, como el Badajoz, incompatibles con las encinas, o la plantación de pinos reemplazando encinares arbustivos, acentuaron el retroceso. La caída del uso doméstico de leña marginó los tallares y cepedas como áreas inútiles, espesándose y creciendo el matorral; si a veces eso favoreció la recuperación, otras fomentó los incendios, tanto por su vulnerabilidad como por los problemas de paso y pasto para el pastoreo.

Esos factores y otros desde la Antigüedad, pues en época romana se señalan vastos desarbolados en las cuencas sedimentarias españolas, explican las vicisitudes de los encinares, que en formación de bosque escasean hoy en España. Los tipos de presencia de la encina predominantes, al margen del porte arbóreo achaparrado de dehesa, son masas arborescentes de cepa y tallar, o arbustivo incluso, junto con bosquetes de forma dispar (cintas, rodales) situados con frecuencia en enclaves poco accesibles de montaña (vallejos angostos, crestas) y protegidos de los incendios, donde hay algunos grandes ejemplares no intervenidos de porte y copa altos.

Todo eso hace casi inviable conocer la extensión de los encinares en sus variantes; los 28.893 km^2 de superficie (en mitades similares de monte alto y bajo) del Inventario Forestal parecen una superficie totalmente desmedida para la realidad, sobre todo en masas arbóreas, que acaso se reduzcan a 1/5 o 1/10 de lo declarado. En cualquier caso las cifras más halagüeñas muestran el enorme retroceso.

La presencia y vitalidad de la encina permiten en buenas áreas una recuperación a bajo costo, aunque a plazo muy largo. Sin perspectivas económicas, parece apropiada la orientación ecológica en esos pagos marginales, ante la situación actual agraria, que exige abandonos de cultivo y mermas de producción. El encinar beneficia y protege al suelo, acogiendo gran densidad y variedad de fauna desde mamíferos hasta aves, y parte de ella con algún valor económico cinegético.

3.º *La gama de matorrales y su papel diferenciador*

La variedad de condiciones ecológicas, usos y estados regresivos del encinar generan una riqueza suma de matorrales en porte, composición y significado, que hoy distinguen amplios espacios del paisaje vegetal, superando a la presencia y cobertura de la encina (fig. 3.30).

En las penillanuras del oeste del Duero y las altas del suroeste ibérico, con los bordes de la cordillera Central y crestas hasta Sierra Morena, el carácter relativamente fresco y el sustrato silíceo se dejan sentir en su matorral: entre los arbustos de mayor porte abunda el enebro de la miera, a veces árbol, el brezo blanco, pasando por piornos y retamas en las leguminosas, hasta vastos jarales, y de tipo subarbustivo destacan el cantueso y la bolina.

En medios cálidos y lluviosos de aridez estival intensa, como los sectores meridionales o bajos del sur de Extremadura y Sierra Morena, se mantienen las jaras con acebuches u olivos silvestres, mirtos, rubias y aladiernos, añadiéndose en áreas más húmedas de paso al alcornocal madroños o brezos blancos y aumentando la talla del matorral.

Los sustratos de páramo calizo del este de las cuencas sedimentarias del Duero, Tajo-Guadiana y márgenes de la del Ebro, junto con los márgenes de la montaña media caliza, bajo condiciones relativamente frescas, muestran otro conjunto de matorral singular. Entre los de mayor porte están los enebros comunes y sabinas albares arbustivas, y con menor talla cabe mencionar a las estepas y aliagas, culminando la degradación en la talla subarbustiva de los espliegos y tomillos.

La orla mediterránea al sur del Ebro con el cuadrante suroriental ibérico, cálidos, con aridez dilatada y sustrato calizo dominante, muestran otro matorral no homogéneo, pero con afinidades. Junto a la coscoja, los acebuches y los lentiscos, entre los de mayor talla, cabe subrayar la gran extensión de los romerales, para rematar en los sectores más secos y degradados con el palmito, así como la generalidad del esparto u atocha: una gramínea fundamental por su abundancia, su

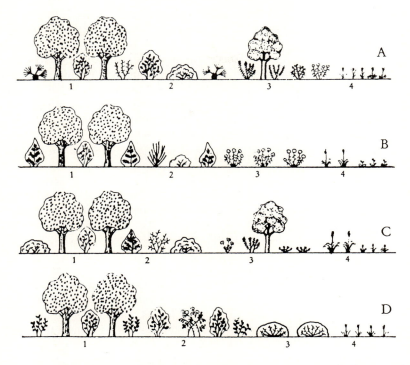

Fig. 3.30. *Los encinares de* Quercus rotundifolia *y sus etapas de sustitución* (según Ferreras y Arocena). A) Los encinares termófilos. 1. Encinar rico en especies termófilas (acebuches, palmitos, lentiscos, etc.) algunas de ellas espinosas con *Rhamnus oleoides* o *Asparagus albus*. 2. Matorral-espinal de análogas características. 3. Matorrales heliófilos ricos en especies variables según el sustrato y la región: romerales con *Erica multiflora* (Valencia), jarales con diversos *Cistus*, aulagas *(Genista hirsuta)* y aulagas moriscas *(Ulex eriocladus)*... en Andalucía y Extremadura, etc. 4. Pastizales mediterráneos diversos. B) Encinar más bien pobre en especies, entre las que destaca el enebro de miera *(Juriperus oxycedrus)*. 2. Matorral a base de la propia encima carrasca, y enebros de miera o retamas *(Retama sphaerocarpa)*. 3. Jar pobre en especies dominado por la jara pringosa *(Cistus ladanifer)* y a mayor altura por la jara estepa *(Cistus laurifolius)*, con espliegos *(Lavandula stoechas subesp. pedunculata)* en las facies más degradadas. 4. Pastizales silicícolas. B) El encinar calcícola manchego-aragonés. 1. Encinar más bien pobre en especies. 2. Matorral dominado por la coscoja *(Quercus coccifera)*, en el que pueden ser frecuentes el espino negro *(Rhamnus lycioides)* y la aulaga común *(Genista scorpius)*, en algunas áreas la gayuba *(Arctostaphyllos uva-ursi subesp. crassifolia)* o la sabina mora *(Juniperus phoenicea)* y en el prepirineo el boj *(Buxus sempervirens)*. 3. Matorrales heliófilos diversos: romerales con linos *(Linum suffurticosusm)*, esplegueras *(lavandula latifolia)*, tomillares *(Thymus vulgaris* y otros) y sobre yesos tomillares gipsícolas *(Centaurea hyssopifolia, Ononis tridentata, Lepidium subulatum,* etc.). 4. Espartales *(Stipa tenacissima)* y pastizales calcícolas, o gipsícolas sobre yesos, diversos. C) El encinar orocantábrico lebaniego. 1. Encinar con frecuentes ejemplares intermedios entre *Quercus ilex* y *Q. rotundifolia*. 2. Matorral entre mediterráneo y caducifolio: madroños *(Arbutus unedo)*, agracejos *(Phillyrea latifolia)*, etc., junto con rosas o agabanzos *(Rosa canina* y otras), zarzamoras *(Rubus ulmifolius)*, etc. 3. Aulagar almohadillado de *Genista hispánica* subesp. *(occidentalis)*. Pastizales. La amplitud del territorio y diversidad de medios que puede ocupar la encina carrasca permitiría multiplicar los ejemplos: el encinar de parameras, intermedio entre el manchego aragonés y el sabinar, dos encinares andaluces, unos calcícolas, con coscojares, aulagares, romerales, espinos, etc., otros silicícolas con leguminosas retamoides como *Adenocarpus decorticans*, y jarales, etc., pero estos cuatro pueden ser los más representativos a los que pueden referirse o con los que pueden relacionarse el resto, pues reflejan las principales diferencias que introducen el sustrato y el endurecimiento térmico con la altura y continentalidad.

explotación y usos varios. El algarrobo, en disperso, es a veces el único árbol que resta en estos paisajes, donde no faltan plantas xerófilas y carnosas exóticas como las pitas y chumberas.

En las áreas de mayor aridez del sureste, o en las secas y yesíferas de la depresión del Ebro, no se ha precisado bien el límite potencial del encinar. Parece que en mal suelo la vegetación climácica correspondería a un manto arbustivo-herbáceo ralo sin faltar el palmito ni el esparto, a los que se añade en el margen sudoriental una gama de arbustos espinosos, como el azufaifo o el espino negro. En los yesos del Ebro dominan matas herbáceas de albardín o falso esparto.

Los paisajes derivados del encinar muestran el poco fundamento y la ambigüedad de las llamadas *estepas españolas*. Se ha designado como estepa a cualquier paisaje desarbolado (campos de cultivo, barbechos, matorrales, pastizales) y a veces con el sentido de marco grandioso de connotación climácica, cuando se trata de una gama de paisajes más prosaicos, fruto de la humanización milenaria del encinar.

f) Los bosques de coníferas: la difusión humana como clave

Al menos nueve especies pináceas y una cupresácea, la sabina albar, forman bosques en la España peninsular y balear, y salvo una, el pino insigne, todas son autóctonas. Pero su reparto actual dista mucho del potencial por la difusión antrópica y la plantación sistemática, sobre todo en las pináceas, que fueron expandidas, frente al retroceso del sabinar. Con extensión de 54.285 km², los bosques de coníferas se acercan a 3/4 de la superficie forestal total (72,8 %) y dominan en Canarias con el pino canario. Otras coníferas autóctonas, como el tejo y el enebro de la miera, no forman bosques, bien por su carácter arbustivo o bien por su incapacidad para expandirse. La disparidad de las coníferas no las vincula a dominios climáticos o a sustratos; según especies se adaptan a condiciones extremas de frío, calor, humedad y aridez.

Sus rasgos comunes radican en su morfología de copa y hoja pequeña o acícula, cuya cobertura modesta crea un pie de bastante luz, menos abrigado y protegido de la evaporación que en los bosques frondosos. Eso permite el desarrollo del matorral heliófilo de sotobosque, cuyo aporte humífero duro y difícil de descomponer se une al comportamiento similar de las acículas en manto acidificante poco capaz de formar y equilibrar suelos, respecto a los cuales son tolerantes, ocupando los roquedales más pobres. Los matorrales incrementan la vulnerabilidad al fuego, reforzada por la combustión fácil de los árboles, que se acrecienta por la aridez y el calor estival mediterráneos.

Las coníferas muestran en España carácter orófilo y sus áreas de bosque climácico se ciñen al este o noreste, con ausencia en Galicia antes de la época histórica; tal reparto se atribuye a las migraciones en los cambios climáticos cuaternarios. Pero en la distribución pesa más la acción humana, directa o indirecta, de modo que los pinares, hoy dominantes, rara vez pueden considerarse climácicos. Unos responden a degradaciones de otros bosques, cuyo espacio ocuparon acomodándose al matorral existente. Otros se deben a la difusión espontánea desde núcleos plantados. Una tercera modalidad son plantaciones en áreas deforestadas y, finalmente, las realizadas con descuaje parcial o completo de bosques o tallares de especies forestales precedentes.

Con las excepciones propias de una gama tan amplia de coníferas, los bosques muestran en las perspectivas de uso y humanización una dualidad entre el género de los pinos, muy marcado por la humanización y explotación, se acerque o no al bosque climácico, y el de los abetos y la sabina albar, cuyo valor es sobre todo ecológico.

1.º *Los abetales y sabinares como bosques climácicos, relícticos o endémicos*

La extensión de unos 220 km² de los abetales de pinabete y pinsapo, correspondiendo los más del 80 % al primero concentrado en el norte de Cataluña, es expresiva de su falta de significado económico. El pinabete, de gran porte (hasta 40 m), forma el bosque climácico en condiciones de gran humedad incluso en verano y tolera bien el frío, mezclándose con el haya o ascendiendo hasta 2.000 m en los Pirineos; por su indiferencia al sustrato, lo acompaña casi todo cortejo de los hayedos desde arándanos hasta boj.

El pinsapo, ceñido a enclaves del oeste de las Béticas, tiene un porte arbóreo modesto y es exigente en lluvia anual (> 1.000 mm) dentro de un régimen térmico fresco pero no muy frío, tolerando la aridez estival intensa, aunque no muy larga. Tales exigencias lo ciñen a la montaña en altitud desde 900 a 1.800 m; por debajo de la primera la precipitación disminuye y la aridez aumenta, mientras que la segunda la impone el techo de las sierras. Enlazando con quejigales y alcornocales en su tramo inferior comparte bastante con ellos el cortejo arbustivo. Su carácter endémico y la sutileza de sus exigencias climáticas le otorgan un gran valor ecológico y científico, mostrando hoy una recuperación respecto al descuido precedente.

Los sabinares de sabina albar tienen una extensión del orden de 4.000 km², aunque escasean los portes (hasta 20 m) y densidades de bosque frente al dominio de los arbustivos piramidales y ralos. Con difusión considerable desde la cordillera Cantábrica hasta las Subbéticas, los mayores sabinares están en la cordillera Ibérica y las llanuras del entorno. La adaptación a medios difíciles, desde los mayores contrastes térmicos de la Península y precipitaciones de 300 mm con aridez estival neta, hasta los suelos más raquíticos (lapiaces) explica la pervivencia de la especie, poco apreciada tradicionalmente y sin expectativas económicas, al margen de su valor ecológico.

En la actual fijación calcícola, aunque también ocupa sustratos silíceos, la sabina crece lenta y rala pero vital en parcelas abandonadas en los años sesenta, lo que sorprende ante la consideración de especie relicta que se le ha otorgado. En los pobres suelos y medios duros que ocupa se mezcla a veces con el quejigo encinïego (más exigente) y con la encina interior también muy resistente, con los que comparte bastante el cortejo arbustivo. Pero éste suele ser más ralo y bajo en el sabinar, destacando el enebro común y el de la miera (de buena talla), los espliegos y los tomillos.

El carácter ralo de los sabinares en recuperación, la parquedad del manto arbustivo y más del herbáceo reducen el riesgo de incendio; esto es importante ante la necesidad de protección para una especie antiquísima, y no parece muy costoso a falta de otros usos en las áreas que ocupa, si bien ha sido desplazada a veces por pinares.

2.º *Los pinares y su papel de bosques de explotación forestal*

Si en pocos casos puede considerarse al pinar como bosque climácico, sino dentro de niveles de degradación de los frondosos, o incluso mera plantación, su extensión responde a la explotación forestal. Madera, aglomerado, pasta de papel, resina o piñón son productos esenciales. El crecimiento permite turnos de corta entre 50 y 100 años en pinos autóctonos, y desde 15 en el insigne. En la última década la crisis completa de la resina, y acusada en otros productos, concentra la producción en la madera, que es fácil de trabajar para los destinos más diversos (construcción, muebles, cajonería, etc.).

Desde los años cuarenta la repoblación de casi 40.000 km^2 corresponde a pinos en sus 3/4, llegando al techo a mediados de los cincuenta (en 1957 alcanza 1.360 km^2). Encauzada por el Estado, la repoblación pasa por varios enfoques; desde el autárquico y logro de autonomía en materias primas forestales, hasta el del empleo rural y el sentido medioambiental, más reciente. Por eso se señalan las virtudes del pinar para restaurar medios muy degradados, permitiendo en una fase posterior la recuperación de los bosques frondosos (fig. 3.31).

El aprecio y difusión históricos del pinar y sus técnicas forestales imprimen rasgos comunes a su morfología: perímetros regulares, alineaciones, densidad o porte homogéneo por sectores, otorgándoles unidad frente a su disparidad de condiciones climáticas y edáficas. Por tanto cabe considerarlos en función de los bosques climácicos que reemplazan o desplazan y cuyo matorral de degradación incorporan.

El pino negro de montaña, casi exclusivo del Pirineo en 579 km^2 y con carácter de bosque climácico, es el más resistente al frío y la altitud; tolera suelo pobre en sustrato silíceo o calizo y forma masas ralas, sobre todo hacia el techo hasta 2.500 m. En sus márgenes enlaza con el pinabete o el pino silvestre, mostrando en el cortejo abedules y arándanos o brecina como matorral, en sustrato silíceo.

El pino silvestre se extiende desde las montañas de Galicia a Sierra Nevada, con grandes masas en la cordilleras Ibérica y Central, donde puede considerarse bosque climácico y techo forestal sobre el hayedo o el rebollar, alcanzando 2.000 m. En los Pirineos es también extenso y se ubica por debajo del pino negro. Siendo silicícola, sustituye a abedulares, hayedos, robledales y rebollares, hasta en las rañas del Duero, descendiendo en la montaña del norte a 700 m. Heliófilo y tolerante de aridez leve, produce madera de calidad; su adaptación a medios montañosos de mal suelo y sin gran aptitud agraria son las claves de sus vastas repoblaciones (4.868 km^2 en 1987).

El pino laricio se ciñe a la montaña calcárea desde Cataluña hasta las Subbéticas con núcleo principal en la cordillera Ibérica. Exige precipitación moderada (500-900 mm), soporta el contraste térmico y la aridez estival, marcando el carácter mediterráneo; la adaptación a sustratos calizos o silíceos hasta en roquedales lo hacen versátil para repoblación. Orientado a la madera, crece despacio y contacta con quejigales, sabinares y encinares, pero en repoblaciones (3.420,8 km^2 en 1987) desplaza también al rebollo y otros bosques.

Los pinares de pino resinero son hoy los más extensos en España, desde su concentración en Galicia, por las llanuras del Duero y los flancos paleozoicos o silíceos más bajos de las cordilleras Central e Ibérica, alcanzan las Béticas. Desde 400 mm de precipitación, tolera la aridez estival y diversos regímenes térmicos, siendo el carácter silicícola la clave de su situación en el oeste ibérico. Los bosques de contacto o reemplazo varían desde robledales, rebollares y encinares hasta otros pinares, siendo el más repoblado (6.932 km^2 en 1987). El cese de la resinación limita hoy su destino a la madera de poca calidad, pero el crecimiento es rápido.

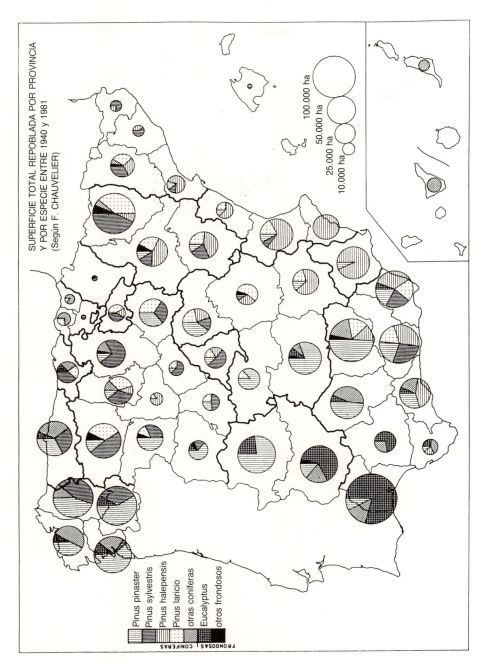

FIG. 3.31. *Superficie repoblada en España 1940-1981.*

Más termófilo y xerófilo resulta el pino piñonero, que a veces se intercala con el resinero en masas polarizadas en arenales interiores del sur de Valladolid y este de Albacete, o costeros en Cádiz y Huelva. Contacta con las encinas u otros pinos y en su matorral abundan los enebros, cantuesos y cistáceas. La madera es secundaria frente al piñón en este bosque claro y heliófilo, repoblado en 2.155 km².

El pino carrasco es termófilo, xerófilo (> 250 mm) y poco exigente en sustratos. Si los pinares originarios se hallaban en la fachada mediterránea y Baleares, desde ahí se propagó por áreas de degradación del encinar litoral e interior. Repoblado está presente en los peores suelos y laderas (yesos) de las llanuras interiores, reemplazando a quejigales y sabinares. Su bosque claro y abierto, sobre el matorral y suelo calientes y resecos es muy vulnerable al incendio, que en la costa mediterránea se frena mal por los vientos. Si antaño se resinó, hoy produce madera sin mucha calidad ni rendimiento, en parte por sus malos pagos, pues se ha repoblado como último recurso donde no pueden crecer otros pinos y en 4.432 km².

Procedente de California e introducido en el siglo pasado, el pino insigne alcanza buen porte y es precoz en crecimiento; se resiente a la aridez y agradece la templanza térmica, humedad y precipitación elevada, así como suelos profundos y sustratos arcillo-arenosos. Por eso halla excelentes condiciones en el clima templado oceánico, donde suplanta o enlaza con robledales y hayedos desde Galicia hasta el País Vasco, que cuenta con la mayor extensión en 1.628 km² sobre un total en España de 2.867. Salvo en Baleares y Murcia está presente en todas las Comunidades españolas, incluida Canarias. La pasta de papel y la madera de cajonería y embalaje son sus productos en un ciclo de explotación corto, que oscila entre 10 y 30 años.

g) LA DEGRADACIÓN DE LA VEGETACION DE RIBERA Y LAS CHOPERAS COMO PAISAJE DE SUSTITUCIÓN

La vegetación climácica en los lechos mayores fluviales, por la abundancia y permanencia de agua en el suelo, corresponde a un arbolado caducifolio en cintas de anchura variable desde decenas de metros a pocos kilómetros, de acuerdo con la entidad del río y la forma del lecho. La constante del agua incide más que cualquier otro factor en la vegetación, si bien el clima modifica a gran escala o en montaña sus rasgos; eso tiene un papel especial en España por la entidad montañosa y los contrastes climáticos. El carácter umbroso y abrigado en los valles angostos, frecuentes en el relieve, da a estos espacios valor de reductos para especies que, sin ser ripícolas, toleran mal la aridez, el sol o el calor.

Con gran riqueza y buen porte en las especies arbóreas, así como en las arbustivas y herbáceas, las formaciones ripícolas tienden a una sucesión simétrica en bandas por las márgenes, con estratificación de corto intervalo; desde las bajas en contacto permanente con el agua hasta las algo más elevadas y distantes, que son más anchas. En la composición hay dualidad entre especies propiamente ripícolas como los sauces, frente a otras que forman bosques externos, como el abedul o el fresno; en espacios reducidos de las márgenes pueden hallarse más árboles y arbustos distintos que en muchos bosques, incluyendo bastantes exóticos como los frutales asilvestrados. Y a la diversidad se une el carácter de sede muy valiosa para la fauna, desde los anfibios hasta las aves.

CUADRO 3.16. Distribución de las grandes masas de pinar en España

Comunidad	km² pino silvestre	% de España	km² pino laricio	% de España	km² pino resinero	% de España	km² pino piñonero	% de España	km² pino carrasco	% de España	km² pino insigne	% de España	km² pino canario	% de España
Galicia	648	7	20	0,3	5.666	37,6	0	0	0	0	719	25	0	0
Asturias	43	0,5	0	0	185	1,3	0	0	0	0	162	5,6	0	0
Cantabria	72	0,8	8	0,1	5	0	0	0	0	0	169	5,9	0	0
País Vasco	165	1,8	62	0,9	57	0,4	0	0	2	0	1.628	56,6	0	0
Navarra	632	6,8	243	3,5	0	0	0	0	161	1,5	89	3,1	0	0
La Rioja	178	1,9	142	2	1	0	0	0	35	0,3	0	0	0	0
Aragón	1.734	18,9	745	10,7	316	2,1	0	0	1.403	11,9	0	0	0	0
Cataluña	1.681	18,2	1.092	15,8	48	0,3	972	21,3	3.197	27	7	0,2	0	0
Baleares	0	0	0	0	0	0	0	0	17	0,1	0	0	0	0
Castilla-León	2.817	30,6	1.211	17,5	3.047	20,2	559	12,2	48	0,4	29	1	0	0
Madrid	220	2,4	0	0	105	0,7	122	2,7	34	0,3	0	0	0	0
Castilla-La Mancha	908	9,8	2.300	33,2	2.648	17,6	616	13,5	1.930	16,3	1	0	0	0
C. Valenciana	14	0,1	77	1,1	432	2,9	55	1,2	2.790	23,6	0	0	0	0
Murcia	0	0	55	0,8	30	0,2	5	0,1	709	6	0	0	0	0
Extremadura	18	0,2	0	0	1.049	7	252	5,5	0	0	1	0	0	0
Andalucía	96	1	975	14,1	1.463	9,7	1.987	43,5	1.494	12,6	36	1,3	15	7,2
Canarias	0	0	0	0	0	0	0	0	0	0	36	1,3	194	92,8
España	9.226	100	6.930	100	15.052	100	4.568	100	11.820	100	2.877	100	209	100

Como elemento arbóreo-arbustivo típico de sucesión horizontal y vertical a partir del agua, destaca en primer lugar una cinta de sauces de al menos una docena de especies, algunas arbóreas y arbustivas la mayoría. Intercalados con los sauces, aunque algo más al exterior y más altos abundan los alisos, que toleran mal la inundación, así como el frío de la alta montaña o el calor y la falta de humedad del aire en las riberas bajas mediterráneas. Inmediatamente al exterior destaca la faja de más altura, anchura y mixtura arbórea, dominada por los chopos y álamos y donde suelen abundar fresnos varios y olmos, que forman la faja más ancha y externa de la vegetación ripícola hasta rebasar el lecho mayor.

El estrato arbustivo incluye, junto a los sauces, parte de la gama de los de los bosques aledaños, siendo generales los boneteros, arraclanes, laureles, majuelos y rosales silvestres, cornejos y zarzamoras, así como las hiedras, las madreselvas y el lúpulo, junto a otras trepadoras. Finalmente, en arenales y áreas salitrosas de lechos secos con frecuencia y en medio cálido, como los de las ramblas mediterráneas, son frecuentes los tarayares, a partir de varias especies de tamariscos, con hojas escamosas y entre el porte arbustivo y el arbóreo.

Las riberas actuales muestran un fuerte retroceso y pérdida de gran parte de esos elementos, sobre todo los más externos, de modo que la vegetación espontánea se reduce a veces a sendas líneas de sauces en las márgenes. Entre los muchos factores de degradación o extinción, el principal es su conversión en uno de los mejores pagos de cultivo de las vegas; mediante zanjas, diques, excavación de cauces y otras obras se han «saneado» y librado del mayor riesgo de inundación, a lo que contribuye el control de los ríos por embalses. Recientemente, la plaga de la grafiosis se añade al deterioro, destruyendo la mayor parte de los olmos arbóreos.

En sectores húmedos y algo encharcadizos que se libraron de la roturación, la plantación de híbridos precoces de chopos y álamos reemplaza en parte a la vegetación de ribera, afectando también a otras áreas deforestadas. Si la superficie declarada de choperas sólo alcanza 980 km^2 en el total de España, se debe al método de recopilación, que no incluye parcelas ni pagos pequeños pese a ser mayoritarios, entre otros problemas. Las choperas, destinadas a madera y sobre todo de embalaje y con turnos a partir de 10 años, son una alternativa aceptable en los planes de reforestación y compensación de rentas agrarias. Sin la calidad ecológica de las formaciones de ribera, no dejan de ser preferibles en esa perspectiva al resto de los usos de cultivo.

h) LA GRADACIÓN VEGETAL EN LA MONTAÑA Y SU DIFÍCIL EVALUACIÓN

La reducción de la temperatura con la altitud, el papel de pantallas condensadoras o el fomento general de la precipitación, junto con otros efectos de la montaña en el clima, ejercen una influencia notable en el paisaje vegetal y en dos coordenadas: el frío y la merma o extinción de la aridez, respecto a áreas bajas aledañas. Salvo en la vertiente septentrional de la cordillera Cantábrica y el oeste de los Pirineos, donde la altitud no genera una variación cualitativa en la humedad, en las demás montañas la diferencia puede resultar decisiva, pasándose del encinar en el pie montañoso al hayedo en tramos superiores, sucedido hacia arriba por una faja de matorral y un herbazal bajo en las cumbres.

La altitud de las llanuras interiores, la complejidad del clima ibérico acentuada en la montaña, las migraciones cuaternarias, los suelos y otros hechos se aúnan en un mosaico vegetal donde los pisos se diluyen, abundando inversiones y excepciones. En las cordilleras Cantábrica e Ibérica no son raros los encinares en crestas y muelas calizas, situados encima de los hayedos. Ambos bosques, que fijan formaciones tan distintas del paisaje, muestran gran recorrido en altitud, cercano a 2.000 m en el encinar y a 1.500 en el hayedo.

La sucesión en altitud tampoco se sustrae a la acción antrópica; en las cordilleras Cantábrica, Ibérica y Central el techo forestal se acerca o supera ligeramente los 2.000 m, en gran parte por introducciones de pino silvestre, sobre el nivel de los hayedos y robledales. Como referencia se incluye una relación de pisos bioclimáticos de base térmica para las dos regiones florísticas ibéricas.

El mosaico vegetal montañoso muestra sobre todo la influencia de la altitud en las formaciones sobre los niveles más altos del techo forestal (desde los pisos subalpino y oromediterráneo) que, de modo natural o repoblado, suele marcar el pino silvestre en todas las cordilleras, salvo en los Pirineos. Sobre ese techo se suceden dos bandas frecuentes y distintas; la más baja corresponde al matorral dominado por brezos, piornos, escobas y enebro enano, que, ascendiendo 2 o 3 cientos de metros van adquiriendo porte rastrero o almohadillado (adaptado al frío y el viento) y superan los 2.200 m en las cordilleras Cantábrica, Central, Ibérica y Bética.

Más arriba, o alternando con el matorral bajo según los suelos, se extiende el

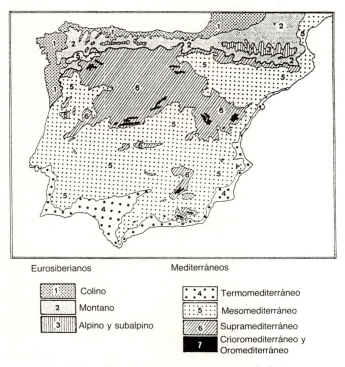

Fig. 3.32. *Pisos bioclimáticos de la Península Ibérica.*

CUADRO 3.17. *Nomenclatura y umbrales de altitud de pisos en España**

Piso	Región	Umbrales (m)	Formaciones**
Colino	Eurosiberiana	0-600	Roble-Fresno
Montano	Eurosiberiana	400-1.800	Pino silvestre-Abeto-Haya-Roble
Subalpino	Eurosiberiana	1.600-2.400	Pino negro-Pino silvestre-Matorral
Alpino	Eurosiberiana	2.300-3.000	Matorral-Cervunal***
Nival	Eurosiberiana	2.300-3.400	Neveros permanentes
Termomediterráneo	Mediterránea	0-500	Alcornoque-Encina-Espinos
Mesomediterráneo	Mediterránea	300-800	Alcornoque-Encina-Quejigo
Supramediterráneo	Mediterránea	700-1.700	Rebollo-Encina-Quejigo-Sabina
Oromediterráneo	Mediterránea	1.500-2.500	Pino sil-Brecina-Piorno-Enebro
Crioromediterráneo	Mediterránea	2.000-3.500	Brecina-Cervunal***

* Siguiendo en general a Rivas Martínez, S. (1987).
** Designadas por los árboles más representativos y los arbustos o hierbas (en las no arbóreas).
*** Matorrales bajos y herbazales cumbreños.

manto de los cervunales, formado por hierbas bajas, finas, duras y ásperas de gramíneas, con un papel principal del cervuno (género nardus) y las festucas, pero en suelos rocosos y sustratos ácidos (cuarcitas, areniscas) sigue presente a veces la brecina con carácter muy rastrero. La pendiente cumbreña resulta decisiva, dominando los cervunales extensos en rellanos, mientras que las rampas muestran guirnaldas o cintas de cervunal o brecina entre rellanitos desnudos de pocos decímetros, debidos a los mecanismos someros del hielo. Los campos de piedras y canchales, sin apenas colonización por líquenes, los cantiles rocosos casi desnudos y las hierbas hidrofitas de turbera, completan el marco cumbreño.

i) LA SINGULARIDAD DE LA VEGETACIÓN EN CANARIAS

Este archipiélago acoge en su modesta superficie una riqueza vegetal extraordinaria, tanto en la flora como en sus modos vegetales de asentarse, crecer y combinarse. Inserta en la región macaronésica, de la que forma el núcleo principal y más variado, esa flora tiene un origen principal mediterráneo y holártico, pero con influencias africanas y atlánticas del sur que la enriquecen. A la par, la situación y la insularidad acentuaron el valor de refugio-reducto, otorgando un gran papel a los endemismos y reliquias.

Con esa base florística, la singularidad vegetal se basa en el relieve del archipiélago, desencadenante de contrastes climáticos, que fijan las formaciones bajo claves de altitud y exposición. La variación de la primera hasta el techo del Teide (3.710 m) y fuerte en gran parte de las islas, da lugar a una sucesión neta en pisos, matizada por la diferencia entre las vertientes ante la constancia y el peso del alisio. La inversión térmica, nubosidad, precipitación y humedad abundante de las nieblas en las altitudes medias de las vertientes nordorientales a barlovento, contrastan bruscamente con la aridez a sotavento y la general de las altitudes bajas y cumbreñas. El relieve recortado, que crea nichos, y el volcanismo subactual —en algunas coladas la colonización vegetal es incipiente— son otros factores de variedad.

Bajo el control de la altitud, el piso llamado *basal* o *infracanario*, según clasificaciones y comprendiendo desde el nivel del mar hasta 300-500 m según orientación de vertientes, está marcado por la aridez y la falta de vegetación arbórea, predominando un matorral ralo y áspero, donde las dos especies más comunes son el cardón y la tabaiba. Encima se halla el piso *intermedio* que otros consideran sólo un horizonte, entre 200 y 800 m según vertientes; el descenso térmico y aumento de la humedad, como paliativos de la aridez que se mantiene, concuerdan con el manto vegetal claro, que sólo en ejemplares aislados o en enclaves favorables alcanza talla arbórea, compartiendo especies con la Península como la sabina mora y el acebuche, frente a la palmera y el drago canarios.

Los bosques no se hallan presentes hasta el piso conocido como *montano canario*, que con la banda superior del precedente formaría el *termocanario* en otras tipologías. Entre 500 y 1.300 m para las vertientes nororientales, el refrescamiento, la menor insolación y la precipitación de la niebla se aúnan en el desarrollo de dos formaciones de bosque originales, que a veces se interpenetran.

El fayal-brezal, a partir de faya y brezo blanco arbóreo, es el menos exigente en humedad y temperatura, y el menos diverso en arbolado, mostrando enclaves en todas las islas salvo las bajas y orientales de Lanzarote y Fuerteventura.

El bosque de laurisilva, de arbolado pluriespecífico con casi 20 especies y 7 familias bajo la preeminencia de las lauráceas, tiene carácter muy tupido y su densa cobertura y entidad foliar contribuyen a fijar el ambiente húmedo que exige. Las gotas de la niebla se agrupan en otras mayores en la superficie lustrosa de las hojas hasta caer al suelo; y la luz e insolación débiles del pie frenan la evaporación. Este bosque, verdadera joya vegetal, ha experimentado un retroceso notable y su presencia se limita a Tenerife, La Gomera y La Palma, mientras que Gran Canaria es sólo testimonial.

Una franja de 600 m sobre el fayal-brezal y la laurisilva en las vertientes húmedas a barlovento, y entre 600 y 2.200 m en las de sotavento enmarca al bosque de coníferas del pino canario, más resistente al frío y la aridez. Con superficie de 209 km^2, forma las masas forestales más vastas del archipiélago, con buen porte (hasta 60 m en grandes ejemplares), indiferencia al sustrato y acusado carácter monoespecífico en oposición a la laurisilva. Su cortejo es limitado, incluyendo algunos cedros canarios (enebros) y sobre todo un matorral de escobas y cistáceas.

Con madera de calidad media el pinar canario ha sufrido, pese a su vitalidad, un retroceso sensible, en el que se conjugan causas similares a las de los bosques de la Península, si bien persisten pinares en todas las islas, salvo Lanzarote y Fuerteventura sin las condiciones climáticas requeridas por su baja altitud. No faltan las introducciones y repoblaciones de pinos alóctonos, como el insigne (13,6 km^2) y en menor medida el carrasco.

Sobre el límite del piso *montano*, cuyo tramo superior incluye el piso también llamado *mesocanario*, los pinos y cedros dispersos dan paso a matorrales dominados por las leguminosas ásperas que con la altitud se hacen claros y almohadillados hasta desaparecer a 3.000 m por el rigor térmico e, incluso la aridez. Más arriba se impone la desnudez acusada y ceñida al pico del Teide, que sólo matizan especies herbáceas en matillas o disperso. Esas áreas por encima de los 2.000 m forman el piso de la *alta montaña*, o los pisos *supracanario* y *orocanario* en otros criterios, son reducidas (244 km^2) y limitadas a Tenerife y La Palma, contrastando su originalidad y riqueza florística con el raquitismo de las formaciones.

CUADRO 3.18. *Equivalencias entre los nombres de plantas usados en el texto y los latinos científicos incluyendo notación de género y porte***

** *sp = varias especies del mismo género. A y AB = árbol y arbusto en los portes más frecuentes. H = hierba*

Abedules (A)	*Betula celtiberica*, sp.	Gayuba (AB)	*Arctostaphylos uva ursi*
Abeto pinabete (A)	*Abies alba*	Guillomo (AB)	*Amelanchier ovalis*
Acebo (AB)	*Ilex aquifolium*	Haya (S)	*Fagus sylvatica*
Acebuche (A-AB)	*Olea eurapaea*	Helecho común (H)	*Pteridium aquilinum*
Aladierno (AB)	*Rhamnus alaternus*	Hiedras (AB)	*Hedera*, sp.
Alamo blanco (A)	*Populus alba*	Jara pringosa (AB)	*Cistus ladanifer*
Albardín (H)	*Lygeum spartum*	Jaras (AB)	*Cistus*, sp.
Alcornoque (A)	*Quercus suber*	Laurel (A-AB)	*Laurus nobilis*
Algarrobo (A)	*Ceratonia siliqua*	Lentisco (AB)	*Pistacia lentiscus*
Aliaga (AB)	*Genista scorpius*	Lúpulo (H)	*Humulus lupulus*
Aligustre (AB)	*Ligustrum vulgare*	Madreselva (AB)	*Lonicera etrusca*, sp.
Aliso (A)	*Alnus glutinosa*	Madroño (AB)	*Arbutus unedo*
Arándano (AB)	*Vaccinium myrtillus*	Majuelo (AB)	*Crataegus monogyna*
Arces (A)	*Acer*, sp.	Mirto (AB)	*Myrtus comunis*
Arraclán (AB)	*Frangula alnus*	Mostajo (AB-A)	*Sorbus aria*, sp.
Avellano (AB)	*Corylus avellana*	Olmos (A)	*Ulmus minor, U. glabra*
Azufaifo (AB)	*Zizyphus lotus*	Palmera canaria (A)	*Phoenix canariensis*
Boj (AB)	*Buxus sempervirens*	Palmito (AB)	*Chamaerops humilis*
Bolina (AB)	*Santolina rosmarinifolia*	Pino canario (A)	*Pinus canariensis*
Bonetero (AB)	*Evonimus europaeus*	Pino carrasco (A)	*Pinus halepensis*
Brecina (AB)	*Calluna vulgaris*	Pino insigne (A)	*Pinus radiata*
Brezo blanco (AB-A)	*Erica arborea*	Pino laricio (A)	*Pinus nigra*
Brezos comunes (AB)	*Erica australis*, sp.	Pino negro (A)	*Pinus uncinata*
Brezos enanos (AB)	*Erica vagans*	Pino piñonero (A)	*Pinus pinea*
Cantueso (AB)	*Lavandula stoechas*	Pino resinero (A)	*Pinus pinaster*
Cardón canario (AB)	*Euphorbia canariensis*	Pino silvestre (A)	*Pinus sylvestris*
Carpaza (AB)	*Halimium alyssoides*	Pinsapo (A)	*Abies pinsapo*
Carquesa (AB)	*Genistella tridentata*	Piornos (AB)	*Cytisus oromediterraneus*
Castaño (A)	*Castanea sativa*	Pitas (AB)	*Agave*, sp.
Cedro (A)	*Juniperus cedrus*	Quejigo enciniego (A)	*Quercus faginea*
Cerezo silvestre (A)	*Prunus avium*	Quejigo andaluz (A)	*Quercus canariensis*
Cerezuelo (A-AB)	*Prunus padus*	Rebollo (A)	*Quercus pyrenaica*
Cervuno (H)	*Nardus*, sp., *Festuca*, sp.	Retamas (AB)	*Retama*, sp.
Cornejo (AB)	*Cornus sanguinea*	Roble carballo (A)	*Quercus robur*
Coscoja (AB)	*Quercus coccifera*	Roble albar (A)	*Quercus petraea*
Chopo (A)	*Populus nigra*, sp.	Roble pubescente (A)	*Quercus pubescens*
Chumbera (AB)	*Opuntia*, sp.	Roble híbrido (A)	*Quercus x rosacea*
Drago (A)	*Dracaena draco*	Romero (AB)	*Rosmarinus officinalis*
Encina interior (A)	*Quercus rotundifolia*	Rosal silvestre (AB)	*Rosa*, sp.
Encina costera (A)	*Quercus ilex*	Rubia (H)	*Rubia peregrina*
Endrino (AB)	*Prunus spinosa*	Sabina albar (A-AB)	*Juniperus thurifera*
Enebro común (AB)	*Juniperus comunis*	Sabina enana (AB)	*Juniperus sabina*
Enebro de miera (A-AB)	*Juniperus oxycedrus*	Sabina mora (A-AB)	*Juniperus phoenicia*
Enebro enano (AB)	*Juniperus comunis* (subesp. alpina.)	Sauces (AB-A)	*Salix*, sp.
		Tabaibas (AB)	*Euphorbia balsamifera*, sp.
Escobas (AB)	*Cytisus*, sp., *Genista*, sp.	Tejo (A-AB)	*Taxus baccata*
Esparto (H)	*Stipa tenacissima*	Tilo (A)	*Tilia cordata*
Espino negro (AB)	*Rhamnus lycoides*	Tréboles (H)	*Trifolium*, sp.
Espliego (AB)	*Lavandula latifolia*	Tojo común (AB)	*Ulex europaeus*
Estepa (AB)	*Cistus laurifolius*	Tojo enano (AB)	*Ulex cantabricus*
Eucaliptos (A)	*Eucaliptus globulus*, sp.	Tomillo mejorana (AB)	*Thymus mastichina*
Faya canaria (A)	*Myrica faya*	Tomillo salsero (AB)	*Thymus zygis*
Festucas (H)	*Festuca indigesta*, sp.	Tomillos (AB)	*Thymus*, sp.
Fresnos (A)	*Fraxinus excelsior*	Zarzamoras (AB)	*Rubus*, sp.

Bibliografía básica

Albentosa, L. (1989): *El clima y las aguas*, Síntesis, Madrid.
Alcaraz, F., y otros (1987): *La vegetación de España*, Universidad de Alcalá de Henares, Madrid.
Bellot, F. (1978): *El tapiz vegetal de la Península Ibérica*, Blume, Madrid.
Blas Aritio, L. (1981): *Guía de los parques nacionales españoles*, Incafo, Madrid.
Capel Molina, J. (1981): *Los climas de España*, Oikos-Tau, Barcelona.
Ceballos, A., y otros (1980): *Plantas silvestres de la península Ibérica*, Blume Ed., Madrid.
Ceballos, A. (1986): *Plantas de nuestros campos y bosques*, ICONA, Madrid.
Ceballos, L. (1966): *Mapa forestal de España*, Ministerio de Agricultura, Madrid.
Elías Castillo, F., y Ruiz Beltrán, L. (1979): *Precipitaciones máximas en España*, Ministerio de Agricultura, Madrid.
Elías Castillo, F., y Ruiz Beltrán, L. (1977): *Agroclimatología de España*, Instituto Nacional de Investigaciones Agrarias, Madrid.
Ferreras, C., y Arozena, M. E. (1987): *Guía Física de España 2. Los bosques*, Alianza, Madrid.
Font Tullot, I. (1988): *Historia del clima de España. Cambios climáticos y sus causas*, Instituto Nacional de Meteorología, Madrid.
Font Tullot, I. (1983): *Climatología de España y Portugal*, Instituto Nacional de Meteorología, Madrid.
Gandullo, J. M. (1984): *Clasificación básica de los suelos españoles*, Fundación Conde del Valle de Salazar, Madrid.
Garmendia, J., y otros (1989): *Meteorología y climatología ibéricas*, Ed. Universidad de Salamanca.
Gribbin, J., y otros (1988): *El libro del clima. El tiempo en España*, Ed. Folio, Madrid.
Huerta, F. (1984): *Lluvia media en la España peninsular*, I.N.M., Madrid.
ICONA (1975): *Inventario Forestal Nacional: estimaciones comarcales y mapas*, MAPA, Madrid.
Instituto Nacional de Meteorología: *Boletín Meteorológico Diario*, Madrid.
Instituto Nacional de Meteorología (1984): *Radiación solar en España*, Madrid.
Lautensach, H. (1967): *Geografía de España y Portugal*, Vicens Vives, Barcelona.
López, G. (1982): *Guía de los árboles y arbustos en la Península Ibérica*, Incafo, Madrid.
MAPA (1965): *Evapotranspiraciones potenciales y balances de agua en España. Mapa agronómico nacional*, Madrid.
Muñoz Jiménez, J. (1980): «Ensayo de clasificación sintética de los climas de la España peninsular y Baleares», *Estudios Geográficos*, n.º 160, pp. 267-302.
Nieves Bernabé, M., y otros (1988): *Clave de los suelos españoles*, Mundi-Prensa Ed., Madrid.
Ortega Hernández-Agero, C. (coord.): *El libro rojo de los bosques españoles,* Adena, Madrid, 1989.
Ortuño, F., y Ceballos, L. (1977): *Los bosques españoles*, Incafo, Madrid.
Peinado Lorca, M., y Rivas Martínez, S. (1987): *La vegetación de España*, Universidad de Alcalá de Henares, Madrid.
Rivas Goday y Rivas Martínez, S. (1957): *Estudio y clasificación de los pastizales españoles*, Ministerio de Agricultura, Madrid.
Rivas Martínez, S. (1987): *Mapa de series de vegetación de España y memoria*, MAPA, ICONA, Madrid.
Rubio Recio, J. M. (1988): *Biogeografía. Paisajes vegetales y vida animal*, Síntesis, Madrid.

Capítulo 4

LAS AGUAS

El agua —uno de los cuatro elementos de las cosmografías clásicas— ocupa un lugar central en la organización de los ecosistemas naturales y en la morfología de los paisajes culturales. Su centralidad permite relacionar entre sí los componentes ambientales, incluyendo las actividades humanas. Las plasmaciones geográficas más caracterizadas de las aguas continentales son los ríos, los glaciares, los lagos y los humedales. Los grupos humanos los utilizan para desarrollar sus actividades económicas.

1. El sistema fluvial

El flujo de las aguas superficiales se organiza en cuencas de drenaje. Una cuenca fluvial constituye un sistema en cascada que transforma las precipitaciones en caudal. Los componentes del sistema (tamaño de la cuenca, densidad de drenaje, pendientes, características de los acuíferos, cubierta vegetal, usos del suelo, etc.) condicionan las complejas respuestas de cada cuenca.

A efectos explicativos, serán consideradas las características de las cuencas de drenaje (superficie, forma, pendientes, etc.), después las de la red de drenaje (tipos de afluentes, cuantificación de segmentos, etc.) y finalmente las referidas al cauce. También se aludirá a los acuíferos por su relevancia en el sistema fluvial.

a) SUPERFICIES, FORMAS Y PENDIENTES DE LAS CUENCAS

El *tamaño de las cuencas* fluviales españolas (cuadro 4.1) constituye una variable fundamental en la organización del drenaje. Las cuencas del Duero, Ebro y Tajo integran las mayores superficies vertientes peninsulares seguidas del Guadiana y Guadalquivir y, a distancia, las cuencas del Júcar, Miño y Segura. Otras muchas cuencas menores desaguan directamente al mar.

A su vez, una cuenca de drenaje se articula en subcuencas. La cuenca del Guadalquivir se reparte entre los 27.940 km^2 de la margen derecha y los 29.437 de la margen izquierda. La cuenca del Ebro es menos simétrica (35.707 km^2 corresponden a la vertiente ibérica y 48.862 km^2 a la cantábrica y pirenaica). A una y otra

CUADRO 4.1. *Áreas vertientes de la Península Ibérica*

Vertiente	Sector		Río	Superficie (km²)	Longitud (km)
Atlántica 400.839 km² 69 %	Grandes colectores de la meseta 36 %		Duero Tajo Guadiana	98.375 81.947 67.500	913 1.202 820
	Derrames periféricos de la Meseta 21 %	C.ª Cantábrica 4 %	Nalón etc.	4.657	135
		Macizo galaico 17 %	Miño etc.	17.757	343
	Depresión bética 12 %		Guadalquivir	57.421	580
Mediterránea 182.661 km² 31 %	Derrames Cordilleras Béticas 3 %				
	Derrames Cordillera Ibérica 7 %		Segura Júcar etc.	16.164 22.145	341 534
	Depresión ibérica 15 %		Ebro	85.997	928
	Derrames Pirineo oriental y Cataluña 6 %		Llobregat Ter etc.	5.455 3.295	170 184

Fuente: Terán y otros, *Geografía general de España.*

margen, el Tajo y el Guadiana cuentan con subcuencas disimétricas mientras que las del Duero son bastante más simétricas.

A menudo, la *forma de las cuencas* peninsulares está limitada por niveles de cumbres de las principales cordilleras. A grandes rasgos, la morfología de las cuencas delata la adaptación fluvial a unidades estructurales hundidas (depresión del Ebro, fosa del Tajo, depresión del Guadalquivir, etc.). Así sucede con la forma elongada de las cuencas del Tajo o del Guadiana cuya delimitación corresponde a bloques tectónicos próximos entre sí (Ibáñez, M. J., 1983).

En otras ocasiones, la forma de la cuenca se ha ampliado o reducido por capturas o retrocesos de cabecera. Así, el Júcar captó a fines del Terciario un colector manchego que hasta entonces vertía al Atlántico. El río Llobregat ha ampliado su cuenca a costa de superficies que previamente eran drenadas hacia el Ebro. Otro tanto ocurre con el río Sil en El Bierzo. Un gran número de capturas testimonia la compleja acomodación fluvial a los esfuerzos distensivos alpinos.

La *pendiente de las cuencas* tiene gran trascendencia al tratarse de aguas de gravedad. Los ríos de la vertiente atlántica drenan más de dos terceras partes (69 %) de la Península, mientras los ríos mediterráneos avenan menos de un tercio (31 %). A excepción del Ebro, los mayores colectores peninsulares desaguan hacia el Atlántico (fig. 4.1).

A menudo, en las grandes cuencas ibéricas se contraponen los desniveles de los afluentes procedentes de las altas cumbres periféricas y los tendidos gradientes de los cauces a su paso por las extensas mesetas y depresiones terciarias. Por su parte, las cuencas que desaguan hacia el Cantábrico y hacia el mar de Alborán avenan escarpados frentes montañosos; muchas cuencas galaicas y mediterráneas están integradas por graderíos desigualmente hundidos hacia el mar.

Dentro de una cuenca, en ocasiones existen importantes rupturas de pendiente. El Duero —de suave perfil en la fosa terciaria— al llegar a los *Arribes* aumenta su pendiente, se encaja en el zócalo herciniano y forma profundas gargantas. Algo similar ocurre en el Tajo, pero con menor gradiente y en el Guadiana en su trayecto por territorio portugués. En la cuenca del Guadalquivir se contraponen la abrupta margen derecha (sierra Morena) y la margen izquierda más tendida cuando discurre por los corredores béticos. Los perfiles longitudinales de los ríos Ebro y Duero contrastan con los de sus principales tributarios (fig. 4.2).

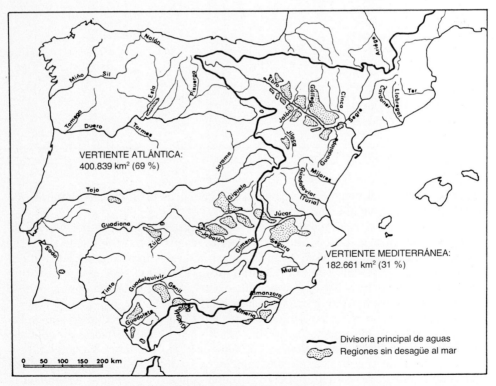

Fig. 4.1. *Disimetría entre la vertiente atlántica y la mediterránea de la Península Ibérica.* Regiones sin desagüe al mar, tomadas de Lautensach.

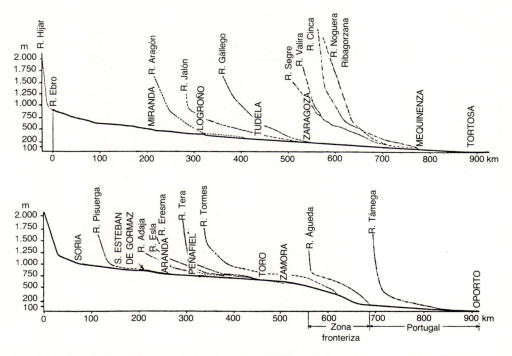

Fig. 4.2. *Perfiles longitudinales comparados de los ríos Ebro y Duero y de sus principales afluentes.* En el Duero se destaca el resalte producido por la Meseta, que no tiene equivalente en el Ebro.

b) Los afluentes

Un río fluye aguas abajo integrando una red de concentración de escorrentía. Diferentes parámetros (orden de los cauces, densidad de drenaje, etc.) establecen las características topológicas del drenaje. En los últimos años, se ha analizado la morfometría de muchas redes de drenaje españolas tomando como base el mapa topográfico, las fotografías aéreas o imágenes de satélite.

Un somero análisis de las redes fluviales establece la relevancia de ciertos afluentes. Algunas confluencias marcan incrementos sustanciales de caudal en los canales principales.

Así, los derrames del Sistema Central en la *cuenca del Duero* siguen trazados paralelos (Riaza, Duratón, Cega, Eresma-Adaja, Tormes, Águeda, etc.) mientras que los afluentes procedentes de la cordillera Cantábrica se organizan en redes dendríticas arborescentes hacia el Pisuerga (15.828 km^2) y el Esla (16.081 km^2). Ambas confluencias representan sendos incrementos de caudal del Duero.

La red de afluentes en ambas márgenes de la *cuenca del Tajo* es asimétrica. Los procedentes del Sistema Central son más largos y sus cuencas más amplias, singularmente el Jarama (11.579 km^2). Precisamente, los desagües interanuales de tres tributarios procedentes de la cordillera Central (Jarama, Tiétar y Alagón) aportan casi la mitad del caudal interanual del Tajo antes de entrar en Portugal.

En la *cuenca del Guadalquivir*, los tributarios de sierra Morena y sierra de Aracena —con notable influencia de las estructuras hercinianas— son de escasa extensión, excepto el Guadalimar (5.321 km^2). De los afluentes de la margen izquierda (Guadalbullón, Guadajoz, Carbones, Guadaira), sobresalen el Guadiana Menor (7.233 km^2) y el Genil (8.264 km^2). Estos dos últimos afluentes, junto con el Guadalimar, aportan casi la mitad de los caudales interanuales del Guadalquivir cuando alcanza las Marismas (Vanney, J. F., 1970).

La *cuenca del Ebro* (Davy, L., 1978) recibe derrames pirenaicos, cantábricos e ibéricos. Entre los afluentes de la margen izquierda (Nela, Zadorra, Ega, Gállego) destacan el Aragón (8.521 km^2) y el Cinca-Segre (22.579 km^2). Ambas subcuencas aportan casi el 60 % de la descarga anual del Ebro en la desembocadura. Por su parte, las cuencas vertientes de la margen derecha desaguan superficies moderadas, a excepción del Jalón (9.718 km^2).

La relevancia hidrológica de la red de tributarios se manifiesta también durante las crecidas. La coincidencia de puntas de los afluentes magnifica las avenidas fluviales. Así ocurre en ocasiones con el Segura y su principal afluente (Guadalentín). Por su parte, las mayores inundaciones de la ribera del Júcar han coincidido con crecidas simultáneas de los colectores que allí desaguan (Júcar, Sallent, Albaida, Magro).

c) LOS LECHOS FLUVIALES

Los cauces son rasgos sobresalientes de los paisajes y de las representaciones cartográficas. En un sistema teórico, se habla de lechos inestables en cabecera, canales más definidos en la cuenca media y cauces amplios en la desembocadura. Algunos autores distinguen lecho mayor y lecho menor. Por lo general, la realidad suele ser más compleja.

Los lechos fluviales pueden ser perennes, estacionales o efímeros. En los tres supuestos, el carácter transitorio del agua y la fluctuación temporal del calado —crecidas y estiajes— ofrecen singulares condiciones microambientales para el desarrollo de las formaciones riparias.

En España se usan expresiones que definen ciertas características hidrogeomorfológicas de los cauces. Sin ánimo exhaustivo, se comentan algunas:

El genérico *rambla* —y otros términos equivalentes— denominan sistemas fluviales y ambientes riparios controlados por un régimen torrencial y espasmódico de la escorrentía. La ausencia de caudal durante gran parte del año resulta de la desconexión hidráulica entre el cauce y el acuífero. A menudo, en la solera de las ramblas se forman barras de canal, reactivadas durante las crecidas (Segura, F., 1987).

Ribera y vega son sinónimos de llano de inundación (Rosselló, V., 1989). La ribera es la franja aluvial llana, emplazada en las márgenes del río, modelada por procesos fluviales y donde por desbordamiento del caudal se aplana el hidrograma de las avenidas. Las riberas son hidrosistemas integrados por formas y estructuras sedimentarias, suelos aluviales y bosques riparios organizados en función del flujo directo y de base de los ríos. Ribera del Duero, ribera del Ebro, ribera del Júcar, vega del Segura, vegas del Guadiana, ribera del Órbigo, ribera del Guadalquivir o vega del Genil son algunos testimonios de la relevancia y personalidad de los llanos de inundación ibéricos.

Las *terrazas* —antiguos llanos de inundación abandonados por encajamiento fluvial— constituyen el rasgo geomorfológico habitual de las márgenes de los ríos. Son superficies llanas delimitadas por un talud e interrumpidas por confluencias u otros puntos de concentración de flujos. En los bordes de muchos lechos peninsulares se reconocen dos o tres niveles predominantes de depósitos aluviales.

Las *gargantas*, cañones, congostos, estrechos y hoces constituyen paisajes fluviales de gran valor ambiental, en ocasiones modificados por embalses. Los Arribes del Duero forman el mayor congosto de la Península. También el Guadiana se instala en un congosto en una parte de su recorrido portugués (llegándose a una angostura de apenas 3-4 m). Algunas hoces y gargantas cársticas llegan a ser espectaculares (Hoz del río Lobos, hoces del Duratón, Pesquera de Ebro, congosto del Ebro en Tivenys al atravesar la cadena costero-catalana, hoces del alto Júcar y el congosto del Júcar medio, alto Segura, etc.). También los ríos cantábricos y mediterráneos de corto recorrido discurren muy encajados en diferentes tramos (garganta del Cares, garganta de Hermida en el río Deva, Turia medio, desfiladero del Chorro, etc.).

Las *cárcavas* indican simultáneamente una modalidad de drenaje y de erosión. Se desarrollan en laderas de litologías blandas, con escasa cubierta vegetal de ambientes semiáridos. Las altas densidades de drenaje propician una rápida respuesta hidrológica durante los episodios de precipitaciones extremas. Las áreas más espectaculares se localizan en el sureste peninsular, aunque también hay importantes abarrancamientos en otros ámbitos semiáridos españoles.

Finalmente, los *lechos canalizados* —aunque irrelevantes porcentualmente— son tramos donde se ha modificado la sección del canal o el índice de flujo con objeto de mitigar el riesgo de desbordamiento. Dichas intervenciones suelen ser frecuentes en sectores urbanos o de alto valor económico. En algunos casos, el cauce puede ser totalmente artificial como resultado de una desviación o una canalización más ambiciosa.

d) Los acuíferos

Las características hidráulicas del acuífero —formación rocosa delimitada por capas impermeables a través de la cual fluye agua subterránea— quedan definidas por su permeabilidad y por su porosidad. Los sistemas acuíferos se recargan por infiltración y percolación y descargan a través de los ríos, manantiales o directamente en el mar. Si no hubiera captaciones, la recarga y la descarga del acuífero tenderían al equilibrio tanto en episodios de sequías prolongadas como en años especialmente húmedos.

Los estudios hidrogeológicos desarrollados en España a lo largo del siglo XX han conseguido un meritorio reconocimiento del territorio con el concurso de reconocidos profesionales de la universidad, del Servicio Geológico de Obras Públicas, del antiguo Instituto Geológico y Minero y otros organismos públicos. Las áreas de fuerte demanda hídrica y los acuíferos más emblemáticos han sido objeto de estudios muy pormenorizados.

En la actualidad (Navarro, A., y otros, 1989) hay catalogados unos 125 sistemas acuíferos cuya superficie totaliza algo más del 40 % del territorio español. Sus dimensiones superficiales están comprendidas entre los 43.450 km² del acuífero del Terciario detrítico central del Duero y los 10-15 km² de algunos miniacuíferos. En el seno de un sistema acuífero de cierta magnitud o complejidad, se individualizan subsistemas y unidades menores (fig. 4.3).

Los *acuíferos detríticos* son los más extensos y coinciden en parte con depresiones terciarias. Las formaciones detríticas de las cuencas del Duero y de parte del Tajo y Guadiana —conectadas lateralmente a los acuíferos mesozoicos de los bordes— aportan caudal de base a los cauces. No obstante, amplias extensiones de las depresiones del Ebro y del Guadalquivir son poco transmisivas, razón por la cual no pueden ser consideradas como sistemas acuíferos.

Los *acuíferos aluviales* —especialmente las terrazas fluviales, riberas y llanos litorales— desempeñan un importante papel hidrológico. Las potencias variables de estas formaciones —adosadas al trazado de la mayoría de los ríos— explican diferencias en cada caso. Por su parte, los acuíferos aluviales en cauces secos —especialmente si son potentes y transmisivos— laminan las primeras fases de las crecidas a causa de las pérdidas de transmisión.

Los *acuíferos carbonatados* —singularmente los situados en cabeceras montañosas húmedas— descargan en los ríos que los drenan. Los mayores ríos peninsulares (Duero, Ebro, Tajo, Guadiana, Júcar, Segura, Guadalquivir) tienen su cabecera en la gran divisoria de aguas peninsular que, a su vez, está integrada por varios sistemas acuíferos que mantienen los respectivos caudales de base.

El resto del territorio español (alrededor del 60 %) alberga acuíferos aislados o zonas prácticamente sin acuíferos. A grandes rasgos, las formaciones litológicas con escasa relevancia hidrogeológica coinciden con afloramientos del zócalo herciniano, con dominios internos de cadenas alpinas (Pirineo axial, Bético), con unidades cabalgantes muy tectonizadas y compartimentadas (Subbético y Prepirineo) y con grandes extensiones de las prefosas alpinas (depresiones del Ebro y del Guadalquivir).

2. Análisis hidrológico del caudal

El caudal de un río —alimentado por flujo directo y flujo de base— procede de la transformación de las precipitaciones caídas sobre su cuenca de drenaje.

Una parte importante de la precipitación registrada sobre España retorna a la atmósfera en forma de vapor de agua. Concretamente, las pérdidas medias por evapotranspiración potencial son del orden de 700 mm en la fachada septentrional de la península y de unos 1.000 mm en la meridional. Desde esta óptica, los ríos peninsulares marcan una transición entre los ríos templados europeos y los *wadi* magrebíes.

Según las estimaciones del Plan Hidrológico Nacional (fig. 4.4), las pérdidas de agua precipitada y no desaguada en el mar sobrepasan el 80 % en los ámbitos de las Confederaciones Hidrográficas del Guadiana, Guadalquivir, sur de España, Segura y Júcar. Las menores pérdidas (en torno al 45 %) tienen lugar en la Confederación del Norte de España. En las áreas de las Confederaciones del Duero, Pirineo oriental, Ebro y Tajo, las pérdidas oscilan alrededor del 60-70 %.

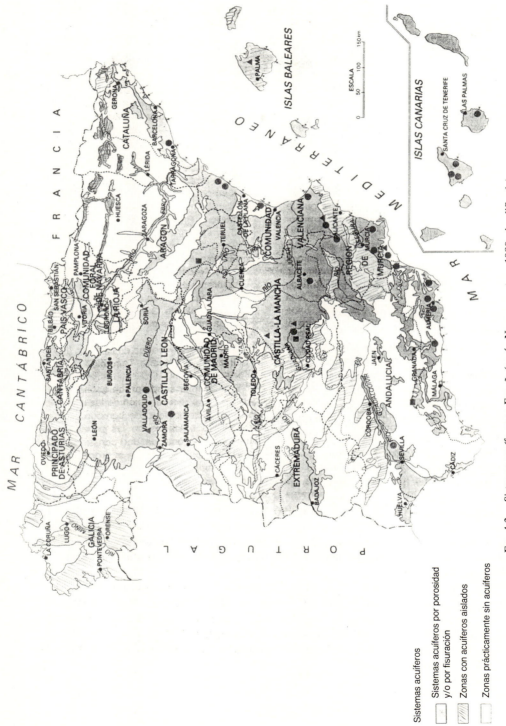

FIG. 4.3. *Sistemas acuíferos en España* (según Navarro y otros, 1989; simplificado).

Sistemas acuíferos

  Sistemas acuíferos por porosidad
  y/o por fisuración

  Zonas con acuíferos aislados

  Zonas prácticamente sin acuíferos

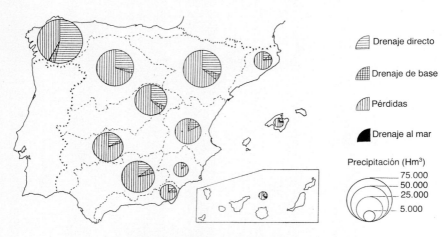

Fig. 4.4. *Balance hídrico por cuencas hidrográficas.*

a) Los volúmenes de escorrentía fluvial

El registro sistemático de calados en secciones acondicionadas de los cauces —denominadas estaciones de aforo— permite posteriores tratamientos estadísticos de los datos de caudal. Los parámetros más usuales son los aportes (expresados en hm^3), el módulo (en m^3/s) y los caudales relativos (en l/s/km^2) anuales, mensuales e instantáneos para cada estación de aforo.

Las aportaciones interanuales de los ríos españoles —hacia el mar o hacia Portugal— se estiman en unos 113.000 hm^3, de los cuales 94.000 corresponden *grosso modo* a escorrentía directa y casi 19.000 al flujo de base. La descarga subterránea al mar se evalúa en algo más de 1.000 hm^3 (cuadro 4.2). Estos valores interanuales no pueden hacer olvidar la marcada variabilidad anual de los caudales: en algún año muy seco, la aportación no alcanza los 40.000 hm^3.

Desglosando los datos, la vertiente atlántica de soberanía española drena el 75 % de las aportaciones anuales, mientras que el 25 % restante desagua en el Mediterráneo. La cuenca del Ebro —47 % de la superficie vertiente al Mediterráneo— aporta el 64 % de la escorrentía de los colectores que drenan la fachada mediterránea española. Por su parte, el área de la Confederación del Norte de España —1/5 de toda la vertiente atlántica española— drena un volumen semejante al resto de las confederaciones atlánticas.

Sin abandonar la referencia a las confederaciones, resulta muy ilustrativo comparar sus recursos unitarios (expresados en m^3/km^2) (cuadro 4.3). Norte de España, Tajo y Ebro sobrepasan la media española mientras en el extremo opuesto se sitúa el área de la Confederación del Segura precedida por la del Júcar. A efectos comparativos, los recursos unitarios del sureste peninsular son quince veces inferiores al norte de España (fig. 4.5).

CUADRO 4.2. *Recursos hídricos naturales (en hm³/año)*

Confederación	Superficie km²	Precipitación hm³	Drenaje fluvial (hm³)			Drenaje al mar (hm³)	Total (hm³)
			directo	de base	total		
Norte	53.804	72.797	39.113	2.855	41.968	120	42.088
Duero	78.954	50.868	13.293	1.875	15.168	– (10)	15.168
Tajo	55.645	35.698	11.213	1.645	12.858	– (5)	12.858
Guadiana	59.672	33.818	5.411	714	6.125	40	6.165
Guadalquivir	63.972	37.189	5.456	2.250	7.706	65	7.771
Sur	17.969	9.904	1.258	1.080	2.338	80	2.418
Segura	18.870	7.170	452	528	990	10	1.000
Júcar	42.988	23.382	637	3.290	3.927	215	4.142
Ebro	85.399	51.495	15.275	2.883	18.158	40	18.198
Pirineo oriental	16.493	12.320	1.744	921	2.665	115	2.780
Total España peninsular	493.771	334.641	93.852	18.051	111.903	685 (700)	112.588
Baleares	4.834	2.852	160	435	595	150	745
Canarias	7.273	2.628	265	470	735	230	965
Total de España	505.873	340.121	94.277	18.956	113.233	1.065 (1.080)	114.298

Fuente: MOPU, *Memoria del Plan Hidrológico Nacional,* 1993.

CUADRO 4.3. *Recursos unitarios por confederaciones*

Confederación	(en m³/km²)
Norte	780.016
Duero	192.111
Tajo	231.071
Guadiana	102.644
Guadalquivir	120.458
Sur	130.112
Segura	52.464
Júcar	91.351
Ebro	212.637
Pirineo oriental	161.583
Total España peninsular	226.629
Baleares	123.086
Canarias	101.058
Total de España	223.836

Fuente: MOPU, *Memoria del Plan Hidrológico Nacional,* 1993. Elaboración propia.

b) COMPONENTES DEL CAUDAL FLUVIAL

Hasta aquí han sido considerados los aportes interanuales de los ríos al mar o a la frontera portuguesa. No obstante, la lámina de agua en las estaciones de aforo es fluctuante a lo largo del año con fases ascendentes y descendentes. Los aportes variables del caudal de base y del caudal directo expresan la complejidad hidrológica de la cuenca de drenaje.

El caudal de base está condicionado por la inercia de los acuíferos. En general, la descarga subterránea depende más de los volúmenes almacenados en cada momento en el acuífero que de las características de cada uno de los sucesos de precipitación.

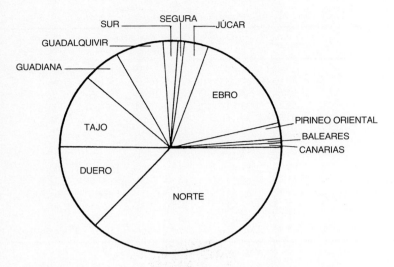

Fig. 4.5. *Recursos naturales unitarios por Confederaciones Hidrográficas.*

Aproximadamente, 19.000 hm^3 —un 16,7 % de la descarga interanual de los ríos españoles— proceden de acuíferos. Es un volumen casi equivalente a los aportes medios anuales de los ríos de la mitad meridional de la Península.

El caudal de base supera en volumen anual al del caudal directo en los espacios adscritos a las Confederaciones del Júcar, Baleares, Canarias y Segura y casi lo alcanza en las del sur de España y Pirineo oriental. Todas estas confederaciones —genéricamente semiáridas— tienen en común enclaves montañosos formados por acuíferos calcáreos (o volcánicos en Canarias). Los cauces —a menudo encajados en los sistemas acuíferos montanos o en acuíferos detríticos de las depresiones— reciben flujos de retorno que garantizan la inercia del caudal durante los meses de prolongada sequía.

En el sector español de la *cuenca del Duero*, los sistemas acuíferos integran casi el 65 % de la superficie vertiente. Los acuíferos detríticos de la fosa y los carbonatados de los bordes montañosos —conectados lateralmente entre sí— aportan flujos de base a los afluentes (Órbigo, Esla, Cea, Valderaduey, etc.) y al cauce del Duero estimados en unos 1.800 hm^3 (fig. 4.6). En algunos tramos —entre Valladolid y Zamora— el flujo de base incorpora a los cauces aguas con elevado contenido salino y de carácter clorurado y sulfatado (Navarro, y otros, 1989).

En la *cuenca del Tajo* (tramo español), los sistemas acuíferos (un 25 % de la superficie) están delimitados por zonas no acuíferas o por acuíferos aislados (materiales del zócalo herciniano, formaciones terciarias poco transmisivas). El caudal de base del Tajo se estima en unos 1.700 hm^3 procedentes de acuíferos del valle detrítico y de la cabecera carbonatada.

En la *cuenca del alto Guadiana* cabe diferenciar tres sectores (margen derecha, margen izquierda y un sector central o llanura manchega propiamente dicha) conectados hidráulicamente. Los afluentes de la derecha (Záncara, Cigüela, Riánsares, Rus y Saona) drenan subcuencas poco permeables —y, por tanto, muy depen-

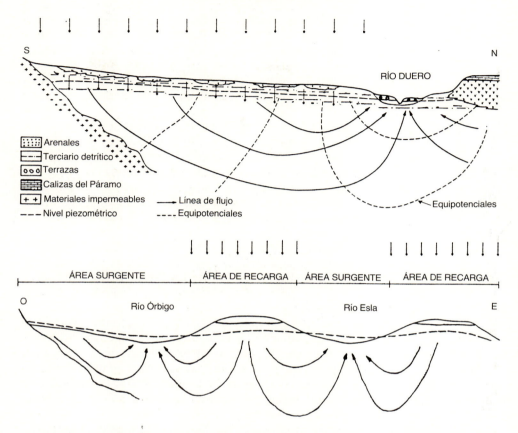

Fig. 4.6. *Esquemas de flujo en la cuenca del Duero* (según Navarro y otros, 1989). Región de los Arenales y del Esla-Valderaduey.

dientes de la estructura de las precipitaciones— aunque vehiculan débiles aportes de base procedentes de las sierras de Altomira y adyacentes. Por su parte, los afluentes de la izquierda (Guadiana alto, Córcoles, Pinilla y Azuer) avenan en cabecera el sistema acuífero de los Campos de Montiel que descarga 75 hm^3 a través de dichos afluentes y lateralmente otros 50 en la llanura manchega.

La llanura manchega es un complejo sistema acuífero recargado —además de las precipitaciones y aportes laterales— por escorrentías de colectores que allí desaguan (especialmente de los Campos de Montiel). A su vez, el acuífero manchego alimenta los encharcamientos de las Tablas de Daimiel, los Ojos del Guadiana y varias decenas de lagunas en la «Mancha húmeda». En síntesis, la cuenca del alto Guadiana constituye un sistema hidrológico que integra las aguas superficiales y subterráneas. Masivas captaciones en la llanura manchega han producido un descenso medio de cinco metros en el freático con implicaciones hidrológicas y ambientales sobre el Parque Nacional de las Tablas de Daimiel, los Ojos del Guadiana y varios distritos lagunares. Ahora se intenta restaurar algunos elementos mediante aportes del trasvase Tajo-Segura (Navarro, y otros, 1989).

El extenso sistema acuífero mesozoico del flanco occidental de la cordillera Ibérica (más de 17.000 km^2) descarga hacia las cuencas del Tajo, Guadiana, Segura y, sobre.todo, hacia el Júcar. Precisamente en la *cabecera del Júcar* se ubica el subsistema acuífero de Cuenca (3.000 km^2) y aguas abajo el subsistema de Albacete (7.650 km^2).

El subsistema de Albacete y el lecho del Júcar (fig. 4.7) están conectados hidráulicamente. Los Llanos de Albacete y sus relieves periféricos integran un acuífero multicapa carbonatado (jurásico, cretácico, pontiense). En superficie, se registran pérdidas de cauces (Lezuza, Jardín), encharcamientos y distritos lagunares que han sido reducidos mediante canales de desagüe. El subsistema acuífero de Albacete descarga en parte al Júcar. En efecto, a lo largo de este tramo y sin ningún afluente significativo, el Júcar aumenta su caudal en unos 300-450 hm^3 (esto es, entre 10-15 m^3/s).

En la *cordillera Cantábrica*, los acuíferos carbonatados alcanzan cierta entidad. Sus descargas —en un ambiente montano de precipitaciones sostenidas— regulan los aportes de los ríos Sella, Cares, Deva, Miera y Asón. También unidades acuíferas carbonatadas de las *cordilleras Béticas* alimentan el caudal de base del Genil, Guadalfeo, Guadiaro, etc.

Hasta aquí se ha supuesto que el flujo de base siempre recarga el caudal fluvial. Sin embargo, el río puede circular por encima del nivel freático en cuyo caso se producen pérdidas de transmisión. Algunas ramblas de la España calcárea son perennes en cabecera e intermitentes en sus cursos bajos, a pesar de que el régimen de precipitaciones apenas varía desde aguas arriba a aguas abajo. La intermitencia de dichas ramblas en los cursos bajos deriva de la desconexión hidráulica entre el lecho y el acuífero (Segura, F., 1987; Mateu, J., 1989).

También en la cordillera Ibérica, los ríos Huecha, Huerva, Aguas Vivas o Bergantes discurren en parte colgados sobre el nivel piezométrico regional de modo que sus caudales alimentan los freáticos. Otro tanto sucede con algunos afluentes del Tajo: así, el Guadarrama es efluente hasta la altura de Boadilla (incrementa su

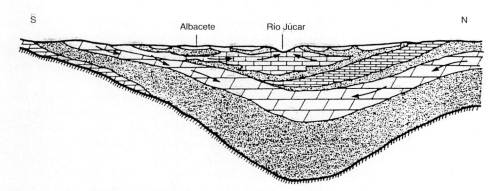

Fig. 4.7. *Esquema del funcionamiento hidrogeológico de los Llanos de Albacete y su drenaje hacia el río Júcar.*

caudal medio en 40 l/s), después hasta las proximidades de Batres se hace influente cediendo 50 l/s al Terciario, luego vuelve a ser efluente hasta Camarenilla con aumentos de 170 l/s e influente hasta la carretera de Toledo a Torrijos (pierde 110).

Del mismo modo que la evaporación, el caudal de base es una expresión de la compleja transformación que sufren las precipitaciones caídas sobre el sistema fluvial.

El *caudal directo o inmediato* está integrado por los aportes de escorrentías superficial y subsuperficial. La *escorrentía subsuperficial* procede del suelo y alimenta lateralmente el caudal fluvial. Pese a su irrelevancia en el aporte interanual de los ríos, la humedad del suelo es decisiva para la recarga de los acuíferos y el inicio de la escorrentía superficial. En la franja septentrional de la península y en las altas montañas ibéricas, los altos contenidos de humedad del suelo favorecen el desarrollo de flujo laminar con precipitaciones de baja intensidad.

La *escorrentía superficial* comprende el flujo superficial del agua en dirección a los cauces. Incrementa el caudal de los ríos desde el momento que se rebasa la capacidad de infiltración (fig. 4.8). En otras palabras, la escorrentía superficial depende de la estructura espacio-temporal de la precipitación y de la saturación del suelo.

El significado del caudal inmediato se manifiesta, sobre todo, durante las avenidas ordinarias o extremas desencadenadas por precipitaciones o fusión nival. La llegada de caudal inmediato a la estación de aforo quiebra la fase descendente del hidrograma. A partir de entonces el hidrograma describe una curva ascendente, una o varias puntas y posteriormente una curva descendente más tendida. Entre el hietograma de la tormenta y el hidrograma de la crecida —dentro de una misma cuenca— se producen notables diferencias según haya sido la estructura espacio-temporal de la precipitación y la respuesta hídrica del suelo.

Caudal directo o inmediato puede generarse en cualquier momento del año.

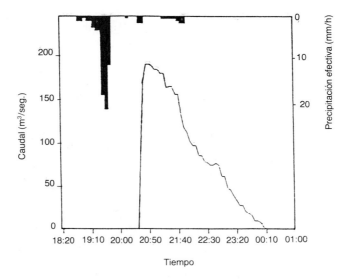

FIG. 4.8. *Hidrograma registrado en la cuenca de Poyo* (según Camarasa, A., en prensa).

No obstante, los caudales directos más voluminosos suelen ser recurrentes por la repetición interanual de las causas desencadenantes. En los ríos gallegos y en los de la cornisa cantábrica las avenidas más frecuentes suelen ser invernales. En los grandes ríos de la Meseta, las crecidas habituales suelen registrarse entre diciembre y marzo. En la región bética, son frecuentes en otoño e incluso en invierno. Son comunes las avenidas otoñales en los ríos de la fachada mediterránea española (Masachs, V., 1948). En altas montañas, las crecidas más características van asociadas a la fusión de la nieve. En todo caso, se trata de crecidas ordinarias —alta frecuencia— repetidas casi todos los años.

En ocasiones, los caudales de las crecidas alcanzan valores extremos (escasa frecuencia y gran magnitud). Durante tales sucesos, la cuenca y los cauces vehiculan mucha energía cinética que se transforma en altas tasas de remoción-deposición (transporte de sólidos) y en cambios geomórficos en el sistema fluvial.

Antes de la construcción de las grandes presas, las crecidas extremas alcanzaban puntas de gran magnitud. Así, en 1787, el Ebro a su paso por Xerta vehiculó más de 23.000 m^3/s. El Tajo en Vila Velha de Rodão desaguó 15.000 m^3/s en 1876. En 1909, el Duero alcanzó una punta estimada entre 16.000 y 18.000 m^3/s. En alguna crecida, el Guadalquivir ha registrado caudales superiores a 10.500 m^3/s (Masachs, V., 1948). En las riberas de los ríos, suelen ser habituales marcas que perpetúan las alturas alcanzadas durante las mayores crecidas (por ejemplo en el Ayuntamiento de Burgos o en la iglesia de Xerta).

En la fachada mediterránea, la combinación de las peculiares características de las cuencas fluviales y las específicas estructuras espacio-temporales de las precipitaciones desencadenan crecidas de gran magnitud (Mateu, J., 1989). En octubre de 1957, el río Turia registró una punta estimada de crecida de 3.700 m^3/s que asoló una parte importante de la ciudad de Valencia. Otros muchos ejemplos pueden citarse en el inmediato reciente desde el Ter hasta el Guadalhorce (el Vallès en 1965; las ramblas del sureste en 1973; ribera del Júcar en 1982; etc.). Otro tanto sucede en los ríos cantábricos si se desencadenan precipitaciones convectivas de alta intensidad (por ejemplo, los ríos vascos en verano de 1983) sobre cuencas de gran pendiente.

c) EL COMPORTAMIENTO MENSUAL DE LOS RÍOS

Al constatar la recurrencia de los sucesos hidrológicos, la geografía francesa asoció el ritmo mensual del caudal a los regímenes de precipitación. En este contexto (Masachs, V., 1948), estableció tipos de régimen fluvial simples (pluvial, pluvio-nival y nival) coincidentes con regiones homogéneas desde la perspectiva pluviométrica (figs. 4.9 y 4.10).

— El *régimen pluvial* es el más habitual cuando ríos elementales ibéricos drenan vertientes por debajo de los 1.000 m. Los caudales mensuales siguen un ritmo de aguas altas y bajas semejante a las medias mensuales de precipitación. En atención a las diferencias dentro de la Península, se establece un subtipo pluvial oceánico y otro pluvial mediterráneo.

Los ríos con régimen *pluvial oceánico* —característicos del norte de España— registran aguas altas en otoño-invierno y aguas bajas muy atenuadas durante el ve-

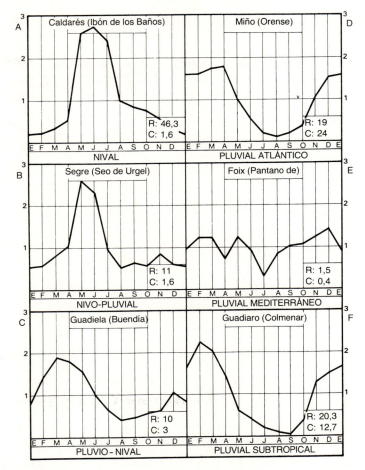

FIG. 4.9. *Tipos de régimen fluvial de la Península Ibérica* (según Masachs). R: Caudales relativos por kilómetro cuadrado de cuenca. C: Caudales absolutos expresados en metros cúbicos.

rano. La elevada saturación del suelo a lo largo del año facilita los aportes de la escorrentía superficial, incluso con precipitaciones de baja intensidad.

Los ríos con régimen *pluvial mediterráneo* muestran un marcado estiaje veraniego. El momento de aguas más altas puede registrarse en el otoño (fachada este peninsular) o en la primavera (mesetas, béticas). Muchas cuencas elementales de régimen pluvial mediterráneo registran grandes pérdidas por evaporación y no son desconocidos episodios de lluvias de alta intensidad horaria.

— Si desaguan vertientes comprendidas entre 1.600 y 1.800 m, los ríos presentan un *régimen pluvio-nival*. El caudal está alimentado básicamente por precipitaciones en forma de lluvia, pero matizado por la fusión nival de primavera. En consecuencia, registran máximos en abril o marzo, aguas bajas estivales y una recuperación otoñal. Como ejemplo suelen citarse colectores del Sistema Central (Henares, Jarama, Tiétar, Alagón, Tormes, Adaja, Eresma, etc.) y de la cordillera Can-

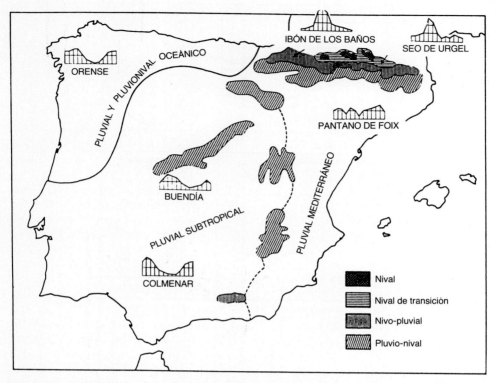

FIG. 4.10. *Distribución de los tipos de régimen fluvial en la Península Ibérica* (según datos de Masachs).

tábrica (Pisuerga, Esla, Cea, etc.). También es el régimen característico de ríos cantábricos y galaicos y, en general, de las cabeceras de muchos colectores meridionales.

— En los ríos de *régimen nivo-pluvial* se constata una mayor relevancia de la retención-fusión nival. Este tipo se asemeja al anterior, aunque las aguas altas de fines de primavera (mayo) son relativamente más cuantiosas. Suele ser habitual entre los 2.000-2.500 m de altitud. A modo de ejemplo, los afluentes pirenaicos del Ebro como el Valira y el Segre en la Seu d'Urgell, el Gállego o el Ter, los ríos Sella y Nalón en la cornisa cantábrica o algunos derrames del Sistema Central.

— El *régimen nival* es propio de cordilleras por encima de los 2.500 m (Pirineos y Sierra Nevada). Los meses de mayo-julio son de aguas abundantes y el estiaje coincide con la estación fría (retención nival). Así sucede en el curso superior del río Caldarés y del Sallent —afluentes del Gállego—, la cabecera del Cinca y del Esera, el Segre en Puigcerdà y los derrames de los dominios culminantes de Sierra Nevada.

Conviene insistir que los precipitados regímenes fluviales corresponden a comportamientos mensuales de ríos que drenan ambientes climáticos muy homogéneos. Obviamente, una cuenca de drenaje, cuando integra sucesivos sectores climáticos, ofrece un régimen complejo o compuesto. Es el caso de los grandes colectores ibéricos.

3. **Grandes ríos peninsulares**

Hasta ahora, hemos desagregado los componentes del caudal fluvial (basal y directo). Al mismo tiempo, hemos identificado regímenes fluviales de ríos cuando drenan sectores pluviométricos homogéneos. Procede ahora recomponer las piezas para evaluar los grandes colectores peninsulares. A modo de ejemplo, sólo se considerarán la indigencia del Segura y la abundancia del Ebro.

La *cuenca del Segura* (López Bermúdez, F., 1973) es un sistema fluvial representativo de la pobreza, irregularidad e inmoderación mediterráneas. El cauce principal presenta una marcada pendiente media (4,85 %), congostos en cabecera, un valle intramontano y un llano de inundación prelitoral y litoral. Pueden reconocerse cuatro sectores: cabecera (hasta la confluencia con el río Mundo), ramblas de la margen izquierda, ríos de la margen derecha y la vega o llano de inundación (fig. 4.11).

El sector de la cabecera (unos 5.000 km^2) proporciona 631 hm^3 interanuales, esto es, el 65 % de los recursos hídricos del Segura. La cuenca alta del Segura y su afluente el río Mundo desaguan derrames de las sierras de Cazorla, Segura, Calar del Mundo y Taibilla integradas en gran parte por acuíferos carbonatados alimentados por precipitaciones en forma de lluvia y nieve. Caso paradigmático es el Taibilla, con reducidos estiajes y caudales de base muy sostenidos a lo largo del año.

Las ramblas afluentes de la izquierda (ramblas del Moro, Judío, Tinajón, Santomera, etc.) drenan un sector de escasas precipitaciones anuales. Apenas producen aportes sostenidos. No obstante, son colectores muy violentos (caudal directo) con motivo de tormentas de gran intensidad horaria.

Los ríos de la margen derecha (Benamor, Argos, Quípar, Mula y, sobre todo, el Guadalentín) aportan volúmenes de caudal de escasa magnitud al circular por sectores semiáridos. No obstante, algunas cabeceras reciben descargas de acuíferos carbonatados. La gran subcuenca del Guadalentín —de moderada pendiente e impermeable en grandes sectores— registra escasas precipitaciones anuales y limitados aportes en régimen naturalizado. Por su parte, las crecidas extremas son del tipo *flash-flood*.

A la salida del tramo de ramblas y ríos afluentes, la aportación interanual del Segura en régimen naturalizado se evalúa en unos 920 hm^3. Es una aportación muy baja si se compara con otros colectores ibéricos de las mismas dimensiones.

El último sector (fig. 4.12) está formado por el llano de inundación litoral o vega baja (0,8 % de pendiente media) con alternantes geometrías transversales (convexa a la altura de Beniel y Orihuela, lisa cerca de Bigastro, convexa al norte de Benijófar y cóncava en las inmediaciones del Molar) (Rosselló, V. M., 1989). En la desembocadura de Guardamar, con una superficie vertiente de unos 16.000 km^2, el Segura desagua en régimen naturalizado unos 970 hm^3 anuales.

Los valores de los aportes interanuales del Segura —al igual que otros ríos de la zona hidrológica mediterránea— enmascaran una gran inestabilidad anual. En al-

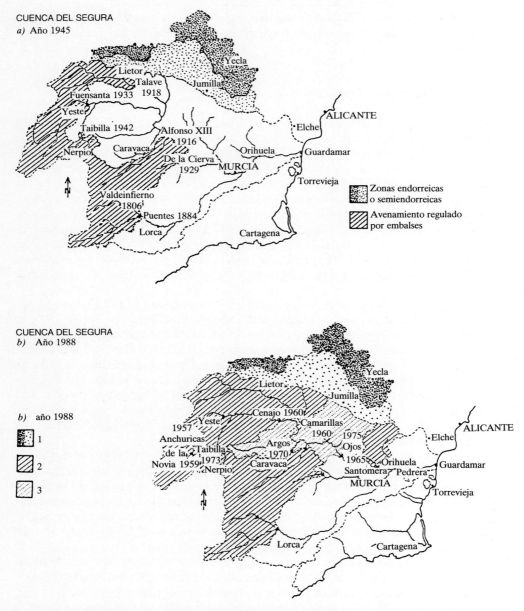

FIG. 4.11. *Endorreísmo en la cuenca del Segura.* La cuenca del Segura, con una superficie de 18.630 km², cuenta con un área endorreica y semiendorreica de unos 2.890 km² extendidos por los llanos meridionales de Albacete y los altiplanos nororientales murcianos. En 1945 la ubicación de los embalses próximos a las cabeceras permitía la regulación sólo de 4.454 km², mientras que la mayor parte de los cursos medios y bajos del Segura y sus afluentes estaban expeditos. Cuenca del Segura, 1988: 1. Superficie endorreica y semiendorreica. 2: superficie regulada por grandes embalses. 3: Área dominada por el Azul de Ojós, con una capacidad de regulación de 30 m³/seg que se desvían, por el acueducto del trasvase Tajo-Segura, hacia el embalse de la Pedrera. En este año la regulación artificial de la cuenca cubría 7.103 km² (según Juárez y otros, 1989).

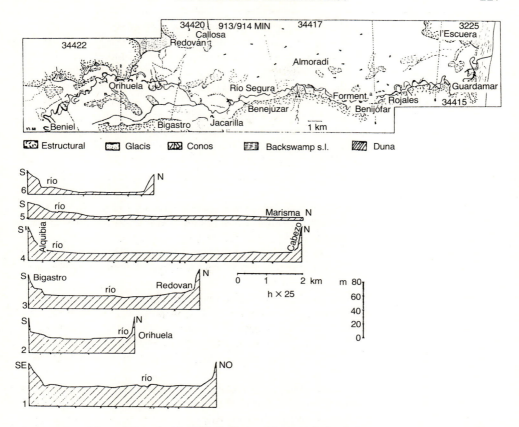

Fig. 4.12. *El llano de inundación del bajo Segura.* Cortes seriados de las sucesivas geometrías (según Roselló, 1989).

gún año seco apenas se alcanzan 575 hm^3 en la desembocadura, mientras en años muy abundantes se totalizan casi 1.600 hm^3. Más de la mitad de la descarga anual procede del flujo de base. Los coeficientes de escorrentía —o porcentaje de agua precipitada que fluye por una estación de aforo— varían según los ambientes climáticos de la cuenca: a la altura de Murcia el coeficiente medio de escorrentía oscila alrededor del 17%.

Los caudales naturalizados se distribuyen a lo largo del año según un régimen unimodal. Los meses de febrero-marzo (y en ocasiones abril) registran los máximos mensuales medios alimentados por la fusión de nieve en el macizo de la Sagra y en las sierras del Segura, Alcaraz y Calar del Mundo. A partir de entonces, se observa un continuado descenso de los caudales mensuales hasta agosto. Desde septiembre se recuperan los caudales medios por precipitaciones de origen mediterráneo que tienen lugar aguas abajo de la cabecera y después por lluvias frontales de procedencia atlántica. No obstante, la inestabilidad interanual del régimen estacional y mensual es muy marcada en la cuenca del Segura.

Las crecidas más frecuentes, a menudo anuales, con caudales diarios comprendidos entre 70 y 300 m³/s, tienen lugar casi siempre en marzo cuando funde la nieve de cabecera. Los mayores caudales de crecida (por encima de 300 y 500 m³/s) tienen menor frecuencia y acontecen sobre todo en otoño y primavera (abril). En los eventos extremos, las crecidas de las ramblas y ríos afluentes suelen incrementar sustancialmente los caudales instantáneos del cauce principal.

La *cuenca del Ebro* (Davy, L., 1978; Ollero, A., 1991) —exponente de abundancia en el contexto de los ríos españoles— queda enmarcada por las montañas cantábricas, Pirineos, cordillera Ibérica y las cadenas costero-catalanas. La alternancia de precipitaciones atlánticas y mediterráneas sobre una cuenca de 85.570 km² —drenada por 12.000 km de cauces clasificados de los cuales 910 corresponden al lecho principal— reducen la variabilidad interanual del régimen (fig. 4.13).

Los afluentes de cabecera (Nela, Ega, Irati), procedentes de la cordillera Cantábrica y Pirineos occidentales, registran aguas altas entre noviembre y abril (máximo en diciembre). En febrero muestran un descenso puntual por retención nival. Por su parte, las aguas bajas de mayo a octubre (con mínimos en julio y agosto) coinciden con un descenso pluviométrico y una mayor evapotranspiración. Su régimen es pluvio-nival.

Los tributarios del Pirineo central (Aragón, Gállego, Cinca) describen un régimen nivo-pluvial con máximos en primavera e incluso principios del verano a causa de la fusión nival y las lluvias primaverales. El mínimo principal se registra en agosto-septiembre al que sigue una recuperación ligada a las lluvias otoñales (máximo secundario en noviembre) y un descenso secundario entre diciembre y febrero (retención nival).

Los drenajes pirenaicos más orientales (Nogueras y Segre) registran el mínimo anual durante el invierno (a causa de la retención nival y el descenso de las precipitaciones). El máximo de finales de primavera-principios del verano está muy marcado. Por contra, el mínimo estival es secundario, amortiguado por las tormentas estivales. El máximo secundario del otoño (noviembre) puede provocar violentas inundaciones en la cuenca del Cinca-Segre. En síntesis, son ríos nivo-pluviales, aunque con matices específicos si se comparan con los afluentes del Pirineo central.

Los cauces procedentes del Prepirineo registran un régimen pluvial mediterráneo. Las aguas altas discurren desde octubre hasta mayo con picos en marzo (precipitaciones primaverales y baja evaporación) y noviembre (recuperación hídrica del suelo). Las aguas bajas fluyen de junio a septiembre (con mínimos en julio).

Algunos afluentes ibéricos en el tramo de La Rioja (Oja, Najerilla, Cidacos) registran, al menos en cabecera, un régimen pluvio-nival al vehicular derrames de las sierras de la Demanda y de Cameros. Sus aguas altas de noviembre a mayo se ven reforzadas por la componente oceánica de las precipitaciones.

Muchos afluentes ibéricos en el sector aragonés reciben aportes de acuíferos carbonatados (Jiloca, Piedra, surgencias de Alhama de Aragón, aportaciones del río Pitarque, manantiales de Santolea y los Fontanales). No obstante, en ellos se definen momentos de aguas altas y bajas. Así el período más abundante en el Jalón se extiende de diciembre a mayo (máximo). A partir de junio comienzan las aguas bajas que se prolongan hasta octubre (mínimo en agosto). Por su parte, el Guadalope registra dos momentos de aguas altas (marzo-junio y octubre) separados por las aguas bajas del verano y del invierno.

FIG. 4.13. *Cuenca del Ebro. Aportes de los tributarios.*

El cuadro 4.4 recoge los aportes interanuales —en régimen naturalizado— de los afluentes que superan los 100 hm^3 y los aportes del cauce principal en sucesivas estaciones de aforo. El cuadro resulta muy expresivo:

— Los afluentes cuyos aportes interanuales superan los 100 hm^3 aportan el 82 % del caudal total del Ebro, mientras sus cuencas de drenaje equivalen al 74 % de la superficie de la cuenca del Ebro.

— Más ilustrativos resultan los parámetros referidos a una y otra margen del Ebro. Los principales afluentes de la margen izquierda aportan el 70 % del caudal de la desembocadura mientras la superficie de sus respectivas subcuencas totalizan el 50 % de la cuenca del Ebro. En la margen derecha, los mayores afluentes apenas proporcionan el 12 % del aporte interanual de la desembocadura del Ebro mientras la superficie de sus subcuencas equivale a una cuarta parte de la cuenca del Ebro. La disimetría hidrológica entre ambas vertientes es notoria.

— Los ríos Segre, Aragón y, en menor medida, el Gállego son los tributarios que alimentan la caudalosidad interanual al Ebro. En otras palabras, los drenajes pirenaicos singularizan al río Ebro dentro del contexto peninsular. En este sentido, tal

CUADRO 4.4.   *Cuenca del Ebro. Aportaciones medias interanuales*

	Superficie (km^2)	Aportes (hm^3)
Nela	1.081	527
Jerea	305	128
Omecillo	363	140
Zadorra	1.373	592
Ega	1.500	492
Aragón	8.604	4.521
Arba	2.218	173
Gállego	3.995	1.087
Segre	22.798	6.337
Margen izquierda	42.235	14.034
Oca	1.100	155
Tirón	1.259	289
Najerilla	1.111	400
Iregua	670	210
Alhama	1.396	135
Jalón	9.607	551
Guadalope	3.819	313
Matarraña	1.717	157
Margen derecha	20.984	2.338
Total afluentes principales	63.219	16.372
Ebro en Miranda	5.481	1.820
Ebro en Mendavia	12.010	3.890
Ebro en Castejón	25.194	9.510
Ebro en Zaragoza	40.434	10.733
Ebro en Sástago	48.974	12.252
Ebro en Flix	82.416	19.709
Ebro en Tortosa	84.230	19.894
Ebro en desembocadura	85.570	19.961

Fuente: Confederación Hidrográfica del Ebro, *Proyecto de directrices del Plan Hidrológico Nacional,* 1992.

vez los paralelismos del Ebro se encuentran en otros ríos mediterráneos que también drenan altas montañas (por ejemplo, Po, Rhone, etc.).

— No obstante, la mediocridad de los aportes ibéricos y el carácter semiárido de la depresión distancian al río Ebro de los ríos europeos precitados. Además, la baja transmisividad de los acuíferos detríticos de la depresión —a excepción de los aluviales— limitan los aportes laterales al colector principal (cuadro 4.5).

4. **Lagos y zonas húmedas**

Gran número de vocablos (lago, laguna, estanque, estaño, marisma, tollo, tremedal, torca, salina, tabla, estero, albufera, nava, marjal, galacho, ibón, charca, etc.) registran la variedad de zonas húmedas en España (Tello, B., y López-Bermúdez, F., 1988).

El *Catálogo de los lagos de España* (Pardo, L., y1948) reseña 2.474 espacios lagunares que, a lo largo del siglo XX, han merecido la atención de numerosos naturalistas (Dantín, Hernández Pacheco, Reyes, Huguet del Villar, Solé Sabarís, Lautensach, Ibáñez, Margalef, etc.). Recientemente, las zonas húmedas han sido objeto de renovada atención científica y valoración ciudadana aunque seculares bonificaciones y saneamientos las han diezmado. Todavía en este siglo, fueron desecados —entre otros— la laguna de la Janda (Cádiz), la laguna de Antela (Orense) y el mar de Campos o laguna de la Nava.

Con la expresión *lacustre* se denominará las masas de agua permanentes o estables que alcanzan o rebasan cierta profundidad. En sentido estricto, la profundidad debería permitir el establecimiento de una estratificación térmica (termoclina) (Margalef, R.,1984). En efecto, profundidad y estabilidad de la masa de agua son algunos de los atributos más conspicuos de los lagos.

Por su parte, los dominios *palustres* están cubiertos por aguas someras y fluctuantes. La variación espacio-temporal de las láminas afecta, sobre todo, a los bordes palustres donde se interpenetran ecosistemas terrestres y acuáticos. A lo largo del año, también suelen registrar cambios de salinidad y turbidez. La frontera lacustre-palustre (Rosselló, V. M., 1991) no es rígida porque la sedimentación impone una inexorable cuenta atrás que acaba en colmatación a medio o largo plazo. Sólo si cambian las condiciones ambientales, se prorroga el mantenimiento de la depresión.

Medios lacustres y palustres muestran una continua adaptación a su entorno. En atención a su variabilidad y diversidad, existen numerosas clasificaciones. Las tipologías de lagos y humedales basadas en factores genéticos explican algunas de

CUADRO 4.5. *Cuenca del Ebro. Recursos subterráneos*

Acuíferos	(hm^3/año)
Acuíferos pirenaicos	2.003
Acuíferos ibéricos	957
Acuíferos aluviales	717
Total	3.677

Fuente: Confederación Hidrográfica del Ebro, *Proyecto de directrices del Plan Hidrológico Naciona*l, 1992.

sus características. También son usuales los criterios de estratificación térmica de las aguas y la frecuencia con que se interrumpe, las agrupaciones según productividad, calidad de las aguas o el origen del recurso.

En la presentación de los lagos y humedales que se desarrolla a continuación se compaginan los grandes dominios territoriales, la fluctuación o continuidad de las masas de agua y los factores genéticos más representativos.

a) Medios lacustres

Los espacios lacustres son alimentados por ríos que conducen a su colmatación por la carga sólida que arrastran, otras veces recogen precipitaciones caídas en la propia cuenca y, en otros casos, la estabilidad de la masa de agua está asegurada por la descarga de acuíferos regionales. La mayor parte de los lagos del interior de la Península Ibérica se localizan en las altas montañas o forman parte de sistemas cársticos. También serán consideradas las represas naturales o artificiales.

1.º *Lagos de las altas montañas*

Casi todos deben su origen a la acción del glaciarismo pleistoceno. Ocupan depresiones excavadas por la lengua glaciar u obstruidas por depósitos morrénicos. La mayoría de los producidos por denudación en el circo o en el valle son someros y de pequeño tamaño, aunque los hay profundos. Por su parte, los lagos instalados aguas arriba de morrenas frontales suelen ser de mayor tamaño y más profundos.

Son lagos exorreicos, de aguas transparentes y, salvo excepciones, se hielan en invierno. Cuando alcanzan suficiente profundidad, son dimícticos porque la estratificación térmica del agua se vuelca dos veces al año (otoño y primavera). Los escasos aportes de nutrientes los sitúa entre los lagos oligotrofos. Están rodeados de entornos de gran valor paisajístico que exige la adopción de medidas de uso restrictivas tendentes a conservar la fragilidad de los sistemas lagunares.

En el *Pirineo* (Margalef, R., y otros, 1975) se cuentan más de un millar de lagos y lagunas glaciares, de los cuales unos 400 se sitúan en la vertiente meridional. Muchos son someros, pero en algunos casos alcanzan varias decenas de metros de profundidad. Algunos ibones y *estanys* pirenaicos ya han sido colmatados por los acarreos sólidos de ríos y torrentes; otros se encuentran en avanzado estado de colmatación con instalación de turberas. También los hay alterados por complejos hidroeléctricos. Merecen ser destacados los ibones de la cabecera del Gállego y Cinca y el gran número de *estanys* en las divisorias de los ríos Garona, Noguera Ribagorzana y Noguera Pallaresa.

Los *macizos montañosos de León y de la Cantábrica* (Covadonga, Somiedo, Saliencia, etc.) también albergan lagos de origen glaciar por encima de 1.500 m. Así, del extenso manto de hielos würmienses instalados en la sierra Segundera, descendían radialmente lenguas glaciares que modelaron los valles de Bibey, Cabrera, Gayuso y Tera. La lengua glaciar del valle del Tera —unos 20 km de longitud y unos 500 m de potencia— modeló el entorno donde se ha instalado la laguna de Sanabria o de San Martín de Castañeda (fig. 4.14).

La laguna de Sanabria —a unos 1.000 m— es el mayor lago glaciar ibérico. Se

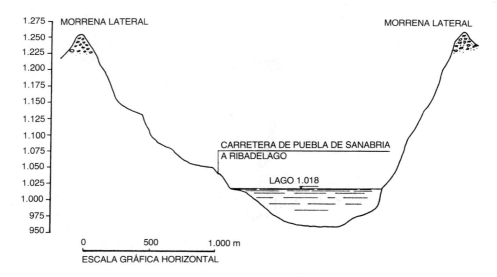

Fig. 4.14. *Perfil de la artesa y cubeta del lago de Sanabria* (según Cabero, 1977).

localiza aguas arriba de una cerrada delimitada por sucesivos arcos concéntricos de morrenas frontales. La laguna ocupa una cubeta alargada de algo más de 3 km de longitud y casi 1,4 de anchura, con dos surcos sobreexcavados (48 y 55 m) separados por un umbral (Cabero, V., 1977).

También hay pequeñas lagunas glaciares en las altas cimas de la *cordillera Ibérica* (Neila, Urbión, Moncayo, etc.). Concretamente, en los picos de Urbión aparecen varias lagunas en circos a los 2.000, 1.800 y 1.760 m. La Laguna Negra (Soria) se sitúa en este último nivel, cerrada por una compleja morrena. Otro tanto sucede en *Guadarrama* y *Gredos* donde las pequeñas masas de hielos würmienses modelaron la Laguna de Peñalara (1.860 m), la Laguna Grande de Gredos (2.000 m), la Laguna Cimera, etc. Finalmente, en *Sierra Nevada* existen ocho pequeñas lagunas (Vacares, Caldera, Yeguas, etc.) entre los 2.750 y los 3.000 m.

2.º *Lagunas conectadas a acuíferos regionales*

La permanencia de las masas de agua está asegurada por la descarga de acuíferos regionales. Existen lagunas permanentes en sistemas cársticos del Prepirineo y en las cuencas altas del Tajo, Júcar, Segura y Guadiana. No obstante, en macizos calcáreos muy fracturados o carstificados, la variabilidad de la lámina puede ser notable.

El *lago o estany de Banyoles* (Girona) —junto con una docena de lagunas periféricas— se aloja en una depresión tectónica. El lago, con una superficie de algo más de 1 km², se compone de dos lóbulos (de 750 y 620 m) conectados entre sí. La escorrentía superficial hacia el lago es escasa mientras el río emisario, el Terri, drena un caudal de 53 m³/s, lo cual exige que el lago esté alimentado por aguas subterráneas. Con el método de la fluorescencia, se ha determinado que la mayor parte de las aguas del estany de Banyoles procede de la cuenca del río Fluvià, en el Pirineo, a unos 20 km de distancia; el agua circula subterráneamente a través de las calizas y yesos eocénicos y surge en el fondo de los embudos de más de 40 y 60 m que forman el fondo de la cubeta (Solé, L., 1986; Jardí, M., 1985).

Las *lagunas de Ruidera*, en el alto Guadiana, ocupan un valle fluvial estrecho y escarpado, labrado en dolomías y carniolas jurásicas que se apoyan sobre arcillas y margas impermeables del Trías. Las lagunas se disponen a lo largo del valle (unos 27 km) de modo escalonado (unos 120 m de desnivel). La precipitación de carbonatos —asociada a surgencias cársticas— forma represas travertínicas a lo largo del sistema fluvo-lacustre. La superficie de las sucesivas lagunas es pequeña, salvo excepciones (laguna de San Pedro, laguna Colgada, laguna del Rey). Las lagunas de Ruidera constituyen un frágil ecosistema cuya conservación exige la protección de las barreras tobáceas, el control de vertidos, la prohibición de quemas de carrizo y la paralización de acondicionamientos para playas artificiales (González, J. A., y otros, 1989) (fig. 4.15).

En el conjunto de *torcas* de Cañada del Hoyo (Cuenca), próximas al río Guadazaón, el mantenimiento de la masa de agua está garantizado porque los fondos de las torcas quedan por debajo del freático regional (Alonso Otero, F., 1986). No obstante, son más frecuentes en España los poljés y dolinas sólo inundados con ocasión de precipitaciones de gran intensidad horaria o larga duración.

3.º *Las represas naturales o artificiales*

Cualquier otra causa que produzca contrapendientes (actividad volcánica, movimientos tectónicos, movimientos en masa) es susceptible de generar lagunas aisladas o complejos humedales.

Entre las *lagunas volcánicas* cabe citar las del Campo de Calatrava ubicadas en el cráter de antiguos edificios volcánicos (lagunas de Almeras, Carbonera, Cucharas, Canizosa, etc.). Entre los ejemplos canarios, sobresale la que existía alrededor de la ciudad de La Laguna, cerrada por un edificio volcánico que obturó la salida de un valle.

Como muestra de las *presas artificiales* puede citarse el lago de Carucedo cerrado por un cono de escombros y acarreos procedentes de la explotación minera de las Médulas. También la Estanca de Alcañiz —inicialmente muy somera— ha sido represada y ahora alcanza una profundidad de 14 m.

Con todo, el ejemplo más paradigmático lo constituyen los embalses. Son obras de gran impacto ambiental y originan ecosistemas intermedios entre río y lago. El cuadro 4.6 recoge características hidrológicas y constructivas de los mayores embalses españoles.

b) MEDIOS PALUSTRES CONTINENTALES

Constituyen un rasgo hidrológico de las depresiones terciarias ibéricas. Ocupan medios semiáridos donde las precipitaciones anuales oscilan entre los 300 y 500 mm y la evapotranspiración —acentuada a menudo por vientos secos— origina cuantiosas pérdidas hídricas. Los períodos de sequía oscilan entre los 3 y 10 meses.

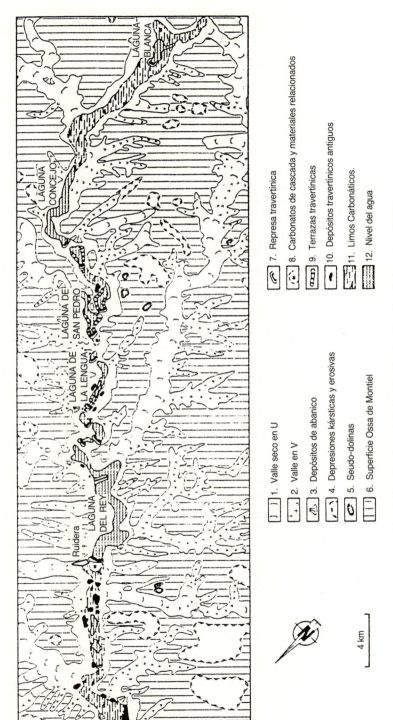

FIG. 4.15. *Las lagunas de Ruidera* (según González, J. A. y otros, 1989).

CUADRO 4.6. *Características de los mayores embalses españoles*

	Río	Altura (m)	Volumen del embalse (hm^3)	Superficie de embalse (ha)
Serena	Zújar	90	3.232	13.929
Alcántara 2	Tajo	130	3.162	10.400
Almendra	Tormes	202	2.649	8.650
Cíjara	Guadiana	81	1.670	6.462
Buendía	Guadiela	79	1.638	7.828
Mequinenza	Ebro	81	1.534	7.720
Valdecañas	Tajo	98	1.446	7.300
Alarcón	Júcar	71	1.112	6.840
Ricobayo	Esla	100	1.148	5.855

Fuente: MOPU, *Inventario de presas españolas*, 1986. Elaboración propia.

Salvo excepciones, los medios palustres o marginales están agrupados en núcleos o distritos limnológicos, instalados en interfluvios o situados en la parte terminal de cursos fluviales (endorreísmo y arreísmo). Ocupan depresiones someras en planicies tabulares o subtabulares y en su localización interfieren ajustes tectónicos, procesos cársticos o la deflación eólica. Las escorrentías superficial y subsuperficial, la descarga de acuíferos locales y la evapotranspiración controlan la fluctuación estacional de las aguas someras, su mayor o menor mineralización y su composición iónica.

Algo más de las tres cuartas partes de las lagunas esteparias citadas por Pardo son hiposalinas (salinidad entre 3-20 %) (Montes, C. y Martino, P., 1987). Los flujos hídricos las conectan con formaciones litológicas más o menos ricas en evaporitas de edad triásica o terciaria y alimentan la salmuera de la depresión. La salmuera puede llegar a transformarse en una costra de sales durante el período más seco del año.

Las estrategias adaptativas de la biota van encaminadas a evitar o resistir la sequía y, en su caso, los períodos de salinidad extrema. La vegetación y la fauna está integrada por especies muy adaptadas a la imprevisibilidad ambiental.

Los humedales de las depresiones terciarias alcanzan su máxima dimensión y diversidad en La Mancha. El grupo más numeroso está formado por depresiones endorreicas de naturaleza esteparia en los alrededores de Alcázar de San Juan, Pedro Muñoz, Quero, Lillo y buen número de los enclavados en la provincia de Albacete (fig. 4.16). Entre los focos manchegos, cabe singularizar los distritos hiposalinos de la llanura central manchega (Laguna Grande de Quero, Laguna de Tírez, Laguna de Peña Hueca, Salicor, etc.) y del sector oriental de la provincia de Albacete (Pétrola, Saladar, etc.).

Otro sector húmedo de La Mancha se localiza en las Tablas de Daimiel. Los aportes de los ríos Guadiana, Cigüela, Záncara y Riánsares y la descarga del acuífero de la llanura manchega encharcaban una amplia extensión de más de 30 km de longitud pero el sistema natural se ha degradado a causa de la canalización de los cauces y la extracción abusiva del agua subterránea. En 1984, se redactó un Plan de Regeneración Hídrica con objeto de asegurar los aportes superficiales al humedal.

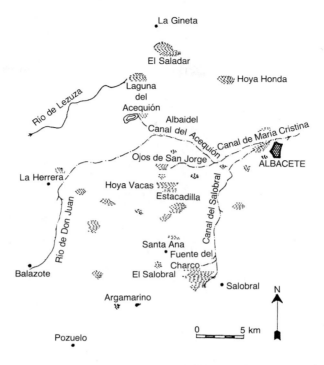

FIG. 4.16. *Área pantanosa de los llanos de Albacete a principios del siglo XX* (según López Bermúdez, 1977).

En la depresión media del Ebro (Ibáñez, M. J., 1975), varios distritos endorreicos ocupan sectores medios y bajos de interfluvios: área de las Cinco Villas, los Llanos de la Violada, Monegros, Campo de Tarazona-Borja, Tierra de Belchite, Bajo Aragón, etc. (fig. 4.17). La mayoría son lagunas de pequeñas dimensiones, someras y de carácter temporal. Algunas son hiposalinas (Saladas de Sástago, Salada Grande de Alcañiz, Salada de Chiprana, etc.) e inclusive hipersalinas (Salada de Mediona).

Lagunas, lavajos, bodones, navas y navajos son expresiones repetidas en la depresión del Duero. En los páramos septentrionales de León y Palencia aparecen lagunas temporales o permanentes. Con todo, las lagunas de las campiñas —sobre arcillas y margas impermeables— reúnen los ejemplos más representativos (lagunas de Villafáfila, tierras de Medina, Olmedo y Coca). Algunos lavajos de la Tierra Llana de Ávila y bodones de la Tierra de Pinares —situados sobre arenas— contienen turbas. En las dehesas y penillanuras existen lagunas permanentes como la Laguna Grande o de Carabias en Larrodrigo (Salamanca). Muchas han sido acondicionadas como *charcas ganaderas*.

En la depresión del Guadalquivir también existen distritos lagunares en las terrazas fluviales de la margen izquierda y en la campiña cordobesa. Entre estas últimas las hay permanentes (Zoñar, Rincón, Amarga) y estacionales (El Conde, Tíscar, Jarales, etc.).

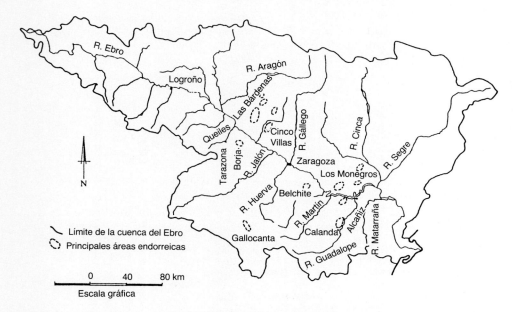

FIG. 4.17. *Localización de los principales focos de endorreísmo en la cuenca del Ebro* (Ibáñez, 1975).

A lo largo de los corredores béticos se suceden depresiones endorreicas: laguna de Salinas (Alicante), saladares de Baza o la laguna de Fuente de Piedra (Málaga). Esta última alcanza una superficie de unos 12 km². El sustrato es rico en evaporitas y sus aguas son hiposalinas. Mantiene la segunda población nidificante de flamencos de Europa.

Finalmente, existen lagunas hiposalinas en otras depresiones semiáridas: la laguna de las Torres en la planicie de la Sagra, la laguna de Pozuelo en el Campo de Calatrava, etc. Entre ellas, sobresale la aragonesa laguna de Gallocanta, de contorno irregular (Lagunazo Pequeño y Lagunazo Grande). Situada a unos 1.000 m, su salinidad se asocia a las evaporitas triásicas del fondo. Es un humedal de gran interés ornitológico como hábitat nidificante invernal.

c) MEDIOS PALUSTRES LITORALES

Estuarios, albuferas y deltas son ambientes de contacto entre ríos y continentes con el mar. Allí se desarrollan medios palustres de transición abrigados del mar por barras más o menos permeables. Su evolución conduce a la colmatación a medio o largo plazo al registrar un balance sedimentario positivo. Las láminas de agua fluctúan por el juego de las mareas o por desbordamientos fluviales.

Los humedales litorales dan soporte a ecosistemas muy productivos al ser sumideros de nutrientes procedentes de ecosistemas continentales. La frecuencia y duración de los encharcamientos, el régimen sedimentario, la salinidad o la textura del sustrato marcan variados ecotonos.

La desigual influencia del mar en los humedales costeros aconseja separar los medios palustres del litoral mediterráneo (con menor rango de marea) de las marismas atlánticas del golfo de Cádiz.

1.º *Medios palustres mediterráneos*

Las zonas húmedas son ecosistemas repetidos en muchas costas bajas mediterráneas. La mayoría son albuferas delimitadas por una barra arenosa (restinga) o depresiones asociadas a la evolución de deltas y llanos de inundación o encierran componentes genéticos más complejos. En las costas mediterráneas el factor mareal es irrelevante.

Las lagunas del delta del Ebro (estany de l'Encanyissada, estany de la Tancada, etc.) —remanente de una antigua zona húmeda más extensa— son depresiones muy someras de fondo plano que totalizan el 25 % de la superficie del delta (350 km²). Otras más antiguas ya han sido colmatadas y transformadas en turberas (fig. 4.18). En la actualidad, las lagunas constituyen un paradigma de ecosistemas naturales y agroecosistemas porque la ricicultura ha alterado el ciclo anual de la sa-

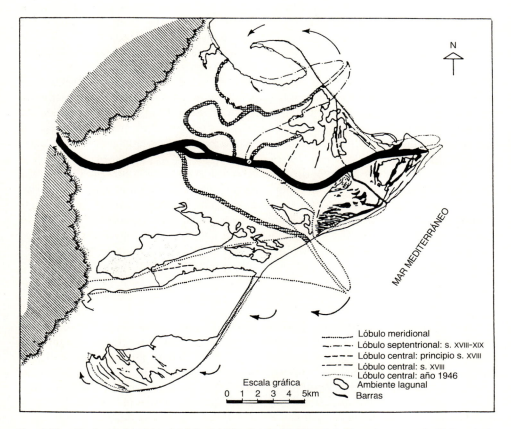

FIG. 4.18.   *Evolución histórica del delta del Ebro* (según Maldonado). Compárese con el estado actual.

linidad (ahora los valores inferiores se registran en verano), ha invertido el ritmo estacional de encharcamiento (actualmente las aguas altas corresponde al período estival) y ha prosperado la eutrofización.

En el tramo litoral de los llanos de inundación mediterráneos (Júcar, Segura, Guadalhorce, Llobregat) existen depresiones —adyacentes a los cauces— inundadas durante los desbordamientos fluviales. El humedal de las márgenes fluviales ha sido muy transformado por seculares obras de bonificación.

Las albuferas —de aguas someras y fluctuantes, generalmente paralelas a la costa— son zonas húmedas muy repetidas en la costa mediterránea. La disponibilidad de arena (desembocaduras fluviales, antelitoral) facilitó la formación de la barra arenosa o restinga que cierra la depresión. A menudo, una o más bocanas comunican la laguna con el mar abierto. La evolución a medio o largo plazo conduce a la progresiva dulcificación del agua y a la colmatación de la albufera (Roselló, V. M., 1982). A este grupo pertenecen, entre otras, S'Albufera de Mallorca, el estany de Pals (Empordà), el Prat de Llobregat, más de una docena en el golfo de Valencia, las albuferas de Alicante y Elche, el Almarjal de Cartagena, las salinas del cabo de Gata o la albufera de Adra.

En la albufera de Valencia, la primitiva forma alargada de la laguna —separada del mar por una restinga o *devesa*— se ha regularizado por los aportes sólidos movilizados durante las riadas del Turia y del Júcar y, sobre todo, por el secular proceso de aterramiento antrópico. Ahora la laguna es redondeada (unos 5 km de diámetro) y no alcanza las 3.000 ha. Dos bocanas más o menos naturales (Perelló y Perellonet) desaguan los aportes hídricos de la albufera junto con una tercera (Nova del Pujol) abierta en 1953. Unas compuertas —instaladas en las golas— regulan la lámina de agua en la albufera con máximo encharcamiento invernal, nivel medio en primavera-verano y bajo nivel durante la época de recolección del arroz (finales del verano). En la restinga o *devesa* se suceden varias alineaciones dunares paralelas al litoral: en las depresiones interdunares se producen someros encharcamientos estacionales (*mallades*).

Finalmente, otras lagunas litorales responden a mecanismos genéticos más complejos como las salinas de la Mata y Torrevieja (Alicante) o el mismo mar Menor. En sus cierres, la neotectónica ha intervenido de forma más decidida. La originalidad del mar Menor (unos 170 km^2) procede de su entorno volcánico de modo que la Manga —una restinga aparente— se superpone a un conjunto de escollos volcánicos y de afloramientos miocénicos (fig. 4.19). Es una laguna somera, hipersalina comunicada con el mar a través de golas mantenidas artificialmente.

2.º *Marismas litorales del golfo de Cádiz*

En la costa mesomareal del golfo de Cádiz (2-4 m) se suceden marismas asociadas a las desembocaduras de los ríos Guadiana, Tinto-Odiel, Guadalquivir y otros de menor entidad. Las marismas del golfo de Cádiz coinciden con antiguas bahías flandrienses que han registrado un complejo proceso de regularización costera (flechas litorales de El Rompido, Punta Umbría, Doñana, Valdelagrana, etc.). En la actualidad, se individualizan marismas bajas de inundación mareal y marismas medias-altas encharcadas por crecidas fluviales y descarga de acuíferos.

Las marismas mareales se desarrollan en zonas costeras abrigadas por flechas

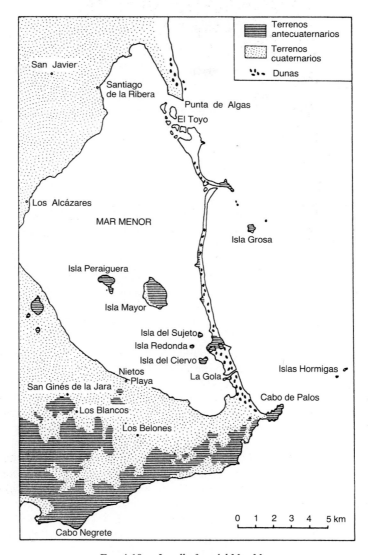

Fig. 4.19. *La albufera del Mar Menor.*

litorales e islas barrera: los medios más deprimidos funcionan como canales, caños o esteros de marea. A estos ambientes pertenecen las marismas de Ayamonte e Isla Cristina y las de la bahía de Cádiz. Las marismas del Odiel forman una de las marismas mareales más representativas del continente europeo (Ojeda, J., 1989).

En el sector litoral del bajo Guadalquivir existen marismas mareales y marismas medias-altas. Por debajo de los 2 m, se disponía la marisma mareal. Las marismas medias (2-3 m) y altas (por encima de los 3 m) eran inundadas por crecidas fluviales. Reciente obras de infraestructura (junto al cauce y próximas al mar) han reducido en el bajo Guadalquivir el perímetro de encharcamiento mareal y fluvial. Gran parte de las actuales marismas eran, todavía en tiempos romanos, una albufera (*lacus Ligustinus*) extendida entre la costa actual y Puebla del Río. Tenía unos 50 km de ancho y allí desembocaban los dos brazos del Guadalquivir. Progresivamente, la albufera se fue colmatando bien por el cierre de antiguas bocanas situadas en la restinga de Arenas Gordas, bien por incremento de aportes sólidos del Guadalquivir en tiempos islámicos y modernos o por la acción combinada de ambos factores.

5. Nieve, neveros, heleros y glaciares

Las precipitaciones en forma de nieve —al convertirse en caudal fluvial durante la fusión— modifican sustancialmente los hidrogramas de los ríos montanos. Los primeros resultados de un programa de investigación sobre la nieve del Pirineo indican que la fusión anual de la nieve en el sector central aporta unos 2.200 hm^3 al río Ebro. Dicho volumen de agua nival equivale al 40-50 % de la escorrentía del Pirineo central y entre el 10-20 % de los recursos totales de la cuenca del Ebro.

De otra parte, en numerosos enclaves montañosos la nieve se conserva todo el año. La permanencia de neveros (pirenaicos, cantábricos, béticos, etc.) obedece al índice de precipitaciones nivosas interanuales y/o a una topografía favorable al amparo de los rayos solares (Duce, E., 1991-1992).

Sólo algunas cimas conservan pequeños heleros y glaciares. Son formaciones hídricas en retroceso, con frentes retirados de sus morrenas históricas. El hielo aparece fragmentado y aislado en cubetas y escalones. Los aportes hídricos anuales de los actuales glaciares y heleros carece de significado en los hidrogramas. No obstante, por su ubicación en una zona morfoclimática de transición, son muy sensibles a los procesos de cambio ambiental (Martínez de Pisón, E., y Arenillas, M., 1988).

En Sierra Nevada, existe una masa de hielo fósil recubierta y protegida por clastos en el Corral del Veleta. En el Pirineo oriental, se ha catalogado recientemente el helero cubierto o glaciar de derrubios del Besiberri. En el sector central de los Pirineos (cabeceras del Gállego, Cinca, Esera y Noguera Ribagorzana) existen varios glaciares activos y algunos heleros residuales. Durante la Pequeña Edad del Hielo, las masas de hielo eran más amplias. A causa del posterior retroceso de los glaciares y heleros, sus morrenas constituyen en la actualidad arcos de marcada entidad en el paisaje. A fines del siglo XIX, el hielo (unos 890 hm^3) ocupaba unas 1.800 ha en diversos macizos pirenaicos. A lo largo del siglo XX glaciares y heleros han continuado retrocediendo: en la actualidad, los 36 aparatos pirenaicos —apenas 91 hm^3— cubren unas 568 ha diseminadas por el Aneto-Maladeta, monte Perdido, Posets, etc.

Concretamente, los glaciares del Aneto (130 ha) y de la Maladeta (75 ha) son los mayores. El hielo —alimentado por nieve y aludes— se ubica por encima de los 2.700 m. En ambos se observan muestras de actividad, con grietas que se prolongan hasta el frente. El retroceso glaciar ha sido importante porque en 1894 ambos glaciares cubrían respectivamente 228 y 116 ha (Martínez de Pisón, E., y Arenillas, M., 1988).

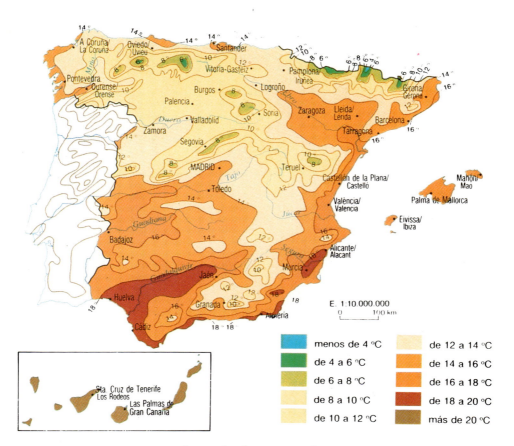

Lámina 1. *Isotermas anuales.*

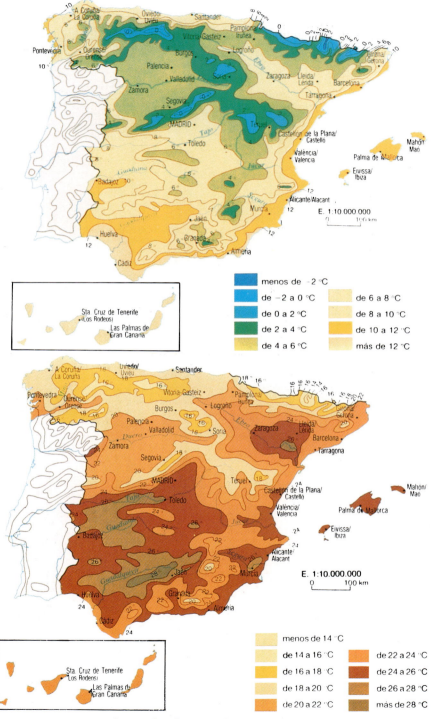

LÁMINA 2. *Isotermas de invierno y verano.*

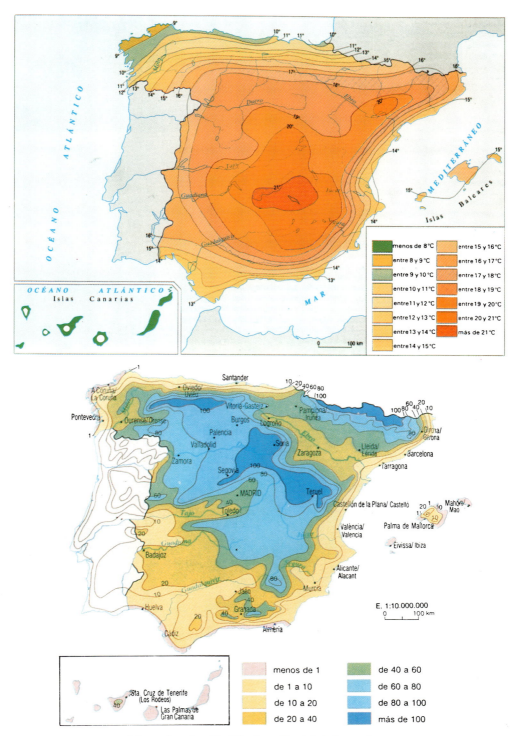

LÁMINA 3. *Amplitud térmica y días de helada anuales.*

LÁMINA 4. *Unidades de relieve en España.*

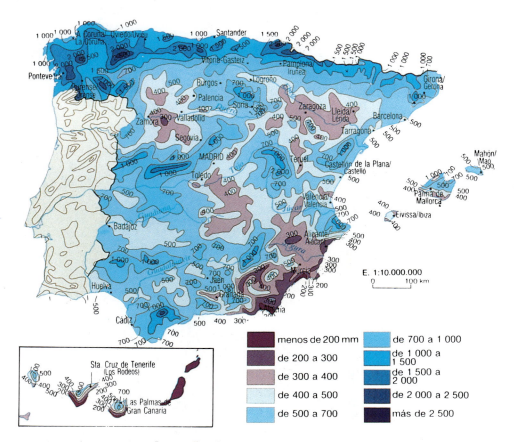

LÁMINA 5. *Precipitaciones medias anuales.*

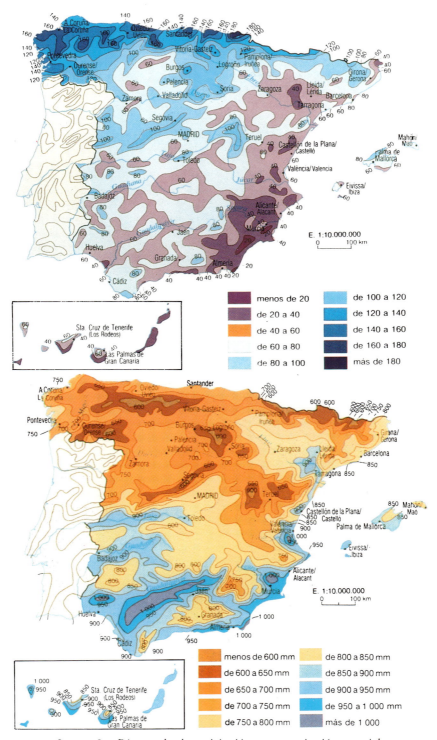

LÁMINA 6.   *Días anuales de precipitación y evotranspiración potencial.*

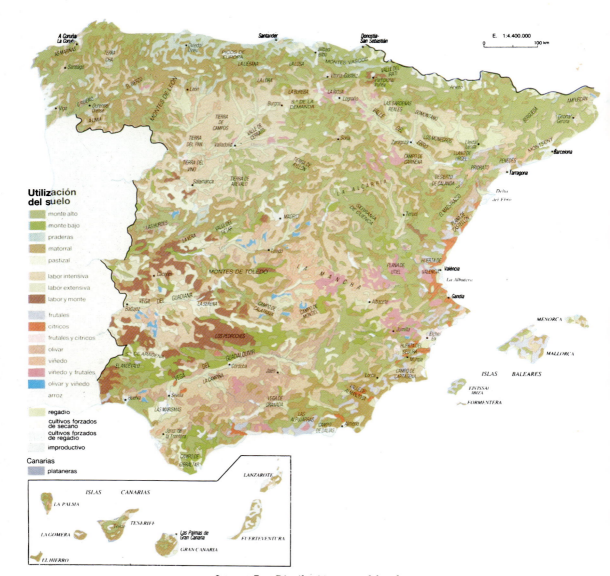

LÁMINA 7. *Distribución y usos del suelo.*

6. Recursos hídricos

Los grupos humanos siempre han prestado una gran importancia a los recursos hídricos. En España abundan ejemplos paradigmáticos de cómo las modalidades de acceso y uso de los recursos hídricos han marcado sucesivas etapas de construcción de los paisajes del agua, complejos conflictos sociales, etc.

Hoy, los usos del agua se han intensificado para atender las demandas crecientes de abastecimientos industriales y urbanos, para ampliar sistemas intensivos agrícolas y para incrementar la producción energética. Ello ha exigido el realizar obras en los cauces, captar recursos subterráneos, construir depuradoras, etc. (López-Camacho, B., 1991). No obstante, siguen planteándose disfunciones entre disponibilidades y demandas en algunas regiones españolas de forma coyuntural o estructural. Al mismo tiempo, la creciente intervención antrópica sobre el ciclo hidrológico ha generado diferentes perturbaciones atribuibles a la misma manipulación.

En consecuencia, el lugar central del agua en la organización de las actividades económicas exige el desarrollo de políticas hidráulicas integradas en la planificación y ordenación territorial y en la gestión ambiental.

a) Infraestructuras hidráulicas

Las presas —junto con los azudes— constituyen intervenciones habituales en los cauces fluviales para incrementar las disponibilidades de recursos hídricos. En los ríos peninsulares, existen obras hidráulicas muy antiguas (Fernández Ordóñez, J. A., y otros, 1984) pero su número se ha incrementado a lo largo del siglo XX.

En 1900, las 57 presas españolas en explotación reunían entre todas una capacidad de almacenaje de 106 hm^3. En 1991, 1.033 presas en explotación podían almacenar 49.693 hm^3 (cuadro 4.7). Cuando concluyan las obras actualmente en construcción se alcanzarán los 53.500 hm^3. El esfuerzo realizado a lo largo del siglo

CUADRO 4.7.   *Embalses en explotación (1991)*

Confederación hidrográfica	Número de embalses	Volumen (hm^3)
Norte	144	4.354
Duero	70	7.465
Tajo	201	11.004
Guadiana	105	7.658
Guadalquivir	106	6.748
Sur	26	1.148
Segura	27	1.093
Júcar	45	2.841
Ebro	175	6.572
Pirineo oriental	16	692
Baleares	2	11
Canarias	126	100
Total	1.033	49.693

Fuente: Ministerio de Obras Públicas, *Inventario de presas españolas*, 1991.

ha sido notable: el volumen de agua que puede represarse en los embalses casi equivale a la mitad del aporte interanual de todos los ríos españoles.

Algo más de la mitad de la capacidad de las presas (56 %) ha sido obra de la acción del Estado y el resto ha correspondido a la iniciativa privada. Buena parte de los embalses privados —ubicados sobre todo en zonas de aguas abundantes (Galicia, Asturias, Cantabria) y en los tramos fronterizos— producen hidroelectricidad pero tienen escasa operatividad en la solución de los problemas de penuria de agua. En cambio, la mayoría de los embalses del Estado conforman la base sobre la cual se articula la economía hidráulica española.

Todavía en 1955, la capacidad de los embalses en España era de unos 8.000 hm^3. Entre 1956 y 1965, la capacidad aumentó hasta 24.500 hm^3 En 1970, se habían superado los 36.500 hm^3. Posteriormente el ritmo se ralentizó pero recientemente la construcción de embalses se ha activado de nuevo (fig. 4.20).

Además del incremento alcanzado en las disponibilidades de recursos regula-

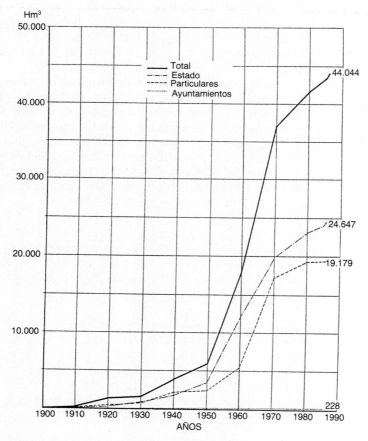

FIG. 4.20. *Evolución de la capacidad de embalse en España* (según *Inventario de presas españolas*, 1986).

dos, la obra hidráulica también consta de canales de distribución del agua. En la actualidad, más de 5.000 km de red principal abastecen ciudades e industrias y mas de 9.000 km conducen agua hasta los grandes perímetros de riego.

En este contexto, cabe mencionar los trasvases. La mayoría sirven para generación de hidroenergía y para abastecimientos urbanos. Los trasvases de agua para riegos —muy polémicos, a menudo— son menos frecuentes. En la España peninsular funcionan unos 38 trasvases y otros 37 están en consideración.

Los trasvases en España (Morales Gil, A., 1988) han ido precedidos de muchos anteproyectos utópicos (Díaz Marta, M., 1985) desde los tiempos medievales. Los primeros trasvases no cuajaron hasta los siglos XVI y XVII en tierras valencianas y murcianas. A lo largo del siglo XX, el Estado —en los sucesivos planes hidrológicos— ha contemplado su realización para atender demandas crecientes en áreas deficitarias.

En efecto, el Plan Nacional de Obras Hidráulicas de 1933 preveía diferentes trasvases con objeto de ampliar perímetros irrigados. Algunas propuestas de Lorenzo Pardo, no sin resistencias, se han llevado a la práctica. En 1966, comenzaron las obras del trasvase Tajo-Segura (Box, 1988) cuyo canal de 286 km une los embalses de Bolarque (en el Tajo) y del Talave (Segura). Fue un reto por la complejidad del proyecto (construcción de largos acueductos, perforación de túneles, etc.). Las previsiones (1.000 hm^3/año de dotación, 269.000 ha beneficiadas) se han limitado en la práctica (200 hm^3, 135.000 ha).

En la década de los años setenta concluyeron las obras del canal que une los ríos Júcar (presa de Tous) y Turia (aguas arriba de la ciudad de Valencia (fig. 4.21). El trasvase atiende abastecimientos urbanos en el área de Valencia y ha permitido ampliar superficies regadas y mejorar las dotaciones de antiguos perímetros (Domingo, 1988).

La cuenca del Ebro era una pieza fundamental en el Plan de 1933. Hasta ahora se han realizado algunos trasvases (trasvase de Zadorra, minitrasvase Ebro-Tarragona) y otros (trasvase Xerta-Càlig) están paralizados. Durante años, se debatió un controvertido proyecto de trasvasar 1.400 hm^3/año desde el Ebro al área de Barcelona que no ha prosperado (Bielza V., y Marín, J. M., 1988).

Finalmente, las infraestructuras hidráulicas básicas en España constan también de un número indeterminado de pozos (alrededor de medio millón) que captan unos 5.500 hm^3/año. Los primeros pasos en la aplicación masiva de motores eléctricos y bombas de vapor se dieron en los años veinte y treinta de nuestro siglo. Con todo, las captaciones han experimentado un auge espectacular durante los últimos 30 años.

La iniciativa privada se ha adelantado en la explotación de los recursos hídricos subterráneos para destinos agrícolas, industriales e incluso urbanos. Muchas ciudades compran a particulares dotaciones para su abastecimiento. En muchas comarcas la captación de aguas subterráneas proporcionan la totalidad de los recursos consumidos (Campo de Níjar, gran parte de La Mancha, Maestrazgo, etc.). No obstante, la mayoría de los alumbramientos complementan las dotaciones superficiales asegurando la regularidad de las disponibilidades (Calvo, F., 1988).

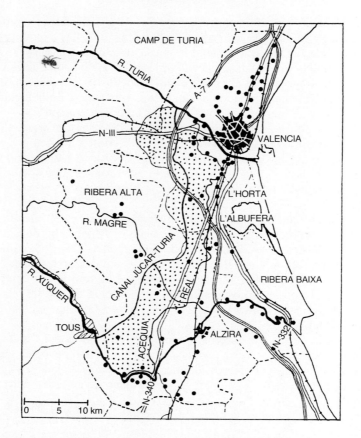

FIG. 4.21. *Trasvase Júcar-Turia.* Nótese la intensa aglomeración humana en el litoral (cada punto negro es cabeza de municipio) y la densa red de comunicaciones, sin tener en cuenta las vías secundarias. En punteado, la zona de influencia agrícola del canal (Domingo, 1988).

b) Aprovechamientos

El agua se utiliza en numerosas actividades humanas. A menudo, se habla de *usos consuntivos* que implican pérdida significativa del volumen de agua por evaporación o incorporación al bien producido y de *usos no-consuntivos* que no merman el volumen tomado en origen. Pero además de la cantidad, la calidad del agua constituye otra componente relevante cuando se analizan los impactos de los aprovechamientos.

En las últimas décadas, España ha conocido un salto cuantitativo en el uso del agua, paralelo a la transformación socieconómica de la sociedad. Las principales demandas (cuadro 4.8) proceden de la agricultura, los abastecimientos urbanos e industriales y la producción energética. El plan hidrológico también contempla otras demandas (caudales ecológicos, refrigeración de centrales nucleares y térmicas, producción de hidroelectricidad, etc.).

CUADRO 4.8. *Demanda anual (1992) en hm³*

Confederación	Urbana	Industrial	Agraria	Total
Norte	663	670	955	2.288
Duero	214	43	3.508	3.765
Tajo	567	184	1.947	2.698
Guadiana	150	89	2.231	2.470
Guadalquivir	478	157	3.097	3.732
Sur	284	28	827	1.139
Segura	166	19	1.626	1.607
Júcar	559	115	2.402	3.076
Ebro	300	324	6.820	7.444
Pirineo oriental	676	308	290	1.274
Total España peninsular	4.057	1.937	23.703	29.697
Baleares	105	–	275	380
Canarias	143	–	267	417
Total de España	4.305	1.944	24.245	30.494

Fuente: Memoria del Plan Hidrológico Nacional, 1993.

1.º *Usos agrarios*

El sector agrario —y más concretamente, el regadío— (Losada, A., 1991; Gil Olcina, A., y Morales Gil, A., 1992) es el principal usuario de agua (algo más del 80 % del total). En efecto, el riego ha sido y continúa siendo una técnica de mejora de las explotaciones agrarias porque palía el déficit o la irregularidad hídrica.

Hasta principios del siglo XX, la puesta en riego se limitó a las inmediaciones de surgencias y a las riberas fluviales. Entre los perímetros históricos más representativos pueden citarse las vegas de Granada, Murcia, Aranjuez, Zaragoza y los regadíos costeros valencianos. Las captaciones de acuíferos someros se limitaba a las norias, galerías, etc.

En las primeras décadas del siglo XX se articularon planes de transformación en regadío dentro de la incipiente política hidráulica del Estado. Las actas de los sucesivos *Congresos Nacionales de Riegos* reflejan el alcance del costismo que, con matices, ha llegado hasta nuestros días. El Plan Nacional de Obras Hidráulicas de 1933 contemplaba, como principal objetivo, la ampliación de los perímetros regados.

Al acabar la guerra civil, se regaban casi 1,5 millones de ha. La Dirección General de Obras Hidráulicas y del Instituto Nacional de Colonización fueron encargados de la ejecución de ambiciosos planes hidráulicos. En 1960, la superficie regada sobrepasaba los 1,8 millones de hectáreas. En 1978, se habían superado los 2,7. En 1988, la superficie regada en España rebasaba los 3,1 millones de ha.

En síntesis, el proceso de transformación de secanos en regadíos ha sido costoso y espectacular (Naylon, J., 1977). Los perímetros regados —el 6 % del territorio español y el 14 % de sus tierras cultivadas— aportan el 50 % del valor de la producción agraria. No obstante, el contexto internacional de la economía española parece alejar el techo optimista de 4,6 millones de ha.

En el cuadro 4.8 se recogen las demandas de riego por Confederaciones Hidrográficas, fijadas a partir de la superficie regada y de una «demanda específica» por cultivos.

2.º *Abastecimientos urbanos e industriales*

Estos usos han experimentado un crecimiento paralelo al proceso de urbanización e industrialización. En efecto, el mayor nivel económico de la población y las formas de vida urbanas (segundas residencias, zonas turísticas, crecientes consumos domésticos, zonas ajardinadas, etc.) han generado acrecentadas demandas (Molina, M., 1988). El asegurar cantidad y calidad del recurso se ha convertido en un doble desafío para los gestores urbanos.

Los abastecimientos urbanos e industriales demandan en la actualidad más de 6.000 hm^3/año (cuadro 4.8) que representan dotaciones medias por encima de 300 l/hab. y día (Rubió, J., 1989). Para garantizarlos se han acometido complejas infraestructuras y equipamientos. No obstante, durante años el abastecimiento ha primado sobre la depuración y el saneamiento. Las aguas de consumo humano en los estados miembros de la CE proceden a menudo de captaciones subterráneas. En España, los suministros urbanos suelen combinar en mayor medida aguas superficiales y subterráneas.

El casi millón y medio de habitantes del área metropolitana de Valencia (Planells, F., 1989) se abastece de aguas del río Turia, captaciones subterráneas y, en los últimos años, de una dotación del canal Júcar-Turia (Sanchís, E., 1989). Los altos contenidos de nitratos se han convertido en un problema sanitario para medio millón de personas que se abastece de aguas subterráneas (Cholvi, F., 1989). En estos momentos se está procediendo a conectar estos núcleos urbanos a la red dependiente de las potabilizadoras.

La Mancomunidad de los Canales del Taibilla (Morales, A., y Vera, F., 1989) proporciona agua potable a más de millón y medio de usuarios de 75 municipios de Murcia, Alicante y Albacete (fig. 4.22). Una compleja infraestructura hidráulica (canales, túneles, estaciones de elevación, depuradoras, grandes depósitos, etc.) ha permitido el reciente crecimiento de ciudades (Murcia, Alicante, Cartagena, Elche, etc.), la localización de la gran industria en el área de Cartagena, la ampliación de agroindustrias tradicionales, la eclosión turística del litoral comprendido entre Alicante y Águilas, etc. La Mancomunidad se abastece de los ríos Taibilla y Segura, de dotaciones del trasvase Tajo-Segura y de captaciones subterráneas.

La experiencia madrileña (Valenzuela, M, 1988) ilustra un largo camino recorrido hacia la gestión integrada de los recursos hídricos. Durante décadas ha habido un divorcio entre una estructura metropolitana en expansión y un esquema de abastecimiento dimensionado para una ciudad nuclear (canal de Isabel II, Hidráulica Santillana). En 1964, la demanda de Madrid se estimaba en 9 m^3/s y los embalses en servicio sólo garantizaban 6,5. Las necesidades del momento obligaron a un plan de emergencia (construcción del embalse del Atazar en el norte, recursos del suroeste madrileño, etc.) No obstante, la formación de corredores industriales a partir de la ciudad central, las urbanizaciones de la sierra de Guadarrama o los núcleos-dormitorios del suroeste obligaron a una redefinición de la gestión que ha sido, aprobada en 1985, como *Plan Integral de Agua de Madrid.*

La ciudad de Valladolid (Manero, F., 1988) se abastece del canal del Duero (a partir de la toma de Quintanilla de Abajo) y del ramal meridional del canal de Castilla (que toma aguas del Pisuerga y del Carrión). Sendas potabilizadoras cubren las actuales demandas urbanas, completadas en tiempos de sequía o averías mediante

Fig. 4.22. *Red de canales y potabilizadoras de la Mancomunidad de los Canales del Taibilla* (según Morales-Vera, 1989).

bombeos directos desde ambos ríos. En los últimos años, se pretende dotar al sistema de elementos de regulación y saneamiento y mitigar el desfase entre agua suministrada y agua facturada.

Los abastecimientos del área de Sevilla (Cruz, J., 1988) atienden las necesidades de casi un millón de habitantes. Los recursos proceden del Rivera de Huelva, regulados en cuatro embalses (358 hm^3 de capacidad total). En casos de emergencia, las dotaciones urbanas se completan con tomas directas del Guadalquivir y del río Viar. El área de Sevilla —dependiente de un solo afluente— ha conocido cíclicas restricciones que han aminorado los consumos. La competencia de usos en el bajo Guadalquivir (agrarios, hidroeléctricos, industriales y urbanos) se manifiesta, sobre todo, en los momentos de escasez del recurso.

Dotaciones del río Ebro —convenientemente depuradas— abastecen el consumo doméstico de Zaragoza a través del canal Imperial de Aragón. La demanda industrial es atendida por esta misma red, con aguas de otras acequias de derivación y por captaciones de agua subterránea en el acuífero aluvial (García Ruiz, J. M., 1977). Al igual que, en otras muchas ciudades, el servicio de aguas avanza hacia la gestión integrada (saneamiento, depuración).

Finalmente, los asentamientos vacacionales y las segundas residencias crean necesidades de recursos y la explotación y mantenimiento de infraestructuras para cubrir puntas de demanda (estivales, de fines de semana, etc.) (Vera, F., 1988; Marchena, M., 1988; Barceló, M., 1989).

3.º Usos energéticos

La utilización del agua como recurso energético (Marcos, J. M., 1991) desempeñó un importante papel en la protoindustrialización, aunque desde siglos anteriores la energía hidráulica se venía aprovechando en molinos y aceñas. Fueron usos limitados en las márgenes fluviales.

En los últimos años del siglo pasado, la demanda urbana e industrial de la electricidad propició la construcción de las primeras centrales hidroeléctricas cercanas a los centros de consumo. La estrategia de la localización pronto se quebró porque el desarrollo de la corriente alterna, a principios del siglo XX, posibilitaba transportar electricidad desde centrales de producción situadas lejos de las áreas de consumo.

El ritmo de implantación del sistema hidroeléctrico español ha sido espectacular. En 1929, la potencia hidroeléctrica instalada era de unos 1.000 MW y todavía en 1950 no se había duplicado dicha potencia (1.900 MW). En las décadas siguientes se produjo un espectacular despegue hasta alcanzar los 16.509 MW en 1989.

España cuenta con uno de los mayores parques hidroeléctricos del mundo, sólo superado por estados de grandes dimensiones (Estados Unidos, Rusia, Canadá) o de grandes excedentes hidráulicos (Suecia, Noruega). Las 22 centrales mayores —con una potencia superior a 200 MW— producen el 52 % de la potencia hidroeléctrica española.

La producción hidroeléctrica ha pasado por sucesivas etapas. Al principio, las centrales hidroeléctricas abastecían redes locales —no conectadas entre sí— de modo que la potencia instalada en cada central debía cubrir la demanda esperada. Era frecuente parar máquinas fuera de las horas nocturnas (alumbrado). Por lo general, los caudales de los ríos bastaban para que las turbinas diesen la máxima potencia. Al crecer las demandas, se incrementó la potencia instalada. En algunos lugares se construyeron pequeñas presas para disponer de agua en las horas de mayor consumo o para hacer frente a los estiajes. A medida que los mercados locales fueron conectándose a una red nacional, la utilización del agua se hizo más compleja. La producción hidroeléctrica debía seguir la curva de carga demandada. Había momentos del día que se disponía de excedentes de energía por lo que se fomentó la utilización de energía eléctrica en las industrias (demandas intermitentes).

En la actualidad, el esquema del uso energético del agua es todavía más complejo porque las centrales hidroeléctricas se hallan integradas en el sistema eléctrico general en el que también participan la energía térmica convencional y la nuclear. Por una parte, existen centrales reguladas por embalses no condicionadas por otros usos, centrales de bombeo puro, centrales con escasa regulación o situadas a pie de presa de embalses para usos múltiples, etc.

Otra utilización habitual del agua en el proceso de producción de energía eléctrica es como refrigerante en centrales térmicas convencionales y nucleares. La Ley de Aguas limita el incremento de la temperatura media aguas abajo de un vertido térmico.

c) RECURSOS DISPONIBLES Y DEMANDAS ACTUALES

La determinación espacio-temporal de los recursos disponibles y la evaluación de las demandas actuales (y futuras) constituye la pieza básica de la planificación hidrológica. De entrada (cuadro 4.9), el territorio español —según la Memoria del Plan Hidrológico Nacional— dispone de un superávit holgado de recursos para atender las demandas actuales y futuras de la población.

No obstante, el recurso se encuentra desigualmente distribuido en el espacio. En efecto, los recursos disponibles sobrepasan las demandas agrarias, industriales y urbanas en el ámbito de las confederaciones del Norte de España, Duero, Tajo y Ebro. Se encuentran casi equilibradas en las confederaciones del Guadiana, Júcar y Pirineo Oriental. Por contra, las demandas hídricas actuales superan los recursos disponibles en el resto de confederaciones. El archipiélago balear es deficitario mientras en Canarias existe un precario equilibrio

El panorama es más complejo por la variabilidad estacional e interanual de los recursos. El gestionar los recursos disponibles exige guardar reservas de agua de los años excedentarios para ser utilizadas en las estaciones o meses deficitarios. La red de embalses constituye una pieza básica para la regulación interanual del recurso.

Recursos hídricos naturales, regulados y disponibles junto con las demandas actuales y futuras conforman un cuadro complejo a diferentes escalas espaciales y temporales. La planificación hidrológica no puede ser una pieza aislada frente a otros aspectos del desarrollo económico.

CUADRO 4.9. *Recursos y demandas (1992) en hm^3*

Confederación	Recursos naturales A	Recursos regulados B	Recursos disponibles C	Demandas (*) D	Demandas totales E
Norte	42.088	4.354	8.828	2.288	2.852
Duero	15.169	7.465	7.797	3.765	4.012
Tajo	12.858	11.004	6.233	2.698	3.447
Guadiana	6.165	7.658	2.963	2.470	2.554
Guadalquivir	7.771	6.748	3.416	3.732	4.016
Sur	2.418	1.148	1.109	1.139	1.163
Segura	1.000	1.093	1.125	1.607	1.861
Júcar	4.142	2.841	3.520	3.076	3.547
Ebro	18.198	6.572	10.727	7.444	11.451
Pirineo oriental	2.780	692	1.358	1.274	1.302
Total España peninsular	112.588	49.581	46.608	29.697	36.295
Baleares	745	11	312	380	380
Canarias	965	101	420	417	417
Total	114.298	49.693	47.340	30.494	37.029

* Demandas agrarias, urbanas e industriales.
Fuente: A: *Memoria del Plan Hidrológico Nacional.*
B: *Inventario de presas españolas* (1991).
C: *Memoria del Plan Hidrológico Nacional.*
D: *Memoria del Plan Hidrológico Nacional.*
E: *Memoria del Plan Hidrológico Nacional.*

Bibliografía básica

Ríos

Arenillas, M. A., y Sáenz, Cl. (1987): *Guía Física de España: los ríos*, Madrid, Alianza Editorial, 386 pp.
Bentabol, H (1900): *Las aguas de España y Portugal*, Madrid, Bol. Mapa Geológico, 26, 347 pp.
García Ruiz J. M.ª (1980): «Los estudios sobre hidrología continental en España», *Melanges hispaniques offerts à Jean Sermet*, Toulouse, pp. 93-99.
Gil Olcina, A., y Morales Gil, A. (Ed.) (1989): *Avenidas fluviales e inundaciones en la cuenca del Mediterráneo*, Alicante, Instituto Universitario de Geografía de la Universidad de Alicante, 586 pp.
Masachs, V. (1948): *El régimen de los ríos penisulares*, Barcelona, Inst. Lucas Mallada, 511 pp + apéndice.
Masachs, V., y García Tolsa, J. (1960): *Hidrología de España*, Barcelona, Edit. Teide, 279 pp.
Navarro, A., y otros (1989): *Las aguas subterráneas en España. Estudio de síntesis*, Madrid, Instituto Tecnológico Geominero de España, 591 pp.

Lagos y humedales

Cruz, H. da, y otros (1986): *Guía de las zonas húmedas de la Península Ibérica y Baleares*, Madrid, Ed. Miraguano, 254 pp.
Margalef, R.: *Limnología*, Barcelona, Edit. Omega.
Pardo, L. (1948): *Catálogo de los lagos de España*, Madrid, Instituto Forestal de Investigaciones y Experiencias, 522 pp.
Tello, B., y López, F. (1988): *Guía física de España. Los lagos*, Madrid, Alianza Editorial, 264 pp.
Troya, A., y Sanz, M. (1990): *Humedales españoles en la lista del Convenio de Ramsar*, Madrid, ICONA, 337 pp.
VV. AA. (1987): *Seminario sobre bases científicas para la protección de los humedales en España*, Madrid, Real Academia de Ciencias Exactas, Físicas y Naturales, 284 pp.
VV. AA.: *Supervivencia de los Espacios Naturales*, Madrid, Ministerio de Agricultura, Pesca y Alimentación, 950 pp.

Nieve y glaciares

Duce, E. (1991-1992): «El glaciarismo actual en España», *Notes de Geografia Física*, 20-21, pp. 61-70.
Gómez Ortiz, A., y Salvador, F. (1991-1992): «Aportaciones al conocimiento del glaciarismo y periglaciarismo de Sierra Nevada», *Notes de Geografia Física*, 20-21, pp. 89-101.
Martínez de Pisón, E., y Arenillas, M. (1988): «Los glaciares actuales del Pirineo español», *La nieve en el Pirineo español*, Madrid, Dirección General de Obras Hidráulicas, pp. 29-98.
MOPU (1988): *La nieve en el Pirineo español*, Madrid, Dirección General de Obras Hidráulicas, 178 pp.
Rodríguez-Roselló, N. (1989): «Las aportaciones de nieve a los embalses. Reserva blanca», *Revista MOPU*, 369, pp. 24-26.

Recursos hídricos

Gil Olcina, A., y Morales Gil, A. (Edit.) (1988): *Demanda y economía del agua en España*, Alicante, Instituto Universitario de Geografía, 448 pp.
Gil Olcina, A., y Morales Gil, A. (Edit.) (1992): *Hitos históricos de los regadíos españoles*, Madrid, MAPA, 415 pp.
MOPU (1990): *Plan Hidrológico. Síntesis de la documentación básica*, Madrid, Dirección General de Obras Hidráulicas, 128 pp.
VV. AA. (1991): *El agua en España*, Madrid, Instituto de la Ingeniería de España, 186 pp.

CAPÍTULO 5

RIESGOS NATURALES Y PROTECCIÓN DEL MEDIO AMBIENTE

Los hábitats de las sociedades humanas sufren, en ocasiones, manifestaciones cortas o prolongadas de inestabilidad ambiental que vulneran las relaciones habituales del grupo humano con su entorno. Las quiebras se traducen en pérdidas de vidas humanas y en daños de infraestructuras e instalaciones productivas.

Los riesgos naturales comprenden las manifestaciones de la naturaleza perjudiciales para el ecosistema humano. El análisis considera la interacción —variable en el espacio y a lo largo del tiempo— de un proceso natural extremo agente y la respuesta de la sociedad. A su vez, el nivel tecnológico de cada grupo social califica el grado de amenaza de su entorno (Calvo, F., 1976; Ortega, F., 1991).

1. **Procesos naturales extremos**

En el sistema natural se suceden acontecimientos de alta frecuencia y baja magnitud inocuos para los grupos humanos y sus actividades y fenómenos de gran magnitud y escasa frecuencia capaces de provocar catástrofes entre los colectivos sociales que los sufren. Intensidad, frecuencia y duración de los procesos naturales establecen la peligrosidad del entorno humano.

Entre los procesos peligrosos para la población española merecen destacarse los desencadenados por la dinámica interna de la corteza terrestre (sismicidad y neotectónica, vulcanismo), los derivados de la dinámica de la superficie terrestre (movimientos de ladera, avenidas e inundaciones) y los provocados por la dinámica marina o atmosférica (rachas de viento, sequías, olas de frío, etc.).

a) Procesos de la geodinámica interna

Procesos del interior de la corteza terrestre pueden afectar a los grupos humanos y a sus actividades. De ellos se considerarán la sismicidad y la neotectónica por una parte y después el vulcanismo.

1.º *Sismicidad y neotectónica*

Los esfuerzos distensivos alpinos compartimentaron la Península Ibérica y las islas Baleares, marcando una compleja red de fracturas. Algunas dislocaciones siguen siendo funcionales en forma de movimientos seculares (neotectónica) o de movimientos rápidos (sismicidad). Los movimientos seculares se manifiestan en fallas activas cuyos labios se han seguido desplazando en tiempos holocenos e históricos. Los movimientos rápidos se identifican con sacudidas repentinas del suelo por el paso de ondas elásticas irradiadas desde la corteza o manto superior.

La sismicidad y la neotectónica de la Península Ibérica se relacionan con su posición suroccidental en la placa euroasiática, próxima a la dorsal centroatlántica (zona de contacto con la placa norteamericana) y adyacente a la gran falla norteafricana (zona de colisión con la placa africana). En general, los bordes de placas son zonas de ajustes sismotectónicos (fig. 5.1).

El segmento de la placa euroasiática comprendida entre Túnez y Azores presenta diferentes características y mecanismos focales (Mézcua y Udías, 1991). Concretamente, el sector peninsular situado al sur de la flexura del Guadalquivir está marcado por las tensiones horizontales derivadas de la colisión NO-SE de la placa africana con el bloque ibérico que produce una compleja red de fracturas y deformaciones. Recientes investigaciones relacionan ciertos daños de infraestructuras producidos en el barrio de San Juan de la ciudad de Lorca y algunas roturas o fugas en el trasvase Tajo-Segura (en el tramo entre Totana y Lorca) con la actividad de la falla del Guadalentín. Igualmente, algunos deterioros en infraestructuras de la comarca de Vélez (Almería) han sido atribuidos a fallas activas (López Bermúdez, F., y Rodríguez Estrela, T., 1990).

La actividad sísmica en la España peninsular y Baleares es moderada comparada con otras regiones mediterráneas. No obstante, se han registrado terremotos destructivos, especialmente en Andalucía y en la costa mediterránea. Así, el terremoto de Torrevieja (21 de marzo de 1829) —cuyo epicentro debió situarse muy cerca de la costa— asoló poblaciones de la Vega Baja del Segura (fig. 5.2). El terremoto de Andalucía (25 de diciembre de 1884) —muy bien documentado por tres comisiones de investigación— ocasionó un alto número de víctimas y grandes pérdidas materiales (Muñoz, D., y Udías, A., 1991).

En ocasiones, las costas atlánticas peninsulares —singularmente las comprendidas entre Lisboa y Gibraltar— han sido alcanzadas por tsunamis, esto es, ondas de largo período producidas por epicentros submarinos situados en la región sísmica de Azores-Gibraltar. Aunque de menor magnitud, también se han registrado en las costas del mar de Alborán. El tsunami mejor documentado de época histórica acaeció el 1 de noviembre de 1755. El mecanismo focal debió activarse por un dislocamiento vertical del fondo oceánico en la zona sur del Algarve, a la entrada del golfo de Cádiz, y fue seguido de abundantes réplicas en los meses siguientes. La velocidad media de propagación de la onda fue de unos 89 m/s. Las olas del tsunami llegaron a alcanzar 20 m de altura en Cádiz y unos 30 m en el Algarve. Los daños materiales y las pérdidas humanas fueron muy cuantiosos (Campos, M., 1992).

En la evaluación de la peligrosidad sísmica, importa identificar las zonas más vulnerables con objeto de desplegar medidas de prevención y atenuación de los

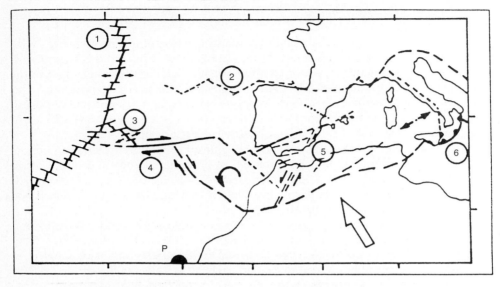

1. Dorsal medioatlántica
2. Límite abandonado de la subplaca ibérica
3. Rift de Azores
4. Falla de Gloria
5. Zona ibero-magrebí de deformación distribuida
6. Arco de Calabria
P: Polo de rotación de África-Eurasia

FIG. 5.1. *Modelo geodinámico de las rotaciones de bloques de la región ibero-magrebí y sus relaciones con la tectónica de placas* (según Vegas, 1991).

efectos destructores. La investigación de los geofísicos está centrada en los fenómenos físicos, tectónicos y biológicos que preceden a los terremotos.

2.º *Vulcanismo*

Las erupciones volcánicas son manifestaciones violentas de la geodinámica interna. Por lo general, las erupciones efusivas encierran menor peligro para la población porque las coladas raramente alcanzan altas velocidades de flujo. No obstante, pueden provocar elevados daños económicos si la alimentación lávica se sostiene largo tiempo. Por contra, las erupciones explosivas resultan a menudo más peligrosas por las nubes ardientes, avalanchas y coladas de piroclastos.

En España, la peligrosidad volcánica se circunscribe a las islas Canarias. Las erupciones históricas (cuadro 5.1) se han producido en las islas de La Palma, Tenerife y Lanzarote, donde se conformaron aparatos volcánicos asociados a paroxismos fisurales. Por lo general, cada manifestación fue precedida de una etapa premonitoria (sucesión de fenómenos sísmicos, emanaciones gaseosas, anomalías térmicas, cambios de caudal en los cursos de agua), seguida de otra explosiva hasta alcanzar el momento paroxismal de emisiones lávicas y explosivas. Posteriormente la actividad volcánica se iría debilitando dentro de la fase post-eruptiva (fenómenos sísmicos, fumarolas, anomalías térmicas, procesos de fisuración) de lento enfriamiento del magma (Romero, C., 1991).

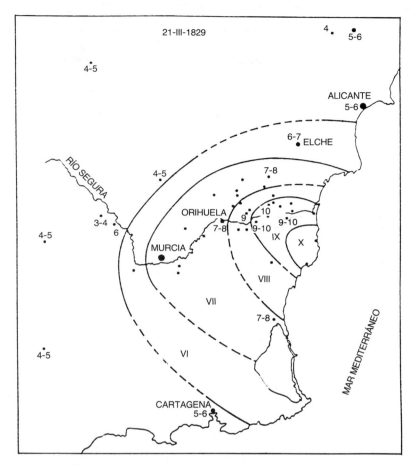

FIG. 5.2. *Intensidad del terremoto de 21 de marzo de 1829* (según Muñoz-Udías, 1991).

Las manifestaciones históricas en La Palma y Tenerife —excepto la de 1704-1705— han generado edificios volcánicos simples, mientras en Lanzarote los conjuntos eruptivos son más complejos. En general, el volcanismo histórico apenas ha causado pérdidas en vidas humanas y el volumen de coladas emitidas ha sido de escasa consideración. No obstante, en dos ocasiones —comentadas a continuación— se han producido daños materiales.

La erupción de la Montaña Negra (mayo de 1706) —en el sector de cumbres del noroeste de la isla de Tenerife— vertió sus lavas hacia el área de mayor pendiente. La rápida llegada de los derrames al sector costero destruyó parte de la ciudad de Garachico y rellenó su puerto.

La erupción de Timanfaya (1730-1736) ha sido la manifestación volcánica más extensa y prolongada de todas las ocurridas en el archipiélago desde la conquista hispánica. La erupción originó un sistema de edificios volcánicos alineados en cuyo cruce principal se instaló la aglomeración más relevante (Timanfaya). A lo

Cuadro 5.1. *Actividad volcánica histórica en el archipiélago canario* (según Romero, C., 1991)

Año	La Palma		Tenerife		Lanzarote		Intervalos entre erupciones
	Duración en días	Área en km²	Duración en días	Área en km²	Duración en días	Área en km²	
1430 1440	?	5,6					
							145 años
1585	84	4,8					
							61 años
1646	82	7,6					
							31 años
1677 1678	66	6,5					
							26 años
1704 1704			71	10,4			
							1 año
1706			40	8,1			
							6 años
1712	56	4,9					
							18 años
1730 1736					2.055	167,2	
							62 años
1798			99	4,6		4,9	
							26 años
1824					86		
							85 años
1909			10	2,2			
							40 años
1949	47	4,5					
							22 años
1971	24	3,1					
Total	359	36,9	220	25,3	2.141	172,1	

largo de un eje ENE-OSO, se suceden la Caldera Colorada, Pico Partido, Santa Catalina, los conos de las Montañas del Fuego, los cráteres de Timanfaya, Montaña Quemada, Montaña Rajada hasta la fisura eruptiva de Juan Perdomo (fig. 5.3). En los años de la erupción, alternaron fases eruptivas y de cierta calma.

El episodio volcánico de Timanfaya alteró la faz de la isla de Lanzarote. Todavía hoy los sectores ocupados por las corrientes lávicas siguen siendo improductivos mientras los cubiertos por materiales de proyección aérea han conocido grandes transformaciones para los cultivos de enarenados. En 1974, parte de la erupción de Timanfaya fue catalogada como parque nacional.

En síntesis, la actividad volcánica histórica en las islas Canarias evidencia un riesgo limitado. No obstante, las erupciones ocurrieron en un marco socioeconómico muy diferente y en sectores alejados de población. Cambios recientes de algunos parámetros (número de habitantes, densidad de población, infraestructuras, etc.) pueden aumentar la peligrosidad de futuras erupciones (Romero, C., 1991).

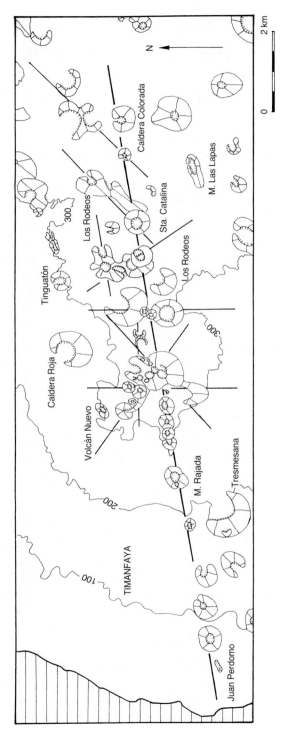

Fig. 5.3. *Esquema estructural del sistema eruptivo de Timanfaya* (según Romero, 1991).

b) PROCESOS DE LA GEODINÁMICA EXTERNA

Se desarrollan en la superficie terrestre como resultado de la dinámica ambiental. Entre los diferentes procesos que podrían llegar a ser perjudiciales para la población (desplazamientos de dunas, subsidencia cárstica, expansividad de arcillas, etc.) únicamente se consideran los movimientos de ladera y las inundaciones.

1.º *Movimientos de ladera*

Deslizamientos, desprendimientos, avalanchas y flujos son los movimientos más frecuentes en las laderas españolas. En el origen de todos ellos hay una rotura del material que constituye la ladera. Dicha rotura resulta de las tensiones que operan en el interior de la ladera. Por una parte, actúan fuerzas de resistencia (cohesión, fricción entre partículas) y, de otra, fuerzas de corte a causa de la gravedad. Para toda ladera existe un «factor de seguridad» o cociente entre resistencia y corte. Cuando ese *ratio* se iguala o sitúa por debajo de 1 se produce la rotura.

Cada ladera queda definida por una altura y una pendiente críticas que si son traspasadas desencadenan la inestabilidad. A menudo, la disponibilidad de agua opera como desencadenante de inestabilidad al disminuir la resistencia y crear presiones intersticiales. Por ello, suele ser habitual la asociación de movimientos de laderas y períodos lluviosos o de deshielo (Calvo, F., 1987; La Roca, N., 1990).

Los movimientos de ladera son más abundantes en las áreas montañosas (Corominas, J., y Alonso, E., 1984; García Ruiz-Puigdefábregas, 1984). Hasta hace pocos años, la baja densidad de población y de infraestructuras en los ambientes montanos diluían la peligrosidad pero la creciente presión urbanística en algunas áreas para actividades de ocio están incrementando los riesgos.

Los *deslizamientos* (García Yagüe, A., y García Álvarez, J., 1988) son movimientos gravitacionales de masas de roca o suelo que deslizan sobre una o varias superficies de rotura. El deslizamiento se comporta como una unidad en su rápido recorrido y puede alcanzar vastas proporciones (millones de metros cúbicos). Según las características litológicas, el deslizamiento puede evolucionar a flujo aumentando su recorrido y peligrosidad.

No faltan ejemplos de deslizamientos que han destruido poblaciones. En 1874 un gran deslizamiento de materiales margo-arenosos y yesíferos arrasó el pueblo de Azagra (Navarra) causando la muerte de 91 personas. En 1881, un deslizamiento de varios cientos de miles de metros cúbicos de margas y calizas aconteció en Puigcercós (Lleida) favorecido por la disposición estructural de los estratos, la elevada pluviometría y la remoción basal de un barranco (fig. 5.4). Otro deslizamiento se prolongó durante 16 días de abril de 1986 en una ladera arcilloso-margosa de unos 14º de pendiente, no lejos de Olivares (Granada). Al final del suceso, se habían movilizado unos 3,5 millones de m^3.

Los *desprendimientos* —individualizados por un plano de rotura— son caídas de bloques desde un talud. El material —con caída libre en parte de su recorrido— se deposita al pie del escarpe, a veces tras grandes saltos y rebotes. A menudo, el movimiento se asocia a pérdidas de resistencia por socavamiento en la base del talud o a la concentración de tensiones en el propio talud (congelación, infiltración, etc.).

En 1714-1715, parte del macizo rocoso que forma los acantilados de la sierra

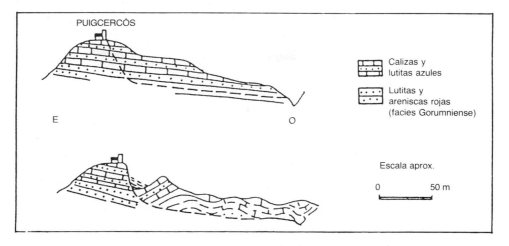

Fig. 5.4. *Deslizamientos con flujo de Puigcercós* (según Corominas-Alonso, 1984).

de Aralar (Navarra), se desprendió dando lugar a la acumulación de grandes bloques a pie de talud. Dicha acumulación propició el flujo de una capa de unos 4 m de potencia media de suelo y pizarra alterada con una pendiente de 14-15° que alcanzó velocidades de hasta 20 m diarios. El flujo recorrió unos 1.500 m y destruyó a su paso los edificios del pueblo de Iuza que encontró a su paso.

En la estimación de la peligrosidad de las laderas (Corominas, J., 1988), se presupone que los futuros movimientos ocurrirán en condiciones geológicas, geomorfológicas e hidrológicas semejantes a las de los movimientos recientes y actuales y que, en determinadas ocasiones, laderas estables a corto plazo dejarán de serlo a medio y largo plazo por la evolución del sistema de fuerzas en el interior de una ladera expuesta a los agentes de descompresión y meteorización. En la identificación de laderas inestables se reconocen las formas de erosión y acumulación (cicatrices, lenguas, lóbulos), la estructura de los depósitos, las grietas de tracción y otras observaciones sistemáticas. En algunos casos serán ineludibles ensayos en laboratorios de mecánica de rocas o suelos. La localización de puntos problemáticos y la estimación relativa de la estabilidad son instrumentos de gran utilidad para planificadores y proyectistas.

2.º *Avenidas e inundaciones*

La forma y magnitud de los hidrogramas de crecida dependen de los factores desencadenantes de la avenida y de los factores de intensificación o aplanamiento específicos de cada cuenca. La génesis de la mayoría de avenidas fluviales en España son sucesos tormentosos de gran extensión y duración (precipitaciones frontales) o episodios de alta intensidad (precipitaciones convectivas). La rápida fusión de nieve en las altas montañas o la elevación del nivel del mar en las costas también producen inundaciones. En ocasiones, la liberación brusca de aguas represadas o la obstrucción de los lechos son causa de inundaciones.

Las avenidas también deben su carácter exorbitado al sistema fluvial (desniveles y graderías en cabecera, tamaño y organización de las subcuencas, características de las litologías y de la cubierta vegetal, usos del suelo, etc.). A menudo, las mayores avenidas de los grandes colectores resultan de la sincronía de las crecidas de varios afluentes.

Una crecida es algo más que una punta de descarga fluvial. También es un relevante proceso geomórfico en la dinámica del sistema fluvial. Las áreas potencialmente inundables (Mateu, J., 1990) coinciden con terrazas fluviales holocenas o históricas, abanicos aluviales funcionales, llanos de inundación y deltas. También pueden producirse en áreas de drenaje impedido (por ejemplo, bordes de albuferas) o en contrapendientes (por ejemplo, depresiones cársticas). Son superficies de bajo gradiente que, durante las crecidas, se comportan como unidades hidrogeomorfológicas y como tales han de ser evaluadas y gestionadas.

Las geometrías (cóncava, convexa o lisa) de las superficies inundables establecen las vías de flujo del desbordamiento. En consecuencia, el reconocimiento de las formas fluviales es imprescindible para la elaboración de mapas de riesgo de crecidas, para el planeamiento urbanístico y para la confección de planes de emergencia.

Las avenidas fluviales (López Gómez, A., y otros, 1983; Gil Olcina, A., y Morales Gil, 1989) constituyen el riesgo natural más extendido en España, con singular peligrosidad en la fachada mediterránea y en la cornisa cantábrica. Por su parte, el período de retorno de las crecidas en los grandes ríos se ha modificado en las últimas décadas por la laminación de las puntas en los embalses.

Las inundaciones son sucesos identificados por las poblaciones ribereñas. No en vano, la historia de las inundaciones (Calvo, F., 1989) ha sido prolífica en acontecimientos catastróficos. Durante siglos han marcado las morfologías de los planos de muchas ciudades, han sido referencia cronológica, han desarrollado formas de vida colectivas entre los ribereños, etc.

Entre 1321 y 1957, la ciudad de Valencia registró 22 desbordamientos del río Turia, 11 crecidas más o menos importantes y 15 sucesos sin referencias de magnitud. El registro geoarqueológico de la ciudad contiene capas de arenas, gravas y cantos fluviales intercaladas entre los restos romanos de época republicana e imperial y entre los niveles islámicos. Por contra, no ha quedado constancia de ninguna inundación violenta de época visigoda (Carmona, P., 1990).

Entre las catástrofes recientes de la ciudad de Valencia, cabe citar las riadas del 28 de septiembre de 1949 y, sobre todo, la del 14 de octubre de 1957. En ambas ocasiones, la inundación del Turia fue acompañada por desbordamientos de barrancos inmediatos (Carraixet y Torrent) que alcanzaron diferentes poblaciones de la *Huerta* (fig. 5.5).

También el llano de inundación litoral del Júcar cuenta con un largo repertorio de riadas (Mateu, J., y Carmona, P., 1991). Desde 1300 hasta 1923, unas dieciocho avenidas suficientemente caudalosas inundaron Alzira, Carcaixent o Alberic. Tal vez, la mayor de todas ellas aconteció el 4 de noviembre de 1864 cuando el río Júcar vehiculó en la Ribera una punta estimada de más de 12.000 m^3/s. Por su parte, el registro geoarqueológico de Alzira sugiere que, a partir del siglo XI, se produjo un cambio de régimen de las grandes crecidas incrementándose su carácter violento (Butzer, K., y otros, 1983).

Las mayores inundaciones de Sevilla se producían por la coincidencia de dife-

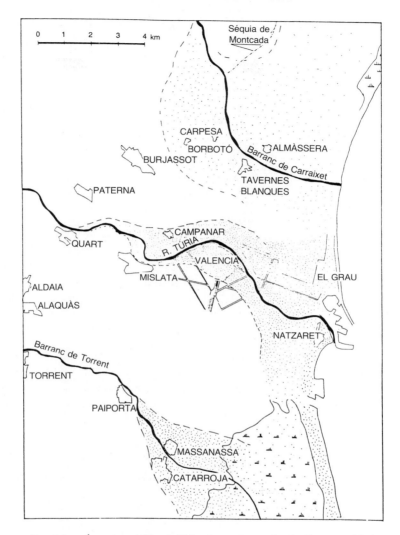

Fig. 5.5. *Áreas inundables de Valencia y su huerta* (según Carmona, 1990).

rentes puntas de crecida en la llanura aluvial del Guadalquivir (Borja, F., 1992). En efecto, los derrames procedentes del Guadalquivir medio se acrecentaban por crecidas de los tributarios de sierra Morena y del río Genil. A ello se añadían las puntas de afluentes más cercanos a la ciudad (Rivera de Huelva, Guadaira) y de algunos barrancos de los Alcores (Tararete, Tamarguillo, etc.).

El desarrollo urbano de Sevilla integra numerosas referencias fluviales (fig. 5.6). La muralla medieval —como en tantas otras ciudades— protegía el recinto urbano mientras el barrio de Triana —en la opuesta margen derecha— carecía de protección. A lo largo de los siglos XIX y XX se redactaron varios planes de defensa que combinaban canalizaciones, cortas y desviaciones de cauces con el uso de di-

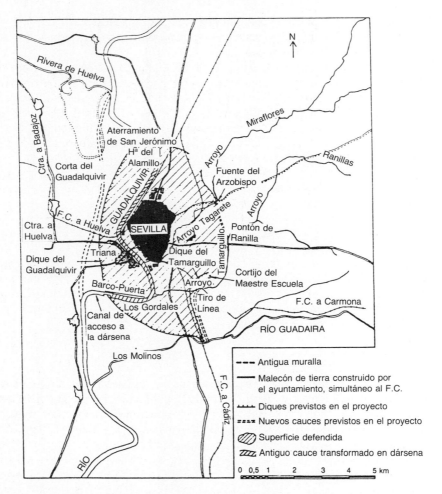

Fig. 5.6. *Proyecto de defensa de Sevilla presentado por Carcer y Ochoa en 1895* (según Del Moral, 1991).

ques y malecones. La construcción del ferrocarril —sobre un dique de contención— introdujo una importante mejora en el sistema (Del Moral, L., 1991).

El caso de Barcelona (Riba, O., 1992) también es paradigmático. P. Vila (1968) —en una magnífica evaluación del soporte físico de la ciudad— evidenció la persistencia de las rieras en el callejero urbano, los proyectos de desviación de cauces y la defensa que las murallas cumplieron ante las crecidas. En efecto, la muralla medieval protegía, en gran medida, el recinto urbano de las inundaciones de las rieras que descienden de las montañas litorales. El esquema se completó con el desvío de una riera (1443-1447) por fuera de las murallas siguiendo el foso. Precisamente, el actual paseo de las Ramblas corresponde al lecho de dicha riera.

A mitad del siglo XIX se procedió al derrocamiento de la muralla. De nuevo,

Barcelona quedó expuesta a las inundaciones, incluso violentas (1862). En los últimos años del siglo, un nuevo sistema —colectores y desagües urbanos— atajaba el problema de las violentas inundaciones.

A lo largo del siglo XX, las inundaciones en ciertos sectores de Barcelona derivan de déficit de infraestructuras ante una creciente y acelerada impermeabilización de la superficie de la ciudad. Durante los sucesos extremos, una alta proporción de lluvia se convierte en escorrentía directa. La red de colectores debe evacuar un volumen creciente de aguas pluviales muy concentradas en el tiempo.

Otras muchas ciudades (Murcia, Málaga, Alicante, Bilbao, etc.) podrían aducirse por la recurrencia de las inundaciones. Aminorar los daños ha sido y continúa siendo un reto para mejorar la calidad de vida de los ciudadanos. La hidrogeomorfología urbana constituye una útil herramienta para proponer medidas estructurales de defensa y para sugerir acciones no estructurales.

c) Procesos de la dinámica atmosférica

Ciertos elementos climáticos (viento, precipitaciones, temperaturas, etc.) en ocasiones rompen sus ritmos habituales (olas de frío, rachas de viento, sequías, etc.). Cuando el clima se aleja de sus pautas normales puede vulnerar comportamientos de los grupos humanos. Sin ánimo exhaustivo, se comentará la peligrosidad de algunos elementos climáticos.

1.º *Rachas y temporales de viento*

La escasa percepción de la peligrosidad de las rachas y temporales de viento se traduce en una mayor vulnerabilidad de la población. En efecto, si va asociado a lluvias intensas, un temporal de viento suele ocasionar menor número de víctimas directas que si actúa de forma aislada (Peñarrocha, D, y Pérez Cueva, A., 1991).

Los vientos fuertes son poco frecuentes en la Península, salvo en zonas especialmente ventosas (estrecho de Gibraltar, Finisterre, cabo Roca) y en las altas cumbres. Suelen ser de corta duración y van asociados a profundas borrascas instaladas en el golfo de Vizcaya, en el golfo de Génova o al sur de la Península (Font, I., 1983). También las tormentas convectivas estivales pueden desencadenar —con carácter excepcional— rachas de alta intensidad y poco persistentes.

La velocidad del viento puede superar los 100 km/h en toda la península y acercarse a los 150 en muchos lugares. No existen registros superiores a 200 km/h, aunque tales velocidades deben alcanzarse en niveles de cumbres. En la mayoría de observatorios, las mayores rachas registradas han ocurrido en el semestre invernal (octubre-marzo) pero en Huesca, Logroño y Soria ocurrieron en julio mientras en Zaragoza han sido en agosto. Ello sugiere que violentas tormentas estivales pueden producir ocasionalmente vientos de intensidad equivalente a los más fuertes temporales de invierno (Font, I., 1983).

Entre los temporales de viento más violentos merece citarse el ocurrido el 15 de febrero de 1941. Asoló la mitad occidental de la Península y sus efectos alcanzaron también a las costas meridionales. La fuertes rachas de viento —debieron superar los 180 km/h— contribuyeron a la expansión del voraz incendio que arrasó la mitad de la ciudad de Santander (Dantín, J, 1941).

Además de los impactos directos, los temporales de viento son el origen de oleajes que pueden provocar naufragios, erosión de playas, daños en instalaciones portuarias, etc. En los recintos urbanos causan desprendimientos de cornisas, desplomes de muros, caídas de árboles, daños en tendidos eléctricos, etc. Las pérdidas en cultivos y en invernaderos suelen ser cuantiosas. A menudo, contribuyen a la acelerada propagación del fuego y dificultan su extinción.

2.º *Sequías*

Aluden a los déficit intensos y prolongados de precipitaciones que generan impactos negativos sobre los grupos humanos, sus actividades y sus entornos ambientales. El riesgo de sequías incluye una componente climática, la repercusión económica y medioambiental y una dimensión derivada de la gestión del agua.

Hasta tiempos recientes, las repercusiones más notorias se centraban en las actividades agrarias. La ausencia de precipitaciones en momentos críticos del ciclo vegetativo de los cultivos condicionaba el resultado de las cosechas. En general, las áreas más afectadas correspondían a la mitad meridional y a la fachada mediterránea pero el riesgo también se cernía sobre otras regiones españolas. Las recurrentes sequías estaban contempladas en las estrategias de gestión plurianuales de las explotaciones campesinas. Cuando eran rebasadas por su prolongada duración daban paso a las hambrunas.

Todavía en la posguerra civil, hubo una tanda de años secos, a raíz de los cuales se enfatizó la expresión de las «pertinaces sequías». En los años cuarenta y cincuenta, las fluctuaciones pluviométricas quebrantaban las cosechas, limitaban la producción hidroenergética y dificultaban la actividad industrial.

A medida que la sociedad española se ha ido urbanizando y la gestión del agua se ha hecho más compleja, las sequías han adquirido otras connotaciones. Además de los efectos sobre la agricultura —tanto en secano como en regadío—, los desabastecimientos o las restricciones en las ciudades y el deterioro ambiental se han convertido en nuevos exponentes de las sequías.

En realidad, es difícil concretar las características de la sequía «climática» desconectada de sus impactos sectoriales. Por ello, es necesario diferenciar las repercusiones en actividades dependientes de aguas reguladas (agricultura de regadío, consumo urbano, industria, hidroelectricidad) y en sectores que no disponen de regulación hídrica (agricultura de secano, actividad forestal, parajes naturales, etc.). Por tanto, una misma anomalía pluviométrica produce ahora varios tipos de sequía de evaluación más compleja que los únicos argumentos climáticos (Pérez Cueva, A., 1988; Pita, M. F., 1990).

3.º *Olas de frío*

Son invasiones de aire polar continental, frío y muy seco del NE y N, desencadenadas por un potente anticiclón escandinavo combinado con una profunda baja en el Mediterráneo occidental o central (fig. 5.7). Las olas de frío ocurren durante el trimestre invernal (diciembre, enero, febrero) y sólo excepcionalmente a fines de marzo y principios de abril. Por término medio, su frecuencia en febrero es de una vez cada 10 años y en enero y diciembre cada 16 años. Las entradas de aire

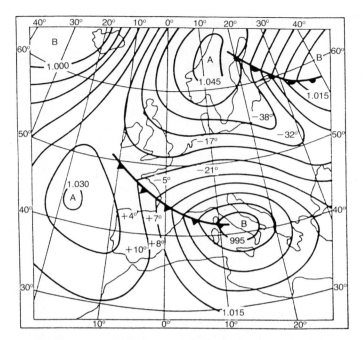

Fig. 5.7. *Situación meteorológica a las 6 h del 1 de febrero de 1956* (según Font, 1983).

muy frío con cielo despejado ocasionan heladas y cuantiosos daños en el sector primario.

El flujo de aire polar continental es frenado por las grandes cordilleras (Pirineos, Cantábrica, Central, Béticas, etc.). Las áreas más vulnerables son el sector nororiental de la Península. Los efectos alcanzan también al litoral cantábrico y mediterráneo.

A lo largo del siglo XX se han producido diferentes olas de frío. El mes más singular del siglo ha sido febrero de 1956 con dos intensísimas invasiones de aire polar seguidas de una tercera menos intensa. En la mayor parte de la Península se alcanzaron temperaturas mínimas muy bajas, que en muchos observatorios, siguen siendo las mínimas absolutas registradas. Muchos observatorios peninsulares midieron temperaturas inferiores a cero casi todos los días del mes (Font, I., 1983).

En Cataluña, las olas de frío de 1956 alcanzaron una gran violencia. La Costa Brava ofrecía un espectáculo polar con sus rocas cubiertas de carámbanos de agua de mar helada. En las cumbres pirenaicas se midieron temperaturas muy bajas (– 32º en el Estany Gento). Por su parte, en el litoral valenciano se registraron – 8º en Benicarló, – 7,5º en Valencia y en Alicante – 4º. En muchas comarcas del secano, la arboricultura resultó muy dañada (olivos, algarrobos, frutales, etc.). También en las montañas valencianas los fríos fueron extremos (– 19º en Penyagolosa) (López Gómez, A., 1956).

2. Adaptación del ecosistema humano

La sociedad forma parte del sistema natural, aunque su posición es preeminente. En efecto, los grupos humanos transmiten información (cultura) por cauces diferentes a la herencia biológica y usan tecnologías para relacionarse con su entorno. Por ello, la sociedad humana —a diferencia de otros grupos biológicos— despliega medios tecnológicos y culturales para aminorar la peligrosidad del marco ambiental.

Las sociedades asentadas durante largo tiempo en el solar hispánico han ido adaptando métodos de prevención o defensa ante los riesgos naturales. Frente a antiguas acciones defensivas con escasa modificación del medio, progresivamente se han ido desplegando actuaciones más contundentes y uniformes. Aunque las sucesivas adaptaciones permitirían reflexiones de gran interés, nuestro análisis primará las respuestas más características.

a) PLANEAMIENTO Y CALIDAD DE LA EDIFICACIÓN

Los asentamientos humanos aminoran o magnifican las catástrofes desencadenadas por procesos geofísicos extremos. Muchas de las variadas formas de habitar el territorio obedecen a seculares y complejos procesos culturales de uso del espacio. Son formas estructuradas que han soportado en algún momento fenómenos extremos y que minimizan la peligrosidad del entorno ambiental. Pero también las formas tradicionales de habitar el territorio pueden magnificar los daños si eventos de alta intensidad sobrecargan y dañan sus estructuras. En tal caso, la respuesta de la sociedad puede apostar por el abandono, la reparación o la reedificación planificada.

Existen abundantes ejemplos de asentamientos abandonados a causa de fenómenos extremos en llanos de inundación, zonas volcánicas, pie de laderas inestables, etc. Así, las lavas y las lluvias de lapilli de la erupción de Timanfaya arruinaron más de veinte lugares que fueron abandonados (Romero, C., 1991). En el llano de inundación del Júcar o Ribera Alta del Xúquer existen numerosos despoblados: de uno de ellos —Alcosser— se conoce con exactitud su destrucción por la riada de 1779 y su posterior abandono.

No obstante, en la mayoría de ocasiones, la sociedad humana asume los daños producidos por el proceso geofísico extremo y procede a la reparación del asentamiento. Güevéjar —en la Vega de Granada— fue destruido enteramente por el terremoto de Lisboa de 1775 (sólo sobrevivieron cinco vecinos). Poco después sería reconstruido en el mismo emplazamiento. Algo más de un siglo después, la población fue arrasada de nuevo por el terremoto de Andalucía de 1894 (Ortega, F., 1991). Tras esta segunda catástrofe, Güevéjar cambió de emplazamiento.

A pesar de la recurrencia de los fenómenos extremos, las ciudades constituyen asentamientos metastables. La ciudad de Valencia, según el registro geoarqueológico, ha conocido inundaciones destructivas desde época romana, salvo en tiempos visigodos. A lo largo de los siglos se ha adaptado desarrollando diferentes sistemas de defensa (murallas, pretiles, desvío del cauce del Turia, etc.).

Sin embargo, también existen asentamientos que son producto de un planeamiento que pretende aminorar las pérdidas potenciales. El terremoto de 1829 —unos 400 muertos en la Vega Baja del Segura y sus inmediaciones— asoló varias poblaciones de forma total (Almoradí, Guardamar, Benejúzar, Torrevieja, etc.) o parcial (Rojales, Formentera, Benijófar, Daya Nueva, etc.). Inmediatamente se procedió a la reconstrucción o reparación de los núcleos damnificados. Donde la destrucción había sido total, se hizo tabla rasa de los planos antiguos y en su lugar el ingeniero Larramendi optó por unos planos ortogonales, calles espaciosas de 14 a 17 m, casas de planta baja y corral interior para que los habitantes, al menor temblor, pudieran salir a un espacio abierto o a la calle evitando nuevas desgracias. El ingeniero aconsejaba que las construcciones fuesen sencillas pero resistentes: «se empleará mucha enmaderación, muy trabada entre sí, y con la fábrica de mampostería, a fin de que sea más difícil el desprendimiento de sus partes en cualquier movimiento» (Quirós, F., 1968; Canales, G., 1984) (fig. 5.8).

También en la reconstrucción de los pueblos derruidos por el terremoto de Andalucía de 1884, la Comisaría Regia, creada al efecto, contempló la calidad y características de las edificaciones. La magnitud de la catástrofe (más de 17.000 casas destruidas o dañadas distribuidas en 106 pueblos) decidió a la Comisaría a concentrar sus esfuerzos en lugares donde hubiera que edificar más de 40 casas (Alhama, Arenas de Rey, Güevéjar, Albuñuelas, Periana y Zafarraya). En la reconstrucción de sendas agrupaciones urbanizadas, la Comisaría estableció unas medidas generales de urbanización (calles de no menos de 10 m de anchura, rasantes moderadas) y

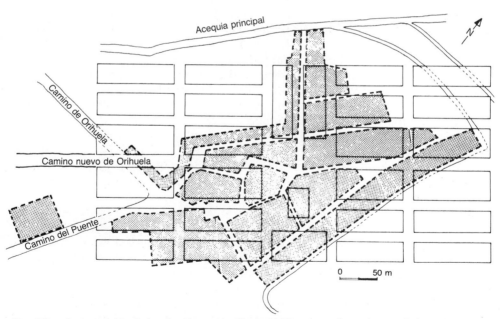

FIG. 5.8. *Superposición de las dos plantas de Almoradí.* El casco antiguo, de trazado irregular, queda constreñido por la red de canalizaciones de riego, la cual fue cubierta por imperativo del nuevo trazado urbano (según Canales, 1984).

determinados tipos de casas que debían mejorar las malas condiciones de edificación anterior (Quirós, F., 1968).

b) ACCIONES ESTRUCTURALES

El uso de tecnologías —cada vez más sofisticadas— aplicadas a mayor número de riesgos ha hecho más complejas las adaptaciones sociales al entorno ambiental. Por lo general, las acciones estructurales pretenden limitar los efectos nocivos de los riesgos más frecuentes y/o recientes. España no es una excepción: las principales acciones estructurales se dirigen a mitigar los impactos de las inundaciones y las sequías.

1.º *Infraestructuras de mitigación de inundaciones*

Desde hace siglos, las sociedades ribereñas han intentado reducir los perímetros inundables mediante la construcción de diques y presas, acondicionamientos de los cauces o con desviaciones del canal. Por lo general, las defensas de crecidas diseñadas para proteger los asentamientos suelen combinar diferentes modalidades de infraestructuras.

La construcción de *diques*, *malecones* y *muros de contención* ha sido práctica habitual en zonas urbanas y llanos de inundación convexos. Los modestos diques longitudinales en los ríos peninsulares —incluso dobles, motas y contramotas— son efectivos durante las avenidas ordinarias.

Así sucede en la Vega del Segura y en la Ribera del Júcar cuyos diques fueron construidos hace siglos. El malecón de Murcia —ahora transformado en paseo de más de 2 km de longitud— se inicia aguas arriba de la ciudad y enlaza con los muros de encauzamiento del Segura dentro de Murcia.

Los *acondicionamientos del cauce* buscan aumentar la sección del canal o el índice de flujo con objeto de reducir los perímetros inundables. El propósito puede alcanzarse mediante la limpieza del cauce, reduciendo la rugosidad con revestimientos de los márgenes, cortas de meandros, etc.

Existen abundantes ejemplos en cauces del valle del Ebro (Ollero, A., 1992), en el bajo Llobregat, en la Vega del Segura (Rosselló, V. M., y Cano, G. M., 1975) (fig. 5.9), etc. En las inmediaciones de Sevilla (Del Moral, 1991) ha habido numerosas cortas en el cauce del Guadalquivir para facilitar la navegación y proteger la ciudad de las crecidas.

Los *planes de desviación* se han aplicado desde antiguo en los recintos urbanos. El Reguerón —una desviación del Guadalentín— pretendía la defensa de Murcia. El céntrico paseo del Born en Palma de Mallorca es el antiguo lecho de Sa Riera: en 1613 se inició el desvío del cauce hacia el foso occidental de la muralla. El nuevo cauce —con una sección más amplia— ha evitado que Sa Riera sea el peligro principal a su paso por la ciudad (Grimalt, G., 1992).

Tras la catastrófica riada de 1957 que asoló parte de la ciudad de Valencia, se acometió la obra del desvío del Turia conocida como el Plan Sur. El cauce abierto —de algo más de 12 km de longitud y 200 m de ancho— describe un amplio arco por la periferia de la ciudad hasta desaguar en el mar. Según los proyectistas, el

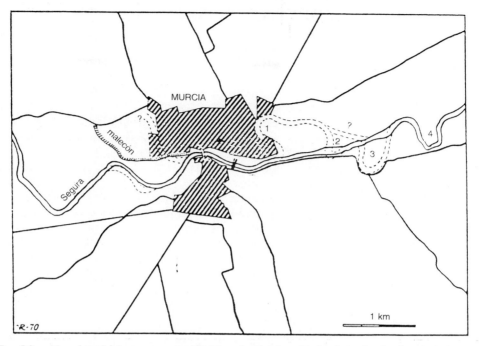

Fig. 5.9. *Meandros del Segura y cortas históricas.* 1: Rincón o Vuelta de la Condomina. 2, ?, 3: Los Dolores. 4: Rincón del Conejo (según Rossello-Cano, 1975).

nuevo cauce dispone de una capacidad de 5.000 m^3/s mientras la punta de crecida estimada del Turia en 1957 alcanzó los 3.700 m^3/s. El viejo cauce del Turia —tras propuestas de usos muy agresivos— se ha convertido en un parque ciudadano.

Las *presas de laminación* constituyen las infraestructuras más efectivas. No obstante, la mayoría de embalses son de uso múltiple (producción de hidroelectricidad, abastecimiento urbano, reserva para regadíos, aplanamiento de crecidas). Esta compleja trama de usos e intereses limitan las prestaciones potenciales de las presas durante los sucesos extremos. No obstante, una gestión ajustada de presas multiuso permite aplanar —en mayor o menor grado— las puntas de crecidas.

2.º *Infraestructuras de mitigación de sequías*

España cuenta con una larga tradición hidráulica encaminada a la mitigación de sequías que, a lo largo del siglo XX, ha sido potenciada por la política del Estado. Embalses, trasvases, canales y captaciones subterráneas (véase el apartado 6 del capítulo 4) permiten guardar reservas hídricas en años excedentarios y utilizarlos en las épocas de déficit.

Las recientes restricciones en núcleos urbanos indican que las crecientes demandas de las ciudades hacen necesario proseguir la construcción de infraestructuras hidráulicas y mejorar los programas de gestión integral del recurso.

3.º *Acciones en laderas* (García Yagüe, A., 1984)

De forma directa o indirecta, la actividad humana modifica a menudo las formas de laderas o la distribución de tensiones efectivas que crean desequilibrios, incrementan las inestabilidades y producen incluso movimientos de ladera. Pero igualmente, la sociedad desarrolla acciones de estabilización para preservar infraestructuras o asentamientos humanos.

El *drenaje* suele ser el método más usado para corregir la ladera. Se busca modificar las presiones hidrostáticas mediante zanjas drenantes, galerías, captaciones de aguas subterráneas, trincheras, etc. En ocasiones, se consigue de forma indirecta con plantaciones arbóreas que eliminen agua subsuperficial por evapotranspiración y que añaden un efecto de cosido por sus raíces.

También se despliegan otras acciones estructurales de *refuerzo*. Los refuerzos son dispositivos externos o internos que aumentan las tensiones estabilizadoras o disminuyen las desequilibrantes. Entre ellos cabe citar los muros o pantallas de contención, contrafuertes de escollera, anclajes, sobrecargas estabilizadoras, pilotes o inyecciones de hormigón, etc. Con frecuencia tales refuerzos van precedidos o seguidos del drenaje de la ladera.

c) ACCIONES NO ESTRUCTURALES

A medio y largo plazo, las solas intervenciones estructurales no suelen eliminar las pérdidas derivadas de los riesgos naturales. Por tanto, es necesario arbitrar sistemas complementarios de protección, prevención y control en las áreas de alta vulnerabilidad.

En el caso español —un territorio de antigua ocupación humana— las acciones no estructurales constituyeron las principales vías de defensa durante siglos. Aunque infravaloradas en las últimas décadas, las acciones no estructurales merecen ser desarrolladas y revisadas de forma permanente.

1.º *Sistemas de previsión*

El conocimiento anticipado de las características que alcanzará el fenómeno geofísico extremo permite aprovechar ese intervalo de tiempo para alertar a la población y adoptar medidas de seguridad. La eficacia de esta acción no-estructural depende de la calidad y precisión de la información y de la antelación con que pueda hacerse el anuncio a la población.

Unos sistemas de previsión de calidad presuponen un ajustado reconocimiento de la dinámica del sistema natural, ponderado con observaciones instrumentales. La formación de expertos no se improvisa y requiere programas coordinados de investigación. En algunos casos, los sistemas de previsión precisan estar coordinados con redes internacionales de información meteorológica, sísmica, etc.

La *vigilancia volcánica* tiene como objeto establecer el comienzo o la reanudación de la actividad volcánica con una anticipación suficiente que permita desplegar actuaciones de defensa civil. La vigilancia consiste en el seguimiento de las características del campo magnético, la composición de las fumarolas y el régimen térmico de la zona volcánica en condiciones de inactividad para evaluar cualquier anomalía relacionable con un eventual proceso eruptivo. Los programas de vigilancia volcánica recogen y procesan gran número de datos.

En el caso de Canarias, se están desarrollando programas coordinados de vigilancia. La incorporación de nuevas tecnologías en el análisis volcánico ha ampliado el abanico de variables controladas sistemáticamente en el campo y en los laboratorios (Araña, V., y Coello, J., 1989).

La *vigilancia sísmica* se apoya en la red gestionada por el Instituto Geográfico Nacional. Hasta 1977, la red sísmica consistía en observatorios autosuficientes equipados con el mismo tipo de sismógrafos y con personal especializado en el mantenimiento e interpretación de los datos sismológico. Desde entonces, la red opera en tiempo real y cuenta con dos centros de recepción de datos instalados en Madrid (que recibe información de 26 observatorios distribuidos por el territorio peninsular y las Baleares) y en Santa Cruz de Tenerife (que registra los datos proporcionados por 6 observatorios diseminados por Canarias) (Mezcua, J., y Udías, A., 1991).

El método más eficaz de *vigilancia de una ladera* inestable consiste en una adecuada instrumentación. No obstante, para grandes superficies, el reconocimiento geomorfológico y las observaciones sistemáticas pueden contribuir a la delimitación de los factores que incrementan o atenúan la inestabilidad.

En la *información hidrológica* ante eventuales inundaciones se están produciendo cambios significativos. Hasta principios de los años ochenta, la alarma se sustentaba en una predicción meteorológica de carácter genérico y parámetros de lluvias y caudales —de precisión muy desigual— registrados en distintos puntos de las Confederaciones Hidrográficas.

Avanzados los años ochenta, ha comenzado a instalarse la red SAIH (Servicio Automático de Información Hidrológica) por Confederaciones Hidrográficas que en su día cubrirá todo el territorio español. Una serie de sensores captan las magnitudes de las precipitaciones y los caudales en puntos de control distribuidos por el territorio de cada Confederación. De forma automática (radio), las señales son transmitidas cada cinco minutos al centro de control y gestión ubicado en la sede de la correspondiente Confederación Hidrográfica.

2.º *Actuaciones de emergencia*

Las acciones de emergencia tratan de proteger a la población y aminorar los daños cuando se activa un proceso extremo. La emergencia es una fase crítica para el colectivo humano afectado por inundaciones, sequías, terremotos o incendios.

La Administración aparece muy fragmentada para hacer frente a tales emergencias. Por ello se ha organizado la Protección Civil. Protección Civil tiene encomendada la coordinación de los recursos humanos y técnicos disponibles en los diferentes niveles administrativos y en la misma sociedad civil. En otras palabras, Protección Civil está constituida por unos servicios técnicos germinales que van creciendo a medida que se integran en el sistema aquellas estructuras necesarias para la consecución de los fines propuestos. La integración requiere un escrupuloso respeto del principio de coordinación.

Más allá de las emergencias —esto es, en tiempo de normalidad— Protección

Civil planifica los instrumentos que deberán ser movilizados ante futuras emergencias. Prevé futuras coordinaciones según diferentes niveles de alarma, organiza los dispositivos para el desalojo de poblaciones y los alojamientos de emergencia, redacta planes específicos ante diferentes emergencias, informa los planes urbanísticos, etc.

3.º *Actuaciones normativas*

Son instrumentos legales para aminorar los costes de las catástrofes. Evidentemente, el espectro de actuaciones normativas es muy amplio. Un tipo de normas se aplican sólo durante las emergencias (por ejemplo, durante una inundación o un terremoto). Otras normas están encaminadas a la prevención del riesgo y se materializan en el planeamiento, el diseño de infraestructuras, en la planificación territorial, etc. Estas últimas aparecen dispersas en numerosas disposiciones básicas y tecnológicas de la edificación, en la ley del suelo, en los planes de ordenación urbana, etc.

Tal vez el medio más eficaz sea limitar los usos del espacio inadecuados en las áreas vulnerables. La zonificación sólo permite aprovechamientos productivos que, por su bajo valor, puedan resistir el gravamen periódico del riesgo natural.

Así, la zonificación de áreas inundables consiste en regular los usos en las márgenes fluviales. En función del mayor o menor calado de las crecidas, se suele individualizar una *zona de prohibición* de cualquier obra civil —excepto puentes— que suponga un obstáculo a la corriente, una *zona de restricción* o limitación de densidad de construcción con regulación de la calidad de los edificios y una *zona de precaución* contemplada en los programas de alarma y protección.

En otros casos, las actuaciones normativas se dirigen al ahorro de agua. La política de tasas puede conseguir ciertos resultados pero no siempre son suficientes. En consecuencia, se establecen restricciones durante algunas horas del día mientras se prolonga la emergencia.

4.º *Otras acciones no estructurales*

El cuadro de actuaciones preventivas no estructurales es más amplio (señalización de peligros, pólizas de seguros, simulación de evacuaciones, acciones de restauración ambiental, etc.).

Poco a poco se está generalizando la idea de involucrar a toda la sociedad en las estrategias para mitigar los costes de los riesgos naturales. La información pública y la educación pueden asegurar el éxito de todas las otras actuaciones correctivas y preventivas. Sólo si la sociedad conoce y participa en la gestión de los riesgos asumidos se podrán aminorar los costes de las catástrofes.

d) Los costes económicos

A escala mundial, entre 1900 y 1976 los riesgos naturales causaron más de 4,5 millones de muertes y más de 232 millones de personas resultaron heridas o perdieron el hogar. Se trata de cifras y escenas que conmocionan las conciencias ciudadanas, en los momentos inmediatos a las catástrofes naturales. Proporcionalmente, las pérdidas en vidas humanas fueron mayores en países en vías de desarrollo, con limitados recursos para la autoprotección.

En el caso español, las inundaciones catastróficas más importantes ocurridas en los últimos treinta años (cuadro 5.2) han ocasionado más de 1.400 muertos y daños superiores a cientos de miles de millones de pesetas (Berga, L., 1988). Las pérdidas provocadas por movimientos de ladera superan los 1.000 millones de pesetas anuales (Corominas, J., 1988). En las últimas décadas, los aludes están provocando una media anual de 4 víctimas, con un máximo de 11 muertos en 1979 (López Martínez, J., 1988). A menudo, las sequías ocasionan elevados daños económicos.

Según cálculos del IGME (1988), entre 1986 y 2016 los riesgos geológicos —incluyendo inundaciones, actividad sísmica, movimientos de laderas, erosión de suelos, tsunamis, erosión costera, arcillas expansivas y erupciones volcánicas— generarán en España pérdidas superiores a los 8,1 billones de pesetas en la hipótesis de riesgo máximo y cercanas a los 5 billones en la hipótesis de riesgo medio. En la hipótesis de riesgo máximo, los mayores costes corresponderán a daños ocasionados por inundaciones (34,8 % del total) y movimientos sísmicos o terremotos (33,1 %). Para hipótesis de riesgo medio, las pérdidas más cuantiosas serán provocadas por inundaciones (51 %) (fig. 5.10).

Según la hipótesis que se maneje, la incidencia de los riesgos naturales en España puede oscilar del 0,68 al 1,13 % de la renta nacional. En 1986 representaba un coste entre 4.400 y 7.300 pesetas anuales por persona. Comparativamente el total de pérdidas por riesgos en España es inferior a la de Italia o EE.UU. pero es mayor en relación a las respectivas rentas nacionales.

Casi tres cuartas partes de las pérdidas por riesgos geológicos se producirán en la fachada mediterránea de la Península Ibérica que acoge altas presiones demográficas, urbanizaciones, polígonos industriales y núcleos turísticos en áreas más o menos vulnerables (fig. 5.11). Los riesgos naturales en España han adquirido una componente mediterránea que no puede desligarse de otros aspectos de la organización territorial.

3. El estado del medio ambiente

El desarrollo histórico de las sociedades españolas ha dejado numerosas huellas en los componentes abióticos y bióticos de los ecosistemas (pérdida de biodiversidad, segmentación de los ecosistemas, simplificación de las cadenas tróficas,

CUADRO 5.2. *Inundaciones más catastróficas en los últimos treinta años*

Fecha	Área	Víctimas
Octubre 1957	Valencia	86
Septiembre 1962	Vallès	973
Octubre 1963	Murcia y Almería	300
Septiembre 1971	Bajo Llobregat	24
Junio 1972	Valdepeñas	22
Octubre 1982	Bajo Júcar	38
Agosto 1983	País Vasco	20

Fuente: Berga, L., 1988.

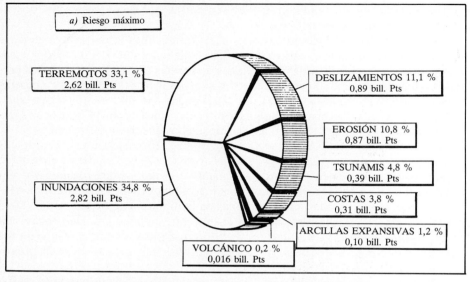
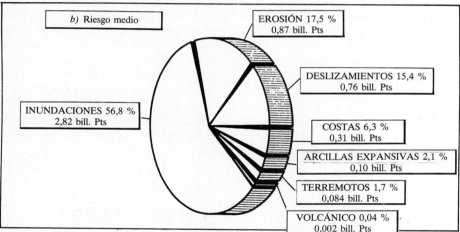

Fig. 5.10. *Riesgos geológicos en España para el período 1986-2016*. Pérdidas potenciales previstas según hipótesis de riesgo máximo (8,1 billones de pesetas) y de riesgo medio (4,9 billones) (según Ayala y otros, 1987).

alteración de la dinámica de los procesos ambientales, etc.). A menudo, no se entiende el funcionamiento de muchos ecosistemas ni la dinámica de los paisajes de nuestro entorno sin hacer referencia al protagonismo directo o indirecto de los grupos humanos.

En los últimos cien años, los impactos culturales sobre el medio ambiente se han acelerado de forma exponencial. La obtención del máximo rendimiento del sistema natural se ha realizado a costa de la complejidad y de la sucesión de los ecosistemas. El territorio español ha sido y es escenario de cambios ambientales cuyo

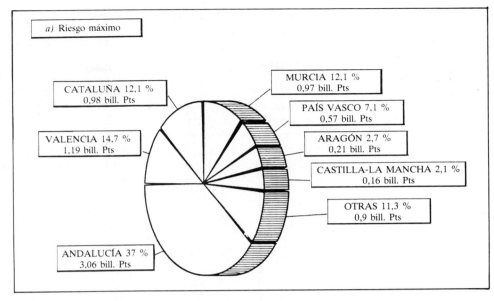

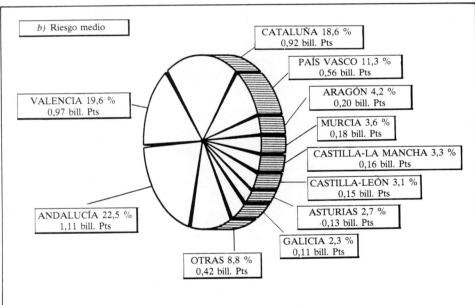

Fig. 5.11. *Riegos geológicos en España para el período 1986-2016.* Ditribución de las pérdidas económicas por Comunidades Autónomas según hipótesis de riesgo máximo y medio (según Ayala y otros, 1987).

análisis es complejo porque las perturbaciones inducidas por la sociedad humana se superponen a la dinámica interactiva de los procesos naturales.

Desde 1984, el Ministerio de Obras Públicas, Transportes y Medio Ambiente publica balances anuales del estado medioambiental de España. También algunos gobiernos autonómicos editan informes periódicos sobre los territorios de sus ámbitos competenciales. Por su parte, la ONU, la OCDE o la CEE han elaborado, en los últimos años, diagnósticos medioambientales a escalas más amplias. Dichos materiales han servido de base para esta síntesis. En la exposición serán primadas las relaciones dialécticas de la sociedad y su entorno natural. La contaminación, la alteración de los procesos naturales y de los subsistemas ambientales constituyen aspectos relevantes del estado del medio ambiente español en puertas del siglo XXI.

a) CONTAMINACIÓN AMBIENTAL

De entrada, la contaminación indica problemas de dispersión, reciclaje o retorno en los ciclos de materia o energía. En unos casos, la contaminación deriva del gran volumen de desechos orgánicos que sobrepasan la capacidad de dispersión de los fluidos terrestres o de reciclaje de los organismos descomponedores. En otros casos, el uso de sustancias no biodegradables por los circuitos biosféricos es causa de contaminación.

La contaminación de las aguas continentales y marinas, del suelo y de la atmósfera no son manifestaciones independientes por cuanto la contaminación de un subsistema (por ejemplo, la atmosférica) se traslada también a los otros subsistemas (por ejemplo, al suelo y al ciclo hidrológico).

1.º *Contaminación atmosférica*

La atmósfera recibe emisiones de sustancias químicas o formas de energía que pueden producir daños o molestias a las personas y deterioro en los componentes ambientales. La capacidad dispersante de la atmósfera depende de la circulación atmosférica y de las condiciones microclimáticas. En ocasiones, la persistencia de situaciones estables y subsidentes agrava los efectos molestos de la contaminación atmosférica (Sanz, 1991).

Los *contaminantes primarios* —esto es, vertidos directos a la atmósfera— proceden de instalaciones de combustión fija, de vehículos automóviles y de muchos procesos industriales. En España —al igual que en otros países industrializados— los óxidos de azufre —algo más del 50 % y otros— son los principales contaminantes primarios seguidos de las partículas en suspensión (40 %). También los óxidos de nitrógeno (NO_x), el monóxido de carbono (CO) o algunos metales pesados forman parte de las sustancias contaminantes primarias.

Los mayores focos de emisión de dióxido de azufre —procedente de la combustión de fuel-oil y el carbón— son las centrales térmicas por el uso de carbones con alto contenido en azufre (Puentes de García Rodríguez en La Coruña y Andorra en Teruel). También algunas industrias y, en menor medida, automóviles y calefacciones domésticas emiten óxidos de azufre.

Los aerosoles y las partículas en suspensión se generan principalmente en ciertos sectores industriales (sobre todo cemento, seguido del eléctrico y de la siderurgia). Por su parte, el tráfico de vehículos y las calefacciones incrementan las partículas en suspensión.

Las áreas urbanas [Madrid (López Gómez, y Fernández García, 1981), Barcelona (Massagué, 1992), Valencia, Bilbao, Zaragoza, etc.], los polígonos industriales próximos a núcleos de población [Cartagena (Jiménez, 1992), Huelva, Avilés, Langreo, La Coruña, Tarragona, Castellón, Santa Cruz de Tenerife (Marzol, 1987), etc.] o focos fabriles más aislados (Puertollano, etc.) son los principales emisarios de contaminantes primarios. El mayor volumen de emisiones se alcanza en algunos entornos de la vertiente cantábrica y en el área metropolitana de Barcelona. Las mayores concentraciones de dióxido de azufre se han medido en comarcas turolenses próximas a Andorra.

Los *contaminantes secundarios* se generan en la atmósfera por reacciones químicas y fotoquímicas de los contaminantes primarios. Dichas alteraciones conducen a la contaminación fotoquímica, a la acidificación del medio (lluvias ácidas) y a la disminución del espesor de la capa de ozono.

La contaminación fotoquímica acontece al reaccionar entre sí los óxidos de nitrógeno, los hidrocarburos y el oxígeno en presencia de la radiación ultravioleta del sol. Las situaciones estacionarias de altas presiones (anticiclones), fuerte insolación y vientos débiles favorecen la formación de una mezcla de sustancias de gran poder oxidante, especialmente ozono. Precisamente, las concentraciones de ozono indican la gravedad de la contaminación fotoquímica.

La acidificación del medio se produce por retorno al suelo de los óxidos de azufre y nitrógeno atmosféricos en forma de ácidos. La precipitación de los ácidos se realiza en seco (cerca del foco emisor) o en forma de lluvia ácida (Romaní, 1991).

La atmósfera acoge también otras formas de contaminación como la degradación de energía (ruido, radiaciones ionizantes). En los últimos veinte años, el aumento del *ruido ambiental* ha sido notable en los grandes núcleos urbanos españoles a causa de la mecanización de ciertas actividades productivas y por la masiva utilización de vehículos de motor. Es considerado uno de los contaminantes más molestos del medio urbano que llega a tener incluso impactos territoriales (por ejemplo, en los alrededores de los aeropuertos).

Se estima como límite superior de tolerancia o aceptabilidad unos 65 decibelios diarios de ruido ambiental. Estudios recientes indican que el 23 % de la población española está sometida habitualmente a niveles superiores a 65 decibelios. Obviamente los porcentajes se incrementan en las áreas metropolitanas. Así, dos terceras partes de la población madrileña soporta niveles diarios de ruido superiores a 65 decibelios.

2.º *Residuos sólidos*

Muchas actividades humanas de producción y consumo generan productos residuales que no se integran en nuevos productos. Su gran volumen y/o su composición —a menudo no biodegradable— los hace inasimilables por los organismos descomponedores o lo son a un ritmo inferior al que exigiría su deposición masiva.

Los residuos sólidos (urbanos, industriales, agrarios, etc.) —si no son tratados correctamente— ocasionan problemas sanitarios y degradación del medio.

España genera anualmente algo más de 11 millones de toneladas de *residuos sólidos urbanos*. Casi el 40 % de ellos se producen en la fachada mediterránea y el 14 % en el área central de la Península. Por término medio, los habitantes de ciudades generan mayor volumen (300/kg/hab/año) que la población rural (265). En la actualidad, la eliminación de los residuos urbanos se realiza en vertidos incontrolados (32,7 %), vertidos controlados (44,6 %), plantas de compostaje (16,4 %) y en focos de incineración (6,3 %). La recogida selectiva de vidrio y papel representa un ahorro en materias primas y energía y disminuye el volumen de residuos y de emisiones contaminantes (fig. 5.12).

Muchos residuos industriales son asimilables a los residuos urbanos pero otros son tóxicos y peligrosos. En España se producen del orden de 1,8 millones de tone-

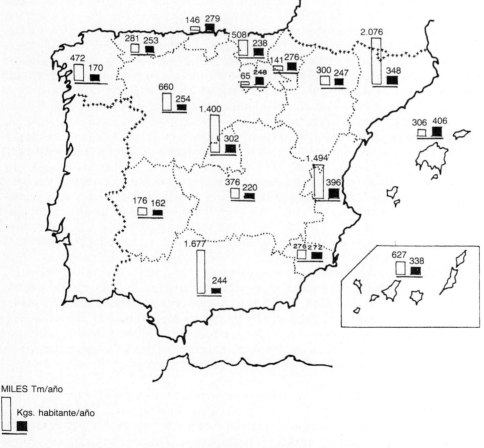

Fig. 5.12. *Producción anual de residuos sólidos urbanos* (según Dirección General de Medio Ambiente, 1988).

ladas/año de *residuos tóxicos y peligrosos*. Los mayores productores (industria química, el sector del papel y celulosas y los transformados metálicos) generan el 80 % del volumen total.

3.º *Contaminación del suelo*

El suelo constituye un subsistema amortiguador entre la litosfera y la atmósfera donde acontecen procesos fundamentales para el desarrollo de los ecosistemas. Ocupa una posición crítica en los ciclos de materia y energía de modo que las numerosas modalidades de contaminación (precipitaciones en forma de lluvia, deposición en seco de sustancias dispersas en la atmósfera, fertilizantes, plaguicidas, vertidos incontrolados, etc.) producen desequilibrios en los horizontes edáficos y alteran los procesos de interacción ecológica. Las tierras de regadío registran un alto deterioro ambiental por el uso de fertilizantes y plaguicidas (López Bermúdez, 1992).

Los *fertilizantes* —contienen al menos nitrógeno, fósforo o potasio— no siempre sirven para restituir los elementos químicos sustraídos por las cosechas. Una parte de los fertilizantes es lavada por aguas de riego o removida por el viento. Otra parte se deposita por decantación entre los minerales y arcillas del suelo y, a largo plazo, puede conferir características tóxicas a las tierras de cultivo. En España se consumen actualmente algo más de un millón de toneladas de fertilizantes al año, especialmente en las agriculturas más productivas.

Los *productos fitosanitarios* han tenido un espectacular crecimiento, especialmente en la fruticultura y en la horticultura. Pequeñas cantidades de plaguicidas inciden en las cadenas tróficas por lo que sus efectos se pueden desplazar a otras especies y a otros lugares. El abuso de plaguicidas produce concentraciones muy altas de contaminantes en las aguas superficiales y subterráneas. La agricultura española gasta más de 50.000 millones de pesetas anuales en 4.000 marcas de diferentes productos fitosanitarios, siendo Valencia, Andalucía y Cataluña las áreas de mayor consumo.

4.º *Contaminación de las aguas superficiales*

La adición natural o antrópica de sustancias o formas de energía al agua puede alterar su calidad para usos posteriores si sobrepasa su capacidad de depuración. La contaminación puede proceder de focos emisores o de aportaciones difusas. Por lo general, cuando se habla de calidad se alude a macroconstituyentes (medidos en miligramos por litro). En España, se utiliza un Índice de Calidad General (ICG) que engloba hasta 23 parámetros según su nocividad. El índice oscila entre 100 (óptimo) y 0 (pésimo) y el valor 60 establece el umbral de calidad admisible (Mingo, 1991).

Los puntos más elevados de contaminación fluvial se sitúan aguas abajo de las zonas urbanas, industriales y mineras. También los vertidos incontrolados y las escorrentías procedentes de las zonas agrícolas o ganaderas muy intensivas alteran la calidad hídrica de los ríos. Los ecosistemas riparios manifiestan, por su parte, las variaciones de calidad hídrica. Por lo general, en los embalses —al ser medios de decantación— se recupera parcialmente la calidad hídrica de los ríos.

Las diferentes Comisarías de Aguas de las Confederaciones Hidrográficas controlan los lechos fluviales españoles en más de 400 puntos de observación. La mejor o peor calidad del caudal depende del volumen y régimen del caudal, de la temperatura y demás variables físicas, de los efectos de autodepuración de la corriente y de los vertidos y plantas depuradoras. Los valores del ICG varían a lo largo del cauce y del tiempo.

Los ríos del entorno de Madrid (Henares, Manzanares, Jarama, Guadarrama) poseen aguas de gran calidad en cabecera. A medida que transitan por las zonas industriales y urbanas se deterioran rápidamente y trasladan la contaminación hasta el Tajo. En los últimos años, las depuradoras instaladas en la región de Madrid han aliviado el problema, pero en Toledo el río Tajo todavía registra unas 60 unidades del ICG.

El Guadalquivir presenta una brusca inflexión de calidad en Menjíbar (33 unidades del ICG) relacionada con vertidos de grasas de almazaras y residuos de papeleras. La reciente eliminación de muchos vertidos ha aliviado en parte el problema aunque el índice (55) sigue por debajo del umbral de calidad admisible (fig. 5.13).

Las aguas del río Segura —al igual que tantos ríos mediterráneos— pierden calidad a medida que avanzan hacia la desembocadura (López Bermúdez, 1989). Los índices del Segura oscilan entre 95 y 23. También los índices de calidad en el río Llobregat descienden sin pausa a causa de los sucesivos vertidos industriales y urbanos (fig. 5.14).

Por su parte, el Sella es de los ríos más limpios de España, con índices que oscilan entre 85 y 94 en Cangas de Onís. Ríos con aguas muy buenas son también el Narcea, Aller, Esva, Navia y muchos ríos gallegos. También presentan muy baja contaminación gran parte de las cabeceras de los afluentes pirenaicos del Ebro y los tributarios del Duero procedentes del Sistema Central y de los montes de León.

5.º *Contaminación de las aguas subterráneas*

Los acuíferos se encuentran mejor protegidos frente a la contaminación natural y cultural que la atmósfera, el suelo o las aguas superficiales. No obstante, cuando se produce una contaminación relevante, la depuración del acuífero precisa, en la mayoría de casos, un largo período de recuperación o elevadas inversiones (Navarro y López, 1991).

La materia contaminante alcanza los acuíferos por inyección directa a la zona saturada, por percolación difusa desde la zona no saturada o por alteración de la interfacies salina (bombeo). Un acuífero es tanto más vulnerable cuanto más superficial se encuentra el nivel piezométrico y más permeable es la zona no saturada. Los acuíferos confinados —aislados de la superficie por capas impermeables— son los mejor protegidos frente a la contaminación difusa.

Focos potenciales de contaminación de acuíferos son los residuos agropecuarios (residuos orgánicos por carga ganadera, fertilizantes, plaguicidas), los residuos sólidos urbanos y los residuos industriales (tóxicos, mineros, radiactivos, etc.). La complejidad de factores concurrentes en la contaminación de las aguas subterráneas dificulta un balance global a escala peninsular e insular. No obstante, en las dos últimas décadas se han incrementado los elementos nitrogenados en las aguas subterráneas y los fenómenos de intrusión marina en los acuíferos costeros.

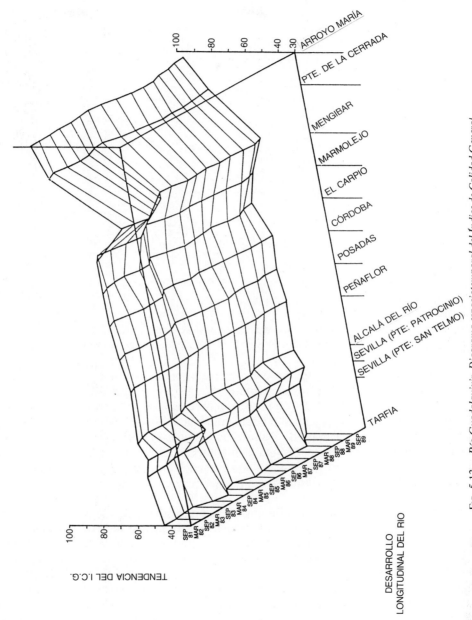

FIG. 5.13. *Río Guadalquivir. Diagrama espaciotemporal del Índice de Calidad General.*

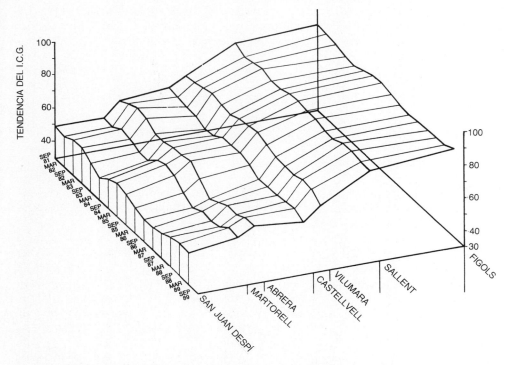

Fig. 5.14. *Río Llobregat. Diagrama espacio temporal del Indice de Calidad General.*

Los *contenidos en nitratos* de los acuíferos españoles no son homogéneos. En términos generales, los mayores contenidos se registran en acuíferos muy vulnerables que reciben aportes difusos de nitrógeno procedentes de fertilizantes. Los más altos contenidos en nitratos se han medido en los acuíferos cuaternarios costeros de los ríos Vélez y Verde, campo de Dalías, mar Menor, llanos costeros valencianos, camp de Tarragona, Llobregat y Muga y en el litoral del golfo de Cádiz (Ayamonte-Huelva, Almonte-Marismas). También son elevados en algunos sectores de los archipiélagos (Es Pla de Mallorca, Valle de la Orotava, algunas zonas costeras de Gran Canaria, etc.)

También en el interior de la Península, la situación se ha ido deteriorando en los últimos años a medida que se ha incrementado el uso de fertilizantes (acuífero terciario y cuaternario de Badajoz, campos de Montiel, triángulo Madrid-Toledo-Navalcarnero, alrededores de Chinchón y margen derecha del Tajuña, alrededores de Ocaña, altiplanicie de Écija, vega de Granada, cuencas del Genil, Guadalete y Barbate, áreas comprendidas entre Cariñena y la Almunia de Doña Godina, acuífero aluvial del Ebro, acuífero conglomerático de Zamora-Salamanca, etc.).

La contaminación por intrusión marina produce un aumento del *contenido en cloruros* en los acuíferos costeros. La intensa captación en muchos acuíferos detríticos de la costa mediterránea ya ha generado casos de contaminación puntual, zonal e incluso crítica (desembocadura del Llobregat, camp de Tarragona, llano de Benicarló, desembocadura del Palancia, entornos de Xàbia, Benidorm y Motril). De las aproximadamente 250.000 ha regadas con aguas subterráneas en los llanos litorales españoles, alrededor del 20 % (unas 47.000 ha) usan aguas captadas en acuíferos considerados en estado crítico.

Otros contaminantes de acuíferos se relacionan con vertederos urbanos, actividades mineras, etc. Por su parte, los vertidos industriales de los sectores petroquímicos, curtidos, textil y metalúrgicos suelen incrementar los contenidos de metales pesados. Así sucede en acuíferos de las áreas más industrializadas vascas, catalanas, valencianas o en los polígonos de Huelva, Algeciras, Cartagena, etc.

6.º *Contaminación de las aguas costeras*

El litoral español soporta una importante presión demográfica, singularmente en la costa mediterránea. Las aguas costeras sufren impactos derivados de focos emisores terrestres y de los vertidos marinos.

La *contaminación por petróleo* desde buques accidentados ha sido una imagen repetida en los últimos años. El estrecho de Gibraltar y las costas de Galicia se encuentran en la ruta de los grandes petroleros. Los accidentes del *Urquiola* (1976), *Andros Patria* (1978), *Casón* (1987), etc., evidencian el coste de un riesgo ligado al crecimiento y condiciones del tráfico marítimo general y de mercancías peligrosas. Las concentraciones de hidrocarburos disueltos en las aguas marinas, además de bolas de alquitrán, también contaminan los sedimentos playeros y los organismos biológicos del antelitoral y litoral.

La contaminación de *metales pesados* (mercurio, cadmio y plomo) afecta a los litorales inmediatos a grandes complejos industriales (ría del Nervión, delta del Llobregat, etc.). En el golfo de Cádiz, al sur de Huelva, se realizan vertidos procedentes del cercano polo químico donde se fabrica bióxido de titanio.

La presión contaminante sobre las costas españolas sigue siendo elevada. No obstante, el esfuerzo inversor (depuradoras, emisarios submarinos) de los últimos años ha conseguido mejorar la salubridad de muchos tramos playeros.

b) Alteración de los subsistemas ambientales

A partir de la revolución industrial, la alteración natural y cultural de los subsistemas ambientales (suelo, atmósfera, hidrosfera, biosfera) se ha acelerado a causa de los incrementos demográficos humanos, del desarrollo tecnológico y de la utilización de energías fósiles y de origen nuclear. Por esta razón, los grupos humanos —de forma desigual— se han convertido en un factor de cambio ambiental. No obstante, la evaluación del efecto acumulativo de las actividades humanas sobre el sistema natural es compleja porque sus impactos se superponen a procesos naturales interactivos.

La referencia a la escala espacial es fundamental en el análisis ambiental: Así, a escala local, son demostrables las alteraciones climáticas de las ciudades pero, de momento, no son tan directos los efectos climáticos globales de la actividad humana. Nuestra escala de referencia no sobrepasará el ámbito español aunque las consideraciones globales y de microescala sean imprescindibles.

A continuación, serán analizadas las alteraciones naturales y antrópicas que han experimentado los principales subsistemas ambientales en el territorio español. En cada caso serán seleccionados algunos aspectos representativos.

1.º *Pérdidas de suelo*

Los impactos de las sociedades humanas sobre el subsistema edáfico se superponen a los procesos habituales de formación de suelos y, en ocasiones, a herencias de antiguos grupos humanos. La interpretación de las alteraciones del suelo es compleja. Entre las diferentes pérdidas cuantitativas o cualitativas de los suelos (salinización, ruptura de la estructura del suelo, impermeabilización asfáltica por obras públicas o expansión urbana, etc.) aquí sólo se hará mención al fenómeno natural y cultural de erosión del suelo.

La *erosión del suelo* es un proceso natural muy activo en distintos ambientes bioclimáticos. Representa una pérdida de materia mineral y orgánica del perfil, no compensada por edafogénesis, que se traduce en un rejuvenecimiento y simplificación de los ecosistemas. La biomasa, al limitar las pérdidas de suelo, actúa de autocontrol del sistema. Al mismo tiempo, la vegetación y el suelo condicionan la productividad de los ecosistemas y regulan el ciclo hidrológico continental (Thornes, 1985).

La erosión del suelo constituye un problema ambiental de gran magnitud en España y muy especialmente en las regiones semiáridas. Las variaciones espacio-temporales de la remoción de suelo por erosión hídrica o por erosión eólica introducen una seria dificultad para la evaluación del fenómeno. Estimaciones del ICONA cifran las pérdidas anuales de suelo en un millón de toneladas (fig. 5.15).

Unos 27 millones de ha (53 % del territorio español) sufren pérdidas de suelo que pueden ser calificadas de importantes a alarmantes (López Bermúdez, y Albadalejo, 1990). Tasas de erosión, por encima de la media española, se registran en la región de Murcia y Andalucía. También en Aragón, País Valenciano y en la meseta meridional existen comarcas con altas pérdidas de suelo.

A veces se utiliza la expresión de *erosión acelerada del suelo* para enfatizar la componente cultural del proceso (Butzer, 1974). En efecto, las prácticas agrarias han alterado el equilibrio de la cubierta vegetal-manto edáfico-escorrentía. Desde el Neolítico, la erosión acelerada del suelo ha sido una manifestación —no inédita, pero sí crónica— en tierras españolas que se ha agravado en tiempos recientes con el uso de las energías fósiles. Al cabo de pocas generaciones de agricultores, la erosión acelerada puede destruir más suelo que milenios de cambio ambiental. Muchos rasgos de la morfogénesis en tiempos históricos (aluvionamiento de llanos de inundación, progradaciones deltaicas, activación de campos de dunas) (Mateu, 1992) sugieren que las sociedades humanas han sido agentes destacados de alteración del medio físico y de los procesos naturales (Thornes, 1987).

La progradación histórica del delta del Ebro, los aluvionamientos históricos en muchos llanos de inundación del litoral mediterráneo (Segura, Júcar, Guadalhorce, etc.), las terrazas subactuales en tantos valles fluviales o los depósitos de laderas que engloban cerámicas ibéricas o medievales expresan un complejo balance ambiental. En efecto, la erosión acelerada del suelo no es una función lineal de la densidad de población ya que existen rupturas ambientales en los momentos de quiebra

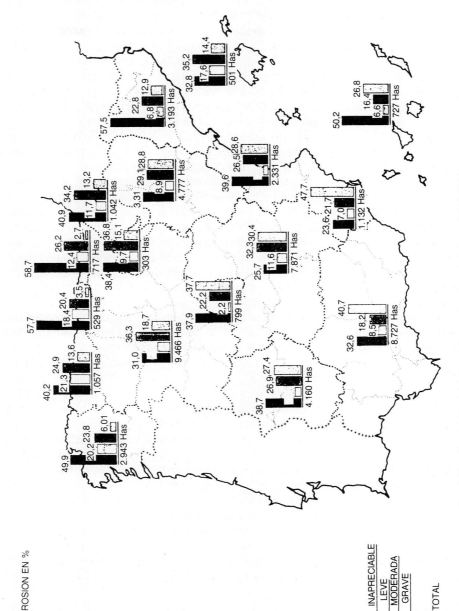

FIG. 5.15. *La erosión del suelo en España (según estimaciones del ICONA).*

de los equilibrios naturales previos (por ejemplo, durante la puesta en cultivo) y en los momentos de quiebra de los equilibrios que las sociedades han conformado (por ejemplo, durante las primeras fases del abandono de tierras de cultivo).

Las actividades agrícolas en laderas de gran pendiente sin medidas de conservación de suelos, las roturaciones de zonas inadecuadas, las talas y los pastoreos abusivos o los incendios han acelerado la erosión hasta situaciones casi irreversibles. Sin embargo, también los grupos humanos han desarrollado complejas tecnologías para la conservación del suelo. Muchas comarcas españolas cuentan con un patrimonio monumental de miles de kilómetros (muros de contención, paredes y márgenes) que aterrazan y protegen los campos de cultivo.

La *desertificación* (López Bermúdez, 1992; Montalvo, 1992; Puigdefàbregas, 1992) es un proceso de degradación progresiva por el cual el suelo pierde su potencial de producción. Se manifiesta por una degradación cualitativa o cuantitativa de tipo químico (lixiviación de nutrientes, salinización, contaminación), físico (pérdida de estructura) o biológico (mineralización y pérdida de materia orgánica).

La primera Conferencia Mundial sobre Desertificación, celebrada en Nairobi (1977) bajo los auspicios de la ONU, calificaba, entre otras, algunas áreas del territorio español como de alto riesgo de desertificación. El uso del espacio en áreas sensibles (repetidos incendios, contaminación, mala calidad del regadío, falta de abono orgánico, monocultivos, disminución de la biomasa, sobrepastoreo, etc.) ha conducido a un deterioro del balance hídrico, a una pérdida de productividad y a un incremento de la remoción de suelos.

En síntesis, los procesos de desertificación en España merecen interpretarse en el contexto de los paisajes mediterráneos más sensibles a las perturbaciones de los equilibrios naturales y a los cambios de usos del sistema natural.

2.º *Alteraciones climáticas*

La contaminación atmosférica es susceptible de modificar los balances energéticos y, de este modo, producir alteraciones climáticas. En algunos casos, ciertas emisiones de sustancias químicas (aerosoles estratosféricos) actúan como escudo protector frente a la radiación solar mientras otros gases (vapor de agua, dióxido de carbono, metano) son responsables del llamado *efecto invernadero*. Ciertos modelos teóricos pronostican aumentos de la temperatura media global en los próximos decenios que serán más sensibles en las latitudes medias y altas. Pese a las incertidumbres, dichas estimaciones plantean interrogantes que requieren ser investigados con modelos más complejos y la colaboración planetaria para limitar el uso de ciertos recursos naturales.

A otra escala, la ciudad —el paisaje humanizado más emblemático— modifica en mayor o menor medida el comportamiento de los elementos climáticos. Aquí sólo nos referiremos a la *isla urbana de calor*. En general, la ciudad es más cálida que sus entornos periurbano y rural aunque las diferencias térmicas se atenúan en verano y durante el día. Recientes investigaciones sobre ciudades españolas (López Gómez, 1993) indican que la intensidad de la isla de calor suele ser alta en noches de invierno, con viento en calma o flojo y cielos rasos o poco nubosos (calma anticiclónica). La configuración horizontal de la isla de calor depende de las características morfológicas de las ciudades (densidad de edificios, parques, vaguadas) y su entorno (proximidad al mar, disposición de los retablos montañosos, huertas).

En el caso de Barcelona (período 1970-1984), la temperatura media anual de las Atarazanas es 1,4 °C superior a la registrada en el aeropuerto del Prat de Llobregat. Las diferencias registradas entre las mínimas de ambos observatorios en una misma noche ha llegado a rebasar los 8,0 °C en varias ocasiones, alcanzándose en una ocasión hasta 8,9 °C de diferencia entre ambos puntos. La gran extensión y homogeneidad morfológica del Ensanche barcelonés suele centrar a menudo el máximo térmico de la isla de calor, alrededor del cual se disponen líneas isotermas circulares (Carreras, y otros, 1990; Martín Vide, 1993).

Los valores térmicos anuales de la ciudad de Valencia son casi un grado más elevados que los pueblos de la Huerta. La intensidad de la isla de calor se acentúa por el acusado contraste de humedad entre la ciudad (sustrato seco) y la huerta (fuerte evapotranspiración y transferencia de calor latente). Por lo general, las diferencias térmicas entre el centro-ensanche y la huerta suelen oscilar alrededor de 2,2 °C pero en las madrugadas de invierno con situaciones anticiclónicas suele ser de 3 °C, e incluso de 6 °C y hasta de 8 °C. La isla de calor apenas se manifiesta con tiempo nublado o con viento. El régimen de brisas origina en la ciudad un marcado gradiente entre la costa y el interior urbano (Caselles, y otros, 1989).

También en Zaragoza se constata una isla de calor que fluctúa según las diferentes situaciones atmosféricas y que alcanza su máxima expresión (alrededor de 5 °C) en las noches con calmas anticiclónicas invernales. El sector más cálido engloba el casco antiguo y la zona centro (en la margen derecha del río Ebro) alrededor del cual las temperaturas disminuyen paulatinamente ajustándose al área edificada con prolongaciones hacia los barrios periféricos y los polígonos industriales instalados en las carreteras de Barcelona y Alcañiz (Cuadrat, 1993).

Las diferencias térmicas se registran con gran nitidez en Madrid. En efecto, la configuración local del relieve, la estructura de la ciudad y la diversidad de usos crean diversos espacios climáticos internos de la aglomeración urbana. Las diferencias en el balance de radiación nocturno y diurno a lo largo de las estaciones del año generan importantes variaciones de intensidad y configuración de la isla urbana de calor. Los valores de la isla son superiores en plaza de Castilla que en Retiro y mayor en este observatorio que en Ciudad Universitaria. Las mayores intensidades (hasta 8-9 °C) se registran algunos días de invierno al amanecer con cielo despejado y aire en calma (López Gómez, y otros, 1988 y 1993) (fig. 5.16).

3.º *Destrucción de la cubierta vegetal*

La vegetación es un subsistema ambiental muy sensible a alteraciones directas e indirectas. La ocupación urbana, las instalaciones fabriles, las segundas residencias y las grandes infraestructuras son usos del suelo que eliminan las formaciones vegetales originarias como paso previo a la implantación de los viales y estructuras de habitación.

No obstante, la agricultura ha sido la actividad humana que mayor impacto ha tenido sobre la vegetación natural. Miles de kilómetros cuadrados fueron roturados para dejar expedito el espacio a los cultivos. Las sucesivas sociedades agrarias que han habitado el solar hispano han contribuido al retroceso de los bosques (Bauer, 1980; Urteaga, 1987; Casals, 1988; Gómez Mendoza, 1992). El proceso

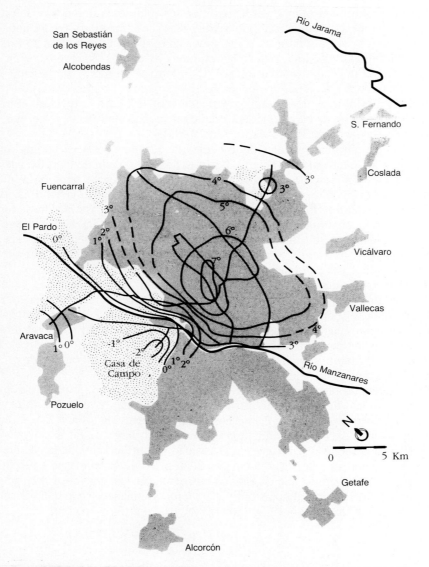

FIG. 5.16. *Madrid. Invierno, estable. Mapa de isotermas reales. Isla intensa a 9 h. (TMG), 7-1-93* (según López Gómez y otros, 1993).

no ha sido lineal y los avances de la deforestación y roturación de tierras han alternado con episodios de estabilidad y fases de abandono de cultivos e invasión de los campos por la vegetación espontánea. En la actualidad, muchas comarcas españolas asisten a un acelerado proceso de abandono de tierras marginales donde se están desplegando las primeras fases de la sucesión que debería conducir a la vegetación potencial. Al ser suelos muy degradados, las fases iniciales de la sucesión son muy prolongadas y la vegetación espontánea tiene una alta combustibilidad.

Entre las diferentes modalidades de destrucción de la cubierta vegetal, nuestro comentario se centrará en los incendios forestales. Otros aspectos (explotación forestal, sobrepastoreo, impacto de lluvias ácidas) no serán considerados.

Los *incendios forestales* constituyen un fenómeno recurrente en las regiones mediterráneas. En los países mediterráneos de la CE, anualmente unos 50.000 incendios queman entre 700.000 y 1.000.000 de ha. En los últimos años (1980-1990) —según un informe del Fondo Mundial para la Naturaleza— España ha experimentado las mayores pérdidas de cubierta vegetal a causa de los incendios de todos los Estados mediterráneos.

El cuadro 5.3 refleja algunas medias estadísticas de los incendios forestales ocurridos en España en el período 1961-1970. En los últimos treinta años, la evolución ha sido ascendente tanto en el número de incendios como en la superficies arbolada —esto es, con aprovechamientos forestales— y desarbolada. Aunque son datos medios de una serie estadística cuyos criterios de confección han cambiado a lo largo del período de observación, no pueden cuestionarse la tendencia al alza. En la década 1981-1990, dos años (1985 y 1989) sobrepasaron ampliamente los valores medios en número y en superficies incendiadas.

La causalidad de los incendios forestales en España es necesariamente compleja por la concurrencia de factores ambientales y sociales en el fenómeno. Los datos oficiales no siempre facilitan un diagnóstico preciso porque no aparecen suficientemente desagregadas variables que pudieran resultar relevantes en la evaluación. Por lo general, ICONA ha valorado —durante el período de referencia— con mayor detalle las especies de la superficie arbolada (esto es, los cultivos forestales) y ha prestado menos atención a las características de otras cubiertas vegetales que denomina superficie desarbolada.

De entrada, los datos evidencian que los mayores riesgos de incendios se concentran en Galicia, montes de León y la cornisa cantábrica, regiones de la fachada mediterránea y zonas de montaña (interior de la Península, Canarias). Esta distribución señala la complejidad de las variables ambientales y sociales que caracterizan el territorio español.

El fuego es una reacción química —del oxígeno con los elementos carbonatados de la vegetación— acompañada de producción de energía. En la combustión concurren oxígeno, calor y sustancia combustible. Extinguir un incendio consiste en separar alguno de los tres elementos de la reacción (Folch, 1976).

El oxígeno es un elemento prácticamente inagotable en el medio donde se produce el incendio. El calor —se propaga por convección y por irradiación— eleva la

Cuadro 5.3. Evolución reciente de los incendios en España

Período	1961-1970	1971-1980	1981-1990
Número de incendios	1.888	4.527	10.396
Superficie arbolada (ha)	24.389	71.933	94.253
Superficie desarbolada (ha)	27.399	99.805	144.039
Superficie total (ha)	51.788	171.738	238.292

Fuente: ICONA.

temperatura del combustible por encima de los 100 °C y se inicia la combustión. Las temperaturas más frecuentes suelen oscilar entre los 600 y 800 °C, aunque pueden ser inferiores a 300 en algunos casos o sobrepasar los 1.200 °C. Las características y estructura del combustible son muy variadas.

Un conjunto de factores (humedad, viento, topografía) favorecen o limitan el avance de los incendios y conforman su perímetro (circular, elíptico, irregular). Los déficit hídricos estival o episódico en la estructura de las plantas (xerófitas) o en el ambiente incrementan el riesgo de incendios. El viento aporta oxígeno en una dirección determinada y condiciona el desplazamiento de los frentes. A su vez, las formas del relieve también regulan la propagación, avanzando más rápidamente la ascensión de una ladera (por convección del aire).

Los incendios forestales no afectan de igual manera a los diferentes tipos de comunidades vegetales (prados o pastizales, matorrales, maquias y bosques). Así, un bosque denso ofrece mayor cantidad de combustible pero la aireación es mala y la cantidad de agua retenida es alta. Un monte bajo —por su estructura, composición florística— suele prender con mayor facilidad.

Los matorrales y los pastizales-matorrales arbolados son las formaciones más extensas del territorio español y las más afectadas por los incendios. La mayoría de los pinares mediterráneos son estructuralmente pastizales-matorrales arbolados integrados por especies xerófitas y, a menudo, pirófitas, con una alta aireación y con baja humedad y altas temperaturas durante el verano (Folch, 1976).

La política de reforestación (Chauvelier, 1988; Gómez Mendoza, y Mata, 1993) llevada a cabo en España desde finales de los años cuarenta hasta comienzo de los ochenta —justificada sucesivamente por la lucha contra el paro, la autonomía de materias primas para la industria de la madera y la protección de los suelos en el marco de la política de corrección hidrológica— ha supuesto la repoblación de 3,6 millones de ha de las cuales casi 3 millones lo han sido por iniciativa del Estado. Las intervenciones más destacadas se han realizado en la mitad meridional de la Península, en el noroeste y en el Pirineo aragonés.

La superficie reforestada lo ha sido con coníferas (84 %) y especies caducifolias (16 %). Entre las coníferas destacan cuatro variedades: *Pinus pinaster* (un tercio de las coníferas) en Extremadura, Andalucía septentrional, Castilla-La Mancha y la Galicia costera; *Pinus sylvestris* (una cuarta parte de las coníferas repobladas) predomina en el Pirineo aragonés, cordilleras castellanas y gallegas; *Pinus halepensis* predomina en el valle del Ebro y fachada mediterránea peninsular y *Pinus laricio* en las laderas meridionales de Sierra Nevada y en la montaña media aragonesa. También se han utilizado otras coníferas como *Pinus pinea* en el suroeste peninsular, *Pinus radiata* en las provincias atlánticas y *Pinus canariensis* en el archipiélago canario. Por su parte, el eucalipto (*globulus* y *camaldulensis*) ha sido la especie caducifolia dominante (75 %) y se ha implantado extensamente en la Andalucía occidental, Extremadura, Galicia y cornisa cantábrica. En las riberas de muchos ríos se han plantado chopos (Chauvelier, 1988) (fig. 5.17).

La sustitución de especies y las repoblaciones masivas de pirófitas han alterado la composición y estructura de parte de la cubierta forestal. Los incendios forestales son más probables y, una vez iniciados, más difíciles de sofocar. Durante los últimos años, las masas de coníferas han sido una constante en los incendios que han alcanzado mayores proporciones.

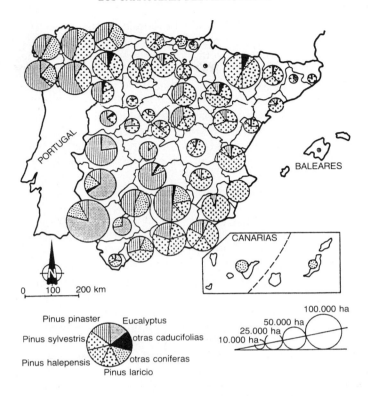

FIG. 5.17. *Superficie total reforestada de cada especie por provincias durante el período 1940-1981* (según Chauvelier, 1988).

De otra parte, la distribución estacional de los incendios parece relacionarse con los factores climáticos que condicionan el estado del combustible y la propagación del fuego. Los incendios en la cornisa cantábrica se inician coincidiendo con épocas secas de la primavera o del verano-otoño, en que se producen fuertes vientos locales. En Galicia, los incendios ocurren con mayor frecuencia en épocas de baja pluviosidad, con vientos secos en la segunda quincena de julio y mes de agosto, prolongándose a veces hasta los meses de septiembre y octubre. Por su parte, los incendios mediterráneos coinciden con los momentos de mayor déficit hídrico, altas temperaturas y vientos intensos. Los bosques y matorrales formados por plantas xerófitas alcanzan ciertos umbrales críticos en tales circunstancias. No obstante, esta relación debe matizarse porque la tendencia al alza del número de incendios en las últimas décadas no se ha producido con condiciones climáticas muy diferentes entre sí.

Es evidente, por tanto, que los incendios forestales tienen una clara componente antrópica como causa estructural y como causa desencadenante.

El cambio de los sistemas de poblamiento, el abandono rural, las segundas residencias de una sociedad industrializada, el abandono de prácticas agrícolas y ganaderas, la sustitución de especies y las repoblaciones de pirófitas, la desaparición de los regímenes de fuego tradicionales conforman un uso cultural de los montes que ha ido variando a lo largo del período de referencia (1961-1990). Las diferencias regionales de cada uno de estos ingredientes marcan diferencias sustanciales en el territorio español.

Entre las causas inmediatas, se estima que el 96 % de los incendios son provocados por la acción del hombre (negligencias, acciones intencionadas, causas desconocidas). Los datos estadísticos, por razones obvias, suelen ser poco expresivos. La mayor presencia de población en áreas forestales durante la época veraniega o durante los fines de semana aumenta el número de incendios por negligencias. Los incendios intencionados constituyen un factor importante aunque poco investigado.

4.º *Impactos sobre las aguas continentales*

Los grupos humanos, al alterar las características de la cubierta vegetal (deforestación, incendios, repoblaciones) y al desarrollar diferentes usos del suelo (prácticas de cultivo, construcción de terrazas, impermeabilizaciones de grandes superficies urbanas, etc.), inciden sobre los procesos hidrológicos e indirectamente sobre las plasmaciones geográficas más caracterizadas de las aguas continentales (ríos, lagos, humedales, acuíferos, etc.). Las sociedades humanas también actúan directamente sobre las aguas continentales (construcción de embalses, canalizaciones, trasvases, derivaciones para regadíos, etc.) que producen además modificaciones indirectas sobre los cauces fluviales.

Las acciones humanas sobre el ciclo hidrológico no generan el mismo grado de impacto ambiental. Las intervenciones más inmediatas son las que afectan a grandes espacios de una cuenca fluvial (por ejemplo, la deforestación), las relacionadas con la expansión del regadío (regulación fluvial, derivaciones de caudal) y las dirigidas a la captación masiva de recursos hídricos de los acuíferos. A este último aspecto nos vamos a referir.

La *sobreexplotación de acuíferos* (Calvo, 1988) genera un descenso de los niveles piezométricos y, en ocasiones, la intrusión por lixiviación de diapiros salinos. Una sobreexplotación permanente puede desembocar en el colapso por los altos costes de la extracción o por la baja calidad del recurso.

El *descenso no recuperado de niveles piezométricos*, a lo largo de un período representativo de observación, es un índice de sobreexplotación de un sistema acuífero. El hundimiento de niveles puede generar efectos indirectos. En general, la sobreexplotación de acuíferos ha sido causa de desecación parcial o total de numerosas áreas palustres y lacustres (lagunas de Gallocanta, Fuentedepiedra, etc.), de colapsos y hundimientos de simas y también de cambios en el régimen de algunos ríos (por ejemplo, Ojos del Guadiana).

Así, la explotación del acuífero de la llanura manchega es un ejemplo paradigmático de otros entornos (valle del Duero entre Valladolid y Zamora, valle del Guadalentín, llanos de Albacete, etc.). En las últimas décadas, la cuenca del alto Guadiana ha conocido un espectacular incremento del número y profundidad de las captaciones que ha posibilitado la ampliación de los perímetros irrigados. El descenso de los niveles piezométricos (unos 10 m en los alrededores de Manzanares y Daimiel) ha afectado los equilibrios hídricos en los humedales de las Tablas de Daimiel.

El *avance de la intrusión marina* en los acuíferos litorales se relaciona con la gran demanda de agua en las zonas costeras. La explotación modifica el equilibrio de la cuña de mezcla del agua marina (más densa) con el agua dulce. La intrusión marina refleja el desarrollo desmesurado de las captaciones y produce la salinización de las aguas subterráneas. En tal caso, las aguas no son potables para uso humano y pueden dañar determinados cultivos y salinizar los suelos de los perímetros irrigados.

La sobreexplotación de acuíferos detríticos con resultados de intrusión marina se registra en muchos tramos del litoral mediterráneo peninsular [campo de Dalías, Almuñécar, campo de Cartagena, Xàbia (Jávea) (Ruiz, y otros, 1988), camp de Morvedre o Sagunto (Piqueras, 1988), plana de Castellón, llano de Benicarló, camp de Tarragona, Maresme, Bajo Ter, etc.]. En el campo de Dalías, el avance de la intrusión marina alcanza los 20 km tierra adentro por lo que se ha prohibido la ampliación de regadíos (fig. 5.18).

La intrusión por lixiviación de diapiros salinos puede ser un factor limitante. Existen ejemplos característicos en el valle del Vinalopó, campo de Cartagena o el acuífero de Quibas. La progresiva salinización de algunos acuíferos exige una gestión integrada del recurso. Para satisfacer las demandas es necesario valorar otras alternativas complementarias a las captaciones.

5.º *Alteración de los procesos naturales*

La interferencia sobre los subsistemas ambientales (suelo, vegetación, atmósfera e hidrosfera) produce la alteración más o menos contundente sobre la dinámica de los procesos naturales. La regulación de los ríos, la estabilización de dunas o el abandono de las prácticas agrícolas en una ladera modifican la dinámica de los procesos fluviales, eólicos o de vertientes. A modo de ejemplo, se considerará el impacto ambiental que representa la artificialización de las playas sobre la dinámica litoral.

Las costas españolas totalizan unos 7.800 km, distribuidos en unos 4.900 en la Península (63 % del total) y 2.900 en los archipiélagos. En sentido estricto, las playas representan unos 2.000 km de litoral que han sufrido en las últimas décadas un incremento de tensiones ambientales por el número de usuarios y actividades que han concentrado. Las costas —y en particular las playas— han conocido profundas alteraciones que han mermado un recurso escaso cuyo consumo crece con rapidez.

En la estrecha franja donde las tierras emergidas entran en contacto con el mar se desarrolla una dinámica interfacies sedimentaria, hidrológica y biológica. En efecto, las costas dan soporte a ecosistemas frágiles condicionados por procesos interactivos de los vientos, los oleajes, las corrientes y las mareas. Muchos tramos playeros del mundo experimentan los efectos erosivos producidos por un posible recrudecimiento actual de la transgresión flandriense y por un déficit de alimentación sedimentaria (embalses, extracción de áridos, derivación hídrica hacia los perímetros irrigados).

Muchos tramos del litoral español no han sido ajenos a estos fenómenos a los que se ha superpuesto la presión turística, urbana e industrial. La artificialización de las playas es un paisaje habitual en muchos tramos litorales.

Las mutaciones más relevantes en el litoral mediterráneo se asocian a las insta-

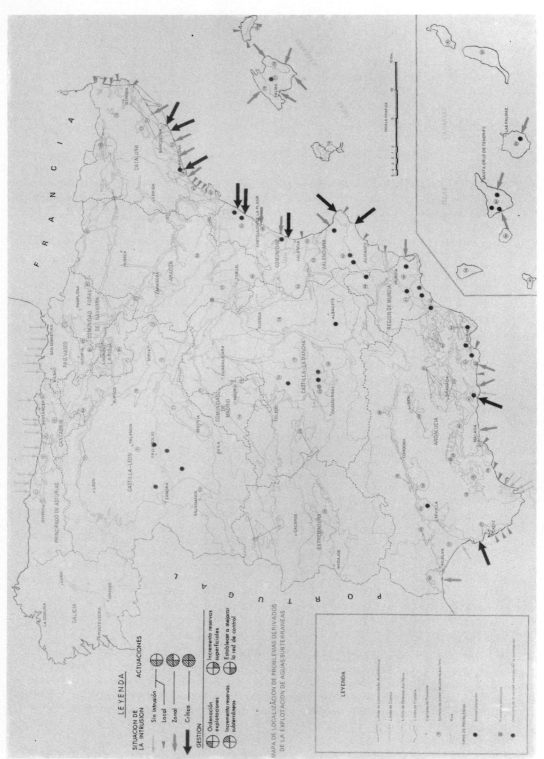

FIG. 5.18. *Situación de la contaminación por efecto de la intrusión marina.*

laciones portuarias y a las obras de defensa (escolleras y espigones). La mayoría de los puertos interrumpen el transporte playero y se convierten en trampas sedimentarias con la deriva o el oleaje y crean a barlovento acumulaciones a veces muy notables y a sotavento apetencias sedimentarias. En la costa mediterránea española (Arenys de Mar, Salou, Vinaroz, Castellón de la Plana, Valencia, etc.) responden a un mismo modelo porturario de dos diques, el del norte más largo y ligeramente incurvado (Rosselló, 1988). Las escolleras y espigones —en la mayoría de ocasiones— tratan de proteger un sector litoral pero trasladan el problema en dirección de la deriva litoral.

En el litoral valenciano se encuentran numerosos ejemplos de artificialización de playas (Sanjaume, 1985; Pardo, 1991) (fig. 5.19). Como término medio en unos 30 años, el balance de cambios playeros se concreta en unos 28 m de ganancia entre Benicàssim y el puerto de Castellón, 7 m de pérdida desde aquí hasta el puerto de Borriana, 21 m de erosión entre Borriana y el puerto de Sagunto, una estabilidad casi total entre Sagunto y Valencia, pérdida de 4 m desde Valencia a Gandía y 4 m hasta Denia. Generalizando, el resultado supone la pérdida media de unos 4 m a lo largo de todo el litoral aludido (Rosselló, 1986).

También la densificación de usos y actividades humanas en las zonas intermareales y las marismas de las bahías y estuarios cantábricos han deteriorado o destruido unos medios de alta productividad, esenciales para el transporte de nutrientes hacia el mar. La contaminación originada en los núcleos urbanos e industriales y la desecación y relleno de los humedales han mermado la extensión de los humedales costeros cuyas consecuencias a medio y largo plazo pueden alcanzar incluso a los recursos pesqueros del mar Cantábrico (Cendrero, y otros, 1982).

4. **La protección de espacios naturales**

La expresión espacio natural —aplicada al territorio español, de prolongada ocupación humana e intensa artificialización del sistema natural— merece alguna puntualización. Con ella se alude a aquellas áreas donde los elementos de carácter natural son predominantes. También se aplica a áreas antropizadas —(por ejemplo, delta del Ebro, dehesas)— que reúnen singulares valores biológicos o paisajísticos. Por tanto, un espacio natural —a diferencia de los intensamente humanizados (áreas urbanas e industriales, zonas agrarias)— es un ámbito en el que se desarrollan ecosistemas de cierta complejidad o ecosistemas muy simples por la especificidad de las condiciones ambientales.

En un espacio natural protegido concurren dos componentes: un ecosistema de reconocidos valores naturales y una figura jurídica que expresa la voluntad colectiva de protección. A su vez, la cualificación naturalista y la figura de protección ejercen consecuencias en la organización territorial y social del espacio y su entorno al condicionar el desarrollo de las actividades económicas y el régimen urbanístico del suelo (Vega, 1989).

En España, durante las últimas décadas, se han registrado varios procesos simultáneos. Por una parte, el desarrollo de la sociedad industrial ha ido mermando la extensión y la complejidad de los espacios naturales. De otra, el conocimiento científico ha ido aportando nuevas claves para la interpretación de las relaciones entre

298 GEOGRAFÍA DE ESPAÑA

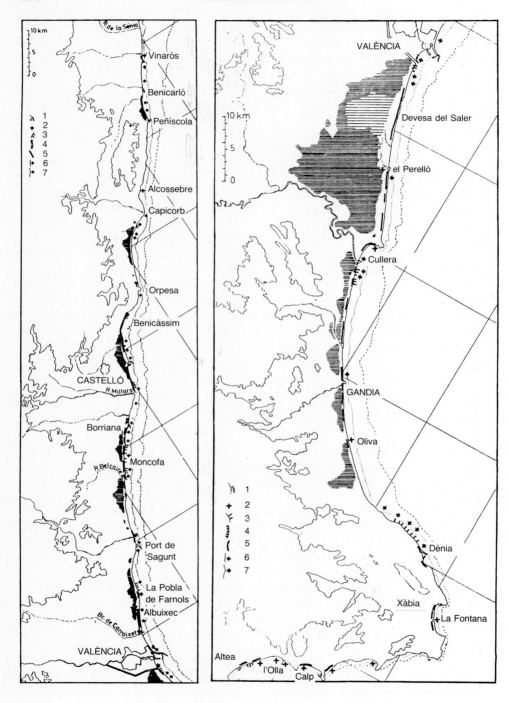

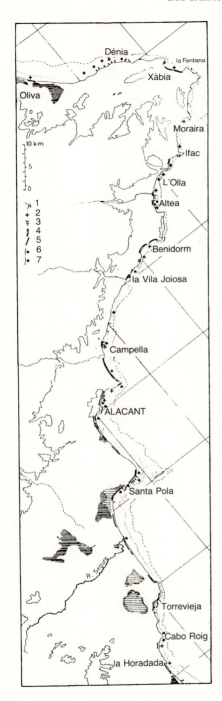

FIG. 5.19. *Artificialización del litoral valenciano.*
1) Puerto comercial o pesquero, 2) Puerto deportivo. 3) Espigones. 4) Escollera. 5) Paseo marítimo o vía litoral. 6) Retroceso erosivo litoral. 7) Acumulación.

la sociedad humana y el sistema natural. A su vez, la sociedad española ha ido asumiendo renovados valores colectivos respecto de la conservación de la naturaleza plasmados en textos y figuras legales de protección. Obviamente estos procesos —interrelacionados entre sí y con otros más generales— no han sido lineales.

Este apartado contextualiza los sucesivos criterios (naturalistas y legales) que han guiado la protección de espacios (Llorens, y Rodríguez, 1991), con referencias a los cuadros teóricos de los naturalistas y al marco político de las expresiones legales. Posteriormente se analizará la red estatal de parques nacionales y la dimensión alcanzada por otros espacios protegidos.

a) El naturalismo a principios del siglo XX

Desde mediados del siglo XIX hasta la guerra civil se produjo un considerable desarrollo de las ciencias de la naturaleza. Colectivos técnicos y científicos, iniciativas individuales y diferentes instituciones incorporaron a la realidad española nuevos conocimientos procedentes de la geología, la botánica, la ciencia del suelo y el reconocimiento geográfico (Gómez Mendoza, y Ortega, 1992). El proteccionismo actual hunde sus raíces conceptuales en el naturalismo de fines del siglo XIX y comienzos del siglo XX.

En efecto, el darwinismo —avanzada la segunda mitad del siglo XIX— se convirtió en un modelo de cientificidad para naturalistas y humanistas. El evolucionismo introdujo las ideas de difusión, mutación y cambio natural en las relaciones de los seres vivos con su entorno. El medio, como conjunto de condiciones naturales donde se organiza la vida, adquirió una dimensión inédita hasta entonces.

La tradición conservacionista de la Ilustración (Urteaga, 1987) y las nuevas teorías evolucionistas dieron soporte a la práctica de naturalistas, ingenieros forestales, geólogos y otros colectivos. Estas corporaciones —y otras conexas— encontraron en la Administración y en diferentes instituciones (Institución Libre de Enseñanza, Junta de Ampliación de Estudios, Sociedad Geográfica de Madrid, Sociedad de Historia Natural) entornos favorables para ambiciosas iniciativas colectivas (mapas geológicos y agronómicos, repoblaciones forestales, excursionismo, educación ambiental, etc.).

Una sucinta panorámica de algunas tradiciones del naturalismo permitirá contextualizar el marco donde se formularon las primeras expresiones del proteccionismo con sus discontinuidades e inflexiones. En efecto, el proteccionismo actual encuentra sus fundamentos en diferentes tradiciones científicas y en diversas expresiones políticas.

1.º El *higienismo* (Urteaga, 1980) —una corriente del pensamiento médico— exploró el influjo medioambiental sobre las enfermedades asociadas a la revolución industrial. Los médicos higienistas —muy activos en el campo social a lo largo del siglo XIX— establecieron sutiles relaciones entre las condiciones de vida de la población, la calidad de las aguas, los climas, el suelo, la alimentación y la aparición y difusión de las enfermedades.

La generalización de las teorías miasmáticas en el siglo XVIII había convencido a algunos médicos de la existencia de puntos focales de enfermedades (pantanos, humedales, estercoleros, cloacas, etc.) y del viento como vía de dispersión. Diferentes instituciones científicas (especialmente las Academias de Medicina) impulsaron un amplio programa de evaluación médico-ambiental: entre 1800 y 1910, los higienistas escribieron más de 160 topografías y geografías médicas referidas a comarcas o municipios españoles. A fines del siglo XIX, el higienismo entró en crisis cuando la bacteriología abrió una renovada interpretación de la difusión de las enfermedades epidémicas.

Como balance, las topografías y geografías médicas del siglo XIX representan una importante aportación al reconocimiento del medio físico y de la sociedad españoles. Los médicos higienistas evaluaron el impacto del entorno físico sobre las enfermedades humanas, sacralizaron algunos lugares (estaciones invernales, balnearios, talasoterapia, etc.) y satanizaron otros como «insanos». En algunos casos, alimentaron un estado de opinión favorable a saneamientos de humedales y zonas pantanosas que recogería la ley Cambó.

2.º También el *regeneracionismo* —en sentido amplio— participó en la difusión del naturalismo al integrarlo en su discurso político. Los regeneracionistas diagnosticaron una aguda etiología de la España finisecular. La postración de la sociedad derivaba de la pobreza del suelo y sus limitados recursos naturales, de la acción depredadora (sobrepastoreo, incendios, prácticas agrícolas abusivas, etc.) y de la ruina moral y social agudizada por una deficiente administración. Los «males de la patria» tenían un trasfondo ambiental.

El discurso político regeneracionista apuesta por «rehacer la Geografía de la Patria para resolver así la cuestión agrícola y la cuestión social». Para ello, los regeneracionistas postulan la corrección hidrológica y forestal, la ampliación de regadíos y los programas de restauración ambiental con fines productivistas. Sus propuestas de «corrección» del sistema natural han pervivido hasta bien avanzado el siglo XX.

Las ideas del naturalismo regeneracionista se encuentran dispersas en discursos, intervenciones parlamentarias, colaboraciones periodísticas, debates científicos, etc. Como muestra, se sugiere la lectura del debate sobre la pobreza territorial de España sostenido en las páginas del *Boletín de la Real Sociedad Geográfica de Madrid*. Particularmente sugerentes son los argumentos antagónicos sostenidos por los geólogos Lucas Mallada y Federico de Botella.

3.º Igualmente merecen citarse algunos *movimientos filosóficos y políticos* (krausismo, catalanismo, movimiento libertario) en cuyo seno germinó una difusa educación ambiental y el inicio del excursionismo científico. Así, la Institución Libre de Enseñanza (Giner de los Ríos, Azcárate, Cossío, etc.) concedió un alto valor humanístico a la pedagogía de la naturaleza propiciando los contactos y el reconocimiento del entorno docente (Ortega, 1992). En el caso de Cataluña, diversas iniciativas ciudadanas (por ejemplo, Centre Excursionista de Catalunya) —al igual que en otras áreas europeas— impulsaron y canalizaron una corriente de aprecio y estima hacia ciertos enclaves emblemáticos (Martí-Henneberg, 1986). Algunos ateneos andaluces, especialmente el de Granada, también incentivaron el excursionismo científico a Sierra Nevada y al Torcal de Antequera. A principios del siglo XX, varios grupos excursionistas de Madrid (Club Alpino Español, Sociedad de Excursionistas Militares, Real Sociedad Española de Alpinismo Peñalara, etc.) contribuyeron al «descubrimiento» ciudadano de la Sierra de Guadarrama (Molla, 1992).

Estos grupos y otros afines difundieron imágenes de medios naturales preservados de la codicia de los hombres que merecían conservarse como exponente de un ideal de orden y armonía. Su ideario filosófico y político preconizaba una vuelta al contacto del hombre con la naturaleza (planteamiento urbano) o la colaboración del hombre con la naturaleza (perspectiva ruralista). Tales movimientos ciudadanos contribuyeron al establecimiento de un primer conservacionismo de base naturalista y estética.

4.º Particular interés encierran las aportaciones de diferentes *corporaciones científicas y técnicas* (geólogos, ingenieros civiles, naturalistas) a la comprensión de la dinámica del sistema ambiental y la interrelación de sus componentes (cubierta vegetal, suelo, ciclo hidrológico, etc.). En la mayoría de sus miembros predomina la observación rigurosa y el contacto con la naturaleza del trabajo de campo. Un amplio elenco de personalidades pusieron las bases del naturalismo científico que sustentaría un proteccionismo más motivado.

La *Comisión del Mapa Geológico* (1849-1910) constituye un hito básico del naturalismo español. En la elaboración del mapa contribuyeron personalidades de gran categoría intelectual (Casiano de Prado, Manuel Fernández de Castro, Lucas Mallada, etc.). Las memorias de la comisión —verdaderas geografías físicas— describen con minuciosidad la orografía, hidrografía, meteorología y análisis de las especies vegetales —espontáneas o cultivadas— encontradas en la zona de estudio (Blázquez, 1992). Entre las primeras memorias provinciales destaca la *Descripción física y geológica de la provincia de Madrid* (1864) de Casiano de Prado que serviría de referencia a otras posteriores.

El geólogo Vilanova y Piera amplió los objetivos de la comisión con el reconocimiento del suelo, tierra vegetal o mantillo (Sunyer, 1993). El mapa agronómico establecería «el enlace o conexión que existe entre la naturaleza del suelo y subsuelo y la vegetación que en él se encuentra o pueda convenir». Vilanova —autor de un manual de geología aplicada a la agricultura— enfatiza las interrelaciones fisiográficas del suelo-vegetación. Entre sus aportaciones, cabe citar la *Memoria geognóstica-agrícola sobre la provincia de Castellón* (1858), el *Ensayo de descripción geognóstica de la provincia de Teruel en sus relaciones con la agricultura de la misma* (1863) y la *Memoria geognóstica-agrícola y protohistoria de la provincia de Valencia* (1868).

A partir de 1875, muchas memorias o descripciones de la comisión incorporan las propiedades físicas y químicas de las tierras agrícolas, una clasificación de los terrenos y propuestas de posibles mejoras de su productividad. La *Descripción física, geológica y agrológica de la provincia de Cuenca* (1875) redactada por Daniel de Cortázar inauguró estos derroteros de la comisión a la que él mismo contribuiría con la *Descripción* de la provincia de Valladolid (1877) y otra sobre la provincia de Valencia (1882). En los años finiseculares, bastantes memorias geológicas provinciales trataron los aspectos agrológicos.

En 1871 fue fundada la Sociedad Española de Historia Natural por un grupo de naturalistas (Sanz, 1992). Algunos socios eran especialistas en una sola disciplina, pero por formación todos conocían el conjunto de las ciencias naturales lo que favorecía el análisis de las relaciones de los seres vivos con la «flora, fauna y gea». La actividad científica de la sociedad fue muy amplia. Cabe resaltar que el objetivo de la conservación de espacios naturales aparece recogido en las actas de las sesiones de la sociedad, con anterioridad a las primeras disposiciones legales. En 1923, el presidente de la sociedad —Eduardo Hernández Pacheco— asistió en París al Congreso Internacional de Protección de la Naturaleza.

Las ciencias naturales —biogeografía, geomorfología, zoología, botánica— se desarrollaron notablemente en la transición del siglo XIX al siglo XX gracias a la labor de eminentes profesionales que, desde la universidad, las secciones de los museos y otros centros de investigación, impulsaron un ambicioso proyecto dirigido a superar el atraso científico del naturalismo español respecto a la ciencia europea. En estos años hubo un especial interés por un reconocimiento geográfico de las componentes ambientales del sistema natural.

También los ingenieros forestales (Gómez Mendoza, 1992) —hermanando «ciencia y administración»— contribuyeron al entendimiento de la naturaleza y de los montes como «una unidad de interior variedad». A raíz del embate roturador desplegado tras las desamortizaciones, los forestales fueron perfilando razones para conservar y no privatizar el monte alto maderable (regulación del ciclo hidrológico, protección frente a la erosión, estabilización de elementos climáticos). Durante décadas, los ingenieros forestales enfatizaron los fenómenos interactivos del bosque desde una perspectiva ecológica.

A lo largo de la segunda mitad del siglo XIX, los forestales consolidan —siguiendo a Willkomm— una clasificación forestal de la Península en cinco zonas (septentrional, central, occidental, oriental y meridional) divididas cada una en regiones (inferior, baja, montana, subalpina y nevada) determinadas por su vegetación dominante, altitud, temperatura media y las épocas de siega y vendimia. Progresivamente establecieron los grandes contrastes de los pisos de vegetación, la riqueza de los endemismos, la importancia de las plantas leñosas y de las estepas ibéricas. En la *Flora forestal española* (1883-1990) de M. Laguna y colaboradores y los *Estudios forestales* (1869) de Ruiz Amado se reflejan las principales aportaciones renovadoras de los forestales al naturalismo.

Aunque la *Comisión del Mapa Forestal* no alcanzó sus objetivos, se publicaron monografías regionales de gran valor geográfico. Así, Laguna es autor de la *Memoria de reconocimiento de la Sierra de Guadarrama bajo el punto de vista de la repoblación de sus montes* (1862), José Jordana escribió sobre la *Garganta del Espinar. Noticias relativas al pinar de ese nombre* (1873) y Antonio García Maceira publicó en la *Revista de Montes* un excelente reconocimiento de los *Arribes del Duero* (1890).

5.º Finalmente, el desarrollo científico del naturalismo en España debe contextualizarse en el marco europeo. Las aportaciones de experiencias vistas en laboratorios alemanes, la participación en congresos internacionales y las investigaciones de autores europeos en España conforman una realidad científica alejada del aislamiento. La renovación conceptual europea alcanzó también al reconocimiento del medio físico español.

Tal vez, Heinrich Moritz Willkomm (1821-1895) ejemplifique la trayectoria de otros naturalistas europeos que escribieron sobre la geografía botánica, geología o geografía física de España. Su obra culminante —*Prodomus florae hispanicae*— tuvo gran repercusión (Sunyer, 1993). Además de un exhaustivo reconocimiento botánico, el *Prodomus* incluía un mapa peninsular donde se relacionaba el sustrato geológico y los tipos de vegetación, realizaba una regionalización botánica de la Península y planteaba el tema de la originalidad de las estepas ibéricas (Suárez, y otros, 1991).

b) LOS PRIMEROS PASOS DEL PROTECCIONISMO (1916-1975)

Durante años, el movimiento proteccionista mundial se centró en la preservación de enclaves vírgenes, de alto valor paisajístico. El conservacionismo en sus primeras formulaciones admiraba la naturaleza con una actitud contrapuesta a la humanización y se plasmó legalmente en Estados Unidos al declarar el parque de Yellowstone en 1872. La protección de espacios fue rápidamente incorporada por Australia (1879), Nueva Zelanda (1884), Canadá (1885), etc. Pronto se difundieron iniciativas semejantes por los Estados europeos.

En España, la protección de espacios naturales se plasmó en la Ley de Parques Nacionales (1916), vigente hasta 1957. Era una ley muy breve —tres artículos— que trazaba las líneas básicas de declaración y gestión pero sin un régimen sancionador. En la exposición de motivos, el legislador hacía de los parques un instrumento para «la higienización y solaz de la raza, en que puedan tonificarse los cansados y consumidos por la ímproba labor y por respirar de continuo el aire viciado de las poblaciones». En la promulgación de la ley y en los primeros pasos del proteccionismo jugó un destacado papel el senador Pedro Pidal y Bernaldo de Quirós (Gómez Mendoza, 1992; Mata, 1992).

El Reglamento de la Ley de Parques Nacionales (1917) estableció dos figuras de protección (Parques Nacionales y Sitios Nacionales) cuya gestión dependía de una Junta Central de Parques Nacionales. En la selección de los primeros parques primó la belleza paisajística («sitios o parajes excepcionalmente pintorescos, forestales o agrestes»). Al amparo de la ley, se declararon el Parque Nacional de Covadonga (1918), el Parque Nacional del Valle de Ordesa o del Río Ara (1918) y el Sitio Nacional de San Juan de la Peña (1920).

En 1927, para satisfacer nuevas demandas, se ampliaron las tipologías de espacios protegidos (Sitio Natural de Interés Nacional, Monumento Natural de Interés Nacional). Poco después, la Dehesa del Moncayo (1927), la Ciudad Encantada de la Serranía de Cuenca (1929), el Picacho de la Virgen de la Sierra en Cabra (1929), el Torcal de Antequera (1929), Peñalara (1930) y Sierra Espuña (1931) fueron calificados como sitios naturales.

La Segunda República no alteró los criterios paisajísticos de protección. La gestión de parques y sitios fue encomendada a la Comisaría de Parques Nacionales en la que había una representación de los mejores naturalistas. Durante el período republicano se calificaron varios sitios naturales como la cumbre de la Curotiña de la Sierra de Barbanza (1933), el Promontorio de Cabo de Vares (1933), las Lagunas de Ruidera (1933), la Laguna de San Pedro (1933). Desde la Dirección General de Bellas Artes se protegió el Palmeral de Elche (1933).

Tras la Guerra Civil, se suprimió la Comisaría de Parques Nacionales y sus competencias se trasladaron a una dirección general productivista (Montes, Caza y Pesca Fluvial) del Ministerio de Agricultura. Por esta y otras razones, durante años proliferaron de forma desmesurada las declaraciones de reservas de caza. En las declaraciones de parques (Teide, 1954; Caldera de Taburiente, 1954; Aigües Tortes, 1955) y de sitios naturales (Lago de Sanabria, 1946) subsistieron los criterios naturalistas de valoración paisajística.

En síntesis, durante los cuarenta años de vigencia de la sucinta ley de Parques Nacionales (1916-1957) se declararon cinco parques, una docena de sitios naturales y numerosos parajes pintorescos. Todos ellos eran espacios de alto valor ecológico elegidos por un romanticismo paisajístico que primaba las montañas de aspecto alpino. La declaración llevaba implícita la invitación a visitarlos para higienización y el solaz de los cansados por respirar el aire viciado de las poblaciones.

En 1957 quedó derogada la Ley de Parques Nacionales. Los parques y sitios hasta entonces declarados pasaron a regirse por la Ley de Montes (1957) que desarrollaba los aspectos productivistas y a ellos subordinaba la conservación de áreas de singular riqueza biológica o estética. A pesar de las consideraciones legales, los parques y sitios nacionales sufrían desatención técnica y presupuestaria.

Mientras tanto, el desarrollo científico iba cuestionando la belleza paisajística como único criterio para la declaración de parques nacionales. Las legislaciones de determinados Estados comenzaban a definir áreas de protección en función de especies en peligro (criterio biológico). Los parques nacionales —hasta entonces lugares de esparcimiento y deleite— estaban llamados a convertirse en los nudos principales de una red global de protección de la biodiversidad.

En España, estos nuevos planteamientos fueron asumidos por diferentes movimientos sociales de defensa de la naturaleza en los años finales de la dictadura de Franco. Fue una fase conflictiva por los criterios antagónicos del desarrollismo oficial y las nuevas formulaciones interiores e internacionales del proteccionismo.

En este contexto, la declaración del Parque Nacional de Doñana (1969) —el único calificado al amparo de la Ley de Montes— representaba una inflexión en el modelo paisajístico y estético seguido hasta entonces. En efecto, el humedal de Doñana —una de las mayores reservas ecológicas del continente— carecía de los valores alpinos que habían sido paradigmáticos durante decenios.

En 1971 se creó el Instituto para la Conservación de la Naturaleza (ICONA) que integraba la administración forestal y la gestión de los espacios naturales. En otras palabras, se vinculaba a un mismo organismo explotación y conservación de recursos naturales. En aquel momento, los movimientos ciudadanos criticaron tal fusión.

Poco después, se celebraba la Conferencia de Estocolmo (1972) que planteó la necesidad de adoptar una escala global del planeta Tierra a la hora de valorar los problemas ambientales, gestionar la biodiversidad y promover un desarrollo sostenible con el medio ambiente. Para articular dichos objetivos se creó el Programa de las Naciones Unidas para el Medio Ambiente (PNUMA) que proponía la armonización de la gestión de los recursos naturales con la conservación ambiental. Algunos espacios —de alto valor intrínseco o representativos de la diversidad natural— debían ser preservados con figuras jurídicas adecuadas. Los parques nacionales se convertían en los nudos de una malla que debía abarcar el conjunto del planeta.

Estos posicionamientos internos e internacionales no pasaron desapercibidos. Poco después, las Tablas de Daimiel (1973) y Timanfaya (1974) eran declarados parques nacionales mientras los hayedos de Riofrío de Riaza (1974), de Montejo de la Sierra (1974) y de Tejera Negra (1974) eran calificados como sitios naturales. Se cerraba una etapa y se estaba a las puertas de un nuevo enfoque del proteccionismo.

En síntesis, a principios de 1975 había ocho parques nacionales (tres de ellos en el archipiélago canario) que totalizaban 90.386 ha (esto es, el 0,18 % del territorio español) y veintiún sitios naturales (21.313 ha). Eran espacios calificados por su singularidad paisajística y determinados preferentemente por la política forestal.

c) La normativa del proteccionismo actual

En 1975 se promulgaba la primera ley española de Espacios Naturales Protegidos —vigente hasta 1989— que definía cuatro figuras de protección (Llorens, y Rodríguez, 1991):

- Reservas integrales de interés científico, de escasa superficie, previstas para proteger, conservar y mejorar los ecosistemas debiendo evitarse cualquier acción que pudiera entrañar su destrucción o deterioro. Podían ser botánicas, zoológicas o geológicas y su utilización quedaba supeditada a fines científicos.
- Parques nacionales, de relativa extensión, calificados por la existencia de ecosistemas primigenios no alterados por la penetración, explotación y ocupación humana y donde las especies vegetales y animales y las formaciones geomorfológicas tengan un interés cultural y educativo, o en los que existan paisajes de gran belleza.
- Paraje natural, de escasa extensión, establecidos con el fin de atender a la conservación de la flora, fauna, constitución geomorfológica, etc. Los aprovechamientos deben ser compatibles con la conservación.
- Parque natural, calificado por sus valores naturales con objeto de facilitar los contactos del hombre con la naturaleza.

Aunque las definiciones legales no son suficientemente precisas sobre la permisividad que cada figura comporta de cara a los aprovechamientos de los recursos, había una gradación entre los parques naturales (declarados mediante decreto) y el resto de figuras (establecidas por ley). Las reservas, parques nacionales y, en menor medida, los parajes naturales estaban pensados para primar la conservación frente a los demás usos. Por su parte, los parques naturales no imponían ningún tipo de limitación específica a la explotación. La ley de 1975 preveía la creación de órganos colegiados para la gestión de cada una de las figuras pero seguía considerando los espacios protegidos como parcelas aisladas, puntuales, sin integración coherente con el entorno.

El proceso democrático abierto en España con la transición política y la aprobación de la Constitución hicieron de la ley de 1975 un instrumento eficaz para diseñar el panorama del proteccionismo actual.

Al amparo de esta ley se creó el parque nacional de Garajonay (1981). A fines de los años setenta, se procedió a la recalificación de los antiguos parques nacionales para adaptarlos a la ley de 1975 (Doñana, Tablas de Daimiel, Teide, Caldera de Taburiente, etc.). Las sucesivas leyes de recalificación consolidaron los sistemas de gestión de los parques y, en algunos casos, se ampliaron las superficies o se establecieron preparques o zonas periféricas de protección. Igualmente fueron recalificados algunos sitios de interés nacional como parques naturales (Dehesa del Moncayo, Lago de Sanabria, Torcal de Antequera, Sierra Espuña, Hayedo de Tejera Negra, Cuenca alta del Manzanares, etc.).

A partir de 1980, se inició el proceso de transferencias a las Comunidades Autónomas. En uso de sus competencias, los diferentes gobiernos autonómicos —en poco más de 10 años— han ampliado sustancialmente el número de espacios protegidos y sus superficies.

A modo de ejemplo pueden señalarse Navarra y Andalucía. Hasta 1987, Navarra sólo contaba con el parque natural del Señorío de Bertiz y dos refugios de caza (Foz de Azbayun, Laguna de Pitillas). Ese año, las Normas Urbanísticas Regionales —aprobadas como ley foral del Parlamento de Navarra— establecían tres reservas integrales y 38 reservas naturales que totalizan 11.589 ha (1,1 % del territorio foral). En el caso de Andalucía el espacio protegido al iniciarse el proceso de transferencias en 1984 sumaba 40.426 ha. En 1989, tras aprobarse la Ley del Inventario de Espacios Naturales Protegidos por el Parlamento de Andalucía, la superficie de los espacios con algún tipo de protección se acercaba al millón y medio de ha (alrededor del 17 % del territorio andaluz). «La proliferación de protección de espacios menores, secundarios o marginales —es decir, no conflictivos— encubre la paralización o desatención de la conservación de los espacios de primera importancia» (Martínez de Pisón y Arenillas, 1989).

La Constitución española de 1978 reconoce el derecho a disfrutar y el deber de conservar el medio ambiente (art. 45). Para dar cumplimiento al ordenamiento constitucional atendiendo al nuevo marco competencial, en 1989 el Parlamento español aprobó la vigente ley de Conservación de Espacios Naturales y de la Flora y Fauna Silvestres. En la exposición de motivos se alude al mantenimiento de los procesos ecológicos y de los ecosistemas vitales básicos, a la preservación de la diversidad genética, a la utilización ordenada de los recursos garantizando el aprovechamiento de las especies y de los ecosistemas, su recuperación y mejora y a la conservación de la variedad, singularidad y belleza de los ecosistemas naturales y del paisaje. La ley establece cuatro figuras de protección (parques, reservas naturales, monumentos naturales y paisajes protegidos) cuya declaración y gestión corresponde a las respectivas comunidades autónomas. El Parlamento español se reserva la declaración de espacios marítimo-terrestres y de parques nacionales cuya gestión compete al gobierno español. La ley de 1989 incorpora el concepto de red estatal de parques nacionales que deberá integrar una muestra representativa de los principales ecosistemas españoles.

La creación del parque nacional marítimo-terrestre del archipiélago de Cabrera en 1991 es un paso en esta dirección. En el parque de Cabrera están protegidos fondos marinos, islotes rocosos y matorral mediterráneo.

Finalmente, avanzados los años ochenta, el gobierno español ha ratificado los principales convenios internacionales sobre conservación de la vida silvestre. Entre ellos, cabe singularizar el convenio de Ramsar (1971) al que España se adhirió en 1982 (anexo 2). Por su parte, la adhesión de España a la CE supuso la aceptación de normativas comunitarias referidas al medio ambiente y a la conservación del sistema natural.

d) LA RED ESTATAL DE PARQUES NACIONALES

Tal vez, los parques nacionales —aunque no sea la figura de protección más radical— representan los espacios protegidos más emblemáticos. En la actualidad, 10 parques nacionales componen la red de titularidad estatal, aunque uno de ellos (Aigües Tortes-Sant Maurici) se encuentran en una situación peculiar por la concurrencia de competencias del Estado y de la Generalitat de Catalunya. Los 10 parques conforman tres grupos definidos (tres parques de montaña en las cordilleras cantábrica y pirenaica, cuatro parques canarios y tres parques biológicos) (anexo 1).

Como se ha comentado, los parques nacionales fueron creados por criterios y mentalidades diferentes. Hasta 1969 predominó una valoración romántica de la montaña alpina (Covadonga, Ordesa, Teide, Taburiente, Aigües Tortes). Desde entonces se ha impuesto un criterio naturalista (biológico y geológico estético) en la selección de los nuevos parques (Doñana, Daimiel, Garajonay, Timanfaya, Cabrera). Los 10 parques son valiosos pero insuficientes para representar la variedad de ecosistemas existentes en el territorio español.

1.º *Caracterización naturalista de los parques nacionales*

En la localización de los parques, sobresale su aglomeración en las islas Canarias frente al casi vacío de las áreas interior y mediterránea. Martínez de Pisón y Arenillas (1989) han sistematizado los elementos naturales dominantes en cada uno de los parques:

- *Estructura geológica:* Teide (caldera y estrato-volcán; vulcanismo canario). Timanfaya (conos y coladas de espacios litóricos; vulcanismo canario). Ordesa (pliegues cabalgantes en estructura de cordillera; sierras interiores pirenaicas). De modo menos fundamental, Aigües Tortes (granitos y materiales paleozoicos; Pirineo axial) y Covadonga (calizas carboníferas en estructuras cabalgantes).
- *Formas de modelado:* Aigües Tortes (modelado glaciar pirenaico). Ordesa y Covadonga (modelado glacio y fluvio-cárstico pirenaico y cantábrico). Taburiente (modelado torrencial y caldera de erosión en construcción volcánica canaria).
- *Áreas húmedas*: Daimiel (sectores de mal drenaje de la Meseta sur). Doñana (marismas del Guadalquivir).
- *Vegetación*: Covadonga (robledales y hayedos de la montaña cantábrica). Ordesa (escalonamiento típico pirenaico: ribera, hayedos, pinares, alta montaña, en área caliza). Aigües Tortes (escalonamiento pirenaico en área silícea más oriental). Teide (retamar-codesar de alta montaña cantábrica). Taburiente (pinar canario). Garajonay (laurisilva canaria). Doñana (vegetación de marismas y dunas). Daimiel (palustre).
- *Fauna*: Covadonga y Ordesa (alta montaña). Doñana y Daimiel (áreas húmedas y otros biotopos).

Este esquema deja ver cómo la actual red estatal de parques nacionales no salvaguarda geosistemas básicos del territorio español (por ejemplo, de carácter estepario, endorreico, semiárido, etc). De otra parte, los límites artificiales de los parques no albergan geosistemas aceptablemente completos, al tiempo que se desatienden otros espacios —algunos próximos y similares, otros distintos— de incuestionable valor (Martínez de Pisón y Arenillas, 1989). Es necesario, por tanto, completar la red estatal de parques nacionales con criterios de diversidad y representatividad.

2.º *Gestión de los parques nacionales*

A pesar de lagunas y deficiencias de la ley de 1975, la recalificación de cada uno de los parques nacionales —a finales de los setenta y principios de los ochenta— permitió crear zonas periféricas de protección e instrumentos de gestión.

Las zonas periféricas de protección —transferidas a las Comunidades Autónomas— son entornos de atenuación de impactos. En algún caso (Doñana), la zona periférica ha sido calificada a su vez como parque natural, objeto recientemente de un dictamen sobre estrategias para el desarrollo socioeconómico sostenible (Castells, y otros, 1992). Los preparques o entornos periféricos han ampliado la superficie protegida aunque no siempre consiguen integrar la totalidad del geosistema.

Los gestores de un parque nacional son el patronato y la junta rectora. Por ley, los intereses públicos y privados que rodean los parques están representados en los patronatos. Son órganos asesores y consultivos que hacen una labor de control de la gestión de la junta rectora. El Plan Rector —aprobado por el patronato y posteriormente por el Gobierno— contiene las directrices generales de ordenación del parque y las normas de gestión tendentes a proteger los valores naturales y a garantizar la investigación, la educación ambiental y el uso de los ciudadanos. El ICONA tiene encomendada la administración del parque y lo gestiona a través del director-conservador y el equipo técnico adscrito al parque (Marraco, 1989).

La vinculación de las comunidades rurales a la dinámica del parque es vital. La declaración de un parque nacional —expresión de la voluntad colectiva de protección de la naturaleza— debe compensar las posibles restricciones de uso y mejorar las condiciones de vida de la población que vive en el entorno. Las inversiones públicas —efectivas desde 1982 y después transferidas a las Comunidades Autónomas— pueden y deben contribuir a cambiar la actitud de los grupos humanos que tradicionalmente han vivido en el entorno de los parques. El parque debe potenciar «un nivel de vida, educación y cultura suficientes como para que no tengan que sobrevivir mediante el gesto desesperado de la destrucción de su entorno» (Castells, y otros, 1992).

La afluencia de cientos de miles de visitantes —especialmente en períodos vacacionales— a los parques de alta montaña (Covadonga, Aigües Tortes, Teide, etc.) exige acondicionar infraestructuras de acogida y disponer de convenientes dotaciones humanas. Sobre los parques gravitan presiones externas que pretenden explotar el espacio protegido como un recurso turístico banal.

e) Otros espacios protegidos: los parques naturales

La Constitución española de 1978, los 17 Estatutos de autonomía y el proceso de transferencias a las Comunidades Autónomas en materia de legislación sobre espacios naturales protegidos han ampliado sustancialmente las superficies sobre las cuales se aplica alguna figura de protección. Las declaraciones de espacios protegidos por los parlamentos o por los gobiernos autonómicos han marcado el panorama del proteccionismo en España durante la década de los años ochenta. En la actualidad, alrededor de 400 espacios naturales —esto es, dotados de alguna figura de protección legal— totalizan unos 2,5 millones de ha (en torno al 5 %) del territorio español.

Un proceso normativo tan amplio merecería para cada Comunidad Autónoma valoraciones singulares de hasta qué punto se han constituido redes autonómicas de espacios protegidos y si representan los ecosistemas más caracterizados del territorio autonómico. Aunque haya habido una inflación de espacios menores y secundarios (González Bernáldez, 1989), las Comunidades Autónomas han iniciado un programa cuyos resultados deberán ser evaluados dentro de unos años en función de los recursos aportados, de los valores sociales que hayan promocionado y, sobre todo, de la protección real del sistema natural.

Las Comunidades Autónomas han aplicado figuras de protección —no siempre suficientemente precisas— a espacios muy diferentes entre sí. La coexistencia de criterios naturalísticos, paisajísticos y socioterritoriales en las declaraciones (Díaz del Olmo, 1989) y cierta descoordinación entre las diferentes administraciones (Romero, 1989) no obsta para valorar la transformación del proteccionismo protagonizado por las Comunidades Autónomas.

El análisis de los 400 espacios protegidos atendiendo a diferentes criterios permitiría contrastar el peso de las diferentes variables. A grandes rasgos, la mayor parte de los espacios protegidos se localizan en zonas de montaña —esto es, ámbitos socioeconómicos deprimidos y con sistemas de producción tradicionales— y en zonas húmedas litorales o interiores. También se han protegido enclaves cercanos a áreas urbanas y periurbanas, parajes con valores geomorfológicos y biológicos y paisajes emblemáticos de afectos colectivos.

Tal vez, la figura de protección más representativa de los años ochenta sea el parque natural. Una misma figura jurídica —el parque natural— ha dado lugar a diferentes políticas de gestión (promoción socioeconómica, limitación de abusos, etc.). En general, la declaración de parques naturales en zonas de montaña se ha convertido en un instrumento de promoción socioeconómica del enclave. La protección del paisaje y sus recursos renovables tiene connotaciones económicas al apostar por el mantenimiento de los sistemas de produccción primaria mediante la potenciación del turismo rural y la industria apoyada en los recursos endógenos (Vega, 1989). Por su parte, los parques naturales establecidos en las inmediaciones de las ciudades o en áreas de agricultura intensiva intentan evitar los abusos de intereses implantados en el parque o en sus inmediaciones (Díaz Pineda, y Valenzuela, 1989).

A modo de conclusión general, la salvación de especies amenazadas y la segregación de espacios naturales (reservas, parques nacionales, parques naturales) han sido y serán prioritarias en las políticas de protección. No obstante, estas iniciativas deben completarse con un proteccionismo integral porque las especies forman parte de ecosistemas y geosistemas incluidos en un *continuum* territorial. La preservación de un espacio natural, como un islote ecológico enmarcado por entornos urbanos o rurales cada vez más degradados, es imprescindible aunque precaria (Martínez Salcedo, 1989).

ANEXO 1. **Parques nacionales**

Este anexo pretende ofrecer una breve referencia de las características más sobresalientes representadas en los parques nacionales. Sobre cada uno de ellos existen monografías, guías y también obras de conjunto (Tamames, 1984; Cruz, 1985).

1. *Montaña de Covadonga.* Se ubica en el macizo occidental de los Picos de Europa, entre los ríos Cares (al E) y Dobra (al O). Constituye un parque de montaña, de abrupto relieve —150 m a orillas del Dobra y 2.596 en la Peña Santa— cortado por imponentes gargantas entalladas desde las cumbres hasta el fondo de los valles por donde discurren los principales ríos. Los elementos morfológicos más emblemáticos son herencias del glaciarismo pleistoceno (lagos de la Ercina y Enol, morrenas, circos) o se asocian al modelado cárstico.

Las precipitaciones anuales —según los diferentes ambientes montanos— oscilan entre los 1.200 y 2.000 mm, repartidas a lo largo de casi 200 días. Son frecuentes las nieblas —allí denominadas *encainadas*—, en torno a los 1.700 m de altura, sobre todo en verano y principios del otoño.

En los diferentes pisos de vegetación predominan especies de origen eurosiberiano y algunas penetraciones mediterráneas. Los hayedos colonizan el 21 % de la superficie del parque, especialmente entre los 800 y los 1.500 m. Los robledales (roble carballo, roble melojo, roble albar) han sido muy diezmados por talas abusivas en tiempos históricos. En las vaguadas y valles se encuentran bosques mixtos de castaños y algunos avellanos mientras en los puntos más húmedos hay alisos, abedules, fresnos, tilos y nogales. La orla superior del bosque incluye el enebro rastrero. En los pisos subalpino y alpino se desarrollan praderas y céspedes.

La fauna corresponde a ambientes de montaña. Desaparecida la cabra montés, más de 4.000 rebecos pueblan las cresterías mientras las águilas real y perdicera, los buitres, halcones y gavilanes viven y se reproducen en las peñas del parque. En los bosques habitan las ardillas y en los sotobosques los zorros, comadrejas, tejones y otros pequeños y medianos depredadores.

Año de declaración: 1918.
Superficie del parque: 16.925 ha.
Zona periférica de protección: –

2. *Ordesa y Monte Perdido.* Constituye una muestra de los ecosistemas de la alta montaña pirenaica. El parque incluye los valles de Ordesa, Añisclo, Pineta y Escuaín situados alrededor del Monte Perdido en la zona septentrional de la provincia de Huesca. El parque reúne la complejidad tectónica de los pliegues cabalgantes de las sierras exteriores pirenaicas, abundantes huellas del glaciarismo pleistoceno (circos, arcos morrénicos, valles en artesa) y un modelado cárstico de gran relevancia. Existen también pequeños glaciares activos y algunos heleros residuales.

La cubierta vegetal de tipo eurosiberiano forma una cliserie altitudinal interrumpida por algunos microclimas o por la verticalidad e inestabilidad de las laderas. El piso inferior (hasta los 1.200 m) corresponde a un bosque mixto de hayas, abetos y pinos silvestres. En los ambientes más húmedos se concentran los abedules, álamos, sauces y fresnos. En el piso intermedio (hasta los 2.200 m) se generaliza el pino silvestre o albar —la especie predominante en el parque— y paulatinamente es sustituido por el pino negro. Por encima se sitúa el piso supraforestal de praderas alpinas y las crestería rocosas de las cumbres.

En los dominios del bosque habitan ardillas, lirones grises, martas, jinetas, zorros y el gato montés. En las cumbres hay rebecos o sarrios mientras ha retrocedido el bucardo o cabra montés. Entre las aves, destacan grandes rapaces (águila real, quebrantahuesos), rapaces nocturnas (mochuelo, lechuza), colonias de urogallos, perdiz nival, etc.

Año de declaración: 1918.
Superficie del parque: 15.608 ha.
Zona periférica de protección: 19.678 ha.

3. *Aigües Tortes-Sant Maurici.* Localizado en la zona axial del Pirineo catalán, es un parque de alta montaña. Los niveles de cumbres sobrepasan los 2.900 m e incluso los 3.000 (Punta Alta). La zona protegida corresponde a las cabeceras de los valles de Sant Nicolau y de Espot (afluentes respectivamente del Noguera de Tort y del Noguera Pallaresa). A mitad de su curso (unos 1.800 m), el valle de Sant Nicolau se suaviza y da paso a digitaciones y canalillos de agua (de ahí el topónimo de Aigües Tortes o «torcidas»). El clima es frío, especialmente en las zonas culminantes. En Sant Maurici (1.900 m) las temperaturas medias son inferiores a 0 °C durante cuatro meses invernales. Las precipitaciones medias oscilan entre 900 y 1.300 mm.

Los relieves del Pirineo axial han sido intensamente modelados por el glaciarismo pleistoceno. Más de un centenar de lagunas o *estanys* se localizan en el fondo de los valles (Sant Maurici, Llebreta, Llong) o en los circos (Estany de Mar, Negre, Travessany).

La complejidad orográfica, litológica y climática favorece la diversidad vegetal en el contexto subalpino y alpino de la vertiente meridional pirenaica. El pino silvestre y el pino negro alternan con pequeños grupos de abetos en algunas umbrías y abedules en los cauces y con poblaciones de sabina en las solanas más secas. Los prados alpinos varían según las características del roquedo y el régimen de innivación. En las inmediaciones de las lagunas glaciares se desarrollan prados higrófilos.

Los ambientes del parque son propicios para la fauna de alta montaña. Un hábitat singular lo constituyen los torrentes y lagunas o *estanys* (pobres en nutrientes) donde se halla fauna acuática de altura (tritón pirenaico, trucha común). Entre la avifauna destaca el urogallo, la perdiz nival, el águila real, el buitre común, etc. Fauna de bosques subalpinos y altimontanos (sarrios, jabalíes, martas, armiños, ardillas, lirones) puebla el parque.

Año de declaración: 1955.
Superficie del parque: 10.230 ha.
Zona periférica de protección: 30.532 ha.

4. *Tablas de Daimiel.* Es una representación de los humedales de la Mancha donde existen —y sobre todo existían— otras «tablas» y tablazos palustres de inundación alternante. La hidrología del parque de las Tablas de Daimiel está con-

trolada por la conexión de las escorrentías superficiales del Alto Guadiana y las descargas del acuífero multicapa de la Mancha.

Originariamente el área palustre —en la confluencia del Cigüela y el Guadiana— se extendía a lo largo de unos 30 km, ocupando la lámina principal unos 12 km. En la actualidad la superficie de desbordamiento se ha reducido por canalizaciones y por la explotación del acuífero. El Plan de Regeneración Hídrica, redactado en 1984, contempla la llegada de dotaciones desde el trasvase Tajo-Segura para mitigar la crítica situación del parque y su entorno.

La distribución de las comunidades vegetales se relaciona con las fluctuaciones del encharcamiento y con la concentración (salinidad) y la composición iónica de las aguas. En las tablas sometidas a desecación temporal se desarrollan masegones, carrizales, espadañales y castañuelas. En las áreas de influencia de las aguas permanentes, dulces y carbonatadas del Guadiana se instalan poblaciones de vegetación acuática (*Myriophyllum verticillatum*, *Potamogeton fluitaus*). En los dominios de aguas estancadas aparecen algunas ninfáceas, destacando *Ceratophyllum submersum* en las zonas más turbosas. En aguas con elevadas salinidades puede llegar a aparecer *Ruppia maritima*. La vegetación arbórea está formada por tarajes.

El grupo faunístico más llamativo de las Tablas de Daimiel son las aves acuáticas. Destacan las anátides invernantes (azulón, pato cuchara, ánade friso, porrón pardo, cerceta carretona, pato colorado). La garza imperial, el zampullín cuellinegro, el zampullín chico, el sormomujo barranco, el rascón, la polla de agua y la focha común se cuentan entre las especies nidificantes. Entre las rapaces abundan el aguilucho lagunero y el cernícalo.

Tras el incendio que asoló a la zona en 1987, el ecosistema ha sufrido algunas transformaciones y se detectan ciertas variaciones en las comunidades vegetales debidas, sobre todo, a los cambios en el sistema hidrológico.

Año de declaración: 1973.
Superficie del parque: 1.928 ha.
Zona periférica de protección: 5.410 ha.

5. *Doñana*. El parque y su entorno «ofrece la oportunidad de encontrar en interacción mares y tierras, playas, dunas, marismas, bosques, matorrales, lagunas, ríos, con sus ecosistemas y poblaciones de especies, en asociación íntima, ofreciendo uno de los mejores conjuntos de la biosfera» (Castells, y otros, 1992). Doñana es un fragmento de las marismas del Guadalquivir, esto es, un tendido y dinámico dominio de transición sedimentaria, biológica e hídrica de tipo fluvial-palustre-dunar-marino, cuya alta productividad da soporte a variados biotopos (bosque, matorral, pastizal) y gran número de especies de vertebrados y avifauna.

La paulatina colmatación de las marismas —junto con obras de infraestructura— han ido reduciendo el alcance de las mareas y los ambientes anfibios se han ido continentalizando. Por su parte, la regulación del río Guadalquivir ha limitado los desbordamientos fluviales. A su vez, las captaciones en los acuíferos han reducido la extensión y duración del encharcamiento. En este contexto, mantener las fluctuaciones de las láminas de agua —y las variaciones de salinidad— son esenciales para los equilibrios ambientales de la marisma.

La diversidad de biotopos de Doñana se relacionan con los geosistemas de playa-duna, de los cotos o áreas estabilizadas y de la marisma. En el parque se conserva uno de los mayores sistemas de dunas móviles de la Península (unos 20 km de longitud y hasta 5-6 km de anchura). Los cotos están colonizados por un denso matorral y especies arbóreas dispersas. La cubierta vegetal de la marisma depende de las condiciones de encharcamiento y de la salinidad.

La fauna de vertebrados es muy rica (mamíferos, avifauna, reptiles, anfibios). Se han avistado 361 especies de avifauna, de las cuales 119 se reproducen allí regularmente. Más de seis millones de aves visitan anualmente Doñana. En la invernada se reúnen unas 300.000 anátidas y fochas. El pato cuchara, ánade rabudo, porrón común, ánade real y focha común pueden exceder los 10.000 individuos. Los ánsares (75.000) y los flamencos (unos 25.000) de Doñana representan una parte importante de sus poblaciones en Europa. No en vano, el parque ocupa un eslabón neurálgico en las rutas migratorias entre África y Eurasia.

Año de declaración: 1969.
Superficie del parque: 50.720 ha.
Zona periférica de protección: 26.540 ha.

6. *Archipiélago de Cabrera*: Diez kilómetros al sur de Ses Salines —extremo meridional de Mallorca— se halla un grupo de islotes alrededor de la Cabrera Gran. Constituyen el afloramiento meridional de la Serra de Llevant mallorquina. Una serie de cabalgamientos fracturados determinan la complejidad estructural del archipiélago, la articulación litoral y un relieve contrastado, aunque de cotas modestas. El parque es marítimo terrestre. En consecuencia, la zona protegida incluye ecosistemas de zonas costeras y plataforma continental de la cuenca mediterránea. Entre las comunidades marinas destacan las grandes praderas de posidonia, utilizadas por un gran número de peces, crustáceos y moluscos. La productividad de los ambientes pelágicos y bentónicos permiten el desarrollo de importantes colonias de avifauna marina. En tierra firme existen formaciones de maquia mediterránea con acebuche y sabina: se han catalogado más de 450 especies vegetales. El archipiélago alberga lagartijas baleáricas. Muchos invertebrados y algunos mamíferos han sido introducidos de forma activa o pasiva por los grupos humanos. El archipiélago es lugar de paso de avifauna migrante (más de 130 especies avistadas).

Año de declaración: 1991.
Superficie del parque: 1.836 ha.
Zona periférica de protección: –

7. *El Teide y Las Cañadas*. El parque, situado en la isla de Tenerife por encima de los 2.000 m, ocupa el techo de la Macaronesia. Con frecuencia se registra la presencia del hielo y de la nieve combinada con una presión atmosférica muy baja (pocas veces se superan los 600 mm de mercurio), una intensa insolación y, por lo general, moderada humedad relativa y vientos muy intensos. La temperatura media anual oscila alrededor de los 9,5 °C. Estos parámetros evidencian la singularidad climática del Teide y Las Cañadas en el contexto de las islas Canarias próximas al anticiclón de las Azores, con influencia de los alisios y de una corriente marina fría.

El parque nacional comprende las mayores formaciones volcánicas de los últimos episodios geológicos de la isla de Tenerife: la depresión calderiforme de Las Cañadas y el estratovolcán del Teide y Pico Viejo. Aunque las erupciones posteriores han rellenado casi por completo la caldera primitiva, se conservan en casi todo el contorno de Las Cañadas una crestería con escarpes verticales (entre los 2.000 y 2.700 m). Las sucesivas erupciones del Teide han enmascarado el borde nororiental de la caldera al edificarse el complejo estrato-volcán que alcanza los 3.717 m. Existe por tanto, una gran variedad litomorfológica ligada a los sucesivos procesos volcánicos (lavas, escorias, lapillis, coladas, malpaíses, roques) y retoques asociados a procesos de clima frío (coladas de solifluxión, suelos poligonales).

El parque es una excelente representación de la vegetación del piso supracanario, esto es, un matorral de montaña constituido por arbustos de hasta dos o tres metros de altura, de color verde grisáceo, ramificados desde la base en formación abierta dominada por pocas especies con acompañantes que, en su mayoría, son leñosas de pequeña talla. En las zonas más claras aparecen algunas herbáceas. La planta representativa del parque es la retama blanca, de flores blanco-rosadas, junto al codeso y el escobón. Los árboles esporádicos se reducen a ejemplares del cedro de Canarias en algunas laderas escarpadas y a pinos canarios.

Los endemismos faunísticos y florísticos —tan característicos de las montañas subtropicales— convierten al parque en un enclave de gran valor, incluso a nivel insular.

Año de declaración: 1954.
Superficie del parque. 13.571 ha.
Zona periférica de protección: 12.220 ha.

8. *Timanfaya.* Es un parque geológico y geomorfológico enclavado en el área de la isla de Lanzarote donde acaecieron sucesivas erupciones volcánicas durante el siglo XVIII que recubren casi por completo una serie volcánica más antigua. La erupción de Timanfaya (1730-1936) —la mayor y más prolongada del vulcanismo histórico canario— originó un sistema de edificios volcánicos alineados en ejes en cuyo cruce principal se instaló la aglomeración más relevante (Timanfaya). A lo largo de un eje ENE-OSO se suceden la Caldera Colorada, Pico Partido, Santa Catalina, los conos de las Montañas de Fuego, los cráteres de Timanfaya, Montaña Quemada, Montaña Rajada, hasta la fisura eruptiva de Juan Pernomo. El parque también integra un sector de los acantilados marinos que se formaron durante la erupción.

El relieve es modesto. Las redondeadas crestas —formadas por acumulación de piroclastos, arenas y lapillis (alrededor de 400 m de altitud)— quedan enmarcadas por pendientes acusadas que se suavizan al pie de los domos (en torno a los 150 m). Desde allí, una suave pendiente general (un 6 %) desciende hacia el litoral. Todo el parque queda situado en el piso infracanario.

No obstante, el parque de Timanfaya presenta poco desarrollado dicho piso por el escaso tiempo transcurrido para la meteorización de las lavas volcánicas. Timanfaya es un observatorio privilegiado para analizar la dinámica de los primeros estadios de la colonización vegetal en áreas volcánicas y para reconocer los *islotes* no cubiertos por lavas históricas donde se manifiestan comunidades más evolucionadas.

Año de declaración: 1974.
Superficie del parque: 5.107 ha.
Zona periférica de protección: –

9. *Garajonay*. La superficie del parque coincide con la meseta central de la isla de la Gomera —delimitada a menudo por paredes verticales de hasta 300 y 400 m— y las cabeceras de los barrancos que erosionan la meseta y descienden radialmente hacia el mar. La horizontalidad de la meseta central deriva del apilamiento masivo de coladas que rellenaron antiguas formas de erosión del complejo basal. Con posterioridad, la erosión remontante de la actual red de drenaje ha dejado en resalte la meseta de basaltos subrecientes.

La meseta —entre los 600 y 1.487 m— se localiza en el área de influencia de las nieblas del alisio (humedad constante, temperaturas suaves sin grandes contrastes). Por esta razón Garajonay representa el bosque de laurisilva y el fayal-brezal. El monteverde es una formación forestal densa, higrófila y umbrófila, pluriestratificada compuesta por gran número de especies florísticas y rica en epifitos, líquenes y briófitos. Los árboles más representativos son laureles, viñátigos, barbusanos, tilos, acebiño, faya, brezo, paloblanco, etc. En zonas de claros abundan matorrales de codeso, escobón y jara, mientras en las áreas rocosas existen endemismos rupícolas. En el límite occidental del parque se encuentra una amplia zona de fayal-brezal que progresivamente se transforma en brezal puro.

En el monteverde habitan la paloma rabiche y la paloma torcaz, dos endemismos vinculados a la laurisilva. En el parque nidifican tordos, pinzones, herrerillos y petirrojos.

Año de declaración: 1981.
Superficie del parque: 3.984 ha.
Zona periférica de protección: 4.160 ha.

10. *Caldera de Taburiente*. El parque, en el centro de la isla de San Miguel de la Palma, ocupa una inmensa depresión calderiforme (27 km de circunferencia) de abruptas pendientes abierta al noroeste a través del barranco de las Angustias. Mientras la crestería culmina en el Roque de los Muchachos (2.423 m), las cotas inferiores del parque apenas sobrepasan los 400 m. El intenso desmantelamiento erosivo ha dejado al descubierto elementos y litologías correspondientes a los complejos basales.

El paisaje vegetal está dominado por el pino canario, junto al que aparecen también el haya canaria y el brezo. Junto a los barrancos se hallan los acebiños, barbusanos y sauces. Por encima de los 2.000 m aparecen formaciones de alta montaña caracterizadas por el codeso y endemismos (violeta, retamón, tagasate azul).

La fauna de los mamíferos se reduce a conejos y gatos cimarrones, habiéndose extinguido una raza específica de cabras. Entre las aves destacan el cernícalo, herrerillos, capirotes, cuervos y grajas.

Año de declaración: 1954.
Superficie del parque: 4.690 ha.
Zona periférica de protección: 5.956 ha.

Anexo 2. **Humedales españoles en la lista del convenio de Ramsar**

Las zonas húmedas constituyen sistemas naturales de elevada productividad. La variabilidad temporal de las características físico-químicas del agua y la fluctuación espacial del encharcamiento condicionan el desarrollo de especies biológicas muy adaptadas a los cambios temporales de las condiciones ambientales. La avifauna constituye un grupo de complejas estrategias adaptativas.

La acelerada desaparición de muchos humedales y el progresivo deterioro de los que aún restan han generado una respuesta internacional. La firma del *Convenio relativo a la conservación de los humedales de importancia internacional, particularmente como hábitat de aves acuáticas* (Ramsar, 1971) marcó un hito para los Estados firmantes del convenio al fijar en un solo documento las directrices conservacionistas de los humedales.

España se adhirió al convenio de Ramsar en 1982 incluyendo Doñana y las Tablas de Daimiel en la lista de Zonas Húmedas de Importancia Internacional. Poco después, se añadió la Laguna de Fuente de Piedra (1983). No obstante, las tres zonas húmedas no reflejaban adecuadamente la riqueza y diversidad de los humedales españoles por lo que en 1989 el Gobierno acordó incluir otros 14 sistemas a la mencionada lista.

A continuación, se indican brevemente sus figuras de protección, las características hidrogeomorfológicas del humedal y sus comunidades biológicas más representativas. Existen monografías sobre dichos espacios y también obras generales (por ejemplo, Troya, y Bernes, 1990).

1. *Lagunas de Cádiz (Medina y Salada).* Situadas respectivamente en los términos municipales de Jerez de la Frontera y Puerto de Santa María, fueron declaradas reservas naturales en 1987 por el Parlamento de Andalucía. Las lagunas registran fluctuaciones estacionales e interanuales, reduciéndose los encharcamientos durante los veranos.

Ambas lagunas son punto de invernada, reproducción y descanso de numerosas aves migratorias. Al mismo tiempo, constituyen un refugio de aves que han criado en humedales cercanos, especialmente las marismas del Guadalquivir. De allí proceden fochas comunes que abandonan Doñana en verano al secarse parte de las marismas. También acogen flamencos procedentes de la laguna de Fuente de Piedra. En los perímetros de las lagunas se disponen una orla de vegetación palustres (carrizo, enea, junco) y otra de formaciones arbustivas xerotérmicas (lentisco, palmito, jara, espinos).

2. *Lagunas del sur de Córdoba (Zoñar, Rincón y Amarga).* Catalogadas como reservas integrales en 1984 por el Parlamento de Andalucía, se sitúan en la comarca de la Campiña en los términos municipales de Aguilar de la Frontera, Lucena, Luque y Puente Genil.

Las lagunas están enmarcadas por un cinturón perilagunar de carrizales, eneas y algunas plantas halófitas. Ofrecen un entorno propicio para comunidades invernantes y de paso (pato cuchara, porrón común) y para aves nidificantes (malvasía, focha común).

3. *Marismas del Odiel.* Reserva de la Biosfera declarada por el MAB en 1983 y Paraje Natural y Reserva integral según una ley del Parlamento de Andalucía de 1984. La oscilación de las mareas en la desembocadura del río Odiel delimita diferentes biotopos en la marisma baja, media, alta e interior.

La avifauna es un elemento característico de las marismas que aprovechan la alta productividad del estuario. Se han contabilizado más de 200 especies, entre las que destacan el grupo de migrantes e invernantes procedentes de Europa y las nidificantes (espátulas y garzas). A su vez, las marismas del Odiel funcionan como humedal complementario de las marismas del Guadalquivir.

4. *Salinas del Cabo de Gata.* Forman parte del parque natural del cabo de Gata-Níjar establecido por la Junta de Andalucía en 1987. Es una albufera separada del mar por una restinga arenosa con dunas que individualiza diferentes biotopos según gradientes de juncales y comunidades seriales esteparias.

Por su posición, las salinas sirven de escala a la avifauna (limícolas, anátidas) que siguen la ruta europea-africana. La máxima ocupación se alcanza en los meses de septiembre-octubre.

5. *S'Albufera de Mallorca.* Enclavada en el sector noroccidental de la bahía de Alcúdia en Mallorca, está calificada como parque natural por el Govern Balear desde 1988. La lámina de agua en la albufera —delimitada del mar por una amplia restinga— está muy condicionada por aportes hídricos de diferentes torrentes y por la descarga de acuíferos periféricos muy carstificados. Las unidades geomorfológicas y los gradientes de salinidad y humedad delimitan diferentes biotopos integrados por comunidades psamófilas en las playas, un bosque esclerófilo en las alineaciones dunares instaladas en la restinga, comunidades halófilas en áreas de suelos salinos y comunidades halófitas en las zonas casi permanentemente inundadas de aguas someras.

La avifauna encuentra óptimas condiciones para su desarrollo al ser un sistema hídrico fluctuante y zona de paso en las rutas migratorias. Se han catalogado 63 especies de aves autóctonas que nidifican en el humedal, 57 especies de aves invernantes o migrantes usuales y 91 especies raras.

6. *Laguna de la Vega o del Pueblo* (Pedro Muñoz, Ciudad Real). Calificada como refugio de caza por la Junta de Comunidades de Castilla-La Mancha en 1988, es una cubeta de aguas someras delimitada por un cinturón perilagunar de carrizo, almajo y eneas. La lámina de agua se mantiene gracias a los aportes hídricos continuos procedentes de Pedro Muñoz, población situada en el extremo suroeste de la laguna.

La laguna es área de nidificación y cría para al menos 23 especies de aves acuáticas, entre las que destaca la importante y estable colonia del zampullín cuellinegro, así como el pato colorado, la cigüeñuela o la gaviota reidora. La Laguna de la Vega ha adquirido una mayor relevancia ornitológica en los últimos años por el deterioro de los humedales de los alrededores de Alcázar de San Juan.

7. *Lagunas de Villafáfila.* Forma un complejo lagunar enclavado en Tierra de Campos (Zamora), declarado en 1986 reserva nacional de caza por las Cortes de Castilla y León. Las lagunas de Villafáfila constituyen un exponente de otros humedales ahora desecados (laguna de la Nava o Mar de Campos en Palencia, laguna de Duero en Valladolid) de la depresión del Duero. Son masas de aguas someras fluctuantes, de carácter salino que condicionan unos biotopos singulares en la submeseta norte.

Las lagunas sirven de refugio y lugar de paso para avifauna migrante (cigüeña negra, grulla) y de nidificación para una gran cantidad de especies (ganso común, aguilucho lagunero, alimoche, avutarda, tórtola común, etc.).

8. *Complejo intermareal Umia-Grove.* Constituye una zona discontinua en la ría de Arousa formada por dos llanuras intermareales con islotes en su interior, una pequeña laguna litoral y un arenal costero. En 1989 dichos humedales fueron incluidos en el registro general de espacios naturales de Galicia.

Abundan especies limícolas y anátidas de paso (septiembre-octubre) e invernantes (noviembre a febrero). En la desembocadura del Umia y en la laguna de Bodeira se reproducen en primavera el ánade real, la focha común, la polla de agua y el zampullín chico.

9. *Rías de Ortigueira y Labrido.* En la desembocadura de los ríos Mera y Labrido, se encuentra un típico sistema estuarino donde se disponen diferentes biotopos en función de la influencia marina, mareal y riparia. Entre la avifauna, destacan las limícolas y las anátidas (ánade real, ánade común, porrón común) que pueden llegar a formar concentraciones que superan los 3.000 individuos durante el invierno. Desde 1989, aparecen en el registro general de espacios naturales de Galicia.

10. *Albufera de Valencia.* Constituye un complejo ecosistema de transición, mediatizado por la artificialización antrópica del balance hídrico anual (compuertas en las bocanas o golas, derivaciones del regadío, contaminación). En el marco de la albufera, se reconocen diferentes unidades geomorfológicas (playa, restinga con alineaciones dunares, glacis y derrames de glacis enmarcados por los llanos de inundación del Turia y del Júcar) que albergan una variada gama de biocenosis vegetales.

Desempeña un papel ornitológico relevante en el contexto de las zonas húmedas europeas. Más de 250 especies utilizan este ecosistema de forma regular o excepcionalmente y cerca de 90 se reproducen en él. Las aves más numerosas (entre 40.000 y 60.000 ejemplares) durante el invierno son las anátidas (el pato colorado, el pato cuchara, el ánade real, el ánade rabudo, etc.), las ardeidas (garza real, garcilla, garceta común), las limnícolas (avefría) y los laridos (gaviota reidora, gaviota patiguada, gaviota enana, etc.). Durante la época de nidificación, la albufera adquiere mayor diversidad (lavanco, pato colorado, ánade real, etc.). También nidifican colonias de garcilla bueyera, garceta común, martinete, garza real, etc.

Desde 1986, el sistema formado por la laguna, la restinga y su entorno húmedo fue declarado parque natural por acuerdo del Consell de la Generalitat Valenciana.

11. *El pantano del Fondo.* Es un paraje natural desde 1986 por resolución del Consell de la Generalitat Valenciana. La laguna ocupa el borde meridional del abanico aluvial del Vinalopó edificado en la fosa tectónica de Elx (Elche). Después de la Guerra Civil, la laguna fue acondicionada como embalse regulador para los canales de «Riegos de Levante». Diversas biocenosis vegetales (praderas de juncales en zonas encharcadas o con humedad constante, carrizales en los bordes de las aguas y formaciones halófilas) enmarcan el pantano.

Se han catalogado 179 especies de avifauna, de las cuales 38 son nidificantes seguras y 32 probables. Como nidificantes destacan la focha común, la polla de agua, el pato colorado, el ánade real, etc. Entre las especies invernantes sobresalen el pato cuchara, el pato colorado, la cerceta pardilla, el porrón común, la focha y el flamenco.

12. *Las salinas de la Mata y Torrevieja.* Por acuerdo del Consell de la Generalitat Valenciana de 1988, están protegidas con la figura de paraje natural. Aunque no son albuferas en sentido estricto, ambas salinas —conectadas entre sí y con el mar mediante canales— reúnen una gran variedad de ambientes que dan soporte a una notable diversidad botánica (salicornias, bosquetes de tamariz, juncales y carrizales). Ambas salinas acogen una variada presencia de ictiofauna (flamencos, tarro blanco, zampullín cuellinegro). Este último alcanza aquí las mayores concentraciones invernales de la Península.

13. *Salinas de Santa Pola.* Una restinga holocena —asentada sobre otra barra más antigua— delimita el frente litoral de una extensa albufera situada en el borde nororiental del abanico del Vinalopó. El humedal presenta una zona de explotación salinera y otra mediatizada por los sobrantes de los regadíos.

El humedal constituye un espacio de alto valor ornitológico. Durante las migraciones y en la invernada recalan en las salinas de Santa Pola muchos ejemplares de limícolas (avoceta, aguja colinegra, distintas especies de correlimos, archibebe común, etc.). También las anátidas (pato cuchara, pato colorado, focha) presentan una enorme presencia durante la época invernal. En la época reproductora —por la variedad de salinidades del humedal— se ha catalogado la cigüeñuela, avoceta, fumarel cariblanco, pato colorado, etc. Mención especial merece el flamenco que aquí encuentra un punto de descanso migratorio entre la Camarga y Fuente de Piedra, áreas de nidificación regular. La colonia de flamencos es muy variable oscilando entre los 3.500 ejemplares al final del verano y los 300-400 en invierno.

Es un paraje natural declarado en 1988 por decreto del Consell de la Generalitat Valenciana.

14. *Prat de Cabanes-Torreblanca.* Es una albufera en avanzado estado de colmatación, protegida desde 1988 como paraje natural por decreto del Consell de la Generalitat Valenciana. Una restinga de cantos —apoyada sobre afloramientos dunares más antiguos— cierra el frente marino del humedal mientras conos aluviales delimitan su entorno interior. El *prat* es área de descarga del acuífero cuaternario y otro carbonatado más profundo y de escorrentías superficiales durante tandas de precipitación de especial duración o intensidad.

Las diferentes unidades geomorfológicas y los gradientes de salinidad y humedad delimitan variadas biocenosis vegetales: en la restinga se desarrolla una vegetación psammófila; en la zona de alternancia de encharcamiento-desecación hay comunidades de halófilas o de juncales. La explotación de turba ha contribuido a diversificar el ecosistema dando paso a carrizos y eneas.

La avifauna nidificante está compuesta por un corto número de especies. La avanzada colmatación y la aparente baja productividad del *prat* permite la reproducción de pocos ánades. Entre los nidificantes se pueden citar el pato colorado, el charrancito, el aguilucho cenizo y la canastera. El *prat* es un punto de escala menor de acuáticas durante las migraciones por las reducidas dimensiones de las láminas de agua (alrededores de *ullals* o surgencias).

15. *Doñana.* Véase el anexo 1.

16. *Tablas de Daimiel.* Véase el anexo 1.

17. *Laguna de Fuente de Piedra.* Es un humedal fundamental para la reproducción de flamencos del Mediterráneo occidental. Desde 1984 es una reserva natural por ley del Parlamento de Andalucía. La laguna —de forma elipsoidal— se ubica a unos 400 m de altitud en la Hoya del Navazo, al noroeste de la provincia de Málaga. En las inmediaciones existen otras dos pequeñas lagunas (la Laguna dulce o Lagunilla del pueblo y las Lagunetas o Cantarranas). El sustrato de la cubeta lagunar contiene niveles evaporíticos triásico y rellenos miocuaternarios. Los aportes de diferentes arroyos y los flujos de descarga de aguas mineralizadas del acuífero otorgan el carácter salado a la laguna de Fuente de Piedra.

En la zona de influencia directa de la laguna se desarrollan comunidades vegetales halófitas. En el entorno existen comunidades de matorral muy degradado. La salinidad del medio lagunar constituye una limitación a la variedad faunística. Destacan sobre todo las aves acuáticas invernantes y las estivales reproductoras.

Bibliografía básica

AA.VV. (1984): *Geografía y Medio Ambiente*, Madrid, MOPU.
Ayala, F. J., y otros (1987): *Impacto económico y social de los riesgos geológicos en España*, Madrid, Instituto Geológico y Minero de España, 91 pp. + mapas.
Ayala, F. J., y Durán, J. J. (edit.) (1991): *Riesgos geológicos*, Madrid, Instituto Geológico y Minero de España, 333 pp.
Bolós, M.ª, y otros (1992): *Manual de ciencia del paisaje*, Barcelona, Masson, 273 pp.
Cruz, H. Da, y otros (1985): *Guía de los espacios naturales de España*, Madrid, Miraguano-Amigos de la Tierra, 205 pp.
Escribano, M.ª, y otros (1991): *El paisaje*, Madrid, MOPT, 177 pp.
Font, I. (1983): *Climatología de España y Portugal*, Madrid, Instituto Nacional de Meteorología, 296 pp.
Gil Olcina, A., y Morales Gil, A. (edit.) (1989): *Avenidas fluviales e inundaciones en la cuenca del Mediterráneo*, Alicante, Instituto Universitario de Geografía, 566 pp.
Gómez Mendoza, J., y Ortega, N. (dir.): *Naturalismo y geografía en España*, Madrid, Fundación Banco Exterior, 413 pp.
López Gómez, A. y otros (1983): «Lluvias catastróficas mediterráneas», *Estudios Geográficos*, 170-171, 316 pp.
Mézcua, J., y Udías, A. (edit.) (1991): *Seismicity, seismotectonic and seismic risk of the Ibero-Maghrebian Region*, Madrid, Instituto Geográfico Nacional, 390 pp.
Romero, C. (1991): *Las manifestaciones volcánicas históricas del archipiélago canario*, Santa Cruz de Tenerife, Gobierno de Canarias, 2 vols.
Tamames, R. (dir.) (1984): *El libro de la Naturaleza*, Madrid, El País, 304 pp.

TERCERA PARTE

SOCIEDAD, ECONOMÍA Y ESTRUCTURAS TERRITORIALES

Desde hace ya casi dos décadas, la economía, la sociedad y el territorio se encuentran sometidos en España a un profundo y rápido proceso de reestructuración, que ha supuesto una mutación sustantiva en algunas de las características heredadas del pasado reciente. Se inicia así una nueva fase histórica, que en el plano de las interrelaciones economía-territorio está marcada por cambios tecnológicos, en la organización de las empresas, el volumen y distribución del empleo, la división del trabajo, o las pautas de localización que presentan los diferentes tipos de actividades, al tiempo que se acentúa la globalización de los mercados, tanto de productos, como de capital, trabajo o información.

Ese cambio estructural, generador de una nueva lógica productiva y territorial, subyace a toda una serie de oscilaciones cíclicas en la evolución de los indicadores económicos (producción, inversión, empleo, demanda, precios, etc.), que resultan de especial interés para quienes analizan la coyuntura económica y presentan algunos efectos espaciales no despreciables. Suele distinguirse, en consecuencia, un período de crisis aguda —con caída de casi todos los índices utilizados— en el decenio 1976-1985, al que siguió una fase de recuperación entre 1985-1991, para entrar en una nueva etapa recesiva desde los inicios de la actual década.

No obstante, el territorio mantiene siempre una cierta inercia frente a los cambios, por lo que este tipo de alteraciones de corta duración tienen un reflejo geográfico sólo parcial, resultando de mayor importancia el análisis de las tendencias estructurales que marcan el devenir actual de los diferentes tipos de actividades económicas. En el esquema aquí propuesto, se plantea en primer término lo ocurrido con aquellas dedicadas a la producción de bienes materiales (los clásicos sectores primario y secundario de Fisher o Clark), para centrar luego la atención en la expansión que hoy registran las relacionadas con los servicios o terciarias, cada vez más integradas con las anteriores.

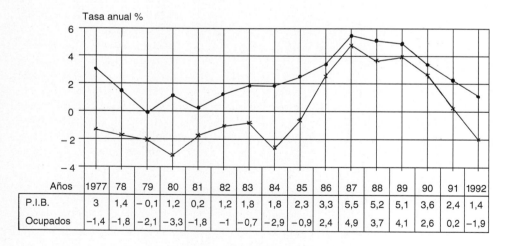

Evolución de la economía española. Tasas anuales 1977-1992 (%). Fuente: INE y OCDE.

Capítulo 6

LÓGICA ESPACIAL DEL SISTEMA PRODUCTIVO: EL DECLIVE DE LAS ACTIVIDADES AGRARIAS Y PESQUERAS

Es evidente que la agricultura, como toda actividad económica, tiene por objeto la obtención de unas rentas, o el logro de un nivel de vida determinado, por quienes se dedican a ella, y, puesto que tales rentas se consiguen mediante la satisfacción de la demanda, las producciones agrarias deben adecuarse al comportamiento del mercado. En consecuencia, el espacio agrario, como *espacio productivo o económico*, se ajusta, en cualquier situación, a la demanda local, comarcal, regional, nacional o mundial. Así, los cultivos cambian según las coyunturas y hoy no pueden contemplarse aprovechamientos propios de una antigua agricultura de autoconsumo, ni se utilizan los medios de producción tradicionales, ni se conservan antiguos lugares, plantas o edificios destinados a la transformación o almacenamiento de aquellos productos. El espacio agrario es, por tanto, lábil y su organización refleja el tipo de economía agraria que soporta.

Pero la economía agraria, a su vez, está regida por otros factores, como los ecológicos, pues la agricultura se basa precisamente en la explotación económica del potencial ecológico, ya que, en caso contrario, no consigue unas producciones rentables o competitivas. De ahí se deriva la necesaria interacción entre espacio agrario y factores ecológicos, que origina una especialización productiva en los *dominios y regiones agrarias*, de tal manera que en España se pueden distinguir tres dominios agrarios bien diferenciados. En primer lugar, el dominio atlántico o de la *España ganadera y de los bosques*, coincidente con un clima húmedo a lo largo del año, y más o menos suave según la altitud, que va desde las cabeceras de los valles y cumbres pirenaicas, sigue por la cordillera Cantábrica, donde llega hasta la vertiente meridional de sus áreas cacuminales en el País Vasco, Cantabria y Asturias, y termina en el macizo galaico, afectando a alrededor de un quinto del territorio español, siempre que se incluyan las áreas transicionales de las cordilleras Cantábrica y Pirenaica.

Frente a éste, el dominio mediterráneo ocupa la mayor extensión, en torno al 80 % del territorio, en el que se distingue un sector cálido, que, desde el punto de vista agrario, forma la *España hortofrutícola* por excelencia, y otro fresco o frío. El primero se desarrolla sobre las llanuras litorales mediterráneas, desde la frontera catalano-francesa hasta la onubense-portuguesa, y algunos otros enclaves interiores y atlánticos. Se caracteriza por una prolongada aridez estival, con elevadas temperaturas en verano y suaves en invierno, con pluviosidad media, excepto en el SE seco;

penetra por la depresión del Guadalquivir hasta la provincia de Jaén y por la del Ebro hasta aguas arriba de Zaragoza, configurando extensas vegas, a una altitud de en torno a los 200 m, que, aprovechando las aguas de estos grandes colectores o de sus afluentes (Cinca y Segre en el Ebro; Genil, Viar, Bembézar, etc. en el Guadalquivir) han creado un paisaje de regadío intensivo fuera de la España mediterránea costera.

A estos sectores se suma algún enclave de la meseteña o interior, como el de las vegas bajas del Guadiana, o los de El Bierzo, la ribera riojana y navarra... y, sobre todo, los de la España insular —Baleares y Canarias—, con caracteres propios y con una destacada dedicación a las frutas, hortalizas y flores. Asimismo, se han desarrollado algunos espacios hortícolas en las franjas costeras periurbanas de la España atlántica, como ha ocurrido en Galicia, en Las Mariñas, para el abastecimiento de La Coruña y Betanzos, o en las Rías Bajas, en torno a Villagarcía de Arosa, para Santiago y Pontevedra...

Finalmente, el dominio mediterráneo fresco, de la *España meseteña interior*, a elevada altitud media —de 800 m en la cuenca sedimentaria de Castilla-León, de 600 m en la de Castilla-La Mancha, de 400 m en la depresión del Ebro y en la penillanura extremeña—, con inviernos rigurosos y largos y veranos muy calurosos y secos, representa un vasto conjunto agrario de gran potencialidad en los regadíos, sobre todo en los de menos de 400 m de altitud, y dedicado a la típica trilogía mediterránea en los secanos —cereal, vid y olivo, aunque éste no suele superar los 600 m—. Sin embargo, en este dominio se producen situaciones de transición muy marcadas, que en unos casos lo aproximan al sector cálido hortofrutícola, como sucede en las vegas extremeñas del Guadiana y afluentes, y en otros lo acercan al dominio atlántico, como sucede en casi todas las montañas interiores, que pueden ser consideradas como un dominio aparte (véase fig. 6.1).

Sobre este espacio agrario, que cuenta con 27 millones de ha SAU, de los que tan sólo se labran 20,2, equivalentes a un 40 % de la superficie total, se desarrolla la labor de 2,28 millones de explotaciones, sostenidas por 1,7 millones de activos, lo que parece contradictorio y, en todo caso, hace pensar en una dimensión insuficiente. Al margen de las unidades gestionadas a tiempo parcial, abundantes y de escasa entidad generalmente, no cabe la menor duda de que existe una excesiva presión social sobre el espacio agrario, lo que se traduce en la coexistencia de grandes explotaciones de carácter empresarial, con otras familiares grandes, junto a medianas y pequeñas. Evidentemente, todas ellas han conocido un nítido proceso de tecnificación y modernización, pero muchas no podrán soportar la competencia de un mercado reñido, con precios a la baja, que está obligando a retirarse a un número considerable de agricultores, como lo pone de manifiesto la pérdida de medio millón de empleos agrarios entre 1985 y 1990. En definitiva, la población activa agraria, ha de caer, en pocos años, desde los niveles actuales, del 10,5 %, hasta un 5 o 6 %, tasa propia de otros países del entorno español.

Ahora bien, este peso decreciente de la población y actividad agraria, que se acompaña de una mínima participación en el Producto Interior Bruto —en torno al 5 % del PIB, incluida la producción pesquera—, ha corrido parejo a unas producciones crecientes y a un incremento sostenido de la productividad, merced al grado de tecnificación y a la masiva incorporación de insumos, que han dado un carácter intensivo a la agricultura española, con todos los problemas de excedentes agrarios

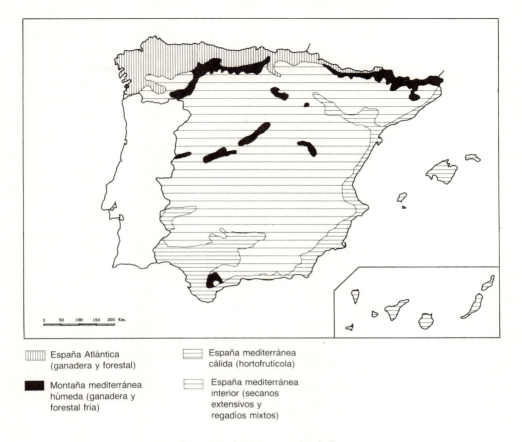

Fig. 6.1. *Los dominios agrarios de España.*

propios del mundo desarrollado, y de la CE en concreto. En cuanto a la actividad pesquera, que no emplea más que a un 0,7 % de la población activa (unas 102.000 personas), conoce también un lento declive, debido a la reducción de las capturas y de la riqueza ictiológica de los antiguos caladeros, sobreexplotados. Aspectos que trataremos de analizar en las páginas siguientes.

1. **La agricultura española en la Europa comunitaria: la incidencia de la política agraria común**

El ingreso de España en la CE se produjo en el momento en que la Comunidad había decidido revisar a fondo su política agraria, por mor de las disfuncionalidades surgidas a consecuencia de una excesiva y cara protección al agricultor. Es cierto que los logros de la PAC permitieron crear una Europa Verde fuerte y capaz de colocar sus productos en los mercados internacionales, pasando de una situación de desabastecimiento a otra de enormes excedentes. Sin embargo, precisamente por eso, la PAC no aguantó la presión de sus elevados costes, que supusieron entre un 60 y un 75 % del presupuesto comunitario. La reforma de la PAC conoció diversas vicisitudes desde 1985, pero, en todo caso, España se integró en ella cuando estaba siendo reorientada hacia una política mucho menos proteccionista que la precedente.

Precisamente, los logros de la Europa Comunitaria se basaron en la agricultura, que originó un mercado agrario común, capaz de autoabastecerse y de exportar, cuando previamente Europa había sido muy deficitaria en productos agrarios. Estos logros, conseguidos a través del establecimiento de Organizaciones Comunes de Mercado (OCM) para los aprovechamientos más importantes, protegieron claramente al agricultor por la vía de unos precios altos, muy superiores a los del mercado internacional, junto con las exacciones reguladoras o *prélèvements*, que aumentaron los de los productos importados de terceros países hasta el nivel de los comunitarios para evitar la competencia. Con ello, los agricultores europeos se sintieron estimulados a producir más y más, por cuanto la subvención a los precios permitía conseguir elevadas rentas cuando se tenían elevadas producciones.

Este mecanismo favoreció la acumulación de enormes cantidades de excedentes ya desde los años sesenta, tanto de cereales como de vino, leche, mantequilla, carne de vacuno, etc., que eran comprados al productor por el FEOGA a un precio de garantía elevado y que eran vendidos con pérdidas en el mercado internacional, mediante restituciones a la exportación, es decir, subvenciones a fondo perdido. Los costos financieros del almacenamiento (en 1991 el valor de los *stocks* era de 2.700 millones de ECUs, cantidad muy superior a la de los dos años precedentes, pero muy inferior a la de 1987 y un poco por encima de la de 1988), transporte y restituciones, unidos a la competencia en los mercados mundiales, cada vez más excedentarios y baratos, exigía una reorientación que evitara la desintegración de Europa, ahogada por los costes agrarios.

a) EL MARCO DE LA PAC Y SU REFORMA

En el documento «de reflexión» de la Comisión Europea, del 1 de febrero de 1991, sobre el desarrollo y futuro de la PAC —COM (91) 100—, se hace un balance en el que se diagnostican los problemas y se dan las directrices para su reforma en profundidad; directrices que se habían de ajustar, además, a los acuerdos comerciales en el seno del GATT, los cuales obligarían a nuevas modificaciones. En efecto, la mayor parte de los países desarrollados subvencionan las producciones agrarias, con cantidades que van desde los 70 dólares por habitante y año en Australia, a 318 en EE.UU., 409 en la CE, 510 en Japón, 925 en Suiza o 1.137 en Finlandia... (Colchester, N., 1992, 10), lo que dificulta la liberalización de los intercambios mundiales.

Estas subvenciones han contribuido a potenciar los excedentes estructurales de la CE, por más que se rebajaran coyunturalmente en 1989 y 1990, y a generar una serie de disfuncionalidades imposibles de mantener. Así, entre 1973 y 1988, la producción agraria europea estuvo creciendo a un ritmo de un 2 % acumulativo anual, mientras el consumo tan sólo lo hizo en un 0,5 %. La política de precios altos condujo a un callejón sin salida, como destaca el citado documento.

El *proceso de reforma* de la PAC comenzó con la publicación en 1985 del *Libro Verde* de la agricultura europea, que estableció recortes de precios, tasas de corresponsabilidad y cuotas en determinados productos altamente excedentarios, principalmente en lácteos y cereales. El debate abierto en la Comisión condujo a la elaboración del Memorándum de 18-XII-1985, en el que se propuso, en primer lugar, reducir las producciones excedentarias mediante una política de precios restrictiva; en segundo lugar, ayudar más eficaz y sistemáticamente a elevar las rentas de las pequeñas explotaciones familiares; en tercer lugar, apoyar la actividad agraria en zonas sensibles cuya despoblación pudiera originar desequilibrios sociales y medioambientales, y, finalmente, concienciar a los agricultores frente al deterioro del medio ambiente rural, con el fin de evitarlo.

Por otro lado, las medidas complementarias, como la retirada de tierras *(set aside)*, la extensificación de la producción y la jubilación anticipada apenas se han puesto en práctica; son muy pocos los países que las han aplicado y, además, han afectado a un parco número de hectáreas y agricultores. La retirada de tierras, que ha ido aumentando poco a poco, ha alcanzado 1,9 millones de ha (2,75 % de las tierras de labor comunitarias) tras las tres campañas que van de 1988-1989 a 1990-1991, de las que 0,6 millones corresponden a los nuevos *Länder* alemanes (Comisión de las CCEE, 1992, 105). Ni estas medidas ni la jubilación anticipada han tenido atractivo para los agricultores. Igualmente, la compensación por reducción de los precios o las ayudas directas por hectárea o cabeza de ganado, han sido completamente marginales durante los años 1985 a 1988. Tampoco podemos calificar de exitosas las medidas regionales, aunque hayan inyectado algunos fondos para mejoras en regiones y comarcas atrasadas.

Esta política se ha ido completando con medidas más drásticas, impuestas en parte por la presión ejercida por EE.UU. sobre los responsables comunitarios en el seno del GATT, por lo que a partir de 1992 comienza un nuevo período de la PAC, en el que se prima la protección al agricultor frente al producto, pues, todavía en 1992, antes de acometer en profundidad su reforma, la política agraria europea revelaba nítidamente las disfuncionalidades surgidas en los treinta años de crecimiento de los precios y expansión de las producciones: fuertes excedentes, restituciones a la exportación, acaparamiento de las subvenciones por unos pocos. Si a ello se añade que los elevados precios han provocado una intensificación de los métodos de cultivo, con los consiguientes efectos medioambientales sobre las aguas y la degradación del suelo agrícola y que las diferencias socioestructurales entre las diversas regiones comunitarias continuaban siendo abismales, la reforma parecía irrenunciable.

A partir de mayo de 1992 se intentó solucionar el problema con la *aprobación de la nueva PAC* mediante unos precios más acordes con los del mercado internacional, comenzando por las oleaginosas y los cereales, cuya carestía obligaba a los ganaderos a sustituirlos por gluten importado (cfr. Reglamento CEE n.º 1765/92 y 1766/92 del Consejo, de 30-VI-1992). En esencia, la nueva PAC, que pretendía mantener los tres principios rectores —unidad de mercado, preferencia comunitaria y solidaridad financiera— se basaba en la adecuación de los precios comunitarios a los del mercado mundial, lo que obligaba a rebajar aquéllos y a compensar la pérdida de rentas mediante subvenciones directas. Así, se aprobó en mayo de 1992 la reducción de la superficie cerealista en un 15 %, junto a otras medidas tendentes a reducir excedentes de cereales, oleaginosas, carne y leche, los sectores responsables de la falta de entendimiento con EE.UU. En esencia, se basó en reducir las OCM, o precios de intervención, de cereales, protoleaginosas, carne y leche, compensados por primas o subvenciones directas de renta y completados por las medidas de acompañamiento: jubilación anticipada, a la que se pretende dar un nuevo impulso, reforestación y medidas agroambientales, sobre todo en las denominadas zonas sensibles.

Los objetivos de la nueva PAC se resumen en nueve puntos; el primero afirma que: «Es necesario mantener un número suficiente de agricultores en las tierras. Ésta es la única forma de preservar el medio ambiente, un paisaje milenario y un modelo de agricultura familiar que es expresión de un modelo de sociedad. Para ello, es necesaria una política activa de desarrollo rural, y esta política no podrá realizarse sin agricultores...» El segundo objetivo señala que el agricultor debe desempeñar no sólo la función productiva, sino también la de proteger el medio ambiente; para añadir en el tercero que el desarrollo rural trasciende el sector agrario para situarse en un marco plurisectorial. El cuarto propugna el equilibrio de producciones y mercados, de modo que la extensificación logre reducir los excedentes y conseguir productos más ecológicos. En los otros objetivos se destaca la necesidad de estimular la competitividad de la agricultura, para lo que se debe utilizar un mecanismo de precios modulados por regiones o calidades de tierra y de ayudas directas que compensen las pérdidas de renta de los agricultores europeos en el contexto internacional.

Es evidente que estos objetivos encierran contradicciones flagrantes, pues la competitividad no es compatible con el mantenimiento de un elevado número de agricultores, los cuales sólo podrían mantenerse si se dedicaran a una agricultura medioambiental y, por lo tanto, poco competitiva, que exigiría unas subvenciones mayores que las actuales (*Papeles de Economía*, 1992, n.º 50). Ante esta situación el marco de la nueva PAC ha provocado un profundo malestar, insatisfacción y desorientación en el mundo agrario europeo, que se enfrenta a una grave crisis, por cuanto la permanencia del agricultor en el campo pasa por una diversificación de la actividad económica, una disminución de su capacidad o eficiencia productiva y una reducción importante de los costes.

Pero si esos objetivos eran difíciles de conseguir, el acuerdo firmado con EE.UU. el 4 de diciembre de 1992 en el seno del GATT lo ha empeorado, pues la CE se compromete a reducir en un 21 % durante los próximos seis años el volumen de las exportaciones subvencionadas, en un 36 % el valor de las subvenciones a la exportación y en otro 20 % el valor de las actuales ayudas internas a la agricultura, al mismo tiempo que rebaja en un 10 % el techo de la superficie de oleaginosas. Estos hechos significan que el mercado mundial de productos agrarios quedará más controlado por EE.UU., en detrimento de la CE, en cuyo espacio agrario han de producirse menores cantidades y a menor precio, hechos que también han de afectar negativamente al campo español.

b) LA INCIDENCIA DE LA NUEVA PAC EN EL CAMPO ESPAÑOL

Desde el ingreso en la CE nuestra agricultura ha pasado por diversas vicisitudes y coyunturas, que han perjudicado a unos productos y beneficiado a otros, aunque, en conjunto, se puede hablar de un cierto equilibrio. Tan sólo el régimen especial para los sectores más competitivos de la agricultura española, los de frutas y hortalizas, ha originado un desequilibrio negativo. Es indudable que el excesivo número de activos, la escasa competitividad y el atraso técnico y estructural en las explotaciones ganaderas y en las dedicadas a las «producciones continentales» ha obligado a un esfuerzo de mejora y adaptación que ha sumido al campo en una mentalidad de crisis, potenciada por la reforma de la PAC.

Como apuntan Lamo de Espinosa, Sumpsi y Tió, los agricultores españoles «nunca habían vivido una etapa semejante de desconcierto. Después de haber acometido importantes inversiones para modernizar y aumentar la productividad de sus explotaciones —que han endeudado el campo español hasta el 86 % del valor añadido bruto de la producción agraria—, con incitación y ayudas de la propia Administración pública, resulta que lo que producen carece de mercado, que se les dice que tienen que producir menos y que deben extensificar sus cultivos, que se les subvenciona por permanecer en un mundo rural empobrecido en el que deben continuar presentes para conservar la naturaleza y preservar una civilización milenaria. Ellos perciben que esos mensajes, contradictorios con el ejercicio de su profesión, en la que habían creído para cumplir su función de producir más, carecen de sentido. Los agricultores viven esa crisis de su papel tradicional con una renta que no alcanza —por el juego de los precios relativos de la industria, la construcción y los servicios— más del 40 % de la que se disfruta en los demás sectores. No puede extrañar que en estas condiciones, el desconcierto y el desánimo hayan ganado al campo español» (*Papeles de Economía*, 1992, n.º 50, XXI).

Esta desorientación y mentalidad de crisis ha venido gestándose desde el momento del ingreso, con la incorporación del marco legislativo comunitario a la agricultura española. En efecto, el Tratado de Adhesión recoge la nueva normativa para cada producto concreto, sujeto a partir de entonces a una *política de precios e intercambios*, por una parte, y a una *política estructural*, por otra, siendo estas dos vertientes —de precios y estructuras— las que sintetizan los rasgos básicos de la PAC. Ambas son gestionadas por el FEOGA (Fondo Europeo de Orientación y Garantía Agrarias) a través de su homólogo español el FORPPA (Fondo para la Orientación y Regulación de Productos y Precios Agrarios). A ellos se añaden algunos programas y medidas estructurales del FEDER (Fondo Europeo de Desarrollo Regional) y del FSE (Fondo Social Europeo), destinadas al desarrollo de infraestructuras y otros equipamientos en las regiones europeas más atrasadas.

Ahora bien, la financiación o ayudas básicas que reciben las distintas comarcas españolas han venido de la Sección de Garantía del FEOGA, vía sostenimiento de precios, aunque con la reforma de la PAC los precios están cayendo a niveles desconocidos hasta ahora y las ayudas se perciben directamente a través de subvenciones y apoyos a las rentas, por más que a partir de 1988 la Sección de Garantía del FEOGA ha utilizado progresivamente más fondos para ayudas estructurales y desarrollo rural y menos para el sostenimiento de las OCM. Sin embargo, como puede verse en el cuadro 6.1, la Sección de Orientación del FEOGA, es decir, la que tiende a la mejora de estructuras, ha destinado muy pocos fondos a esta función, ya que más del 90 % provienen de la sección de Garantía.

La política de precios agrarios en España tuvo que adecuarse a la comunitaria, con el fin de igualarlos al final del período transitorio, que duró siete años para casi

CUADRO 6.1. *Gastos del FEOGA y su aportación a España (en millones de ECUs y en %)*

	1986	1987	1988	1989	1990	1991	1992	1993 (a)
Presupuesto CE	34.866,2	35.469,2	41.120,9	40.917,8	44.378,9	53.823,1	61.096,8	66.309,0
Total gastos FEOGA	22.910,9	23.875,1	28.887,5	27.296,6	28.402,1	34.640,5	36.128,4	37.557,6
% gastos FEOGA/ presupuesto CE	65,7	67,3	70,3	66,7	64,0	64,4	59,1	56,6
% FEOGA-Garantía/ Total FEOGA	96,7	96,2	95,8	94,8	93,1	93,5	91,2	90,7
Europa-12 FEOGA-Garantía	22.137,4	22.967,7	27.687,3	25.872,9	26.453,5	32.385,9	32.934,0	34.062,0
España FEOGA-Garantía	271,4	604,1	1.887,2	1.903,2	2.120,8	3.314,3		
España FEOGA-Orientación	86,5	79,4	133,6	203,9	301,8	514,2		

a Anteproyecto de presupuesto y de gastos de la CE y del FEOGA.
Fuente: Comisión de las CCEE, *La situación de la agricultura en la Comunidad. Informe 1992* e *informes de 1989 a 1991* (pp. T/84 y T/85).

todas las producciones, excepto para aceite, oleaginosas, frutas y hortalizas, para las que se acordaron diez.

En conjunto, se puede decir que las OCM supusieron cambios positivos para algunas producciones agrarias españolas y negativos para otras, aunque las existencias de excedentes agrarios en todo el mundo obligaron a reducir los precios, tanto a los países comunitarios como a los demás. En definitiva, los agricultores españoles, al ingresar en la PAC cuando estaba siendo reformada, recibieron una protección inferior a la que disfrutaron el resto de los productores comunitarios precedentemente. Por otro lado, la realización del mercado único en la CE, a partir del 1 de enero de 1993, según decisión del Consejo de Ministros de Agricultura de diciembre de 1992, ha supuesto la asimilación de precios y la eliminación de aranceles y cuotas de importación o exportación, salvo para determinadas frutas y hortalizas, las cuales suponen en torno a un 4,5 % de nuestras exportaciones agrarias y alrededor del 49 % de las de frutas y hortalizas frescas. No obstante, y a pesar del mercado único, la reducción de aranceles, el establecimiento de las exacciones reguladoras y la aproximación de precios han jugado asimétrica y negativamente para España, al margen de que las mayores subvenciones a su agricultura hayan provenido del FEOGA-Garantía, vía apoyo a los precios (véase cuadro 6.1).

En cuanto a la *política de estructuras*, los fondos recibidos de la Sección de Orientación del FEOGA han significado muy poco en el conjunto, como se observa en el cuadro 6.1. La CE no elaboró una política de estructuras agrarias hasta 1972, año en el que se dieron las Directivas 159, 160 y 161 sobre cese anticipado de la actividad agraria, modernización de explotaciones y cualificación de los agricultores. Estas normas se refundieron, junto con algunas otras, en el Reglamento 797/1985, sobre la mejora de la eficacia de las estructuras agrarias, pilar básico de esta política (Alonso González, S., 1991, 169).

Por otro lado, ya desde 1975, el FEOGA-Orientación, a través de la Directiva 75/268/CEE, otorgó ayudas a zonas de montaña y desfavorecidas. No obstante, las Indemnizaciones Compensatorias de Montaña (ICM), aplicadas en España desde

1986, no supusieron más que la entrega de verdaderas «propinas» a unos pocos agricultores (unos 100.000 expedientes y, por tanto, perceptores, cada año, que recibieron una media de 50.000 pesetas por titular). Así, la contribución del FEOGA-Orientación a España, entre los años 1986 y 1990, no representó más que 106.686,8 millones de pesetas, dos tercios de los cuales se recibieron en los dos últimos años (Alonso González, S., 1991, 181). Sin embargo, la perspectiva del mercado único para 1993 motivó la elaboración de un plan más serio de ayuda a las regiones atrasadas de la CE, que dio paso a la reforma de los fondos estructurales.

Esta reforma, emprendida por la Comunidad en la segunda mitad de 1988, pretendió coordinar las acciones del FEDER, del FSE y del FEOGA-Orientación destinadas a la financiación y desarrollo de determinadas regiones, entre las que estaban las de Objetivo 1 y las de 5a y 5b. Las primeras eran aquellas cuyo PIB/habitante quedaba por debajo del 75 % de la media comunitaria, que solían coincidir con regiones agrarias (véase lista en el cuadro 6.2). Las segundas eran comarcas o regiones que, superando ese umbral de PIB, necesitaban una adaptación de sus estructuras agrarias (5a), o bien zonas rurales en las que era necesario estimular el desarrollo (5b), y todo ello mediante la coordinación de los diversos fondos. Las de Objetivo 1 ocupan el 76,1 % del territorio español y cuentan con el 58,2 % de la población; para atender a su progreso se elaboraron los Planes de Desarrollo Regio-

CUADRO 6.2. *Programas operativos aprobados en 1990 en España para el cuatrienio 1990-1993, por CCAA y objetivos (en millones de ptas.)*

Objetivo n.º 1	N.º programas	Inversión	Aportación comunitaria
Andalucía	3	27.888,8	14.649,6
Asturias	3	3.935,2	2.104,4
Canarias	4	4.203,3	2.170,6
Castilla-La Mancha	4	16.984,2	8.845,2
Castilla-León	4	22.712,6	12.221,2
Extremadura	3	8.733,6	4.689,3
Galicia	3	18.412,6	9.759,4
Murcia	3	2.845,8	1.527,2
Comunidad Valenciana	3	5.949,3	3.131,8
Plurirregional[1]	2	118.549,4	57.261,7
Total objetivo 1	32	230.214,7	116.360,4
Aragón	1	25.032,9	11.301,6
Baleares	1	5.122,9	2.224,2
Cantabria	1	6.517,3	2.932,8
Cataluña	1	6.578,1	2.960,2
Madrid	1	1.834,7	825,7
Navarra	1	4.918,7	2.211,9
La Rioja	1	2.900,7	1.305,6
País Vasco	1	1.950,0	877,5
Plurirregional[2]	2	15.105,5	7.136,1
Total objetivo 5b	10	65.511,4	29.734,1
Total general	42	295.726,1	146.094,5

1 Corresponde al cese anticipado en la actividad agraria y al Reg. CEE n.º 1118/88.
2 Acción común específica para la promoción del desarrollo agrario en determinadas regiones de España (Reglamento CEE n.º 1118/88).
Fuente: MAPA, 1992, p. 247 y Comisión de las CCEE, 1992, p. 108.

nal 1989-1993. Las de Objetivo 5b, aprobadas por decisión de la Comisión de 10 de mayo de 1989, ocupan 63.209 km^2 y cuentan con menos de 1 millón de habitantes en sus áreas rurales. Las CCAA afectadas (véase cuadro 6.2) presentaron a finales de 1989 el Plan de Desarrollo de Zonas Rurales para hacerse acreedoras de los fondos (Alonso González, S., 1991, 177).

Bajo estos supuestos, los Estados miembros debían presentar sus Programas Operativos (PO) de inversiones en esas regiones para proceder a la aprobación del Marco Comunitario de Apoyo (MCA) a dichos programas, marco que representaba el documento comunitario equivalente al Plan de Desarrollo Regional, o de Zonas Rurales, del país, y que contemplaba la transferencia de la parte correspondiente de los fondos comunitarios. Los PO comenzaron a presentarse y aprobarse en 1990 y para un período de cuatro años: 1990-1993. En el caso español se habían aprobado 42 PO a finales de 1991, lo que supondría una inversión total de 295.726 millones de pesetas en el cuatrienio, de los que 146.095 corresponderían a la aportación comunitaria a través del FEOGA-Garantía, FEDER y FSE (véase su distribución por CCAA en el cuadro 6.2).

Ni los fondos estructurales de la CE ni los nacionales han podido conseguir unas estructuras agrarias y un desarrollo rural equilibrado y sólido, mientras que el endeudamiento ha crecido hasta cotas del orden del 86 % del valor añadido bruto agrario. Las respuestas de la Comunidad y del Ministerio de Agricultura a estas frustraciones se han querido resolver mediante la reforma de la PAC. Por una parte, se aplican las subvenciones a las pérdidas de renta, las cuales alcanzarán cifras superiores a 1 millón de pesetas por explotación en 1993, equivalentes a entre un 25 y un 35 % de los ingresos netos obtenidos por el agricultor. Por otro lado, se ponen en funcionamiento las medidas de acompañamiento de la PAC (Reglamentos CEE n.ºs 2078, 2079 y 2080/1992 del Consejo) sobre protección al medio ambiente, jubilación anticipada y reforestación, que representan las bases de las nuevas reglas del juego de la PAC. Mas la incapacidad de los mercados para absorber los actuales excedentes agrarios obligará a nuestros hombres y mujeres del campo a replantear drásticamente el sentido de su actividad económica, porque lo que se les dice es todo lo contrario de lo que se les ha inculcado durante largos años. El agricultor tiene que aprender a producir poco, a bajos costos y con calidad; instrumentos difíciles para competir seriamente en un mercado internacional muy reñido. En el caso español, por otro lado, existe una distribución de las producciones agrarias muy dispar y con problemas muy diferentes, en función tanto de la diversidad ecológica como social, técnica y económica.

2. **Las estructuras productivas: desajustes internos y externos de las producciones agrarias**

Las producciones agrarias españolas están condicionadas por la política agraria comunitaria y nacional. Las reglas del GATT, como hemos visto, influyen también decisivamente, desde el momento en que una buena parte de esas producciones se destinan al mercado mundial. Ahora bien, el hecho de que deban acomodarse al rumbo del mercado nacional, europeo y mundial no impide que se produzca una especialización productiva regional y comarcal, con el fin de explotar al máximo las aptitudes más sobresalientes de cada espacio concreto, según su potencial ecológico, peso demográfico, organización social, grado de evolución técnica y de capitalización... Por ello, trataremos de analizar, por un lado, los niveles de consumo en relación con los de producción y con el mercado, interior y exterior, de productos agrarios, y, por otro, la especialización productiva regional, de acuerdo con todos los condicionantes y factores.

a) Consumo, producción y comercio agrarios

Evidentemente, el nivel de consumo marca las necesidades de producción dentro de cualquier espacio económico; cuando aquél supera a ésta se acude a la importación y, en caso contrario, a la exportación, siempre que se pueda competir en el mercado exterior. Pero el caso español llama la atención porque, a pesar de contar con una población agraria de las más cuantiosas de la CE, sólo superada en términos relativos por Grecia, Portugal e Irlanda, ha sido durante largos años incapaz de satisfacer la demanda interna de productos agrarios, debiendo importar grandes volúmenes, que sólo han podido ser en parte compensados por la exportación de frutas y hortalizas, aceites y vinos, de manera que desde 1964 el comercio exterior agrario español ha sido deficitario, excepto en los dos años anteriores al ingreso en la Comunidad, por la venta obligada de *stocks*, y posteriormente y de una manera coyuntural, durante los años 1988 y 1989.

Por lo que respecta al *consumo*, ya hablamos precedentemente del cambio experimentado en la composición de la dieta alimenticia, en favor de los productos proteicos y en perjuicio de los feculentos. Como se observa en la figura 6.2, el cambio ha sido importante, de tal manera que algunos han caído significativamente mientras otros se han estancado. En esencia, se puede hablar de una modernización de la dieta, que ha impedido una expansión de las producciones agrarias tradicionales, por su escasa demanda.

En el grupo de los alimentos que aumentan están, por una parte, aquellos que se consideran de mayor calidad desde la perspectiva gastronómica o social y, por otra, los elaborados, preparados o precocinados, además de frutas y hortalizas, que se ven como imprescindibles para una dieta sana. Entre los primeros sobresalen las carnes nobles, principalmente de ternera y añojo, a las que se añaden los moluscos, mariscos y crustáceos. En cualquier caso, los aumentos de consumo de estas producciones caras son relativamente pequeños. Por el contrario, y aunque los datos no lo reflejen claramente, se observa un incremento firme de los alimentos preparados, entre los que destacan salazones y embutidos, conservas de pescado, frutas y hortalizas preparadas y platos precocinados, además de zumos, aguas minerales y vinos de calidad, como corresponde a una sociedad con un mayor nivel de vida y en la que la mujer se ha incorporado plenamente al trabajo, con lo que apenas tiene tiempo para la elaboración de los platos tradicionales a base de alimentos frescos.

Entre los que han descendido destacan los considerados responsables de la obesidad, como cereales, azúcar, patatas, además de las carnes grasas —cerdo sobre todo—, si bien las carnes han aumentado en conjunto por no haber llegado a su techo de consumo. Entre las grasas, sin embargo, el aceite de oliva se ha mantenido, dada su alta estima en este gran país productor. Por contra, los huevos han retroce-

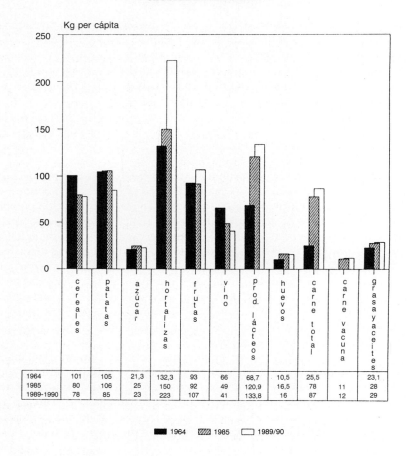

FIG. 6.2. *Evolución del consumo alimenticio en España (1964, 1985 y 1989-1990)*. Fuente: Comisión CCEE, *Situación Agricultura en CE,* 1991; MAPA, *La alimentación en España,* 1990; *Anuarios Estadísticos Agrarios,* 1986 y 1989.

dido levemente, por considerarlos potenciadores del aumento de los niveles de colesterol, aunque la caída más llamativa corresponde al vino (– 38 %), principalmente al de pasto, agravando la crisis de excedentes; en cambio, el consumo de cerveza no ha dejado de crecer, habiendo superado ampliamente al de vino. Algo similar se podría decir de las leches desnatadas o tratadas, en aumento, frente al retroceso de la leche fresca. En conjunto, se observa un estancamiento de la demanda, salvo en productos de calidad, con denominación de origen, o con cierto grado de elaboración industrial. Pero la producción no puede continuar creciendo para el abastecimiento de un mercado interno saturado, caso de los cereales o del vino de pasto..., ni en función de un mercado externo en el que no se es competitivo, a fin de evitar los desequilibrios existentes.

Los desequilibrios productivos se observan claramente en la propia composición de la *Producción Final Agraria (PFA)* nacional, en la que se aprecia el destacado valor del sector ganadero, que ronda el 40 %, frente al forestal, que no suele superar el 4 o 5 %, mientras el grueso corresponde al sector agrícola propiamente dicho. La PFA representa el valor de la producción total exceptuados los elementos reempleados, como los piensos que produce y consume la propia explotación, o semillas, pajas, etc. Sin embargo, a la PFA, que habla de la capacidad productiva de los distintos territorios y grupos de agricultores, se le deben restar los gastos de fuera del sector (semillas, piensos, fertilizantes, energía, conservación de maquinaria, etc.) y las amortizaciones, y sumar las subvenciones para obtener el valor añadido neto de la agricultura, o renta agraria, que oscila en torno al 57 % de la PFA y que tan sólo representa en torno al 5 % de la renta nacional total, es decir, aproximadamente la mitad de la proporción de población que emplea en el país, lo que da una idea de la baja productividad del sector agrario en comparación con los demás.

No obstante, no se puede minusvalorar el papel de la agricultura española en el desarrollo económico, pues mientras ha disminuido en términos relativos ha crecido en términos absolutos, de tal modo, que el PIB agrario, a precios constantes de 1970, se ha multiplicado por 1,49 en 1990, ocupando la tercera posición en la Europa comunitaria, tan sólo por detrás de Francia e Italia. La dinámica de las producciones y del espacio agrario difiere acusadamente de unas regiones a otras, por mor de su adecuación o grado de desajuste a la demanda, en parte visible en la figura 6.3, en la que puede comprobarse la estructura o participación de cada uno de los grupos de producciones agrarias en el conjunto de la PFA, destacando, en primer lugar, el reducido peso de las producciones forestales, mientras las ganaderas se reparten el resto con las agrícolas. Evidentemente, la aportación de cada región está en función del tipo de productos; así, todo el Levante participa con elevados porcentajes en el valor de la PFA, debido a su especialización en frutas y hortalizas, aunque también las regiones productoras de carne aventajan a las demás, debido a su alta valoración. De ahí que Cataluña aparezca como una de las regiones de mayores rendimientos por hectárea, productividad por persona y de mayor aportación al PIB agrario nacional, dada su especialización en todas las producciones más valoradas en el mercado.

El mercado nacional, al igual que el comunitario, continúa estando saturado en las denominadas producciones continentales, de ahí que apenas haya cambiado el signo de las corrientes comerciales de nuestro *comercio exterior agrario*, si bien han tenido que ajustarse a las normas establecidas por la CE y a las exigencias del GATT. Desde el ingreso de España se han producido algunos cambios significativos, pero, en esencia, ha variado poco la cuantía y la dirección de nuestros intercambios. Así, los principales rubros de exportación continúan siendo las hortalizas y frutas frescas y preparadas, además de los aceites y vinos; secundariamente, pieles, cueros, maderas y textiles y, ocasionalmente, en función de la calidad del año agrícola, cebada. Las importaciones fundamentales se basan en los capítulos tradicionales: cereales y soja, en parte procedentes aún de EE.UU., madera, tabaco, café, textiles, leche, carnes, animales vivos, etc., es decir, aquellas producciones que no se dan en suelo español, de origen tropical (tabaco, café y, en parte, madera) y otras que, aun produciéndose, no son competitivas. En cualquier caso, el valor de las importaciones está mucho menos concentrado que el de las exportaciones.

Las desviaciones básicas del comercio agrario, tras el ingreso en la CE, se han centrado en la sustitución de una buena parte del maíz americano por trigos blan-

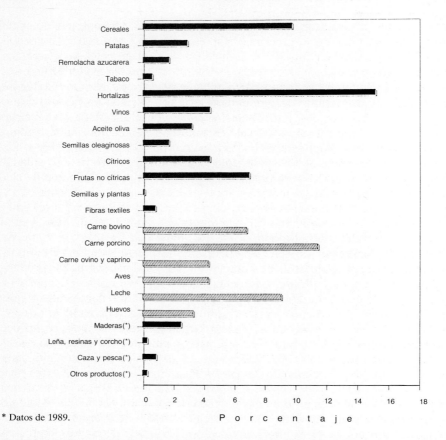

FIG. 6.3. *Valor de la producción final agraria en España, 1990.* Fuente: Comisión de las CC.EE., 1992, y MAPA, *Anuario Estadística Agraria*, 1989.

dos, o de buena calidad forrajera, procedentes de Francia o el Reino Unido, y a precios competitivos, como componentes fundamentales de los piensos de aves. La importación también de animales vivos (cerdos de engorde sobre todo, procedentes de los Países Bajos y Dinamarca) ha aumentado considerablemente. Sin embargo, la prevista expansión del comercio de frutas y hortalizas no se ha producido, frenada por la duración del período transitorio, que se ha acortado, en beneficio de España, tras la aprobación del mercado único a partir de enero de 1993, si bien se han excluido el melón, melocotón, albaricoque, fresa, tomate y alcachofas, a pesar de lo cual podría trocarse en positivo el signo de la balanza exterior agraria de España, en función de la competitividad de este sector dentro de la Europa Comunitaria, lo que permitiría acentuar la especialización productiva regional. No obstante, la competencia del Magreb y otros países terceros, debida a los bajos costes de la mano de obra, está impidiendo esa hipotética recuperación.

b) SIGNIFICADO DE LAS PRODUCCIONES AGRARIAS Y DE LA ESPECIALIZACIÓN PRODUCTIVA REGIONAL

La especialización agraria es fruto de numerosos condicionantes y factores, que, en conjunto, han dado lugar a la formación de una economía y paisajes agrarios dominantes. Una especialización que no significa exclusividad de producciones, sino predominio de unas u otras. De este modo, la España atlántica se ha configurado como la de la ganadería vacuna, del prado y de los bosques de frondosas caducifolias, frente a la España mediterránea cálida, de orientación hortofrutícola. Ello no obsta para que en ambas existan los dos esquilmos, de modo que se pueden encontrar praderas con destino a la ganadería de leche en los regadíos meridionales, al igual que existen cinturones hortícolas en los alrededores de todas las ciudades cantábricas y gallegas. El estudio de la distribución, dinámica y significado de los principales aprovechamientos, bien por su valor económico o ecológico, en las 321 comarcas agrarias del país centrará nuestro análisis.

1.º *Las producciones forestales y el estado de los montes*

Aunque los montes han significado muy poco en el conjunto del producto agrario —4 % de la PFA, del que el 2,5 % corresponde a maderas y el 0,9 % a caza y pesca— (véase fig. 6.3), adquieren una importancia fisonómica y ecológica extraordinaria. La imagen de España es, a menudo, la de un país desolado, sin bosques, a pesar de la importancia que tuvieron en el pasado. Ya, sin embargo, algunos viajeros del siglo XVI, como apunta García de Mercadal, hablaban de grandes superficies yermas al atravesar el país, las cuales se han ido incrementando con el tiempo, a través de la presión humana, las roturaciones de la desamortización y más recientes, etc., de manera que los montes ocupan muy poca extensión en la España actual, sobre todo los que forman bosques, bien de especies autóctonas o repobladas.

La producción forestal española es claramente insuficiente, puesto que el grado de autoabastecimiento en madera y leña oscila en torno a un 75 %, de modo que cada año se importa alrededor de una cuarta parte de la madera consumida en el país, la cual supone uno de los rubros más importantes en el desequilibrio de la balanza comercial agraria. Las principales partidas de importación corresponden a las coníferas de latitudes frías o a las frondosas de latitudes tropicales, destinadas a aserríos y chapas, aunque las importaciones más voluminosas se centran en rollos para la trituración, partículas, pasta de papel, etc. Por el contrario, en la producción nacional predominan las maderas destinadas a aserríos y chapas, aunque con un cierto grado de equilibrio sobre las de trituración y pasta; en torno a tres quintas partes de la producción interior total procede de las coníferas (MAPA, Anuarios de Estadística Agraria).

Estos datos ponen de manifiesto la pobreza económica del sector forestal nacional y su escaso grado de desarrollo, aunque en los últimos años se ha advertido un importante progreso de las frondosas de rápido crecimiento, chopos sobre todo, ante las favorables condiciones creadas por la CE para implantar masas nemorosas en terrenos agrícolas. Es previsible que la crisis de superproducción agraria, unida a estos estímulos, dé lugar a una fuerte expansión de las choperas, bien para producción de láminas —chopos para el desenrolle—, bien para pasta, en las vegas y terrenos húmedos de todo el país, junto con las coníferas de rápido crecimiento —pino de Monterrey sobre todo— en la España atlántica, además de los eucaliptales allí donde ofrecen buenas condiciones, como sucede en Galicia, donde ya se ha proyectado una fuerte expansión, a pesar de la persistente oposición de grupos ecologistas.

Tras el largo período de repoblación forestal, que, centrado en los años cincuenta y sesenta, consiguió repoblar una media de casi 100.000 ha/año entre 1952 y 1984, ha avanzado considerablemente la superficie de coníferas sobre la de frondosas, dado que las repoblaciones se han realizado básicamente con pinos, y ello a pesar de que los incendios forestales han destruido frecuentemente un número de hectáreas del orden de la mitad del que se repoblaba y durante bastantes años la superficie arbolada quemada ha superado a la repoblada.

La superficie forestal alcanza, así, casi 23 millones de ha (45 % del territorio nacional), de los que tan sólo 7,5 millones corresponden al bosque (15 %), mientras otro 18 % está poblado de arbustos y matorral (véase cuadro 6.3). El terreno fores-

CUADRO 6.3. *El monte en España, según porte y especies, 1990*

Por estado fisonómico (ha y % del territorio nacional)		
Bosque explotado regularmente:	8.829.948	17,5
Monte alto	7.452.598	14,8
Monte medio	231.893	0,5
Monte bajo	1.145.457	2,3
Bosque no explotado regularmente	1.798.876	3,6
Total bosque	10.628.824	21,1
Superficie complementaria del bosque	575.777	1,1
Superficie boscosa total	11.204.601	22,2
Otras superficies arboladas	2.545.715	5,0
Arbusto y matorral	9.004.751	17,8
Total superficie forestal	22.755.067	45,1
Por especies (ha y % del total del monte alto)		
Frondosas	2.024.130	27,2
Alcornoque	99.634	1,3
Otras quercíneas	759.668	10,2
Haya	288.355	3,9
Castaño	84.280	1,1
Chopo	97.980	1,3
Eucalipto	460.201	6,2
Otras frondosas	234.012	3,1
Coníferas	5.428.468	72,8
Pino pinaster	1.504.971	20,2
Pino halepensis	1.181.984	15,9
Pino silvestre	922.495	12,4
Pino laricio	692.928	9,3
Pino piñonero	456.648	6,1
Pino radiata (Monterrey)	287.671	3,9
Otras coníferas	381.771	5,1
Total monte alto	7.452.598	100,0

N.B.: Aunque estos datos son los que recoge el Anuario de 1990, se refieren, sin embargo, a los obtenidos en el Cuestionario de Estructuras Forestales de la CEE de 1986.
Fuente: MAPA, *Anuario de Estadística Agraria, 1990.*

tal se distribuye, por otro lado, entre 2 millones de ha de frondosas frente a 5,5 millones de ha de coníferas (algo menos de un 11 %). Lógicamente, las mejores masas de frondosas autóctonas se encuentran en los Pirineos y cordillera Cantábrica, es decir, en los terrenos más ásperos y fríos de la España atlántica donde los aprovechamientos ganaderos se hacen más difíciles. Se trata de masas de fagáceas *(Fagus silvatica)* y quercíneas *(Q. petrea, Q. robur)*, acompañadas de otras especies de menor importancia. En las áreas de transición dan paso a los bosques capaces de tolerar cierta aridez estival, como los rebollares *(Quercus pyrenaica)*, cediendo el terreno finalmente a los frondosas resistentes a la aridez como los quejigales de *Quercus faginea*, o roble enciniego, y, finalmente los encinares *(Q. rotundifolia)*. El escaso valor económico de estas especies está causando lamentablemente su retroceso, por cuanto a su lento crecimiento unen su poca cotización maderera, basada en las dificultades de saca. De ahí que estos montes tengan más valor cinegético y de pastos que maderero, en contra de lo que sucede con los eucaliptales, sobre todo en Sierra Morena, y los pinares.

El pino más extendido en España es el pino pinaster o resinero, seguido del halepensis y del silvestris. Los dos primeros son pinos mediterráneos, tolerantes al frío y a la aridez, pero de muy lento crecimiento, excepto cuando, como sucede en Galicia, encuentran buenas condiciones, contando esta región con la masa más extensa de pino resinero, pero dedicado a la producción de madera, en turnos que oscilan alrededor de los veinte años. El silvestre, o pino de Valsaín, es una especie de montaña, adaptada al frío, cuyos mejores montes se encuentran en la cordillera Central y en la Ibérica, destinados básicamente a la ebanistería. Los rendimientos en madera son bajos, de modo que se estiman unas medias generales de unos 3 m^3/ha/año de madera en los pinares, el doble en las choperas y en torno a 1 m^3 en las frondosas de lento crecimiento, según datos del *Anuario de Estadística Agraria*. No obstante, los rendimientos reales en masas adecuadamente explotadas alcanzan los 6 a 8 m^3/ha/año en pino y unos 14 a 20 en chopo.

Los montes, como vemos, aunque aparentemente ocupen importantes extensiones, en realidad representan una escasa proporción del territorio nacional, están mal conservados y son insuficientes. La política seguida durante largos años, primando a las coníferas sobre las frondosas, se ha revelado insuficiente, con el agravante de que ha dado lugar a graves conflictos de intereses entre los habitantes del lugar y los encargados de gestionar el monte, resueltos a menudo mediante incendios, pues no se puede olvidar que muchas de las áreas repobladas eran utilizadas tradicionalmente para pasto libre o para aprovisionamiento de maderas y leñas por los vecinos de un municipio o entidad local, con cuyo acuerdo hay que contar para llevar a cabo una repoblación forestal, pues los conflictos de intereses con los ganaderos se convierten en una fuente permanente de problemas.

2.º *Producciones y espacios ganaderos de España*

Las producciones ganaderas, aunque se obtienen en espacios reducidos, aportan cantidades sustanciales del valor añadido agrario, como se observa en la figura 6.3, tanto por su carestía como por su intensidad de aprovechamiento. Según el Censo Agrario de 1989, España disponía de un total de 8,9 millones de unidades ganaderas (cada unidad ganadera equivale a unos 500 kg de peso vivo: una vaca lechera representa 1 UG; una oveja = 0,1 UG; una cerda madre = 0,5 UG; una gallina = 0,014 UG, etc.), de las que un 36,6 % correspondían al bovino, un 18 % al ovino, un 28,9 % al porcino y otro 11,1 % al aviar, etc., lo que habla de la importancia relativa de las distintas especies, entre las que mantiene la preeminencia el bovino, pero con un gran peso de la ganadería industrial —porcino y aviar—, que representa la principal fuente de abastecimiento de carne en el mercado español.

En la figura 6.4 se observa el peso relativo de cada especie respecto al total, expresado en unidades ganaderas. En conjunto, algo más de un tercio de las explotaciones disponen de ganadería, sobresaliendo por su número las de aviar (0,5 millones de explotaciones) y las de porcino (0,37), si bien ambas son frecuentemente explotaciones familiares pequeñas, con producciones de autoconsumo. Por contra, las de bovino (0,33) y las de ovino (0,15) suelen ser explotaciones especializadas, en las que cada una cuenta con una media de diez UG, aunque realmente, si descontásemos las meras explotaciones estadísticas, las gestionadas por jubilados y algunas otras pequeñas y a tiempo parcial, la media se duplicaría o triplicaría, con la particularidad de que el mayor número de explotaciones dispone de poca tierra y explota la ganadería intensivamente.

El censo ganadero, expresado en cabezas, refleja el mismo comportamiento que las UG. El bovino, con sus 4,8 millones de cabezas (según Censo Agrario de 1989, o 5,1 millones según encuestas de la CE de diciembre de dicho año), ha alcanzado una cifra importante, aunque, en virtud del abandono de la producción lechera y de los bajos precios de la carne, por mor de la sobreproducción, está a la baja. El ovino, en cambio, tras una etapa recesiva, ha conocido un impulso enorme, basado en las subvenciones comunitarias, que han elevado el censo desde unos 17 a 23 millones entre 1985 y 1990. La cabaña de porcino ha llegado a los 17 millones de cabezas, manteniéndose alta, a pesar de las fuertes oscilaciones coyunturales debidas a los precios, como consecuencia en buena parte de las importaciones recibidas desde países comunitarios. Las aves para carne y huevos mantienen un nivel elevado, con unos 55 millones de gallinas.

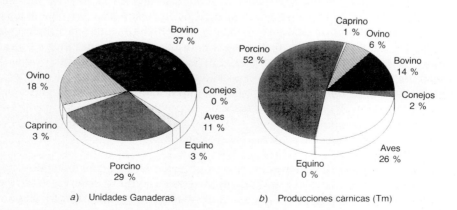

FIG. 6.4. *La ganadería española en 1989* (según *Censo Agrario* y *Anuario de Estadística Agraria*).

Las producciones ganaderas alcanzan, un valor próximo a los dos quintos de la PFA. Del total de 3,3 millones de tm de carne producidas anualmente en España, el porcino y el aviar aportan la parte sustancial (51,6 y 25,6 % respectivamente), mientras el bovino no llega más que a un 14 % y el ovino a un 6 % (véase fig. 6.4). Sin embargo, aquél acapara una porción significativa del valor de la producción, la cual coincide aproximadamente con el consumo (el 96 %), cosa que no sucede con la leche, de la que se deben importar anualmente cantidades importantes, en torno a 0,2 a 0,3 millones de tm, procedentes generalmente de Francia, nuestro tradicional abastecedor, pues la escasez de pastos durante la época invernal ocasiona una seria caída de la producción interna que se salda con importaciones de leche fresca, aunque en cantidades poco significativas, lo mismo que sucede en los huevos.

Como se aprecia en la figura 6.4, a pesar de que más de las tres cuartas partes de la producción de carne procedan del porcino y aviar, la cabaña ganadera que las sostiene alcanza una proporción mucho menor, dado su carácter de ganadería intensiva, en contra de lo que sucede con el bovino, donde las unidades ganaderas se elevan considerablemente frente a una escasa proporción de producción cárnica, por más que una de cada tres cabezas de este ganado sea de aptitud lechera. La clave hay que buscarla en los caracteres de esa *ganadería industrial*, que se distribuye por todo el territorio nacional independientemente de los factores ecológicos y del tipo de tierras de que disponga la explotación agraria.

En la figura 6.5 se observa su distribución comarcal, en la que sobresale, ante todo, Cataluña, con el mayor número de unidades ganaderas de porcino y aviar de España, principalmente en el entorno de las comarcas leridanas del Urgell y la del Segrià, seguidas de la Noguera, Segarra y Garrigues, y, a más distancia, del Solsonès. Algo similar puede predicarse de las comarcas barcelonesas de Osona y, secundariamente, de Bages, y de las gerundenses del Gironès y Alt y Baix Empordà, a las que se suman las tarraconenses del Camp de Tarragona y el Baix Ebre, si bien éstas se orientan más hacia el aviar que al porcino.

En conjunto, la ganadería industrial adquiere una extraordinaria importancia en la economía agraria de Cataluña, aunque paisajísticamente tan sólo se traduce en la abundancia de naves de porcino y aviar, además de cebaderos de terneros, que le dan la mayor densidad de ganado y de edificios ganaderos de España. Esta importancia se debe en parte a la adopción de un sistema de explotación singular: la integración, es decir, la inversión de capital por empresas agroalimentarias, que aportan la materia prima —lechones y pollitos (broilers) para el engorde, y piensos—, mientras el ganadero pone el establo y el trabajo. Este sistema ha permitido la expansión de la ganadería industrial, bien en régimen cooperativo o en privado. En el primer caso sobresale la cooperativa Guissona, que, por volumen de negocios, se encuentra entre las grandes empresas españolas, y en el segundo destaca el emporio económico de la Compañía Valls, una de las mayores empresas ganaderas de Europa y con grandes intereses en otras muchas ramas de la economía. La primera acoge al pequeño y mediano agricultor/ganadero, que complementa sus rentas mediante el engorde del ganado, mientras la segunda tiene sus propias explotaciones, contratando, a su vez, con numerosas empresas familiares. A nivel espacial, el porcino predomina en las áreas de montaña y de la Cataluña central, mientras el aviar lo hace en la Cataluña meridional, principalmente en Tarragona, con Reus como foco motor.

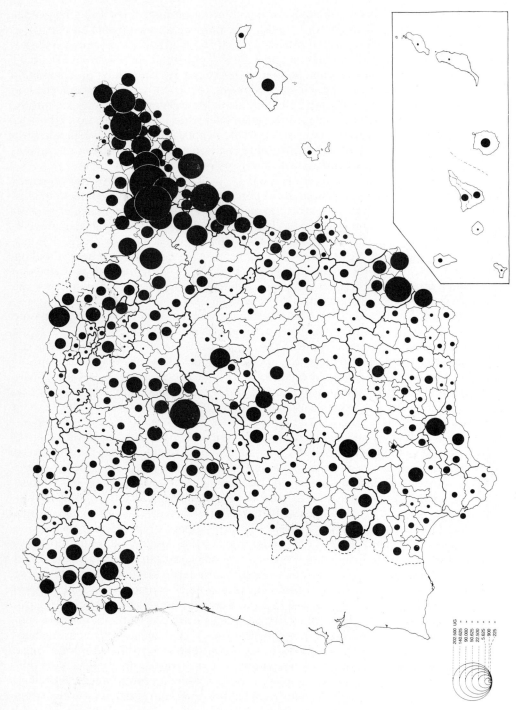

FIG. 6.5. *Distribución comarcal de la ganadería industrial en España, 1989.*

En el resto del país, la ganadería industrial aparece más dispersa, aunque con algunas concentraciones. El valle del Ebro, Navarra y Guipúzcoa representan una prolongación del eje catalán; en esta última es casi toda aviar. Las explotaciones avícolas suelen estar también en régimen de integración y van asociadas a empresas productoras de pienso, como Pygasa, Porta o Gensa en Aragón (Frutos Mejías, L., 1990, 88). Un segundo foco se localiza en Castilla-León, en la Tierra de Pinares segoviana, dedicado a la cría y engorde del cerdo, en régimen cooperativo y privado. Está bastante extendida la fórmula del ciclo cerrado, por el que el ganadero recibe y explota las cerdas-madre, que le aportan sus propios lechones de engorde, lo que permite un mayor control sanitario. Bien en ciclo cerrado o abierto —vendiendo los lechones para su engorde en otra explotación especializada— el sistema se ha extendido por toda Castilla-León, pero en proporciones mucho menores que en el caso catalán; la importancia ganadera de las comarcas vallisoletanas, por otro lado, se debe más al aviar que al porcino, con algunas grandes granjas avícolas, como las de Hibramer, Iberlay o Valín.

En Galicia alcanza también un significado especial el aviar, promovido por otra gran cooperativa —COREN: Cooperativas Orensanas—, que ha ejercido un beneficioso papel en la expansión de la economía avícola en esta región. Es destacable asimismo el foco porcino murciano en la comarca del suroeste y Valle del Guadalentín, seguida del Campo de Cartagena y Río Segura y, finalmente, el área porcina de calidad en Sierra Morena, asociada al cerdo ibérico en sistema de montanera, que va desde los Pedroches en Córdoba a Jerez de los Caballeros y Olivenza, pasando por Azuaga y Llerena en Badajoz, y por la Sierra Morena sevillana y onubense (Jabugo), con una réplica menor en Salamanca, mientras en el resto del país tan sólo aparecen focos aislados, como los de la Sagra, Torrijos y Talavera en Toledo o el de las Campiñas en Guadalajara, en los que tiene un peso destacado el aviar, destinado al mercado madrileño.

Frente a la ganadería industrial, la de *bovino* y *ovino* representan la extensiva, aunque con algunas excepciones, como hemos visto. Bovino y ovino alcanzan la mayor proporción de unidades ganaderas del país. Su distribución y densidad (véanse figs. 6.6 y 6.7) obedece a factores muy distintos de los precedentes, ya que los condicionantes ecológicos son fundamentales, sobre todo en el bovino, más concentrado espacialmente, dado que va asociado al prado. Pero la densidad es en ambos casos baja. La media de España de 7,03 UG de ovino por cada 100 ha SAU, o sea, 0,7 ovejas/ha SAU (Superficie Agrícola Utilizada, es decir, tierras de cultivo más prados y pastizales; utilizaremos este concepto junto al de SAU_1, o Superficie Agraria Útil, que incluye, además, montes y eriales), resulta realmente pobre y son muy pocas las comarcas que alcanzan 3 cabezas/ha (algunas de la Ibérica, de la Cataluña nordoriental, centro de León, los Pedroches en Córdoba, etc.). En el bovino, por el contrario, las comarcas especializadas llegan a densidades diez veces superiores a la media nacional (14,4 UG/100 ha SAU, doble que en el ovino), principalmente en Cantabria, Asturias, La Coruña y Lugo.

Esta carga ganadera se distribuye por espacios de acusados contrastes, pues, junto al prado húmedo de la franja atlántica, verde durante todo el año y con unos rendimientos de en torno a 15 tm de heno (unas cinco veces más en verde), ocupan una importante extensión las dehesas y los montes pastados, de mucha menor capacidad productiva, además de los pastizales, eriales y rastrojeras.

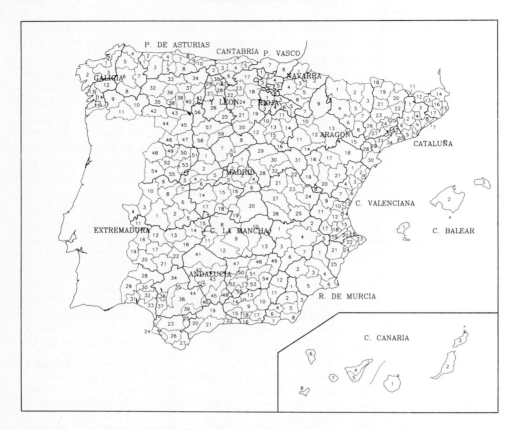

FIG. 6.5 bis. *Relación de las comarcas agrarias de España por Comunidades Autónomas y provincias.* *GALICIA. La Coruña.* 1: Septentrional. 2: Occidental. 3: Interior. *Lugo.* 4: Costa. 5: Terra Cha. 6: Central. 7: Montaña. 8: Sur. *Orense.* 9: Orense. 10: El Barco de Valdeorras. 11: Verín. *Pontevedra.* 12: Montaña. 13: Litoral. 14: Interior. 15: Miño. *PRINCIPADO DE ASTURIAS.* 1: Vegadeo. 2: Luarca. 3: Cangas de Narcea. 4: Grado. 5: Belmonte de Miranda. 6: Gijón. 7: Oviedo. 8: Mieres. 9: Llanes. 10: Cangas. *CANTABRIA.* 1: Costera. 2: Liébana. 3: Tudanca-Cabuérniga. 4: Pas-Iguña. 5: Asón. 6: Reinosa. *PAÍS VASCO. Álava.* 1: Cantábrica. 2: Estribaciones del Gorbea. 3: Valles Alaveses. 4: Llanada Alavesa. 5: Montaña Alavesa. 6: Rioja Alavesa. *Vizcaya.* 7: Vizcaya. *Guipúzcoa.* 8: Guipúzcoa. *NAVARRA.* 1: Noroccidental. 2: Pirineos. 3: Cuenca de Pamplona. 4: Tierra Estella. 5: Navarra Media. 6: Ribera Alta Aragón. 7: Ribera Baja. *LA RIOJA.* 1: Rioja Alta. 2: Sierra Rioja Alta. 3: Rioja Media. 4: Sierra Rioja Media. 5: Rioja Baja. 6: Sierra Rioja Baja. *ARAGÓN. Huesca.* 1: Jacetania. 2: Sobrarbe. 3: Ribagorza. 4: Hoya de Huesca. 5: Somontano. 6: Monegros. 7: La Litera. 8: Bajo Cinca. *Zaragoza.* 9: Ejea de los Caballeros. 10: Borja. 11: Calatayud. 12: La Almunia de Doña Godina. 13: Zaragoza. 14: Daroca. 15: Caspe. *Teruel.* 16: Cuenca del Jiloca. 17: Serranía de Montalbán. 18: Bajo Aragón. 19: Serranía de Albarracín. 20: Hoya de Teruel. 21: Maestrazgo. *CASTILLA Y LEÓN. Ávila.* 1: Arévalo-Madrigal. 2: Ávila. 3: Barco de Ávila-Piedrahita. 4: Gredos. 5: Valle Bajo Alberche. 6: Valle del Tiétar. *Segovia.* 7: Cuéllar. 8: Sepúlveda. 9: Segovia. *Soria.* 10: Pinares. 11: Tierras Altas y Valle del Tera. 12: Burgo de Osma. 13: Soria. 14: Campo de Gómara. 15: Almazán. 16: Arcos de Jalón. *Burgos.* 17: Merindades. 18: Bureba-Ebro. 19: Demanda. 20: La Ribera. 21: Arlanza. 22: Pisuerga. 23: Páramos. 24: Arlanzón. *Palencia.* 25: El Cerrato. 26: Campos. 27: Saldaña-Valdavia. 28: Boedo-Ojeda. 29: Guardo. 30: Cervera. 31: Aguilar. *León.* 32: Bierzo. 33: La Montaña de Luna. 34: La Montaña de Riaño. 35: La Cabrera. 36: Astorga. 37: Tierras de León. 38: La Bañeza. 39: El Páramo. 40: Esla-Campos. 41: Sahagún. *Zamora.* 42: Sanabria. 43: Benavente y Los Valles. 44: Aliste. 45: Campos-Pan. 46: Sayago. 47: Duero Bajo. *Salamanca.* 48: Vitigudino. 49: Ledesma. 50: Salamanca. 51: Peñaranda de Bracamonte.

Los prados bajos, que se extienden por la España atlántica, en una franja no superior a los 400 a 600 m de altitud, son los de mayor calidad, aunque tienen una réplica en los prados de siega de los valles húmedos de la montaña cantábrica y pirenaica y del Montseny catalán, donde tan sólo se da un corte, o, a lo sumo, dos (uno a finales de julio y otro a finales de septiembre), pero con buenos rendimientos (8 a 10 tm/ha y año de heno, aunque con oscilaciones muy fuertes según la calidad meteorológica del año agrícola). También gozan de parecidos caracteres las superficies forrajeras regadas de la España interior, dedicadas a alfalfa o a praderas polifitas o monofitas, con rendimientos elevados, de unas 15 tm de heno/ha/año, obtenidos en cinco cortes, distribuidos entre mayo y octubre; rendimientos mucho más altos que los oficiales o estadísticos, pero que exigen trabajos adecuados. Estos

---

52: Puente de San Esteban. 53: Alba de Tormes. 54: Ciudad Rodrigo. 55: La Sierra. *Valladolid.* 56: Tierra de Campos. 57: Centro. 58: Sur. 59: Sureste. *CASTILLA-LA MANCHA. Albacete.* 1: Mancha. 2: Manchuela. 3: Sierra Alcaraz. 4: Centro. 5: Almansa. 6: Sierra Segura. 7: Hellín. *Ciudad Real.* 8: Montes Norte. 9: Campo de Calatrava. 10: Mancha. 11: Montes Sur. 12: Pastos. 13: Campo de Montiel. *Toledo.* 14: Talavera. 15: Torrijos. 16: Sagra-Toledo. 17: La Jara. 18: Montes de Navahermosa. 19: Montes de los Yébenes. 20: La Mancha. *Cuenca.* 21: Alcarria. 22: Serranía Alta. 23: Serranía Media. 24: Serranía Baja. 25: Manchuela. 26: Mancha Baja. 27: Mancha Alta. *Guadalajara.* 28: Campiñas. 29: Sierra. 30: Alcarria Alta. 31: Molina de Aragón. 32: Alcarria Baja. *COMUNIDAD DE MADRID.* 1: Lozoya-Somosierra. 2: Guadarrama. 3: Área Metropolitana. 4: Campiña. 5: Sur-Occidental. 6: Vegas. *CATALUÑA. Barcelona.* 1: Berguedà. 2: Bages. 3: Osona. 4: Moianès. 5: Penedès. 6: Anoia. 7: Maresme. 8: Vallès Oriental. 9: Vallès Occidental. 10: Baix Llobregat. *Girona.* 11: Cerdanya. 12: Ripollès. 13: Garrotxa. 14: Alt Empordà. 15: Baix Empordà. 16: Gironès. 17: La Selva. *Lérida.* 18: Vall d'Aran. 19: Pallars-Ribagorza. 20: Alt Urgell. 21: Conca. 22: Solsonès. 23: Noguera. 24: Urgell. 25: Segarra. 26: Segrià. 27: Garrigues. *Tarragona.* 28: Terra Alta. 29: Ribera del Ebro. 30: Bajo Ebro. 31: Priorato-Prades. 32: Conca de Barberà. 33: Segarra. 34: Campo de Tarragona. 35: Bajo Penedès. *COMUNIDAD VALENCIANA. Castellón.* 1: Alto Maestrazgo. 2: Bajo Maestrazgo. 3: Llanos Centrales. 4: Peñagolosa. 5: Litoral Norte. 6: La Plana. 7: Palancia. *Valencia.* 8: Rincón de Ademuz. 9: Alto Turia. 10: Campo de Liria. 11: Requena-Utiel. 12: Hoya de Buñol. 13: Sagunto. 14: Huerta de Valencia. 15: Riberas del Júcar. 16: Gandía. 17: Valle de Ayora. 18: Enguera y La Canal. 19: La Costera de Játiva. 20: Valles de Albaida. *Alicante.* 21: Vinalopó. 22: Montaña. 23: Marquesado. 24: Central. 25: Meridional. *REGIÓN DE MURCIA.* 1: Nordeste. 2: Noroeste. 3: Centro. 4: Río Segura. 5: Suroeste y Valle del Guadalentín. 6: Campo de Cartagena. *ANDALUCÍA. Almería.* 1: Los Vélez. 2: Alto Almanzora. 3: Bajo Almanzora. 4: Río Nacimiento. 5: Campo de Tabernas. 6: Alto Andarax. 7: Campo de Dalías. 8: Campo de Níjar y Bajo Andarax. *Granada.* 9: La Vega. 10: Guadix. 11: Baza. 12: Huéscar. 13: Iznalloz. 14: Montefrío. 15: Alhama. 16: La Costa. 17: Las Alpujarras. 18: Valle de Lecrín. *Málaga.* 19: Norte o Antequera. 20: Serranía de Ronda. 21: Centro Sur o Guadalhorce. 22: Vélez Málaga. *Cádiz.* 23: Campiña de Cádiz. 24: Costa Noroeste de Cádiz. 25: Sierra de Cádiz. 26: Comarca de La Janda. 27: Campo de Gibraltar. *Huelva.* 28: Sierra. 29: Andévalo Occidental. 30: Andévalo Oriental. 31: Costa. 32: Condado Campiña. 33: Condado Litoral. *Sevilla.* 34: La Sierra Norte. 35: La Vega. 36: El Aljarafe. 37: Las Marismas. 38: La Campiña. 39: La Sierra. 40: Comarca de Estepa. *Córdoba.* 41: Pedroches. 42: La Sierra. 43: Campiña Baja. 44: Las Colonias. 45: Campiña Alta. 46: Penibética. *Jaén.* 47: Sierra Morena. 48: El Condado. 49: Sierra de Segura. 50: Campiña del Norte. 51: La Loma. 52: Campiña del Sur. 53: Mágina. 54: Sierra de Cazorla. 55: Sierra Sur. *EXTREMADURA. Cáceres.* 1: Cáceres. 2: Trujillo. 3: Brozas. 4: Valencia de Alcántara. 5: Logrosán. 6: Navalmoral de la Mata. 7: Jaraiz de la Vera. 8: Plasencia. 9: Hervás. 10: Coria. *Badajoz.* 11: Alburquerque. 12: Mérida. 13: Don Benito. 14: Puebla de Alcocer. 15: Herrera del Duque. 16: Badajoz. 17: Almendralejo. 18: Castuera. 19: Olivenza. 20: Jerez de los Caballeros. 21: Llerena. 22: Azuaga. *BALEARES.* 1: Ibiza. 2: Mallorca. 3: Menorca. *CANARIAS. Las Palmas.* 1: Gran Canaria. 2: Fuerteventura. 3: Lanzarote. *Sta. Cruz de Tenerife.* 4: Norte de Tenerife. 5: Sur de Tenerife. 6: Isla de La Palma. 7: Isla de La Gomera. 8: Isla de Hierro.

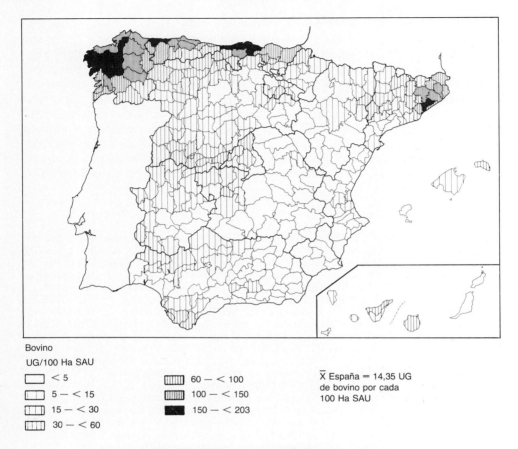

Fig. 6.6. *Densidad ganadera comarcal de España en 1989 (bovino).*

espacios ganaderos de calidad ocupan poca extensión, ya que sólo afectan a 1,4 millones de ha de prados naturales (3 % de la SAU$_1$ del país), de los que una buena parte está por encima de la altitud señalada, y a las vegas regadas de la España interior, las cuales representan un regadío forrajero circunstancial, puesto que rota con otros cultivos.

El segundo tipo de espacios ganaderos está representado por los montes pastados y las dehesas, bastante más extensos, pero con poca capacidad productiva, debido fundamentalmente a los malos suelos, de lo que tan sólo se exceptúan algunas dehesas extremeñas. Los pastizales, con unos 5,3 millones de ha alcanzan en torno a un 11 % de la SAU$_1$ nacional, en la que se incluyen los puertos de montaña —las brañas—, que hoy apenas se explotan debido a las dificultades de acceso y permanencia del rebaño y los pastores en esas tierras altas. El monte bajo y el matorral aportan otros 4 millones de ha pastables, un 8,6 % de la SAU$_1$, distribuidas por todo el país, frente al monte abierto (3,5 millones de ha, el 7,5 %), localizadas principalmente en la España del oeste —penillanuras y Sierra Morena—.

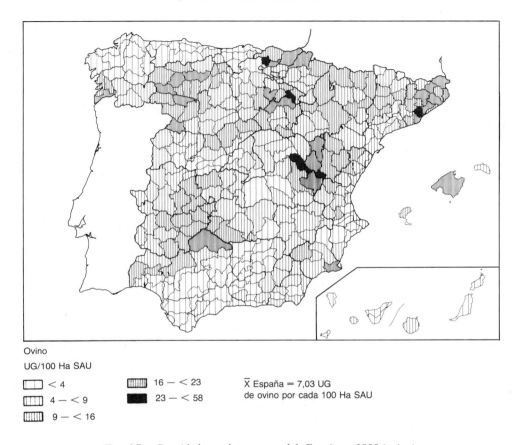

Fig. 6.7. *Densidad ganadera comarcal de España en 1989 (ovino).*

El sistema de la dehesa, de un equilibrio ecológico destacable, entró en crisis en los años sesenta; cambió el esquilmo tradicional del cerdo ibérico engordado con la montanera por el ganado vacuno y ovino de carne, que exigía menos cuidados, y, recientemente, se está potenciando de nuevo el porcino, merced a una demanda solvente y en auge de estos productos de gran calidad. Pero la dehesa tiene un suelo pobre, que tan sólo tolera densidades de 100-200 kg peso vivo/ha, frente a 1.500 del prado de la España atlántica (5 ha por vaca frente a 3 vacas por ha, o sea 15 veces menos), con la particularidad de que se debe desbrozar, mediante el pase de arados, cada tres o cinco años, para evitar que las jaras y retamas invadan el herbazal.

El tercer tipo de espacio ganadero está representado por las rastrojeras y el erial a pastos, superficies ganaderas coyunturales en un caso y de baja calidad en otro, muy extensas, pero de escasa capacidad productiva, si bien las rastrojeras constituyen un excelente pasto para el ovino, pero de poca duración, puesto que el rastrojo se quema en otoño antes de arar la tierra para la sementera; se estima que 1 ha cultivada de los secanos interiores puede aportar, al margen de la cosecha, el pasto anual necesario para la alimentación de unas 2 ovejas. Los barbechos afectan aproximadamente a una décima parte de las tierras de cultivo del país, unos 2 millones de ha (según datos del MAPA llegarían a una quinta parte, al contar como barbechos las superficies de herbazal de las dehesas, que no pueden ser consideradas tales, puesto que sólo se labran circunstancialmente para evitar la invasión del matorral).

En el bovino la distribución prima claramente a la España atlántica, con un segundo foco en la Cataluña húmeda y, a mayor distancia, en las penillanuras del oeste español, donde se trata de una ganadería mucho más extensiva, asociada a la dehesa, si bien está conociendo, junto al ovino, un auge considerable, basado en la expansión del regadío forrajero, derivado de los grandes embalses de la red del Tajo y del Guadiana y criado en grandes explotaciones (≥ 500 ha) que están experimentando con cultivos forrajeros nuevos, como incluso el pasto del Sudán, de gran capacidad productiva.

Los rendimientos de la ganadería vacuna difieren acusadamente. Las áreas de especialización lechera, caracterizadas por tener el prado verde durante todo el año, que básicamente coinciden con la España atlántica, llegan a medias de entre 4.000 y 6.000 l/año por vaca en lactación; cifras viables, conseguidas merced al aporte suplementario de piensos compuestos; aporte que es indispensable en la ganadería estabulada sin tierra, localizada en los alrededores de todas las ciudades para aprovecharse de la proximidad del mercado urbano y de la baratura del transporte. Este tipo de explotación utiliza la raza frisona, manejada con métodos modernos (inseminación artifical, ordeño mecanizado, buen control sanitario, distribución de la ración de concentrado mediante ordenador, etc.), pero su rentabilidad se basa exclusivamente en la proximidad al mercado, pues los costes de producción superan ampliamente a los de la ganadería con tierra.

La cabaña de vacuno de carne se localiza principalmente en las montañas y penillanuras. Aunque se basa en una mayor diversidad de razas y se han abandonado la mayor parte de las autóctonas, la pardo-alpina, o vaca suiza, predomina en toda la cordillera Cantábrica y Pirineos, bien pura o cruzada. En algunas áreas de buenas comunicaciones se ha explotado tanto para carne como para leche, mientras en las de montaña poco accesibles, la imposibilidad de una recogida diaria de la leche, ha provocado una especialización más radical, basada en la cría del ternero hasta los 200 o 400 kg de peso vivo, o bien en el añojo, aunque menos frecuente, pues la mayor parte de las explotaciones de vacuno de carne prefieren vender los terneros a medio peso para no arriesgar demasiado capital en el proceso de engorde, que se suele finalizar en los grandes cebaderos catalanes o en algún otro cebadero industrial.

Este proceso se ha extendido también entre las explotaciones familiares de las penillanuras, donde la venta del ternero «ya hecho» supone un riesgo demasiado grande, con lo que el valor añadido de la ceba se deja en manos de empresas especializadas. No obstante, este sistema se está modificando merced a la prima comunitaria a las «vacas nodrizas»; prima que, concedida para evitar los excedentes de leche, ha favorecido el amamantamiento y engorde del ternero por la madre durante varios meses. En la ganadería de carne de las penillanuras todavía se mantienen las razas autóctonas (morucha, avileña, retinta, etc.), aunque cruzadas con toro charolés y, más recientemete, con toro limusín para el cruce industrial. En Galicia, en todo caso, que acapara la mayor porporción de vacuno de España, a pesar del predominio de la frisona para leche, hay un sinfín de cruces entre las variedades autóctonas y las alóctonas de alto rendimiento, destacando, por su permanencia, la rubia gallega o vaca marela.

El ovino se asocia a áreas de climas frescos o fríos y de poca humedad, con escasa capacidad de producción de hierbas, aunque con algunas excepciones en Cataluña, País Vasco y Galicia, donde la oveja lacha —tolerante a la humedad ambiente— va unida a los pradizales; sin embargo, salvo en estas regiones, ocupa más bien áreas de montaña mediterránea, penillanuras y páramos, destacando la raza churra y castellana en Castilla-León, la manchega y merina en Castilla-La Mancha y Extremadura y la aragonesa en la región que le da el nombre, además de algunos cruces industriales, en los que destacan las awassi israelíes, las milchaf holandesas... En general, todas las razas, salvo la merina, que se utiliza preferentemente para la producción del cordero, tienen aptitudes mixtas (carne y leche).

El ovino es un ganado rústico, generalmente extensivo, explotado por ganaderos que son dueños de sus propios rebaños, frente al sistema tradicional, en el que los pastores eran asalariados mal pagados. Suele producirse una especialización comarcal, de tal manera que las ovejas serranas se destinan primordialmente a la cría del cordero mientras las de áreas menos frías se explotan para leche y carne, con la salvedad de las dehesas, donde no se suelen ordeñar, por la escasez de mano de obra. En efecto, en las áreas en las que el queso de tipo manchego ha tenido siempre una gran tradición ha predominado la explotación mixta, basada en el destete de los lechazos cuando alcanzaban un mes de vida, a fin de ordeñar a la oveja para la elaboración del queso. En la actualidad se obtienen unas medias de 1,5 lechazos y unos 90 litros de leche por oveja y año en este tipo de explotaciones, que exigen un pastoreo extensivo, complementado con piensos administrados en el establo. Se está haciendo un gran esfuerzo de mecanización y modernización, a pesar de que todavía permanecen explotaciones poco saneadas y tradicionales, muchas de las cuales pertenecen a jubilados o a agricultores que mantienen el ganado por inercia. La ayudas de la CE han favorecido la permenencia de ovejas viejas y de mala calidad con el único fin de cobrar la subvención.

3.º *Producciones y espacio agrario de los secanos mediterráneos y regadíos interiores*

Los cultivos propios de los secanos se centran en la trilogía mediterránea —cereal, vid y olivo—, complementada por otros muchos de menor entidad, aunque algunos como el girasol la están adquiriendo recientemente y el almendro ocupa superficies nada despreciables. Es un espacio extenso y extensivo, que afecta a casi todo el territorio español, con algunas concentraciones singulares, especialmente en la España meseteña. Por el contrario, los regadíos interiores representan espacios agrarios de transición entre el regadío costero y el secano meseteño, predominando el carácter de uno u otro según la integral térmica de cada sector y otras circunstancias socioeconómicas. En conjunto, se caracterizan por el peso de la remolacha, la patata y el cereal regado (maíz, trigo), secundados por los forrajes para la ganadería.

De los 46,7 millones de ha de Superficie Agraria Útil —SAU_1— de España, tan sólo 20,2 (40 % de la superficie total y 43,2 % de la SAU_1) eran tierras de culti-

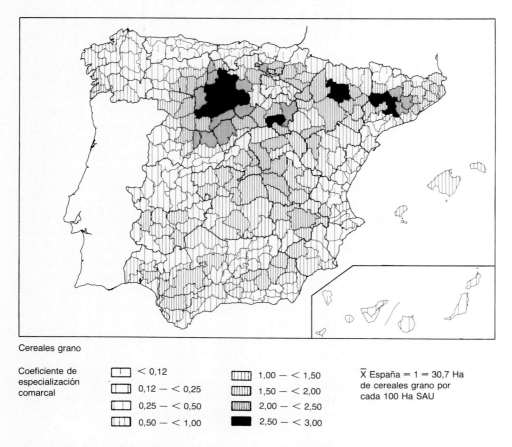

FIG. 6.8. *Especialización productiva comarcal de España en 1989 (cereales grano).*

vo en 1990, que se distribuían entre 17 millones de ha en secano y 3,2 en regadío. Los secanos españoles ocupan, pues, algo más de los dos quintos del territorio nacional y se reparten con cierta regularidad por todo el país, excepto en las áreas del prado atlántico, incluidas las pirenaicas, en las montañas interiores de orientación ganadera y en la franja mediterránea costera dedicada al regadío. Todos ellos se caracterizan por una relativamente escasa pluviosidad, a menudo aleatoria, una integral térmica generalmente baja, aunque más alta en las depresiones del Ebro y del Guadalquivir, y unos suelos pobres en materia orgánica (inferiores al 1 %), por mor del esquilmo continuado; tradicionalmente se explotaban en sistemas de año y vez para recuperar la fertilidad mediante el barbecho, aunque en la actualidad se cultivan mediante sistemas anuales, con cosechas variables en función del año meteorológico y de la calidad de los métodos culturales e insumos aportados.

La extensión y producción de los distintos grupos de cultivos se ha modificado a tenor de la demanda; algunos aprovechamientos tradicionales han quedado relegados a un papel marginal, en tanto que otros relativamente nuevos, como el girasol, han invadido los secanos, e incluso los regadíos mediterráneos. El grupo más importante continúa siendo el de los *cereales*, dada su aportación a la PFA (véase fig. 6.3) y su extensión, como se observa en la figura 6.8, sobre distribución de cereales-grano, incluidos los de regadío, y, entre ellos, arroz y maíz; éste con cierta entidad en la España atlántica.

En los secanos destacan, pues, los cereales, con 8 millones de ha, de las que un millón se riegan, sobresaliendo las tierras de la España interior, altas y frescas, con precipitaciones anuales de entre 350 y 600 mm, valoradas siempre como tierras de pan llevar. Las mayores densidades corresponden a los páramos y campiñas sedimentarias de Castilla-León, junto con las altas tierras sorianas, a las que se añaden los somontanos oscenses-Hoya de Huesca y las comarcas centrales de Cataluña (Noguera, Segarra, Solsonès, Bages, Anoia). Secundariamente, Castilla-La Mancha, en especial la Campiña, los páramos alcarreños de Guadalajara y Cuenca, y La Mancha alta conquense. Curiosamente, en el mapa no destaca Andalucía, a pesar del importante volumen triguero cosechado, dada su diversidad de cultivos, lo que no le permite aparecer especializada en el cereal. Finalmente, algunas comarcas moderadamente cerealistas deben este carácter al valor del maíz regado, como sucede en el valle del Ebro, en las vegas del Guadiana o en los llanos de Albacete. Sin embargo, el mapa muestra una acusada especialización cerealista en el interior frío y una moderada dispersión en el resto del país, salvo en los regadíos costeros y áreas de montaña con vocación praticola.

Esta permanencia del espacio cerealista tradicional no ha sido capaz de mantener el área triguera, que ocupa tan sólo 2,3 millones de ha (11 % de las tierras cultivadas en España, frente a un 21,5 % la cebada y un 2,4 % el maíz). Cebada y maíz, como cereales-pienso de secano y regadío respectivamente, han desplazado a aquél. Los rendimientos han llegado a unas medias de 2.500 a 2.800 kg/ha de trigo, 3.000 de cebada y 10.000 de maíz, mucho más bajos que los conseguidos en los grandes espacios cerealistas europeos (valle del Loira, cuenca de París y Londres, Midlands inglesas, llanuras del oeste europeo), aunque el agricultor español cuenta con menores gastos y un entorno económico que le permite mantener su poder adquisitivo, incluso con ingresos más bajos que en los otros países comunitarios. Sin embargo, estas producciones han entrado en crisis, por mor de los excedentes mundiales, europeos y, frecuentemente, españoles, lo que obligará en el futuro a una reducción del espacio cerealista, a la retirada de tierra o la adopción nuevamente del barbecho o a otras medidas que frenen los excedentes.

Las leguminosas, por el contrario, han caído en picado, debido a las dificultades de mecanización y a sus bajos rendimientos. Estos cultivos, de elevada capacidad proteica, han perdido terreno frente a la soja, por falta de una investigación seria para elevar su porte y mejorar los rendimientos, de modo que hasta se corre el peligro de perder la carga genética de las variedades autóctonas de guisantes, yeros, muelas, etc., que podrían competir con la soja americana y que, además, constituyen un verdadero cultivo de descanso o semibarbecho para los suelos mediterráneos, pobres en materia orgánica, merced a su capacidad de captación del nitrógeno del aire.

Los secanos arbustivos —viñedo y olivar— han conocido mejor suerte. El *viñedo*, tras el prolongado retroceso de los años sesenta, debido a la crisis de la mano de obra, se ha mecanizado y se ha adaptado a un mercado más exigente. Desde el ingreso en la CE los precios han crecido satisfactoriamente, por lo que se han aprovechado las ayudas comunitarias para descepar antiguos majuelos y sustituirlos por variedades adaptadas a cada comarca vitícola, idóneas para la obtención de caldos de calidad. No obstante, los excedentes de vino pueden obligar a reducciones de precios, que afectarían a las comarcas masivas, como sobre todo La Mancha de Ciudad Real y Toledo, además de la de Cuenca y Albacete, que, en conjunto, producen más de la mitad del vino español, llegando algunos municipios a recoger tanto vino como, por ejemplo, toda Castilla-León o Murcia. A estas comarcas se suman las de Utiel-Requena en Valencia, la Tierra de Barros en Badajoz, además de Jumilla en Murcia o el Condado de Huelva. Parece, por el contrario, que tanto los blancos de calidad andaluces —Jerez, Montilla-Moriles— como los blancos de Rueda (Valladolid) o los de Galicia —Ribeiro, Albariño, etc.—, o los excelentes tintos del Duero y de La Rioja, además de los cavas del Penedès y Anoia, tienen un mercado sólido.

Los rendimientos son aceptables, en torno a 4.000 a 6.000 kg/ha de uva (unos 2.800 a 4.200 l de mosto), cifras muy distantes de las de los viñedos de Burdeos o del Languedoc, pero remuneradoras cuando se orientan a vinos embotellados y de calidad, aunque no tanto en los de pasto. Sin embargo, el Jerez, el Ribeiro o algunos viñedos bercianos o del Barco de Valdeorras alcanzan y superan los 10.000 l de mosto/ha, lo que les hace muy rentables. Estas producciones se obtienen de variedades diversas, aunque en el Duero, La Rioja, y La Mancha predomina el tinto fino, que en Aragón recibe el nombre de tinto aragonés y en La Mancha, cencibel, mientras en los blancos abundan numerosas variedades autóctonas: Jerez Palomino en Jerez, Macabeo, Xarello y Parellada en el Penedès, Verdejo en Rueda, Mencía en El Bierzo, el exquisito Albariño en Galicia, Airén en La Mancha..., aunque el Jerez Palomino se ha extendido por el Ribeiro y otras muchas comarcas vitícolas españolas. Un viñedo que exige frecuentes labores y abundante mano de obra, favorecido por el aumento del nivel de vida de una población que demanda vinos de calidad.

El *olivar*, tras coyunturas recesivas, relacionadas también con la crisis de la agricultura tradicional, ha logrado afianzarse, debido en parte a la mayor demanda de grasas vegetales de calidad, que no producen colesterol. No obstante, esta moda se compadece mal con los elevados precios del aceite de oliva, que, salvo en los países mediterráneos, donde forma parte de su tradición cultural, se consume poco, sustituido por grasas animales. La superficie olivarera, con sus 2,1 millones de ha (10,3 % de las tierras cultivadas en España) adquiere un significado especial, tanto por su extensión como por su concentración espacial, además de por el entorno social —exigencias de abundante mano de obra y de jornaleros empleados generalmente en los cortijos— y económico, puesto que genera una industria transformadora y una actividad comercial destacables.

El olivar se concentra en las campiñas de Jaén y Córdoba, seguidas de las de Sevilla y, a más distancia, en las tierras de Málaga y Granada, a las que se suman las de Badajoz, Toledo, Ciudad Real y Tarragona, pero es verdaderamente en Jaén, «la de las lomas rayadas de olivar y de olivar» que decía A. Machado, con una cuarta parte del total español, donde adquiere el carácter de monocultivo. Es donde encuentra excelentes condiciones ecológicas, tanto por la integral térmica como por el grado de humedad y buenos suelos, por lo que ha originado la mayor concentración olivarera del mundo. Una pequeña parte se destina a aceituna de mesa (un

10 % del total anual de la producción), en tanto el grueso va a la obtención de aceite en almazaras cooperativas o privadas, aunque en Andalucía predomina claramente la segunda modalidad. Fuera de las campiñas béticas el olivar continúa teniendo importancia en las tierras bajas mediterráneas de Extremadura, Castilla-La Mancha y Levante, y un poco en el valle del Ebro, pero va perdiendo porte y capacidad productiva.

Los rendimientos, muy variables en función del carácter vecero del olivo, alcanzan cotas aceptables, próximas a los 2.500 kg de aceituna/ha, siempre que el árbol esté cuidado, si bien los rendimientos oficiales, que incluyen tanto los buenos olivares de campiña como los de tierras de fuertes pendientes con malos suelos, y serranías bajas, se quedan muy por debajo, aunque en el regadío los superan holgadamente. Los árboles suelen estar plantados con marco de 10 × 10 m (100 pies/ha), y de cada pie salen tres troncos, a fin de conseguir árboles pequeños para no utilizar escaleras en la zafra, en contra de la norma tradicional, que prefería un olivar más abierto y con pies grandes. Tan sólo la zafra, si no se emplean máquinas vibradoras, puede consumir hasta 10 jornadas/ha para el vareo y recogida de la aceituna, o más si se ordeña.

Los secanos mediterráneos admiten una extensa gama de cultivos adicionales, entre los que sobresalen el almendro y el girasol. Aquél, representado en el mapa de cultivos hortofrutícolas (fig. 6.10), forma parte de los secanos, con más de medio millón de ha, localizadas preferentemente en la orla interna de las llanuras regadas costeras. La distribución del girasol sobre el espacio agrario nacional aparece en el mapa de *cultivos industriales* (fig. 6.9), en los que se incluyen algunos de secano, como el mencionado girasol o parte de la remolacha azucarera andaluza, y una mayoría de regadío: resto de la remolacha, caña, algodón, lúpulo, achicoria, tabaco. La densidad media en España es baja, 4,87 ha de cultivos industriales por cada 100 ha SAU, y las comarcas destacadas, como las campiñas del Guadalquivir o La Mancha Alta y Serranía Media conquense no alcanzan más que índices seis veces superiores a la media nacional.

El girasol, con 1,4 millones de ha en 1992, ha conocido la más acelerada expansión, por mor de la reforma de la PAC, que ha comenzado por el sector de las grasas, subvencionando generosamente este cultivo para compensar la enorme rebaja de sus cotizaciones. Ya antes había ocupado los regadíos y secanos de las campiñas béticas y los páramos y serranías de Cuenca, pero con posterioridad se extendió por toda España, aunque este fenómeno no se refleja en el mapa, elaborado con datos del Censo de 1989. Sus rendimientos suelen ser bajos (unos 600 a 1.000 kg/ha en secano y unos 2.500 a 3.500 kg en regadío), aunque mejora considerablemente en el S, dado que es un cultivo con raíz pivotante, que, en cuanto arraiga, asegura la cosecha, al aprovechar la humedad de las capas profundas del suelo.

La remolacha constituye el esquilmo más importante entre los cultivos industriales, por su rendimiento económico, ya que no por su extensión —unas 170.000 ha—, con vaivenes en función de los precios de las campañas. El cultivo remolachero en España comenzó en la vega de Granada a principios del último tercio del siglo pasado, se trasladó al Ebro, donde estuvo pujante durante la primera mitad de este siglo para centrarse finalmente en el Duero, donde ha logrado los máximos rendimientos y calidad industrial de la materia prima (menor dureza y fibra, junto a una buena riqueza, del 16 % de azúcar). En el Duero se siembran entre 90.000 y 100.000 ha,

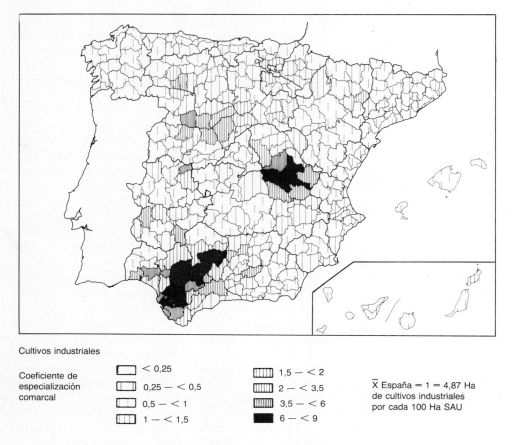

FIG. 6.9. *Especialización productiva comarcal de España en 1989 (cultivos industriales).*

casi todas en regadío, con unos rendimientos medios de 60 tm/ha. Se trata de un cultivo social, dado que consume unas 15 jornadas/ha, aunque esta cifra continúa bajando merced al uso de semillas monogermen, que evitan el entresaque, y a la modernización general del cultivo, que acabará reduciendo la mano de obra necesaria a tan sólo 4 jornadas. Comparativamente, 1 ha de cereal tan sólo consume una jornada de trabajo, e, incluso, no llega a ella en las explotaciones poco parceladas.

En el Duero ocupa todas las vegas de los ríos y, principalmente, las del propio Duero, Tormes, Pisuerga, Esla-Órbigo y el Páramo leonés, además de las campiñas meridionales del Duero, regadas con aguas subterráneas. Es una remolacha de primavera-verano, frente a la de las campiñas del bajo Guadalquivir —la otra gran área del cultivo remolachero español—, donde ha predominado la de secano, sembrada en otoño para aprovechar las lluvias del semestre otoño-invierno-primavera, cosechada en julio, con elevados rendimientos polarimétricos, pero de peor calidad industrial que la del regadío, que está avanzando significativamente por la campiña de Sevilla, Cádiz y Córdoba.

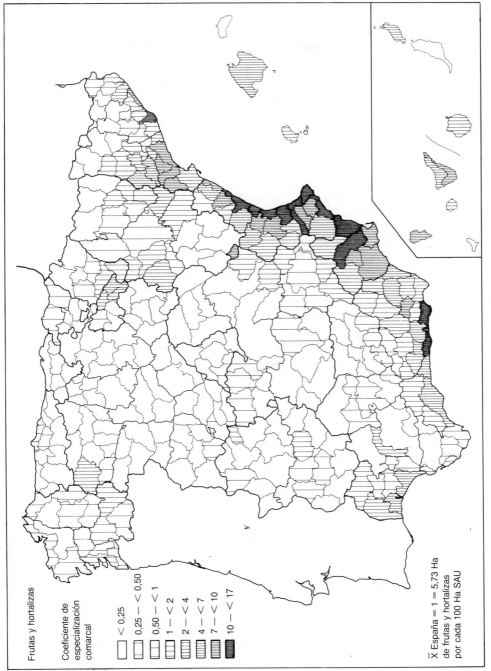

FIG. 6.10. *Especialización productiva comarcal de España en 1989 (frutas y hortalizas).*

La caña de azúcar no representa más que un cultivo marginal (2.100 ha). Su permanencia en las cálidas costas y tierras bajas de Málaga y Granada se debe a su empleo para destilación y obtención de ron, además del azúcar. El lúpulo, con 1.400 ha, repartidas por los regadíos leoneses del Órbigo-Porma-Esla, sólo adquiere importancia en la economía agraria de las pequeñas explotaciones que lo sostienen. Algo similar se puede decir del azafrán de La Mancha albaceteña, de la achicoria de Tierra de Pinares segoviana, del pimentón de los regadíos murcianos y cacereños, de la menta de las vegas leonesas, de la colza de los secanos navarros, etc, que son cultivos marginales y algunos coyunturales, en tanto que el tabaco y, sobre todo, el algodón, representan cultivos industriales de entidad, con un valor bruto del orden de una cuarta parte y de la mitad del de la remolacha respectivamente, a pesar de que su extensión sea pequeña (26.000 ha el primero y 68.000 el segundo). En ambos casos se trata de cultivos sociales, grandes empleadores de mano de obra, con buenos rendimientos —unos 3.000 kg/ha de fibra más semilla de algodón y unos 2.500 de hoja de tabaco— y cubiertos por OCM.

El algodón se localiza básicamente en las campiñas de Sevilla, secundariamente en las de Córdoba y Cádiz, y marginalmente en las llanuras del bajo Segura entre Alicante y Murcia y vegas del Guadiana, como corresponde a un cultivo termófilo. El tabaco se cultiva esencialmente en la vega cacereña, prolongada por la abulense, a gran distancia de la campiña sevillana y vega granadina, a las que se suma testimonialmente El Bierzo, costa asturiana, riberas navarra y valenciana y regadíos toledanos del Tajo. Tanto este cultivo como el algodón dejan sustanciales márgenes económicos, lo que permite vivir a una familia con unas 3 ha. Algo análogo a lo que sucede con los regadíos hortofrutícolas intensivos.

4.º *Los regadíos mediterráneos hortofrutícolas*

Como se aprecia en la figura 6.3, destacan por su participación en la PFA, con una cuarta parte del total, ya que no por su extensión: casi medio millón de ha las hortalizas, un cuarto de millón los cítricos y casi un millón los frutales no cítricos, si bien el almendro, con un valor económico reducido, acapara los dos tercios de esta última cifra y, aunque aparece representado en el mapa de cultivos hortofrutícolas, lo hemos incluido en los secanos mediterráneos (véase cuadro 6.4), donde es

CUADRO 6.4. *Superficie y producciones principales de los secanos mediterráneos, 1989-1991 (miles)**

	1989: Secano		1989: Regadío		1991**
	ha	tm	ha	tm	tm
Cereales grano	6.903	14.247	1.006	5.452	19.026
Leguminosas grano	281	170	45	64	112
Viñedo	1.419	4.462	54	149	3.257
Olivar	1.980	2.575	119	326	558
Almendro	569	237	45	68	240
Girasol	852	646	127	281	996

* Incluye las áreas regadas de estos cultivos propios del secano.
** Datos provisionales, en los que faltan algunos productos marginales.
Fuente: MAPA, *Anuario de Estadística Agraria 1989*, Avance de datos, 1991.

más propio, a pesar de que cuente con unas 45.000 ha regadas; en total, un 8,4 % de las tierras cultivadas de España, o un 5,4 % sin contar el almendro. Se trata de los espacios agrarios más intensivos, de mejores condiciones ecológicas, de mayor capacidad de empleo de mano de obra y más altos rendimientos económicos. Representan realmente la meca de la agricultura mediterránea, por más que los cítricos y, sobre todo, el limón, sufran coyunturalmente graves problemas de comercialización, pero el hecho de que la superficie hortofrutícola vaya en aumento demuestra la gran valoración y atractivo de estos espacios, en los que conviven situaciones muy dispares: técnicas de invernadero y enarenado con las del aire libre, grandes explotaciones capitalistas con la explotación familiar, tierras con grandes disponibilidades de agua frente a las que escasea el recurso... En todas ellas ha surgido un nuevo problema: las dificultades de incidir en la demanda mediante la adecuada presentación del producto y la creación de una eficiente red comercial.

El mapa (fig. 6.10) revela la distribución de estos espacios, pues, con una media nacional de 5,73 ha hortofrutícolas por cada 100 ha SAU, las comarcas especializadas, que alcanzan hasta 17 veces más, como Gandía, se sitúan en las llanuras del litoral levantino, a las que se añaden algunas otras de la costa del Sol malagueña, Maresme barcelonés, costa onubense (en rápido ascenso) y, ya más alejadas, las tierras de los ejes del Ebro, Tajo, vegas del Guadiana, y algunas áreas de Galicia y El Bierzo leonés. La costa levantina se ha especializado en la citricultura y horticultura, con buenos rendimientos y comercialización, aunque algunas explotaciones son demasiado pequeñas o parceladas y, si bien no sufren escasez de agua, salvo en Alicante y Murcia, sí están generando problemas medioambientales en relación con la contaminación de acuíferos y aguas superficiales por concentración de pesticidas y nitratos.

Especial mención merece en toda la costa y, sobre todo, en la costa andaluza, la agricultura bajo plástico, en la que se pueden conseguir un elevado número de cosechas anuales en un mismo invernadero. Su extensión se estimaba en unas 26.000 ha de instalaciones fijas a finales de 1990 (según el *Anuario de Estadística Agraria*), localizadas básicamente en la costa almeriense, gaditana, alicantina y valenciana, casi todas aprovechadas mediante suelos enarenados, creados artificialmente con una capa de arcilla, otra de estiércol y una última de arena, logrando así un medio de extraordinario potencial agronómico para todo tipo de hortalizas en cualquier época del año. Junto a los invernaderos con enarenado se han extendido los túneles de plástico (entre 10.000 y 13.000 ha según años), especialmente en el cultivo de fresas del Condado litoral y costa de Huelva, y los acolchados (unas 65.000 ha), técnica utilizada también en la fresa, algodón, sandía, melón, etc., consistente en cubrir con un plástico el caballón sobre el que crecen las filas de plantas para potenciar la integral térmica, o para evitar el crecimiento de malas hierbas (plástico negro); está muy desarrollada en las campiñas béticas, Huelva, Levante y progresa hacia Castilla-La Mancha.

Aunque toda la costa mediterránea, como se observa en el mapa, está especializada en frutas y hortalizas, Castellón y Valencia se han orientado preferentemente a distintos tipos de naranjas y mandarinas, Murcia y algunos sectores alicantinos al limonero, que exige menos agua, la costa catalana hacia las hortalizas y floricultura (ésta en el Maresme) cara al mercado barcelonés, y la costa andaluza hacia la horticultura en enarenado con invernadero. No obstante, la fresa y el fresón se están extendiendo aceleradamente por la costa onubense, además de nuevas, extensas y modernizadas plantaciones de naranjos en esta misma provincia, con riego por goteo, fertigación, herbigación, etc., que han sustituido a antiguos eucaliptales.

Junto a la franja costera se desarrolla hacia el interior una segunda corona de comarcas más altas y frescas, en las que predominan ya frutales menos termófilos, como peral, manzano, ciruelo, melocotonero, albaricoquero, junto con el omnipresente almendro en los suelos no regables, y el avellano en el campo de Tarragona. Esta franja adquiere su máximo desarrollo en el sur de Lérida (Segrià, Garrigues, Urgell), bajo Cinca y Litera oscense, bajo Aragón turolense, además de en La Rioja baja y sectores del Ebro, con alguna réplica menor en El Bierzo (manzano), valle del Jerte cacereño (cerezo), etc.

No se puede pasar por alto el gran valor de los espacios agrarios insulares de España, pues tanto Baleares como, sobre todo, Canarias, constituyen sendas potencias en estos cultivos mediterráneos. Sus producciones y destino apenas difieren de los señalados para la costa peninsular, con algunas particularidades propias del entorno cultural canario. En todo caso, el plátano, que ha tenido reservado el mercado español, ha supuesto un elemento de capitalización económica, así como de singularidad paisajística, que ha hecho del valle de La Orotava en Tenerife una comarca paradisíaca. El problema al que se enfrenta es la manifiesta y grave escasez de agua, sobre todo cuando el sector turístico, que puede pagarla más cara, está acaparando parte del agua agrícola (la propiedad del agua en Canarias tiene más importancia que la de la tierra). Junto a la platanera, los cultivos hidropónicos de flores, el tomate, las «papas» extratempranas y, en general, hortalizas suponen destacados elementos de la economía canaria. En Baleares, las producciones y espacios agrarios se asimilan a los levantinos. En unas y otras islas los secanos se valoran muy poco y, cuando se cultivan, suelen trabajarse a tiempo parcial.

La hortofruticultura es el tipo de agricultura más progresiva y competitiva en España, con buenos rendimientos —de entre 25 y 40 tm/ha en los cítricos bien cultivados, y cantidades similares en melocotonero, manzano y peral, los árboles más extendidos—, si bien sufre los embates de las típicas crisis de comercialización, tanto más cuanto los cítricos se orientan a la exportación —España aporta el 40 % de las exportaciones mundiales—, con lo que la caída de la demanda internacional provoca serios trastornos en las economías agrarias levantinas. Aunque las explotaciones familiares grandes, las de tiempo parcial y las capitalistas progresivas aguantan estos bandazos, los elevados costos de la mano de obra las hacen relativamente vulnerables, por lo que la explotación agraria está ajustándose constantemente a las exigencias de unos mercados reñidos, que han provocado el abandono de muchos agricultores y han originado una nueva estructura de la propiedad y explotación agrarias.

3. **Población agraria y estructuras básicas: los desequilibrios espaciales y sociales en la propiedad y explotación**

Si la política agraria proporciona las directrices y orientaciones necesarias al productor y sus producciones deben ajustarse a la demanda del mercado, también se adaptan a otros condicionantes fundamentales, como la cantidad y calidad de la mano de obra o los medios de producción disponibles —la tierra y el capital financiero y técnico—, todo lo cual se resume en un tipo de explotación agraria característico.

a) LA POBLACIÓN AGRARIA: CAÍDA Y ENVEJECIMIENTO

Según la Encuesta de Población Activa, las personas ocupadas en el sector primario en 1989 sumaban 1,6 millones —cien mil de los cuales en la pesca—, un 13 % de la población ocupada de España, tasa que se reduce a un 12,3 % (11,6 % en agricultura y un 0,7 % en pesca) si la referimos a toda la población activa, incluidos los parados. Esta población activa agraria sería menor que el número de explotaciones censadas en 1989, lo que no deja de ser llamativo, por más que una parte significativa de ellas se trabaje a tiempo parcial por titulares que viven principalmente de otras actividades económicas, sobre todo en las áreas costeras mediterráneas. En este sentido, parece más realista la Encuesta de las Explotaciones Agrícolas de 1987, que da la cifra de 1,8 millones de explotaciones. De las dos fuentes se deduce que la población agraria continúa cayendo, pues ya en 1990 la media anual de la EPA la situaba en un 10,5 % de la población activa total y la pesca se mantenía en el 0,7 %. Así, los activos agrarios, que, entre 1985 y 1990, pasaron de 2,07 a 1,58 millones, continúan disminuyendo, sin haber llegado al final del proceso, en virtud del propio comportamiento del sector, que exige perder población para ser competitivo, y del envejecimiento general, que lo potencia. En 1991 los activos agrarios se redujeron en casi 145.000, cayendo a un *9,5 % de la población activa total*.

El *envejecimiento* es otra de las notas más acusadas entre la población agraria de dedicación principal. Los datos de la EPA o los del Censo de 1989 lo corroboran: la población activa agraria de más de 60 años supera el 15 % según la EPA, y nada menos que el 44 % de los titulares jefes de explotación se sitúan por encima de esa edad según el censo, lo que refleja que una gran parte de las explotaciones declaradas no son funcionales, sino fruto de la división entre los familiares ancianos para beneficiarse de las subvenciones, pues resulta revelador que 572.000 de los 2 millones de titulares jefes de explotación superen los 65 años. Por ello, parece oportuno acudir a la EPA como fuente menos interesada, en la que se observa nítidamente el proceso de envejecimiento, pero con una tendencia al estancamiento dentro de cada tramo (véase cuadro 6.5).

CUADRO 6.5. *Estructura por edades de la población activa agraria española (en % por tramos de edad y en miles para el n.º de activos)*

Años	16-19	20-29	30-39	40-49	50-59	60-64	≥65	N.º de activos
1985	7,0	16,7	14,6	19,7	27,2	10,7	4,2	2.072
1988	5,7	19,7	15,0	18,3	27,2	10,6	3,3	1.828
1990	4,7	17,9	15,7	19,4	27,1	11,5	3,7	1.583
1991	4,4	17,7	17,0	19,1	26,6	11,8	3,4	1.439

Fuente: INE, *Encuesta de Población Activa* (Medias anuales), y MAPA, *La agricultura, pesca y alimentación en 1990*, Ídem 1991.

Tal vez el proceso de envejecimiento continúe hacia el futuro, por mor del escaso atractivo de la nueva PAC para los jóvenes. No obstante, por puro proceso biológico, ha de abandonar la actividad un contingente importantísimo, tal como revelan los datos del cuadro 6.5, donde se observa que el tramo de más peso corresponde a los de 50-65 años, próximos a la jubilación, a pesar de que en los censos agrarios aparecerán muchos de ellos como activos, una vez cumplida la edad. Por otro lado, la nueva y más competitiva PAC ha de conducir hacia explotaciones eficientes, lo que puede exigir el sacrificio de más de medio millón de agricultores hasta el año 2000, como apunta Lamo de Espinosa (1992, 92). Y todo parece indicar que las explotaciones marginales y algunas de tiempo parcial, que representan la mayoría de las censadas, están abocadas hacia la desaparición; tan sólo las menores de 2 ha sumaban en 1989 más de 1 millón; este tipo de explotación, al margen de su ficción estadística, no es viable en los secanos extensivos.

Se debe tener presente, además, que el empleo agrario es a menudo discontinuo, estacional y que en numerosísimas explotaciones adolece de racionalidad económica, por lo que añade una nueva dificultad a su mantenimiento. De hecho, el propio censo pone de manifiesto estos datos, ya que los 2,28 millones de explotaciones equivaldrían tan sólo a 1,26 millones de Unidades de Trabajo Anual (1 UTA = trabajo que realiza una persona con dedicación completa al año, durante 275, o más, jornadas).

La *base social* del trabajo agrario procede del núcleo familiar, pues casi un millón (958.000) de las UTA corresponde al trabajo familiar y el resto (304.000) al asalariado, distribuido entre un tercio para el asalariado fijo y dos para el eventual, de manera que el empleo asalariado viene a representar una cuarta parte del total, si bien parece aumentar un poco más (32 % en 1991 según EPA) referido a las personas ocupadas, en vez de a las UTA. La población agraria, por otro lado, carece de cualificación, pues se ha basado en la propia experiencia acumulada, con escasos estudios teóricos, ya que, según el censo, tan sólo un 1,5 % de los 2,28 millones de jefes de explotación habría cursado alguna formación agrícola (universitaria, FP u otra).

Si los caracteres comentados tienen un valor general, las *disparidades regionales* llaman poderosamente la atención, pues regiones como Galicia continúan manteniendo un extraordinario peso agrario. Por número de activos, destacan Andalucía y Galicia, que, entre ambas, suman casi la mitad de la población activa agraria española, aunque Andalucía, en términos relativos, se sitúa por detrás de Galicia, Extremadura y ambas Castillas. En el extremo opuesto, Madrid, Cataluña, Baleares y País Vasco cuentan con muy pocos activos y con una proporción muy baja respecto al empleo total.

Por otra parte, destaca la relevancia de la mano de obra femenina en la España atlántica (52 % de los activos agrarios en Galicia y Asturias y 40 % en Cantabria; véase cuadro 6.6), fenómeno relacionado con la actividad ganadera, por un lado, en la que las mujeres participan más que en la agrícola, y con la agricultura a tiempo parcial de las áreas del N, por otro, donde la mujer cuida de la explotación cuando el marido trabaja en la mina, en el mar o en la fábrica. También en los regadíos hortícolas suele prodigarse el trabajo de la mujer.

CUADRO 6.6. *Población activa agraria por CCAA y sexo, 1990 (en miles y en %) (incluye la pesca)*

	N.º activos (A)	% total activos	Mujeres (B)	% B/A
Andalucía *	429,2	17,22	99,8	23,3
Aragón	56,9	12,31	6,3	11,1
Asturias	58,5	13,62	30,5	52,1
Baleares	9,3	3,36	1,9	20,4
Canarias	41,7	7,30	14,1	33,8
Cantabria	26,7	13,42	10,7	40,1
Castilla-La Mancha	107,6	17,79	12,0	11,2
Castilla-León	177,6	17,87	44,3	24,9
Cataluña	84,6	3,37	18,9	22,3
Comunidad Valenciana	125,9	8,38	19,2	15,3
Extremadura	94,8	23,78	12,9	13,6
Galicia	341,3	29,17	180,1	52,8
Madrid	18,6	1,00	1,2	6,5
Murcia	56,4	14,48	15,8	28,0
Navarra	15,6	7,69	1,1	7,1
País Vasco	28,9	3,35	7,6	26,3
La Rioja	12,3	12,65	1,5	12,2
España	1.685,9	11,22	477,9	28,3

* Incluye 2.000 activos agrarios de Ceuta y Melilla.
Fuente: INE, EPA. Tablas anuales 1990.

b) BASES TÉCNICO-ECONÓMICAS Y TIPOS DE EXPLOTACIÓN

La población trabaja en el marco de la explotación, célula fundamental de organización del espacio agrario, por cuanto utiliza unos medios de producción —maquinaria e insumos, por una parte, y tierra, por otra—, que, unidos a los factores ecológicos, demográficos, de política agraria y de mercados, origina un tipo característico de explotación agraria, definidor del paisaje comarcal y regional.

1.º *Los medios de producción: maquinaria e insumos*

La evolución técnica reciente no ha consistido en un progreso de la maquinaria, dada la excesiva mecanización, salvo en algunos cultivos, como la remolacha o patata, cuya cosecha totalmente mecanizada podría ahorrar alrededor de ocho jornadas de trabajo/ha, o en el algodón —recogido a mano en las pequeñas explotaciones familiares— u olivar, aunque en éste no siempre se aceptan las máquinas vibradoras por el perjuicio que pueden causar al árbol. En los sectores hortofrutícolas, cuya cosecha se recoge a mano para evitar daños al producto, se mantiene la exigencia de abundantes jornales, por lo que la modernización se basa en las propias instalaciones, en el riego por goteo controlado por ordenador, la fertigación, herbigación, etc.

El símbolo de la mecanización y modernización continúa siendo el tractor y los distintos tipos de cosechadoras (de cereales, algodón, remolacha, patata, etc.) y motocultores en la agricultura, y el diseño de las propias construcciones, los equipos de frío y de ordeño mecánico, el manejo de los pastos y la gestión del rebaño, en la ganadería. Aunque se han realizado enormes progresos en estos campos, todavía hay explotaciones atrasadas funcionando por inercia, sobre todo entre los titulares con cierta edad que tan sólo esperan la jubilación. Sin embargo, la mecanización de las grandes labores es prácticamente absoluta, al menos dentro de lo que se considera posible o conveniente, por lo que el parque de tractores apenas conoce cambios e, incluso, retrocede el número de tractores nuevos, mientras progresa la modernización ganadera, que ha ido más a la zaga.

Según el MAPA, el número de tractores en uso ha ido creciendo (0,74 millones a finales de 1990, y 0,28 millones de motocultores), de manera que el índice de mecanización ha aumentado hasta los 2,1 CV/ha, por encima de las necesidades, dada la estructura de las explotaciones, en la que cada familia tiende a disponer de medios de producción independientes. La potencia media ha crecido también (de 46,6 a 56,8 CV/tractor entre 1980 y 1990), dada la mayor estima, versatilidad y funcionalidad de los tractores potentes, a pesar de su infrautilización. En cosechadoras (48.246 en total), habría un índice bruto de 157 ha de cereales por cada una. La distribución de los otros medios y aperos refleja una dinámica similar a la de estas máquinas.

En cuanto a los insumos, se avanza en los niveles de abonado, si bien parece producirse una leve tendencia actual a la baja en cereales y otros productos excendentarios para reducir costos. Con 1,1 millones de tm de N, 0,53 de P_2O_5 y 0,37 de K_2O, se alcanzan índices de 116 UF/ha fertilizable (en 1989), con enormes disparidades entre secanos y regadíos, y especialmente los hortofrutícolas. Es un índice mucho más bajo que en otros países comunitarios, pero nada despreciable, dada la extensión de los secanos, menos exigentes.

Los fertilizantes, con ser importantes, tan sólo representan un poco más de la décima parte de los «gastos de fuera del sector» y alcanzan niveles parecidos al de consumo de energía o al de conservación de maquinaria y unas dos veces y media más que los fitosanitarios. El rubro más importante corresponde a los piensos para la ganadería, con cerca de la mitad de los «gastos de fuera del sector», los cuales suponen un 42 % del valor de la PFA, y deben ser descontados de ésta para obtener el valor añadido bruto agrario. Si sumamos a éste las subvenciones recibidas y le restamos las amortizaciones, tendremos la renta agraria (o valor añadido neto agrario), que es, en definitiva, el dinero disponible para el hombre del campo, renta que se sitúa en medias de entre un 46 y un 48% del valor de la producción bruta o 10 puntos más respecto a la PFA.

Según estos cálculos, las explotaciones más rentables serían aquellas que arriesgan menos capital fijo, en maquinaria e instalaciones, y en las que el precio de la tierra es bajo. Pero como allí donde la tierra es barata (secanos y pastizales interiores) se exigen grandes inversiones para su explotación, y donde es cara (regadíos costeros peninsulares e insulares, prados atlánticos) se exige poco capital circulante, la rentabilidad tiende a compensarse. Estos aspectos entroncan directamente con el problema de la tierra.

2.º *La tierra como medio de producción*

La propiedad de la tierra ha constituido durante largos años una bandera de enganche para jornaleros y pequeños campesinos, saldada con el éxodo rural, sin que éste haya sido capaz de mejorar una estructura desequilibrada, amparada en el derecho igualitario entre los herederos (salvo en Cataluña, parte del Pirineo y País Vasco) y en una acumulación histórica de fincas rústicas por nobleza y burguesía muy desigual. Una estructura apenas modificada, por cuanto el apego social y afectivo a lo heredado impide la salida al mercado de numerosas y pequeñas propiedades disfuncionales, cuyo mejor destino sería el de su desaparición; fenómeno observable en la práctica totalidad de las regiones españolas.

La propiedad agraria, en principio, debería servir de base a la explotación; sin embargo, hay un número incomparablemente mayor de propietarios que de explotadores. Según el censo de 1989, las explotaciones que disponían de algunas o todas las tierras en propiedad ascendían a 2,15 millones (de las 2,26 censadas), distribuidas en 18,4 millones de parcelas (media de 1,34 ha SAU/parcela). En este sentido, la última revisión del Catastro de Rústica daba 49,2 millones de parcelas, lo que significa que una mayoría de ellas no forma parte de las explotaciones agrarias o lo hace de una manera subrepticia. Y, en efecto, existen numerosos pequeños propietarios emigrados que ni siquiera conocen la ubicación de sus tierras y las mantienen así porque no cuesta, dificultando tremendamente las labores de concentración parcelaria y de mejora técnica de la explotación.

Un dato llamativo también es la poca importancia del arrendamiento en nuestro país, frente a Bélgica o Francia, por ejemplo. La tierra arrendada tan sólo representaba, según el censo, un 13,1 % de la superficie censada, frente a un 75,4 % la de propiedad, un 3 % la de aparcería y un 8,5 % la de otros regímenes, Por umbrales, sobresale el arrendamiento en el grupo de 20 a 50 ha, es decir, aquellos agricultores medios que necesitan incrementar el tamaño de su explotación para hacerla viable, seguidos de los de más de 100 ha, que suelen tomar grandes fincas enteras en arrendamiento.

Las explotaciones resultantes revelan una estructura totalmente desequilibrada, puesto que un gran número cuenta con muy poca tierra, y a la inversa. Incluso el censo de 1989 tendría un mayor desequilibrio que el anterior (coeficiente de Gini de 0,78 en 1982 y 0,83 en 1989), en virtud de la división de muchas pequeñas explotaciones con el fin de acogerse a las subvenciones. Por otro lado, el hecho de que casi el 28 % de las ha censadas esté en unidades de más 1.000 ha no significa un claro desequilibrio, sino lo contrario: un reparto igualitario, por cuanto una buena parte de estas unidades corresponde a montes u otras grandes propiedades colectivas registrados —inadecuadamente— como explotaciones agrarias; lo que no es óbice para que todo el oeste español y Andalucía tenga alrededor de la mitad de la superficie agraria útil en manos de la gran explotación privada de dehesas y cortijos, con los problemas sociales generados en el campo andaluz sin apenas otra fuente de empleo que la agraria, frente a la España atlántica, reino de la pequeña propiedad de vocación pratícola, o a las llanuras mediterráneas costeras, de franco predominio de la pequeña y mediana propiedad y explotación intensivas. La figura 6.11 sobre la estructura de las explotaciones en 1989 refleja estos aspectos. Pero las dimensiones físicas tienen poco que ver con las económicas, como se observa por los precios de la tierra.

Los precios de la tierra alcanzan sus valores máximos en las plataneras de Canarias y en otros suelos de cítricos y frutales (de 9 y 5 millones ptas./ha), que, a pesar de la reforma de la PAC y del desaliento que ha provocado, se han mantenido, frente a secanos y regadíos interiores, que subieron hasta los 0,8 y 2 millones

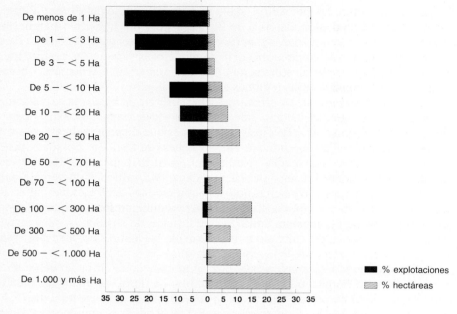

a) Estructuras de explotaciones.

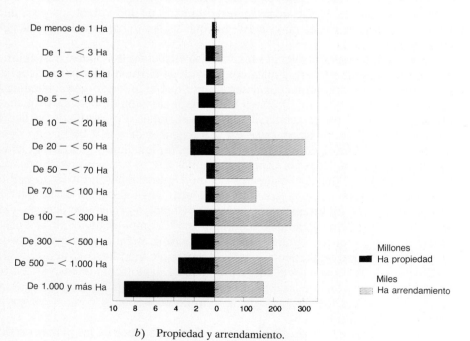

b) Propiedad y arrendamiento.

Fig. 6.11. *Estructuras de explotaciones agrarias y de propiedad y arrendamiento.* Fuente: Censo Agrario 1989.

ptas./ha respectivamente en 1989, y a finales del 1992 estaban por la mitad, excepto en áreas vitícolas de denominación de origen, o en el prado gallego (más de 2 millones ptas./ha), impermeable a los acontecimientos externos, dada la alta valoración social de la tierra en esta región (Maté, V., 1992, 18). Estas disparidades de precios obedecen, lógicamente, a las muy distintas potencialidades agronómicas, al margen de otros aspectos, por lo que es necesario acudir a las UDE o Unidades de Dimensión Europea para aproximarnos un poco más a la realidad económica de la explotación agraria española (véase cuadro 6.7).

Como se observa en el cuadro 6.7, la estructura se corrige bastante respecto a la de dimensiones físicas, pues los umbrales inferiores, dado su aprovechamiento más intensivo, participan proporcionalmente con más UDE que las otras, si bien todavía se incluyen las explotaciones marginales, que deberían ser eliminadas de las consideraciones estadísticas, para comprender la realidad estructural agraria. Casi la mitad de las UDE (1 UDE = 1.000 ecus de Margen Bruto Estándar, MBS, que se obtiene restando de los ingresos brutos los insumos y algunos otros gastos variables; a principios de 1993, 1 UDE equivalía a 199.200 ptas.) corresponde a las explotaciones que obtienen más de 16, y la cuarta parte la consiguen las de más de 40. Así, las grandes, por encima de 100 UDE sólo conseguirían un 12,3 %, las medias (entre 16 y 100 UDE) un 34 % y las pequeñas (por debajo de 16 UDE) algo más de la mitad. Estos resultados de la Encuesta sobre Explotaciones Agrícolas en 1987, llevada a cabo en toda la CE, aunque corrigen los desequilibrios estructurales censales, no parecen reflejar el verdadero papel de las explotaciones familiares medias y grandes, así como de las grandes explotaciones de carácter empresarial, que aportan un mayor porcentaje de la producción del que se deduce de tales estadísticas, en las que tiende a dividirse la explotación para acaparar subvenciones.

Como resultado, habría que distinguir claramente entre la gran explotación física y la gran explotación económica, pues una buena parte de las que se localizan en las penillanuras del oeste o en áreas de montaña no pueden ser consideradas

CUADRO 6.7. *Estructura de las explotaciones agrarias españolas 1987 y 1989 (en miles y %)*

ha	1989				1987 Unidades de Dimensión Europea		
	N.º explot.	%	N.º ha	%	Umbrales	N.º UDES	%
≤1	654.441	28,64	287.727	0,67			
1-<3	572.937	25,07	1.008.615	2,35			
3-<5	264.247	11,56	1.004.972	2,34			
5-<10	302.253	13,23	2.105.962	4,90	0-<2	803,00	8,5
10-<20	216.649	9,48	2.987.872	6,96	2-<4	946,47	10,1
20-<50	154.712	6,77	4.725.044	11,00	4-<6	816,62	8,7
50-<70	33.329	1,46	1.941.873	4,52	6-<8	676,07	7,2
70-<100	25.711	1,13	2.122.469	4,94	8-<12	1.060,20	11,3
100-<300	39.723	1,74	6.483.627	15,10	12-<16	751,29	8,0
300-<500	8.755	0,38	3.329.367	7,75	16-<40	2.009,58	21,4
500-<1.000	7.104	0,31	4.867.110	11,33	40-<100	1.178,47	12,5
≥1.000	5.083	0,22	12.074.570	28,12	≥100	1.162,63	12,3
Total	2.284.944	100,00	42.939.208	100,00	Total	9.404,33	100,0

N.B.: En 1987 1 UDE = 1.000 ecus MBS; a principios de 1993 equivalía a 199.200 pesetas.
Fuente: INE, *Censo Agrario 1989* y *Encuesta sobre la Estructura Explotaciones Agrícolas 1987.*

grandes explotaciones, a pesar de su dimensión, dados sus bajos ingresos, difícilmente aumentables. Desde esta perspectiva, adquiere una extraordinaria importancia la explotación familiar, porque, además de constituir la célula social del campo, está evolucionando hacia un tipo de gran explotación económica, con un peso creciente en la producción agraria. Junto a ella, la gran explotación capitalista, muy reducida en número, pero importante por sus innovaciones y efectos de demostración, representa la otra cara de la moneda. No obstante, también es la explotación familiar la que constituye el grueso de las unidades marginales, con vocación de desaparecer en un futuro próximo. Basándonos en las dimensiones físicas y económicas, se nos dibuja un tipo de unidad agraria predominante en cada región, que se erige en protagonista de su economía y paisaje.

3.º *Tipos de explotaciones y paisajes agrarios predominantes*

De acuerdo con todos los factores, partimos de la división entre la España mediterránea y la atlántica. Ésta, de vocación ganadera, pratícola y forestal, está representada por todo el N, más algunos enclaves de las montañas interiores húmedas (Ibérica y Central), aunque con disparidades entre sus distintos sectores. Galicia continúa siendo el reino de la pequeña y media explotación familiar, con una decena de vacas frisonas y entre 3 y 8 ha de cultivos y prado, distribuidas en numerosas parcelas. Los esfuerzos recientes de modernización no han impedido que subsistan aún ancestrales prácticas agrarias.

En la fachada cantábrica, por el contrario, la modernización ha afectado a casi todas las explotaciones, las cuales, aunque mejor dimensionadas y equipadas, tampoco son competitivas, por falta de tierra, en franca disputa con los usos industriales y residenciales, y refugiándose a menudo en una actividad ganadera a tiempo parcial, muy extendida por Asturias, Cantabria y País Vasco. En las áreas montañosas húmedas del Pirineo y Cantábrica, así como en la cordillera Ibérica y la Central se ha extendido una ganadería de orientación cárnica en explotaciones familiares medias, de unas 30 a 60 vacas pardo-alpinas, a veces incluso frisonas, para abastecer de leche a los mercados urbanos, cuyo problema principal continúa siendo la escasez y fragmentación del praderío, así como el mantenimiento de establos tradicionales, por más que se hayan mejorado. Sería necesario también la adopción de fórmulas cooperativas para la venta de la carne y de la leche, sistema poco extendido hasta ahora. El ovino constituye en toda la España ganadera un tipo de explotación secundaria, aunque suele haber rebaños relativamente grandes, de 300 a 600 cabezas.

El oeste español representa el área de la ganadería extensiva en sistema de dehesa, con bajas densidades y unidades de explotación de tipo medio; son muy frecuentes las dehesas de 200 cabezas de moruchas, sobre superficies de más de 500 ha, complementadas con piensos compuestos y paja, administrados en cebaderos sencillos, al lado de bebederos construidos sobre las depresiones del terreno. Junto a la gran propiedad privada, el sistema de dehesa afecta también a la explotación familiar, pero con menos cabezas y hectáreas (60 vacas y unas 130 ha) y baja rentabilidad. El ovino no falta en estas tierras, bien en hatos complementarios del vacuno, bien como ganadería especializada, pero en pequeños rebaños, inferiores a las 300 cabezas. A duras penas se ven dehesas de porcino ibérico.

En la España agrícola del interior las dos mesetas presentan caracteres similares, aunque en la meridonal, más cálida, se desarrollan cultivos termófilos. En ambas, lo mismo que en las depresiones del Ebro y del Guadalquivir, la explotación y el paisaje agrarios se hacen complejos, imbricándose secanos y regadíos. La explotación típica cerealista de las campiñas y páramos de secano del Duero oscila en torno a las 80 ha, excesivamente mecanizada y poco rentable, salvo cuando se complementa con viñedo, regadío o algún esquilmo ganadero. La cebada de otoño en secano y la remolacha en regadío constituyen la fuente principal de ingresos, pero la explotación de regadío suele ser pequeña, de 10 a 25 ha, aprovechadas con intensidad. En Castilla-La Mancha, por otro lado, aumenta el tamaño medio de las unidades cerealistas, aunque predominan las vitícolas, de 40 a 60 ha, a menudo complementadas con olivar y cultivos regados (maíz, forrajes, melones, etc.). Las cabañas o casas de quintería tradicionales dan personalidad al paisaje, lo mismo que los grandes rebaños de merinas en el Campo de Calatrava y sectores occidentales.

Las depresiones del Ebro y del Guadalquivir, con sus secanos y regadíos, prestan mayor complejidad al paisaje agrario. En el Ebro, las explotaciones se asemejan a las del Duero y Castilla-La Mancha, predominando la explotación familiar media, junto a la que conviven las unidades vitícolas tipo *château* francés, y explotaciones capitalistas de regadío; en éste se cultiva maíz, forrajes y frutales primordialmente, además de hortalizas para el mercado de Zaragoza. Adquiere peso la ATP, en unidades de 1 a 5 ha de viñedo o frutales. En el Guadalquivir, el cortijo da personalidad al paisaje, como gran explotación, de unas 500 ha de media, orientado hacia el olivar en unos casos, a la tierra «calma» en otros (trigo, maíz, girasol, remolacha, etc.), o al viñedo. La complejidad de los regadíos, análogos a los del mundo mediterráneo cálido, afecta por igual a cortijos y pequeñas explotaciones familiares. En el regadío conviven cortijos tradicionales con auténticas empresas agrarias, dinámicas y progresivas, dedicadas a las fresas, melocotones, hortalizas, etc., con mano de obra asalariada y técnicas de vanguardia.

Finalmente, la explotación agraria de la España costera cálida, peninsular e insular, se basa en la hortofruticultura, al aire libre o en invernaderos y, frecuentemente, sobre suelos artificiales. Lo más característico y tradicional sería la explotación citrícola, de talla familiar o grande, aunque en este mundo agronómico, la hectárea resulta excesiva como unidad, por lo que se habla en tahúllas (1.118 m^2). La explotación familiar media es de pequeñas dimensiones, no llegando a 1 ha en la huerta de Murcia o a 3 ha de cítricos en Valencia, aunque a veces convive con explotaciones capitalistas de varias decenas o algún centenar de hectáreas, como sucede en el Campo de Cartagena, si bien la personalidad agraria radica en la pequeña explotación familiar, de alguna hectárea, fragmentada en diversas parcelas. A este respecto, Gozálvez (1981) ponía el umbral de la gran explotación citrícola entre 5 y 20 ha. Bien se trate del Maresme, de la Huerta valenciana, del Campo de Dalías, de las llanuras costeras de Baleares o Canarias el fenómenos es similar: la tierra es escasa, el agua también, el trabajo ímprobo y el paisaje un mar de plásticos, de árboles o de huertas, renovado con varias cosechas al año en este último caso. Los costes de la mano de obra y la competencia de mercados terceros están frenando la rentabilidad de estas explotaciones.

4. Agricultura, medio ambiente y desarrollo rural

Tras el análisis de la agricultura, actividad económica que más espacio utiliza, no se puede pasar por alto su incidencia en el deterioro medioambiental. Desde esta perspectiva distinguiremos dos vertientes fundamentales: las modificaciones del medio, por un lado, y su contaminación, por otro. Y, a pesar de que hoy se está dando más importancia a la segunda, tiene mucha más la primera.

En efecto, las transformaciones provocadas por la actividad agraria se han ido acumulando a lo largo de la historia y han llegado a producir situaciones de verdadero riesgo, como sucede con la roturación y deforestación de vastísimos espacios para la obtención de tierras agrícolas, cuya capacidad agronómica es a menudo deficiente. La primera y más importante consecuencia de la actividad agraria es la transformación de un ecosistema de bosque en otro de estepa, a pesar de que, bajo las condiciones ecológicas actuales se conservan bastantes bosques y se pueden recuperar sin problemas grandes espacios nemorosos. Pero es quizás esta ausencia de cobertera boscosa sobre amplísimas campiñas y páramos de las dos mesetas, así como sobre amplios piedemontes y sierras bajas uno de los hechos más destacados y que más decisivamente contribuye a la pérdida de la riqueza faunística, por la desaparición del hábitat de numerosísimas especies. La reforestación, sin perjuicio del mantenimiento de las buenas tierras agrícolas, se revela como una necesidad imperiosa.

Sin embargo, las actividades contaminadoras han tenido, por lo general, más eco, a pesar de que a menudo se les imputan hechos que no están demostrados, aunque todo el mundo los da por verdaderos. Así, a la «contaminación difusa» propia de la actividad agraria se le imputa todo tipo de deterioro. Pero la contaminación del suelo a través de la agricultura sólo puede producirse por la utilización de pesticidas, puesto que los abonos minerales no son contaminantes y el propio suelo libera minerales equivalentes; otra cosa muy distinta es el empobrecimiento general de los suelos en materia orgánica y en vida microbiana (ya hablamos de que los suelos mediterráneos no superan, por lo general, el 1 % de materia orgánica, cuando deberían llegar al 3 % y más), que es una realidad incuestionable, contra la que deberían aplicarse métodos de cultivo más extensivos, evitando la quema de rastrojos, etc.

Los pesticidas utilizados en la actualidad suelen ser organofosforados, muy tóxicos pero poco persistentes, frente a los organoclorados —DDT, hoy prohibido, aldrín, dieldrín, etc.— menos tóxicos, pero muy persistentes. Las cantidades utilizadas en los cultivos de secano son nimias (1 kg o 200 gramos/ha, disueltos en 1.000 l de agua en el caso de los herbicidas); en los regadíos se utilizan muchas más, por cuanto a los herbicidas se suman los fungicidas, insecticidas, etc., pero, en todo caso, cantidades pequeñas, aunque muy tóxicas. El peligro, por tanto, dado que el límite máximo de residuos de todos estos productos es bajísimo, radica en su concentración a consecuencia de un manejo inadecuado. La concentración en charcas, arroyos o ríos puede producir la muerte de la fauna acuática, por lavado de estos productos desde tierras próximas, lo mismo que el abandono de las latas de concentrado en el campo puede producir su derrame en puntos determinados y en concentraciones intolerables, aunque esto se evita con un manejo diligente. Lo indudable, y difícilmente solucionable, es que el uso de insecticidas ha provocado la disminución de aves insectívoras, como golondrinas, vencejos y aviones.

Los problemas de deterioro y contaminación provienen en gran medida de la ganadería, tanto por vertidos directos de purines y estiércol a los ríos en las áreas de montaña como por la contaminación de acuíferos superficiales en las granjas de ganadería industrial. En las primeras, aunque existen depuradoras, no funcionan y, si lo hacen, son incapaces de «deglutir» los enormes volúmenes de agua mezclada con purines y estiércoles provenientes de las cuadras. En las segundas, aunque son obligatorias las instalaciones de tratamiento a partir de determinadas dimensiones, no se suelen utilizar, bien por comodidad, por inercia o por mal estado de los equipos. Junto a esta contaminación, las quemas para la obtención de pastos provocan a menudo incendios en las superficies forestales contiguas; quemas que difícilmente se pueden evitar con prohibiciones legales.

El evidente empobrecimiento general de los ecosistemas, motivado sobre todo por el retroceso de la cobertera vegetal, es reversible, por cuanto el medio ecológico no ha perdido su capacidad de producción de biomasa. De ahí que, aprovechando la situación agraria mundial, comunitaria y española, con excedentes generalizados, se tenga ahora la oportunidad de dar paso a un verdadero programa de reforestación, a incluir entre las prioridades del desarrollo rural.

Éste se está defendiendo desde la CE como la alternativa idónea frente al desarrollo agrario. Uno de sus tres pilares sería precisamente la reforestación, junto al turismo y la artesanía. El primero debe tener prioridad, dado que el segundo (idóneo para municipios costeros) y el tercero son más aptos para áreas muy pobladas, donde el potencial turístico es elevado, frente a la mayor parte de regiones españolas, que pueden ofrecer «naturaleza», pero poca accesibilidad y capacidad de acogida. Su explotación, por tanto, a tenor de las débiles concentraciones demográficas, muy alejadas del potencial turístico de la denominada «banana azul» europea, tendrá que ser puntual, en tanto que la reforestación podría convertirse en una verdadera alternativa, sobre todo después de haberse aprobado los fondos de cohesión en las cumbres de Maastricht y Edimburgo y de haber sido aprobada la duplicación de los fondos estructurales. De hecho, el plan quinquenal 1993-1997 contempla la reforestación de más de 1 millón de ha, entre las propuestas por la Administración central y las CCAA. De este modo, la pérdida de actividad y empleo agrícola y ganadero podría verse compensada con una ganancia de actividad silvícola, convirtiendo realmente a los agricultores, si no en jardineros, al menos en celadores de la naturaleza, en lo que deben encontrar parte de sus ingresos económicos.

5. El lento declive de una potencia pesquera

La pesca, con un 0,7 % de la población activa del país, equivalente a 102.400 personas, en 1990, y una aportación al PIB del orden del 0,5 %, constituye una actividad primaria con una evolución similar a la de la agricultura: una pérdida de importancia relativa, a pesar de que España continúe estando en el grupo de cabeza de las potencias pesqueras mundiales, tanto por el volumen como por el valor de lo desembarcado y por el tamaño de su flota, que, según Salvà, ocuparía la tercera posición mundial por tonelaje y potencia de motor, aunque la novena por tonelaje de la pesca desembarcada, pero la cuarta por el valor, dada la mayor calidad de los productos (Salvà Tomàs, P., 1987, 9). Por otro lado, el elevado consumo de pescado en

España (19,5 kg/persona y año en 1990), por más que decrezca en función de su carestía, favorece el mantenimiento del sector.

A pesar de la caída generalizada, la pesca tiene un significado geográfico singular, por su concentración en áreas y focos concretos, en los que ha alcanzado una gran valor socioeconómico, como en la Galicia costera, y principalmente en Pontevedra y La Coruña, o en todos los puertos del litoral español y, especialmente, en los grandes puertos pesqueros de Vigo, La Coruña, Las Palmas y Huelva. En el caso gallego, además, la pesca ha inducido una industria conservera y una actividad asociada que han dejado una impronta pesquera en todas las comarcas litorales.

a) Las regiones pesqueras y la importancia de las capturas

El primer aspecto a destacar es la procedencia del pescado, pues una buena parte no proviene de los mares que rodean a la Península, como sucede con la pesca de altura y gran altura, frente a la de bajura. Esta última se define como la que utiliza métodos, procedimientos y costumbres de carácter artesanal, frente a las dos primeras que introducen el proceso industrial en los barcos y suponen un alejamiento de los puertos de origen, con largas ausencias de las tripulaciones, que hacen del marinero un obrero industrial. Las flotas bacaladeras y las congeladoras (merluceras, marisqueras y de cefalópodos) constituyen un buen ejemplo de las de gran altura, cuya aportación supone algo más de una cuarta parte del tonelaje y en torno a un tercio del valor de lo desembarcado (Salvà Tomàs, 1987, 12 y 78).

El perímetro de las regiones costeras se distribuye entre 770 km del Cantábrico, 771 del Atlántico, 770 del litoral canario y 2.300 de las costas peninsulares e insulares del Mediterráneo, pero las características del Atlántico y Mediterráneo difieren sensiblemente, en favor de la riqueza ictiológica del primero, pues, como apunta Rosselló, tanto la salinidad como la temperatura y las mareas favorecen a aquél respecto a éste. Mientras el Atlántico llega a una salinidad del 35 %, el Mediterráneo alcanza un 38, la temperatura del agua superficial en enero es de 11 a 15 °C en el primero y de 14 en el segundo, y la de agosto se sitúa, respectivamente, entre 18 a 19 °C y en 25. Por ello, la riqueza en fitoplancton supera los 100 g/m^3/año en el Atlántico, mientras que sólo alcanza entre 50 y 100 en el Mediterráneo, con lo que la productividad en las rías gallegas es 15 veces mayor que la de la costa de Castellón, siendo ésta la más alta del Mediterráneo español (Rosselló, V., 1986, 353).

Los desembarcos han evolucionado positivamente durante todo este siglo, excepto en la mala coyuntura de los años treinta, motivada por los bandazos políticos y la guerra civil, por el abandono forzoso de algunos caladeros tradicionales debido a la adopción de las 200 millas como zona de explotación exclusiva de cada país a partir de 1977 y, definitivamente, a partir de 1982, y por la sobrepesca en otros, que ha reducido el tonelaje de algunos años y, principalmente, a partir del ingreso en la CE, por la necesidad de respetar los cupos tendentes a evitar el esquilmo total de algunas zonas. Así, las mayores capturas se lograron a mediados de los años setenta (en 1976 se desembarcó 1,5 millones tm, máximo histórico), mientras que en los años ochenta cayeron y se recuperaron después y desde 1988 han ido en leve descenso, de modo que en 1990 quedó un poco por debajo del millón de tm, distribuidas entre las distintas regiones pesqueras, tal como aparecen en el cuadro 6.8.

CUADRO 6.8. *Pesca desembarcada por regiones**

Regiones	1988		1990	
	10^3 tm	10^9 ptas.	10^3 tm	10^9 ptas.
Cantábrica	107	31,4	107	33,9
Noroeste	620	96,6	547	93,6
Suratlántica	90	39,3	90	46,4
Surmediterránea	24	7,6	23	9,2
Levante	28	9,7	27	9,7
Tramontana	83	23,9	72	23,1
Balear	4	2,3	4	4,0
Canaria	66	12,2	84	18,9
Total	1.022	223,3	954	238,9

* No incluye mejillón destinado a conservas, algas y argazos, bacalao verde ni almadrabas.
Fuente: MAPA.

La *región del noroeste*, que incluye todas las costas gallegas, destaca por encima de las demás en tonelaje y valor, así como en la cantidad de pesca de gran altura y altura desembarcada; aporta, además, la gran mayoría de la producción de parques y viveros, ante todo de mejillón, con sus bateas distribuidas por las rías bajas, principalmente en Santa Eugenia, Cambados, Villagarcía, Cangas, Caramiñal y Grove, que, junto con Bueu, Redondela y Sada producen la casi totalidad del mejillón español; pero, en conjunto, destacan los dos grandes puertos pesqueros españoles de Vigo y La Coruña.

Le siguen en importancia la cantábrica, canaria y suratlántica. La *cantábrica* (desde el Eo al Bidasoa), es la segunda por tonelaje, aunque algunos años le supera en peso Canarias, pero la tercera por valor (año 1990), con puertos bien conocidos, como los de Pasajes, Ondárroa, Bermeo, San Sebastián y Gijón. La *región suratlántica*, entre Ayamonte y La Línea de la Concepción, alcanza más importancia que la canaria en peso descargado y en valor, dadas las especies capturadas, como crustáceos de elevado precio (langostino, gamba y cigala), así como por servir de base a barcos que faenan en los bancos saharianos, aunque cada vez con más problemas. La región *canaria* se basa en pesca de altura y gran altura, si bien las crecientes dificultades en el banco sahariano le están haciendo retroceder respecto a la cantábrica, la cual, a su vez, ha retrocedido considerablemente durante los últimos años. La región canaria, aunque no destaca, tiene el tercer puerto pesquero español en Las Palmas.

Siguen en importancia, bastante alejadas, la región de la *tramontana*, entre los cabos de Creus y La Nao, en la que sobresalen los puertos de Castellón, Tarragona, Barcelona, Vilanova i la Geltrú y Valencia, y la región de *levante*, entre el cabo de Gata y el de La Nao, una región empobrecida en pesca, con puertos como Alicante, Cartagena, Torrevieja y Santa Pola. La región *balear*, finalmente, tiene muy poca entidad, y, al igual que la tramontana y levante, es deficitaria en pescado, que debe importar.

Entre las *especies capturadas*, las sardinas y anchoas ocupan la primera posición por tonelaje, aunque bacalao, pescadilla y merluza alcanzan el mayor valor como grupo (véase fig. 6.12). El bacalao, capturado principalmente en las costas de Terranova y Escocia, se ha visto reducido por las restricciones de Canadá y la CE.

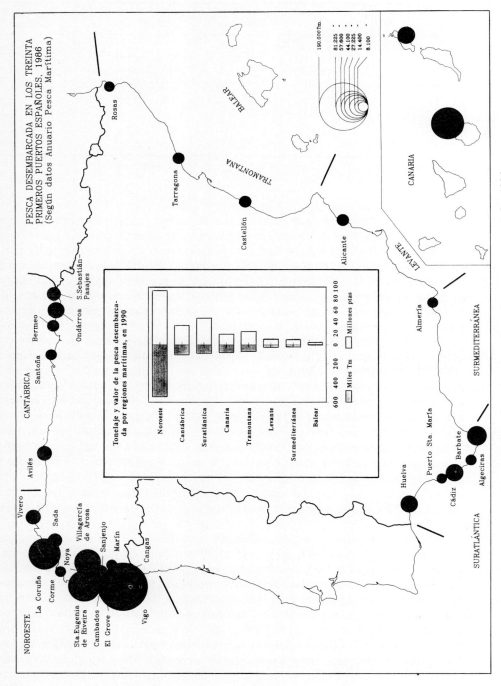

FIG. 6.12. *Pesca desembarcada en los treinta primeros puertos españoles, 1986.*

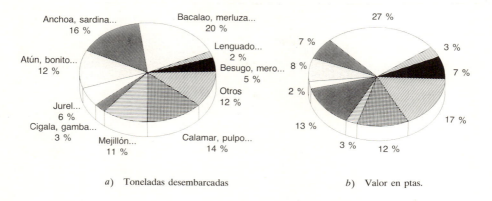

a) Toneladas desembarcadas   *b*) Valor en ptas.

FIG. 6.13. *Peso y valor de la pesca desembarcada en España, por grupos de especies.* Fuente: MAPA, datos de 1987. (Los tres puntos indican que incluye otras especies afines.)

Merluza y pescadilla constituyen dos especies de gran valor e importante tonelaje capturadas por la flota de altura, que faena desde el Cantábrico al sur de Irlanda y al oeste de la Península. Los crustáceos (cigala, gamba, centollo, nécora) son los de más valor (13 %), con tan sólo un 3 % del peso. Los cefalópodos representan un conjunto equilibrado, que vienen generalmente como pesca de gran altura (capturada por barcos congeladores en los bancos de las costas africanas y del Atlántico meridional). Los túnidos, especies migratorias, se capturaban en el Cantábrico, Atlántico y Mediterráneo, pero en la actualidad provienen de las costas de África occidental, como pesca de altura.

Importancia singular adquiere la pesca procedente de *parques y viveros*, principalmente del mejillón, además de numerosos crustáceos. De hecho está adquiriendo un peso creciente en Galicia y región suratlántica y desde la Ley 23/1984, de 25 de junio sobre Regulación de Cultivos Marinos y su posterior adaptación a la normativa comunitaria, con las consecuentes ayudas para la investigación en este sector, se está revelando como una alternativa a la disminución de especies pescables y las restricciones en diversos caladeros.

b) VARIEDAD Y PROBLEMAS DE LA FLOTA Y LOS CALADEROS

La *flota* española adolece de un elevado grado de vejez, a menudo escaso dimensionamiento por barco, y, en general, sobredimensionamiento, dadas las actuales posibilidades de captura. La Dirección General de Pesca estableció la división entre flota artesanal, constituida por embarcaciones de menos de 20 TRB (toneladas de registro bruto); la flota litoral, también denominada costera o de bajura, entre 20 y 100 TRB; la flota de altura, entre 100 y 250 TRB, y la flota de gran altura, con barcos de más de 250 TRB, integrada por bacaladeros, balleneros y grandes congeladores. Esta clasificación viene a coincidir con la establecida por Ley de 23-de diciembre de 1961, que divide la pesca en las tres modalidades de costera, a menos de 60 millas del litoral; de altura, realizada a más de 60 millas, pero sin sobrepasar los meridianos 10° E y 20° O ni los paralelos 0 y 60° N, y, finalmente, de gran altura, sin límites (Salvà Tomàs, P., 1987, 13).

El problema mayor de la flota española es, pues, su pequeña capacidad por barco y su vejez, si bien hay numerosas embarcaciones registradas, aunque inactivas, pero, en todo caso, demasiado pequeñas para faenar lejos de las plataformas continentales, con lo que sobreexplotan y esquilman los caladeros más próximos a las costas. La estimación del MAPA en 1986 daba un total de 17.464 embarcaciones, con un tonelaje de 649.457 TRB, una potencia de 2,56 millones CV y 94.246 tripulantes, pero tan sólo 556 buques (3,2 %) eran de gran altura, 1.070 de altura (6,1 %), 2.445 formaban la flota costera (14 %) y 13.393 eran embarcaciones artesanales, con menos de 20 TRB. La flota de altura y gran altura, que ha conocido una clara modernización, acaparaba el 71,5 % del tonelaje y algo más de la mitad del caballaje, pero aún debe sufrir una profunda reestructuración.

En cuanto a los *caladeros*, la aplicación de la zona exclusiva de las 200 millas por los países ribereños a partir de 1974 fue reduciendo la libertad de pesca anterior, especialmente en los bancos de África occidental y en el Atlántico septentrional y meridional. La nueva ordenación jurídica del Derecho del Mar, aprobada definitivamente por las Naciones Unidas en 1982, ha obligado a abandonar algunos caladeros tradicionales y a reducir las capturas en otros, disminuyendo, en consecuencia, el volumen de pesca, como ha sucedido en el Atlántico nordoriental, sometido a la legislación comunitaria, salvo en la parte noruega, pero, respetando, en todo caso, la zona de las 200 millas, lo que ha motivado un retroceso considerable de las capturas de bacalao. Pero ha sido en el banco sahariano y en toda el África occidental, el más rico a escala mundial, con abundancia de merluza, gambas, cefalópodos, etc., donde España se ha visto más afectada y ha tenido que llegar a acuerdos bilaterales con Marruecos, Senegal, Mauritania... para poder continuar su actividad, principalmente desde las Canarias y la región suratlántica.

Entre los caladeros españoles sobresalen por su riqueza los del noroeste y Cantábrico, donde la pesca de túnidos y de sardinas y anchoas, que llegan periódicamente en sus migraciones, tiene un gran peso, tanto para consumo en fresco como para las industrias conserveras. Junto a estas especies aparecen otras demersales (gallo, rape, cigala, merluza, besugo, etc.), lo que hace de este conjunto el de mayor valor pesquero de España. Le sigue en importancia la costa andaluza, rica en peces (sardina, boquerón, pijota, jurel, etc.), crustáceos (langostino, cigala, gamba, etc.) y moluscos (almejas, navajas, jibias y calamarès, etc.). En la costa mediterránea, como ya señalamos, hay una menor riqueza, sobresaliendo la sardina, el boquerón, el atún rojo, melva, etc. (Salvà Tomàs, P., 1987, 35-36).

A pesar de la disminución de las capturas, todavía hay un elevado número de puertos en los que la pesca constituye una actividad fundamental. De los 112 puertos españoles más importantes en pesca, 8 acaparan la mitad del tonelaje desembarcado, que, por orden decreciente, son: Vigo, Las Palmas, La Coruña, Pasajes, Algeciras, Huelva, Cádiz y Barbate, pero, por su especial concentración, destaca el litoral entre la Coruña y la costa portuguesa, donde se localiza la mayor concentración pesquera nacional, pues a los de La Coruña y Vigo se suman los de Noya, Santa Eugenia de Riveira, Villagarcía de Arosa, Cambados, Sanjenjo, Marín y Cangas, además de otros de menor entidad, pero que, al margen del valor económico del producto, han originado una potente y dinámica industria conservera, junto a plantas de lavado y filtrado, empresas de transporte del pescado y conservas, etc. Ahora bien, toda la actividad pesquera está sometida a las regulaciones políticas emanadas desde la CE.

c) La política pesquera de la CE y su repercusión en España

La CE comenzó realmente a elaborar una política común de pesca en 1983, al año siguiente de la aprobación por la ONU del nuevo Derecho del Mar, que establecía la zona económica exclusiva de las 200 millas. Tras el ingreso en la Comunidad, España ha tenido que adaptar su política pesquera a la comunitaria y, dada la sobreexplotación de los caladeros, reducir las capturas. En realidad, la negociación de pesca se basó en el número de buques que podían faenar en aguas comunitarias y en la cesión, por parte de España, de sus convenios bilaterales con otros países, que a partir de entonces pasaron a ser controlados por la Comunidad.

Los países comunitarios han renunciado prácticamente a su soberanía en materia de pesca en favor de la Política Pesquera Común (PPC), la cual afecta ya totalmente a España, puesto que la Comisión presentó antes de finales de 1992 el informe sobre la situación pesquera, que dará lugar a la adopción de las medidas tendentes a conseguir el equilibrio entre generación y explotación de recursos; medidas que serán asumidas en 1993 para entrar en vigor a partir del 1 de enero de 1996 según reza el artículo 162 del Tratado de Adhesión. A España se le permitió una lista básica de 300 buques, de los que tan sólo la mitad podrían estar faenando simultáneamente en aguas de la CE. Al mismo tiempo, se limitaron las capturas anuales de determinadas especies (18.000 tm de merluza, 30.000 de bacalao, 31.000 de jurel, etc.) y todo ello en condiciones restrictivas, para evitar la sobrepesca.

En suma, la pesca en España tiene muy poco valor en cuanto a participación en el PIB nacional y escasa capacidad de empleo directo; sin embargo, debido a su concentración espacial y a las actividades industriales y de servicios generadas, adquiere mucho mayor peso del que se deriva de los datos económicos directos. Pero, a pesar de todo, una potencia pesquera, como continúa siendo España, no puede basar su capacidad en caladeros pertenecientes a otros países o situados en zonas demasiado alejadas y conflictivas; por ello, la verdadera alternativa hay que buscarla en la acuicultura, que deberá representar una auténtica revolución pesquera cara al futuro, siempre que la excesiva contaminación de las aguas de la plataforma continental no acabe con la potencialidad productiva de estas áreas.

Bibliografía básica

Alonso González, S. (1991): «La política comunitaria de estructuras agrarias. Objetivos y medios», *Revista de Estudios Agro-Sociales*, n.º 156, pp. 169-184.

Bosque Maurel, J. y Vilá Valentí, J. (dirs.) (1989-1992): *Geografía de España*, Planeta, Barcelona, 10 vols.

Colchester, N. (1992): «La reforme de la PAC: impératif communautaire et défi pour les pays de l'AELE», *Problèmes économiques*, n.º 2.300, 18-XII-1992, pp. 9-11.

Comisión de las Comunidades Europeas (1991): «Desarrollo y futuro de la PAC», *Doc. COM (91) 100 final.*
— (1992): *La situación de la agricultura en la Comunidad. Informe 1991,* Oficina de Publicaciones Oficiales de las CCEE.
Frutos Mejías, L. M. (1990): «Parte 1/ Aragón», en Bosque Maurel, J., y Vilá Valentí, J. (Dirs.): *Geografía de España,* vol. 6 (Aragón y Castilla-León), Planeta, Barcelona.
García de Mercadal, J. (1952): *Viajes de extranjeros por España y Portugal desde los tiempos remotos hasta fines del siglo XVI.* Recopilación, traducción, prólogo y notas por —, Aguilar, Madrid, 3 tomos, 1952.
Gozálvez Pérez, V. (1981): «Las grandes explotaciones agrarias actuales en el País Valenciano», en *La propiedad de la tierra en España y su influencia en la organización del espacio,* Universidad de Alicante, Departamento de Geografía, pp. 213-232.
ICE (1993): «La política de estructuras pesqueras», *Información Comercial Española,* n.º 714, n.º monográfico, varios autores.
INE (1991): *Encuesta sobre la estructura de las Explotaciones Agrícolas 1987,* Instituto Nacional de Estadística, Madrid.
— (1991): *Censo Agrario 1989.* t. 1. *Resultados nacionales*; t. 2. *Resultados por Comunidades Autónomas*; t. 4. *Resultados comarcales y municipales,* Instituto Nacional de Estadística, Madrid.
— (1991): *EPA. Tablas anuales 1990,* Madrid.
MAPA (1990): *La alimentación en España 1990,* MAPA, Secretaría General Técnica, Madrid.
— (1991): *La agricultura, la pesca y la alimentación en 1990,* Secretaría General Técnica del MAPA, Madrid.
Mate, V. (1992): «La cola del GATT. El acuerdo de la CE y EE.UU. puede suponer la invasión de excedentes agrarios en España», *El País,* 29-XI-1992, Suplemento dominical, Negocios, p. 6.
— (1992): «Por los suelos: la reforma de la PAC y el preacuerdo del GATT presionan a la baja los precios de la tierra», *El País,* 13-XII-1992, Suplemento dominical, Negocios, p. 18.
Ministerio de Economía y Hacienda (1991): *Catastro Inmobiliario Rústico 1990,* Centro de Gestión Catastral y Cooperación Tributaria, Madrid.
Roselló Verger, V. M. (1986): «La pesca», en *Geografía de España,* dirigida por M. de Terán y otros, Barcelona, Ariel.
Salvà Tomàs, P. (1987): «La pesca», en *Geografía de España,* n.º 8, Síntesis, Madrid.
Tamames, R. (1991): *Estructura económica de España,* Alianza Universidad, Madrid.

Capítulo 7

LÓGICA ESPACIAL DEL SISTEMA PRODUCTIVO: LA REESTRUCTURACIÓN DE LA INDUSTRIA

1. Las dimensiones del cambio industrial en España

a) INDICADORES DE LA CRISIS INDUSTRIAL

Ya desde finales de los años sesenta, los países de la OCDE comenzaron a experimentar una moderación en sus tasas de crecimiento anteriores, que se acentuó bruscamente en la década siguiente, ante el progresivo agotamiento del proceso de acumulación y de las políticas keynesianas que hicieron posible la larga fase de prosperidad iniciada en la posguerra mundial (Palazuelos, E., coord., 1988). En España, el inicio de la crisis se hizo patente con unos años de retraso para alcanzar especial virulencia a partir de 1975-1977, cuando a los problemas económicos se añadieron las incertidumbres asociadas al cambio de régimen político y la reorganización institucional del Estado, con la aparición de las Comunidades Autónomas.

La crisis económica fue, ante todo, una crisis industrial, pues como elemento central del sistema productivo, el sector fabril se vio directamente afectado por las convulsiones internas y externas que forzaron una profunda reestructuración en las empresas, transformando tanto su manera de producir y su organización, como el sistema de relaciones laborales vigente, las cadenas de vínculos interempresariales, sus pautas de localización, etc. Algunos indicadores externos pueden dar cuenta de las dimensiones alcanzadas por esta crisis.

En primer lugar, y considerando la evolución registrada durante el período 1975-1990 (fig. 7.1 y cuadro 7.1), el efecto más relevante por su impacto social fue, sin duda, la reducción del empleo industrial en un 28 % a lo largo del decenio 1975-1985, lo que equivale a la pérdida de 982.000 puestos de trabajo. Si a esto se suma la destrucción de otros 453.000 empleos en la construcción y la persistencia de la desagrarización (– 900.000 empleos) frente al débil incremento de la ocupación en el sector de servicios (+ 221.000 empleos), el resultado no podía ser otro que la elevación de la tasa de desempleo hasta niveles muy superiores a los de cualquier otro país de la OCDE, pasando del 3,8 % de la población activa en 1975, al 21,9 % 10 años después (16,2 % en la industria y 36,6 % en la construcción). No obstante, esa caída de la ocupación no se vio acompañada por otra similar de la producción que, valorada en pesetas constantes (para eliminar el efecto de la inflación), aún creció

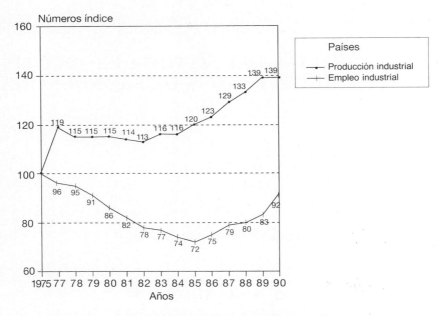

FIG. 7.1. *Evolución de la industria en España (1975-1990).*

con rapidez hasta 1977, estabilizándose en años posteriores y alcanzando un índice de 116 en 1984. Esto supone, en consecuencia, que la primera respuesta empresarial frente a la crisis supuso una fuerte reducción de las plantillas laborales y, en menor medida, una sustitución de mano de obra por capital (maquinaria y equipos) con objeto de elevar una productividad que creció un 4 % al año. La disociación que muestran esos dos indicadores, que en el pasado reciente se consideraban estrechamente interrelacionados, pone de manifiesto una de las vertientes del cambio industrial.

A partir de 1985, una vez superada la fase más dura del ajuste, incrementados los excedentes empresariales por la contención salarial, y ante la mejora de la economía internacional, que aquí supuso la entrada masiva de capital extranjero tras la incorporación a la Comunidad Europea, se produjo un período de recuperación que culminó en 1990. En lo que afecta a la industria, las cifras de empleo volvieron a aumentar en más de 400.000 trabajadores, equivalentes a un 20 %, aunque sin alcanzar las del inicio del período y con un alto grado de precariedad interna, descendiendo la tasa de paro al 16 % en 1990 (8,6 % en la industria y 14,8 % en la construcción). Otro tanto ocurrió con la producción, que creció un 23 % en tan sólo cinco años, superando ampliamente el promedio logrado por los países de la Comunidad (18 %). La recuperación de la inversión industrial, dirigida tanto a la creación de nuevas empresas como a la renovación del equipamiento en las existentes, fue el corolario del proceso.

En cualquier caso, el antiguo binomio industria/desarrollo resultó profundamente cuestionado ante la inestabilidad mostrada por la actividad fabril, los graves problemas de desempleo y reconversión que afectan a algunas áreas densamente industrializadas y la caída del sector en el conjunto de la economía española hasta el

Cuadro 7.1. *Evolución de la industria y el desempleo en España (1975-1990)*

Años	Miles empleos	Producción (miles de millones)	Tasa paro industrial (%)	Tasa paro global (%)
1975	3.551,0	1.745,4	2,47	3,84
1976	3.420,9	2.098,2	2,87	4,95
1977	3.414,1	2.616,5	2,97	5,67
1978	3.358,9	3.148,7	4,36	7,10
1979	3.210,5	3.614,3	5,63	8,70
1980	3.061,5	4.593,3	7,53	11,53
1981	2.888,7	5.188,9	9,31	14,36
1982	2.760,3	5.888,4	12,01	16,29
1983	2.723,2	6.741,3	12,88	17,80
1984	2.619,6	7.669,4	14,48	20,59
1985	2.567,6	8.492,8	16,22	21,90
1986	2.664,3	8.790,5	15,29	21,50
1987	2.801,9	9.546,2	9,50	20,58
1988	2.818,6	10.580,5	9,57	19,85
1989	2.940,6	11.369,0	8,50	17,32
1990	3.259,3	12.028,4	8,60	16,26

Fuente: INE, Encuesta de Población Activa y Contabilidad Nacional de España.

23 % de la población activa y el 26 % del PIB en 1990 (27 % y 31 % en 1975). Si entre 1960-1975 un 45 % del crecimiento experimentado por el PIB se debió a la industria, desde entonces su participación quedó reducida al 30 % ante el mayor protagonismo alcanzado por el sector terciario.

Pero además de suponer modificaciones bruscas en los volúmenes globales de producción y empleo a lo largo del tiempo, la crisis industrial acarreó efectos muy diversos según ramas de actividad, tipos de empresas y territorios, afectando de manera intensa la estructura del sistema industrial español en su conjunto.

En el plano sectorial, mientras las industrias químicas, de alimentación, o de papel y artes gráficas incrementaron su valor añadido muy por encima del promedio, con una reducción de sus efectivos laborales de apenas un 10 % sobre la cifra inicial, mostrando así una elevada capacidad de respuesta positiva, otras como las de textil/confección, madera y mueble, metalurgia básica y de transformación, o materiales de construcción, padecieron una evolución mucho más desfavorable ante el estancamiento del mercado interno y la creciente competencia exterior (fig. 7.2). Esto supuso un cambio sustancial respecto a las tendencias imperantes en los 15 años anteriores, debilitándose la participación de las industrias de cabecera y medios de producción —afectadas por una secular debilidad y que sólo crecieron un 0,1 % anual de promedio entre 1974 y 1988— frente al mejor comportamiento de las de bienes de consumo (cuadro 7.2). Como afirman Buesa y Molero, «este hecho es relevante si se tiene en cuenta el papel central que juegan las industrias productoras de equipamientos en la generación y difusión de tecnologías innovadoras, por lo que puede afirmarse que las condiciones en las que se ha desenvuelto la producción industrial durante la crisis no han favorecido la obtención, sobre bases internas, de los recursos necesarios para implementar el cambio tecnológico» (Buesa, M. y Molero, J., 1990, 125). Pese a la mejora experimentada en el último cuatrienio, la fa-

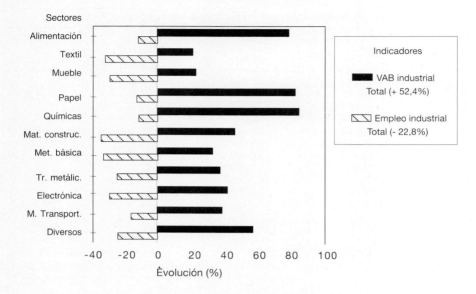

FIG. 7.2. *Evolución sectorial de la industria (1980-1987)*. Fuente: OCDE.

bricación de medios de producción en 1988 sólo supera en un 2 % la de 1974, frente al 43 % en que lo hace la de bienes de consumo.

Desde una perspectiva complementaria, tampoco puede olvidarse que en la recuperación iniciada en 1985 tuvieron especial protagonismo algunas de las industrias denominadas de «demanda fuerte» por la Comisión de las Comunidades Europeas, como es el caso de la maquinaria de oficina y ordenadores (sectores informático y de telecomunicación, con crecimiento anual cercano al 18 % entre 1985-1988), el material eléctrico y la industria aeronáutica (8 %), o la química (6 %), junto a otras de «demanda media» como automóviles, plásticos, maquinaria y equipos, etc. Frente a éstas, las ramas más maduras o de «demanda débil» (metalurgia básica y de transformación, construcción naval, textil y confección, cuero y calzado, madera y corcho, material de construcción, vidrio y cerámica) mantuvieron un débil crecimiento de su producción, aunque fueron también las que generaron mayor número de empleos, poniendo así de manifiesto un dualismo interno en el sistema industrial español que parece reforzarse con el paso del tiempo.

CUADRO 7.2. *Crecimiento anual de la producción según tipos de industrias (1974-1988) (%)*

Tipo de industria	1974-1984	1985-1988	1974-1988
Medios de producción	– 3,9	11,1	0,1
Productos intermedios	1,6	1,6	1,6
Bienes de consumo	2,4	3,1	2,6
Total industria	1,2	3,2	1,8

Fuente: Buesa, M., y Molero, J., 1990.

b) La detención del proceso de polarización y los nuevos ejes de crecimiento

Por lo que afecta a su distribución espacial, la novedad más significativa a primera vista que incorporaron estos años fue la detención del proceso de concentración dominante en décadas anteriores, constatable tanto a escala regional, como provincial y municipal.

En el primero de esos planos, la tendencia a una hegemonía cada vez mayor de Cataluña, Madrid, el País Vasco y la Comunidad Valenciana, que en 1975 ya reunían el 60,5 % de los empleos industriales, conoció una brusca detención hasta ver reducida su participación al 58,8 % en 1987 (cuadro 7.3). En el extremo opuesto, las regiones interiores con excepción de Madrid elevaron su presencia relativa del 15,0 al 17,1 %, rompiendo así una trayectoria secular de sentido opuesto.

A escala provincial, la nueva situación resultó aún más evidente pues, de una parte, la proporción acumulada por las cinco más industrializadas retrocedió desde un 50,7 % del empleo y 51,3 % del VAB, al 48,5 % y 46,7 % en esos doce años. De otra, al observar la distribución de ganancias y pérdidas (fig. 7.3) se pone en evidencia un reparto algo confuso y, en apariencia, aleatorio, bastante alejado de la estricta lógica concentradora de la etapa precedente, al registrar Barcelona, Madrid, Vizcaya, Guipúzcoa o Asturias una evolución bastante más desfavorable que la del conjunto, en tanto Valencia era el foco industrial tradicional que mostró un mejor comportamiento relativo.

Finalmente, y coincidiendo con lo anterior, la evolución del empleo industrial en establecimientos con más de 50 trabajadores según tamaño urbano invirtió entre 1975-1985 el sentido de la relación observable en la década anterior, al ser los mu-

Cuadro 7.3. *Evolución regional de la industria y distribución en 1989*

Comunidades Autónomas	Ocupados (miles) Año 1989	Evol. (%) 1979-89	PIB (mil millones ptas) Año 1989	Evol. (%) 1979-89	Tasa de paro (1989) (%)
Andalucía	260,9	− 11,4	1.004,4	213,2	27,0
Aragón	112,0	− 5,6	494,3	294,8	12,1
Asturias	95,7	− 21,5	438,1	168,2	17,8
Baleares	40,8	+ 1,7	138,9	295,0	10,7
Canarias	47,5	+ 8,7	208,5	346,7	21,5
Cantabria	39,1	− 30,3	163,5	176,6	17,8
Castilla-La Mancha	113,6	+ 11,6	417,5	317,5	14,1
Castilla-León	166,5	− 10,0	788,8	250,1	16,7
Cataluña	747,5	− 8,7	3.144,8	242,5	14,3
Comunidad Valenciana	383,4	− 3,6	1.342,2	262,9	15,4
Extremadura	28,3	− 22,0	156,7	283,3	26,4
Galicia	160,9	− 6,2	657,1	262,5	12,1
Madrid	348,1	− 12,3	1.450,6	218,4	13,3
Murcia	67,9	− 7,9	228,4	202,4	16,2
Navarra	63,8	− 8,2	289,3	315,8	12,7
País Vasco	236,2	− 29,4	1.086,1	194,7	19,6
La Rioja	29,4	− 7,8	113,6	318,0	10,1
España	2.941,6	− 10,7	12.122,8	238,4	17,3

Fuente: Banco Bilbao Vizcaya, *Renta Nacional de España y su distribución provincial*, varios años.

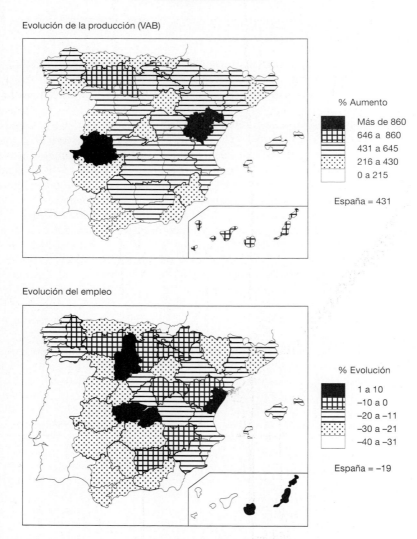

FIG. 7.3. *Evolución provincial de la producción y el empleo industrial (1975-1987)*. *Fuente*: Banco Bilbao-Vizcaya.

nicipios con menos de 20.000 habitantes los únicos en registrar ganancias (+ 7,4 %), en tanto las mayores pérdidas afectaron a las ciudades por encima del medio millón de habitantes (– 33,0 %), que redujeron su participación en el conjunto del 25,5 al 20,0 % (Méndez, R., 1988). Todo ello justificó la aparición de diversas interpretaciones que afirmaban la existencia de una drástica modificación —e, incluso, inversión— en las pautas de localización empresarial al agotarse los atractivos de la gran ciudad y de muchas áreas de antigua y densa industrialización por la elevación de costes (suelo, salarios, impuestos...), la saturación de sus infraes-

SOCIEDAD, ECONOMÍA Y ESTRUCTURAS TERRITORIALES 385

tructuras y la mayor conflictividad/rigidez que suele presentar su mercado de trabajo. Esto favorecería un progresivo trasvase de industrias hacia espacios periféricos, inaugurando así un período de desarrollo más difuso en el que las anteriores relaciones de desigualdad entre centros y periferias quedarían desdibujadas (Vázquez, A., 1986; Ferrer, M., 1991).

No obstante, una observación más atenta de estos y otros indicadores básicos disponibles permite matizar inicialmente tales afirmaciones, así como establecer ya ciertas regularidades espaciales más nítidas en la evolución registrada desde 1975. Así, por ejemplo, al relacionar el aumento de la producción industrial en cada provincia con su participación en el total español (fig. 7.4), se comprueba que, dentro

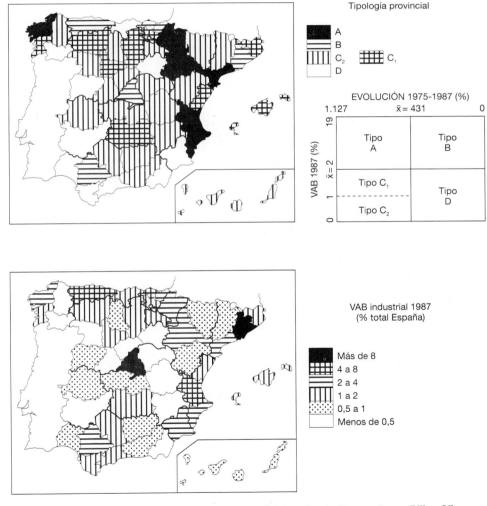

FIG. 7.4. *Tipos de evolución y distribución provincial de la industria.* Fuente: Banco Bilbao Vizcaya.

de esa relativa dispersión del crecimiento, fueron los ejes del Ebro y del Mediterráneo los que reforzaron en mayor medida su posición dentro del sistema, frente al debilitamiento del Cantábrico y de focos tradicionales como Madrid y Barcelona. Si, en cambio, dirigimos la atención al reparto de la inversión en nuevas industrias y ampliaciones para el período 1977-1988, resultan mucho menos evidentes esas tendencias centrífugas, pues los mayores niveles de capitalización continuaron produciéndose en las áreas catalana, vasca y madrileña, incorporándose decididamente los dos ejes ya mencionados e, incluso, el de la Galicia litoral (fig. 7.5).

En cualquier caso, todo lo señalado hasta ahora no son sino manifestaciones externas de un proceso de transformación en la lógica de funcionamiento propia de la actividad industrial, con evidentes implicaciones geográficas, además de económicas, sociolaborales o culturales, que exigen un esfuerzo de interpretación capaz de profundizar en las diversas tendencias que subyacen bajo esas simples cifras.

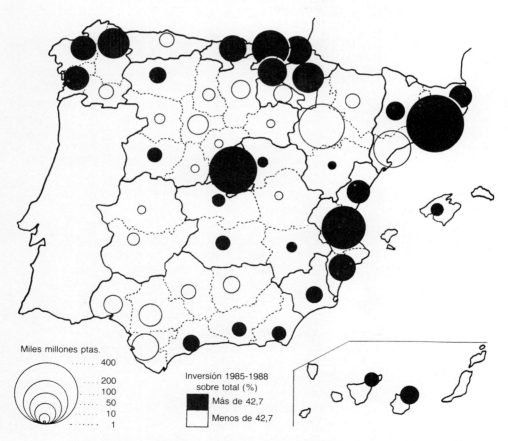

Fig. 7.5. *Inversión industrial (1977-1988).* Fuente: Registro Industrial.

2. La reestructuración de la industria española

a) UN ENFOQUE ESTRUCTURAL DEL CAMBIO INDUSTRIAL

Como suele suceder siempre que se intenta avanzar desde la simple descripción de unos hechos hacia su interpretación, la diversidad de argumentos y el debate presiden las muchas páginas escritas en la última década para explicar lo ocurrido y proponer, en su caso, medidas correctoras que palíen algunos de sus efectos indeseados y potencien una efectiva reindustrialización. Dentro de esa diversidad, las tesis de corte neoliberal, que identifican la crisis económica como una crisis de oferta, originada por el encarecimiento de los costes de producción (energéticos, salariales, fiscales, etc.), la creciente competencia externa (nuevos países industriales, eliminación de aranceles, etc.), el impacto de las nuevas tecnologías (rápida obsolescencia de los equipos, reducción del tiempo de trabajo, etc.) y la rigidez de los mercados (de trabajo, de capital, etc.) debida a un excesivo intervencionismo estatal, han sido ampliamente dominantes en la bibliografía y la praxis política (Fuentes, E., 1980 y 1985; Myro, R., 1988). Sin negar la incidencia de algunos de esos factores en la reciente evolución de la industria, parece también necesario ahondar en las razones estructurales, de fondo, que justifican su aparición simultánea en el tiempo, abordadas en el contexto de la transición efectuada por la economía capitalista desde una fase de acumulación dominada por el modelo productivo fordista hacia otra nueva (posfordista), lo que conlleva una mutación de ciertas características fundamentales.

Tal como propone el esquema de la figura 7.6, el cambio industrial en España resulta de la confluencia entre una serie de transformaciones globales, observables a escala internacional y que pueden entenderse como factores externos, junto con las específicas condiciones que suponen la estructura industrial e institucional heredada y la coyuntura histórica del período, marcada por la transición democrática.

Respecto a las mutaciones que marcan el inicio del nuevo ciclo de acumulación, identificable para muchos con una tercera Revolución Industrial, cuatro son las esenciales (Caravaca, I., 1990; Alburquerque, F., y otros, 1990).

En primer lugar, tiene lugar una masiva incorporación de innovaciones ante el agotamiento del ciclo tecnológico anterior, de base electromecánica-química, y el inicio de otro que tiene a la microelectrónica y la información como ejes centrales, traducidos en múltiples aplicaciones: la informática, que permite el almacenamiento y tratamiento masivo de información, las telecomunicaciones que facilitan su difusión, la robótica que posibilita su aplicación práctica a la realización de tareas, la biotecnología, que hace posible la lectura y reprogramación de los códigos genéticos, etc. Todos esos sectores, junto con otros que les sirven de soporte (nuevos materiales, láser, etc.), la aeronáutica o las energías renovables, constituyen las industrias calificadas como de nueva o alta tecnología, intensivas en el uso de recursos humanos cualificados y de rápido crecimiento actual.

Al tiempo, el modelo fordista surgido a comienzos de siglo y basado en la fabricación mecanizada y en serie de grandes cantidades de productos homogéneos, realizada en establecimientos integrados verticalmente, también experimentó un progresivo declive respecto a los beneficios generados en el pasado. Aunque las economías de escala, ligadas a la producción masiva, siguen siendo importantes

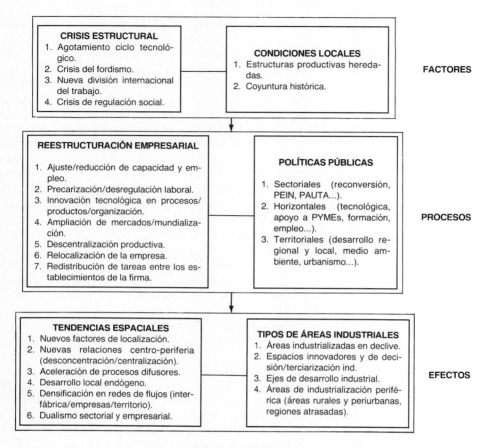

FIG. 7.6. *Esquema interpretativo de la reestructuración industrial en España.*

para aquellos bienes estandarizados y de escaso valor, son cada vez más numerosas las actividades donde lo esencial es hoy la capacidad de las empresas para atender una demanda diversificada y cambiante, lo que exige una amplia flexibilidad para lograr una innovación permanente y una diferenciación de sus productos en función de mercados específicos. Esto resulta más fácil en unidades productivas de tamaño pequeño y mediano (frente al declive de la gran fábrica), al tiempo que exige un mayor esfuerzo en diseño, calidad, servicio posventa, etc., que no todas las empresas saben o están en condiciones de realizar, lo que establece un nuevo tipo de jerarquización entre ellas (Piore, M., y Sabel, C., 1990).

La creciente segmentación en fases de los procesos de fabricación, junto a la mejora del transporte y las comunicaciones, favorece una división del trabajo cada vez mayor entre territorios que se especializan según sus respectivas ventajas comparativas: abundancia de recursos naturales, mano de obra barata y/o cualificada, densidad de infraestructuras de calidad y servicios a las empresas, etc. Todo ello, junto a la apertura exterior y la formación de grandes mercados supranacionales como el de la Comunidad Europea, refuerza la mundialización de la economía y la influencia de los factores externos (inversión de capital, relaciones comerciales, etc.) sobre los sistemas industriales de ámbito estatal y regional, en el marco de una nueva división internacional del trabajo cada vez más estricta que refuerza la posición semiperiférica de España.

Finalmente, las profundas modificaciones señaladas y la creciente influencia del pensamiento neoliberal han presionado sobre el marco institucional y jurídico que regulaba el funcionamiento del sistema en la etapa anterior. El cuestionamiento del Estado de bienestar y de algunas conquistas sociales ante la prioridad otorgada a la reducción del déficit público, una valoración de la intervención estatal como sinónimo de ineficacia frente al nuevo deslumbramiento por las virtudes del mercado como medio para lograr el ajuste productivo, y una progresiva desregulación del mercado de trabajo para dotarle de mayor «flexibilidad», son sus manifestaciones más frecuentes.

Esta mutación global, que afecta en profundidad la organización y el funcionamiento de la industria, se ha visto matizada en el caso español por una serie de condiciones específicas, que agravaron inicialmente algunos de sus impactos más negativos.

b) Peculiaridades de la crisis industrial española

Aunque lo ocurrido en la industria española no puede explicarse al margen de esas tendencias generales, tampoco cabe ignorar la existencia de una «crisis diferencial» vinculada a circunstancias específicas del período y a una estructura productiva aquejada de ciertas debilidades e insuficiencias, que se hicieron patentes en esta nueva etapa. Entre las primeras, se ha repetido hasta la saciedad que la transición política generó un período de incertidumbre que incidió negativamente en el plano económico reduciendo la inversión empresarial —tanto interna como procedente del exterior— y postergando la adopción de políticas de ajuste a medio plazo similares a las que, coetáneamente, ya aplicaban otros países europeos, pese al intento que supusieron en esa dirección los Pactos de la Moncloa (1977).

Pero de mayor importancia son los problemas heredados del período desarrollista y que ahora supusieron un lastre de difícil superación para nuestra industria, resumidos en una desfavorable especialización sectorial, una baja productividad, un escaso esfuerzo innovador y un elevado endeudamiento empresarial.

Respecto al primero de ellos, el crecimiento industrial español de etapas anteriores se mantuvo ligado prioritariamente a actividades intensivas en trabajo descualificado o en energía, que fueron las más afectadas por el estancamiento de la demanda y la competencia de nuevos países industriales con costes inferiores. El hecho de que, aún en 1981, las industrias de demanda fuerte sólo representasen el 12,8 % del producto industrial español, frente al 23,8 % de promedio en la Comunidad Europea, mientras otras de demanda débil como la siderurgia, el textil/confección, calzado, madera/mueble y minerales no metálicos duplicaban esa proporción (sólo el 18,2 % en la Comunidad), es un buen exponente de una composición poco favorable en las actuales circunstancias, al igual que ocurre con la excesiva dependencia del petróleo como base energética (Petitbó, A., y Sáez, J., 1990).

Por otra parte, la tradición proteccionista y el minifundismo empresarial no incentivaron una reinversión suficiente en la mejora de equipos y procesos, con lo que la productividad por persona ocupada se mantuvo, salvo excepciones, en niveles inferiores a los de países de nuestro entorno, siendo equivalente al 41,6 % del promedio de la OCDE, o al 47,4 % de la CEE en 1975 (Martínez Serrano, J. A., y otros, 1982). Unos gastos en investigación y desarrollo equivalentes a tan sólo un 0,33 % del PIB en esa fecha, ante el tradicional recurso a su compra en el exterior o la importación efectuada por las multinacionales que se instalaban en nuestro país, junto a una excesiva dependencia de los créditos bancarios como forma de financiación que elevó con rapidez los costes al encarecerse el dinero, son factores complementarios que agudizaron la crisis. Resulta más discutible, en cambio, el efecto ejercido por unas subidas salariales que numerosos autores apuntaron como factor clave en la pérdida de competitividad, pues además de que el aumento de los costes laborales unitarios sólo fue superior al de los precios en años concretos a lo largo de las dos últimas décadas (1972-1976, 1978-1979 y 1981), sus niveles continuaron bastante por debajo de otros países europeos que no experimentaron problemas similares (Sevilla, J. V., 1985; Albarracín, J., 1991).

c) Respuestas empresariales y política industrial

El nuevo marco de relaciones esbozado, tanto en el plano interno como en el exterior, ha forzado toda una serie de respuestas adaptativas por parte de las empresas para mantener o incrementar su competitividad y tasa de beneficios. Aunque tales estrategias resultan muy diversas, variando según la estructura interna de la propia empresa, del mercado en que opera, del sector en que se integra, o del lugar en que se localiza, pueden tipificarse unos cuantos comportamientos básicos, generadores de procesos de transformación específicos que afectan hoy a la industria española (fig. 7.6).

Las respuestas de carácter más defensivo se han producido, sobre todo, en los sectores maduros afectados por una evolución particularmente desfavorable, y han consistido en un proceso de racionalización productiva, con reducción de los puestos de trabajo y, en ocasiones, de la capacidad productiva, para adaptarse a un mercado poco o nada expansivo, cuando no en un cierre definitivo de sus instalaciones. La precarización de otra parte del empleo, principalmente en pequeñas empresas sin apenas presencia sindical y al abrigo de una legislación favorable, se orienta en la misma dirección (reducción de costes y desregulación), alcanzando su máximo exponente en el caso de la economía sumergida.

Las estrategias de adaptación positivas, mucho más frecuentes en sectores dinámicos y empresas capitalizadas, se han orientado a fomentar las mejoras técnicas en procesos, productos u organización, y buscar nuevos mercados, desbordando cada vez en mayor número las fronteras estatales. También ha sido frecuente la segmentación de tareas entre establecimientos diversos para reducir costes o mejorar la eficacia, lo que ha potenciado la proliferación de pequeñas firmas integradas en redes de subcontratación y bastante especializadas en ciertos productos, tareas o servicios. Por último, la fabricación de aquellas piezas o productos acabados de menor valor añadido y que emplean mano de obra poco cualificada han tendido a relocalizarse en áreas con bajos costes laborales y de instalación, que mantienen una buena accesibilidad a los focos industriales tradicionales, al tiempo que se producía una redistribución de funciones entre los diversos establecimientos de las firmas multiplanta en un sentido similar a éste, tal como plantea la teoría sobre el ciclo de vida del producto.

Junto a cambios genéricos en la lógica espacial de la industria, las características propias de cada territorio (recursos materiales y humanos, base industrial previa, accesibilidad a focos dinámicos, etc.) han favorecido un desigual reparto de estas respuestas y de los procesos a que dan lugar, lo que se traduce en una creciente diversidad de áreas fabriles, con estructuras empresariales, tipos de especialización y dinámicas heterogéneas. Pero antes de abordar tales cuestiones, no puede ignorarse el papel que han seguido jugando los poderes públicos como agente subsidiario que interviene en la reestructuración industrial a través de las diversas políticas, explícitas o implícitas, aplicadas desde la administración central, regional o local. Según sus objetivos y ámbitos de aplicación, la distinción entre políticas sectoriales —de apoyo a ciertas actividades—, horizontales —cuando se busca mejorar las condiciones productivas cualquiera que sea el sector—, y territoriales —si el criterio selectivo es de índole geográfica—, suele ser comúnmente aceptada.

En un resumen forzosamente breve de las tendencias mostradas por la política industrial en España, una primera constatación es su relativa pérdida de protagonismo ante la primacía otorgada hoy a las políticas de índole macroeconómica (monetaria, salarial, fiscal, etc.) y la aceptación del protagonismo que la empresa privada y el mercado deben tener en el proceso de ajuste. La privatización de una treintena de empresas públicas desde 1985, o la falta de una estrategia concreta de reindustrialización a medio plazo, son exponentes de tal situación (Etxezarreta, M., coord., 1991). Las actuaciones llevadas a cabo desde el inicio de los años ochenta se orientaron en tres direcciones principales: reconversión y saneamiento de sectores y grandes empresas aquejados de grave deterioro y generadores de elevados excedentes laborales; fomento del progreso técnico y la exportación; flexibilización del mercado de trabajo y apoyo a las PYMEs. Fueron, en cambio, postergadas las acciones con objetivos de redistribución territorial explícitos, como se evidencia en el hecho de que tan sólo un 5 % de las ayudas a la industria otorgadas entre 1981-1986 se dirigieron al desarrollo regional, frente al 48% destinado a los sectores en crisis, el 25 % al fomento de la exportación, o el 14 % a la promoción de la inversión empresarial (Myro, R., 1990, 177).

3. Implicaciones territoriales de la reconversión industrial

a) Crisis sectorial y politica de reconversión

Un primer componente explicativo de los cambios observados en la evolución reciente de la industria y en su distribución espacial es, sin duda, el intenso proceso de reconversión que han conocido ciertas ramas productivas tradicionales y que, al concentrarse en determinadas regiones, ha propiciado en éstas un declive de su capacidad productiva y volumen de empleo que se ha transmitido al conjunto del tejido social.

Cada ciclo económico conlleva una sustitución de las industrias motrices, detentadoras de altas tasas de crecimiento y capaces de generar efectos de arrastre o dinamizadores sobre el conjunto del sistema industrial. Por ello, algunos de los sectores que tuvieron ese carácter en la primera o, incluso, en la segunda Revolución Industrial como la siderometalurgia, el textil, la fabricación de maquinaria, o los electrodomésticos, experimentaron un posterior «envejecimiento» al difundirse la tecnología que utilizan, frenarse la expansión de la demanda por la saturación del mercado o la aparición de bienes sustitutivos, y crecer el número de competidores que presionan a la baja sobre los precios. Al tiempo, la elevación de los costes laborales y de energía o materias primas resultó especialmente sentida en algunas de esas actividades, que utilizan de modo intensivo tales factores, poniendo entonces en evidencia algunas de las deficiencias que arrastraban buena parte de sus empresas, acostumbradas a operar en un medio protegido y en un entorno expansivo. Finalmente, la integración en la Comunidad y las exigencias que ésta impone ante la inminencia del mercado único, ha agravado la presión para muchas firmas españolas, que no alcanzan los niveles de productividad que ostentan algunas de sus competidoras europeas y ven limitadas las subvenciones del Estado español por la política de competencia comunitaria. Se trata, pues, de una conjunción de factores internos y externos (fig. 7.7), que ha generado una sintomatología de perfiles especialmente sombríos, donde los cierres empresariales, las drásticas reducciones de plantilla, o la caída de las tasas de beneficio y el creciente endeudamiento resultaron frecuentes. La destrucción de 195.000 empleos en las industrias textil, de confección, del cuero, calzado, madera y mueble entre 1975 y 1981, junto a una cifra similar en la metalurgia básica y transformadora, la fabricación de maquinaria y la construcción naval, viene a ser un ejemplo expresivo de tal situación.

La necesidad de abordar una reestructuración en profundidad de esas industrias, tendente a lograr el saneamiento financiero y la concentración de las empresas en grandes grupos rentables, la mejora técnica y de productividad, o la búsqueda de mercados de exportación, paliando al tiempo parte de los costes sociales y políticos derivados del desempleo generado, explica la aparición de políticas de reconversión en numerosos países de la OCDE desde mediados de los años setenta. Su aparición en España se vio retrasada por las circunstancias políticas, teniendo como primer exponente el Real Decreto Ley 9/1981, ampliado en 1983 y desarrollado definitivamente en la Ley de Reconversión y Reindustrialización, aprobada en julio de 1984.

Entendida como «tratamiento de choque», que debía operar de forma intensa pero en un breve período de tiempo, sus objetivos se centraban en asegurar la viabilidad a medio plazo de las industrias en crisis mediante las reformas necesarias en cada caso, al tiempo que reorientar una parte de las inversiones en actividades de futuro y empleos alternativos. Los instrumentos a utilizar no diferían demasiado de los aplicados en las dos décadas anteriores por la política de incentivos, beneficiándose las empresas integradas en un plan de reconversión de subvenciones, créditos y avales del Instituto de Crédito Oficial, deducciones fiscales, así como mayores facilidades para la tramitación de expedientes de regulación de empleo, acogiendo una parte de los excedentes laborales generados en los llamados Fondos de Promoción de Empleo. También se ofrecía apoyo público a la formación de grandes grupos empresariales en ciertos sectores (Aceriales, Sorena, Acenor, etc.), para elevar así su rentabilidad y capacidad de penetración en los mercados exteriores.

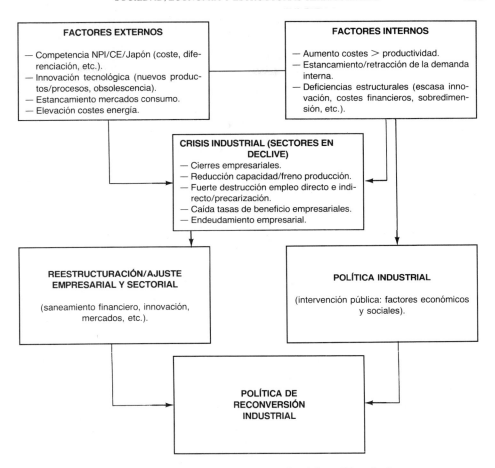

Fig. 7.7. *Factores de la reconversión industrial y políticas de ajuste.*

El Libro Blanco de la Reindustrialización (1983) definió un total de once sectores acogidos a la política de reconversión, junto a cinco grandes multinacionales (General Eléctrica, Westinghouse, Talbot, Standard Eléctrica y Asturiana del Zinc), previendo unas pérdidas de 65.154 empleos hasta 1985 (apenas un 10 % de los existentes en esos sectores en 1981), concentradas principalmente en el País Vasco (21,6 % del total), Madrid (20,9 %), Cataluña (17,8 %), Valencia (12,4 %) y Asturias (9,3 %). No obstante, la evolución posterior ha supuesto modificaciones importantes sobre las previsiones iniciales, resumidas en el cuadro 7.4.

Por un lado, el proceso se ha dilatado en el tiempo, en especial tras la adhesión a la Comunidad Europea, que ha obligado a plantear una «segunda reconversión» en 1991, cuando aún no se había dado por concluida la primera en algunos sectores, lo que agrava las incertidumbres respecto al futuro. El predominio de las ramas metalmecánicas y las grandes empresas, con una destacada presencia del INI, se ha mantenido en el tiempo, concentrándose casi la mitad de los 728.107 millones in-

Cuadro 7.4. *Evolución de las plantillas de los sectores de reconversión*

Sectores	Período de referencia[1]	N.º empresas acogidas	Plantilla inicial (A)	Excedente previsto (B)	(B)/(A)·100	Excedente a 31-12-90 (C)	(C)/(B)·100	Inversión realizada a 31-12-90
Construcción naval (GA)	30-6-84/ 31-12-92	2	21.920	13.030	59,4	12.300	94,4	15.144
Construcción naval (PMA)	30-06-84/ 31-12-92	27	15.427	8.456	55,0	7.487	88,5	10.309
Siderurgia integral	31-12-80/ 31-12-90	3	42.837	20.076	46,9	20.273	101,0	271.567
Aceros especiales	31-12-80/ 31-12-90	11	13.744	8.728	63,5	8.326	95,0	28.158
Electrodomésticos línea blanca[2]	31-12-80/ 31-12-88	18	23.869	12.611	52,8	11.597[3]	92,0	39.020
Grupo ERT	31-12-83/ 31-12-87	10	10.304	2.493	24,2	2.493	100,0	24.980
Textil	31-12-81/ 31-12-86	683	108.844	9.925	9,1	9.925	100,0	188.205
Fertilizantes[4]	31-12-84/ 31-12-91	11	9.365	3.423	36,6	3.266	95,4	43.747
Alcatel Standard Eléctrica	31-12-83/ 31-12-91	1	16.133	9.318	57,7	7.111	76,3	85.404
Marconi Española[5]	31-12-83/ 31-12-91	1	2.548	2.098	82,3	1.265	60,3	2.944
Equipos eléctr. automoción	31-12-81/ 31-12-85	2	6.720	1.342	20,0	1.451	108,1	13.034
Componentes electrónicos	31-12-81/ 31-12-85	17	3.744	1.544	41,2	1.430	92,6	1.285
Semitransformados de cobre	31-12-81/ 31-12-84	4	4.503	1.073	23,8	1.102	102,7	3.048
Forja pesada por estampación	31-12-81/ 31-12-84	2	1.277	307	24,0	362	117,9	1.262
Total		792	281.235	94.424	33,6	88.388	93,6	728.107

1. Corresponde a las fechas de referencia para las plantillas iniciales y finales.
2. De las 18 empresas inicialmente acogidas, seis han cerrado y una ha salido del sector. La plantilla corresponde a la totalidad del sector, que incluye dos empresas que no están en conversión.
3. Durante 1987 hubo un aumento de empleo que se cubrió con contrataciones temporales.
4. Incluye la plantilla de Fosfórico Español, acogida al Plan tras la fusión de los activos de fertilizantes de ERT y Cros en Fesa (Fertilizantes Españoles).
5. Datos referidos a 31-XII-89.

Fuente: Secretaría General Técnica, Ministerio de Industria, Comercio y Turismo, 1991.

vertidos hasta 1991 en la siderurgia integral, los aceros especiales, la construcción naval y la forja pesada. Participación también elevada han tenido las industrias textil y de fertilizantes (32 % del total), así como los grupos ERT y Alcatel (15 %), en tanto quedaron excluidos del proceso otros sectores propuestos inicialmente como el calzado o la confección, con una atomización empresarial muy superior.

Pero la desviación mayor se ha producido en la reducción de empleos, que ya se elevaba a 88.388 al finalizar 1990 (33,6 % de la plantilla inicial) y se ha visto ampliada con la posterior profundización del proceso de ajuste. La especial intensidad alcanzada en la siderurgia integral y los aceros especiales (28.599 empleos perdidos, frente a 15.300 previstos en 1983), los astilleros (19.787 y 9.838, respectivamente), o los electrodomésticos de línea blanca (11.597 y 4.527) justifica que la distribución regional haya resultado especialmente negativa en regiones como Asturias y Euskadi, y en ciertos enclaves fabriles (Ferrol, Cádiz, Reinosa, Sagunto, etc.) muy especializados.

b)   ÁREAS EN DECLIVE Y ZONAS DE URGENTE REINDUSTRIALIZACIÓN

La frecuente concentración espacial de muchos de los sectores y empresas que peor encajaron el impacto de la reestructuración es la clave que dota de un específico significado geográfico a este proceso, al favorecer la aparición de un elevado número de áreas industrializadas en declive donde los problemas económicos, sociolaborales y ambientales se han sumado para generar un nivel de malestar urbano y una falta de expectativas preocupantes. Aunque existen núcleos dispersos (los ya mencionados y otros como Puertollano, Ponferrada, etc.) afectados por este tipo de problemas, que también se hicieron visibles en algunos sectores de las grandes áreas metropolitanas (Baix Llobregat, Sur metropolitano madrileño, etc.), resulta habitual identificar estas regiones de tradición industrial con las de la Cornisa Cantábrica (Landabaso, M., y Díez, M. A., 1989).

Más allá de las peculiaridades derivadas de su específico proceso industrializador, sus recursos naturales y humanos, o la diversa actuación llevada a cabo en estos años por los gobiernos autonómicos, todas ellas presentan una serie de rasgos estructurales comunes que están en la base de sus actuales dificultades:

— En lo productivo, se trata de áreas fuertemente especializadas en sectores maduros afectados por una intensa reconversión y que adolecen de una insuficiente diversificación productiva, capaz de compensar las pérdidas en ellos con la generación de empleos alternativos en actividades dinámicas; a eso suele sumarse un déficit de servicios a la producción e infraestructuras que no incentiva la atracción de nuevas inversiones.

— El predominio de la gran empresa, a veces pública, y de la gran fábrica fue habitual componente en las etapas de crecimiento, generando en su entorno un tejido de PYMEs muy dependiente, que se desintegra cuando falta ese elemento dinamizador, escaseando en cambio las nuevas iniciativas empresariales.

— En lo sociolaboral, presentan un mercado de trabajo bastante homogéneo, con una cultura industrial o minera muy marcada, niveles de cualificación medios o bajos, pero escasamente relacionados con el tipo de empleo más terciarizado que hoy surge, y una destacada implantación sindical, al tiempo que los problemas padecidos han acentuado la marginación y conflictividad social.

— En una perspectiva medioambiental, la frecuente presencia de una industria básica altamente contaminante, la obsolescencia de muchas instalaciones, junto a la habitual ausencia de ordenación que presidió su implantación y funcionamiento (proximidad a viviendas, vertidos, etc.) generó un deterioro ya antiguo, que ahora se acentúa con los solares y naves abandonados, ocasionando un cúmulo de externalidades negativas que reducen la calidad de vida en el entorno y desaniman la instalación de empresas.

Además de generar un efecto inmediato en la reducción de su presencia dentro de la población ocupada y el PIB españoles durante la última década, la elevación de las tasas de paro por encima del promedio, el declive demográfico como consecuencia de unos saldos migratorios negativos y una grave crisis de sus principales ciudades, son consecuencia directa de lo anterior (cuadro 7.5). Puede afirmarse, por tanto, que buena parte de los factores de localización que en el pasado potenciaron el desarrollo industrial del litoral cantábrico (recursos minerales, mano de obra abundante, infraestructuras portuarias y ferroviarias, capital financiero, mercado protegido y en expansión, economías de aglomeración, etc.), han perdido importancia o, incluso, adquirido un significado opuesto (agotamiento de los yacimientos y altos costes de extracción, deficiente accesibilidad viaria respecto a España y la Comunidad Europea, mercados estabilizados y creciente competencia exterior, rigidez

CUADRO 7.5. *Evolución de indicadores macroeconómicos en la Cornisa Cantábrica durante los años ochenta*

	Asturias	Cantabria	País Vasco	Cornisa Cantábrica	España
Población ocupada (miles)					
1981	371,3	166,0	682,3	1.219,6	11.030,3
% total	32,9	32,3	31,8	32,2	29,3
% España	3,4	1,5	6,2	11,1	100,0
1989	356,2	161,4	704,5	1.222,1	12.619,8
% total	31,6	30,4	32,6	32,0	31,9
% España	2,8	1,3	5,6	9,7	100,0
Población ocupada industria (miles)					
1981	105,9	45,9	297,1	448,9	2.945,2
% total	28,5	27,6	43,5	36,8	26,7
% España	3,6	1,6	10,1	15,3	100,0
1989	85,2	37,8	240,0	363,0	3.259,3
% total	23,9	23,4	34,1	29,7	25,8
% España	2,6	1,2	7,4	11,2	100,0
Paro EPA (4.º tr.) (miles)					
1981	50,4	20,0	138,3	208,7	1.877,8
% total	12,0	10,8	16,9	14,6	14,6
% España	2,7	1,1	7,4	11,2	100,0
1989	72,8	31,9	165,4	270,1	2.521,8
% total	17,0	16,5	19,0	18,1	16,8
% España	2,9	1,3	6,6	10,8	100,0
PIB coste factores (miles mills. ptas.)					
1979	382,4	177,2	829,7	1.389,4	12.818,6
% España	3,0	1,4	6,5	10,9	100,0
1989	1.245,6	593,2	2.762,2	4.601,0	45.946,1
% España	2,7	1,3	6,0	10,0	100,0
PIB industrial (miles mills. ptas.)					
1979	163,3	59,1	368,5	590,9	3.582,0
% total	42,7	33,4	44,4	42,5	27,9
% España	4,6	1,6	10,3	16,5	100,0
1989	482,0	155,3	1.151,5	1.788,8	11.638,6
% total	38,7	26,2	41,7	38,9	25,3
% España	4,1	1,3	9,9	15,3	100,0

Fuente: Banco Bilbao Vizcaya, y elaboración propia.

del mercado de trabajo, desvinculación bancaria, ajuste productivo en empresas públicas, deseconomías de aglomeración, etc.). La desindustrialización padecida en la cuenca central asturiana, las rías del Nervión o del Besaya, los valles guipuzcoanos, etcétera, resume este cambio de perspectivas.

En un intento de hacer frente a los especiales problemas suscitados por la reconversión en áreas como las mencionadas, la Ley de 1984 incorporó la figura de las Zonas de Urgente Reindustrialización (ZUR). Su fin declarado era delimitar áreas en que se incentivaba, durante un período máximo de tres años, la instalación y ampliación de empresas generadoras de empleo estable, para así absorber los excedentes laborales acogidos a los Fondos de Promoción de Empleo (FPE), diversificar la estructura productiva del área y fomentar el progreso técnico. Según las estimaciones iniciales, la inversión a realizar en ellas debería situarse en torno a los 260.000 millones de pesetas, generadores de unos 34.000 puestos de trabajo directos.

Tras múltiples debates y presiones, se delimitaron un total de siete zonas, que englobaban 80 municipios, localizadas en Galicia (Ferrol y Vigo), Asturias (cuenca central), País Vasco (área metropolitana de Bilbao), Andalucía (bahía de Cádiz), Cataluña (área metropolitana de Barcelona) y Madrid. Continuando una ya larga tradición de la política industrial, en ellas se ofrecían beneficios financieros (subvención a fondo perdido de hasta el 30 % de la inversión inicial, acceso preferente al crédito oficial) y fiscales (bonificación de impuestos y tasas locales, Seguridad Social, etc.). La única novedad era el tipo de inversión subvencionable, al incluir los gastos en I + D e intangibles, en formación, y en contratación de trabajadores acogidos al FPE. Para seleccionar los proyectos y administrar las ayudas, se crearon una Oficina Ejecutiva y una Comisión Gestora en cada ZUR.

El balance final de resultados se resume en el cuadro 7.6. y la figura 7.8. Si en términos globales puede calificarse como éxito la inversión realizada (382.433 millones), superior a la prevista y que contó finalmente con un 15 % de subvención directa, no puede decirse lo mismo respecto al empleo (26.386 puestos de trabajo), inferior en una cuarta parte a lo esperado, y menos aún su capacidad para integrar a los trabajadores incluidos en los FPE (apenas 11.870). Pero aún más importante resulta su carácter fuertemente selectivo, tanto por el escaso número de empresas beneficiarias ante las difíciles exigencias planteadas (inversión media por proyecto de

CUADRO 7.6. *Resultados alcanzados en las Zonas de Urgente Reindustrialización (a diciembre, 1989)*

ZUR	N.º total proyectos	Inversiones millones de ptas.	Empleos	Subvenciones millones de ptas.	Empleo FPE
Asturias	127	26.178	2.174	4.787	675
Barcelona	303	135.318	8.675	15.691	4.859
Bahía Cádiz	59	38.713	2.838	4.960	1.237
Ferrol	64	20.278	2.101	4.478	1.323
Vigo	132	17.601	2.221	3.568	1.217
Madrid	93	89.905	5.035	13.922	1.990
Nervión	123	54.440	3.342	9.502	1.323
Total	901	382.433	26.386	56.908	11.870

Fuente: Oficinas Ejecutivas de las ZUR.

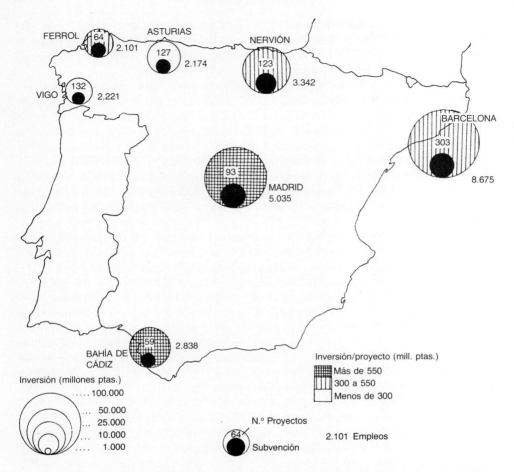

Fig. 7.8. *Resultados alcanzados en las Zonas de Urgente Reindustrialización* (hasta diciembre 1989).

425,4 millones de pesetas), como por el desigual resultado obtenido según zonas. Así, mientras Madrid y Barcelona reunieron el 44 % de los proyectos aprobados, el 52 % del empleo y hasta el 59 % de la inversión efectuada, las ZUR gallegas y asturiana sólo sumaron un 17 % de la inversión y un 24 % de los puestos de trabajo, quedando las del Nervión y Cádiz en situación intermedia. Igual diversidad se aprecia en el reparto sectorial, con mayor presencia de actividades avanzadas y de demanda fuerte en las grandes áreas metropolitanas, frente al predominio agroalimentario, de la madera o metalmecánico en el resto (Pascual, H., 1992). En definitiva, las ventajas comparativas previas con que contaba cada una de ellas parecen haber condicionado decisivamente la respuesta empresarial, lo que cuestiona la efectiva capacidad de dinamizar iniciativas y capitales alcanzada por este tipo de actuación, que no hace sino consolidar anteriores desigualdades.

Aunque sea imposible su análisis, debe recordarse la existencia de políticas de promoción en algunas Comunidades, que incluso crearon agencias de desarrollo con ese fin, así como el hecho de que la desaparición de las ZUR conllevó la aparición de las Zonas Industriales en Declive (ZID), que serán objeto de comentario al abordar la política regional.

4. Innovación tecnológica y transnacionalización industrial

a) Hacia una geografía de la innovación

Tal como suele ocurrir en períodos de cambios técnicos radicales y acelerados, la innovación, entendida como la aplicación al sistema productivo de toda mejora que permite racionalizar y hacer más eficientes los procesos de fabricación, la organización de la empresa, o la obtención de nuevos productos, ha pasado a configurarse como una de las cuestiones centrales del debate sobre la evolución y problemas que presentan la industria y el territorio. Las repercusiones que sobre ambos genera hoy el nuevo ciclo tecnológico que tiene como materia prima la información y como soporte la microelectrónica, son múltiples.

A escala de la firma, la incorporación de progreso técnico se convierte en importante factor de competitividad, al tiempo que la mayor facilidad para coordinar tareas entre establecimientos separados favorece la descentralización productiva y la consiguiente segmentación de los mercados de trabajo. A escala del sistema industrial, la incorporación de la automatización flexible o las mejoras en la comunicación de informaciones favorecen una ampliación de las redes en que operan un gran número de empresas y, con ello, la mundialización de numerosos procesos y mercados; al tiempo, la producción de nuevas tecnologías o su incorporación al tejido productivo existente se convierte hoy en nuevo factor de desigualdad internacional, interregional e interurbana. De ahí el interés generalizado de los poderes públicos en promover una política tecnológica, aunque sus objetivos y métodos puedan ser diversos (Méndez, R., 1992).

Desde esa doble perspectiva, cobra creciente interés una geografía de la innovación capaz de abordar los impactos territoriales de este proceso en sus múltiples dimensiones, incorporando al menos tres cuestiones centrales: la distribución territorial de las inversiones en investigación y desarrollo (I + D), las pautas de localización que caracterizan a los sectores considerados hoy de alta tecnología, y la producción de espacios para la innovación (parques tecnológicos y científicos).

Las inversiones en I + D constituyen unos de los tradicionales puntos débiles del sistema productivo español, pues al atraso científico-técnico en numerosas ramas del conocimiento se sumó una deficiente integración entre los componentes del sistema nacional de innovación: universidades y centros de investigación, empresas, organismos públicos. El exponente más inmediato de tal debilidad fue siempre una inversión muy por debajo de la correspondiente al potencial productivo español y el recurso a las tecnologías procedentes del exterior, bien mediante contratos de transferencia (compra de patentes, asistencia técnica), compra de bienes de equipo que las incorporan, o la atracción de multinacionales.

El esfuerzo realizado en la última década para superar este lastre es innegable y se ha orientado en dos direcciones complementarias, que atienden los dos tipos de problemas apuntados: por un lado, la inversión directa en I + D creció a razón del 12 % anual entre 1980-1990; por otro, se clarificó el marco normativo e institucional de apoyo con la aprobación de la Ley de Fomento y Coordinación de la Investigación Científica y Técnica (1986), el Primer Plan Nacional de Investigación Científica y Desarrollo Tecnológico (1988) y el desarrollo de diversos programas sectoriales (electrónica e informática, automatización avanzada, investigación energética, etc.).

No obstante, las deficiencias continúan siendo muy importantes, al menos desde cuatro vertientes esenciales que interesa destacar. En primer lugar, la inversión que se realiza, equivalente al 0,88 % del PIB en 1990, sigue estando muy por debajo de lo habitual en los restantes países de la Comunidad Europea con la sola excepción de Portugal y Grecia, y lo mismo ocurre si se compara la inversión por habitante o el número de patentes registradas. El aumento de las compras, especialmente tras la incorporación a la CE y durante los años de crecimiento iniciados en 1985, han desequilibrado gravemente además la balanza de pagos tecnológica, que en 1990 registró un déficit superior a los 181.000 millones de pesetas al ser las ventas al exterior equivalentes a tan sólo el 18 % de las adquisiciones, aspecto al que han contribuido muy directamente las multinacionales aquí radicadas y que son hoy las principales importadoras. En tercer lugar, la inversión aparece fuertemente concentrada desde el punto de vista sectorial (automóvil, química, material eléctrico, electrónica e informática suponen el 70 % del total) y empresarial (las firmas con más de 500 trabajadores supusieron dos tercios del total), resultando muy escasa su difusión entre los sectores maduros y las PYMEs. La política tecnológica de la Administración central, al apostar por los sectores de alta tecnología y por proyectos con un volumen de inversión relativamente alto, tampoco favorece esa difusión.

Pero mayor interés tiene aún su fuerte concentración territorial, a juzgar por la escasa información disponible al respecto (Martín, C.; Moreno, L., y Rodríguez, L., 1990). Así, según datos del INE para 1988, Madrid (41,9 %) y Cataluña (19,3 %) reunieron más del 60 % del monto total, quedando el País Vasco (8,5 %) y Andalucía (7,5 %) a considerable distancia, en tanto siete Comunidades no alcanzaron el 1 % del total (Acosta, M., y Coronado, D., 1992). La comparación con el respectivo volumen de producción industrial en 1987 mediante un simple cociente permite establecer el nivel de esfuerzo tecnológico, resaltando aún más la primacía que mantienen los tres focos fabriles tradicionales, donde se suman las inversiones privadas y públicas, sobre el resto (fig. 7.9). Otros indicadores adicionales como el registro de patentes permitirían matizar la mayor eficacia aparente de esa inversión en Cataluña (37,7 % del total) sobre Madrid (21,9 %) o el País Vasco (8,0 %), pero sin modificar la importancia global de los desequilibrios. También en este caso unas ayudas públicas otorgadas con criterios estrictamente sectoriales favorecieron a aquellas áreas donde previamente se localizaban las empresas y actividades potencialmente beneficiarias. La distribución del millar de proyectos apoyados por el Centro para el Desarrollo Tecnológico Industrial (CDTI) entre 1984-1989, con un 76,3 % de los créditos concedidos agrupados en esas tres Comunidades, cobra significado al analizarla a escalas más precisas: tan sólo dos provincias, Madrid (38,2 %) y Barcelona (27,1 %) concentraron dos tercios del total frente a 10 en donde no se alcanzó siquiera un 0,1 %, y esa proporción se eleva por encima del 70 % si se considera la inversión realizada en las principales áreas metropolitanas del país (fig. 7.10).

SOCIEDAD, ECONOMÍA Y ESTRUCTURAS TERRITORIALES 401

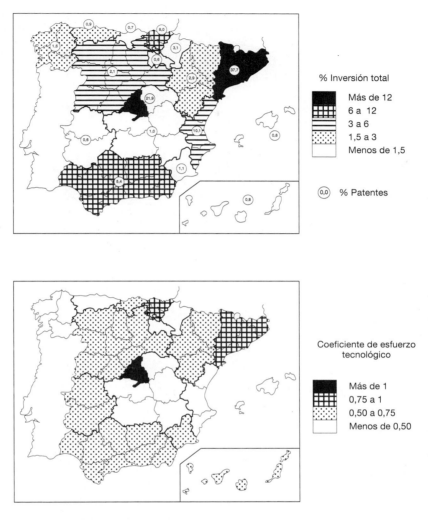

FIG. 7.9. *Distribución regional de la inversión en I + D, 1988.* Fuente: INE y RPI.

Aún tienen menor desarrollo los estudios sobre la localización de las industrias de nueva tecnología, tal como fueron identificadas a mediados de la pasada década (Castells, M., y otros, 1986). No obstante, por la información disponible para ese momento (fig. 7.11), resulta igualmente evidente su fuerte selectividad espacial, con Madrid (53,3 % de los puestos de trabajo) y Barcelona (22,8 %) nuevamente muy por encima de otros focos secundarios como Valencia, Málaga, Guipúzcoa, etc., y un total de 27 provincias sin ninguna instalación de este tipo (Moliní, F., 1989). El reciente estudio sobre el sector informático, cuya facturación en 1990 correspondió en un 70 % a Madrid y Cataluña, situándose otro 15 % en el País Vasco,

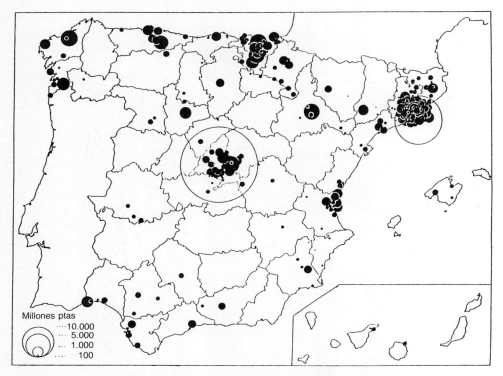

FIG. 7.10. *Distribución municipal de las inversiones del CDTI (1984-1989)*. Fuente: Méndez, R., y Rodríguez Moya, J., 1991.

Valencia y Andalucía (Ministerio de Industria, 1991), reafirma las limitaciones para desconcentrar unas actividades muy dependientes de una serie de servicios especializados, un mercado laboral cualificado, una elevada accesibilidad a la red de transportes y comunicaciones internacionales, así como todo el conjunto de economías externas que en países como España continúan siendo patrimonio de un reducido número de áreas urbanas.

Finalmente, y por lo que atañe al último de los aspectos señalados, España se integró a finales de los años ochenta en el club de países que cuentan con espacios destinados a acoger específicamente la innovación, en la búsqueda de una más eficaz integración del sistema ciencia-tecnología-industria (Gamella, M., 1988). Promovidos por iniciativa de los respectivos gobiernos autonómicos y tomando como referente la experiencia norteamericana y de otros países europeos, fueron surgiendo toda una serie de parques tecnológicos en el entorno de las principales ciudades hasta contabilizarse un total de siete en funcionamiento a comienzos de 1992, tal como recoge el cuadro 7.7. En fase de estudio o aprobación se cuentan, asimismo, otros proyectos en Baleares, Orense, San Sebastián y Granadilla (Tenerife), además del de Cartuja-93 en Sevilla o el parque científico de la universidad de Alcalá de Henares (Madrid).

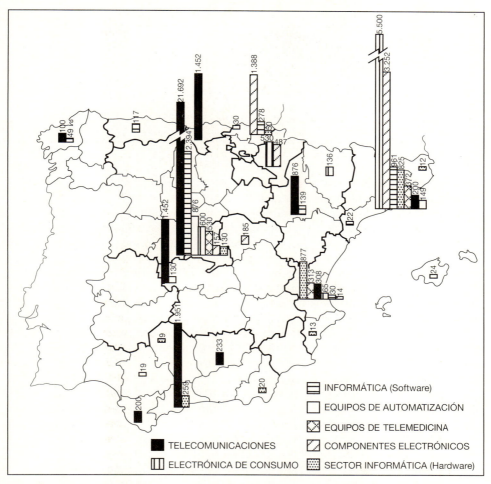

Fig. 7.11. *Distribución provincial del empleo en industrias de nueva tecnología.* Fuente: Molini, F., 1989.

Se trata de espacios de baja edificabilidad, infraestructuras de calidad y buena comunicación con la ciudad próxima y el aeropuerto. Junto a parcelas de tamaño diverso, cuentan en todos los casos con una incubadora de empresas, donde pequeñas naves-nido ofrecidas en alquiler pretenden actuar como semillero de iniciativas autóctonas, y con un centro de servicios empresariales comunes gestionado por la entidad promotora. No obstante, su mayor o menor éxito parece relacionarse casi siempre con la atracción de algunas grandes multinacionales que ocupan posiciones destacadas en sectores avanzados y que deberían actuar como «locomotoras tecnológicas», favoreciendo la innovación entre proveedores y clientes, formando cuadros técnicos, etc.

Aunque resulta prematura una valoración definitiva de sus resultados, pueden

CUADRO 7.7. *Parques tecnológicos españoles*

Parque tecnológico	Municipio (distancia capital)	Organismo promotor	Superficie (ha)
Vallès/Barcelona	Sant Cugat/Cerdanyola (20 km)	Consorcio Zona Franca	18,5
Madrid	Tres Cantos (21 km)	IMADE	28
Valencia	Paterna (8 km)	IMPIVA	103,8
Silvota/Asturias	Llanera (10 km)	Principado Asturias	71
Bilbao	Zamudio (12 km)	SPRI/ Diput. Vizcaya	120
Málaga	Alhaurín de la Torre (5 km)	SOPREA	161
Las Arroyadas/Valladolid	Boecillo (13 km)	GESTURCAL	50

apuntarse algunas ideas al respecto en un doble plano. La capacidad para atraer empresas ha resultado indudable en aquellos parques que, como Barcelona o Madrid, contaban con un entorno más favorable y eran de dimensión modesta, lo que ha llevado a su rápida ocupación; la situación en aquellos otros con peores condiciones de localización (Silvota, Boecillo, etc.) resulta, en cambio, mucho menos halagüeña, lo que parece confirmar que sus posibilidades de éxito cuentan con un margen bastante estrecho y cuestiona algunos de los proyectos en estudio, planteando otras alternativas para unos recursos públicos escasos. La capacidad para difundir la innovación —aspecto clave en su valoración final— resulta aún menos conocida, pero las escasas observaciones al respecto no son optimistas, en especial cuando se trata de multinacionales que suelen operar con una perspectiva global, mantienen escasa relación con su entorno empresarial e investigador, y realizan lo esencial de su esfuerzo innovador en sus países de origen. Por ello, iniciativas como la del parque tecnológico de Valencia, acogiendo buena parte de los institutos tecnológicos promovidos por el IMPIVA para dinamizar los sectores tradicionales de la región, parece de interés si se quiere lograr una efectiva vinculación con la realidad circundante, evitando su excesivo aislamiento.

b) INVERSIÓN EXTERIOR Y MULTINACIONALES EN LA INDUSTRIA ESPAÑOLA

La nueva fase de desarrollo del sistema capitalista está suponiendo una ampliación sin precedentes del proceso de globalización, avanzándose con rapidez hacia la consolidación de una verdadera economía-mundo como la señalada por Wallerstein. El fenómeno se constata en el ámbito estatal, al observar la rapidez con que se expande el comercio internacional de mercancías (9,4 % anual entre 1983-1989), o la inversión directa procedente de otros países (28,9 %), pero sólo alcanza a comprenderse plenamente a escala de las empresas, que en número creciente desbordan las fronteras para operar en diversos mercados de consumo, trabajo, o capital, localizando sus diversos establecimientos según las ventajas comparativas que ofrece cada lugar.

España no podía quedar al margen de un proceso de inserción internacional que se inició tras el Plan de Estabilización y ha continuado desde entonces, acentuado además con la adhesión a la Comunidad Europea, hasta revestir el carácter de una mutación espectacular que abarca todos los sectores de actividad desde 1986 (Velarde, J.; García Delgado, J. L., y Pedreño, A., dirs., 1991). Y tal como ocurrió en todos los períodos anteriores de apertura y crecimiento, el fenómeno ha generado graves desequilibrios reflejados en un creciente déficit exterior de la balanza comercial y una rápida «desnacionalización» de nuestra economía, que pueden quedar aquí resumidos en algunos de sus indicadores externos más llamativos. Así, por ejemplo, las exportaciones pasaron de 20.580 millones de dólares en 1980 a 55.784 en 1990, en tanto las importaciones lo hicieron desde 32.305 a 87.739, multiplicándose 2,7 veces en el transcurso del decenio y elevando el saldo negativo de 11.725 a 31.955 millones. Respecto a la inversión extranjera, su incremento fue aún más espectacular, pasando de 85.415 millones de pesetas en 1980 a 280.085 en 1985 y 1.829.640 en 1990 (21,4 veces la cifra inicial), pero también creció con rapidez el movimiento de capital en sentido opuesto, aunque siempre dentro de cifras más modestas (de 25.735 a 454.814 millones de pesetas).

Por lo que hace referencia específica a la industria, la penetración del capital exterior —crecientemente europeo— también ha resultado espectacular en los últimos años, hasta controlar ya el 36,5 de la producción manufacturera en 1990 (12 % en 1981), superando incluso el 60 % en los sectores de mayor intensidad tecnológica, en tanto se reduce al 25 % en los de intensidad débil. Pese a haber perdido importancia relativa y representar sólo el 47,4 % de la inversión directa en 1986-1988, frente al 71,5 % entre 1960-1981, debido al avance de la inversión en servicios, su carácter estratégico continúa intacto, dominando los sectores motrices tal como ha venido ocurriendo en los últimos 30 años.

Pero, a diferencia de lo ocurrido en etapas anteriores, una parte importante de esa entrada de capital se ha dirigido a la compra o absorción de empresas españolas y no tanto a la instalación de nuevas factorías, lo que reduce sus efectos positivos sobre el empleo que, incluso, puede verse reajustado a la baja. Por otra parte, el traslado de los centros de decisión e innovación fuera de nuestras fronteras, junto a un fuerte aumento de las importaciones de mercancías y tecnología realizado por esas mismas empresas, sobre las que existe muy escasa capacidad de control, induce también efectos negativos que limitan los posibles beneficios reportados por el proceso. Además, «los pagos por rentas de inversiones, más la parte de los pagos tecnológicos imputables a las empresas bajo control extranjero supusieron más del 60 % de las inversiones netas totales en el período 1971-1984» y «esta tendencia se ha agudizado en los últimos años, pues en el período 1984-1987 se ha situado en valores superiores al 80 %» (Buesa, M., y Molero, J., 1990, 137), con lo que el balance global resulta aún más discutible. Se puede originar así una progresiva desestructuración y dependencia del sistema productivo de no mediar una política industrial que potencie el mantenimiento de empresas autóctonas con capacidad de competir internacionalmente, frente a la conversión de España en simple mercado secundario o plataforma exportadora para las transnacionales.

En lo referente a su impacto territorial, estas empresas han mantenido su anterior preferencia por aquellas áreas que ya cuentan con un elevado nivel de industrialización, altas densidades de población y una buena infraestructura de comunicaciones, con lo que no hacen sino reforzar los desequilibrios preexistentes. Aunque la información disponible en la Dirección General de Transacciones Exteriores resulta bastante limitada desde una perspectiva geográfica, permite esbozar algunos resultados en apoyo de esta tesis.

Por un lado, entre 1974-1984 las provincias de Madrid, Barcelona, Valencia,

Vizcaya y Sevilla acapararon el 56 % de las empresas con participación exterior mayoritaria que realizaron una inversión superior a los 10 millones de pesetas, reuniendo el 41 % del capital y el 50 % de los empleos generados (Moliní, F., 1989). Si se considera la inversión realizada entre 1986-1989, las Comunidades de Madrid y Cataluña mantuvieron una evidente primacía, con un 39 % y 27 % del total respectivamente, que se invierten al considerar de forma exclusiva la correspondiente a la industria en función del mayor peso fabril catalán, tal como muestra la figura 7.12. (López, A., y Mella, J. M., 1991). Tanto el País Vasco, como Asturias o Cantabria perdieron posiciones respecto a épocas anteriores, frente al mejor comportamiento relativo de Andalucía, Aragón o Valencia, y el resto de la España interior continuó siendo un espacio poco atractivo para el capital foráneo, con excepción de algún núcleo aislado.

5. Progresos y límites de la industrialización periférica

Tal como se apuntaba en el inicio del capítulo, la desconcentración de la industria medida en términos de producción y, sobre todo, de empleo, es un hecho innegable en los últimos 15 años ante la desindustrialización de algunas áreas centrales y la mayor capacidad de atracción respecto a períodos anteriores mostrada por algunos espacios funcionalmente periféricos, desde regiones atrasadas a pequeñas ciudades y áreas rurales o periurbanas. No obstante, bajo esa constatación subyacen diversos procesos, a veces contradictorios, que responden a lógicas diversas y que otorgan mayor complejidad a esta tendencia que la ofrecida por algunas explica-

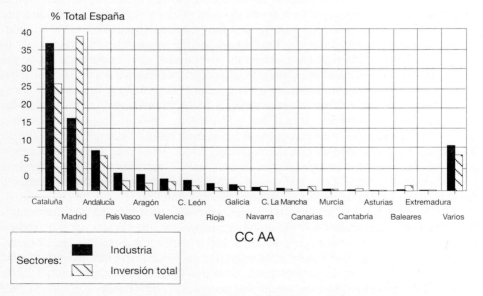

Fig. 7.12. *Distribución regional de la inversión extranjera en la industria 1986-89.* Fuente: López, A., y Mella, J. M., 1991.

ciones simplistas que diagnosticaron la inversión del movimiento polarizador precedente.

a) LA CONTINUIDAD DE LA DIFUSIÓN INDUSTRIAL

El proceso de difusión espacial de la industria es componente de primer orden en la configuración del actual modelo territorial español y uno de los que ha mostrado mayor continuidad en las últimas décadas, sin verse demasiado afectado por unos cambios estructurales que, en todo caso, han acelerado y profundizado trayectorias anteriores. Iniciado ya en la primera mitad del siglo en aquellas regiones que fueron pioneras en el proceso de industrialización, ante la densificación de los focos tradicionales y el consiguiente encarecimiento de un suelo urbanizado cada vez más escaso, junto a otra serie de deseconomías asociadas, el avance de las fábricas por el territorio afectó primero a los municipios más próximos para incorporar luego otros más alejados, manteniendo estrictos criterios de accesibilidad. De este modo, fueron surgiendo diversos ejes de desarrollo industrial que resultaban claramente perceptibles al iniciarse la actual reestructuración, tal como mostraba la figura 1.13.

La comparación con la situación de 1985 que refleja el mapa de la figura 7.13, realizado con idéntica metodología, permite observar la dirección del movimiento en esos años, así como las diversas pautas de localización regionales que coexisten en la actualidad.

Sobre el primero de tales aspectos, destaca la práctica desaparición de los enclaves aislados interiores, al quedar la mayoría conectados entre sí por ejes, o declinar ante las dificultades enfrentadas por su industria tradicional frente al proceso de ajuste y reconversión (Béjar, Ponferrada, Riotinto, Almadén, etc.). Se consolidan, al tiempo, los dos grandes ejes fabriles peninsulares del Ebro y Mediterráneo, en tanto se expande notablemente la red en torno a Madrid, desbordando hacia las provincias limítrofes de Castilla-La Mancha. Por último, llama también la atención el desarrollo de ejes secundarios en las regiones del interior que siguen algunas de las principales carreteras (autovía Tordesillas-Valladolid-Palencia, N-II y N-330 en Aragón, N-V en Extremadura, etc.), así como la incipiente formación de otros transversales a los más importantes, densificando así la malla que corresponde a un sistema industrial cada vez más integrado.

A su vez, dentro del mismo pueden individualizarse varios subsistemas espaciales atendiendo al grado de desarrollo global alcanzado y sus específicas condiciones de concentración/dispersión en el territorio. Un primer tipo corresponde a los subsistemas evolucionados de mayor complejidad interna, donde una industrialización antigua y densa que dio origen a la formación de aglomeraciones metropolitanas, se completa con una amplia difusión de las empresas y una especialización funcional de sus diversos núcleos. Teniendo como mejor exponente los casos catalán y vasco (áreas metropolitanas de Barcelona y Bilbao, valles guipuzcoanos del Deva, Urola y Oria), en el último cuarto de siglo también Madrid se incopora a este modelo, aunque de forma más incipiente. En todos los casos se produce un debilitamiento de las grandes ciudades y los núcleos especializados en sectores tradicionales, donde la sustitución por actividades terciarias es más intensa, y un desplazamiento hacia ciertos sectores situados en sus márgenes que hoy presentan

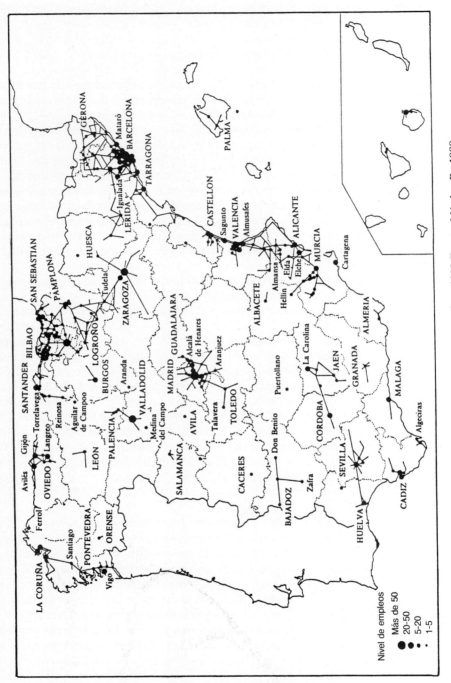

FIG. 7.13. *Estructura espacial de la industria española en 1985*. Fuente: Méndez, R., 1988.

condiciones de implantación más favorables (suelo abundante y más barato, buena comunicación, medio ambiente grato, etc.).

Un segundo tipo de subsistema se identifica con los ejes industriales en expansión surgidos en los años sesenta pero afianzados definitivamente en la última década hasta constituir áreas de densidad intermedia: litoral mediterráneo (de Girona a Cartagena) y valle del Ebro. Cuentan con una red de autopistas que los vertebran y conectan a los centros más importantes, así como con ciudades de tradición fabril y buena dotación de servicios (Valencia, Alicante), beneficiarias de la política de promoción o de un régimen foral favorable (Zaragoza, Logroño, Pamplona), junto a la instalación de grandes empresas (Tarragona, Sagunto, Almusafes, Cartagena), y el apoyo de una industria rural dispersa, transformadora de los recursos del entorno (agroalimentaria en el Ebro, Murcia y Valencia, corchera en Girona) o relacionada con una antigua tradición artesanal (textil y cerámica valencianos, calzado y juguete alicantinos). Ese conjunto de condiciones y su buena conexión a los ejes dinámicos del sur de Europa, ha atraído en los últimos años numerosas empresas multinacionales, que se suman a los traslados producidos desde otras áreas españolas para impulsar un desplazamiento del centro de gravedad industrial hacia el cuadrante nordeste de la Península, en detrimento de otro eje menos consolidado y con problemas de declive como es el atlántico (bahía de Santander, ría del Besaya, cuenca central de Asturias, Galicia litoral).

Un tercer tipo de espacio que no llega a constituir un verdadero subsistema es el formado por los enclaves castellano-extremeños, andaluces y de los archipiélagos, cuyo origen se relaciona con la existencia de mercados de consumo y trabajo relativamente importantes en el caso de las capitales provinciales, con actuaciones de promoción pública e instalación de grandes empresas (Valladolid, Aranda, Burgos, Puertollano, Sevilla, Málaga, Campo de Gibraltar y Bahía de Cádiz, etc.), con la transformación de recursos primarios, o con una mano de obra barata, flexible y cualificada por una tradición artesanal. Su evolución resulta, por ello, bastante heterogénea según la estructura empresarial heredada y el potencial productivo del entorno, pero dentro de parámetros generalmente modestos.

b) DESCENTRALIZACIÓN PRODUCTIVA Y DESARROLLO ENDÓGENO EN LAS ÁREAS RURALES

Uno de los hechos que mayor atención despertó entre los geógrafos durante los años ochenta fue la aparente revitalización de las áreas rurales, plasmada en una cierta recuperación de su pulso demográfico y la expansión de las actividades no agrarias, interpretada en ocasiones como resultado del agotamiento sufrido por el modelo de sociedad industrial que, al concentrar la actividad y los recursos en las ciudades, sumió al campo en una aguda y prolongada crisis. El dinamismo industrial de algunas de esas áreas, ignorado con anterioridad, fue uno de los indicadores más utilizados para apoyar la evidencia del cambio. No obstante, el estudio de casos puso de manifiesto la superposición de procesos muy diversos en su origen y significado, subdivididos en dos tipos esenciales según se trate de una industrialización inducida desde el exterior o apoyada en el aprovechamiento local de los recursos endógenos existentes en el área, aunque ambos no son excluyentes (Vázquez, A., 1988; Molinero, F., 1990).

Un primer tipo responde a la relocalización de empresas procedentes de áreas urbanas y que se trasladan total o parcialmente buscando una reducción de costes o escapar a ciertos controles normativos, pero manteniendo por lo general su anterior conexión con clientes, proveedores y servicios de esas ciudades, lo que justifica su mayor presencia en el entorno periurbano de las mismas y siguiendo las principales vías de transporte rápido. Se trata, pues, de un fenómeno plenamente relacionado en su sentido y localización con los procesos difusores comentados en el epígrafe precedente, lo que exime de cualquier comentario adicional.

Origen distinto es el de aquellas empresas surgidas de iniciativas autóctonas y que responden, ya sea a la pervivencia de actividades artesanas surgidas cuando dominaban las economías locales y que han debido modernizar sus procesos y productos para resistir el paso del tiempo («industria difusa» según Houssel), o bien a las actuales condiciones productivas, que reservan mayores nichos de mercado para algunas de ellas («industria espontánea»). La presencia de unas densidades de población y unos excedentes laborales elevados, así como de un cierto volumen de ahorro y de una tradición empresarial en el ámbito de la agricultura o los servicios, que supone «un patrimonio de experiencia de gestión, de iniciativa, de sentido de la responsabilidad» (Bernabé, J. M., 1985), parecen ser factores a tener en cuenta para justificar su desigual importancia según regiones. En tal sentido, el estudio realizado para identificar en España las áreas con altos niveles de industria endógena a partir de una muestra que excluía los municipios bajo un cierto umbral (1.000 habitantes, 10 % de activos industriales y 0,5 kw/hab. de potencia instalada), así como los situados en las proximidades de las grandes ciudades, ofreció algunas precisiones de interés pese a sus limitaciones metodológicas (CEAM, 1987). Una proporción modesta, que sólo representaba el 10 % del empleo industrial total en promedio y que se superaba ampliamente en la mayoría de provincias mediterráneas y de la mitad sur peninsular (fig. 7.14) que contaban en mayor medida con los requisitos mencionados, junto a la identificación de hasta 83 comarcas y núcleos donde este tipo de proceso es dominante, son dos de las más significativas.

Otro modo de tipificar los fenómenos industrializadores en esas periferias es el que tiene en cuenta la forma en que sus empresas se integran en el sistema productivo. El modo más sencillo es el de las numerosas firmas monoplanta que fabrican productos acabados y operan en un entorno reducido, aunque sus mercados de venta pueden alcanzar cierta extensión. Pero el mayor interés y complejidad corresponde a aquellas otras vinculadas a procesos de descentralización productiva.

Como ya hubo ocasión de señalar, se produce una creciente segmentación de tareas entre establecimientos diversos, de la misma empresa o de varias interrelacionadas, con objeto de aumentar la especialización y eficacia de cada unidad, reducir costes, aprovechar el tipo de recursos existente en cada área, etc. El fenómeno resulta especialmente importante en la gran empresa, que abandona y subcontrata operaciones o productos de escaso valor, difícil mecanización, uso infrecuente, o alto riesgo, reduciendo de paso su empleo directo, lo que ha dado origen a multitud de PYMEs que se integran en cadenas productivas a veces muy amplias. Sectores como la confección o la metalmecánica son paradigmáticos en tal sentido. Pero esa relación jerárquica entre empresas de tamaño muy distinto puede verse sustituida, en otros casos, por la formación de verdaderas constelaciones de pequeñas firmas que operan en un sector concreto y obtienen economías externas al hacerlo conjun-

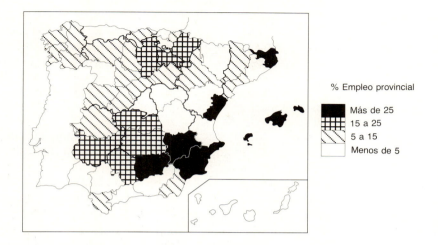

Fig. 7.14. *Importancia de la industria endógena según provincias.*

tamente, definiendo así la especialización de ciertas áreas conocidas como distritos industriales, que en el caso español han sido estudiados para la Comunidad Valenciana (Méndez, R., coord., 1987; Trullén, J., 1990).

No obstante, tanto si el origen de la industria es exógeno o endógeno, los espacios rurales presentan, salvo contadas excepciones, una estructura productiva bastante homogénea, con evidente predominio de pequeñas unidades poco capitalizadas, con escasa división interna del trabajo y baja cualificación de unos empleados con formas de contratación muchas veces precarias, que se dedican a actividades maduras como textiles, confección, madera y mueble, material de construcción, cuero y calzado o transformados metálicos (cerrajería, piezas mecánicas, etc.), produciendo bienes de escaso valor añadido. Aunque la creciente penetración de multinacionales en sectores como el agroalimentario, o la agresividad exportadora y de innovación mostrada por algunas de estas empresas y áreas rehúyen las simplificaciones abusivas, puede afirmarse que buena parte de la industrialización rural no rompe los vínculos de dependencia con el mundo urbano, sino que los reviste de nuevas formas. Tampoco la fragilidad de unas actividades sometidas a la doble presión de su automatización en espacios centrales o la competencia de nuevos países con costes más bajos, por lo que sólo una mejora en la formación de sus recursos humanos, en la difusión del progreso técnico, en el desarrollo de las relaciones interfirmas y en la mejora de los habituales déficit de equipamientos puede sustentar formas de crecimiento de mayor calidad y solidez.

c) LA RECUALIFICACIÓN DE LA INDUSTRIA METROPOLITANA

El énfasis puesto en las tendencias desconcentradoras asociadas a la crisis permitió observar la detención del crecimiento industrial en buena parte de las grandes ciudades y áreas metropolitanas que durante las décadas precedentes habían sido el mejor exponente de las tendencias polarizadoras imperantes. La referencia a una «desurbanización» o «contraurbanización», apoyada básicamente en la inversión de los saldos migratorios y la desindustrialización, encontró una primera justificación en los modelos evolutivos sobre ciclo de vida, que señalaban la primacía de las tendencias descentralizadoras, asociadas al aumento de las deseconomías de aglomeración, en las fases avanzadas de evolución urbana y el protagonismo del sector terciario en la transición hacia la sociedad posindustrial. En una perspectiva radicalmente diferente, la teoría de la regulación social interpretó el trasvase de la industria como estrategia del capital para desarticular la fuerza reivindicativa de los trabajadores y sus organizaciones en la gran ciudad y la gran fábrica (Precedo, A., 1986; Suárez Villa, L., 1987; López Groh, F,. coord., 1987).

Pese a las graves limitaciones informativas que acarrea el estudio de la industria a escala municipal y la falta de unos límites aceptados para los espacios metropolitanos, algunos datos disponibles sobre la evolución industrial entre 1975-1985 apoyaron la aplicación de estas ideas a España, corroborando lo ocurrido en otros países del entorno europeo. Así, por ejemplo, las siete provincias donde se localizan las mayores aglomeraciones urbanas (Madrid, Barcelona, Valencia, Bilbao, Sevilla, Zaragoza y Málaga) registraron una pérdida de 587.000 empleos en el sector, un 60 % de la ocurrida en España durante ese período y casi una tercera parte de su volumen inicial, reduciendo su participación del 52,4 % al 47,4 % sobre el total español, en tanto la producción lo hacía desde el 52,8 % al 47,0 %. Su presencia relativa en la inversión correspondiente a nuevas industrias se redujo de forma paralela hasta el 33,8 % en 1977-1980 y una cifra algo inferior en el cuatrienio siguiente, si se elimina la distorsión producida por la instalación de General Motors en Figueruelas, al representar una tercera parte del total español (Caravaca, I., y Méndez, R., 1993). Por otro lado, y tal como quedó apuntado en el segundo apartado del capítulo, la evolución del empleo fabril según tamaño urbano puso de manifiesto una elevada correlación de sentido negativo, que invertía la situación del decenio anterior.

Respecto a la distribución de las industrias en el interior de las áreas metropolitanas delimitadas en los años sesenta, las pérdidas de ocupación se concentraron en sus ciudades centrales y algunos núcleos monoespecializados en sectores maduros (Baracaldo, Sestao, Terrassa, Sabadell, Getafe, etc.), mientras el resto de los municipios mantuvo prácticamente constante su cifra global. Surgió, al tiempo, una aureola de microempresas en algunas de esas franjas periurbanas, relacionadas en muchos casos con procesos de descentralización, o con la aparición de mercados marginales de trabajo y consumo ligados a la propia crisis.

Pese a todo esto, la aceptación de la desindustrialización urbano-metropolitana como fenómeno evidente e, incluso, inexorable, se ve hoy crecientemente cuestionada, y la información disponible sobre ciudades con historias y estructuras industriales diversas así lo pone de manifiesto, al tiempo que evidencia importantes discrepancias en el tipo de respuestas ofrecidas por unas y otras (Méndez, R. coord., 1991). Varios son los elementos que sustentan, en cambio, la idea de una revitalización industrial de las grandes urbes, aunque bajo formas nuevas y, en muchos casos, contradictorias que exigen precisar algunos de sus rasgos.

En un plano meramente cuantitativo, la recuperación del período 1985-1990 ha repercutido de modo bastante favorable en estas áreas y así, por ejemplo, las siete ya mencionadas volvieron a elevar en 195.800 su cifra de ocupados en la industria según la Encuesta de Población Activa. Tendencia idéntica se produjo en lo relativo a inversión en nuevas industrias, que alcanzó un 42 % de la efectuada en nuestro país entre 1985-1988, con un volumen que superó el correspondiente a ampliación de empresas previamente instaladas, lo que demuestra que su capacidad de atracción continúa siendo importante. La continuación de las tendencias difusoras en favor de sus respectivas periferias contribuye a desdibujar los límites de estos espacios urbanos, pero sin alterar de forma sustantiva la lógica espacial precedente.

Pero, con ser importante, el cambio industrial urbano-metropolitano no queda limitado a este nuevo impulso, sino que tienen lugar al mismo tiempo modificaciones de índole cualitativa que refuerzan la funcionalidad de algunas de estas ciudades como centros dominantes en el sistema, al tiempo que acentúan el dualismo y los contrastes internos.

Así, como hubo ocasión de constatar en páginas precedentes, es en ellas donde tienden a concentrarse las actividades y empresas más innovadoras, no sólo por el tipo de productos que ofrecen, sino también por el grado de racionalización y la eficacia productiva que muestran. Aquí también se localizan la mayoría de filiales pertenecientes a multinacionales instaladas en los últimos años, así como las sedes sociales y, por tanto, los centros de decisión correspondientes a las mayores empresas de capital nacional (60 % de las 2.500 mayores en 1990 entre Madrid y Barcelona), o los sectores más dinámicos del momento, aunque aquí la especialización regional consolidada históricamente continúa teniendo un elevado protagonismo, tal como ponen en evidencia los mapas de la figura 7.15, elaborados mediante el cálculo de los respectivos coeficientes de especialización.

La gran ciudad y su entorno inmediato refuerzan, de este modo, la presencia de aquellas actividades y tareas intensivas en capital y conocimiento, que generan mayor valor añadido, tienen mercados en expansión y se asocian con empleos más cualificados y mejor remunerados. Esto favorece una creciente terciarización de su industria, al crecer con rapidez las ocupaciones relacionadas con tareas anteriores o posteriores a la producción (gestión, diseño e investigación, comercialización, servicio posventa, etc.), cuyo reflejo externo es la aparición de edificios industriales donde las funciones de oficina y el empleo «de cuello blanco» superan en importancia las propiamente fabriles. El hecho de que los empleos no productivos asociados a las nuevas industrias pasaran de 33.700 en 1977-1980 a 46.768 en 1985-1988 según datos del Registro Industrial, representando un 19,4 % del total español en ese último cuatrienio, que asciende hasta el 22,8 % en las siete «provincias metropolitanas» (hasta el 30,8 % en Madrid), puede explicarse desde esa perspectiva (Caravaca, I., y Méndez, R., 1993, 71-103).

Pero, como contrapunto, en las grandes ciudades se asiste también a una marginalización de otros sectores y empresas que resisten mal sus altos costes, así como de aquellos empleos de taller o fábrica menos cualificados, lo que favorece la persistencia de bolsas de precariedad y desempleo de difícil absorción. Los efectos de «destrucción creadora» con que Schumpeter identificó los períodos de crisis, en la transición entre dos ciclos tecnológicos, tienen aquí su más lograda manifestación, generando una disociación entre eficiencia productiva y equidad social que no puede ser ignorada por las políticas públicas de intervención si se quiere una reindustrialización integradora y con sólidos cimientos de futuro.

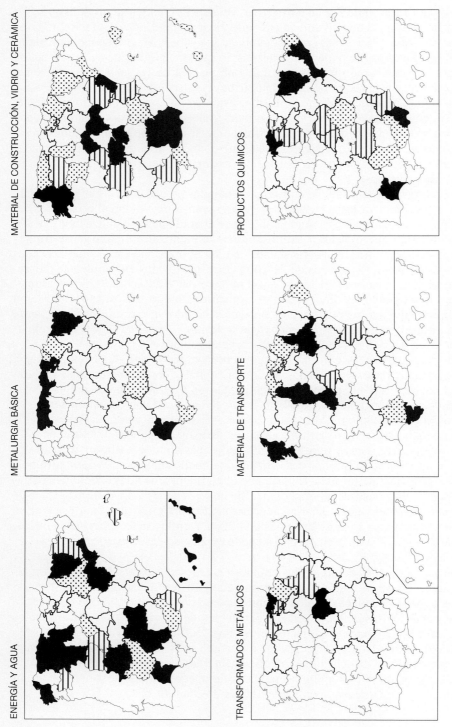

Fig. 7.15. *Especialización industrial de las provincias en 1987.*

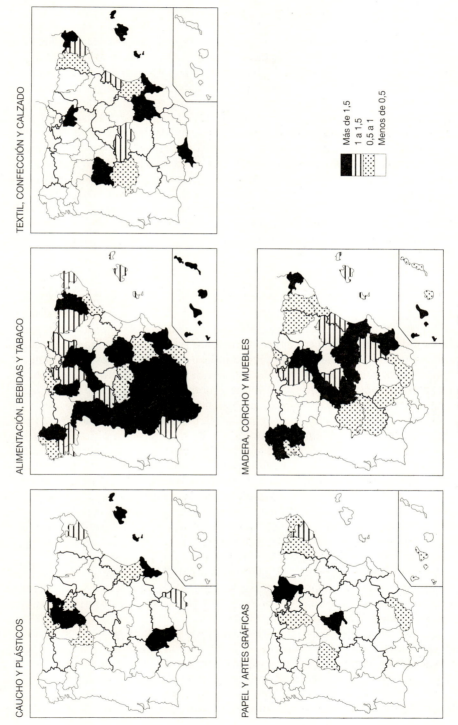

Fig. 7.15. (*Continuación.*)

6. La explotación de los recursos minero-energéticos

Están ya lejanos los tiempos en que España era un país exportador neto de minerales hacia las potencias industriales del noroeste de Europa, manteniendo unas relaciones comerciales exteriores que algunos han calificado de semicoloniales. Por el contrario, la situación presente aparece definida por un saldo deficitario global, especialmente importante por lo que se refiere a la provisión de fuentes de energía. A la escasez de algunos recursos como los hidrocarburos, el agotamiento de yacimientos explotados secularmente, o las dificultades de extracción en otros (profundidad de las vetas, escaso grosor, tectónica compleja, etc.), se suma la creciente apertura de los mercados internacionales, que reduce la competitividad de actividades marcadas muchas veces por elevados costes de extracción, laborales o financieros, así como por un elevado déficit tecnológico, especialmente visible en las pequeñas explotaciones. No obstante, cualquier diagnóstico sobre la situación y los problemas actuales de las actividades extractivas exige diferenciar subsectores cuyas estructuras empresariales, evolución reciente, pautas de localización o impacto territorial, poco tienen en común.

a) DESEQUILIBRIOS EN EL BALANCE ENERGÉTICO

En el transcurso de las últimas décadas, el *consumo de energía* ha experimentado un crecimiento ininterrumpido, aunque de intensidad cambiante, derivado de las necesidades impuestas por el proceso industrializador (con especialización relativa en algunas ramas de consumo intensivo), la paralela mejora del nivel de vida y el consumo doméstico, la rápida e intensa motorización, la mecanización agraria, etc. El inicio de la crisis económica en los años setenta supuso una moderación de esa tendencia, pero sin detener un consumo global que de 36,9 millones de tm equivalentes de carbón (TEC) en 1963 ascendió a 84 millones en 1973, 104,9 en 1983 y 127,9 en 1990. Pese a todo el nivel actual de consumo por habitante está un 28,3 % por debajo del promedio de la Comunidad Europea, identificándose como uno de los ámbitos en que la convergencia continúa siendo un objetivo a conquistar.

No obstante, esas simples cifras dicen poco acerca de la situación de un sector que, en una panorámica forzosamente breve, puede quedar definido por la existencia de diversos contrastes internos como el existente entre las diferentes fuentes energéticas que abastecen el consumo, variable a lo largo del tiempo, o el que se produce entre consumo y producción interna.

Sobre el primero de ellos, los datos del cuadro 7.8. reflejan la cambiante participación de las diferentes fuentes primarias de energía en la satisfacción del consumo global, marcada por transformaciones de hondo calado con implicaciones económicas y geográficas indudables.

En las cuatro décadas aquí reflejadas, puede considerarse la existencia de tres fases de características bien distintas. La hegemonía del carbón, prolongada anormalmente en el tiempo por la autarquía de posguerra y las dificultades de abastecimiento exterior, llega hasta los años sesenta, momento en que la apertura propiciada por el Plan de Estabilización supone la sustitución masiva por los hidrocarburos. Además de tardío y acelerado, el cambio fue también anormalmente brusco hasta el

CUADRO 7.8. *Participación de las fuentes primarias en el consumo de energía (% total)*

Año	Carbón	Petróleo	Gas natural	Hidroeléctrica	Energía nuclear	Energía renovable
1950	73,6	8,9	–	17,5	–	–
1960	47,0	27,9	–	25,1	–	–
1970	22,1	61,5	0,3	15,6	–	–
1975	16,9	67,9	2,0	10,5	2,7	–
1980	18,8	67,1	2,6	10,0	1,5	–
1985	25,6	53,1	3,0	9,9	8,4	–
1990	21,2	52,6	5,6	2,4	15,8	2,4

Fuente: Secretaría General de Energía y Recursos Minerales.

punto de que al producirse los fuertes aumentos en el precio del petróleo (1973 y 1979) la dependencia española de esos abastecimientos exteriores representaba las dos terceras partes del consumo total de energía, cifra superior a la de los países europeos circundantes, y tal proporción continuó ascendiendo hasta 1976, año que registra el máximo histórico (72,2 % del consumo energético vinculado directamente al petróleo). La necesidad de frenar el consumo de una energía menos barata que en el pasado, mejorar la eficacia en su uso y diversificar las fuentes de abastecimiento para atenuar la dependencia anterior llevó a la aprobación de sucesivos Planes Energéticos Nacionales (1974, 1979, 1984 y 1990) que, pese a no cumplir plenamente sus objetivos, han favorecido un cierto reequilibrio inestable.

En la actualidad, la tímida recuperación del carbón aparece mediatizada por la oscilación del precio de los hidrocarburos en los mercados internacionales, destacando respecto a estos últimos la creciente importancia del gas natural, comparable a la que también conoce la energía termonuclear, frente al declive relativo de la hidroelectricidad y la naciente presencia de otras energías renovables como la solar, eólica, geotérmica y, sobre todo, la derivada del aprovechamiento de la biomasa (fig. 7.16).

Tanto el volumen como la estructura del consumo guardan escasa relación con una *producción energética* nacional que apenas cubre un 40 % de esa demanda interna y que, ante la pobre presencia de hidrocarburos en el subsuelo nacional, se origina básicamente a partir de las centrales nucleares (49,0 % de la producción interna en 1991) y los recursos carboníferos (35,3 %), quedando a considerable distancia el resto: hidroelectricidad 7,9 %, gas natural 4,2 % y petróleo 3,6 % respectivamente.

No resulta por ello extraño que la importación de combustibles supusiera más de un billón de pesetas en 1991, equivalentes al 10,9 % del total, observándose a este respecto una mayor diversificación de las áreas de abastecimiento que ha intentado reducir la relación con otras potencialmente conflictivas como el Próximo Oriente. El hecho de que México (24,9 % de las importaciones de petróleo) y Nigeria (21,2 %) sean ya los principales países proveedores en 1991, en tanto Arabia Saudita (13,4 %), Libia (10,4 %), Irán (9,2 %) y Egipto (3,4 %) quedan en un segundo plano, tiene tantas implicaciones geopolíticas como estrictamente económicas.

La distribución del consumo de energía reproduce, en gran medida, los con-

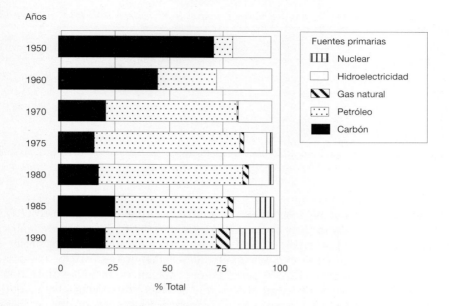

Fig. 7.16. *Evolución del consumo de energía (1950-1990).*

trastes regionales en cuanto al reparto de la población, las ciudades y la industria, concentrándose lógicamente las mayores cifras en las grandes aglomeraciones existentes en el territorio nacional, si bien se observan participaciones relativas superiores en áreas como el litoral cantábrico, donde la presencia de industrias pesadas o de cabecera (siderurgia, aluminio, química básica, etc.), intensivas en su consumo, continúa siendo destacada pese a los problemas de reconversión a que se alude en otro apartado. Por esa razón, desde una perspectiva geográfica resulta de mayor interés conocer la localización y el impacto territorial de unas fuentes energéticas con características y perspectivas actuales muy heterogéneas.

b) Dimensión económica y territorial de la producción energética

Pese a su destacada presencia en los textos clásicos de geografía económica, el estudio de las fuentes de energía y recursos minerales en España no cuenta con demasiadas obras de conjunto capaces de situar los problemas sectoriales o regionales en una perspectiva globalizadora, atenta a destacar su impacto territorial, siendo en cambio bastante numerosas las investigaciones que abordan de forma monográfica alguna actividad o ámbito espacial (Burillo, M., y Sanz García, J. M., 1961; Molina, M., y Chicharro, E., 1989). Puede intentarse, no obstante, una breve panorámica de la situación, que comienza por las fuentes convencionales para finalizar caracterizando las de desarrollo más reciente.

Con ese criterio, el *carbón* ocupa forzosamente el primer lugar. Hegemónico desde el inicio de la primera Revolución Industrial y, en España, hasta hace sólo tres décadas, su declive reciente en términos relativos ha sido justificado desde perspectivas muy diversas, entre las que pueden destacarse:

— Desde el lado de la oferta, los mayores costes de explotación y menor rendimiento energético frente a los hidrocarburos, junto al agotamiento de algunos de los mejores yacimientos y la baja calidad de buena parte de los recursos disponibles, que limitan cada vez más su uso al de combustible en las centrales térmicas, haciendo necesaria la importación de grandes cantidades de carbón coquizable.

— Desde el lado de la demanda, la crisis de algunos grandes consumidores industriales como la siderometalurgia, así como del consumo doméstico, junto a las restricciones impuestas en ciertos casos por su negativo impacto medioambiental.

No obstante, la evolución de los últimos años dista mucho de ser lineal, ofreciendo perspectivas diversas según se consideren las tendencias mostradas por la producción, el empleo, la estructura empresarial, o la localización de los recursos explotables respectivamente.

En cuanto a la producción, la evolución que refleja el cuadro 7.9 evidencia la recuperación que supuso el *shock* petrolífero de 1973, al hacer rentables de nuevo explotaciones ya abandonadas, que nuevamente entraron en crisis cuando los precios de los hidrocarburos descendieron en la segunda mitad de los años ochenta, poniendo así de manifiesto la profunda inestabilidad y dependencia actuales del sector. Inestabilidad que se ha visto acentuada con la incorporación a la Comunidad Europea, cuya política de competencia restringe las subvenciones y la protección a una minería del carbón que en nuestro país creció históricamente al abrigo de ambas. Un aumento notable en la producción de lignito (de menor poder energético y explotación habitual a cielo abierto) frente a la de hulla y antracita, con la consiguiente vinculación de la minería a una treintena de centrales térmicas que ya consumen más del 80 % de lo extraído (Puentes de García Rodríguez, Compostilla, Escatrón, Teruel, Cercs, etc.), complementa la caracterización anterior.

En el plano laboral, entre 1959 y 1974 una primera reconversión destruyó 50.000 empleos en la minería del carbón, la mitad de los existentes al inicio de esa etapa, favoreciendo una concentración empresarial (de 526 a sólo 134 empresas). Ésta culminó con la formación de HUNOSA, que junto con Minas de Figaredo supuso un control público casi total de las explotaciones hulleras de la cuenca central asturiana, en tanto ENDESA lo hacía en el caso del lignito turolense. El aumento de la producción en el decenio 1975-1985 no supuso apenas la recuperación del

CUADRO 7.9. *Evolución de la producción carbonífera (1970-1990)*

Año	Miles TEC
1970	11.020
1975	10.595
1980	15.766
1985	20.810
1990	16.559

Fuente: Secretaría General de Energía y Recursos Minerales.
(TEC = Tonelada equivalente de carbón).

empleo ante las mejoras técnicas y de productividad incorporadas en las explotaciones, permitiendo un pequeño brote de nuevas empresas (hasta las 196 de 1985) que no alteraron la estructura global. Los últimos años están suponiendo el planteamiento de una nueva reconversión, forzada en este caso por la Comunidad Europea, que ya ha reducido la cifra de trabajadores a apenas 38.000 en 1991 y prevé nuevos ajustes para los próximos años, con especial incidencia en las cuencas asturleonesas.

Aun no siendo, en absoluto, un caso aislado ni exclusivo, puede afirmarse que la gravedad de los problemas asociados a un declive que parece irreversible de no surgir iniciativas que diversifiquen la economía comarcal alcanza límites extremos en la cuenca central asturiana (valles del Caudal, Nalón y Aller). Aquí, la crisis del complejo minero-siderúrgico que impulsó el crecimiento desde la segunda mitad del pasado siglo se ha traducido en la pérdida de casi 50.000 habitantes desde 1960 (un 20 % de los censados en esa fecha) por emigración, la existencia de tasas de paro en torno al 20 % de la población en edad activa, y el declive de las restantes actividades asociadas de forma directa o indirecta. La escasez de nuevas inversiones foráneas ante los limitados atractivos del área (déficit de servicios, deterioro del medio ambiente y baja calidad de vida urbana, mercado de trabajo poco diversificado, conflictividad social, etc.) y la escasa tradición empresarial en una población tradicionalmente asalariada, se suman para originar un panorama necesitado de urgentes medidas de reactivación basadas en nuevos esquemas productivos (Benito, P., 1990; Fernández García, A., 1992). El valor simbólico que puede tener la evolución de HUNOSA, que entre 1980-1991 acumuló un déficit de 126.762 millones de pesetas, reduciendo su cifra de trabajadores de 22.150 a 17.511, es suficientemente expresivo.

Cualquiera que sea la evolución futura del sector, su impacto seguirá haciéndose notar en las mismas áreas, pues según la actualización del «Inventario de recursos de carbón en España» hecha a mediados de los años ochenta, el 79 % de los recursos actualmente explotables siguen concentrados en León (35,5 % de las TEC), Asturias (26,2 %) y Teruel (17,2 %), asociados de modo prioritario a explotaciones de antracita, hulla y lignito negro respectivamente (García Alonso, J. M., 1987). El cuadro 7.10 resume esa distribución, que también pone de manifiesto la importancia secundaria de los recursos carboníferos de la montaña palentina (Guardo-Barruelo de Santullán), Sierra Morena, lignitos pardos de Galicia, etc.

Muy distinta es la situación de los *hidrocarburos*, tanto por su escasa presencia en nuestro subsuelo como por la localización de los yacimientos, impactos ejercidos en el entorno, o evolución reciente. También en este caso la integración en la Comunidad Europea está suponiendo importantes novedades: desaparición del monopolio comercial de CAMPSA, formación de nuevos grupos empresariales como REPSOL o Gas Natural, adaptación a la legislación en materia de medio ambiente, etc.

La producción de *petróleo* en España es un fenómeno reciente y aislado, que tan sólo representa el 2,2 % del consumo total en 1991, localizándose los únicos pozos activos frente a las costas de Tarragona (Casablanca, 90,2 % de la producción) y Bermeo (Gaviota, 7,3 %), así como en la Lora burgalesa (Ayoluengo, 2,5 %). Su incidencia como factor de atracción de actividades transformadoras es, por tanto, casi nula, en contraste con una localización de las refinerías y de otras industrias derivadas en los puertos del litoral mediterráneo (Cartagena, Tarragona, Caste-

CUADRO 7.10. *Distribución de los recursos de carbón en España*

Zonas mineras	Millones de tm	% total	Millones TEC	% total
1. Hulla/antracita				
– Asturias Norte	388,8	9,0	330,5	12,2
– Asturias Sur	377,8	8,8	321,2	11,9
– Asturias Oeste	68,4	1,6	58,1	2,1
– Bierzo	586,8	13,6	469,5	17,3
– Villablino	376,8	8,7	301,0	11,1
– Norte de León	241,3	5,6	193,0	7,1
– Guardo/Barruelo	219,0	5,1	175,5	6,5
– Sudoccidental	41,0	0,9	34,4	1,3
Total hulla/antracita	2.299,9	53,3	1.883,2	69,4
2. Lignito				
– Teruel	1.033,6	23,9	466,2	17,2
– Mequinenza	260,9	6,1	117,7	4,3
– Pirenaica	142,5	3,3	64,2	2,4
– Baleares	44,0	1,0	19,9	0,7
– Galicia	536,6	12,4	159,9	5,9
Total lignito	2.017,6	46,7	827,9	30,6
Total carbón	4.317,5	100,0	2.711,1	100,0

Fuente: CARBUNION.

llón), atlántico (La Coruña, Algeciras, Huelva, Santa Cruz de Tenerife) y cantábrico (Somorrostro), por donde llega el crudo importado y desde donde se distribuye por una red de oleoductos que contaba 2.397 km en 1990. La única excepción a esa regla es el complejo petroquímico de Puertollano, ligado en su origen a las especiales condiciones del período autárquico.

Creciente interés despierta hoy el *gas natural*, utilizado desde 1969 y en rápida expansión tras los contratos suscritos con Argelia y Libia, que impulsaron la ampliación de la red de gaseoductos. La producción nacional abasteció el 22,6 % del consumo en 1991, concentrándose en el Cantábrico (Gaviota, 91 % de la producción) y Huelva (Marisma 8,2 %), habiendo cesado su actividad el de Serrablo, en el Pirineo aragonés, que fue el primero en entrar en funcionamiento.

También muy reciente es el uso de la *energía nuclear* en la producción de electricidad, iniciado en España con la inauguración de la central que la empresa FENOSA instaló en Zorita (Guadalajara) en 1969. Tras las otras dos centrales inauguradas en el trienio siguiente (Santa María de Garoña y Vandellós I), la aprobación del Plan Eléctrico Nacional (1972) supuso su definitiva incorporación en el horizonte energético español, comenzando la construcción de siete nuevos reactores que debían entrar en funcionamiento durante la década siguiente. No obstante, con la llegada del PSOE al gobierno y la aprobación del PEN de 1984 el programa de expansión se vio limitado, restringiéndose a cuatro las nuevas centrales a inaugurar, en tanto se paralizaban las obras de otras en construcción y se desestimaban nuevos proyectos.

Como resultado de ese proceso, y tras el cierre de Vandellós I en 1989, actualmente existen en España nueve reactores nucleares en funcionamiento (cuadro 7.11), que generaron ya el 49 % de la energía primaria producida en España en

Cuadro 7.11. *Centrales nucleares en España, 1991*

Nombre	Localización provincial	Año entrada en servicio	Potencia instalada (MW)
José Cabrera	Guadalajara	1969	160
Santa María Garoña	Burgos	1971	460
Vandellòs I	Tarragona	1972	Cierre 1989
Almaraz I	Cáceres	1980	930
Almaraz II	Cáceres	1983	930
Ascó I	Tarragona	1983	930
Ascó II	Tarragona	1985	930
Cofrentes	Valencia	1984	990
Trillo I	Guadalajara	1988	1.043
Vandellòs II	Tarragona	1987	992
Lemóniz	Vizcaya	Moratoria	–
Valdecaballeros	Badajoz	Moratoria	–
Trillo II	Guadalajara	Moratoria	–

1991. Si bien existen yacimientos de uranio en Ciudad Rodrigo y Don Benito, la inexistencia de plantas de enriquecimiento supone una dependencia externa que se ve acentuada por el hecho de que tan sólo tres empresas (Westinghouse, General Electric y Siemens) controlan las patentes de los reactores utilizados. Más allá del debate abierto sobre los riesgos inherentes al funcionamiento de este tipo de centrales, lo que sí resulta evidente es el creciente problema que comienzan a generar unos residuos radiactivos que, por el momento, se almacenan en la mina de El Cabril (Córdoba).

La *hidroelectricidad*, en cambio, encuentra actualmente frenada su expansión al sumarse las limitaciones impuestas por las condiciones climáticas a la escasez de nuevas inversiones que no permiten el aumento de la potencia instalada, ante la prioridad otorgada a otras fuentes. La red de centrales hidráulicas mantiene, por tanto, la distribución ya característica desde hace varias décadas, con un claro predominio de las cuencas situadas en la mitad septentrional peninsular, que presentan mayor caudal y menor estacionalidad que las del S. Sólo las del norte (38 %), Duero (24 %) y Ebro (20 %) reúnen cuatro quintas partes de la producción total, y esa concentración resulta aún mayor si se tiene en cuenta que sólo una decena de grandes centrales suma más de un tercio de la producción final: Aldeadávila, Saucelle o Villarino en los Arribes del Duero; San Esteban, Belesar o Peares en el Miño-Sil; Mequinenza o Ribarroja en el Ebro, etc. La construcción de minicentrales en áreas de montaña, prevista en el Plan de Energías Renovables, resulta una opción interesante, pero no modificará sustantivamente esa distribución espacial en el futuro inmediato.

Bibliografía básica

Aurioles, J., y Cuadrado, J. R. (1989): *La localización industrial en España. Factores y tendencias*, Fundación FIES, Madrid.
Buesa, M., y Molero, J. (1988): *Estructura industrial de España*, Fondo de Cultura Económica, Madrid.

— (1990): «Crisis y transformación de la industria española: base productiva y comportamiento tecnológico», *Pensamiento Iberoamericano*, n.º 17, pp. 119-154.

Burillo, M., y Sanz García, J. M. (1961): *Las fuentes de energía. Estudio geográfico*, Madrid, Vinches.

Caravaca, I., y Méndez, R. (1993): *Procesos de reestructuración industrial en las aglomeraciones metropolitanas españolas*, Ministerio de Obras Públicas y Transportes, Madrid.

CEAM (1987): *Áreas rurales españolas con capacidad de industrialización endógena*, Instituto del Territorio y Urbanismo, Madrid.

Etxezarreta, M. (coord.) (1991): *La reestructuración del capitalismo en España, 1970-1990*, Icaria-FUHEM, Barcelona.

Ferrer, M. (1986): «Industria», en Terán, M., Solé, L., y Vilá, J. (Dirs.): *Geografía General de España*, Ariel, Barcelona, pp. 371-409.

—, y Precedo, A. (1981): «El sistema de localización urbano e industrial», en VV.AA., *La España de las Autonomías*, Espasa-Calpe, Madrid, vol. I, pp. 299-368.

García Alonso, J. M., e Iranzo, J. (1988): *La energía en la economía mundial y en España*, Editorial AC, Madrid.

García Delgado, J. L. (dir.) (1988): *España. Economía*, Espasa-Calpe, Madrid.

IGN (1991): *Atlas Nacional de España. Sección VI: Actividades industriales*, Instituto Geográfico Nacional, Madrid.

Manero, F., y Pascual, H. (1989): «La industria y los espacios industriales», en Bielza, V. (coord.), *Territorio y sociedad en España*, Taurus, Madrid, vol. II, pp. 225-286.

Maurín, M. (1987): «Introducción al estudio geográfico de las cuencas mineras españolas», *Ería*, n.º 12, pp. 5-24.

Méndez, R. (1988): *Las actividades industriales*, Síntesis, Madrid.

— (1990): «Las actividades industriales», en Bosque, J., y Vilá, J. (dirs.), *Geografía de España*, Planeta, Barcelona, vol. 3, pp. 73-230.

Molina, M. (1990): «Fuentes de energía y recursos minerales», en Bosque, J., y Vilá, J. (Dirs.), *Geografía de España*, Planeta, Barcelona, vol. 3, pp. 9-72.

—, y Chicharro, E. (1989): *Fuentes de energía y materias primas minerales*, en «Geografía de España», Síntesis, Madrid, vol. 9.

Nadal, J., y Carreras, A. (coords.) (1991): *Pautas regionales de la industrialización española*, Ariel, Barcelona.

Scheifler, M. A. (1991): *Economía y espacio. Un análisis de las pautas de asentamiento espacial de las actividades económicas*, Universidad del País Vasco, Bilbao.

Segura, J., y otros (1989): *La industria española en la crisis, 1978/1984*, Alianza, Madrid.

VV.AA. (1986): «Economía minera española», *Papeles de Economía Española*, n.º 26, Fundación FIES (n.º monográfico).

VV.AA. (1987): «El sector energético en España», *Situación*, n.º 2, Banco de Bilbao (n.º monográfico).

Vázquez Barquero, A. (1988): *Desarrollo local. Una estrategia de creación de empleo*, Pirámide, Madrid.

Velarde, J.; García Delgado, J. L., y Pedreño, A. (edits.) (1990): *La industria española. Recuperación, estructura y mercado de trabajo*, Economistas Libros, Madrid.

Capítulo 8

SIGNIFICADO ESPACIAL DE LA TERCIARIZACIÓN ECONÓMICA

1. La terciarización de la economía española

El crecimiento del sector terciario constituye uno de los procesos de mayor trascendencia en la evolución de la estructura económica española. Este proceso se manifiesta en una reducción importante de la población empleada en las funciones productivas y el consiguiente incremento de los servicios. Esta misma tendencia se presenta también en la evolución de la composición sectorial del PIB. No obstante, la indefinición y polivalencia del sector terciario hace que el mismo concepto de terciarización pierda cada vez más un significado concreto.

En las páginas siguientes se mostrará cuáles son los procesos que han incidido en la terciarización de la economía y la sociedad española, bajo la argumentación de que dicha terciarización no debe ser contemplada y analizada de un modo genérico sino más bien como una confluencia de elementos diferentes. Por un lado, el comportamiento de las distintas ramas que conforman el sector terciario ha sido dispar en el tiempo e incluso se han detectado decrecimientos en algunas de ellas. Por otro, su distribución espacial tampoco es homogénea. Ello supone que la terciarización de las regiones españolas muestra distintos grados de intensidad y diferente composición interna.

Pero los procesos de terciarización se enriquecen y complican cuando se analizan también desde otra perspectiva distinta a la de las actividades económicas (Bailly, S., y Maillat, D., 1986; Garrido Medina, J., y otros, 1991). Nos referimos al análisis ocupacional que permite realizar una distinción importante entre los procesos de mera terciarización y aquellos relacionados con la reestructuración del aparato productivo.

Finalmente, la terciarización de la economía española ha tenido una incidencia muy acusada en los espacios metropolitanos en donde se producen hoy en día cambios de uso, y de distribución espacial de éstos, que precisan de una nueva formulación más allá de las teorías clásicas elaboradas al efecto.

La trayectoria temporal del sector terciario respecto al resto de los sectores de actividad de la economía española puede ser cuantificada atendiendo a diferentes parámetros: su producción en pesetas, la población ocupada en él o su participación en el producto interior bruto. Utilizando cualquiera de ellos es patente desde los años sesenta una clara terciarización de la economía y sociedad españolas. Esta pauta parece coincidir con la teoría sectorial de Fisher y Clark puesto que en los últimos veinticinco años ha sido el sector terciario el principal beneficiario de los cambios estructurales operados en nuestro país. En efecto, al comparar en las últimas décadas la participación de los distintos sectores en la generación del PIB nacional se aprecia claramente esta evolución. Sin embargo, en el período comprendido entre 1960 y la actualidad, la evolución de la economía dista de ser lineal; es por ello que este intervalo de más de veinticinco años resulta demasiado amplio y precisa de una subdivisión.

En los años comprendidos entre 1960 y 1973 la economía española experimenta —en términos de PIB— un crecimiento anual inusitado (7 %), siendo la aportación del sector primario muy limitada, mientras que el secundario y la construcción se erigen en auténticas locomotoras del desarrollo español (fig. 8.1).

El segundo período, 1973-1985, se caracteriza por la recesión económica, experimentándose unas tasas de crecimiento del PIB netamente inferiores a las de la fase precedente (2,7 %). Pero el análisis sectorial revela, también, cambios de orden. En primer lugar, algunos sectores como la construcción experimentan incluso crecimientos de signo negativo que contrastan con la evolución altamente positiva de la etapa precedente, en segundo lugar, son los servicios los que arrojan una tasa de crecimiento anual más elevada (3,2 %). Por su parte, el análisis de la demanda de trabajo en este período de crisis económica muestra una pérdida de casi 1,7 millones de empleos (Cuadrado Roura, J., 1986), cifra en la que han participado todos los sectores (sector primario – 993.900, sector secundario – 827.300, construcción – 92.100) salvo el de los servicios, siendo éste el único que experimenta un incremento de la población ocupada (+ 456.500).

El último lustro de la década de los ochenta se identifica como una etapa expansiva de la economía española con una tasa media de crecimiento, 6,1 %, si-

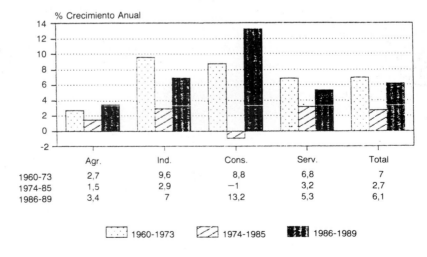

Fig. 8.1. *Tasa de crecimiento anual del PIB*. Fuente: BBV, *Renta Nacional de España*. Elaboración propia.

milar a la del período desarrollista. Pero a diferencia de éste, va a ser el sector de la construcción el más beneficiado con tasas de crecimiento superiores al 13 % anual.

En definitiva, la figura muestra tres tipos de comportamientos de los sectores económicos: claramente descendente en la agricultura; con alzas y bajas acusadas en la industria y, sobre todo, en la construcción, que responde a demandas más coyunturales, y un crecimiento sostenido, si bien ralentizado durante la crisis, en el caso de los servicios. Estos fenómenos se traducen en una modificación positiva de la participación de los servicios tanto en términos de población ocupada como en los de producto interior bruto (cuadro 8.1). Por tanto, el primer aspecto a señalar, es el de la creciente participación de los servicios en la economía española debido a la destrucción del empleo en el resto de los sectores productivos (Cuadrado Roura, J., y González Moreno, M., 1987).

Una vez presentadas las cifras relativas es preciso preguntarse por las causas del crecimiento en términos absolutos que experimentan los servicios desde los años sesenta. Las teorías al respecto se argumentan en torno a dos motivos: el incremento del nivel de vida de la población —cuyo parámetro más fiel es el de la renta familiar disponible— que posibilita un mayor consumo de servicios y la superación de la fase de industrialización. Parece evidente que la causa principal reside en el crecimiento industrial previo de la economía así como el incremento de la renta per cápita que éste conlleva. De este modo, la terciarización de la economía debe aparecer precedida por la industrialización. Si bien estas afirmaciones pueden resultar válidas aplicadas a amplios espacios o a series temporales largas, los datos referidos al caso español y en concreto a las Comunidades Autónomas los cuestionan (Del Río Gómez, C., 1990).

En efecto, en el último cuarto de siglo se ha asistido en todas las Comunidades Autónomas tanto a una desagrarización acusada como a una terciarización notable. Así, tanto en términos de empleo como de PIB todas las Comunidades muestran una clara hegemonía de las actividades de servicios, superando a escala nacional el 50 % de su participación en ambos parámetros (fig. 8.2). Sin embargo, este último fenómeno no tiene a escala regional una relación directa, ni positiva ni negativa, con la evolución del sector secundario. Mientras que en algunas Comunidades como Asturias, Extremadura o Cantabria la terciarización de sus economías aparece acompañada de una destrucción progresiva de su aparato productivo, actuando los servicios como un sector refugio, en otras como Valencia, Navarra o La Rioja tanto

CUADRO 8.1. *Estructura sectorial del empleo y del PIB (1960-1991)*

Años	% empleo				% PIB (c. f.)			
	Agricultura	Industria	Construcción	Servicios	Agricultura	Industria	Construcción	Servicios
1960	41,7	23,2	6,8	28,3	27,6	31,4	5,2	40,8
1973	25,3	26,9	9,3	38,5	11,6	31,8	7,1	49,5
1985	16,5	23,7	7,3	52,5	6,4	26,4	5,6	61,6
1989	13,0	22,3	9,1	55,6	5,3	26,2	8,0	60,5
1991*					4,5	24,1	8,7	62,7

* Avance.
Fuente: BBV, *Renta Nacional de España.*

SOCIEDAD, ECONOMÍA Y ESTRUCTURAS TERRITORIALES

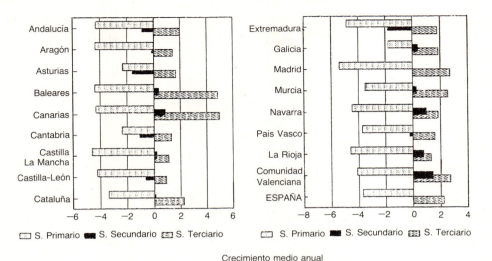

FIG. 8.2. *Tasa de crecimiento del empleo por sectores (1960-1985).*

el sector secundario como los servicios han experimentado, en términos de población ocupada, una evolución favorable. Los últimos datos referentes al período 1985-1989 son también coincidentes con estas afirmaciones, lo cual reafirma el carácter estructural, y no coyuntural, del proceso global de terciarización de la economía española. Resulta evidente, por tanto, que la utilización de los datos agregados no posibilita un análisis en profundidad de las causas de la terciarización de la sociedad española más allá de vagas generalizaciones.

De este modo, el problema inicial de los modernos estudios referentes al sector terciario consiste en adoptar una nueva clasificación de las actividades económicas más acorde con los tiempos actuales. Uno de los intentos más interesantes y fructíferos es el elaborado por el profesor Bailly que diferencia cuatro funciones básicas (Bailly, A. S., y Maillat, D., 1986): *producción* (extracción de materias primas y transformación de éstas), *distribución* al por mayor y por menor de bienes así como prestación de servicios personales, *circulación* (actividades que asumen el papel de organizar los flujos tanto físicos, transporte de personas o mercancías, como financieros o de información) y *regulación* (actividades que tienen por función reglamentar y controlar el sistema económico).

La evolución de la posición relativa de las provincias españolas en las funciones de producción, distribución y circulación-regulación entre 1971 y 1985 se muestra en los diagramas triangulares de la figura 8.3 (Gámir, A., Méndez, R., Molinero, T., y Razquin, J., 1989, 135). Estos diagramas ponen en evidencia la persistencia de fuertes contrastes en las economías provinciales, bastante más visibles con el empleo de esta clasificación que con la división sectorial clásica. La comparación entre la situación existente en 1971 y la presente quince años más tarde muestra un incremento de las distancias interprovinciales en el interior del diagra-

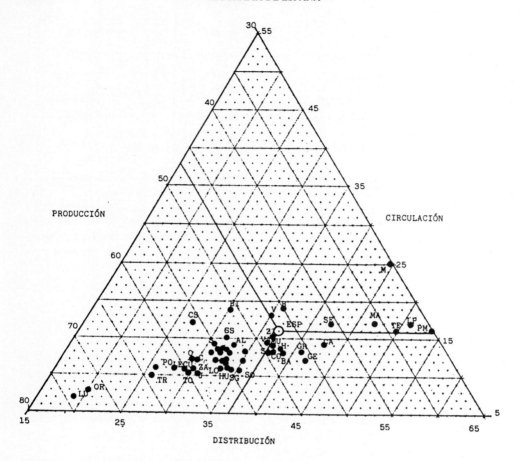

Fig. 8.3. *Distribución de las provincias españolas según estructura funcional del empleo en 1985.*

ma triangular, lo que contradice la tesis sobre una progresiva convergencia derivada de la crisis industrial. A su vez, esta clasificación permite diferenciar las tendencias de terciarización de las provincias, distinguiéndose aquellas orientadas hacia un mayor crecimiento del sector de «circulación-regulación» y aquellas otras que han experimentado un incremento mayoritario en los empleos, menos productivos, del sector de «distribución».

De este modo, el aparente proceso homogeneizador en la terciarización española debe ser matizado a la luz de estas investigaciones que muestran divergencias en las distintas dinámicas provinciales. En la medida en que las fuentes estadísticas posibiliten una adaptación a esta nueva clasificación, mediante una mayor desagregación de los datos, será posible descender desde este estudio general a otros más detallados.

2. La distribución de los servicios en el territorio

a) TERCIARIZACIÓN ECONÓMICA Y DESEQUILIBRIOS REGIONALES

La distribución del sector terciario en el territorio parece atenerse a dos regularidades. Por un lado, el grado de terciarización de las economías regionales es desigual y la propia distribución espacial del sector no se presenta de un modo uniforme. Por otro, conforme se analizan las distintas ramas que componen los servicios se comprueba como estas desigualdades se acrecientan en aquellas ramas más especializadas.

El cuadro 8.2. y la figura 8.4 demuestran las afirmaciones contenidas en el párrafo anterior. En efecto, en los últimos años el grado de terciarización de las economías regionales, aun siendo elevado, superando el 40 % del empleo en todas ellas, muestra variaciones acusadas. La terciarización es más destacada en aquellas comunidades especializadas en la recepción del turismo (Canarias, Baleares, Andalucía) o en algunas de las regiones que conforman los centros rectores del país (Comunidad de Madrid, Cataluña, País Vasco). Por el contrario, en aquellas otras que

CUADRO 8.2. *Empleo en el sector terciario en las economías regionales, 1990*

Comunidad Autónoma	Empleo A	Servicios B	CNAE 6	CNAE 7	CNAE 8	CNAE 9	% Sobre servicios 6	7	8	9
Andalucía	15,0	56,7	16,4	13,4	10,9	15,1	43,5	9,5	7,2	39,8
Aragón	3,2	52,2	3,0	3,3	2,8	3,4	37,9	10,9	8,8	42,4
Asturias	2,6	49,9	2,8	2,5	1,9	2,6	41,7	10,3	7,2	40,8
Baleares	2,4	68,1	3,1	2,7	2,4	1,8	49,2	11,7	9,8	29,3
Canarias	4,5	70,0	5,1	5,0	3,0	4,1	44,8	11,9	6,6	36,7
Cantabria	1,3	52,7	1,2	1,4	0,9	1,3	39,5	11,3	7,1	42,0
Castilla-La Mancha	3,5	46,1	3,7	3,6	2,7	3,5	42,3	11,0	7,5	39,2
Castilla-León	6,0	49,5	6,2	5,8	4,4	6,3	41,3	10,1	7,1	41,5
Cataluña	16,6	52,2	16,0	18,3	22,0	15,4	38,7	11,6	13,1	36,6
Comunidad Valenciana	9,8	52,3	11,5	7,7	9,2	8,8	46,7	8,4	9,3	35,6
Extremadura	2,2	49,7	2,2	1,7	1,1	2,5	41,4	8,3	4,9	45,4
Galicia	6,4	43,0	6,9	7,2	4,7	6,1	43,5	11,6	7,2	37,7
Madrid	16,2	68,8	12,0	17,8	24,0	18,0	29,8	11,6	14,5	44,0
Murcia	2,5	52,5	3,1	1,5	1,5	2,3	50,6	6,2	6,1	37,1
Navarra	1,3	50,0	1,2	1,0	1,5	1,4	36,6	7,9	11,7	43,7
País Vasco	5,6	55,1	4,9	6,4	6,2	5,9	35,3	12,0	10,8	41,9
La Rioja	0,6	45,9	0,6	0,4	0,5	0,5	42,1	7,4	8,6	41,9
Ceuta y Melilla	0,4	87,7	0,1	0,3	0,1	0,5	40,1	9,2	3,7	47,0
España	100,0	54,8	100,0	100,0	100,0	100,0	40,1	10,8	9,5	39,6
$\bar{x}$	5,6		5,56	5,56	5,54	5,56				
σ	5,2		4,94	5,44	6,79	5,39				

A: % empleo respecto al total nacional.
B: % empleo en los servicios respecto al total regional.
CNAE: 6. Comercio, restaurantes, hostelería, reparaciones.
       7. Transporte y comunicaciones.
       8. Servicios a la producción: instituciones financieras, seguros, servicios prestados a las empresas y alquileres.
       9. Otros servicios.
Fuente: EPA, IV-1990. Elaboración propia.

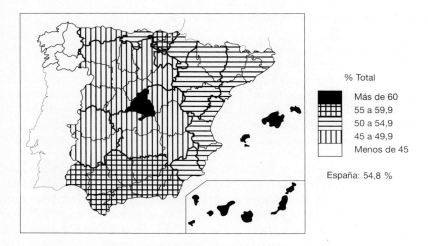

Fig. 8.4. *Empleo en el sector servicios sobre el total regional, 1990.*

no se ven beneficiadas de ninguna de las dos cualidades la presencia del sector terciario en sus respectivas economías regionales es menor (Galicia, La Rioja, Castilla-La Mancha, Castilla-León, Extremadura, Asturias). En lo que respecta a la distribución espacial de los servicios, éstos se concentran en las Comunidades de Cataluña, Madrid, Andalucía, Valencia y País Vasco.

Las cuatro últimas columnas de ese mismo cuadro, con datos referidos a 1990, describen la distribución regional de cada una de las ramas del sector terciario. Prácticamente el 80 % del empleo en el sector terciario se encuadra en las actividades comerciales, el turismo y los servicios ofertados por las administraciones públicas, un 10,8 % se incluye en el transporte y las comunicaciones y un 9,5 % en los denominados servicios a la producción. Sin embargo, este reparto no se mantiene constante en las distintas Comunidades Autónomas y menos aún en las provincias que las conforman.

Para observar con un mayor detalle la distribución territorial de las distintas actividades que conforman los servicios se ha acudido a otra fuente fiable como es la *Renta Nacional de España y su distribución provincial,* publicada periódicamente por el Banco Bilbao-Vizcaya. Las figuras 8.5 a 8.14 muestran la distribución provincial del empleo en diez ramas del sector terciario.[1] En ellas se ha cartografiado el resultado de aplicar el coeficiente de especialización a los datos originales. Asimismo, las figuras incluyen la desviación típica de estos mismos coeficientes, siendo éste un indicador válido sobre el grado de dispersión de los datos.

El comercio se encuentra bien distribuido por el territorio como prueba el bajo valor de la desviación típica (0,12). Únicamente destaca la provincia de Valencia

---

1. Estas diez ramas son el resultado de agregar los datos correspondientes a la CNAE una vez desglosada ésta en dos dígitos, por ello no es estrictamente similar a la mostrada en el cuadro 8.2 en el cual se incluye la CNAE pero únicamente a nivel de un dígito. Una equivalencia de ambas clasificaciones se encuentra en la citada publicación del Banco Bilbao-Vizcaya.

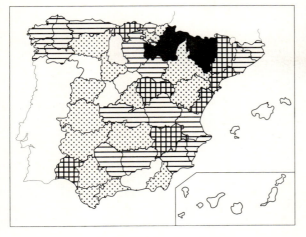

FIG. 8.5. *Grado de especialización provincial del empleo en 1989 en la rama de recuperación y reparaciones.*

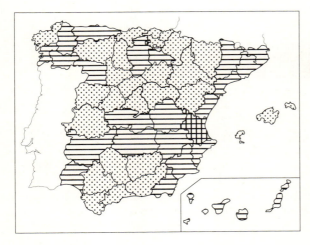

FIG. 8.6. *Grado de especialización provincial del empleo en 1989 en la rama de comercio.*

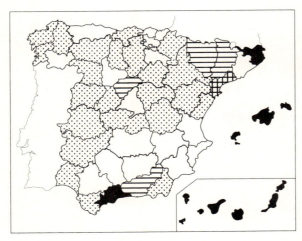

FIG. 8.7. *Grado de especialización provincial del empleo en 1989 en la rama de hostelería.*

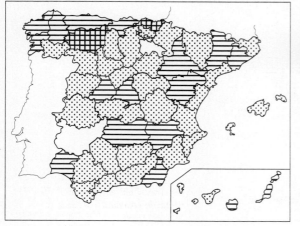

Fig. 8.8. *Grado de especialización provincial del empleo en 1989 en la rama de transportes y comunicaciones.*

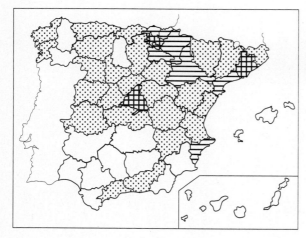

Fig. 8.9. *Grado de especialización provincial del empleo en 1989 en la rama de crédito y seguros.*

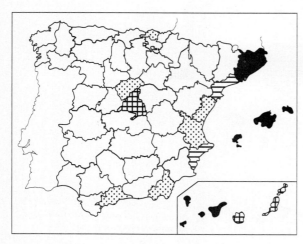

Fig. 8.10. *Grado de especialización provincial del empleo en 1989 en la rama de alquiler de bienes inmuebles.*

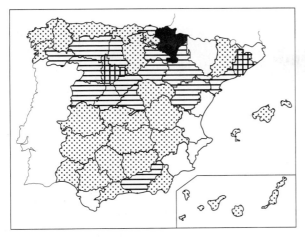

FIG. 8.11. *Grado de especialización provincial del empleo en 1989 en la rama de enseñanza y sanidad privadas.*

$\sigma = 0{,}21$

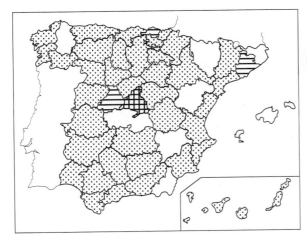

FIG. 8.12. *Grado de especialización provincial del empleo en 1989 en la rama de otros servicios para la venta.*

$\sigma = 0{,}14$

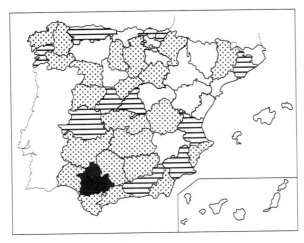

FIG. 8.13. *Grado de especialización provincial del empleo en 1989 en la rama de servicio doméstico.*

$\sigma = 0{,}22$

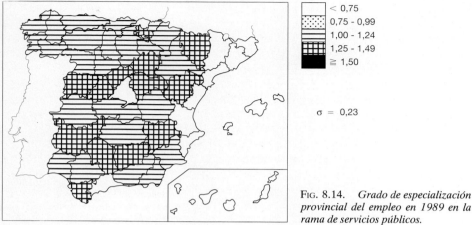

Fig. 8.14. *Grado de especialización provincial del empleo en 1989 en la rama de servicios públicos.*

con un grado de especialización superior a 1,25. También es de destacar su presencia en casi todo el litoral mediterráneo.

Una distribución mucho más contrastada es la que ofrece la rama de hostelería con cinco focos altamente especializados: las dos provincias canarias, Málaga, Gerona y, especialmente, el archipiélago balear que alcanza un índice de 3,97. Contrasta esta distribución con todo el interior peninsular, salvo Ávila, en donde la actividad turística ciertamente no sustenta la presencia del sector servicios. Madrid, las provincias vascas y Barcelona muestran una total ausencia de especilización con valores por debajo de 0,75. Esta rama arroja la desviación de los datos más acusada (0,58).

La distribución del subsector de transportes y comunicaciones no ofrece variaciones sustanciales, si acaso la menor presencia en aquellas regiones como Badajoz y La Rioja que no conforman nudos de primer orden en la red de transportes. Por lo que respecta a la rama de crédito y seguros solamente Madrid, los enclaves catalán y vasco y el eje de conexión entre ambos reflejan valores superiores a la unidad. A ellos se les une Alicante en el litoral levantino mientras el resto del territorio no está especializado en este subsector.

Una distribución altamente concentrada es la que refleja la rama de alquiler de bienes inmuebles. Su presencia obedece a dos motivos: la presencia del turismo, como prueban los valores muy altos de la costa mediterránea y de los archipiélagos, y el sector inmobiliario de oficinas y viviendas, propio de grandes áreas metropolitanas como la barcelonesa o la madrileña. Por lo que respecta a la enseñanza y sanidad privadas su localización obecede a aquellas áreas de mayor renta per cápita así como a aquellas provincias en donde este tipo de instituciones cuenta con una cierta tradición y arraigo (Navarra y Guipúzcoa significativamente).

Dentro del indefinido apartado de «Otros servicios para la venta» se incluyen una parte considerable de los servicios a la producción, de ahí que únicamente las provincias rectoras de la economía se encuentren especializadas en esta rama (Madrid, Barcelona, Vizcaya). A este respecto, resulta interesante observar de nuevo el cuadro 8.2. en el que, de acuerdo a la clasificación del INE, se presenta la distribución regional de los servicios a la producción. Estos servicios, aun recogiendo solamente el 9,5 % del empleo en el sector terciario, poseen una importancia mayor que este dato dado su carácter estratégico y modernizador del aparato productivo. Su distribución espacial resulta aún más desigual que en el caso del conjunto del sector terciario, ya que las Comunidades de Madrid y Cataluña recogen casi la mitad de los trabajadores incluidos en esta rama. Su presencia es muy destacada en aquellas regiones con un menor peso en las actividades comerciales y de hostelería (Madrid, Cataluña, Navarra y País Vasco); en el lado opuesto, el grado de especialización es menor en regiones con un bajo nivel de desarrollo (Extremadura, Galicia) y/o con una vocación comercial (Canarias, Andalucía).

No existe una pauta única que explique la distribución provincial del servicio doméstico. Posiblemente porque obedezca a factores contrapuestos. Así, del lado de la demanda de este tipo de empleos, resulta lógica su presencia en provincias con elevada renta (Madrid, Barcelona, Valencia), pero también se presenta en provincias con bajo nivel de desarrollo (destacando Sevilla). En este caso obedece esencialmente más a una ausencia de efectivos en las otras ramas del sector que a una presencia mayoritaria en éste. Ciertamente resulta un indicador del bajo nivel cualitativo del proceso de terciarización de estas provincias.

Una reflexión similar cabe realizar respecto a los servicios públicos: con la excepción de Madrid, Vizcaya, Cataluña, las Comunidades valenciana, canaria, balear y Málaga, todo el territorio peninsular se encuentra especializado en este subsector.

De este modo, es posible cualificar el tipo de terciarización que acusan las regiones españolas, distinguiendo a grandes rasgos tres comportamientos. Por un lado, un reducido número de provincias (Madrid, Barcelona, provincias vascas, Zaragoza) especializadas en los servicios destinados fundamentalmente a las empresas. Por otro, las provincias levantinas junto con el sureste andaluz y las islas, en las que hay una presencia destacada de servicios más relacionados con el consumo: comercio, hostelería y alquiler de bienes inmuebles. Finalmente, en el resto del territorio predominan los servicios escasamente cualificados (servicios domésticos), los administrativos y los de carácter asistencial, sea éste privado o, fundamentalmente, público.

b) La distribución según el tamaño del municipio

Los últimos datos referentes al grado de terciarización de los municipios proceden del Censo de Locales de 1980 puesto que en el momento de escribir estas líneas no se habían publicado todavía las cifras provinciales relativas al Censo de 1990.

La teoría de Christaller sobre la distribución espacial de los servicios parte de la asunción de dos hipótesis básicas: la primera señala que conforme aumenta el núcleo de población, medido en términos de población, existe un incremento del grado de terciarización de éste; la segunda relaciona de un modo positivo las dimensiones del núcleo de población con la diversidad y categoría de los servicios que éste ofrece. Ambos argumentos aparecen claros en la figura 8.15*a*. En ella se han señalado en ordenadas los intervalos de población de los municipios y en abci-

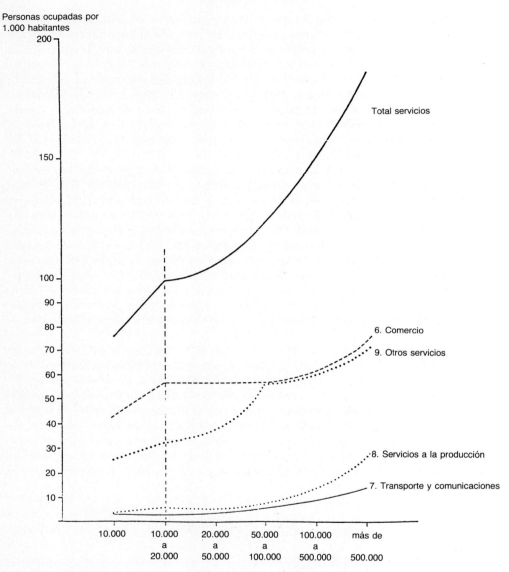

Fig. 8.15 a. *Distribución por sectores de la ocupación en servicios según la dimensión de los núcleos (personas ocupadas por 1.000 habitantes). Ámbito Nacional.*

sas el grado de terciarización de éstos, contabilizando el número de empleos en el sector terciario por cada 1.000 habitantes. Algunos aspectos merecen destacarse de esta figura.

Se trata de cifras nacionales que esconden variaciones espaciales debido a los distintos niveles de renta del territorio. Así, mientras los municipios menores de 10.000 habitantes de la provincia de Sevilla emplean únicamente a 42 trabajadores en el sector terciario por cada 1.000 habitantes, esta cifra aumenta a 138 para la provincia de Girona, estableciéndose en 73,5 para el conjunto nacional. Es evidente que en términos globales existe una relación positiva entre el nivel de desarrollo de los territorios y su grado de terciarización. De acuerdo con los postulados de la teoría de los lugares centrales, algunos servicios sólo hacen su aparición en los municipios de mayores dimensiones, particularmente los relacionados con los servicios a la producción y el transporte y las comunicaciones.

Se aprecian, además, dos umbrales en el tamaño de los municipios respecto al grado de terciarización. Estos umbrales se encuentran en los tamaños 10.000-20.000 y 50.000-100.000 habitantes. No obstante, esta afirmación precisa de una matización importante.

En el caso de los municipios de dimensión media, entendiendo como tales los comprendidos entre los 20.000 y los 100.000 habitantes, su grado de terciarización depende no sólo del tamaño concreto dentro de este amplio rango poblacional sino también de la articulación urbana del territorio en el que se encuentra.

La figura 8.15*b* distingue entre los municipios españoles aquellos que se inscriben dentro de los límites de las áreas metropolitanas. Si el municipio se encuentra distanciado respecto a las grandes urbes, el núcleo de población actúa como cabecera comarcal y, en consecuencia, concentra en él los servicios de la zona. Sin embargo, en los municipios de tamaño medio insertos en las áreas metropolitanas se acusan déficit importantes en el grado de terciarización en una doble vertiente: la presencia de los servicios es inferior a la de los municipios de tamaño idéntico situados en otras zonas del país, pero también resulta inferior a la de los municipios más pequeños de esas mismas áreas metropolitanas. Son precisamente estos municipios que albergan los barrios dormitorio de las metrópolis en donde se acusan déficit notables en los servicios, carencias que, de no mediar una política específica por parte de las instituciones regionales sólo pueden ser solventadas mediante el traslado continuo de la población a la ciudad principal.

3. El comportamiento intrasectorial

En párrafos anteriores hemos comentado que el sector terciario resultaba ser el único sector de actividad creador neto de empleo en el período 1976-1986. Sin embargo, cabe preguntarse si todas las ramas de servicios han contribuido por igual al avance del terciario.

Los datos absolutos de las Encuestas de Población Activa señalan un muy diferente comportamiento de las distintas ramas de servicios, destacando las pérdidas de población ocupada en las ramas de comercio mayorista y minorista, reparaciones, transportes y servicios personales, mientras que experimentan un aumento de su población ocupada las ramas de administración pública y defensa, saneamiento, educación, sanidad, ocio y servicios a empresas (Cuadrado Roura, J., 1986).

En esta misma dirección, la figura 8.16 representa las tasas de crecimiento anual de empleo de estas ramas en los períodos 1973-1979 y 1979-1985. El cambio de comportamiento desde 1979 es patente y se concreta en la agudización de la crisis del transporte, en una ralentización del crecimiento de las actividades comerciales y, sobre todo, en un estancamiento de las actividades crediticias y de

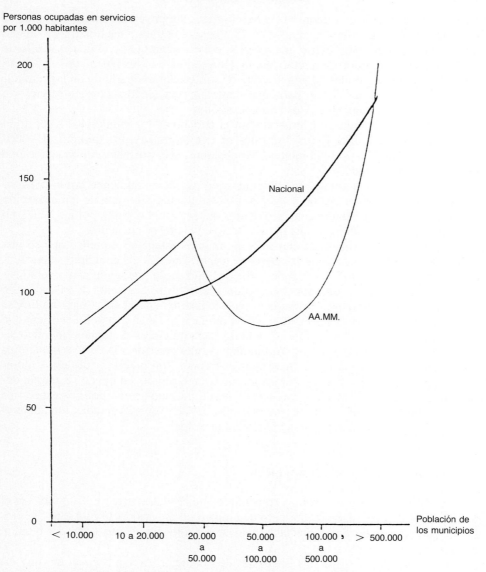

Fig. 8.15 b. *Distribución de la ocupación en servicios en las provincias metropolitanas respecto a la distribución nacional.* Fuente: INE, *Censo de Locales 1980.*

seguros y de la enseñanza y sanidad. Contrasta esta evolución con el comportamiento positivo de la administración pública y defensa y de los servicios diversos.

Se evidencia, una vez más, el carácter de cajón de sastre del sector terciario en donde conviven actividades económicas con características muy diferentes y trayectorias contrapuestas. Es preciso profundizar en el análisis de cada una de las ra-

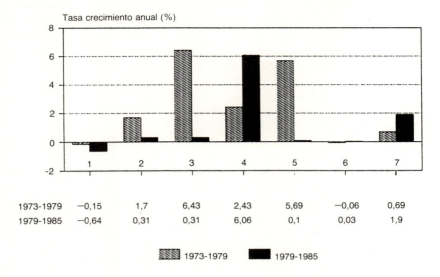

FIG. 8.16. *Tasa de crecimiento anual. Empleo-Servicios.* 1) Transportes y comunicaciones. 2) Comercio. 3) Crédito y seguros. 4) Administración y defensa. 5) Enseñanza y sanidad. 6) Hostelería. 7) Servicios diversos.

mas si se desea obtener una idea clara de las causas de la terciarización de la economía y el territorio españoles, dejando para un estudio aparte el análisis del turismo y de los transportes.

a) EL SECTOR PÚBLICO

El primer elemento a destacar es el de la importancia del sector público como creador de empleo durante la crisis. Esta aportación se realiza de un modo directo mediante el incremento de los Presupuestos Generales del Estado. Incremento que se ha traducido en una mejora sustancial de las dotaciones que ofrece la Administración, con lo que este hecho implica no sólo en el aumento del personal de servicios que las atiende (personal de sanidad y de educación fundamentalmente) sino también del personal administrativo encargado de su gestión.

Por otro lado, la instauración de la España de las Autonomías ha traído consigo la generación de una tercera Administración a añadir a la local y central. Administración que en unos casos se nutre de empleados y funcionarios procedentes del Estado y de los ayuntamientos, pero que en otros ha supuesto una duplicación de competencias y servicios, concentrados en las respectivas capitales regionales.

Los últimos cálculos realizados por el Ministerio para las Administraciones Públicas muestran efectivamente el incremento considerable de la Administración con 1.094.300 empleados en 1976, 1.449.700 en 1985 y 2.158.808 en 1989. De esta última cifra el 60,7 % de los empleos pertenecen a la Administración estatal, un 23,8 % a la autonómica y un 15,5 % a la local. A su vez, el gasto público tiende a una progresiva descentralización descendiendo la participación del gobierno central en éste (88,0 % en 1981 y 77,0 % en 1986), aumentando la correspondiente a los gobiernos locales (10,4 % y 11,0 % del gasto en los mismos años) y especialmente la de los gobiernos autonómicos (1,6 % y 12,0 % para las mismas fechas). Una vez que se completen los traspasos de competencias en la sanidad y la educación se acelerará la tendencia hacia un reparto equitativo del gasto público entre la administración central, por un lado, y las autonómicas y locales, por otro (López Trigal, L., 1991; Baena del Alcázar, M., 1984).

Paralelamente, se ha asistido en estos años a un desarrollo de los organismos privados sin finalidad de lucro (sindicatos, partidos políticos, asociaciones, colegios profesionales, federaciones, etc.) cuyo papel regulador e interlocutor entre grupos sociales y el Estado resulta cada vez más importante. No hay duda que la instauración de la democracia en nuestro país ha favorecido el crecimiento de este conjunto de organizaciones.

Todos estos aspectos se traducen en el hecho de que en el período de crisis las ramas que han contribuido decisivamente al desarrollo del terciario son precisamente las relacionadas con los servicios sociales y la administración pública, en contraste con otros países de la CE que ya habían alcanzado en el período anterior un nivel de dotaciones acorde con su desarrollo económico y que afrontaron la recesión económica con restricciones importantes en los capítulos de dotaciones de sus respectivos presupuestos.

Si bien existe una coincidencia plena entre los especialistas respecto a este incremento del peso del sector público, no la hay en su valoración. Mientras que para algunos autores la administración pública se convierte en un sector refugio de la población empleada, evitando, así, el Estado de un modo directo un incremento real de las cifras de paro (Cuadrado Roura, J., y González Moreno, M., 1987), para otros no existe un sobredimensionamiento del sector público sino una resolución de las carencias arrastradas de etapas precedentes. El debate sobre la posible centralización intrarregional en favor de las capitales constituye su vertiente territorial.

b) EL COMERCIO Y LOS SERVICIOS PERSONALES

Tanto la actividad comercial como los servicios personales experimentan en este período una crisis notable. En ella ha incidido el estancamiento de la renta familiar disponible y en consecuencia el freno en el consumo de bienes y servicios personales. Sin embargo, la actividad comercial manifiesta una evolución contrapuesta.

Por un lado, la incidencia de la crisis y de la reestructuración interna del sector provocan la debilidad de la actividad comercial, presentando incluso tasas de crecimiento de signo negativo en algunas regiones (en el caso de Andalucía, Castilla-León y Extremadura la tasa de incremento en estos años fue de – 0,9). Por otro lado, el comercio minorista tradicional se convierte en verdadero sector de refugio en aquellos territorios que acusan procesos de desindustrialización o desagrarización sin correspondencia con un incremento en las otras ramas de los servicios.

Igualmente en el caso de los servicios personales se producen diversas tendencias. Se ha producido un descenso del empleo y de la producción en aquellos servicios personales que pueden ser sustituidos por bienes. Aspecto este lógico ya que la productividad en los servicios crece a un ritmo inferior al de la fabricación de productos. En consecuencia, se produce un encarecimiento relativo de los primeros respecto a los segundos y, lógicamente, se asiste a una progresiva sustitución de unos por otros (la asistencia a las salas de cine por la adquisición de aparatos de televisión y vídeo; la contratación de carpinteros y ebanistas por el consumo de bricolage, etc.).

Pero en la otra vertiente surgen y se desarrollan nuevos servicios. Se trata de actividades relacionadas con el ocio y de servicios cuyo uso comunitario los ha abaratado considerablemente respecto a su utilización individual (clubs deportivos, viajes organizados, televisión local, etc.). En este mismo apartado hemos de situar aquellos servicios cuyo crecimiento se ha visto beneficiado por la imposibilidad de la Administración de cumplir ciertas tareas, debido al aumento de la demanda de éstas por parte de la sociedad. Es el caso de la mensajería urgente, de los seguros de sanidad privada (concertada con la Administración) o de la seguridad de empresas, personas o comunidades de vecinos.

c) LAS ACTIVIDADES CREDITICIAS Y DE SEGUROS

Las actividades crediticias y de seguros han manifestado una evolución dispar en los períodos 1973-1979 y 1979-1985. Hasta 1979 su crecimiento era de los más elevados dentro del sector terciario (tasa media anual del 6,43 %). Son años de expansión del negocio bancario, tanto en las magnitudes generales como en la vertiente espacial. La confluencia de varios condicionantes positivos se encuentra en la raíz de este auténtico *boom* bancario: la implantación de nuevos modos bancarios entre la población española —domiciliación de nóminas y recibos— en gran parte cambios forzados por la propia Administración, la flexibilización de la legislación bancaria en lo referente a la apertura de sucursales y más recientemente de oficinas de las cajas de ahorro, la situación financiera de las entidades crediticias y la implantación de la banca extranjera (Gámir Orueta, A., 1987).

La apertura de oficinas bancarias en las dos últimas décadas, y particularmente en los años setenta (4.291 sucursales en 1970 y 13.233 a finales de la década) ha supuesto una auténtica bancarización del territorio. Esta bancarización ha tenido efectos uniformadores. Son las provincias con menor presencia de entidades financieras las que experimentan las mayores tasas de crecimiento dados los niveles mínimos de partida. Este fenómeno supone la creación de una extensa red de puntos de negocio bancarios tanto en las áreas de captación de ahorros (fundamentalmente en las provincias agrícolas) como en las de inversión, y, por tanto, contribuye decisivamente a una mayor movilidad del capital nacional (Oliveras Samitier, J., 1987*b*). En los últimos años también las cajas de ahorro han flexibilizado su legislación implantándose en los territorios más cercanos a su plaza de origen.

Sin embargo esta trayectoria se rompe en el período siguiente en el que se asiste a un estancamiento en la apertura de oficinas (entre 1985 y 1990 el saldo neto de sucursales bancarias fue tan sólo de + 55 oficinas). Paralelamente, la utilización de las nuevas tecnologías, en cuya adquisición el negocio bancario fue pionero respecto a otras ramas del terciario, ha provocado un incremento sustancial de la productividad y en consecuencia un descenso acusado del ratio empleados/oficina. Ambos fenómenos se traducen en pérdidas de empleo en el subsector bancario: 174.293 trabajadores en 1981 frente a 153.365 en 1990 (fig. 8.17).

Estas cifras obedecen a razones poderosas. Por un lado, parece incongruente la continuación de la expansión bancaria en los años de mayor recesión como son los comprendidos entre 1979 y 1985; ni la evolución de la renta per cápita ni la producción de bienes y servicios aconsejaba seguir en esa misma dirección. Por otro lado, el proceso de expansión espacial del negocio bancario parece haber llegado en 1985 a su fin como prueba la saturación en el número de oficinas por habitante.

Todas estas razones parecen explicar el estancamiento en el crecimiento de los empleados en el sector bancario. Sin embargo, este estancamiento resulta más aparente que real. En efecto, las entidades financieras han llevado a cabo una externalización de aquellos servicios de carácter más banal que se prestan en las oficinas bancarias, particularmente los de vigilancia y traslado de caudales, limpieza y mensajería. Ello facilita la disminución de los empleados bancarios por oficina y una externalización del crecimiento real del sector.

Además, en los últimos años se está asistiendo a una transformación interna del subsector crediticio. Existe una progresiva pérdida de importancia de la banca nacional en el negocio bancario. Las cajas de ahorros no se han visto afectadas por este estancamiento, debido a que la flexibilización de su legislación fue posterior a

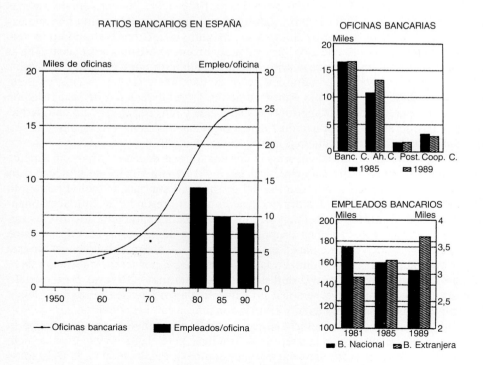

FIG. 8.17. *Evolución de la banca en España.* Fuente: CSB. Elaboración propia.

la de la banca, incrementándose sus oficinas (10.797 puntos en 1985 y 13.168 en 1989). Hoy en día suponen casi la mitad de las oficinas financieras. No obstante, en los últimos años se está asistiendo, también entre las cajas de ahorros, a una progresiva concentración de éstas a costa de aquellas entidades de menores dimensiones (fig. 8.18). De resultas de estas fusiones, la antigua estructura provincial de este sector crediticio parece encaminarse hacia un modelo regional.

Por su parte, se aprecia una constante penetración de competidores extranjeros en el negocio bancario, particularmente en la banca de negocios, siendo prueba de ello la trayectoria ascendente de los empleados en estas entidades financieras (que han experimentado un incremento del 25,7 % entre 1981 y 1989) en contraste con las cifras relativas a los trabajadores de los bancos nacionales.

Las últimas tendencias en las actividades crediticias vienen marcadas por las directivas de la CE que están provocando entre 1992 y 1993 la liberalización total del negocio bancario. Dicha liberalización se fundamenta en la instauración de una licencia bancaria única, concedida por cualquiera de los países miembros y válida para operar en toda la CE. Se opera así un cambio en la estrategia en las entidades financieras. Mientras que en años precedentes la vía principal de competir con la banca nacional consistía en la apertura de oficinas bancarias (caso de Crédit Lyonnais) o la compra de bancos nacionales (caso de Barclays Bank SAE y Citibank España) precisando en cualquier caso la autorización del Banco de España, a partir de 1992 la libre circulación de productos bancarios sustituye a la libertad de instauración de oficinas bancarias. De tal modo que el consumidor español puede elegir cualquier banco de la CE, transferir fondos o abrir cuentas de ahorro en el extranjero en cualquier moneda comunitaria. Esta deslocalización del negocio bancario aparece acompañada de una inevitable multinacionalización de las actividades financieras. Así, los bancos Santander, Popular y Central Hispano han adquirido en los últimos años participaciones en entidades crediticias de dimensiones medias de diversos países comunitarios.

No obstante, persiste aún un freno a la futura penetración de la banca extranjera basado en las características —propias de cada país— de las relaciones cliente-entidad bancaria (Lerena, A., 1989). Se ha señalado que en el último lustro de los setenta y primero de los ochenta se produce una alta bancarización de la economía española. Pero en este frecuente uso de la banca ejerce un peso considerable el denominado negocio tradicional. Ello explica, en comparación con otros países de la CE, el elevado número de oficinas por habitante (como elemento demandado por la clientela) y a la vez el bajo número de empleados por oficina ya que las tareas a realizar por éstos resultan sencillas (fig. 8.19).

Esta red numerosa de oficinas con pocos empleados y que atienden a tareas sencillas supone unos costes operativos superiores a los de las entidades europeas. Para obtener una mayor eficacia del negocio bancario, una vez agotadas las posibilidades de reducir el número de empleados, la estrategia adoptada por la banca nacional pasa por un incremento de las dimensiones de las entidades mediante fusión (Banco Bilbao Vizcaya, Banco Central Hispano, Corporación Argentaria) así como por una mayor especialización en el negocio no tradicional y una diversificación de sus tareas (Canals, J., 1990).

Por su parte, la banca extranjera es consciente de que la única manera de competir frente a la banca nacional por el negocio doméstico consiste en la utilización

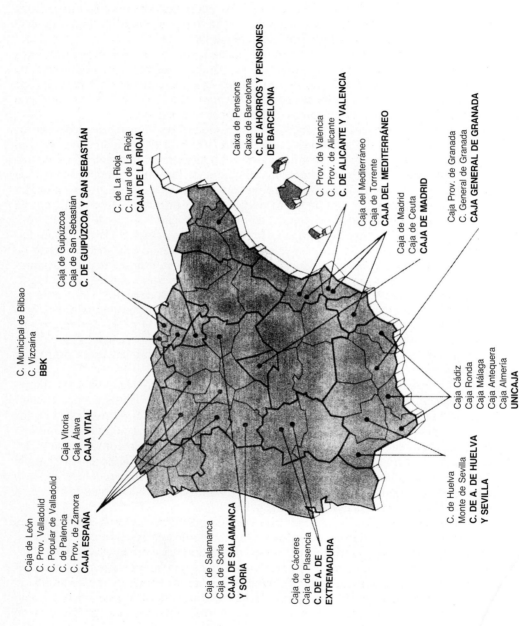

Fig. 8.18. *Procesos de fusión reciente de las cajas de ahorros (1990-1991)*. Fuente: Medel Vicente, A., 1991.

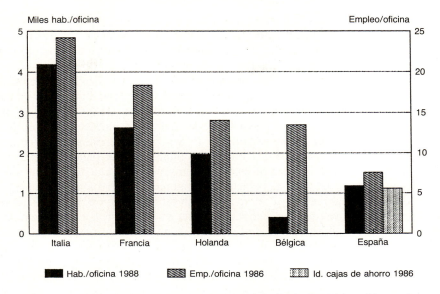

Fig. 8.19. *Ratios banca europea.* Fuente: Lerena, L. A. (1989). Elaboración propia.

de una extensa red de oficinas. De este modo, la actual estrategia de desarrollo de la banca extranjera se empareja con la de la banca nacional. La segunda necesita resolver el problema de la duplicidad de sus oficinas experimentado tras las últimas fusiones; la primera, mediante la compra de segundas marcas financieras, ha encontrado el medio de obtener redes completas de sucursales. Estas compras no sólo resuelven el problema de la duplicidad de oficinas de la banca nacional sino también permiten un saneamiento de sus balances.[2]

d) LOS SERVICIOS A LAS EMPRESAS

El crecimiento operado por los servicios a las empresas se fundamenta en un cambio reciente en la estrategia empresarial cuyas implicaciones no son sólo de tipo cuantitativo sino que también suponen una ruptura en la concepción teórica del sector terciario respecto a los estudios clásicos. Es precisamente la presencia de estos servicios a las empresas y en general de los servicios a la producción los que permiten establecer la distinción entre aquellos procesos de mera terciarización de las sociedades y aquellos otros conducentes a una equivocadamente denominada sociedad posindustrial.

En el primer caso se produce un desarrollo de aquellas ramas del sector que no

---

2. Entre los casos más significativos se encuentra la venta del Banco de Madrid, participado por Banesto, al Deustche Bank; la adquisición parcial de las oficinas de la Banca Jover y el Banco Comercial, ambos en la órbita del Banco Santander, por Crédit Lyonnais; la compra del Banco de Valladolid por el Barclays Bank y la inmediata venta del Banco de Fomento, del Central Hispano, al BNP.

poseen una conexión con el aparato productivo sino más bien con el nivel de renta de su clientela. Se trata del turismo, del comercio minorista o de los servicios personales. Se genera así un terciario inestable, denominado por algunos como «asistencial» por servir de refugio para aquellas situaciones de crisis de empleo.

Por el contrario, las sociedades posindustriales pueden calificarse como aquellas que implementan los servicios a la producción. Éstos pueden definirse como aquellos servicios que se insertan en el proceso productivo de las empresas (tanto industriales como de servicios) constituyendo una pieza indispensable en éstas. Desde este punto de vista no tiene sentido la concepción de estos servicios como actividades que sustituyen al sector industrial, o dicho en otras palabras, se invalida la relación entre una auténtica terciarización de la sociedad y una desintegración del tejido industrial; las cifras presentadas anteriormente y relativas a la composición sectorial de las Comunidades Autónomas, avalan esta afirmación. Por tanto, no nos referimos a la transición de una economía basada en la industria a otra nucleada en torno a los servicios sino más bien al cambio de un tipo de sociedad industrial a otra (Gámir Orueta, A., 1991). Bien es cierto que esta relación servicios a la producción/industria es bidireccional: en un entorno cada vez más competitivo los servicios a la producción se han convertido en piezas fundamentales de las empresas industriales, pero, a su vez, éstos dependen para su supervivencia de un tejido industrial sano y diversificado (Cuadrado Roura, J., y Del Río, C., 1990).

Este cambio en la concepción de la empresa industrial supone una variación en la proporción existente entre los trabajadores de cuello azul y los de cuello blanco en detrimento de los primeros. Cada vez en mayor medida los empleados en las empresas industriales se destinan a tareas no estrictamente productivas (manuales) sino a aquellas funciones conexas que hemos agrupado bajo el término de servicios a la producción. De ahí que una de las vías de análisis de este sector, y paradójicamente la menos utilizada, sea el estudio sistematico no de las actividades de los establecimientos sino de las ocupaciones de los indivíduos (Gershuny, I. J., y Miles, I. D., 1983).

Los datos más recientes relativos a las profesiones de los empleados (cuadro 8.3) son muy significativos. En conjunto la población ocupada se ha incrementado en un 10,4 % en esta última década, al pasar de 11,4 millones de empleados en 1980 a 12,6 en el segundo semestre de 1991. Sin embargo, este incremento absoluto no se reparte de un modo uniforme en las distintas ocupaciones. El análisis de las principales rúbricas de la Clasificación Nacional de Ocupaciones muestra un incremento espectacular de los profesionales liberales y técnicos, que casi duplican sus efectivos en las fechas señaladas. Este fuerte incremento, seguido del correspondiente al personal administrativo y de los directivos, es el mejor indicador de la tendencia hacia la reestructuración y mayor tecnificación de las empresas españolas. Contrasta con las tasas negativas de los agricultores y el leve incremento, inferior al del conjunto de las profesiones, que experimentan los obreros y conductores de maquinaria. Todo ello apunta a que en la sociedad española los trabajadores de cuello azul ceden importancia a los de cuello blanco y de entre éstos al grupo de profesionales y técnicos.

El cuadro 8.4 afina aún más este análisis al contemplar la distribución relativa de la población empleada por sectores de actividad y ocupaciones, mostrando la variación en esta distribución que se ha operado en los años ochenta.

CUADRO 8.3. *Evolución de las ocupaciones de la población empleada (1980-1991)*

CNO	1980 IV	1985 IV	1990 IV	1991 II	Tasa inc 1980-1991	% 1980 IV	% 1991 II
0/1	790,1	907,6	1.403,6	1.444,0	+ 82,6	6,9	11,4
2	177,1	178,0	240,1	237,4	+ 34,0	1,5	1,9
3	1.186,8	1.201,4	1.656,7	1.662,4	+ 40,1	10,4	13,2
4	1.190,2	1.145,7	1.406,0	1.438,8	+ 20,9	10,4	11,4
5	1.386,6	1.512,3	1.717,6	1.726,1	+ 24,5	12,1	13,7
6	2.192,7	1.869,8	1.407,0	1.354,8	− 38,2	19,2	10,7
7/8/9	4.395,4	3.768,2	4.712,2	4.679,8	+ 6,5	38,4	37,1
FAS	104,1	99,2	76,7	78,7	− 24,4	0,9	0,6
No cl.	10,8	23,2				0,1	
Total	11.434,4	10.705,4	12.619,8	12.622,1	+ 10,4	100,0	100,0

Clasificación Nacional de Ocupaciones:
0/1: Profesionales y técnicos.
2: Funcionarios públicos superiores y directivos de empresas.
3: Personal administrativo.
4: Comerciantes y vendedores.
5: Trabajadores de los servicios.
6: Agricultores, ganaderos, pescadores, cazadores.
7/8/9: Trabajadores no agrarios, conductores.
FAS: Fuerzas Armadas.
No cl.: Activos que no pueden clasificarse según la ocupación.
Fuente: EPA. Elaboración propia.

CUADRO 8.4. *Distribución relativa de la población ocupada por sectores y ocupaciones, 1980-1990 (%)*

	Sector I	Sector II	Sector III	Total
1980				
Profesiones liberales, técnicos, directivos	0,03	2,13	6,39	8,55
Administrativos	0,10	2,99	7,43	10,52
Comerciantes, personal de servicios personales	0,05	1,54	21,01	22,60
Obreros, agricultores, conductores	18,67	29,30	10,36	58,33
Total ocupaciones	18,85	35,96	45,19	100,00
1990				
Profesiones liberales, técnicos, directivos	0,05	2,42	10,57	13,04
Administrativos	0,09	2,86	10,20	13,15
Comerciantes, personal de servicios personales	0,09	1,25	23,42	24,76
Obreros, agricultores, conductores	11,00	26,84	11,21	49,05
Total ocupaciones	11,23	33,37	55,49	100,00
Variación 1980-1990				
Profesiones liberales, técnicos, directivos	+ 0,02	+ 0,29	+ 4,18	+ 4,49
Administrativos	− 0,01	− 0,13	+ 2,77	+ 2,63
Comerciantes, personal de servicios personales	+ 0,04	− 0,29	+ 2,41	+ 2,16
Obreros, agricultores, conductores	− 7,67	− 2,46	+ 0,85	− 9,28
Total ocupaciones	− 7,62	− 2,59	+10,21	0,00

Fuente: EPA, Elaboración propia.

De él se deduce que la terciarización de la sociedad española se ha operado en un doble sentido. Por un lado, el sector terciario es el único que incrementa su peso relativo en 10,21 puntos (al pasar de representar el 45,19 % de la población en 1980 al 55,49 en 1990). Por otro, son solamente las profesiones de servicios las que se incrementan frente a la pérdida de importancia relativa de los obreros, conductores y agricultores (– 9,28). Pero más allá de las cifras totales, los cuadros indican una terciarización de la producción y una cualificación del empleo con aumentos del personal técnico y directivo no sólo en el sector terciario sino también en el primario y en la industria y la construcción. En sentido inverso, las profesiones manuales tienden a disminuir su peso en las empresas encuadradas en estos últimos sectores, únicamente en el sector terciario la presencia de estas ocupaciones experimenta un leve aumento. Cabe preguntarse, pues, por los mecanismos de generación de este tipo de servicios a la producción que están experimentando un fuerte aumento.

Algunos de ellos son antiguos servicios personales (gestorías, asesorias financieras, despachos de abogados, vigilancia y seguridad, limpieza) que hoy han ampliado su clientela hacia el sector empresarial. Son servicios a la producción que no precisan ni una elevada cualificación de sus empleados ni un desembolso elevado en infraestructuras y cuyo ámbito de clientela la constituyen principalmente las pequeñas y medianas empresas.

En otras ocasiones cabe hablar de un motivo estructural. Nos referimos a la nueva concepción económica en la que los costes de producción han dejado de ser un elemento diferenciador entre empresas frente a otros aspectos como la calidad del producto y la productividad de los empleados. De este modo, la competencia entre empresas, metrópolis, regiones o estados, se establece en términos de productividad y competitividad. Dos conceptos en los que cobra sentido la existencia de los servicios a la producción porque van a ser éstos los que desarrollen nuevos modos de gestión que abaraten costes, nuevas técnicas de comercialización que permitan acceder a un mercado más amplio o un diseño avanzado y diferenciador del producto que facilite su compra (Pascual, I., y Esteve, J. M., 1990).

Finalmente, la aparición de los servicios a la producción puede deberse no tanto a un surgimiento *ex novo* sino a una separación de éstos de la empresa, es decir, a un proceso de descentralización productiva, tal como acabamos de mencionar en el caso de las actividades crediticias.

De este modo, parece como si el cambio de una economía industrial, en la que se primaba el emplazamiento de las manufacturas en determinados núcleos urbanos en función de la presencia de los factores de producción, a otra con una creciente interrelación entre los servicios y el aparato productivo se tradujese en unas nuevas pautas de distribución territorial. Cabe por tanto establecer una nueva jerarquía de aquellos entornos urbanos en función no ya de su capacidad productiva sino de su disposición para albergar este tejido mixto de centros de producción de tecnología no obsoleta y de servicios a la producción avanzados (Méndez, R., 1991). Es por ello que cobran una creciente importancia aspectos como la existencia de un aeropuerto internacional, de unas buenas conexiones por tren o carretera, la posibilidad de utilizar redes de telecomunicación, la presencia de centros de formación de cuadros, la existencia de una oferta inmobiliaria que se adapte a la nueva situación así como de hoteles y centros de congresos, la generación de polígonos de instalación de industrias de tecnología punta, o la existencia de un entorno agradable.

En conclusión, respecto a la terciarización de la sociedad española interesa resaltar los siguientes aspectos:

— Los modelos de evolución sectorial resultan insuficientes en la explicación del crecimiento de los servicios en España. No existe una relación estricta entre industrialización y terciarización. La consideración agregada de los servicios se manifiesta así como un concepto obstáculo.

— Desde los años setenta la terciarización ha obedecido al desarrollo de las diferentes ramas de los servicios: turismo, administración pública, servicios sociales, comercio, servicios a la producción (fig. 8.20). Pero este desarrollo no ha sido simultáneo en el tiempo, ni ha tenido lugar de un modo homogéneo en el espacio.

— El incremento de los servicios en los últimos años obedece, igualmente, a cambios destacados en la composición ocupacional de las empresas españolas —de cualquier sector de actividad— las cuales están experimentando un proceso de terciarización de sus empleados.

— Del mismo modo que no existe una relación directa entre espacios de producción y espacios dependientes, tampoco la hay entre espacios centrales y espacios terciarios. Ya que tanto las actividades productivas como los servicios experimentan en su interior dinámicas contrapuestas. En el sector terciario la distribución de los servicios directos (comercio, etc.) presenta una relativa homogeneidad en el territorio, primando aquellas zonas más pobladas (incluidos los espacios industriales), de mayor renta y con presencia de turismo. Por el contrario, los servicios a la producción tienden a limitarse a las áreas rectoras de la economía del país, asociándose también a los espacios de alta tecnología.

4. Los espacios de servicios en las ciudades: dinámicas y consecuencias

La terciarización de la economía se polariza y manifiesta de un modo destacado en las principales ciudades españolas (Precedo, A., 1987). En las transformaciones de estas urbes han incidido una variedad de factores que a continuación se exponen, matizando el hecho de que no han actuado todos en las principales áreas metropolitanas (fig. 8.21).

En los modelos de distribución de usos del suelo de las ciudades se ha venido señalando la posición central de las actividades terciarias en el interior de éstas. La densidad de servicios en el núcleo urbano facilitaba, así, la delimitación del CBD. No obstante, en la actualidad la distribución intraurbana de los servicios se aleja cada vez más de estos modelos.

La manifestación más evidente de la terciarización de las ciudades españolas se concreta en la densidad de comercios y servicios personales, así como de oficinas. Sin embargo, estos locales e inmuebles distan de presentar dinámicas y pautas de localización homogéneas, resultando, una vez más, el concepto de servicios como insuficiente. Por el contrario, los espacios de servicios se segmentan cada vez más dando como resultado el surgimiento de mercados inmobiliarios específicos. Un elemento sí es común a todas estas actividades: la terciarización de la ciudad ha

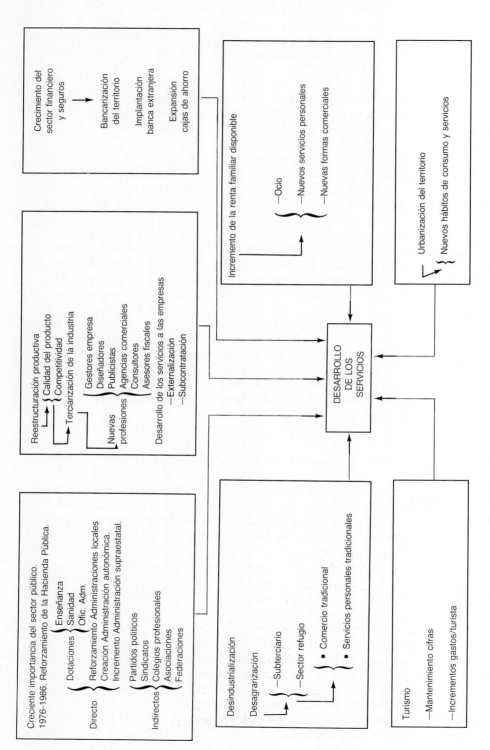

Fig. 8.20. *Factores de desarrollo de los servicios en España.*

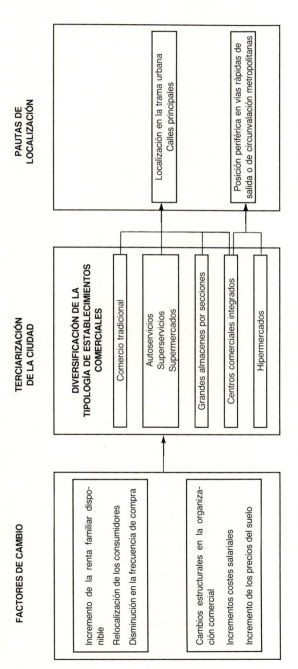

Fig. 8.21. *La terciarización de las ciudades españolas I. Factores y nuevas pautas de localización.*

empujado a los servicios más allá de los confines del CBD y hoy en día se presentan en casi todo el tejido urbano. Si antes los servicios aparecían acotados a una parcela en las principales ciudades españolas hoy son las actividades puramente industriales las que poseen un espacio cada vez más limitado dentro de ella. De todo ello se deduce que el análisis de los servicios en la ciudad debe realizarse de una forma individual.

a) LA CRISIS DEL COMERCIO MINORISTA TRADICIONAL EN LAS ÁREAS METROPOLITANAS Y LAS NUEVAS FORMAS COMERCIALES

1.º *Los factores de cambio en la actividad comercial*

El crecimiento económico experimentado en el último lustro de la década de los ochenta ha vuelto a revitalizar la actividad comercial, muy sensible a las variaciones temporales y espaciales de la renta. Estos incrementos de renta han supuesto un notable aumento de la demanda de bienes, pero, también, una diferenciación creciente entre un comercio tradicional estancado y las nuevas formas comerciales.

Las alteraciones que han tenido lugar en la estructura del comercio interior en las últimas décadas han sido producidas fundamentalmente por cambios en el comportamiento de la demanda y en las técnicas de distribución (Gómez Mendoza, J., 1983). Respecto al análisis del consumidor, éste ha experimentado tres cambios fundamentales que, a su vez, han traído consecuencias añadidas: un incremento en las últimas décadas de la renta familiar disponible, una relocalización de la demanda y una disminución en la frecuencia de compras.

El incremento de la renta ha supuesto un aumento en la capacidad de compra de los españoles pero, a la vez, una modificación de los hábitos de consumo al adquirir proporcionalmente una mayor importancia la compra de bienes elaborados y la de productos perecederos de mayor calidad.

De tanta importancia como el incremento de la renta han resultado los efectos generados por la relocalización de la demanda. Por parte de los consumidores, en los años setenta se inicia el progresivo abandono de los cascos antiguos y ensanches de las ciudades y la densificación de los barrios dormitorio. Esta tendencia continúa hoy en día, pero están adquiriendo un mayor protagonismo los fenómenos como la suburbanización y la conversión de las residencias secundarias en residencias permanentes que tienen lugar en las principales ciudades. Los establecimientos comerciales han tenido que adaptarse así a estos cambios en la localización que suponen una distribución de la demanda cada vez más dispersa en el territorio.

No obstante, también por parte del cliente se ha producido una disminución en la frecuencia de compra. Ello se debe al incremento de la motorización y, particularmente, a la mayor utilización del vehículo privado por la mujer, y a las facilidades derivadas de ello: un aumento en el volumen de compra que puede ser transportado, así como una mayor longitud de los desplazamientos. Hay que destacar igualmente la generalización en la utilización de electrodomésticos que posibilitan el espaciado entre compra y compra: el frigorífico en décadas precedentes y, hoy en día, el congelador.

Por otro lado, el comercio ha sufrido cambios importantes. Cambios que atañen a la estandarización del producto y la sustitución de la venta al granel por el envasado. Cambios que resultan imprescindibles para los nuevos establecimientos comerciales. Estos cambios se iniciaron en los primeros años de los sesenta, afectando a las legumbres y a los productos congelados, pero aún hoy continúan en las secciones de frutería y verduras. A su vez, el encarecimiento de la mano de obra supone una tendencia a sustituir empleo por espacio, siempre que éste no adquiera unos precios desmesurados.

Actualmente están penetrando en nuestro país nuevas técnicas comerciales que constituyen la denominada «tercera revolución comercial» (Casares, J., y otros, 1990). Los nuevos modos comerciales se basan en la introducción de las denominadas marcas de distribución y, sobre todo, en la generación de un nuevo equipamiento comercial: el datáfono que permite la transferencia electrónica de fondos y, especialmente, los registradores ópticos de códigos de barras. En nuestro país se ha producido en los últimos años un aumento espectacular de los registradores ópticos, los cuales no sólo agilizan el pago de las mercancías sino que suponen una herramienta imprescindible en la mercadotecnia de la empresa comercial (fig. 8.22). La codificación de productos ofrece una información desagregada y actualizada de éstos y permite, en consecuencia, elaborar estrategias de *stocks* o precios en tiempos muy breves.

Estos cambios estructurales, que han tenido lugar tanto desde el lado de la demanda como desde la oferta, han supuesto una verdadera revolución comercial, que se traduce en una crisis permanente del comercio minorista tradicional y en la aparición y desarrollo de nuevas formas comerciales.

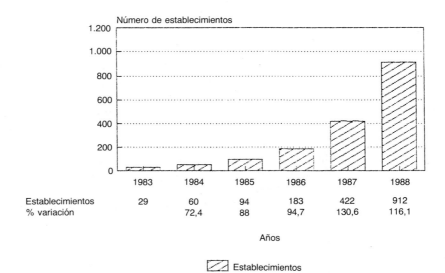

Fig. 8.22. *Establecimientos con registradores ópticos en España.* Fuente: Casares Ripol, J., y otros, 1990. Elaboración propia.

2.º Las nuevas formas comerciales

La crisis del comercio minorista tradicional se produce precisamente por su dificultad a la hora de adaptarse a estos cambios antes señalados. Su elevado grado de atomización (63 habitantes por tienda en 1980), sus dimensiones reducidas (53 m^2 de superficie media) y la elevada antigüedad en los inmuebles en los que se emplazan (39 años de media en el 75 % de los casos) supone una debilidad frente a la competencia de las grandes empresas, dada la dificultad para alcanzar umbrales mínimos de rentabilidad y realizar una política de *stocks*. A su vez el nivel de empleo de estos establecimientos es muy bajo (2,2 trabajadores por establecimiento) siendo abundante la mano de obra familiar (el 62 % de los comercios carecían de personal asalariado), con un bajo grado de formación ante una demanda cada vez más conocedora del mercado. Si a ello le unimos el nulo o escaso grado de equipamiento de este tipo de comercios se obtiene un panorama negativo (Escolano, S., 1989; Piñeiro, R., 1987).

La adaptación a los nuevos requisitos de la demanda se ha realizado en las últimas décadas mediante la eclosión de las llamadas nuevas formas comerciales: autoservicios, supermercados, hipermercados, cadenas de descuento, grandes almacenes por secciones y, más recientemente, centros comerciales integrados (cuadro 8.5) (Carrera, M. C., 1989).

En relación a los dos primeros se trata de un mecanismo de adaptación del comercio minorista a la nueva situación. Con la estandarización del producto, la sustitución de parte del espacio dedicado a almacén por espacio dedicado a la venta, la reducción del empleo y la delegación de funciones que antes realizaba el comerciante en el cliente, ciertamente se ha producido un aumento de la rentabilidad de estos establecimientos. Sin embargo, estas mejoras no atañen a los cambios en la demanda antes señalados que son los que mayores implicaciones tienen a medio y largo plazo: la relocalización del consumidor y la frecuencia de compra.

Por el contrario, las características de los hipermercados aúnan los requisitos de la demanda como los propios del sector: superficies de venta superiores a los 2.500 m^2, grandes superficies para aparcamiento del vehículo privado, emplazamiento fuera del casco de las ciudades, lo que abarata considerablemente el precio del suelo y acceso a las principales vías rodadas y nudos de carreteras metropolitanas. Todo ello se traduce en una alta productividad por empleado y metro cuadrado

CUADRO 8.5. *Establecimientos de libre servicio e hipermercados en España*

Años	Autoservicios	Superservicios	Supermercados	Hipermercados
1970	3.756	767	115	
1974	6.490	1.499	246	3
1978	7.414	2.086	535	18
1980	8.053	2.420	657	38*
1982	8.614	2.860	759	
1984	9.535	3.149	841	62
1985				70

* 1981.
Fuente: Guía Nacional de Autoservicios. Anuario del Mercado Español Banesto. Recogido en Carrera, M. C. (1989).

y en la captación de una gran área de atracción de la clientela a costa, fundamentalmente, del comercio minorista asentado en el casco de las ciudades. Este tipo de establecimientos se desarrolla en nuestro país, con notable retraso respecto a los países vecinos, en 1973 con la inaguración del hipermercado de Castelldefels, actualmente cerrado. Su distribución espacial se atiene a las diferencias de densidad de población y de renta per cápita, es decir primando las grandes aglomeraciones y las zonas de recepción de turismo.

Actualmente existen en nuestro país alrededor de 160 hipermercados con una superficie media de ventas en torno a los 5.000 m². Esta cifra resulta todavía inferior a la de otros países de la CE como el Reino Unido con 600 centros comerciales y Francia con 800. Mientras que en la Comunidad Europea se contabilizan 263 m² de estos centros por habitante, en España esta cifra no alcanza los 132 m²/hb.

Basándose en estos datos parece que el número de hipermercados en nuestro país todavía no ha tocado techo, quedando por alcanzar los 400 grandes centros comerciales en el que se estima el nivel de saturación. Es éste el motivo por el cual este subsector comercial se ha visto afectado en menor medida que otras ramas comerciales por la crisis económica e, incluso, se le augura un crecimiento de su empleo. Junto a su crecimiento cuantitativo son de esperar también cambios de orden cualitativo. Así, el grado de concentración empresarial resulta todavía bajo en relación a otros países comunitarios: las cinco primeras cadenas recogían en 1991 únicamente el 10,3 % de las ventas totales del sector (cuadro 8.6) cuando en Francia este porcentaje asciende al 59 % y en el Reino Unido alcanza el 62 %.

Al previsible aumento de la concentración empresarial se le une el control por parte de empresas extranjeras de la distribución alimentaria en España. Las principales cadenas de distribución están dirigidas por grupos franceses: el grupo Pryca por parte de la firma Carrefour, el grupo Alcampo por la también gala Samu-Auchan y los hipermercados Continente por la firma Promodes (cuadro 8.7). Esta última es también accionista mayoritaria de los supermercados Dia, adoptando así una estrategia de control de distintas formas comerciales y alternativas de compra por parte del consumidor. Solamente las excepciones de Hipercor, Mercadona o el Grupo Eroski confirman esta regla general.

CUADRO 8.6. *Ranking de las principales empresas de distribución en 1991 por recursos propios (en millones de pesetas)*

Empresa	Recursos propios
Hipercor	30.205
Centros Comerciales Continente	19.546
Centros Comerciales Pryca	19.345
Grupo Eroski	17.000
Simago	10.701
Alcampo	9.698
Mercadona	8.920
Autoservicios Caprabo	4.401
Makro Autoservicio Mayorista	3.670
Cooperativa Gruma	3.648
Central Distribución	3.100
Grupo Digsa	2.895

CUADRO 8.7. *Participación extranjera en la distribución alimentaria española, 1991*

Empresa	% Participación principal accionista	Nacionalidad
Alcampo	100 Samu-Auchan	Francesa
Centros Comerciales Continente	72 Promodes	Francesa
Centros Comerciales Pryca	64 Carrefour	Francesa
Grupo Dia	73 Promodes	Francesa
Grupo Digsa	100 Ashley Group	Gran Bretaña
Makro Autoservicio	100 Holding Maats.	Holandesa
Simago	100 Dairy Farm	Hong Kong

Otro de los cambios que se aprecia en los hipermercados se refiere a su progresiva transformación hacia centros de servicios al consumidor integrados. Este cambio aparece apoyado por parte de algunas administraciones locales posibilitando la ampliación de su horario a días festivos, conviertiéndose estos centros en lugares de ocio. Los efectos destructivos sobre el comercio minorista aislado son, en este sentido, evidentes al absorber estos grandes centros una cuota cada vez mayor de las ventas del sector comercial. Únicamente la adopción de medidas defensivas como las que se están implantando en Cataluña y otras Comunidades Autónomas puede contrarrestar este fenómeno.

Las últimas tendencias en este sentido, apuntan bien sea a una especialización de estas grandes superficies comerciales en ramas específicas (muebles y hogar, electrodomésticos, jardinería, juguetes, etc.) o a una integración en ellos del pequeño comercio.

Las cadenas de descuento suponen, por su parte, otra estrategia adoptada por las grandes empresas de distribución con la finalidad de atraerse aquellos clientes que, por dificultad de movimientos al carecer de vehículo privado o por tradición en la realización de la compra diaria, no acuden a los nuevos establecimientos comerciales. Se trata de superservicios (250 a 500 m^2) pertenecientes a almacenes mayoristas, en los que se reduce al mínimo el capital fijo, se produce una estandarización absoluta de los productos y se busca una productividad elevada por empleado; todo ello unido a una política muy agresiva en lo que respecta a precios.

En los últimos años se está generando una nueva oferta de establecimientos comerciales en los que se integran tanto el comercio minorista como los establecimientos de libre servicio, representando una alternativa a la crisis del comercio minorista (Ramos Esteve, F., 1989, y Taieb, G., 1989). Se trata de los centros comerciales integrados, caracterizados por proporcionar una imagen de conjunto en lo referente a su gestión, a los servicios anexos que ofrece y a su animación y publicidad, adaptándose de este modo a los requisitos de la demanda. Estos nuevos centros comerciales poseen distintos tamaños (desde los 5.000 m^2 de los llamados «zocos» hasta superar los 100.000 m^2) y se caracterizan por una combinación de establecimientos comerciales de todo tipo, así como servicios personales, y un supermercado, hipermercado o gran almacén por secciones —dependiendo del tamaño del inmueble— que actúa como «locomotora» del centro o principal elemento de atracción de éste. Los centros integrados de menores dimensiones han tenido una buena acogida, especialmente en las nuevas zonas urbanizadas en torno a las áreas metropolitanas, pero se encuentran también presentes en el interior de la trama urbana. Igualmente la acogida de los grandes centros regionales ha sido satisfactoria como prueba la evolución positiva y el efecto dinamizador sobre el comercio de los cinco centros ya instalados en nuestro país (Baricentro en Barcelona, Nuevocentro en Valencia, Las Salesas en Oviedo, Cuatro Caminos en La Coruña y Madrid-2 en Madrid). Incluso los mismos hipermercados están sufriendo una progresiva transformación readaptándose a esta nueva forma comercial al recoger en su interior establecimientos comerciales individuales.

b) LOS SERVICIOS A LA PRODUCCIÓN EN LAS ÁREAS METROPOLITANAS ESPAÑOLAS

1.º *Los factores de cambio y los servicios a la producción*

Uno de los principales factores que inciden en la terciarización de las ciudades se refiere al *cambio estructural* acaecido en la economía española con el desarrollo de los servicios a la producción y particularmente de los servicios a las empresas (fig. 8.23). La distribución territorial de estos últimos está altamente jerarquizada y polarizada en las principales ciudades.

Tradicionalmente se han asociado los ciclos expansivos de las economías en los territorios con el desarrollo del sector de la construcción, siendo ésta una actividad coyuntural y dependiente de las variables macroeconómicas. Siguiendo este razonamiento resulta lógico argumentar que el *boom* de oficinas que han experimentado entre 1985 y 1990 las principales áreas metropolitanas no es sino un reflejo de la bonanza económica que afectó al país en este período.

Sin embargo, el mercado inmobiliario de oficinas se encuentra hoy en día mucho más determinado por los procesos de reestructuración interna de las actividades productivas, que antes hemos señalado, que por la evolución cuantitativa de los negocios (Estevan, A., 1989). La terciarización de la empresa no sólo supone cambios en la composición del empleo sino también una mayor demanda de espacio para oficinas y ello ha contribuido decisivamente en la terciarización de las principales metrópolis.

Otro de los elementos indispensables en la comprensión de la terciarización de las ciudades españolas se remite a las pautas de distribución de las llamadas *funciones estratégicas,* en concreto al emplazamiento de los centros de decisión empresariales y financieros. Frente a una creciente dispersión del aparato productivo, al surgimiento de tendencias centrífugas en su localización e incluso a la generación endógena en áreas no industrializadas en el pasado, las funciones estratégicas presentan una dinámica opuesta. Los datos referentes a ellas, particularmente la localización de las sedes sociales, indican una tendencia a concentrarse cada vez en mayor medida en un número limitado de centros metropolitanos que actúan como núcleos rectores de la economía española (Giráldez, E., 1983; Gámir, A., 1986 y 1989).

En el caso de las sedes de las entidades bancarias su distribución se ajusta a estas pautas desde hace décadas (cuadro 8.8). La multinacionalización del negocio bancario exige el emplazamiento de sus centros de decisión en aquellas ciudades que posean comunicaciones frecuentes y fluidas con el exterior. Por otra parte, la

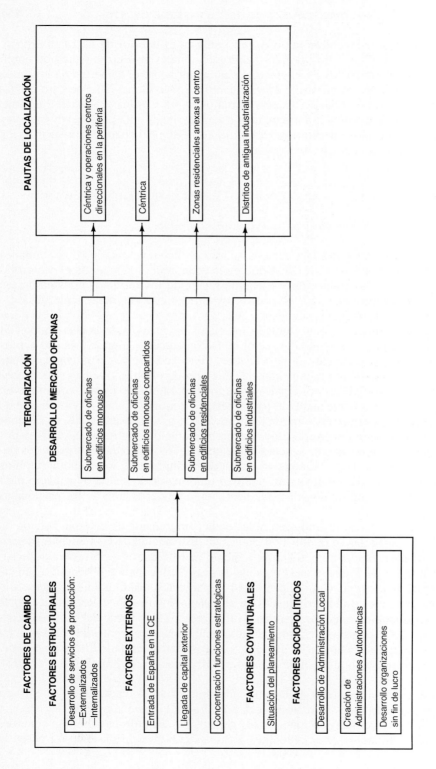

Fig. 8.23. *La terciarización de las ciudades españolas II. Factores y nuevas pautas de localización.*

CUADRO 8.8. *Distribución espacial de las oficinas centrales bancarias*

	1960	1970	1980	1989
Madrid	17,4	28,8	47,2	57,9
Barcelona	17,4	15,3	15,2	12,4
Valencia	0,9	1,8	2,4	2,7
La Coruña	4,6	3,6	4,0	2,7
Asturias	6,4	5,4	3,2	2,1
Baleares	5,5	4,5	2,4	2,1
Cádiz	0,9	0,9	1,6	1,4
Guipúzcoa	4,6	1,8	1,6	1,4
Pontevedra	2,7	1,8	1,6	1,4
Sevilla	0,9	0,9	1,6	1,4
Vizcaya	2,7	3,6	2,4	1,4
Zaragoza	3,7	0,9	1,6	1,4
Resto provincias	32,3	30,7	15,2	11,7
España	100,0	100,0	100,0	100,0

Fuente: Consejo Superior Bancario. Elaboración propia.

absorción de unas entidades por otras, requisito indispensable para su supervivencia, acrecienta aún más el papel rector de determinadas plazas si tenemos en cuenta las segundas marcas financieras regionales que dependen de los siete grandes. Finalmente, la paulatina apertura al exterior del sistema financiero ha supuesto una creciente implantación de la banca extranjera en las principales áreas metropolitanas, implantación que ya no se limita a una oficina de representación sino que en varios casos se concreta en auténticas redes bancarias dentro de estos espacios (particularmente Barclays Bank y Crédit Lyonnais) con una finalidad clara de adquirir una cuota del negocio tradicional.

Además, es preciso recordar que el peso del sector financiero y, por tanto su localización, va más allá de lo que manifiestan sus cifras. En este sentido, hay que tener en cuenta el efecto de control, mediante la adquisición de parte o la totalidad de los paquetes accionariales, que ejercen los principales bancos sobre un número considerable de empresas industriales vaciando de auténticas competencias los centros de decisión de estas últimas.

Las pautas de los centros de decisión empresariales muestran una disociación creciente entre las plantas de producción de las empresas, afectadas por movimientos centrífugos, y las sedes sociales de éstas con una tendencia a concentrarse en las principales áreas metropolitanas y específicamente en Madrid. El análisis de los datos referentes a los años 1972, 1983 y 1989 indica, en efecto, una concentración de las sedes en Madrid, un estancamiento de Barcelona y una disminución del peso del resto del territorio (fig. 8.24). Pero un análisis más detallado de estos datos muestra cómo los niveles de concentración espacial de los centros decisionales empresariales son incluso más elevados. El análisis de subconjuntos específicos pone también de relieve la concentración de prácticamente la totalidad de las grandes empresas con mayoría de capital extranjero en Madrid y Barcelona y la presencia mayoritaria de las empresas públicas en la capital (Gámir, A., 1986).

Por su parte, el *ingreso de España en la CE* ha supuesto el reforzamiento del papel de Madrid como interlocutor entre el resto de esta organización pluriestatal y

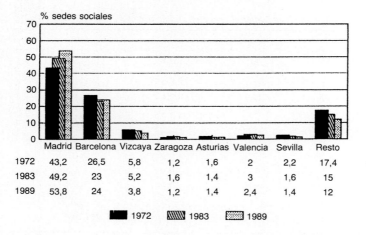

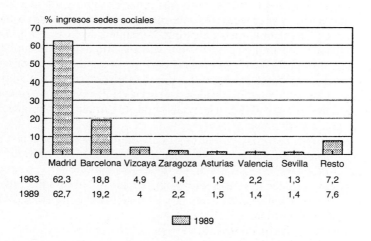

FIG. 8.24. *Distribución provincial de las sedes de las 500 primeras empresas.* Fuente: Fomento de la Producción. Elaboración propia.

nuestro país, en detrimento de las capitales regionales. En este sentido, Madrid recogerá en breve parte de la administración comunitaria susceptible de ser descentralizada desde Bruselas (es el caso de la Oficina Comunitaria de Patentes). De un modo indirecto, para las grandes empresas la localización en la capital de sus sedes sociales frente a otras áreas metropolitanas españolas cuenta con la ventaja de participar de las comunicaciones que ofrece el polo de interconexión entre España y el resto de la CE.

En el caso de la inversión extranjera en inmuebles, se asiste en los últimos años a un cambio en el destino geográfico de estos capitales, con una pérdida de importancia de las regiones mediterráneas y costeras y un ascenso de las inversiones en las regiones rectoras de la economía, particularmente en Madrid (5,04 % de las inversiones en inmuebles en 1988 y 19,49 % en 1990) y Cataluña (6,06 % y 13,36 %) (Mira McWilliams, J., 1991; Carrascosa, A., y Sastre, L., 1991). De este modo, el capital extranjero en el mercado inmobiliario desvía parte de los fondos destinados a las zonas turísticas y tiende a concentrarse en las principales ciudades españolas, con la salvedad de las pertenecientes al País Vasco cuyos niveles de inversión foráneas son prácticamente nulos en relación a su peso en la economía española. Este cambio de trayectoria se fundamenta en la indefinición de la evolución a corto y medio plazo del sector turístico y en el afloramiento de sus crisis estructurales. En contrapartida, se ha asistido a una evolución ascendente de los precios del suelo en las principales áreas metropolitanas, en comparación a otras urbes de los países desarrollados, y particularmente en los precios de venta y alquiler de las oficinas. Una primera vía de penetración de capital extranjero consiste, así, en la adquisición de los inmuebles de oficinas más representativos de estas ciudades.

Una segunda modalidad de inversión se concreta en la denominada inversión directa, que supone en los años ochenta cerca de la mitad del monto total del capital extranjero. El reparto de estos capitales foráneos entre los sectores de actividad evidencia desde 1980 una progresiva y firme concentración de las inversiones en el sector servicios (28,09 % en 1980 y 58,42 en 1990) a costa esencialmente del sector secundario (70,37 % en 1980 y 37,18 en 1990) (fig. 8.25). La inversión extranjera ahonda, de este modo, en la terciarización de la economía española y particularmente de las principales metrópolis.

Por otra parte, la inversión directa extranjera resulta también selectiva en lo referente a los espacios (López, A., y Mella, X., 1991). En efecto, de los 1.580.794

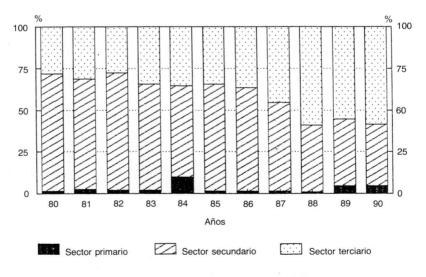

Fig. 8.25. *Inversión extranjera por sectores (1980-1990).*

millones de pesetas invertidos en el sector terciario el 57,1 % se destina a Madrid, alcanzando un porcentaje del 62,0 % en el caso de los servicios a la producción (fig. 8.26). Incluso un análisis en mayor profundidad de la inversión foránea en esta rama revela el papel preponderante de Madrid y, en menor medida, de Cataluña en las actividades financieras, de seguros y prestación de servicios a empresas, es decir, en aquellos servicios caracterizados por incorporar un mayor valor añadido al producto (cuadro 8.9).

En resumen, la llegada de capital extranjero desde los primeros años ochenta agudiza aún más la terciarización de las principales metrópolis en todas sus facetas. Bajo la perspectiva de la oferta de suelo terciario al contribuir a relanzar el mercado inmobiliario de oficinas, bajo la perspectiva sectorial al concentrar sus recursos en el sector terciario en detrimento de otros sectores de producción, bajo el enfoque espacial al concentrar éstos en los servicios a la producción que, como hemos visto anteriormente, se emplazan en las principales ciudades rectoras del país.

El *crecimiento de la administración pública y la generación de las administraciones autonómicas,* con el consiguiente incremento de las demandas de espacio para sus oficinas, suponen otro factor más de terciarización de las principales áreas metropolitanas.

Contra lo que pudiera parecer, las pautas de distribución de las oficinas públicas en el interior de las ciudades españolas difieren de las de las empresas privadas (Celada, F., y otros, 1991). Su distribución en los cascos urbanos resulta mucho más conservadora, ocupando extensamente las principales vías del casco antiguo, el ensanche y los barrios colindantes a éste, es decir, presentando unas pautas de localización ya sobrepasadas por el sector privado. Y es preciso recordar que la incidencia del sector público en la terciarización de las grandes ciudades españolas debe

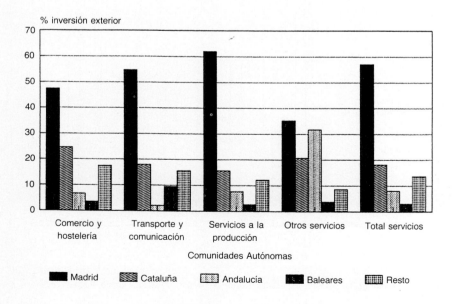

FIG. 8.26. *Inversión extranjera y sector terciario (1987-1989).*

CUADRO 8.9. *Inversión extranjera en la rama servicios a la producción (CNAE 8).*
Miles de millones de pesetas (1987-1989)

CNAE	Madrid	Cataluña	Andalucía	Baleares	Resto	Total
8.1	254,9	44,8	1,4	0,5	65,5	367,1
8.2	118,7	22,7	0,05	1,4	18,5	161,4
8.3	186,5	42,1	75,2	21,8	33,7	359,3
8.4	52,0	42,5	2,1	3,3	5,3	105,2
8.5	6,4	0,8	0,2	0,2	0,3	7,9
8.6	29,1	10,8	0,6	0,3	2,6	43,4
Total 8	647,7	163,9	79,5	27,3	125,9	1.044,3

CNAE 8: Instituciones financieras, seguros, servicios a empresas (servicios a la producción).
    8.1. Instituciones financieras.
    8.2. Seguros.
    8.3. Auxiliares financieros y de seguros.
    8.4. Servicios prestados a las empresas.
    8.5. Alquileres bienes muebles.
    8.6. Alquileres bienes inmuebles.
Fuente: López A., y Mella, X., 1991.

contemplarse siempre desde una doble vertiente: como participante de un espacio terciario, al representar un considerable porcentaje de la superficie de oficinas, pero también influye de un modo indirecto en las pautas de emplazamiento de las oficinas de las empresas privadas. Además, las oficinas públicas participan de un mercado cautivo, al que raramente acceden las empresas privadas, mediante la terciarización de edificios significativos de titularidad pública destinados en origen a otros usos (palacetes, hospicios, cuarteles, etc.).

Pero, incluso, existen dinámicas diferentes entre las administraciones públicas. Las administraciones locales participan del proceso general de descentralización administrativa y, en consecuencia, tienden a traspasar los límites del casco antiguo, en donde hasta hace escasas décadas se polarizaban sus establecimientos, y a reforzar las juntas de distrito del resto de la ciudad. En el caso de la administración central, en Madrid existe una secular resistencia a la descentralización espacial limitándo su localización a los barrios más céntricos. Las administraciones autonómicas se han creado en un tiempo relativamente corto. Esta brevedad en el plazo de su funcionamiento las ha obligado a alquilar inmuebles de oficina (caso de las Consejerías de la Comunidad de Madrid, de la Junta de Andalucía, y de la Generalitat) alcanzando en algunos casos el 50 % de la superficie para uso administrativo (Área y Sistema, 1987). Pero además, el interés en su afianzamiento ha conducido a estas administraciones a la ocupación, en muchos casos onerosa, de los inmuebles más significativos de las capitales regionales con una clara intención de asociar hitos urbanos con estructuras de poder.

Los procesos de reestructuración administrativa y de organización espacial de las administraciones públicas están lejos de finalizar; los casos de Sevilla o Valladolid así lo atestiguan (Caravaca, I., y Fernández V,. 1987; López Trigal, L., 1991). Este hecho es particularmente evidente en las administraciones autonómicas que experimentarán en las capitales regionales profundos cambios a corto y medio plazo, así como en el de las organizaciones económico-sociales.

Un factor nada desdeñable que ha incidido en la terciarización de las ciudades españolas y particularmente en el incremento de los precios de los locales comerciales y oficinas en el último quinquenio se remite al *planeamiento urbanístico*. En el caso de Madrid la elaboración de los informes conducentes al plan vigente, de 1985, tuvieron lugar en un contexto de crisis económica y urbana y consecuentemente se llevó a cabo un urbanismo conservador para una ciudad en crisis. Sus objetivos fueron los de llevar a cabo una terminación de la ciudad mediante operaciones puntuales significativas, calificando como suelo urbanizable una superficie muy limitada. Pero, justo en el año de la aprobación de este plan se inicia la recuperación económica con incrementos anuales del PIB significativos y afluencia de capital exterior en el sector inmobiliario. Se realiza, así, una presión inusitada por parte de la demanda sobre un espacio central de la ciudad concebido para un período de crisis. Esa disarmonía entre una oferta de locales y oficinas de reacciones lentas (particularmente en el caso de la construcción de grandes inmuebles de oficinas) ante una demanda ágil, se traduce en el incremento de las rentas de tipo monopolista en los precios del suelo (Gámir, A., 1989). La reacción inversa se está produciendo en el inicio de los noventa cuando salen al mercado los inmuebles de oficinas, construidos bajo las expectativas de rentabilidad del período anterior, coincidiendo con una nueva recesión económica.

La incidencia de la terciarización en Barcelona y en Sevilla aparece inevitablemente asociada en los últimos años a la celebración de los Juegos Olímpicos y a la Exposición Universal, respectivamente. En el primer caso se aprecia un incremento considerable de las plazas hoteleras en la ciudad. En el segundo, se pretende que la Expo haya favorecido el asentamiento directo (mediante la utilización posterior de algunos pabellones) e indirecto de oficinas y empresas de servicios en la ciudad. Sin embargo, al menos en el caso de Sevilla, las expectativas parecen haber superado la realidad. Prueba de ello es el exceso de oferta de metros cuadrados de uso terciario que ha aflorado en los últimos años en la capital andaluza, mediante la construcción de una veintena de grandes edificios con precios incluso inferiores a las 150.000 ptas./m^2, y que la demanda se encuentra incapacitada para cubrir. Situación que se agravará a corto plazo cuando las Consejerías de la Junta de Andalucía, situadas hoy en día en edificios alquilados en el centro de la ciudad, se trasladen al complejo de La Cartuja.

2.º *Los mercados inmobiliarios de oficinas*

Los distintos factores que se han expuesto en el apartado anterior, y que explican el proceso de terciarización de la economía y la sociedad española y el aumento de los denominados servicios a la producción, tienen su correlato en un desarrollo acelerado en los últimos años de las oficinas en las principales ciudades.

Sin embargo, el análisis de las oficinas precisa la distinción de varios submercados inmobiliarios. Cada uno de ellos responde a las necesidades de una clientela diferente, presentando dinámicas y precios contrastados. Estos submercados pueden delimitarse atendiendo a las modalidades de instalación. De este modo se diferencian las oficinas emplazadas en inmuebles monouso, las que comparten el edificio con un uso residencial y las situadas en suelo industrial (Gámir, A., 1988).

Los edificios de oficinas han experimentado en las principales áreas metropolitanas una dinámica espacial centrífuga. Los problemas de accesibilidad, de ruido y contaminación, la dificultad de encontrar solares de tamaño adecuado o de ampliar el espacio ya ocupado y la cercanía no deseada a barrios de marginación social han provocado un desplazamiento progresivo de estos inmuebles. Su emplazamiento en el ensanche a finales de la década de los sesenta, contribuyendo decisivamente a su terciarización, es seguido en la década siguiente por su instalación en los barrios más modernos y cercanos a éste (prolongación del paseo de la Castellana en Madrid y avenida Diagonal en Barcelona) (Collel Vidal, A., 1985). De este modo, los CBDs o distritos de negocios tradicionales se ven desbordados cuantitativamente por la demanda agregada de espacio de los diversos sectores de oficinas, pero se ven todavía más desbordados cualitativamente por la escasa adecuación de los edificios y de las estructuras urbanas existentes a las necesidades de las modernas oficinas (Estevan, A., 1989). A su vez, los altos precios en el mercado inmobiliario refuerzan los imperativos de funcionalidad de las oficinas por parte de las empresas.

Esta dinámica centrífuga continúa hoy en día al presentarse este tipo de inmuebles junto a las vías rápidas de circunvalación de las principales ciudades y a favor de determinados ejes nobles que parten de la ciudad (Urgoiti, N., y otros, 1979; Pumares, P., 1991). En los casos de Madrid y Barcelona su localización trasciende no sólo los límites municipales sino incluso los metropolitanos.

Estas pautas en los inmuebles de oficinas, particularmente en los ocupados por una sola empresa, puesto que los compartidos muestran un emplazamiento más conservador, responden también a una estrategia de descentralización funcional que consiste en la separación espacial y entre los establecimientos que se hacen cargo de las tareas administrativas, comerciales, y directivas, apoyándose en un reforzamiento cuantitativo y cualitativo de las comunicaciones entre estas oficinas (*Cahiers de L'IAURP*, 1981). Si bien la descentralización se está llevando a cabo en las principales áreas metropolitanas, no alcanza las dimensiones ni las distancias propias de otras urbes europeas en la que dicho fenómeno trasciende ya a una escala propiamente intrarregional.

La terciarización de la ciudad no se manifiesta solamente por la proliferación de centros comerciales o de centros de negocio sino también mediante la invasión de espacios antes reservados a los usos industriales o residenciales.

El análisis de los locales de oficinas en el interior de las ciudades revela que la densidad de éstos está relacionada con las dimensiones e importancia de la vía urbana, con la calidad de los inmuebles residenciales y con la cercanía a los enclaves ocupados por edificios de oficinas. Es ésta la razón por la que en el casco antiguo y en los arrabales de las principales ciudades se emplazan casi exclusivamente en las vías principales, mientras que en los ensanches muestran una densidad más uniforme.

Los locales de oficinas instalados en edificios residenciales se encuentran en aquellos inmuebles que tienen una posición cercana a los centros de negocios y que reúnen unas mínimas condiciones de calidad arquitectónica. Estos locales de oficinas representan el submercado más numeroso. Este grupo da cabida a oficinas de tamaño pequeño-medio sin posibilidades o necesidades de costearse el emplazamiento en un edificio exclusivo y representativo, y con la contrapartida de disminuir hasta un 50 % el precio de alquiler o compra del local.

La estricta separación de usos existente en las ciudades españolas hasta hace pocas décadas (usos terciarios, residencial e industrial) muestra en la actualidad una aparente mezcla que no es sino el producto de la terciarización del aparato productivo y de las ciudades. Las oficinas en suelo calificado como industrial son otra prueba más de esta terciarización.

Este hecho es especialmente evidente en aquellos barrios que recibieron la primera oleada de instalaciones industriales y que hoy en día suponen un emplazamiento céntrico (Pardo, C., 1991). Por un lado, la estrategia empresarial de las industrias instaladas en estos espacios consiste en el abaratamiento de algunos costes fijos y, dentro de ellos, los relativos a su emplazamiento céntrico (alquileres o impuestos). Por otro, la descentralización de su produccción y periferización de su aparato productivo provocan el abandono de estos espacios industriales tradicionales. Esta misma dinámica centrífuga afecta a las antiguas instalaciones ferroviarias, coexistentes con estos barrios industriales y consumidoras de amplios espacios que ocupan hoy una posición de relativa centralidad.

Sin embargo, en determinadas empresas industriales el proceso de periferización no va necesariamente acompañado de un abandono y venta de las antiguas instalaciones. Algunas empresas deciden emplazar parte de sus servicios a la producción en sus antiguos almacenes, previa remodelación de su interior, que hoy en día ocupan una posición céntrica. De este modo, bajo la forma de un establecimiento industrial se esconde una función que en la terminología clásica denominaríamos como terciaria. Es más, y como prueba de esa interrelación entre los servicios y la industria, desde hace unos años está surgiendo una oferta específica de edificios nuevos que con la denominación de «empresariales» aúnan los usos de oficinas y de nave industrial.

Bibliografía básica

Alonso Teixidor, L. F. (1985*b*): «El espacio de los servicios y las grandes aglomeraciones urbanas españolas: algunas reflexiones sobre cambios recientes», *Estudios Territoriales*, n.º 19, pp. 69-90.
Área y Sistema, S. A. (1987*a*): *Las áreas metropolitanas en la crisis. Estudios de apoyo*, MOPU, Madrid, vol. 4, *Análisis del sector servicios en el sistema urbano*.
Bailly, S. A., y Maillat, D. (1986): *Le secteur tertiaire en question*, Éditions Regionales Européennes, S. A., Ginebra.
Cuadrado Roura, J. R., y Del Río, C. (1990): «La demanda de servicios por las empresas en España», en Velarde, J., García Delgado, J. L., y Pedreño, A. (edits.), *La industria española. Recuperación, estructura y mercado de trabajo*, Colegio de Economistas de Madrid, Madrid.
Cuadrado Roura, J., y González Moreno, M. (1987): *El sector servicios en España*, Orbis, Barcelona.
Del Río, C. (1988): «Dinámica y distribución espacial de los servicios en España entre 1960 y 1985», *Papeles de Economía Española*, n.º 34.
Gámir, A.; Méndez, R.; Molinero, T., y Razquin, J. (1989): «Terciarización económica y desarrollo regional», *Anales de Geografía de la Universidad Complutense de Madrid*, n.º 9, pp. 123-144.
Gámir, A. (1991): «La terciarización de la industria en la ciudad», en Méndez, R. (coord.), *Reestructuración industrial de los espacios urbanos*, Grupo de Geografía Industrial AGE, Madrid, pp. 37-49.
García Ballesteros A., y Gámir, A.(1989): «Las actividades directivas y administrativas en

España», en Bielza de Ory, V. (coord.), *Territorio y Sociedad en España II*, Taurus, Madrid.
Gershuny, I. J., y Miles, I. D. (1983): *La nueva economía de servicios*, Ministerio de Trabajo y Seguridad Social, Madrid.
Giráldez, E. (1983): «Geografía de los centros de decisión empresariales. Los casos de España y Francia», *Situación*, n.º 1, pp. 52-83.
López, A., y Mella, X. (1991): «Inversiones directas extranjeras en servicios», *Economistas*, n.º 47 (ext.), pp. 328-331.
Moreno, A., y Escolano, S. (1992): *Los servicios y el territorio*, Madrid, Síntesis, Colección Espacios y Sociedades, n.º 19.
— (1992): *El comercio y los servicios por la producción y el consumo*, Madrid, Síntesis, Colección Espacios y Sociedades, n.º 20.
Oliveras, J. (1987*b*): «La bancarización del territorio en España (1970-1985)», *X Congreso Nacional de Geografía AGE*, Zaragoza.
Papeles de Economía Española (1990): «El sector servicios en España», *Papeles de Economía Española*, n.º 42. (n.º monográfico).
Precedo, A. (1987): «La estructura terciaria del sistema de ciudades en España», *Estudios Territoriales*, n.º 24.
Sanabria, C. (1986): «Las grandes superficies comerciales de Madrid», *Ciudad y Territorio*, n.º 70, pp. 45-58.
Velarde, J.; García Delgado, J. L., y Pedreño, A. (coord.) (1987): *El sector terciario de la economía española*, Colegio de Economistas de Madrid, Madrid.

Capítulo 9

ACTIVIDAD Y ESPACIOS TURÍSTICOS

1. El significado geográfico del turismo

El despegue del turismo, como fenómeno de masas, se produce desde finales del decenio de los años cincuenta, cuando se inicia la evolución creciente y espectacular del movimiento internacional de viajeros, que no tardaría en alcanzar cotas desconocidas. Este hecho permite hablar del proceso de configuración de una actividad económica (Cals, J., 1987) en continuo crecimiento, cuyos indicadores más utilizados son el mismo volumen de la afluencia turística y los ingresos registrados por este concepto en la balanza comercial. No es extraño, pues, que prevalezca una consideración económica del turismo como factor fundamental del proceso de desarrollo y transformación de la estructura social y económica de España; actitud que ha llevado, al menos hasta fechas recientes, a una marginación y casi olvido de las implicaciones sociales, ambientales, territoriales y culturales que derivan de esta actividad, en las áreas donde se produce su implantación. Sorprende, pues, la escasa atención que ha merecido su estudio, aunque la dinámica generada por el turismo —entendido como conjunto de actividades— supera a la del resto de sectores con proyección comercial internacional (cuadro 9.1).

Basta señalar que, desde la vertiente geográfica, el turismo, a pesar de los enormes impactos en la organización y transformación del territorio costero español y de determinadas áreas de montaña, apenas ha contado con la atención de los estudiosos. Algo que cuesta todavía más comprender cuando en áreas litorales, entre ellas la Costa del Sol, Valencia, Cataluña, Baleares y Canarias, el futuro de otras actividades, como la agricultura, al igual que los procesos de urbanización y ocupación del suelo, sólo se puede comprender después de una evaluación del fenómeno que, como consecuencia de la sociedad del ocio, ha invadido estos espacios, considerados como periferias, en la relación entre áreas receptoras y focos emisores.

2. España en el contexto turístico internacional

El análisis de los indicadores regionales del movimiento turístico a escala internacional (Hawkins, D., y Ritchie, J. R., 1991) muestra la pérdida de cuota de participación de Europa como área receptora, desde finales del decenio de los años

CUADRO 9.1. *Algunos indicadores de la estructura del turismo en España, 1990*

1) *Posición de España en el turismo internacional*
Movimiento turístico mundial: 429 millones de turistas.
Ingresos turísticos mundiales: 249.300 US $.
Participación de España en turismo exterior: 8 %, tercer país, tras los EE.UU. y Francia.
Evolución: negativa, desde 1988.

2) *Valoración de su aportación económica*
Ingresos de divisas por turismo: 18.593 millones US $.
Relación ingresos por turismo/déficit comercial: 57,4 %.
Participación en el PIB nacional: 8,09 %.
Empleo: directo, 836.000 puestos.
        indirecto, 585.000 puestos.
Estimación gasto medio por turista en España: 511,7 US $.

3) *Oferta de alojamiento (plazas)*

Hoteles	Hostales y pensiones	Fondas y casas de huéspedes
5 estrellas: 28.896	3 estrellas: 11.280	173.658
4 estrellas: 122.337	2 estrellas: 89.015	Campamentos de turismo
3 estrellas: 330.519	2 estrellas: 89.015	571.278
2 estrellas: 154.182		Extrahoteleras
1 estrella: 99.815		16.302.049

4) *Demanda*

Extranjera
Número de turistas   Principales mercados
54.044.000   Alemania, Reino Unido, Francia, Benelux, Italia

Nacional
Viajes de los españoles al año, por motivos de ocio

No realizan ningún viaje	Uno	Dos	Tres o más	Destino España	Extranjero
46,6 %	31,8 %	11,0 %	10,6 %	81 %	19 %

5) *Análisis de las principales regiones turísticas*
Distribución de la oferta de alojamiento y pernoctaciones hoteleras (%)

	Plazas hoteleras	Campamentos	Extrahoteles	Pernoctaciones hoteleras
Andalucía	11,7	10,8	16,3	14,2
Baleares	27,2	0,5	7,7	21,3
Canarias	9,1	0,3	7,9	15,0
Cataluña	20,4	38,1	20,7	15,9
Comunidad Valenciana	8,1	9,9	21,1	10,0
Resto	23,5	40,4	26,2	23,6

Recursos ambientales para turismo litoral

	Km de costa	%	longitud de playas	%
Andalucía	887,945	12,03	580,390	29,6
Baleares	939,831	12,07	86,311	4,3
Canarias	1.476,112	20,01	242,272	12,2
Cataluña	594,641	8,05	302,229	15,2
Comunidad Valenciana	469,270	6,36	275,670	13,9
Resto	3.005,478	741,48	488,715	24,7

Fuente: Elaboración propia.

ochenta, a pesar del rápido crecimiento que experimentan los viajes turísticos en el escenario mundial (alrededor de un 42 % en dicho período).

Es la zona asiática —la del Pacífico particularmente— la que más incrementa su participación. Pero Europa conserva su liderazgo, aunque con importantes reajustes internos ya que incluye el gran destino turístico que es el Mediterráneo, con una destacada participación de Francia, España e Italia, si bien otros países comienzan su andadura y ganan progresivamente cuota de participación en el mercado turístico internacional. Éste es el caso de Grecia, que ha duplicado el volumen de turismo extranjero recibido en apenas 10 años, aunque también lo han hecho otros destinos mediterráneos no europeos, como Turquía, que ha visto multiplicarse por más de cuatro el número de turistas llegados al país, entre 1980 y 1990.

En este escenario internacional, sometido a estrategias que intentan conseguir para cada país o región unas ventajas competitivas, España ha mantenido, durante un largo período, un crecimiento espectacular del turismo de masas, que la sitúa en posición de liderazgo. De manera tal que, en atención a su participación en los flujos del turismo internacional receptivo, ocupa todavía un tercer puesto en el *ranking* que lidera Francia (11,7 %), seguida de EE.UU. (9,3 %); la misma posición que permite conseguir un 8 % de las divisas ingresadas por el turismo mundial.

a) EL MODELO TURÍSTICO ESPAÑOL

Aun considerando la diversidad de modelos y tipos de implantación del turismo con dinámicas contrastadas, que será una de las claves para conseguir que se afiancen ventajas en el futuro, es posible aportar una definición global del modelo turístico español —clave en el desarrollo económico— caracterizado por el predominio de una clientela masiva, de poder adquisitivo medio y medio-bajo, alojada mayoritariamente en hoteles y apartamentos de categoría intermedia, en áreas de playa, con una fuerte dependencia comercial respecto a los operadores y empresas transnacionales que, durante bastantes años, han controlado las claves del mercado turístico mundial, por encima de la capacidad de respuesta de las regiones receptoras y de los objetivos empresariales autóctonos.

El éxito de este modelo se sustentaba en ventajas competitivas, sobre la base de factores, de índole externa e interna; entre los primeros, se ha señalado el crecimiento de las economías del occidente y norte de Europa y la generalización de las vacaciones entre las clases trabajadoras, desde los años cincuenta, así como el abaratamiento del transporte aéreo (Clary, D., 1991). Pero hay que resaltar, de forma muy especial, los factores internos, que comienzan con la proximidad del Mediterráneo español a los focos emisores de clientela, lo que se denomina renta de situación, y que se concreta en la presencia de espacios costeros, con playas y excelentes condiciones climáticas, condiciones cualitativamente óptimas para el proceso de implantación de la oferta. Además, la España de los años sesenta ofrecía el exotismo y los valores culturales y tipológico-tradicionales que permitían afianzar un producto adecuado a las motivaciones del sistema turístico; todo ello en una etapa donde el turismo constituía para el régimen político un factor de propaganda y difusión de la imagen exterior del país. Aunque la ventaja que, a nuestro entender, constituye la clave explicativa del éxito del modelo anterior, era el coste de las vacaciones en España, debido a los bajos salarios y precios reducidos, sobre la base de una abundante mano de obra, trasvasada desde las actividades tradicionales y que encontraba acomodo en la prestación de servicios turísticos (hostelería, transportes) y sectores inducidos (construcción).

Sin duda, España ha sido un país barato, a lo que también coadyuvaba la política de los operadores internacionales (TO), que han forzado el mantenimiento de unos precios ridículos, desde su posición de oligopolio, para las áreas del Mediterráneo y Canarias (Vera, F., y Marchena, M., 1990).

b) CAUSAS DEL AGOTAMIENTO DEL MODELO VIGENTE

La recesión del movimiento turístico y la inquietud de los agentes sociales actuantes conduce a hablar, desde finales de los años ochenta, de una crisis de la actividad. Conviene, pues, puntalizar esta idea y definir los términos del problema, ya que los indicadores internacionales resultan contradictorios y no deben pasar desapercibidos. En primer lugar, el número de salidas de vacaciones, en la mayor parte de los países europeos, con la única excepción del Reino Unido, continúa incrementándose (Horwarth & Horwarth International, 1989); en segundo lugar, los gastos en concepto de ocio adquieren una posición dominante en el consumo, mientras que, por último, los ingresos generados por el turismo internacional no dejan de aumentar (un 83,5 % en el decenio anterior, para los países europeos) según la OMT (Clary, D., 1991). La respuesta es evidente: no está en crisis el turismo sino el modelo de algunas regiones y países, considerados como destinos masivos tradicionales.

El mismo orden de factores que sirvió para caracterizar las ventajas de España en el desarrollo turístico, entre 1960 y 1985, permite establecer las causas del declive del producto turístico español (figs. 9.1 y 9.2). Así, pesan factores externos al turismo, derivados del tipo de cambio efectivo real de la peseta y los consecuencias de la sobrevaloración monetaria, que han acabado haciendo de España un país caro (coste de la mano de obra, precios de los servicios turísticos) para las clientelas europeas tradicionales (fig. 9.3). De forma muy especial se produce de este modo la pérdida —pensamos que casi definitiva— de importantes segmentos de la demanda del mercado británico, para los que nuestro país se ha encarecido en más de un 18 % en apenas cinco años (precios de paquetes de TO). En consecuencia, el alza de costes ha repercutido en el desvío de demandas hacia destinos que, a menor precio, hacen suya la misma estrategia de desarrollo que caracterizó a la España de los años sesenta.

Pero, además de estos factores esenciales, derivados del contexto internacional, intervienen otros que responden por entero a la propia actividad turística y que justificarían, por sí mismos, el calificativo de crisis para definir la situación actual del turismo, ya que tienen un claro componente estructural. El primero de ellos es la propia rigidez de la oferta y su escasa capacidad de adecuación a las nuevas motivaciones y exigencias de la demanda; tanto la oferta hotelera como la extrahotelera. En este mismo orden de problemas, en la fase de producto, el encarecimiento de los precios turísticos no se ha acompañado de una mejora cualitativa en las prestaciones de servicios. A lo que cabe añadir los problemas derivados de la falta de in-

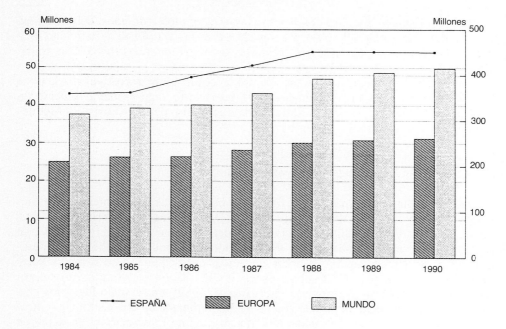

FIG. 9.1. *Evolución de la posición de España en el turismo internacional, 1984-1990.* Nota: El eje Y de la izquierda hace referencia a los valores para España. Fuente: *World Travel and Tourism Review*, 1, 1991, y elaboración propia.

fraestucturas de accesibilidad y de otras básicas que producen estrangulamientos en las saturadas zonas turísticas, en época de mayor afluencia.

Pero, desde una vertiente geográfica del tema del turismo, debe hacerse particular hincapié en un conjunto de problemas que constituyen, sin duda, una de las causas de rechazo y de dificultad de reconversión de las áreas turísticas. Así, la ausencia de directrices de ordenación territorial en el desarrollo del turismo ha sido la causa de efectos medio ambientales, paisajísticos y de despilfarro de recursos que definen la triste herencia de una actividad cuyo futuro se asocia cada vez más a la calidad ambiental. La primacía de los objetivos de política económica en el desarrollo del turismo ha llevado, pues, a ignorar otros efectos que hoy limitan la capacidad de reconversión y obligan a sanear el territorio del turismo. En conjunto, los problemas territoriales y ambientales conducen a la pérdida de la demanda de más calidad, es decir, la clientela que más valora el entorno físico-ecológico y los valores sociales y culturales de las áreas receptoras.

Como colofón, la ausencia de una planificación y gestión del turismo, como actividad impulsora de cambios en distintas vertientes, supone también la dependencia en la comercialización del producto, que deja indefensos los intereses de las áreas receptoras, en manos de empresas transnacionales que, curiosamente, demandan más calidad, al tiempo que negocian reducciones de precios; las mismas empresas que desvían la clientela hacia otros países. En suma, hay elementos suficientes como para hablar de una necesaria reconversión y renovación estructural del

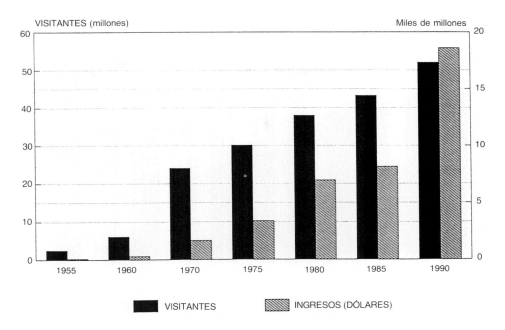

Fig. 9.2. *Evolución del número de visitantes y de los ingresos de divisas por turismo, 1955-1990.* Fuente: Subdirección General de Planificación y Prospectiva Turística. Dirección General de Política Turística de la Secretaría General de Turismo. Elaboración propia.

turismo español, ya que los factores comentados no son, en modo alguno, coyunturales. La idea de que el turismo seguirá creciendo está clara y, en consecuencia, España debe afianzar nuevas ventajas competitivas, para la consolidación del liderazgo desde nuevos supuestos de calidad en las prestaciones turísticas —incluido el medio ambiente y la ordenación territorial—. Algo para lo que también se cuenta con indudables ventajas, tras la integración europea, además de que se ha mejorado la renta de situación respecto a los lugares de procedencia de la demanda —clases medias europeas— a la que legítimamente se debe seguir aspirando.

3. **La oferta y su distribución espacial. Regiones y zonas turísticas españolas**

El principal impulsor del turismo de masas es la búsqueda del sol y las playas, de «mediterráneos», como señala Cals (1987), además de otros factores estructurales. Por tanto, el factor de localización geográfica, especialmente el componente ambiental climático, explica, en buena medida, el reparto de regiones y zonas turísticas.

Son estas razones iniciales, en realidad externalidades, las que justifican las ventajas comparativas de España para su acusada especialización turística. Pero la distribución espacial de la oferta y las diferencias regionales que se observan, además de reflejar el desigual reparto de los factores físico-ecológicos de atracción —que oponen básicamente el Mediterráneo y los archipiélagos al resto de zonas—,

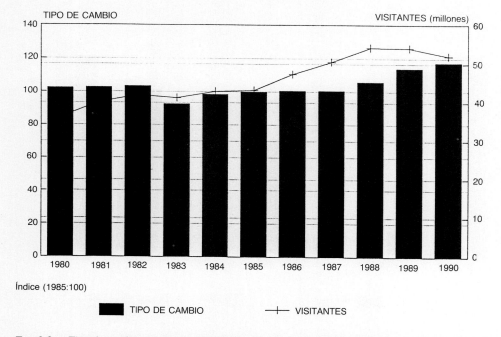

FIG. 9.3. *Tipo de cambio efectivo real de la peseta y su relación con la afluencia de visitantes.* Nota: El aumento del índice significa pérdida de competitividad. Fuente: Banco de España, Secretaría General de Turismo y elaboración propia.

obedecen a otros componentes, relacionados con la influencia de la estructura pre-turística (actividades, usos del suelo preexistentes y su intensidad, infraestructuras de comunicaciones y articulación territorial) y con el papel que juegan en cada ámbito los agentes sociales actuantes (cuadro 9.2).

Otra cuestión preliminar es la diversidad interna de las áreas turísticas, ya que sobre el atractivo común del sol y la costa, hay diferencias notables en el modelo de ocupación del espacio y en la calidad de los alojamientos, así como en el tipo de afluencia y en la dinámica económica y demográfica que se genera en cada área. Basta señalar al respecto las diferencias existentes entre la masividad de Benidorm, Torremolinos, El Arenal o Calvià, y la ocupación elitista de Marbella, La Herradura, el cabo de la Nao o la costa de Girona, cuyos efectos son también muy dispares en la organización territorial y en la repercusión económica, a la vez que presentan unos problemas específicos y una viabilidad muy distinta ante el nuevo escenario del turismo. Hasta el punto de que en las primeras zonas citadas el problema futuro se centra en la rehabilitación y renovación de las áreas congestionadas y en la vía cualitativa, más que en nuevos crecimientos.

a) LA OFERTA DE ALOJAMIENTO

La potencialidad turística de un país o región suele venir expresada a partir de la cifra de plazas disponibles, en los diversos tipos de establecimientos con que se

CUADRO 9.2. *Participación del turismo en la economía regional*

Comunidad autónoma	% turismo/PIB regional	% VAB turismo español
Baleares	81,3	11,3
Canarias	19,4	6,5
Andalucía	15,1	18,6
Cataluña	10,7	21,2
Comunidad Valenciana	8,8	8,8
Galicia	6,3	3,7
Murcia	5,5	1,2
Castilla-León	5,1	3,1
Extremadura	4,7	0,8
Aragón	4,7	1,6
Castilla-La Mancha	4,1	1,4
País Vasco	3,8	2,4
Madrid	3,8	2,4
Navarra	3,5	0,5
Asturias	3,5	1,1
La Rioja	2,7	0,2
Efectos no distribuibles		9,1
Imputables en ámbito nacional		1,7
		100,0

Fuente: IET, Gabinete de Estudios Empresariales y Económicos. Elaboración propia.

cuenta y que se agrupan en hoteleros y extrahoteleros; en los primeros se diferencian los hoteles y los hostales y pensiones (no se incluye como turística la oferta en casas de huéspedes y fondas), mientras que la oferta extrahotelera incluye establecimientos tan dispares como los campamentos turísticos o los apartamentos y las viviendas de uso turístico. De estos últimos está controlado legalmente un porcentaje ínfimo de la oferta real, ya que se declaran 384.904 plazas para el conjunto del territorio español. No obstante, a través de un estudio de la Secretaría General de Turismo, se ha calculado un volumen de más de 16 millones de plazas extrahoteleras no legales, en las que se agrupan todas las viviendas de «real uso turístico», entendidas como tales aquellas que, sin formar parte de un establecimiento comercial, son usadas, de forma continua o espontánea, como segunda residencia o como alquiler turístico.

Hechas estas clasificaciones, como premisa, la oferta de alojamiento de España suma en 1991 más de 970.000 plazas (Secretaría General de Turismo, 1992) en establecimientos hoteleros, a las que se añaden 578.278 en campamentos de turismo y 16.032.049 en viviendas de «real uso turístico»; es decir, el grueso de la oferta no está controlado oficialmente, escapa a la administración turística y constituye uno de los mayores problemas para la viabilidad futura del sector, sobre todo cuando se entabla competencia desleal dentro de una misma zona, respecto a establecimientos hoteleros (fig. 9.4).

En atención a los grupos que clasifican la oferta, la evolución de cada uno de ellos, los problemas de explotación y gestión que les afectan y las expectativas futuras son bastante diferentes. Así, la función hotelera de las zonas turísticas —sobre todo de áreas costeras—, identificada tradicionalmente con el llamado sector turístico, atraviesa uno de sus peores momentos, hasta el punto de que se ha llegado a

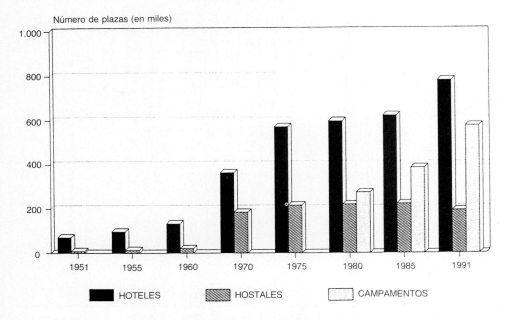

Fig. 9.4. *Evolución de la oferta de alojamiento (hostelería y campamentos de turismo)*. Fuente: Dirección General de Política Turística de la Secretaría General de Turismo. Elaboración propia.

decir que la crisis del turismo exterior es, en realidad, la crisis de los hoteles de playa. Para comprenderlo, pesa la obsolescencia y escasa renovación de la industria hotelera, a lo largo de los años de crecimiento del turismo, pero influyen decisivamente otros factores, verdaderos lastres del modelo turístico español, como son la dependencia respecto a los TO y el sistema que éstos practican, consistente en el abaratamiento de precios, exigiendo mejores prestaciones. Así, el deterioro de la calidad ha sido la respuesta de la mayor parte de los establecimientos turísticos, de manera que el mantenimiento e incluso incremento de la afluencia —a veces incurriendo en el *overbooking* como salida— sólo ha servido para mantener los establecimientos. A este problema se añade la competencia desleal que los apartamentos y viviendas turísticas —no controladas legalmente— representan para los hoteleros en áreas como Canarias, Valencia, Cataluña y Andalucía.

Es así como la oferta hotelera del Mediterráneo y las Canarias, que creció a ritmos espectaculares entre los años sesenta y el inicio de los ochenta, en consonancia con el incremento de la afluencia turística exterior —guiada por el atractivo básico del sol y las playas— ha entrado desde 1983, aproximadamente, en una situación de estancamiento. Aunque se advierten diferencias por categorías de establecimientos, ya que la mayor caída se produce en los de menor categoría, mientras crecen los de tres estrellas oro, hecho que puede interpretarse como tendencia hacia la mejora de la calidad, para lo que existen ayudas de la Administración. La disminución observada en establecimientos de superior categoría se interpreta como resultado de la competencia de otras ofertas extrahoteleras para el turismo de más calidad, mientras que entre las tendencias del sector es notable la concentración de empresas, el auge de las grandes cadenas (por ejemplo, Accor-Sol-Melià), la importancia que adquieren las centrales automatizadas de reservas y los procesos de diversificación horizontal e integración vertical.

Por lo que atañe a la oferta extrahotelera no declarada, integrada por las viviendas y apartamentos de real uso turístico, constituye el gran volumen de las plazas ofertadas, muy en relación con el turismo nacional y el extranjero de tipo residencial. El crecimiento de esta oferta presenta una absoluta vinculación con la construcción y promoción inmobiliaria, que experimentó un disparo espectacular entre 1985 y 1989, debido a la conjunción de la demanda autóctona con la de tipo turístico, así como a la especulación inmobiliaria, que genera la promoción de conjuntos residenciales y bloques de apartamentos en las áreas costeras, tema al que no son ajenas las inversiones de dinero negro desde otras actividades. Un proceso que trasciende e incluso contradice los intereses del turismo y cuyo final ha venido dado por la recesión económica, la disminución de la demanda y el freno a la construcción y promoción inmobiliarias.

Por último, el análisis global de la oferta debe prestar atención al incremento extraordinario que se produce de las plazas de campamentos turísticos, a lo largo de los últimos 15 años, calculándose un crecimiento del 260,8 % entre 1976 y 1989, en el que sobresalen Cataluña y la Comunidad Valenciana.

b) REGIONES Y ZONAS TURÍSTICAS

El papel de las Comunidades del arco mediterráneo en la oferta turística es evidente, ya que Baleares, Cataluña, Valencia y Andalucía —incluidas Cádiz y Huelva— suman el 67,4 % del total de las plazas hoteleras de España, a las que se añade un 65,8 % de los alojamientos extrahoteleros no legales. Por su parte, Canarias, espacio de acusada especialización en las islas de Gran Canaria y Tenerife esencialmente, concentra casi otro 10 % de plazas de alojamiento en hoteles y un 8 % de extrahoteleras (fig. 9.5). El resto del alojamiento turístico se reparte de forma desigual entre las regiones atlánticas y cantábricas, así como en el interior. Como única excepción los campamentos de turismo distribuidos por todo el espacio litoral español, puesto que a pesar de la concentración de casi un 39 % en Cataluña, las restantes plazas no se adscriben particularmente a ninguna Comunidad Autónoma; incluso se puede hablar de la relativa importancia de este tipo de oferta en la fachada cantábrica (8,5 % entre Asturias y Cantabria).

Otro indicador que confirma la especialización turística, a escala regional, son las pernoctaciones en establecimientos hoteleros, de tal manera que Baleares remarca su acusada dedicación, fundamentalmente hotelera (21,3 % de las pernoctaciones), mientras que Cataluña, Andalucía y Valencia alcanzan conjuntamente otro 30 % de las estancias en tales establecimientos, confirmando el papel del arco mediterráneo como destino turístico, que se completa con la participación de Canarias, cifrada en un 15 % de las pernoctaciones. En el resto de Comunidades Autónomas, la relación entre plazas disponibles y establecimientos es bastante más baja, aunque presentan una mayor regularidad a lo largo del año.

Las razones que justifican la acusada especialización del Mediterráneo y las islas ya han sido comentadas, sobre la base de los componentes físico-ecológicos y

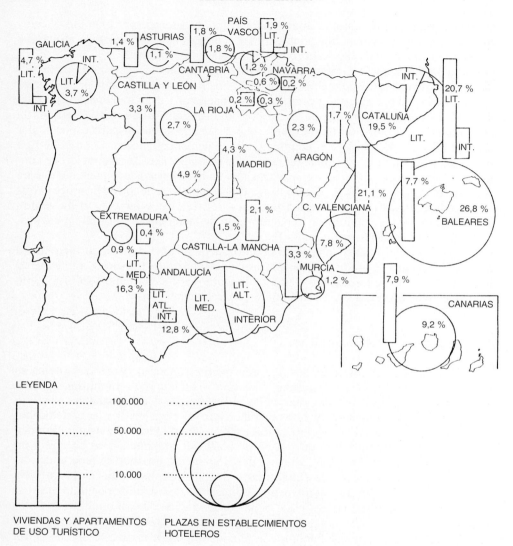

Fig. 9.5. *Distribución regional de la oferta turística, 1991.* Fuente: Secretaría General de Turismo y elaboración propia.

de renta de situación de estas zonas del litoral español respecto a los países emisores. Pero conviene profundizar, mediante una aproximación regional, en los factores económicos y territoriales que explican la desigual distribución interna de la oferta en este ámbito, lo que equivale a decir las diferencias intra e interregionales en la ocupación turística del territorio.

Un primer factor a valorar es la accesibilidad, puesto que determinados «retrasos» en materia de ocupación turística sólo se pueden entender debido a la inexistencia de unas infraestucturas de comunicaciones que conectaran las zonas emisoras con los puntos de destino. La diferencia comparativa existente entre los niveles de especialización turística del litoral de Murcia y la parte costera más oriental de Andalucía, frente a la Costa Blanca alicantina, se justifica en buena parte por la interrupción del eje de comunicaciones con Europa que constituye la A-7 y las ventajas con que contó Alicante al entrar en funcionamiento, desde 1967, el aeropuerto internacional de El Altet. De este modo, el funcionamiento del turismo de masas en Benidorm disponía de una comunicación rápida entre las áreas emisoras y el Reino Unido, su principal mercado.

Es obvio que Cataluña se benefició de la proximidad a Europa por carretera y de la existencia del aeropuerto internacional de Barcelona; del mismo modo, el transporte aéreo es la clave del éxito turístico en Baleares y Canarias. Pero no lo es menos a la hora de explicar el crecimiento del espacio turístico de la Costa del Sol, en Andalucía, ya que la dinámica de Torremolinos, Fuengirola y otros núcleos, está en estrecha relación con el tráfico aéreo internacional.

Esta valoración de la conexión con países emisores por vía aérea no es, sin embargo, determinante en las costas mediterráneas, ya que el papel fundamental en la llegada del turismo exterior e interior ha correspondido a la carretera (fig. 9.6); de este modo, aparece un eje de conexión básico para la afluencia extranjera, que es la carretera N-340, cuyo trazado discurre a lo largo del litoral mediterráneo, desde La Jonquera hasta Algeciras. Un eje que, en no pocas zonas turísticas, ha tenido un papel estructurante del crecimiento del continuo urbano-turístico. Tanto es así que cuando su trazado —mejorado por el plan REDIA e incluido en la Red Esmeralda de grandes itinerarios internacionales— se aleja de la franja litoral, se advierten verdaderos vacíos en la ocupación urbano-turística (sur del litoral murciano, cabo de Gata-Níjar, entre otros), salvo en los espacios donde la A-7 ha generado un nuevo eje de comunicación articulando el área costera, como ocurre entre Valencia y Alicante.

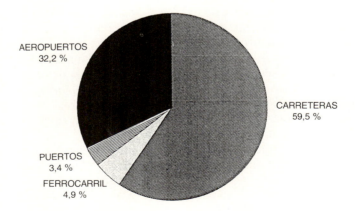

FIG. 9.6. *Medios de transporte utilizados por el turismo extranjero, 1990.* Fuente: Subdirección General de Planificación y Prospectiva Turística. Dirección General de Política Turística de la Secretería General de Turismo. Elaboración propia.

Un segundo factor que ayuda a entender la distribución de zonas turísticas es la propia imagen social de algunas ciudades españolas que, ya desde el siglo XIX, se configuran como núcleos de veraneo, captando una clientela nacional; tal es el caso de Málaga y Alicante, en el Mediterráneo, que cuentan con una larga tradición como centros balnearios de mar, y de San Sebastián y Santander en el Cantábrico. En estos casos, sobre todo en los mediterráneos, aunque su actual función turística dista cualitativa y cuantitativamente de los efectos del veraneo histórico, existen vínculos con focos emisores que se han mantenido y resultan fundamentales, como el atractivo de Alicante para los habitantes de Madrid, extraordinariamente favorecido por el ferrocarril.

Estos factores, aun siendo relevantes, no explican los contrastes de ocupación que se observan desde Cataluña a Málaga, y cuya respuesta, a nuestro entender, se encuentra en la estructura preturística, especialmente en las actividades y usos del suelo existentes antes de la irrupción del turismo de masas. Se ha podido afirmar, con evidente fundamento, que la especialización turística es consecuencia directa de la debilidad de la base económica existente en cada zona. Las áreas de regadío —y de forma muy especial las del naranjal— rechazaron el tránsito de un sector seguro y capitalizado a otro más inestable y que comportaba la venta de la tierra, como se observa en la orla costera valenciana, desde Castellón hasta Gandía. Por contra, las áreas de secano con escasos rendimientos y las poblaciones marítimas que arrastraban los problemas de una emigración secular, interpretaron el turismo como panacea y volcaron todos sus esfuerzos al fomento de esta actividad que se convertía rápidamente en el elemento de transformación del uso del suelo, valorado como mercancía.

La Costa Brava es la principal zona turística de Cataluña, tanto si se atiende a la oferta (plazas en hoteles, apartamentos turísticos y segundas residencias) como al hecho de que concentra la mayor parte de la afluencia turística extranjera en esta región; al tiempo que su papel en la prestación de servicios de ocio y tiempo libre se refuerza por la proximidad al área metropolitana de Barcelona. La mayor especialización corresponde a la comarca de La Selva, donde playas y cantiles han dado lugar a un importante fenómeno de concentración, con casos tan conocidos por su masividad como Platja d'Aro, Sant Feliu de Guíxols y, muy especialmente, Lloret de Mar (14,5 % del total de plazas hoteleras de Cataluña [Fraguell i Sansbello, 1993]), continuando desde Blanes por las costas del Maresme hacia Barcelona. Se señala así el contraste respecto al sector central y septentrional de la costa de Girona (Baix y Alt Empordà), donde se localizan ocupaciones más selectivas asociadas a equipamientos náutico-deportivos (Empuriabrava, por ejemplo), lo que permite apostar por su futuro.

Hacia el sur de la aglomeración de Barcelona se desarrolla el espacio turístico que se extiende por la llamada Costa Dorada (Baix Penedès, Tarragonès y Baix Camp), desde las costas del Garraf (Castelldefels, Sitges) hacia Sant Salvador (El Vendrell), donde predomina el alojamiento extrahotelero —fundamentalmente segunda residencia—. Las densidades de ocupación turística y la especialización decrecen en el área de la ciudad de Tarragona por el emplazamiento portuario e industrial, pero vuelven a ser notables en municipios como Salou y Cambrils. Por último, el desarrollo turístico es muy débil, al menos de momento, en las comarcas del Baix Ebre y Montsià, en la desembocadura del Ebro (Antón, S., 1989).

El espacio turístico de la Comunidad Valenciana se reparte desigualmente entre el norte de Castellón —desde Benicarló y Peñíscola hasta Benicàssim— (López, D., 1990), el sector de La Safor —en Valencia—, con el núcleo de Gandía, y, muy especialmente la llamada Costa Blanca o litoral alicantino. Éste es el espacio turístico más significativo, segmentado entre el tramo norte, La Marina, caracterizada por una acusada especialización en turismo extranjero residente (Jávea, Moraira, Calpe, Altea) e itinerante (Benidorm), y el sur, hasta Torrevieja, tramo convertido en área de segunda residencia para las clases medias madrileñas, con densidades que superan cualquier recomendación sobre calidad ambiental turística.

En la región de Murcia decrece sensiblemente la especialización turística del Mediterráneo (Vera, F., 1992c) con menos del 1 % de las plazas hoteleras de España. El único espacio turístico importante es la Manga del Mar Menor, relacionada con una clientela nacional en aumento y, en menor medida, con la afluencia exterior, aunque son enormes las expectativas de crecimiento para el tramo comprendido entre Mazarrón y Águilas, desde el momento en que se ha conseguido una mejora sustancial de la accesibilidad.

Andalucía ha experimentado un crecimiento desbordante de su espacio turístico costero en el último decenio, que la sitúa en el tercer puesto en alojamiento hotelero y extrahotelero (Marchena, M., 1990), tanto en las zonas consolidadas, como la Costa del Sol, como en áreas que habían permanecido al margen —litoral granadino, almeriense y atlántico—. En esta Comunidad, la existencia de áreas perfectamente diferenciadas, interiores y costeras, justifica la división a fin de caracterizar el peso que tienen otras modalidades turísticas que no son litorales. Así, las provincias interiores (Jaén, Córdoba, Sevilla y Granada —a pesar de su tramo costero, ya que la mayor parte de las plazas corresponden a la capital provincial, por su papel histórico-cultural, y Sierra Nevada, como estación de invierno—) suman un 24,6 % de las plazas hoteleras, debido al atractivo de las ciudades históricas y de la capital autonómica, en pleno crecimiento, con el acontecimiento de la Expo-92 como factor clave (Marchena, M., 1990).

Por su parte, la Andalucía mediterránea representa el 70 % de las plazas de alojamiento hotelero, mientras que el restante 15 % corresponde a Cádiz y Huelva, donde se incluyen zonas de crecimiento turístico reciente como Barbate, Conil, Tarifa, Matalascañas, Punta Umbría y Mazagón. A resaltar la diversidad de modalidades turísticas de esta Comunidad Autónoma y su reparto más equilibrado, ya que aunque es notable la concentración costera, resulta particularmente interesante el papel que están teniendo en el interior los parques naturales (Marchena, M., 1992), conjugando el uso lúdico con la conservación del medio.

La ocupación turística del litoral gallego es aún reducida, ya que no responde a las motivaciones del turismo masivo, pero sus más de 34.000 plazas hoteleras satisfacen una demanda en pleno crecimiento, que cuenta con los alicientes de una gran variedad de recursos (culturales, históricos, patrimoniales), aunque todavía no configuran productos. Más del 90 % de las plazas están en municipios costeros, especialmente de las rías bajas y altas (Penas, M. V., 1987), además de la concentración de Santiago de Compostela, por su papel como centro turístico y de peregrinación, con grandes expectativas asociadas a la revitalización del Camino. El alojamiento combina núcleos de segunda residencia con un aparato hostelero de dimensiones familiares, que puede ser un acicate para la prestación personalizada de servicios turísticos.

El litoral cantábrico, desde la costa de Lugo hasta Castro Urdiales, ha experimentado un relanzamiento reciente, que responde a nuevas motivaciones de la demanda, como la sensibilidad por el medio ambiente, en su acepción físico-ecológica y sociocultural, que revaloriza lugares no congestionados, donde se valora el paisaje rural y natural de las áreas tanto costeras como interiores, donde se conservan casi intactas las funciones tradicionales. El turismo constituye una alternativa a la decadencia de éstas y a la crisis industrial. Buena prueba de todo ello es el auge de centros veraniegos, como Castropol, Luarca y Cudillero, en la costa occidental asturiana, y Llanes y Ribadesella en la oriental. Pero llama poderosamente la atención el éxito alcanzado por las experiencias de turismo rural, en comunidades interiores (Taramundi). Una tendencia que penetra progresivamente hacia Cantabria (La Liébana), aunque su importancia turística corresponde a las villas costeras de San Vicente de la Barquera, Santillana del Mar, Santoña, Laredo y Castro Urdiales, además de la propia capital y del área de montaña de los Picos de Europa —estación invernal y centro veraniego— (Potes, Fuente De). En su conjunto, Asturias y Cantabria suman menos del 3 % del total de plazas hoteleras, pero se reafirma una tendencia clara de crecimiento que no se ceñirá exclusivamente al litoral.

De entre las Comunidades interiores, conviene destacar el papel de Madrid, cuya función hotelera (Gutiérrez, S., 1984) responde primordialmente a su papel de capital administrativa y económica, aunque adquiere una creciente importancia el turismo cultural y el de convenciones y congresos. En la misma vertiente de centros interiores con función turística, llama la atención el peso de Salamanca (más de 5.000 plazas) y el de Toledo (casi 4.700).

Por su parte, las estaciones invernales, repartidas entre los grandes sistemas montañosos, tienen particular interés como centros turísticos en Granada (Sierra Nevada), Lérida —donde justifica más de 10.000 plazas hoteleras (López, F., 1982)— y en Huesca, puesto que de las más de 20.000 plazas en hoteles con que cuenta Aragón, esta provincia aporta más del 56 %, al integrar los municipios pirenaicos (Jaca, Sabiñánigo, Ainsa, Benasque).

En suma, es previsible el incremento de la dedicación turística en las Comunidades de Galicia, Asturias y Cantabria, donde se combinan distintos recursos, a la vez que se estanca el ritmo de crecimiento de la oferta en el Mediterráneo, algunas de cuyas áreas turísticas necesitan una verdadera reconversión.

4. La demanda y los mercados turísticos

El análisis de la demanda, dentro de los estudios sobre actividades turísticas, constituye el componente básico que permite caracterizar la dinámica de las áreas turísticas y, sobre todo, la puesta en marcha de cualquier política de intervención, pública o privada. Desde una perspectiva económica del turismo, son tres factores los que influyen en la demanda (Figuerola, M., 1985): los precios de los servicios turísticos, el nivel y crecimiento de la renta en los países emisores y la relación de cambio monetario (tipo de cambio efectivo real). En su conjunto, se puede observar con toda claridad que la influencia que han tenido y siguen teniendo, en el comportamiento de la demanda y de sus tendencias, es decisiva; ya se ha señalado, al hablar de los factores que explican la crisis del modelo turístico español, el problema derivado del encarecimiento de los precios turísticos y de la sobrevaloración monetaria que afecta a España; así como la pérdida del mercado británico, debida tanto a estos factores como al menor crecimiento de la economía de este último país desde hace más de cuatro años, con la consiguiente disminución de capacidad adquisitiva de sus habitantes.

Pero no se pueden pasar por alto otros componentes, de carácter más social, que están teniendo una importancia capital en las tendencias de la demanda. Son temas como la aparición de nuevas motivaciones —cada vez más específicas— entre los demandantes, así como de nuevas aspiraciones en los viajes de vacaciones (Clary, D., 1991), o el mismo auge de la conciencia ambiental (Montanari, A., 1992), que han llevado al rechazo de productos masivos y de las áreas con deterioros ambientales, mientras se revalorizan nuevos productos, más personalizados y auténticos, y cobra sentido el marco de calidad ecológica de las áreas receptoras. En suma, son aspectos socioeconómicos y territoriales los que permiten acercarse más certeramente al conocimiento actual de la demanda turística.

a) Países emisores

Un primer análisis de la demanda resalta la evolución y progresión creciente que, desde finales de los años cincuenta, se produce en la cifra de visitantes extranjeros llegados a España. Aun con los altibajos inherentes a una actividad en la que influyen factores coyunturales, especialmente los indicados por Figuerola, es notable el ascenso vertiginoso que se observa hasta 1977, aproximadamente. Los 2,5 millones de visitantes del año 1955 pasan a ser 6,1 en 1960, año que puede considerarse como de despegue del modelo cuantitativo indicado, tras el Plan de Estabilización de 1959, para llegar en 1970 a más de 24 millones de turistas extranjeros.

La caída en las cifras de afluencia que tiene lugar a finales de los años setenta, se prolonga durante los primeros años de los ochenta y, a nuestro juicio, pone de manifiesto —por primera vez— los problemas estructurales del modelo turístico español, es decir, que desde ese momento se han venido arrastrando unas deficiencias, ocultadas por las cifras de visitantes y los buenos resultados económicos que se vuelven a conseguir hasta 1988. La recuperación y el crecimiento de las economías europeas —principales países emisores— a mediados de los años ochenta, se conjugó con el incremento de los viajes de vacaciones entre los españoles, para dar como resultado el alza del ritmo de afluencia. Pero los problemas de fondo han vuelto a plantearse —esta vez de forma irreversible— con la integración de España en la CE y el nuevo escenario internacional del turismo. Es significativo el comportamiento que han tenido los principales países emisores a lo largo de este período de 30 años, ya que se producen pérdidas de cuota de mercado, por distintas razones, entre tales países, mientras que se acentúan, cada vez más, los efectos compensadores de la demanda nacional.

A pesar de la insuficiencia y escasa fiabilidad indicada respecto a los datos estadísticos, el análisis de las pernoctaciones hoteleras permite un conocimiento suficientemente claro de los países emisores y sus tendencias respecto a España, como destino de los viajes de vacaciones. Es cierto que este tipo de análisis infravalora el papel, trascendental en la Costa Blanca y Costa del Sol, del turismo residencial —estrechamente relacionado con la compra de inmuebles y la fijación cuasipermanente del domicilio de extranjeros en estas áreas costeras— (Jurdao, F., 1990; Vera, F., 1992), pero este fenómeno exige un tratamiento diferencial, para el que aún no se cuenta con suficientes datos, salvo el relativo a la estimación de la capacidad de alojamiento (cuadro 9.3).

Otra razón para justificar la utilización de la cifra de pernoctaciones es la diferencia de los resultados, según se utilice la cifra de visitantes, de viajeros llegados a establecimientos hoteleros o el número de pernoctaciones causadas por éstos. Así se observa el comportamiento de la afluencia procedente de Portugal, país al que corresponde casi un 20 % de los visitantes entrados en España, pero que, como es sabido, lo son en tránsito y no generan un mercado turístico hacia nuestro país. Con estas consideraciones, el principal mercado extranjero, ya desde los años setenta, es el Reino Unido, superado en los últimos años por Alemania; a bastante distancia, con porcentajes inferiores al 10 %, aparecen Francia y el Benelux (cuadro 9.4 y fig. 9.7).

Pero son muy significativos los cambios que se dan entre 1975 y 1990. En la primera fecha, el principal mercado de los establecimientos hoteleros era la propia clientela española, con más del 36 % de las pernoctaciones, seguida del Reino Unido —mercado muy relacionado con el *charter* y controlado por TO— y Alemania Federal, que generaba también más de un 18 % del total de estancias hoteleras. A resaltar el 5 % de los países escandinavos —una clientela de alto poder adquisitivo— y el 3 % de EE.UU. y Canadá, en términos cualitativos similares. No obstante, en 1990 el cambio del escenario internacional se ha dejado sentir, en relación con el alza de precios en España y la pérdida de cuota en determinados países. Destaca, en primer lugar, el decrecimiento del mercado británico, que pierde alrededor

CUADRO 9.3. *Pernoctaciones en establecimientos hoteleros, 1990*

Regiones	Españoles		Extranjeros		Totales	
	N.º	%	N.º	%	N.º	%
Baleares	4.967.867	9,0	20.605.767	31,8	25.573.634	21,3
Canarias	3.909.691	7,0	14.121.806	21,8	18.031.497	15,0
Cataluña	7.590.501	13,7	11.500.021	17,8	19.090.522	15,9
Valencia	6.959.308	12,6	5.018.992	7,7	11.978.300	10,0
Andalucía	8.998.277	16,3	8.101.976	12,5	17.100.253	14,2
Castilla-León	3.306.860	6,0	435.291	0,6	3.742.151	3,1
Castilla-La Mancha	1.502.026	2,7	189.323	0,2	1.691.349	1,4
Extremadura	1.019.658	1,8	77.897	0,1	1.097.555	0,9
Asturias	1.063.699	1,9	61.858	0,0	1.127.557	0,9
Cantabria	1.032.185	1,8	110.687	0,1	1.142.872	0,9
País Vasco	1.223.740	2,2	325.860	0,5	1.549.600	1,2
Galicia	3.112.309	5,6	227.551	0,3	3.339.860	2,7
La Rioja	346.566	0,6	23.623	0,0	370.189	0,3
Aragón	2.293.311	4,1	186.624	0,2	2.479.935	2,0
Navarra	558.175	1,0	46.458	0,0	604.633	0,5
Madrid	6.034.614	10,9	3.447.114	5,3	9.481.628	7,9
Murcia	1.178.367	2,1	124.404	0,1	1.302.771	1,0
Totales	55.097.154		64.605.101		119.702.306	

Fuente: Secretaría General de Turismo. Elaboración propia.

CUADRO 9.4. *Viajeros y pernoctaciones en establecimientos hoteleros por países emisores, 1992*

País de residencia	Viajeros		Pernoctaciones	
	N.º	%	N.º	%
España	20.693.382	64,1	55.253.215	46,0
Alemania	2.361.517	7,3	19.845.303	16,5
Reino Unido	2.186.987	6,7	17.369.157	14,4
Francia	1.515.236	4,6	5.917.499	4,9
Italia	1.056.416	3,2	4.016.620	3,3
Benelux	756.474	2,3	5.102.504	4,2
Portugal	323.356	1,0	701.574	0,5
Países escandinavos	389.365	1,2	1.190.515	1,9
EE.UU.	791.753	2,4	1.739.993	1,4
Japón	498.027	1,5	875.232	0,7
Otros	1.694	5,2	6.768.107	5,6
Total	32.206.599	100,0	119.879.719	100,0

Fuente: *Anuario de Estadísticas de Turismo. Turespaña*. Elaboración propia.

de un 5 %, pero también se advierte un descenso de las pernoctaciones causadas por clientela procedente de Alemania, Benelux y Francia, en el que influyen distintas razones: precios altos, insatisfacción por deterioro ambiental, nuevas motivaciones; un tema especialmente sensible para la demanda escandinava y norteamericana, que prácticamente desaparece del panorama turístico español —1,9 % en 1990— ya que nuestro país se ha encarecido al tiempo que pierde sus atractivos ambientales y culturales de otros tiempos.

Como compensación, es notable el alza de clientela nacional, que ronda el 47 % del total de pernoctaciones, así como la aparición de nuevos mercados, como el italiano, que, sin llegar aún a cotas relevantes, ha incrementado su participación desde un 0,9 al 3,3 %, en dicho período. Por lo que puede afirmarse que España ha ganado cuota en mercados masivos —salvo el Reino Unido, por sus problemas económicos internos— mientras pierde ventajas sobre las clientelas más selectivas. Así se entienden posturas de autocomplacencia, entre algunos empresarios y administraciones, al afirmar que «se sigue llenando» o el todavía más conflictivo juicio de «mientras sigan viniendo» (figs. 9.8 y 9.9).

La pérdida de mercados de más calidad y la tendencia a la masificación, como fenómeno compensador, se reafirma a través del análisis del gasto medio realizado por turista y día. Las encuestas sobre gasto turístico en Baleares confirman que, entre 1988 y 1990, el porcentaje de variación es negativo, con cifras que superan el 5 %, tema que se traduce, de inmediato, en el deterioro de los servicios en las áreas que más padecen esta situación, las llamadas áreas receptoras tradicionales (fig. 9.10).

b) LA DISTRIBUCIÓN ESTACIONAL DEL TURISMO

El exceso de estacionalidad en la afluencia constituye uno de los mayores problemas que se presentan a las actividades turísticas, aunque la situación, en algunas zonas como Baleares y Alicante, se ha suavizado en los últimos años, pero se debe

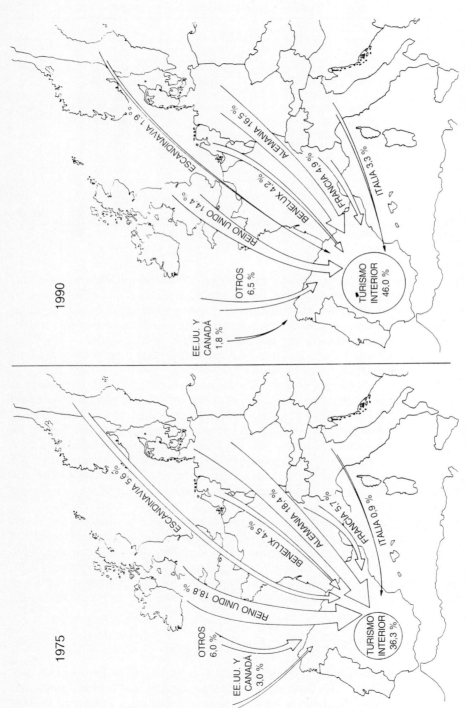

FIG. 9.7. *Cambios de los mercados turísticos españoles a través de las pernoctaciones hoteleras.* Fuente: Secretaría General de Turismo y elaboración propia.

SOCIEDAD, ECONOMÍA Y ESTRUCTURAS TERRITORIALES 487

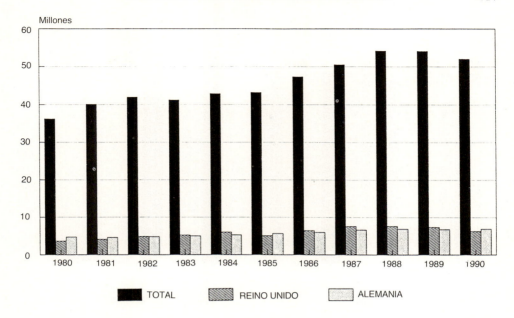

FIG. 9.8. *Visitantes extranjeros llegados a España, 1980-1990.* Fuente: Secretaría General de Turismo. Elaboración propia.

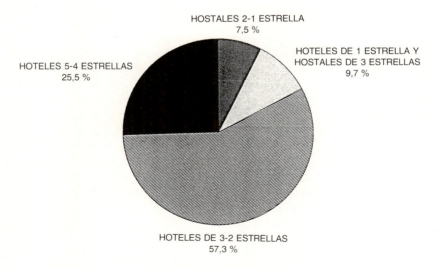

FIG. 9.9. *Pernoctaciones por categorías hoteleras, 1990.* Fuente: Dirección General de Política Turística de la Secretaría General de Turismo. Elaboración propia.

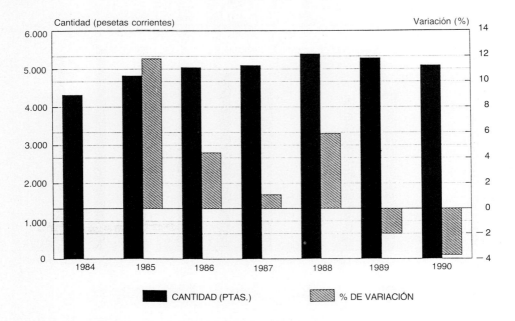

Fig. 9.10. *Evolución del gasto realizado en Baleares por turista y día.* Fuente: Consejerías de Economía y Hacienda y de Turismo; *Encuestas de gasto turístico.* Elaboración propia.

seguir actuando en el futuro, si se entiende que la regularidad en la recepción de visitantes es una salida decisiva para la recuperación y el afianzamiento del turismo (cuadro 9.5 y fig. 9.11).

Es bien sabido que la concentración de la demanda durante unos pocos meses del año provoca un exceso de utilización estacional de las infraestructuras turísticas, tanto públicas —aguas, saneamiento, carreteras, servicios— como privadas —alojamiento, con el *overbooking*— que justifican la saturación y pérdida de calidad de las prestaciones, así como problemas medio ambientales, que tanto dañan la imagen de un destino, como se ha podido comprobar a través de la pérdida y escasa competitividad ante los mercados más sensibles a estos componentes.

Por otra parte, hay razones económicas que impulsan a evitar la concentración excesiva, ya que la escasa utilización de esas mismas infraestucturas el resto del año es causa de problemas de amortización del capital invertido en instalaciones y equipos, hechos que obligan al afianzamiento de un sector de actividad estable. Para ello se actúa en clientelas no estacionales —especialmente la tercera edad— un segmento de demanda consolidado y en auge, pero se requieren inversiones para arraigar tales mercados y cubrir los niveles de exigencia de tales clientelas. Mientras, otras medidas de más largo alcance se relacionan con el ciclo del período vacacional y la incentivación de turismos específicos, no estacionales, como el golf, el de congresos y convenciones, el deportivo o el cultural.

CUADRO 9.5. *Pernoctaciones y meses de afluencia del turismo extranjero y nacional, 1990*

Origen	Enero	Febrero	Marzo	Abril	Mayo	Junio	Julio	Agosto	Septbre.	Octubre	Novbre.	Dicbre.
Alicante												
Españoles	35,0	38,1	40,5	49,4	46,0	57,2	58,9	65,2	60,7	51,5	42,4	40,3
Extranjeros	64,9	61,8	59,4	37,3	53,9	42,7	40,9	34,7	39,2	48,6	57,5	59,4
Baleares												
Españoles	24,9	30,7	35,1	37,0	15,5	14,3	15,4	21,6	15,2	12,3	21,1	22,5
Extranjeros	74,9	69,2	64,8	62,9	84,4	85,6	34,8	78,3	84,7	87,6	78,7	77,4
Santa Cruz de Tenerife												
Españoles	17,5	12,1	13,9	23,7	18,0	23,0	26,3	32,3	26,7	25,7	17,8	18,2
Extranjeros	82,4	87,8	86,0	76,2	81,9	76,9	73,6	67,6	73,2	74,2	82,1	81,6
Madrid												
Españoles	65,5	68,3	66,9	64,9	61,3	62,6	58,8	55,8	60,4	61,7	68,6	69,1
Extranjeros	34,4	31,6	32,9	35,0	38,5	37,2	41,1	44,1	39,4	38,0	31,2	30,6

Fuente: *Anuario de Estadísticas de Turismo,* Turespaña. Elaboración propia.

c) LAS VACACIONES DE LOS ESPAÑOLES

Se ha señalado anteriormente el papel y los efectos compensadores de la clientela nacional en las áreas turísticas del litoral mediterráneo, hasta el punto de que centros como Benidorm han conseguido soportar, de este modo, la pérdida tan importante que se produce en el mercado británico, cuyos efectos habrían resultado devastadores para la industria hotelera. Es decir, que no caben dudas acerca del papel que tienen las propias regiones del Estado como emisoras de clientela hacia sus propias áreas turísticas o hacia otras comunidades. Pero la relación de esta demanda

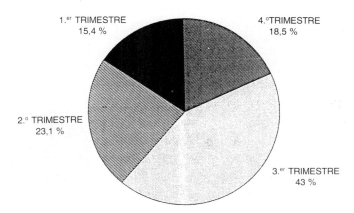

FIG. 9.11. *Distribución estacional del turismo.* Fuente: Secretaría General de Turismo. Elaboración propia.

con la actividad inmobiliaria, a través de la compra de alojamiento, dificulta el conocimiento sobre su alcance real.

Se han producido verdaderas especializaciones regionales, tanto en interior como en litoral, sobre la base de estas demandas urbanas, que alcanzan las mayores cotas de concentración en la Comunidad Valenciana, especialmente en el litoral suralicantino, aunque no son menos relevantes las aglomeraciones de este tipo de segunda residencia del litoral andaluz. La Secretaría General de Turismo llevó a cabo el estudio sobre «Las vacaciones de los españoles» (Delphi Consultores Inter., 1991), en el que aparecen datos relevantes sobre el comportamiento de esta importante y creciente clientela, que utiliza primordialmente el automóvil particular en sus desplazamientos (59,0 %) y se aloja en establecimientos hoteleros (29,8 %), casas de familiares o de amigos (26,6 %), chalé, apartamento o piso propio (18,2 %) o alquilado (11,5 %). Con relación al destino del viaje principal de vacaciones, España concentra el 81 % de las respuestas y, dentro de ella, el 61,2 % se desplazan al litoral, mientras que un 17,6 % lo hacen a pueblos o ciudades interiores y otro 16,1 % a zonas de montaña (fig. 9.12).

Pero probablemente lo más esperanzador para la industria turística española es el incremento notable que se advierte en los viajes secundarios de vacaciones —fin de semana, puentes—, hecho que pone de relieve la existencia de un importante mercado, insuficientemente segmentado, al que deberá prestarse cada vez más atención, sobre todo en relación con las nuevas motivaciones de la demanda: deportiva, cultural, congresos, entre otros.

d) Puntos fuertes y débiles de España en los mercados turísticos

Se definen los mercados como grupos o segmentos de demanda, con motivaciones y características específicas, cuyo conocimiento permite establecer actuaciones de futuro, sobre la base de productos. Ahora bien, desde una vertiente de análi-

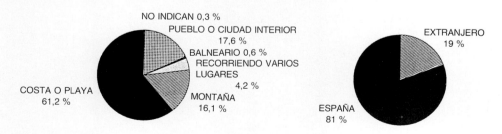

Fig. 9.12. *Las vacaciones de los españoles, 1990.* Fuente: Delphi Consult. Internacional (1990): *Las vacaciones de los españoles en 1990,* Secretaría General de Turismo Madrid. Elaboración propia.

sis espacial del turismo, debe reafirmarse que no basta con la recopilación de información sobre mercados y sus previsiones, ya que la posición de competitividad se afianza en el conocimiento de los puntos fuertes y débiles y, particularmente, de la estructura actual de la oferta, así como de los recursos que pueden convertirse en productos adecuados.

A partir de las motivaciones actuales de la demanda se pueden caracterizar mercados consolidados y en auge, emergentes, en expectativa a más largo plazo y, por último, mercados en situación de crisis o que precisan una reconversión. Y es precisamente el mercado *sol-playa masivo,* que dio a España su liderazgo, el que acusa las mayores dificultades estructurales (fig. 9.13). Hay razones suficientes para pensar que este mercado se trasladará a otros destinos; sin embargo, como aspecto positivo, es evidente que en la situación actual y futura es una modalidad turística que, de la forma en que se comercializa, no interesa a España. De manera que los puntos fuertes con que también se cuenta, como son la capacidad hotelera, las grandes *ociurbes* tipo Benidorm y la proximidad de aeropuertos internacionales, deben acomodarse a nuevos supuestos, bastante más cualificados.

Aparece así, como respuesta generalizada y acorde con las tendencias de la demanda, el llamado mercado *sol-playa individual,* que cuenta, como alicientes bási-

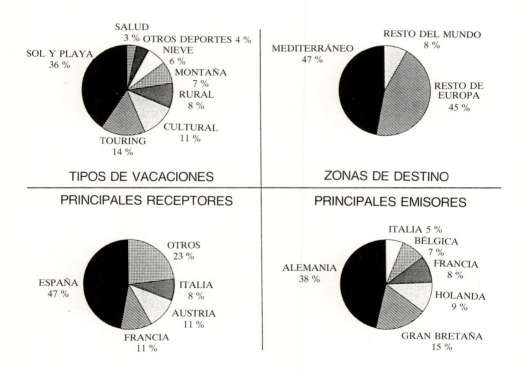

FIG. 9.13. *El mercado turístico europeo.* Nota: Se consideran los viajes de placer, con duración superior a cuatro noches; en total, 110 millones para 1990. Fuente: T. H. R. y otros (1991). Elaboración propia.

cos, con los recursos ambientales y la animación, pero con motivaciones adicionales, especialmente las que se relacionan con las prácticas deportivas y, en general, con la llamada oferta complementaria. Además de que este producto, bastante más personalizado, se comercializa a través de agencias, donde el cliente no compra *paquete,* integrado por viaje y alojamiento, sino que elige, casi «a la carta» el destino y componentes de sus vacaciones. Es la modalidad que va a permitir a los grandes destinos turísticos costeros (Calvià, Benidorm, Puerto de la Cruz, Torremolinos) su reconversión hacia la calidad, integrando fórmulas mixtas que diversifican el producto convencional. Para ello será necesario sanear el territorio del turismo, modernizar la industria hotelera, crear oferta complementaria, así como una mejora de los servicios e infraestucturas y la coordinación de esfuerzos entre administraciones y agentes actuantes.

Sobre la base de las excelentes condiciones climáticas del litoral mediterráneo español y como respuesta a un interesante fenómeno social se ha consolidado un mercado en pleno auge, como es el de la tercera edad, que está permitiendo paliar el problema de la estacionalidad en zonas como Benidorm. Es cierto que este mercado, muy relacionado con la idea del turismo social —a través del Instituto de Servicios Sociales— encuentra dificultades, ya que requiere unos servicios y oferta complementaria que los destinos turísticos no están aún en condiciones de ofrecer.

Entre los mercados emergentes y en proceso de consolidación, con excelentes expectativas, se encuentra el turismo deportivo, surgido como consecuencia de las nuevas motivaciones de la demanda y que permite cualificar y diversificar fórmulas tradicionales como el sol y la costa. Destacan así el turismo náutico y muy especialmente, el golf, que cuenta en el Mediterráneo y Canarias con indudables puntos fuertes y ventajas comparativas, como la de poder practicarse en invierno —de ahí su interés como desestacionalizador— y las excelentes comunicaciones con los países emisores. Como gran aliciente, estas fórmulas representan clientelas con un gasto medio elevado. Otra cuestión será la inserción de estas demandas en zonas que, en bastantes ocasiones, han perdido sus privilegios iniciales.

Más lento es el proceso de consolidación de mercados como el turismo rural y el ecoturismo, planteados desde dos vertientes en el nuevo escenario del turismo; pueden ser una fórmula complementaria o incluso mixta (turismo rural con acceso a playas) para regiones receptoras tradicionales —en la fase de diversificación y cualificación del producto— (Valencia, Baleares, Andalucía, Canarias, Cataluña). Pero en otras regiones constituyen una verdadera alternativa al turismo sol-playa, captando demandas no masivas y sobre la base de unos excelentes recursos culturales y ecológicos. Podría ser el caso de Asturias, Cantabria, Navarra, Extremadura, entre otras comunidades. El problema está en conseguir que los actuales recursos se transformen en productos, hecho que requiere verdaderas estrategias de planificación integral, a escala regional, ya que comportan objetivos empresariales, inversiones en infraestructuras, mejora y creación de servicios y equipamientos y, sobre todo, una estructura de comercialización que no dependa de agentes externos. De lo que no hay duda es que las experiencias actuales (Concejo de Taramundi, La Vera de Cáceres, Maestrazgo turolense, Sierra de Aracena) se irán incrementando, ya que la misma Comisión de las Comunidades Europeas emprendió, en 1990, un programa de actuaciones para promoción de las inversiones en turismo rural. Una línea en la que ya trabaja el FEDER, que destinó el 5 % de sus recursos, entre 1986 y

1988, a las inversiones en proyectos y programas de turismo rural (Gilbert, D., 1992).

En cuanto al *ecoturismo,* la doble acepción con que se puede interpretar el concepto (Vera, F., 1992), remite, de una parte, a una filosofía o conciencia ambiental en cualquier forma de consumo turístico, que supone la integración de la dimensión ecológica en los restantes mercados (turismo sostenible). Pero la acepción más común relaciona el ecoturismo con la utilización de los recursos naturales como producto, lo que significa que sólo puede funcionar con pequeñas cantidades de afluencia, sin acometer transformaciones del medio y con una infraestructura elemental. En España se vincula al aprovechamiento, con fines de ocio, de los parques y parajes naturales (Marchena, M., 1992), que constituye un mercado en auge, aunque con limitaciones de no poder competir, por lo general, a escala internacional, al menos como fórmula exclusiva, ya que la primacía corresponde a otros continentes.

Por último, una revisión de los principales mercados turísticos españoles no puede pasar por alto el turismo de congresos y convenciones, asimilado a turismo de ciudad, cuya demanda está en alza y puede contribuir a impulsar la terciarización de determinadas capitales donde convergen otros recursos, especialmente los de tipo cultural. Para ello se valora la imagen del destino, las instalaciones, el alojamiento, la inserción de las tecnologías de la información, así como la oferta complementaria (gastronómica, cultural, lúdica); aspectos que limitan las posibilidades a grandes centros urbanos que han apostado por ello —Madrid de forma muy especial— (Valenzuela, M., 1992), o que buscan una alternativa al declive de su tradicional función veraniega, como es el caso de San Sebastián, donde el Convention Bureau agrupa iniciativas públicas y privadas con esta finalidad.

5. La implantación del turismo en el territorio

El turismo surge de la existencia misma de recursos naturales y socioculturales y, en consecuencia, depende más de cualquier otra actividad de la calidad del medio ambiente —en su doble acepción físico-ecológica y social—. Pero prevalece una interpretación del territorio y de los recursos como un bien de consumo, actitud que contribuye al deterioro de los privilegios iniciales que fundamentaron las actuaciones. No ha habido estrategias globales de planificación turística y, en consecuencia, no se han planteado las repercusiones territoriales y medio ambientales que podían haber previsto el impacto futuro de la actividad y la armonización de intereses conflictivos.

Han debido aparecer signos de crisis, a la vez que se reafirma el auge de la conciencia ambiental, para que las administraciones y los agentes privados se mentalicen —todavía insuficientemente— de la importancia del tema. Incluso por evidentes razones económicas y de futuro del sector ya que, o se define una verdadera estrategia territorial para el turismo, o se corre el riesgo de perder definitivamente posiciones competitivas.

Es así como se plantea la conveniencia de establecer una planificación regional integrada que permita la optimización en el uso del suelo, la compatibilidad entre actividades, la preservación de áreas singulares, la definición de umbrales de actividad y de capacidad de acogida turística y la asignación de recursos básicos, con el objetivo de maximizar los efectos sociales del desarrollo regional, desde verdaderas estrategias ambientales que incluyen el control en la expansión del turismo.

Desde el punto de vista del análisis geográfico, se entiende el turismo como factor que da sentido y permite el entendimiento de la compleja organización del espacio en las áreas receptoras, valorándose para ello las distintas formas en que las actuaciones turísticas se implantan en el territorio. En consecuencia, son las áreas insulares y las costas mediterráneas las que presentan la mayor complejidad, derivada de la masividad con que se manifiesta, de forma desorganizada y casi espontánea, la ocupación turística. Aunque no por ello se olvida el interés del poblamiento turístico en zonas de montaña (Pirineos, cordillera Cantábrica, Cabeza de Manzaneda, Sierra Nevada, cordillera Central), así como en la configuración de nuevos modelos de organización espacial, estrechamente relacionados con la difusión de la segunda residencia, como el caso de la sierra de Madrid (Valenzuela, M., 1977) o, a menor escala, las especializaciones, como núcleos de veraneo, que alcanzan municipios interiores, ante la presión de una demanda urbana próxima.

La comprensión de las formas de organización espacial derivadas del turismo remite a la estructura preturística, como ya se indicó a la hora de justificar el desigual reparto de las áreas turísticas. Pero, en este caso, se debe valorar especialmente el papel de las preexistencias en la configuración de un nuevo modelo de organización territorial y urbana, marcado además por la rapidez con que se producen los cambios respecto al anterior esquema de ocupación del suelo y ante la ausencia de cualquier criterio o lógica de intervención territorial, por parte de la Administración, que no sea la del beneficio privado en la localización de las actuaciones. Es evidente que tanto en las costas mediterráneas como en las comunidades insulares, la implantación y consolidación de la oferta, con carácter masivo, ha estado guiada por los impulsos de la demanda y la lógica de los agentes sociales, especialmente de los promotores inmobiliarios —verdaderos agentes de los espacios turísticos españoles— ya que los empresarios del sector (hostelería, restauración) se concentran en núcleos muy concretos (Benidorm, Torremolinos, Sitges, etc.) donde despliegan su dinámica de comercialización del producto.

Pero escasean las intervenciones directas en planificación de áreas turísticas, al menos hasta los inicios del decenio actual. El papel del planeamiento urbanístico municipal, como instrumento de regulación del suelo, se ha limitado al de una normativa para la transformación inmobiliaria, dando cauce a las actuaciones, programadas o no, desde la autosuficiencia de cada municipio para ordenar su propio territorio. Pero resulta absolutamente cuestionable que los instrumentos de planeamiento urbanístico —cuya función es la regulación del régimen del suelo en ciudades convencionales— se apliquen sin ninguna matización a las áreas turísticas. Se ha puesto de manifiesto la singularidad del urbanismo turístico, en conceptos tales como la propia clasificación del suelo —particularmente la extensión del suelo urbano—, las exigencias de estándares de calidad en el planeamiento convencional que resultan insuficientes o inadecuados para la calidad de vida de las áreas turísticas, así como el diseño e integración de las edificaciones; incluso los mismos procedimientos de gestión que establece la legislación del suelo no resultan operativos para su aplicación a municipios turísticos. Pero la realidad del urbanismo turístico —salvo excepciones muy puntuales— ha sido un proceso continuado de configuración de áreas pseudourbanas que llevan a hablar de verdadera instrumentación del turismo por el sector inmobiliario.

a) TURISMO Y MEDIO AMBIENTE

Las repercusiones económicas han centrado las preocupaciones sobre el turismo, pero los efectos negativos de la incidencia medio ambiental no se han hecho esperar tras la fase expansiva, a lo que se añade el auge del paradigma ambiental entre los ciudadanos de las áreas emisoras. Cristaliza de este modo una conciencia ambiental, tanto en la administración como entre el empresariado —al menos en determinados grupos—, que considera que las estrategias basadas en el crecimiento continuado de la oferta de alojamiento y la destrucción y despilfarro de los recursos tienen hoy menos posibilidades de competir en el escenario internacional del turismo, puesto que el medio ambiente se reconoce como el elemento central de la planificación turística, hasta el extremo de que la competitividad de las áreas turísticas se basará en la calidad ambiental que éstas sean capaces de ofrecer (Montanari, A., 1992).

Se ha llegado a hablar del turismo como actividad autodestructora; sin embargo, el turismo no es más dañino en sus efectos ambientales que otros usos y actividades; el problema está en la falta de planificación y de previsión de sus impactos, a lo que no son ajenos la permisividad de la Administración —en atención a su idea de captación de ingresos—, la obsolescencia de la anterior legislación y el papel de los agentes económicos que pretenden rentabilizar a corto plazo sus inversiones.

Entre las actividades turísticas y el medio ambiente existe una relación bidireccional que introduce un enfoque peculiar respecto a los impactos que generan otras actividades económicas. El hecho es que el desarrollo de las implantaciones turísticas sin planificación suele generar una degradación del entorno que trae como resultado la pérdida de beneficios para el sector. Pero, a la vez, las mejoras o inversiones que se realizan en materia ambiental constituyen un aliciente básico para la potenciación y captación de demandas de calidad, por lo que contribuyen a afianzar ventajas competitivas. Así se manifiesta en la situación actual de las regiones mediterráneas, ya que son los tramos menos congestionados, y con mayor integración paisajística de las actuaciones, los que presentan verdaderos puntos fuertes para el horizonte futuro del turismo (Vera, F., 1992*b*). No es preciso insistir en el argumento de que el turismo atribuye razones económicas que permiten la conservación y gestión de áreas y patrimonios naturales y culturales (Spivack, S. E., 1990).

Ante la idea clara de que el turismo seguirá creciendo y de que merece la pena apostar por su futuro, como actividad cualificadora, será necesario establecer verdaderos filtros racionales, a través de mecanismos correctores y preventivos, que permitan evitar los problemas y consecuencias negativas de desarrollos incontrolados. Entre las medidas que componen una estrategia ambiental para el desarrollo turístico se integran las siguientes actuaciones:

— Elaboración de directrices territoriales, con criterios de asignación de uso al suelo, densidad, índices de ocupación y límites de capacidad de acogida del territorio.

— Valoración de impacto ambiental, mediante técnica de Evaluación de Impacto Ambiental, considerando los efectos antes de la ejecución del proyecto.

— Integración del análisis coste-beneficio en los proyectos, mediante la adecuación a objetivos de desarrollo en términos sociales y económicos.

— Preservación de identidades territoriales, paisajísticas y culturales de las áreas afectadas y adecuada gestión de los espacios frágiles.

— Integración del turismo con otras actividades productivas, estableciendo compatibilidades y complementariedades, incluida la asignación de recursos básicos (agua, suelo).

— Mejora de la escena urbana, equipamientos y espacios libres en áreas congestionadas.

— Solución adecuada a los problemas de dinámica del litoral, mediante prohibición de transformaciones que alteren el perfil costero y las comunidades litorales.

— Puesta en marcha de medidas correctoras para sanear espacios deteriorados: infraestucturas, regeneración paisajística, recuperación de fachadas marítimas, control de vertidos.

La nueva cultura para el consumo turístico es una exigencia surgida de las mismas encuestas sobre satisfación de la demanda, ya que la difusión de la conciencia ambiental afecta plenamente a las decisiones sobre la elección de los destinos de vacaciones. El incremento de las motivaciones relacionadas con la naturaleza, sobre todo en los segmentos de demanda de más calidad, obligan a tomar posiciones que permitan definir un marco ambiental óptimo para las implantaciones turísticas. Estos supuestos constituyen los principios del desarrollo sostenible —*sustainable tourism*— que supone la definición de criterios y principios para un turismo respetuoso con el medio ambiente, como fundamento de su propio futuro (Pedreño, A., y Vera, F., 1992).

b) Repercusiones sociodemográficas del crecimiento del turismo

Los estudios realizados sobre regiones y áreas turísticas muestran la incidencia, más o menos directa, del desarrollo del turismo, como conjunto de actividades económicas, en el crecimiento de la población (entre otros, Marchena, M., 1987; López, D., 1990; Ponce, G. J., 1990).

La misma caracterización de las áreas costeras mediterráneas, a partir de los saldos migratorios, permite distinguir municipios que han experimentado una vigorosa atracción de inmigrantes —índices por encima del 31 %— debido principalmente al crecimiento de dicha actividad, desde los años sesenta. Se incluyen casos paradigmáticos como Benidorm y Marbella, donde el incremento poblacional se asocia a un fenómeno de expansión urbana, que ha significado, en el primer caso, la consideración como ciudad nueva de ocio.

Pero los efectos sociodemográficos alcanzan otros aspectos, además del crecimiento intercensal de los municipios afectados que, por lo demás, no siempre se produce de idéntica forma, puesto que el mismo origen de la población inmigrada justifica situaciones muy dispares. En consecuencia, la caracterización demográfica de áreas turísticas deberá prestar atención a las tasas de crecimiento de la población, pero también a los saldos migratorios, origen de la población censada, estructura por edades y composición socioprofesional de la población activa.

Se ha utilizado el ejemplo de la Costa Blanca —litoral de la provincia de Alicante—, espacio consolidado por el turismo, que integra diferentes modelos de desarrollo, desde el citado Benidorm, hasta núcleos convertidos en residencia de la tercera edad europea. Aunque en este segmento litoral también se incluye la capital provincial, cuyo crecimiento urbano y demográfico responde a distintos factores (centro administrativo y de servicios, industria), la razón básica del incremento de la población ha sido la irrupción del turismo. De tal modo que en 1960 esta franja del litoral concentraba el 47,8 % de la población absoluta de la provincia, mientras que en 1986 los mismos municipios alcanzaron el 60 % del total de la población. Tan significativo aumento responde a la ruptura del modelo económico tradicional, en el que se combina el decaimiento de la actividad marítima y pesquera, con la ausencia de una agricultura rentable y modernizada, junto a la escasa capacidad de absorción de mano de obra en las antiguas explotaciones salineras. Una situación que impelía a los efectivos humanos a la emigración, dirigida hacia zonas industriales de Europa, o a las propias ciudades alicantinas en pleno auge fabril (Elche, Elda, Alcoy).

El despegue poblacional de los diferentes municipios turísticos litorales no se produce en el mismo momento, ya que Benidorm se adelanta al resto de su propia comarca —La Marina—, beneficiado por la atracción de la mano de obra que generaba la construcción y los servicios turísticos, mientras que el tramo sur de la franja costera inicia su auge en el decenio de los años sesenta, reafirmándose en los ochenta. Pero lo verdaderamente importante es que el éxodo incesante de emigrantes que marcó la etapa anterior, se transforma, con el turismo y el auge de los servicios, en una tendencia continuada de aporte de inmigrantes. El turismo ponía fin así a la tradicional sangría humana e invertía el proceso, de manera que el aflujo de inmigrados y el propio crecimiento vegetativo disparan las tasas de crecimiento de la población, que llegan a situarse por encima de las que generaba la industria en otras ciudades provinciales (Ponce, G. J., 1990, pp. 221 y ss.).

Los movimientos migratorios son la clave del proceso de transformación de la estructura sociodemográfica, pudiéndose distinguir municipios con índice de atracción muy altos (superiores al 31 %), moderados (16-30 %) y débiles (inferiores al 16 %). Pero, sobre todo, desde la perspectiva de la incidencia demográfica del turismo, interesa resaltar la existencia de dos corrientes inmigratorias paralelas, dos flujos con evidentes y distintas repercusiones socioeconómicas, que engrosan en unos casos los grupos de adultos jóvenes —por lo que contribuyen a rejuvenecer la pirámide de edad— y, en otros casos, flujos de inmigrados que incrementan las cohortes de adultos viejos y mayores de 65 años.

En el primer caso, se trata de la atracción de población por motivos laborales, hecho que justifica su origen geográfico, centrado en regiones más atrasadas, y aporta datos sobre su comportamiento demográfico (mantenimiento de las tasas elevadas de natalidad y fecundidad). Ésta es la mano de obra del turismo, que mantiene en la actividad los servicios turísticos y la construcción.

Pero existe otra corriente de foráneos que se establecen permanentemente en el litoral, atraídos por motivos de ocio, terapéuticos e incluso empresariales. Proceden de las zonas más desarrolladas de España y, especialmente, del extranjero, a la vez que constituyen una población adulta o envejecida, con un comportamiento demográfico que resulta diferente al que caracteriza los municipios con inmigrados laborales. Es particularmente notable el volumen de inmigrados extranjeros, colectivo en constante aumento, atraídos por factores ambientales o por el mismo negocio turístico (fig. 9.14).

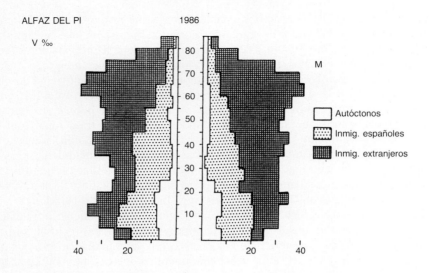

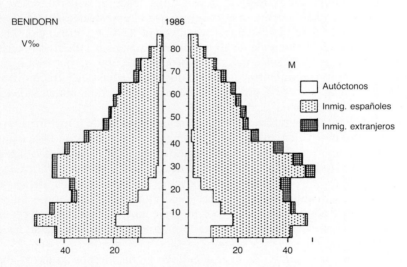

FIG. 9.14. *Estructura por edad, sexo y origen de la población de Benidorm y Alfaz del Pi, en 1986, paradigmas de evoluciones demográficas contrastadas.* Fuente: Ponce Herrero, G. J. (1990), «La estructura sociodemográfica», *Libro Blanco del Turismo en la Costa Blanca* (Pedreño, A. y Vera, J. F., dir.), Cámara Oficial de Comercio, Alicante, vol. 2, pp. 203-207.

Por último, dentro de las repercusiones sociodemográficas del turismo, es muy significativa su incidencia en la composición socioprofesional de la población activa, ya que más de la mitad de la fuerza laboral está integrada por inmigrados. En su distribución sectorial, la mayor parte de los municipios costeros presenta porcentajes de ocupación en los servicios por encima de la media provincial (43,2 % en 1981), al igual que ocurre con el subsector de la construcción (media provincial del

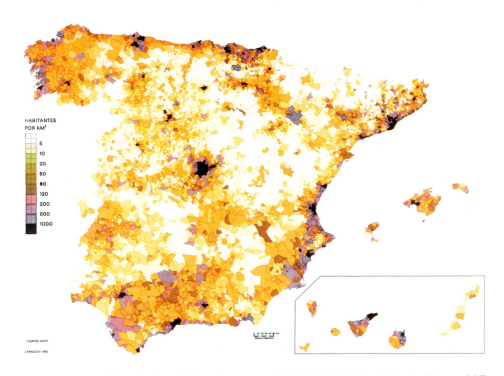

LÁMINA 8. *Mapa de densidades poblacionales por municipio (1991). (de J.L. Calvo, A. Pueyo y M.P. Alonso. Departamento de Geografía y Ordenación del Territorio. Universidad de Zaragoza).*

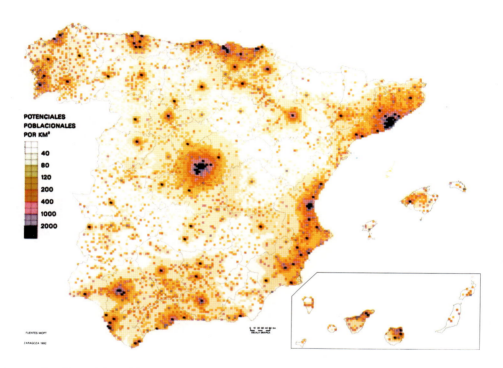

LÁMINA 9. *Potenciales poblacionales de España (1991). (de J.L. Calvo, A. Pueyo, J.M. Jover y M.P. Alonso. Departamento de Geografía y Ordenación del Territorio. Centro de Cálculo. Universidad de Zaragoza).*

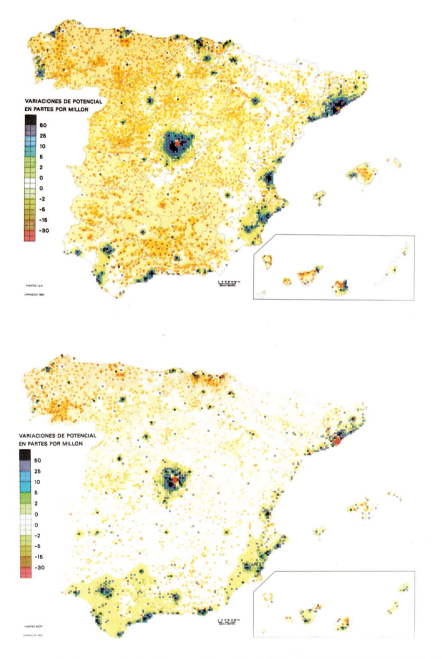

LÁMINA 10. *Variaciones ponderadas de potenciales poblacionales, a) 1970-1981, b) 1981-1991. (de J.L. Calvo, A. Pueyo y M.P. Alonso. Departamento de Geografía y Ordenación del Territorio. Universidad de Zaragoza).*

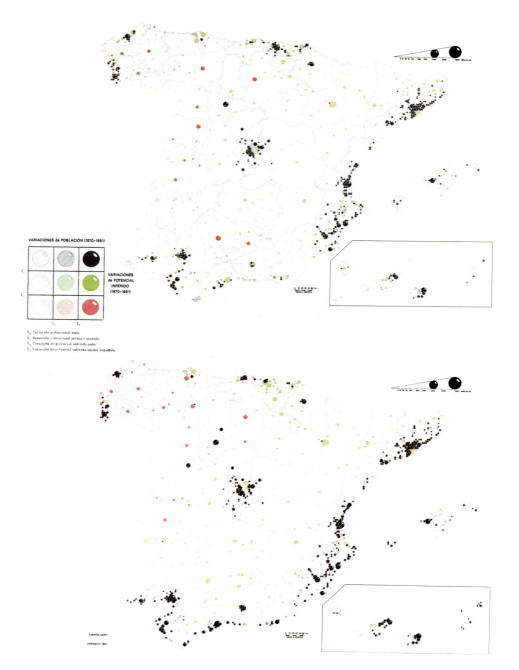

LÁMINA 13. *Dinámica demográfica de los municipios de más de 5.000 habitantes a) 1970-1981, b) 1981-1991. (de J.L. Calvo, A. Pueyo y M.P. Alonso. Departamento de Geografía y Ordenación del Territorio. Universidad de Zaragoza).*

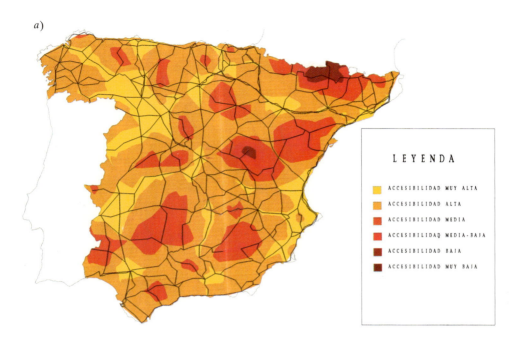

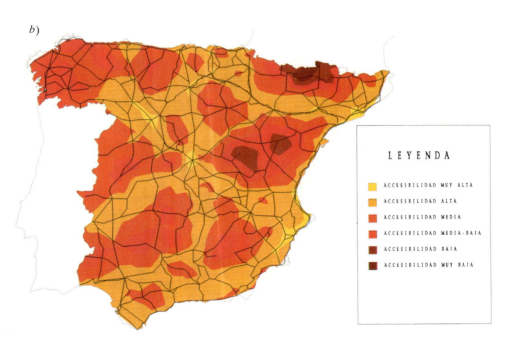

Lámina 14. *Accesibilidad por carretera a los centros de actividad económica, a) 2007, b) 1992.*

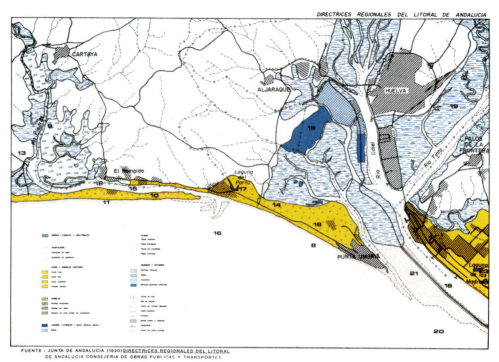

LÁMINA 15. *Directrices regionales del Litoral de Andalucía. Consejería de Obras Públicas y Transportes (1990).*

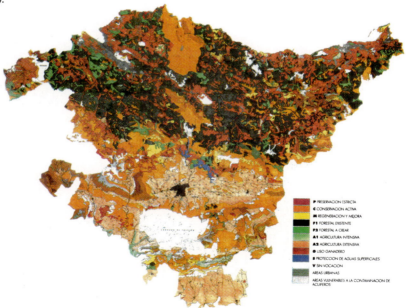

LÁMINA 16. *Directrices de la Ordenación Territorial de la Comunidad Autónoma del País Vasco. Departamento de Urbanismo y Vivienda (1992).*

10,8 %), si bien los efectos del mercado de trabajo del turismo se difunden cada vez más hacia la zona interior de la provincia, articulando un sistema de espacios complementarios respecto al litoral, donde se refuerzan las especializaciones funcionales, de tal modo que la mano de obra de la construcción suele concentrarse actualmente en los municipios situados en el interior («segunda línea»), espacio de reserva de fuerza laboral, mientras la terciarización es la nota dominante en la costa. Estos efectos de articulación de territorio regional, a partir del desarrollo del turismo —como conjunto de actividades— son perceptibles incluso entre espacios comarcales de una misma región o entre regiones vecinas, al tiempo que se advierten notables efectos socioeconómicos sobre la base de las relaciones que establece el mercado de trabajo en el territorio (Vera, F., 1990).

6. Realidad y perspectivas para el turismo español. Las políticas de intervención turística

Las políticas de intervención deben partir de un criterio global y multidimensional del turismo. De ello derivan dos hechos esenciales. En primer lugar, un enfoque del turismo limitado a la hostelería no da idea de la importancia real del tema. En segundo lugar, la cuestión esencial es que las variables de análisis del turismo son diversas y requieren un enfoque integrado de la planificación del turismo (Acerenza, M. A., 1991; OMT y MAB, 1983); de tal manera que una estrategia global pretende captar las implicaciones económicas, ambientales, sociales y culturales que esta actividad tiene o puede tener sobre las sociedades interesadas en su desarrollo.

En consecuencia, la política turística, en su función de ordenar la oferta para adaptarla a las expectativas que se presentan y aumentar la cuota de mercado de nuestros productos turísticos, no sólo se puede hacer desde dentro del sector. Es evidente que las actuaciones en materia medio ambiental, accesibilidad, infraestucturas urbanas, equipamientos sanitarios, deportivos y culturales, servicios, así como la promoción y comunicación de una imagen turística afectan e implican a distintas administraciones y agentes, públicos y privados.

Cualquier estrategia activa en estos componentes del producto turístico permite mejorar una oferta y hacerla más competitiva, pero nada de esto es viable sin que exista coordinación entre las distintas administraciones públicas, así como un compromiso entre agentes a la hora de acometer actuaciones y definir objetivos.

De un modo general, los objetivos prioritarios en materia de desarrollo turístico se pueden concretar en los siguientes:

— Distribución de los beneficios entre la población autóctona, impidiendo, como ha ocurrido, que las ganancias escapen al lugar donde se generan, o que se impongan mecanismos de producción del espacio de ocio donde las poblaciones receptoras no tienen capacidad de decidir sobre su propio futuro. Este argumento, además de su mensaje global, es particularmente válido para aquellas regiones españolas que aún no han entrado de lleno en el desarrollo turístico y que lo consideran como una alternativa cualificada de desarrollo económico.

— Una estrategia de desarrollo turístico debe tender a maximizar los efectos sociales; no se trata de desmantelar actividades tradicionales en aras de una nueva idea de progreso que supone convertir un territorio en área de especulación inmobiliaria. Se debe perseguir un desarrollo turístico que beneficie a la población y no exclusivamente a los grupos inversores. Para ello existe un nivel de planificación, a escala autonómica, donde se deben fijar los objetivos y poner a disposición los medios e instrumentos.

— No es difícil prever que la competitividad de las áreas turísticas para el futuro se basará en la calidad ambiental (Montanari, A., 1992), hasta el extremo de que el medio ambiente será el foco central de la planificación del turismo (Spivack, E. S., 1990). Las nuevas pautas del consumo turístico supondrán la utilización de conceptos como el de capacidad de acogida del territorio, el impacto de las actuaciones, las soluciones restrictivas y de control, la ecointegración de los nuevos desarrollos, la recuperación paisajística y ambiental y, sobre todo, la necesidad de compatibilizar recursos medio ambientales y desarrollo del turismo, mediante sinergia entre ambos, porque también es cierto que el turismo puede aportar fundamentos económicos que garanticen la conservación de áreas de gran valor ambiental.

— En relación muy directa con el objetivo anterior, se apunta la necesidad de controlar la expansión de las áreas turísticas, mediante el establecimiento de medidas que regulen la optimización del uso del suelo, su ordenación y la adecuación de los modelos de implantación territorial turística para cada zona. Con esta finalidad, se pueden instrumentar directrices de ordenación territorial que contemplen la asignación de recursos básicos (agua esencialmente) y la compatibilidad con otras actividades (sobre todo la agricultura).

La consecución de estos objetivos y su coordinación se enmarca en una planificación a escala regional, que se presenta como el marco territorial y social óptimo para el despliegue de las intervenciones. Hay razones que así lo sustentan: criterios físico-ecológicos, administrativos, asociación espacial de recursos, conjunción de intereses públicos y privados. Posteriormente existe un nivel de decisión local, donde se pormenorizan soluciones de modelos de oferta, diseño de actuaciones, imagen a comunicar.

Es evidente, pues, que la regulación de los temas pendientes exige intervenciones en organización del territorio, medio ambiente, enseñanzas, transporte, y que de ello derivan situaciones conflictivas de competencia entre organismos de una misma administración y, a la vez, entre distintas administraciones. Aparecen unas líneas de trabajo que corresponden por entero a los contenidos de una política turística integrada y coordinada, dos grandes frentes de actuación, como son la promoción y el producto (Aguiló, E., 1992); bien entendido que, al contrario de lo que suele hacerse, antes que el marketing está la calidad del producto (Pedreño, A., y Vera, F., 1990).

Pero no deben pasar desapercibidos dos aspectos que repercuten de manera decisiva en la calidad de los servicios turísticos y que fundamentan dos apartados específicos, al margen de la oferta y la demanda. El primero es la formación de los recursos humanos, tema clave si se apuesta por el turismo como actividad de futuro y que exige una preocupación por las enseñanzas turísticas, básicas y superiores. El segundo aspecto, pero no con menos repercusiones, son las nuevas tecnologías (Granados, V., 1991), con especial acento en el fomento de programas de modernización, en colaboración con centros de investigación, así como al reciclaje tecnológico, como una de las claves de la modernización y renovación de la industria turística española.

En conclusión, el modelo de crecimiento de la demanda, desde los años sesenta, constituye una de las claves del desarrollo económico español y de la transformación de la estructura social. Pero en la política turística han prevalecido los objetivos económicos, en ausencia de criterios de planificación integral de una actividad que, de acuerdo con todos los indicadores, seguirá creciendo en el futuro, aunque de forma cualitativamente distinta.

El nuevo escenario internacional del turismo condiciona la pérdida de ventajas comparativas para España, ya que además de no poder competir sobre la base de unos precios bajos, las motivaciones de la demanda exigen algo más que sol y playa. Todo ello sin olvidar los problemas de las áreas receptoras, acumulados a lo largo de 30 años de crecimientos improvisados, en respuesta a las tendencias de la demanda.

La política turística, desde una dimensión integral, tiene el reto de articular las actuaciones, que pasan necesariamente por la evaluación de recursos y la identificación de oportunidades desde el ámbito regional. El reconocimiento de los puntos fuertes y débiles de estructura productiva permite definir un modelo turístico alcanzable, a partir de los segmentos de demanda potencialmente captables y de unas ventajas comparativas que también son innegables: liderazgo actual, potencia instalada, compromiso de los agentes sociales implicados, renta de situación. Sin duda, en el momento actual se encuentra la oportunidad de que el turismo adquiera el peso que le corresponde, más aún cuando la CE ha empezado a preocuparse seriamente por el tema, al considerar el turismo como uno de los factores de integración económica y cultural de Europa, con especial interés para el desarrollo de regiones deprimidas.

Como colofón, una reflexión geográfica del tema muestra los efectos de una actividad en la organización del espacio, así como los problemas derivados precisamente de la ausencia de una lógica territorial en su desarrollo, cuando está cada vez más claro que el medio ambiente será el elemento nuclear de la planificación turística. Se impone una nueva cultura del consumo turístico, sobre la base del desarrollo sostenible de la actividad, cuyas premisas son la integración territorial y la evaluación de la capacidad de recepción turística, aspectos que entran de lleno en el quehacer del geógrafo.

Bibliografía básica

Acerenza, M. A. (1990): *Promoción turística. Un enfoque metodológico,* Editorial Trillas, México, 176 pp.
Aguiló, E. (1990*a*): «Crisis turística. ¿Hacia un nuevo modelo de crecimiento?», *Cuadernos de información económica*, Papeles de Economía Española, n.º 40/41 (julio/agosto).
— (1990*b*): «La política turística en Baleares», *Economistas*, n.º 45/46.
Alvarez, R., y Bote, V. (1985-1986): «Turismo rural en Andalucía: importancia actual y recomendaciones para el diseño de una política integral sobre turismo en espacio rural», *Revista de Estudios Regionales*, vol. VI (extraordinario), pp. 209-238.

Cals, J. (1987): «Turismo y política turística en España», en Velarde, J.; García Delgado, J. L., y Pedreño, A. (comp.): *El sector terciario de la economía española,* Economistas Libros, Madrid, pp. 205-219.
Delphi Consultores Intern. (1990): *Las vacaciones de los españoles en 1990,* Dirección General de Política Turística, Secretaría General de Turismo, Madrid, 26 pp.
Elliot-Spivack, S. M. (1990): «Turismo y medio ambiente: dos realidades sinérgicas», *Papers de Turisme,* n.º 3, Institut Turístic Valencià, Valencia, pp. 26-43.
Esteve Secall, R. (1983): *Turismo ¿Democratización o Imperialismo?,* Servicio de Publicaciones de la Universidad de Málaga, Málaga, 383 pp.
Gilbert, D. C. (1992): «Perspectivas de desarrollo del turismo rural», *Revista Valenciana d'Estudis Autonòmics,* n.º 13, Generalitat Valenciana, Valencia, pp. 167-194.
Gutiérrez Ronco, S. (1984): *La función hotelera en Madrid,* Madrid, CSIC, 322 pp.
Hawkins, D., y Brent Ritchie, J. R. (1991) (Ed.): *World Travel and Tourism Review. Indicators, trends and forecasts,* vol. 1, CAB Internacional, Oxford, 243 pp.
Jurdao Arrones, F. (1979): *España en venta: compra de suelos por extranjeros y colonización de campesinos en la Costa de Sol,* Ed. Ayuso, Madrid, 313 pp.
López Palomeque F. (1988): «Geografía del Turismo en España: una aproximación a la distribución espacial de la demanda turística y de la oferta de alojamiento», *Documents d'Anàlisi Geogràfica,* Univ. Aut. Barcelona, n.º 13, pp. 35-64.
Marchena Gómez, M. (1987): *Territorio y turismo en Andalucía. Análisis a diferentes escalas espaciales,* Junta de Andalucía, Dirección General de Turismo. Sevilla, 305 pp.
— (1988): «La estrategia territorial de la nueva política turística en Andalucía», *Urbanismo,* n.º 4, COAM, Madrid, pp. 55-65.
— (coord.) (1992): *Ocio y turismo en los Parques Naturales Andaluces,* Junta de Andalucía, Dirección General de Turismo, Sevilla, 216 pp.
Montanari, A. (1992) (edit.): *Il turismo nelle regioni rurali della CEE: la tutela del patrimonio naturale e culturale,* Edizioni Scientifiche Italiane, Nápoles, 144 pp.
OMT (1988): *Estudio económico del turismo mundial: el turismo en la crisis económica y el predominio de la economía de los servicios,* Organización Mundial del Turismo, Madrid, 110 pp.
— (1989): *Informe sobre el desarrollo del turismo: Políticas y tendencias,* Organización Mundial del Turismo, Madrid, 495 pp.
— (1992): *Compendio de estadísticas del turismo, 1986-1990,* Organización Mundial del Turismo, Madrid, 197 pp.
Pearce, D. (1989): *Tourist development,* Longman, Nueva York, 341 pp.
Pedreño Muñoz, A., y Vera Rebollo, J. F. (dir.) (1990): *Libro Blanco del Turismo en la Costa Blanca,* Cámara de Comercio de Alicante, Alicante, 2 vols., 187 + 375 pp.
T.H.R., y otros (1991*b*): *Libro Blanco del Turismo Español,* Secretaría General de Turismo. Madrid.
Torres Bernier, E. (1982): «Turismo», *Decadencia y Crisis en Andalucía,* I. D. R., Sevilla, pp. 803-826.
— (1985): «La construcción de una política turística para Andalucía», en ICE, n.º 619, pp. 109-117.
Valenzuela Rubio, M. (1977): *Urbanización y crisis rural en la Sierra de Madrid.* IEAL, Madrid, 534 pp.
— (1985): «La consommation d'espace par le tourisme sur le litoral andalou: les centres d'intérêt touristique national», *Revue Géographique des Pyrenées et du Sud-Ouest,* t. 56, fasc. 2, Toulouse, pp. 290-311.
— (1992): «Turismo y gran ciudad. Una opción de futuro para las metrópolis postindustriales», *Revista Valenciana d'Estudis Autonòmics,* n.º 13, Generalitat Valenciana, Valencia, pp. 103-138.

Vera Rebollo, J. F. (1987): *Turismo y urbanización en el litoral alicantino,* Instituto J. Gil-Albert, Alicante, 441 pp.
— (1990): «Turismo y territorio en el litoral mediterráneo español», *Estudios territoriales,* n.º 32, MOPU, Madrid, pp. 81-110.
— (1992): «Turismo y crisis agraria en el litoral alicantino», en Jurdao Arrones, F. (comp.): *Los mitos del turismo,* ENDYMION, Turismo y Sociedad, Madrid, pp. 241-300.
— (1992*a*): «Desarrollo turístico y planificación territorial», en Berenguer, J., y otros (coord.): *Análisis socioeconómico de la comarca de La Marina,* Universidad de Alicante, Alicante, pp. 135-147.
— (1992*b*): «El turismo», en Reig, E., y otros (dir.): *Estructura económica de la Comunidad Valenciana,* Espasa Calpe (serie manuales), Biblioteca de Economía, Madrid.

Capítulo 10

LA POBLACIÓN ESPAÑOLA

1. La evolución cuantitativa y cualitativa de la población española

A comienzos del siglo XX, la población de hecho española la constituían 18,6 millones de habitantes. Respecto a la población mundial de aquellas fechas (1.630 millones de habitantes), significaba en torno al 1,14 %, que pasaba a ser del 3,32 % si se referenciaba exclusivamente con lo que se consideraba el mundo desarrollado.

Ochenta y cinco años más tarde la población mundial se había multiplicado por tres (4.837 millones) y la española apenas se había poco más que duplicado (38,4 millones en el censo de 1991) por lo que su participación en el total mundial había quedado reducida al 0,8 %.

Sin embargo, en la medida que España mantenía una proporción muy similar (3,26 %) respecto de lo que el Departamento de Asuntos Económicos y Sociales de las Naciones Unidas denomina mundo desarrollado, esto significaba la adscripción de nuestras pautas demográficas con las del mundo occidental, aunque no necesariamente se hayan llevado caminos paralelos, puesto que las cifras finales son resultado conjunto de saldos migratorios y dinámica demográfica natural y, tanto aquéllos como ésta, han registrado variaciones sustanciales a lo largo del siglo, como puede traslucirse en el estudio de las diferentes estructuras poblacionales reflejadas en las pirámides de edades a las que más tarde se hace referencia.

Por otra parte, la transición demográfica española se ha producido con un cierto retraso respecto del denominado mundo desarrollado y con unas características peculiares en las que en buena parte residen las causas y efectos del diferente ritmo de nuestros procesos de industrialización y urbanización.

En principio llama la atención el desigual ritmo de crecimiento que la población española ha tenido a lo largo de los últimos ciento cincuenta años, como puede desprenderse del análisis de las tasas anuales de crecimiento para cada uno de los períodos intercensales que se recogen en el cuadro 10.1.

Como puede apreciarse, el crecimiento de la población española no ha seguido una trayectoria lineal. Hasta los albores del siglo XX la tasa anual de incremento estaba en valores comprendidos entre el 0,3 y el 0,5 % anual, lo que era consecuencia de unas tasas elevadas tanto en natalidad como en mortalidad que en conjunto daban lugar a un crecimiento vegetativo muy constreñido. Las migraciones exteriores,

CUADRO 10.1. *Crecimiento de la población española entre 1857-1991 y tasas de crecimiento anual (r)*

año censal	población	% anual intercensal
1857	15.464.340	
1860	15.658.586	0,41
1877	16.634.345	0,35
1887	17.560.352	0,54
1897	18.121.472	0,31
1900	18.594.405	0,86
1910	19.927.150	0,69
1920	21.303.162	0,66
1930	23.563.867	1,01
1940	25.877.971	0,94
1950	27.976.755	0,78
1960	30.430.698	0,84
1970	34.041.531	1,12
1981	37.682.355	1,02
1991	38.425.679	0,19

$$r = \sqrt[n]{\frac{P_1}{P_0}} - 1$$

principalmente a América del Sur, aunque restaban efectivos demográficos, tenían una valoración más cualitativa que cuantitativa, por la juventud de sus componentes, y en realidad significaban el ajuste a los recursos de un medio mayoritariamente rural y agrario que seguía anclado en las tecnologías y modos de vida tradicionales y tenía necesidad de expulsar sus excedentes como forma de autorregulación del sistema productivo.

En las dos primeras décadas del siglo XX, tras el fuerte crecimiento subsiguiente a la pérdida de las colonias, el ritmo de crecimiento sube hasta el 6 o 7 ‰, con valores siempre superiores a los del período anterior, como consecuencia de la disminución de la mortalidad estructural por las mejoras higiénicas introducidas llegándose a tasas siempre inferiores al 30 ‰ desde los inicios del siglo XX, pese a los picos catastróficos ligados, entre otras cosas, a las epidemias de gripe de las que la más relevante fue la de 1918 cuando se vuelve a alcanzar el 33 ‰, y descendiéndose del 20 ‰ a comienzos de los años veinte para no volver a superar el 10 ‰ desde los años cincuenta.

En el período de la dictadura de Primo de Rivera, el índice anual de crecimiento ascendió hasta cifras por encima del 1 % anual acumulativo para caer más tarde, en la década de los treinta, al 9 ‰, por la repercusión negativa de la guerra civil. Todavía se ahonda más esta caída del índice de crecimiento en los años de la posguerra, cuando se van solapando la corrección de los errores del Censo de 1940 —se habían engrosado artificialmente las cifras de población para tener derecho a cartillas de racionamiento— con la reducción de las tasas de natalidad, probablemente por lo que Marañón llamaba «la falta de seguridad en el futuro» a lo que debía añadirse la minoración de población joven reproductora por las secuelas de la guerra («generaciones huecas») y por el subsiguiente desequilibrio entre las ramas masculina y femenina de la pirámide, para comenzar su ascenso en la década de los años cincuenta y alcanzar su cenit en los sesenta.

Estos años de posguerra fueron no sólo de escasa movilidad geográfica, sino de bajo crecimiento poblacional en relación con los índices del período anterior pese a las mejoras sanitarias introducidas por la creación del Instituto Nacional de Previsión, que hicieron disminuir sensiblemente la mortalidad infantil propiciando a partir de entonces un incremento notable de la esperanza de vida media de los españoles al nacimiento. Habrá que esperar a las décadas de los sesenta (índice medio de crecimiento anual en la década del 1,12 %) y parcialmente los setenta (índice medio del 1,02 %) para que se produzca la explosión del *baby boom* español, con las consecuencias derivadas para la creación de empleo cuando estas generaciones han accedido a la edad laboral.

Los años sesenta y setenta registran los mayores incrementos como consecuencia de la coincidencia en el tiempo de las reducciones de las tasas de mortalidad y de la pervivencia de valores de natalidad cercanos al 20 ‰, lo que dio como resultado unos excedentes demográficos de los que la Europa desarrollada carecía, pero sin que ello significase diferencias sustanciales en el ritmo de crecimiento poblacional total puesto que ellos, aún con menor natalidad, contaban con los saldos migratorios positivos de los emigrantes italianos, turcos, griegos, españoles y norteafricanos.

Sin embargo, esta trayectoria quiebra también en España a fines de los años setenta cuando la crisis económica mundial empezó a denotar sus efectos y las tasas españolas de nupcialidad, natalidad y fecundidad decayeron, contrayéndose la dinámica natural, por lo que el crecimiento real se ralentizó, aunque los retornos de antiguos emigrantes españoles y las inmigraciones más o menos ilegales de norteafricanos y suramericanos vinieran a paliar unas cifras absolutas que, de otra manera, hubieran marcado todavía más las diferencias negativas respecto de las décadas anteriores. Con todo, durante los años ochenta, el crecimiento anual intercensal medio de la población española se situó en las cifras más bajas de todo el siglo, con un 0,19 %, y presentándose ya muchas provincias no sólo con disminuciones poblacionales como consecuencia de la emigración, sino incluso con saldos de dinámica natural negativos.

Naturalmente, estas variaciones poblacionales en cifras absolutas no se produjeron y distribuyeron de modo homogéneo. La sociedad de 1991 no tiene demasiados puntos en común con la de inicios de siglo, cuando cerca de un 70 % de los españoles residía en municipios de menos de 10.000 habitantes y dos de cada tres activos obtenían del sector primario sus recursos. Por ello, aunque las cifras globales no carezcan de significado, tampoco son la referencia más importante para el estudio de España, por cuanto los hechos relevantes guardan más correlación con la estructura demográfica y distribución de estas poblaciones en el conjunto nacional y en los subconjuntos regionales.

Pero las cifras totales de población también tienen su lectura geográfica. En primer lugar es una población productora y consumidora, lo que tenía mayor importancia en espacios geográficos con fronteras no permeables, pero además, las mayores densidades significan también oportunidades diferenciadas para la ordenación del territorio y el que de los 37 hab./km^2 de comienzos de siglo se haya pasado a los casi 80 hab./km^2 de 1991, ofrece en principio unas posibilidades teóricas de establecimiento de equipamientos y servicios en umbrales de rentabilidad por cuanto ésta es una densidad muy conveniente para la ordenación territorial en el supuesto de que se diera una cierta uniformidad en su distribución.

Y, sin embargo, de esta mera comparación no pueden sacarse conclusiones. Si en 1900 la densidad era de 37 hab./km^2, éstos se repartían de una forma mucho más homogénea por el territorio nacional y había una presencia mucho más real del hombre en el territorio. En 1991, por el contrario, se dan concentraciones urbanas que a todas luces pueden considerarse excesivas, junto a un vaciado rural muy superior al de comienzos de siglo, que plantea problemas para una efectiva incorporación del mismo a los flujos económicos nacionales sin que, al menos por ahora, la contraurbanización de la Europa occidental, haya surtido efectos en los municipios rurales españoles alejados de los grandes núcleos urbanos.

La misma reflexión acerca de la validez de las cifras globales podría hacerse cuando se considera que España nunca ha tenido un colectivo femenino en edad de reproducirse tan importante como el que presentan las estructuras poblacionales de 1986, cuando un 21,34 % del total de la población española lo constituían mujeres de edades comprendidas entre 15 y 45 años, y sin embargo, el número total de nacimientos ha ido siguiendo una tendencia justamente contraria, hacia la disminución, pero de ahí tampoco puede deducirse la irrelevancia de las cifras globales porque son parámetro de obligada referencia para entender mejor las diferencias territoriales, puesto que los procesos generales de industrialización y urbanización han dado lugar a una gran disparidad en la distribución de la población española con una estructuración demográfica que es consecuencia, y a veces también inmanente, del propio desarrollo del territorio.

2. La estructura demográfica de la población española

La evolución de los índices de crecimiento anual de la población española se traduce en su pirámide de edades con bastante fidelidad. Todo el proceso de la transición demográfica española, con disminución de la mortalidad a fines del siglo pasado, de la mortalidad catastrófica un poco más tarde y con la aproximación a los parámetros europeos en mortalidad infantil tras la posguerra española, unidas a las variaciones señaladas en las pautas de natalidad, han configurado una situación de finales de siglo XX en la que la mortalidad española, que en algunos años ha sido incluso inferior a la media de la Europa desarrollada, empieza a incrementar sus valores como consecuencia del envejecimiento del colectivo poblacional, mientras que la natalidad desciende por debajo de las medias del mundo desarrollado.

Si a comienzos del siglo XX la tasa de natalidad estaba en valores del orden del 35 ‰, y se desciende por debajo del 30 ‰ en la época de la primera guerra mundial, no se alcanzan valores inferiores al 25 ‰ hasta la guerra española, pero pasada ésta, se mantienen valores del orden del 20 ‰ o superiores hasta la finalización de la década se los años sesenta, cayendo desde entonces hasta valores del orden del 12 ‰ que significan la tercera parte de los existentes a comienzos del siglo.

Los datos del Padrón de 1986 que se reproducen en el cuadro 10.2 y su pirámide de población están reflejando en su composición algunas de las características de la evolución demográfica española. Entre ellas destacan el mayor peso global de la rama femenina, el pronunciado y progresivo descenso de peso en los estratos inferiores de la pirámide paralelo al engrosamiento de los estratos superiores y la gran importancia cuantitativa de las generaciones nacidas entre los años 1950 y 1975 que contrasta con la parquedad de los renuevos generacionales en la base de la pirámide, que todavía parece será más exigua en el censo de 1991.

CUADRO 10.2. *Estructura por sexos y edades de la población española*
(miles de habitantes) (1986)

Grupos de edad	Ambos sexos	Varones	Mujeres
De 0 a 4 años	2.293	1.179	1114
De 5 a 9	3.061	1.573	1.487
De 10 a 14	3.289	1.687	1.602
De 15 a 19	3.279	1.674	1.604
De 20 a 24	3.205	1.631	1.573
De 25 a 29	2.920	1.473	1.446
De 30 a 34	2.544	1.278	1.265
De 35 a 39	2.444	1.223	1.221
De 40 a 44	2.243	1.121	1.122
De 45 a 49	2.018	995	1.023
De 50 a 54	2.319	1.139	1.180
De 55 a 59	2.205	1.067	1.137
De 60 a 64	1.958	930	1.027
De 65 a 69	1.501	662	839
De 70 a 74	1.276	532	743
De 75 a 79	981	388	593
De 80 a 84	592	213	378
De 85 y más años	337	103	233
Total	38.473	18.878	19.595

Fuente: INE, Padrón de Habitantes 1986.

Como detalle menor se reconocen en los estratos de varones de 45-49 años, las huellas dejadas por la guerra (generación hueca de los no nacidos) y llama poderosamente la atención la diferencia de las generaciones de 10-14, 15-19 o 20-24 que cada quinquenio van contrayéndose mostrando la rápida variación de las pautas de natalidad (cuadro 10.2).

a) LA MAYOR PRESENCIA FEMENINA EN LA ESTRUCTURA DEMOGRÁFICA ESPAÑOLA

El predominio de la mujer en las estructuras demográficas es característica bastante común a la generalidad de la pirámides poblacionales. El Padrón español de 1986 arroja unas cifras de 19.595 miles de mujeres frente a 18.878 miles de varones (49,07 % del total) con una relación que no parece muy desproporcionada habida cuenta de la mayor esperanza de vida de la mujer. Pero esta relación intersexos presenta cifras muy diferenciadas tanto cuando se considera por tramos de edad como cuando se hace por tamaño de los municipios, ya que la tasa general de masculinidad, pasa a adquirir valores muy inferiores a la mitad de la población cuando se consideran las tasas específicas de masculinidad para los estratos más envejecidos de la pirámide, como puede verse en el cuadro 10.3 y en la figura 10.1.

En ellos se observa que en el grupo de 0-4 años hay 21 niños por cada 20 niñas, aun cuando en el censo no vienen referenciados los datos correspondientes a la mortinatalidad que siempre se ceba más en la rama masculina de la pirámide, lo que todavía aumentaría las diferencias. Este predominio masculino va igualándose en peso con la rama femenina en los estratos jóvenes y adultos-jóvenes, con la sub-

SOCIEDAD, ECONOMÍA Y ESTRUCTURAS TERRITORIALES

CUADRO 10.3. *Población de España por grupos de edad, sexos y tasa de masculinidad, Padrón 1986*

Grupos de edad	% varones	% mujeres	Tasa de masculinidad
De 0 a 4 años	3,06	2,90	105,52
De 5 a 9	4,09	3,87	105,68
De 10 a 14	4,38	4,16	105,29
De 15 a 19	4,35	4,17	104,32
De 20 a 24	4,24	4,09	103,67
De 25 a 29	3,83	3,76	101,86
De 30 a 34	3,32	3,29	100,91
De 35 a 39	3,18	3,17	100,32
De 40 a 44	2,91	2,92	99,66
De 45 a 49	2,59	2,66	97,37
De 50 a 54	2,96	3,07	96,42
De 55 a 59	2,77	2,96	93,58
De 60 a 64	2,42	2,67	90,64
De 65 a 69	1,72	2,18	78,90
De 70 a 74	1,38	1,93	71,50
De 75 a 79	1,01	1,54	65,58
De 80 a 84	0,55	0,98	56,12
De 85 y más años	0,27	0,61	44,26
Total	49,07	50,93	96,35

Fuente: INE, Padrón de Habitantes, 1986.

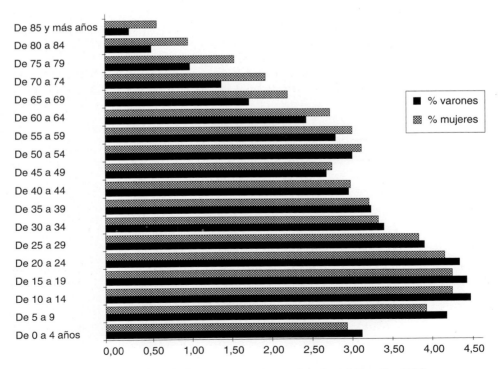

FIG. 10.1. *Porcentaje de varones y mujeres sobre el total (España, 1986).*

siguiente dificultad de las mujeres para encontrar pareja, hasta que, a partir de los 40 años, las mujeres pasan a tener ya un peso superior al de sus coetáneos varones en todos los grupos de edad adulta y anciana.

Así, a partir del grupo 40-44 años, la tasa correspondiente a los varones pasa a adquirir ya permanentemente valores inferiores al 100 % lo que significa predominio femenino en los correspondientes tramos de edad, y al llegar al colectivo de población de más de 60 años, las mujeres dan una tasa de femineidad del 57,45 % que incluso pasa a tener un peso superior en los grupos más ancianos (63,15 % de la población de 75 y más años son mujeres) hasta llegar a los estratos de 80 y más años en los que hay más de dos mujeres por cada varón. Se cumple la greguería de Ramón Gómez de la Serna en la que humorísticamente comentaba ya en los años sesenta que «cada español pasea siempre con su viuda».

Este predominio femenino tiene también desigual repercusión según el tamaño de los municipios, pues dada la mayor tendencia migratoria de las mujeres solteras a la ciudad —los varones han permanecido tradicionalmente más vinculados a la tierra— aquélla es claramente dominante en espacios urbanos, pero apenas está representada en los pequeños municipios rurales, donde el problema es la falta de población femenina (incluso en los niveles más envejecidos) y especialmente del grupo de mujeres en edad de procrear (cuadro 10.4).

En el cuadro se aprecia que hasta el nivel que estadísticamente se considera semiurbano (municipios de 3.000 a 5.000 hab.) la tasa de masculinidad es siempre inferior en las ciudades, invirtiéndose el sentido de la curva al llegar a los núcleos rurales o cabeceras comarcales de escasa vitalidad, pero en cualquier caso, la población residente en ellos es tan sólo una mínima parte de la española total, puesto que en este tipo de municipios de menos de 3.000 habitantes tan sólo residen 4,52 millones de habitantes (11,74 % de la población española de 1986).

Ligados los dos párrafos precedentes, parece que debería concluirse el mayor envejecimiento de la población urbana respecto de la rural por cuanto el predomi-

CUADRO 10.4. *Tasa de masculinidad según tamaño de los municipios*

Tamaño municipios	% hombres	% mujeres	Tasa de masculinidad
Más 1 millón habitantes	5,84	6,53	89,38
De 500.001 a 1 millón	3,14	3,40	92,35
De 100.001 a 500.000	11,22	11,83	94,84
De 50.001 a 100.000	4,58	4,75	96,44
De 30.001 a 50.000	2,31	2,37	97,69
De 20.001 a 30.000	3,54	3,60	98,27
De 10.001 a 20.000	5,31	5,41	98,13
De 5.001 a 10.000	4,66	4,71	98,90
De 3.001 a 5.000	2,51	2,51	100,00
De 2.001 a 3.000	1,76	1,76	100,44
De 1.001 a 2.000	1,92	1,89	101,79
De 501 a 1.000	1,18	1,14	103,41
De 201 a 500	0,80	0,76	105,48
De 101 a 200	0,21	0,20	107,89
Menores de 101	0,05	0,05	110,53
Total España	49,07	50,93	96,34

Fuente: INE, Padrón de Habitantes, 1986.

nio de la mujer en la ciudad, dada su mayor longevidad, invita a pensar en la asociación mayor número de mujeres/mayor grado de envejecimiento y, sin embargo, como demuestra el cuadro 10.5, no es así, lo que pone de relieve tanto el elevadísimo grado de envejecimiento de los núcleos rurales españoles como la desproporción de sus ramas masculina y femenina en los estratos jóvenes susceptibles de renovar la pirámide por la base.

Prueba de ello es que el grupo de jóvenes de edades entre 16 y 24 años da, con la excepción de los municipios de tamaño mínimo, proporciones mucho más elevadas de jóvenes varones que de mujeres, y plantea el problema de la mayor dificultad que aquéllos tendrán para encontrar pareja, sin contar con el hecho cierto, pero imposible de cuantificar, de que hasta el matrimonio muchos jóvenes, hombres y mujeres, aparecen censados en el núcleo familiar aunque de hecho ya están viviendo fuera del municipio de sus padres, y que esta situación afecta en mayor proporción a las mujeres (cuadro 10.5).

Por su parte, en el cuadro de población de 0-14 años (cuadro 10.6) se observa perfectamente que en cualquier intervalo de tamaño de municipios que se elija, siempre hay, en edades hasta 14 años, una menor proporción de niñas que de niños, lo que constituye una constante a nivel mundial. En este estrato la componente no hay que buscarla en las diferencias intersexos en relación con fenómenos de tipo geográfico, puesto que se trata de poblaciones dependientes que siguen los movimientos paternos, y en los últimos años los desplazamientos de matrimonios con hijos jóvenes se han ralentizado, por lo que las diferencias respecto al total solamente explicarían el diferente comportamiento natalista de núcleos rurales o urbanos, que, por otra parte, tienden a aproximarse.

En los grupos de edad más avanzada, tanto en el medio rural como en el urbano, sigue siendo igualmente una constante el neto predominio de la mujer sobre el varón por su mayor esperanza de vida, pero la tasa específica de femineidad es tanto mayor cuanto mayor es el tamaño del municipio de residencia, poniendo de ma-

CUADRO 10.5. *Población según el sexo y la edad por ámbitos territoriales (miles)*

Tamaño municipios	Hombres 16-24	Mujeres 16-24	Tasa masculinidad 16-24
Más 1 millón habitantes	373	362	103,04
De 500.001 a 1 millón	197	192	102,60
De 100.001 a 500.000	682	667	102,25
De 50.001 a 100.000	273	267	102,25
De 30.001 a 50.000	142	139	102,16
De 20.001 a 30.000	215	209	102,87
De 10.001 a 20.000	318	306	103,92
De 5.001 a 10.000	278	263	105,70
De 3.001 a 5.000	147	138	106,52
De 2.001 a 3.000	104	97	107,22
De 1.001 a 2.000	112	103	108,74
De 501 a 1.000	67	59	113,56
De 201 a 500	45	40	112,50
De 101 a 200	11	10	110,00
Menores de 101	2	2	100,00
Total España	2.973	2.861	103,91

Fuente: INE.

CUADRO 10.8. *Índice de envejecimiento*

Tamaño municipios	Índice de envejecimiento
Más 1 millón habitantes	0,82
De 500.001 a 1 millón	0,53
De 100.001 a 500.000	0,44
De 50.001 a 100.000	0,40
De 30.001 a 50.000	0,41
De 20.001 a 30.000	0,44
De 10.001 a 20.000	0,52
De 5.001 a 10.000	0,64
De 3.001 a 5.000	0,77
De 2.001 a 3.000	0,90
De 1.001 a 2.000	1,00
De 501 a 1.000	1,36
De 201 a 500	1,85
De 101 a 200	2,60
Menores de 101	5,50
Total España	0,59

Fuente: INE.

me peso de la población anciana como a la carencia de niños, se da en los municipios más pequeños del conjunto nacional. Los municipios menores de 2.000 habitantes presentan en todos los intervalos valores superiores a la unidad, lo que significa que hay más de un anciano por cada niño menor de 14 años, y esto es casi el doble de la relación que se establece a nivel nacional.

Sin embargo, en municipios mayores de un millón de habitantes, el índice de envejecimiento también arroja unos valores preocupantes (0,82), que están indicando el envejecimiento producido en ellos debido no tanto a la menor fecundidad urbana respecto a la rural que caracterizó las estructuras demográficas del pasado, cuanto a la permanencia en sus hogares del centro de la ciudad de la población más envejecida, mientras que, por la falta de espacio residencial, las jóvenes generaciones de adultos han tenido que ir desplazándose hacia los municipios de las periferias sucesivas que es donde se encuentran las jóvenes parejas con niños, problema que no se plantea con tanta intensidad en municipios medianos, pero que sí se deja sentir también en los municipios grandes, aunque no millonarios, con índices del orden del 0,53 en el intervalo de 500.000 a 1.000.000 de habitantes, que incluso han perdido población al final de la década de los setenta y en los años ochenta (fig. 10.2).

Algunas componentes de la anterior reflexión vuelven a aparecer cuando se considera la relación existente entre los denominados adultos jóvenes (25-44 años) y los adultos viejos (45-64 años). Lo normal es que las generaciones de adultos jóvenes sean más potentes que las de los adultos viejos, tanto para compensar las pérdidas inevitables por mortalidad como para garantizar el mantenimiento de unos puestos de trabajo, suponiendo una posición estable tanto en pirámide de edades como en estructura laboral. Para medir esta relación se utiliza el índice de reposición (25-44 años/45-64 años) en el que un valor superior a la unidad indica las posibilidades de mantenimiento de la situación, mientras que valores inferiores hablan de lo contrario (cuadro 10.9 y fig. 10.3).

nio de la mujer en la ciudad, dada su mayor longevidad, invita a pensar en la asociación mayor número de mujeres/mayor grado de envejecimiento y, sin embargo, como demuestra el cuadro 10.5, no es así, lo que pone de relieve tanto el elevadísimo grado de envejecimiento de los núcleos rurales españoles como la desproporción de sus ramas masculina y femenina en los estratos jóvenes susceptibles de renovar la pirámide por la base.

Prueba de ello es que el grupo de jóvenes de edades entre 16 y 24 años da, con la excepción de los municipios de tamaño mínimo, proporciones mucho más elevadas de jóvenes varones que de mujeres, y plantea el problema de la mayor dificultad que aquéllos tendrán para encontrar pareja, sin contar con el hecho cierto, pero imposible de cuantificar, de que hasta el matrimonio muchos jóvenes, hombres y mujeres, aparecen censados en el núcleo familiar aunque de hecho ya están viviendo fuera del municipio de sus padres, y que esta situación afecta en mayor proporción a las mujeres (cuadro 10.5).

Por su parte, en el cuadro de población de 0-14 años (cuadro 10.6) se observa perfectamente que en cualquier intervalo de tamaño de municipios que se elija, siempre hay, en edades hasta 14 años, una menor proporción de niñas que de niños, lo que constituye una constante a nivel mundial. En este estrato la componente no hay que buscarla en las diferencias intersexos en relación con fenómenos de tipo geográfico, puesto que se trata de poblaciones dependientes que siguen los movimientos paternos, y en los últimos años los desplazamientos de matrimonios con hijos jóvenes se han ralentizado, por lo que las diferencias respecto al total solamente explicarían el diferente comportamiento natalista de núcleos rurales o urbanos, que, por otra parte, tienden a aproximarse.

En los grupos de edad más avanzada, tanto en el medio rural como en el urbano, sigue siendo igualmente una constante el neto predominio de la mujer sobre el varón por su mayor esperanza de vida, pero la tasa específica de femineidad es tanto mayor cuanto mayor es el tamaño del municipio de residencia, poniendo de ma-

CUADRO 10.5. *Población según el sexo y la edad por ámbitos territoriales (miles)*

Tamaño municipios	Hombres 16-24	Mujeres 16-24	Tasa masculinidad 16-24
Más 1 millón habitantes	373	362	103,04
De 500.001 a 1 millón	197	192	102,60
De 100.001 a 500.000	682	667	102,25
De 50.001 a 100.000	273	267	102,25
De 30.001 a 50.000	142	139	102,16
De 20.001 a 30.000	215	209	102,87
De 10.001 a 20.000	318	306	103,92
De 5.001 a 10.000	278	263	105,70
De 3.001 a 5.000	147	138	106,52
De 2.001 a 3.000	104	97	107,22
De 1.001 a 2.000	112	103	108,74
De 501 a 1.000	67	59	113,56
De 201 a 500	45	40	112,50
De 101 a 200	11	10	110,00
Menores de 101	2	2	100,00
Total España	2.973	2.861	103,91

Fuente: INE.

CUADRO 10.6. *Población de 0-14 años por tamaño de los municipios*

Tamaño municipios	Varones 0-14	Mujeres 0-14	Tasa masculinidad
Más 1 millón habitantes	408	385	105,97
De 500.001 a 1 millón	273	257	106,23
De 100.001 a 500.000	1.028	972	105,76
De 50.001 a 100.000	434	413	105,08
De 30.001 a 50.000	216	205	105,37
De 20.001 a 30.000	329	312	105,45
De 10.001 a 20.000	469	447	104,92
De 5.001 a 10.000	383	361	106,09
De 3.001 a 5.000	191	181	105,52
De 2.001 a 3.000	125	118	105,93
De 1.001 a 2.000	128	122	104,92
De 501 a 1.000	67	64	104,69
De 201 a 500	38	35	108,57
De 101 a 200	8	7	114,29
Menores de 101	1	1	100,00
Total España	4.105	3.886	105,64

Fuente: INE.

nifiesto no tanto las diferencias específicas de longevidad femenina en el medio rural o urbano, cuanto la traslación en el tiempo de las migraciones campo-ciudad de mano de obra femenina efectuadas en los años cincuenta (fueron las pioneras) a las que siguieron las de los años sesenta y setenta aunque, en este caso, ya con una mayor componente familiar y sin producir un desequilibrio intersexos que sigue teniendo su constatación en medios rurales cuando se analizan los grupos de edad comprendidos entre 25 y 44 años o entre 45-64 (cuadro 10.7).

Como puede comprobarse en los grupos de edad en los que se engloba la ma-

CUADRO 10.7. *Grupos de edades de 25-44 años y 45-64 por sexos y tamaño de los municipios, 1986*

Tamaño municipios	Hombres 25-44	Mujeres 25-44	Miles de habitantes Hombres 45-64	Mujeres 45-64
Más 1 millón habitantes	589	637	553	643
De 500.001 a 1 millón	328	349	255	290
De 100.001 a 500.000	1.226	1.278	873	943
De 50.001 a 100.000	503	512	347	367
De 30.001 a 50.000	248	247	178	184
De 20.001 a 30.000	374	367	276	283
De 10.001 a 20.000	553	532	433	443
De 5.001 a 10.000	473	441	398	408
De 3.001 a 5.000	248	225	224	227
De 2.001 a 3.000	168	149	166	165
De 1.001 a 2.000	181	156	186	182
De 501 a 1.000	107	87	121	117
De 201 a 500	70	53	86	81
De 101 a 200	18	12	24	22
Menores de 101	4	2	6	5
Total España	5.097	5.055	4.133	4.368

Fuente: INE.

yor parte de la población en las edades en las que normalmente se tienen los hijos, hay una disimetría todavía mayor entre las ramas masculina y femenina cuanto menor es el tamaño de los municipios, llegándose a tasas de masculinidad tanto más elevadas cuanto menor es aquél.

b)   UNA POBLACIÓN CON CLAROS SÍNTOMAS DE ENVEJECIMIENTO

La mejora de las tasas de mortalidad infantil operada a partir de los años de la posguerra española significó un aumento sustancial de la esperanza de vida de la población y la renovación por la base de acuerdo con unas pautas reales de natalidad. Ésta, a su vez, fue incrementándose en los años cincuenta, sesenta y parte de los setenta, en la medida que la prosperidad económica general alimentó las esperanzas de futuro y perpetuación. Sin embargo, la crisis económica de los setenta fue introduciendo dificultades para encontrar empleo, con el subsiguiente retraso y disminución de los matrimonios y del número de hijos por pareja, pasándose de unas generaciones quinquenales que estaban cercanas a los cuatro millones y medio de niños, con nacimientos cercanos al millón anual, a otras que apenas alcanzaban los tres (véase cuadro 10.2). Se había producido, por tanto, una disminución sensible de la base de la pirámide.

La disminución de la mortalidad como consecuencia de las mejoras sanitarias, de la alimentación, etc., así como la generalización de los subsidios de vejez, contribuyeron por su parte para prolongar los estratos superiores de la pirámide, tan sólo debilitados en las correspondientes a las promociones que «hicieron la guerra», hasta alcanzar un peso inimaginable en las composiciones demográficas de la primera mitad de siglo.

El resultado final es una pirámide de edades que, manteniendo una composición relativamente normal en los grupos adultos, presenta un fuerte ensanchamiento en las generaciones que en la última década del siglo se están acercando a solicitar su primer empleo, pero con un fuerte debilitamiento en la base que tiene un dimensionamiento tan similar como absolutamente ilógico, con los grupos quinquenales de 50-54 años, que dibujan a modo de un techo de negras perspectivas para el futuro por el incremento previsible de la población dependiente no productiva.

También aquí, como anteriormente se hacía notar para las disimetrías entre las ramas masculina y femenina de la pirámide, cabe hacer mención de las diferencias de envejecimiento y posibilidades de renovación en el empleo laboral ligadas al tamaño de los municipios, y para ello, en principio se van a establecer unos índices generales de España tanto de envejecimiento como de reemplazamiento, y posteriormente se llevará la reflexión por ámbitos territoriales diferenciados por tamaños, antes de desagregar por Comunidades Autónomas.

Relacionando la población española de 65 años y más con el grupo de niños de menos de 14 años, en el conjunto nacional aparece un valor de 0,59 que evidencia el enorme peso que los ancianos representan respecto a los niños, pero los valores difieren muchísimo de este valor medio cuando se desagrega por ámbitos territoriales, como puede verse en el cuadro 10.8.

De él se deduce que el envejecimiento más pronunciado, debido tanto al enor-

CUADRO 10.8. *Índice de envejecimiento*

Tamaño municipios	Índice de envejecimiento
Más 1 millón habitantes	0,82
De 500.001 a 1 millón	0,53
De 100.001 a 500.000	0,44
De 50.001 a 100.000	0,40
De 30.001 a 50.000	0,41
De 20.001 a 30.000	0,44
De 10.001 a 20.000	0,52
De 5.001 a 10.000	0,64
De 3.001 a 5.000	0,77
De 2.001 a 3.000	0,90
De 1.001 a 2.000	1,00
De 501 a 1.000	1,36
De 201 a 500	1,85
De 101 a 200	2,60
Menores de 101	5,50
Total España	0,59

Fuente: INE.

me peso de la población anciana como a la carencia de niños, se da en los municipios más pequeños del conjunto nacional. Los municipios menores de 2.000 habitantes presentan en todos los intervalos valores superiores a la unidad, lo que significa que hay más de un anciano por cada niño menor de 14 años, y esto es casi el doble de la relación que se establece a nivel nacional.

Sin embargo, en municipios mayores de un millón de habitantes, el índice de envejecimiento también arroja unos valores preocupantes (0,82), que están indicando el envejecimiento producido en ellos debido no tanto a la menor fecundidad urbana respecto a la rural que caracterizó las estructuras demográficas del pasado, cuanto a la permanencia en sus hogares del centro de la ciudad de la población más envejecida, mientras que, por la falta de espacio residencial, las jóvenes generaciones de adultos han tenido que ir desplazándose hacia los municipios de las periferias sucesivas que es donde se encuentran las jóvenes parejas con niños, problema que no se plantea con tanta intensidad en municipios medianos, pero que sí se deja sentir también en los municipios grandes, aunque no millonarios, con índices del orden del 0,53 en el intervalo de 500.000 a 1.000.000 de habitantes, que incluso han perdido población al final de la década de los setenta y en los años ochenta (fig. 10.2).

Algunas componentes de la anterior reflexión vuelven a aparecer cuando se considera la relación existente entre los denominados adultos jóvenes (25-44 años) y los adultos viejos (45-64 años). Lo normal es que las generaciones de adultos jóvenes sean más potentes que las de los adultos viejos, tanto para compensar las pérdidas inevitables por mortalidad como para garantizar el mantenimiento de unos puestos de trabajo, suponiendo una posición estable tanto en pirámide de edades como en estructura laboral. Para medir esta relación se utiliza el índice de reposición (25-44 años/45-64 años) en el que un valor superior a la unidad indica las posibilidades de mantenimiento de la situación, mientras que valores inferiores hablan de lo contrario (cuadro 10.9 y fig. 10.3).

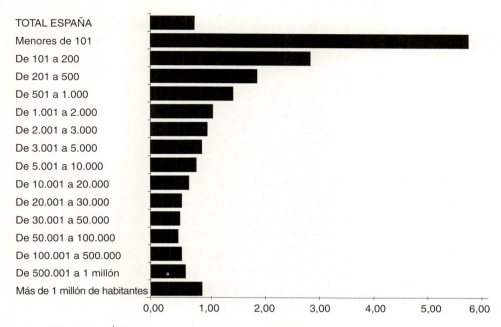

FIG. 10.2. *Índice de envejecimiento por tamaño de los municipios (España, 1986).*

En el conjunto español el índice de reposición, como se observa en el cuadro 10.9, da un valor de 1,19 que en sí mismo no es muy elevado, pero puede considerarse normal. Las diferencias aparecen cuando se consideran los ámbitos territoriales correspondientes a los intervalos de tamaño de los municipios, y entonces

CUADRO 10.9. *Índice de reposición, según tamaño municipal*

Tamaño municipios	Índice de reposición
Más 1 millón habitantes	1,03
De 500.001 a 1 millón	1,24
De 100.001 a 500.000	1,38
De 50.001 a 100.000	1,42
De 30.001 a 50.000	1,37
De 20.001 a 30.000	1,33
De 10.001 a 20.000	1,24
De 5.001 a 10.000	1,13
De 3.001 a 5.000	1,05
De 2.001 a 3.000	0,96
De 1.001 a 2.000	0,92
De 501 a 1.000	0,82
De 201 a 500	0,74
De 101 a 200	0,65
Menores de 101	0,55
Total España	1,19

Fuente: INE.

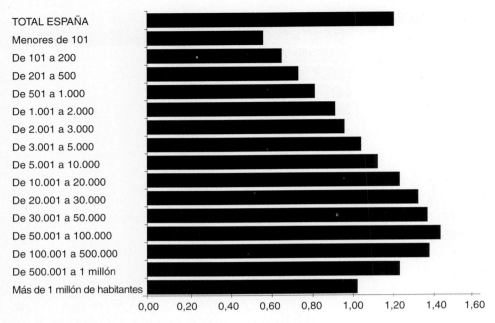

Fig. 10.3. *Índice de reposición por tamaño de los municipios españoles (1986).*

se reflejan intervalos con valores inferiores a la unidad, especialmente en los municipios que podemos denominar rurales, donde rebrotan no sólo el envejecimiento propiciado por la falta de jóvenes y la abundancia de jubilados, sino la dificultad que el campo español tendría para reponer sus puestos de trabajo en el supuesto de que no se hubiera iniciado una reducción drástica de la demanda laboral para la mayor parte de los productos del sector agropecuario que incluso ha sido incentivada desde la Comunidad Europea con primas a la reducción de tierras y jubilaciones anticipadas asociadas. Hay toda una generación de adultos viejos próximos a la jubilación, mucho más potente que la de adultos jóvenes, y no hay otra de relevo para ellos en los propios municipios.

Otra situación bien diferente es la de las ciudades medias o grandes, con excepción de las millonarias, por la salida de la ciudad central de los matrimonios jóvenes que se ha venido produciendo desde hace décadas ante la falta de espacio residencial. Así, mientras Madrid y Barcelona tienen un índice muy próximo a la unidad, que es una muestra más de su envejecimiento, el resto de las grandes ciudades, y especialmente las comprendidas entre 30.000 y 500.000 habitantes presentan valores claramente superiores a la media española, lo que invita a pensar que, al tratarse de población en edad de reproducción, va a ser en este tipo de ciudades donde se van a concentrar las mayores disponibilidades de población infantil en los próximos años.

Pero, tanto cuando se habla de las dificultades de renovación en el medio rural como en el medio urbano y se trata de obtener conclusiones generales de los índices, se está considerando solamente una parte de la realidad, puesto que la sociedad es un organismo vivo y como tal demuestra una gran movilidad para adaptarse a las disponibilidades. Prueba de ello es el proceso general de urbanización de la Europa occidental que ha llevado buena parte de los efectivos demográficos urbanos de las grandes ciudades hacia los espacios rurales (contraurbanización). Con ello, los pueblos han incrementado sus cifras poblacionales aunque las composiciones hayan perdido su condición de mano de obra agrícola, como ha sucedido con la suburbanización o la descentralización, a las que se hace referencia posteriormente aplicadas al caso español. En definitiva, los trasvases campo-ciudad han tenido notorio protagonismo en la configuración de la actual distribución de los efectivos demográficos y la modificación de las estructuras poblacionales, y prueba de ello es el diferente grado de población joven, adulta o vieja que presentan las diferentes Comunidades Autónomas españolas en el Padrón de 1986 (cuadro 10.10 y fig. 10.4).

Como puede comprobarse, si en el conjunto español la población de 65 y más años representa algo más del 12 % del total, hay varias Comunidades Autónomas, entre las que se destacan Aragón y Castilla-León, que sobrepasan ampliamente el 15 %, mientras que en el otro extremo, el País Vasco, Madrid, Murcia y Andalucía no llegan al 11 % y Canarias ni siquiera alcanza el 10 %.

Las dos primeras tienen una escasa proporción de ancianos por haber sido durante décadas receptoras de población joven, pero se nota la diferencia en la etapa de esta recepción pues mientras que Madrid figura también entre las Comunidades con mayor proporción de menores de 16 años (25 %), lo que demuestra la continuidad migratoria hasta fechas recientes, en el caso del País Vasco apenas existen menores de 16 años (22,8 %) lo que indica el parón sufrido por la emigración a partir de los años setenta y el envejecimiento relativo de su población adulta.

Cuadro 10.10. *Población de 65 y más años por Comunidades Autónomas, 1986*

Comunidad Autónoma	Población total	Miles de habitantes 65 y + años	% 65 y más
Andalucía	6.789	717	10,56
Aragón	1.184	184	15,54
Asturias	1.112	158	14,21
Baleares	680	91	13,38
Canarias	1.466	126	8,59
Cantabria	522	69	13,22
Castilla-La Mancha	1.675	246	14,69
Castilla-León	2.582	393	15,22
Cataluña	5.978	739	12,36
Extremadura	1.086	151	13,90
Galicia	2.844	415	14,59
Madrid	4.780	502	10,50
Murcia	1.006	105	10,44
Navarra	515	68	13,20
La Rioja	260	37	14,23
Comunidad Valenciana	3.732	447	11,98
País Vasco	2.136	223	10,44
Total	38.347	4.671	12,18

Fuente: INE.

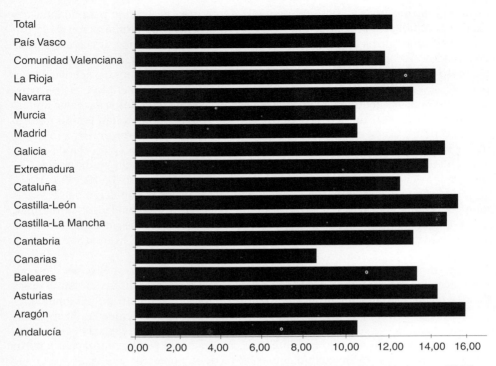

Fig. 10.4. *Proporción de población con 65 años y más por Comunidades Autónomas (1986)*

En el otro extremo, Canarias se configura como la Comunidad más joven de España (casi un 29 % de menores de 16 años) seguida por Andalucía y Murcia, ambas con valores superiores al 27 %, mientras que Castilla-León y Aragón, que han sufrido un fuerte tirón migratorio, son a la par las que tienen un mayor porcentaje de población anciana y las que presentan menor porcentaje de menores de 16 años con un 21 y 20,5 % respectivamente. Se ve, por tanto, la fuerte correlación entre movimientos migratorios y estructura poblacional.

3. **Los grandes movimientos migratorios campo-ciudad en la configuración del sistema urbano español**

España es un país que se ha adaptado más tardíamente que el conjunto de la Europa occidental a las transformaciones impuestas por la revolución industrial, y puede decirse que es a partir de los años cincuenta, y fundamentalmente en las décadas de los sesenta y primeros setenta, cuando España experimenta estas grandes transformaciones que van a hacer perder su primacía al sector primario como empleador de población para dejar paso, primero a la industrialización y, posteriormente, a la terciarización del sistema productivo con todas las consecuencias que esto ha acarreado en la distribución territorial de unas poblaciones que en su mayor parte son hijas de padres agricultores pero que se han convertido en urbanitas en el breve lapso de una generación.

Sin entrar de nuevo en el estudio de estas variaciones sectoriales, pero admitiéndolas como motor del cambio, se constata que grandes espacios del territorio peninsular español han quedado vaciados de su contenido demográfico, de tal forma que puede afirmarse que si a comienzos de siglo era mínima la proporción de españoles que residía no ya fuera de su provincia de nacimiento, sino incluso de su pueblo, a fines del siglo, y más concretamente al inicio de su último cuarto, pocos son los que residen en su lugar de nacimiento, aunque todavía no se haya llegado a la movilidad que caracteriza la vida de los países más desarrollados en los que movilidad y promoción social casi van inexorablemente correlacionadas.

Una desagregación por provincias de los nacidos y residentes en cada una de ellas da, sin necesidad de entrar en mayores precisiones, una idea de las que han sido grandes receptoras poblacionales y aquellas otras que han expulsado población. Las diferencias indican que, por lo menos, todos esos españoles han cambiado de domicilio, pero los que en realidad han emigrado son una proporción mucho mayor ya que en él no se recogen las migraciones intraprovinciales (cuadro 10.11).

No coincide la suma de los nacidos con la de los residentes. Los primeros, sin contabilizar Ceuta y Melilla, dan una cantidad próxima a los 37,5 millones de habitantes. Los residentes, sobrepasan los 38,3. Es por tanto una contabilidad aproximada de la que, sin embargo, pueden obtenerse conclusiones cuando se desciende al análisis provincial, puesto que hay muchas provincias en las que las diferencias son claramente negativas y el número de nacidos referenciados en el Padrón de 1986 es muy superior al de personas residentes en ella en la misma fecha. Una primera lectura permite ya, por tanto, deslindar lo que podría denominarse el espacio receptor (provincias con mayor número de residentes que de nacidos) del territorio expulsor de población (mayor número de nacidos que de residentes).

En el segundo grupo se engloban sobre todo las provincias de la España interior, de Castilla-León (hay 127.000 abulenses repartidos fuera de su provincia, 137.000 burgaleses, 135.000 leoneses, 96.000 palentinos, 141.000 salmantinos, 105.000 segovianos, 92.000 sorianos, o 133.000 zamoranos fuera de sus provincias de nacimiento), las de la Andalucía profunda (117.000 almerienses, 309.000 cordobeses, 298.000 granadinos, 62.000 onubenses o 406.000 jienenses residiendo en otras provincias distintas de las que los vieron nacer), y lo mismo podría aplicarse a Extremadura (350.000 y 253.000 pacenses y cacereños emigrantes), sin descartar otras regiones proveedoras de mano de obra para la España industrializada, como sucede con Aragón (especialmente Huesca y Teruel), Castilla-La Mancha (Albacete ha perdido 179.000 habitantes nacidos en ella, Ciudad Real 240.000, Cuenca 194.000, Guadalajara 94.000 y Toledo 191.000) o con la Galicia interior (Lugo ha visto marchar 120.000 de sus nacidos al resto de España, como sucede con Orense con 74.000), donde la dinámica natural positiva tradicional ha acabado generando movimientos migratorios hacia otras provincias o el extranjero, aunque no se contabilizan aquí las migraciones exteriores.

En el otro lado está la España que en términos generales presenta una dinámica positiva, aunque puedan introducirse matizaciones por períodos de tiempo diferenciados, como sucede actualmente con el País Vasco, que incluso tiene provincias que están perdiendo población, pero que todavía conserva una buena parte de sus

CUADRO 10.11. *Distribución de la población residente y originaria en cada provincia*

Provincias	Lugar nacimiento	Lugar residencia	Residencia-nacimiento	% nacimiento/residencia
Álava	195	267	72	73,03
Albacete	525	346	– 179	151,73
Alicante	952	1.217	265	78,23
Almería	559	442	– 117	126,47
Asturias	1.079	1.112	33	97,03
Ávila	308	181	– 127	170,17
Badajoz	1.016	666	– 350	152,55
Baleares	519	680	161	76,32
Barcelona	3.000	4.614	1.614	65,02
Burgos	496	359	– 137	138,16
Cáceres	673	420	– 253	160,24
Cádiz	1.102	1.044	– 58	105,56
Cantabria	552	522	– 30	105,75
Castellón	389	436	47	89,22
Ciudad Real	723	483	– 240	149,69
Córdoba	1.056	747	– 309	141,37
Coruña	1.113	1.109	– 4	100,36
Cuenca	407	213	– 194	191,08
Girona	377	488	111	77,25
Granada	1.081	783	– 298	138,06
Guadalajara	240	146	– 94	164,38
Guipúzcoa	572	689	117	83,02
Huelva	495	433	– 62	114,32
Huesca	257	210	– 47	122,38
Jaén	1.052	646	– 406	162,85
La Rioja	291	260	– 31	111,92
Las Palmas	700	751	51	93,21
León	665	530	– 135	125,47
Lugo	524	404	– 120	129,70
Lleida	368	352	– 16	104,55
Madrid	3.043	4.780	1.737	63,66
Málaga	1.121	1.150	29	97,48
Murcia	1.123	1.006	– 117	111,63
Navarra	512	515	3	99,42
Orense	503	429	– 74	117,25
Palencia	285	189	– 96	150,79
Pontevedra	873	900	27	97,00
Salamanca	500	359	– 141	139,28
Santa Cruz	650	715	65	90,91
Segovia	255	150	– 105	170,00
Sevilla	1.576	1.540	– 36	102,34
Soria	189	97	– 92	194,85
Tarragona	427	523	96	81,64
Teruel	267	149	– 118	179,19
Toledo	677	486	– 191	139,30
Valencia	1.680	2.078	398	80,85
Valladolid	501	491	– 10	102,04
Vizcaya	911	1.179	268	77,27
Zamora	355	222	– 133	159,91
Zaragoza	760	824	64	92,23

Fuente: INE.

habitantes nacidos en el resto de España, lo que indica una tendencia positiva en su evolución. En este grupo se engloban Madrid, Cataluña en su conjunto (y más específicamente Barcelona, donde uno de cada tres habitantes ha nacido fuera de ella al igual que sucede en Madrid), los espacios insulares, el litoral levantino, aunque con la excepción histórica de Murcia, modificada recientemente hacia una trayectoria positiva, la Costa del Sol y algunas provincias interiores donde la dinámica de la capital ha prevalecido sobre las tendencias migratorias de los pequeños núcleos de base rural, como sucede en Zaragoza.

El panorama se completa mejor cuando se consideran los movimientos migratorios externos, y esto no sólo por lo que se refiere a la importancia histórica de los emigrantes españoles hacia Europa a partir de los años cincuenta, sino por lo que puede representar el hecho cierto de que España, siendo como es la puerta de comunicación de Europa con África, sin embargo, es de todos los países de la Comunidad Europea el que tiene un porcentaje menor de población extranjera (tan sólo un 0,3 %) que contrasta con los generosos valores de Alemania (7,7 %), Bélgica (8,2 %), Francia (7 %), Reino Unido (4,3 %), Holanda (3,7 %), por no citar el caso extremo de Luxemburgo con más de la cuarta parte de su población nacida fuera de sus fronteras. Estas cifras, correspondientes a 1987, inducen a pensar que en la medida que se vaya produciendo el desarrollo económico español y la plena integración en la Comunidad Europea, y en la medida que nuestras tasas de natalidad sigan el ritmo de descenso que llevan, posiblemente van a aparecer mayores contingentes extranjeros en nuestro territorio, con la subsiguiente modificación de la estructura poblacional actual por la juventud de sus componentes y sus pautas demográficas diferenciales. De hecho, los extranjeros residentes en España han ido incrementándose a ritmo creciente, y de los 147.000 de 1970 se pasó a 182.000 en 1980 y se superan los 400.000 en el censo de 1991.

Analizando la composición por sexos y edades de la población que en 1986 aparecía registrada en el mismo municipio en el que nació (véase cuadro 10.12) pueden obtenerse algunas precisiones complementarias, aunque es obvio que la probabilidad de residir en el municipio natal va disminuyendo con la edad, y por tanto no son relevantes los primeros estratos jóvenes de población. Con todo, llama la atención el elevado peso negativo que, respecto al total nacional, muestran los grupos de 35-49 años, que en el caso de las mujeres alcanza también al colectivo de 30-34. Todo ello cuadra bastante bien para explicar las fechas de la gran emigración española y la composición mayoritariamente joven de sus caudales, como puede verse en el cuadro adjunto.

El resultado final es que aquellos municipios receptores de emigrantes tienen precisamente en estos grupos de edad las personas que faltan en los municipios de origen y como se trata de los estratos jóvenes en edad de reproducción, los municipios receptores van a ser aquellos en los que van a existir mayores posibilidad de renovar la base de la pirámide en breve plazo suponiendo unas pautas comunes de fecundidad, aunque el análisis tiene también sus puntos débiles porque, como se advertía anteriormente, un cambio de municipio no significa necesariamente el desarraigo respecto del de origen. Los casos de las áreas metropolitanas, especialmente la madrileña y barcelonesa, son ilustrativos.

CUADRO 10.12. *Residentes originarios del mismo municipio según edad y sexo*

Grupos de edad	% varones mismo municipio	% mujeres mismo municipio	Diferencia varones mismo municipio respecto a la estructura general	Diferencia mujeres mismo municipio respecto a la estructura general
De 0 a 4 años	3,66	3,46	0,60	0,56
De 5 a 9	4,68	4,43	0,59	0,56
De 10 a 14	5,11	4,86	0,72	0,69
De 15 a 19	5,37	5,11	1,02	0,95
De 20 a 24	5,17	4,71	0,93	0,62
De 25 a 29	4,07	3,56	0,24	– 0,20
De 30 a 34	2,95	2,63	– 0,37	– 0,66
De 35 a 39	2,62	2,42	– 0,56	– 0,76
De 40 a 44	2,38	2,26	– 0,54	– 0,65
De 45 a 49	2,14	2,13	– 0,45	– 0,53
De 50 a 54	2,65	2,64	– 0,31	– 0,43
De 55 a 59	2,57	2,61	– 0,21	– 0,35
De 60 a 64	2,25	2,36	– 0,17	– 0,31
De 65 a 69	1,57	1,92	– 0,15	– 0,27
De 70 a 74	1,27	1,74	– 0,11	– 0,19
De 75 a 79	0,97	1,42	– 0,03	– 0,12
De 80 a 84	0,54	0,91	– 0,01	– 0,08
De 85 y más años	0,25	0,53	– 0,01	– 0,07
Total	50,28	49,72	1,21	– 1,21

Fuente: INE.

4. La distribución de la población española

a) Los contrastes interregionales y urbano-rurales

Como acaba de verse, la estructura de la población española presenta multitud de variantes en cuanto a composición por edades, diferencias de sexos, grados de envejecimiento, etc., y estas diferencias están íntimamente ligadas no sólo con la distribución de los grupos humanos en el territorio, sino con el ritmo con el que se han producido los desplazamientos poblacionales, puesto que de unas composiciones demográficas relativamente homogéneas por todo el conjunto nacional, cuando las actividades de la población estaban volcadas en una economía de subsistencia, al cultivo y recolección de lo necesario para las primeras necesidades (las denominadas regiones homogéneas que preceden a la industrialización), se va pasando gradualmente a especializaciones funcionales del territorio que acaban provocando los grandes desplazamientos poblacionales que caracterizan la segunda mitad del siglo actual en España. Éstos llegan a configurarse como su fenómeno geográfico más significativo pese a la política de los primeros años del régimen del general Franco que defendió a todo trance la ruralidad y que llevó a que en el preámbulo de la Ley del Suelo de 1956, a un paso del Plan de Estabilización y del gran trasvase campo-ciudad que va a operarse en la década de los sesenta, todavía se indicase: «la acción urbanística ha de preceder al fenómeno demográfico y, en vez de ser su consecuencia, debe encauzarlo hacia los lugares adecuados, limitar el crecimiento de las grandes ciudades y vitalizar en cambio los núcleos de equilibrado desarrollo en los que se armonizan las economías agrícola, industrial y urbana formando unidades de gran estabilidad económica y social».

Sin embargo, la historia fue por otros caminos y se produjo el paso de la región homogénea a la región funcional; de la aldea y la comarca como espacios de intercambios de autosubsistencia, a otras economías de espacios más abiertos, especializados. Los nodos, en definitiva, de ese nuevo sistema productivo que entroncó mejor con los espacios urbanos que con las actividades del sector primario, y que, en consecuencia, acabó atrayendo a la población más joven hacia sí, aunque las formas actuales de distribución no necesariamente coincidan físicamente ni con los grandes centros urbanos, ni con las chimeneas de las grandes fábricas, puesto que las nuevas tecnologías y la facilidad de las comunicaciones de todo tipo permiten localizaciones alternativas, pero siempre sin salirse de la lógica de un sistema que tiene en las ciudades su principal elemento de apoyo, creación y difusión.

Así, cuando se contempla el mapa de densidades de población de España por términos municipales elaborado por Casas Torres para la España de la década de los cincuenta, se observa que, pese a la menor población del censo de 1950, inferior en más de un 25 % a la del Censo de 1991 (28,11 millones de hecho y 28,17 de derecho), el mapa resultante daba un aspecto mucho más compacto, homogéneo, sin los grandes vacíos poblacionales que los caminos de las ciudades han acabado abriendo en la distribución de los contingentes poblacionales españoles, como puede verse en el mapa de densidades de España por términos municipales de 1991 que se acompaña (ver lámina 8).

El mapa, en ciertos momentos, parece constituir un negativo del hipsométrico por cuanto hay una correlación inversa muy clara entre altitud y ocupación del territorio por la población. Los Pirineos centrales, en Huesca, Lleida y parte de Navarra, el Sistema Ibérico, con los Cameros riojano y soriano casi vacíos al igual que sucede en su posterior desarrollo por Zaragoza y Teruel; la cordillera Cantábrica, parte de la Penibética y del Sistema Central, y en cierta forma Sierra Morena, dan un conjunto de municipios donde las densidades están por debajo de los cinco habitantes por km^2. Son las densidades más bajas de España junto con las grandes extensiones relativamente planas de las Submesetas norte y sur o el desierto monegrino, donde su carácter anacórico ha sido propiciado más por la escasez de las precipitaciones y lo exiguo de los rendimientos agrícolas que por las dificultades de la topografía.

De todas formas, un hecho a destacar es que estos grandes vacíos poblacionales, además de su vinculación íntima con un medio físico difícil, deben contar con una segunda condición, como es el alejamiento de los grandes centros urbanos, porque, por ejemplo, la sierra madrileña, la mayor parte de la cordillera Costera Catalana, buena parte de la Cantábrica y hasta incluso la Penibética, guardan todavía mayores dotaciones poblacionales que son consecuencia de las diferentes posibilidades que tiene el territorio en función del alejamiento o proximidad de los centros urbanos dinámicos.

Con densidades comprendidas entre 5 y 10 hab./km^2, siempre por debajo del umbral mínimo que garantiza una presencia eficaz del hombre en el territorio, aparecen el resto de los territorios castellano-leoneses y manchegos no incluidos en el apartado anterior, con las excepciones de las cabeceras comarcales o centros de comunicaciones vitalizados por la red general de carreteras o por la presencia de alguna corriente fluvial que garantiza mejores posibilidades para el regadío o el desarrollo de otras actividades complementarias.

En el otro extremo, los grandes hogares poblacionales españoles de 1991 aparecen las zonas litorales, con alguna excepción allá donde la montaña llega hasta la misma playa, pero en general puede afirmarse que toda la línea de costa tanto en el Cantábrico como en el Mediterráneo presenta valores superiores a la media nacional (80 hab./km^2), mientras que los valores que superan los 500 hab./km^2 señalan espacios claramente urbanos, bien sea con una lógica de continuidad por diferentes municipios, como sucede en las aglomeraciones madrileña, catalana, la mayor parte del País Valenciano, Alicante y Murcia, toda la Costa del Sol, bahía de Cádiz, entorno sevillano y eje del Guadalquivir, Rías bajas gallegas y bahía de La Coruña, el ocho asturiano o el País Vasco; bien por la presencia aislada de municipios importantes en los conjuntos regionales que jerarquizan, pero que más bien son montes-isla demográficos en medio de densidades bajas o muy bajas, como sucede en Zaragoza respecto a Aragón o, aunque en menor medida, con buena parte de las ciudades castellano-leonesas.

Sin embargo, estos espacios próximos a las ciudades, pese a la carencia de población residente, disfrutan de unas oportunidades de las que carecen los alejados de aquéllas, como puede verse en las figuras adjuntas.

b) LOS MAPAS DE POTENCIALES DE POBLACIÓN DE ESPAÑA DE 1970 Y 1991

El mapa de potenciales poblacionales es, en definitiva, un modelo gravitatorio en el que en cada célula contable de 5 × 5 km se referencian dos sumandos. El primero de ellos es la población efectivamente residente y el segundo un número teórico que mide la posible influencia que, debido a su posicionamiento en el conjunto del sistema español y en relación inversa a la distancia, en razón de su proximidad o lejanía de las grandes concentraciones demográficas, recibe cada una de las células contables.

Con ello se consigue una clasificación en la que pueden diferenciarse: *a)* los espacios de gran fuerza poblacional *per se*, que corresponden con las grandes concentraciones demográficas reflejadas en los mapas tradicionales de densidades; *b)* los espacios con bajas densidades poblacionales y alejados de espacios urbanos; *c)* los que aun teniendo bajas densidades, sin embargo, por su proximidad a los grandes hogares de la población española, pueden recibir efectos inducidos de aquéllos, y finalmente, *d)* los comprendidos en situaciones intermedias (láminas 9 y ss.).

El sistema es bastante lógico por cuanto la presión sobre el territorio la realiza en primer lugar la población residente (primer sumando), pero también hay una presión de mayor o menor cuantía que guarda relación con el valor de esta proximidad o lejanía de los grandes centros urbanos, consumidores potenciales de espacio de todo tipo.

Con estas claves se pueden distinguir: *a)* las grandes dasícoras, aerócoras y anácoras de la población española; *b)* las áreas de influencia teóricas de las grandes metrópolis, y *c)* los grandes ejes en torno a los cuales se articula la distribución de la población española.

Por otra parte, la comparación de los mapas de 1970 y 1991 permite además obtener conclusiones acerca de la dinámica demográfica del conjunto español en el período considerado. Como, por otra parte, se ha detectado un cambio de intensidad e incluso de tendencia en esta dinámica poblacional española (véase cuadro 10.13), se han realizado mapas desagregados para el período 1970-1981 y 1981-1991 coincidiendo con los años censales que es cuando únicamente existe alguna garantía respecto a la validez de las cifras poblacionales, pues el resto de los años las altas y bajas municipales están sometidas a multitud de factores exógenos que cuestionan su validez (lámina 10).

Como puede deducirse del cuadro 10.13 y figura 10.5, las diferentes Comunidades Autónomas han experimentado variaciones sustanciales en su comportamiento migratorio a lo largo del período considerado, tanto en lo cuantitativo como en lo cualitativo. Entre 1970 y 1975, son Cataluña y Madrid, por este orden, las grandes receptoras, con cerca de 200.000 inmigrantes de saldo, quedando ya muy lejos la Comunidad Valenciana, con algo más de 100.000, y ya muy atrás el País Vasco y las provincias insulares, mientras que los principales proveedores de población emigrante venían de Andalucía, Castilla-La Mancha, Castilla-León y Extremadura.

Cinco años más tarde, la Comunidad madrileña era indiscutiblemente la que recibía mayores contingentes poblacionales, pero en una proporción muy inferior a la del quinquenio anterior, aventajando la Comunidad Valenciana a Cataluña y cambiándose el signo migratorio en el País Vasco, mientras que continuaban con cierta moderación su ascenso Baleares y Canarias, siendo Andalucía, Castilla y Extremadura los grandes proveedores tradicionales de inmigrantes, pero ya con menor intensidad que al principio de los años setenta por el influjo de la crisis.

Al principio de los ochenta, Andalucía, la Comunidad Valenciana y Madrid, pasan a ser, por este orden, los principales receptores, siendo lo más sobresa-

CUADRO 10.13. *Saldo migratorio por Comunidad Autónoma y quinquenio de la emigración*

Comunidad Autónoma	Saldo migratorio 1971-1975	Saldo migratorio 1976-1980	Saldo migratorio 1981-1986
Andalucía	−108.175	−19.262	54.824
Aragón	−2.389	5.249	9.532
Asturias	3.409	769	1.620
Baleares	15.658	14.066	24.873
Canarias	17.858	21.494	18.007
Cantabria	697	3.120	1.196
Castilla-La Mancha	−85.397	−33.152	−13.407
Castilla-León	−79.697	−30.668	−6.493
Cataluña	183.111	64.006	−25.502
Extremadura	−71.078	−26.541	−2.038
Galicia	3.733	12.332	14.161
Madrid	177.973	106.489	49.206
Murcia	3.233	6.471	7.406
Navarra	474	1.435	3.550
La Rioja	−74	3.083	2.096
Comunidad Valenciana	104.714	78.667	51.617
País Vasco	43.044	−13.318	−27.714

Fuente: Olano Rey, A.: «Las Migraciones Interiores en fase de dispersión», en *Economía y Sociología del Trabajo*, n.º 8-9.

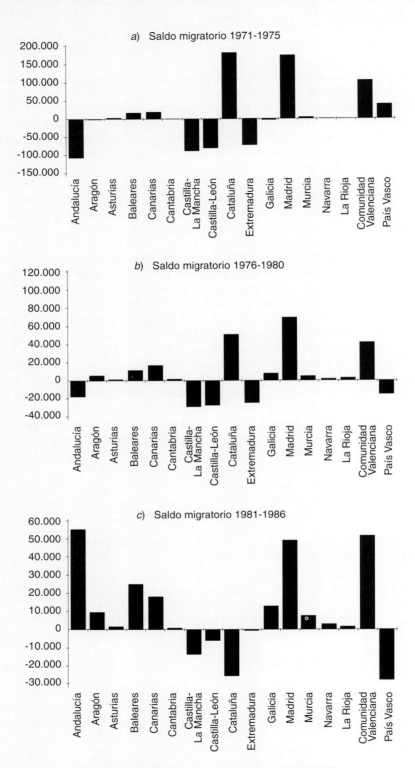

Fig. 10.5. *Saldos migratorios regionales 1970-1986.*

liente el cambio de signo operado en el sur de España, puesto que también Extremadura casi llega a equilibrar sus saldos migratorios y Murcia refuerza su tendencia positiva en la que también le acompañan, aunque con menos vigor, Galicia, Navarra, La Rioja, Aragón, Asturias, etc., que junto con los espacios insulares describen los espacios dinámicos, quedando definitivamente relegado el País Vasco a su papel migratorio en el que ahora le acompaña Cataluña junto con Castilla.

Tras estos movimientos migratorios, las grandes dasícoras poblacionales parecen formar a modo de un gran hexágono cuyas grandes unidades caracterizadas por la gran concentración demográfica serían Cataluña, Levante, Andalucía occidental, Lisboa, Rías bajas y País Vasco, con un espacio central en el entorno madrileño. Efectivamente, todas ellas mantienen una cierta conectividad poblacional bien a través de la línea de costa, bien a través del eje del Ebro, mientras que la conexión con Madrid la garantizan las carreteras radiales en torno a las cuales se han aglutinado núcleos poblacionales de cierta importancia, aun cuando su primitivo trazado ya intentó, al igual que el ferrocarril, ligar todos estos núcleos urbanos. Ha sido, por tanto, un reforzamiento mutuo de las potencialidades existentes.

En medio vuelven otra vez a aparecer las grandes anácoras de los vacíos castellanos y extremeños, salpicadas aquí y allá por ciudades en torno a las cuales necesariamente debe articularse cualquier intento de organización territorial del país, pero con la diferencia de que en los mapas de potenciales estos grandes ejes quedan remarcados, como lo están también los espacios de influencia de las ciudades. La sierra madrileña o los pospaíses catalán y levantino son prueba de ello, en tanto que los vacíos castellano-leoneses, extremeños o aragoneses muestran las dificultades de inserción en espacios dinamizados por la influencia de las grandes ciudades que, en este sistema cartográfico de potenciales poblacionales, aparecen con una mancha visual proporcional a su importancia poblacional que le viene conferida por la mayor o menor fuerza de los potenciales inferidos que cada una de ellas genera, unidos a los correspondientes a los municipios de su área metropolitana.

En los espacios insulares se remarcan también perfectamente las distribuciones. En Baleares, en torno a Mallorca se articulan los grandes potenciales poblacionales de la isla, mientras que la sierra, el centro y la mitad oriental dan contingentes mucho más débiles, mientras que Ibiza o Menorca señalan menores efectivos demográficos y las Canarias muestran la disimetría entre sus mitades septentrionales en las que se concentra la mayor parte de su población en contraposición a sus mitades meridionales donde la carencia de precipitaciones y bajas densidades van de consuno. Sin embargo, es en estos espacios insulares canarios de menores densidades donde en los últimos años se viene detectando un mayor ritmo de crecimiento poblacional, como puede verse en la lámina 10.

c) Variaciones ponderadas de potenciales poblacionales 1970-1991

Igualando los valores correspondientes al sumatorio de población y potenciales inferidos de las dos fechas objeto de cartografía, y referenciando en la gama fría de la serie los valores que significan incremento poblacional para dejar los valores de la gama cálida a los espacios en los que se produce una pérdida de peso poblacional respecto al conjunto español, se ha realizado el mapa de variaciones de potenciales poblacionales, en el que verdes, azules, violetas y negros indican lo que puede considerarse la España dinámica, mientras que amarillos y rojos, en sus diferentes intensidades, reflejan los espacios que bien por su propia trayectoria de pérdida poblacional o bien por los valores menores inferidos por la comarca en la que se inscriben han perdido peso en el conjunto nacional y pueden calificarse como espacios regresivos (lámina 10).

De lo que puede denominarse la España dinámica en el sentido demográfico, podrían destacarse tres componentes esenciales:

a) La consolidación del eje mediterráneo y su continuación por la costa atlántica en toda la Andalucía occidental. Este eje solamente aparece interrumpido en aquellos puntos donde el relieve y la ausencia de núcleos urbanos rectores imponen sus limitaciones, como sucede en la Costa Brava, desembocadura del Ebro y Maestrazgo castellonense, o los puntos en los que el Sistema Penibético se asoma en Almería hasta la misma línea de costa cerca del campo de Dalías.

b) El gran peso que la capital del Estado sigue teniendo en la dinámica poblacional de la España interior peninsular, pues si bien es cierto que Madrid ha perdido población, su área metropolitana es uno de los espacios con mayor índice de crecimiento de la Península.

c) Existencia de pequeños centros urbanos dinámicos dispersos por todo el territorio español, correspondientes casi siempre a capitales de provincia o núcleos urbanos de importancia, que muestran una cierta tendencia a configurar ejes coincidentes con la red básica de comunicaciones.

Como puede observarse, estos tres apartados participan del denominador común de la continuidad en la tendencia a la concentración urbana que fue la tónica dominante durante las décadas de los años cincuenta y sesenta, puesto que tanto Madrid como la costa mediterránea ya presentaban fuertes concentraciones en 1970, al igual que sucedía con las capitales provinciales (éstas en un proceso ininterrumpido desde la nueva definición administrativa española de Javier de Burgos de 1833) y con algunos otros núcleos urbanos dispersos, aunque también se han presentado excepciones por crisis industriales o por inadaptaciones funcionales de otro tipo (láminas 11 y 12).

Profundizando en la distribución de estos espacios interiores de dinámica positiva, aparecen una serie de ejes interiores que se apoyan en los espacios urbanos y que no tienen la continuidad del eje mediterráneo, pero en los que necesariamente debe cimentarse la organización del territorio español.

Entre ellos cabe citar los del Ebro y Guadalquivir, el que engarza Francia con Portugal por Vitoria, Burgos, Valladolid, Salamanca; el que, perpendicular a aquél, lleva desde Asturias-Galicia a Madrid por León y Valladolid, o el que conduce, siguiendo la autopista gallega, desde Vigo a La Coruña. Ya con más esfuerzo pueden verse ejes dinámicos menores como serían la Vía de la Plata, el Cantábrico y otros de menor entidad. Estos ejes tienen un comportamiento desigual en cuanto a valores de crecimiento, lo que se aprecia mejor cuando se desagregan los valores de la década de los años setenta y ochenta, pero constituyen la base para articular el territorio evitando la bipolarización entre el eje mediterráneo y la capitalidad madrileña.

El eje del corredor del Ebro es excesivamente puntual en sus desarrollos positivos, que quedan reducidos a las ciudades, y entre Zaragoza y Logroño falta vitalidad demográfica. Tan sólo algunos núcleos como Tudela, Alfaro, Calahorra o

Arnedo presentan valores superiores a la media nacional del período. Por otra parte, tiene una cierta discontinuidad, y entre Zaragoza y Fraga queda roto por todo el desierto monegrino, aunque los valores de pérdida poblacional que muestran sus núcleos rurales son bajos porque ya quedaron vaciados de su sustancia demográfica en fases anteriores. Además, es excesivamente estrecho, aunque se señalan otra serie de subejes paralelos (Somontano oscense) que pueden complementarlas. La falta de población de los núcleos rurales del regadío arbolado están dando ya lugar a problemas por la afluencia de mano de obra extranjera para la recolección de frutas (valles del Cinca y Jalón) y vendimia (Cariñena y La Rioja), pero muchos de estos conflictos se saldan con asentamientos definitivos, lo que acabará llevando a la potenciación demográfica del valle por inmigración para reposición de la mano de obra cualificada o que deja su actividad laboral por el fuerte envejecimiento.

El eje del Guadalquivir, de gran dinámica y fuerza poblacional entre la desembocadura y Sevilla, se desvirtúa entre la capital hispalense y Córdoba y casi desaparece ahogado en lo negativo en su tramo superior, aunque los datos correspondientes a la década de los ochenta parezcan llevar un mejor ritmo tanto por la ralentización de los movimientos migratorios como por la economía de subvenciones que acaba fijando la población al territorio en época de crisis. En cualquier caso, la simple contemplación del mapa invita a un ejercicio voluntarista para romper el aislamiento del Alto Guadalquivir y contactar con la pujanza del eje mediterráneo que tiene en Alicante y Murcia los espacios más dinámicos del conjunto peninsular durante la década de los ochenta.

El eje Francia-Portugal a través de Valladolid, centro a su vez de la comunicación con el Cantábrico por León, deja también entrever muy claros sus vacíos poblacionales, al igual que sucede con el que une Asturias con Madrid o Galicia con la capital española. Todos ellos tienen en común atravesar uno de los espacios más regresivos de la España peninsular y aunque tengan unos efectivos superiores a los del eje del Ebro no urbano, sin embargo, su evolución tiene una pendiente negativa pronunciada de la que aquél carece. Interesa destacar que este eje Francia-Portugal a través de Burgos, Valladolid y Salamanca tiene una fuerza poblacional y una dinámica de la que carece la pretendida conexión Madrid-Lisboa. Desde Portugal también se reconoce la conveniencia y mayor operatividad de esta unión a través de Oporto con prioridad a la de Madrid-Lisboa en la que, sobre atravesar un vacío demográfico similar al de los páramos y campiñas castellanos, ni siquiera existen núcleos urbanos dinámicos en los que pueda apoyarse.

El eje norte-sur de la Galicia costera queda también reducido a núcleos puntuales dinámicos en Vigo, Santiago de Compostela y La Coruña, pero tiene la ventaja de atravesar por espacios de grandes densidades poblacionales, lo que sugiere posibilidades que no se dan en otros ejes, como el de la Vía de la Plata, donde ni siquiera se observan dinámicas poblacionales positivas claras en las ciudades que lo conforman y por ello, aunque sea de importancia para la vertebración del territorio nacional, probablememnte va a sufrir una dura competencia desde el eje atlántico que se configurará a lo largo de la Andalucía occidental para engarzar con Galicia por la costa lusitana.

La conclusión a la que se llega es que mientras que todos los ejes precitados están apoyándose en núcleos urbanos dinámicos, el eje mediterráneo es un *continuum* de células contables todas ellas con una dinámica superior a la media española, y aunque se note igualmente el reforzamiento positivo de los espacios ligados a las ciudades, se detecta una mayor consistencia pese a la presencia de vacíos ligados al relieve como sucede entre Valencia y Alicante o en el tramo de la desembocadura del Ebro.

Así, en el lado negativo (gama cálida de la serie cartográfica para asociarlo a la idea de desertificación, siguiendo una tendencia cartográfica española, aunque en otros países se adopta justamente el criterio contrario por el valor penetrante de los colores fríos que sugieren más la idea de vaciado) llaman la atención, además de los ya conocidos vacíos demográficos de ambas Castillas, Extremadura y Aragón, los correspondientes a la Galicia interior, y Alto Guadalquivir, donde continúa el lento proceso migratorio en un goteo poblacional donde los medios rurales agrícolas no ofrecen alicientes para los más jóvenes.

Llama asimismo la atención el fuerte descenso de la cornisa cantábrica, más en concreto Guipúzcoa y Vizcaya, a las que se añade la mayor parte de Asturias, con sectores industriales y extractivos básicos de incierto futuro, y las zonas de topografía más difícil de Canarias, que no han podido competir con los núcleos turísticos de la costa.

En cualquier caso, entre las que tienen un comportamiento negativo, vale la pena diferenciar al menos dos casos: las regiones que en 1970 tenían un fuerte potencial poblacional (como sucedía en la Galicia interior, la Andalucía del Alto Guadalquivir, ambas Castillas y Extremadura) y aquellas otras que ya en 1970 casi se habían vaciado de su contenido demográfico (como sucede en buena parte del Aragón pirenaico y turolense), donde lógicamente el ritmo de disminución ha sido menor por el propio agotamiento al que habían llegado. Las estructuras demográficas resultantes en ambos casos, dentro del envejecimiento general, siguen presentando diferencias y el ritmo de abandono de pueblos es muy superior en estas últimas, mientras que en las primeras todavía se encuentran espacios, como sucede en la Galicia no costera, donde puede deducirse por comparación con el mapa de potenciales poblacionales, que van a seguir expulsando población si continúan las tendencias hacia lo urbano que parecen caracterizar nuestra sociedad actual.

En cualquier caso, aunque las cifras del conjunto español hablan de la tendencia hacia esta continuidad en la concentración poblacional urbana, deben realizarse algunas matizaciones puesto que buena parte de Andalucía y Extremadura, donde existen muchos municipios que por sus efectivos poblacionales son claramente urbanos, sin embargo, han perdido potencial en el conjunto peninsular. León, buena parte de Asturias, el País Vasco, salvo Álava, y algunos núcleos aragoneses y castellanos acompañarían también en esta línea de excepciones.

Como norma general puede afirmarse que los espacios urbanos presentan ritmos positivos siempre y cuando se encuentran en espacios que en conjunto pueden definirse como positivos (con las excepciones ya apuntadas de las grandes metrópolis carentes de espacio residencial que obligan a que éste se distribuya por sus áreas metropolitanas), pero también pueden darse casos de ciudades de tipo medio, cabeceras comarcales, que después de aglutinar en un primer momento la emigración de su comarca, con crecimientos positivos, se encuentran ahora en trance de recesión por el envejecimiento producido. El reparto poblacional según el tamaño de los municipios en 1981 y 1991 puede acabar de precisar esos extremos desde una perspectiva de conjunto (cuadro 10.14 y fig. 10.6).

Como puede deducirse de la figura 10.6, y ya se comprobaba en los mapas de evolución demográfica por los característicos colores cálidos correspondientes a las grandes ciudades españolas, entre 1970 y 1991 se había producido una reducción de sus efectivos demográficos. La figura apoya esta afirmación para el conjunto del país, y entre 1981 y 1991, continúa esta tendencia, de tal forma que los seis mayores municipios españoles que pasaban de 500.000 habitantes, en conjunto habían perdido peso en el conjunto nacional (algo menos del 1 %) mientras que ha habido un incremento sustancial de casi un 2 % respecto al total español, en el grupo de 100.000 a 500.000, aunque parcialmente este incremento sea debido a la incorporación estadística de algunas nuevas ciudades (de 44 en 1981 se pasa a 49 en 1991), lo que haría —si se excluyeran estas cinco nuevas ciudades— que el 2 % de incremento quedara en un valor muy próximo al 1 %, más cercano a la realidad de una década en la que tanto la dinámica demográfica natural como los saldos migratorios del conjunto español se han ralentizado (lámina 13).

Destaca además que las principales disminuciones ya no han afectado, como era lógico, a las Comunidades que habían sido las principales proveedoras de emigrantes en los períodos anteriores, y esto es así porque muchas de ellas habían quedado ya vaciadas de su población en fases anteriores y ahora arrojan densidades inferiores a 5 hab./km^2, que además son población envejecida. Llama la atención de todas formas el freno producido en el proceso migratorio y el cambio de signo operado, que en algún caso también guardan relación con las diferentes políticas de ordenación territorial, que están vinculando al campo recursos foráneos no productivos, pero capaces de fijar la población en el territorio. El caso andaluz es paradigmático.

Una segunda reflexión acerca de las distribuciones y la posible falacia del agrupamiento por tamaños de los municipios la proporciona igualmente el estudio conjunto de los mapas anteriores, puesto que el crecimiento actual se localiza en el entorno de las ciudades grandes o medianas y es porque se ha producido una disminución de los movimientos campo-ciudad, pero un incremento de la importancia de desplazamientos interurbanos y recurrentes que está alcanzando habitualmente a los

CUADRO 10.14. *Distribución de la población según tamaño del municipio en 1991*

Tamaño municipios 1991	N.º municipios	% municipios	Población	% población
Más 1 millón habitantes	2	0,02	4.654.034	11,97
De 500.001 a 1 millón	4	0,05	2.552.439	6,57
De 100.001 a 500.000	49	0,61	9.163.242	23,57
De 50.001 a 100.000	55	0,68	3.601.953	9,27
De 20.001 a 50.000	176	2,18	5.011.617	12,89
De 10.001 a 20.000	309	3,83	4.158.075	10,70
De 5.001 a 10.000	516	6,39	3.484.076	8,96
De 2.001 a 5.000	1.022	12,65	3.131.825	8,06
De 1.001 a 2.000	1.044	12,93	1.475.002	3,79
De 501 a 1.000	1.169	14,47	833.433	2,14
De 201 a 500	1.782	22,06	588.091	1,51
De 101 a 200	1.152	14,26	169.286	0,44
Menores de 101	797	9,87	49.195	0,13
Total España	8.077	100,00	38.872.268	100,00

Fuente: INE.

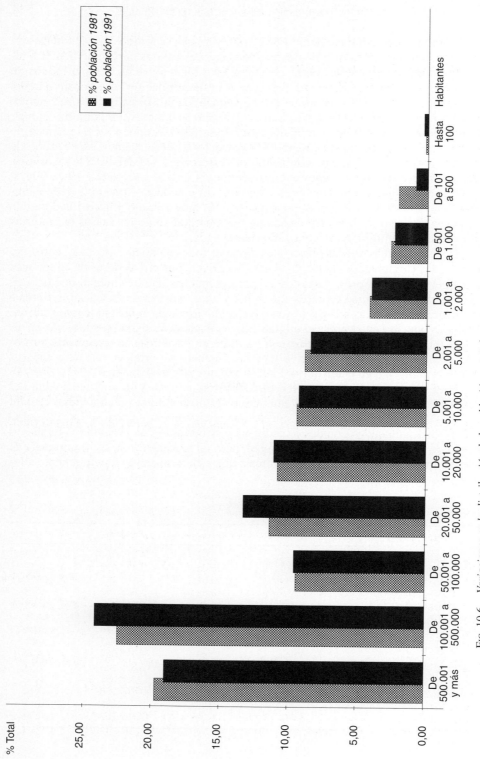

FIG. 10.6. *Variaciones en la distribución de la población española por tamaño de municipios entre 1981 y 1991.*

municipios situados en la isocrona de una hora, lo que se traduce en una pérdida de importancia de los desplazamientos definitivos sustituida por un incremento de la movilidad que afecta no sólo a los puestos de trabajo sino a la distribución de los equipamientos, lo que explica que cada vez sean más frecuentes los recorridos discrecionales de autobuses para alumnos de institutos, universidades, diferentes colectivos de trabajadores, etc.

Todo ello supone la modificación de algunas tendencias precedentes y el reforzamiento de otras, que inciden directamente sobre la estructura y el dinamismo del sistema de asentamientos, así como sobre la estructura interna de nuestras ciudades.

Bibliografía básica

Abellán, A. (edit.) (1992): *Una España que envejece*, Universidad Hispanoamericana Santa María La Rábida, La Rábida.
AA.VV. (1989): *II Jornadas sobre Población Española*, Universitat de les Illes Balears, Palma de Mallorca.
Bernabé, J. M. y Albertos, J. M. (1986): «Migraciones interiores en España», *Cuadernos de Geografía*, n.ºs 39-40, pp. 175-202.
Bustelo, F. (1988): «La transición demográfica en España y sus variaciones regionales», *Actes de les I Jornades sobre la Població del País Valencià*, Valencia, pp. 9-20.
Calvo, J. R. (coord.) (1992): *Atlas Nacional de España. Potenciales demográficos*, Instituto Geográfico Nacional.
Campo, S., y Navarro, M. (1987): *Nuevo análisis de la población española*, Ariel, Barcelona.
Cazorla, J. (1989): *Retorno al Sur*, Siglo XXI, Madrid.
CEOTMA (1981): *Análisis territorial. Estudio y valoración de efectivos demográficos*, Madrid.
Díez Nicolás, J. (1971): *Tamaño, densidad y crecimiento de la población en España 1900-1960*, CSIC, Madrid.
Ferrer, M. (1985): *La población en España: distribución geográfica*, Enciclopedia de Economía Española y Comunidad Económica Europea, n.º 31, Orbis, Barcelona.
García Barbancho, A. G. (1967): *Las migraciones interiores españolas. Estudio cuantitativo desde 1900*, Estudios del Instituto de Desarrollo Económico.
García Barbancho, A., y Delgado, M. (1988): «Los movimientos migratorios interregionales en España desde 1960», *Papeles de Economía Española*, n.º 34, pp. 240-266.
García Barbancho, A. (1982): *Población, empleo y paro*, Pirámide, Madrid.
García Fernández, J. (1965): *La emigración exterior de España*. Ariel, Barcelona.
INE (1974): *Las migraciones interiores en España. Decenio 1961-1970*, Madrid.
— (1987): *Proyección de la población española para el período 1980-2010*, tomo 1. Resultados para el conjunto nacional, Madrid.
INMARK (1991): *Cambios de la población en el territorio*, Instituto del Territorio y Urbanismo, Madrid.
Ministerio de Trabajo y Seguridad Social (1986): *Panorama de la emigración española en Europa*, Madrid.
Muñoz Pérez, F., e Izquierdo, A. (1989): «L'Espagne, pays d'inmigration», *Population*, n.º 2, pp. 257-290.
Nadal, J. (1984): *La población española (siglos XVI al XX)*, Ariel, Barcelona.
Puyol, R. (1988): *La población española*, Síntesis, Madrid.
— (1979): *Emigración y desigualdades regionales en España*, EMESA, Madrid.
Rodríguez Osuna, J. (1978): *Población y desarrollo en España*, Cupsa, Madrid.

Capítulo 11

LOS CARACTERES DEL POBLAMIENTO

1. El sistema de ciudades

De forma general se entiende por sistema un conjunto de elementos interrelacionados. Un sistema de asentamientos es, pues, un conjunto de asentamientos relacionados entre sí. Esas relaciones pueden ser de carácter estático (la localización relativa de cada asentamiento con respecto a los demás asentamientos del sistema) o de carácter dinámico (flujos de todo tipo entre unos asentamientos y otros). Los elementos del sistema (asentamientos) tienen unos determinados atributos, como su tamaño o sus funciones. Ciertos asentamientos (las ciudades) se caracterizan por su mayor tamaño y por sus funciones urbanas. Conforman un subsistema dentro del sistema general de asentamientos: el subsistema de ciudades.

Los sistemas de ciudades ejercen su influencia sobre un territorio más o menos amplio. Evidentemente la influencia de las distintas ciudades del sistema es distinta según su rango jerárquico. Mientras que las metrópolis nacionales ejercen su influencia sobre todo el país, las cabeceras comarcales lo hacen sólo sobre su comarca.

Los sistemas de ciudades se organizan de forma jerárquica. Dentro de un sistema se pueden distinguir varios subsistemas, constituidos por grupos de ciudades entre los que las relaciones son particularmente estrechas. Y a su vez dentro de cada subsistema se pueden considerar nuevos subsistemas (Gutiérrez Puebla, J., 1984). Así, por ejemplo, el sistema catalán es un subsistema del español y éste a su vez es un subsistema del sistema europeo de ciudades.

A la hora de estudiar un sistema de ciudades aparecen dos cuestiones previas: por una parte, la diferenciación entre lo urbano y lo rural; por otra, la propia delimitación de la ciudad. Lo primero no plantea especiales dificultades en una visión general del sistema de ciudades como la que se aborda aquí, ya que no se descenderá a los niveles más bajos en la jerarquía del sistema (en los que se podrían plantear dudas acerca del carácter urbano de algunos de los asentamientos considerados). Lo segundo sí que nos afecta directamente. Hoy en día es difícil conocer con exactitud dónde están los límites de las ciudades. Más bien nos encontramos (especialmente en los centros urbanos de mayor tamaño) con un continuo ciudad-campo: las ciudades, en su crecimiento, han desbordado sus límites administrativos y se extienden sobre el territorio de los municipios vecinos. En este sentido, se trabajará con el concepto de aglomeración urbana para hacer referencia a la existencia de una importante concentración urbana, ya sea sobre uno o varios municipios (sobre esta cuestión véase también apartado 3 en este mismo capítulo).

Desgraciadamente no existe una delimitación oficial de las aglomeraciones urbanas españolas. Ante esta situación se ha recurrido a la delimitación que recientemente se ha llevado a cabo en el *Anuario del Mercado Español* (Banesto, 1991) «por agregación de municipios tan interrelacionados o próximos entre sí que prácticamente forman un *continuum*». A efectos de este análisis, a esas aglomeraciones urbanas se les han añadido las ciudades que en 1991 superaban los 100.000 habitantes (cuadro 11.1). En total concentran una población de 19,7 millones de habitantes, el 50,6 % de la población española. El peso de Madrid y Barcelona en el conjunto analizado queda de manifiesto cuando se considera que entre ambas albergan el 19,6 % de la población del país.

a) LA ORDENACIÓN DE LOS TAMAÑOS DE LAS CIUDADES Y LAS PAUTAS DE DISTRIBUCIÓN ESPACIAL

Actualmente (datos de 1991) el número de aglomeraciones urbanas españolas que superan los 100.000 habitantes es de 41 (cuadro 11.1). De ellas, dos albergan una población superior a los 3 millones de habitantes; cinco se encuentran entre 500.000 y 1.500.000; catorce entre 250.000 y 500.000; y veinte entre 100.000 y 250.000. Las pautas de ordenación por tamaños son, pues, típicamente jerárquicas, ya que se configura una estructura piramidal, de manera que si se estratifican las ciudades por tamaños, el número de ciudades en cada estrato tiende a aumentar a medida que se reduce el tamaño de éstas.

En un sistema de ciudades equilibrado, cuando se relacionan en un gráfico como el de la figura 11.1 el tamaño y el rango (número de orden) de las ciudades, teóricamente debe existir una cierta regularidad, de manera que la nube de puntos resultante tienda a formar una recta. Sin embargo, si se observa con atención la figura 11.1, resulta que en el sistema urbano español la gradación de los tamaños no es todo lo suave y progresiva que se podría esperar. Se pueden destacar dos anomalías principales. La primera es que la caída de los tamaños a medida que aumenta el rango (número de orden) es muy brusca hasta la aglomeración número ocho y muy suave a partir de ella. La segunda es que en los niveles superiores se marcan dos escalones importantes. El primero entre la segunda ciudad del sistema (Barcelona, con 3,1 millones de habitantes) y la tercera (Valencia, con 1,3), achacable no tanto a que Valencia sea más pequeña de lo que cabría esperar cuanto a que Barcelona tiene un tamaño mucho mayor del esperado. Generalmente la segunda ciudad de un sistema nacional es bastante más reducida que la primera. En el caso de España no ocurre así y el sistema es típicamente bicéfalo.

El segundo escalón se produce entre la séptima ciudad del sistema (Zaragoza, con 615.000 habitantes) y la octava (Palma de Mallorca, con 376.000). No existe ninguna ciudad próxima al medio millón de habitantes (entre los 400.000 y los 600.000), mientras que aparece inesperadamente un elevado número de ciudades con una población comprendida entre los 300.000 y los 400.000 habitantes. A partir de la octava ciudad del sistema urbano español los tamaños decrecen en una caída muy suave y paulatina.

CUADRO 11.1. *Población y cuota de mercado de las aglomeraciones urbanas españolas.*

	Población (1991)	Cuota de mercado (1990)
Más de 3.000.000 de habitantes:		
Madrid	4.531.648	11.552
Barcelona	3.133.845	9.691
Subtotal	7.665.493	–
Entre 500.000 y 3.000.000:		
Valencia	1.343.760	3.451
Sevilla	952.700	2.095
Bilbao	874.294	2.025
Málaga	638.470	1.577
Zaragoza	615.770	1.575
Subtotal	4.824.994	–
Entre 250.000 y 500.000:		
Palma de Mallorca	376.371	1.265
Valladolid	363.046	826
Granada	361.052	762
Murcia	358.912	846
Las Palmas	347.668	871
Alicante	336.528	916
Santa Cruz de Tenerife	316.556	805
La Coruña	314.481	858
Córdoba	309.212	635
Cádiz	277.920	570
Vigo	276.573	758
San Sebastián	275.116	761
Gijón	260.254	602
Jerez de la Frontera	253.681	475
Subtotal	4.427.369	–
De 100.000 a 250.000		
Pamplona	231.536	572
Santander	227.154	601
Tarragona	224.839	749
Oviedo	219.990	562
Vitoria	209.195	761
Salamanca	196.744	430
Castellón de la Plana	190.337	512
Elche	181.192	429
Burgos	170.162	416
Almería	169.572	396
León	146.270	385
Huelva	143.576	317
Albacete	134.584	306
Badajoz	129.737	290
Logroño	126.760	353
Lleida	119.167	363
Orense	107.247	321
Jaén	105.545	244
Santiago de Compostela	105.527	260
Algeciras	101.365	218
Subtotal	3.240.499	–
	19.758.355	–

Fuente: BANESTO (1991). Datos de población actualizados a partir de los resultados del censo de 1991. Cuotas de mercado en tantos por cien mil.

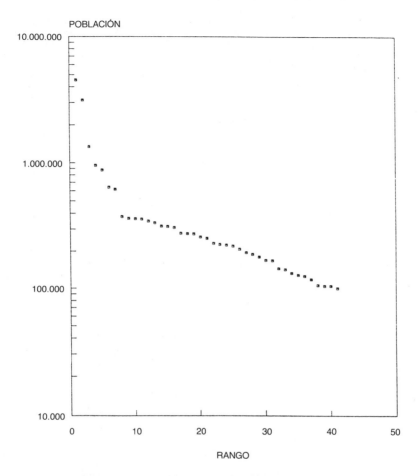

Fig. 11.1. *Distribución espacial de las aglomeraciones urbanas españolas.* Fuente: INE (1991).

El cuadro 11.1 contiene, además del número de habitantes, la cuota de mercado, un indicador expresivo del potencial económico de cada una de esas aglomeraciones. Los rasgos básicos de la ordenación de los tamaños (un primer grupo compuesto por dos grandes aglomeraciones, seguido de un segundo grupo de cinco) son semejantes cuando se considera la población que cuando se considera la cuota de mercado (fig. 11.2), pero aparecen ciertas diferencias dignas de ser resaltadas. En primer lugar, el segundo escalón en la ordenación de los tamaños (entre las ciudades séptima y octava) tiende a diluirse. En segundo lugar, y lo que es más importante, se producen numerosos cambios en el orden jerárquico de las ciudades (cuadro 11.1). En general, las ciudades de la Meseta (excepto Madrid) y las de Andalucía tienden a perder puestos con relación a la ordenación por número de habitantes, en función de su menor renta per cápita. Así resulta, por ejemplo, que Granada y Vitoria tienen una cuota de mercado semejante, cuando la primera tie-

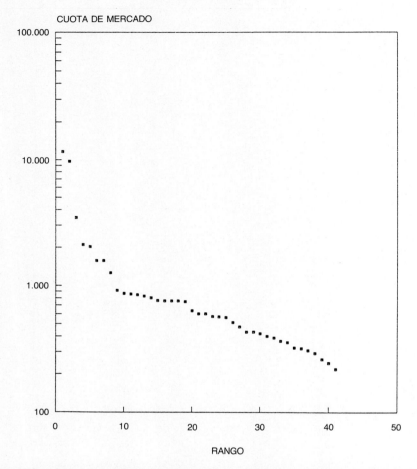

FIG. 11.2. *Ordenación de las aglomeraciones según población, 1991.* Fuente: Banesto (1991).

ne un número de habitantes (361.000) muy superior al de la segunda (209.000).

La distribución espacial de las aglomeraciones urbanas españolas es muy desigual (figura 11.3). El modelo es semianular (Precedo, A., 1988): se trata de un anillo de ciudades sobre la periferia peninsular, centrado en Madrid, que aparece rodeada de un espacio central poco urbanizado. La razón es obvia: en las zonas litorales y prelitorales las funciones económicas pueden ser más abundantes y variadas que en los espacios del interior (Ferrer, M., 1992). En consecuencia, el sistema no cubre de forma adecuada todo el territorio: las ciudades tienden a concentrarse en la periferia peninsular y en las islas, mientras que en diversas áreas del interior aparecen vacíos importantes. Este contraste es especialmente marcado entre las ciudades de mayor tamaño: de las 21 aglomeraciones urbanas españolas de más de 250.000 habitantes, tan sólo 2 (Madrid y Valladolid) se encuentran en la Meseta, que sin embargo ocupa casi la mitad del territorio nacional.

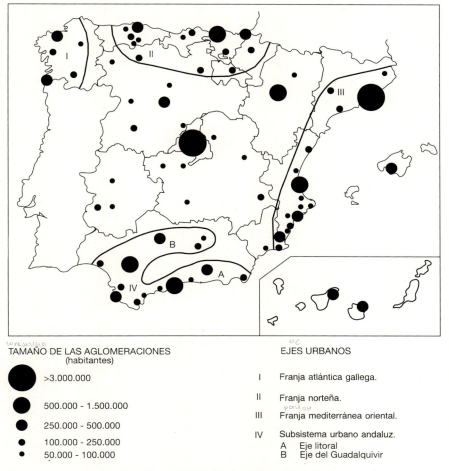

Fig. 11.3.   *Distribución espacial de las principales ciudades españolas.*

Dentro de las zonas litorales y prelitorales las ciudades tienden a localizarse a lo largo de cuatro ejes:

— *La franja atlántica gallega.*   Se extiende por el occidente de Galicia (Ferrol, La Coruña, Santiago, Pontevedra, Vigo), con prolongaciones hacia el interior (Orense y Lugo).

— *La franja cantábrica o norteña.*   Ocupa el espacio comprendido entre el triángulo asturiano (Oviedo-Gijón-Avilés) y Pamplona, también con ramificaciones hacia el interior (León, Burgos, Logroño).

— *La franja mediterránea oriental o corredor mediterráneo.*   Conectada con la franja cantábrica a través del valle del Ebro, que pivota sobre Zaragoza, constituye el eje urbano más importante de España. Se extiende desde Girona hasta Cartagena.

— *El subsistema urbano andaluz.* Está estructurado sobre dos ejes: el eje litoral (desde Almería hasta Huelva) y el eje del Guadalquivir (desde la costa atlántica hasta Jaén).

Por otro lado, el modelo de distribución de las grandes metrópolis españolas está caracterizado por su concentración en el noreste de la península. Si atendemos a la distribución espacial de las siete metrópolis españolas de más de 500.000 habitantes, cabe destacar que cinco de ellas se localizan en el cuadrante noreste. Se trata de un espacio enmarcado por cuatro grandes polos de actividad económica (Madrid, Bilbao, Barcelona y Valencia), en el que Zaragoza ocupa una situación estratégica como lugar de encrucijada.

b) Las jerarquías urbanas y las relaciones intermetropolitanas

El sistema de ciudades se organiza de forma jerárquica. Las ciudades mayores suelen concentrar más funciones y de mayor rango. Si se atiende a las funciones que desempeñan las distintas ciudades y no sólo a su población se puede establecer la siguiente jerarquización en el sistema español de ciudades (fig. 11.4):

— *Metrópolis nacionales.* En el primer nivel jerárquico aparecen dos grandes aglomeraciones, Madrid y Barcelona, con lo que el sistema resulta ser bicéfalo. Ambas metrópolis superan los 3 millones de habitantes. Ejercen su influencia sobre todo el territorio nacional y se encuentran estrechamente vinculadas a otras metrópolis mundiales. Se constituyen en los principales enclaves de decisiones empresariales de ámbito nacional: Madrid concentra aproximadamente la mitad de las sedes de las 500 principales empresas instaladas en España y Barcelona casi un 25 % (Gámir, A., 1990). Cuentan con una estructura funcional diversificada, con servicios muy especializados y empresas de alta tecnología. En el caso de Madrid, como capital del Estado, la función administrativa tiene un peso específico sustancial.

— *Metrópolis regionales de primer orden.* En el siguiente escalón jerárquico figuran las metrópolis regionales de primer orden: Valencia, Sevilla, Bilbao y Zaragoza. Con una población comprendida entre los 500.000 y 1.500.000 habitantes, mantienen unos flujos intensos con las metrópolis nacionales y ejercen su influencia sobre un área extensa, de carácter regional (sin tener por qué coincidir con la de las regiones administrativas). Concentran servicios de alto rango, como corresponde a su condición de metrópolis regionales.

— *Metrópolis regionales de segundo orden.* En el tercer escalón aparecen las metrópolis regionales de segundo orden, que todavía cuentan con algunos servicios altamente especializados (como las universidades), pero su área de influencia es mucho más reducida. Con una población generalmente comprendida entre los 200.000 y los 500.000 habitantes, suelen mantener flujos intensos con la correspondiente capital regional (metrópolis de primer orden) o constituirse en capital de regiones poco extensas. Algunos ejemplos de este tipo de metrópolis son Murcia, Alicante, Santander, Oviedo y La Coruña.

— *Ciudades medias.* Con una población que suele oscilar entre los 50.000 y los 200.000 habitantes, la mayor parte de ellas son capitales de provincia. Las fun-

SOCIEDAD, ECONOMÍA Y ESTRUCTURAS TERRITORIALES

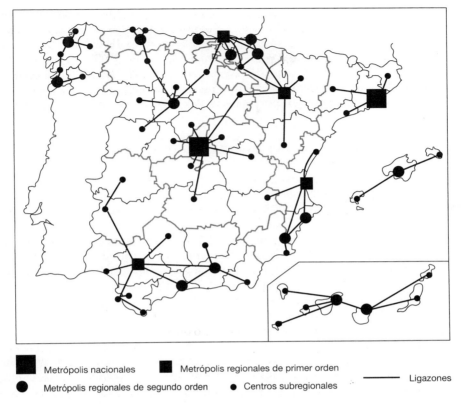

■ Metrópolis nacionales   ■ Metrópolis regionales de primer orden
● Metrópolis regionales de segundo orden   • Centros subregionales   —— Ligazones

Fig. 11.4. *Los subsistemas regionales y la organización territorial.* Fuente: Basado en Precedo (1988), con modificaciones.

ciones más características de este grupo de ciudades son las comerciales y de servicios de ámbito provincial, aunque algunas de ellas pueden tener una especialización industrial (como Avilés) o portuaria (Algeciras). Algunos ejemplos de este tipo de ciudades son Segovia, Burgos, Orense, Logroño, Ciudad Real, Castellón y Jaén.

La configuración espacial de los flujos entre las distintas metrópolis marca los rasgos básicos de la organización territorial. Madrid, como gran metrópoli nacional, mantiene relaciones intensas con las demás metrópolis, jugando un papel fundamental como elemento de integración de los distintos subsistemas regionales. Barcelona, la otra metrópoli nacional, ejerce una influencia en general más débil, aunque especialmente intensa en el sector oriental del país (Cataluña, Levante, Baleares y Aragón).

Es en el cuadrante noreste de la península donde los ligazones intermetropolitanos son más fuertes. Las cinco metrópolis del cuadrante (Madrid, Bilbao, Barcelona, Valencia y Zaragoza) se encuentran interconectadas por intensos flujos, organizando el espacio económico más pujante del país.

A medida que nos alejamos de este cuadrante se va debilitando la red de flujos. En la periferia, el eje mediterráneo se continúa hasta Murcia, pero después existe una discontinuidad clara: los flujos entre las metrópolis andaluzas y las levantinas no son especialmente importantes; también las interrelaciones a lo largo del eje del Cantábrico se van haciendo progresivamente más débiles hacia el oeste. En el interior del país, especialmente en la meseta sur, aparecen espacios escasamente articulados, caracterizados por una gran debilidad en la red de flujos.

c) LOS SUBSISTEMAS REGIONALES Y LA ORGANIZACIÓN REGIONAL

Dentro del sistema español de ciudades aparecen distintos subsistemas regionales, unos más consolidados que otros (fig. 11.4). Su estructura interna es muy diferente. Siguiendo a Precedo (1988) se puede establecer la siguiente clasificación:

— *Sistemas monocéntricos primados.* Una ciudad aparece como centro dominante, a gran distancia de las demás, concentrando de forma desproporcionada efectivos demográficos y actividades económicas. En estos sistemas se produce un salto en la jerarquía, ya que faltan los niveles inmediatamente inferiores al de la ciudad primada, existiendo fuertes relaciones de dominancia-dependencia. Es lo que ocurre, por ejemplo, en el subsistema catalán.

— *Sistemas monocéntricos jerarquizados.* Se trata de sistemas equilibrados, con presencia de los distintos niveles jerárquicos, en los que una ciudad aparece en la cúspide del sistema. En estas circunstancias, las relaciones entre ciudades se producen de forma jerárquica: los centros comarcales gravitan sobre la capital provincial y ésta a·su vez lo hace sobre la capital regional. Un ejemplo de este tipo es el subsistema valenciano-levantino.

— *Sistemas policéntricos.* En la cúspide de estos sistemas no existe una ordenación de los rangos en forma piramidal, sino que varias metrópolis compiten entre sí en la organización del sistema. De ello resultan importantes flujos bidireccionales entre las metrópolis, así como flujos de dependencia que se dirigen hacia ellas desde los niveles inferiores. El subsistema gallego se incluye dentro de este tipo.

En general, son los subsistemas de las regiones periféricas los que han cristalizado más, mientras que en el centro de la Península aparecen en ocasiones espacios débilmente articulados. Estos subsistemas vienen a definir regiones funcionales, cuyos límites no tienen por qué coincidir con las demarcaciones de las Comunidades Autónomas. De hecho, la descentralización política creó una estructura regional y funcional del territorio sobreimpuesta a la anterior: de momento, la estructura funcional mantiene su preeminencia en la organización económica del espacio y la autonómica en la estructura político-administrativa del territorio (Precedo, A., 1988). Es de prever que en el futuro tiendan a desarrollarse flujos más intensos en el interior de las comunidades autónomas.

El número y la extensión de los distintos subsistemas es discutible, ya que no existe un criterio único e irrefutable a la hora de establecer su delimitación. Aquí se distingue un total de 11 subsistemas (fig. 11.4), que a efectos expositivos, y atendiendo fundamentalmente a su disposición geográfica, han sido incluidos en los siguientes grupos:

1.º *Subsistemas de la periferia oriental y meridional*

La periferia oriental y meridional de la península se organiza funcionalmente por medio de tres subsistemas regionales: catalán, valenciano-levantino y andaluz. Los dos primeros se encuentran muy vinculados entre sí constituyendo el eje de crecimiento más dinámico de la economía española; ambos presentan una marcada especialización industrial (textil y metalurgia en Cataluña; del mueble, del calzado y agroalimentaria en el valenciano-levantino). En cambio, en el sistema andaluz las funciones predominantes son el comercio y los servicios, mientras que las actividades industriales (excepto la rama agroalimentaria) tienen un escaso desarrollo.

— *Sistema catalán*. Regido por Barcelona (sobre la que gravita todo el territorio de su comunidad), constituye un ejemplo típico de sistema monocéntrico primado, al producirse un salto importante en la jerarquía desde esta metrópoli nacional hasta las tres capitales provinciales que actúan como centros subregionales: Barcelona es una aglomeración de un tamaño desproporcionadamente grande en relación a las demás ciudades del subsistema. Las autopistas del Mediterráneo y del Ebro aseguran una conexión fácil entre las principales ciudades, que tienden a concentrarse en la franja litoral, en forma de sistema lineal, con algunos ejes de penetración hacia el interior.

— *Subsistema valenciano-levantino*. Corresponde al tipo monocéntrico jerarquizado, con una ciudad rectora y una ordenación equilibrada en los tamaños de las ciudades. La influencia de Valencia, metrópoli regional de primer orden, desborda los límites de su comunidad, alcanzando a Albacete y Murcia (ésta última se encuentra también muy vinculada con Alicante). La autopista del Mediterráneo actúa como eje vertebrador de este subsistema, que también presenta una fuerte concentración de ciudades en la franja litoral o cerca de ella.

— *Subsistema andaluz*. Es también un subsistema monocéntrico jerarquizado, pero su estructura funcional presenta una mayor complejidad. Sevilla, como gran metrópoli regional, ejerce una influencia indiscutible sobre Andalucía occidental (Cádiz, Huelva y Córdoba) e incluso sobre Badajoz. Pero en Andalucía oriental las relaciones son más complejas, ya que la influencia de Sevilla se debilita ante la presencia de dos metrópolis regionales de segundo orden (Málaga y Granada). La reciente construcción de la autovía Sevilla-Baza resulta fundamental desde el punto de vista de la integración del territorio andaluz, facilitando las relaciones entre Sevilla y Andalucía oriental. En cuanto a la distribución espacial de las ciudades, éstas se disponen a lo largo de dos ejes principales: el eje litoral (desde Almería hasta Huelva) y el eje del Guadalquivir (desde esta última y Cádiz hasta Jaén).

2.º *Subsistemas de la periferia septentrional-valle del Ebro*

De O a E se suceden cuatro subsistemas regionales sobre el espacio que denominamos periferia septentrional-valle del Ebro: los subsistemas gallego, asturiano-leonés, vasco-periferia y aragonés.

El subsistema vasco-periferia es el más consolidado y el que presenta una mayor densidad e intensidad en su red de flujos. Presenta una marcada especialización industrial, con una gran tradición metalúrgica en el País Vasco. En el subsistema asturiano-leonés —aun cuando las actividades mineras y metalúrgicas tienen una importancia decisiva— aparecen Oviedo y León como centros terciarios. En el subsistema urbano gallego la función comercial es la más característica. Finalmente, en Aragón las funciones principales son la comercial y la industrial.

— *Subsistema gallego.* Es un ejemplo típico de subsistema policéntrico, donde la capital de la Comunidad Autónoma se ha ubicado en un lugar intermedio (Santiago) entre las dos metrópolis regionales (La Coruña y Vigo). Las principales ciudades se disponen a lo largo del eje atlántico, articulado por una autopista. Su grado de vinculación con los sistemas vecinos (asturiano-leonés y vallisoletano) es relativamente débil.

— *Subsistema asturiano-leonés.* Este pequeño subsistema se encuentra focalizado sobre el triángulo asturiano, dentro del cual Oviedo, la metrópoli regional, aparece como el principal centro terciario; la influencia del triángulo asturiano se extiende hacia el otro lado de la cordillera hasta León, que siempre se ha encontrado más vinculada con Asturias (con la que se encuentra muy bien comunicada por autopista), que con Valladolid, la capital autonómica. Las relaciones entre el triángulo asturiano y el subsistema vasco-periferia no son muy intensas, pero sin duda se verán incrementadas con la futura construcción del tramo de autovía Torrelavega-Oviedo (dentro del corredor cantábrico).

— *Subsistema vasco-periferia.* Centrado sobre Bilbao, como metrópoli regional de primer orden, cubre no sólo el territorio del País Vasco, sino que se extiende también por Navarra, La Rioja, Burgos y Santander. Existe una gran densidad de metrópolis conectadas por una intensa red de flujos, a lo que contribuye el alto grado de desarrollo de las infraestructuras viarias de la zona. Este subsistema (particularmente las ciudades navarras y riojanas) mantiene una estrecha relación con el subsistema aragonés a través del valle del Ebro.

— *Subsistema aragonés.* Constituye un típico ejemplo de subsistema monocéntrico primado. La influencia de Zaragoza, la metrópoli regional, desborda el espacio aragonés para alcanzar tanto a La Rioja y Navarra (muy vinculadas al sistema vasco-periferia) como a Soria (también influida por Madrid). Con una posición estratégica en el valle del Ebro, entre los principales polos de crecimiento del país, Zaragoza se encuentra estrechamente relacionada tanto con los subsistemas catalán y vasco-periferia (a través del eje del Ebro) como con el madrileño; las dificultades de comunicación con Valencia quedarán superadas con el nuevo eje Somport-Sagunto, decisivo para el futuro de Aragón: permitirá conectar las tres capitales aragonesas entre sí y con el Levante español y el sur de Francia.

3.º *Subsistemas del interior*

En comparación con la periferia peninsular, donde los distintos subsistemas urbanos se encuentran más consolidados, el interior aparece como un espacio poco articulado, donde una gran metrópoli nacional, Madrid, se enfrenta a un espacio poco urbanizado, sin otras metrópolis que puedan suponer un factor de equilibrio.

Sólo Valladolid, beneficiada por su condición de capital autonómica, adquiere rango metropolitano, pero su ámbito de influencia es todavía bastante limitado. Madrid y Valladolid encabezan dos subsistemas regionales, en los que las actividades comerciales y de servicios son predominantes.

— *Subsistema vallisoletano.* De carácter monocéntrico jerarquizado, presenta una escasa densidad de ciudades, ya que cubre un territorio poco denso. No todo el espacio castellano-leonés gravita sobre Valladolid, la metrópoli regional, como cabría esperar tanto por las características del marco físico (cuenca del Duero) como por la propia división administrativa (Comunidad de Castilla-León). León y Burgos se encuentran más vinculadas con el triángulo asturiano y con Bilbao, respectivamente, que con Valladolid; Soria gravita sobre Zaragoza y sobre Madrid; y Segovia y Ávila lo hacen sobre Madrid. Sólo en los centros regionales más cercanos a Valladolid (como Palencia, Salamanca o Zamora) la influencia de la metrópoli regional es incuestionable. La proximidad de Madrid y el relativamente escaso peso demográfico y económico de Valladolid, junto con la configuración de la red de carreteras, proyectada más para servir al tráfico de paso que para articular la región, son responsables de esta situación.

— *Subsistema madrileño.* Madrid, la mayor metrópoli del país, rige una región administrativa muy pequeña, al haberse constituido en autonomía uniprovincial. Si a ello se une la configuración radial de la red de carreteras y la no existencia de metrópolis regionales en la meseta (salvo el caso de Valladolid) que pudieran equilibrar el excesivo peso de Madrid, no es de extrañar que la influencia directa de Madrid desborde los límites autonómicos y llegue hasta centros relativamente lejanos. Así, gravitan sobre Madrid no sólo todas las ciudades de Castilla-La Mancha (excepto Albacete, más vinculada con Valencia), sino también Segovia, Ávila y, en menor medida, Soria. El subsistema resultante es típicamente monocéntrico primado, con un salto muy brusco desde la gran metrópoli nacional hasta los centros subregionales.

4. *Subsistemas insulares*

Los archipiélagos canario y balear constituyen dos subsistemas urbanos con ciertas características comunes. En primer lugar hay que hacer referencia a su propia insularidad, que representa un factor negativo de cara a las relaciones con la península e incluso entre las islas, revalorizando los modos de transporte no terrestres (avión y barco). En segundo lugar, los subsistemas urbanos de ambos archipiélagos están marcados por las actividades turísticas, que constituyen la base de su economía. Sin embargo, ambos subsistemas presentan una estructura radicalmente distinta.

— *Subsistema balear.* Este subsistema, estrechamente vinculado con Barcelona, es monocéntrico primado: Palma de Mallorca, con un peso demográfico y económico desproporcionado en relación a las dimensiones del archipiélago, juega indiscutiblemente el papel de metrópoli regional.

— *Canario.* La bipolaridad del sistema canario se manifiesta por la existencia de dos metrópolis regionales: Las Palmas de Gran Canaria y Santa Cruz de

Tenerife, sobre las que gravitan las ciudades de las islas orientales y occidentales, respectivamente. El efecto de la insularidad es en este archipiélago más importante que en el balear, por la mayor distancia que le separa con respecto a la península, lo que se traduce en una mayor debilidad en la red de flujos.

d) EL DINAMISMO DEL SISTEMA

El sistema de ciudades no es una realidad estática. Como todo sistema está sujeto a cambios, se comporta dinámicamente. Existen distintos procesos económicos «espontáneos» que rigen la evolución de los sistemas de ciudades, acelerando el crecimiento de algunas ciudades y frenando el de otras. Además, las decisiones políticas de las distintas administraciones pueden tener una incidencia clara en la evolución del sistema de ciudades, encauzando esas tendencias espontáneas o alterándolas, al ofrecer factores nuevos de localización. Piénsese en el papel que han jugado las políticas de localización industrial, al otorgar facilidades a las empresas que se asentaban en determinadas áreas. O en la influencia que ejercen las reformas político-administrativas sobre la urbanización, al fijar qué ciudades ostentarán ciertas funciones administrativas de distinto rango (nacional, regional, provincial).

Aunque en capítulos precedentes ya fueron analizados estos factores de cambio, a continuación se hace una breve referencia a algunos de ellos, en tanto que influyen sobre la evolución del sistema de ciudades:

1.º *El proceso de industrialización*

Durante los años del desarrollismo, la industrialización provocó un rápido crecimiento en las ciudades vascas y catalanas (que se transmitió por los ejes cantábrico y mediterráneo) y, en menor medida, en Madrid y su periferia. Al mismo tiempo el proceso de industrialización actuó como factor retardador del crecimiento de las ciudades de las zonas menos desarrolladas, cuyos recursos (sobre todo la población) eran drenados por las regiones más dinámicas.

Se articularon entonces dos importantes ejes urbano-industriales: el cantábrico y el levantino, desde los cuales los procesos de difusión alcanzaron los territorios intermedios que, aprovechando las rentas de situación —caso del valle del Ebro y de la Meseta norte—, tuvieron una urbanización industrial secundaria (Precedo, A., 1988).

2.º *Desindustrialización y terciarización*

A mediados de los años setenta comienzan a aparecer unos cambios sustanciales en la evolución de la economía, que tuvieron un hondo reflejo en las tendencias de crecimiento de los sistemas de ciudades. Con la crisis industrial y la aparición de nuevas tecnologías se produjo una pérdida notable de empleo industrial, a la vez que se aceleraba el proceso de terciarización. La crisis industrial afectó de forma especial a la metalurgia, siderurgia y construcción naval. Como consecuencia de ello, las ciudades industriales del norte, las más perjudicadas, entraron en una fase de estancamiento.

Al mismo tiempo se aceleró el proceso de terciarización de la economía. Cabe destacar el importante crecimiento que se registró en los servicios a la producción y en los servicios sociales, así como en la administración (esto último en relación con la descentralización política), resultando especialmente favorecidas las metrópolis nacionales y regionales.

3.º *El turismo*

Desde los años sesenta España ha experimentado un desarrollo turístico vertiginoso. El turismo ha modificado profundamente las redes urbanas de ciertas regiones costeras, al provocar un auténtico *boom* económico en numerosas localidades. La evolución reciente de las redes urbanas en áreas como Levante, la Costa del Sol o los archipiélagos canario y balear no podría ser explicada sin considerar el fenómeno turístico. Algunas ciudades turísticas españolas, como Marbella o Benidorm, eran pequeñas localidades en los años sesenta y hoy se sitúan por encima de los 50.000 habitantes, una cifra que supera a la de ciertas capitales de provincia de la España interior.

A menor escala, el fenómeno de la segunda residencia en el entorno de las grandes ciudades ha incidido también en la evolución de los sistemas urbanos, sobre todo a escala provincial. Los núcleos urbanos de la sierra de Madrid constituyen un buen ejemplo a la hora de explicar este tipo de desarrollos.

4.º *Las políticas de localización industrial*

En una economía de mercado, la administración no puede tomar directamente decisiones en la localización industrial, salvo en el caso de empresas estatales o paraestatales. Pero sí que puede crear estímulos (dotación de infraestructuras, creación de suelo industrial, incentivos fiscales) para que las empresas se asienten en determinados lugares de acuerdo con una lógica de equilibrio espacial.

Un ejemplo típico en nuestra historia reciente es la política de los polos de desarrollo que se llevó a cabo en los años sesenta y principios de los setenta con el objetivo de frenar los procesos de aglomeración y favorecer la difusión industrial. Si bien los resultados de esta política fueron irregulares, no cabe duda de que el desarrollo de varias ciudades españolas se vio decisivamente influido por su condición de polo de desarrollo o de promoción industrial, (como Vitoria, Zaragoza, Valladolid, Burgos y Huelva), con la consecuencia de que se atenuaron los fuertes desequilibrios espaciales que se estaban generando a nivel nacional. Pero también es cierto que, cambiando de escala, los polos en ocasiones aumentaron los desequilibrios en los sistemas provinciales, potenciando las capitales provinciales en detrimento de otras ciudades menores (Gutiérrez Puebla, J., 1984).

5.º *Las funciones ligadas a la capitalidad y las reformas político-administrativas*

La condición de capitalidad conlleva una serie de funciones administrativas y de otro tipo que ejercen una influencia decisiva en la evolución de los sistemas urbanos. Se ha repetido muchas veces que la fijación de la capital de España en Madrid es la causa última de que se haya constituido en la principal metrópoli del país.

Pero también hay que hacer referencia a los niveles autonómico y provincial, y no sólo por la relación existente entre capitalidad y desarrollo urbano, sino también por las modificaciones que las reformas político-administrativas pueden suponer en las redes de flujos.

La reforma administrativa de Francisco Javier de Burgos fue decisiva en la evolución posterior del sistema urbano, ya que las capitales de provincia que él fijó han tendido a crecer más rápidamente que el resto de las ciudades, al acumular funciones administrativas y recibir ciertos servicios asociados a la capitalidad provincial. El siglo y medio de vigencia de las funciones administrativas localizadas en las capitales de provincia ha fortalecido de tal modo las funciones urbanas de estos núcleos que es innegable el papel que juegan todas ellas, en mayor o menor grado, en el actual sistema urbano y que han experimentado un crecimiento más fuerte que el del resto de la población española (Bielza de Ory, V., 1989). Pero además la división provincial de Francisco Javier de Burgos ha influido decisivamente en la evolución de las redes de flujos, de forma que a la larga han tendido a constituirse subsistemas urbanos provinciales.

Por otro lado, y aunque todavía es pronto para medir sus efectos, la descentralización político-administrativa que se produjo con el advenimiento del Estado de las Autonomías ha supuesto una concentración de funciones administrativas en las correspondientes capitales autonómicas. En la mayor parte de las comunidades autónomas la capital se fijó en la ciudad mayor, lo que llevará a un reforzamiento del carácter monocéntrico de ciertos subsistemas regionales (como Cataluña, Aragón, Valencia y Andalucía); sin embargo, en algunas comunidades en las que existía una cierta bipolaridad se ha establecido la capital regional en una tercera ciudad, de menor tamaño (como Santiago en Galicia y Vitoria en el País Vasco), lo que favorecerá la consolidación de tales sistemas como policéntricos. Por otro lado, es de esperar que en un futuro las redes de flujos tiendan a adecuarse más a la actual división autonómica.

2. Las ciudades españolas en el contexto europeo

El sistema urbano español no es un sistema cerrado. Sus ciudades se relacionan también con los centros urbanos de otros países. En realidad existe un sistema mundial de ciudades, del que el español no más que un subsistema. Como señala Racionero (1981) de forma muy expresiva, las interdependencias son múltiples: el crecimiento de Tarragona puede ser influido desde Detroit y el de Vigo desde Tokio. La decisión de una compañía multinacional de instalarse en España puede tomarse a muchos miles de kilómetros de nuestro país y sin embargo resultar clave para el desarrollo de la ciudad en la que se localice.

No cabe, pues, estudiar un subsistema aisladamente, sin considerar el sistema global en el que está inserto. Pero es que además los cambios recientes en la economía mundial apuntan hacia un proceso de internacionalización de la economía, con lo que las relaciones entre las ciudades de distintos países se incrementan cada vez más. A ello hay que añadir la incorporación de España a la Comunidad Europea y la constitución del Mercado Único no han hecho sino aumentar las relaciones de las ciudades españolas con otras ciudades europeas.

Por razones de proximidad y por compartir un mismo espacio económico, las ciudades españolas mantienen unas relaciones especialmente intensas con otras ciudades europeas. Pero no todas las ciudades españolas se comunican por igual con el exterior. Las ciudades más abiertas son las que ocupan el vértice en las jerarquías nacionales, en nuestro caso Madrid y Barcelona y, en menor medida, las metrópolis regionales de primer orden; son estas ciudades las que transmiten las innovaciones que proceden del exterior (y las que ellas mismas producen) a las demás ciudades del sistema de forma jerárquica. Se forma así una clase de ciudades privilegiadas, unas metrópolis que han alcanzado una dimensión europea: son las denominadas «eurociudades», los grandes centros urbanos europeos.

Las mayores metrópolis europeas (cuadro 11.2 y figura 11.5) son Londres y París, con 11 y 10 millones de habitantes, respectivamente. A continuación figura Madrid, con 4,6 millones de habitantes, seguida por Barcelona, Berlín, Milán y Atenas. Así pues, entre las mayores eurociudades aparecen dos españolas.

Sin embargo, las grandes metrópolis españolas ocupan en la jerarquía funcional europea un lugar algo inferior a lo que cabría esperar en relación a su número de habitantes. Ello puede comprobarse a partir de los resultados de un estudio muy completo que se llevó a cabo sobre la jerarquía del sistema de ciudades europeo (Reclus, 1989). El estudio incluye las 165 aglomeraciones urbanas que superan los 200.000 habitantes en los doce países de la Comunidad Europea, Suiza y Austria. Para medir el rango jerárquico de las distintas aglomeraciones se utilizaron 16 indicadores específicos (empresas multinacionales, investigación, tráfico aeroportuario, número de congresos y ferias, etc.) a partir de los cuales se construyó un indicador general. En función de ese indicador se estableció una clasificación de las distintas ciudades en ocho categorías jerárquicas (cuadro 11.3). Sólo las ciudades de las seis categorías superiores tenían propiamente «talla europea» (verdaderas eurociudades) y entre ellas se encontraban cinco metrópolis españolas: Madrid y Barcelona en el tercer nivel jerárquico (tras Londres, París y Milán, y a un nivel equiparable a Roma, Bruselas, Frankfurt, Munich y Amsterdam), Sevilla y Valencia en el quinto y Bilbao en el sexto. El resto de las aglomeraciones urbanas españolas quedaban en las categorías séptima y octava, por lo que no se las debe considerar más como metrópolis de rango europeo.

CUADRO 11.2. *Población de las principales áreas metropolitanas europeas (CE) (*)*

Londres	11.025.000
París	10.000.000
Madrid	4.590.000
Barcelona	3.975.000
Berlín	3.940.000
Milán	3.900.000
Atenas	3.400.000
Roma	3.180.000
Nápoles	2.925.000
Lisboa	2.750.000
Manchester	2.730.000
Birmingham	2.655.000

(*) Datos de 1989.
Fuente: Camp, S. L. (1990).

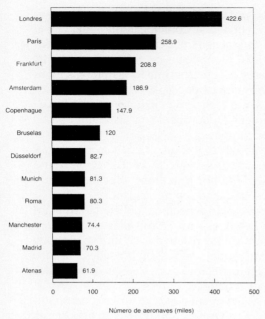

FIG. 11.5 a *Las aglomeraciones urbanas europeas. Aeropuertos. Tráfico internacional en 1989.* Fuente: MOPT (1991).

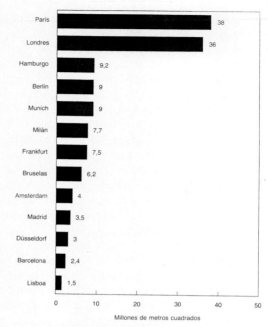

FIG. 11.5 b *Las aglomeraciones urbanas europeas. Parque de oficinas.* Fuente: Delsaut (1992).

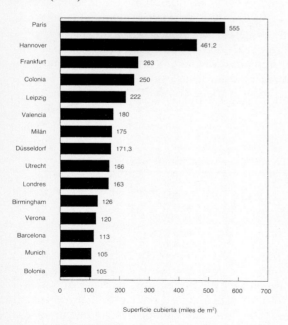

FIG. 11.5 c *Las aglomeraciones urbanas europeas. Ferias y exposiciones (1991).* Fuente: Le Bris (1992).

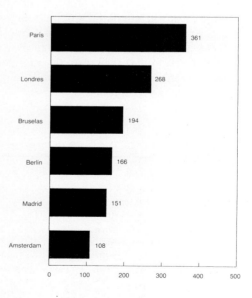

FIG. 11.5 d *Las aglomeraciones urbanas europeas. Número de congresos (1990).* Fuente: Le Bris (1992).

CUADRO 11.3. *Clasificación jerárquica de las ciudades europeas*

Nivel jerárquico	Puntuación	Nivel jerárquico	Puntuación
Categoría 1		Palermo, Bari, Mannheim	37
Londres	83	Lieja, Leeds-Bradford, Rennes	36
París	81	Trieste, Essen	35
Categoría 2		*Categoría 7*	
Milán	70	**Zaragoza,** Maguncia-Wiesbaden	34
		Liverpool, Southampton, Newcastle,	
Categoría 3		Salónica, Tarento, Berna,	
Madrid	66	Nancy, Lausana	33
Munich, Frankfurt	65	Karlsruhe, Bremen, Gante, Rouen	32
Roma, Bruselas, **Barcelona**	64	**Málaga,** Padua, Cagliari, Arnhem	31
Amsterdam	63	Cardiff, Munster, Braunschweig, Metz,	
		Palma de Mallorca	30
Categoría 4		Augsburgo	29
Manchester	58	Angers, Verona, Dortmund, Aix, Nimega,	
Berlín, Hamburgo	57	Orleans, Clermont	28
Stuttgart, Copenhague, Atenas	56	**Cádiz,** Catania, Parma, Groninga, Reims	27
Rotterdam, Zurich	55	**Las Palmas, Valladolid, Granada,**	
Turín	54	Bochum, Tours	26
Lyon	53		
Ginebra	52	*Categoría 8*	
		Saarbrücken, Belfast, **Vigo, Tarragona,**	
Categoría 5		Saint-Étienne, **Córdoba, Murcia,**	25
Birmingham, Colonia, Lisboa	51	Coventry, **Alicante,** Mesina, Odense,	
Glasgow	50	Módena, Kiel, Aarhus, Kassel,	
Viena, Edimburgo	49	Duisburgo, Haarlem, Le Havre,	
Marsella	48	**Santa Cruz de Tenerife**	24
Nápoles	47	Plymouth, Nottingham, Linz, Graz,	
Sevilla, Estrasburgo	46	Friburgo, Wuppertal, Tilburg	23
Basilea, Venecia, Utrecht	45	Aberdeen, **San Sebastián,** Caen, Regio,	
Düsseldorf, Florencia, Bolonia, La Haya,		Brescia, Bielefeld, Enschede, Dijon,	
Amberes, Toulouse	44	Sheffield	22
Valencia, Génova	43	Brest, **Santander,** Teeside, Hull,	
		Pamplona, Livorno, Cannes, Amiens,	
Categoría 6		Dordrecht	21
Bonn	42	**La Coruña, Oviedo,** Leicester, Lübeck,	
Lille, Niza	41	Valenciennes	20
Bristol, Burdeos, Hannover, Grenoble	40	Le Mans, Lens, **Gijón**	19
Montpellier, Nantes, Dublín, Oporto	39	Stoke-on Trent, Charleroi,	
Nuremberg, Eindoven, **Bilbao**	38	Mönchen-Gladbach	18

Fuente: Reclus, 1989.

Evidentemente el rango internacional de las ciudades europeas está en función no sólo de sus efectivos demográficos, sino también de su actividad económica y de su localización más o menos central en el espacio comunitario. Es aquí donde las desventajas relativas de las metrópolis españolas se ponen de manifiesto: mientras que Madrid y Barcelona cuentan con una renta per cápita ligeramente inferior a la media de la Comunidad Europea, París y Londres, por ejemplo, superan a esa media en más de un 60 %; a ello hay que añadir la localización periférica de la Península Ibérica, lejos de las principales aglomeraciones urbanas europeas.

En el mercado único europeo se abre un período de competencia entre metrópolis. En una Europa sin fronteras ya no basta con adoptar una óptica nacional a la hora de plantear las estrategias de desarrollo metropolitano: hay que contemplar una dimensión europea. ¿Cuál será el papel de nuestras metrópolis en el contexto comunitario? ¿En qué se sectores se puede competir mejor? ¿Cuáles son sus puntos fuertes y sus puntos débiles? ¿Cómo se pueden captar nuevas inversiones?

En un reciente estudio basado en una encuesta dirigida a 500 directivos de grandes empresas establecidas en Europa (Lecompte, D., 1992) se ha tratado de definir la imagen que estos directivos tienen sobre 25 metrópolis europeas (entre las que figura Madrid) en tanto que lugar de localización empresarial: 17 de esas metrópolis pertenecen a países de la CE, 4 a otros países de Europa occidental y las 4 restantes a la Europa del este. Lo que más se valora de Madrid es la disponibilidad y coste de la mano de obra (puesto 3.º), las ventajas fiscales y financieras (6.º), la calidad de vida (7.º), la disponibilidad de oficinas (8.º) y la relación precio-calidad en las oficinas (10.º); se juzgan como puntos más débiles de la oferta madrileña la infraestructura de transportes (puesto 19.º), la calidad de las telecomunicaciones (17.º), el idioma (14.º) y la facilidad de acceso a los mercados (12.º).

De cara a obtener un *ranking* de metrópolis se calculó el valor medio de cada ciudad para los nueve criterios seleccionados, tomando como factor de ponderación la importancia que los directivos otorgaban a cada uno de esos criterios. Los criterios más valorados fueron la facilidad de acceso a los mercados y clientes (puesto 1.º), calidad de las telecomunicaciones (2.º), las infraestructuras de transporte (3.º) y la disponibilidad y coste de la mano de obra (4.º). Precisamente Madrid obtiene malas posiciones en todos estos criterios excepto en el cuarto, lo que le lleva situarse en el puesto número 13 en la jerarquía final, muy por detrás de otras ciudades de su mismo rango jerárquico, como Bruselas, Amsterdam o Munich. Ello habla de la urgente necesidad de mejorar las infraestructuras de transportes y telecomunicaciones en Madrid, para poder competir en mejores condiciones con otras metrópolis europeas, superando la desventaja inicial de encontrarse en una posición periférica. No deja de ser significativo que las ciudades mejor valoradas (por este orden, Londres, París, Frankfurt, Bruselas y Amsterdam) estén todas ellas en el corazón de la Europa comunitaria (fig. 11.5*a, b, c,* y *d*).

Efectivamente, desde el punto de vista espacial, el sistema urbano español ocupa una situación periférica dentro del sistema de ciudades europeo (fig. 11.6.). El centro neurálgico de la actividad económica-urbana europea está constituido por una gran dorsal que se extiende desde el sureste de Inglaterra hasta el noroeste de Italia a través del eje del Rin, incluyendo dentro sí aglomeraciones tan importantes como Londres, París, Amsterdam, Bruselas, la conurbación Rin-Ruhr, Frankfurt, Stuttgart y Milán (fig. 11.7.). Esta dorsal, denominada como la «banana azul», ocupa tan sólo una sexta parte del territorio comunitario, pero alberga 80 millones de personas y produce prácticamente la mitad de la riqueza de Europa occidental (Cuadrado Roura, J. R., 1991).

Tradicionalmente el centro de gravedad de esta gran dorsal europea ha estado en su sector norte (área de Holanda-cuenca del Ruhr). Pero hoy el sur de la dorsal (sur de Alemania, área Ródano-Alpes, noroeste de Italia) es el área que presenta un mayor dinamismo. Esa dinámica de crecimiento se ha transmitido hacia el arco me-

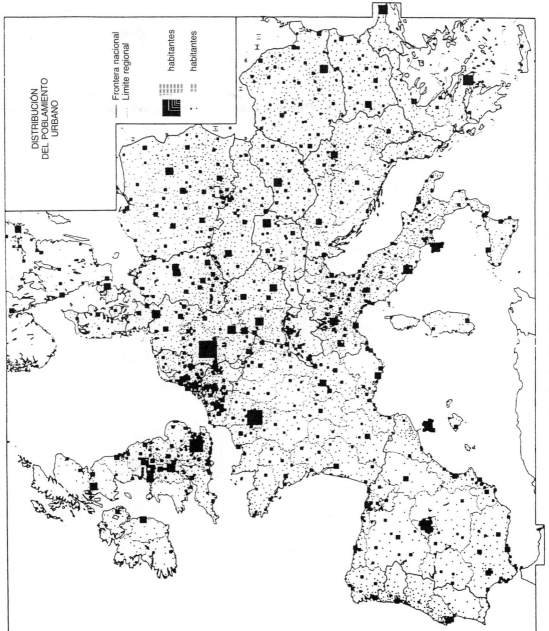

FIG. 11.6. *Distribución del poblamiento urbano en Europa, 1988.*

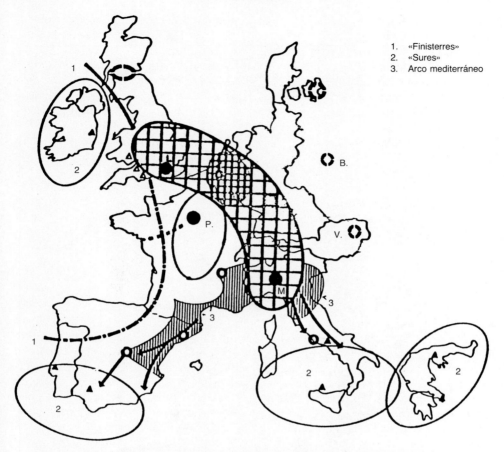

FIG. 11.7. *La gran dorsal europea y el arco mediterráneo.* Fuente: Reclus (1989).

diterráneo (Cuadrado Roura, J. R., 1991), que aparece como el segundo gran eje urbano europeo, abarcando el espacio comprendido entre el noreste-centro de Italia y el Levante español, a través del sur de Francia. Allí se han registrado en la segunda mitad de los años ochenta unas altas tasas de crecimiento y unas importantes inversiones en proyectos tecnológicos, debido entre otras causas a la existencia de deseconomías de aglomeración en los espacios centrales y a factores ambientales (proximidad del Mediterráneo). Es lo que algunos denominan el *sunbelt* (cinturón del sol) europeo, en analogía con el *sunbelt* de Estados Unidos, caracterizado por el clima soleado y la alta tecnología.

Esto permite matizar aquello que decíamos anteriormente acerca de la perifericidad del sistema urbano español. Aunque lejos de la gran dorsal europea, el sistema urbano español cuenta con espacios insertados en ese gran eje urbano de crecimiento del arco mediterráneo: el arco mediterráneo penetra por España desde la frontera francesa hasta el área de Alicante-Murcia a través del corredor mediterráneo, con penetraciones hacia el eje del Ebro y hacia Madrid. Contemplando lo que está sucediendo en el conjunto de la Europa Comunitaria se explica más fácilmente que las regiones citadas figuren entre las de mayor renta de España y sean las que están experimentando un mayor crecimiento económico.

Las ciudades del resto del territorio peninsular quedan en una situación mucho menos ventajosa con respecto a los grandes ejes de crecimiento europeos. Los centros urbanos de la franja cantábrica y de Galicia están situados en el denominado «arco atlántico», que se extiende desde el occidente de Gran Bretaña hasta el norte de Portugal. Se trata de un espacio mal articulado, con sistemas de ciudades de escaso dinamismo. Son los denominados «finisterres», término expresivo del distanciamiento de estos espacios con respecto a los grandes ejes de urbanos de crecimiento. Finalmente, Andalucía y el espacio meridional de la meseta quedan dentro de lo que el grupo Reclus (1989) denomina «los sures», haciendo con ello referencia a su condición de espacios periféricos poco desarrollados. Se trata de subsistemas urbanos con escasa base industrial y tecnólogica, poco integrados en el gran sistema de ciudades europeo.

3. Estructura interna de las ciudades españolas. Su evolución reciente

Como resultado de un largo proceso de urbanización en el que han incidido multitud de factores, internos y externos, sobre un sustrato de poblamiento marcado por importantes diferencias regionales, la ciudad española actual se muestra como un espacio particularmente complejo y heterogéneo, donde con mayor fuerza se confrontan las virtudes y los defectos de un sistema económico y de relaciones favorecedor de contrastes en los planos morfológico, funcional y social. En ningún otro lugar como en ellas el legado histórico y la dinámica actual se funden con tanta intensidad, reflejados en un paisaje interno donde permanencias y cambios se yuxtaponen, o donde la movilidad de personas, bienes, información y capital alcanza su más alto grado. El resultado es un espacio organizado en el tiempo por la actuación de unos agentes sociales —privados y públicos— en el que, más allá de unas peculiaridades locales indiscutidas que otorgan personalidad propia a cada urbe, puede detectarse cierta lógica común.

En una panorámica de conjunto, como la que aquí se mantiene, parece necesario, por tanto, hacer una breve mención a los elementos que se han incorporado al tejido urbano español en los últimos años y que completan la secuencia ya comentada en el apartado inicial, para identificar y caracterizar posteriormente las unidades que componen la estructura de las ciudades, dejando para un apartado posterior la descripción más precisa de las actuaciones públicas en materia de planeamiento urbanístico.

La segunda mitad de los años setenta, momento en que se hacía patente la crisis del modelo productivo vigente en décadas anteriores, trajo consigo el inicio de importantes cambios en la evolución de nuestras ciudades.

La idea de una *crisis urbana* que rompía el proceso de crecimiento ininterrumpido precedente en beneficio de las grandes ciudades y aglomeraciones metropolitanas, otorgando mayor protagonismo a las ciudades medias, pequeñas e, incluso, a ciertas áreas rurales que veían detenido el éxodo anterior, comenzó a ser reiterada por quienes consideraban al sistema urbano en transición hacia una sociedad posindustrial menos polarizada desde el punto de vista territorial (Precedo, A., 1988). Por otro lado, la creciente conciencia de un «malestar urbano» derivado de la acumulación de problemas heredados (congestión, déficit de viviendas, segregación interna, inseguridad, etc.) con otros nuevos (desempleo, inmigración ilegal, etc.), hizo también disminuir el valor otorgado a la imagen de la gran urbe en la percepción colectiva, revitalizando las propuestas desurbanizadoras entre amplias capas de la población. En ese contexto, la defensa de un «urbanismo de austeridad» y de políticas destinadas a la «recuperación social del espacio urbano» (Valenzuela, M., 1988), tendentes a priorizar la mejora de la calidad de vida y del entorno ambiental respecto a las necesidades derivadas de un crecimiento que parecía detenerse, alcanzaron notable eco entre los responsables del diseño y la planificación urbana de la primera mitad de los años ochenta.

El breve período de recuperación económica que supuso la segunda mitad de esa década, con una revitalización paralela del dinamismo mostrado por algunas grandes ciudades, obligó a revisar las anteriores perspectivas estabilizadoras, comprobándose también algunas de las disfuncionalidades asociadas a las nuevas tendencias. Las relativas al *mercado inmobiliario* son, desde nuestra perspectiva, uno de los mejores exponentes de la dinámica urbana reciente, con evidente reflejo en la morfología de la ciudad y en las condiciones de vida de su población.

El primer rasgo a tener en cuenta es la relativa juventud del parque inmobiliario español. Si hace ya casi dos décadas Capel afirmaba que «a pesar de su larga historia, el paisaje urbano español podría ser considerado con toda propiedad como un paisaje nuevo» (Capel, H., 1975, 9), pues una tercera parte de las viviendas existentes en 1965 se habían construido en el cuarto de siglo anterior, los resultados del censo de viviendas correspondiente a 1991 reinciden en similar conclusión (cuadro 11.4). Mientras una de cada cinco viviendas familiares se construyeron en la última década, otro 36 % corresponde al período 1961-1980, con lo que suman ya más de la mitad las que tienen menos de 30 años de antigüedad, por sólo una cuarta parte anteriores a la guerra civil.

No obstante, en lo ocurrido desde 1975 resulta necesario diferenciar dos sub-

CUADRO 11.4. *Características del parque de viviendas familiares en España, 1991*

Año de construcción	% Total
Antes de 1940	25,7
De 1941 a 1960	18,6
De 1961 a 1980	36,1
De 1981 a 1990	17,2
En construcción	2,4
Total	100,0
Régimen de tenencia	
Viviendas en propiedad	78,4
Viviendas en alquiler	15,0
Otras formas de tenencia	6,6
Total	100,0

Fuente: INE, *Censo de Viviendas 1991*.

períodos caracterizados por tendencias y problemas específicos, que tienen su reflejo en la realidad actual.

Así, entre 1975 y 1987 se asistió a una progresiva reducción del número de viviendas construidas anualmente en España, desde las 374.000 de la primera fecha a las 164.000 de la última. La crisis del sector de la construcción, ante las menores expectativas de rentabilidad para los promotores derivadas de la crisis económica (retracción de la demanda, encarecimiento del dinero, etc.), junto con una paralela reducción de las viviendas de promoción oficial (de 176.000 a 135.000) derivada de las limitaciones presupuestarias, se conjugaron para inducir ese efecto. Eso no significa, en absoluto, una disminución de las necesidades, pues según una encuesta realizada en 1980, el 12 % de las familias manifestaba carencias cualitativas y cuantitativas en esta materia, al tiempo que un 23 % del parque de viviendas carecía de condiciones mínimas de habitabilidad (ITUR, 1986), siendo por contra numerosas las viviendas construidas destinadas a residencia secundaria o que permanecían desocupadas. El inicio de una política de rehabilitación del patrimonio inmobiliario desde 1980, mediante créditos y subvenciones a inquilinos y propietarios de inmuebles, supuso una novedad de interés en la revalorización de los centros urbanos, pero sus resultados globales resultaron modestos.

A partir de 1985, en cambio, la recuperación del pulso económico en la mayoría de ciudades supuso un cambio drástico en las condiciones del mercado inmobiliario cuyo mejor reflejo fue el espectacular crecimiento registrado por los precios del suelo y la vivienda —muy superior al de la renta por habitante—, que en ciudades como Madrid y Barcelona se situó en torno al 200 % entre 1984-1988. Varios son los factores que suelen mencionarse para justificar la eclosión de tales procesos especulativos (Comité de Expertos, 1992):

— La elevación de la demanda de viviendas y oficinas derivada del aumento de las rentas familiares y los beneficios/expectativas empresariales, frente a la lentitud con que se urbaniza el suelo y se edifica, generando con ello un desequilibrio que presionó al alza sobre los precios.

— La entrada de capital extranjero que supuso nuestra integración en la Comunidad Europea, atraído por márgenes de rentabilidad altos, junto a la inversión de un «dinero negro» que también encontró facilidades y altos beneficios fiscales en el sector inmobiliario.

— La carencia de instrumentos normativos para hacer frente a una especulación que, en ocasiones, encontró apoyo en la escasez de suelo urbanizable calificado por los Planes Generales redactados durante la etapa de crisis anterior, así como en maniobras de retención por parte de ciertos propietarios.

— En el caso concreto de los centros urbanos, su exagerada revalorización contó con factores adicionales como el fuerte crecimiento de unos servicios avanzados necesitados de accesibilidad y estatus, o el mantenimiento de su atractivo, tanto para amplias capas de la burguesía urbana (sobre todo en ciudades medias y pequeñas), como para profesionales, personas que viven solas, etc.

El retraimiento de la actuación pública, ahora centrada en las viviendas de protección oficial (VPO), con dificultades para competir en el mercado del suelo al tener precios tasados y ser generalmente escaso el patrimonio municipal del mismo (sólo sumaron un 20,3 % de las construidas en 1990), acentuó el dualismo entre el rápido aumento de las viviendas de calidad para una demanda solvente y el creciente déficit padecido por los grupos de baja renta y por la población joven. El hecho de que tan sólo un 68,8 % de las viviendas familiares censadas en 1991 se destine a uso permanente (11,8 millones), frente al elevado número de residencias secundarias (2,6 millones, un 15,3 %) y viviendas vacías (2,2 millones, un 13,0 %), o la escasa importancia de la vivienda en alquiler (15 % del total), agravan esa disfunción.

Pero junto a los problemas asociados a la producción del espacio urbano, estos últimos años también han traído consigo la incorporación de algunas novedades que transforman la *morfología urbana*, entre las que merecen especial atención las operaciones de renovación interior realizadas en determinadas ciudades, junto a un crecimiento periférico que afecta ya, incluso, a aquellos núcleos menos dinámicos y donde la resistencia al desplazamiento había resultado más acusada.

El objetivo de rehabilitar y revalorizar determinados ámbitos de la ciudad afectados por graves problemas de obsolescencia y abandono, en particular áreas industriales, ferroviarias o portuarias, ha contado con la conjunción de los intereses privados y públicos, lo que ha acelerado la transformación de algunos sectores interiores. El cambio por viviendas, oficinas, equipamientos o zonas verdes, se ha visto acompañada por una frecuente sustitución de los grupos sociales residentes en el entorno. La construcción de la Villa Olímpica en el área industrial del Poble Nou y la apertura de un frente marítimo para Barcelona, la actuación realizada en la Estación de Córdoba y la margen del Guadalquivir en Sevilla, la constitución del Pasillo Verde Ferroviario en el sur de Madrid, o el proyecto Ría 2.000 en Bilbao, pueden considerarse operaciones emblemáticas de un proceso que cuenta ya con muchas otras manifestaciones de menor escala (Ferrer, M., Ciscar, I., y Luri, V., 1992; VV.AA., 1992).

Como contrapunto, el deseo de un número creciente de familias con ingresos medios o altos de buscar espacios residenciales de baja densidad y mayor contacto con la naturaleza, junto a la necesidad de quienes no pueden acceder a una vivienda en el interior de la ciudad por su alto precio, ha contribuido a acelerar los movimientos centrífugos en dirección a los espacios suburbanos y periurbanos. En el primer caso, el hecho más llamativo es, sin duda, la importancia adquirida por la vivienda unifamiliar (aislada, pareada, adosada) como forma de promoción dominante en estos años, acompañada con frecuencia por la instalación de grandes superficies comerciales y equipamientos suburbanos, lo que se traduce en un elevado consumo de suelo. En el segundo, la pervivencia de grandes promociones inmobiliarias de baja calidad, tanto en las periferias urbanas como, cada vez más, en algunos núcleos rurales del entorno, define aquellos otros sectores menos valorados. Tanto en un caso como en el otro, el aumento en volumen y distancia-tiempo de los movimientos diarios residencia-trabajo, con la presión sobre el transporte público y la congestión de los accesos que originan, son su consecuencia más evidente.

La superposición de estas tendencias recientes al tejido ya consolidado históricamente por la actuación de los diversos agentes sociales da como resultado una *estructura urbana actual* en la que pueden identificarse toda una serie de unidades caracterizadas por una morfología (plano, edificación y uso del suelo), una composición sociodemográfica, o un predominio de actividades y usos característicos. La distinción entre centros históricos, ensanches, núcleos de extrarradio y barrios de ciudad-jardín surgidos con la primera oleada industrializadora, áreas residenciales periféricas o suburbanas (con su enorme variedad interna) y franjas periurbanas, suele ser la más utilizada. Es evidente que «estos elementos aparecen en general plenamente desarrollados en las grandes áreas metropolitanas de antiguo desarrollo urbano, mientras que en las ciudades pequeñas y medias puede faltar eventualmente alguno de ellos» (Capel, H., 1975, 10), al tiempo que la historia propia de cada ciudad o su especialización funcional incorporarán también diferencias locales apreciables que enriquecen en cada caso los rasgos genéricos que aquí se presentan.

4. **Centros históricos: entre el deterioro y la rehabilitación**

El primero de esos componentes de la realidad urbana española son los *cascos antiguos* o *centros históricos*, tanto desde una perspectiva histórica como por su frecuente posición nodal dentro del tejido urbano y, sobre todo, su valor simbólico en la identificación de la personalidad propia y la memoria colectiva de cada ciudad, pese a que su impronta superficial se haya reducido con rapidez ante la rápida expansión suburbana de las últimas décadas. Se identifican con los espacios construidos originariamente antes del inicio de la industrialización en la segunda mitad del pasado siglo, por lo que en su interior se superponen elementos acumulados en el transcurso de un proceso evolutivo generalmente largo, cuyo origen se remonta con frecuencia a la Edad Media, aunque existen ciudades con precedentes en la colonización romana y aún anteriores.

a) LAS HERENCIAS DEL PROCESO URBANIZADOR

Dentro de una gran variedad de orígenes, resulta frecuente entre las ciudades españolas la ocupación de *emplazamientos* defensivos, ya sea en lugares elevados que suponen desniveles topográficos salvados mediante cuestas y escalinatas (Girona, Vitoria, Granada, Cuenca, Lleida, Trujillo, etc.), ya en un promontorio rocoso que defiende la entrada de un puerto natural (La Coruña, Gijón, San Sebastián, Cádiz, etc.), o en la margen de un río como cabeza de puente. Son así numerosas las ciudades ubicadas a lo largo de ríos como el Duero (Zamora, Toro, Tordesillas, Aranda, Soria), Tajo (Alcántara, Talavera de la Reina, Toledo), Ebro (Miranda, Logroño, Tudela, Zaragoza), Guadalquivir (Sevilla, Córdoba), o en la confluencia con algún afluente (Valladolid, Segovia, Badajoz) (fig. 11.8).

Esa función defensiva, de la que quedan algunas edificaciones como vestigio (castillos, alcazabas, ciudadelas), se vio reforzada, con frecuencia, por la construcción de murallas o cercas sucesivas, que también respondían a fines fiscales-sanitarios, y que en su mayor parte fueron derribadas cuando el empuje de la industrialización planteó la necesidad de ampliar el perímetro urbano y facilitar la circulación interna. Sólo en algunas de las que quedaron al margen de tal proceso los recintos cercados han seguido marcando su impronta en el paisaje actual (Lugo, Ávila, Astorga, Ciudad Rodrigo, Zamora), mientras en el resto dieron paso a la construcción de paseos de ronda o circunvalación que hoy dibujan su contorno (Quirós, F., 1991; Jürgens, O., 1992) (fig. 11.9).

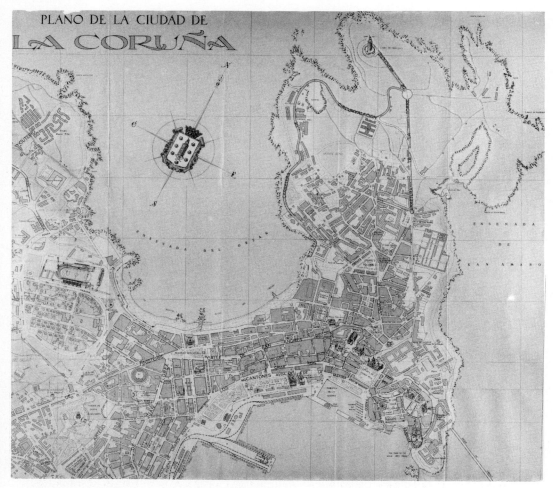

Fig. 11.8. *Plano de La Coruña: emplazamiento estratégico de la ciudad vieja, ensanche de la Marina y barrios periféricos.*

Con relación a la *trama viaria*, ésta suele identificarse por la densidad e irregularidad de las calles, que individualizan manzanas de forma heterogénea y dimensión reducida, originando un buen número de plazas en sus intersecciones. La regularidad es algo mayor en aquellos casos como Zaragoza, León o Mérida, donde aún perviven restos del trazado romano organizado en torno a dos vías principales de dirección perpendicular (*cardo y decumanus*), o en aquellos fragmentos de ciudad histórica ligados al urbanismo renacentista y barroco (plazas mayores, paseos arbolados y avenidas panorámicas, alineaciones de calles, etc.). Pese a todo, en conjunto domina una imagen aparentemente caótica, «resultante de lentos procesos de superposición de varios sistemas de caminos y de calles, de parcelaciones y de

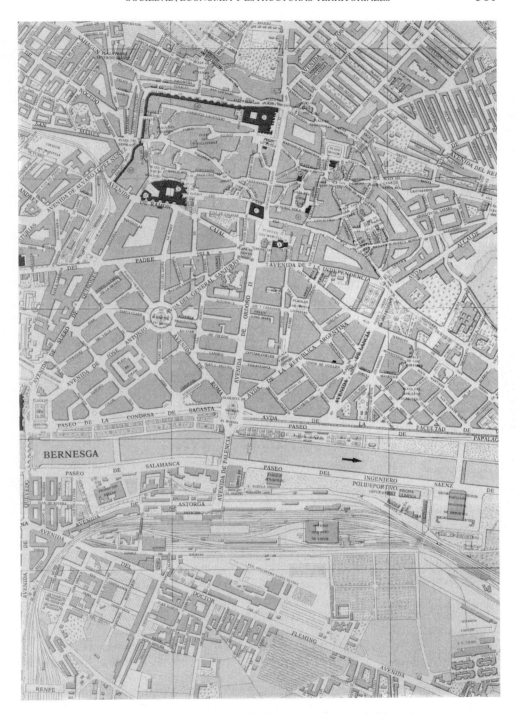

Fig. 11.9. *Plano de León: centro histórico, ensanche y arrabal ferroviario.*

divisiones y subdivisiones de manzanas que se han sucedido a lo largo del tiempo» (Martínez Sarandeses, J., y otros, 1990, 18).

Esa complejidad alcanza su mejor expresión en las ciudades musulmanas de la mitad meridional (Alicante, Granada, Sevilla, Córdoba, Almería, Jaén, Toledo, etc.), con una red laberíntica de callejones y adarves sin salida, coherente con una concepción donde lo privado prevalece sobre lo público. Como describe magistralmente Bosque Maurel para el caso de Granada, «calles estrechas y generalmente retorcidas, con predominio de las formas curvas y de los ángulos agudos, parecen revelar un antecedente medieval, visible en las numerosas casas conservadas todavía de aquellos tiempos y en los frecuentes callejones sin salida. La falta de huecos al exterior o, al menos, su escaso número, la irregularidad del plano, la frecuencia de altas y blancas tapias coronadas de follaje que cierran las calles y recuerdan las viejas ciudades del Islam» (Bosque Maurel, J., 1969, 220), son elementos definitorios inconfundibles.

La apertura de plazas en antiguas propiedades eclesiásticas desamortizadas y de grandes vías en la primera mitad de nuestro siglo, justificadas por motivos higienistas y de circulación, pero acompañadas de importantes procesos de revalorización especulativa, densificación y terciarización en sus márgenes, suponen la ruptura contemporánea más visible con la trama heredada (fig. 11.10).

Pese a que la multifuncionalidad y la coexistencia entre *usos del suelo y grupos sociales* diversos definieron secularmente tales espacios, no debe ignorarse la existencia de una cierta jerarquización interna, tanto en sentido horizontal como vertical, visible aún en la edificación y el carácter de los espacios públicos.

De este modo, la frecuente concentración de los diversos poderes que dirigían la ciudad en torno a una plaza central (ayuntamiento, iglesia, comercio), situada con frecuencia a la sombra de un castillo o fortaleza militar, se vio acompañada por la construcción de edificios singulares para los grupos sociales dominantes en las calles principales, en especial la iglesia. Muchos de ellos quedaron convertidos en sede de diversas instituciones, sobre todo como resultado de la desamortización que en ciertas ciudades (Sevilla, Valladolid, Cádiz, Burgos) posibilitó un verdadero «ensanche interior» (García Fernández, J., 1974). Como afirma Estébanez, «esta aportación de espacio urbano derivado de la Desamortización permitió a la mayoría de las ciudades, salvo Barcelona y Madrid, crecer por implosión sin necesidad de plantearse planes de ensanche», haciendo posible «un plan de ubicación de nuevas dependencias oficiales en antiguos edificios eclesiásticos, una remodelación urbana sobre la base de nuevas alineaciones, aperturas, ensanches de calles y plazuelas, que esponjaron la trama heredada» (Estébanez, J., 1989, 64).

Desde ese vértice central, y en todas direcciones, se extendía un caserío muy diverso y con indudables rasgos de personalidad local, que fue densificándose progresivamente, sobre todo desde el siglo XIX, desapareciendo casi en su totalidad las huertas y jardines interiores, hasta alcanzar los arrabales exteriores, situados junto a una vía de acceso, en torno a un convento o monasterio, etc. Aunque talleres, comercios, almacenes y edificios públicos se entremezclan usualmente con las viviendas, no quedaba excluida una cierta especialización sociofuncional de determinados barrios, con rasgos de identidad propios ligados a su ocupación en una determinada época por el clero, ciertos gremios, grupos marginados (judería, morería), etc.

FIG. 11.10. *Centro histórico de Granada: sector del Albaicín y Gran Vía de Colón.*

b) DECLIVE Y RENOVACIÓN DE LOS CENTROS

La resistencia mostrada por nobleza y burguesía a abandonar estas áreas centrales, característica de las urbes del sur de Europa, comenzó a moderarse con la construcción de los ensanches desde finales del pasado siglo y continuó durante el actual, sobre todo en las grandes ciudades. Esto favoreció un proceso de *deterioro* y sustitución social (invasión-sucesión) que llegó a convertir ciertos sectores de los cascos históricos en áreas afectadas por las lacras del abandono material, la pobreza y el envejecimiento de su pirámide demográfica, provocando un relativo aislamiento respecto a las áreas dinámicas y los equipamientos sociales de la ciudad.

El abandono y la marginalidad de algunas de tales áreas justificaron más tarde procesos de *renovación* que, con el pretexto de sanearlas e impulsar su revitalización, originaron frecuentes daños al patrimonio urbano, sobre todo desde el inicio de la etapa desarrollista en los años sesenta.

«La estrategia de renovación hay que entenderla como la reproducción de un nuevo espacio sobre otro existente, que ha sido necesario destruir con el objetivo de transformar radicalmente sus contenidos sociales, formales y funcionales» (Campesino, A. J., 1986, 96). Tales actuaciones, concentradas espacialmente en las áreas más significativas y mejor conectadas con el resto de la ciudad, que son también las más demandadas y rentables, tuvieron a veces carácter puntual, mientras en otras ocasiones utilizaron la reforma de alineaciones ya empleada desde el siglo pasado para derribar manzanas enteras (Oliveras, J., 1992). La sustitución se hizo por edificios de mayor altura, volumen edificado y precio, aunque de dudoso gusto estético en numerosas ocasiones, que deterioraron la identidad de tales espacios (Fernández Alba, A., y Gavira, C., 1986). La permisividad en la concesión de licencias, justificada por la búsqueda de contribuciones municipales o por la connivencia entre gestores públicos e intereses privados facilitó un proceso guiado por el objetivo de rentabilizar unas rentas de situación potenciales ahora atractivas, especialmente en el caso de comercios y oficinas interesados en maximizar las ventajas de la centralidad.

Sólo en algunos casos aislados (Toledo, Cáceres, Segovia, Salamanca, etc.), y amparándose en la Ley de Protección del Patrimonio Artístico, se aplicó una política conservacionista de protección a ultranza, muy costosa de mantener para los ayuntamientos y que, al dificultar cualquier tipo de reformas, necesitadas de aprobación por Bellas Artes, favoreció un progresivo abandono de sus residentes.

c) PROBLEMAS ACTUALES Y POLÍTICAS DE REHABILITACIÓN

Tal como ha señalado Delgado, «la reciente evolución de los centros históricos, debido a la desmedida intervención urbanística y edificatoria, no sólo ha traído como consecuencia la brutal y desordenada transformación de los mismos, sino que se halla en la base de los problemas que aquejan a estas áreas» (Delgado, E., 1989, 83). Problemas que pueden cifrarse en tres esenciales: una excesiva especialización en funciones terciarias, con abandono de su diversidad anterior, junto a un dualismo social y un deterioro ambiental crecientes, que intentan ser enfrentados hoy mediante políticas de rehabilitación integrada.

El *proceso de terciarización* afecta a las áreas centrales de mayor valor simbólico donde se concentran diversos servicios avanzados (oficinas bancarias y de seguros, sedes empresariales, instituciones públicas, despachos y estudios de profesionales), junto a centros comerciales (grandes almacenes, galerías, minoristas especializados) y de ocio, hoteles y restaurantes, etc. Se trata, en suma, de actividades necesitadas de la accesibilidad, complementariedad y rango que ofrece este sector de la ciudad, además de ser suficientemente intensivas en el uso del suelo como para rentabilizar su alto precio. Mientras en las grandes ciudades la expansión del centro de negocios forzó su progresivo desplazamiento en dirección al ensanche o las grandes avenidas externas al casco histórico, dejando a éste convertido en un «subcentro funcional», en las restantes esa identificación se mantiene inmutable.

El consiguiente desplazamiento de usos residenciales y, en menor medida, industriales, que agudiza el desequilibrio entre número de residentes y empleados, favorece una intensificación de los movimientos diarios residencia-trabajo, con saturación del tráfico en horas-punta y horarios comerciales, así como graves problemas de aparcamiento, que deterioran la *calidad ambiental* de estas áreas. La calle y la plaza dejan así de ser lugar de relación para convertirse, prioritariamente, en lugares de tránsito, al tiempo que se produce un deterioro directo de las edificaciones más antiguas por los efectos combinados de la polución, las vibraciones, etc. En esas condiciones, la peatonalización o neutralización de algunas calles en los sectores más congestionados viene a ser una respuesta municipal cada vez más frecuente, a mitad de camino entre conquista ciudadana en la recuperación del centro y mecanismo aplicado para la revalorización de determinados espacios.

Por su parte, el *cambio sociodemográfico* se muestra como un proceso ambivalente, que acentúa los contrastes y la segregación espacial internos. De un lado, la carestía y escasez de las viviendas induce la emigración de los jóvenes hacia la periferia, envejeciendo de forma generalizada las pirámides de población, con lo que la presencia de grupos sociales de bajos ingresos y edad avanzada e, incluso, de población marginada, se hacen características de algunos de estos barrios. Pero, como contrapunto, en aquellos otros ámbitos que mantienen cierto prestigio y calidad se produce la expulsión de clases populares (mediante declaración de ruina y desalojo de los inmuebles) y su sustitución por grupos de mayor renta, que pueden ocupar nuevos edificios de apartamentos, reutilizar edificios históricos catalogados previa su compartimentación en bastantes casos, etc.

En los años ochenta, la crítica a los desmanes provocados por el urbanismo desarrollista anterior favoreció un replanteamiento de la intervención pública en estos centros históricos orientada a promover una *política de rehabilitación integrada* que, defendiendo su identidad, evitase al tiempo su conversión en museos urbanos inertes. El objetivo conjunto de conservación, recuperación y revitalización se convirtió en el eje argumental de tales actuaciones, que se pretenden equidistantes del conservacionismo a ultranza y la renovación especulativa. Como señala Pol en alusión al barrio de Cimadevilla en la ciudad de Gijón, la intervención se plantea «conjugando instrumentos de salvaguardia con intervenciones de modificación, renovación y transformación urbana; combinando la defensa de los usos tradicionales —en especial, de la vivienda de carácter popular— con la implantación de otras actividades innovadoras, y, en fin, impulsando al mismo tiempo la regeneración de las imágenes tradicionales y la creación de otras nuevas cualidades y significados sociales y culturales» (Pol, F., 1989, 18). La «Campaña Europea de Renacimiento de la Ciudad», promovida por el Consejo de Europa en 1980-1981, o la declaración de algunos centros históricos españoles como «patrimonio cultural de la humanidad», han contribuido a lograr una mayor sensibilización social ante tales propuestas.

La elaboración de catálogos de edificios a proteger, bien por su interés arquitectónico singular o por su valor ambiental dentro del conjunto urbano, la aprobación de planes especiales, la mejora o dotación de ciertos servicios y equipamientos, etc., son algunas de las actuaciones más repetidas, si bien los resultados por el momento pueden calificarse de heterogéneos (Troitiño, M. A., 1992) y, por lo general, modestos, ante las limitaciones presupuestarias y los conflictos que suscitan entre los diversos intereses implicados.

5. Ensanches y núcleos de extrarradio

La incorporación del sistema de relaciones capitalistas al proceso de construcción de la ciudad, con el sometimiento a la lógica del beneficio para los agentes privados en la producción de espacio y una actuación del poder público destinada a atenuar algunos efectos indeseados y establecer ciertas normas de ordenación, ha dado como resultado una dicotomía, cambiante en sus manifestaciones pero constante en su lógica, que ayuda a entender la realidad urbana actual. De este modo, la producción de la «ciudad ortodoxa», sometida a las leyes del mercado, desarrollada bajo los auspicios del planeamiento oficial y destinada a la demanda solvente, se ha visto acompañada por el paralelo surgimiento de otros espacios al margen de la normativa o sostenidos por la subvención pública, que se ligan directamente a aquellos segmentos de la demanda —familiar o empresarial— insolvente que acuden a la ciudad. El crecimiento de los ensanches burgueses y, al tiempo, de los suburbios marginales que acompaña la primera oleada industrializadora, constituye un buen exponente del proceso aún visible en la estructura de numerosas ciudades españolas, aunque alterado por importantes transformaciones recientes (Quirós, F., 1991).

a) LOS ENSANCHES COMO MODELO DE CIUDAD BURGUESA

El efecto combinado del crecimiento demográfico por inmigración, la mejora del transporte y los abastecimientos (agua, alimentos, etc.), y el desarrollo de la burguesía urbana que trajo consigo el inicio del proceso industrializador en algunas ciudades, hizo posible y necesaria su expansión superficial, desbordando —cuando no derribando— las frecuentes cercas o murallas que hasta ese momento las circundaban, estableciendo una clara divisoria con su entorno rural. Durante algún tiempo, las condiciones establecidas por la desamortización de los más de tres mil conventos existentes en 1836 y el crecimiento en altura posibilitaron lo que algunos califican como un «crecimiento por implosión». No obstante, la excesiva densificación del casco (hasta 860 hab./ha en la Barcelona de 1860, y unos 540 de promedio en Madrid) agravó los problemas de insalubridad y el riesgo de epidemias, forzando la aprobación de *ensanches* en aquellas ciudades más dinámicas —mayoritariamente litorales—, para difundirse con posterioridad a otras muchas.

De este modo, entre los proyectos pioneros de Barcelona (Ildefons Cerdà) o Madrid (Carlos M.ª de Castro), aprobados en 1860, la Ley de Ensanche de Poblaciones (aprobada en 1864 y modificada en 1876 y 1892), y los ensanches más recientes, transcurrió bastante más de medio siglo, lo que da como resultado inevitable una notoria diversidad de soluciones que acentúa las diferencias también observables en lo referente a su dimensión o a los objetivos manifestados por sus respectivos autores. De cualquier modo, es posible identificar en todos ellos algunas características comunes, capaces de otorgarles personalidad propia dentro de la estructura urbana actual. En tal sentido, y como afirma Valenzuela, se trató en todos los casos «de un nuevo espacio urbano, una auténtica *ciudad nueva* que, al mismo tiempo que plasmaba las ideas de orden, regularidad e higienismo (todos ellos principios típicamente burgueses), iba a permitir obtener beneficios económicos considerables a través de la producción de los distintos elementos materiales de ese espacio, desde la vivienda al comercio, pasando por los transportes» (Valenzuela, M., 1989, 133).

En cuanto a su *trazado*, el carácter planificado de su origen se traduce en una red viaria más amplia y rectilínea que la de los cascos antiguos, acorde con las nuevas condiciones de la circulación intraurbana, organizada de forma geométrica en tramas reticulares, radiales, etc., lo que da como resultado manzanas amplias y regulares, que permiten un aprovechamiento máximo del suelo para su urbanización. Las cuadrículas del ensanche barcelonés, con manzanas achaflanadas de 133 m de lado separadas por calles de 20 m de anchura (hasta 50 en las grandes avenidas), o del madrileño, con manzanas de 80 a 120 m, resultan buen exponente del cambio de escala que se introduce (figs. 11.11, 11.12 y 11.13).

Esa misma regularidad ha sido objeto de valoraciones diversas que oscilan entre la defensa hecha por Cerdà en su *Teoría General de la Urbanización,* cuando afirma que «la cuadrícula, cuando ha sido la estructura básica de la ciudad y no un apéndice de una ciudad organizada de otra manera, ha cumplido papeles sociales y políticos homogeneizadores y democratizantes», a las críticas de quienes, como Chueca Goitia, señalan que «gracias a la cuadrícula, el aprovechamiento de los terrenos era máximo y la igual importancia de las calles perseguía el ideal de que todos fueran igualmente valiosos. Todas las operaciones de cálculo de rendimientos, compraventa, etc., eran facilitadas extraordinariamente. Ya no era la cuadrícula de los ideólogos ni de los colonizadores, sino la de los traficantes de solares» (Chueca, F., 1972, 20).

En cuanto a la *edificación y uso del suelo*, las notables diferencias existentes en los documentos oficiales se vieron atenuadas con el paso del tiempo como resultado de estrategias comunes de actuación por parte de los agentes urbanos, más allá de los supuestos teóricos y normativos de partida. De este modo, proyectos igualitarios como el de Cerdà, que proponía una menor segregación formal, funcional y social del espacio urbano mediante una distribución regular de servicios y equipamientos, junto a una urbanización expansiva y de baja densidad (manzanas edificadas sólo en dos o tres de sus lados, con amplios espacios abiertos y parques urbanos), se vieron profundamente alterados en su materialización formal por los intereses dominantes, que jerarquizaron y densificaron su contenido, haciéndolo

FIG. 11.11.
Importancia del ensanche de Cerdà en la estructura actual de Barcelona.

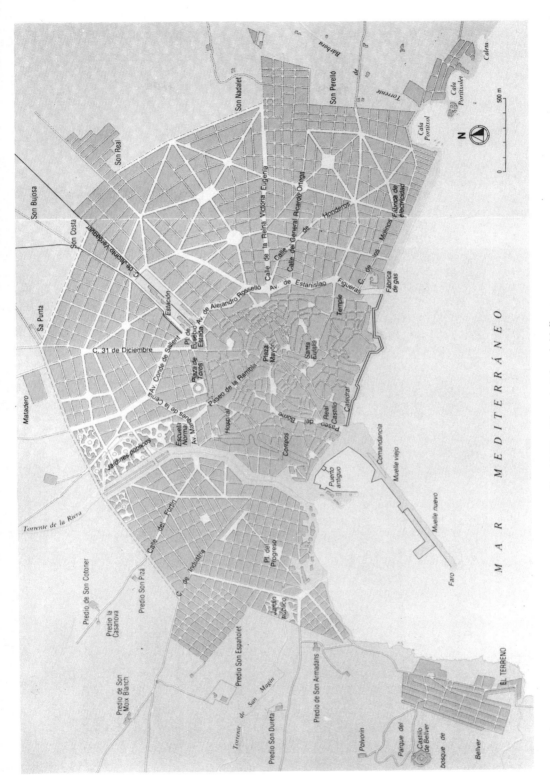

Fig. 11.12. *Plano de Palma de Mallorca.*

Fig. 11.13. *Plano de Pamplona: restos del recinto cercado y la Ciudadela, junto al ensanche y los barrios periféricos.*

también patrimonio de ciertos grupos sociales, con exclusión de los restantes (Tarragó, S., y Soria, A., 1976). No obstante, tales objetivos estuvieron ausentes de la mayoría de proyectos presentados en otras ciudades, por lo que, en tales casos, el cumplimiento de las previsiones iniciales fue mayor.

En consecuencia, los altos precios de los solares e inmuebles edificados supusieron que fuese la burguesía urbana quien llevó a cabo su ocupación, comenzando por aquellos sectores más próximos y mejor comunicados con el centro histórico, en un proceso generalmente lento que tardó décadas en completarse. Sólo en aquellas áreas externas más distantes o con peores condiciones de emplazamiento se produjo la promoción de viviendas de peor calidad y menor tamaño para las clases medias, lo que con frecuencia se vio acompañado por una cierta distorsión de los proyectos originarios: calles más estrechas y apertura de otras medianeras que permiten mayor edificabilidad, ocupación de los patios interiores por viviendas, talleres o almacenes, desaparición de espacios libres, etc. Inicialmente, algunos grupos de baja renta también ocuparon los pisos superiores y buhardillas de las viviendas burguesas, en una jerarquización vertical del espacio que fue desapareciendo con la generalización del ascensor.

El carácter esencialmente residencial y la composición social mencionada se han mantenido básicamente inmutables a través del tiempo, si bien la progresiva expansión superficial del centro comercial y de negocios favoreció una progresiva terciarización de estos ensanches, que se hace más patente en sus principales calles y avenidas, así como las áreas de contacto con el CBD tradicional. La presión que suponen el rápido encarecimiento del suelo y una normativa urbanístiva habitualmente permisiva favorecen hoy una sustitución de viviendas por oficinas y otros centros de trabajo que, a veces, reutilizan los antiguos inmuebles o, al menos, sus plantas inferiores, mientras en otras ocasiones se ha procedido a su derribo y sustitución. Los intensos desplazamientos diarios de población que esto genera, junto al progresivo envejecimiento de su pirámide demográfica ante la escasez y alto precio de la oferta inmobiliaria actual, resultan tendencias complementarias y similares a las ya comentadas para los sectores más valorados del centro histórico.

b) Integración y revalorización de los antiguos suburbios

Aunque surgidos por lo general de forma paralela a los ensanches burgueses, la evolución y características que presentan en la actualidad los núcleos de extrarradio, barrios de ciudad-jardín y áreas industriales próximas a las estaciones ferroviarias difieren notoriamente de las anteriores.

La oleada inmigratoria que acompañó la instalación de fábricas o ciertos servicios administrativos en determinadas ciudades (focos fabriles litorales, capitales provinciales y estatal, etc.) supuso un rápido incremento de la demanda de viviendas, que no obtuvo la necesaria respuesta en el mercado inmobiliario. El alto precio de los inmuebles del ensanche, agravado por la retención especulativa de suelo que favoreció una ocupación lenta, sólo pudo ser parcialmente compensado con la densificación de la ciudad tradicional, donde la construcción en altura y en el interior de las manzanas, los realquileres, etc., se hicieron aún más frecuentes. Otra parte de los recién llegados sin apenas recursos, sólo encontró acogida en los *núcleos de ex-*

trarradio surgidos más allá de los límites urbanos sometidos a ordenación y control por parte de los organismos municipales.

De este modo, y continuando la larga tradición histórica de los arrabales, a lo largo de las carreteras y caminos que partían de esas ciudades fueron surgiendo barrios marginales cuya trama respondía a la precaria parcelación de suelo rústico llevada a cabo por sus propietarios, donde se levantaron viviendas de escasa dimensión y baja calidad, en edificios de una o dos plantas, unas veces mediante el recurso a la autoconstrucción y otras por iniciativa de pequeñas empresas promotoras. La red de caminos rurales sirvió con frecuencia como base para el establecimiento del viario urbano, tal como puede apreciarse en el extrarradio norte de Madrid (Mas, R., 1979), en tanto la disposición adoptada por la edificación regularizaba apenas la antigua parcelación (fig. 11.14). Un agudo déficit de dotaciones internas a las viviendas y de infraestructuras colectivas, junto al alejamiento del resto de la ciudad y los consiguientes problemas para el transporte diario de los trabajadores, que sólo lentamente fueron atenuándose, son el complemento de unos espacios residenciales que, con frecuencia, se vieron salpicados por industrias, almacenes o talleres, escaseando en cambio los comercios y servicios para su población residente.

En las ciudades mayores, estos suburbios extendidos de forma tentacular entraron con frecuencia en contacto con algunos pueblos próximos, que quedaron así englobados en la aureola suburbial periférica. Aunque los ejemplos de Tetuán de las Victorias, Prosperidad, Guindalera, Ventas del Espíritu Santo, Puente de Vallecas o Puerta del Ángel en Madrid, y de Gracia, Sants, Sant Andreu, Sarrià, Horta o Poble Nou en Barcelona, resultan probablemente los más conocidos por la dimensión superficial y poblacional que representan, el fenómeno se extendió a muchas otras ciudades (fig. 11.15).

La transformación sufrida a lo largo de las décadas como respuesta a su plena incorporación a la ciudad les ha afectado de manera desigual e, incluso, contradictoria. Mientras aquellos sectores más próximos y mejor conectados a los actuales ejes que dirigen la expansión urbana en cada caso han conocido una intensa presión sobre su suelo y la consiguiente remodelación, guiada por las plusvalías que genera actualmente su relativa centralidad, con sustitución de continente y contenido (espacio construido y población residente), en los sectores menos accesibles, de calles estrechas y parcelario irregular, se mantienen espacios marginales enquistados en el tejido urbano cuyo deterioro se acentúa con el paso del tiempo.

No deben olvidarse tampoco las *colonias o barrios de ciudad-jardín*, surgidos también en el primer tercio de nuestro siglo ocupando espacios entonces periféricos y que, cuando han resistido el paso del tiempo y las presiones especulativas, constituyen hoy un componente, original por escaso, de nuestras ciudades.

Identificados habitualmente con la difusión de las ideas naturalistas e higienistas en la pasada centuria, cuyo mejor exponente puede ser la obra de Ebenezer Howard, suponen simples retazos puntuales que, sin pretender alterar la estructura urbana global en la que se insertan, optan por la promoción de viviendas unifamiliares en espacios de baja densidad y destacada presencia del arbolado y las zonas verdes, que pretenden facilitar un mayor contacto con la naturaleza. El hecho de que la burguesía urbana fuese reacia durante décadas a abandonar el centro o las áreas más prestigiadas del ensanche, explica que estos barrios fuesen ocupados fre-

SOCIEDAD, ECONOMÍA Y ESTRUCTURAS TERRITORIALES 573

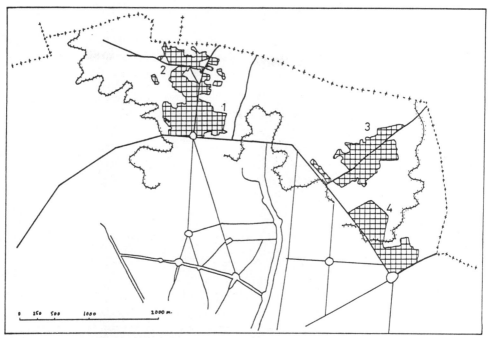

Edificación en el Extrarradio norte, 1910.
1) Cuatro Caminos   2) Bellas Vistas   3) Prosperidad   4) Guindalera.

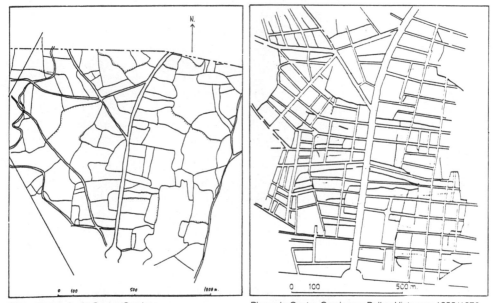

Plano parcelario de Cuatro Caminos
y Bellas Vistas en 1875.

Plano de Cuatro Caminos y Bellas Vistas en 1955/1970.

FIG. 11.14. *Extrarradio norte de Madrid a comienzos de nuestro siglo* (según R. Mas, 1979).

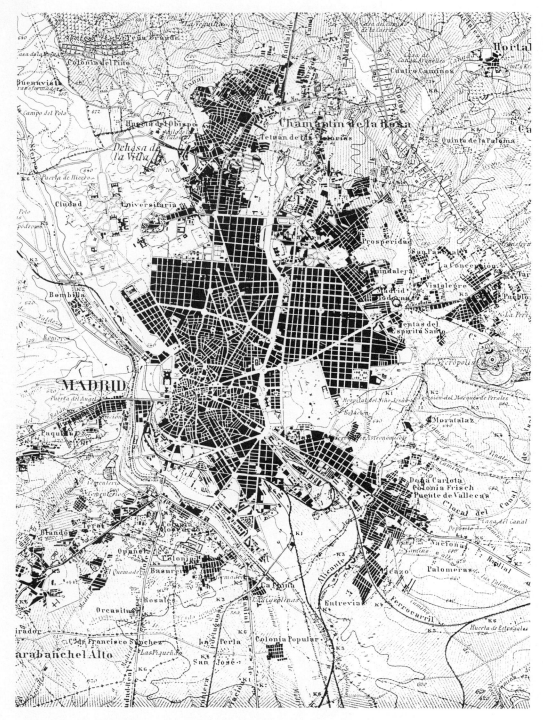

Fig. 11.15. *Estructura urbana de Madrid en 1944: centro histórico, ensanche, núcleos de extrarradio, suburbios contemporáneos y Ciudad Lineal.*

cuentemente en origen por clases medias e, incluso, grupos proletarios asociados a las promociones de Casas Baratas realizadas durante las primeras décadas de nuestro siglo (Sambricio, C., 1981 y 1992; Sierra, J., 1990; Barreiro, P., 1992).

Tan sólo en fechas posteriores, cuando la revalorización de esta forma de hábitat hizo atractivas tales promociones para los grupos de mayor renta, surgieron algunos ejemplos de barrios-jardín con mayor calidad y carácter exclusivo, aunque con tipología y extensión diversa: desde Neguri en la orilla derecha de la ría bilbaina, a Bonanova o Pedralbes en Barcelona, El Viso en Madrid, las ciudades-jardín de Vitoria, La Coruña, etc.

El único ejemplo efectivo asimilable a un proyecto de mayor envergadura, basado en la pretensión de «ruralizar la ciudad y urbanizar el campo» es el de la *Ciudad Lineal* de Arturo Soria, que pretendió desarrollar un modelo urbano alternativo en el que la interpenetración campo-ciudad, la difusión de la propiedad familiar y la incorporación de los avances técnicos de la época en materia de transporte urbano quedaban integrados. El nuevo esquema urbano se articulaba en torno a un gran eje central, que distribuía el tráfico y concentraba las infraestructuras y servicios principales, quedando los espacios edificados a ambos lados.

La materialización formal de su propuesta teórica fue el proyecto diseñado para Madrid y promovido por la Compañía Madrileña de Urbanización, de la que era accionista, que proponía una urbe de trazado semicircular con 48 km de longitud y a unos 7 km del centro de la capital, con el que se conectaba mediante una red de tranvías. La venta de parcelas con una superficie que oscilaba entre los 400-1.200 m^2, en cuyo interior se buscaba concretar el ideario de «para cada familia una casa, en cada casa una huerta y un jardín», inspirado en el médico e higienista italiano Mantegazzo (Bonet, A., 1991) y reflejado en los carteles con que se publicitaba la promoción, no obtuvo el éxito deseado, urbanizándose un sector de apenas 5 km en el cuadrante noreste de la ciudad (Collins, G. R., Flores, C., y Soria, A., 1968; Terán, F., 1968; Brandis, D., y Mas, R., 1981; Brandis, D., 1983; Maure, M. A., 1991).

La revalorización de estos espacios en época reciente, con la consiguiente presión del mercado sobre los espacios edificados, ha favorecido en este caso el derribo de buena parte de las antiguas viviendas unifamiliares y su sustitución por bloques de apartamentos, oficinas y centros comerciales, alterando el proyecto originario hasta hacerlo, por segunda vez, prácticamente irreconocible.

c) La desindustrialización de las áreas ferroviarias tradicionales

Un último ingrediente heredado de la ciudad industrial surgida entre mediados del siglo pasado y del actual son las *estaciones ferroviarias y zonas industriales* surgidas en sus proximidades.

La instalación del ferrrocarril y de las estaciones en los límites de la ciudad construida e, incluso, al otro lado de alguna línea de fijación como pueda ser un río (casos de Bilbao, León, etc.), favoreció habitualmente el inicio de un crecimiento en dirección a estos nodos de actividad e interconexión con el resto del territorio, lo que no dejó de ser un factor a tener muy en cuenta en el trazado final de algunos ensanches o en el incumplimiento de previsiones establecidas en los documentos oficiales.

Uno de los usos del suelo que desde los inicios del período ferroviario buscó la proximidad a tales instalaciones fue el industrial, de forma especial aquellas empresas que necesitaban desplazar elevados volúmenes de materias primas o productos acabados, y que mantenían mercados amplios, lo que las hacía especialmente dependientes del transporte interurbano. La concentración de fábricas, almacenes y depósitos, que sustituía hasta cierto punto la anterior dispersión de los talleres por casi todo el tejido urbano, se vio acompañada con frecuencia por la instalación próxima de diversos equipamientos generadores de externalidades negativas en su entorno (mercados centrales, mataderos, etc.), contribuyendo así a una escasa valoración del suelo que propició la formación de suburbios, habitados en buena parte por los propios obreros industriales. El planeamiento vino a consagrar con posterioridad esta especialización al calificar el suelo para estos usos, excluyendo la industria de otros sectores urbanos.

La consolidación durante décadas de estos focos de actividad y empleo, pero generadores también de un deterioro a veces notable del medio ambiente urbano, comenzó a verse afectada desde hace aproximadamente dos décadas, poniéndose de manifiesto una obsolescencia y disfuncionalidad que ha favorecido transformaciones importantes en años recientes. Disfuncionalidad por la desaparición de los anteriores vínculos entre la industria y el ferrocarril, ante la hegemonía detentada hoy por el transporte por carretera, así como por la congestión resultante de quedar como espacios plenamente englobados dentro del continuo urbano. Obsolescencia de muchas de estas instalaciones fabriles y ferroviarias inadaptadas a las exigencias técnicas hoy imperantes, pero también de un entorno ambiental deteriorado, incapaz de atraer nuevas iniciativas empresariales al tiempo que suscita con frecuencia el rechazo de la población residente en sus proximidades.

A todo ello se suman en los últimos tiempos dos factores adicionales que precipitan el cambio: la crisis de algunos sectores industriales maduros y grandes fábricas aquí localizados, sometidos a una profunda reconversión, y la intensa revalorización del suelo que ocupan, lo que genera expectativas de beneficio importantes para esas empresas cuando existe la posibilidad de recalificar su uso para viviendas, oficinas o equipamientos, trasladando sus instalaciones hacia espacios periféricos y reestructurándolas. Puede afirmarse que, en no pocos casos, el activo de las empresas está hoy tanto o más en el solar que ocupan que en la actividad desarrollada.

La resultante viene a ser una tendencia bastante generalizada hacia el *vaciado industrial* (Pardo, C. J., 1991), que en áreas con poco dinamismo y capacidad de atracción conlleva la aparición de solares o inmuebles industriales abandonados, mientras en otros casos tiene lugar la mencionada sustitución, con predominio de la iniciativa pública o privada según los casos. Algunas operaciones de renovación urbana como las ya mencionadas de Barcelona, Sevilla o Madrid en 1992 aceleran un proceso derivado espontáneamente de la lógica del mercado, que transforma radicalmente algunos sectores de la ciudad heredada. La mejora de la imagen urbana, la dinamización de estas áreas y la rentabilización de un suelo con frecuencia infrautilizado, no ocultan la generación de otros costes, repartidos de forma desigual: la destrucción de empleo industrial, que profundiza una terciarización cada vez más aguda del mercado de trabajo urbano, y la progresiva sustitución de los grupos sociales de menor renta que acarrea la revalorización de estos espacios son sus manifestaciones más evidentes. En tal sentido, las iniciativas puntuales que, en ciertos casos, plantean la reutilización de los contenedores industriales abandonados mediante su compartimentación interna, o la creación de minipolígonos constituidos por naves adosadas destinadas a albergar pequeñas empresas industriales o de servicios compatibles con el entorno habitado, son por el momento las de mayor interés (Méndez, R., 1991).

6. Crecimiento y contrastes en las periferias urbanas

En el transcurso del último medio siglo las ciudades españolas han conocido un espectacular crecimiento, que ha ampliado sustancialmente su perímetro edificado, llegando en algunos casos hasta la formación de aglomeraciones metropolitanas, subsistemas complejos constituidos por una serie de núcleos satélites que se expanden en relación con el dinamismo generado por una gran ciudad, en la que se concentran las funciones rectoras.

Esas periferias urbanas suelen formar una aureola discontinua en torno al espacio construido con anterioridad a la guerra civil, que avanza tentacularmente a lo largo de los principales ejes de transporte y se detiene ante algunas *líneas de fijación* naturales o artificiales, entendidas como «elementos estructurales del plano que actúan como obstáculos y barreras a la expansión de la ciudad» (Puyol, R., Estébanez, J., y Méndez, R., 1988, 477). En su interior muestran importantes *contrastes*, reflejo de los existentes en el seno de la sociedad urbana que las sustenta y de los estrategias aplicadas por los diversos agentes urbanos, consolidados en bastantes ocasiones por el principio de zonificación y estricta separación de usos aplicado por el planeamiento urbanístico durante décadas. Tales contrastes se observan:

— En el plano morfológico, entre los «polígonos», «poblados», «barriadas» o «conjuntos residenciales» constituidos por bloques de viviendas en altura, dispuestos en edificación abierta y ampliamente dominantes desde el inicio del período desarrollista —aunque con calidad, densidad y morfología diversas—, con las áreas de vivienda unifamiliar y baja densidad que se han convertido en el tipo de hábitat destinado a las clases medias y altas más característico del último decenio.

— En cuanto a su promoción, entre la vivienda pública o de promoción oficial, construida de forma mayoritaria entre 1940-1960 y destinada muchas veces a la erradicación del chabolismo, frente a la de promoción privada, ampliamente dominante desde esa fecha y mucho más variada en sus características para atender segmentos de demanda muy heterogéneos

— En el aspecto funcional, las periferias también contraponen los espacios destinados a usos residenciales con la presencia de polígonos industriales, grandes superficies comerciales, parques empresariales, espacios dotacionales, áreas destinadas al ocio o zonas verdes, que en conjunto reúnen un volumen de empresas y empleos ya importante, aunque casi siempre inferior al de los centros urbanos intensamente terciarizados

— En el plano socioespacial, la segregación se establece entre los sectores de mayor prestigio y calidad ambiental, ocupados por los grupos con mayores rentas que de forma creciente han optado por trasladarse hacia ciertos enclaves suburbanos, y aquellos otros ocupados por los grupos sociales en situación más precaria, relegados a los sectores periféricos menos valorados y las ciudades-dormitorio de las coronas metropolitanas, cuyo extremo corresponde a las áreas de urbanización marginal e infravivienda que aún persisten.

En este mosaico multiforme caben, pues, diferentes criterios de clasificación para ahondar en el diagnóstico de las características y problemas de sus componentes. La distinción que aquí va a hacerse entre polígonos de vivienda, tanto de promoción pública como privada, urbanizaciones de baja densidad y espacios de actividad, supone aplicar uno de entre los múltiples posibles. No obstante, en la justificación del primero de tales tipos es inevitable una mención explícita a la urbanización marginal, lo que justifica un breve comentario inicial sobre su significado y evolución reciente.

a) EVOLUCIÓN Y PERVIVENCIAS DE LA URBANIZACIÓN MARGINAL

El problema de la *urbanización marginal*, que no es sino reflejo de una desigualdad social que incapacita a una parte de la población para acceder al mercado de la vivienda, resulta una constante en nuestra historia urbana, cambiando con el tiempo su dimensión y manifestaciones externas, pero manteniéndose inmutable la lógica que la origina. Con todo, la gravedad del problema alcanzó su máxima dimensión con el éxodo rural masivo iniciado en la posguerra civil, que llevó ante las puertas de las ciudades a millones de personas con muy escasos recursos, para las que la oferta de viviendas disponible resultaba insuficiente y, con frecuencia, inaccesible.

En tales condiciones, y contando con la permisividad de un poder público incapaz de ofrecer soluciones alternativas, comenzaron a proliferar barriadas enteras de autoconstrucción, surgidas muchas veces sobre un suelo rústico parcelado por sus propietarios en la más absoluta ilegalidad. Un hábitat alejado de la ciudad, en emplazamientos que muchas veces dificultaban otra ocupación más rentable, constituido por viviendas de muy escaso tamaño (20 a 50 m^2 mayoritariamente) y calidad edificatoria, que no contaban con ninguno de los equipamientos e infraestructuras asimilados a la ciudad (abastecimiento de agua, alcantarillado, pavimentación, centros escolares y sanitarios próximos, etc.) fue su consecuencia.

Así pues, en esos años los poblados de *chabolas, barracas, chozos, casas molineras, coreas* o cualquier otra denominación aplicada localmente se convirtieron en parte sustantiva del paisaje suburbial español, llegándose a censar en 1960 hasta 128.000 alojamientos de este tipo, en los que vivían un total de 582.000 personas (Capel, H., 1975, 50). Diez años después, la situación aún se mantenía casi inmutable, contabilizándose 112.000 viviendas y 558.000 habitantes, de los que más de la mitad correspondían a Barcelona y Madrid, donde barriadas como Les Planes, Vistalegre, Vallvidrera, Roquetes, La Guardia, La Bassa, Camp de la Bota, Palomeras, Pozo del Tío Raimundo, Orcasitas, Almendrales, etc., adquirieron triste notoriedad por tal motivo (Montes, J., Paredes, M., y Villanueva, A., 1976; Carreño, L., 1976).

El paso del tiempo fue legalizando y consolidando la mayoría de estas áreas, incorporándose con lentitud las dotaciones básicas al tiempo que se iniciaban ya algunos procesos de renovación y sustitución por bloques en altura desde la segunda mitad de los años sesenta. De ese modo, puede afirmarse que los barrios de infravivienda actuaron muchas veces «como auténticas avanzadas de la urbanización en la medida que el suelo menos apto para la edificación acabará siendo reconocido como urbano y justificará la extensión de la deseada *calificación* a sus inmediaciones» (Busquets, J., 1976, 10).

Ese proceso de *integración* en el tejido urbano, acentuado por el propio crecimiento de la ciudad, que envuelve y absorbe tales núcleos, y defendido tanto por residentes como por promotores con suelo en expectativa de revalorización, ha evolucionado durante los últimos años en tres direcciones que resultan complementarias.

Por un lado, han continuado —aunque con intensidad y eficacia muy diversa según ciudades— las sucesivas campañas de erradicación del chabolismo, con la formación de consorcios u otras entidades similares para el realojamiento de esta población en viviendas sociales, ya sea remodelando los propios barrios y manteniendo a la población *in situ*, o trasladándola hacia nuevas periferias, al tiempo que se reutiliza un suelo cada vez más valioso para otro tipo de usos o grupos sociales. Esas actuaciones, junto a la detención del éxodo rural y los mayores controles urbanísticos, han reducido notablemente la proporción de personas y superficie afectadas en el contexto urbano global, si bien la propia vaguedad del concepto de *infravivienda* hace difícil su cuantificación precisa. Como resultado de todo lo anterior, el fenómeno se convierte cada vez más en patrimonio casi exclusivo de grupos marginados (gitanos, inmigrantes extranjeros, etc.), que habitan con frecuencia verdaderos *bidonville*, sin ningún derecho de propiedad sobre el suelo, agudizándose en ellos las condiciones de precariedad hasta límites extremos.

b) Los polígonos de vivienda como paradigma de la expansión periférica

Contiguos a estas áreas de marginalidad, surgen desde los años cincuenta una serie de barriadas constituidas por *viviendas de promoción oficial* que, junto con las anteriores, llegan a formar en ocasiones un verdadero cinturón suburbial que rodea a la ciudad, como ocurre en el caso de Valladolid que muestra la figura 11.16.

El patente deterioro de las condiciones de vida en esos años ante la incapacidad de la vivienda-mercancía para dar respuesta a las necesidades sociales (déficit de un millón de viviendas en 1961 según el II Plan Nacional de la Vivienda), junto a los primeros síntomas de una recuperación económica al final del período autárquico y el deseo de hacer frente a la conflictividad potencial derivada de tal situación por parte del gobierno, se aunaron para auspiciar una intervención pública directa más decidida, cuyos efectos siguen siendo patentes en bastantes ciudades (Moya, L., 1983; Elena, A. M., 1984). La creación del Ministerio de la Vivienda en 1957, la aprobación de Planes de Urgencia Social para Madrid (1957), Barcelona (1958), Asturias (1958) o Vizcaya (1959), así como del I Plan Nacional de Vivienda (1955-1960), fueron el detonante para una década en la que la presencia institucional como promotor de viviendas fue, sin duda, destacada. Al tiempo, la Ley de Viviendas de Renta Limitada (1954) y la de Viviendas Subvencionadas (1958), que concedían importantes subvenciones y exenciones fiscales a la promoción privada, pusieron también de manifiesto «la progresiva tendencia del régimen a hacer partícipe en la resolución del problema de la vivienda a la iniciativa privada, mediante

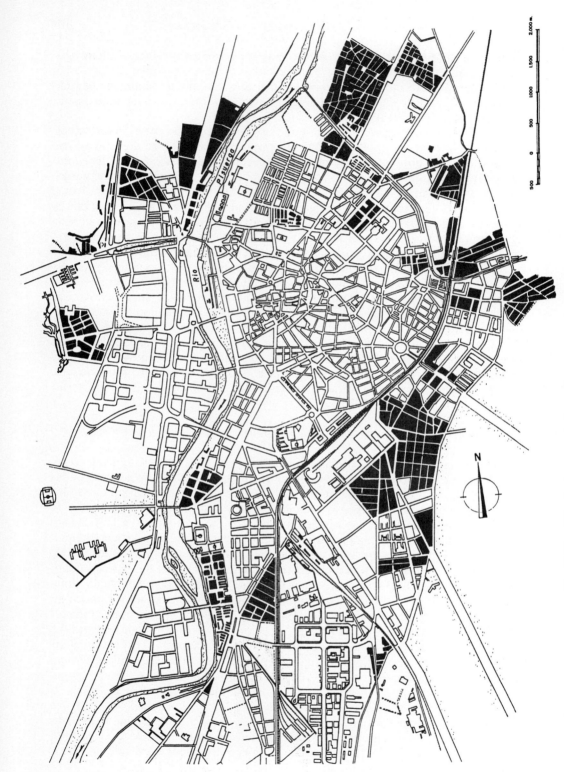

Fig. 11.16. *Urbanizaciones marginales y polígonos de promoción pública en Valladolid.*

una serie de estímulos e incentivos cada vez más atrayentes» (Fernández Sánchez, J. A., 1991, 23).

Así, entre 1940 y 1960 se construyeron en España 424.189 viviendas de promoción oficial directa, distribuidas según muestra la figura 11.17. Fueron, pues, las provincias más industrializadas como Barcelona (40.321 viviendas), Vizcaya (27.474), Asturias (26.120) y Valencia (25.351), además de la capital (68.325), las más beneficiadas en cifras absolutas, repartiéndose el 44,3 % de las edificadas. No obstante, debe también destacarse que en otras como Valladolid (7.745), Navarra (8.518) o Alava (4.302), el número de viviendas se situó bastante por encima del correspondiente a su peso demográfico (Fernández Sánchez, J. A., 1991).

Promovidas por organismos como el Instituto Nacional de la Vivienda y la Obra Sindical del Hogar, creados en 1940 y 1942 respectivamente (junto a las colonias construidas por las empresas del INI, el Patronato Diocesano de la Vivienda, etc.), recogen una variada tipología cuyos mejores exponentes son los Poblados Dirigidos, Poblados Mínimos y Unidades Vecinales de Absorción. Aunque existen diferencias formales evidentes, pues si bien la edificación abierta de bloques con 4-6 plantas resultó dominante, a veces se alternaron con otros en manzana cerrada, viviendas unifamiliares adosadas de dos alturas e, incluso, el intento de recrear ambientes de apariencia rural, interesa aquí resaltar sobre todo sus rasgos comunes.

Destacan, ante todo, la pobreza de materiales y la baja calidad constructiva y formal de los edificios, afectados en bastantes ocasiones por problemas de deterioro que forzaron su derribo o rehabilitación apenas dos décadas después de ser inaugurados. La monótona repetición de su fisonomía externa, junto a la reducida superfi-

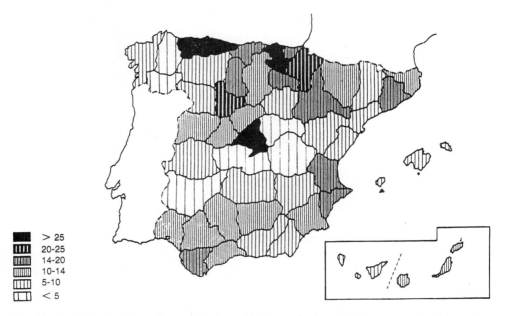

Fig. 11.17. *Viviendas protegidas construidas en España por cada mil habitantes entre 1940-1960* (según J. A. Fernández Sánchez, 1991).

cie de las viviendas, llevó a calificar en ciertos casos como *chabolismo vertical* algunos de los barrios surgidos en esos años. Su máximo exponente fueron, sin duda, las UVA (Unidades Vecinales de Absorción), construidas como verdaderos barracones prefabricados de carácter provisional y previo a la entrega de una vivienda definitiva que, concebidas para un período máximo de cinco años, se mantuvieron más de un cuarto de siglo sin desaparecer.

Resulta también común la fuerte especialización funcional de estas áreas en usos residenciales, frente a la escasez o inexistencia de espacio reservado a servicios y equipamientos, así como su localización habitualmente alejada y mal comunicada con el resto de la ciudad. Esta separación física sirvió *a posteriori* para revalorizar los baldíos intersticiales, una vez creadas las infraestructuras y las líneas de transporte colectivo, haciéndolos atractivos para que las empresas privadas construyeran en ellos viviendas de mayor calidad. Esa funcionalidad, junto a los déficit apuntados, no parece haberse modificado sustantivamente con el paso del tiempo, incorporándose tan sólo algunas mejoras dotacionales en materia comercial o escolar.

Mucho más heterogéneos aún resultan los *polígonos de vivienda de promoción privada*, a veces con protección pública, que constituyen el modelo predominante en la producción de nuevo espacio urbano desde los años sesenta, tanto en la periferia de las ciudades con larga historia como en las ciudades dormitorio que circundan las principales metrópolis e, incluso, en numerosas áreas turísticas de los litorales peninsular e insular. Su número es tan elevado y la casuística tan diversa que pierde consistencia la referencia a ejemplos concretos, por lo que nos limitaremos a comentar algunas características de validez bastante general.

Tomando como base organizativa el *open planning* defendido en la Carta de Atenas, su trama queda definida por una ruptura de la manzana cerrada, sustituida por un conjunto de bloques aislados de vivienda colectiva en altura, así como por la desaparición del concepto tradicional de calle, a la que se contrapone una red de accesos jerarquizados, que orientan el tráfico de vehículos y conectan los edificios entre sí. Una dotación relativamente amplia de espacios libres interbloques, convertidos en zonas ajardinadas, aparcamientos o solares abandonados según la capacidad de sufragar los costes de mantenimiento por parte de los residentes, junto a una especialización en el uso del suelo que concentra comercios y dotaciones de barrio en ciertos puntos, son algunas de sus características externas más habituales. Una elevada homogeneidad formal, funcional y social en el interior de cada polígono, frente a la diversidad que preside las áreas centrales urbanas, resulta otro aspecto a destacar (figs. 11.18 y 11.19).

La actuación de importantes compañías inmobiliarias que han realizado operaciones de gran escala, comprando y edificando extensos lotes de suelo a bajo precio, en tanto buena parte de los costes de urbanización corrían a cargo de los ayuntamientos, favoreció un modelo de crecimiento desarticulado, compuesto por grandes células urbanas aisladas, promovidas unitariamente y mal interconectadas. En ellas, el precio del suelo y la vivienda actuó como factor de segregación, separando espacialmente a los diferentes grupos sociales según la dirección y distancia al centro. De este modo, los conjuntos de mayor calidad ambiental, ocupados por las clases medias acomodadas, crecieron en el sector noroeste de Madrid, mientras en Barcelona avanzaban hacia el suroeste, hacia el norte en Valencia, el sur en Zaragoza o Sevilla, etc.

Fig. 11.18. *Plano de Vitoria: contraste entre el centro histórico radioconcéntrico y los polígonos residenciales e industriales de la periferia.*

Fig. 11.19. *Plano de Sevilla.*

En las *ciudades dormitorio* surgidas dentro de las coronas metropolitanas a partir de núcleos rurales invadidos por la oleada inmigratoria, estos polígonos de viviendas constituyen el elemento ampliamente dominante que define su estructura interna, envolviendo un casco tradicional generalmente pequeño, remodelado mediante actuaciones puntuales (ante la complejidad de su parcelario y el elevado número de propietarios) y convertido en centro de servicios, tal como recoge el modelo descriptivo propuesto para Madrid (Santos, J. M., 1985). Los espacios industriales y algunos equipamientos públicos construidos en los últimos años completan los elementos definitorios de una aglomeraciones inorgánicas a las que algunos niegan el carácter pleno de ciudad, más allá de su dimensión poblacional o superficial. La impersonalidad paisajística y la anomia alcanzan aquí, por ese motivo, su mejor expresión (fig. 11.20).

c) Las nuevas morfologías suburbanas y periurbanas

El elemento más novedoso que irrumpe en las periferias urbanas durante los años ochenta es la proliferación de *áreas de vivienda unifamiliar* y baja densidad como forma de hábitat residencial asociada anteriormente con grupos sociales de alta renta (salvo las colonias de casas baratas) o residencias secundarias localizadas

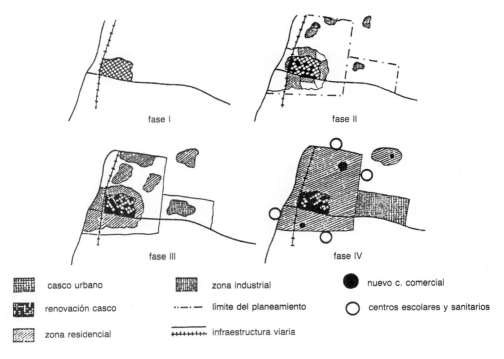

Fig. 11.20. *Proceso de crecimiento en las ciudades dormitorio del área metropolitana de Madrid* (según J. M. Santos Preciado, 1985).

en la franja periurbana, que ahora se expande como forma de vivienda permanente para las clases medias. Si ya entre 1980-1985 su número pasó de 26.300 a 51.800 (Alvargonzález, R. M., 1990, 224), el crecimiento experimentado en la segunda mitad de la década resultó aún mayor. La transformación de antiguas residencias secundarias en viviendas principales y, en ciertos casos, la rehabilitación de viviendas rurales en pueblos que mantienen parcialmente su fisonomía externa pero en donde la presencia de *neorrurales* es ya mayoritaria, se suman a la producción de nuevos espacios para acentuar la importancia del fenómeno.

El modelo se completa con la proliferación de grandes superficies comerciales y de equipamiento, junto al uso masivo del automóvil privado como medio habitual de transporte para buena parte de esta población, que realiza desplazamientos de radio cada vez mayor.

El ascenso de nuevas capas de población solventes, desde profesionales y cuadros que trabajan en el sector terciario, a trabajadores cualificados de la industria, funcionarios, etc., junto a la revalorización de los ámbitos suburbano y periurbano frente a los costes de la ciudad compacta, o la búsqueda de una mayor privacidad, imitando patrones habitacionales propios de la Europa noroccidental, son factores a tener presentes en su explicación. La inducción ejercida por unas empresas promotoras que han encontrado en esta tipología hoy valorada una forma de dinamizar la demanda de viviendas tiene también indudable protagonismo.

Los costes económicos y de tiempo que suponen estos movimientos pendulares, agravados por la saturación de los accesos a las grandes ciudades, suponen un efecto indeseado al que se suman el enorme consumo de suelo que acarrea esta urbanización extensiva y la falta de actividades en buena parte de tales espacios, reducidos a una acumulación informe de viviendas de calidad más o menos alta pero sin apenas vida exterior en sus calles a lo largo del día. Precisamente por tal motivo, desde comienzos de los años noventa parecen revalorizarse ciertas tipologías residenciales colectivas de media densidad, que recuperan la manzana cerrada y la calle como elemento vertebrador del espacio urbano, frente a la expansión inorgánica de estas periferias (Ezquiaga, J. M., 1990).

d) Los espacios de actividad en la periferia urbana

Para finalizar con esta caracterización genérica de nuestras ciudades, no puede olvidarse la frecuente presencia de *polígonos o parques industriales*, dispuestos habitualmente junto a las principales vías de transporte y en áreas alejadas de los espacios residenciales de mayor calidad. Urbanizados en los últimos cuarenta años, su dimensión, calidad de infraestructuras, impacto ambiental y grado de ocupación resultan muy variables, así como la presencia relativa en los mismos de establecimientos no productivos (almacenes, talleres de reparación, etc.), que en ciudades poco industrializadas llegan a ser mayoritarios.

El elemento de mayor interés desde una perspectiva actual se relaciona con las nuevas demandas empresariales que, por un lado, favorece la promoción de áreas con mayor calidad ambiental, dotación de espacios libres y equipamientos, así como parcelas de tamaño medio más diversificado, que muchas veces coexisten con pequeñas naves adosadas ya construidas y destinadas a empresas de recursos escasos y elevada incertidumbre sobre sus perspectivas a medio plazo. Al mismo tiempo, en otros polígonos se acometen operaciones de rehabilitación y reparcelación que puedan favorecer la atracción de nuevas implantaciones empresariales (Navarro, G., 1990; Méndez, R., 1991).

Elementos de mayor novedad y casi exclusivos de las mayores ciudades son los *parques empresariales*, donde se ubican edificios de oficinas que buscan la descongestión del centro de negocios en espacios de calidad y bien comunicados, así como los *parques tecnológicos*, concebidos como promociones unitarias de alta calidad para la instalación de empresas avanzadas y centros de investigación que favorezcan un impulso innovador, si bien sus características y resultados parecen muy diversos.

7. Los caracteres del poblamiento rural tradicional

Frecuentemente se utiliza el término *hábitat* como sinónimo de *poblamiento*. Sin embargo, estos conceptos tienen un significado distinto, puesto que éste se refiere a la acción y efecto de poblar, es decir, a la forma y resultados de la ocupación y asentamiento de un grupo o sociedad humanos sobre un territorio determinado. Por el contrario, aquél hace referencia a las condiciones geofísicas en las que se desarrolla una especie, que, aplicado a los grupos humanos, significa las condiciones de su vivienda o lugar de habitación o existencia. En otras palabras, mientras el poblamiento comprende las formas y caracteres de los asentamientos humanos, el hábitat tan sólo se refiere a las células de esos asentamientos, bien se trate de las viviendas o de otras dependencias.

Tradicionalmente, los asentamientos rurales se concebían con la misión de ocupar y organizar un espacio, cuyo centro o base era el núcleo en el que se habitaba y desde donde partían todas las iniciativas y flujos para la explotación del territorio dominado. Pero esta concepción del poblamiento —un tanto pionera— carece de sentido en una sociedad organizada hace siglos. Por ello, la lógica espacial del poblamiento actual obedece a otros factores.

En primer lugar, destaca la importancia de las *herencias históricas*, que aportan la estructura básica del poblamiento rural tradicional, bien se trate del disperso o del concentrado, más o menos laxo. No obstante, el poblamiento tradicional está siendo modificado por el empuje de los nuevos usos del espacio rural, derivados de una sociedad y economía que no se parecen en nada a las de hace tan sólo medio siglo. Por ello, la lógica espacial del poblamiento rural actual arranca del abandono de un sistema propio de una sociedad agraria y de su sustitución por otro forjado en una sociedad industrial, que ha producido el vaciamiento de los campos y su repoblación posterior. Este proceso ha motivado la existencia de núcleos abandonados, de otros muchos en claro declive, de otros con pérdidas considerables de habitantes pero en auge, junto a un poblamiento nuevo en las áreas periurbanas.

En segundo lugar, *se ha transformado el poblamiento de numerosas comarcas* que han visto nacer urbanizaciones y casas aisladas, a menudo ilegales, en áreas de fuerte presión industrial o urbana, merced a la demanda de espacio rural con fines residenciales, basada en la «ideología clorofila». El poblamiento rural está cambiando, pues, su contenido y funcionalidad tradicionales, de modo que la mayor parte de las viviendas, pueblos, infraestructuras y equipamientos se derivan de una sociedad no agraria, en la que la agricultura ha perdido toda su fuerza organizativa como actividad económica casi exclusiva del mundo rural, sustituida por otras actividades tradicionalmente asentadas en el mundo urbano. De ahí que los núcleos rurales actuales contengan gran cantidad de elementos nuevos, entre los que destacan las nuevas casas o residencias de carácter alóctono, que distorsionan la imagen armómica de la casa rural integrada en su medio y con su funcionalidad característica.

Consideramos poblamiento rural, por oposición al urbano, al integrado por núcleos menores de 10.000 habitantes, por más que esta definición resulte totalmente imprecisa, debido a la dificultad de interpretar las estadísticas municipales, así como a la existencia de núcleos rurales con cifras superiores a ese umbral, como sucede principalmente en el sur de España, y, a la inversa, otros con carácter urbano que no llegan a él, sobre todo en las áreas de influencia de las aglomeraciones industriales y urbanas. Por ello, para analizar un conjunto extenso de municipios, como el español, nos basaremos en ese umbral, a sabiendas de que la mayoría de los núcleos rurales se encuentran por debajo de los 2.000 habitantes. Nos atenemos así a una mera clasificación cuantitativa, como la del INE, que distingue la población urbana (aquella que vive en núcleos mayores de 10.000 habitantes), la «semiurbana» (en núcleos de 2.000 a 10.000) y la rural (menores de 2.000), aunque englobando las dos últimas en la categoría de rural, por cuanto la inmensa mayoría de núcleos intermedios (2.000 a 10.000 habitantes) tienen carácter rural, a menudo enmascarado por sus formas y funciones de centros comarcales de servicios. La utilización, por otro lado, del número de habitantes como elemento referencial, en vez del número de viviendas, no modifica significativamente las posibles clasificaciones de los núcleos según su tamaño.

a) EL ORIGEN DEL POBLAMIENTO RURAL ESPAÑOL

Este origen se debe buscar en los hechos históricos que lo han generado, pues éstos han determinado la situación y el emplazamiento de los asentamientos, así como su forma y dimensiones. Es evidente que la estructura del poblamiento obedece a una lógica espacial histórica que busca la máxima funcionalidad para los pueblos. Por ello, se localizan donde encuentran las mayores ventajas en relación con las formas de vida y la economía tradicionales. Así, se comprende la importancia del poblamiento disperso en la España atlántica y del concentrado en la mediterránea, lo que no excluye la existencia de ambos en los dos dominios climáticos. Junto a los factores sociales y económicos, los políticos han dejado también su impronta, pues en una sociedad tradicional era la autoridad política la que mandaba construir los poblados en las condiciones necesarias para su control y defensa. La combinación, pues, de los factores ecológicos, socioeconómicos y políticos ha generado una estructura singular del poblamiento rural español, en la que ha influido decisivamente el fenómeno de la Reconquista, como hito a partir del cual se fue ocupando y organizando la mayor parte del territorio peninsular por las monarquías cristianas, con núcleos concentrados de pequeñas dimensiones en la Castilla del Duero y con núcleos de mayores dimensiones en la España meridional, a menudo como resultado de las cartas pueblas dadas a los vasallos del territorio semidespoblado del norte y mediante las concesiones realizadas a los jefes militares y la aristocracia medieval del sur.

La expansión demográfica y económica de la Baja Edad Media y de la época imperial dio lugar a un incremento considerable del número de pueblos, aldeas y caseríos, muchos de los cuales desaparecieron durante la crisis del siglo XVII, mientras la expansión posterior permitió el agrandamiento de los que quedaban y su densificación hasta la reciente y grave crisis del éxodo rural de los años sesenta de nuestro siglo, que ha cambiado radicalmente las condiciones económicas y técnicas de las sociedades rurales y ha convertido en disfuncionales a una buena parte de los núcleos heredados e, incluso, a la propia estructura del poblamiento.

b) LA TIPOLOGÍA DE ASENTAMIENTOS

Tradicionalmente, la *tipología del poblamiento rural* se ha basado en la distinción del *grado de concentración o dispersión*, el cual, en gran medida, se ha pretendido asociar a las disponibilidades hídricas, de modo que las áreas con abundancia de agua se habrían ocupado mediante un poblamiento disperso, mientras que la escasez de agua habría dado lugar a un poblamiento concentrado. A pesar de que esta teoría parece verosímil, dado que la disponibilidad de agua ha sido siempre una condición necesaria para la localización de los asentamientos humanos, de modo que los cursos fluviales agrupan a la mayoría de ellos, no responde a la realidad, por cuanto existe un poblamiento concentrado en regiones muy lluviosas, y un poblamiento disperso en áreas secas. Bolós (1986) cita a este respecto los casos de la cordillera Cantábrica e Ibiza como ejemplos de regiones húmedas y secas. Incluso, en la primera se dan la mano ambos, como sucede en los Montes de Pas, donde los pueblos se agrupan en torno a un espacio central, diseminándose las cabañas pasiegas por las crestas de las montañas circundantes.

En definitiva, como apunta García Fernández, parece que las condiciones de ocupación histórica, derivadas de la ideología y los intereses del grupo dominante y de circunstancias técnicas y socioeconómicas, tienen más incidencia que la mera abundancia o escasez de agua en la configuración de un tipo de poblamiento, pues, en efecto, a menudo eran los reyes quienes en sus cartas pueblas dictaban cómo se debían construir las casas en cada situación. El poblamiento concentrado laxo correspondería, según dicho autor, a la colonización de las montañas, mientras el concentrado compacto correspondería al de las llanuras, tal como aparece en documentos del siglo XII, en los que se dice que las casas deben estar rodeadas de huertos en el primer caso, mientras que en las cartas pueblas castellanas se dice que se construyan las casas unas al lado de otras, juntas pared por pared (García Fernández, J., 1974, 16-17).

No obstante, las arterias fluviales han atraído, por lo general, la localización de los pueblos, al igual que otros factores físicos han ejercido una influencia negativa, como ha sucedido con las áreas de clima riguroso, de difícil accesibilidad o de condiciones desfavorables para la práctica de una agricultura de subsistencia. Es así como la elevada altitud, la fuerte pendiente, la escasez de suelo arable o la aridez han dificultado la existencia o densificación de los asentamientos humanos, pero no han representado obstáculos infranqueables.

CUADRO 11.5. *Estructura del poblamiento según tamaño de los municipios en 1991*

	Municipios de 500 hab.			Municipios de 501-1.000 hab.			Municipios de 1.001-2.000 hab.		
	n.º mun.	n.º hab.	%	n.º mun.	n.º hab.	%	n.º mun.	n.º hab.	%
España norte	88	24.755	0,38	76	56.882	0,88	130	192.933	2,99
Galicia	1	286	0,01	7	5.544	0,20	54	86.423	3,18
Asturias	4	1.318	0,12	9	6.785	0,62	11	15.508	1,41
Cantabria	14	4.214	0,79	17	12.984	2,45	27	38.320	7,23
País Vasco	69	18.937	0,90	43	31.569	1,50	38	52.682	2,50
España interior septentrional	2.450	479.209	10,47	463	322.960	7,06	267	367.373	8,03
Castilla-León	1.644	327.862	12,79	319	219.965	8,58	164	223.748	8,73
La Rioja	130	21.910	8,18	16	11.988	4,47	12	18.830	7,03
Navarra	155	30.195	5,77	36	26.436	5,05	25	36.868	7,04
Aragón	521	99.242	8,12	92	64.571	5,29	66	87.927	7,20
España meridional	731	157.443	1,07	358	258.387	1,75	383	553.718	3,75
Madrid	52	12.589	0,25	23	15.971	0,32	33	47.268	0,94
Extremadura	85	26.151	2,48	103	75.469	7,14	85	122.076	11,55
Castilla-La Mancha	505	90.391	5,47	37	98.770	5,98	123	174.490	10,56
Andalucía	89	28.312	0,40	95	68.177	0,97	142	209.884	2,98
España mediterránea-insular	540	133.202	0,99	258	188.959	1,40	241	343.258	2,55
Cataluña	384	94.350	1,54	159	114.980	1,88	124	169.873	2,78
Comunidad Valenciana	153	37.599	0,96	88	65.498	1,67	96	141.423	3,60
Murcia	0	0	0,00	2	1.606	0,15	5	7.597	0,72
Baleares	3	1.253	0,17	8	6.325	0,85	7	10.649	1,43
Canarias	0	0	0,00	1	550	0,03	9	13.716	0,84
Ceuta y Melilla	0	0	0,00	0	0	0,00	0	0	0,00
Total España	3.809	794.609	2,02	1.155	827.188	2,10	1.021	1.457.282	3,70

Fuente: Censo de Población de 1991.

CUADRO 11.5. *(continuación)*

	Municipios de 2.001-10.000 hab.			Municipios de más de 10.000 hab.			TOTAL		
	n.º mun.	%	n.º hab.	%	n.º mun.	%	n.º hab.	%	n.º mun.	%	n.º hab.	%
España norte	323	43,65	1.977.512	30,62	123	16,62	4.206.378	65,13	740	100	6.458.460	100
Galicia	196	62,62	1.408.956	51,79	55	17,57	1.219.236	44,82	313	100	2.720.445	100
Asturias	33	42,31	143.434	13,05	21	26,92	931.680	84,80	78	100	1.098.725	100
Cantabria	36	35,29	135.752	25,60	8	7,84	339.011	63,93	102	100	530.281	100
País Vasco	58	23,48	289.370	13,72	39	15,79	1.716.451	81,39	247	100	2.109.009	100
España interior septentrional	194	5,68	736.553	16,10	42	1,23	2.669.936	58,35	3.416	100	4.576.031	100
Castilla-León	100	4,45	382.640	14,93	21	0,93	1.408.764	54,97	2.248	100	2.562.979	100
La Rioja	13	7,47	55.592	20,75	3	1,72	159.623	59,57	174	100	267.943	100
Navarra	42	15,85	145.520	27,79	7	2,64	284.544	54,35	265	100	523.563	100
Aragón	39	5,35	152.801	12,51	11	1,51	817.005	68,88	729	100	1.221.546	100
España meridional	578	25,82	2.445.323	16,54	189	8,44	11.365.085	76,90	2.239	100	14.779.956	100
Madrid	42	23,60	170.056	3,38	28	15,73	4.785.074	95,11	178	100	5.030.958	100
Extremadura	93	24,47	366.442	34,68	14	3,68	466.400	44,14	380	100	1.056.538	100
Castilla-La Mancha	127	13,88	521.914	31,60	23	2,51	766.268	46,39	915	100	1.651.833	100
Andalucía	316	41,25	1.386.911	19,70	124	16,19	5.347.343	75,95	766	100	7.040.627	100
España mediterránea-insular	414	24,64	1.941.571	14,40	227	13,51	10.875.627	80,66	1.680	100	13.482.617	100
Cataluña	191	20,28	814.456	13,32	84	8,92	4.921.290	80,48	942	100	6.115.579	100
Comunidad Valenciana	128	23,75	631.166	16,09	74	13,73	3.048.155	77,68	539	100	3.923.841	100
Murcia	16	35,56	107.260	10,12	22	48,89	943.149	89,01	45	100	1.059.612	100
Baleares	34	50,75	155.718	20,88	15	22,39	571.999	76,68	67	100	745.944	100
Canarias	45	51,72	232.971	14,23	32	36,78	1.390.404	84,90	87	100	1.637.641	100
Ceuta y Melilla	0	0,00	0	0,00	2	100,00	136.878	100,00	2	100	136.878	100
Total España	1.509	18,68	7.100.959	18,01	583	7,22	29.253.904	74,18	8.077	100	39.433.942	100

Fuente: Censo de Población de 1991.

c) LA DISTRIBUCIÓN REGIONAL

Como resultado de la evolución histórica y actual se han configurado unos asentamientos rurales muy diversos y hasta dispares, con una *distribución regional característica*, predominando el poblamiento disperso o concentrado laxo en la España húmeda del norte, el concentrado en pequeños núcleos en la España meseteña interior, y el concentrado en grandes núcleos en la España del sur. Así, de los 8.077 municipios del Censo de Población de 1991, tan sólo el 7 % superan los 10.000 habitantes, mientras el 93 % restante, que acogen a la cuarta parte de la población, no los alcanzan, con la particularidad de que los intermedios (entre 2.000 y 10.000) se sitúan mayoritariamente en el sur, como se aprecia en el cuadro 11.5 y en la figura 11.21.

La *España del norte, desde Galicia hasta el País Vasco* ofrece una gran diversidad de asentamientos, puesto que a los pequeños pueblos compactos y a las aldeas tradicionales, que responden a un típico *poblamiento concentrado laxo*, se suman las casas y construcciones agrarias dispersas, que dan al poblamiento gallego y cantábrico una extraordinaria complejidad. En él se incluyen los típicos *caseríos* vascos y *caserías* asturianas, además de las *casas* gallegas como células de un poblamiento disperso, en el que la casa y el terrazgo permanecen unidos, pero abundan más las *aldeas, parroquias* (agrupación de varias aldeas en torno a una misma iglesia parroquial en Galicia y Asturias) o pueblos en los que la casa y el terrazgo están disociados, si bien las viviendas no aparecen unidas («juntas pared por pared»), sino exentas, de manera que el poblamiento rural puede ser calificado como concentrado laxo y disperso, con un auge creciente de los asentamientos mineros o industriales concentrados, además de viviendas aisladas de funcionalidad no agraria, sino meramente residencial. También la masía catalana, extendida por todo el territorio de esta región, ejemplifica un poblamiento disperso típico, aunque enmascarado por la reciente importancia de los asentamientos no agrarios, como se observa asimismo en las viviendas y casas dispersas de las huertas levantinas.

A los elementos residenciales se añaden otros de funcionalidad exclusivamente agraria, lo que hace más complejo el poblamiento del norte. Así, los *hórreos*, tanto gallegos (de planta rectangular), como los asturianos (de planta cuadrada) se distribuyen entre las aldeas y al pie de numerosas parcelas, con el fin de almacenar los productos de la matanza, las mazorcas de maíz, etc. Se trata de sencillas y pequeñas construcciones, apoyadas sobre columnas, con paredes caladas que permiten la aireación y el aislamiento de los roedores.

Como apunta Urdiales Viedme (1989), citando a Terán, el poblamiento disperso parece tener un carácter secundario o derivado, es decir, que en un primer momento, la ocupación y organización del espacio rural se hizo desde núcleos concentrados, tipo aldea, a los que después se añadirían las casas dispersas, cada vez más alejadas del asentamiento primario o principal, con el fin de ganar nuevos terrenos al monte para su aprovechamiento o puesta en cultivo. Este poblamiento disperso, que implicaba un aprovechamiento individualista del terrazgo, se conjugaba a menudo con una explotación colectiva del bosque, por oposición a lo que sucedía en las áreas de poblamiento concentrado, donde primaban unas sujeciones colectivas, como sobre todo la obligación de respetar las hojas de cultivo para el aprovechamiento común de los pastos, o la de hacer las facenderas o labores de mantenimiento comunes (García Fernández, J., 1974).

SOCIEDAD, ECONOMÍA Y ESTRUCTURAS TERRITORIALES 593

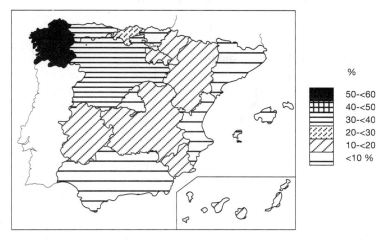

Fig. 11.21a   *Porcentaje de habitantes que viven en entidades menores de 2.000 habitantes (1986).*

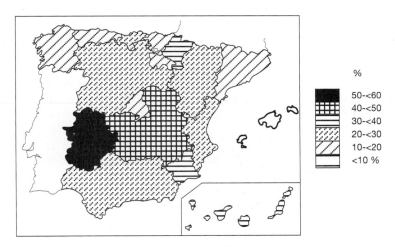

Fig. 11.21b   *Porcentaje de habitantes que viven en entidades medias (2.000 a 10.000 hab.) (1986).*

La *España interior septentrional* se caracteriza, ante todo, por el neto predominio de un *poblamiento concentrado en pequeños núcleos*, tanto en el Duero como en el Ebro, por más que el Pirineo, la cordillera Ibérica o la vertiente meridional de la cordillera Cantábrica acojan otras formas de poblamiento, derivadas de los usos ganaderos del espacio agrario. Así, la abundancia de invernales (cuadras-pajares, alejadas de los pueblos para cobijar al ganado en invierno), cabañas, bordas, etc., añade elementos dispersos a los asentamientos concentrados.

La *España meridional* (cuencas del Tajo, Guadiana y Guadalquivir) se caracteriza por el predominio de un poblamiento concentrado compacto en núcleos medianos y grandes, a los que se añade una variedad de construcciones agrarias intercaladas, como las *casas de quintería* manchegas o las *casetas*, que servían de refugio, de cuadra, de almacén de aperos e incluso de dormitorio de los obreros, o bien los *cortijos* andaluces, de funciones complejas, puesto que disponían de la casa o palacio señorial, dependencias agrarias, residencia de los obreros, etc., o las *cabañas* ganaderas, los *secaderos* de tabaco en el valle del Tiétar o en la Vega de Granada.

La *España costera e insular* presenta ciertas peculiaridades, derivadas de sus aprovechamientos más intensivos, de su diversidad de funciones y, recientemente, del predominio de los asentamientos turísticos costeros, que han acabado por «borrar» la fisonomía del poblamiento rural tradicional. En Cataluña, como decíamos, la *masía* ha constituido la clave del poblamiento agrario, pero ha sido superada por un poblamiento rural que hace ya muchos decenios que ha sobrepasado en importancia al agrario. Asimismo, la *alquería* en Valencia y Alicante o el *riu-rau* en esta última provincia representan sendas construcciones diseminadas por el espacio rural, unidas a funciones específicas, como las propias de explotaciones hortícolas o frutícolas en el primer caso, o las vitícolas en el segundo. En efecto, el *riu-rau* no es más que una cubierta o pórtico adosado a la casa de labor, que sirve para preservar de los agentes atmosféricos los racimos de las uvas en las comarcas de La Marina y el Marquesat (Quereda, J. J., 1978). Tal como se aprecia en la figura 11.22, en la que se recogen los cuatro tipos más destacables del poblamiento español, estas construcciones parecen obedecer a un poblamiento disperso, pero en realidad se trata de edificaciones intercalares destinadas cada vez más a una función exclusivamente agraria, dado que los agricultores prefieren fijar la residencia en núcleos concentrados, merced a la cantidad y calidad de servicios que en ellos encuentran, excepto en las huertas litorales, donde, como hemos apuntado y dada la proximidad a núcleos grandes, las viviendas hortícolas dispersas se han transformado en residencias tipo chalé.

8. Las transformaciones recientes del poblamiento y hábitat rural

Los cambios recientes en el tamaño y la forma de los pueblos, así como en la forma y función de las viviendas y dependencias rurales ha provocado una mutación del poblamiento de numerosas comarcas y especialmente de las áreas periurbanas y turísticas, tanto las de turismo litoral como interior. Especialmente significativo resulta el fenómeno de la homogeneización del hábitat rural, debido a un equivocado prurito de imitación de modelos exógenos, que han afectado a todo tipo de núcleos, desde los más próximos a las ciudades hasta los más alejados, por cuanto la reconstrucción de viviendas en antiguos pueblos de emigración está recuperando una gran cantidad de núcleos que se habían echado a perder durante la década de los sesenta y setenta. Las transformaciones recientes del poblamiento rural arrancan, pues, del fuerte éxodo de los años del desarrollismo, que vació a pueblos y comarcas enteras, y de la relativa y selectiva recuperación posterior, unido todo a un cambio de uso del suelo y, por tanto, del tipo de poblamiento, en las áreas turísticas y periurbanas. Cambios que, no obstante, han mantenido un elevadísimo número de pequeños pueblos y municipios, que todavía continúan definiendo la personalidad del poblamiento rural en la mayor parte del territorio español (cuadro 11.5).

Ha sido, pues, el enorme y sostenido éxodo rural iniciado a finales de los años cincuenta el responsable del despoblamiento y la reducción de tamaño de la mayor parte de las entidades de la España interior, la más afectada, principalmente en las áreas de piedemonte y en las montañas de difícil accesibilidad. En las primeras, por cuanto la elevada altitud —1.100 a 1.300 m aproximadamente—, la escasez de superficie agrícola y la insuficiencia de las lluvias para un aprovechamiento del prado han obligado al abandono, en contra de lo que sucede en los valles húmedos de la alta montaña, que gozan de mejores condiciones que algunas áreas internas de montañas más bajas (Ancares de Lugo y León, sectores cacuminales de las serranías ibéricas y béticas), en las que la escasa accesibilidad y la pobreza de los pastizales, unidas a un duro clima, llegan casi a imposibilitar su ocupación, al menos con cierta densidad.

De hecho, los análisis de los nomenclátores de 1960 a 1991 permiten comprobar un nítido descenso del número de habitantes de todas las entidades de la España rural tradicional, es decir, de aquella que no se ha visto afectada por actividades turísticas, industriales o residenciales. En este sentido, el cuadro 11.5, sobre la estructura del poblamiento según el Censo de 1991, recoge una somera aproximación al fenómeno, puesto que está realizado por municipios y no por entidades. Sin embargo, es ya revelador que sólo el 7,2 % de los municipios españoles superen el umbral de los 10.000 habitantes, llegando a albergar a casi las tres cuartas de la población (74,2 %), la oficialmente urbana. Por el contrario, los municipios menores de 1.000 habitantes no acogen más que a un 4,1 % de la población, mientras suponen el 61,5 % del total.

Por otro lado, esta aproximación resulta bastante imprecisa, puesto que la *España del norte*, que cuenta con los mayores niveles de dispersión, figura con las menores tasas de municipios pequeños. Así, en los de menos de 500 habitantes no llega al 12 %, mientras la media española se aproxima a la mitad (véase cuadro 11.5). Es precisamente en Galicia y en Asturias (además de Murcia y Canarias) donde menos peso alcanza, debido a una estructura administrativa en la que el municipio o concejo representa una gran célula que engloba a multitud de parroquias, aldeas y casas, las cuales constituyen las verdaderas unidades de poblamiento.

Frente a la España del norte, la *interior septentrional* alcanza el 72 % de municipios pequeños, que suelen corresponder a pueblos concentrados de reducido tamaño, ya que la mayor parte de los municipios están integrados por varios núcleos. En efecto, la España interior del norte, y especialmente Castilla y León y Aragón, apenas cuentan con municipios intermedios (± 5 % entre 2.000 y 10.000 habitantes), en tanto que Galicia alcanza los mayores índices. Es evidente que este fenómeno estadístico no sirve para explicar la estructura del poblamiento, ya que esos municipios gallegos o concejos asturianos no representan más que meras agregaciones de entidades de población pequeñas, aunque en algunos casos cuentan con núcleos grandes, que actúan de verdaderos centros comarcales de servicios, como los que corresponden a este umbral en el resto del país, excepto en la España meridional, donde los pueblos grandes han constituido y constituyen asentamientos agrarios tradicionales, aunque, merced al aumento del nivel de vida de la población, están desarrollando funciones comerciales.

La *España del Mediterráneo e insular* participa de caracteres mixtos, puesto que las áreas costeras conocen una dinámica positiva, derivada de la demanda turís-

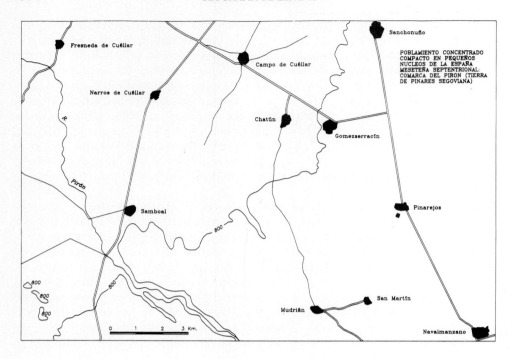

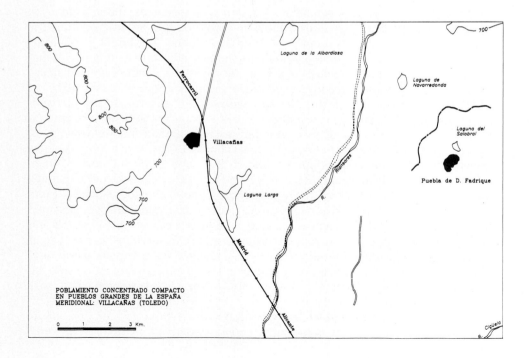

SOCIEDAD, ECONOMÍA Y ESTRUCTURAS TERRITORIALES

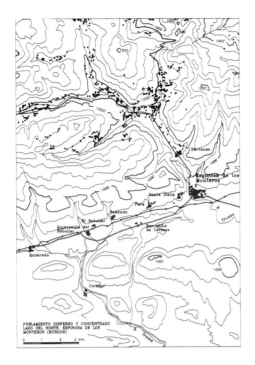

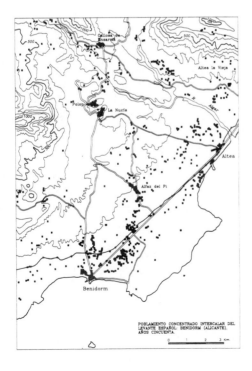

Fig. 11.22. *Los distintos tipos de poblamiento rural en España.*

tica, con lo que abundan los núcleos intermedios. Pero a ellos se suman otros pequeños, tradicionales, situados en el interior montañoso, correspondientes a cortijadas, caseríos o barriadas. Muchos de estos pequeños núcleos están conociendo recientemente una recuperación, incluso mayor que la del resto de los asentamientos rurales españoles, por mor de la expansión turística desde la costa hacia el interior, pero de una manera muy selectiva, pues apenas afecta a los menos accesibles.

La *dinámica y caracteres*, por tanto, *de los asentamientos rurales españoles* está estrechamente relacionada con los cambios de funcionalidad, con las condiciones del entorno en el que se encuentran y con sus propias dimensiones. En principio, los núcleos más pequeños han sufrido mayores retrocesos, precisamente porque su tamaño reducido se debe frecuentemente a las dificultades y falta de recursos del área en que se localizan. Las montañas, piedemontes y grandes comarcas agrícolas del secano mediterráneo cuentan con este tipo de pueblos, generalmente inferiores a 500 habitantes, a menudo incluso a 200, y dependientes básicamente de la actividad agraria. Disponen de muy pocos servicios: una o dos tiendas con ofertas escasas pero diversificadas (alimentos, bebidas, zapatos, útiles domésticos, etc.), algún bar, que a veces coincide con la tienda y la panadería. Es frecuente que el abastecimiento de pan, carne, pescado, etc., se realice a través de profesionales que se desplazan con furgonetas y sirven a varios núcleos. Los servicios médico-sanitarios dependen de un doctor residente en pueblos mayores. Las escuelas suelen estar cerradas, por lo que los niños se trasladan a centros escolares, bien mediante transporte diario en autobús, o mediante estancias semanales, que incluyen alojamiento y pensión. Suelen tener un teléfono público, que frecuentemente se acompaña de otros privados. Cuentan con red de agua corriente y alcantarillado, pero carecen de depuradora o no funciona; incluso es frecuente que en las áreas de montaña, los desagües de las cuadras estén conectados directamente a la red, a la que vierten purines y estiércoles. Estos pueblos representan el «rural profundo», típicamente carente de servicios o con dificultades de obtenerlos, por lo que sólo en los mejor situados, en los más accesibles o en los que disponen de parajes de singular valor natural se ha estancado el éxodo o se ha producido un movimiento de recuperación. Ésta, sin embargo, afecta más al continente que al contenido, pues, aunque se reconstruyen las casas, el número de habitantes decrece. No obstante, se producen enormes disparidades estacionales, pues mientras se llena el pueblo en verano, se vacía en invierno; aspectos estos que contrastan con lo que sucede en pueblos más grandes o mejor situados.

Así, el escalón superior, entre 500 y 2.000 habitantes, corresponde a pueblos más dinámicos; lo que no significa que ganen población, pues incluso la pierden, pero el nivel de vida y dotacional aumenta considerablemente. En ellos desaparecen las dificultades de aprovisionamiento de servicios elementales y aparecen otros nuevos; incluso se dispone de espacios de ocio y deporte (discoteca, piscinas, frontón, hogar de jubilados, etc.), lo que indica ya un nivel superior. En los más dinámicos se desarrollan algunas industrias o actividades paraindustriales agrarias, como bodegas, almazaras, centros de recogida, tratamiento o transformación de la leche, además de talleres mecánicos y servicios de comercialización agraria (silos del SENPA, almacenes mayoristas de productos agrarios, abonos, pesticidas) o alguna fábrica de harinas o molturación de granos. Disponen de líneas de transporte regular de viajeros en autobús. Recientemente se han desarrollado las residencias para ancianos, lo que significa un claro progreso, pues permite a numerosas personas quedarse en el medio rural y ser atendidas con cierta comodidad, aunque ello contribuya a acentuar el envejecimiento de la población rural.

Algunos de los núcleos más grandes de este umbral llegan a la categoría de centros comarcales, sobre todo en la mitad septentrional de España, donde no abunda este tipo de asentamientos; en este caso suelen contar con mayor oferta de servicios, tanto de alimentación como de textil, cuero, ferreterías, etc., y hasta centro de enseñanza secundaria, mientras que en la mitad meridional mantienen un carácter esencialmente agrario. Estos centros comarcales disponen incluso de otros servicios médicos, mercantiles, varias oficinas bancarias, restaurantes de gran capacidad para la celebración de bodas, bautizos, etc., si bien todos estos servicios y actividades suelen darse con mayor seguridad y densidad en los núcleos intermedios de entre 2.000 y 10.000 habitantes, muchos de los cuales adquieren el carácter de pequeñas ciudades, tanto por su diversificación de funciones como por la propia fisonomía.

Finalmente, las transformaciones más importantes del poblamiento rural español están teniendo lugar en las áreas costeras y periurbanas. No entramos en el análisis de las primeras. Baste ahora señalar su extraordinaria importancia, por cuanto han producido un poblamiento nuevo en todas las áreas rurales costeras; un poblamiento que a menudo ha convertido extensos espacios rurales en urbanos y, en otros casos, ha sembrado el campo de urbanizaciones, hoteles y pequeños núcleos turísticos, que, por una parte, han hecho perder el carácter agrario de los espacios afectados y, por otra, han creado un poblamiento y hábitat dedicado al ocio, con una gran expansión de los chalés y residencias secundarias ocupados de una manera estacional, con una extraordinaria concentración en la costa mediterránea y, secundariamente, en la cantábrica y atlántica.

En cuanto a las áreas periurbanas, las transformaciones obedecen a una dinámica nacida en y promovida por la ciudad, que va engullendo a los núcleos rurales próximos en oleadas sucesivas, en función de la propia potencia demográfica y económica de la ciudad. Al contrario de lo que sucede en los núcleos verdaderamente rurales, los asentamientos periurbanos crecen en población y en tamaño y muchos de ellos acaban formando parte del continuo urbano. Los entornos de todas las ciudades millonarias crean, así, un área de influencia en la que los pueblos están totalmente transformados por el dinamismo urbano, y los espacios de mayor valor ecológico, en un radio de entre 60 y 100 km, acaban dedicados a chalés y residencias secundarias, como sucede en la sierra madrileña o en las áreas costeras de las aglomeraciones mediterráneas.

Las transformaciones en el poblamiento se han acompañado de *transformaciones en el hábitat*. Lógicamente, al perder la casa rural su funcionalidad como célula de morada y centro de la actividad agraria del agricultor o ganadero, se han ido disociando las funciones productivas de las residenciales, por lo que las nuevas casas eliminan las cuadras para el ganado, los almacenes para el heno o para el grano, los desvanes o sobrados, y sufren un movimiento general de homogeneización que empobrece tremendamente el legado tradicional y les hace perder su integración y armonía con el medio.

Estos hechos se observan tanto en el plano como en los materiales. El rico legado de arquitectura popular se está echando a perder, porque las nuevas casas rurales no respetan ni las formas ni los materiales empleados en cada comarca. Es evidente que no se puede mantener el mismo tipo de plano, ya que éste debe adaptarse a las necesidades de los moradores, pero es curioso comprobar la invasión de modelos urbanos de chalé, con formas a menudo estrambóticas, que contrastan vivamente con la sencillez, amplitud, sobriedad y serena grandeza de las casas rurales tradicionales, tanto de las casas de piedra de las montañas como de las de adobe con entramado de madera de las campiñas arcillosas o de otras variadas formas, integradas siempre en el medio natural, merced a la utilización de los materiales disponibles en cada lugar, a los que se añadía alguna rejería de hierro. Las columnas, voladizos, tejadillos, etc., con losetas de piedra en las paredes, invaden todos los rincones y sólo recientemente se empieza a respetar la armonía con el paisaje de cada espacio rural concreto, para lo cual no sería ocioso dictar normativas (por parte de las Diputaciones) sobre el tipo de tejado y el color de las paredes como elementos claves para la integración en el paisaje, puesto que no es posible impedir la utilización del ladrillo como material más generalizado de construcción, hecho que está también contribuyendo a la homogeneización, aunque, bien utilizado, no deja de representar un elemento noble. Las transformaciones del hábitat, pues, obedecen a un cambio de funcionalidad de las viviendas, derivado de un modo de vida urbano, que está afectando al campo de una manera general.

Bibliografía básica

Algorri García, E., y otros: *La casa en España II: morfología*, Cuadernos de la Dirección General para la Vivienda y Arquitectura, MOPU, Madrid, 1987.
AA.VV. (1988): *Espacios rurales y urbanos en áreas industrializadas*, Oikos-Tau, Barcelona.
— (1989): *Diez años de planeamiento urbanístico en España, 1979-1989*, Ministerio de Obras Públicas y Urbanismo, Madrid.
Banesto (1991): *Anuario del Mercado Español 1991,* Banco Español de Crédito, Madrid.
Bielza de Ory, V. (1989): «El sistema de asentamientos y la organización del territorio», en Bielza, V. (coord.): *Territorio y sociedad en España*, Taurus, vol. II, Madrid.
Bolós, M. de (1986): «El poblamiento rural», en *Geografía General de España*, dirigida por Terán y otros, Ariel, Barcelona, pp. 269-291.
Borja, J.; Castells, M.; Dorado, R., y Quintana, I. (Eds.) (1990): *Las grandes ciudades en la década de los noventa*, Sistema, Madrid.
Bueno Gómez, M. (1979): «Asentamientos rurales en España», *Revista de Estudios Agrosociales*, n.º 109, pp. 7-28.
Bustamante C., y otros (1985): *La casa en España III: experiencia y uso*, Cuadernos de la Dirección General para la Vivienda y Arquitectura, MOPU, Madrid.
Capel, H. (1975): *Capitalismo y morfología urbana en España*, Los Libros de la Frontera, Barcelona.
Carreras, C. (1990): «Las ciudades y el sistema urbano», en Bosque J y Vilà, J. (dirs.): *Geografía de España*, Planeta, Barcelona, vol. 3, pp. 373-525.
Comisión de las Comunidades Europeas (1991): *Europa 2000*, Oficina de las Publicaciones Oficiales de las Comunidades Europeas, Bruselas.
Estébanez, J. (1989): *Las ciudades. Morfología y estructura*, Síntesis, Madrid.
Feduchi, L. (1975): *Itinerarios de arquitectura popular española. 2.-La orla cantábrica, la España del hórreo*, Blume, Barcelona.
— (1976): *Itinerarios de arquitectura popular española. 3.-Los antiguos reinos de las cuatro barras*, Blume, Barcelona.

Fernández Alba, A., y Gavira, C. (1986): *Crónicas del espacio perdido: la destrucción de la ciudad en España 1960-80*, Ministerio de Obras Públicas y Urbanismo, Madrid.
Ferrer, M. (1992): *Los sistemas urbanos*, Madrid, Síntesis.
—, y Precedo, A. (1981): «El sistema de localización urbano e industrial», en AA.VV.: *La España de las Autonomías*, Espasa-Calpe, Madrid, pp. 299-368.
Flores, C. (1973): *Arquitectura popular española*, Aguilar, Madrid.
García Bellido, A.; Torres Balbas, L.; Cervera, L.; Chueca, F., y Bidagor, P. (1968): *Resumen histórico del urbanismo en España*, Instituto de Estudios de Administración Local, Madrid.
García Fernández, J. (1974): *Importancia y originalidad de los paisajes agrarios de España*, Departamento de Geografía, Universidad de Valladolid, mecanografiado.
García Uyarra, A., y otros (1987): *La casa en España I: antecedentes*, Cuadernos de la Dirección General para la Vivienda y Arquitectura, MOPU, Madrid.
Gutiérrez Puebla, J. (1984): *La ciudad y la organización regional*, Cincel, Madrid.
ITUR (1986): *Las nuevas áreas residenciales en la formación de la ciudad*, Ministerio de Obras Públicas y Urbanismo, Madrid.
Martínez Sarandeses, J.; Herrero, M. A., y Medina, M. (1990): *Espacios públicos urbanos. Trazado, urbanización y mantenimiento*, Ministerio de Obras Públicas y Transportes, ITUR, Madrid.
Mas, R. (1989): «Dinámica actual de los espacios urbanos», *XI Congreso Nacional de Geografía*, Asociación de Geógrafos Españoles, Madrid, vol. 4, pp. 201-245.
Ministerio para las Administraciones Públicas (1989): *Entidades locales en España*, Secretaría General Técnica, Madrid.
Quirós, F. (1991): *Las ciudades españolas en el siglo XIX*, Ámbito, Salamanca.
Racionero, L. (1981): *Sistemas de ciudades y ordenación del territorio*, Madrid, Alianza.
Reclus (1989): *Les villes européennes*, Datar, París.
Rodríguez, J.; Castells, M.; Narbona, C., y Curbelo, J. L. (edits.) (1991): *Las grandes ciudades: debates y propuestas*, Economistas Libros, Madrid.
Terán, F. (1978): *Planeamiento urbano en la España contemporánea. Historia de un proceso imposible*, Gustavo Gili, Barcelona.
Terán, M. de (1951): *El hábitat rural. Problemas de método y representación cartográfica*, Instituto de Estudios Pirenaicos, Zaragoza.
Torres Balbas, L.; Cervera, L.; Chueca, F., y Bigador, P. (1968): *Resumen histórico del urbanismo en España*, Instituto de Estudios de Administración Local, Madrid.
Troitiño, M. A. (1992): *Cascos antiguos y centros históricos. Problemas, políticas y dinámicas urbanas*, Ministerio de Obras Públicas y Transportes, ITUR, Madrid.
Valenzuela, M. (1989): «Las ciudades», en Bielza, V. (coord.): *Territorio y sociedad en España*, Taurus, Madrid, vol. 2, pp. 121-172.

Capítulo 12

EL SISTEMA DE TRANSPORTES Y COMUNICACIONES

1. **Rasgos básicos del sistema de transporte**

Las redes de transportes y telecomunicaciones constituyen los elementos sobre los que se vertebra el territorio. Los flujos de personas, de mercancías y de información sirven de nexo entre los distintos lugares. Unos flujos cada vez más intensos, rápidos y baratos, que se producen sobre distancias crecientes: los avances tecnológicos están produciendo una verdadera «contracción del espacio», al reducir el efecto de fricción de la distancia. En un mundo cada vez más interdependiente resulta decisivo estar conectados a las redes de flujos, a las redes de transportes y comunicaciones. Es significativo que se haya empezado a hablar ya, en este sentido, del «espacio de los flujos» (Castells, M., 1986).

El transporte constituye un factor clave en el desarrollo regional, al hacer a las regiones más o menos accesibles, más o menos atractivas para la actividad económica. El papel del transporte en el desarrollo económico ha sido fundamentalmente el de disminuir el efecto siempre perturbador de la distancia, ya que, al ganar velocidad (y reducir costes), ha permitido aumentar el área accesible, incrementando el poder de las empresas pues, al ampliar sus posibles mercados, pueden reducir sus precios (Seguí, J. M., y Petrus, J. M., 1991). En ese sentido cada vez se insiste más en la necesidad de tender hacia el desarrollo de redes de transporte equilibradas, que repartan adecuadamente la accesibilidad por todo el territorio (Comisión de las Comunidades Europeas, 1991*a*).

Las inversiones en materia de transporte no deben limitarse a resolver los problemas de congestión. Deben orientarse también a ofrecer nuevas potencialidades a aquellos espacios menos desarrollados, favoreciendo la atracción de actividades económicas. Las actuaciones sobre ejes de carácter estructurante, en los que *a priori* no existe una gran demanda, tienen el efecto de repartir mejor la accesibilidad y la actividad económica, a la vez que descargan otros ejes más saturados. La política de transportes se convierte así en un instrumento clave en la ordenación del territorio. Ello no quiere decir que las inversiones en infraestructuras de transporte basten por sí solas para asegurar el desarrollo regional. La mayor parte de los autores coinciden en que representan un factor necesario, aunque no suficiente (Izquierdo, R., y Menéndez, J. M., 1987).

a) EL CARÁCTER RADIAL DE LAS REDES DE TRANSPORTE TERRESTRE Y AÉREO

El binomio transporte-territorio se comporta de forma interactiva. Las necesidades de transporte responden a un determinado marco territorial, pero a su vez el transporte modifica ese marco. Ese constante ajuste interactivo explica las características actuales del modelo de transporte español. No es posible, pues, entender el modelo actual sin remitirse al pasado, ya que los rasgos espaciales de las infraestructuras de transporte tienden a persistir en el tiempo.

En un estudio minucioso sobre la génesis del modelo de transporte español habría que remontarse a la red de calzadas romanas. Pero es en el siglo XVIII cuando quedan definidos los rasgos básicos que después se perpetuarán en el sistema. El actual modelo de transporte es una herencia del XVIII, cuando el centralismo borbónico introdujo un cambio de unas pautas norte-sur a una red de carreteras centralizada (Izquierdo, R., 1981). El «Proyecto económico» de Bernardo Ward, de 1760, constituye la clave en ese cambio de estructura: «Necesita España de seis caminos grandes, desde Madrid a La Coruña, a Badajoz, a Cádiz, a Alicante y a la raya de Francia, así por la parte de Bayona como por Perpiñán, y éstos se deben sacar al mismo tiempo para varios puertos de mar y otras ciudades principales: uno del de La Coruña para Santander, que es el más esencial y urgente en el día, otro para Zamora hasta Ciudad Rodrigo; del de Cádiz, otro para Granada y así todos los demás» (citado por Izquierdo, 1981). Quedaba, pues, definida una configuración radial (con centro en Madrid y radios hacia los puertos principales y fronteras) que se ha perpetuado hasta nuestros días.

El desarrollo de la red de ferrocarriles supuso la consolidación de ese modelo centralista. El trazado del ferrocarril coincide básicamente con el de las carreteras principales, de manera que la red también responde a una concepción radial. El primer tramo de ferrocarril (Barcelona-Mataró) fue inaugurado en 1848 y a finales de siglo la red ya superaba los 10.000 km de longitud, una cifra sólo ligeramente inferior a la actual. Por tanto, los rasgos básicos de la estructura de la red de ferrocarriles española responden al desarrollo acaecido en la segunda mitad del siglo XIX.

Así pues, es durante los siglos XVIII y XIX cuando se conforma el actual modelo de transportes terrestres, caracterizado por la radialidad. Este hecho es de trascendental influencia en el desarrollo regional. Ciertamente, la propia evolución de la tecnología de los transportes terrestres hubiera supuesto por sí sola una reducción del aislamiento en el que se encontraban las regiones del interior. Pero el hecho de que esa evolución se produjera sobre unas redes radiales resultó especialmente favorable para Madrid, que se convertía en el principal nodo de las redes de transporte terrestre.

Tradicionalmente eran las regiones costeras las que disfrutaban de unas mejores condiciones de accesibilidad gracias a sus puertos; de hecho, el transporte marítimo fue un factor clave en los comienzos de la industrialización en España. Frente a las regiones costeras, el interior aparecía como un espacio enclavado, aislado, con pocas perspectivas de desarrollo, en un contexto histórico en el que el transporte de mercancías por tierra era caro y poco eficiente. La aparición del ferrocarril en el siglo XIX, altera radicalmente esa situación, actuando como detonante al eliminar el anterior aislamiento de Madrid y revalorizar su posición central, que hasta el momento había supuesto más un inconveniente que una ventaja en su desarrollo (Méndez, 1985). Finalmente, la conversión de la carretera en modo hegemónico durante el siglo XX no hizo sino mejorar la accesibilidad de las regiones del interior y revalorizar aún más la situación de Madrid en el transporte interior.

Si la estructura actual de la red de carreteras es herencia del XVIII y la de los ferrocarriles lo es del XIX, el XX es el siglo de la conformación de la red aeroportuaria. La distribución espacial de los aeropuertos refleja la localización de las principales ciudades del país, de manera que la mayor parte de los aeropuertos se sitúan en la periferia y son muy pocos los que lo hacen en el centro. Madrid-Barajas ocupa el vértice de la jerarquía aeroportuaria de España, con conexiones directas con casi todos los aeropuertos españoles y con los principales aeropuertos de otros países, de manera que muchos de los enlaces de los aeropuertos periféricos se realizan a través del de Madrid. Así pues, también la configuración de la red de transporte aéreo tiene una fuerte componente radial, que ha contribuido a reforzar el papel de Madrid como nodo fundamental en el sistema de transportes español.

b) LA HEGEMONÍA DE LA CARRETERA EN LOS TRÁFICOS INTERIORES

Uno de las rasgos característicos de las sociedades desarrolladas es la alta movilidad de personas y bienes, frente al carácter localista de las sociedades tradicionales, que vivían muy cerradas en sí mismas. No es de extrañar, pues, que durante los últimos 40 años se haya producido en España un crecimiento muy importante en la movilidad de personas y mercancías, en un contexto general de cambio económico y social. El movimiento de viajeros se ha incrementado desde los 13.700 viajeros/km de 1950 hasta los 229.000 de 1990 (lo que supone que la cifra de 1950 se ha multiplicado por 16); el transporte de mercancías ha crecido aún más, desde las 2.400 tm/km de 1950 hasta las 198.900 de 1990 (83 veces más).[1]

Pero no todos los modos de transporte han experimentado una evolución similar: el transporte por carretera y, en menor medida, el aéreo han crecido más, incrementando progresivamente su porcentaje de participación en el mercado de transporte a costa del ferrocarril y el transporte marítimo (cuadros 12.1 y 12.2). Así, la carretera aparece hoy como el principal protagonista del transporte interior, tanto de viajeros (donde absorbe casi el 90 % del mercado) como de mercancías (con un 75 %). Este hecho es nuevo, ya que el transporte por ferrocarril era el modo predominante durante la primera mitad de siglo.

En el caso del transporte de viajeros (cuadro 12.1), todavía en 1950 el ferrocarril se situaba claramente por encima de la carretera en cuanto a cifras de demanda. La mejora de las carreteras y la generalización del uso del automóvil privado alteró radicalmente esa situación. Entre 1950 y 1990 el transporte de viajeros por carretera pasó de un 39,3 % a un 89,2 %, mientras que en el ferrocarril se producía la evolución inversa, desde el 59,9 % hasta el 7,3 %. Por su parte, el transporte aéreo ha obtenido incrementos de demanda muy importantes, ya que es muy competitivo en viajes de largo recorrido, pero todavía hoy mantiene una participación reducida.

---

1. Los tráficos de viajeros y de mercancías se miden en viajeros/km y en toneladas/km, respectivamente, de manera que no se tiene en cuenta solamente el número de viajeros o la cantidad de mercancías transportadas, sino también los km que recorren esos viajeros y mercancías.

CUADRO 12.1. *Evolución de la distribución del tráfico interior de viajeros según modos de transporte,* en millones de viajeros/km (porcentaje entre paréntesis)

Años	Carretera	Ferrocarril	Aéreo	Marítimo	Total
1950	5.403 (39,3)	8.228 (59,9)	99 (0,7)		13.730 (100,0)
1955	8.140 (46,1)	9.303 (52,7)	208 (1,2)		17.651 (100,0)
1960	19.605 (67,9)	8.842 (30,6)	420 (1,5)		28.867 (100,0)
1965	38.957 (72,5)	13.906 (25,9)	862 (1,6)		53.725 (100,0)
1970	85.257 (83,4)	14.992 (14,7)	1.966 (1,9)		102.215 (100,0)
1975	128.946 (85,7)	17.643 (11,7)	3.928 (2,6)		150.517 (100,0)
1980	198.217 (90,1)	14.826 (6,7)	5.762 (2,6)	1.126 (0,5)	219.931 (100,0)
1985	153.680 (87,4)	17.038 (9,7)	5.216 (3,0)	888 (0,5)	176.822 (100,0)
1990	205.375 (89,2)	16.733 (7,3)	7.040 (3,1)	1.057 (0,5)	230.205 (100,0)

Fuente: Ministerio de Obras Públicas y Transportes.

En el transporte de mercancías (cuadro 12.2) se ha producido una evolución similar a la del transporte de viajeros, con algunas matizaciones. También aquí el ferrocarril pierde paulatinamente una parte muy importante de su cuota de mercado (al pasar del 35,7 % en 1950 a tan sólo el 5,8 % en 1990). Sólo las mercancías muy pesadas o muy voluminosas (carburantes, minerales, automóviles, etc.) todavía son transportadas por ferrocarril. Sin duda, el transporte por carretera es el que ofrece unas mayores ventajas, al asegurar una conexión puerta a puerta. Ello le ha llevado a captar el 75,4 % de la demanda actual de transporte de mercancías. La presencia del transporte marítimo continúa siendo notable (16,6 %), habida cuenta de la gran longitud de las costas españolas, mientras que el avión capta unas cifras insignificantes, debido a su elevado coste (en el transporte de mercancías no importa tanto la velocidad como el coste).

c) LA DESCENTRALIZACIÓN DE LAS COMPETENCIAS

La construcción del Estado de las Autonomías ha llevado a un reparto de competencias entre la administración central y las administraciones autonómicas. En

CUADRO 12.2. *Evolución de la distribución del tráfico interior de mercancías según modos de transporte,* en millones de toneladas/km (porcentaje entre paréntesis)

Años	Carretera	Ferrocarril	Oleoducto	Marítimo	Aéreo	Total
1950	5.443 (24,2)	8.036 (35,7)	–	9.004 (40,0)	–	22.483 (100,0)
1955	10.203 (35,9)	9.019 (31,9)	–	9.470 (33,3)	1 (0,0)	28.693 (100,0)
1960	17.048 (45,5)	7.966 (21,3)	–	12.464 (33,3)	4 (0,0)	37.482 (100,0)
1965	33.200 (56,7)	9.209 (15,7)	109 (0,2)	16.002 (27,3)	15 (0,0)	58.535 (100,0)
1970	51.700 (59,0)	10.304 (11,8)	1.022 (1,2)	24.468 (27,9)	28 (0,0)	87.558 (100,0)
1975	76.500 (64,9)	11.079 (9,4)	2.118 (1,8)	28.066 (23,8)	55 (0,0)	117.818 (100,0)
1980	98.898 (68,5)	11.231 (7,8)	3.005 (2,1)	31.125 (21,5)	74 (0,0)	144.333 (100,0)
1985	110.500 (69,3)	11.906 (7,5)	3.165 (2,0)	33.694 (21,3)	77 (0,0)	159.342 (100,0)
1990	150.000 (75,4)	11.580 (5,8)	4.215 (2,1)	33.048 (16,6)	90 (0,0)	196.194 (100,0)

Fuente: Ministerio de Obras Públicas y Transportes.

materia de transportes y comunicaciones ese reparto queda establecido en el título VIII de la Constitución Española («De la organización territorial del Estado»).

El Estado se reserva el control sobre el transporte internacional e interregional, con competencias exclusivas sobre los ferrocarriles y transportes terrestres que transcurran por el territorio de más de una Comunidad Autónoma, la marina mercante, los puertos y aeropuertos de interés general (es decir, los comerciales), el control del espacio aéreo, el transporte aéreo y los correos y las telecomunicaciones. En la práctica, esas competencias son asumidas fundamentalmente por el Ministerio de Obras Públicas y Transportes (MOPT).

Por su parte, las Comunidades Autónomas pueden asumir competencias exclusivas sobre los ferrocarriles y carreteras que discurren íntegramente por el territorio de la Comunidad Autónoma, así como el transporte realizado por estos medios o por cable, los puertos refugio, los puertos y aeropuertos deportivos y, en general, todos los que no realizan una actividad comercial (véase Giménez y Capdevila, R., 1990).

d) LA PERIFERICIDAD DE LAS REDES ESPAÑOLAS EN EL CONTEXTO EUROPEO

España, situada en el extremo suroeste del continente, ocupa una localización claramente periférica en el conjunto de la Europa Comunitaria. Los obstáculos naturales (como el mar y las cadenas montañosas) no hacen sino aumentar los costes de la conexión de España con respecto al resto de los países comunitarios. La Comunidad Europea sostiene que esa perifericidad es uno de los mayores obstáculos para que nuestro país pueda participar en igualdad de condiciones en el mercado único y alcanzar los niveles de desarrollo de los países más prósperos de la Europa comunitaria. Pero no se trata sólo de un problema de localización y de barreras naturales. Las deficiencias que presentan las infraestructuras de transporte españolas acentúan su perifericidad, ya que implican un aumento de los tiempos de recorrido y de los costes de transporte.

El alto grado de perifericidad de España en el contexto europeo quedó claramente de manifiesto en el informe que Keeble presentó a la comisión de la Comunidad Europea (Keeble, D., y otros, 1988). Los valores más altos de accesibilidad se dan en una región privilegiada, enmarcada por París, Londres, Hamburgo y Stuttgart; los más bajos se registran en Grecia, extremo sur de Italia, la mayor parte de España, Portugal y Escocia (fig. 12.1).

La Comunidad Europea sostiene que la mejora de las infraestructuras de transporte en los itinerarios de interés europeo constituye un instrumento de integración. Se trata de crear unas redes transeuropeas «que faciliten las comunicaciones y unifiquen el espacio comunitario, acortando el tiempo y las distancias» (Comisión de las Comunidades Europeas, 1991). El llamado «fondo de cohesión» estipulado en el Tratado de Maastricht tiene como objetivo principal aportar ayuda financiera a los países periféricos para que puedan mejorar sus infraestructuras de transporte y paliar así su perifericidad.

Pero si la localización de España en Europa es claramente periférica, en el contexto mundial nuestro país ha sido tradicionalmente un puente entre continentes. Siempre ha tenido una situación privilegiada en las relaciones con Iberoamérica. Se ha dicho muchas veces que España es la puerta de Europa para el mundo iberoame-

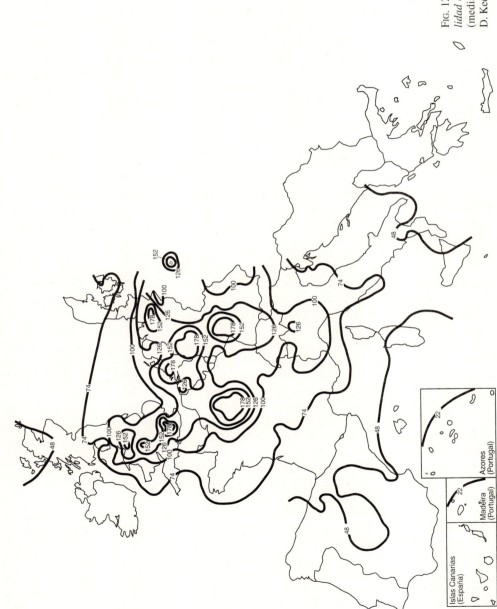

FIG. 12.1. *Isolíneas de accesibilidad en la Comunidad Europea (media europea = 100).* Fuente: D. Keeble y otros (1986).

ricano. Por otro lado, España también es un país puente entre Europa y el norte de África. Existen unos importantes flujos de viajeros y mercancías que atraviesan la Península en las relaciones entre el Magreb y Europa occidental, contribuyendo a «centrar» geográficamente a España cuando se adopta una perspectiva supracomunitaria.

2. La red de carreteras

La red española de carreteras (fig. 12.2) se extiende por todo el territorio nacional, conectando entre sí los distintos núcleos de población. Además, la carretera se utiliza prioritariamente como modo de transporte complementario para el acceso a estaciones de ferrocarril, aeropuertos y puertos, cuya distribución por el espacio es puntual. Es por eso por lo que resulta una infraestructura clave desde el punto de vista de la accesibilidad y la articulación del territorio.

a) La red de interés general del Estado

La red de carreteras se estructura jerárquicamente. Las carreteras del MOPT (Red de Interés General del Estado) constituyen el tronco básico de la red de carreteras española, al actuar como las arterias por las que se movilizan los flujos de carácter interregional e internacional (fig. 12.2). Por su parte, las carreteras de las Comunidades Autónomas y de las Diputaciones se orientan a satisfacer la demanda de movilidad intrarregional y a facilitar las conexiones con la red del MOPT en aquellos núcleos de población que quedan fuera de ella.

El reparto de competencias se realizó partiendo del principio general de que, de acuerdo con la Constitución Española, el Estado tiene competencia exclusiva en obras públicas de interés general o cuya realización afecta a más de una Comunidad Autónoma, mientras que las Comunidades pueden asumir competencias en su territorio respectivo. Más concretamente se procuró que la Red Interés General del Estado (RIGE) incluyera (Ministerio de Obras Públicas y Urbanismo, 1986):

— los itinerarios de tráfico internacional;
— los itinerarios nacionales que soportan tráficos importantes de largo recorrido, una intensidad considerable de vehículos pesados o una carga apreciable de mercancías peligrosas;
— los accesos a puertos y aeropuertos de interés general, y
— los accesos a los principales pasos fronterizos.

Las transferencias de competencias a las Comunidades Autónomas se realizaron entre 1980 y 1984.[2] Si en 1980 la administración central gestionaba 80.000 km de carreteras, tras el proceso de transferencias tan sólo conserva 20.000 km (un 13 % de la longitud total de las carreteras españolas), que conforman la denominada

---

2. Sólo en las Comunidades del País Vasco, Baleares y Canarias la transferencia de competencias en materia de carreteras fue total. Navarra ya contaba con competencias plenas en este terreno.

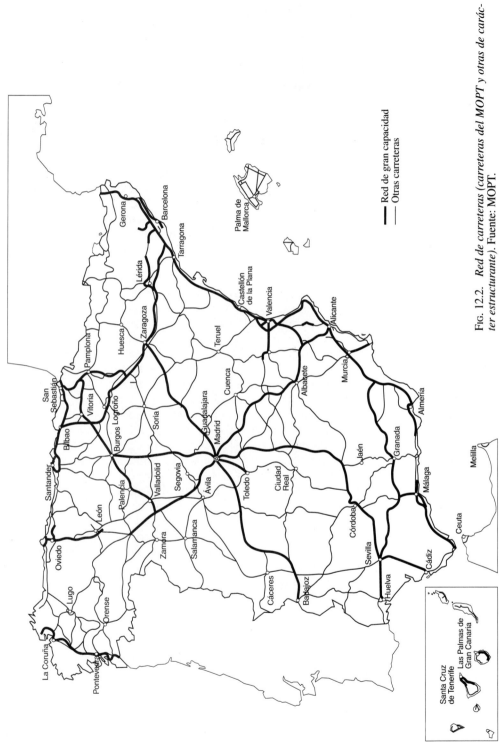

Fig. 12.2. *Red de carreteras (carreteras del MOPT y otras de carácter estructurante).* Fuente: MOPT.

Red de Interés General del Estado (cuadro 12.3). Pero su carácter estratégico queda de manifiesto cuando se considera que:

— soporta más de la mitad del tráfico total de la red;
— incluye la mayor parte de la red de gran capacidad (autopistas y autovías) y
— enlaza entre sí los principales núcleos de población del país.

b) LA RED DE GRAN CAPACIDAD

El crecimiento continuo de las intensidades de tráfico en las carreteras españolas (un 3,65 % anual acumulativo entre 1976 y 1988) ha hecho necesaria la construcción de un número cada vez mayor de tramos de gran capacidad. Si en 1980 tan sólo existían 1.900 km de gran capacidad, en su mayor parte autopistas, en 1990 se contaba con 5.600, siendo mayor la longitud de las autovías que la de las autopistas (cuadro 12.4).

Los cambios en las políticas de transporte acaecidos en los últimos años han afectado profundamente al desarrollo de la red de gran capacidad. A finales de los sesenta y principios de los años setenta se eligió la fórmula de las autopistas de peaje, previéndose una extensa red de la que sólo llegó a construirse una parte muy reducida (fig. 12.3). Tras un paréntesis ligado a la crisis económica y a la transición política, se da un nuevo impulso a la construcción de vías de gran capacidad con el Plan de Carreteras 1984-1991. Pero ya no se propone la construcción de autopistas, sino de autovías. Éstas utilizan la carretera convencional existente para un sentido de circulación, construyéndose intersecciones a distinto nivel en los cruces con otras carreteras. Se argumentaba que las autovías eran menos costosas y producían un menor impacto ambiental, y que la construcción de nuevas autopistas de peaje no serviría para descongestionar las carreteras convencionales, debido al alto coste de los peajes (Ministerio de Obras Públicas y Urbanismo, 1986). Si en un principio el criterio a seguir fue el de aprovechar al máximo la carretera existente, posteriormente muchos de los tramos de autovía fueron de nueva construcción, con características similares a las de las autopistas. En los últimos años, incluso, se ha llegado a barajar la posibilidad de construir autopistas de peaje en algunos ejes.

Las autovías se han construido en aquellos ejes que soportaban una mayores intensidades de tráfico, en su mayor parte carreteras radiales. Si bien han mejorado sensiblemente las condiciones de circulación en tales ejes, se ha acentuado el carácter radial de la red, no sólo en cuanto a su estructura, sino también en cuanto a su

CUADRO 12.3. *Longitud de la red interurbana de carreteras en 1990*

	Longitud (km)	%
Administración central	20.516	13,2
Comunidades Autónomas	71.063	45,5
Diputaciones y Cabildos	64.479	41,3
Total	156.058	100,0

Fuente: MOPT, 1991.

Cuadro 12.4. *Evolución de la red española de gran capacidad (km)*

	1980	1985	1990
Autopistas	1.838	2.191	2.558
Autovías	95	902	3.006
Total gran capacidad	1.933	3.093	5.624

Fuente: MOPT, 1991.

funcionamiento, ya que las autovías radiales captan parte de los tráficos de largo recorrido que antes utilizaban otras carreteras.

Al finalizar el Plan de Carreteras 1984-1991 el predominio de los ejes radiales en la red española de gran capacidad es patente (fig. 12.3*b*). Madrid queda conectada con la mayor parte de las regiones a través de vías de gran capacidad, aunque algunos ejes todavía están por terminar (por ejemplo, los de la N-III y la N-VI). Existen también algunos ejes transversales, como los del Ebro, del Mediterráneo o el eje transversal andaluz (Sevilla-Puerto Lumbreras). Por otro lado, la red ofrece ahora una continuidad de la que antes carecía, si bien Asturias y sobre todo Galicia quedan desconectadas del resto del país. Lógicamente, las mayores intensidades de tráfico tienden a registrarse en la red de gran capacidad (fig. 12.4).

El desarrollo futuro de la red de gran capacidad queda recogido en el Plan Director de Infraestructuras de 1993, elaborado por el MOPT, que contempla las actuaciones previstas en materia de carreteras hasta el año 2007 (fig. 12.5). El rasgo más sobresaliente del nuevo plan es su incidencia sobre los ejes transversales: en sentido N-S destacan las autovías proyectadas en los ejes de la Ruta de la Plata y Somport-Sagunto; en sentido E-O, se contempla la construcción de nuevos tramos de autovía en los ejes del Cantábrico (Santander-Oviedo), Camino de Santiago (León-Burgos), litoral sur (Cádiz-Algeciras y Adra-Rincón de la Victoria) y Valencia-Lisboa (Ciudad Real-Utiel). Además se acometerá la construcción de ciertos tramos de autovías de carácter radial no incluidos en el plan anterior: accesos a Galicia, Santander, Andalucía oriental y Murcia, y finalización de la autovía Madrid-Valencia. Como novedad con respecto al plan anterior, se incluyen algunas autopistas, como la Madrid-valle del Ebro (por Soria). La red de gran capacidad se completará con la construcción de vías de conexión, que asegurarán unas velocidades satisfactorias en tramos donde no se prevén altas intensidades de tráfico.

En conjunto, las actuaciones previstas en el nuevo plan tendrán como efecto atenuar la radialidad de la red, que resultará mucho más mallada (fig. 12.3*c*). Además, los nuevos ejes transversales tenderán a captar parte de los tráficos que antes discurrían por los ejes radiales, contribuyendo a su descongestión.

La estructura de la red de alta capacidad en el año 2007 será a grandes rasgos la siguiente:

Ejes con dirección N-S:
Galaico-portugués
Ruta de la Plata
Santander-Motril
Somport-Sagunto
Barcelona-Puigcerdà

Ejes con dirección E-O:
Cantábrico
Galicia-Meseta Norte-Valle del Ebro
Lisboa-Valencia (incompleto)
Algarve-Sevilla-Puerto Lumbreras
Cádiz-Almería

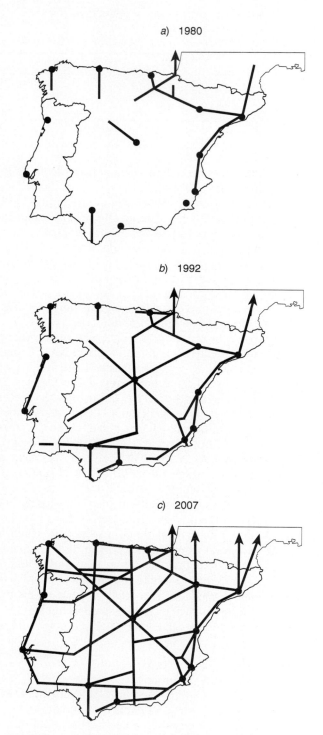

Fig. 12.3. *Evolución de la red de carreteras de gran capacidad.*

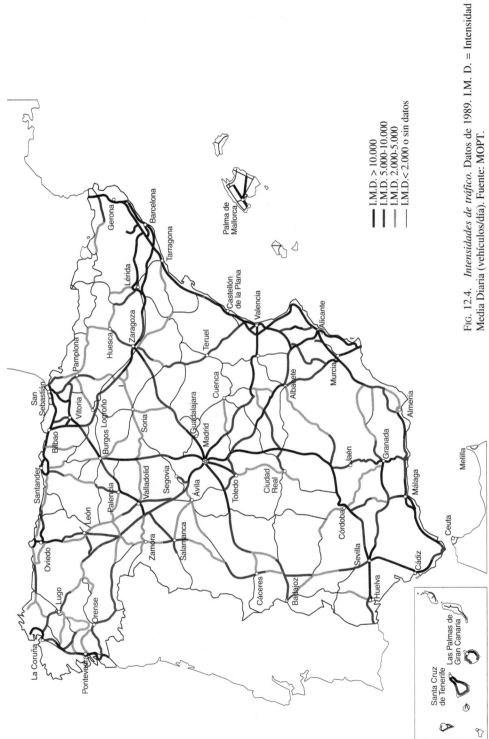

Fig. 12.4. *Intensidades de tráfico*. Datos de 1989. I.M. D. = Intensidad Media Diaria (vehículos/día). Fuente: MOPT.

I.M.D. > 10.000
I.M.D. 5.000-10.000
I.M.D. 2.000-5.000
I.M.D. < 2.000 o sin datos

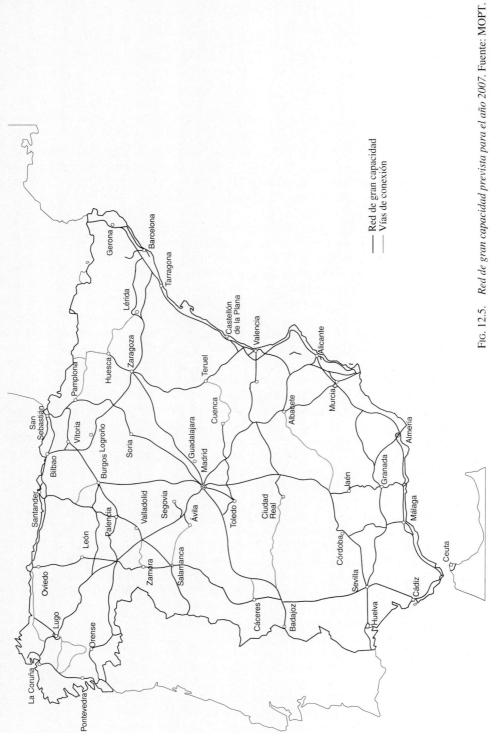

FIG. 12.5. *Red de gran capacidad prevista para el año 2007.* Fuente: MOPT.

Ejes con dirección NE-SO: *Ejes con dirección NO-SE:*
Oporto-País Vasco   Galicia-sureste
Lisboa-Zaragoza
Almería-La Jonquera

C) ESPAÑA Y LA RED TRANSEUROPEA DE CARRETERAS

Las comunicaciones terrestres de la Península Ibérica con el resto de Europa se encuentran dificultades por su propio carácter peninsular y por la alineación montañosa de los Pirineos. Únicamente en los extremos occidental y oriental del Pirineo (Irún y La Jonquera-Port Bou, respectivamente) esta barrera puede ser franqueada con cierta facilidad: por allí discurren las autopistas (y los ferrocarriles) que nos conectan con el resto de Europa. El resto del Pirineo se muestra como una barrera prácticamente impermeable, en la que existen pasos más o menos difíciles, aprovechados por carreteras que sirven sobre todo a tráficos de corto recorrido.

En la conexión con el resto de Europa cumplen una función clave la N-I, la autovía de Castilla (fundamental para Portugal) y el eje del Cantábrico (en la comunicación a través de Irún), y la autopista del Mediterráneo y la N-II (en la comunicación por La Jonquera). Una buena parte de las regiones españolas están conectadas con el resto de Europa a través de vías de gran capacidad. Pero otras se encuentran todavía enclavadas (Galicia y Asturias) o mal conectadas.

Por tanto, la integración de los países ibéricos en Europa exige no sólo la mejora de los ejes pirenaicos, sino también la conexión de las distintas regiones ibéricas a esos ejes. En este contexto resulta fundamental el hecho de que la Comunidad Europea haya aprobado recientemente un documento (Comisión de las Comunidades Europeas, 1992) en el que se definen los principales ejes viarios del continente y se señalan las actuaciones necesarias para la constitución de la red transeuropea de carreteras (fig. 12.6). En conjunto se prevé la construcción durante los próximos 10 años (período 1992-2002) de un total de 12.000 km de vías del tipo autopista, de los que un 40 % corresponden a los países periféricos (España, Portugal, Grecia e Irlanda).

Se contemplan dos nuevos ejes transpirenaicos con infraestructuras de alta calidad. El primero es el eje Burdeos-Valencia, a través del futuro túnel de Somport, fundamental para acercar Aragón, Valencia y Murcia a los mercados del noroeste del continente; el segundo es el eje Barcelona-Toulouse, a través del túnel de Puymorens, que en cierto modo cumplirá una función semejante para Cataluña. Además se definen una serie de nuevos tramos de gran capacidad en España, que ya están incluidos en el Plan de Infraestructuras del gobierno español, pero que de esta forma podrán ser cofinanciados por la Comunidad. Algunos de ellos resultan fundamentales en las relaciones de ciertas regiones con el resto de Europa, como los tramos Santander-Oviedo (fundamental para Asturias y en menor medida para el norte de Galicia), Vigo-Benavente (sur de Galicia), Tordesillas-Salamanca-Aveiro (Portugal y suroeste de Castilla-León), Vía de la Plata (suroeste de Castilla-León, Extremadura y Andalucía occidental) y Bailén-Motril (Andalucía oriental).

Pero no sólo se trata de conectar mejor la Península con el resto de Europa. También se pretende que mejoren las conexiones entre los dos países ibéricos. En

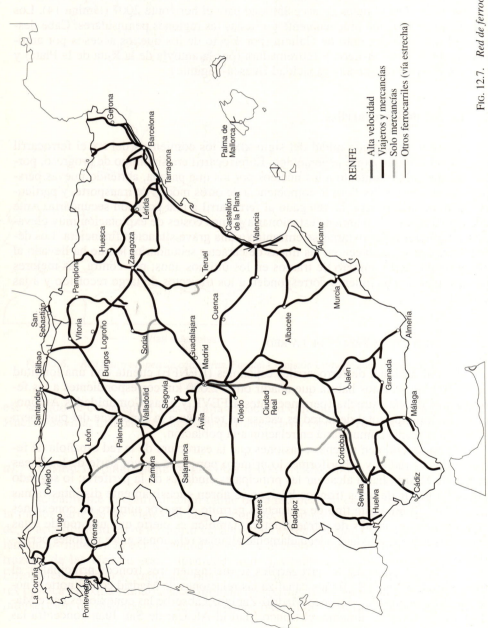

FIG. 12.7. *Red de ferrocarriles.* Fuente: MOPT.

comunicaciones de Madrid con Levante y Andalucía. Junto a estos grandes troncos radiales, existen dos importantes ejes transversales: el del Ebro (que conecta el País Vasco con Cataluña y con Levante) y el del Mediterráneo (desde Murcia hasta la frontera francesa). Unos y otros concentran la mayor parte del tráfico ferroviario español.

Por su parte, los ferrocarriles de vía estrecha se orientan a los tráficos regionales y de cercanías. Se concentran sobre todo en la zona norte de la península, desde Galicia hasta el País Vasco, aunque también existen ferrocarriles de este tipo en Cataluña, Valencia, Madrid y Mallorca. En general las infraestructuras y el material móvil con que cuentan estas líneas presentan importantes deficiencias, en un marco de graves dificultades financieras (López Trigal, L., 1990).

b) El futuro de la red española de ferrocarriles

La baja densidad, el carácter radial de la red y las dificultades orográficas son responsables de unos altos índices de rodeo en las comunicaciones por ferrocarril. Así, por ejemplo, la distancia kilométrica entre Madrid y Valencia es un 41,5 % mayor por ferrocarril que por carretera. Por otro lado, las características geométricas (curvas de muy pequeño radio y pendientes muy fuertes) de ciertos tramos proyectados en el siglo XIX, impiden que se alcancen velocidades comerciales medianamente satisfactorias.

De las bajas velocidades comerciales y los altos índices de rodeo derivan unos tiempos de viaje excesivos. Este dato no es determinante para el transporte de mercancías, pero sí resulta clave en el de viajeros. Hoy en día el tiempo de viaje es el punto más débil de la oferta ferroviaria española en los servicios interurbanos de viajeros a media y larga distancia (López Pita, A., 1987). No es de extrañar, pues, que el Plan de Infraestructuras se haya fijado como objetivo prioritario la reducción de los tiempos de viaje en los principales itinerarios, no sólo mediante la ampliación de la red de alta velocidad, sino también a través de la mejora de tramos existentes hasta alcanzar velocidades próximas a los 200 km/h en algunos de ellos por medio de una tecnología ferroviaria convencional.

Con la apertura de la nueva línea Madrid-Sevilla en 1992, España entró en el ferrocarril de alta velocidad, lo cual supone un nuevo escalón en cuanto a tecnología, con velocidades superiores a los 250 km/h. La apertura de esta nueva línea supuso una fortísima reducción del tiempo de viaje, pasando de unas 6 horas a 2 horas y 30 minutos. El Plan Director de Infraestructuras prevé la ampliación de la red de alta velocidad (AVE) y su conexión con la red europea mediante la construcción de los tramos Madrid-Barcelona-frontera francesa y Zaragoza-País Vasco-frontera francesa. Se cuenta con que para el año 2007 los principales centros neurálgicos del país (excepto Valencia) queden unidos por ferrocarriles circulando a más de 200 km/h: Madrid, Barcelona, Bilbao, Zaragoza y Sevilla. Ello significará un acercamiento sustancial de estas ciudades entre sí a través del ferrocarril. Otra cuestión es si la demanda actual y la previsible a corto y medio plazo justifican unas inversiones tan cuantiosas como las que se habrán de dedicar a la construcción de nuevas infraestructuras para la alta velocidad.

Pero las actuaciones del Plan de Infraestructuras no se reducen a la alta velocidad. Dentro del ferrocarril convencional se prevén actuaciones que mejorarán espectacularmente los tiempos de viaje en muchas de las líneas de largo recorrido (fig. 12.8). Destacan sobre todo los tramos Madrid-Valencia, Valencia-Barcelona y Madrid-Venta de Baños (con prolongaciones hacia León y Vitoria), en los que se alcanzarán velocidades próximas a los 200 km/h (lo que se denomina velocidad alta). La mayor parte de las actuaciones se van a producir sobre tramos radiales.

En resumen, la red del año 2007 será mucho más jerarquizada y radial: un número relativamente reducido de líneas canalizarán la mayor parte de las relaciones a velocidades altas o muy altas, mientras que otras, en las que no se prevén inversiones, quedarán relegadas a un papel cada vez más secundario o incluso previsiblemente tenderán a ser clausuradas, a no ser que se llegue a un acuerdo con las correspondientes Comunidades Autónomas para garantizar su financiación.

c) La integración de España en la red europea de ferrocarriles

Las conexiones de la Península Ibérica con el resto de Europa son aún más difíciles por ferrocarril que por carretera. A las dificultades topográficas que supone el Pirineo hay que añadir el hecho de que el ferrocarril español cuenta con un ancho de vía distinto del estándar europeo. La decisión fue tomada a mediados del siglo XIX, cuando se planteaba la construcción de los primeros ferrocarriles en España. Aunque está muy extendida la idea de que el distinto ancho obedece a razones de tipo estratégico (para dificultar una hipotética invasión desde Francia), en realidad todo parece indicar que se trata de una razón de tipo técnico: los ingenieros españoles pensaban que ante lo difícil de la orografía de nuestro país, se requerirían calderas más potentes, lo que exigía un mayor ancho de vía para aumentar la estabilidad de las locomotoras.

Evidentemente, el distinto ancho de vía supone un grave problema técnico en la circulación de los trenes a través de la frontera francesa. Es necesario que los viajeros cambien de tren en la frontera, excepto en el caso del TALGO, en el que se modifica automáticamente el ancho de los ejes de los vagones, con lo que no se requiere el transbordo de los viajeros y únicamente es necesario cambiar la locomotora. En cualquier caso esta operación exige una parada del orden de los 15-45 minutos. Por lo que se refiere al transporte de mercancías, el distinto ancho de vía supone que la mercancía debe ser transbordada vagón a vagón o que se recurra al cambio de ejes, lo que supone un sobrecosto importante y un incremento del tiempo de transporte.

Del problema del distinto ancho de vía deriva una débil utilización del ferrocarril en el transporte internacional de pasajeros y de mercancías. Parece claro, pues, que esta circunstancia acentúa la situación de España como país periférico dentro de la CE, tanto si nos referimos a distancias en tiempo como si lo hacemos con distancias en costes, lo que resulta un factor claramente negativo de cara al Mercado Único. No es de extrañar, pues, que en los últimos años se hayan oído voces favorables al cambio de ancho de vía en España, para buscar una homologación con el resto de la Europa comunitaria. Las ventajas a largo plazo serían indudables, pero las dificultades aparecerían en el corto y el medio plazo:

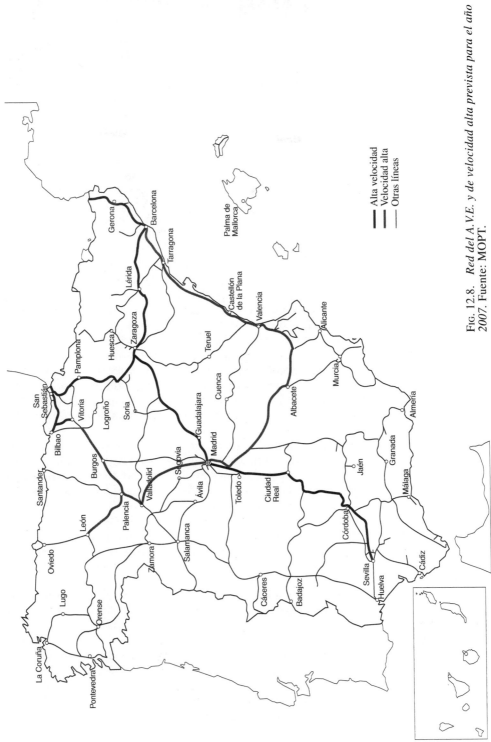

Fig. 12.8. *Red del A.V.E. y de velocidad alta prevista para el año 2007. Fuente:* MOPT.

— El cambio de ancho requiere unas inversiones muy cuantiosas, cuando existen también otras necesidades imperiosas en materia de infraestructuras.

— El cambio de ancho en toda la red exigiría un dilatado período de tiempo de obras en el que convivirían los dos anchos de vía (el español y el europeo), lo que dificultaría enormemente el tráfico interior, al exigir múltiples transbordos.

Ante esta situación, se ha tomado una decisión de compromiso: adoptar el ancho europeo de momento sólo en la red de alta velocidad. La polémica continúa abierta.

Precisamente el tren de alta velocidad está llamado a jugar un papel fundamental como instrumento de integración europea. La apertura de la línea París-Lyon a principios de los años ochenta constituyó todo un éxito: la nueva línea no solamente captó una buena parte de los viajes que anteriormente se hacían en avión y en automóvil, sino que generó más demanda; además, en una primera valoración de sus efectos sobre la economía regional, se pudo apreciar un impacto claramente positivo. Pronto otros países europeos se unieron también a la alta velocidad con la construcción de nuevos tramos. En esa dinámica, se corría el riesgo de que cada país diseñara su ferrocarril de alta velocidad pensando en las necesidades propias, pero sin contemplar una perspectiva europea.

Ante esta situación, la CE se ha propuesto la creación de una red europea de alta velocidad. La Comisión concibe el tren de alta velocidad como un instrumento de integración: «El tren de alta velocidad, al reducir los tiempos de recorrido, reduce las distancias. Es por esto un poderoso instrumento de ordenación del territorio. La red europea tendrá un efecto estructurante en el espacio comunitario, promoviendo el desarrollo regional y favoreciendo las relaciones entre regiones» (Comisión de las Comunidades Europeas, 1991c). La Comisión añade que el tren de alta velocidad resulta menos contaminante y consume menos energía que otros medios alternativos. Pero no todo son ventajas: la construcción de nuevas infraestructuras supone a menudo un coste ambiental importante e implica unas inversiones muy elevadas. Por otro lado, los efectos territoriales de estas infraestructuras son muy puntuales, ya que sólo existen estaciones en las principales ciudades, con el consiguiente peligro de acrecentar los desequilibrios existentes.

Existe ya un esquema director de la red europea de alta velocidad, preparado para el horizonte 2010 (fig. 12.9). Dado que para alcanzar sus máximas prestaciones el tren de alta velocidad exige trazados prácticamente rectos, con curvas de amplísimo radio de curvatura, es necesario construir nuevas infraestructuras o, cuando es posible, mejorar las ya existentes. La red prevista consta de 9.000 km de líneas nuevas, 15.000 de líneas acondicionadas y 1.200 de líneas de entramado (enlaces). Se requieren, por tanto, unas inversiones cuantiosas, que para ser rentabilizadas requieren una importante demanda. De ahí que la red esté orientada a unir entre sí los principales centros urbanos de la Comunidad, las denominadas «eurociudades». En lo que se refiere a España, el Plan de Infraestructuras ha modificado los planteamientos iniciales del esquema director, en el sentido que se indica en la figura 12. 9.

La red de alta velocidad supondrá un notable acercamiento de las principales ciudades españolas entre sí y con respecto a las del centro de la Comunidad (fig. 12.10). Pero mientras que para Barcelona la mayor parte de los tiempos de via-

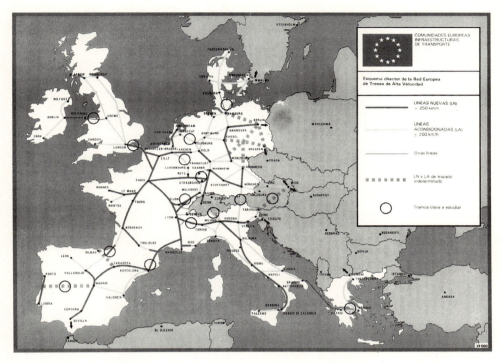

FIG. 12.9. *Red europea de ferrocarriles de alta velocidad.* Fuente: Comisión Comunidades Europeas (1991c).

je con respecto a otras eurociudades quedarán comprendidos entre las 4 y las 6 horas, desde Madrid se necesitarán entre 6 y 9 horas. Con estos tiempos de viaje no cabe duda que en Barcelona o Bilbao el papel del ferrocarril en las comunicaciones internacionales adquirirá un carácter relevante, pero en ciudades más lejanas a la frontera francesa, como Madrid, la competencia con el avión será mucho más difícil.

4. **La red aeroportuaria**

El transporte aéreo ha experimentado un desarrollo muy rápido en los últimos años, resultando especialmente competitivo sobre distancias medias y largas. Es en el transporte de viajeros en el que el avión ofrece más ventajas, ya que en el de mercancías el sobrecoste que supone muy rara vez compensa los menores plazos de entrega. Los viajes de negocios y el turismo constituyen los dos segmentos principales de la demanda de transporte aéreo.

Con la constitución del Mercado Único y, en general, con la internacionalización de la economía, el transporte aéreo adquiere una importancia cada vez mayor. Existe una demanda creciente de movilidad entre las principales ciudades europeas. En ese sentido, el estar bien conectados a las principales eurociudades por medio de

○ Localización geográfica - distancia en tiempo a París (1990)
● Localización según la distancia en tiempo a París (2010)
— Ahorro de tiempo 1990-2010

Fig. 12.10. *Contracción del espacio debido a la red de alta velocidad.* Fuente: Masser, I., y otros (1992).

enlaces aéreos constituye un elemento clave en la accesibilidad desde una dimensión europea.

a) Características generales de la red

España cuenta con un total de 36 aeropuertos comerciales, administrados por el ente público de Aeropuertos Españoles y Navegación Aérea. Los aeropuertos se concentran sobre todo en la periferia peninsular (de acuerdo con la distribución espacial del sistema de ciudades) y en las islas (para atenuar los problemas de insularidad). En cambio, en la meseta sólo se localizan los aeropuertos de Madrid, Valladolid y Badajoz, quedando amplios espacios sin cubrir por la red (fig. 12.11).

Se trata sin duda de un número muy elevado de aeropuertos, ya que hasta los años setenta se siguió la política de que todas las ciudades de un cierto tamaño contaran con su propio aeropuerto. Ello ha llevado a un modelo basado en el aeropuerto-ciudad, en el que existe un número importante de pequeños aeropuertos infrautilizados, con los consiguientes problemas de rentabilidad. Posiblemente hubiera sido más adecuado en muchos casos el modelo de aeropuerto-región, basado en aeropuertos regionales bien comunicados por transporte terrestre con las distintas ciudades de su hinterland (área de influencia).

b) LOS TRÁFICOS DE LOS AEROPUERTOS

El sistema aeroportuario español está muy jerarquizado. Madrid-Barajas, Palma de Mallorca y Barcelona constituyen los grandes centros de tráfico, concentrando la mitad del tráfico total del sistema (un 49,52 %). Se trata de las dos grandes metrópolis nacionales y del principal núcleo receptor de turismo. Destaca particularmente la aportación de Madrid como nodo rector de la red, con más de 15 millones de viajeros (un 21,69 % del tráfico total de la red).

Los centros de tráfico de tipo medio presentan volúmenes de tráfico comprendidos entre el 1 y el 10 %. Entre todos (13) concentran casi la otra mitad del tráfico total (un 44,53 %). Se trata de metrópolis grandes (como Valencia, Sevilla, Bilbao y Málaga) y de centros insulares con un importante desarrollo turístico (aeropuertos de Ibiza, Tenerife e islas orientales canarias). La excepción en este grupo es Santiago de Compostela, que cumple funciones de aeropuerto regional.

Finalmente, los pequeños centros poseen volúmenes de tráfico inferiores al 2 %. Entre todos ellos (20) sólo alcanzan el 5,95 % del tráfico total registrado en los aeropuertos españoles. Suelen corresponder a ciudades de tipo medio y a núcleos urbanos insulares con escaso desarrollo turístico o enclaves (Melilla). Zaragoza, a pesar de su tamaño demográfico, se encuentra en este grupo por disfrutar de una situación privilegiada, intermedia y relativamente próxima, con respecto a los principales centros de actividad económica del país (Madrid, Barcelona, Valencia y Bilbao): sobre esas distancias el transporte aéreo resulta poco competitivo frente a los medios terrestres (cuadro 12.5).

En cuanto a las entradas y salidas de pasajeros en vuelos internacionales (cuadro 12.5), Palma de Mallorca (7,9 millones de viajeros) es el principal aeropuerto del país, ligeramente por delante de Madrid-Barajas (7,3) y muy por encima de Barcelona (3,3), que es superada por otros aeropuertos como Tenerife-Sur (3,8) y Las Palmas (3,4). Evidentemente los vuelos (regulares y sobre todo *charter*) que acuden a los aeropuertos de las islas para satisfacer las demandas turísticas explican esa situación aparentemente anómala.

De hecho el turismo ha sido un factor decisivo en el crecimiento de los tráficos de muchos aeropuertos españoles, singularmente en los de Málaga, Alicante y en muchos de los de las islas. Esos aeropuertos son los que acusan una mayor estacio-

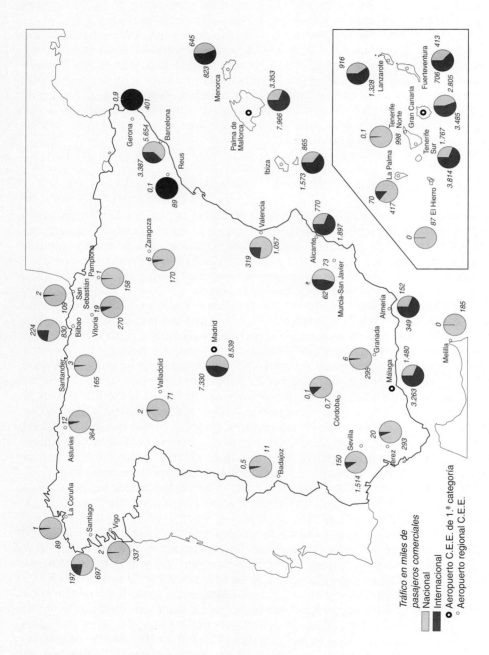

FIG. 12.11. *Tráfico de los aeropuertos españoles en 1990.*

CUADRO 12.5. *Tráficos de pasajeros en los aeropuertos españoles en 1990 (en miles)*

	Nacional	Internacional	Total	%
Grandes centros de tráfico:				
Madrid-Barajas	8.539	7.330	15.869	21,69
Palma de Mallorca	3.353	7.966	11.319	15,47
Barcelona	5.654	3.387	9.041	12,36
Centros de tipo medio:				
Las Palmas de Gran Canaria	2.805	3.485	6.290	8,59
Tenerife-Sur	1.767	3.814	5.581	7,62
Málaga	1.480	3.263	4.743	6,48
Alicante	770	1.897	2.667	3,64
Ibiza	865	1.573	2.438	3,33
Lanzarote	916	1.388	2.304	3,15
Sevilla	1.514	150	1.664	2,27
Menorca	645	823	1.468	2,00
Valencia	1.057	319	1.376	1,88
Fuerteventura	413	706	1.119	1,53
Bilbao	830	244	1.074	1,46
Tenerife-Norte	998	0	998	1,36
Santiago de Compostela	697	197	894	1,22
Pequeños centros:				
Almería	152	349	501	0,68
La Palma	417	70	487	0,66
Girona	1	401	402	0,54
Asturias	364	12	376	0,51
Vigo	337	2	339	0,46
Jerez	293	20	313	0,42
Granada	295	6	301	0,41
Vitoria	270	19	289	0,39
Melilla	185	0	185	0,25
Zaragoza	170	6	176	0,24
Santander	165	3	168	0,22
Pamplona	158	1	159	0,21
Murcia/San Javier	73	62	135	0,18
San Sebastián	109	2	111	0,15
La Coruña	89	1	90	0,12
Reus	0	89	89	0,12
Hierro	87	0	87	0,11
Valladolid	71	2	73	0,09
Badajoz	11	0,5	11,5	0,01
Córdoba	0,7	0,1	0,8	0,00
Total	35.281	37.862	73.143	100,00

Fuente: MOPT, 1990.

nalidad en sus tráficos, ya que el turismo se concentra en los meses de verano. Ello supone un problema añadido en la planificación y gestión aeroportuaria, ya que tales aeropuertos sufren períodos de saturación frente a otros de baja utilización.

c) LA ORGANIZACIÓN FUNCIONAL

Desde el punto de vista de la organización funcional de la red, más importantes que los tráficos son los enlaces aéreos. Evidentemente, los aeropuertos con mayores tráficos suelen ser también los que cuentan con un mayor número de enlaces, pero la correlación no es siempre estrecha.

El sistema de transporte aéreo se organiza jerárquicamente. Lógicamente la mayor parte de los aeropuertos no tienen enlaces directos con todos los demás, sino que la conexión se produce a través de otros aeropuertos, que actúan como centros de concentración/dispersión de tráficos.

De acuerdo con su funcionalidad, los distintos aeropuertos españoles se pueden clasificar en los siguientes tipos (Antón, J., 1988):

— *Aeropuertos centrales.* La red española es de carácter bipolar, ya que cuenta con dos aeropuertos en el nivel más alto de la jerarquía aeroportuaria: Madrid-Barajas y Barcelona. Estos aeropuertos cuentan con enlaces directos con prácticamente todos los aeropuertos de la red y en las relaciones internacionales captan tráficos de los aeropuertos troncales y los canalizan hacia el exterior. Madrid-Barajas es el que cumple plenamente las funciones de aeropuerto central, mientras que el de Barcelona debe ser considerado más propiamente como semicentral.

— *Aeropuertos troncales.* Canalizan los tráficos de su hinterland en dirección hacia otros grandes centros regionales. Cumplen esta función los aeropuertos de Sevilla, Málaga, Valencia, Bilbao, Santiago, Palma, Tenerife-Sur y Las Palmas.

— *Aeropuertos locales y marginales.* Tienen enlaces con los aeropuertos centrales y con algunos de los troncales. El resto de los aeropuertos pertenecen a este tipo.

Dentro de las relaciones interiores es necesario destacar por su importancia el enlace aéreo entre Madrid y Barcelona (puente aéreo), que registra 1,8 millones de pasajeros al año.

En cuanto a las relaciones internacionales, Madrid figura entre los aeropuertos europeos que cuentan con un mayor número de enlaces aéreos internacionales (por líneas regulares), si bien claramente superado por otros centros aeroportuarios como París, Amsterdam y Frankfurt. Destaca particularmente su excelente conexión con los aeropuertos latinoamericanos, lo que le vale para captar tráficos de terceros países en algunas relaciones entre Europa y Latinoamérica. Barcelona es la segunda ciudad española en número de enlaces aéreos de rango internacional, seguida de Palma de Mallorca.

5. La red portuaria

Las instalaciones portuarias han tenido siempre una gran importancia económica. Tradicionalmente las ciudades-puerto eran espacios abiertos al exterior, que recibían innovaciones de todo tipo y permitían el desarrollo de actividades comerciales, con efectos multiplicadores sobre otros sectores económicos. Hoy los puertos, a pesar del rápido desarrollo que han experimentado los medios de transporte terrestres y aéreo, no sólo continúan siendo un elemento clave en la vida de muchas ciudades costeras españolas, sino que además constituyen un elemento básico en la economía del país: el 86 % de las importaciones y el 66 % de las exportaciones se realizan a través de las instalaciones portuarias. Pero además no se debe olvidar que

España es el país de la Comunidad Europea en el que el tráfico de cabotaje tiene una mayor importancia (el 16,6 % del transporte interior de mercancías se realiza por barco).

a) CARACTERÍSTICAS DEL SISTEMA PORTUARIO

España cuenta con casi 8.000 km de litoral, a lo largo de los cuales se localizan 45 puertos de interés general del Estado (es decir, de carácter comercial): 30 de ellos se sitúan en la costa peninsular y los 15 restantes en las islas y en los enclaves de Ceuta y Melilla[3] (fig. 12.12).

Esa gran longitud de costa ha favorecido una cierta atomización del sistema: no existen en España grandes concentraciones portuarias. Ello resulta favorable desde la perspectiva del tráfico de cabotaje, ya que así se aprovechan mejor las ventajas derivadas de la gran longitud del litoral español y se reparte mejor la accesibilidad por toda la franja costera. Pero desde el punto de vista del tráfico exterior resulta necesaria una mayor jerarquización portuaria, de manera que se puedan generar economías de escala en un número reducido de grandes puertos. En cualquier caso, la localización de la Península Ibérica en el extremo suroccidental de Europa no es favorable para la captación de tráficos de largo recorrido con destino a las grandes concentraciones metropolitanas de la Europa comunitaria.

En general, los puertos españoles cuentan con unas dimensiones suficientes en cuanto a longitud de muelles. Pero algunos de ellos requieren adaptar o ampliar sus instalaciones para el tráfico de contenedores y aumentar la superficie en tierra para el depósito de mercancías. Además, muchos de ellos necesitan una mejora en los accesos por carretera y por ferrocarril. En este contexto, hay que tener en cuenta que los puertos se comportan como instalaciones de intercambio modal, donde las mercancías pasan del transporte marítimo al terrestre o a la inversa; sólo en algunos casos pasan a otros barcos, en tráficos de concentración/dispersión.

b) LOS TRÁFICOS

Los tráficos de viajeros que se registran en los puertos españoles son de escasa entidad (cuadro 12.6). Solamente tienen una cierta importancia las relaciones entre ambos lados del estrecho de Gibraltar (particularmente entre Algeciras y Ceuta), y entre las islas o entre éstas y la península (los valores relativamente altos de Baleares, Santa Cruz de Tenerife, Las Palmas, Barcelona o Valencia se explican por tales tráficos).

La trascendencia económica y territorial del sistema portuario español deriva del tráfico de mercancías. Los grandes centros portuarios españoles en el tráfico de

---

3. A efectos estadísticos y administrativos algunos de estos puertos se consideran formando parte de un mismo grupo de puertos. Es lo que sucede en el grupo de Baleares (puertos de Palma, Alcudia, Mahón e Ibiza), Las Palmas (La Luz y Las Palmas, Arrecife y Puerto del Rosario), Santa Cruz de Tenerife (Santa Cruz de Tenerife, Santa Cruz de La Palma, San Sebastián de la Gomera, La Estaca y Los Cristianos), Alicante (Alicante y Torrevieja), Almería (Almería y Carboneras), bahía de Cádiz (Cádiz, Puerto de Santa María y Rota) y Valencia (Valencia y Sagunto). Por su parte la Comisión Administrativa del Grupo de Puertos (CAGP) incluye los puertos de Motril y San Ciprián.

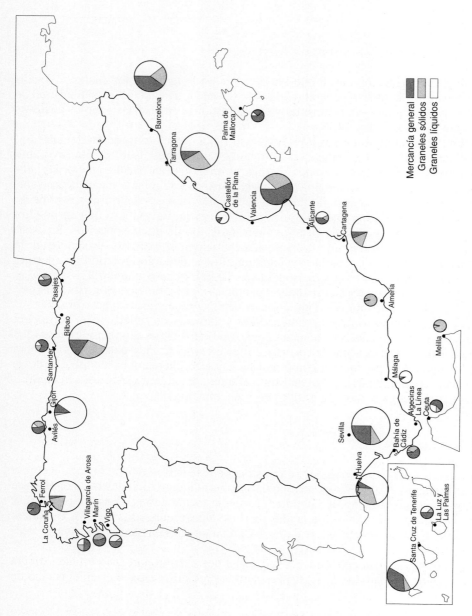

FIG. 12.12. *Tráfico portuario de mercancías (cabotaje y exterior). Año 1990.*

CUADRO 12.6. *Tráficos de los puertos de interés general del Estado (1990)*
(en miles de pasajeros/tm embarcadas y desembarcadas)

	Pasajeros	Mercancías
Algeciras	3.688	20.058
Alicante	97	2.500
Almería	213	6.720
Avilés	–	3.749
Baleares	1.142	6.122
Barcelona	666	18.029
Bilbao	–	25.205
Cádiz (bahía de)	100	2.819
Cartagena	–	13.689
Castellón	–	7.845
Ceuta	2.697	2.818
Ferrol	–	1.243
Gijón	–	11.580
Huelva	–	10.007
La Coruña	–	11.380
Las Palmas	664	7.316
Málaga	201	9.141
Melilla	424	458
Pasajes	–	3.736
Pontevedra	–	533
Santa Cruz de Tenerife	1.990	11.986
Santander	147	4.102
Sevilla	–	3.036
Tarragona	–	24.244
Valencia	178	11.976
Vigo	–	2.694
Villagarcía de Arosa	–	415
CAGP	4	4.311
Total	16.486	227.702

Fuente: MOPT, 1990.

mercancías son Bilbao (25,2 millones de tm), Tarragona (24,2), Algeciras (20,0) y Barcelona (18,0). También superan los 10 millones de tm los puertos de Cartagena, Valencia, Santa Cruz de Tenerife, Gijón, La Coruña y Huelva.

No obstante, estas cifras brutas deben ser matizadas, por cuanto que el tipo de mercancías embarcadas y desembarcadas varía mucho de unos puertos a otros. Según la forma de presentación de la carga, las estadísticas oficiales ofrecen una diferenciación entre mercancía general, graneles líquidos (como el petróleo) y graneles sólidos (como el mineral). Atendiendo a la dificultad de las operaciones de carga y descarga y a las necesidades de espacio en tierra, la mercancía general tiene una relevancia mayor que los graneles sólidos y éstos que los graneles líquidos.

Los principales tráficos de graneles líquidos (fundamentalmente petróleo), ligados a su conducción a refinerías, se concentran sobre todo en los puertos de Tarragona, Bilbao, Algeciras, La Coruña, Santa Cruz de Tenerife, Cartagena, Málaga, Castellón y Huelva. Por su parte, los graneles sólidos tienen especial importancia en puertos de tradición minera e industrial, como Gijón, Almería, Bilbao y Huelva.

En cuanto a tráficos de mercancía general, Barcelona, Valencia, Algeciras y

Bilbao ocupan los lugares más altos en la jerarquía portuaria española. Algeciras, por su privilegiada situación en el estrecho, está alcanzando una importancia creciente en la carga y descarga de contenedores, en tráficos de concentración y dispersión.

6. Las telecomunicaciones

El intercambio de información a distancia, es decir, las telecomunicaciones, no sólo constituye un elemento clave en la calidad de vida de los ciudadanos, sino que además tiene una importancia creciente en el desarrollo económico, tanto en los procesos de producción como en los de distribución. El teléfono, el télex, el telefax y el intercambio de datos entre ordenadores son indispensables para la expansión de los mercados y para el control de las operaciones en la esfera internacional (Masser, I., y otros, 1992).

Se está produciendo una verdadera revolución tecnológica en el ámbito de la transmisión de información, acompañada de un crecimiento vertiginoso del mercado de las telecomunicaciones. Si las décadas pasadas se caracterizaron por un rápido incremento del número de teléfonos, en el presente estamos presenciando una difusión vertiginosa del telefax y de los sistemas de intercambio de datos entre ordenadores.

Los progresos en la tecnología de las telecomunicaciones tienen como efecto una reducción del efecto de fricción de la distancia: la jerarquía de los centros aparece mucho más condicionada por el tamaño de la población que por la distancia (Seguí, J. M., y Petrus, J. M., 1991). Lo que importa ya no es tanto disfrutar de una situación central en el espacio geográfico, sino estar bien conectado a las redes de telecomunicación.

a) El desarrollo de las redes de telecomunicaciones

La red telefónica cumple una función clave en la transmisión de información, ya que sustenta no sólo los contactos telefónicos, sino también el telefax y el intercambio de datos entre ordenadores. Respondiendo a las demandas sociales y económicas, la red española ha registrado un crecimiento muy importante, desde 6,27 teléfonos por cada 100 habitantes en 1961 hasta los 48,9 en 1990 (cuadro 12.7). A destacar la evolución registrada en el período de reactivación económica 1985-1990, en el que se produce un incremento de casi 12 puntos en la tasa de teléfonos por cada 100 habitantes. A pesar de ello todavía nos encontramos lejos de las cifras de otros países de nuestro entorno, como Alemania o Francia, ambos claramente por encima de los 60 teléfonos por cada 100 habitantes.

La evolución más espectacular es la que se está produciendo en los nuevos sistemas de telecomunicaciones. Tanto la transmisión de datos por ordenador, como los servicios Iberpac o la telefonía móvil se muestran como sectores extraordinariamente dinámicos, como se refleja en el cuadro 12.8.

Sin embargo, dentro de España las disparidades regionales son patentes: lógicamente es en las regiones más desarrolladas donde se ha producido una mayor

CUADRO 12.7. *Evolución del número de teléfonos en España*

Años	Miles de teléfonos	Índice de variación (1961 = 100)	Teléfonos por 100 habitantes
1961	1.930,2	100,0	6,27
1965	2.771,6	143,6	8,67
1970	4.569,4	236,7	13,54
1975	7.836,0	406,0	22,14
1980	11.844,6	613,6	31,78
1985	14.258,9	738,7	37,03
1990	19.250,0	997,3	48,96

Fuente: Banesto, 1991.

difusión de las telecomunicaciones. Atendiendo a los datos sobre el número de teléfonos por cada 100 habitantes, si se considera la media española igual a 100 (fig. 12.13), se observa que las tres provincias de mayor nivel de renta superan el valor de 130: Baleares (142), Madrid (138) y Barcelona (131). También se sitúan por encima de la media nacional las tres provincias catalanas restantes, las tres vascas, Navarra, Zaragoza, La Rioja, Alicante y Valencia. Los valores más bajos (por debajo de 60) corresponden a varias de las provincias más deprimidas: Lugo, Orense, Jaén y Badajoz.

b) LA CONFIGURACIÓN ESPACIAL DE LOS FLUJOS TELEFÓNICOS

La distribución espacial de los flujos telefónicos en España obedece a un modelo marcadamente jerárquico, que pone de manifiesto las relaciones de dominancia-dependencia entre territorios. Cuando se analizan los flujos interprovinciales, resulta que las provincias que albergan las principales áreas metropolitanas son las que más flujos reciben: Madrid (21,1 % del total de los flujos), Barcelona (14,3 %), Sevilla (5,3 %), Valencia (4,3 %) y Vizcaya (3,4 %) (Seguí, J. M., Picornell, C., y Petrus, J. M., 1990). Entre las cinco concentran casi la mitad (el 48,4 %) del total de los flujos recibidos, una proporción mucho mayor a la que les correspondería atendiendo a su volumen demográfico.

Para analizar las relaciones de dominancia-dependencia entre provincias es útil cartografiar el flujo principal de los emitidos por cada una de ellas (fig. 12.14).

CUADRO 12.8. *Evolución de la demanda en nuevas tecnologías de las telecomunicaciones*

1980	1985	1989
7.465 (1)	45.080	169.672
9.349 (2)	23.810	55.879
475 (3)	1.120	29.783

1. Conexiones a la red telefónica para transmisión de datos.
2. Conexiones a la red Iberpac.
3. Telefonía móvil.

Fuente: Anuario del Instituto Nacional de Estadística.

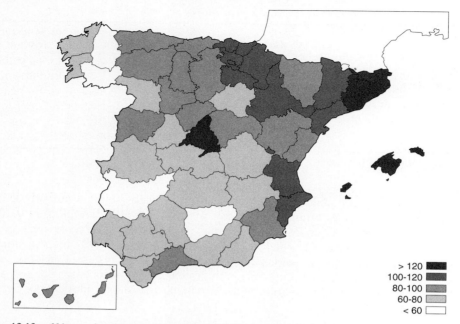

FIG. 12.13. *Número de teléfonos por cada 100 habitantes* (Media nacional = 100). Fuente: elaboración propia a partir de los datos de BANESTO (1991).

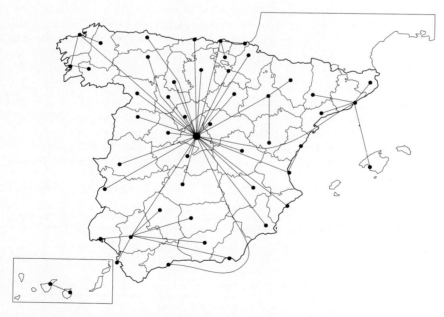

FIG. 12.14. *Red de flujos telefónicos (flujo mayor emitido por cada provincia).* Fuente: elaboración propia a partir de los datos de Seguí, J. M., Picornell, V., y Petrus, J. M. (1990).

Entonces Madrid destaca como nodo rector de la red, al recibir el flujo máximo de los emitidos por 29 provincias. Barcelona ejerce su influencia sobre las provincias catalanas y Baleares. Sevilla atrae el flujo máximo de las distintas provincias andaluzas, excepto Málaga, que gravita directamente sobre Madrid. También tienen una importante influencia regional Zaragoza, Vizcaya, La Coruña y Valencia. En resumen, se pone de manifiesto un patrón jerárquico, en el que la distancia tiene una importancia secundaria (Madrid recibe el flujo mayor de provincias muy lejanas), aunque perceptible en aquellas comunidades periféricas que constituyen subsistemas regionales muy consolidados (como Cataluña, País Vasco, Galicia, Andalucía, Aragón y Valencia).

El análisis de los flujos telefónicos también permite conocer la estructura nodal de las relaciones intraprovinciales cuando se trabaja con datos más desagregados espacialmente (Gutiérrez Puebla, J., 1985*a* y 1985*b*). Ello resulta particularmente útil en la delimitación de las comarcas funcionales.

Bibliografía básica

Antón, J. (1988): *La organización del transporte aéreo en España: tráfico interior de pasajeros,* Ediciones de la Universidad Autónoma, Madrid.

Bosque Maurel, J. (1986): «Actividades terciarias», en Terán, M., y otros: *Geografía general de España,* Ariel, Barcelona.

Cano, G. (1980): El transporte aéreo en España, Ariel, Barcelona.

Comisión de las Comunidades Europeas (1991*a*): *Europa 2000,* Luxemburgo, Oficina para las Publicaciones Oficiales de las Comunidades Europeas.

— (1991*c*): *Red europea de trenes de alta velocidad,* TTC, 50, pp.77-92.

Escalona, A., y Bielza, V. (1989): *Actividades terciarias: el transporte*, en: Bielza, V. (coord.): *Territorio y sociedad en España,* Taurus, Madrid, vol. 2, pp. 287-314.

Izquierdo Bartolomé, R. (1981): *El modelo de transporte*, en: AA.VV.: *La España de las Autonomías,* Espasa-Calpe, Madrid, vol. 1, pp. 368-479.

—, y Menéndez Martínez, J. M.ª (1987): «Transporte, economía nacional y desarrollo regional», *Situación,* 1987/1, pp. 5-22.

Keeble, D.; Offord, J., y Walker, S. (1986): «Peripheral regions in a community of twelve member regions», Luxemburgo, Oficina para las Publicaciones Oficiales de las Comunidades Europeas.

López Pita, A. (1987): «El transporte de viajeros y mercancías por ferrocarril», *Situación,* 1987/1, pp. 114-131.

— (1990): «La inserción de la red ferroviaria española en la malla europea de alta velocidad», *Urbanismo,* n.º 10, pp. 48-57.

López Trigal, L. (1990): «La situación de los ferrocarriles de vía estrecha en España, entre el factor competencia y las políticas de transporte», *Estudios Geográficos,* 198, pp. 170-174.

Masser, I.; Sviden, O., y Wegener, M. (1992): *The Geography of Europe's Futures,* Belhaven Press, Londres (capítulos 9, 10 y 11).

Ministerio de Obras Públicas y Urbanismo (1986): *Plan General de Carreteras 1984/1991,* MOPU, Madrid.

— (1990): *Memoria de actividades. Puertos 1989,* MOPU, Madrid.

Ministerio de Obras Públicas y Transportes (1992): *Plan de Infraestructuras.*

Ministerio de Transporte, Turismo y Telecomunicaciones (1990): *Los transportes, el turismo y las comunicaciones. Informe anual,* MTTC, Madrid.

Mira Rodríguez, J. (1986): «Génesis del reparto modal en el transporte de mercancías en España», *TTC,* 23, pp. 60-74.
Molina, M.; Chicharro, E.; González Moreno, M., y Villegas, F. (1990): «El sector servicios y las actividades terciarias. El transporte», en Bosque Maurel, J., y Vilà Valentí, J.: *Geografía de España,* Planeta, Barcelona.
Piñeiro Peleteiro, R. (1987): «Comercio y Transporte», *Geografía de España,* Síntesis, Madrid.
Seguí Pons, J. M.ª, y Petrus Bey, J. M.ª (1991): «Geografía de las redes y sistemas de transporte», Síntesis, Madrid.
Seguí Pons, J. M.ª; Picornell Bauzá, C., y Petrus Bey, J. M.ª (1990):« Las redes de teleflujos y su estructuración territorial en España: los flujos telefónicos», *Estudios Geográficos,* 198, pp. 83-114.
Torrego Serrano, F. (1990): «El transporte de mercancías por carretera en España según la III encuesta nacional», *Estudios Geográficos,* 198, pp. 115-137.
Wais, F. (1974): *Historia de los ferrocarriles españoles*, Editora Nacional, Madrid.

CUARTA PARTE

DESIGUALDADES, CONFLICTOS ESPACIALES Y POLÍTICAS DE INTERVENCIÓN

Capítulo 13

DESEQUILIBRIOS TERRITORIALES Y POLÍTICA REGIONAL

1. **Interpretaciones sobre los desequilibrios territoriales**

Uno de los rasgos esenciales que definen el espacio geográfico es su heterogeneidad, cualquiera que sea el período y la escala que se consideren. Si las condiciones naturales y los recursos disponibles introducen ya un primer elemento de diversidad, la actuación de los grupos sociales en el tiempo ha contribuido a ampliar esos contrastes, trasladando al territorio las tensiones y desigualdades existentes en el seno de la sociedad, que adoptan formas diversas según el marco técnico-económico y político-institucional dominante en cada período histórico. Por esa razón, los desequilibrios territoriales actuales resultan de una combinación de factores heredados y condiciones actuales, que en gran medida ya fueron abordados en los capítulos precedentes, por lo que el actual sintetiza algunos de sus contenidos desde una nueva perspectiva.

Pero el estudio de la desigualdad en el territorio se enfrenta también a problemas inevitables de carácter metodológico, relacionados con la selección de indicadores significativos y variables estadísticas capaces de reflejarlos, con las técnicas de análisis a aplicar y con los criterios para interpretar los resultados.

La selección de indicadores responde, explícita o implícitamente, a una concepción teórica de la desigualdad, frecuentemente verbalizada e imprecisa, a partir de la cual se definen y justifican los criterios para seleccionar ciertos componentes de la realidad, excluyendo otros. En la bibliografía sobre desequilibrios regionales han primado dos tipos de concepciones básicas: las que los identifican a partir del diverso potencial o capacidad productiva medido en términos económicos, y los que se fijan en el acceso de la población regional al bienestar, concepto en sí mismo muy difuso pero que suele identificarse no sólo con el consumo de bienes sino con la dotación de servicios sanitarios, educativos, culturales y de ocio, o asistenciales, así como con la calidad ambiental, incluyendo el grado de desigualdad interna en su distribución (OCDE, 1981). La noción de desarrollo, asimismo vaga y discutida desde perspectivas teórico-ideológicas diversas, integra ambas dimensiones frente al carácter unidimensional del concepto de crecimiento, lo que supone compatibilizar eficacia con un cierto grado de equidad social, sectorial y territorial.

No obstante, existe una tercera dimensión de carácter funcional a tener presente respecto a los desequilibrios regionales, relacionada con la visión estructuralista de la realidad. Desde esa perspectiva, la creciente integración territorial favorece una división del trabajo y especialización funcional de los grupos sociales, empresas y espacios, de la que se deriva una marcada jerarquización, origen de los fenómenos de intercambio desigual. En consecuencia, los espacios «centrales» identificarán su capacidad de dominación sobre el resto por concentrar funciones y actividades de alto rango y valor añadido, en tanto los «periféricos» estarán caracterizados por funciones banales, producciones masivas de menor valor, bajos niveles de cualificación y renta, etc. Centralidad y perifericidad son, pues, conceptos no forzosamente coincidentes con los anteriores, pero que completan una caracterización global de la situación presente y pueden servir como base de análisis para la propuesta de políticas tendentes a lograr un desarrollo regional más equilibrado.

2. **Los desequilibrios heredados**

a) El modelo de crecimiento polarizado en la fase desarrollista

Resulta un lugar común asociar la década de los sesenta a un período altamente expansivo de la economía española. Sin embargo, junto a este desarrollo cuantitativo tuvieron lugar cambios decisivos en la estructura del sistema productivo español. Estos cambios se tradujeron en el afianzamiento de los desequilibrios regionales y en la instauración de un modelo de crecimiento polarizado ante el efecto combinado de un conjunto variado de factores. Parte de ellos se refieren a las distintas condiciones sociales de las regiones españolas (densidad de población, distribución de los activos por sectores, red urbana, etc.) y al desigual reparto de aquellos condicionantes físicos a la hora de iniciar su despegue económico (cuencas mineras, puertos, accesibilidad, etc.). Otros se explican por la pervivencia de las estructuras propias del período anterior que, en muchos casos, aparecen reforzadas.

Pero fueron el cambio de rumbo operado en la política económica y el favorable entorno exterior los factores decisivos en las transformaciones productivas que reforzaron los contrastes. Factores que tienen por común denominador la puesta en práctica de un Plan de Estabilización tal como fue comentado en el capítulo inicial del libro. De este modo, durante los años sesenta aumentaron las diferencias entre las regiones respecto a la distribución de la población, empleo y producción, intensificándose los flujos de carácter interregional.

En primer lugar, al finalizar esa década, las diferencias demográficas entre las regiones se han acrecentado. En el origen de estas diferencias hay que situar la crisis de la agricultura española, que produce una intensa expulsión de población de los entornos rurales hacia las aglomeraciones urbano-industriales, hacia las áreas turísticas y hacia el extranjero. La población tiende a concentrarse en las regiones del cuadrante nororiental, con lo que Madrid ve aumentar su población en un 5,18 % de media anual, pasando de representar el 8,19 % de la población respecto al total nacional en 1960 a un 10,89 % en 1970, y crecimientos de la misma magnitud tienen lugar en las regiones vasca (3,90 %), catalana (3,23 %) y balear (2,71 %). Junto a estas comunidades solamente presentan incrementos de la población por encima de la media las regiones de Navarra y la Comunidad Valenciana. Regiones colindantes a éstas si bien ven aumentar su población lo hacen a un ritmo inferior a la media española por lo que pierden importancia relativa en esta variable. Finalmente, la España que se despuebla abarca una extensa superficie que se corresponde con el interior peninsular y Galicia, alcanzando carácter especialmente agudo en Extremadura (– 1,82 % de crecimiento medio anual).

En las variables de producción y empleo también se generan importantes desequilibrios regionales. En principio, el crecimiento industrial de los años sesenta parte de una diferenciación entre los focos tradicionales (vasco, catalán y, más recientemente, madrileño) y el resto de las regiones. La industrialización y el desarrollo del turismo implican una concentración del empleo y del PIB en las regiones más especializadas en estos sectores de actividad. Las pautas de localización industrial, tal como se vio en capítulos precedentes, se caracterizan por una concentración en las áreas de tradición manufacturera (Barcelona, Vizcaya, Asturias, Madrid, Valencia, Guipúzcoa) acompañada, al finalizar la década, de una relativa difusión industrial que afecta a algunas provincias limítrofes a las principales áreas metropolitanas (Guadalajara, Toledo, Girona, Tarragona, Navarra) y al desarrollo de determinados centros industriales mediano-pequeños fruto de la política de Polos.

La figura 13.1 muestra el crecimiento medio anual del PIB regional entre 1960 y 1973. Del mismo modo que en el caso de la población, son las Comunidades de Baleares (10,15 %), Cataluña (8,40 %) y Madrid (8,36 %), a las que se une Canarias (9,52 %), las que incrementan en mayor medida su capacidad productiva. Con estos aumentos, Cataluña pasa de representar un 18,72 % del total nacional en 1960 al 20,07 % en 1973, siendo estos porcentajes en el caso madrileño de 11,65 y 14,65 respectivamente. El resto del territorio, con las excepciones navarra y valenciana han mostrado niveles de crecimiento de su aparato productivo inferiores a la media española. Asturias y Cantabria, otrora regiones con una elevada capacidad productiva presentan ya en este período incrementos por debajo de la media española. De nuevo, con una dinámica paralela a la de la población, los valores más bajos se encuentran en el interior península: Extremadura, Castilla-La Mancha y Castilla-León.

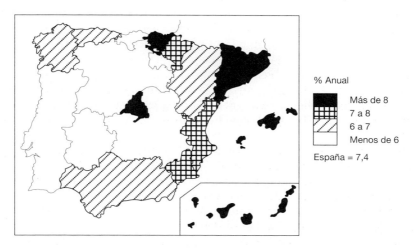

Fig. 13.1. *Crecimiento regional del PIB, 1960-1973.*

A su vez, el flujo emigratorio hacia estas zonas en donde se concentra la producción y, en particular, hacia las principales urbes, va a generar efectos expansivos derivados. Se desarrolla, en este sentido, la industria de la construcción y experimenta un empuje notable la industria ligera para satisfacer las necesidades de consumo de una población urbana en crecimiento y con mayor capacidad de compra.

Además, esta polarización de las fuerzas productivas ha precisado también de un aprovisionamiento de materias primas y energía, con lo que algunas regiones refuerzan su funcionalidad como exportadoras netas de este tipo de recursos (Andalucía, León, Asturias y, particularmente, Extremadura). En relación a este aspecto, la actuación del sector público, y particularmente del INI, se caracterizó por llevar a cabo un trasvase continuo de recursos desde una perspectiva de rentabilidad global, con efectos territoriales claramente desequilibradores.

Con este mismo sentido periferia-centro se establecen flujos de capitales. El desarrollo del sistema financiero con el incremento de los puntos de captación de ahorro en todo el territorio va a canalizar los ahorros de las regiones más pobres en dirección a las más ricas, en donde los rendimientos son más seguros y elevados. La ausencia de un mecanismo corrector por parte del Estado de estos flujos monetarios, que no se establece hasta el nuevo régimen democrático, se traduce en un saldo claramente desfavorable para las regiones del interior peninsular.

De todo ello se deduce que en este período expansivo la producción tiende a concentrarse en aquellas regiones que ya poseían un mayor dinamismo industrial (el País Vasco, Cataluña, Madrid) incrementándose su distancia respecto al resto del territorio. Únicamente el advenimiento del turismo supondrá una matización a este panorama de elevada concentración de los factores de producción. El análisis realizado para mediados de la década de los sesenta por Casas, Higueras y Miralbés, mediante un sencillo indicador sintético que combinaba los valores provinciales de renta por habitante y persona activa, el crecimiento y la densidad de población, el consumo medio anual por persona y los kilómetros de carretera por km^2 (fig. 13.2) es un claro exponente de tal situación (Casas, J. M, Higueras, A., y Miralbés, M. R., 1968). Destaca en él no sólo la hegemonía de provincias como Madrid, Barcelona, Vizcaya, Guipúzcoa o Valencia, sino también el predominio del eje cantábrico sobre el del Ebro o gran parte del litoral mediterráneo, situación que se modificará progresivamente a lo largo del siguiente decenio. Una vez más, los niveles más bajos corresponden a las provincias del interior peninsular existiendo entre ellas escasas diferencias, si bien la mayor depresión se sitúa en el sistema Ibérico, en torno de Madrid, Galicia interior, Extremadura y sureste peninsular. Llama igualmente la atención el somero grado de desarrollo que muestran los archipiélagos en unas fechas en las que todavía el turismo no había alcanzado sus mayores cotas.

Pero, aunque pueda parecer paradójico, los flujos antes señalados, y particularmente los movimientos migratorios, tendrán como consecuencia un aparente reequilibrio al final de este período en aquellas variables en que intervenga la población. Es el caso de las diferencias de renta per cápita entre las regiones, que se ven aminoradas, aunque por motivos diferentes. En las regiones en desarrollo el aumento de la renta por habitante se debe al incremento de su capacidad productiva, mientras en las regiones que se despueblan, en donde se ha producido una emigración de los grupos sociales situados en los estratos de renta más baja, se ex-

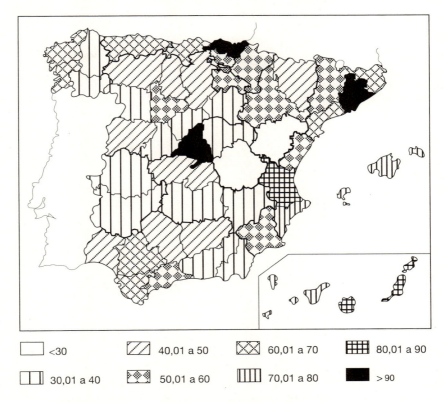

FIG. 13.2. *Índices provinciales de desarrollo en 1965.* Fuente: Casas Torres, J. M.; Higueras, A. y Mitalbés, R., 1968.

perimenta un aumento relativo de la renta per cápita superior al promedio del país.

No obstante, la afirmación de que en términos de renta per cápita se ha producido una disminución de los desequilibrios regionales precisa de una matización, según se desprende de la figura 13.3, donde se muestra la posición relativa de las regiones españolas en 1960 y 1973 respecto al promedio (índice 100). En principio, si nos atenemos a los extremos, es lícito afirmar que las diferencias de renta per cápita entre las regiones han disminuido (112,5 puntos entre el valor máximo y el mínimo en 1960 frente a 79,9 en 1973). El recorrido de los valores se ha acortado en estos años fundamentalmente desde su techo, pues las regiones más ricas en 1960 lo son relativamente menos en 1973, en tanto las más pobres, salvo el caso de Extremadura, experimentan una mejora de sus condiciones acercándose al nivel medio.

Pero un análisis más detallado muestra otros dos cambios importantes. Por un lado, aumenta la distancia entre las cuatro regiones que se sitúan a la cabeza (Madrid, País Vasco, Baleares y Cataluña) y el resto. Por otro, se detectan alteraciones importantes en algunas posiciones que ponen de manifiesto el desigual reparto de los beneficios del crecimiento, comenzando a retroceder el País Vasco, Cantabria y

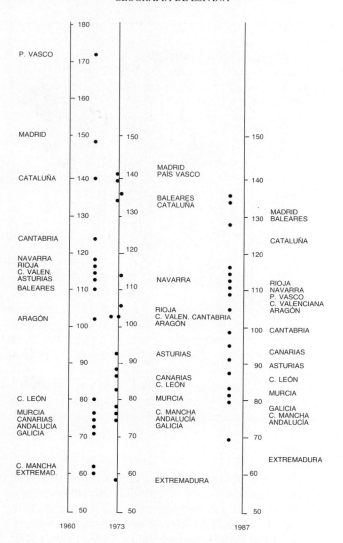

FIG. 13.3. *Evolución regional de la renta por habitante 1960-1987. (España = 100)*. Fuente: Banco de Bilbao y elaboración propia.

Asturias, en tanto las mejoras más sustantivas afectan a los archipiélagos, manteniendo el resto su situación relativa. La constancia de tales desequilibrios, que podían frenar la expansión registrada en esos años, junto al auge adquirido por las políticas keynesianas que otorgaban mayor protagonismo al Estado en la regulación del ciclo económico, justifican una creciente intervención destinada a moderar esos contrastes, encuadrada bajo el calificativo de política regional.

b) Orígenes y características de la política regional

El inicio de una efectiva política de desarrollo regional con objetivos reequilibradores no tuvo lugar en España hasta los años sesenta, aunque suelen mencionarse precedentes como la creación de las Confederaciones Hidrográficas en 1926 o la elaboración de Planes comarcales iniciada con los de Badajoz (1952) y Jaén (1953), que orientaron su actuación hacia la mejora agraria en algunas áreas deprimidas, pero a partir de medidas aisladas e inconexas (González, M. J., 1981). Sólo con la aprobación de los Planes de Desarrollo Económico y Social, vigentes entre 1964 y 1975, se puso en práctica una planificación de carácter indicativo similar a la existente en Francia, donde el Estado define las metas a alcanzar, establece un marco normativo, pone en práctica diversos instrumentos de intervención, e invita al capital privado a seguir esas directrices mediante la concesión de incentivos financieros y fiscales.

Pese a que el informe del Banco Mundial (BIRF) elaborado en 1962 como orientación a la nueva política económica inaugurada con el Plan de Estabilización se mostraba bastante escéptico sobre el valor de la política regional frente al objetivo prioritario de crecimiento de las magnitudes macroeconómicas, la evidencia de unos desequilibrios interregionales y urbano-rurales que la industrialización acelerada exacerbaba obligó a poner en práctica diversas actuaciones correctoras. No obstante, éstas tuvieron siempre un carácter subsidiario, centrándose —al menos inicialmente— en un limitado número de áreas con buenas perspectivas de crecimiento (potencial de recursos, accesibilidad, etc.), para no interferir en ningún caso con los objetivos de crecimiento económico global.

De ese modo, en el transcurso de la década fueron apareciendo diversas figuras de intervención que, en esencia, buscaban incentivar la localización de empresas industriales en ciertos espacios atrasados, contribuyendo de paso a moderar la creciente congestión que registraban las grandes ciudades y áreas metropolitanas del país: planes comarcales (Tierra de Campos, Campo de Gibraltar, Canarias), planes provinciales de mejora infraestructural, polígonos de descongestión de Madrid, polígonos y zonas de preferente localización industrial, polígonos industriales del Instituto Nacional de Urbanización (INUR), etc. No obstante, las principales acciones se orientaron a la selección de diversos Polos de Promoción y Desarrollo Industrial, exponente emblemático de la política regional del período.

Teniendo como base teórica de referencia las ideas sobre los polos de crecimiento propuestas por Perroux, Boudeville o Paelinck, su objetivo central fue la promoción de ciudades medias que facilitasen la difusión jerárquica de ciertas actividades productivas en el territorio, compensando las tendencias polarizadoras espontáneas, inherentes a la lógica del mercado. Se trataba, pues, de un intento de «descentralización concentrada» apoyado en la instalación de ciertas industrias «motrices» que deberían favorecer la atracción de otras vinculadas a ellas como clientes o proveedores (polarización técnica), el desarrollo de los servicios al aumentar la demanda empresarial y privada (polarización de rentas), junto a una mejora de la imagen y las expectativas del área (polarización psicológica).

En el transcurso del Primer Plan de Desarrollo (1964-1967) fueron aprobados un total de siete Polos, cinco de ellos calificados como de desarrollo, por ubicarse en poblaciones que ya contaban con cierta base industrial pero en regiones con bajo nivel de renta (La Coruña, Vigo, Sevilla, Valladolid y Zaragoza), en tanto otros dos se definían como de promoción, por corresponder a espacios deprimidos que exigían mayor esfuerzo en inversión infraestructural y subvenciones empresariales (Burgos y Huelva). En el Segundo Plan se sumaron a éstos los de Granada, Córdoba, Oviedo, Logroño y Villagarcía de Arosa hasta un total de doce, aunque nunca estuvieron en vigor más de siete simultáneamente. Tal como se pone de manifiesto en el mapa de la figura 13.4, esto supuso una concentración de actuaciones en favor de Andalucía, Castilla-León y Galicia, quedando en un plano secundario el valle del Ebro.

Los incentivos ofrecidos en los Polos para la instalación de empresas industriales podían variar ligeramente según la adscripción de éstas a uno de los cuatro grupos establecidos según características y sectores (Casado, J. M., 1977), pero básicamente consistieron en:

— Subvenciones a fondo perdido de hasta el 10 % de la inversión inicial en capital fijo (20 % en los Polos de Promoción).
— Créditos oficiales con una cobertura de hasta el 70 % de la inversión total (7 % de interés y devolución en 9 años).
— Desgravaciones fiscales en determinados impuestos y tasas locales.
— Suelo industrial relativamente barato en polígonos urbanizados al efecto.
— Ayudas para gastos de formación profesional y otros.

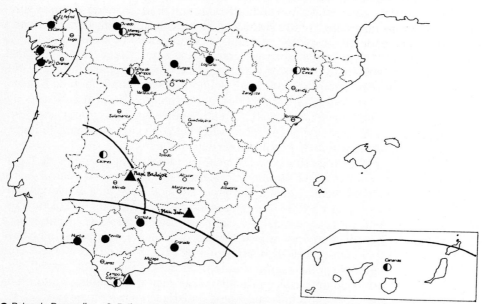

FIG. 13.4. *Principales actuaciones de política regional hasta 1977.*

La combinación de beneficios financieros y fiscales con una política de suelo han dominado desde entonces las estrategias públicas de desarrollo regional en España, mostrando una notoria resistencia a cualquier tipo de innovación.

A partir del Tercer Plan (1972-1975) se intentó formular la política de desarrollo regional desde una perspectiva más amplia, sustituyendo las actuaciones puntuales que representaban los Polos por las Grandes Áreas de Expansión Industrial (GAEI), que pretendían generar similares efectos en un espacio más amplio, sin delimitar tan rígidamente los núcleos objeto de incentivos. Para su impulso se crearon las Sociedades de Desarrollo Industrial (SODI), con participación del INI, las cajas de ahorro y el capital privado, pero sin modificar sustantivamente las estrategias anteriores.

La valoración de los resultados obtenidos por la política de desarrollo regional, y de modo particular por los Polos, durante este período ha sido objeto de numerosas controversias, oponiéndose las valoraciones esencialmente críticas (Richardson, H. W., 1975; Casado, J. M., 1977; Cuadrado, J. R., 1981) a las que destacan los logros alcanzados (Ferrer, M., y Precedo, A., 1981).

Es evidente, en tal sentido, que los Polos indujeron cierta movilización de inversiones en favor de determinadas ciudades poco dinámicas hasta ese momento, generando un aumento del empleo en las mismas y una aceleración de su desarrollo urbano. Tampoco puede ignorarse que en casos como Valladolid, Vigo o La Coruña los resultados obtenidos desbordaron las previsiones iniciales, debido en buena parte a la instalación de algunas grandes empresas, tal como refleja el cuadro adjunto (cuadro 13.1).

No obstante, las debilidades y limitaciones que deben incorporarse al hacer un balance global de esas actuaciones, sobre todo desde la perspectiva de los objetivos que se suponen inherentes a toda política de desarrollo regional, resultan también evidentes, pudiendo destacarse en particular las siguientes:

— En primer lugar, los propios resultados del cuadro 13.1 ponen de manifiesto la heterogeneidad de comportamientos entre unos Polos y otros, lo que sólo en

CUADRO 13.1. *Resultados obtenidos por los Polos de Promoción y Desarrollo hasta 1977*

Polos de Desarrollo	Inversión prevista (millones de pesetas)	Inversión realizada (millones de pesetas)	% total	Empleo previsto	Empleo realizado	% total
Burgos	20,2	17,9	88,6	15.999	11.517	72,0
Huelva	144,2	45,7	31,7	9.170	7.146	77,9
La Coruña	8,4	11,6	138,1	3.798	4.188	110,2
Sevilla	8,9	9,1	102,2	8.539	9.666	113,2
Valladolid	11,1	19,9	179,3	10.794	20.147	186,6
Vigo	6,9	9,1	144,9	11.850	13.134	110,8
Zaragoza	10,5	7,9	75,2	8.161	8.204	100,5
Granada	4,2	2,8	66,7	1.694	855	50,5
Córdoba	8,8	7,0	79,5	2.647	1.260	47,6
Oviedo	34,9	30,9	88,5	8.238	4.580	55,6
Logroño	11,8	6,1	51,7	5.221	1.986	38,0
Villagarcía	3,3	2,1	63,6	2.874	2.683	93,5

Fuente: Ministerio de Industria y Energía.

parte puede relacionarse con su período de vigencia, siendo un factor más relevante el potencial previo de crecimiento con que contaba cada ciudad y su localización en relación a los ejes dinámicos del período. En consecuencia, los incentivos mostraron poca capacidad de romper algunos de los obstáculos tradicionales al crecimiento en casos como Córdoba, Granada, Huelva, Logroño, etc., bastante alejados de las expectativas iniciales.

— Al mismo tiempo, la participación de las 11 provincias que contaron con algún Polo en el total del empleo industrial español retrocedió desde el 19,5 % en 1962 al 18,8 % en 1975, en tanto la correspondiente a las 10 más industrializadas crecía del 57,6 % al 61 %. Su capacidad para frenar el proceso de concentración territorial de la población, el empleo, la inversión y la riqueza fue, por tanto, bastante modesta, favoreciendo por contra una creciente polarización intrarregional e intraprovincial en detrimento de las áreas rurales circundantes.

— El período de vigencia de muchas de estas actuaciones resultó también demasiado breve para alterar de forma sustancial unas estructuras productivas consolidadas durante decenios, siendo unas pocas empresas de dimensión relativamente grande las que reunieron una parte sustancial de la inversión y el empleo (Explosivos Riotinto, Citroën, FASA Renault, SECEM, etc.), generando limitados efectos multiplicadores en su entorno.

— Finalmente, la multiplicación de actuaciones y la escasa coordinación entre las mismas «sembró» el territorio nacional de núcleos y áreas donde las empresas podían beneficiarse de algún tipo de incentivos, limitando en consecuencia su capacidad para orientar selectivamente las decisiones en materia de localización (fig. 13.4).

El final del franquismo y el inicio de la crisis económica internacional supusieron una brusca solución de continuidad en estas políticas, no llegando a entrar en vigor el Cuarto Plan de Desarrollo que debía aprobarse en 1975. Se inició así una nueva fase que llega hasta el presente y que ha supuesto diversas modificaciones en la dimensión y características de los desequilibrios territoriales, así como en las políticas públicas destinadas a corregirlos.

3. Los desequilibrios regionales en la actualidad

El espacio regional español dista mucho de ser homogéneo tanto en sus características económicas como sociales. La existencia en este espacio de desequilibrios no es un fenómeno nuevo ni inmutable, como prueba la decadencia en los últimos años de regiones prósperas y la transformación de nuevos espacios antes escasamente desarrollados, pero los efectos de la actual reestructuración han introducido algunos elementos originales. El más significativo viene a ser la creciente separación del espacio de producción respecto al de decisiones y al de bienestar. En etapas previas, cuando el PIB descansaba fundamentalmente en el sector secundario, éstos eran básicamente coincidentes, hasta el punto de que las áreas con mayor densidad de población, volumen de empleo, capacidad productiva y nivel de renta eran también las que acaparaban todas aquellas funciones rectoras y de carácter estratégico que definen la centralidad. Hoy en día, cuando la sociedad española se está terciarizando siguiendo lo expuesto en capítulos precedentes, estos espacios ya no son enteramente coincidentes, pues mientras algunos de ellos muestran una clara tendencia desconcentradora, la centralización de las actividades decisorias, innovadoras, etc., parece reforzarse, en tanto los indicadores sociales evolucionan con menor rapidez que los estrictamente económicos. De ahí que resulte más necesario que nunca abordar el problema de las desigualdades regionales desde las tres perspectivas señaladas al inicio del capítulo, en la seguridad de obtener resultados no coincidentes que suponen otras tantas perspectivas de una realidad multidimensional y compleja como la abordada.

a) LOS DESEQUILIBRIOS REGIONALES DE PRODUCCION Y RENTA

Una primera aproximación a la medición de los desequilibrios regionales consiste en analizarla atendiendo a aquellas variables más expresivas de la capacidad económica de unos y otros territorios. Bajo esta óptica se contemplan las diferencias regionales en términos de producción y renta, al objeto de mantener una cierta continuidad con el período anterior.

En relación a la producción, el impacto de la crisis se manifestó en todas las regiones, si bien con efectos desiguales en intensidad en función de la cantidad/calidad de recursos disponibles, de su estructura productiva y su capacidad de reacción, sin olvidar el grado de accesibilidad a los focos dinámicos españoles y europeos. En principio, cabe afirmar que la crisis supuso un freno al proceso de concentración espacial del empleo y la producción (Cuadrado Roura, J. R., 1988), lo cual no significa un mayor equilibrio sino un cambio en el mapa de los contrastes interregionales, particularmente acusado en el caso de aquellas regiones que ocupaban una situación intermedia en la jerarquía. Si en los casos de Andalucía y Extremadura la crisis acarreó un agravamiento de una situación marcada por un desempleo ya crónico y secular, más espectaculares fueron las consecuencias en el País Vasco, Asturias y, en menor medida, Cataluña, antes focos tradicionales de oferta de trabajo, cuya especialización industrial y el fuerte peso de ciertos sectores tradicionales condujeron a un rápido empeoramiento. Únicamente Baleares, Canarias y, en menor medida, Valencia y Madrid soportaron mejor los embates de la crisis debido a la importancia en estas regiones del proceso de terciarización.

Durante el período expansivo de la economía española, enmarcado entre los años 1986-1990, se ha recuperado una tasa de crecimiento medio anual del 4,6 % en el PIB (Alcaide Inchausti, J., 1991), lo que resulta positivo respecto al anterior período de signo recesivo, si bien no se alcanzan los niveles de crecimiento de los años sesenta. Respecto a su distribución regional (fig. 13.5), el rasgo más destacable se detecta al identificar aquellas regiones que han visto crecer su PIB por encima del 5 % anual: junto con Navarra se trata de las regiones mediterráneas, incluyendo en este grupo a Andalucía. El segundo nivel de crecimiento está constituido por dos regiones clave en el eje del Ebro —Aragón y La Rioja— así como por Castilla-La Mancha, que parece haberse beneficiado de la difusión de ciertas actividades procedentes de Madrid, y por los dos archipiélagos que empiezan a acusar el inicio de una crisis de fondo en el sector turístico. El resto del territorio, incluyendo los focos vasco y madrileño, ha experimentado tasas de crecimiento inferiores a la media nacional. Parece, por tanto, que pudiera establecerse una gradación del crecimiento regional desde el extremo oriental al noroccidental o, dicho en otras pala-

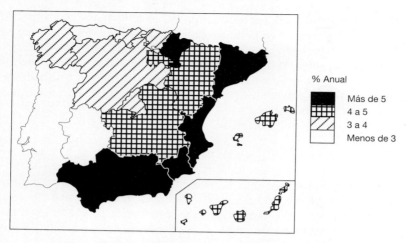

FIG. 13.5.   *Crecimiento regional del PIB, 1986-1990.*

bras, la culminación del desplazamiento del dinamismo económico desde las regiones atlánticas a las mediterráneas. De este modo, si nos atenemos a esta única variable, la España más dinámica ha experimentado un giro en el sentido de las agujas del reloj respecto a la propia de períodos precedentes.

Pero no es menos cierto que cuando hablamos de desequilibrios hay que tener en cuenta el efecto inercial, pues, aunque todas las regiones han visto crecer sus magnitudes económicas, no arrancan de un mismo punto de partida, por lo que las tasas deben valorarse siempre desde un punto de vista relativo. Por esa razón, al traducir ese crecimiento a la distribución actual de la renta per cápita, la posición relativa de las regiones parece haber experimentado pocos cambios respecto al panorama de 1973 (fig. 13.3), pues aunque se acortan ligeramente las diferencias entre los extremos, se mantiene la individualización de las regiones más ricas (de las que se excluye ahora al País Vasco) y no se producen tampoco grandes vuelcos en cuanto al orden jerárquico. Con relación a las regiones más pobres, casi todas ellas mejoran su posición respecto a 1973, siendo el caso de Canarias el más significativo experimentando un aumento desde el 86 % al 94 % del promedio español, con lo que sobrepasa a Asturias, que retrocede desde el 92,5 al 90,5 % en esos 14 años.

Otro procedimiento alternativo de análisis consiste en acudir a los niveles de renta municipales establecidos por el servicio de estudios de Banesto para el año 1988[1] (fig. 13.6), sintetizados en un reciente estudio sobre la pobreza y la desigualdad en España (Córdoba, J., y García Alvarado, J. M., 1991). De ellos se deduce que los municipios de la España rica, es decir los que poseen un nivel medio de

---

1. Para 1988 los niveles de renta por habitante son los siguientes:

1	hasta 300.000 pesetas	6	de 660.001 a 825.000	pesetas
2	de 330.001 a 385.000 pesetas	7	de 825.001 a 990.000	pesetas
3	de 385.001 a 440.000 pesetas	8	de 990.001 a 1.210.001	pesetas
4	de 440.001 a 525.000 pesetas	9	de 1.210.001 a 1.430.000	pesetas
5	de 525.001 a 550.000 pesetas	10	más de 1.430.000 pesetas	

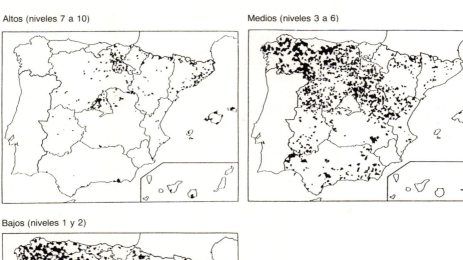

FIG. 13.6. *Niveles de renta municipales según BANESTO.* Fuente: Córdoba, J., y García Alvarado, J. M.ª, 1991.

renta superior a 825.000 pesetas (nivel 7), se localizan en la costa ampurdanesa, tarraconense y balear, el entorno metropolitano barcelonés, la margen noroccidental de la Comunidad de Madrid, el sur del País Vasco y la Alta Rioja, o ciertos sectores pirenaicos, así como en numerosos lugares dispersos de difícil sistematización, sin apenas presencia en Galicia, Castilla-La Mancha, Murcia, Andalucía, Extremadura y la cornisa Cantábrica, lo que supone una fuerte concentración en el cuadrante noreste peninsular.

En el otro extremo, los municipios de la España pobre, con niveles de renta inferiores a 385.000 pesetas, se corresponden mayoritariamente con la mitad meridional y las regiones interiores, alcanzando su máxima presencia en ciertas áreas de montaña y comarcas con predominio de una agricultura de secano que genera altos excedentes laborales no absorbidos por la industria y los servicios.

Pero el concepto de desarrollo difícilmente se refleja en la distribución espacial de una única variable sino que, por su carácter multidimensional, es resultado de una síntesis de diversos factores. A su vez, tal como que se señaló en la introducción, no es adecuado mezclar indiscriminadamente un conjunto variado de datos ya que deben contemplarse de forma separada los desequilibrios en las variables de producción, los que atañen a la capacidad decisoria de las regiones y los que se refieren a su nivel de desarrollo social. En los párrafos que siguen se realiza una aproximación al estudio de estos dos últimos tipos de desequilibrios descendiendo en nuestra exposición desde la escala regional a la provincial.

b) LA PERVIVENCIA DE FUERTES CONTRASTES DE CENTRALIDAD

Durante décadas se ha venido correlacionando la presencia de los sectores secundario y terciario con el desarrollo económico de un territorio, hasta el punto de convertir en sinónimos los calificativos de región desarrollada e industrializada. Pero si tal afirmación resultaba válida cuando pervivían pautas de desarrollo fuertemente polarizado, se hace mucho más discutible en la situación actual, cuando tiene lugar una cierta periferización de los centros de producción desde los núcleos originarios, algunos de los cuales se encuentran sumidos en un prolongado estancamiento, en contraste con una acumulación del terciario avanzado y la industria de punta en las principales áreas metropolitanas. De resultas de todo ello se está produciendo una creciente diferenciación en cuatro tipos de espacios (Gámir, A., y otros 1989):

— Los espacios no industrializados, en los que pervive una economía basada fundamentalmente en el sector primario, evolucionando hacia una sustitución por servicios banales, destinados al consumo de la población.

— Los espacios de primera industrialización, con predominio de los sectores maduros y la gran fábrica, así como una escasa diversificación, generadores de importantes problemas actuales y de futuro. Junto a los anteriores corresponden a las zonas más especializadas en funciones de producción, según la terminología de Bailly y Maillat (1988).

— Los espacios centrales, en donde tiene lugar una expulsión de las industrias básicas, sustituidas parcialmente por otra generación que incorpora mayor valor añadido y conocimiento al producto fabricado. No obstante, su centralidad proviene fundamentalmente hoy de la presencia en ellos de los centros de decisión financieros, empresariales y de la Administración pública, así como los servicios a la producción, que permiten una rápida expansión de las funciones destinadas a la circulación (de capital, información, personas y mercancías) y regulación dentro del sistema.

— Los espacios fuertemente terciarizados, en los que predomina la presencia de las funciones de distribución (comercio minorista, servicios públicos y personales, hostelería y restauración, etc.) y que se identifican principalmente con los centros de servicios y las áreas de desarrollo turístico.

De este modo, con la reestructuración económica y el avance hacia una sociedad y una economía intensamente terciarizadas, la jerarquía de los distintos espacios, ya sean Estados, regiones o ciudades, descansa en mayor medida en una serie de nuevos factores que sustituyen a otros como elementos de centralidad. De entre ellos destacan los siguientes:

— Una especialización industrial en sectores intensivos en tecnología y fuerte demanda, con elevada productividad, lo que otorga a esas regiones evidentes ventajas competitivas.

— Una presencia destacada de órganos de decisión económicos, así como de investigación/innovación y gestión.

— Una alta cualificación de su fuerza de trabajo y elevadas inversiones en la formación de sus recursos humanos.

— Una buena calidad infraestructural y de equipamientos, que posibilita las comunicaciones con el entorno cercano, así como con otros centros de decisión en el extranjero, y un eficaz funcionamiento de las empresas.

— Una recepción de flujos de personas y de información que revitalizan constantemente el caudal de conocimientos de la región.

Partiendo de estos supuestos, se intentó su aplicación a las provincias con el objetivo de establecer la posición relativa de éstas en función de su centralidad y determinar, así, cuáles son los territorios rectores de la economía española, pese a las graves carencias informativas existentes. Es necesario precisar, por tanto, que el resultado obtenido difiere de los presentados en páginas anteriores, puesto que no se pretende la evaluación de la capacidad productiva de las regiones, pero tampoco puede sustituirse por un mapa de distribución del sector terciario, puesto que muchas de las actividades que incorpora no están asociadas a la idea de centralidad. Asimismo, este concepto de centralidad implica también una interconexión o interrelación entre los elementos que la conforman. La ausencia de algunos de ellos particularmente significativos o la presencia desproporcionada de otros en detrimento de los demás, que pueden distorsionar el resultado global, deben, por tanto, ser consideradas junto con el índice global elaborado. Una vez selecionadas las variables definitorias del concepto de centralidad, se procedió a su normalización, mediante su transformadas en números Z, calculándose la desviación media de las variables en cada provincia[2] para así valorar el posible desequilibrio comentado, reflejándose los resultados en el diagrama de la figura 13.7, que en ordenadas establece la posición de cada provincia en función de su índice de centralidad y en abscisas el cociente entre la desviación típica de los números Z y el sumatorio obtenido previamente.

En la figura 13.7 se comprueba la diferencia que separa a provincias como Madrid, Barcelona, Vizcaya, Guipúzcoa o Zaragoza, donde el alto índice de centralidad se corresponde con una elevada presencia de todos los elementos que la definen, por lo que el valor de dispersión es bajo, de otras como Baleares, Las Palmas de Gran Canaria, Santa Cruz de Tenerife, o Málaga, que deben sus altos niveles a la

---

2. En concreto, las variables empleadas son:
— Millones de pesetas de inversión del CDTI 1988/millones de empleados 1987.
— VAB 1987/empleo total 1987.
— Facturación de las multinaciones en 1987 (ponderada en función del porcentaje de acciones de control extranjero)/VAB provincial 1987.
— Sedes de las grandes empresas (ponderadas según sus ingresos)/empleo provincial 1987.
— Empleo en el sector de «circulación» 1987/empleo total 1987.
— Empleo banca extranjera 1989/empleo total banca provincial 1989.
— Profesionales, técnicos y directivos 1986/1.000 habitantes.
— Estudiantes matriculados en facultades de ciencias y escuelas técnicas 1986/1.000 activos 1986.
— Teléfonos 1987/1.000 habitantes.
— Pasajeros vuelo regular 1987/100 habitantes 1987.

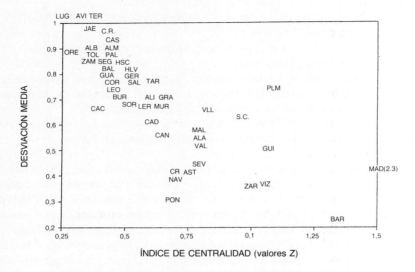

Fig. 13.7. *Centralidad y perifericidad de las provincias españolas.*

destacada presencia de algunos indicadores (flujos aeroportuarios, telefónicos, etc.), pero con la práctica ausencia de otros, lo que hace que su calificación como espacios centrales resulte mucho más discutible.

c) Los desequilibrios sociales

En párrafos anteriores se ha asociado la variable renta per cápita con el concepto de desarrollo social. Pero, tal como indican numerosos autores, ésta resulta un indicador excesivamente grosero en la descripción de los desequilibrios de esta índole. No tiene en cuenta la distribución uniforme o descompensada en favor de una minoría de esa renta en el territorio y obvia la existencia en él de las infraestructuras y los equipamientos sociales a los que la población puede acceder en mayor o menor medida.

Para soslayar estos problemas el INE realizó desde 1986 un estudio relativo a las disparidades económico-sociales de las provincias españolas (INE, 1986 y 1991), elaborado a partir de un amplio número de variables relativas a población y empleo, recursos naturales, infraestructuras, equipamientos y servicios colectivos, actividades económicas e indicadores de nivel de vida. El trabajo parte de la hipótesis de que los territorios poseen en principio un diferente potencial endógeno de desarrollo en función de sus recursos (humanos, naturales y financieros). De este modo, se fundamenta un primer tipo de desequilibrio referido a esta condición de partida. Los flujos que se establecen entre los espacios (sean éstos de población, mercancías o capitales) dan lugar a procesos de acumulación de unas regiones respecto a otras. Finalmente, los efectos de desarrollo alcanzan a la población de un modo desigual en forma de oportunidades de utilización de los recursos acumulados. Así, el nivel de desarrollo territorial es el resultado de las características propias de las regiones, de su dinamismo e interrelación y, finalmente, de su capacidad para hacer llegar al conjunto de la población estos inputs acumulados.

Mediante la utilización de la técnica del análisis factorial, el estudio del INE establece cinco niveles de desarrollo. Su distribución provincial aparece reflejada en la figura 13.8, y los valores extremos en el cuadro 13.2. En el primer nivel se encuentran casi todas las provincias catalanas, el País Vasco, el enlace entre estas regiones a través de Navarra y Zaragoza, y las provincias de Madrid y Valladolid. El segundo estrato está configurado por provincias colindantes a las anteriores: la prolongación del eje cantábrico, las provincias próximas al País Vasco, el litoral valenciano, las provincias pirenaicas, así como Guadalajara y el archipiélago balear. Los siguientes niveles presentan una gradación desde el extremo nororiental peninsular al extremo suroccidental, con la salvedad de los territorios menos desarrollados que se encuentran en Extremadura, en las provincias del interior andaluzas junto con Almería, en el interior gallego y en las dos mesetas. En definitiva, este mapa, a diferencia del que se refiere al crecimiento económico experimentado en el último lustro, apunta al hecho de que los niveles de bienestar social constituyen un problema de fondo y no tanto el resultado de fluctuaciones cíclicas a corto plazo, con una notable resistencia a modificarse en breves períodos de tiempo.

4. **Hacia una nueva política regional**

Desde mediados de los años setenta las profundas transformaciones económicas y político-institucionales que tuvieron lugar en España supusieron una alteración del contexto en que se desenvolvía hasta ese momento la política regional, forzando un replanteamiento global de la misma. Varias son las razones que convergen en esa crisis del modelo aplicado en el período desarrollista.

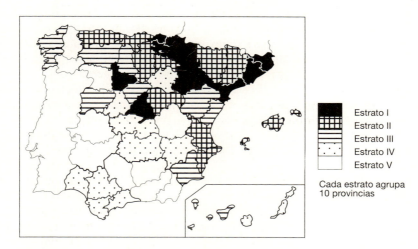

Fig. 13.8. *Clasificación provincial según índice de desarrollo en 1986.* Fuente: INE.

CUADRO 13.2. *Provincias ordenadas según su puntuación en el índice de nivel medio de desarrollo, en 1986*

Provincia	Índice	Provincia	Índice
1. Madrid	2,019	41. Córdoba	− 1,040
2. Barcelona	1,810	42. Granada	− 1,057
3. Álava	1,772	43. Almería	− 1,234
4. Guipúzcoa	1,710	44. Zamora	− 1,277
5. Vizcaya	1,608	45. Jaén	− 1,336
6. Navarra	1,373	46. Cáceres	− 1,372
7. Tarragona	1,203	47. Cuenca	− 1,385
8. Zaragoza	1,128	48. Orense	− 1,433
9. Girona	1,093	49. Lugo	− 1,447
10. Valladolid	0,908	50. Badajoz	− 1,651

Fuente: INE, 1991.

En primer lugar, la intensa reestructuración productiva iniciada en esos años vino a cuestionar algunos de los rasgos característicos de la lógica económico-territorial imperante hasta entonces —en particular la tendencia generalizada hacia la concentración y el papel de la industria como motor del crecimiento—, al tiempo que generaba graves problemas económicos y sociales cuya solución pasó a valorarse como prioritaria en detrimento de las cuestiones relacionadas con la distribución territorial. En consecuencia, los objetivos de la actuación pública en esta materia se desplazaron progresivamente desde la búsqueda —al menos declarada— de una distribución interterritorial más equitativa de la renta y el bienestar, hacia el fomento de una mayor eficiencia productiva que permitiera la reestructuración de las economías regionales, priorizando las políticas sectoriales u horizontales (de reconversión, empleo, infraestructuras, innovación tecnológica, etc.) destinadas a tal fin (Mella, J. M., 1990).

Al mismo tiempo, los escasos éxitos obtenidos tras casi dos décadas de política regional forzaron una revisión de los instrumentos a aplicar. El creciente desprestigio de las grandes actuaciones planificadoras fue contestado, de una parte, por quienes propugnaban una vuelta al mercado como mecanismo básico de redistribución, en tanto otros proponían la progresiva sustitución de esa intervención centralizada y «desde arriba» por un mayor apoyo a las pequeñas iniciativas surgidas «desde abajo», a escala regional o local. De ese modo, las actuaciones orientadas a impulsar proyectos de desarrollo local basados en la movilización o el mejor aprovechamiento de los recursos endógenos (naturales, humanos, de capital, culturales, etcétera, y en un mayor protagonismo de los agentes públicos o privados del área, a partir de un modelo de gestión más descentralizado, adquirieron creciente protagonismo (Vázquez, A., 1988), si bien más en el plano teórico que en el de las actuaciones.

La consolidación del Estado de las Autonomías y la adhesión a la Comunidad Europea transformaron, por último, la distribución de competencias en materia de desarrollo regional entre una administración central del Estado que perdía su anterior monopolio y unos gobiernos regionales, o una Comisión de las Comunidades Europeas, que ganaban cuotas de participación, si bien a costa de agravar los tradicionales problemas de coordinación entre un número cada vez mayor de organismos implicados. La creación de un Fondo de Compensación Interterritorial, previsto en el artículo 158 de la Constitución, como medio de hacer efectivo el principio de solidaridad interregional, la promulgación de la Ley de Incentivos Regionales en 1985, la formulación de Programas de Desarrollo Regional por las Comunidades Autónomas y la reforma de los Fondos Estructurales realizada en la Comunidad Europea en 1988 establecen el nuevo contexto normativo en que deben situarse las actuaciones recientes en esta materia.

Puede afirmarse, por tanto, que en el transcurso de la última década se han modificado tanto las bases teóricas en que se sustenta la política regional, como la metodología y los instrumentos de intervención aplicados y el marco institucional en que se desenvuelven tales actuaciones. La creciente complejidad que se deriva de todo ello —no siempre acompañada por una mejora tangible en los resultados obtenidos— obliga a resumir tan sólo los aspectos más destacados de las nuevas políticas de reequilibrio interregional, sin entrar a considerar las actuaciones puestas en práctica de forma paralela por las distintas Comunidades Autónomas.

a) LAS REGIONES ESPAÑOLAS EN LA COMUNIDAD EUROPEA Y LA REFORMA DE LOS FONDOS ESTRUCTURALES

La integración en la Comunidad Europea ha introducido, al menos, dos novedades de importancia en la identificación de los desequilibrios regionales y respecto a las políticas aplicadas para corregirlos.

Por un lado, se hace cada vez más necesaria la dimensión supraestatal, tanto para valorar la gravedad de los problemas regionales propios, como para detectar las diversas perspectivas actuales de unos y otros territorios en función de su desigual accesibilidad a los ejes de desarrollo que se dibujan en Europa. Por otro, una parte ya significativa de los recursos públicos que se destinan a la política regional proceden de los fondos comunitarios existentes al efecto. En tal sentido, la identificación de regiones según objetivos prioritarios que consagró la reforma de los Fondos Estructurales llevada a cabo en 1988 incide directamente sobre la asignación correspondiente a cada Comunidad Autónoma, siendo también la base sobre la que se han elaborado los Planes regionales actualmente.

Con relación ahora al primero de estos aspectos, el diagnóstico realizado en el Cuarto Informe periódico sobre la situación y evolución económica de las regiones de la Comunidad (Comisión de las Comunidades Europeas, 1991) señala como rasgos de mayor interés los siguientes (cuadro 13.3.):

— Salvo Baleares, todas las Comunidades Autónomas españolas (a las que se añaden Ceuta y Melilla) se situaron por debajo de la media comunitaria en lo referente a PIB por habitante durante el trienio 1986-1988, quedando incluso ocho de ellas por debajo del 75 % de ese nivel (España, 73,6 %). Sobre las 171 unidades regionales identificadas (NUTS 2), tan sólo el archipiélago balear logró ocupar un puesto entre las 100 mejor situadas, en tanto Extremadura (49,0 % del promedio), Ceuta y Melilla (53,2 %), Andalucía (57,5 %), Castilla-La Mancha (60,7 %) y Galicia (63,7 %) lo hicieron entre las 25 más atrasadas.

— Respecto al nivel de empleo, el segundo indicador básico utilizado para

CUADRO 13.3. *Situación de las regiones españolas en la Comunidad según el Cuarto Informe*

PIB/Hab. 1986-1988		CE = 100	Tasa Paro 1988-1990		CE = 100
1.	Voreio Aigaio (GR)	39,9	1.	Ceuta/Melilla	351,6
9.	Extremadura	49,0	2.	Dep. Outre-Mer (FR)	325,6
15.	Ceuta/Melilla	53,2	3.	Andalucía	300,0
19.	Andalucía	57,5	4.	Extremadura	289,1
22.	Castilla-La Mancha	60.7	6.	Canarias	248,1
23.	Galicia	63,7	10.	País Vasco	222,6
26.	Murcia	65,9	12.	Cantabria	205,2
32.	Castilla-León	70,9	13.	Asturias	200,2
33.	Canarias	72,1	15.	Castilla-León	184,8
34.	Cantabria	72,3	17.	Murcia	180,6
37.	Comunidad Valenciana	75,3	18.	Comunidad Valenciana	174,3
41.	Asturias	78,0	19.	Cataluña	171,6
46.	Aragón	80,7	21.	Castilla-La Mancha	163,2
47.	Cataluña	83,9	23.	Madrid	157,1
49.	Madrid	84,8	30.	Galicia	137,3
64.	Navarra	88,3	32.	Navarra	133,2
68.	País Vasco	89,0	35.	Aragón	128,6
72.	La Rioja	90,0	43.	Baleares	118,2
129.	Baleares	109,2	51.	La Rioja	110,7
171.	Groningen (PB)	183,1	171.	Luxemburgo	19,2

Fuente: Comisión de las Comunidades Europeas, 1991.

valorar la situación socioeconómica de las regiones, todas las Comunidades españolas superan ampliamente la tasa de paro comunitaria del trienio 1988-1990, cifrada en un 8,3 %. En este caso, Ceuta y Melilla llegan a ocupar el primer lugar entre las 171 unidades territoriales al presentar una tasa de desempleo del 28,9 %, en tanto Andalucía (25,4 %), Extremadura (24,8 %), Canarias (22,7 %) y el País Vasco (19,0 %) se sitúan también entre las 10 primeras. A considerable distancia, tanto Baleares como Aragón y La Rioja mantienen una tasa inferior al 10 %, muy superior, no obstante, al 1,5 % de Luxemburgo, que se sitúa en el extremo opuesto de la tabla.

— Estos resultados no mejoran significativamente la situación detectada en el Tercer Informe (1987) que, al establecer un índice sintético respecto a la intensidad de los problemas regionales a partir de datos correspondientes al período 1981-1985, también ubicaba a Andalucía, Extremadura, Canarias y Castilla-La Mancha entre las 10 con peor situación, en tanto las restantes aparecían entre esa posición y la número 35 ocupada por Baleares entre las 171 regiones consideradas.

La localización de las regiones españolas en el marco de las tendencias económico-territoriales que parecen apuntarse hoy en Europa resulta, asimismo, bastante problemática ante su excentricidad respecto a los principales ejes de desarrollo continentales. Informes como el publicado en 1989 sobre el sistema de ciudades europeo, junto a los realizados por la propia Comisión de las Comunidades sobre las redes de transporte y comunicación, o las perspectivas de desarrollo territorial en el año 2000 (Datar-Reclus, 1989; Comisión de las Comunidades Europeas, 1990 y 1991), coinciden en el reforzamiento actual de una megalópolis o «dorsal europea», que se extiende desde el mar del Norte hasta Lombardía a lo largo del eje renano y sus márgenes, concentrando cerca de 100 millones de personas y más de la mitad de las ciudades de Europa occidental por encima de los 200.000 habitantes, así como buena parte de las sedes sociales pertenecientes a grandes empresas, centros de investigación, funciones de carácter internacional, etc.

Junto a la consolidación de ese eje vertebrador en Centroeuropa, que puede verse además beneficiado por la integración de los países de la EFTA en el «espacio económico europeo» y la plena apertura económica de los situados al este, una segunda tendencia también reiterada es el progresivo deslizamiento del centro de gravedad en dirección al sur. A la mejor evolución relativa de algunas regiones meridionales integradas en la megalópolis (Baden-Würtemberg, Baviera, Mitteland suizo, Lombardía, Emilia-Romagna, Rhône-Alpes, etc.) se suma la progresiva dinamización de un «arco mediterráneo», que desde la Tercera Italia, en la costa del Adriático, se prolonga por el Languedoc-Roussillon, Cataluña, la Comunidad Valenciana y Baleares. La diversificación de su base económica (agricultura intensiva, turismo, industria), altas densidades de población y cualificación de sus recursos humanos, entorno medioambiental favorable, elevado nivel de urbanización y una red de transportes que mejora progresivamente la conexión interregional, junto al esfuerzo innovador que instituciones públicas y empresas (sobre todo PYMEs) vienen realizando, son algunos de los activos que cimentan sus actuales ventajas competitivas y pueden favorecer su expansión futura (Pedreño, A., 1988). Como contrapunto, el debilitamiento de la fachada atlántica, con economías regionales más especializadas, un elevado número de áreas y ciudades industrializadas en declive y una deficiente integración en materia de transportes, contribuye a reforzar ese desplazamiento (Precedo, A., y Rodríguez, R., 1989).

En 1988, y vinculada a la aprobación del Acta Única Europea, se llevó a cabo una importante reforma de los llamados Fondos Estructurales: Fondo Europeo de Orientación y Garantía Agraria (FEOGA), Fondo Social Europeo (FSE) y Fondo Europeo de Desarrollo Regional (FEDER). Además de plantear la duplicación de unos recursos disponibles (de 7.200 millones de ecus en 1987 a 14.400 en 1993) que apenas representaron el 7,5 % del presupuesto comunitario entre 1975 y 1988, junto a un mayor protagonismo de la Comisión, esta reforma se orientó a coordinar en mayor medida las actuaciones en esta materia mediante la definición de un limitado número de objetivos seleccionados, para concentrar así las subvenciones otorgadas. Tres de esos objetivos tienen un componente territorial explícito, lo que permitió delimitar un conjunto de regiones o áreas de intervención para el FEDER, a partir de una serie de indicadores estadísticos de ámbito comunitario (fig. 13.9).

En primer lugar, las regiones de objetivo 1 son aquellas tradicionalmente atrasadas, con altas tasas de desempleo (14,3 % en 1990) y una presencia del sector agrario aún destacada, cuyo PIB por habitante no llega al 75 % del promedio comunitario. Situadas en áreas periféricas, principalmente del sur y archipiélagos, abarcan todo el territorio de Grecia, Portugal e Irlanda, junto a diversas regiones de Italia, Francia, Reino Unido y España, afectando al 21,5 % de la población total y concentrando alrededor de dos terceras partes de las ayudas otorgadas. En nuestro caso incluyen las Comunidades de Andalucía, Asturias, las dos Castillas, Comunidad Valenciana, Canarias, Extremadura, Galicia y Murcia, junto a Ceuta y Melilla, lo que supone el 58 % de la población española sobre un 76 % del territorio.

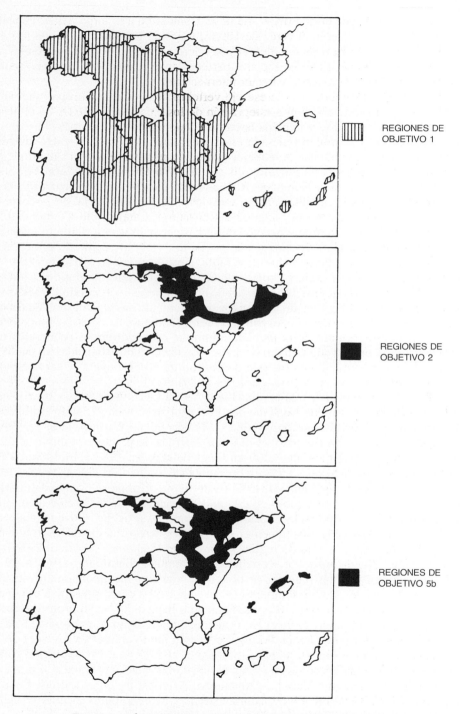

Fig. 13.9. *Áreas afectadas por la política regional comunitaria.*

Por su parte, las regiones de objetivo 2, que engloban al 16,5 % de los habitantes de la Comunidad, se identifican con las áreas industrializadas en declive más afectadas por los efectos de una intensa reconversión que padecieron buena parte de sus sectores y empresas principales, lo que supuso una disminución de su capacidad productiva y nivel de empleo (tasa media de paro del 9,5 % en 1990), invirtiéndose en muchos casos el sentido de las corrientes migratorias anteriores. A los problemas derivados directamente del ajuste productivo se suman el frecuente deterioro de su medio ambiente y los déficit de equipamientos para originar una baja calidad de vida, así como escasos atractivos para localizar nuevas inversiones. Delimitadas cuando su tasa de paro en los últimos tres años y su proporción de empleo industrial rebasan la media comunitaria, al tiempo que registran una disminución constante de los puestos de trabajo, incluyen en nuestro caso la totalidad de Vizcaya y Guipúzcoa, así como algunas áreas en las provincias de Álava, Cantabria, Navarra, La Rioja, Barcelona, Tarragona, Girona y Madrid, lo que representa un 9 % de la superficie y un 22 % de la población españolas.

Finalmente, las regiones de objetivo 5b corresponden a áreas rurales no incluidas en las menos desarrolladas (objetivo 1) que presentan problemas de despoblamiento, debilidad de su estructura económica y escasez de nuevos puestos de trabajo, pero cuentan con un patrimonio ecológico y cultural capaz de favorecer cierto impulso de fuentes alternativas de ingresos (turismo, artesanía, PYMEs industriales, etc.), comprendiendo el 17 % del territorio y un 5 % de la población comunitaria. En España han sido declaradas como tales ciertas áreas de las cordilleras Pirenaica, Cantábrica e Ibérica, así como las áreas montañosas de Baleares y la sierra norte de Madrid, lo que tan sólo representa un 2,5 % de la población española sobre el 12,5 % de la superficie. En conjunto, quedan incluidas dentro de alguno de esos tres objetivos nada menos que el 83 % de la población y más de 90 % del territorio español, proporciones sólo inferiores a las de Grecia, Portugal e Irlanda, pero muy por encima de las correspondientes a cualquier otro Estado miembro.

Para hacer operativa tal delimitación, a lo largo de 1989 el gobierno español presentó a la Comisión de las Comunidades Europeas los planes regionales que intentan precisar las actuaciones a desarrollar hasta 1993 en cada uno de estos tres tipos de áreas:

— Plan de Desarrollo Regional de España (PDR), para las regiones de objetivo 1.
— Plan de Reconversión Regional y Social de España (PRR), para las de objetivo 2.
— Plan de Desarrollo en Zonas Rurales de España (PDZR), para las de objetivo 5b.

Las múltiples actuaciones que en ellos se proponen están basadas en un diagnóstico territorial de conjunto, muy ligado al planteamiento esbozado en el epígrafe anterior, que sirve como base a la propuesta de cuatro directrices básicas:

a) Mantener y consolidar la dinámica de crecimiento de las áreas que han mostrado mayor capacidad de adaptación al cambio y vitalidad económica (ejes del Ebro y Mediterráneo, Madrid), favoreciendo su difusión hacia otras regiones.

b) Freno al declive de la cornisa Cantábrica, buscando restituir su antigua capacidad de crecimiento autosostenido evitando los estrangulamientos infraestructurales, mejorando el medio ambiente y diversificando su base económica.

c) Expansión del dinamismo mostrado por el eje del Mediterráneo en dirección al sureste y sur peninsular, mejorando su articulación mediante una fuerte inversión en comunicaciones.

d) Aplicación de una estrategia de ajuste estructural positivo en las regiones menos desarrolladas del interior, además de Galicia y Canarias, apoyando su potencial endógeno y una mejor integración territorial con el resto.

En los meses siguientes la Comisión aprobó los marcos de apoyo comunitarios tras negociación con el gobierno español y las Comunidades Autónomas, en donde se establece un programa indicativo de las actuaciones concretas a financiar en los próximos 3 años (regiones objetivo 2 y 5b) o 5 años (regiones objetivo 1) para cumplir tales objetivos (Lázaro, L., 1990). La asignación de fondos según instituciones, regiones y líneas prioritarias de actuación es la recogida en los cuadros 13.4, 13.5 y 13.6, que ponen en evidencia la complejidad del reparto y la relativa dispersión que continúa presidiendo su distribución, así como la importancia prioritaria otorgada a la mejora de las infraestructuras de transporte y comunicación, en detrimento de otras líneas de actuación como la formación de los recursos humanos, la mejora de los servicios a la producción, etc.

A todo ello debe añadirse la existencia de diversas iniciativas comunitarias, financiadas con el 15 % de los recursos del FEDER no repartidos previamente entre los Estados, destinadas a resolver problemas específicos relacionados con la aplica-

CUADRO 13.4. *Asignación de fondos estructurales para regiones de objetivo 1 (1989-1993)*

Fondo	Millones de pesetas	% total	Institución	Millones de pesetas	% total
FSE	305.240	24,0	Administración central	412.630	51,2
FEOGA-Orientación	160.160	12,6	Comunidades Autónomas	272.350	33,0
FEDER	805.870	63,4	Empresa pública	64.470	8,0
Total	1.271.270	100,0	Administración local	56.420	7,0

Comunidades Autónomas	Millones de pesetas	% total	Línea de actuación	Millones de pesetas	% total
Andalucía	84.700	31,1	Infraestructura transporte	418.522	51,9
Galicia	41.125	15,1	Otras infraestructuras	215.628	26,8
Castilla-León	30.503	11,2	Industria y servicios empresa	90.541	11,2
Castilla-La Mancha	23.967	8,8	Desarrollo rural	27.199	3,4
Canarias	23.694	8,7	Recursos humanos	24.709	3,1
Comunidad Valenciana	23.150	8,5	Turismo	23.752	2,9
Extremadura	21.788	8,0	Asistencia técnica	5.519	0,7
Asturias	11.439	4,2			
Murcia	9.260	3,4			
Ceuta/Melilla	2.724	1,0			
Total	272.350	100,0			

Fuente: Dirección General de Planificación, Ministerio de Economía y Hacienda.

CUADRO 13.5. *Asignación de fondos estructurales para regiones de objetivo 2 (1989-1993)*

Fondo	Millones de pesetas	% total	Institución	Millones de pesetas	% total
FEDER	74.880	78,4	Administración común	11.050	11,6
FSE	20.670	21,6	Administración central	34.403	36,0
Total	95.550	100,0	Comunidades autónomas	37.929	39,7
			Administración local	6.760	7,1
			Administración pública	5.408	5,6
			Total	95.550	100,0

Comunidades Autónomas	Millones de pesetas	% total	Línea de actuación	Millones de pesetas	% total
Plurirregional	56.142	58,8	Fomento actividad productiva	25.698	26,9
Cataluña	16.911	17,7	Protección medio ambiente	11.526	12,1
País Vasco	10.678	11,2	Apoyo I + D formación	7.498	7,8
Madrid	3.448	3,6			
Aragón	2.783	2,9			
Cantabria	1.981	2,1			
Navarra	1.422	1,5	Mejora de comunicaciones	21.932	22,9
La Rioja	697	0,7			
No distribuyen	1.479	1,5	Otras	25.126	26,3

Fuente: Dirección General de Planificación, Ministerio de Economía y Hacienda.

ción de otras políticas, mediante programas de ámbito supranacional. Iniciadas en 1985 con los programas STAR (mejora de las telecomunicaciones en las regiones menos desarrolladas), VALOREN (mejora en el uso de la energía), RESIDER (reconversión siderúrgica) y RENAVAL (reconversión de astilleros), se han visto reforzadas desde 1989, existiendo una decena en funcionamiento: STRIDE (apoyo a

CUADRO 13.6. *Asignación de fondos estructurales para regiones de objetivo 5b (1989-1993)*

Fondo	Millones de pesetas	% total	Institución	Millones de pesetas	% total
FEDER	7.943	21,4	Administración central	19.303	52,1
FEOGA-Orientación	24.037	64,9	Comunidades Autónomas	17.747	47,9
FSE	5.070	13,7	Total	37.050	100,0
Total	37.050	100,0			

Comunidades Autónomas	Millones de pesetas	% total	Línea de actuación	Millones de pesetas	% total
Aragón	17.596	47,5	Mejora estructuras agrarias	14.895	40,2
Cataluña	4.689	12,7			
Cantabria	3.821	10,3	Conservación medio natural	9.151	24,7
Baleares	3.173	8,6			
Navarra	2.591	7,0	Mejora de infraestructuras	6.891	18,6
La Rioja	1.529	4,1			
Madrid	1.358	3,7	Valorización recursos humanos	3.890	10,5
País Vasco	1.123	3,0			
FSE-1989	1.170	3,2	Otras	2.223	6,0

Fuente: Dirección General de Planificación, Ministerio de Economía y Hacienda.

la innovación), INTERREG (regiones fronterizas), RECHAR (reconversión hullera), ENVIREG (medio ambiente), LEADER (desarrollo rural integrado), etc.

b) LA POLÍTICA DE INCENTIVOS Y EL FONDO DE COMPENSACIÓN INTERTERRITORIAL

La tradicional política de incentivos regionales, iniciada hace ya más de tres décadas, también se ha visto afectada por la integración en la Comunidad Europea y el deseo de lograr una mayor eficacia en sus resultados. De este modo, en 1985 se aprobó una nueva ley de incentivos, cuya entrada en vigor se retrasó hasta 1988, que intenta racionalizar la multiplicidad y dispersión de actuaciones que caracterizaron el período precedente. Desde ese momento, se distinguen tres tipos de áreas que reciben ayudas con cargo a los Presupuestos del Estado, no coincidentes con las anteriores pues en este caso los indicadores utilizados para su delimitación son de ámbito nacional y no comunitario, lo que genera un evidente problema de descoordinación (fig. 13.10):

a) Zonas de Promoción Económica (ZPE), identificadas con las menos desarrolladas del país según su nivel de renta por habitante y tasa de paro, que engloban las regiones identificadas por la Comunidad como de objetivo 1 (con exclusión del litoral valenciano), además de una parte de Cantabria y Aragón.

b) Zonas Industrializadas en Declive (ZID), afectadas gravemente por los procesos de reconversión y ajuste industrial, por lo que suponen en cierto modo una continuación de las ZUR, contando también con un período de vigencia de 18 meses, prorrogables por otros tantos. Se localizan en la cuenca central asturiana, Alto Campoo, Reinosa y Besaya en Cantabria, zona del Ferrol en Galicia, cuenca del Nervión y entorno de San Sebastián en el País Vasco, y comarcas de Fregenal de la Sierra/Jerez de los Caballeros en Extremadura.

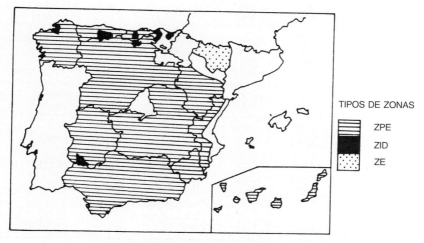

FIG. 13.10. *Áreas de aplicación de los incentivos regionales.*

c) Zonas Especiales (ZE), que pretenden atender problemas específicos siempre que resulten coherentes con las directrices generales de la política regional, habiéndose delimitado una primera que engloba ciertas comarcas de Huesca y Zaragoza.

En cualquiera de los tres tipos de zonas, que en conjunto cubren también más del 80 % del territorio nacional, el mecanismo de promoción sigue basado en otorgar subvenciones a fondo perdido para apoyar la inversión productiva empresarial que rebase un mínimo de 15 millones de pesetas (entre un 20-50 % del monto total según los casos), a partir de criterios bastante genéricos. Esa prioridad a los incentivos financieros supone una evidente continuidad con las formas de intervención habituales en décadas anteriores, siendo las únicas novedades dignas de mención la desaparición de los incentivos fiscales y el hecho de que junto a las empresas industriales también puedan acogerse las relacionadas con los servicios a la producción, comercio y turismo, tanto si se trata de nuevos establecimientos, como de ampliaciones, traslados o planes de modernización.

Durante los dos primeros años de aplicación se tramitaron cerca de 7.000 solicitudes, de las que fueron aprobadas poco más de 3.000, con una inversión total de 931.000 millones de pesetas y una subvención cercana a los 240.000 millones, estando prevista la creación de 47.000 empleos. Más del 80 % de esas cifras correspondieron a Andalucía, las dos Castillas, Extremadura, Murcia y Galicia, lo que parece adaptarse bastante bien a los objetivos planteados. No obstante, la difusión de esos beneficios entre las empresas fue inferior a la deseable, pues si bien los proyectos inferiores a los 150 millones supusieron el 78 % de los aprobados, sólo recogieron el 14 % de las subvenciones, en tanto los que superaban los 1.000 millones, apenas un 3 % del total, recibieron el 60 % de las ayudas públicas.

Por su parte, el Fondo de Compensación Interterritorial tiene su origen en la Constitución y comenzó a funcionar en la práctica desde 1982, si bien se ha modificado también su articulación desde 1990. Pese a que su objetivo declarado era «corregir los desequilibrios económicos interterritoriales y hacer efectivo el principio de solidaridad» mediante un procedimiento automático de redistribución basado en una serie de indicadores regionales (superficie, renta per cápita, tasa de desempleo, saldo migratorio e insularidad), su limitada dotación presupuestaria y el mecanismo de reparto establecido distorsionaron tales pretensiones.

De una parte, el FCI fue utilizado como vía de financiación para las nuevas inversiones asociadas a la transferencia de servicios hacia las Comunidades Autónomas, siendo objeto de frecuentes confrontaciones entre intereses encontrados. De otra, la inclusión de los movimientos migratorios como variable a incluir en los criterios de distribución, en un período en que regiones industrializadas con problemas de declive como el País Vasco o Cataluña experimentaban saldos negativos, limitó los recursos dirigidos hacia aquellas otras con menores niveles de renta. En consecuencia, de los recursos distribuidos entre 1982 y 1988 las Comunidades de Andalucía (27 %), Galicia (10 %) y Castilla-León (9 %) fueron las más beneficiadas, seguidas de Cataluña (8 %), en tanto la Comunidad Valenciana, Madrid y el País Vasco se situaban también entre las 10 con mayores ingresos recibidos (Melguizo, A., 1988).

Pese a que la nueva ley de 1990 ha intentado corregir algunas de tales deficiencias, aproximando su funcionamiento al del FEDER, el reparto efectuado en el presupuesto de 1991 mantiene situaciones de difícil justificación desde criterios de estricta política regional. De los 257.382 millones presupuestados, un 27,7 % correspondió a Andalucía, un 11,7 % a Galicia, y un 11,0 % a Cataluña, quedando las dos Castillas y Extremadura a continuación (6-7,5 %), en tanto la Comunidad Valenciana (5,9 %), Madrid (5 %) y el País Vasco (4,8 %) ocupaban las posiciones siguientes, lo que no supone cambios sustantivos con relación a las cifras anteriores.

c) LA POLÍTICA REGIONAL HOY: UNA VALORACIÓN CRÍTICA

Tras un paréntesis de una década, en los últimos cinco años parece asistirse a un cierto «resurgimiento» de las políticas regionales explícitas (Zaragoza, J. I., 1990), una vez superada la fase inicial del ajuste productivo, consolidada la estructura autonómica y ante la perspectiva de consolidación del mercado único europeo, que acentuará los contrastes en el seno de la Comunidad. Aunque resulta prematuro hacer un balance global de esta nueva política regional, pues muchos de sus instrumentos de actuación sólo entraron en vigor a finales de los años ochenta, cabe apuntar toda una serie de limitaciones ya patentes que pueden desdibujar las expectativas creadas sobre la reducción de las desigualdades actuales.

Sin entrar en la cuestión de la siempre insuficiente dotación presupuestaria para estos fines —sobre todo si se compara con la asignada a políticas sectoriales con efectos territoriales implícitos a veces contrapuestos—, un primer problema se relaciona con la dispersión y multiplicación de las actuaciones. Pese a los intentos de mayor selectividad en la asignación de unos recursos limitados al objeto de concentrar esfuerzos evitando una atomización valorada como ineficaz, las páginas anteriores han puesto de manifiesto una verdadera maraña de ayudas que, además, abarcan la práctica totalidad del territorio español. A las regiones delimitadas por la Comunidad Europea para la asignación de los Fondos Estructurales y las que se integran en alguna de las iniciativas comunitarias actualmente en vigor, deben añadirse las zonas de promoción económica, zonas industrializadas en declive y zonas especiales identificadas por la política de incentivos regionales, la actuación llevada a cabo por las agencias de desarrollo regionales (IMPIVA en Valencia, IMADE en Madrid, IFA en Andalucía, etc.), las sociedades para el desarrollo industrial (SODI), o los más de dos centenares y medio de «actuaciones microrregionales con enfoque local» contabilizadas en España hasta 1990 (Valcárcel, G., 1992). Las dificultades de coordinación entre las múltiples administraciones implicadas, la complejidad burocrática resultante y las «guerras de incentivos» que a veces se establecen entre regiones o municipios para atraer inversiones son algunos de los efectos indeseados que deberán ser objeto de atención para mejorar la productividad económica, social y territorial de estos recursos públicos en el futuro inmediato.

Bibliografía básica

AA.VV. (1988): «Economía regional: hechos y tendencias», *Papeles de Economía Española*, n.os 34-35 (números monográficos).
— (1990): «La política regional en España» (número monográfico), *Economistas*, n.os 45-46.

Alcaide, J. (1988): «Las cuatro Españas económicas y la solidaridad regional», *Papeles de Economía Española*, n.º 34, pp. 62-82.
Córdoba, J., y García Alvarado, J. M. (1991): *Geografía de la pobreza y la desigualdad*, Síntesis, Madrid.
Cuadrado Roura, J. R. (1981): «La política regional en los Planes de Desarrollo (1964-1975)», en AA.VV.: *La España de las Autonomías*, Espasa-Calpe, Madrid, vol. I, pp. 547-608.
— (1988): «Tendencias económico-regionales antes y después de la crisis en España», *Papeles de Economía Española*, n.º 34, pp. 17-61.
Gámir, A.; Méndez, R.; Molinero, T., y Razquin, J. (1989): «Terciarización económica y desarrollo regional», *Anales de Geografía de la Universidad Complutense de Madrid*, n.º 9, pp. 123-144.
García Delgado, J. L. (dir.) (1988): *España. Economía*, Espasa-Calpe, Madrid.
INE (1986): *Disparidades económico-sociales de las provincias españolas. Ensayo de análisis de componentes*, Instituto Nacional de Estadística, Madrid,
— (1991): *Indicadores sociales*, Instituto Nacional de Estadística, Madrid.
Lázaro, L. (1992): «La política regional comunitaria y los Fondos Estructurales ante el Mercado Único», *Estudios Territoriales*, n.º 38, pp. 17-42.
Mella, J. M. (1990): «Análisis de la depresión socioeconómica de los municipios y comarcas de España», *Estudios Territoriales*, n.º 32, pp. 111-128.
Muro, J. D. (1988): «Características espaciales del mercado de trabajo», *Papeles de Economía Española*, n.º 34, pp. 308-332.
Richardson, H. W. (1976): *Política y planificación del desarrollo regional en España*, Alianza, Madrid.
Sanz, A., y Terán, M. (1988): «Las disparidades sociales regionales», *Papeles de Economía Española*, n.º 34, pp. 82-114.
Vázquez Barquero, A. (1988): *Desarrollo local. Una estrategia de creación de empleo*, Pirámide, Madrid.

Capítulo 14

HACIA UNA GESTIÓN INTEGRADA DEL ESPACIO: LAS POLÍTICAS DE ORDENACIÓN

1. **La necesidad de una gestión responsable del territorio y de los recursos: fundamentos de la planificación territorial**

   El suelo es un recurso sometido a utilizaciones concurrentes y no siempre adecuadas a su capacidad para acoger una determinada actividad. Han de ser las características inherentes al territorio, dependientes de los elementos ambientales, las que definen, en una primera categorización, la localización de cada actividad; posteriormente son los criterios socioeconómicos y técnicos los que deben conjugarse para presentar opciones de ordenación. Pero la adecuación de usos y propuestas de intervención a las características del territorio no es nada frecuente; pesan la falta de rigor, la visión parcial de los técnicos y, sobre todo, la especulación que guía los procesos de intervención, para desembocar en una situación donde el despilfarro de recursos y la falta de racionalidad definen un conflicto, entre el medio natural y los usos establecidos, que crece en su amplitud y complejidad a medida que se incrementan las posibilidades técnicas de transformación del medio y la economía de mercado muestra su ineficacia como mecanismo regulador de tales procesos.

   Es evidente que la búsqueda de un criterio de eficiencia del espacio en nuestro sistema económico ha estado guiada primordialmente por una lógica de beneficio económico, que no recoge los costes sociales y ambientales de las actuaciones sobre el territorio, al que se interpreta, desde una perspectiva económica, como soporte de actividades y bien de consumo. Pero la transformación por el hombre de un sistema territorial, con vistas a su aprovechamiento, es inherente a las sociedades humanas desde su propia existencia, de manera que en todo territorio existe una ordenación, más o menos espontánea, conducente a su puesta en valor (Pinchemel, P., 1985); no es raro encontrar ejemplos, en sociedades tradicionales, de una verdadera armonía y equilibrio de las actividades y usos, en relación con las posibilidades del territorio, que permitía lo que hoy se define como optimización en el aprovechamiento de los componentes físico-ecológicos que sintetizan la aptitud del territorio. Los excesos que hoy aparecen en los sistemas de uso, las incompatibilidades entre actividades y los llamados desequilibrios han sido provocados por acciones demasiado espontáneas, cuya razón esencial era el crecimiento económico y que, por tanto, no se han realizado desde una perspectiva global, capaz de integrar otras dimensiones —ecológica, social— además de la económica.

En España, el marco de estas preocupaciones no puede desprenderse de los distintos períodos del desarrollo económico del país, de tal forma que, tras el período de expansión de los años sesenta, se plantea la preocupación por el logro de un reparto espacial más equitativo de los resultados del crecimiento. La distribución más racional de la población y las actividades pretende contrapesar los efectos de la polarización acumulativa del crecimiento. Pero en la actualidad, los grandes temas en la gestión del territorio remiten a políticas de más largo alcance, como la construcción de un desarrollo regional descentralizado, la solidaridad entre territorios, la reducción de los desequilibrios, la puesta en valor de espacios rurales, los fenómenos de descentralización y el mantenimiento y valoración del patrimonio y de la calidad del medio en que los hombres habitan; planteamientos que remiten a una planificación integral del territorio.

Hacia el futuro, la localización de actividades productivas, asentamientos, servicios, equipamientos y usos globales no podrá realizarse de forma espontánea ya que se deberá imponer el equilibrio con las necesidades sociales y las posibilidades que ofrece cada territorio. La ordenación de usos, en términos de rentabilidad social, debe tender a soluciones viables, eficaces y respetuosas con el medio ambiente, puesto que la dimensión ecológica, aunque es una preocupación reciente, centra hoy el interés hasta el extremo de que la ordenación del territorio y el medio ambiente son complementarios (Datar, 1990).

2. La ordenación del territorio

La preocupación por racionalizar la utilización del suelo y adecuar los usos a la aptitud del territorio no es nueva, puesto que la consideración del enmarque natural en el que se desarrollan las actuaciones nos remite a ideas antiguas, recuperadas hoy desde nuevos conceptos. La misma percepción de las condiciones topoecológicas en la ocupación de los asentamientos humanos podrá servir de precedente remoto. Incluso antes de que los principios científicos de la ecología afirmaran la necesidad de integrar esta dimensión en la implantación de actuaciones, urbanistas como Abercrombie, Mumford, Garnier, e incluso los principios de la misma Carta de Atenas, desde el funcionalismo urbano, señalan la asignación de usos por áreas, con la idea de optimizar el funcionamiento urbano.

Es cierto que el concepto de ordenación territorial supone una dimensión bastante más amplia y compleja, encuadre global de todos los factores que inciden en el territorio, así como la gestión coordinada de los recursos, cuyos principios se centran en las siguientes líneas:

— Integración y coordinación de las planificaciones socioeconómica y física.
— Coordinación de las políticas sectoriales y de su incidencia territorial; no en vano, se señala que las políticas sectoriales no están territorializadas.
— Incremento del bienestar social de un territorio y reducción de los desequilibrios.
— Incorporación de las variables físico-ambientales en las decisiones sobre localización de usos y actividades y protección del medio ambiente.

En consecuencia, el concepto integra una gran variedad de operaciones, a distintas escalas, que implica la transformación de un sistema territorial por el hombre, con vistas a una utilización más racional y eficaz (Lamotte, M., 1985), basada en una mejor distribución de los asentamientos humanos, en atención a los recursos naturales aprovechables y a los servicios y equipos sociales disponibles (Calderón, E., 1984).

La Carta Europea da a la ordenación del territorio el sentido de expresión espacial de las políticas económica, social, cultural y ecológica de toda la sociedad, a la vez que es una disciplina científica, una técnica administrativa y una política concebida como enfoque interdisciplinar y global, cuyos fines son el desarrollo de las regiones y la organización física del espacio. Para ello (Comité de Ministros, 1984) centra sus objetivos fundamentales en :

— Gestión responsable de los recursos naturales y protección del medio ambiente.
— Utilización racional del territorio.
— Mejora de la calidad de vida.
— Desarrollo socioeconómico equilibrado de las regiones.

Son dos ejes los que centran las finalidades de las políticas de ordenación del territorio; el primero es el social, al actuar no sólo desde criterios económicos, sino de procurar a la población el acceso a servicios y equipos; mientras que la segunda vertiente, la más actual, es la ecológica, que lleva a establecer objetivos muy concretos que atañen a la gestión de los recursos y al uso racional del territorio.

La variedad de operaciones que se pueden integrar, la complejidad de factores y las diferentes escalas de las unidades de actuación remiten a la necesidad de clasificar este concepto de uso generalizado e impreciso en no pocas ocasiones.

Al margen de los precedentes más remotos citados, relativos al reparto de actividades y usos del suelo, son dos corrientes las que centran los inicios de la planificación territorial, muy relacionadas con teorías urbanísticas, aunque la primera experiencia de ordenación del territorio, en una acepción actual, se ha identificado con el proceso de desarrollo regional del valle de Tennessee, al principio de los años treinta, donde la actuación pública se orientó a coordinar los planes sectoriales y de usos del suelo. En el mundo anglosajón, los precedentes de la planificación territorial son el resultado de la toma de conciencia sobre la eclosión del fenómeno urbanizador. Pero se ha señalado que el *regional planning* tiene una base ecológica más que económica (Labasse, J., 1975; Calderón, E., 1984). En Francia, el término *aménagement,* que aparece en 1949, implica una voluntad de intervención, encaminada a la transformación de una situación existente, mediante una mejor disposición y reparto en el espacio de lo que constituyen los elementos de funcionamiento de una sociedad (Pinchemel, P., 1985); es decir, que la finalidad es más social que económica. La tendencia se acentúa en 1963 con la creación de la Datar, preocupada especialmente por la descentralización industrial, en el afán de conseguir un reparto equitativo de los frutos del crecimiento económico del período de expansión posterior a la segunda guerra mundial. Esta idea de evitar desigualdades ha incluido en la práctica de la ordenación una dimensión de política económica, cuya amplicación de horizontes se produce en el decenio de los ochenta, al integrarse intervenciones de muy diverso tipo: las ciudades y la organización del territorio, la puesta en valor de espacios rurales, los problemas de las metrópolis, las infraestructuras de transporte, las nuevas técnicas de comunicación, la localización de actividades, el desarrollo local, la cooperación transfronteriza e interregional, la formación, las nuevas tecnologías, el medio ambiente, hasta los programas europeos (Datar, 1990).

Desde el decenio de los ochenta aparecen políticas de desarrollo regional que llevan implícitas las asignaciones de usos y actividades, así como la coordinación de las intervenciones sectoriales en el territorio. Se interpreta la política regional como conjunto de medidas cuyo fin es el reparto más equilibrado de la población y de las actividades económicas y el bienestar social; de ahí que se afirme (Romus, P., 1979) que la política regional adopta la forma de la ordenación del territorio, al establecer actuaciones físicas e insertar la vocación del territorio en la ordenación de usos. No son, por tanto, sinómimos los terminos desarrollo regional —proceso de cambio estructural en el ámbito económico— y ordenación del territorio; aunque la realidad es que la ordenación territorial se proyecta como marco para los procesos de desarrollo, de manera que la planificación económica necesita, si pretende ser eficaz, de una adecuada ordenación del territorio, garantía de la eficiencia del espacio en términos socioecónomicos y ambientales. La misma percepción de los problemas remite a una acción integradora, capaz de coordinar la planificación económica con la de tipo físico. A estas alturas no se puede pensar en estrategias de desarrollo regional que no comporten un análisis del espacio y de los recursos, como marco de las políticas de intervención: la asignación de usos, la conservación de áreas singulares, la distribución de recursos básicos, como el agua, y la compatibilidad de actividades, remiten de lleno a la práctica de la planificación integral, de la que forma parte esencial la ordenación del territorio.

Este tipo de intervenciones, desde una perspectiva global, tiene en la escala regional el marco más adecuado e incluso privilegiado, al afectar a unos mismos objetivos y colectividades territoriales (Madiot, Y., 1979); tema que nos remite a la selección de escalas de trabajo que permitan la interdependencia de los fenómenos espaciales.

Es asimismo la escala y el consiguiente cambio de escenario territorial el factor que permite diferenciar la ordenación del territorio del urbanismo, que sería, como señala Pinchemel, su versión local, aplicable al territorio limitado de una ciudad o conjunto de comunidades —serían las escalas 1:5.000 a 1:10.000—. Esta escala local, propia del planeamiento urbanístico, coincide habitualmente con el marco administrativo y lo lógico es que el planeamiento urbano se acomode a las directrices y objetivos que, a escala de región o comarca, establece la ordenación del territorio. Por tanto, desde un esquema racional, el planeamiento urbanístico municipal se convertiría en un instrumento al servicio de la ordenación territorial, entendida como verdadero marco de gestión coordinada de los recursos. No se olvida con este planteamiento la existencia de un urbanismo regional, consecuencia del desbordamiento del fenómeno urbano más allá de los estractos límites de una ciudad, tema que alcanza especial relevancia en grandes áreas metropolitanas (entre otros, Terán, F. de, 1978) y que remite a las ideas del *regional planning* anglosajón. Interesa, por tanto, conocer cuál ha sido la práctica de la planificación territorial en España y en qué medida se advierte un cambio de orientación reciente.

3. Inexistencia de la práctica de ordenación del territorio en España

Los precedentes de la planificación territorial en España se relacionan con las prácticas urbanísticas, ya desde el siglo XIX; aunque, sin lugar a dudas, un caso singular de planificación en el marco de territorios con criterios fisiográficos comunes es el de las Confederaciones Hidrográficas, escala que vuelve a tomar auge, con la elaboración reciente de los Planes Hidrológicos de Cuenca (ver capítulos precedentes).

Los Planes de Desarrollo, durante la fase de crecimiento de la economía, son fruto de un planteamiento económico-social de tipo indicativo (Richardson, H. W., 1976), pero no representan estrategias territoriales, salvo las que se puedan interpretar como intento de corregir las disfunciones del crecimiento acelerado. Señala al respecto Richardson que el territorio es sujeto paciente de la intervención del capital, sin imponer otras limitaciones que la disponibilidad de unos recursos potenciales. La política de polos, como estrategia de centros de crecimiento, se convertiría así en causa de polarización acumulativa del crecimiento, predominando la eficacia sobre la equidad. Bien es cierto que en el Tercer Plan de Desarrollo se advierte ya un cambio en el enfoque de la planificación, en el intento de propiciar la coordinación entre las vertientes física y económica; pero el territorio no deja de ser el punto de convergencia de actuaciones sectoriales, para el que se intenta conseguir una vertebración.

Es en el Cuarto Plan de Desarrollo en el que, a juicio de distintos autores, se plantea de una manera formal la ordenación del territorio como técnica de intervención administrativa (Calderón, E., 1984); a ello contribuye el fracaso y la crisis del concepto de planificación económica indicativa. Pero, a pesar de que el Cuarto Plan nunca fue aprobado, prevalece desde entonces una idea de la ordenación del territorio más vinculada a la planificación física.

En estos términos se interpreta la ordenación territorial cuando se incorpora esta escala en el Texto Refundido de la Ley del Suelo, de 1976, al crear las figuras del Plan Nacional de Ordenación, con el objetivo de configurar una estructura de planificación integrada, que era la tendencia en alza, y el Plan Director Territorial de Coordinación. Respecto al primero, se señala (art. 7) que deberá determinar las grandes directrices de ordenación territorial, en coordinación con la planificación económica y social. Por su parte, el PDTC tenía como función la integración de las acciones sectoriales en el territorio, de conformidad con el Plan Nacional, la planificación económica y social y las exigencias del desarrollo regional. De este modo, el PDTC (art. 8) establecía las directrices de ordenación territorial, el marco físico y el modelo territorial en el que se debían coordinar los planes y normas a que afectara (Ley sobre Régimen del Suelo y Ordenación Urbana, de 9 de abril de 1976).

En un escalón inferior aparece el Plan Municipal de Ordenación Urbanística, «instrumento de ordenación integral del territorio» (art. 10), que clasifica el suelo, para establecimiento del régimen jurídico correspondiente, y define los elementos de la estructura general adoptada para la ordenación del territorio, estableciendo un programa para su desarrollo y ejecución. Por tanto, ante la ausencia de planeamientos supramuniciplanes aprobados —es significativo que haya un único PDTC aprobado en toda España, correspondiente a Doñana y que data de los años ochenta— la escala de la ordenación del territorio ha sido absorbida e incluso infravalorada en el planeamiento urbanístico municipal (González, J., 1986). Y no hay que insistir demasiado para comprender las insuficiencias del planeamiento local, cuando se habla de gestión integrada del espacio, comenzando por la propia situación de yuxtaposición de planes descoordinados en una misma zona donde se deben asignar recursos básicos, analizar problemas de vertebración, preservar espacios y coordinar políticas de suelo, entre otros aspectos.

4. La ordenación del territorio desde las Comunidades Autónomas

Hasta el decenio de los ochenta no se puede hablar de integración entre planificación socioeconómica y la de tipo territorial ya que ésta, en pocas palabras, no ha llegado a existir, puesto que no se llegaron a redactar los planes que debían contemplar los aspectos y la incidencia espacial del resto de intervenciones públicas y privadas. Las razones parecen de diverso tipo, pero se señala la complejidad misma del tema y la prioriodad que han tenido otras políticas que utilizaban el territorio como soporte físico de su actividad (industrial, turística, infraestucturas) (Terán, F. de, 1978). Conviene entonces analizar el cambio de situación que ha supuesto el régimen autonómico y la puesta en marcha de las políticas regionales que integran las asignaciones de usos al territorio y la coordinación de las intervenciones sectoriales.

En una primera aproximación, la aprobación de instrumentos de ordenación del territorio por parte de las Comunidades Autónomas (prevista en el art. 148 como «ordenación del territorio, urbanismo y vivienda») ha sido más un acto formal de asunción de competencias y adaptación a una normalización autonómica (Sevilla, M., 1990). Es cierto que en algunas Comunidades se han desarrollado con mayor profusión, con la pretensión de configurar el encuadre global de todas las políticas con incidencia territorial. No hay que perder de vista que a la política de ordenación del territorio le afectan otras (cuadro 14.1), a la vez que el establecimiento de planes o directrices que regulan el régimen del suelo, los asentamientos y las infraestructuras condicionan el desarrollo del resto de políticas. En estas coordenadas fueron siete Comunidades Autónomas las que promulgaron Leyes sobre Ordenación del Territorio a lo largo del decenio de los ochenta: Cataluña, 1983; Madrid, 1984; Navarra, 1986; Canarias, 1987; Asturias, 1987; Baleares, 1987 y Valencia, 1989. En todas está presente la idea de potenciar la consideración de características del medio a la hora de implantar y ordenar las actividades sobre el territorio; es decir, prevalece la idea de planificación física y consiguiente adecuación de usos y propuestas de ordenación a las características del territorio. Pero, en modo alguno se puede hablar de gestión integrada del espacio, puesto que otros temas básicos para ello se planifican y gestionan separadamente, incluso quedando tan cercanos como las infraestructuras, los recursos y aprovechamientos hídricos y la misma protección del medio ambiente. Un problema de coordinación entre organismos de una misma administración y de conjunción de objetivos entre distintas políticas que hace inviable un esquema o estructura de planificación integrada e incluso cuestiona la viabilidad de la misma planificación física.

Las Comunidades Autónomas desarrollan planes y programas en distintos temas sin haber definido previamente la estructura territorial, con lo que se crean dis-

CUADRO 14.1. *Política de ordenación del territorio y urbanismo, 1988 (millones de pesetas)*

Comunidades Autónomas	Departamento	Presupuesto	% sobre presupuesto Comunidad Autónoma
País Vasco	Urbanismo, Vivienda y Medio Ambiente	1.142	0,5
Cataluña	Política Territorial y Obras Públicas	1.805	0,5
Galicia	Ordenación Territorial y Obras Públicas	2.180	1,1
Valencia	Obras Públicas, Urbanismo y Transportes	313	0,1
Andalucía	Obras Públicas y Transportes	2.106	0,4
Canarias	Política Territorial	3.376	2,7
Aragón	Ordenación Territorial, Obras Públicas y Transportes	273	0,5
Asturias	Ordenación del Territorio, Obras Públicas y Transportes	410	0,8
Baleares	Obras Públicas y Ordenación Territorial	64	0,4
Cantabria	Obras Públicas, Vivienda y Urbanismo	60	0,2
Castilla-La Mancha	Política Territorial	248	0,3
Castilla-León	Obras Públicas, Urbanismo y Medio Ambiente	364	0,4
Extremadura	Obras Públicas, Urbanismo y Medio Ambiente	160	0,3
Madrid	Política Territorial	504	0,3
Murcia	Política Territorial y Obras Públicas	840	2,1
Navarra	(Incluida en Obras Públicas)		
Rioja, La	(Incluida en Medio Ambiente y Obras Públicas)		

Fuente: Ministerio de Economía y Hacienda, Presupuesto de las Comunidades Autónomas. Elaboración propia.

funciones y problemas de coordinación y eficacia. El caso de los PDR puede ser significativo, ya que estos documentos, orientados a la modernización económica, a escala regional, deberían partir del análisis de recursos y oportunidades que ofrece el marco territorial. Se observan casos, como el del País Vasco, cuyo Plan Económico a medio plazo, 1989-1992, elaborado por el Departamento de Economía y Planificación, en su documento de diagnóstico y prioridades dedica un amplio apartado a la «mejora de las condiciones del entorno», punto clave del relanzamiento de su economía; en él se incluyen temas como el medio ambiente, las infraestructuras y la ordenación del territorio. Se reconoce que esta política debe racionalizar el futuro de la utilización del suelo y coordinar el planeamiento urbanístico municipal (Gobierno Vasco, 1988). Pero este Plan Económico se hace de forma separada y desconectada de las Directrices de Ordenación Territorial, que más adelante se comentan; en consecuencia, la planificación económica camina al margen de una estrategia territorial y de cualquier idea de integración.

Pero también la política autonómica en materia de ordenación territorial choca con las competencias municipales en cuanto a ordenación integral y clasificación del suelo en su territorio —definidas en la legislación del suelo—. De hecho, existe un problema serio de recelos entre las administraciones a la hora de aprobar planeamientos municipales que contravienen ideas defendidas desde la escala autonómica o que, simplemente, comprometen el futuro sin que exista un plan formal que estructure el territorio.

Este mismo problema de decisiones y actuaciones que hipotecan el éxito de ordenaciones futuras se plantea, en un nivel distinto, entre las propias Comunidades Autónomas y el Estado, puesto que, aunque se reconoce la imposibilidad de aprobar un plan director —a escala nacional— que estructure la planificación física, es evidente que ciertos planes y leyes estatales están llamados a influir en la estructura territorial sin que se hayan considerado sus efectos: Plan de Carreteras, PDR —España—, aplicación de la Ley de Incentivos regionales, Plan de Infraestructuras y la misma aprobación del Plan Hidrológico Nacional y los Planes de Cuenca.

El citado Plan de Desarrollo Regional de España, 1989-1993 (Ministerio de Economía y Hacienda, 1989), no concede ningún apartado a la ordenación del territorio y a la gestión de recursos; únicamente se reconoce que en las estrategias de desarrollo regional encaminadas a lograr la vertebración del territorio y la cohesión económica y social tienen un papel fundamental las infraestucturas.

En esta complejidad de niveles de coordinación se han aprobado las citadas leyes autonómicas, que tienen como objetivos generales los siguientes:

— Armonización y coordinación de las políticas sectoriales en el territorio.
— Control del impacto territorial derivado de las actuaciones de otras administraciones.
— Coordinación del planeamiento urbanístico municipal, así como asistencia e información, para evitar discordancias y yuxtaposiciones de planes descoordinados.
— Ordenación del litoral, tema donde se producen fricciones con la administración central (Ley 22/88, de Costas).
— Régimen de disciplina urbanística, incluido el SNU, para el que se han aprobado leyes específicas (Comunidad Valenciana).
— Potenciación de la rehabilitación y de equipamientos.

No extraño, pues, que sólo las Comunidades más dinámicas hayan conseguido aprobar instrumentos que desarrollen sus leyes en la materia. Se observa en esta legislación autonómica sobre Ordenación del Territorio la reproducción, con ligeros retoques, de la figura de coordinación territorial contenida en el Texto Refundido de la Ley del Suelo, es decir, los Planes Directores Territoriales de Coordinación. Así, lo afirman Quero y Leira, al recoger las recientes experiencias, señalando que, pese al cambio de denominación, las figuras previstas han seguido mimetizando a los PDTC (Quero, D., y Leira, E., 1990).

En Cataluña, la Ley 23/1983 crea varios instrumentos, entre ellos el Plan Territorial General, que tiene como objetivo la definición del modelo regional y el marco para el reequilibrio económico. La definición de un esquema territorial estrátegico se acompaña de políticas de ayudas para áreas económicamente deprimidas, así como de medidas para la desconcentración de espacios saturados.

Por su parte, la Ley 10/1984 sobre la Ordenación Territorial de la Comunidad de Madrid especifica tres figuras de ordenación: las directrices, los programas coordinados y los planes de ordenación del medio físico. El papel de las Directrices es el de orientar y regular los procesos que tengan dimensión física o territorial, suministrando previsiones y criterios, proponiendo la localización y coordinando actuaciones del Estado, infraestucturas y equipamientos, a la vez que se establece un marco estratégico para las políticas sectoriales. Se definen asimismo los ámbitos de ordenación supramunicipales, con la especificación del nivel de planeamiento requerido.

Las Directrices de Ordenación Territorial del País Vasco (Gobierno Vasco, 1990), en desarrollo de su Ley sobre esta competencia autonómica, son el instrumento base para la planificación territorial y urbana, mediante la definición de su modelo territorial para la etapa posindustrial, ante los previsibles cambios en la estructura económica y demográfica vasca. Los aspectos básicos en que se centra son la recuperción del medio natural y la recualificación del tejido urbano, coordinando a la vez el planeamiento municipal y las políticas sectoriales. Las Directrices constituyen, además, el marco de referencia para la formulación de los restantes instrumentos de Ordenación territorial y urbana previstos: Planes Territoriales Parciales, Planes Territoriales Sectoriales y planeamiento urbano municipal. A destacar en ellas su método de análisis basado en las áreas funcionales del territorio y sus singularidades, así como la definición, para cada una, de su estrategia territorial (véase lámina 16).

Por su singularidad, se recogen dos experiencias de ordenación territorial realizadas en las Comunidades Autónomas de Canarias y Andalucía; son dos instrumentos de aprobación reciente, con diferente alcance y contenidos, pero que pueden dar idea de una nueva forma de entender las intervenciones sobre el territorio.

El Plan Insular de Gran Canaria (se ha manejado el avance) se elabora en desarrollo de la Ley 1/1987, del Parlamento Canario, reguladora de los Planes Insulares, entendidos como un nuevo tipo de intervención pública en el territorio, cuyos fines son la ordenación y coordinación territorial, a escala de las islas, consideradas como un espacio unitariamente. Pero la singularidad deriva de que este instrumento de ordenación territorial sirve para implementar una estrategia económica para la isla, basada primordialmente en el turismo. El territorio se convierte así en componente esencial del producto turístico, a la vez que la cualificación del modelo turístico es el objetivo principal de todo el proceso de ordenación territorial. El plan parte de un marco de referencia, donde se analizan los recursos y oportunidades, que permiten apostar por la actividad turística como opción estratégica de desarrollo. Sobre este objetivo se configuran las bases de una política turístico-territorial, desde una nueva conceptualización del turismo y valorando la importancia de todos los espacios de la isla.

Una segunda experiencia singular de intervención territorial, desde el marco autonómico, son las directrices regionales del litoral de Andalucía (Junta de Andalucía, 1990), aprobadas por Decreto 118/1990, de 17 de abril, en desarrollo de las competencias que el Estatuto de Autonomía establece para esta Comunidad en materia de política territorial, ordenación del territorio y del litoral. Las razones que justifican esta intervención se fundamentan en la elevada potencialidad de actividades de los 817 km de litoral, donde se observa una tendencia creciente a la densificación y las competencias por el uso del suelo. La situación a que se llega, en el decenio de los ochenta, caracterizada por un crecimiento desmedido y el difícil control del proceso de urbanización, hace peligrar el equilibrio y conservación de un medio frágil.

Por ello, en 1985 se dispone la formulación de unas Directrices que tienen como objetivo la compatibilización de usos y aprovechamientos sobre un medio físico-ecológico singular. Sobre la base de diversos trabajos de análisis y diagnóstico territorial, se elaboran estas Directrices que incluyen además líneas de actuación, recomendaciones y medidas, configurando un marco de referencia para el planeamiento urbanístico que las debe desarrollar y para las distintas políticas sectoriales incidentes. La coherencia de las actuaciones administrativas queda garantizada mediante el establecimiento de mecanismos y procedimientos, puesto que si bien las Directrices afectan a aspectos regulados por normas estatales (Aguas y Costas, especialmente) lo que se pretende es implementar la aplicación de estas normas al espacio litoral andaluz.

Es interesante destacar, entre las experiencias de distintas Comunidades Autónomas la diferencia entre Plan y Directrices, ya que en el primer caso el instrumento territorial tiene un carácter indicativo, flexible, con carácter director, en el que señalan criterios, se establecen normas generales y se establecen orientaciones sobre los aspectos que intervienen en la transformación territorial. Sin embargo, cuando, como en el caso catalán, el instrumento es de tipo Plan, se incluye una programación económica y la obligatoriedad de su cumplimiento, con carácter reglamentarista y vinculante, con los consiguientes problemas de capacidad, eficacia y coordinación administrativa, además de la dificultad de cumplir unas previsiones.

Por último, aunque la formación de planes y programas de ordenación del territorio es competencia de la Administración, se cuenta con ejemplos de iniciativas privadas que intentan, mediante un proyecto de análisis territorial y urbano, el impulso del desarrollo económico de un espacio supramunicipal. Éste es el caso del proyecto denominado Triángulo Alicante-Elche-Santa Pola, cuyo objetivo es la configuración de un espacio urbano metropolitano, con vocación suprarregional, al sur de la Comunidad Valenciana. La iniciativa de un grupo de inversores privados ha cristalizado en un amplio estudio que parte del análisis territorial y del diagnóstico ecológico (Vera, J. F., 1991) para formular propuestas de intervención en distintas zonas que integran un amplio sistema de espacios libres, junto con la sectorización de usos y funciones desde una nueva cultura del territorio (Taller de Ideas y

Universidad de Alicante, 1991) que se centra en el tratamiento paisajístico del conjunto de la intervención y en la creación de un soporte infraestructural acorde con la creación de un espacio de nueva centralidad (fig. 14.1).

5. Planificación territorial y medio ambiente

Se ha señalado la complementariedad entre ordenación del territorio y medio ambiente (Pinchemel, P., 1985), que justifica la importancia con que son consideradas las características físico-ecológicas del territorio para la implantación de usos y actividades. De este modo, es preciso hacer énfasis en una ordenación territorial que tiene como parte nuclear el medio ambiente, desde el momento en que los recursos naturales y su potencialidad deben condicionar la estructura y el modelo territorial que se proponga, como garantía de calidad de vida. Pero también la dimensión ambiental afecta a otras actuaciones propias de la política territorial y que alcanzan a la recualificación y puesta en valor de la ciudad y a los nuevos proyectos urbanos, definiendo en su conjunto una perspectiva esencial de la nueva cultura de la ciudad y del territorio (Vergara, A., 1991).

La planificación territorial y el medio ambiente atañen, en principio, a políticas distintas, aunque aparecen estrechamente relacionadas e incluso pueden estar —como ocurre en algunas Comunidades Autónomas— dentro de un mismo órgano de la Administración. Es en atención a los objetivos como se pueden detectar las relaciones y complementariedades entre ambas. La ordenación del territorio —asimilada, como se ha podido comprobar, a una escala netamente regional— tiene como objetivos básicos la articulación de las políticas sectoriales y la definición de un modelo territorial para las Comunidades Autonómas. Esta acción de articulación territorial autonómica se establece desde dos grandes sistemas territoriales de referancia como son el productivo (usos y actividades) y el sistema de espacios naturales. Por su parte, la política de medio ambiente intenta conseguir unos niveles mínimos de calidad ambiental, garantizar la preservación de espacios naturales y la utilización racional de los recursos, en aras de un desarrollo equilibrado y con carácter de continuidad (véase capítulo 5). En consecuencia, aparecen unas relaciones claras, puesto que la política medio ambiental tiene funciones territoriales, desde el momento en que los espacios protegidos se integran en la ordenación del territorio; pero, a la vez, esta técnica tiene funciones medio ambientales. Entre ellas, las actuaciones de ordenación territorial precisan Evaluación de Impacto Ambiental, están marcadas por una dimensión ambiental; también una política de ordenación del territorio, como proyecto territorial cualificado contribuye a preservar el medio ambiente; por último, la ordenación a escala supramunicipal es un factor clave para la conservación y gestión de áreas protegidas.

El ejemplo de la Comunidad Valenciana puede dar idea de estas finalidades concurrentes, ya que tanto la Ley 6/1989, de la Generalitat Valenciana, sobre Ordenación del Territorio, al igual que la Ley 1/1989, de Impacto Ambiental, señalan la necesidad de proteger el medio ambiente y de que se lleve a cabo una gestión responsable del territorio y coordinación del planeamiento urbanístico, con la finalidad de aportar informaciones y procedimientos que supongan soluciones viables y eficaces, con vistas a la correcta utilización del territorio y los recursos.

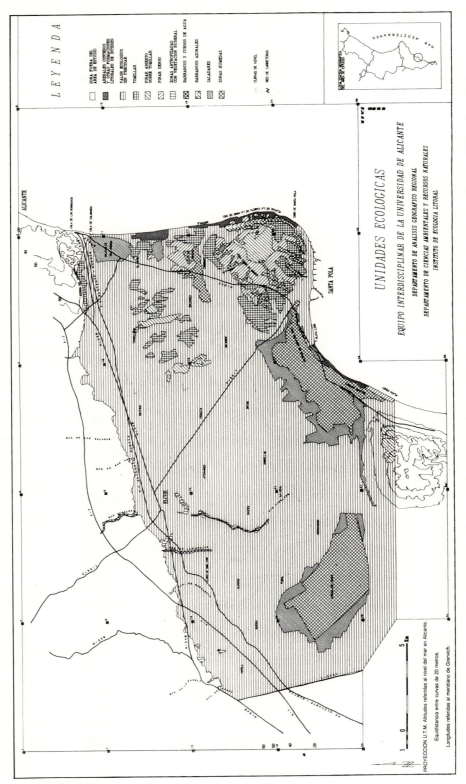

FIG. 14.1. *Estudio del medio físico marítimo y terrestre. Áreas de interpretación y nueva centralidad: el triángulo Alicante - Elche - Santa Pola.*

a) La incorporación del medio físico en la planificación territorial

La primera etapa de la planificación está marcada por el predominio de las políticas sectoriales que no tenían en cuenta la dimensión espacial y menos aún los efectos sobre el medio físico. Una suma de iniciativas descoordinadas, persiguiendo objetivos independientes (agrícolas, forestales, obras públicas), y que solían generar contradicciones. Es en el decenio de los sesenta cuando se consolida la tendencia hacia la consideración de los factores ecológicos en las políticas de ordenación (González, F., 1989), mediante la adecuación de usos y propuestas de intervención a las características del territorio. Sobre el precedente que constituyen las ideas de autores anglosajones, se produce la integración de la dimensión ecológica en estudios urbanos y regionales (McHarg, I. L., 1969), que cuaja en experiencias aisladas como el Plan Comarcal de Sevilla y, posteriormente, en la Comisión de Ordenación y Planeamiento del Área Metropolitana de Madrid (González, F., 1974).

La llamada planificación física —definida como la inserción de los aspectos ecológicos en la ordenación territorial y en la toma de decisiones que afectan al territorio— (Ramos, A., 1992) representaba un enfoque integrador, con vistas a la optimización global de la utilización de los recursos y de la calidad de vida, superando los objetivos parciales de la etapa anterior. Surgen así modelos de localización basados en óptimos económicos y técnicos y en la administración de los efectos en el medio natural. Las opciones que se presentan, ante las decisiones de localización, ofrecen criterios considerando que «toda acción debería situarse allí donde se maximice la capacidad o aptitud del territorio para acogerla y, a la vez, se minimice el impacto negativo o efecto adverso de la actividad sobre el medio ambiente» (González, S., 1992).

Es decir que, en una etapa de racionalización y ante la toma de conciencia del valor de uso del territorio, se pasa de la idea de maximizar el beneficio económico —propia de la planificación regional anterior— a la de minimizar el impacto, sobre la base del condicionamiento que imponen los valores naturales. Así, desde los años setenta fundamentalmente, la ordenación del territorio se hace ecológica o ambiental, al incluir en sus estudios de planificación el conocimiento de los ecosistemas y sus interaciones, las variables ambientales como el clima y el paisaje, e incluso modelos de explotación de ecosistemas, ante las intervenciones antrópicas. El mismo Texto Refundido de la Ley del Suelo integraba esta dimensión de los valores naturales a la hora de las calificaciones y determinaciones urbanísticas sobre un territorio, con conceptos novedosos como el de *aptitud.*

El enfoque de la planificación física en la ordenación territorial y urbana es auspiciado por la administración, cuando señala la necesidad de que los PGOU se acompañen de un estudio del medio físico, como apartado específico de la memoria informativa, o como estudio complementario para el avance de las propuestas de clasificación del suelo y estructura territorial (Dirección General de Acción Territorial y Urbanismo, 1979). En la misma línea, el antiguo CEOTMA señalaba que «los criterios medio ambientales se integren con los sociales económicos y técnicos que, hasta ahora, habían definido claramente la evaluación de proyectos y la asignación de usos al suelo» (CEOTMA, 1984). La sensibilidad y auge de la conciencia social sobre los problemas del deterioro ambiental, tras la etapa de crecimiento, especialmente en países industrializados, creaba el marco propicio para el desarrollo de metodologías de planificación física, con el respaldo de organismos internacionales; entre ellos, las mismas Naciones Unidas con una «Declaración del Medio Ambiente». Naturalmente, el auge de estas políticas, como contrapunto de las planificaciones económicas, ha supuesto también la aparición de actitudes irresponsables, que quieren ver todas las acciones humanas como catastróficas e irreversibles. Pero lo cierto es que, en el caso de España, muy pocas de estas ideas de la planificación física han tenido una aplicación concreta, puesto que son escasísimas las experiencias de inserción de la ecología en estudios urbanos y regionales mientras que en el planeamiento urbanístico, el estudio del medio físico no ha pasado de ser una descripción de elementos que casi nunca han servido —y desde luego menos aún condicionado— la asignación de usos al suelo; algo que, sin duda, se debe lamentar, ya que la simple consideración de unos principios físico-ecológicos en bastantes planeamientos habría dado unos resultados cualitativamente distintos en nuestras ciudades y, de forma muy especial, en áreas metropolitanas. Habrá que esperar a los resultados de una nueva etapa autonómica para valorar el grado real de introducción de los valores naturales en las decisiones territoriales. Y, al respecto, se debe señalar que el concepto, hoy en alza, del medio ambiente, no sólo implica una acepción físico-ecológica, sino también social, económica y cultural (Directiva CEE 85/337 de EIA).

b) La planificación integrada: un enfoque sistémico

El auge de la planificación física inclina decididamente —al menos en sus supuestos teóricos— la ordenación territorial hacia las bases ecológicas de la intervención en el territorio, hecho que surge de una necesidad sentida y compartida sobre la gestión responsable del territorio y los recursos pero que supone en bastantes ocasiones establecer limitaciones desconectadas de la realidad para los procesos de desarrollo. Se plantea, en consecuencia, la necesidad de articular, de una manera coherente, los factores físico-ecológicos de la planificación con los criterios sociales y económicos; es decir, un enfoque sistémico, a partir de una idea de interrelación, que evite caer ahora en enfoques simplistas de los problemas, sobre una base exclusivamente ambientalista. Como se ha señalado ya en algún documento de Directrices territoriales, no «se trata simplemente de la conservación a ultranza de los ecosistemas actuales, con olvido de su dinamicidad intrínseca, sino de incorporar plenamente los factores físicos y ecológicos a los aspectos socioeconómicos que habían primado hasta el presente» (Gobierno Vasco, 1990).

Esta respuesta ha venido dada desde la llamada planificación integrada, con visión sistémica, aunque encuentra dificultades de orden funcional y orgánico: competencias administrativas, plazos políticos en las decisiones, enfoque interdisciplinar. En cualquier caso, es lógico aspirar a una búsqueda de relaciones entre los elementos del medio natural y del medio social y económico, con vistas al análisis y a las propuestas sobre un sistema territorial. Fue este afán de coordinación entre dos vertientes de la planificación que deben aparecer integradas —perfilando un nuevo contenido para la ordenación territorial— el que reunió en Bergen, bajo los auspicios de la ONU, en 1979, a expertos internacionales. De entre las conclusiones, algunas pueden considerarse relevantes:

«La planificación integrada puede considerarse como desarrollo de formas, métodos, procedimientos y organismos que permitan la necesaria interacción de todos los factores decisivos en el momento adecuado. Una de las más importantes es la incorporación de las opciones del público en las fases pertinentes del proceso.»

«La planificación integrada alcanza desde la organización de la economía nacional hasta la renovación de un barrio, pasando por la Ordenación del Territorio, el desarrollo regional, la planificación urbana, la protección de espacios ecológicos sensibles...»

En apretado balance, el auge de la política territorial, favorecido por el régimen autonómico, cristaliza con la formulación de instrumentos que, a través de un conjunto de disposiciones legales, planes, programas y proyectos, intentan una visión, más o menos integrada, capaz de dar respuesta a los objetivos de calidad de vida y bienestar social. Coincide este momento con la crítica y revisión de los modelos tradicionales de desarrollo regional, basados esencialmente en el crecimiento. La nueva etapa, favorecida por la integración comunitaria, se basa en el desarrollo del potencial endógeno de las regiones y en una adecuada redistribución del crecimiento. Los objetivos de desarrollo económico se conseguirán a medida que se utilicen mejor los recursos naturales; de ahí que la planificación de los factores medio ambientales, junto con los sociales, económicos y técnicos, se presente como el sistema más adecuado para el desarrollo de regiones desfavorecidas. Esta consideración de los componentes físico-ecológicos, como factores que, de forma integrada con los criterios sociales y económicos, definen las potencialidades y límites en la utilización del territorio, resulta clave para la identificación de las mejores opciones sobre localización de las actuaciones humanas y el uso racional del territorio y de los recursos. Temas que, por lo demás, entran de lleno en los contenidos de una Geografía operativa.

6. Ordenación de los usos del suelo y zonificación en la ciudad

España es un país cuya historia se remonta milenios. Sus ciudades tienen edades muy diferentes, pero las hay bimilenarias y aun anteriores, lo que significa que en muchas de ellas las generaciones han ido sucediéndose en el mismo solar levantando las nuevas construcciones y callejeros sobre las huellas del pasado, tratando de acomodar las funciones que la sociedad de cada momento demandaba a las morfologías preexistentes o bien, aunque éste sea ya un hecho más reciente, creciendo en superficie fuera ya de las murallas e incluso haciendo tabla rasa de toda la memoria histórica conservada en la vieja ciudad, para levantar sobre sus escombros lo que las nuevas solicitaciones funcionales requerían del plano urbano.

En cualquier caso, el estudio de las ciudades en los países de larga historia es siempre complejo, pero lo es más cuando se considera que en España (véase cuadro 14.2) se han necesitado 60 años para que la población residente en municipios de 10.000 habitantes o más pase de 5,98 millones en 1900 a 17,21 millones en los inicios del Plan de Estabilización español, con un incremento de poco más de 11 millones, pero tan sólo se ha necesitado la mitad de tiempo para pasar de los 17,21 a los 29,14 millones de urbanitas del Censo de Población de 1991, con un incremento del orden de 12 millones. Esto quiere decir que el ritmo de aceleración de la urbanización se ha multiplicado al menos por cuatro, si se ha de hacer caso a lo que en España se admite estadísticamente como urbano (véase capítulo 11).

Se puede objetar, y sería un argumento parcialmente válido, que si se alcanza esta cifra es más por el incremento del número de ciudades que se van incorporando a tal condición —a comienzos de siglo eran 220 las que rebasaban la cifra de 10.000 habitantes, pero en 1960 ya eran casi el doble (421) y habían pasado a 595 municipios en el Censo de 1991—, pero no es menos cierto que hay un número muy elevado de ciudades españolas que ya tenían tal condición de urbanas y que han multiplicado varias veces su población en el período que lleva de 1960 a 1991.

Así sucede entre las capitales de provincia como Vitoria (73.701 habitantes en 1960 y 206.116 en 1991), Albacete (74.417 y 130.023), Alicante (121.527 y 265.473), Almería (86.808 y 155.120), Palma de Mallorca (159.084 y 296.754), Burgos (82.177 y 160.278), Castellón de la Plana (62.493 y 134.213), Girona (32.784 y 68.656), Guadalajara (21.230 y 63.649), Huelva (74.384 y 142.547), Logroño (61.292 y 122.254), ciudades todas ellas con incrementos cercanos o por encima del 200 %.

También se registran fuertes incrementos, superiores al 50 %, en el caso de capitales de provincia relativamente estancadas, como sucede con Ávila, Soria, Segovia, etc., y la casuística podría llevarse a ciudades del entorno del área metropolitana madrileña donde no son infrecuentes incrementos de hasta cuatro veces su población anterior (Alcalá de Henares tenía 25.123 habitantes en el censo de 1960 y registra 159.355 en 1991, lo que quiere decir que ha multiplicado por seis su población en 30 años, mientras que Alcorcón, apenas un pueblo en 1960, con poco más de 3.000 habitantes, ha pasado a 139.662 en 1991, o el caso de Leganés que de poco más de 8.000 se ha disparado hasta 171.589). Tal tipo de crecimientos no andan muy lejanos en su significación y cantidad de lo acaecido en el entorno de Barcelona, donde si bien la ciudad central ha perdido población, los municipios de su entorno han recogido generosamente el desbordamiento de la metrópoli en un *continuum* urbano al que muchas veces no se encuentra otra ruptura de continuidad que la impuesta por los mismos límites administrativos.

Naturalmente, cuando el crecimiento urbano tiene un ritmo lento, la adecuación de la forma urbana a las nuevas funciones puede realizarse sin grandes traumas. Así sucedió en nuestros centros históricos medievales durante centurias, cuando los huertos urbanos dieron la posibilidad de incremento de lo edificado para acoger un crecimiento vegetativo lento y mantener unas funciones ancladas en la estabilidad sin retocar prácticamente el plano de la ciudad ni desbordar las murallas.

Cuadro 14.2

Tamaño municipios	N.º mun. 1900	Pobl. 1900	N.º mun. 1960	Pobl. 1960
10.001-20.000	150	2.002.681	254	3.410.424
20.001-50.000	52	1.446.424	108	3.027.992
50.001-100.000	12	856.723	33	2.290.088
100.001-500.000	4	603.513	23	4.160.188
500.001 y más	2	1.072.835	3	4.322.860
	220	5.982.176	421	17.211.552

Pero cuando la lógica de la historia ha ocasionado que la mayor parte de la población española que actualmente reside en ciudades haya tenido un origen rural o de otras pequeñas comunidades urbanas, y ha habido necesidad de levantar viviendas en tan sólo dos décadas para cerca de la mitad de la población española con sus correspondientes equipamientos asistenciales y de servicios —por no citar la demanda edificatoria ligada a la promoción turística de nuestras costas— coincidiendo todo en el tiempo con la popularización del automóvil, que ha requerido cantidades crecientes de viales y de plazas de aparcamiento en planos urbanos cuyo callejero venía muchas veces delimitado por los primitivos trazados medievales cuando no romanos, se comprende que el estudio de la ciudad española, y, más en concreto, el estudio de la ordenación de los usos y la edificación, haya que hacerlo con una gran prudencia y comprensión porque no existen unas pautas únicas de comportamiento aunque todas ellas respondan a una misma lógica argumental. Por ello, no es tan importante la consideración de las formas resultantes, que suelen ser tan efímeras como la propia velocidad del cambio social en el que nos encontramos impone, cuanto la explicación tipológica de los procesos de los que son prueba fehaciente.

Los espacios menos conflictivos son aquellos donde la permanencia de la morfología urbana es más estable. Esta estabilidad guarda relación generalmente con el posicionamiento en el conjunto urbano y la homogeneidad del tejido social. Así, por ejemplo, en los ensanches realizados en los años setenta, donde todavía la calidad de la edificación no sufre demasiado el deterioro ligado a la obsolescencia, en las que residen familias cuyo posicionamiento en el ciclo familiar se sitúa en las fases de nido vacío o próximo a él, y los equipamientos se han consolidado, hay una relativa estabilidad.

Por supuesto, esta estabilidad no puede darse en los espacios periurbanos, donde a los usos tradicionales de huertos, sucedieron los barbechos sociales esperando las primeras especulaciones, y luego fueron apareciendo desde los cultivos intensivos de invernaderos, hasta los picaderos de caballos, talleres, los cementerios de coches y aun el propio chabolismo más o menos sustituido en fases posteriores por las primeras urbanizaciones pioneras legales o no, a las que cuando les alcanza la urbanización, habrá intereses que intentarán sean demolidas para edificar en su lugar volúmenes de mayor rentabilidad.

En los centros históricos tradicionales, tras el crecimiento lento que acabó derribando las murallas para dar acogida a las nuevas necesidades, la posterior presión ejercida sobre ellos por el resto de la ciudad que ha hiperaprovechado sus equipamientos por ser los únicos disponibles en la etapa de crecimiento acelerado de la ciudad y que ha intentado exprimir al máximo sus ventajas de accesibilidad y centralidad, ha acabado por asfixiarlos, con un envejecimiento de su caserío, población y servicios que ha desembocado en una necrosis frente a la que la iniciativa pública no ha dispuesto de medios para hacerle frente ni la iniciativa privada se ha mostrado muy proclive a actuar, unas veces por las dificultades inherentes a su carácter histórico que exigía conservar y restaurar y otras porque en el fondo se está esperando a que se produzca la ruina total para rehacer un casco en el que las más de las veces prima la degradación social como compañera inseparable, a veces más perceptible que la degradación física de la forma urbana que se trasluce en sus fachadas. Por tanto, centros históricos y orla exterior urbana de crecimiento son, en el contexto español actual, los espacios más conflictivos por su inestabilidad y por tanto los menos claros para explicar su evolución.

En este contexto evolutivo de cambio acelerado, la ordenación de los usos del suelo no ha sido fácil de realizar. Es el eterno problema del crecimiento aplicado a la dialéctica de la forma y la función que gráficamente se ha presentado con un sentido idílico mediante comparaciones con el reino animal hablando de la armonía de crecimiento de los bivalvos que desarrollan su concha a medida de las necesidades espaciales de la masa muscular.

Por otra parte, la realización del planeamiento es algo costoso en tiempo y dinero y por ello, desde que se decide la transformación de un espacio hasta que efectivamente se lleva a cabo, transcurre un período de tiempo tan amplio que, en un mundo cuya principal componente es precisamente la propia velocidad del cambio a todos los órdenes, las formas resultantes quizá pudieran haber resuelto las necesidades para las que fueron proyectadas, pero en ningún caso coincidir con las del mundo en el que nacen, puesto que, aun en ese momento, ya son obsoletas.

Posiblemente, en urbanismo y ordenación territorial sea más verdad que en ningún otro campo la frase unamuniana de que el «presente es el esfuerzo del pasado por transformarse en porvenir», pero lo que sucede es que aunque las formas del pasado deben estar en perpetua transformación, las necesidades del futuro no coincidirán con las posibilidades y el tiempo en que se pensaron, por lo que hay un desajuste evidente entre el planeamiento y la ejecución en el que se inscribe la historia reciente de nuestras ciudades, muchas de las cuales han multiplicado varias veces su población en la segunda mitad del siglo.

Sin embargo, el crecimiento no es tan sólo una cuestión puramente numérica y cuantitativa. Las cifras poblacionales revelan las necesidades asociadas de espacio para albergar este crecimiento, pero también se ha producido una transformación cualitativa cuando menos tan importante como la ligada al número de ciudadanos, ya que las necesidades y demandas urbanas de fines de siglo no guardan relación con lo solicitado a mediados del mismo. El automóvil se ha hecho omnipresente, la calefacción, refrigeración, agua caliente, garaje, etc., son demandas residenciales normales, la composición del hogar medio y la esperanza de vida de la población se ha transformado, se ha abierto la ciudad a la idea clorofila, con la subsiguiente demanda de espacios urbanos en contacto con la naturaleza, y de lo edificado y urbanizado en los años sesenta, en el momento de máxima migración hacia las zonas urbanas (cambio de *locus*) ahora hay muy poco que entre dentro de los umbrales de confortabilidad de la sociedad de fines de siglo, por lo que inconscientemente se va produciendo en los espacios urbanos una mutabilidad general de ocupación con un proceso larvado de invasión-sucesión por clases sociales más bajas, mientras dentro de la propia ciudad hay un desplazamiento (cambio de *situs*) que guarda relación con los cambios de *status* profesional, con la promoción personal o simplemente con la variación de la *posición en el ciclo de vida familiar*.

Por tanto, cualquier estudio que trate de describir la ciudad española, como organismo vivo que es, dentro de un modelo comprehensivo, y atendiendo a la descripción de las variaciones en usos del suelo y zonificación, debe partir de unos planteamientos abiertos, generalistas, en los que en primer lugar se haga una presentación del marco legal en el que el crecimiento de la ciudad debe desarrollarse, para pasar a continuación a describir procesos, más que estadios finales, puesto que éstos, en el mismo momento que se intenta referenciarlos, ya son formas que pertenecen al pasado.

a) EL MARCO LEGAL DEL URBANISMO ESPAÑOL

La velocidad del cambio urbano español en la segunda mitad del siglo XX ha sido tal que la normativa urbanística muchas veces ha servido de muy poco. La idea más extendida en el hombre de la calle ante las tropelías que se han cometido es que las normas urbanísticas están para que no se cumplan, teniendo un poco la idea de que la norma ha ido por un lado y la realidad cotidiana de la creación de la ciudad por otro.

Para otros autores, sin embargo, lo que debe preguntarse es hasta qué punto la existencia de una normativa legal relativamente reciente como la primera Ley del Suelo de mayo de 1956 ha servido para encauzar el crecimiento y en qué medida el desarrollo hubiera sido muy otro en el supuesto de que no hubiera existido ni siquiera ese marco legal de referencia. En cualquier caso, lo que sí puede asegurarse es que, al menos, las estructuras generales del modelo global final fueron respetadas y gracias a ellas existe una cierta congruencia orgánica en nuestras ciudades actuales.

Otros han visto en los Planes de Urbanismo, especialmente los derivados de la Ley de 1956, tan sólo el modelo final de una ciudad al que debía someterse su realización, y encuentran en su estudio un buen ejercicio para comparar realidades con diseños, lo cual siempre habrá de hacerse si se quiere conocer la historia de cualquier ciudad para aprender de ella.

Finalmente, otros grupos, más adaptados a la realidad del planeamiento más reciente, han querido ver en la flexibilidad uno de los componentes esenciales del planeamiento urbano español, y se han cuestionado la validez de unos planes finalistas que, desde el mismo momento de su concepción, nacen ya obsoletos porque ni conocen recursos ni necesidades del futuro y han puesto en la gestión diaria del urbanismo el acento como fórmula por la que debe pasar la construcción de la ciudad para adaptarse a unos parámetros de realismo y pragmatismo. Es la eterna dialéctica existente entre una gestión ágil del urbanismo, pero que conlleva los defectos que ya intentaba evitar la Ley del Suelo de 1956, y una gestión tan meditada, mesurada y articulada que no se adapta a los ritmos de vida de nuestra sociedad, incluidos los electorales, y probablemente resulta lenta para la rapidez que requiere una ágil economía de mercado. Esta última opción, en la situación de fines de siglo, se ve agravada porque puede poner a la Administración en manos de los grupos de presión económica sin una legislación urbanística ágil, pues cabe preguntarse, ¿puede ser todo el urbanismo concertado?

En principio, dada la tardía industrialización española, y el subsiguiente retraso en el trasvase campo-ciudad, la práctica urbanística resolvía los crecimientos del plano urbano a traves de la denominada policía urbana o mediante una normativa absolutamente parcial del crecimiento sin tomar en consideración el conjunto urbano. Eran los denominados «ensanches», un caso específico del urbanismo español que ni resolvían el problema del crecimiento exterior de la ciudad que iba siendo tomado por las clases menos favorecidas mediante parcelaciones rurales, ni daba solución a los problemas crecientes que los centros históricos iban planteando por el progresivo hacinamiento de los recién llegados dentro del espacio consolidado en la fase que en el proceso general de urbanización se denomina precisamente con este mismo nombre.

Pero la carencia de una normativa legal explícita y operativa no quiere decir que España estuviera carente de planificadores más o menos utopistas que engarzaran a nivel teórico con la realidad europea del momento. Los casos de Ildefons Cerdà en su desarrollo de la Ciudad Condal o el de Arturo Soria con el planteamiento de la Ciudad Lineal madrileña antes de que Ebenezer Howard en el Reino Unido diera vida a la Ciudad Jardín, son ejemplos de teóricos urbanistas que no encontraban un caldo de cultivo suficiente en la realidad de una sociedad que no sentía la necesidad de planificar el crecimiento urbano porque éste se escapaba de las referencias temporales de la vida de una generación y, a lo sumo, se limitaban a la política de alineaciones e higienismo (véase capítulo 1).

La Ley del Suelo de 1956 supuso la primera reacción ante las prisas y la falta de previsión del urbanismo español de posguerra porque «la especulación, unida a la sugestión ejercida por los proyectos a corto plazo, tentadores siempre para quienes aspiran a condecorarse con efímeros triunfos aparentes, y a la carencia de una opinión celosa del desarrollo de las ciudades (...) han motivado la falta de reservas de suelo y la construcción arbitraria». La Ley proponía como finalidades añadidas, «*limitar el crecimiento de las grandes ciudades*, y vitalizar los núcleos de equilibrado desarrollo en los que se armonizasen las economías agrícolas, industriales y urbanas formando unidades de una gran estabilidad económico-social, puesto que atendiendo a lo existente en otros países, se deduce que el planeamiento es la base necesaria de toda ordenación urbana». Como por otra parte el Estado era consciente de la imposibilidad de conseguir suelo público, encaminaba a las corporaciones locales hacia la *constitución de su patrimonio de suelo público* para regular el precio, facilitando el acceso al mismo mediante la aprobación de los planes y proyectos que implicaban la declaración de utilidad pública a efectos de la ocupación de los terrenos, lo que facilitó enormemente las actuaciones en polígonos residenciales en los años sesenta mediante grandes expropiaciones de las que raramente se encuentra una ciudad media o grande de España en la que no haya algún ejemplo desarrollado.

Asimismo, fue la primera ley que recogió tácitamente el concepto de zonificación, al establecer zonas de distinta utilización, equipamientos y trazados, y al hablar de los distintos usos del suelo de la edificación privada. En su práctica diaria, la Ley del Suelo de 1956 consiguió además que se asimilara la normativa de «uso y volumen», que es la base del plano de zonas del urbanismo moderno que tiene sus pilares fundamentales en el concepto de *zoning* junto con el *planning* y el *housing*.

La aprobación de aquella Ley supuso también el reconocimiento en la cultura española del racionalismo del movimiento moderno, una vez pasada la etapa de posguerra propicia a los *revivals* nacionalistas y regionalistas, y, con su introducción, desapareció la calle como único conformador del espacio urbano, resultado tradicional de una elaboración en la que la suma de edificios, cada uno de ellos con una cultura y calidad, daba lugar a un espacio colectivo, para sustituirla en el concepto por la supermanzana definida en el plan por viarios de tráfico o peatonales.

Esto supuso pasar de un urbanismo de «fachadas», tan querido para Ortega y

Gasset, por otro de «volúmenes» más acorde con el higienismo racionalista, que si bien posibilitó mayor ventilación, soleamiento e higiene de las viviendas, olvidó por contra el componente social de la calle-corredor mediterránea y aun el tratamiento paisajístico y diferenciador de estos espacios colectivos. Las realizaciones en aquellas fechas de polígonos de viviendas de la Obra Sindical del Hogar en casi todas las ciudades españolas son un claro testimonio morfológico de lo anterior.

Sin embargo, la Ley del Suelo de 1956 fue coadyuvante en el proceso industrializador del país, que ya empezaba a vislumbrase en el momento de su aprobación, y apareció con toda rotundidad cuando la Ley estaba en plena vigencia, pues permitió la edificación industrial en suelos no urbanizados de reserva urbana, si bien en zonas permitidas, lo que influiría en el desarrollo anárquico de suelo industrial que alcanzó su cenit con las declaraciones de polígonos vinculados a los Polos de Promoción y Desarrollo Industrial.

Bajo estas coordenadas legales se desarrollan las ciudades españolas hasta que, tras el Plan de Estabilización de 1959, los sucesivos Planes de Desarrollo, iniciados en los años sesenta siguiendo las recomendaciones de maximización del crecimiento formuladas por el Informe del Banco Mundial, tratan de concentrar la industrialización española, directa o indirectamente, en una serie de núcleos hacia los que se dirigen los apoyos institucionales o simplemente la concesión de autorizaciones para su implantación.

Lamentablemente, los dos primeros Planes de Desarrollo no sólo no incorporaron la planificación territorial y se quedaron en lo puramente sectorial, sino que olvidaron la vivienda, dejando que ésta llevase un camino absolutamente paralelo, sin incardinar en una visión más global de lo que debía ser la planificación territorial y urbanística, aunque eso sí, surgieran iniciativas notables como la Obra Sindical del Hogar, responsable de la mayor parte de lo construido en materia social en los años cincuenta, o la ya más tardía Ley de Viviendas Protegidas.

Esta descoordinación de la planificación física con respecto a la sectorial llama más la atención cuando se leen textos firmados por Pedro Bidagor, el inspirador de la futura Ley del Suelo, en los que dice que el Plan Nacional de Ordenación no puede ser independiente del Plan Nacional de Producción y Resurgimiento, sino que ha de ser precisamente su consecuencia.

Esta primera Ley del Suelo de 1956, vigente hasta que diecinueve años más tarde, se aprueba su Reforma, sorprende, dada la época, por la amplitud de sus planteamientos, pues aun cuando en la Ley existían instrumentos legales para la expropiación por motivos de interés social —que fueron aplicados sin contemplaciones en muchos casos, puesto que no existían los costos electorales posteriores— el excesivo respeto de la Administración a la propiedad privada y la necesidad de desarrollar y aprobar planes parciales con carácter previo a la concesión de cualquier tipo de licencia, impidió la generación de suelo ofertado al mercado con la celeridad suficiente para hacer frente a la demanda creciente de espacios residenciales e industriales que por aquellas fechas se realizaba en todos los municipios españoles dinámicos, ya que es precisamente la década de los sesenta la que registra los mayores índices de crecimiento urbano de toda la historia española (cuadro 14.3 y fig. 14.2).

En un principio, la Ley se concibió con la idea de acabar con la especulación e imponer orden en el desconcierto general del urbanismo nacional, y para ello se es-

CUADRO 14.3. *Municipios y población residente en ellos (miles de habitantes) en los censos de 1960 y 1970, según su tamaño*

Tamaño municipios	N.º mun. 1960	Pob. 1960	N.º mun. 1970	Pob. 1970
10.001-20.000	254	3.410	282	3.783
20.001-50.000	108	3.027	132	3.834
50.001-10.0000	33	2.290	36	2.470
100.001-500.000	23	4.160	34	6.396
500.001 y más	3	4.322	4	6.093
Total	421	17.211	488	22.576

tableció una jerarquización que desde el Plan Nacional de Urbanismo (nunca realizado, pero en perfecta sintonía con la ideología planificadora de la primera época del gobierno de Franco) desciende a los provinciales, a los Planes Generales de Ordenación Urbana y a la desagregación de éstos en Planes Parciales. No incorpora los Planes Directores Territoriales de Coordinación que llegarán como novedad para la planificación regional en la Reforma de la Ley de 1975 y que, con el mismo nombre y contenidos, ya habían sido aplicados por el fascismo italiano un cuarto de siglo antes.

Prescindiendo del Plan Nacional, que quedó en estudios previos, y de los provinciales que no se materializaron (con las excepciones de Barcelona y Guipúzcoa) para los Planes Generales de Ordenación Urbana la Ley establecía la división de la ciudad en zonas de acuerdo con el destino que hubiera de darse a cada una; el sistema de espacios libres a mantener, crear o modificar; la situación de los elementos urbanos representativos, así como de los edificios e instalaciones de interés público; los elementos y características esenciales de la red de comunicaciones, ferrocarri-

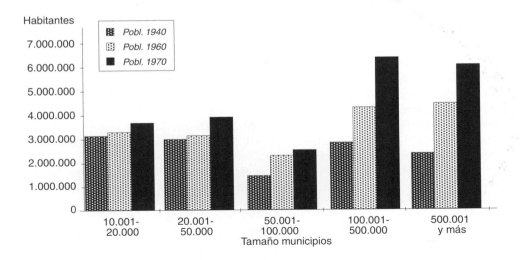

FIG. 14.2. *Población de los municipios por intervalos de número de habitantes en 1940, 1960 y 1970.*

les, caminos, etc., a conservar, modificar o crear, así como los límites del casco urbano, fuera del cual no se permitía la edificación, con las limitaciones para los usos industriales a las que se hacía referencia más arriba.

En los Planes Generales de Ordenación Urbana se clasificaba el suelo en urbano, de reserva urbana y rústico. El primero es el que daba paso a la solicitud de licencia para edificación de acuerdo con las especificaciones contenidas en los respectivos Planes Parciales, mientras que la reserva urbana indicaba ya las expectativas de crecimiento de la ciudad, haciendo incrementar el precio del suelo incluso en el caso de futuras expropiaciones, y dejando para todo el suelo rústico un volumen de edificabilidad de 0,2 m^3/m^2 siempre que se cumplieran los requisitos de parcela mínima, que además podía variar de unas provincias a otras. Esta edificabilidad generó unos derechos que fueron ampliamente utilizados en las proximidades de las ciudades para la invasión de las huertas en nombre de unos teóricos aprovechamientos rústicos que en realidad acabaron configurándose como residencias secundarias formando núcleos de población desordenados, aunque a veces de alto *standing*, a los que ya a partir de la Ley de Reforma de 1975 se intentó mejorar, pero que todavía empeoraron con figuras como huertos familiares o similares, sin que por ello se pudiera recuperar la contaminación de acuíferos que su realización generó ni las dificultades añadidas para las nuevas expansiones urbanas, entre otros efectos nada deseados.

La Ley de 1956 permitía, por otra parte, que se reclasificara suelo a partir de Planes Especiales, que aunque no fueron concebidos con esta finalidad sí se utilizaron ampliamente para ello, lo que dio lugar a numerosos abusos —las edificaciones singulares entre otros— que intentaron suprimirse en la nueva redacción de 1975, cuando los Planes Especiales quedaron para otro tipo de cuestiones sin poder modificar calificaciones.

Para los Planes Parciales el detalle de desarrollo era mayor que para los Planes Generales, puesto que recogerían ordenaciones de líneas, volúmenes y utilización de toda clase de construcciones, elementos naturales y vuelos que constituyen la parte correspondiente del conjunto urbano y debían comprender: las alineaciones, nivelaciones y carácter de las vías a conservar, modificar o crear; los recintos destinados a las diferentes clases de espacios libres; los emplazamientos reservados a edificios y servicios públicos; la delimitación perimetral de las zonas que tienen características especiales de edificación, utilización y conservación y, finalmente, las bases reglamentarias que señalen las posibilidades de utilización en cuanto a volumen, uso y condiciones estéticas y sanitarias de las edificaciones en cada una de las zonas. A diferencia de la Ley de Reforma de la del Suelo de 1975, estos Planes Parciales eran de obligada redacción incluso en el suelo clasificado como urbano donde ya existían todas las características que definen aquél.

La Ley, además de desarrollar los papeles a desempeñar por los propietarios y por la Administración, daba incluso la posibilidad, con un claro carácter aperturista por otra parte poco utilizado, de ejercitar la acción pública en un intento de significar que el urbanismo afectaba a la colectividad y concretaba también los sistemas para la ejecución del planeamiento (entre los cuales, expropiación y reparcelación), la valoración de los terrenos (con claras influencias de la Town and Country Planning Act de 1947) y se institucionalizaba la posibilidad de intervención del sector público en el mercado de solares a través de la adquisición y urbanización del suelo, lo que en la práctica venía a poner en manos de la Administración un instrumento para combatir la especulación que era el motivo originario de la Ley.

Los resultados, sin embargo, no acompañaron demasiado el carácter aperturista y avanzado para el momento social que en aquellas fechas significó la normativa aprobada. Bien pronto los suelos de reserva urbana estuvieron copados por muy pocas personas o sociedades y lo que para su funcionamiento hubiera exigido una oferta transparente y amplia de suelo para acoger las nuevas extensiones urbanas y añadirlas a los solares del centro en los que se producía la renovación, rehabilitación o nueva edificación, quedó en un control oligopolístico que se reforzó bien pronto por lo ingente de la demanda, con lo que se produjo la aparente contradicción de que muchas industrias, ante las dificultades inherentes a la aplicación del Plan de Estabilización de 1959, optaran por la reconversión de sus terrenos urbanos para la edificación residencial y crearan sus propias inmobiliarias para la construcción y promoción de viviendas, en lo que fueron los negocios más saneados de la década de los sesenta, llegando hasta el abandono de su primitiva dedicación industrial.

Con el instrumento legal aprobado, tardaron todavía algún tiempo en dejarse ver los efectos de la normativa en el planeamiento urbano y ello se debió, además de a lo anteriormente apuntado, a la propia lentitud que la confección de los planes exigía, puesto que la recopilación de información, las sucesivas exposiciones, el detalle requerido por el Plan Parcial, la tramitación en suma, llevaban varios años hasta su aprobación final, y como esto sucedía coincidiendo con el momento de mayor avalancha de población hacia las ciudades, las poblaciones quedaban automáticamente desbordadas por los edificios residenciales o industriales antes de que se aprobaran los planes y, por supuesto, mucho antes de que ejecutaran las obras de viales, encintado de aceras, saneamiento, traída de aguas y suministro eléctrico, o de que los equipamientos escolares y de todo tipo llegasen a concretarse. No era raro, por tanto, ver edificaciones en pleno campo esperando una urbanización que llegaba con frecuencia varios años más tarde, pero cada ayuntamiento debía enfrentarse a la responsabilidad de facilitar vivienda para los recién llegados con prioridad a cualquier planteamiento, incluso legal, de la situación.

No obstante sus problemas, contemplados sus resultados con una cierta perspectiva, puede decirse que los polígonos residenciales tanto de la Obra Sindical del Hogar como del Instituto Nacional de la Vivienda tuvieron la virtud de dar alojamiento adecuado a las posibilidades económicas de la población demandante. Sin embargo, las aportaciones de la empresa privada estuvieron marcadas, con muy pocas excepciones, por planteamientos especulativos a ultranza con un tratamiento decimonónico del concepto de vivienda.

Era un caldo de cultivo apropiado para que se construyera y vendiera cualquier cosa, y de esta época derivan buena parte de los problemas que el urbanismo español posterior arrastra, puesto que con frecuencia en la edificación privada ni se dejaron espacios reservados para equipamientos, zonas verdes, etc., ni se pidieron unas calidades mínimas en lo construido, puesto que los demandantes, recién llegados del medio rural, con escasa capacidad adquisitiva y en una sociedad no demasiado acostumbrada a exigir, se conformaron con cualquier tipología de viviendas, por lo que proliferaron las de menos de 60 m^2 construidos, que muchas veces ni siquiera alcanzaban los 2,70 de altura entre forjados, para poder meter mayores volúmenes y densidades.

Un acertado esquema de lo que los Planes Generales de Ordenación Urbana tramitados de acuerdo con la Ley de 1956 propugnaban, y lo que efectivamente resultó, lo realizó Fernando de Terán (fig. 14.3).

Por su parte, el recién creado Ministerio de la Vivienda (1957) intentaba entrar en el mercado con una oferta de vivienda social, para lo cual la primera condición era disponer de suelo urbanizado en el menor plazo de tiempo posible. Esto llevó a una situación en la que, antes o por encima del correspondiente Plan General y por supuesto antes de la aprobación del Plan Parcial, el propio Ministerio, de acuerdo con la Ley 52/1963 de 21 de julio sobre Valoración de Terrenos Sujetos a Expropiación en Ejecución de los Planes de Vivienda y Urbanismo establecía que el gobierno, por decreto, podría acordar la delimitación de polígonos de actuación, existieran o no confeccionados y aprobados los respectivos planes de actuación urbana, lo que le permitía actuar sobre el mercado de la vivienda con actuaciones puntuales que no

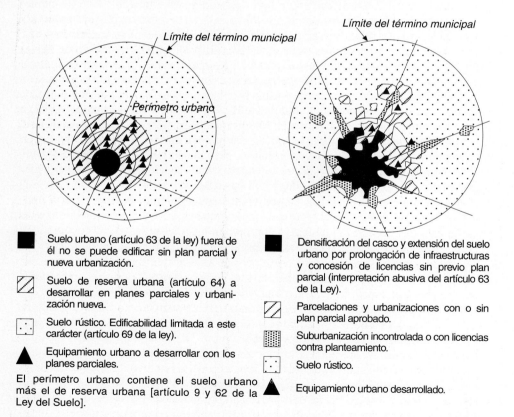

FIG. 14.3. *Diagrama explicativo del papel del planeamiento según la Ley del Suelo.* Fuente: Terán, F., 1978.

consideraban su inserción en el conjunto urbano, por lo que, aunque algunas de ellas tuvieran alguna calidad urbanística y constructiva *per se,* al no integrarse armónicamente en el tejido de la ciudad acababan generando problemas añadidos, sobre todo si se tiene en cuenta que los escasos recursos disponibles para equipamientos e infraestructuras se dedicaban con prioridad a la generación de todo aquello que pudiera favorecer las implantaciones industriales antes que a solucionar lo que era su consecuencia: las nuevas zonas residenciales para los obreros y sus familias.

Sin embargo, el análisis global, dentro del contexto económico y social de la época, y salvando las distancias, tuvo socialmente más envergadura y calidad que lo que en los años ochenta se ha realizado, puesto que aunque se dejan mayores superficies para equipamientos, esto es a costa de mayores densificaciones que las tradicionales actuaciones de los últimos años cincuenta y de los sesenta.

Era también en cierta forma una muestra de la desconfianza que desde el propio Ministerio se tenía acerca de las posibilidades de gestión municipal, pues aun cuando la centralización de los planes exigía una cierta dependencia de Madrid, donde desde el Ministerio se trataba de enseñar urbanismo, no se confiaba demasiado tampoco en su capacidad de convicción respecto de los municipios, puesto que la política de éstos era muchas veces la de los hechos consumados.

Por otra parte, como la celeridad del trasvase campo-ciudad seguía en toda su intensidad y no se podía esperar a la aprobación definitiva del planeamiento y a la ejecución de las obras de urbanización, desde el propio ministerio se dictó en 1970 el Decreto Ley sobre Actuaciones Urbanísticas Urgentes para algunas de las grandes ciudades españolas. Así nacieron Tres Cantos en Madrid, con una superficie de 1.690 ha y una capacidad para una población de 144.000 habitantes; Riera de Caldes en Barcelona con 1.472 ha y 132.700 habitantes; Sabadell-Terrassa, sobre 1.675 ha; Martorell, sobre 1.861 ha; Vilanova en Valencia, sobre 1.330 ha; La Cartuja en Sevilla, donde 887 ha resultaban afectadas; Puente de Santiago en Zaragoza, con capacidad para casi 100.000 habitantes, y Río de San Pedro en Cádiz, con 1.543 ha y 141.000 habitantes. Como puede comprobarse, en todos los casos las cifras señalan la posibilidad de una cierta autosuficiencia de escala que permitiera la deseada polinucleización, como una forma de luchar contra el crecimiento en mancha de aceite a que la aplicación de los Planes Generales elaborados de acuerdo con la Ley del Suelo de 1956 estaba dando lugar, aunque su intención fuera justamente la contraria al estar inspirada en buena medida en la política inglesa de creación de nuevas ciudades.

En las grandes metrópolis se cebaban por aquellas fechas los mayores caudales migratorios y la problemática desbordaba ampliamente los niveles municipales y sus propias capacidades de control de la situación. Esto dio lugar, entre otros problemas, a la proliferación de barrios de chabolas construidas en menos de una noche, el tiempo suficiente para cerrarlas, ponerles un techo e introducir algún mueble para que adquirieran el carácter de vivienda y no fuera posible el desalojo o derribo inmediatos, que después ha costado decenios erradicar.

Con la idea de paliar al menos la situación se arbitraron Planes de Urgencia Social, ya que, como comentaba el entonces ministro Arrese, «si no paramos rápidamente, aunque sea de un modo artificioso y provisional, este tremendo éxodo campesino, habremos arruinado el campo; pero además esta ruina no habrá servido para solucionar ningún problema, sino para crear en todas las ciudades un cinturón que asfixiará toda futura solución urbanística».

Esta idea de asfixia, de evitar a todo trance el crecimiento en mancha de aceite y de nuclear en lo posible la expansión urbana mediante la creación de nuevos centros que se había recogido en el preámbulo de la ley para evitar otros problemas de tipo político, llevará a tomar algunas medidas específicas para Madrid y Barcelona, como la creación de los denominados Polígonos de Descongestión de Madrid (1959) siguiendo las principales vías radiales que conectan el resto de España con Madrid, pero apoyados en núcleos de tamaño intermedio como Aranda de Duero, Guadalajara, Toledo, Alcázar de San Juan y Manzanares.

Esta misma idea, que ya se proponía en las ciudades-jardín inglesas, es la que, a otra escala, llevará también a que la práctica totalidad de los planes de la época contemplasen, en el entorno urbano, una amplia banda de protección rústica o vegetal atravesada por las carreteras de salida, que sin embargo quedó la mayor parte de las veces en el papel y posteriormente tan sólo han servido como espacio no edificado a través del cual se han desarrollado vías perimetrales de tal suerte que el crecimiento urbano ha ido realizándose en anillos concéntricos de densidad creciente cada vez que se atraviesa una de estas vías de circunvalación.

A lo más quedaban algunos espacios verdes, resto de la primitiva idea de protección, y haría falta esperar hasta la posterior elevación del nivel de vida y difusión de la idea de ciudad dispersa, con la demanda de vivienda familiar de planta baja o planta baja y una, adosada, semiadosada o exenta, para que se hiciera hueco en la mentalidad de las gentes la idea de contacto con la naturaleza, de introducción del espacio verde en la ciudad, y se empezara a pensar, desde la demanda, en la conveniencia de esta tipología urbana. Pero hasta ese momento, el perfil de densidades de la práctica totalidad de las ciudades españolas, lejos de repetir el modelo de Clark en el que aquellas descienden desde el centro a la periferia, ofrecieron un perfil siempre creciente hacia el exterior con la particularidad de que cada incremento de pendiente coincidió siempre con alguna de las primitivas barreras a la edificación, llámese esta barrera bien trinchera de ferrocarril, posteriormente cubierto o desviado, o simplemente una arteria urbana.

De hecho, la política oficial del momento era la de acoger el aluvión poblacional a un coste asequible, y se concretó en el Plan Nacional de la Vivienda de 1961. Éste se planteaba densidades de quinientos habitantes por hectárea, extendiendo esta filosofía a la definición de las «unidades urbanas de vecindad» formadas, de menor a mayor, por el «núcleo residencial», de unos 5.000 habitantes en una superficie de unas 10 ha; con cuatro de ellos se configuraba la «unidad de barrio» y con cinco de estas últimas la denominada «unidad de distrito» de unos 100.000 habitantes sobre una superficie total del orden de unas 250 ha.

Con este tipo de densidades medias, era difícil la obtención de espacios verdes a menos que se recurriera a la concentración edificatoria en altura, y lo que es más grave, se generaron unas expectativas de aprovechamiento que después vendrían a pesar como losas en la concreción de los planes parciales posteriores, pues el planteamiento de reducciones de derechos adquiridos o bien ha acabado en los tribunales o bien ni siquiera se ha llegado a formular seriamente por el coste político que, ya en la etapa democrática, hubiera tenido para la corporación proponente. Con todo, baste como referencia recordar que la Ley del Suelo de 1975 estableció como tope la cifra de 75 viviendas/ha, muy lejana por todos los conceptos de los 500 hab./ha de referencia anterior.

En los cascos tan sólo quedaron las generaciones de adultos que posteriormente han dado lugar a sus elevados índices de envejecimiento, o los que carecían de posibilidades económicas. A ellos se unieron otro tipo de clases foráneas, progresivamente más bajas y no vinculadas al sector, que muchas veces fueron reocupando las viviendas que iban quedando libres, propiciando el desarrollo de un proceso de invasión-sucesión que ha desembocado en las situaciones de abandono e inseguridad que años más tarde iban a tener muchos de los centros históricos de nuestras ciudades. Este proceso de degradación frecuentemente fue estimulado, además, por los propietarios de viviendas con inquilinos acogidos a la Ley de Arrendamientos Urbanos, que por una parte impedían la actualización de alquileres, pero por otra dejaban en manos del propietario todas las responsabilidades de conservación, lo que era totalmente irrentable, por lo que muchas veces buscaban el desalojo de los inquilinos mediante la declaración de ruina total del inmueble, a lo que contribuía bastante facilitar el acceso de actividades o personas de baja extracción económica y cultural. Como, por otra parte, los recursos públicos debían dirigirse casi exclusivamente a los espacios en nueva creación, con unas declaraciones de interés histórico que no encontraban paralelo en las ayudas económicas o fiscales pero que ponían cortapisas a la privada, el deterioro de los cascos se aceleró durante esta etapa y se agravó en la década de los ochenta pese a las posibilidades que la crisis económica daba para la intervención de los oficios y el empleo de mano de obra en la rehabilitación urbana.

Se había perdido la gran oportunidad de rehabilitar los centros históricos que tan maravillosamente supo aprovechar la Europa comunitaria, aunque no faltan casos de una adecuada rehabilitación, Vitoria, entre ellos, pese a que en toda España, en los años sesenta y primeros setenta, se vivieron momentos de tensión alentados por ciertas posibilidades de cambio político, que acabaron generando actitudes públicas de protección y conservación de ciudades que lo merecían, posiblemente como una reacción al desarrollismo desaforado de la época y a la repetición de los mecanismos de apropiación de plusvalías urbanas derivadas de la destrucción-construcción del tejido urbano. Como indica López Jaén, las consecuencias del desarrollismo fueron más destructivas que las de los procesos bélicos.

Los Polos finalmente resultaron, pues, un nuevo pie forzado que llevó a una revisión obligada de los sucesivos Planes Generales de Ordenación Urbana redactados de acuerdo con la normativa de 1956 que, como consecuencia de la escasez de medios para creación de infraestructuras, habían debido concretarse en un núcleo central con sus ensanches y extensiones periféricas que consolidaban el modelo radioconcéntrico, o semirradioconcéntrico, sin llegar a la deseada nucleación diferenciada que propiciara la homogeneización de oportunidades para el territorio, mientras que los Polos habían añadido grandes extensiones industriales paralelas a las infraestructuras radiales. Por eso, en la casi totalidad de los municipios españoles de tamaño medio se tuvieron que sacar los equipamientos hacia el exterior de la ciudad porque el volumen edificable en el centro ya había sido rebasado ampliamente y no había capacidad económica, ni muchas veces voluntad de hacerlo, para la compensación sustitutoria.

Esta revisión fue preciso realizarla también con cierta urgencia por la necesaria adaptación a la Reforma de la Ley del Suelo aprobada en mayo de 1975, aunque fundamentalmente la razón última y principal estuvo en la dinámica del propio cre-

rantizar accesibilidad, depuración, etc. Era la época desarrollista cuya filosofía todavía se prolongaba en núcleos pequeños, durante los años setenta y aun más tarde.

Sin embargo, si éstas eran las proyecciones matemáticas con las que se trabajaba en los estudios de arquitectura y aun en las propias instancias oficiales encargadas de la elaboración de la Ley de Reforma, la realidad de la economía mundial, junto con la propia estructura y distribución de la población española, iban ya por otros derroteros.

Internacionalmente, la crisis económica sacudía el mundo occidental. Se había acabado el petróleo barato y la industrialización debía encarrilarse para minimizar costes innecesarios, mientras que desde el campo de las nuevas tecnologías se apuntaba a una reducción de los puestos de trabajo en el tipo de empresa en que se había cimentado la industrialización española de los años anteriores. En consecuencia, empiezan los problemas de cierre o reconversión de numerosas empresas localizadas mayoritariamente en espacios urbanos, y muchas veces esto da lugar a reconversiones y a que el urbanismo sea utilizado por las empresas como arma de compensación frente a la amenaza de cierre o supresión de puestos de trabajo.

En este primer momento todavía no habían llegado al mercado laboral las potentes promociones de jóvenes nacidas en los años sesenta, la época del *baby boom* español, lo que iba a agravar todavía más la situación laboral urbana de los años ochenta, pero se consolidan dos fenómenos demográficos que vienen a coincidir en el tiempo: la *disminución del ritmo de trasvase campo-ciudad* por el agotamiento biológico al que habían llegado los núcleos rurales como consecuencia de la emigración sostenida durante los años anteriores, y la *modificación de las pautas demográficas* que reducen en pocos años la natalidad a valores casi mitad de los existentes en el período anterior. Todo ello en conjunto generó una menor demanda residencial, pero había una inercia en los estudios justificativos de los planes de los municipios pequeños hacia la prolongación de la situación anterior para evitar verse cogidos por la falta de suelo calificado con el riesgo cierto de especulación, y se prefirió cargar con las consecuencias de urbanización y mantenimiento de un espacio urbano en proporciones superiores a lo necesario. En consecuencia, se sobredimensionó en todos los órdenes y esto se hace de acuerdo ya con la nueva normativa de 1975 que establece diferenciaciones entre suelo urbano, urbanizable (programado y no programado) y suelo no urbanizable, que aunque algunos —en una traducción rápida— han asimilado al anterior rústico, presentaba disimilitudes importantes, entre ellas la supresión de la edificabilidad de 0,2 m^3/m^2 que aquél otorgaba con carácter general.

La nueva ley mantuvo la figura del Plan Nacional de Ordenación, del que volvieron a realizarse estudios previos, más para intentar una conexión con la carencia de preocupación territorial que habían mostrado los dos primeros planes de desarrollo, que por una idea efectiva de llevarlo a cabo. De hecho, desde la propia Comisaría del Plan se dieron cuenta de la necesidad de incorporar al Tercer plan la vertiente territorial, intentando conectar con el hecho regional que ya apuntaba sus inquietudes en los esbozos de lo que más tarde cristalizaría en la Asociación Española de Ciencia Regional. Con tal fin surgían los Planes Directores Territoriales de Coordinación (había desaparecido la figura de los Planes Provinciales) y de ellos deberían desprenderse, manteniendo siempre la filosofía de la planificación en cascada, los Planes Generales de Ordenación Urbana.

En otro orden menor, las Normas Subsidiarias y/o Complementarias de Planeamiento, de ámbito Provincial, Comarcal o Local, y los Proyectos de Delimitación de Suelo Urbano, podían dar salida como instrumentos legales a las necesidades de pequeños o medianos municipios, mientras que la figura de los Planes Especiales permitía la intervención en órdenes diversos del planeamiento urbano que llevaban desde los famosos Planes Especiales de Reforma Interior (PERI), hasta su utilización para los Planes Especiales de Protección del Medio Físico o los más sencillos de protección de un alero o un ejemplar de árbol en peligro. Las Normas Subsidiarias o Complementarias de ámbito provincial, realizadas para la mayor parte de las provincias españolas con una sospechosa coincidencia de apartados, más que introducirse por el camino positivo, fueron en la línea de la prohibición y, en consecuencia, apenas modificaron los PGOU.

En este contexto inicia su andadura la nueva Ley del Suelo, en paralelo casi con los inicios del sistema democrático tras la muerte del general Franco en noviembre de 1975, coincidiendo con el inicio de la crisis económica mundial, de la reducción del crecimiento vegetativo en todo el país, de incorporación al mercado del trabajo de generaciones muy potentes, de destrucción de empleo urbano, de minimización de los trasvases campo-ciudad por el propio agotamiento biológico de sus estructuras poblacionales unido a la falta de empleo, y con una reducción de la propia movilidad urbana por el encarecimiento del combustible, lo que en ocasiones acaba generando una mayor presión momentánea sobre los centros urbanos en una fase que algunos han calificado como de reurbanización.

7. La evolución de las ciudades españolas en la época de crisis: la demanda de calidad en el urbanismo

La crisis económica que en España se acompaña con la de la transición democrática, y poco más tarde con la aparición en el mercado de trabajo de unas generaciones potentes a las que no existe posibilidad de dar trabajo, repercute también en el urbanismo. Podrían establecerse múltiples matices entre las diferentes ciudades españolas, pero posiblemente la mejor forma de abordar su descripción sea diferenciando tamaños de ciudades de acuerdo con el cuadro 14.4, ya que en cada uno de estos grupos de ciudades la problemática presenta muchos elementos en común en el conjunto español.

Como puede verse en el cuadro 14.4, cuya explicación detallada se da en el capítulo referido al poblamiento urbano, se observa como una misma situación socioeconómica general del país repercute de diferentes formas según sea el tamaño de la ciudad. En general, puede afirmarse que los modelos radioconcéntricos propiciados por la interpretación del planeamiento realizada en los años sesenta y setenta, acompañada de aquellas avalanchas masivas de población hacia la ciudad, han dado como resultado un macizamiento del espacio urbano edificado, que si bien ha ido mostrando densidades superiores en las orlas adosadas al espacio ya consolidado —siendo estas densidades progresivamente crecientes hasta la época de los ochenta, con apófisis de estas orlas trasmitidos cual si de isócronas se tratase hacia las salidas urbanas— han dado como resultado una degradación por necrosis de los centros más antiguos en proporción al tamaño de las metrópolis. En estas últimas, la presión ejercida sobre unas superficies limitadas (viarios fundamentalmente) por unos volúmenes crecientes ha originado la necesidad de buscar, bien crecimientos multipolares, bien salidas hacia el exterior de los grupos con mayor capacidad económica, bien ambas a la vez, pero con el resultado final de una degradación de los centros cuando no se ha producido una terciarización excesiva de los mismos con la aparición del fenómeno de *city* (vaciado residencial y poblacional nocturno) que acaba siendo el paso previo para la aparición de ciertos caracteres de *slum*. Esta transición registra varias fases que pueden culminar en una revitalización tras pasar por las horcas caudinas de la casi absoluta destrucción.

Los ejemplos en las ciudades españolas muestran bien las diferentes fases del mismo y, desde luego, no ha sido ajena esta evolución a la voluntad y acierto intervencionista de las corporaciones respectivas, pues desde ejemplos como el de Vitoria o Girona (donde no solamente se ha puesto el énfasis en la parte visible del fenómeno sino que se ha entrado en las cuestiones sociales que su modificación planteaba, con atención a ancianos, grupos marginales, y buscando la permanencia de los residentes), hasta el abandono total del problema, hay toda una serie de posiciones intermedias que en términos generales se han caracterizado por el desinterés de la iniciativa privada unido a unos planteamientos urbanísticos duros por parte de las corporaciones, que han realizado actuaciones de tipo excesivamente emblemático en plazas y viario.

Se buscaba con ello, en el período de tiempo que media entre elecciones, mostrar las realizaciones, mientras, en general, se ha abandonado la planificación a largo plazo y los resultados finales, ni concuerdan en absoluto con la imagen tradicional de la ciudad, ni se han adaptado a la funcionalidad de la misma apartando el tratamiento vegetal de cualquier tipo de composición, ni siquiera han aportado nada a medio plazo para la resolución de las cuestiones sociales prioritarias, con el agravante de que los dineros alegremente gastados en lo superfluo se han restado de actuaciones en lo necesario. El caso de Zaragoza con su Plaza de las Catedrales es paradigmático de lo que nunca se debiera haber hecho.

Junto a esta degradación de los centros a la que se ha intentado responder con actuaciones más o menos afortunadas, realizadas coincidiendo con la etapa de crisis económica, la salida de la crisis ha planteado nuevas demandas de espacio urbano no tanto por el crecimiento demográfico que, como ya se ha indicado, permanece estancado, e incluso denunciándose pérdidas poblacionales en los grandes municipios y siempre en los espacios centrales de grandes aglomeraciones, como puede verse en el mapa de variaciones de potencial poblacional de España 1970-1991. El incremento de la demanda de calidad de vida en general ha ido acompañado en el urbanismo por la demanda de viviendas unifamiliares que rompiesen la idea brutalista de ciudad nacida en los años sesenta y setenta por la trasposición a los nuevos polígonos residenciales de las ideas racionalistas de concentración de los volúmenes en grandes bloques laminares en altura, con escaso cuidado paisajístico y ambiental, rompiendo con el sentido y la forma tradicionales de la ciudad mediterránea.

Por otra parte, la inhabitabilidad de las grandes urbes, con sus barrios dormitorio, ha llevado a la fuerte demanda de viviendas unifamiliares o de zonas residenciales que en un principio se plantean como segunda residencia y fuera de los grandes núcleos urbanos, pero que, ante problemas como la inseguridad, han ido evolucionando hacia planteamientos con menor superficie de zona verde, pero más próximos al conjunto edificado y posibilidad de utilización como primera residencia. Esto ha dado lugar a las viviendas unifamiliares adosadas, semiadosadas y raramente exentas, que no aportan demasiado al contacto con la naturaleza, pero que dejan abierta la posibilidad de unos pocos metros cuadrados de jardín sin renunciar a las ventajas del transporte público o la accesibilidad al centro.

Con ello se ha conseguido extender la superficie efectivamente ocupada por la ciudad en una proporción superior incluso a lo acaecido en los años sesenta cuando se produjeron los mayores incrementos migratorios, lo que ha planteado otra serie de problemas añadidos como son su elevado coste de mantenimiento a nivel colectivo (mayor superficie de viarios, alcantarillado, traída de aguas) y particular (calefacción, desplazamientos, etc.) o el de la inseguridad.

Pero siendo ésta la demanda más espectacular de las aparecidas en la última década, las mayores necesidades urbanas no se dan en la necesidad de expansión del plano urbano para provisión de estas viviendas unifamiliares que están dirigidas a clases medias o medias altas, sino en la falta de oferta de vivienda modesta, pero digna, y tanto en régimen de alquiler como para compra, o en la atención al alojamiento de nuevos colectivos de jóvenes emancipados, etc., y todo ello además en un contexto urbano en el que, como puede verse en el cuadro 14.5 referido a 1991, había en todas las capitales de provincia un importante porcentaje de viviendas desocupadas que oscilaban desde valores próximos al 20 % del total de viviendas en Lugo, Tarragona, Girona, explicables parcialmente, bien por emigración, bien por connotaciones turísticas, hasta valores del orden del 7 % en San Sebastián o Cádiz, siendo los valores más frecuentes del orden del 12-15 %, que significa al menos una vivienda desocupada por cada 8 habitables (cuadro 14.5 y fig. 14.4). Sin embargo, sigue habiendo problema de vivienda para muchas familias, y el precio del metro cuadrado edificado, aun en su calidad mas modesta, está en una relación de al menos dos meses de salario mínimo interprofesional, a lo que debería añadirse la repercusión del suelo.

La explicación probablemente deba buscarse en la tradición secular de encarecimiento continuado de la vivienda, que la ha convertido en un valor de inversión para muchas familias, por lo que junto a las limitaciones impuestas por la Ley de Arrendamientos, muchos propietarios prefieren tener los pisos vacíos antes de arriesgarse a un hipotético arrendamiento de consecuencias no siempre previsibles, con lo que se da la paradoja de existir exceso de vivienda, que sin embargo no basta para satisfacer las necesidades reales de alojamiento de muchos colectivos, por lo que todavía es dado contemplar no sólo el hacinamiento en algunas viviendas de los viejos cascos, sino incluso chabolismo, junto a muchos problemas no resueltos de familias modestas o de colectivos de jóvenes, etc., con problemas de alojamiento.

Por otra parte, como puede comprobarse en el mismo cuadro, el número medio de ocupantes por vivienda principal ha descendido sensiblemente. La capital con un índice más elevado, Las Palmas, pese a su problema tradicional de chabolismo, no llegada a 4 hab./vivienda (3,74) y hay muchas capitales, generalmente las más populosas, donde no se alcanza el valor 3, posiblemente como consecuencia del vaciado de los centros urbanos en favor de las áreas metropolitanas respectivas hacia donde se dirigen los jóvenes matrimonios, con los añadidos de incremento de hogares monoparentales, divorcios, emancipaciones, mayor carestía del precio del suelo por la competencia de otros usos, etc.

CUADRO 14.5. *Censo de viviendas 1991. Capitales de provincia*

Capitales	% viv. principal	% viv. secundaria	% viv. desocupada	Hab./viv. principal
Vitoria	83,64	2,95	13,41	3,31
Albacete	79,13	5,09	15,78	3,52
Alicante	63,60	24,97	11,43	3,18
Almería	73,09	14,00	12,92	3,28
Ávila	76,14	9,28	14,58	3,40
Badajoz	79,40	8,68	11,92	3,61
Palma de Mallorca	77,96	7,44	14,60	3,00
Barcelona	86,14	3,59	10,27	2,75
Burgos	80,29	5,19	14,52	3,35
Cáceres	75,56	10,01	14,43	3,43
Cádiz	85,25	6,72	8,04	3,61
Castellón	71,37	12,29	16,34	3,20
Ciudad Real	77,13	7,71	15,17	3,48
Córdoba	80,31	7,01	12,68	3,53
Coruña	82,07	3,60	14,34	3,13
Cuenca	81,35	12,38	6,28	3,25
Girona	77,88	3,54	18,58	3,02
Granada	80,33	8,47	11,20	3,04
Guadalajara	85,49	6,15	8,37	3,38
San Sebastián	86,60	6,61	6,79	3,03
Huelva	82,67	2,94	14,39	3,66
Huesca	77,01	8,49	14,50	3,20
Jaén	78,45	9,20	12,35	3,48
León	84,19	2,60	13,21	3,20
Lleida	79,28	8,06	12,67	3,14
Logroño	79,02	8,11	12,87	3,13
Lugo	73,27	7,26	19,47	3,13
Madrid	86,82	3,13	10,05	2,94
Málaga	84,32	5,80	9,88	3,38
Murcia	77,49	6,92	15,59	3,49
Pamplona	87,94	3,73	8,33	3,16
Orense	70,49	9,55	19,96	3,04
Oviedo	83,78	5,37	10,85	3,03
Palencia	81,25	7,90	10,85	3,40
Palmas, Las	78,92	5,32	15,77	3,74
Pontevedra	82,69	5,80	11,51	3,62
Salamanca	79,17	11,43	9,40	3,26
Santa Cruz de Tenerife	84,28	2,06	13,66	3,43
Santander	81,92	7,46	10,61	3,23
Segovia	78,32	6,61	15,08	3,28
Sevilla	83,85	3,65	12,50	3,34
Soria	66,40	15,44	18,16	3,16
Tarragona	74,98	5,53	19,49	3,21
Teruel	72,17	11,30	16,53	3,28
Toledo	79,73	4,35	15,93	3,40
Valencia	77,97	6,78	15,26	2,97
Valladolid	83,85	5,19	10,96	3,39
Bilbao	86,58	1,14	12,28	3,16
Zamora	76,34	8,86	14,80	3,19
Zaragoza	84,23	3,66	12,11	2,90
Total	82,38	5,58	12,04	3,11

Fuente: INE, Censo de Población y Viviendas 1991.

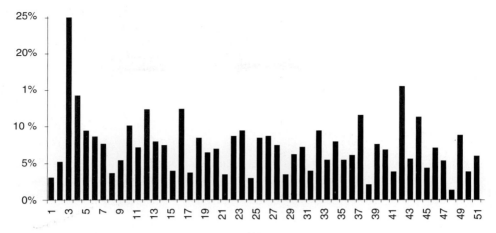

Fig. 14.4. *Porcentaje de viviendas secundarias en capitales de provincia españolas respecto al total de viviendas (1991).*

Algo parecido ha venido sucediendo con la industria. De las primeras factorías con una escasa utilización de metros cuadrados por puesto de trabajo se ha ido pasando, con la automatización de los procesos productivos, a un consumo creciente de espacio industrial paralelo a la multiplicación de otras dependencias exteriores, como la servidumbre del transporte o los accesos, aunque en contrapartida, las nuevas tecnologías hayan permitido una separación creciente del proceso productivo en sí, respecto de la gestión empresarial y el diseño, que han podido perfectamente integrarse en espacios diferenciados respecto de la factoría.

No sucedía así en la etapa de la industrialización subsiguiente al Plan de Estabilización, y las empresas tuvieron que abandonar los centros de las ciudades o los espacios colindantes donde el crecimiento de la ciudad demandaba accesos o espacios residenciales, y ello dio lugar a la creación de polígonos industriales exteriores, unas veces planificados *ex novo*, pero las más siguiendo los grandes ejes de circulación.

Por otra parte, la industria tradicional, emplazada en el interior del tejido urbano, ha ido adquiriendo con el tiempo una mayor componente de potencia instalada y tecnologías no siempre respetuosas con el medio ambiente, por lo que con cierta frecuencia han tenido que buscar emplazamientos alternativos fuera de la ciudad, pero negociando con la administración recalificaciones que supusieran el paso de los terrenos a residencial de elevada densidad, o bien hacia centros comerciales y cívicos, so pretexto de interés social, cuando en realidad eran instalaciones absolutamente obsoletas y sobradamente amortizadas. Antiguas instalaciones portuarias y ferroviarias entran también de lleno junto a las reconversiones procedentes de la primera industrialización, y aquí las empresas que han favorecido la especulación han sido muchas veces estatales o paraestatales, por lo que las posibilidades que su localización central podría haber ofrecido para generar nuevos equipamientos o zonas verdes han sido desoídas.

Por otra parte, si ésta es la panorámica de localización de las pequeñas o medianas industrias, en el caso de las grandes bien puede decirse que el urbanismo y la ordenación del territorio se han sometido a las condiciones impuestas por ellas, habiéndoseles facilitado muchas veces hasta las infraestructuras necesarias para su implantación de acuerdo con sus propios diseños, si bien los emplazamientos propuestos, aun obligando a pivotar sobre ellos el conjunto de la planificación, siempre han entrado dentro de unas lógicas aceptables y asumibles.

8. Las políticas asistenciales de la ciudad

Como se acaba de explicar, las ciudades españolas han crecido de una forma espectacular y no sólo cuantitativa y cualitativamente, sino también en el espacio. Ello ha dado como resultado un cambio en la concepción de los problemas que a veces ha significado variación en la escala (de ciudades mononucleares se ha pasado a ciudades policéntricas y a distribuciones diferenciadas de lo preexistente), y a veces han significado una traslación temporal del problema en los diferentes espacios de tal forma que cuando los espacios físicos contenedores de los diferentes equipamientos han llegado a plasmarse (y esto se ha realizado generalmente con bastante retraso por la prioridad concedida primero al desarrollo, más tarde a la vivienda y zonas industriales y finalmente a los equipamientos), los problemas que han venido a resolver no eran aquellos para los que en teoría se habían concebido porque donde en los años sesenta hacían falta escuelas para acoger a los hijos de las familias inmigrantes de entre 30 y 40 años que llegaban con niños pequeños, pronto hicieron falta institutos y ahora las necesidades van en la línea de centros geriátricos para acoger a los ya jubilados.

Esto es así por la mayor esperanza de vida de la población unida a la simplificación de la unidad familiar que anteriormente tenía una componente extensa (abuelos, padres, hijos, eventualmente tíos solteros) y que ahora ha quedado más especializada, por lo que se impone la migración de los más jóvenes o emancipados hacia espacios de la ciudad acordes con sus posibilidades y su posicionamiento en el ciclo de vida familiar, ya que una de las características que ha traído la zonificación urbana, y sobre todo la edificación de la ciudad por grandes conjuntos, ha sido la asignación espontánea a cada una de estas unidades de colectivos que se autodiscriminan de acuerdo con los criterios anteriores, puesto que la sociedad plural que cada edificio albergaba hasta los años cincuenta (donde incluso el piso en que se vivía con sus diferencias entre principal, entresuelo, buhardilla, etc., marcaba diferencias de *status*) se ha roto con la velocidad del cambio y el *zoning*.

Sin embargo, otra de las características esenciales de la ciudad moderna es el incremento de las posibilidades de movilidad de la población. Los medios colectivos de transporte, y la popularización del automóvil, han significado una valoración diferente del espacio que ha posibilitado una reutilización de los equipamientos colectivos aunque no hubiera una proximidad inmediata al usuario potencial que, como ya se ha visto, fue un objetivo en cierta forma imposible por las prioridades de construcción y la misma velocidad del cambio urbano, sin que se acertara tampoco a una redefinición polivalente de lo construido de tal forma que las escuelas con equipamientos deportivos pudieran ser por las tardes club social para familias, jóvenes o ancianos y cumplir los fines de semana otro cometido complementario.

En estas condiciones, el macizamiento de los centros consolidados trajo como consecuencia la expulsión hacia las periferias de aquellos equipamientos que no tuvieron espacio físico para su ubicación, y el resultado final ha venido marcando orlas de equipamientos escolares, sanitarios e incluso administrativos en torno a las carreteras de salida de la ciudad o en las sucesivas circunvalaciones, en espacios dotados de las mejores accesibilidades en tiempo, con independencia de la distancia física, con la peculiaridad de que la propia dinámica de revalorización del suelo ha ido propiciando una sucesiva sustitución de usos que han ido incrementando más y más la dependencia del automóvil aun para colectivos dependientes como pueden ser los niños, jóvenes o ancianos, con lo que la calidad de vida se ha resentido.

El comercio también ha experimentado una transformación paralela. La sustitución de la tienda de la esquina tradicional primero por el mercadillo de barrio y más tarde por los grandes almacenes e hipermercados apoyados en las grandes vías de comunicación, ha pasado ya a ser el hecho dominante en la captación de la mayor parte de las compras realizadas, como el gran hospital ha tratado de sustituir a la clínica y al ambulatorio de tipo medio, para al final retornar, en la medida de lo posible, al acercamiento del servicio al usuario como una forma de conseguir una calidad de vida que en la gran ciudad obliga al ciudadano a dejar cada vez más tiempo de su vida en los desplazamientos. Pero en esta línea de búsqueda de accesibilidades, al igual que sucede con la industria, se debe ir necesariamente a planificaciones de ámbito más amplio que las del urbanismo. Hay que entrar en la ordenación territorial para englobar a la vez diferentes municipios dentro de una línea común o por el contrario, al ampliarse los espacios susceptibles de uso como consecuencia de la popularización del automóvil primero, y de las nuevas tecnologías después, muchos ayuntamientos pueden llevar una política desglosada de los vecinos que sin embargo compromete la viabilidad y eficacia del planeamiento en general, aunque en algunos casos, el tratamiento conjunto de los problemas es beneficioso para todos, puesto que pueden aprovechar economías de escala. La depuración de las aguas o el tratamiento de basuras pueden ser ejemplos de lo que en la realidad está sucediendo y que lleva camino de consolidación.

En esta misma línea de cambio, el urbanismo más desarrollado ha debido también adaptarse a las nuevas situaciones y aprovechar las mutaciones de uso que se han producido en el centro de la ciudad para la reutilización de los espacios y «contenedores» correspondientes a antiguos edificios públicos que han buscado nuevos emplazamientos. En estos casos, la rehabilitación para reutilización de los mismos ha sido una práctica usual y así ha sucedido con buena parte de los antiguos conventos, cuarteles, palacios, seminarios, etc., que frecuentemente están acogiendo equipamientos no sólo de nivel local, sino con frecuencia comarcal o regional. Cada vez más, ordenación del territorio y urbanismo deben ir de consumo.

Bibliografía básica

AA.VV. (1991): *Las grandes ciudades: debates y propuestas,* Colegio de Economistas, Madrid.

Calderón Balanzategui, E. (1984): *Lecciones de ordenación del territorio,* t. 1, Cátedra de Planificación y Acción Territorial, Universidad Politécnica de Madrid, ETS Ingenieros CCP, Madrid.

CEOTMA (1984): *Guía para la elaboración de estudios del medio físico. Contenido y metodología,* CEOTMA, MOPU, Madrid.
Dirección General de Acción Territorial y Urbanismo (1979): *Planeamiento urbanístico. Manual de contratación,* MOPU, Madrid.
Escribano, R., y Cifuentes, P. (1991): «Evaluación de impacto ambiental desde una perspectiva conceptual», *Situación,* n.º 2, Banco Bilbao-Vizcaya, Bilbao, pp. 93-108.
Friedmann, J., y Alonso, W. (1964): *Regional development and planning,* Cambridge University Press, Cambridge (Massachusetts).
Gobierno Vasco (1988): *Plan Económico a medio plazo, 1989-1992. Diagnóstico y prioridades,* Departamento de Economía y Planificación, Vitoria-Gasteiz.
Gobierno Vasco (1992): *Directrices de ordenación territorial de la Comunidad Autónoma del País Vasco,* Taller de Ideas (Vegara, A., dir.) y Departamento de Urbanismo y Vivienda, Vitoria-Gasteiz.
González Alonso, S. (1991): «Metodología para la ordenación del paisaje», *Situación,* n.º 2, Banco Bilbao-Vizcaya, pp. 81-92.
González Bernáldez, F. (1989): «La integración forzada de la ecología en los estudios urbanos y regionales», *Ciudad y Territorio,* n.ºs 81-82, pp. 92-97.
González Pérez, J. (1986): *Comentarios a la Ley del Suelo,* Civitas, Madrid.
Junta de Andalucía (1990): *Directrices regionales del litoral de Andalucía,* Consejería de Obras Públicas y Transportes, Sevilla.
Labasse, J. (1975): *La organización del espacio,* IEAL, Madrid.
Lamotte, M. (dir.) (1985): *Fondements rationnels de l'aménagement d'un territoire,* Masson, París.
Quero, D., y Leira, E. (1990): *Gran Canaria, una estrategia territorial. Avance del Plan Insular de Ordenación,* Exmo. Cabildo Insular de Gran Canaria.
Ramos, A. (1991): «La metodología de la planificación física», *Situación,* n.º 2, Banco Bilbao-Vizcaya, pp. 73-80.
Richardson, H. W. (1976): *Política y planificación del desarrollo regional en España,* Alianza, Madrid.
Romus, P. (1979): *L'Europe et les régions,* Nathan, París.
Serrano Rodríguez, A. (1991): «La variable ambiental en los Planes de Ordenación del Territorio», *Situación,* n.º 2, Banco Bilbao-Vizcaya, pp. 132-136.
Taller de Ideas y Universidad de Alicante (1992): *Áreas de integración y nueva centralidad. El Triángulo Alicante-Elche-Santa Pola. Proyecto de Investigación Urbanística,* Club de Inversores para el Desarrollo de la Provincia de Alicante, Alicante.
Terán, F. de (1978): *Planeamiento urbano en la España contemporánea,* Gustavo Gili, Barcelona.
Vergara, A. (1991): «Una nueva cultura del territorio», en Vera Rebollo, J. F. (dir.): *Planificación territorial y medio ambiente,* Universidad Internacional Menéndez Pelayo, Valencia.
Vera Rebollo, J. F. (dir.) (1991): *Estudio del medio físico terrestre y marítimo. El Triángulo Alicante-Elche-Santa Pola,* Departamentos de Análisis Geográfico Regional, Ciencias Ambientales y Recursos Naturales e Instituto de Ecología Litoral, Universidad de Alicante.

BIBLIOGRAFÍA GENERAL

Abad, F. J. (1987): «Banca extranjera en España», *Papeles de Economía Española*, n.º 32, pp. 333-354.
Abella, J. (1987): *Inversiones españolas en el exterior*, Banco Exterior de España, Extecom, Madrid.
Abella, J. (1989): *Inversiones extranjeras en España*, Banco Exterior de España, Madrid.
Aboal, J. L. (1982): «Espacios litorales protegibles», en *Coloquio Hispano-Francés sobre Espacios Litorales*, Servicio de Publicaciones del MAPA, Madrid, pp. 377-394.
Acerenza, M. A. (1990): *Promoción turística. Un enfoque metodológico*, Editorial Trillas, México.
Acerenza, M. A. (1991): *Administración del turismo. Planificación y dirección*, Edición Trillas, México.
Acerenza, M. A. (1991): *Administración del turismo. Conceptualización y organización*, Edición Trillas, México,
Acosta, M., y Coronado, D. (1992): «Distribución espacial y políticas regionales de I+D», *Política Científica*, n.º 31, pp. 56-59.
Aguilera, F. (1988): «El agua como recurso de propiedad común: una perspectiva económica», *Revista de Estudios Regionales*, n.º 20, enero-abril, pp. 17-32.
Aguiló, E. (1990a): «Crisis turística ¿Hacia un nuevo modelo de crecimiento?», Cuadernos de Información Económica, *Papeles de Economía Española*, n.º 40/41.
Aguiló, E. (1990b): «La política turística en Baleares», *Economistas*, n.º 45/46.
Aguiló, E. (1991): «Características de la recesión turística en Baleares», *Economistas*, n.º 48.
Aguiló, E. (1991): «La posición competitiva de las regiones turísticas mediterráneas españolas: posibilidades de la política turística», Las regiones mediterráneas en una Europa sin fronteras, Sitges.
Aguiló, E., y Torres, E. (1990): «Realidad y perspectivas del sector turístico», *Papeles de Economía Española*, n.º 42, pp. 292-305.
Alario, M. (1991): *Significado espacial y socioeconómico de la Concentración Parcelaria en Castilla y León*, MAPA, Madrid.
Albarracín, J. (1987): *Las ondas largas del capitalismo español*, Economistas Libros, Madrid.
Albarracín, J. (1991): «La extracción del excedente y el proceso de acumulación», en Etxezarreta (coord.): *La reestructuración del capitalismo en España, 1970-1990*, Icaria-FUHEM, Barcelona, pp. 313-348.
Albentosa, L. (1989): *El clima y las aguas*, Colección Geografía de España, Ed. Síntesis, Madrid.
Albertos, J. M. (1989): «La caída de la natalidad en España (1975-83). Un intento de regionalización», *Revista de Estudios Regionales*, n.º 24, pp. 123-140.

Albizu, M. (1983): *Análisis de la política económica española y de sus efectos en el período 1970-1980*, Hogar del Libro, Barcelona.
Alcaide, J. (1984): «Estructura y evolución del sector industrial en la crisis económica», *Economía Industrial*, n.º 239, pp. 105-121.
Alcaide, J. (1988): «Las cuatro Españas económicas y la solidaridad regional», *Papeles de Economía Española*, n.º 34, pp. 62-82.
Alcaraz, F., y otros (1987): *La vegetación de España*, Universidad de Alcalá de Henares, Madrid.
Algorri, E., y otros (1987): *La casa en España II: morfología*, Cuadernos de la Dirección General para la Vivienda y Arquitectura, MOPU, Madrid.
Alomar, G. (1977): «El problema de los núcleos históricos», *Boletín de la Real Sociedad Geográfica*, n.º 1-12, pp. 203-216.
Alonso Fernández, J. (1990): *Geografía de España. La nueva situación regional*, Síntesis, Madrid.
Alonso González, S. (1991): «La política comunitaria de estructuras agrarias. Objetivos y medios», *Revista de Estudios Agro-Sociales*, n.º 156, pp. 169-184.
Alonso, J., y otros (1988): *Temas de Geografía de España*, Ed. Universidad Nacional de Educación a Distancia, Madrid.
Alonso, J. A., y Donoso, V. (1983): *Efectos de la adhesión de España a la CEE sobre las exportaciones de Iberoamérica*. Ed. Cultura Hispánica, Madrid.
Alonso, J. A., y Donoso, V. (1989): «La empresa exportadora española: una caracterización», *Papeles de Economía Española*, n.º 39-40, pp. 311-338.
Alonso, J. L.; Aparicio, L. J.; Bustos, M. L., y Sánchez, J. L. (Coords.) (1992): «Las políticas de promoción industrial», *IV Jornadas de Geografía Industrial*, Grupo de Geografía Industrial, Salamanca.
Alonso, M. (1987): «Clasificación de los complejos palustres españoles», en *Seminario sobre bases científicas para la protección de los humedales en España*, Real Academia de Ciencias Exactas, Físicas y Naturales, Madrid, pp. 65-78.
Alonso Teixidor, L. F. (1985): «El espacio de los servicios y las grandes aglomeraciones urbanas españolas: algunas reflexiones sobre cambios recientes», *Estudios Territoriales*, n.º 19, pp. 69-90.
Alvarado, M. M. (1983): «Encuadre paleogeográfico y geodinámico de la Península Ibérica», *Libro jubilar de J. M. Ríos*, tomo I, pp. 9-56.
Álvarez Mora, A. (1985): «Los procesos de cambio urbano en las ciudades. El centro ciudad en el modo de producción capitalista», *Revista de la Universidad Complutense*, pp. 557-568.
Álvarez-Cienfuegos, F. J. (1983): «El proceso de urbanización en España y sus condicionamientos estructurales, 1940-1981», *Estudios Territoriales*, n.º 11-12, pp. 105-126.
Álvarez-Cienfuegos, F. J. (1987): «Población y áreas de industrialización endógena en España», *Estudios Territoriales*, n.º 24, pp. 121-134.
Alvargonzález, R. M. (1985): «Funciones y morfología de los puertos españoles», *Ería*, n.º 8, pp. 5-60.
Alvedaño, M. (1987): «La evolución de las redes y servicios de telecomunicación desde una óptica española», *Economía Industrial*, n.º 255, pp. 41-58.
Allende, J. (1987): «Desarrollo local y reestructuración urbana-regional», *Estudios Territoriales*, n.º 25, pp. 79-98.
Amigos de la Tierra (1989): *Guía de los espacios naturales de España*, Ed. Miraguano, Madrid.
Anes, G., y otros (1979): *La economía agraria en la historia de España*, Alfaguara, Madrid.
Antolín, F. (1988): «Un servicio público con escasa intervención: los primeros cuarenta años de la electricidad en España», *Economía Industrial*, n.º 262, pp. 27-38.

Antón, J. (1988): *La organización del transporte aéreo en España: tráfico interior y pasajeros,* Madrid, Ediciones de la Universidad Autónoma.
Antón Burgos, F. J. (1987): «La red aeroportuaria española y las líneas aéreas interiores», *Estudios Geográficos,* n.º 86, pp. 99-106.
Antón Clavé, S. (1989): «Turismo y espacio litoral. Caracterización de los municipios costeros de Tarragona según su oferta turística», *Turismo y territorio: XI Coloquio Nacional de Geografía,* AGE, Madrid, vol. IV, pp. 232-242.
Aracil, J. C. (1989): *Introducción al transporte marítimo en España,* Instituto Juan Gil-Albert, Alicante.
Araña, V., y Coello, J. (edit.) (1989): *Los volcanes y la caldera del parque nacional del Teide,* ICONA, Madrid.
Área y Sistema, S.A. (1987a): «Las áreas metropolitanas en la crisis. Estudios de apoyo», vol. IV, *Análisis del sector servicios en el sistema urbano,* CEOTMA-MOPU, Madrid.
Área y Sistema, S. A. (1987b): *El terciario en el ámbito metropolitano de Barcelona. Oficinas y equipamiento comercial,* Corporació Metropolitana de Barcelona, Barcelona.
Arenillas, M. (1985): *Catástrofes naturales. Efectos y previsión,* Publicaciones de la Cátedra de Geología Aplicada a las Obras Públicas, pp. 5-16.
Arenillas, M., y Sáenz, C. (1987): *Guía Física de España: los ríos,* Alianza Editorial, Madrid.
Argandoña, A. (1990): «Regulación y desregulación de los servicios», *Papeles de Economía Española,* n.º 42, pp. 218-237.
Arias, F., y Gago, V. (1989): «Las estrategias territoriales de ámbito sub-regional», *Urbanismo,* n.º 8, septiembre, pp. 45-62.
Arija, E. (1972-1982): *Geografía de España,* 4 tomos, Espasa-Calpe, Madrid.
Arnalte, E., y Ramos, E. (1988): «Arrendamiento y ajuste estructural en la agricultura española», *Agricultura y Sociedad,* n.º 49, pp. 177-208.
Arrocena, M. E. (1991): *Los paisajes naturales de la Gomera,* Cabildo Insular de la Gomera, Santa Cruz Tenerife.
Artieta, J. I. (1984): «La minería del carbón en España», *Economía Industrial,* n.º 237, pp. 179-187.
Asociación de Geógrafos Españoles (1980): *Los paisajes rurales de España,* Valladolid.
Aurioles, J. (1988): «Dinamicidad industrial española en los años ochenta», *Papeles de Economía Española,* n.º 34, pp. 377-400.
Aurioles, J., y Cuadrado, J. R. (1989): *La localización industrial en España. Factores y tendencias,* Fundación FIES, Madrid.
Aurioles, J., y Pajuelo, A. (1988): «Factores determinantes de la localización industrial en España», *Papeles de Economía Española,* n.º 35, pp. 188-207.
AA.VV. (1973): *La agricultura en la política de desarrollo regional en España,* Ed. Asociación española de economía y sociología agrarias, Madrid.
AA.VV. (1973): *La España de los años 70, vol. II: La Economía,* Madrid.
AA.VV. (1977): *Ciudad e Industria,* IV Coloquio sobre Geografía, Asociación Española para el Progreso de las Ciencias, Oviedo.
AA.VV. (1978): *Los ensanches,* Laboratorio de Urbanismo de la E. T. S. Arquitectura de Barcelona, Barcelona.
AA.VV. (1980): *Crisis económica,* Papeles de Economía Española, Madrid.
AA.VV. (1981): *El desarrollo industrial en los años 80,* Boixareu, Barcelona.
AA.VV. (1981): *La España de las Autonomías,* Espasa-Calpe, Madrid.
AA.VV. (1982): *La propiedad de la tierra en España,* Universidad de Alicante, Alicante.
AA.VV. (1983): «La nueva agricultura española», *Papeles de Economía Española* (número monográfico), n.º 16.
AA.VV. (1983): *Geología de España,* Libro jubilar de J. M. Ríos, tomo I, Instituto Geológico y Minero de España, Madrid.

AA.VV. (1984): «El olivar español», *Agricultura*, número monográfico, suplemento de febrero, pp. 2-62.
AA.VV. (1984): *Geografía y Medio Ambiente*, MOPU, Madrid.
AA.VV. (1984): *Coloquio Hispano-Francés sobre espacios rurales*, Instituto de Estudios Agrarios, Madrid.
AA.VV. (1985): «Pasado, presente y futuro de la pesca», *El Campo*, Organización Agraria en España, vol. II: *Políticas administrativa y económica de la colonización agraria*, MAPA, Madrid.
AA.VV. (1988): «Economía regional: hechos y tendencias», *Papeles de Economía Española*, n.º 34-35 (monográficos).
AA.VV. (1988): *El sector primario en el siglo XXI*, II Congreso Mundial Vasco, Aedos, Barcelona.
AA.VV. (1988-1990): *Historia y evolución de la Colonización Agraria en España*, 3 vols., MAPA, Madrid.
AA.VV. (1989): *II Jornadas sobre Población Española*, Universitat de les Illes Balears, Palma de Mallorca.
AA.VV. (1989): *Supervivencia de los Espacios Naturales*, Ministerio de Agricultura, Pesca y Alimentación, Madrid.
AA.VV. (1990): «La política regional en España», *Economistas* (monográfico).
AA.VV. (1991): *El agua en España*, Instituto de la Ingeniería de España, Madrid.
AA.VV. (1992): «El impacto territorial de los JJ.OO.», *Ciudad y Territorio*, n.º 93 (monográfico).
AA.VV. (1992): «Madrid, Barcelona y Sevilla. Las realizaciones», *Urbanismo*, Colegio Oficial de Arquitectos de Madrid, n.º 17 (monográfico).
AA.VV. (1992): «Nuevas áreas residenciales», *Urbanismo*, Colegio Oficial de Arquitectos de Madrid, n.º 16 (monográfico).
AA.VV. (1992): «Vivienda, ¿nuevo rumbo?», *Alfoz*, n.º 87-88 (monográfico), Madrid.
Ayala, F. J., y otros (1987): *Impacto económico y social de los riesgos geológicos en España*, Instituto Geológico y Minero de España, Madrid.
Ayala, F. J. de, y Durán, J. J. (edit.) (1991): *Riesgos geológicos*, Instituto Geológico y Minero de España, Madrid.
Aydalot, P. (1987): «El declive urbano y sus relaciones con la población y el empleo», *Estudios Territoriales*, n.º 24, pp. 15-32.
Badosa, J. (1986): «El gas natural en España: la energía de los años 90», *Papeles de Economía Española*, n.º 29, pp. 88-109.
Bailly, A. S., y Maillat, D. (1986): *Le secteur tertiaire en question*, Éditions Regionales Européennes, S. A., Ginebra.
Balil, A. (1973): «Casa y urbanismo en la España Antigua», *Studia Archaeologica*, n.º 20, Santiago, 50 p.
Banco de Bilbao (1982): «La remolacha azucarera», *El Campo* (monográfico), n.º 85.
Banco de Bilbao (1982): *Una historia de la banca privada en España*, Bilbao.
Banco de Crédito Agrícola (1983): *La industria agroalimentaria en España*, Madrid.
Banco Mundial (1986): *El desarrollo económico de España. Informe de 1962*, 2 vols., Biblioteca de Economía Española, n.º 16 y 17, Orbis, Barcelona.
Banesto (1991): *Anuario del Mercado Español 1991*, Banco Español de Crédito, Madrid.
Baranad, J. L. (1988): «El carbón termoeléctrico en España», *Economía Industrial*, n.º 261, pp. 131-146.
Barbancho, A. G. (1967): *Las migraciones interiores españolas. Estudio cuantitativo desde 1900*, Estudios del Instituto de Desarrollo Económico.
Barceló, L. V. (1987): «La exportación española de frutas y hortalizas a la CEE», *Información Comercial Española*, n.º 648-649, pp. 57-72.

Barciela, C. (1986): «Los costes del franquismo en el sector agrario: la ruptura del proceso de transformaciones», «Introducción», en Garrabou, R.; Barciela, C., y Jiménez Blanco, J. I. (eds.) (1986): *Historia agraria*, pp. 383-454

Baró, E. (1990): «Cambios en la interdependencia entre sectores industriales y terciarios», *Papeles de Economía Española*, n.º 42, pp. 193-202.

Barrada, A. (1988): «Los efectos del envejecimiento de la población sobre el gasto social», *Actes de les I Jornades sobre la Població del País Valencià*, vol. II, Valencia, pp. 1079-1102.

Barreiro, P. (1991): *Casas baratas. La vivienda social en Madrid, 1939*, Colegio Oficial de Arquitectos de Madrid, Madrid.

Bauer, E. (1980): *Los montes en la historia de España*, Servicio de Publicaciones del Ministerio de Agricultura, Madrid.

Bel, F. (1981): «Capital, población y estructuración del espacio nacional», *Agricultura y Sociedad*, n.º 20, pp. 123-142.

Bellot, F. (1978): *El tapiz vegetal de la Península Ibérica*, Blume, Madrid.

Benet, J. (1984): «Política Hidráulica», *Agricultura y Sociedad*, n.º 32, pp. 273-280.

Benito, P. (1990). «El declinar de los espacios minero-siderúrgicos tradicionales. Evolución reciente de Mieres y Langreo (Asturias)», *Ería*, n.º 23.

Bentabol, H (1900): *Las aguas de España y Portugal*, Bol. Mapa Geológico, 26, Madrid.

Berga, L. (1988): «Las inundaciones: sistemas de alarma y previsión», en Ayala F. J., y Durán, J. J. (edit): *Riesgos geológicos*, Instituto Geológico y Minero de España, Madrid, pp. 145-152.

Bergés, A., y Pérez Simarro, R. (1985): *Análisis comparativo de las grandes empresas industriales en España y en Europa*, MINER, Madrid.

Bernabé, J. M., y Albertos, J. M. (1986): «Migraciones interiores en España», *Cuadernos de Geografía*, n.º 39-40, pp. 175-202.

Bernal, A. M. (1988): *Economía e historia de los latifundios*, Espasa Calpe, Madrid.

Bertrand, M. J. (1979): *Geografía de la Administración*, IEAL, Madrid.

Besancenot, J. P. (1986): «Climat et tourisme estival sur les côtes de la péninsule ibérique», *Revue Geographique des Pyrénées et du Sud-Ouest*, t. 56, n.º 4, pp. 427-449.

Bielza, V., y Marín, J. M.ª (1988): «Oferta-demanda hídrica en la cuenca del Ebro y posibles trasvases», en Gil Olcina, A., y Morales, A. (edit.): *Demanda y economía del agua en España*, Instituto Universitario de Geografía, Alicante, pp. 255-266.

Bielza de Ory, V. (coord.) (1989): *Territorio y Sociedad en España*, 2 tomos, Taurus, Madrid.

Blanco, A. (1988): «Transporte marítimo: líneas regulares, reflexiones en torno a planificación estratégica», *T. T. C.,* n.º 30, pp. 13-21.

Blas, L. (1981): *Guía de los parques nacionales españoles*, Incafo, Madrid.

Bolós, M. de (1986): «El poblamiento rural», en Terán, M., y otros: *Geografía General de España*, Ariel, Barcelona, pp. 269-291.

Bolos, M.ª , y otros (1992): *Manual de ciencia del paisaje*, Masson, Barcelona.

Bonet, A. (1978): *Morfología y Ciudad*, Ed. Gustavo Gili, Barcelona.

Bores, P. S. (1979): «Clasificación de formas costeras», *Estudios Geográficos*, n.º 155, pp. 165-190.

Borja, F. (1992): *Cuaternario reciente, holoceno y períodos históricos del SW de Andalucía*, Universidad de Sevilla, Sevilla, 2 vols.

Bosch y Gimpera, P. (1954): *El poblamiento antiguo y la formación de los pueblos de España*, México.

Bosch y Gimpera, P. *El poblamiento antiguo y la formación de los pueblos de España*, México, 1954.

Bosque Maurel, J. (1960): *Geografía Económica de España*, Barcelona.

Bosque Maurel, J. (coord.) (1986): *Algunos ejemplos de cambio industrial en España*, Real Sociedad Geográfica, Madrid.
Bosque Maurel, J. (1988): «Cambio y crisis en la agricultura española contemporánea», *II Reunión de Estudios Regionales de Castilla-La Mancha. El espacio rural en Castilla-La Mancha,* Tomo II, Ciudad Real, pp. 377-396.
Bosque, J., y Vilà, J. (dirs.) (1989-1992): *Geografía de España*, 10 vols., Planeta, Barcelona.
Bosque Sendra, J. (1988): *Geografía electoral,* Síntesis, Madrid.
Bote, V. (1979): «El turismo rural en España: una estrategia artesanal para un turismo masivo», *Revista de Estudios Agro-Sociales*, n.º 109, pp. 29-52.
Bousquet, J. C. (1978): «La evolución tectónica reciente de las cordilleras béticas orientales», *Reunión sobre la geodinámica de la cordillera bética y mar de Alborán*, pp. 59-78.
Box, M. (1987): *Humedales y áreas lacustres de la provincia de Alicante*, Fundación Gil-Albert.
Box, M. (1988): «El trasvase Tajo-Segura», en Gil Olcina, A., y Morales Gil, A. (edit.): *Demanda y economía*, Alicante, pp. 277-286.
Brosche, K. U. (1978): «Formas actuales y límites inferiores periglaciares en la Península Ibérica», *Estudios Geográficos*, n.º 151, pp. 131-162.
Bueno, E. (1987): *La empresa española: Estructura y resultados*, Instituto de Estudios Económicos, Madrid.
Bueno, J., y Ramos, A. (1988): *La industria alimentaria en España 1988*, Bolsa de Madrid, Madrid.
Bueno, M. (1979): «Asentamientos rurales en España», *Revista de Estudios Agrosociales*, n.º 109, pp. 7-28.
Buero, C. (1990): «La conservación del paisaje urbano desde el punto de vista fenomenológico», *Ciudad y Territorio*, n.º 83, pp. 5-34
Buesa, M. (1986): «Política industrial y desarrollo del sector eléctrico en España (1940-1963)», *Información Comercial Española,* n.º 634, pp. 121-136.
Buesa, M. (1990): «Dimensión óptima de la empresa y barreras a la entrada en la industria española», *Información Comercial Española*, n.º 678, pp. 67-76.
Buesa, M., y Molero, J. (1987): «Centro-Periferia en Europa: la especialización internacional de la industria española (1970-1983)», *Pensamiento Iberoamericano*, n.º 17, pp. 271-288.
Buesa, M., y Molero, J. (1988): *Estructura industrial de España*, Fondo de Cultura Económica, Madrid.
Buesa, M., y Molero, J. (1989): *Innovación industrial y dependencia tecnológica de España*, Ed. Eudema, Madrid.
Buesa, M., y Molero, J. (1990): «Crisis y transformación de la industria española: base productiva y comportamiento tecnológico», *Pensamiento Iberoamericano*, n.º 17, pp. 119-154.
Buforn, E., y Udías, A. (1991): «Focal mechanism of earthquakes in the Gulf of Cadiz, South Spain and Alboran Sea», en Mezcua, J., y Udías, A. (edit.): *Seismicity, seismotectonic and seismic risk of the Ibero-Magrebian Region,* Instituto Geográfico Nacional, Madrid, pp. 29-40.
Buisán, M. (1991): «La inversión extranjera directa en España en 1990», en ICE: *Inversión extranjera en España e inversión española en el exterior.*
Bulcke, D. van den (1987): «El comercio intraempresa en las empresas multinacionales», *Información Comercial Española,* n.º 643, pp. 52-64.
Bullón, T., y Sanz, C. (1979): «Ultimas aportaciones al conocimiento de la Cordillera Herciniana en el centro de la península Ibérica», *Estudios Geográficos*, n.º 154, pp. 105-111.

Burillo, M., y Sanz García, J. M. (1961): *Las fuentes de energía. Estudio geográfico*, Vinches, Madrid.
Busquets, J. (1990): «La intervención urbanística en las grandes ciudades», en Borja, J., y otros (edits.), *Las grandes ciudades en la década de los noventa*, Sistema, Madrid, pp. 299-308.
Busquets, J. (1992): «Evolución del planeamiento urbanístico en los años ochenta en Barcelona. Del Plan General Metropolitano a la recuperación urbana de la ciudad», *Ciudad y Territorio*, n.º 93, pp. 31-51.
Busquets, J. (1992): *Barcelona. Evolución urbanística de una capital compacta*, Fundación Mapfre, Madrid.
Bustelo, F. (1988): «La transición demográfica en España y sus variaciones regionales», *Actes de les I Jornades sobre la Població del País Valencià*, Valencia, pp. 9-20.
Butzer, K. W. (1974): «Acelerated soil erosion: a problem of man-land relationships», en Manners, I. R., y Milessell, M. W. (edit.): *Perspectives on Environment*, Ass. Am. Geogr., Washington, pp. 57-78.
Butzer, K., y otros (1983): «Las crecidas medievales del río Júcar según el registro geoarqueológico de Alzira», *Cuadernos de Geografía*, 32-33, pp. 311-332.
Buxadé, C. (1988): *El desafío: la ganadería española y la CEE de los Doce*, Mundi-Prensa, Madrid.
Cabello Lapiedra, L. M. (1920): *La casa española*, Madrid, 167 pp. (R 1381/1965/7).
Cabero, V. (1977): «Morfología glaciar y deterioro ecológico en la Sierra Segundera: El lago de Sanabria», *V Coloquio de Geografía*, Granada, pp. 257-269.
Cabero, V. (1988): «La población activa agraria y agricultura a tiempo parcial», *Espacios rurales y urbanos en áreas industrializadas. II Congreso Mundial vasco*, Oikos-Tau, Barcelona, pp. 35-58.
Cabo, A. (1972): *Condicionamientos geográficos de la Historia de España*, Alianza, Madrid.
Cabo, A. (1980): «Composición y distribución espacial de la ganadería española», *Aportación Española al XXIV Congreso Geográfico Internacional*, pp. 27-40.
Cabrera, E., y Sahuquillo, A. (edit.): *El agua en la Comunidad Valenciana*, Generalitat Valenciana, Valencia
Caldentey, P. (1985): «La dimensión y la concentración de la industria agroalimentaria española», *Revista de Estudios Agro-Sociales*, n.º 133, pp. 57-84.
Cals, J. (1987): «Turismo y política turística en España», en Velarde, J.; García Delgado, J. L., y Pedreño, A. (comp.): *El sector terciario de la economía española*, Economistas Libros, Madrid, pp. 205-219.
Calvo, A. (1987): *Geomorfología de laderas en la montaña del País*, IVEI, Valencia.
Calvo, F. (1976): «La geografía de los riesgos», *Geo-crítica*, 54, 39 pp.
Calvo, F. (1988): «Explotación y problemática de los acuíferos subterráneos», en Gil Olcina, A., y Morales Gil, A. (edit.): *Demanda y economía del agua en España,* Instituto de Estudios Juan Gil-Albert, Alicante, pp. 141-154.
Calvo, F. (1989): «Grandes avenidas e inundaciones históricas», en Gil Olcina, A., y Morales Gil, A. (edit.): *Avenidas fluviales e inundaciones en la cuenca del Mediterráneo*, Instituto Universitario de Geografía, Alicante, pp. 333-345.
Calvo, J. L., y otros (1989): «Envejecimiento, fecundidad y dependencia en España (1960-75 y 1976-86)», *II Jornadas sobre población española*, Universitat de les Illes Balears, pp. 133-142.
Calvo, L.; Peñuelas, R., y Delgado, I. (1985): *Las nuevas áreas residenciales en la formación de la ciudad*, Ministerio de Obras Públicas y Urbanismo, Madrid.
Calvo, S. (1988): «Urbanizaciones ilegales de segunda residencia», *Jornadas sobre urbanismo y publicidad registral*, Ayuntamiento de Valladolid, Valladolid, pp. 137-148.
Camarasa, A., y otros (1991): «Riesgo de inundación en la ensenada de Xàbia», *XII Congreso Nacional de Geografía*, Asociación de Geógrafos Españoles, Valencia, pp. 135-145.

Camilleri, A. (dir.) (1986): *La agricultura española ante la CEE*, Instituto de Estudios Económicos, Madrid.
Camp, S. L. (1990): *Cities. Life in the world's 100 largest metropolitan areas*, Population Crisis Committee.
Campesino, A. J. (1984): «Los centros históricos: análisis de su problemática», *Norba. Revista de Geografía de la Universidad de Extremadura*, pp. 51-62.
Campesino, A. J. (1986): «Revalorización funcional de los centros históricos españoles», *Estudios sobre espacios urbanos*, MOPU, Madrid, pp. 91-104.
Campo, S. del (1972): «Composición, dinámica y distribución de la población española», *La España de los años 70*, tomo I, Ed. Moneda y Crédito, pp. 15-147.
Campo, S. del y Navarro, M., (1987): *Nuevo análisis de la población española*, Ariel Sociología, Barcelona.
Campos, M.ª (1992): *El riesgo de tsunamis en España. Análisis y valoración geográfica*, Instituto Geográfico Nacional, Madrid.
Campos, P., y Martín Bellido, H. (1987): *Conservación y desarrollo de las dehesas portuguesa y española*, MAPA, Madrid.
Canales, G. (1984): «El nuevo urbanismo del Bajo Segura a consecuencia del terremoto de 1829», *Investigaciones Geográficas*, 2, pp. 149-172.
Canals, J. (1990): *Las estrategias del sector bancario en Europa,* Ariel Economía, Barcelona.
Canerot, J. (1979): «Les Iberides: essai de synthèse structurale», *Homenatge a Lluís Solé i Sabarís. Acta Geológica Hispana*, pp. 167-171.
Cano, G. (1980): *El transporte aéreo en España*. Barcelona, Ariel.
Canto, C. del (1983): «Presente y futuro de las residencias secundarias en España», *Anales de Geografía de la Universidad Complutense*, n.º 3, pp. 83-103.
Canto, C. del (1992): *Estudios de desarrollo rural. Ejemplos europeos*, Ministerio de Agricultura, Madrid.
Cañada, J. A. (1989): «Oferta de trabajo de las mujeres en España. Análisis de la evolución reciente (1978-1986)», *Información Comercial Española*, n.º 672-673, pp. 93-114.
Capel, H. (1975): *Capitalismo y morfología urbana en España*, Ed. Los Libros de la Frontera, Barcelona.
Capel, H., y Clusa, J. (eds.) (1985): *La organización territorial de empresas e instituciones públicas en España*, Ediciones de la Universidad de Barcelona, Barcelona.
Capel Molina, J. (1977): «Insolación y nubosidad en la España peninsular y Baleares», *Paralelo 37*, n.º 1, pp. 9-25.
Capel Molina, J. (1981): *Los climas de España*, Oikos-Tau, Barcelona.
Capitel, A. (1988): *Arquitectura española, años 50-80*, MOPU, Madrid.
Caravaca, I. (1990): «Crisis, industria y territorio», *Ería*, n.º 21, pp. 9-21.
Caravaca, I., y Fernández, V. (1987): «La localización de la administración autonómica en el espacio urbano de Sevilla», *X Congreso nacional de Geografía*, AGE, vol. II, Zaragoza, pp. 379-390.
Carazo, L. (1981): «El turismo rural como recurso de la población agraria (Vacaciones en casas de labranza)», *Revista de Estudios Agro-Sociales*, n.º 120, pp. 117-130.
Carbajo, A., y Carbajo, R. (1983): «Las dimensiones del comercio intraindustrial en la economía española», *Información Comercial Española*, n.º 604, pp. 79-86.
Carbajo, J. C., y Rus, G. de (1990): «La desregulación del transporte», *Papeles de Economía Española*, n.º 42, pp. 262-291.
Carballo, R., y otros (1980): *Crecimiento económico y crisis estructural en España (1959-1980)*, Akal, Madrid.
Cárdenas, G. de: *La casa popular en España. Ensayo por completar,* Bilbao Ediciones, Conferencias y Ensayos, Tip. Hispano-Americana, 49 p. (R.578).

Cárdenas, G.: *La casa popular española*, Ed. de Conferencias y Ensayos, Bilbao, 1944.
Carle, W.: «Los hórreos en el noroeste de la península Ibérica», *Estudios Geográficos*, n.o 31, 275 p.
Carmona, P. (1990): *La formació de la plana al·luvial de València*, Edicions Alfons el Magnànim, Valencia.
Caro, G. (1987): «El sector electrónico: una industria de futuro en España», *Economía Industrial*, n.º 255, pp. 75-82.
Carrascosa, A., y Sastre, L. (1991): «Inversión extranjera en inmuebles en España: características y efectos económicos», *Información Comercial Española*, n.º 696-697, p. 133.
Carreño, L. (1976): «Proceso de suburbialización de la comarca de Barcelona. Aspectos políticos, económicos y culturales», *Ciudad y Territorio*, n.º 1, pp. 97-108.
Carrera, M. C. (1987): «Proceso de terciarización y crisis comercial en la Región de Madrid», *Anales de Geografía de la Universidad Complutense de Madrid*, n.º 7, pp. 557-568.
Carrera, M. C. (1989): «La actividad comercial en la Comunidad de Madrid», en AA.VV., *Madrid, presente y futuro*, Akal, Madrid.
Carreras, C. (1983): *La ciudad. Enseñanzas del fenómeno urbano*. Anaya, Salamanca.
Carreras, C. (1984): «Los problemas del suelo urbano», *Jornadas de Geografía y Urbanismo*, Junta de Castilla y León, Salamanca, pp. 99-124.
Carreras, C., y otros (1990): «Modificación térmica en las ciudades. Avance sobre la isla de calor en Barcelona», *Documents d'Ànalisi Geogràfica*, pp. 51-77.
Carreras, C., y López, P. (1990): «Las ciudades y el sistema urbano», en Bosque Maurel, J., y Vilá Valentí, J. (coord.): *Geografía de España*, Planeta, Barcelona.
Carrión, P. (1932): *Los latifundios en España*, Gráficas Reunidas, Madrid.
Carvajal, C. (1989): «Consecuencias de la disminución de la natalidad y de la mortalidad sobre la estructura por edad de la población española desde 1980», *II Jornadas sobre población española*, Universitat de les Illes Balears, pp. 143-162.
Casals, V. (1988): «Defensa y ordenación del bosque en España. Ciencia, Naturaleza y Sociedad en la obra de los Ingenieros de Montes durante el siglo XIX», *Geo-crítica*, n.º 73.
Casares, A. (1973): *Estudio histórico-económico de las construcciones ferroviarias españolas en el siglo XIX*, Instituto de Desarrollo Económico, Madrid.
Casares, J. (1989): «Una nota sobre la nueva economía de los servicios», *Información Comercial Española*, n.º 669, pp. 131-138.
Casares, J., y otros (1990): «La distribución comercial en España», *Papeles de Economía Española*, n.º 42, pp. 251-261.
Cascos, C. (1987): «Los espacios naturales», en *Geografía de Castilla y León*, Ámbito, Valladolid.
Cascos, C. (1991): *La Serrezuela de Pradales. Estudio geomorfológico*, Universidad de Valladolid, Secretariado de Publicaciones.
Cascos, C. (1992): «Castilla y León en síntesis», en *Geografía de Castilla y León*, Ámbito, Valladolid.
Caselles, V., y otros (1989): «El efecto de la isla térmica de Valencia obtenido a partir de transectos e imágenes NOAA-AVHRR», *III Reunión Científica del Grupo de Trabajo en Teledetección*, AET, Madrid, pp. 259-269.
Castanyer, J. (1985): «Evolución del marco institucional en las áreas metropolitanas españolas», *Estudios Territoriales*, n.º 19, pp. 191-206.
Castells, M. (1985): *High technology, space and society*. Beverly Hills, Sage Publications.
Castells, M. (coord.) (1992): *Dictamen sobre estrategias para el desarrollo socioeconómico sostenible del entorno de Doñana*, Junta de Andalucía, Sevilla.
Castells, M., y otros (1986): *El desafío tecnológico. España y las nuevas tecnologías*, Alianza Ed., Madrid.

Castells, M., y Hall, P. (dirs.) (1992): *Andalucía: innovación tecnológica y desarrollo económico*, Espasa-Calpe, Madrid, 2 vols.
Castillo, J. del (1987): «Regiones industrializadas en declive: el caso del Norte de España», *Información Comercial Española*, n.º 645, pp. 9-18.
Castillo, J. del, y Díez, M. A. (1992): «Las políticas de promoción», en Alonso, J. L., y otros (coords.), *Las políticas de promoción industrial. IV Jornadas de Geografía Industrial*, Grupo de Geografía Industrial, Salamanca, pp. 11-47.
Castillo, J. del, y otros (1990): *Cambio económico y cambio espacial. Perspectivas desde el eje atlántico*, Gobierno Vasco, Vitoria.
Castrillo, J. del (1987): «Regiones industrializadas en declive: el caso del Norte de España», *Información Comercial Española,* n.º 645, pp. 9-18.
Catalá, J. (1986): *Contaminación y conservación del medio ambiente*, Alhambra, Sociología n.º 28, Madrid.
Cazorla, J. (1989): *Retorno al Sur*, Siglo XXI, Madrid.
CEAM (1987): *Areas rurales españolas con capacidad de industrialización endógena*, Ministerio de Obras Públicas y Urbanismo, Madrid.
Ceballos, A. (1986): *Plantas de nuestros campos y bosques*, ICONA, Madrid.
Ceballos, A., y otros (1980): *Plantas silvestres de la península Ibérica*, Blume Ed., Madrid.
Ceballos, L. (1966): *Mapa forestal de España*, Ministerio de Agricultura, Madrid.
CECA (1987): «Las transformaciones del sistema financiero en España: un balance», *Papeles de Economía española*, n.º 32, pp. 5-30.
CEE (1987): *El mercado de empleo de España*, 2 vol. (Estudio General y Comunidades Autónomas), Luxemburgo.
Celada, F.; Gámir, A., y Lara, S. (1991): «Las oficinas públicas en Madrid», *Alfoz,* n.º 84-85.
Cendrero, A. (1989): «Riesgos geológicos, ordenación del territorio y protección del medio ambiente», en Ayala F. J., y Durán, J. J. (edit.): *Riesgos geológicos*, Instituto Geológico y Minero de España, Madrid, pp. 327-333.
Cendrero, A., y otros (1982): «Problemas de protección de los espacios naturales litorales en la costa cantábrica», en *Coloquio Hispano-Francés sobre Espacios Litorales*, Servicio de Publicaciones del MAPA, Madrid, pp. 65-80.
Ceña, A. (1989): «La industria española y el ahorro energético», *Información Comercial Española*, n.º 670-671, pp. 73-86.
CEOTMA (1980): *Divisiones territoriales en España*, Centro de Estudios de Ordenación del Territorio y Medio Ambiente-Ministerio de Obras Públicas y Urbanismo, serie Monografías, n.º 3, Madrid.
Climent, L. (1986): «Estructura y tratamiento del territorio urbano regional», *Estudios sobre espacios urbanos*, MOPU, Madrid, pp. 347-360.
Colell, A. (1985): «Las estrategias espaciales de las entidades de seguros», *Geocrítica*, n.º 52.
Colino, J. (1989): «Las ayudas a la agricultura», *Castilla y León en Europa*, n.º 16, pp. 4-8.
Colomer, J. V., y Torres, A. J. (1988): «Aportación al estudio de la problemática del transporte en el área metropolitana», *T. T. C.,* n.º 30, pp. 22-30.
Coll, S. (1985): «El sector minero», *Información Comercial Española*, n.º 623, pp. 83-96.
Collins, G. R.; Flores, C., y Soria, A. (1968): *Arturo Soria y la Ciudad Lineal,* Revista de Occidente, Madrid.
Comes, V. (1988): «Las ciudades-servicio. Sucursales de la necesidad», *Revista MOPU*, n.º 356, pp. 150-171.
Comisión de las Comunidades Europeas (1991): «Desarrollo y futuro de la PAC», *Doc. COM (91) 100 final.*
Comisión de las Comunidades Europeas (1991): *Europa 2000*, Oficina de las Publicaciones Oficiales de las Comunidades Europeas, Bruselas.

Comisión de las Comunidades Europeas (1991): «Red europea de trenes de alta velocidad», TTC, 50, pp. 77-92.
Comisión de las Comunidades Europeas (1992): «Proyecto de decisión relativo a una red transeuropea de carreteras», Bruselas, COM (92) 231.
Comisión de las Comunidades Europeas (1992): *La situación de la agricultura en la Comunidad. Informe 1991 y 1992*, Oficina de Publicaciones Oficiales de las CC. EE.
Comité de Expertos (1992): «Informe para una nueva política de vivienda», *Alfoz*, n.º 87-88, pp. 122-135.
Comité National Français de Geologie (1980): *Géologie des pays européens. Espagne, Grèce, Italie, Portugal, Yugoslavie*, Ed. Bordas y 26.º Congreso Geológico Internacional, 393 pp. (pp. 1-54 dedicadas a España).
Contreras, J. (1989): «Célibat et stratégies paysannes en Espagne», *Études Rurales*, n.º 113-114, pp. 101-118.
Cordero, G. (1985): «La empresa pública en los sectores en crisis», *Economía Industrial*, n.º 241, pp. 65-76.
Córdoba, J. (1981): «Madrid-Barajas: análisis de las funciones de un gran aeropuerto», *Geographica*, 1981, pp. 119-148.
Córdoba, J., y García Alvarado, J. M. (1991): *Geografía de la pobreza y la desigualdad*, Síntesis, Madrid.
Corominas, J. (1988): «Criterios para la confección de mapas de peligrosidad de movimientos de laderas», en Ayala F. J., y Durán, J. J. (edit.): *Riesgos geológicos*, Instituto Geológico y Minero de España, Madrid, pp. 193-201.
Corominas, J., y Alonso, E. (1984): «Inestabilidad de laderas en el Pirineo catalán. Tipología y causa», *Jornadas de trabajo sobre inestabilidad de laderas en el Pirineo*, Universidad Politécnica de Barcelona, Barcelona.
Costa, M. T. (1988): «Descentramiento productivo y difusión industrial. El modelo de especialización flexible», *Papeles de Economía Española*, n.º 35, pp. 251-276.
Costa, P., y Pacheco, T. (1990): *Guía natural de las costas españolas*, ICONA, Madrid.
COTMAV (1989): *Agricultura periurbana*, Comunidad de Madrid, Madrid.
Coto, P. (1988): «El transporte marítimo en España (1974-1987): peculiaridades», *Información Comercial Española*, n.º 659, pp. 101-111.
Cruz, H. da, y otros (1985): *Guía de los espacios naturales de España*, Miraguano-Amigos de la Tierra, Madrid.
Cruz, H. da, y otros (1986): *Guía de las zonas húmedas de la Península Ibérica y Baleares*, Ed. Miraguano, Madrid.
Cruz Villalón, J. (1988): «Abastecimiento y consumo de agua en el área de Sevilla», en Gil Olcina, A., y Morales Gil, A. (edit.): *Demanda y economía del agua en España,* Instituto de Estudios Juan Gil-Albert, Alicante, pp. 89-99.
Cruz Villalón, J. (1988): «La intervención del hombre en la ría y marismas del Guadalquivir», *Ería*, pp. 109-123.
Cuadrado Roura, J. R. (1988): «Changements dans la distribution spatiale de l'activité industrielle en Espagne», *Revue d'Economie Régionale et Urbaine*, n.º 1, pp. 119-142.
Cuadrado Roura, J. R. (1988): «Tendencias económico-regionales antes y después de la crisis en España», *Papeles de Economía Española*, n.º 34, pp. 17-61.
Cuadrado Roura, J. R. (1990): «La expansión de los servicios en el contexto del cambio estructural de la economía española», *Papeles de Economía Española*, n.º 42, pp. 98-122.
Cuadrado Roura, J. R. (1991): «España en el marco económico y territorial europeo», Alicante, *VI Jornadas de Alicante sobre Economía Española.*
Cuadrado Roura, J. R., y González, M. (1987): *El sector servicios en España*, Orbis, Barcelona.
Cuadrado Roura, J. R., y González, M. (1988): «Incidencia de las nuevas tecnologías en la

organización y localización de los servicios a las empresas», *Revista de Estudios Regionales*, n.º 22, pp. 29-68.
Cuadrado Roura, J. R., y Mancha Navarro, T. (1984): «Análisis sobre los sectores polarizadores de la economía española», *Revista de Información Comercial Española,* n.º 607, pp. 101-113.
Cuadrado Roura, J. R., y Río, C. del (1989): «Los servicios reales a las empresas. Tendencias actuales y aproximación al caso español», *Revista de Estudios Regionales*, n.º 25, pp. 51-88.
Cuadrat, J. Mª (1993): «Los climas urbanos en el valle del Ebro», en López Gómez, A. (edit.): *El clima de las ciudades españolas*, Cátedra, Madrid, pp. 205-230.
Cuchillo, M., y Morata, F. (1991): *Organización y funcionamiento de las áreas metropolitanas. Un análisis comparado*, Ministerio para las Administraciones Públicas, Madrid.
Cuervo, A. (1988): *La crisis bancaria en España 1977-1985*, Ariel, Barcelona.
Cuervo-Arango, C. (1990): «Banca y desarrollo industrial en España», en Velarde, J.; García Delgado J. L., y Pedreño, A., *La industria española, Recuperación, estructura y mercado de trabajo*, Colegio de Economistas de Madrid, Madrid.
Cuétara, J. M. de la (1989): *El nuevo régimen de las aguas subterráneas en España*, Ed. Tecnos, Madrid.
Custodio, E. (1987): «Peculiaridades de la hidrología de los complejos palustres españoles», en *Seminario sobre bases científicas para la protección de los humedales en España*, Real Academia de Ciencias Exactas, Físicas y Nautales, Madrid, pp. 43-63.
Cholvi, F. (1989): «La gestión del abastecimiento de agua potable en el área metropolitana de Valencia», en Cabrera, E. y Sahuquillo, A. (edit.): *El agua en...*, pp. 261-273.
Chueca, F. (1977): *La destrucción del legado urbanístico español*, Ed. Espasa-Calpe, Madrid.
Chueca, F. (1987): *Estudios sobre espacios urbanos*, Instituto de Estudios de Administración Local, Madrid.
Dantín, J. (1929): *Geografía de España*, Espasa-Calpe, Madrid.
Dantín, J. (1942): *Regiones naturales de España*, CSIC, Instituto Juan Sebastián Elcano, Madrid.
Dantín, J. (1948): *Resumen fisiográfico de la Península Ibérica*, CSIC, Madrid.
Dávila, J. M. (1991): «La ordenación urbanística durante la primera mitad del siglo XX. Premisas para un tratamiento integral de los espacios urbanos», *Investigaciones Geográficas*, n.º 9, pp. 101-114.
Davy, L. (1978): *L'Ebre, Étude hydrologique*, Cartes et 2 Tomes, Lucette.
Dehesa, G. de la, y otros (1987): *Las inversiones extranjeras en España y españolas en el exterior*, Biblioteca de Economía Española, n.º 24, Orbis, Barcelona.
Del Moral, L. (1991): *La obra hidráulica en la cuenca baja del Guadalquivir (siglos XVIII-XIX)*, Universidad de Sevilla, Sevilla.
Del Río, C. (1988a): «Dinámica y distribución espacial de los servicios en España entre 1960 y 1985», *Papeles de Economía Española*, n.º 34, pp. 454-477.
Del Río, C. (1988b): «Por qué crece el sector terciario», *Papeles de Economía Española*, n.º 34.
Delgado, E. (1989): «Los centros urbanos, centros históricos», en *Geografía de Castilla y León*, vol. 6: «Las ciudades», Ámbito, Valladolid, pp. 45-91.
Delphi Consultores (1990): *Las vacaciones de los españoles en 1990*, Dirección General de Política Turística, Secretaría General de Turismo, Madrid.
Delsaut, P. (1992): «L'immobilier d'entreprise et l'Europe», *Les Cahiers de l'Institut d'Amenagement et d'Urbanisme de la Région d'Ile-de-France*, 100, pp. 31-38.
Deubner, C. (1983): «El capital extranjero en la industrialización ibérica», *Información Comercial Española*, n.º 595, pp. 85-95.

Díaz Álvarez, M. C., y otros (1988): *Agricultura y medio ambiente,* Ed. Centro de Publicaciones y Secretaría General Técnica, Madrid.
Díaz del Olmo, F. (1989): «Metodologías y criterios de selección de espacios naturales», *Supervivencia de los espacios naturales,* Casa de Velázquez y Ministerio de Agricultura, Madrid, pp. 745-753.
Díaz Lázaro-Carrasco, J. A. (1988): *Depuración de aguas residuales,* MOPU, Centro de Publicaciones, Madrid.
Díaz Pineda, F., y Valenzuela, M. (1989): «Los espacios naturales en áreas urbanas y periurbanas», *Supervivencia de los espacios naturales,* Casa de Velázquez y Ministerio de Agricultura, Madrid, pp. 335-348.
Díaz-Caneja, F. (1986): «El potencial hidroeléctrico de España», *Papeles de Economía Española,* n.º 29, pp. 163-180.
Díez Nicolás, J. (1971): *Tamaño, densidad y crecimiento de la población en España 1900-1960,* CSIC, Madrid.
Díez Nicolás, J., y Alvira, F. (1985): *Movimientos de población en áreas urbanas españolas,* CEOTMA, MOPU, Madrid.
Dirección de Estadística (1982): *Evolución de la población. Período 1900-1981,* San Sebastián.
Dirección General de la Producción Agraria (1987): *El sector hortofrutícola español: una panorámica actual,* MAPA, Madrid.
Domingo, C. (1988): «El trasvase Júcar-Turia», en Gil Olcina, A., y Morales Gil, A. (edit.): *Demanda y economía del agua en España,* Instituto de Estudios Juan Gil-Albert, Alicante, pp. 267-276.
Donezar, J. M. (1985): «Los bienes de los pueblos y la Desamortización», *Información Comercial Española,* n.º 623, pp. 69-82.
Donges, J. B. (1976): *La industrialización en España,* Oikos-tau, Barcelona.
Donges, J. B. (1985): *La industria española en la transición,* Orbis, Barcelona.
Donnay, J. P. (1985): «Methodologie de la localisation des bureaux», *Annales de Géographie,* n.º 522, pp. 152-173.
Douglass, W. A. (1978): *Los aspectos cambiantes de la España rural,* Ed. Barral, Barcelona.
Dumazedier, J. (1988): *Révolution culturelle du temps libre 1968-1988,* Sociétes Méridiens-Klincksieck, París.
Durán, J. J. (1985): «La empresa multinacional española», *Economía Industrial,* n.º 244, pp. 101-116.
Durán J. J., y López, J. (edits.) (1989): *El karst en España,* Monografía n.º 4, SEG, Madrid.
Durán, M. A. (1988): «El dualismo de la economía española. Una aproximación a la economía no mercantil», *Información Comercial Española,* n.º 655, pp. 9-26.
Edwards, A. (1988): *International Tourism Forecast to 1999,* The Economist Intelligence Unit Special Report.
Elena, A. Mª (1984): «La política de vivienda y la producción de espacio urbano (1939-1960)», *Boletín de la Real Sociedad Geográfica,* tomo CXX, pp. 63-80.
Elías, F., y Ruiz Beltrán, L. (1977): *Agroclimatología de España,* Instituto Nacional de Investigaciones Agrarias, Madrid.
Embleton, C. (edit.) (1983): *Geomorphology of Europe,* Verlag Chemie, 465 pp. (capítulos 11 al 13 inclusives, realizados por M. Sala).
Enseñat, A. (1979): «La industria papelera española y la política ambiental de las comunidades europeas», *Boletín informativo del Medio Ambiente,* n.º 11, pp. 45-63.
Enseñat, A. (1980): «La contaminación atmosférica en España y los medios para combatirla», *Boletín informativo del Medio Ambiente,* n.º 16, pp. 51-70.
Equipo de Geomorfología (1980): «Catálogo de los glaciares de la Península Ibérica (1979)», *Notes de Geografia Física,* n.º 3, pp. 35-55.

Escauriaza, L., y Pérez Simarro, R. (1985): *El impacto de la entrada de España en La CEE para las pequeñas y medianas empresas*, MINER, Madrid.
Escolano, S. (1989): «Aproximación a la distribución de la industria de servicios informáticos en España», *Geographicalia*, n.º 26, pp. 91-104.
Escribano, Mª, y otros (1991): *El paisaje*, MOPT, Madrid.
Eseca (1987): *Estrategias de localización industrial en España en la década de los ochenta*, Málaga.
Espí, J. (1980): *La política industrial española*, Instituto de Estudios Económicos, Madrid.
Espitia, M., y otros (1989): «La eficacia de los estímulos fiscales a la inversión en España», *Moneda y Crédito*, n.º 188, pp. 105-176.
Esteban, A. de (1981): *Las áreas metropolitanas en España: un análisis ecológico*, Madrid.
Estébanez, J. (1989): *Las ciudades. Morfología y estructura*, Col. Geografía de España n.º 13, Síntesis, Madrid.
Estevan, M. T. (1986): «La incidencia ambiental de la energía y sus costos», *Papeles de Economía Española*, n.º 29, pp. 187-201.
Esteve, R. (1983): *Turismo ¿Democratización o Imperialismo?*, Servicio de Publicaciones de la Universidad de Málaga, Málaga.
Etxezarreta, M. (1985): *La agricultura insuficiente*, MAPA, Madrid.
Etxezarreta, M. (coord.) (1991): *La reestructuración del capitalismo en España, 1970-1990*, Icaria-FUHEM, Barcelona.
Ezquiaga, J. M., Fernández, A. L., e Inglés, F. (1987): «Las colonias de viviendas unifamiliares: el discreto desencanto de la utopía», *Ciudad y Territorio*, pp. 71-86.
Fanjul, O. (1989): «La empresa pública en el sector de hidrocarburos», *Papeles de Economía Española*, n.º 38, pp. 322-339.
Fanjul, O.; Maravall, F.; Pérez Prim, J. M., y Segura, J. (1974): *Cambios en la estructura interindustrial de España*, Fundación Empresa Pública, Madrid.
Fariñas, J. C., y otros (1989): «La empresa pública industrial española: 1981-1986», *Papeles de Economía Española*, n.º 38, pp. 199-216.
Faus, A. (1989): «Los terremotos de 1748 en el Antiguo Reino de Valencia. Documentos de base y notas para su estudio», *Cuadernos de Geografía*, 45, pp. 35-50.
Feduchi, L. (1975 y 1976): *Itinerarios de arquitectura popular española. 2. La orla cantábrica, la España del hórreo, 3. Los antiguos reinos de las cuatro barras*, Blume, Barcelona.
Fenollar, R. J. (1978): *La formación de la agroindustria en España*, Ed. Servicio de publicaciones agrarias, MAPA, Madrid.
Fernández Alba, A., y Gaviria, C. (1986): *Crónicas del espacio perdido: la destrucción de la ciudad en España 1960-80*, MOPU, Madrid.
Fernández García, A. (1988): «Valoración crítica y alternativas a la política comunitaria de gestión de recursos pesqueros», *Revista de Estudios Agro-Sociales*, n.º 144, pp. 89-108.
Fernández García, A. (1993): «La cuenca carbonífera central», *Geografía de Asturias*, vol. 54, Ayalga Ediciones, Salinas.
Fernández Ordóñez, J. A., y otros (1984): *Catálogo de noventa presas y azudes anteriores a 1900*, CEHOPU, Madrid.
Fernández Sánchez, J. A. (1989): «La expansión periférica», en *Geografía de Castilla y León*, vol. 6: «Las ciudades», Ámbito, Valladolid, pp. 93-131.
Fernández Sánchez, J. A. (1991): *Promoción oficial de viviendas y crecimiento urbano de Valladolid*, Universidad de Valladolid, Secretaría de Publicaciones, Valladolid.
Ferrer, M. (1968): *La industria en la España cantábrica*, Moretón, Bilbao.
Ferrer, M. (1985): *La población en España: distribución geográfica*, Enciclopedia de Economía Española y Comunidad Económica Europea, n.º 31, Orbis, Barcelona.
Ferrer Regales, M. (1988): «El sistema de población urbano y rural en España», *Papeles de Economía Española*, n.º 34, pp. 209-239.

Ferrer Regales, M. (1988): «Transformations récentes de la croissance régionale, urbaine et rurale en Espagne», *Révue Géographique des Pyrénées et du Sud Ouest,* t. 59, n.º 4, pp. 413-422.
Ferrer, M. (1992): *Los sistemas urbanos,* Síntesis, Madrid.
Ferrer, M.; Ciscar, I., y Luri, V. (1992): «Reestructuración y revitalización urbanas. Barcelona-Sevilla 92 y Bilbao metropolitano», en AA.VV.: *Cambios urbanos y políticas territoriales. Barcelona y Sevilla 92. Bilbao. Pamplona,* EUNSA, Pamplona, pp. 271-304.
Ferrer, M., y Precedo, A. (1981): «El sistema de localización urbano e industrial», en AA.VV.: *La España de las Autonomías,* Espasa-Calpe, Madrid, vol. I, pp. 299-368.
Ferreras, C. (1983): «Aproximación a la problemática general de los pisos de vegetación en la España mediterránea», *Anales de Geografía de la Universidad Complutense,* n.º 3, pp. 145-160.
Ferreras, C., y Arozena, M. E. (1987): *Guía Física de España 2. Los bosques,* Alianza, Madrid.
Ferrero, E. (1988): «De la renovación a la rehabilitación urbanística», *Estudios Territoriales,* n.º 28, pp. 121-142.
Figuerola, M. (1985-1986): «Tendencias y problemas del turismo actual», *Revista de Estudios Regionales,* extraordinario, vol. VI, pp. 17-40.
Fillat, F., y otros (1988): «Sistemas ganaderos de montaña», *Agricultura y Sociedad,* n.º 46, pp. 119-190.
Flores, C. (1973): *Arquitectura popular española,* Aguilar, Madrid.
Flores, C. (1979): *La España popular,* Madrid, 413 p. (6040/XV-4/10).
Floristán, A. (1976): «Régimen del Ebro medio», *Cuadernos de Investigación de Logroño,* 2, pp. 3-17.
Floristán, A. (1988): *España, país de contrastes geográficos naturales,* Col. Geografía de España, vol 2, Síntesis, Madrid.
Folch, R. (1976): «El incendio forestal, fenómeno biológico», *Cuadernos de Ecología Aplicada,* 1, pp. 7-32.
Font, I. (1983): *Climatología de España y Portugal,* Instituto Nacional de Meteorología, Madrid.
Fourneau, F., y Marchena, M. (1991): *Ordenación y desarrollo del turismo en España y en Francia,* Casa de Velázquez-MOPT, Madrid.
Fraga, M. (dir.) (1972): *La España de los años 70,* vol. I: *La Sociedad,* Madrid.
Fremont, A.; Chevalier, J.; Herin, R., y Renard, J. (1984): *Géographie sociale,* Masson, París.
Frutos, L. M. (1990): «Aragón», en Bosque, J., y Vilà, J. (dirs.): *Geografía de España,* vol. 6, Planeta, Barcelona.
Fuentes, E. (1985): «Una economía en crisis (1973-1985)», *Enciclopedia de la Economía Española y Comunidad Económica Europea,* Orbis, Barcelona.
Fundación FIES (1981): «Los trabajadores en paro», *Papeles de Economía Española,* n.º 8, pp. 40-66.
Gallego, D. (1986): «Transformaciones técnicas de la agricultura española en el primer tercio del siglo XX», en Garrabou, R., y otros (eds.): *Historia agraria de la España Contemporánea,* Crítica, Barcelona.
Gallego, F. (1980): *Los comienzos de la industrialización en España,* Ed. de la Torre, Madrid.
Gallo, M. A., y García, C. (1989): «La empresa familiar en la economía española», *Papeles de Economía Española,* n.º 39-40, pp. 67-87.
Gamella, M. (1988): *Parques tecnológicos e innovación empresarial,* Fundesco, Madrid.
Gámir, A. (1986): «Las sedes sociales de las 500 primeras empresas de España: su implantación en Madrid», en Méndez, R., y Molini, F. (coord.): *Descentralización productiva...*

Gámir, A. (1988): *Los centros de gestión en Madrid*, Universidad Complutense, Madrid.
Gámir, A. (1989): «El terciario decisional en Madrid», en AA.VV.: *Madrid, presente y futuro*, Akal, Madrid.
Gámir, A. (1991): «La terciarización de la industria en la ciudad», en Méndez, R. (coord.): *Reestructuración industrial en los espacios urbanos,* Grupo de Geografía Industrial, Madrid, Documentos de Trabajo, n.º 1.
Gámir, A., y otros (1989): «Terciarización económica y desarrollo regional», *Anales de Geografía de la Universidad Complutense de Madrid*, 9, pp. 123-144.
Gámir, L. (coord.) (1986): *Política económica de España*, Alianza, Madrid.
Gandullo, J. M. (1984): *Clasificación básica de los suelos españoles*, Fundación Conde del Valle de Salazar, Madrid.
García Alcolea, R., y Esteras, M. (1989): «Consumo y ahorro energético en el transporte: una perspectiva de finales de los años 80», *T. T. C.,* 40, pp. 3-42.
García Alonso, J. M. (1987): «El carbón en España», *Situación*, n.º 2, Banco de Bilbao, pp. 32-53.
García Alonso, J. M., e Iranzo, J. (1988): *La energía en la economía mundial y en España*, Editorial AC, Madrid.
García Álvarez-Coque, J. M. (1989): «La desprotección agraria y la productividad de la agricultura española en el marco de la Comunidad Europea», *Información Comercial Española*, n.º 666, pp. 131-152.
García Azcárate, T. (1984): «Consecuencias sobre las distintas agriculturas regionales de la sustitución del apoyo de la política agraria española por la PAC», *Agricultura y Sociedad*, n.º 30, pp. 99-136.
García-Badell, G. (1963): *Introducción a la historia de la agricultura española*, CSIC, Madrid.
García Ballesteros, A. (1984): «Cambios y permanencias en la distribución espacial de la población española (1978-1981)», *Anales de Geografía de la Universidad Complutense*, n.º 4, pp. 83-110.
García Ballesteros, A. (1984): «El precio del suelo», *Jornadas de Geografía y Urbanismo*, Junta de Castilla y León, Salamanca, pp. 125-142.
García Ballesteros, A., y Bosque Sendra, J. (1987): «Comportements electoraux et chômage en Espagne (1977-1986)», *Géographie Sociale. Travaux et Documents,* n.º 7, pp. 307-321.
García Barbancho, A. (1967): *Las migraciones interiores españolas. Estudio cuantitativo desde 1900*, Estudios del Instituto de Desarrollo Económico.
García Barbancho, A. (1982): *Población, empleo y paro*, Pirámide, Madrid.
García Barbancho, A., y Delgado, M. (1988): «Los movimientos migratorios interregionales en España desde 1960», *Papeles de Economía Española*, n.º 34, pp. 240-266.
García Bellido, J. (1982): «La especulación del suelo, la propiedad privada y la gestión urbanística», *Ciudad y Territorio*, n.º 53, pp. 45-72.
García Bellido, J., y González, (1980): *Para comprender la ciudad. Claves sobre los procesos de producción del espacio*, Nuestra Cultura, Madrid.
García Calatayud, M. L., y otros (1985): *La política industrial y los incentivos regionales en España y en Europa*, MINER, Madrid.
García de Blas, A. (1980): «La distribución espacial del paro en España», *Papeles de Economía Española*, n.º 4, pp. 196-212.
García de Blas, A. (1990): «De la crisis de los setenta a la expansión de los ochenta en España», *Información Comercial Española*, n.º 676-677, pp. 89-104.
García de Mercadal, J. (1952): *Viajes de extranjeros por España y Portugal desde los tiempos remotos hasta fines del siglo XVI*, Aguilar, Madrid.
García Delgado, J. L. (1975): *Orígenes y desarrollo del capitalismo en España*, Edicusa, Madrid.

García Delgado, J. L. (1977): «Los problemas del crecimiento industrial en España», *Boletín de Estudios Económicos*, n.º 102.
García Delgado, J. L. (1980): «Problemas de la industria española. Una visión de conjunto», en Carballo, R.: *Crecimiento económico y crisis estructural en España (1959-1980)*, Akal, Madrid, pp. 407-426.
García Delgado, J. L. (dir.) (1989): *España. Economía*, Espasa Calpe, Madrid.
García Delgado, J. L., y Roldán, S. (1973): «Contribución a la crisis de la agricultura tradicional en España: los cambios decisivos de la última década», *La España de los años 70*, t. II, *La economía*, Madrid, pp. 253-323.
García Doñoro, P. (1988): «La incidencia en España de la política comunitaria de recursos pesqueros», *Revista de Estudios Agro-Sociales*, n.º 144, pp. 71-88.
García Echevarría, S. (1989): *El reto empresarial español. La empresa española y su competitividad*, Ed. Díaz de Santos, Madrid.
García Fernández, J. (1965): *La emigración exterior de España*, Ariel, Barcelona.
García Fernández, J. (1974): *Crecimiento y estructura urbana de Valladolid*, Los Libros de la Frontera, Barcelona.
García Fernández, J. (1975): *Organización del espacio y economía rural en la España Atlántica*, Siglo XXI, Madrid.
García Fernández, J. (1980): *Introducción al estudio geomorfológico de Las Loras*, Dto. Geografía, Valladolid.
García Fernández, J. (1986): *El clima en Castilla y León*, Ámbito, Valladolid.
García Fernández, J. L. (1986): *La plaza en la ciudad y otros espacios significativos*, Blume, Madrid.
García Ferrando, M., y Briz, J. (1986): «Cambio de la estructura agraria española durante el período censal 1962-1982», *Estudios Agro-Sociales*, n.º 138, pp. 13-44.
García Ferrer, A. (1979): *Migraciones internas, crecimiento del empleo y diferencias interregionales de salarios de España*, Dto. Economía Agraria, Madrid.
García García, C. E., y Sanz, L. (1990): «La demanda de servicios para la producción de las empresas asentadas en el suroeste metropolitano», *Economía y Sociedad*, n.º 4, pp. 137-166.
García González, L. (1991): «Las inundaciones en Extremadura: problemática y futuro», *XII Congreso Nacional de Geografía*, Asociación de Geógrafos Españoles, Valencia, pp. 159-165.
García Greciano, B. (1990): «Evolución de la productividad en el sector servicios», *Papeles de Economía Española*, n.º 42, pp. 137-149.
García Lahiguera, F. (1987): «Las áreas españolas de gravitación comercial», *Información Comercial Española*, n.º 647, pp. 41-56.
García Martín, P., y Sánchez Benito, J. M. (1986): *Contribución a la historia de la trashumancia en España*, MAPA, Madrid.
García Martínez, E. (1983): «El sistema de transportes ante el nuevo modelo de Estado», en *El Estado de las Autonomías y el sistema de transportes*, Ministerio de Transportes, Madrid, pp. 133-190.
García Mercadal, F. (1930): *La casa popular en España*, Espasa-Calpe, Madrid.
García Rollán, M. (1981): *Claves de la flora de España*, Mundi-Prensa, Madrid.
García Ruiz, J. M. (1988): «La evolución de la agricultura de montaña y sus efectos sobre la dinámica del paisaje», *Estudios Agro-Sociales*, n.º 146, pp. 7-38.
García Ruiz, J. M., y Martín, Mª C. (1992): *El régimen de los ríos de la Rioja*, Instituto de Estudios Riojanos, Logroño.
García Ruiz, J. M., y Puigdefábregas, J. (1984): «Inestabilidad de laderas en el Pirineo aragonés: tipos de movimientos y su distribución geográfica», *Jornadas de trabajo sobre inestabilidad de laderas en el Pirineo*, Universidad Politécnica de Barcelona, Barcelona.

García Uyarra, A., y otros (1987): *La casa en España I: antecedentes*, Cuadernos de la Dirección General para la Vivienda y Arquitectura, MOPU, Madrid.

García Yagüe, A. (1984): «Coste social de la inestabilidad de laderas y métodos de corrección», *Jornadas de trabajo sobre inestabilidad de laderas en el Pirineo*, Universidad Politécnica de Barcelona, Barcelona.

García Yagüe, A., y García Álvarez, J. (1988): «Grandes deslizamientos españoles», *II Simposio sobre taludes y laderas inestables*, Govern d'Andorra, Andorra, pp. 599-612.

García-Durán, J. A. (1984): «Organización industrial española», *Estudios de Economía Industrial Española*, pp. 15-32.

Garmendia, J. A. (1981): *La emigración española en la encrucijada. Marco general de la emigración de retorno*, Centro de Investigaciones Sociológicas, Madrid.

Garmendia, J. A., y otros (1989): *Meteorología y climatología ibéricas*, Ed. Universidad de Salamanca, Salamanca.

Garrabou, R.; Barciela, C., y Jiménez Blanco, J. I. (eds.) (1986): *Historia agraria de la España contemporánea,* Crítica, Barcelona.

Garrido, J., y otros (1991): *Prospectiva de las ocupaciones y la formación en la España de los noventa*, Ministerio de Economía y Hacienda, Madrid.

Gaviria Labarta, M. (1973): «El desarrollo regional contra la sociedad rural. El neorruralismo como modo de vida», *Revista de Estudios Agro-Sociales*, n.º 84, pp. 48-69.

Gaviria Labarta, M.: (1978) «La competencia rural-urbana por el uso de la tierra», *Agricultura y Sociedad*, n.º 7, pp. 245-261.

Georges, P. (1961): «Un essai original de classification des villages», *Annales de Géographie,* n,º 377, pp. 77-78.

Gerschenckron, A. (1970): *Atraso económico e industrialización*, Ariel, Barcelona.

Gershuny, I. J., y Miles, Í. D. (1983): *La nueva economía de servicios*, Ministerio de Trabajo y Seguridad Social, Madrid.

Giese, W. (1951): «Los tipos de casa de la península Ibérica», *Revista de Dialectología y T P*, n.º 4, pp. 563-601.

Gil Olcina, A. (1968): «El régimen del río Guadalentín», *Cuadernos de Geografía*, 5, pp 163-181.

Gil Olcina, A. (1982): «Crisis y transferencia de las propiedades estamental y pública», *La propiedad de la tierra en España*, Alicante, pp. 11-51.

Gil Olcina, A. (1987): «Marco institucional y propiedad de la tierra», *Estructura y regímenes de tenencia de la tierra en España*, MAPA, Secretaría General Técnica, Madrid, pp. 23-60.

Gil Olcina, A., y Morales, A. (edit.) (1988): *Demanda y economía del agua en España*, Instituto de Estudios Juan Gil-Albert, Alicante, 498 pp.

Gil Olcina, A., y Morales, A. (edit.) (1989): *Avenidas fluviales e inundaciones en la cuenca del Mediterráneo*, Instituto Universitario de Geografía, Alicante.

Gil Olcina, A., y Morales, A. (edit.) (1992): *Hitos históricos de los regadíos españoles*, MAPA, Madrid.

Gilbert, D. C. (1992): «Perspectivas de desarrollo del turismo rural», *Revista Valenciana d'Estudis Autonòmics*, n.º 13, pp. 167-194.

Giráldez, E. (1983): «Geografía de los centros de decisión empresariales. Los casos de España y Francia», *Situación*, n.º 1, pp. 52-83.

Giráldez, E. (1988): «Comportamiento inversor de los sectores de alta tecnología 1975-1985. Tendencias espaciales», *Papeles de Economía Española*, n.º 34, pp. 431-454.

Giráldez, M. T., y Gómez, T. (1988): «Empleo y paro a nivel regional: 1976-1986», *Papeles de Economía Española*, n.º 34, pp. 267-298.

Gómez Ayau, E. (1961): *El Estado y las Grandes Zonas Regables*, Ministerio de Agricultura, Madrid.

Gómez Ayau, E. (1978): «De la Reforma Agraria a la Política de Colonización», *Agricultura y Sociedad*, n.º 7, pp. 87-123.
Gómez Benito, C., y otros (1987): *La política socioestructural en zonas de agricultura de montaña en España y en la CEE*, MAPA, Madrid.
Gómez Mendoza, J. (1974): «El régimen del río Henares», *Boletín de la Real Sociedad Geográfica*, 110, pp. 97-141.
Gómez Mendoza, A. (1982): *Ferrocarriles y cambio económico en España: 1855-1913*, Alianza, Madrid.
Gómez Mendoza, J. (1983): «Estructuras y estrategias comerciales urbanas en España», *Ciudad y Territorio*, n.º 1, pp. 5-23.
Gómez Mendoza, J. (1992): «Los orígenes de la política de protección de la naturaleza en España: la iniciativa forestal en la declaración y gestión de los Parques», en Cabero, V., y otros (edit.): *El medio rural español. Cultura, paisaje y naturaleza*, Universidad de Salamanca, Salamanca, pp. 1039-1051.
Gómez Mendoza, J. (1992): *Ciencia y política de los montes españoles (1848-1936)*, ICONA, Madrid.
Gómez Mendoza, J., y Mata, R. (1993): «Actuaciones forestales públicas desde 1940. Objetivos, criterios y resultados», en Gil Olcina, A., y Morales Gil, A. (edit.): *Medio siglo de cambios agrarios en España*, Instituto Juan Gil-Albert, Alicante, pp. 151-190.
Gómez Mendoza, J., y Ortega, N. (dir.) (1992): *Naturalismo y geografía en España*, Fundación Banco Exterior, Madrid.
Gómez Muñoz, R. (1988): «Nuevas tipologías y modelos de localización industrial en España surgidos tras la crisis», *Estudios Regionales*, n.º 22, pp. 83-112.
Gómez Orbaneja, A. (1984): «Apoyo gubernamental a la agricultura. Su evolución y evaluación», *Moneda y Crédito*, n.º 168, pp. 35-51.
Gómez Orbaneja, A., y Checchi, A. (1980): *La agricultura española ¿rezagada o descarriada?*, Moneda y Crédito, Madrid.
Gómez Orea, D. (1988): *Evaluación del impacto ambiental de proyectos agrarios*, MAPA, Madrid.
Gómez Pérezagua, R. (1985): «La administración y las inversiones españolas en el exterior», *Economía Industrial*, n.º 244, pp. 125-131.
González Yanci, P., y Aguilar, M. J. (1989): «La diferenciación espacial del envejecimiento demográfico en los núcleos urbanos españoles», *II Jornadas sobre Población Española*, Universitat de les Illes Balears, pp. 249-262.
Gorgoni, M. (1987): «¿Por qué la política estructural es tan limitada?», *Estudios Agro-Sociales*, n.º 140, pp. 247-264.
Gormsen, E. (1984): «Repercusiones del "boom" de los años sesenta en el urbanismo español», *Estudios Geográficos*, n.º 176, pp. 303-328.
Gozálvez, V. (1981): «Las grandes explotaciones agrarias actuales en el País Valenciano», en Gil Olcina, A. (eds.): *La propiedad,* pp. 213-232
Granados, V. (1991): «El impacto de la tecnología en el sector del turismo y el ocio», Universidad Menéndez Pelayo, Sevilla.
Gribbin, J., y otros (1988): *El libro del clima. El Tiempo en España*, Folio, Madrid.
Grimalt, M. (1992): *Geografia del risc a Mallorca: les inundacions*, Institut d'Estudis Baleàrics, Palma de Mallorca.
Groome, H. J. (1989): *La evolución de la política forestal en el Estado Español desde el siglo XIX hasta la actualidad*, Universidad Autónoma de Madrid, Madrid.
Grupo de Estudios de Historia Rural (1991): *Estadísticas históricas de la producción agraria española, 1859-1935*, MAPA, Madrid.
Grupo de Trabajo sobre los Problemas del Empleo (1981): «Población, actividad y ocupación en España», *Papeles de Economía Española*, n.º 6, pp. 209-235.

Gual, J. (1987): «La industria del automóvil y las políticas de integración de mercado en la Comunidad Europea», *Economía Industrial*, n.º 258, pp. 89-102.

Guardino, V. (1983): «Orígenes, expansión, producción y mercado del tabaco en España», *Cuadernos Geográficos de la Universidad de Granada*, n.º 13, pp. 147-180.

Guedes, M. (1987): «La modernisation de l'agriculture en Espagne: quelques questions», *Pyrénées et du Sud-Ouest*, t. 58, n.º 2, pp. 161-183.

Guerra, A. (1968): *Mapas de suelos de España*, CSIC, Madrid.

Gutiérrez Puebla, J. (1984): *La ciudad y la organización regional*, Cincel, Madrid.

Gutiérrez Puebla, J. (1985a): Estructura nodal del Mediterráneo noroccidental español: una aproximación a partir de datos de flujo telefónico. Barcelona, *I Conferencia Económica del Mediterráneo Noroccidental*.

Gutiérrez Puebla, J. (1985b): Organización funcional del espacio periurbano madrileño. Murcia, *IX Coloquio de Geografía*.

Gutiérrez Puebla, J. (1988): «Crisis y perspectivas de futuro en el transporte colectivo del medio rural», *Estudios Geográficos*, n.º 193, pp. 559-580.

Gutiérrez Puebla, J., y otros/MOPT (1992): *Accesibilidad a los centros de actividad económica en España*. MOPT, Madrid.

Gutiérrez Ronco, S. (1984): *La función hotelera en Madrid*, CSIC, Madrid.

Haro, T., y Titos, A. (1982): «Evolución de las dependencias entre los sectores agroalimentarios de la economía española», *Estudios Agro-Sociales*, 118, pp. 47-68.

Hawkins, D., y Brent, J. R. (edit.) (1991): *World Travel and Tourism Review. Indicators, trends and forecasts*, vol. 1, CAB Internacional, Oxford.

Heras, R. (1983): *Recursos hidráulicos. Síntesis, metodología y normas*, Coop. Publicaciones del Colegio de Ingenieros de Caminos, Canales y Puertos, Madrid.

Hernández Andreu, J. (1986): *España y la crisis de 1929*, Espasa Calpe, Madrid.

Hernández Armenteros, J. (1985-1986): «La financiación oficial a la actividad turística en España (1965-1984)», *Estudios Regionales*, extra VI, pp. 141-168.

Hernández Martín, M. A. (1988): «El transporte en España: notas sobre la nueva regulación del subsector de transporte público de viajeros», *Moneda y Crédito*, n.º 186, pp. 23-40.

Herráez. I., y otros (1989): *Residuos Urbanos y Medio Ambiente*, Universidad Autónoma de Madrid, Madrid.

Houck, J. P. (1988): *Comercio exterior agrario. Fundamentos y análisis*, Mundi-Prensa, Madrid.

Houssel, J. P. (1985): *De la industria rural a la economía sumergida*, Inst. Alfonso el Magnánimo, Valencia.

Huerta, F. (1984): *Lluvia media en la España peninsular*, INM, Madrid.

Huetz de Lemps, A. (1976): *L'Espagne*, Masson, París.

Huetz de Lemps, A. (1989): *L'economie de l'Espagne*, Masson, París.

Huidobro, M. L. (1989): «Energía y planificación», *Información Comercial Española*, n.º 670-671, pp. 17-34.

Ibáñez, Mª J. (1975): «El endorreismo del sector central de la Depresión del Ebro», *Cuadernos de Investigación*, pp. 35-48.

Ibáñez, Mª J. (1983): «Las grandes cuencas hidrográficas y su relación con la estructura peninsular», *Geographicalia*, 17, pp. 3-24.

ICONA (1975): *Inventario forestal nacional: estimaciones comarcales y mapas*, MAPA, Madrid.

ICONA (1979): *Las coníferas en el primer inventario forestal nacional*, MAPA, Madrid.

ICONA (1980): *Las frondosas en el primer inventario forestal nacional*, MAPA, Madrid.

IEA (1987): *Estructura de la comercialización del ganado en España*, CSIC, Madrid.

IGN (1991): *Atlas Nacional de España,* sección VI: *Actividades industriales*, Instituto Geográfico Nacional, Madrid.

INE (1964): *Censos Agrarios de España 1962, 1972, 1982 y 1989*, Madrid.
INE (1974): *Las migraciones interiores en España. Decenio 1961-1970*, Madrid.
INE (1980): *Evolución de la población española en el período 1961-1978*, Madrid.
INE (1986): *Disparidades económico-sociales de las provincias españolas. Ensayo de análisis de componentes*, Madrid.
INE (1987): *Proyección de la población española para el período 1980-2010*, I. *Resultados para el conjunto nacional*, Madrid.
INE (1991): *Encuesta sobre la estructura de las Explotaciones Agrícolas 1987, por CC.AA.* Madrid.
INE (1991): *Indicadores sociales*, Madrid.
Información Comercial Española (1991): *Inversión extranjera en España e inversión española en el exterior*, Madrid.
Instituto Nacional de Fomento a la Exportación (1987): *La empresa española ante el Mercado Común. Aspectos sectoriales*, INFE, Madrid.
Instituto Nacional de Meteorología (1984): *Radiación solar en España*, Madrid.
Instituto Nacional de Meteorología: *Boletín Meteorológico Diario*, Madrid.
ITGE (1989): *Mapa del Cuaternario de España. Escala 1/1. 000. 000*; coord.: Pérez González, A., y otros, ITGE, Madrid.
ITUR (1986): *Estudio sobre problemas y tendencias territoriales en las viviendas y los equipamientos. La vivienda en el territorio: situación actual, diagnóstico y recomendaciones*, MOPU, Madrid.
ITUR (1987): *Pautas de localización territorial de las empresas industriales*, MOPU, Madrid.
Izquierdo, R. (1981): «El modelo de transporte», en *La España de las Autonomías*, Espasa-Calpe, Madrid, I, pp. 367-479.
Izquierdo, R. (1988): «La financiación de la infraestructura de transporte», *Información Comercial Española*, n.º 659, pp. 23-54.
Jaén, R. (1988): «La incidencia en España de la política comunitaria de estructuras pesqueras», *Estudios Agro-Sociales*, n.º 144, pp. 57-70.
Jaumandreu, J., y otros (1989): «Tamaños de las empresas, economías de escala y concentración de la industria española», *Papeles de Economía Española*, n.º 39-40, pp. 132-148.
Jiménez, E. (1992): «La contaminación atmosférica en Cartagena. Causas, estrategias y elementos de control», en *El control de la contaminación atmosférica*, Diputació de Barcelona, Barcelona, pp. 201-212.
Jiménez, J. I. (1986): «El nuevo rumbo del sector agrario español (1900-1936)», «Introducción», en Garrabou, R., (eds.): *Historia agraria de la España Contemporánea,* Crítica, Barcelona, pp. 9-141.
Jordán, J. M. (1989): *España frente a los terceros países mediterráneos*, Generalitat Valenciana, Valencia.
Jordana, J., y Pulgar, J. (1980): «Situación y problemas actuales de la industria agroalimentaria española, *Estudios Agro-Sociales,* n.º 111, pp. 35-62.
Josling, T., y Andrada, F. (1987): «La Política Agrícola Común y la adhesión de España y Portugal», *Estudios Agro-Sociales*, n.º 140, pp. 158-182.
Juárez, C. y Canales, G. (1988): «Colonización agraria y modelos de hábitat (siglos XVIII y XIX)», *Agricultura y Sociedad*, n.º 49, pp. 333-354.
Julivert, M., y otros (1974): *Mapa tectónico de la Península Ibérica y Baleares, Escala 1/1.000. 000*, IGME, Madrid.
Junta Consultiva Agronómica (1904): *El regadío en España*, Ministerio de Agricultura, Industria, Comercio y Obras Públicas, Madrid.
Junta Consultiva Agronómica (1918): *Medios que se utilizan para suministrar el riego a las tierras y distribución de los cultivos en la zona regable*, Ministerio de Fomento, Madrid.

Jurdao, F. (1979): *España en venta: compra de suelos por extranjeros y colonización de campesinos en la Costa de Sol*, Ayuso. Madrid.

Jürgens, O. (1991): *Ciudades españolas: su formación y desarrollo urbanísticos*, INAP-MAP, Madrid.

Kaplinsky, R. (1987): *Microelectrónica y empleo*, Ministerio de Trabajo y Seguridad Social, Madrid.

Kindelan, J. M. (1980): «Política industrial y energética», en Carballo, R.: *Crecimiento económico y crisis estructural en España (1959-1980)*, Akal, Madrid, pp. 427-452.

La Roca, N. (1990): *Evolución de laderas en la montaña meridional valenciana*, Universidad de Valencia, Valencia.

Labasse, J. (1984): «Les congrés, activité tertiarie de villes privilegées», *Annales de Geographie*, n.º 520, pp. 687-703.

Laborde, P. (1984): «Espaces ruraux et villes-centres en Espagne», *Rev. Geographie des Pyrénées et du Sud-Ouest*, t. 5, fas. 4, pp. 495-506.

Lafuente, A., y otros (1985): «Financiación, rentabilidad y crecimiento de la nueva y pequeña empresa española», *Economía Industrial*, n.º 246, pp. 43-62.

Lafuente, A., y Pérez, R. (1988): «Balance y perspectivas de las ZUR», *Papeles de Economía Española*, n.º 35, pp. 219-234.

Landabaso, M., y Díez, M. A. (1989): «Regiones de antigua industrialización: orígenes, evolución y características», en SPRI: *Regiones europeas de antigua industrialización, propuestas frente al reto tecnológico*, Bilbao, pp. 19-64.

Larrea, S. (1983): «Diagnóstico de la agroindustria española: por debajo de sus posibilidades», *Situación*, n.º 2, pp. 5-29.

Larrea Gayarre (coord.) (1988): *Cambio social y estructura de las empresas,* II Congreso Mundial Vasco, Deusto, Bilbao.

Lasanta, T. (1990): «Tendances actuelles de l'organisation spatiale des montagnes espagnoles», *Annales de Géographie*, n.º 551, pp. 51-71.

Lassibille, G. (1986): «El papel del capital humano en la agricultura española», *Agricultura y Sociedad*, n.º 40, pp. 37-66.

Lautensach, H. (1967): *Geografía de España y Portugal*, Vicens Vives, Barcelona.

Lázaro, F.; Elías, F., y Nieves, M. (1978): *Regímenes de humedad de los suelos de la España peninsular*, MAPA, Madrid.

Lázaro, L. (1992). «La política regional comunitaria y los Fondos Estructurales ante el Mercado Único», *Estudios Territoriales*, n.º 38, pp. 17-42.

Leal, J. L., y otros (1975): *La agricultura en el desarrollo capitalista español (1940-1970)*, Siglo XXI, Madrid.

Leguina, J., y Naredo, J. M. (1973): «El sector agrario, fuente de mano de obra», *Información Comercial Española*, n.º 476, pp. 73-107.

Lerena, L. A. (1989): «La estrategia de la banca española ante el reto del mercado único», *Situación*, n.º 1989-1.

Liceras, A. (1989): «El I. N. C., instrumento de la política agraria en la era de Franco», *Cuadernos Geográficos de la Universidad de Granada*, n.º 16-17, pp. 57-78.

Liss, C. C. (1987): «Evolución y estado actual de la Concentración Parcelaria en España», *Estudios Agro-Sociales*, n.º 139, pp. 9-30.

Lles, C. (1991): «Ciudad y demanda de servicios en los años noventa», en AA.VV.: *Las grandes ciudades: debates y propuestas*, Colegio de Economistas de Madrid, Madrid.

Llorens, V., y Rodríguez, J. (1991): *Els espais naturals protegits a Espanya*, Edicions Alfons el Magnànim, Valencia.

López Bermúdez, F. (1973): *La Vega Alta del Segura*, Dto. Geografía Universidad de Murcia, Murcia.

López Bermúdez, F. (1987): «Morfología derivada de la minería a cielo abierto en la Sierra

de Cartagena», *Anales de Geografía de la Universidad Complutense*, 7, pp. 134-144.
López Bermúdez, F. (1989): «La contaminación del río Segura, causas y efectos ambientales», en *Los paisajes del agua*, Universidades de Valencia y Alicante, Valencia, pp. 385-394.
López Bermúdez, F. (1992): «Deterioro ambiental en las tierras de regadío por plaguicidas y fertilizantes», en Cabero, V., y otros (edit.): *El medio rural español. Cultura, paisaje y naturaleza*, Universidad de Salamanca, Salamanca, pp. 119-132.
López Bermúdez, F. (1992): «La erosión del suelo, un riesgo permanente de desertificación», *Ecosistemas*, 3, pp. 10-13.
López Bermúdez, F., y Albaladejo, J. (1990): «Factores ambientales de la degradación del suelo en el área mediterránea», en Albaladejo, J., y otros (edit.): *Degradación y regeneración del suelo en condiciones ambientales mediterráneas*, CEBAS, Murcia, pp. 14-45.
López Bermúdez, F., Gómez, A., y Tello, B. (1989): «El relieve», en *Geografía de España*, t. 1, *Geografía Física*, Planeta, Barcelona.
López Bermúdez; F., y Rodríguez Estrella, T. (1990): «Neotectónica, sismicidad y su incidencia en la ordenación del territorio», *Boletín de la Asociación de Geógrafos Españoles*, 10, pp. 3-19.
López Bermúdez, F., y Thornes, J. B. (edits.) (1986): *Estudios sobre geomorfología del sur de España*, Universidad de Murcia. Murcia.
López, G. (1982): *Guía de los árboles y arbustos en la Península Ibérica*, Incafo, Madrid.
López Gómez, A. (1956): «Las heladas de febrero de 1956 en Valencia», *Estudios Geográficos*, 59, pp. 299-366.
López Gómez, A. (edit.) (1993): *El clima de las ciudades españolas*, Cátedra, Madrid.
López Gómez, A., y otros (1988): *El clima urbano de Madrid: la isla de calor*, Instituto de Economía y Geografía Aplicadas, Madrid.
López Gómez, A., y otros (1983): «Lluvias catastróficas mediterráneas», *Estudios Geográficos*, 170-171, 316 pp.
López Gómez, A., y Fernández García, F. (1981): «La contaminación atmosférica. Distribución espacial y variaciones estacionales», *Madrid: estudios de geografía urbana*, Instituto Juan Sebastián Elcano, Madrid, pp. 71-100.
López Gómez, J., y López Gómez, A. (1959): «El clima de España según la clasificación de Köppen», *Estudios Geográficos*, 75, pp. 167-188.
López Groh, F. (coord.) (1987): *Áreas metropolitanas en la crisis*, Ministerio de Obras Públicas y Urbanismo, Madrid.
López López, A., y Mella, X. (1991): «Inversiones directas extranjeras en servicios», *Economistas*, n.º 47 extraordinario, pp. 328-331.
López Martínez, J. (1988): «El riesgo debido a los aludes», en Ayala F. J., y Durán, J. J. (edit.): *Riesgos geológicos*, Instituto Geológico y Minero de España, Madrid, pp. 215-225.
López Olivares, D. (1990): *Espacio turístico y residencial en la provincia de Castellón,* Sociedad Castellonense de Cultura, Castellón de la Plana.
López Ontiveros, A. (1978): *El sector oleícola y el olivar: oligopolio y coste de recolección.* MAPA, Madrid.
López Ontiveros, A. (1980): «De una pequeña propiedad a un latifundio disperso: el proceso de acumulación (1940-1979)», *Agricultura y Sociedad*, 17, pp. 133-180.
López Ontiveros, A. (1980): *¿Qué pasa con el olivar?*, Granada.
López Ontiveros, A., y Valle, B. (1987): «Implicaciones agrarias del turismo cinegético español», *IV Coloquio de Geografía Agraria*, Canarias, pp. 85-94.
López Palomeque, F. (1988): «Geografía del Turismo en España: una aproximación a la distribución espacial de la demanda turística y de la oferta de alojamiento», *Documents d'Anàlisi Geogràfica*, Univ. Aut. Barcelona, n.º 13, pp. 35-64.

López Pita, A. (1987): «El transporte de viajeros y mercancías por ferrocarril», *Situación,* 1987/1, pp. 114-131.
López Pita, A. (1990): «La inserción de la red ferroviaria española en la malla europea de alta velocidad», *Urbanismo,* n.º 10, pp. 48-57.
López Trigal, L. (1987): «Los estudios sobre lugares centrales en España y Portugal», *Anales de Geografía de la Universidad Complutense,* n.º 7, pp. 451-462.
López Trigal, L. (1990): «La situación de los ferrocarriles de vía estrecha en España, entre el factor competencia y las políticas de transporte», *Estudios Geográficos,* 198, pp. 170-174.
López Trigal, L. (1990): «Problemas urbanos en las áreas metropolitanas», *Estudios Territoriales,* n.º 33, pp. 121-146.
López Trigal, L. (1991): «Geografía y Administración en España», *Boletín de la AGE,* n.º 12.
López-Camacho, B. (1991): «Infraestructura y usos actuales del agua», en *El agua en España,* IIE, Madrid, pp. 55-66.
López-Pinto, V. (1980): «Sociedades de Desarrollo Industrial», *Estudios Regionales,* n.º 6, pp. 241-262.
Lorenzo Pardo, M. (1933): *Plan Nacional de Obras Hidráulicas,* Ministerio de Obras Públicas, Centro de Estudios Hidrográficos, Madrid.
Losada, A. (1991): «Uso del agua en la agricultura», *El agua en España,* Instituto de la Ingeniería de España, Madrid, pp. 67-86.
Lostado, R. (1985): «La política común de la pesca en la CEE y España», *Revista de Estudios Agro-Sociales,* n.º 131, pp. 39-71.
Machado, A. (ed.) (1988): *Los parques nacionales. Aspectos jurídicos y administrativos,* MAPA, Madrid.
Maestre, F. (1988): «Análisis de la evolución reciente del sector eléctrico español. Significación de las empresas públicas», *Economía Industrial,* n.º 262, pp. 97-118.
Malefakis, E. (1976): *Reforma agraria y revolución campesina en la España del siglo XX,* Ariel, Barcelona.
Malefakis, E. (1978): «Análisis de la Reforma Agraria durante la Segunda República», *Agricultura y Sociedad,* n.º 7, pp. 35-53.
Maluquer, J., y Nadal, J. (1985): *Catalunya, la fàbrica d'Espanya. Un segle d'industrialització catalana, 1833-1936,* Ajuntament de Barcelona, Barcelona.
Mancha, T. (1984): «Perfil industrial de las regiones españolas: de la especialización a la crisis», *Información Comercial Española,* 609, pp. 37-56.
Mancho, M. (1978): *Emigración y desarrollo español,* Instituto Español de Emigración, Madrid.
Manero, F. (1985): *La industria en Castilla y León. Dinámica, caracteres e impacto,* Ámbito, Valladolid.
Manero, F., y Pascual, H. (1989): «La industria y los espacios industriales», en Bielza, V., *Territorio y sociedad en España,* 2 tomos, Taurus, Madrid, pp. 225-286.
Mangas, J. M. (1984): *La propiedad de la tierra en España: los Patrimonios Públicos: herencia contemporánea de un reformismo inconcluso,* MAPA, Madrid.
Mangas, J. M. (1993): «Tierras marginales: una vía para la reforma agraria», *Agricultura y Sociedad,* n.º 27, pp. 151-186.
Manzanares, R. (1983): «Instrumentos de fomento de la exportación», *Información Comercial Española,* n.º 599-600, pp. 101-112.
MAPA (1986): *Ayudas nacionales a los sectores agrario y alimentario,* Secretaría General Técnica, Madrid.
MAPA (1988): *Agricultura periurbana,* MAPA, Madrid.
MAPA (1989): *Supervivencia de los espacios naturales,* MAPA, Madrid.

MAPA (1990): *La alimentación en España 1990*, MAPA, Madrid.
MAPA (1991): *La agricultura, la pesca y la alimentación en 1990*, MAPA, Madrid.
Maravall, F. (1987): *Economía y política industrial en España*, Pirámide, Madrid.
Maravall, F., y Pérez Simarro, R. (coord.) (1984): *Estudios de economía industrial española: estructura y resultados de las grandes empresas industriales*, MINER, Madrid.
Maravall, F., y Rodríguez, J. (1982): *Exportación y tamaño de las empresas industriales españolas,* IMPI, MINER, Madrid.
Maravall, F., y Rodríguez, J. (1983): «La influencia del tamaño empresarial sobre la exportación industrial española», *Información Comercial Española*, n.º 594, pp. 77-96.
Marchena, M. (1987): *Territorio y Turismo en Andalucía. Análisis a diferentes escalas espaciales*, Dirección General de Turismo, Junta de Andalucía, Sevilla.
Marchena, M. (1990): «Implicaciones territoriales de la política turística en Andalucía», *Geografía de Andalucía*, Tartessos, Sevilla, pp. 328-348.
Marchena, M. (1992): «Turismo y parques naturales en Andalucía», en Cabero, V., y otros (edit.): *El medio rural español. Cultura, paisaje y naturaleza*, Universidad de Salamanca, Salamanca, pp. 1205-1215.
Marchena, M. (coord.) (1992): *Ocio y turismo en los Parques Naturales Andaluces*, Dirección General de Turismo, Junta de Andalucía, Sevilla.
Margalef, R., y otros (1975): *Introducción al estudio de los lagos pirenaicos*, ICONA, Madrid.
Margalef, R.: *Limnología*, Omega, Barcelona.
Marín, J. M. (1987): *Estudio hidrológico de la cuenca alta y media del río Gállego,* tesis de Geografía de la Universidad de Zaragoza, 3 vols.
Martín, C., y otros (1990): *Estimación de la distribución regional de las actividades de I+D,* Fundación Empresa Pública de Marid.
Martín Galindo, J. L. (1988): *Almería. Paisajes Agrarios. Paisaje y Sociedad*, Secretariado de Publicaciones de la Universidad de Valladolid y Diputación Provincial de Almería, Valladolid.
Martín Mateo, R., y otros (1989): *El reto del agua*, Diputación de Alicante, Alicante.
Martín Mendiluce, J. M. (1981): *El agua en España*, Estudios Hidrográficos, MOPU, Madrid.
Martín Vide, J. (1993): «Los climas urbanos en Cataluña», en López Gómez, A. (edit.): *El clima de las ciudades españolas*, Cátedra, Madrid, pp. 147-203.
Martín-Vivaldi, Mª E. (1989): *Estudio hidrográfico de la «Cuenca Sur» de España*, tesis Dto. de Geografía de la Universidad de Granada, 3 vols.
Martín-Guzmán, M. P., y Martín-Pliego, F. J. (1990): «El consumo en servicios de las familias españolas», *Papeles de Economía Española*, n.º 42, pp. 174-192.
Martínez de Pisón, E. (1972): *La destrucción del paisaje natural en España*, Cuadernos para el Diálogo, Madrid, suplemento 31, 38 pp.
Martínez de Pisón, E. (1977): «La evolución antrópica y la transformación voluntaria de los paisajes naturales», en *Medio Físico, Desarrollo Regional y Geografía*, Universidad de Granada, Granada, pp. 157-169.
Martínez de Pisón, E., y Arenillas, M. (1988): «Los glaciares actuales del Pirineo español», en *La nieve en el Pirineo español*, Dirección General de Obras Hidráulicas, Madrid, pp. 29-98.
Martínez de Pisón, E., y Arenillas, M. (1989): «Inventario y clasificación de los espacios naturales españoles», *Supervivencia de los espacios naturales*, Casa de Velázquez y Ministerio de Agricultura, Madrid, pp. 843-849.
Martínez de Pisón, E., y Quirantes, F. (1981): *El Teide. Estudio geográfico*, Interinsular Canaria, Santa Cruz Tenerife.
Martínez de Pisón, E., y otros (1989): *Atlas de geomorfología*, Alianza, Madrid.

Martínez Goytre, J., y otros (1987): *Avenidas e inundaciones*, MOPU, Madrid.
Martínez Salcedo, F. (1989): «Las políticas de ordenación global e integrada en los espacios naturales», *Supervivencia de los espacios naturales*, Casa de Velázquez y Ministerio de Agricultura, Madrid, pp. 745-753.
Martínez Serrano, J., y otros (1983): *Economía española: 1960-1980. Crecimiento y cambio estructural*, Blume, Madrid.
Martínez Vicente, S., y otros (1987): «Posibilidades actuales de la ganadería extensiva en las zonas de montaña», *Jornadas de Estudios sobre la Montaña*, León, pp. 55-86.
Marzol, V. (1987): «La contaminación atmosférica en Santa Cruz de Tenerife (Islas Canarias)», *Finisterra*, XXII, 43, pp. 162-181.
Masachs, V. (1948): *El régimen de los ríos peninsulares*, CSIC, Instituto «Lucas Mallada» de Investigación Geológica, Barcelona.
Masachs, V., y García Tolsa, J. (1960): *Hidrología de España*, Teide, Barcelona.
Massagué, G. (1992): «Análisis de los datos de contaminación atmosférica obtenidos en el Área Metropolitana de Barcelona», en *El control de la contaminación atmosférica*, Diputació de Barcelona, pp. 111-133.
Masser, I.; Sviden, O., y Wegener, M. (1992): *The Geography of Europe's Futures*, Belhaven Press, Londres.
Mata, R. (1992): «Los orígenes de la política de espacios protegidos en España: la relación de "Sitios notables" de los distritos forestales (1917)», en Cabero, V., y otros (edit.): *El medio rural español. Cultura, paisaje y naturaleza*, Universidad de Salamanca, Salamanca, pp. 1067-1077.
Mateu, J. F. (1989): «Ríos y ramblas mediterráneos», en Gil Olcina, A. (edit.): *Avenidas fluviales e inundaciones en la cuenca del Mediterráneo,* Instituto Universitario de Geografía, Alicante, pp. 133-150.
Mateu, J. F. (1990): «Avenidas y riesgo de inundación en los sistemas fluviales mediterráneos de la Península Ibérica», *Boletín de la Asociación de Geógrafos Españoles*, 10, pp. 45-86.
Mateu, J. F. (1992): «Morfogénesis mediterránea en tiempos históricos: limitaciones de un debate geoarqueológico», en *Estudios de arqueología ibérica y romana*, Servicio de Investigación Prehistórica, Valencia, pp. 671-686.
Mateu, J. F., y Carmona, P. (1991): «Riesgos de inundación en las riberas del Turia y Xúquer», en *XII Congreso Nacional de Geografía*, Asociación de Geógrafos Españoles, Valencia, pp. 237-256.
Maure, M. A. (1991): *La Ciudad Lineal de Arturo Soria*, Colegio Oficial de Arquitectos de Madrid, Madrid.
Maurín, M. (1987): «Introducción al estudio geográfico de las cuencas mineras españolas», *Ería*, n.º 12, pp. 5-24.
Medina, S. (1980): «Estructura del sector químico en España en 1980», *Información Comercial Española*, n.º 563, pp. 107-117.
Meléndez, F., y otros (1979): *Excursiones geológicas por la región central de España*, Paraninfo, Madrid.
Melón, A. (1958): «De la división de Floridablanca a la del 1833», *Estudios Geográficos*, n.º 71, pp. 173-220
Melón, A. (1977): «Modificaciones del mapa municipal de España a través de un siglo (1857-60 a 1960)», *Estudios Geográficos*, 148-149, pp. 829-851.
Mella, J. M. (1988): «Los flujos interregionales de excedentes en España (1979-1985)», *Estudios Regionales*, n.º 22, pp. 191-206.
Mella, J. M. (1990): «Análisis de la depresión socioeconómica de los municipios y comarcas de España», *Estudios Territoriales*, n.º 32, pp. 111-128.
Méndez, R. (1986): *Actividad industrial y estructura territorial en la región de Madrid*, Comunidad de Madrid, Madrid.

Méndez, R. (1988): «El plano urbano. Análisis y comentario», en Carrera, C. y otros: *Trabajos prácticos de Geografía Humana*, Síntesis, Madrid.
Méndez, R. (1988): «Las actividades industriales», en *Geografía de España*, 10, Síntesis, Madrid.
Méndez, R. (1990): «Las actividades industriales», en Bosque, J. y Vilà, J. (dirs.): *Geografía de España*, Planeta, Barcelona, pp. 73-230.
Méndez, R. (coord.) (1991): *Reestructuración industrial en los espacios urbanos*, Grupo de Geografía Industrial, Madrid, Documentos de Trabajo n.º 1.
Méndez, R., y Caravaca, I. (1992): «Revitalización industrial de las áreas metropolitanas españolas», *Estudios Regionales*, n.º 33, pp. 83-114.
Méndez, R., y Caravaca, I. (1993): *Procesos de reestructuración industrial en las aglomeraciones metropolitanas españolas*, MOPT, Madrid.
Méndez, R., y Molinero, F. (1991): *Espacios y sociedades. Introducción a la geografía regional del mundo*, Ariel, Barcelona, 4.ª ed.
Méndez, R., y Rodríguez Moya, J. (1991): «Innovación tecnológica y desequilibrios territoriales en España», *Estudios Territoriales*, n.º 37, pp. 29-52.
Meseguer, J. L. (1985): «España y la nueva organización internacional de la pesca», *Estudios Agro-Sociales*, n.º 131, pp. 21-39.
Mezcua, J., y Udías, A. (edit.) (1991): *Seismicity, seismotectonic and seismic risk of the Ibero-Maghrebian Region*, Instituto Geográfico Nacional, Madrid.
Miguel, A. de (1982): *Diez errores sobre la población española*, Tecnos, Madrid.
Miguel, C. de (1988): «La participación femenina en la actividad económica. Estructura y Tendencias», *Información Comercial Española*, n.º 655, pp. 37-56.
Millán, A. (1988): «Teoría económica y política de estructuras agrarias», *Estudios Agro-Sociales*, 143, pp. 217-224.
MINER (1976): *Estructura industrial de España*, 2 t., Secretaría General Técnica, Madrid.
MINER (1979): *Situación energética de la industria. Sector transporte*, Centro de Estudios de la Energía, Madrid.
MINER (1983): *Libro blanco de la reindustrialización*, Madrid.
MINER (1984): *El ciclo industrial en España*, Madrid.
MINER (1987): *España en Europa: un futuro industrial. La política industrial en el horizonte 1992*, Tabapress, Madrid.
MINER (1991): *Informe sobre la industria española 1990*, Ministerio de Industria, Madrid.
Mingo, J. (1991): «La contaminación de las aguas superficiales», en *El agua en España*, Instituto de la Ingeniería de España, Madrid, pp. 103-124.
Ministerio para las Administraciones Públicas (1989): *Entidades locales en España*, Secretaría General Técnica, Madrid.
Ministerio de Economía y Hacienda (1991): *Catastro Inmobiliario Rústico 1990*, Centro de Gestión Catastral y Cooperación Tributaria, Madrid.
Ministerio de Industria (1991): *Informe sobre la industria española, 1990,* Ministerio de Industria, Madrid.
Ministerio de Obras Públicas y Transportes (1992): *Plan de Infraestructuras*, Madrid.
Ministerio de Trabajo y Seguridad Social (1986): *Panorama de la emigración española en Europa*, Madrid.
Ministerio de Transportes (1983): *El estado de las Autonomías y el Sistema de Transporte*, Madrid.
Ministerio de Transportes y Comunicaciones (1983): *Atlas Climático de España*, Madrid.
Ministerio de Transporte, Turismo y Telecomunicaciones (1990): *Los transportes, el turismo y las comunicaciones. Informe anual*. MTTC, Madrid.
Miossec, J. M. (1977): «Un modèle de l'espace touristique», en *L'Espace Géographique*, n.º 1, pp. 41-48.

Mira, J. (1990): «Inversión extranjera en inmuebles durante 1990», en Información Comercial Española: *Inversión extranjera en España e inversión española en el exterior*, Secretaría de Estado de Comercio, Madrid.
Mira Rodríguez, J. (1986): «Génesis del reparto modal en el transporte de mercancías en España», *TTC*, 23, pp. 60-74.
Molero, J. (1985): «Las inversiones españolas en Portugal y la exportación de la tecnología española», *Información Comercial Española*, n.º 622, pp. 53-70.
Molero, J. (1986): «Innovación tecnológica en la minería española», *Papeles de Economía Española*, n.º 29, pp. 202-226.
Molina, M. (1990): «Fuentes de energía y recursos minerales», en Bosque, J., y Vila, J. (dirs.): *Geografía de España*, Planeta, Barcelona, t. 3, pp. 9-72.
Molina, M., y Chicharro, E. (1988): *Fuentes de energía y materias primas*, Col. Geografía de España, Síntesis, Madrid.
Molinero, F. (1990): *Los espacios rurales*, Ariel, Barcelona.
Molinero, F., y Alario, M. (1987): «La expansión del cultivo del maíz en la España comunitaria: problemas y perspectivas», *IV Coloquio de Geografía Agraria*, Canarias, pp. 510-522.
Molinero, F., y Baraja, E. (1992): «La salinización de los suelos en los regadíos de Castilla y León», en Cabero, V., y otros (edit.): *El medio rural español. Cultura, paisaje y naturaleza*, Universidad de Salamanca, Salamanca, pp. 169-180.
Molinero, F., y Martínez, M. (1991): «Los incendios forestales en una región del mundo mediterráneo: Castilla y León», *Castilla y León en Europa*, Centro de Documentación Europea, Valladolid, 29.
Moliné, F. (1989): *Tecnología, medio ambiente y territorio*, Fundesco, Madrid.
Molla, M. (1992): «El conocimiento naturalista de la Sierra de Guadarrama. Ciencia, educación y recreo», en Gómez Mendoza, J., y Ortega, N. (edit.): *Naturalismo y geografía en España*, Fundación Banco Exterior, Madrid, pp. 275-345.
Monchón, F., y otros (1988): *Economía española 1964-1987. Introducción al análisis económico*, MacGraw Hill, Madrid.
Montalvo, J. (1992): «Interpretación ecológica de la erosión y desertificación», *Ecosistemas*, 3, pp. 14-17.
Montanari, A, (1992) (edit.): *Il turismo nelle regioni rurali della CEE: la tutela del patrimonio naturale et culturale*, Edizioni Scientifiche Italiane, Napoles.
Montes, C., y Martino, P (1987): «Las lagunas salinas españolas», en *Seminario sobre bases científicas para la protección de los humedales en España*, Real Academia de Ciencias Exactas, Físicas y Naturales, Madrid, pp. 95-145.
Montoya, J. M. (1980): *Los alcornocales*, MAPA, Madrid.
Montoya, J. M. (1989): *Encinas y encinares*, Mundi-Prensa, Madrid.
MOPT (1993): *Documentos de Análisis, 1/93, Resultados muestrales sobre suelo, población y vivienda derivados del planeamiento aprobado en municipios de tamaño medio*, MOPT; Secretaría General de Planificación y Concertación Territorial, Madrid, 1993, 11 pp. + Anexo
MOPU (1981): *Análisis territorial. Estudio y valoración de efectivos demográficos*, Madrid.
MOPU (1986): *La vivienda y la economía nacional,* Dirección General de la Vivienda y Arquitectura, Madrid.
MOPU (1986): *Ecosistemas vegetales del litoral mediterráneo español*, Madrid.
MOPU (1986): *Las nuevas áreas residenciales en la formación de la ciudad*, Instituto Territorio y Urbanismo, Madrid.
MOPU (1986): *Las nuevas áreas residenciales en la formación de la ciudad: materiales de reflexión para su definición por el planeamiento,* MOPU, Madrid.

MOPU (1987): *Áreas metropolitanas en la crisis,* Instituto del Territorio y Urbanismo, Madrid.
MOPU (1987): *Áreas rurales con capacidad de desarrollo endógeno,* Instituto del Territorio y Urbanismo, Madrid.
MOPU (1987): *Arquitectura en Regiones Devastadas,* Secretaría General Técnica, Madrid.
MOPU (1987): *Industrialización en áreas rurales,* Instituto del Territorio y Urbanismo, Madrid.
MOPU (1987): *La casa en España. I. Antecedentes, II. Morfología, III. Experiencia y uso, IV. Fichas,* Cuadernos de la Dirección General de Vivienda y Arquitectura, Madrid.
MOPU (1987): *Pautas de localización territorial de empresas industriales,* Instituto del Territorio y Urbanismo, Madrid.
MOPU (1987): *Proceso de formulación de las políticas de desarrollo local. La experiencia española,* Madrid.
MOPU (1988): *Ayudas financieras de la CEE en Materia de Medio Ambiente,* Madrid.
MOPU (1988): *Cambios de la población en el territorio,* Instituto del Territorio y Urbanismo, Madrid.
MOPU (1988): *Gestión pública rural,* Madrid.
MOPU (1988): *La nieve en el Pirineo español,* Dirección General de Obras Hidráulicas, Madrid.
MOPU (1989): *La información para el medio ambiente. Presente y futuro,* Secretaría General Técnica, Madrid.
MOPU (1989): *Medio Ambiente en España,* Monografías Dirección General Medio Ambiente, Madrid.
MOPU (1990): *Plan Hidrológico. Síntesis de la documentación básica,* Dirección General Obras Hidráulicas, Madrid.
Moral Santín, J. A. (1980): «El capitalismo español y la crisis», en Carballo, R.: *Crecimiento económico y crisis estructural en España (1959-1980),* Akal, Madrid, pp. 115-192.
Moral Santín, J. A., y otros (1980): «La formación del capitalismo industrial en España (1855-1959)», en Carballo, R.: *Crecimiento económico y crisis estructural en España (1959-1980),* Akal, Madrid, pp. 11-64.
Morales, A. (1988): «Trasvases de recursos hídricos en España», en Gil Olcina, A.: *Demanda y economía del agua en España,* Instituto de Estudios Juan Gil-Albert, Alicante, pp. 239-253.
Morales, A., y Juárez, C. (1981): «Cambio en los usos del agua», *Estudios Geográficos,* n.º 165, pp. 375-395.
Moreno Jiménez, A. (1985): «Problemas urbanísticos en pequeños municipios: un estudio de casos», *Estudios Geográficos,* n.º 181, 417-446.
Moreno, A. (1987): «Concentración de la población y jerarquía de asentamientos en España. Evolución y perspectivas», *Estudios Territoriales,* n.º 24, pp. 77-108.
Moreno, A., y Escolano, S. (1992a): *Los servicios y el territorio,* Síntesis, Madrid.
Moreno, A., y Escolano, S. (1992b): *El comercio y los servicios por la producción y el consumo,* Síntesis, Madrid.
Moreno Torregrosa, P. (1986): *El Mercado Común frente a la agricultura española,* Vanguardia Obrera S. A., Madrid.
Moya, C. (1975): *El poder económico en España (1939-1970),* Tucar, Madrid.
Moya, L. (1983): *Barrios de promoción oficial. Madrid 1939-1976,* Madrid.
Muñoz, C., y Lázaro, L. (1980): «El desarrollo desigual en España», en Carballo, R.: *Crecimiento económico y crisis estructural en España (1959-1980),* Akal, Madrid.
Muñoz, D. y Udías, A. (1991): «Three large historical earthquakes in Southern Spain», en Mezcua, J., y Udías, A. (edit.): *Seismicity, seismotectonic and seismic risk of the Ibero-Maghrebian Region,* Instituto Geográfico Nacional, Madrid, pp. 175-182.

Muñoz Jiménez, J. (1980): «Ensayo de clasificación sintética de los climas de la España Peninsular y Baleares», *Estudios Geográficos*, n.º 160, pp. 267-302.
Muñoz-Pérez, F., e Izquierdo, A. (1989): «L'Espagne, pays d'inmigration», *Population*, n.º 2, pp. 257-290.
Muro, J. D. (1988): «Características espaciales del mercado de trabajo», *Papeles de Economía Española*, n.º 34, pp. 308-332.
Myro, R. (1987): «Las grandes empresas industriales españolas. Una comparación con el resto de los países de la CEE», *Economía Industrial*, n.º 557, pp. 135-156.
Myro, R. (1988): «La industria: expansión, crisis y reconversión», en García Delgado, J. L. (dir.): *España. Economía*, Espasa-Calpe, Madrid, pp. 197-230.
Nadal, E. (1980): «Los orígenes del regadío en España», *Revista de Estudios Agro-Sociales*, n.º 113, pp. 7-38.
Nadal, E. (1981): «El regadío durante la restauración. La política hidráulica (1875-1902)», *Agricultura y Sociedad*, n.º 19, pp. 129-164.
Nadal, F. (1987): *Burgueses, burócratas y territorio*, Instituto de Estudios de Administración Local, Madrid.
Nadal, J. (1975): *El fracaso de la Revolución Industrial en España 1814-1913*, Ariel, Barcelona.
Nadal, J. (1984): *La población española (siglos XVI al XX)*, Ariel, Barcelona.
Nadal, J., y Carreras, A. (dirs.) (1990): *Pautas regionales de la industrialización española (siglos XIX y XX)*, Ariel, Barcelona.
Nadal, J., Carreras, A., y Martín Aceña, P. (1988): *España: 200 años de tecnología*, Ministerio de Industria y Energía, Madrid.
Nadal, J., Carreras, A., y Sudrià, C. (compils.) (1987): *La economía española en el siglo XX, Una perspectiva histórica*, Ariel, Barcelona.
Nadal, J., y Tortellá, G. (eds.) (1974): *Agricultura, comercio colonial y crecimiento económico en la España contemporánea*, Ariel, Barcelona.
Nadal, J., y otros (1986): *La industria española: retos y problemas*, Biblioteca de Economía Española, n.º 18, Orbis, Barcelona.
Naredo, J. M. (1971): *La evolución de la agricultura en España. Desarrollo capitalista y crisis de producción de las formas tradicionales*, Estela, Barcelona.
Naredo, J. M. (1980): «La agricultura española en el desarrollo económico», en Carballo, R.: *Crecimiento económico...*, pp. 343-366.
Naredo. J. M. (1988): «Diez años de agricultura española», *Agricultura y Sociedad*, n.º 46, pp. 9-36.
Navarro, A., y López, J. A. (1991): «Contaminación de las aguas subterráneas», en *El agua en España*, Instituto de la Ingeniería de España, Madrid, pp. 125-158.
Navarro, A., y otros (1989): *Las aguas subterráneas en España. Estudio de síntesis*, Instituto Tecnológico Geominero de España, Madrid.
Navarro, M. (1990): *Política de reconversión: balance crítico*, Eudema, Madrid.
Nieves, M., y otros (1988): *Clave de los suelos españoles*, Mundi-Prensa, Madrid.
Novales, A. (1989): «La incorporación de la mujer al mercado de trabajo en España: participación y ocupación», *Moneda y Crédito*, n.º 188, pp. 243-288.
Novales, A., y otros (1987): *La empresa pública industrial en España*, FEDESA, Madrid.
OCDE (1986): *Espagne*, EEO, París.
OCDE (1987): *Flexibilidad y mercado de trabajo. El debate actual*, Ministerio de Trabajo y Seguridad Social, Madrid.
Olábarri, I. (1981): «La cuestión regional en España, 1808-1939», en *La España de las Autonomías*, Espasa-Calpe, Madrid, t. I, pp. 111-199.
Oliveras, J. (1987): «Espacio, crisis económica y flujos financieros (1970-1985)», *Geocrítica*, n.º 72.

Oliveras, J. (1991): «La Geografía de las finanzas», *Boletín de la AGE*, n.º 12.
Ollero, A. (1991): *Los meandros libres del río Ebro (Logroño-La Zaida)*, Universidad de Zaragoza, Zaragoza, 3 vols.
OMT (1988): *Estudio económico del turismo mundial: el turismo en la crisis económica y el predominio de la economía de los servicios*, Organización Mundial del Turismo, Madrid.
OMT (1989): *Informe sobre el desarrollo del turismo: Políticas y tendencias*, Organización Mundial del Turismo, Madrid.
OMT (1992): *Compendio de estadísticas del turismo, 1986-1990*, Organización Mundial del Turismo, Madrid.
Ordóñez, M. A. F., y otros (1988): *España en la Europa de los Doce*, Cámara de Comercio e Industria de Madrid, Madrid.
Ortega Alba, F. (1991): «Incertidumbre y riesgos ambientales», *XII Congreso Nacional de Geografía*, Asociación de Geógrafos Españoles, Valencia, pp. 99-108.
Ortega Cantero, N. (1979): *Política Agraria y dominación del espacio*, Ayuso, Madrid.
Ortega Cantero, N. (1983): «El proceso de mecanización y adaptación tecnológica del espacio agrario español», *Agricultura y Sociedad*, n.º 27, pp. 81-150.
Ortega Cantero, N. (1992): «La concepción de la geografía en la Institución Libre de Enseñanza y en la Junta para la Ampliación de Estudios e Investigaciones Científicas», en Gómez Mendoza, J., y Ortega, N. (edit.): *Naturalismo y geografía en España*, Fundación Banco Exterior, Madrid, pp. 19-77.
Ortega Hernández-Agero, C. (coord.) (1989): *El libro rojo de los bosques españoles*, Adena, Madrid.
Ortega Valcárcel, J. (1975): *Residencias secundarias en España y espacio de ocio en España*, Dpto. de Geografía, Valladolid.
Ortuño, F., y Ceballos, L. (1977): *Los bosques españoles*, Incafo, Madrid.
Oya, J. J. (1985): «La pesca marítima», *Enciclopedia de la Economía Española*, n.º 83 y 84, Orbis, Barcelona, pp. 113-144.
Palazuelos, E. (coord.) (1988): *Dinámica capitalista y crisis actual*, Akal, Madrid.
Palla, O.(1988): «El comercio exterior español de frutas y hortalizas», *Información Comercial Española*, n.º 660-661, pp. 121-142.
Paniagua, J. L. (1989): «El libro negro de la vivienda en España», *Alfoz*, n.º 69-70, pp. 101-120.
Panizo, F., y Ramírez, R. (1988): «Las SODI como instrumento de la promoción empresarial», *Papeles de Economía Española*, 35, pp. 235-350.
Papeles de Economía Española (1990): *El sector servicios en España*, Papeles de Economía Española, n.º 42.
Parde, M. (1964): «Les régimes fluviaux de la Péninsule Ibérique», *Revue de Geographie de Lyon*, vol. 39, n.º 3, pp. 129-182.
Pardo, C., y Olivera, A. (991): «Trascendencia del vaciado industrial en las transformaciones urbanas recientes», en Méndez, R.: *Reestructuración industrial en los espacios urbanos*, Grupo de Geografía Industrial, Madrid, pp. 23-36.
Pardo, J. E. (1991): *La erosión antrópica en el litoral valenciano*, Conselleria d'Obres Públiques, Valencia.
Peñarrocha, D., y Pérez Cueva, A. (1991): «Rachas máximas y temporales de viento extraordinarios entre el delta del Ebro y el Mar Menor», *XII Congreso Nacional de Geografía*, Asociación de Geógrafos Españoles, Valencia, pp. 187-197.
Pérez Cueva, A. (1983): «La sequía de 1978-82. ¿Excepcionalidad o inadaptación?», *Agricultura y Sociedad*, 27, pp. 225-244.
Pérez Cueva, A. (1988): «Notas sobre el concepto de los métodos de estudios y la génesis de las sequías», *Cuadernos de Geografía*, 44, pp. 139-144.

Pérez Iglesias, M. L., y Romaní, R. G. (1984): «El comercio exterior de España», *Aportación española al XXV Congreso Geográfico Internacional*, pp. 239-254.
Pérez Moreda, V. (1985): «La población española del siglo XIX y primer tercio del siglo XX», *Información Comercial Española*, n.º 623, pp. 27-38.
Pérez Moreda, V., y Reher, D. S. (1988): *Demografía histórica en España*, Arquero, Madrid.
Pérez Pérez, E. (1980): «Criterios jurídicos para la solución del problema de la sobreexplotación de acuíferos en España», *Estudios Agro-sociales*, n.º 111, pp. 123-168.
Pérez Puchal, P. (1967): «Los embalses y el régimen de los ríos valencianos», *Estudios Geográficos*, 107, pp. 149-196.
Pérez Touriño, E. (1983): *Agricultura y capitalismo. Análisis de la pequeña producción campesina*, MAPA, Secretaría General Técnica, Madrid.
Perpiñá, R. (1972): *De economía hispana. Infraestructura, historia,* Ariel, Barcelona.
Peset, M. (1982): «Dos ensayos sobre la historia de la propiedad de la tierra», *Revista de Derecho Privado*, Madrid.
Reguera, A. (1986): *Transformación del espacio y política de colonización*, Santiago García, León.
Piñeiro, R. (1987): *Geografía de España. Comercio y Transportes*, Síntesis, Madrid.
Piore, M., y Sabel,C. (1990): *La segunda ruptura industrial*, Alianza, Madrid.
Piqueras, J. (1988) «Salinización de los acuíferos en el litoral del Golfo de Valencia. El caso de Sagunt», en Gil Olcina, A., y Morales Gil, A. (edit.): *Demanda y economía...*, pp. 179-187.
Pita, M.ª F. (1990): «Reflexiones en torno a la sequía», *Boletín de la Asociación de Geógrafos Españoles*, 10, pp. 21-39.
Plana, J. A. (1978): «Una aportación al estudio hidrológico del Llobregat», *Revista de Geografía*, XII-XIII, pp. 29-44.
Plana, J. A. (1991-1992): «Aproximación a los recursos energéticos del Pirineo catalán», *Notes de Geografia Física*, 20-21, pp. 157-170.
Polunin, O. (1989): *Guía fotográfica de las flores silvestres de España y Europa*, Omega, Barcelona.
Ponce, G. J. (1990): «La estructura sociodemográfica», en Pedreño, A., y Vera, J. F. (dir.): *Libro Blanco del Turismo en la Costa Blanca*, Cámara de Comercio, Alicante, vol. 2, pp. 203-227.
Portillo, L. (1981): «La construcción naval española», *Información Comercial Española*, n.º 577, pp. 111-136.
Prados, L. (1988): *De imperio a nación. Crecimiento y atraso económico en España (1780-1930)*, Alianza, Madrid.
Prais, S. J. (1985): *Productividad y estructura industrial*, Ministerio de Trabajo y Seguridad Social, Madrid.
Precedo, A. (1981): «Transformaciones espaciales y sectoriales de la industria en las regiones españolas (1955-1978)», *Geographicalia*, n.º 10, pp. 37-78.
Precedo, A. (1987): «La estructura terciaria del sistema de ciudades en España», *Estudios Territoriales*, n.º 24, pp. 53-76.
Precedo, A. (1988): *La red urbana*, Col. Geografía de España, Síntesis, Madrid.
Precedo, A., y Villarino, M. (1992): *La localización industrial*, Síntesis, Madrid.
Presidencia del Gobierno (1968): *Plan de Desarrollo Económico y Social, I Plan, II Plan*, Comisión de Agricultura, Madrid.
Presidencia del Gobierno (1977): *Incidencia del Transporte en el desarrollo regional*, Subsecretaría de Planificación, Madrid.
Prieto, E. (1988): *Agricultura y atraso en la España contemporánea. Estudio sobre el desarrollo del capitalismo*, Endymion, Madrid.
Puigdefábregas, J. (1992): «Mitos y perspectivas sobre la desertificación», *Ecosistemas*, 3, pp. 18-22.

Pumares, P. (1991): «Tendencias recientes en la promoción de espacios de oficinas en Madrid: los parques empresariales de la Moraleja y de las Rozas», *XII Congreso Nacional de Geografía*, Valencia.
Puyol, R. (1978): «Las fuentes de energía en España: petróleo, energía nuclear y energías de sustitución», *Paralelo 37*, n.º 2, pp. 81-116.
Puyol, R. (1979): *Emigración y desigualdades regionales en España*, E.M.E.S.A., Madrid.
Puyol, R. (dir.) (1987-1991): *Geografía de España*, Síntesis, Madrid, 18 vols.
Puyol, R. (1988): *La población española*, col. Geografía de España, Síntesis, Madrid.
Puyol, R., Estébanez, J., y Méndez, R. (1988): *Geografía humana*, Cátedra, Madrid.
Quelle, O. (1952): «Densidad de población y tipos de poblamiento de distintas religiones españolas», *Estudios Geográficos*, XLIX, pp. 699-720
Quirós, F. (1968): «Notas sobre núcleos de población españoles de planta rectangular», *Estudios Geográficos*, 111, pp. 293-324.
Quirós, F. (1991): *Las ciudades españolas en el siglo XIX*, Ámbito, Salamanca.
Racionero, L. (1981): *Sistemas de ciudades y ordenación del territorio*, Alianza, Madrid.
Racionero, L., y otros (1988): *La naturaleza en España. Los parques nacionales*, Lunwerg, Barcelona.
Reclús (1989): *Les villes européennes*, Datar, París.
Redondo, J. M. (1988): *Las minas de carbón a cielo abierto en la provincia de León. Transformación del medio y explotación de recursos no renovables*, Biblioteca de Castilla y León, León.
Requeijo, J. (1990): «Lo que fuimos y los que somos. 50 años de economía española: 1939-1989», *Información Comercial Española*, n.ᵒˢ 676-677, pp. 5-18
Riba, O. (1992): «La rambla de Barcelona: passeig i riera», *Muntanya*, 781, pp. 97-100.
Ribas, E., y Montllor, J. (1989): «Autopistas de peaje: el modelo español», *Papeles de Economía Española*, n.º 38, pp. 409-433.
Richardson, H. W. (1976): *Política y planificación del desarrollo regional en España*, Alianza, Madrid.
Río, C. del (1988): «Dinámica y distribución espacial de los servicios en España entre 1960 y 1985», *Papeles de Economía Española*, n.º 34, pp. 454-481.
Río, F., y Rodríguez, F. (1992): *Os ríos galegos. Morfoloxía e réxime*, Consello da Cultura Galega, Santiago de Compostela.
Ríos, A. de los (1988): *Política energética española de 1973 a 1988*, Universidad de Valladolid, Valladolid.
Ríos, F. (1984): *El agua en la Cuenca del Ebro*, Instituto Fernando el Católico, Zaragoza.
Rivas Goday y Rivas Martínez, S. (1957): *Estudio y clasificación de los pastizales españoles*, Ministerio de Agricultura, Madrid.
Rivas Martínez, S. (1987): *Mapa de series de vegetación de España y memoria*, MAPA, ICONA, Madrid.
Robert, A. (1980): «La industria española en los años ochenta», *Moneda y Crédito*, monografía n.º 3.
Roca, J. (1988): «El planeamiento municipal y la recuperación de la ciudad histórica», *Estudios Territoriales*, n.º 27, pp. 119-140.
Roch, F., y Guerra, F. (1979): *¿Especulación del suelo?*, Nuestra Cultura, Madrid.
Rochefort, M.; Dezert, B., y Dalmasso, E. (1976): *Les activités tertiaires. Leur role dans l'organisation de l'espace*, CDU-SEDES, París.
Rodríguez, J. (1990): «La política de vivienda en España: una aproximación a los principales instrumentos», en Borja, J., y otros: *Las grandes ciudades en la década de los noventa*. Sistema, Madrid, pp. 241-272.
Rodríguez Avial, L. (1982): *Zonas verdes y espacios libres en la ciudad*, Instituto de Estudios de Administración Local, Madrid.

Rodríguez Osuna, J. (1978): *Población y desarrollo en España*, Cupsa, Madrid.
Rodríguez Osuna, J. (1983): «Proceso de urbanización y desarrollo económico en España», *Ciudad y Territorio*, n.º 1, pp. 25-42.
Rodríguez Rodríguez, V. (1989): «La evolución del envejecimiento en España desde 1900 a 1986. Distribución espacial», *II Jornadas sobre Población española*, Palma de Mallorca, pp. 381-402.
Rodríguez Sánchez de Alva, A. (1980): *El suelo como factor de localización industrial*, CEOTMA, Madrid.
Rodríguez Zúñiga, M., y Soria, R. (1989): «Concentración e internacionalización de la industria agroalimentaria española: 1977-1987», *Agricultura y Sociedad*, n.º 52, pp. 65-94.
Rodríguez-Gimeno Martínez, S. (1982): «El territorio y la comunidad en la rehabilitación de los asentamientos», *Estudios Territoriales*, n.º 5, pp. 93-105.
Roldán, S.; García Delgado, J. L., y Muñoz, J. (1974): *La consolidación del capitalismo en España*. 2 t., C.E.C.A., Madrid.
Romaní, R. G. (1991): «Consideraciones sobre la lluvia ácida en España», en *XII Congreso Nacional de Geografía*, Asociación de Geógrafos Españoles, Valencia, pp. 63-68.
Romero, C. (1991): *Las manifestaciones volcánicas históricas del archipiélago canario*, Gobierno de Canarias, Santa Cruz de Tenerife. 2 vols.
Romero, C., y otros (1986): *Guía física de España: los volcanes*, Alianza Editorial, Madrid.
Romero, C.; Quirantes, F., y Martínez de Pisón, E. (1986): *Los volcanes: Guia Física de España, 1*, Alianza, Madrid.
Romero, J. (1989): «El nuevo marco autonómico y la coordinación de las administraciones en materia de protección de espacios naturales», *Supervivencia de los espacios naturales*, Casa de Velázquez y Ministerio de Agricultura, Madrid, pp. 431-439.
Rosselló, V. M. (1982): «Albuferas mediterráneas», *V Reunión del Grupo de Trabajo del Cuaternario*, Dto. Geografía de Sevilla, Sevilla, pp. 43-77.
Rosselló, V. M. (1982): «Aspectos geográficos y legales de la transformación del litoral mediterráneo», en *Coloquio Hispano-Francés sobre Espacios Litorales*, Servicio de Publicaciones del MAPA, Madrid, pp. 53-64.
Rosselló, V. M. (1986): «L'artificialització del litoral valencià», *Cuadernos de Geografía*, 38, pp. 1-28.
Rosselló, V. M. (1986): «La pesca», en *Geografía de España*, dirigida por M. de Terán, Ariel, Barcelona.
Rosselló, V. M. (1988): «La defensa del litoral», *Boletín de la Asociación de Geógrafos Españoles*, 7, pp. 13-27.
Rosselló, V. M. (1989): «Los llanos de inundación», en Gil Olcina, A.: *Avenidas fluviales...*, pp. 243-283.
Rosselló, V. M. (1991): «Zonas húmedas: una reflexión conceptual», en *XI Congreso Nacional de Geografía*, AGE, Madrid, t. IV.
Rosselló, V. M., y otros (1983): «La riada del Xúquer (octubre de 1982)», *Cuadernos de Geografía*, 32-33, 331 pp.
Rosselló, V. M., y Cano, G. M. (1975): *Evolución urbana de Murcia*, Ayuntamiento de Murcia, Murcia.
Roux, B. (1982): «Latifundismo, reforma agraria y capitalismo en la Península Ibérica», *Agricultura y Sociedad*, n.º 23, pp. 167-192.
Roux, B. (1986): «L'élevage et le "monde du soja" en Espagne», *Notes et Documents*, n.º 14, INRA, Grignon.
Roux, B. (1988): «L'adhésion de l'Espagne à la communauté économique européenne: la question agricole», *Révue Géographique des Pyrénées et du Sud-Ouest*, t. 59, n.º 4, pp. 353-389.

Rubio, J. (1989): «Evolución y situación actual del suministro de agua potable en España», en Cabrera, E.: *El agua en...*, pp. 231-244.
Rubio Recio, J. M. (1977): «Nota sobre la significación biogeográfica y los problemas de las marismas del Guadalquivir y su parque nacional», *Cuadernos Geográficos de la Universidad de Granada*, 7, pp. 277-292.
Rubio Recio, J. M. (1988): *Biogeografía. Paisajes vegetales y vida animal*, Col. Geografía de España, Síntesis, Madrid.
Ruesga, S. M. (1987): *Economía oculta y mercado de trabajo*, Ministerio de Trabajo y Seguridad Social, Madrid.
Ruesga, S. M. (1988): «La mujer en la economía sumergida», *Información Comercial Española*, n.º 655, pp. 57-72.
Ruesga, S. M. (1989): *España ante el Mercado Único*, Pirámide, Madrid.
Ruiz, F., y otros (1988): «Salinización del agua en el sistema acuífero del Cuaternario de Jávea (Alicante), en Gil Olcina, A., y Morales Gil, A. (edit.): *Demanda y economía del agua en España*, Instituto de Estudios Juan Gil-Albert, Alicante, pp. 171-178.
Ruiz Olabuenaga, J., y otros (1982): «Poder social y espacio residencial», *Lurralde*, n.º 5, pp. 343-408.
Ruiz-Maya, L. (1986): «Evolución de las estructuras agrarias a través de los censos de 1962 y 1982», *Estudios Agro-Sociales*, n.º 138, pp. 45-74.
Ruiz-Maya, L. (1988): «Orientaciones técnico-económicas de las explotaciones agrarias», *Estudios Agro-Sociales*, n.º 144, pp. 165-220.
Ruiz-Maya, L., y Martín Pliego, J. (1988): «Las transformaciones del sector agrario español antes de la incorporación a la CEE», *Papeles de Economía Española*, n.º 34, pp. 334-358.
Sabaté, A. (1981): «Movilidad de la población española y evolución económica: tendencias recientes», *Anales de Geografía de la Universidad Complutense*, n.º 1, pp. 141-167.
Sáenz de Buruaga, G. (1988): «Efectos de la adhesión comunitaria sobre los sectores industriales y las regiones de España y Portugal», *Papeles de Economía Española*, n.º 34, pp. 401-430.
Sáenz Lorite, M. (1988): *Geografía Agraria. Introducción a los paisajes rurales*, Geografía de España, 7, Síntesis, Madrid.
Sáez Buesa, A. (1975): *Población y actividad económica en España*, Siglo XXI, Madrid.
Sáez Fernández, F. (1990): «El empleo en las actividades de servicios», *Papeles de Economía Española*, n.º 42, pp. 123-136.
Sagrera, A. (1983): *El problema poblacional: demasiados españoles*, Fundamentos, Madrid.
Sala, M. (1984): «Pyrenées and Ebro Basin Complex Iberian Massif. Baetic Cordillera and Guadalquivir Basin», en Embleton, C. (edit.): *Geomorphology of Europe*, MacMillan, Londres, pp. 268-340.
Sala, M., y otros (edit.) (1991): *Soil Erosion. Studies in Spain*, Geoforma, Logroño.
Salva, P. (1987): *La Pesca, Geografía de España*, 8, Síntesis, Madrid.
Sambricio C. (1992): «De la Ciudad Lineal a la ciudad jardín. Sobre la difusión en España de los supuestos urbanísticos a comienzos de siglo», *Ciudad y Territorio*, 94, pp. 147-159.
San Juan, C. (1986): *Eficacia y rentabilidad de la agricultura española*, MAPA, Madrid.
San Juan, C. (comp.) (1989): *La modernización de la agricultura española (1956-1986)*, MAPA, Serie Estudios, Madrid.
San Juan, C., y Romo, M. J. (1987): «Evolución intercensal de las explotaciones agrarias (1962-1972-1982)», *Agricultura y Sociedad*, n.º 44, pp. 137-170.
Sánchez, P. (1985): «Estructura agraria de España: aspectos socioeconómicos», en Prado, J. M. (dir.): *Enciclopedia de la Economía Española*, n.º 77, Orbis, Barcelona.
Sánchez Albornoz, N. (1975): *Jalones en la modernización de España*, Ariel, Barcelona.
Sánchez Albornoz, N. (1977): *España hace un siglo: una economía dual*, Alianza, Madrid.

Sánchez Albornoz, N. (comp.) (1985): *La modernización económica de España 1830-1930*, Alianza, Madrid.
Sánchez Albornoz, N. (comp.) (1988): *Españoles hacia América. La emigración en masa. 1880-1930*, Alianza, Madrid.
Sánchez Mata, D., y Fuente, V. de la (1986): *Las riberas de agua dulce*, MOPU, Madrid.
Sánchez Ortiz, J. L. (1990): «Madrid, capital del capital», *Economía y Sociedad*, n.º 4, pp. 25-36.
Sanchís, E. (1989): «Evolución y situación actual del suministro de agua potable en la Comunidad Valenciana», en Cabrera, E.: *El agua en la Comunidad Valenciana,* Generalitat Valenciana, Valencia, pp. 245-260.
Sando, R. (1984): «Industrialización y desarrollo espontáneo en áreas rurales», *Agricultura y Sociedad,* n.º 30, pp. 65-98.
Sanders, J. H., y otros (1987): «La entrada de España y Portugal a la CEE: impactos en su agricultura, en la Política Agrícola Común y en el Comercio con Terceros Países», *Estudios Agro-sociales,* n.º 141, pp. 9-34.
Santillana , I. (1982): «Factores explicativos de los movimientos migratorios interprovinciales en España», *Estudios Territoriales,* n.º 7, pp. 25-70.
Santos, J. M. (1985): *El modelo de diferenciación residencial del sector suroeste del área metropolitana de Madrid*, Universidad Complutense, Madrid.
Sanz, A., y Terán, M. (1988): «Las disparidades sociales regionales», *Papeles de Economía Española*, n.º 34, pp. 82-114.
Sanz, C. (1992): «Naturalismo español y biogeografía (1875-1936)», en Gómez Mendoza, J., y Ortega, N. (edit.): *Naturalismo y geografía en España*, Fundación Banco Exterior, Madrid, pp. 135-197.
Sanz Carnero, F. (1981): *El viñedo español*, MAPA, Madrid.
Sanz, J. M. (1991): *La contaminación atmosférica*, MOPT, Madrid.
Sanz, M. C., y Macià, F. (1985): *Acuerdos que regirán la integración del sector industrial español en las CE,* MINER, Madrid.
Saurí, D., y Ribas, A. (1991): «Inundaciones y respuesta institucional. El ejemplo de Girona», *XII Congreso Nacional de Geografía*, Asociación de Geógrafos Españoles, Valencia, pp. 215-220.
Seers, D.; Schaffer, B., y Kiljunen, M. L. (edits.) (1981): *La Europa subdesarrollada. Estudios sobre las relaciones centro-periferia*, Blume, Madrid.
Segrelles, J. A. (1991): «La producción ganadera intensiva y el deterioro del medio ambiente», en *XII Congreso Nacional de Geografía*, Asociación de Geógrafos Españoles, Valencia, pp. 77-81.
Seguí, J. M.ª y Petrus, J. M.ª (1991): *Geografía de las redes y sistemas de transporte*, Madrid, Síntesis.
Seguí, J. M.ª, Picornell, C., y Petrus, J. M.ª (1990): «Las redes de teleflujos y su estructuración territorial en España: los flujos telefónicos», *Estudios Geográficos,* 198, pp. 83-114.
Segura, F. (1987): *Las ramblas valencianas*, Dpto. Geografía de la Universidad de Valencia, Valencia.
Segura, F. (1991): «Geomorfología fluvial y trazado de mapas de riesgo de inundación: el cono aluvial del Palancia», *XII Congreso Nacional de Geografía*, Asociación de Geógrafos Españoles, Valencia, pp. 221-227.
Segura, J., y otros (1989): *La industria española en la crisis, 1978/1984,* Alianza, Madrid.
Senent, M., y López Bermúdez, F. (1988): «Explotación de aguas subterráneas en zonas áridas y semiáridas de España», en Gil Olcina, A.: *Demanda y economía del agua en España,* Instituto de Estudios Juan Gil-Albert, Alicante, pp. 150-170.
Serrano Martínez, J. M. (1984-1985): «Variaciones en las densidades de población en España entre 1970-1980», *Paralelo 37,* n.º 8-9, pp. 591-620.

Serrano Martínez, J. M. (1987): «Los saldos migratorios interiores en España entre 1973 y 1982. ¿Situación coyuntural o cambio de tendencia?», *Información Comercial Española*, n.º 647, pp. 71-92.
Serrano Martínez, J. M. (1988): «Proceso de urbanización y crecimiento de las ciudades en España, 1950-1986. La acción territorial en el área rural», *Estudios Territoriales,* n.º 28, pp. 65-84.
Serrano Segura, M.ª M. (1991): «La ciudad percibida. Murallas y ensanches desde las guías urbanas del siglo XIX», *Geo-crítica,* n.º 91, 49 pp.
Sevilla, J. V. (1985): *Economía política de la crisis española*, Crítica, Barcelona.
Sevilla-Guzmán, E. (1979): *La evolución del campesinado en España*, Península, Barcelona.
Sevilla-Guzmán, E. (1984): *Sobre agricultores y campesinos. Estudios de sociología rural de España*, Inst. Estudios Agrarios, Pesqueros y Alimentarios, Madrid.
Simón, F. (1984): «La Desamortización española del siglo XIX», *Papeles de Economía Española*, n.º 20, pp. 74-107.
Sobrino, F., y otros (1981): «Evolución de los sistemas ganaderos en España», *Revista de Estudios Agro-sociales*, n.º 116, pp. 17-90.
Solé, L. (1986): «Las aguas: ríos y lagos», en Terán, M., y otros (edit.): *Geografía General de España*, Ariel, Barcelona.
Solé, L., y Llopis, N. (1952): «Geografía Física de España», en Terán, M. de (edit.): *Geografía de España y Portugal*, t. I, Montaner y Simón, Barcelona.
Sorribas, E., y Güell, A. (1991): «Las inundaciones históricas en la ciudad de Girona», *XII Congreso Nacional de Geografía*, Asociación de Geógrafos Españoles, Valencia, pp. 229-234.
Sotelo, J. A. (1987): *Informática, economía y espacio en España*. Estudio Geográfico 1982-83, Publicaciones Educativas, Madrid.
Suárez Cardona, F., y otros (1992): *Las estepas ibéricas*, MOPT, Madrid.
Suárez Japón, J. M.: *El hábitat rural en la sierra de Cádiz. Un ensayo de Geografía del poblamiento*, Cádiz, 1982.
Suárez Villa, L. (1987): «Evolución metropolitana, cambio económico sectorial y distribución del tamaño de las ciudades», *Estudios Territoriales,* n.º 23, pp. 155-181.
Sumpsí, J. M. (1977): «Delimitación del área de agricultura mediterránea en España», *Agricultura y Sociedad*, n.º 4, pp. 81-119.
Sumpsí, J. M. (1986): «El mercado de la tierra y la reforma de las estructuras agrarias», *Agricultura y Sociedad*, n.º 41, pp. 15-72.
Sunyer, P. (1993): *La configuración de la ciencia del suelo en España (1750-1950)*, Universidad de Barcelona, Barcelona.
Surís, J. M. (1986): *La empresa industrial española ante la innovación tecnológica*. Hispano Europea, Barcelona.
Sustaeta, A. (1978): *Propiedad y urbanismo (lo urbanístico como límite de derecho de propiedad)*, Montecorvo, Madrid.
T. H. R., y otros (1991a): *Resumen del Plan de Marketing Turístico 1991-93*, Instituto Balear de Promoción del Turismo.
T. H. R., y otros (1991b): *Libro Blanco del Turismo Español*, Secretaría General de Turismo. Madrid.
Taieb, G. (1989): «Los nuevos centros comerciales: definición, evolución y desarrollo», en AA.VV., *Curso de urbanismo de áreas comerciales*, Colegio Oficial de Arquitectos de Madrid, Madrid.
Tamames, R. (1960-1991): *Estructura económica de España*, Alianza, Madrid.
Tamames, R. (dir.) (1984): *El libro de la Naturaleza*, El País, Madrid.
Tarragó, S., y Soria, A. (1976): *Ildefonso Cerdá (1815-1876)*, Colegio de Ingenieros de Caminos, Canales y Puertos, Madrid.

Tello, B., y López, F. (1988): *Guía física de España. Los lagos*, Alianza Editorial, Madrid.
Terán, F. (1968): *La Ciudad Lineal, antecedente de un urbanismo actual*, Cuadernos Ciencia Nueva, Madrid.
Terán, F. (1978): *Planeamiento urbano en la España contemporánea. Historia de un proceso imposible*, Gustavo Gili, Barcelona.
Terán, F. (1982): *Planeamiento urbano en la España Contemporánea (1900-1980)*, Alianza Editorial, Universidad Complutense, Madrid.
Terán, M. (1982): *Pensamiento geográfico y espacio regional en España*, Madrid.
Terán, M.; Solé, L., y otros (1987): *Geografía Regional de España*, Ariel, Barcelona.
Terán, M.; Solé, L., y Vilà, J. (dirs.) (1987): *Geografía General de España*, Ariel, Barcelona.
Terán, M., y otros (1958): *Geografía de España y Portugal*, Montaner y Simón, Barcelona.
Thornes, J. (1985): «The ecology of erosion», *Geography*, 308, pp. 222-235.
Thornes, J. (1987): «The paleo-ecology of erosion», en Wagstaff, J. M. (edit.): *Landscape and Culture*, Blackwell, Oxford, pp. 37-55.
Tió, C. (1986): *La integración de la agricultura española en la Comunidad Europea*, Mundi-Prensa, Madrid.
Tió, C., y otros (1987): *La agricultura española en la transición*, Biblioteca de Economía Española, 21, Orbis, Barcelona.
Tobio, C. (1982): «Equipamientos y centros urbanos», *Estudios Territoriales*, n.º 8, pp. 113-155.
Toharia, M. (1988): *El desierto invade España*, Instituto de Estudios Económicos, Madrid.
Torrego, F. (1990): «El transporte de mercancías por carretera en España según la III encuesta nacional», *Estudios Geográficos,* 198, pp. 115-137.
Torres, E. (1979): «El sector turístico en Andalucía: instrumentalización y efectos impulsores», *Estudios Regionales*, I extra, pp. 377-442.
Tortellá, G. (1973): *Los orígenes del capitalismo en España.* Tecnos, Madrid.
Tortellá, G. (1984): «La agricultura en la economía española contemporánea: 1830-1930», *Papeles de Economía Española*, n.º 20, pp. 62-73.
Troitiño, M. A. (1989): «Espacios naturales y recursos socioecómmicos en áreas de montaña», *Supervivencia de los espacios naturales*, Casa de Velázquez y Ministerio de Agricultura, Madrid, pp. 279-291.
Troitiño, M. A. (1992): *Cascos antiguos y centros históricos: problemas, políticas y dinámicas urbanas,* MOPT, Madrid.
Troya, A., y Sanz, M. (1990): *Humedales españoles en la lista del Convenio de Ramsar*, ICONA, Madrid.
Trujillo, J. A., y Cuervo-Arango, C. (1985): *El sistema financiero español*, Ariel, Barcelona.
Ubayh Al-Bakri, A. (1982): *Geografía de España,* Zaragoza.
Unzueta, A. de (1980): *Estructura económica de España.* Helio.
Urdiales Viedne, M. E. (1989): «Poblamiento y hábitat natural», en Bosque, J., y Vilà, J. (dir.): *Geografía de España,* Planeta, Barcelona, vol. II, pp. 457-501.
Valenzuela Rubio, M. (1977): *Urbanización y crisis rural en la Sierra de Madrid,* IEAL, Madrid.
Valenzuela Rubio, M. (1978): «Empresa pública y desarrollo regional en España», Aportación española al XXIII Congreso Geográfico Internacional, Madrid, pp. 561-568.
Valenzuela Rubio, M. (1985): «La consommation d'espace par le turisme sur le litoral andalou: les centres d'interêt touristique national», *Révue Géographique des Pyrenées et du Sud-Ouest,* t. 56, 2, pp. 290-311.
Valenzuela, M. (1986): «Los espacios periurbanos», *IX Coloquio de Geógrafos Españoles*, Asociación de Geógrafos Españoles-Universidad de Murcia, pp. 81-124.
Valenzuela, M. (1989): «Áreas centrales y periferias urbanas en la Europa comunitaria. Un

estudio de la cuestión al filo de los noventa», *Boletín de la Real Sociedad Geográfica*, t. CXXIV-CXXV, pp. 157-194.

Valenzuela, M. (1992): «Turismo y gran ciudad. Una opción de futuro para la metrópolis post-industriales», *Revista Valenciana d'Estudis Autonòmics*, n.º 13, Generalitat Valenciana, pp. 103-138.

Valero, A. (1985): «El sistema urbano español en la segunda mitad del siglo XIX», *Boletín de la Real Sociedad Geográfica*, n.º 1-12, pp. 91-120.

Vanney, J. F. (1970): *L'hydrologie du Bas Guadalquivir*, Instituto de Geografía Aplicada, Madrid.

Varela, M., y otros (1988): «Análisis estructural de la flota pesquera española», *Información Comercial Española*, n.º 653-654, pp. 36-54.

Vázquez Barquero, A. (1986): «El cambio del modelo de desarrollo regional y los nuevos procesos de difusión en España», *Estudios Territoriales*, n.º 20, pp. 87-110.

Vázquez Barquero, A. (1988). *Desarrollo local. Una estrategia de creación de empleo*, Pirámide, Madrid.

Vega, G. (1989): «Efectos territoriales, sociales e institucionales de los espacios naturales protegidos», *Supervivencia de los espacios naturales*, Casa de Velázquez y Ministerio de Agricultura, Madrid, pp. 269-277.

Vegas, R. (1991): «Present-day geodynamics of the ibero-maghrebian region», in Mezcua, J., y Udías, A. (edit.): *Seismicity, seismotectonic and seismic risk of the Ibero-Maghrebian Region*, Instituto Geográfico Nacional, pp. 193-203.

Vela, E., y Gutiérrez de Soto, L. (1985): *El sector de construcción naval ante el ingreso de España en la CEE*, MINER, Madrid.

Velarde, J. (1986): «Ante la nueva minería española», *Papeles de Economía Española*, n.º 29, pp. 2-29.

Velarde, J.; García Delgado, J. L., y Pedreño, A. (coord.) (1987): *El sector terciario de la economía española*, Economistas Libros, Madrid.

Velarde, J.; García Delgado, J. L., y Pedreño, A. (edits.) (1990): *La industria española. Recuperación, estructura y mercado de trabajo*. Economistas Libros, Madrid.

Velarde, J., y otros (comp.) (1988): *El sector exterior de la economía española. II Jornadas de Alicante sobre economía española*, Colegio de Economistas, Madrid.

Velasco, R., y Castillo, J. del (1988): «Posibles soluciones para las regiones industrializadas en declive», *Papeles de Economía Española*, n.º 35, pp. 208-218.

Vera, J. R. de (1988): «Carreteras y caminos en el primer tercio del siglo XX», *Investigaciones Geográficas*, n.º 6, pp. 173-186.

Vera Rebollo, J. F. (1987): *Turismo y urbanización en el litoral alicantino*, Instituto J. Gil-Albert, Alicante.

Vera Rebollo, J. F. (1990): «Turismo y territorio en el litoral mediterráneo español», *Estudios Territoriales*, n.º 32, pp. 81-110.

Vera Rebollo, J. F. (1991*a*): «La oferta complementaria en el turismo de sol y playa: una respuesta al agotamiento del modelo masivo en la Costa Blanca», *Ordenación y desarrollo del turismo en España y Francia,* Casa de Velázquez, Sevilla, pp. 91-101.

Vera Rebollo, J. F. (1991*b*): «Territorio, turismo y medio ambiente», *Crisis del Turismo. Las perspectivas en el nuevo escenario internacional*, Universidad Internacional Menéndez-Pelayo, Sevilla.

Vera Rebollo, J. F. (1992): «Turismo y crisis agraria en el litoral alicantino», en Jurdao Arrones, F. (comp.): *Los mitos del turismo*, Endymion, Turismo y Sociedad, Madrid, pp. 241-300.

Vera Rebollo, J. F. (1992*a*): «Desarrollo turístico y planificación territorial» en Berenguer, J., y otros (coord.): *Análisis socioeconómico de la comarca de La Marina*, Universidad de Alicante, Alicante, pp. 135-147.

Vera Rebollo, J. F. (1992*b*): «El Turismo», en Reig E., y otros, (dirs.): *Estructura económica de la Comunidad Valenciana*, Espasa Calpe (serie manuales), Madrid.
Vicens Vives, J. (1959): *Historia económica de España*. Teide, Barcelona.
Vicens Vives, J. (1969): *Coyuntura económica y reformismo burgués*, Ariel, Barcelona.
Vila, P. (1968): «El Barcelonès i Barcelona ciutat. Desenvolupament històric: el medi físic i les primeres etapes del poblament», en Solé, L. (dir.): *Geografia de Catalunya*, Aedos, Barcelona, t. III, pp. 498-520.
Vilà Valentí, J. (1972): *Geografía de España*, Danae, Barcelona.
Vilà Valentí, J. (1989): *La Península Iberica*, Ariel, Barcelona.
Villar, J. (1989): «La dinámica urbana», en *Geografía de Castilla y León*, vol. 6: «Las ciudades», Ámbito, Valladolid, pp. 9-43.
Villegas, F. (1978): «Areas Turísticas andaluzas», en *Boletín de la Real Sociedad Geográfica,* n.º 12, Madrid, pp. 309-328.
Viruela, R. (1987): «Agricultura a tiempo parcial en España», *Estudios Geográficos*, n.º 187, pp. 211-238.
Voltes, P. (1974): *Historia de la economía española en los siglos XIX y XX*, 2 tomos, Edit. Nacional, Madrid.
Wais, F. (1974): *Historia de los ferrocarriles españoles*, Editora Nacional, Madrid.
Zalacaín, R. (1982): *Atlas de España y Portugal*, Madrid.
Zambrana, J. F. (1987): *Crisis y modernización del olivar*, MAPA, Madrid.
Zamora, J. F. (1987): *El río Guadiana*, Excma. Diputación de Badajoz, Badajoz.
Zoido, F., y Feria, J. M. (1984): «Ciudad y región urbana», *Jornadas de Geografía y Urbanismo*, Junta de Castilla y León, Salamanca, pp. 195-216.
Zoido Naranjo, F. (1979): «Conocer el hábitat rural: una urgente necesidad científica», *Estudios Geográficos,* n.º 155, pp. 228-234.

ÍNDICE

Sumario VII

Relación de autores IX

Introducción XI

PRIMERA PARTE

FACTORES Y CONDICIONANTES EN LA CONFIGURACIÓN
DE LAS ESTRUCTURAS TERRITORIALES

CAPÍTULO 1. **Etapas y condicionantes en la configuración de las estructuras territoriales** 3
   1. Herencias e inercias de la España preindustrial 4
   2. Los inicios del proceso y el fracaso de la Revolución industrial del siglo XIX 8
      a) Una industrialización tardía y discontinua 8
      b) Revolución del transporte e integración territorial 12
      c) Las inercias de una agricultura tradicional 12
      d) Crecimiento y urbanización de la población 16
   3. Modernización económica y crisis en la primera mitad de nuestro siglo ... 19
      a) La segunda Revolución industrial en España 19
      b) Hacia la concentración espacial del potencial productivo 22
      c) La lenta modernización del campo español 23
      d) Efectos sobre la población y el poblamiento 30
   4. Apertura, crecimiento y dependencia en los años del desarrollismo 36
      a) La consolidación del proceso industrializador 36
      b) Crisis de la agricultura tradicional y modernización del campo 41

　　　　c) De la polarización espacial a los procesos de difusión 49
　5. El significado de las influencias exteriores y de otros condicionantes internos 57
　　　　a) El peso de los factores ecológicos en la organización espacial 58
　　　　b) Incidencia de la organización político-administrativa del territorio . . . 61
　　　　c) La creciente apertura exterior: incidencia de la integración en la Comunidad Europea 63
　　　Bibliografía básica 67

Segunda parte

ESTRUCTURA Y ARTICULACIÓN DEL TERRITORIO: LOS CARACTERES DEL MEDIO FÍSICO

Capítulo 2. **La variedad del relieve y los grandes conjuntos morfoestructurales** . . 71
　1. Un relieve original: factores y etapas en la configuración de la Península . 71
　　　　a) El roquedo antiguo y el zócalo palezoico 71
　　　　b) La cobertera sedimentaria mesozoica 73
　　　　c) La orogénesis alpina como fenómeno decisivo del Terciario 75
　　　　　　1.º El valor de las superficies de erosión 77
　　　　　　2.º Las cuencas sedimentarias y la España arcillosa 78
　　　　　　3.º La secuencia de las deformaciones terciarias 78
　　　　d) La disección y la secuencia morfoclimática del Cuaternario 79
　　　　　　1.º El glaciarismo de montaña y el efecto de las glaciaciones 79
　　　　　　2.º La extensión, eficacia y valor de retoque último de los procesos periglaciales 81
　　　　　　3.º Las terrazas fluviales, el precedente de la raña y los glacis 82
　2. El estilo de bloques en Galicia y el noroeste 83
　　　　a) La sucesión de bloques 84
　　　　b) Una disección enérgica 85
　3. La dualidad morfoestructural en la cordillera cantábrica 86
　　　　a) La energía del macizo Asturiano 86
　　　　　　1.º La sucesión estructural 86
　　　　　　2.º Energía y contrastes en la disección 88
　　　　b) El relieve en cobertera plegada de la montaña cantábrica 89
　　　　　　1.º Las sierras centrales y meridionales 90
　　　　　　2.º El margen cantábrico y las sierras vasconavarras 91
　　　　　　3.º La disección de las redes fluviales 92
　4. El relieve de cobertera deformada en la cordillera Ibérica 92
　　　　a) La altitud y envergadura montañosa de las sierras del noroeste 94
　　　　b) El relieve de cobertera plegada y arrasada de la rama occidental 96
　　　　c) Las fosas tectónicas centrales 97
　　　　d) La energía de la rama oriental 98
　5. El relieve de bloques del zócalo en la cordillera Central 99
　　　　a) La singularidad tectónica y el contraste rocoso en las sierras de Gata y Francia 100

	b)	El tramo ejemplar de moles graníticas de Gredos	100
	c)	El entramado de bloques de Guadarrama	101
	d)	El descenso de nivel y los flancos mesozoicos del tramo oriental	102
6.	Las penillanuras de zócalo y llanuras sedimentarias en las grandes cuencas		103
	a)	Altitud y disección modesta en las llanuras del Duero	104
		1.º Las penillanuras occidentales	104
		2.º Campiñas, páramos calizos y plataformas detríticas de la cuenca sedimentaria	105
	b)	Contrastes y unidad en las llanuras de la cuenca meridional	106
		1.º La fosa del Tajo, las sierras de Cáceres y los montes de Toledo .	106
		2.º Roquedo antiguo, relleno terciario y volcanismo en las penillanuras del SO	108
		3.º El borde meridional de Sierra Morena	109
		4.º Las llanuras sedimentarias: páramos calizos, septentrionales, campiñas y planicie manchega	110
7.	La cordillera Bética y las unidades asociadas: la depresión del Guadalquivir y las Baleares		111
	a)	La altitud y pesadez de las sierras béticas	113
	b)	La energía y el troceamiento de las sierras del subbético	114
	c)	Los contrastes de alineación y la energía de las sierras prebéticas . . .	115
	d)	Las hoyas y su modelado de glacis y cárcavas	116
	e)	Las campiñas de la depresión del Guadalquivir	118
	f)	Las Baleares: su carácter de enclave y bisagra de las unidades béticas	119
8.	Los Pirineos como eje vertebrador del NE; la depresión del Ebro y las sierras y depresiones catalanas		121
	a)	Altitud e impronta glaciar del Pirineo axial y sierras interiores	121
	b)	Pliegues, diapirismo y contraste rocoso en las depresiones intramontanas y sierras exteriores	123
	c)	Las facies terciarias, las deformaciones marginales y la disección como claves de la depresión del Ebro	124
	d)	El relieve en bloques y pliegues de la montaña Costera Catalana . . .	127
9.	La originalidad del relieve volcánico en Canarias		129
	a)	La infraestructura de fallas y la situación interna de placa	130
	b)	Los grandes componentes y formas insulares	130
	Bibliografía básica		133

CAPÍTULO 3. **La diversidad del clima y del paisaje vegetal** 134
    1. La acusada variedad climática 134
        a) El relieve en la diferenciación del clima 136
        b) La circulación de altura en la variedad de tipos de tiempo 137
        c) La gama de regímenes térmicos 148
            1.º Los contrastes estacionados y la oscilación anual 148
            2.º Los contrastes regionales en los períodos fríos y cálidos 149
            3.º Los ritmos diarios y el significado de las heladas 150
        d) Los contrastes en la precipitación: la escasez general y estival 151
            1.º El norte húmedo 152

		2.º	La precipitación moderada-escasa dominante en España: sus variantes	152
		3.º	Los mínimos estivales y el equilibrio del resto del año	154
		4.º	El papel decisivo de la lluvia y el significado de la nieve y el granizo	154
		5.º	Las precipitaciones invisibles: su papel atenuante de la aridez ..	155
	e)		La diversidad en los vientos y sus factores: presión, situación, relieve y entorno marino	156
	f)		Variedad nubosa y rasgos de la humedad y evaporación	157
	g)		La aridez estival como clave climática	159
	h)		La sequía y sus facetas	161
2.	Áreas y regiones climáticas: el papel distintivo del relieve			163
	a)		Los climas fresco-húmedos septentrionales	163
	b)		El clima fresco-frío con aridez estival del Duero	164
	c)		El contraste estacional desde el sur de la cordillera Central a sierra Morena	164
	d)		La gradación térmica y la precipitación débil con altibajos en la depresión del Ebro	166
	e)		El carácter cálido, la aridez estival y la precipitación moderada del bajo Guadiana y del centro-oeste de Andalucía	168
	f)		La aridez del sureste peninsular	168
	g)		Papel del Mediterráneo en el clima de la región valenciana y sus semejanzas con el balear	170
	h)		La suma de influencias en el clima de Cataluña	170
	i)		Las influencias tropicales en el clima de Canarias	171
3.	El manto vegetal y los suelos: su fuerte antropización			174
	a)		La amplitud ecológica y la situación como factores de la variedad vegetal	175
		1.º	El clima como dominante y la compleja influencia del relieve ..	175
		2.º	La situación ibérica de extremo y puente: su efecto en la variedad vegetal y florística	176
	b)		Las formaciones climáticas de referencia y los tipos de sustitución, degradación o explotación	178
	c)		El bosque templado-oceánico y su adaptación a la montaña fresco-húmeda	178
		1.º	Los hayedos como formación de los medios fresco-húmedos ...	180
		2.º	La variedad de robledales caducifolios	181
		3.º	El matorral de entorno, degradación, sustitución o nivel supraforestal del bosque oceánico	182
		4.º	El estado y los problemas del bosque caducifolio	184
	d)		El bosque marcescente y su variedad de adaptaciones	184
		1.º	La difusión y vitalidad del rebollar	188
		2.º	La dispersión del quejigal y su entidad en el noreste ibérico ...	190
	e)		Los encinares como dominante del bosque esclerófilo y la variedad de paisajes derivados	191
		1.º	La disparidad de paisajes derivados de encinares	192
		2.º	La crisis en los complejos usos de la encina	193

		3.º	La gama de matorrales y su papel diferenciador	194

        3.º   La gama de matorrales y su papel diferenciador 194
    f) Los bosques de coníferas: la difusión humana como clave 196
        1.º   Los abetales y sabinares como bosques climáticos, relícticos o endémicos 197
        2.º   Los pinares y su papel de bosques de explotación forestal 197
    g) La degradación de la vegetación de ribera y las choperas como paisaje de sustitución 200
    h) La gradación vegetal en la montaña y su difícil evaluación 202
    i) La singularidad de la vegetación en Canarias 204
    Bibliografía básica 207

Capítulo 4. **Las aguas** 208
  1. El sistema fluvial 208
    a) Superficies, formas y pendientes de las cuencas 208
    b) Los afluentes 211
    c) Los lechos fluviales 212
    d) Los acuíferos 213
  2. Análisis hidrológico del caudal 214
    a) Los volúmenes de escorrentía fluvial 216
    b) Componentes del caudal fluvial 217
    c) El comportamiento mensual de los ríos 222
  3. Grandes ríos peninsulares 225
  4. Lagos y zonas húmedas 231
    a) Medios lacustres 232
        1.º   Lagos de las altas montañas 232
        2.º   Lagunas conectadas a acuíferos regionales 233
        3.º   Las represas naturales o artificiales 234
    b) Medios palustres continentales 234
    c) Medios palustres litorales 238
        1.º   Medios palustres mediterráneos 239
        2.º   Marismas litorales del golfo de Cádiz 240
  5. Nieve, neveros, heleros y glaciares 242
  6. Recursos hídricos 243
    a) Infraestructuras hidráulicas 243
    b) Aprovechamientos 246
        1.º   Usos agrarios 247
        2.º   Abastecimientos urbanos e industriales 248
        3.º   Usos energéticos 250
    c) Recursos disponibles y demandas actuales 251
    Bibliografía básica 252

Capítulo 5. **Riesgos naturales y protección del medio ambiente** 254
  1. Procesos naturales extremos 254
    a) Procesos de la geodinámica interna 254
        1.º   Sismicidad y neotectónica 255

			2.º	Vulcanismo	256
		b)		Procesos de la geodinámica externa	260
			1.º	Movimientos de ladera	260
			2.º	Avenidas e inundaciones	261
		c)		Procesos de la dinámica atmosférica	265
			1.º	Rachas y temporales de viento	265
			2.º	Sequías	266
			3.º	Olas de frío	266
	2.	Adaptación del ecosistema humano			268
		a)		Planeamiento y calidad de la edificación	268
		b)		Acciones estructurales	270
			1.º	Infraestructuras de mitigación de inundaciones	270
			2.º	Infraestructuras de mitigación de sequías	271
			3.º	Acciones en laderas	272
		c)		Acciones no estructurales	272
			1.º	Sistemas de previsión	272
			2.º	Actuaciones de emergencia	273
			3.º	Actuaciones normativas	274
			4.º	Otras acciones no estructurales	274
		d)		Los costes económicos	274
	3.	El estado del medio ambiente			275
		a)		Contaminación ambiental	278
			1.º	Contaminación atmosférica	278
			2.º	Residuos sólidos	279
			3.º	Contaminación del suelo	281
			4.º	Contaminación de las aguas superficiales	281
			5.º	Contaminación de las aguas subterráneas	282
			6.º	Contaminación de las aguas costeras	285
		b)		Alteración de los subsistemas ambientales	285
			1.º	Pérdidas de suelo	286
			2.º	Alteraciones climáticas	288
			3.º	Destrucción de la cubierta vegetal	289
			4.º	Impactos sobre las aguas continentales	294
			5.º	Alteración de los procesos naturales	295
	4.	La protección de espacios naturales			297
		a)		El naturalismo a principios del siglo XX	300
		b)		Los primeros pasos del proteccionismo (1916-1975)	304
		c)		La normativa del proteccionismo actual	306
		d)		La red estatal de parques nacionales	307
			1.º	Caracterización naturalista de los parques nacionales	308
			2.º	Gestión de los parques nacionales	309
		e)		Otros espacios protegidos: los parques naturales	309
		Anexo 1.		Parques nacionales	311
		Anexo 2.		Humedales españoles en la lista del Convenio de Ramsar ...	316
		Bibliografía básica			321

TERCERA PARTE

SOCIEDAD, ECONOMÍA Y ESTRUCTURAS TERRITORIALES

Capítulo 6. **Lógica espacial del sistema productivo: el declive de las actividades agrarias y pesqueras** 325
  1. La agricultura española en la Europa comunitaria: la incidencia de la política agraria común 327
    a) El marco de la PAC y su reforma 328
    b) La incidencia de la nueva PAC en el campo español 330
  2. Las estructuras productivas: desajustes internos y externos de las producciones agrarias 334
    a) Consumo, producción y comercio agrarios 335
    b) Significado de las producciones agrarias y de la especialización productiva regional 339
      1.º Las producciones forestales y el estado de los montes 339
      2.º Producciones y espacios ganaderos de España 341
      3.º Producciones y espacio agrario de los secanos mediterráneos y regadíos interiores 351
      4.º Los regadíos mediterráneos hortofrutícolas 358
  3. Población agraria y estructuras básicas: los desequilibrios espaciales y sociales en la propiedad y explotación 360
    a) La población agraria: caída y envejecimiento 361
    b) Bases técnico-económicas y tipos de explotación 363
      1.º Los medios de producción: maquinaria e insumos 363
      2.º La tierra como medio de producción 364
      3.º Tipos de explotaciones y paisajes agrarios predominantes 368
  4. Agricultura, medio ambiente y desarrollo rural 370
  5. El lento declive de una potencia pesquera 371
    a) Las regiones pesqueras y la importancia de las capturas 372
    b) Variedad y problemas de la flota y los caladeros 375
    c) La política pesquera de la CE y su repercusión en España 377
    Bibliografía básica 377

Capítulo 7. **Lógica espacial del sistema productivo: la reestructuración de la industria** 379
  1. Las dimensiones del cambio industrial en España 379
    a) Indicadores de la crisis industrial 379
    b) La detención del proceso de polarización y los nuevos ejes de crecimiento 383
  2. La reestructuración de la industria española 387
    a) Un enfoque estructural del cambio industrial 387
    b) Peculiaridades de la crisis industrial española 389
    c) Respuestas empresariales y política industrial 390
  3. Implicaciones territoriales de la reconversión industrial 391
    a) Crisis sectorial y política de reconversión 391

　　　　　b) Áreas en declive y zonas de Urgente Reindustrialización 395
　　4. Innovación tecnológica y transnacionalización industrial 399
　　　　　a) Hacia una geografía de la innovación 399
　　　　　b) Inversión exterior y multinacionales en la industria española 404
　　5. Progresos y límites de la industrialización periférica 406
　　　　　a) La continuidad de la difusión industrial 407
　　　　　b) Descentralización productiva y desarrollo endógeno en las áreas rurales 409
　　　　　c) La recualificación de la industria metropolitana 411
　　6. La explotación de los recursos minero-energéticos 416
　　　　　a) Desequilibrios en el balance energético 416
　　　　　b) Dimensión económica y territorial de la producción energética 418
　　　　Bibliografía básica 418

CAPÍTULO 8. **Significado espacial de la terciarización** 424
　　1. La terciarización de la economía española 424
　　2. La distribución de los servicios en el territorio 429
　　　　　a) Terciarización económica y desequilibrios regionales 429
　　　　　b) La distribución según el tamaño del municipio 435
　　3. El comportamiento intrasectorial 437
　　　　　a) El sector público 439
　　　　　b) El comercio y los servicios personales 440
　　　　　c) Las actividades crediticias y de seguros 441
　　　　　d) Los servicios a las empresas 445
　　4. Los espacios de servicios en las ciudades: dinámicas y consecuencias 449
　　　　　a) La crisis del comercio minorista tradicional en las áreas metropolitanas y las nuevas formas comerciales 452
　　　　　　1.º Los factores de cambio en la actividad comercial 452
　　　　　　2.º Las nuevas formas comerciales 454
　　　　　b) Los servicios a la producción en las áreas metropolitanas españolas .. 457
　　　　　　1.º Los factores de cambio y los servicios a la producción 457
　　　　　　2.º Los mercados inmobiliarios de oficinas 464
　　　　Bibliografía básica 466

CAPÍTULO 9. **Actividad y espacios turísticos** 468
　　1. El significado geográfico del turismo 468
　　2. España en el contexto turístico internacional 468
　　　　　a) El modelo turístico español 470
　　　　　b) Causas del agotamiento del modelo vigente 471
　　3. La oferta y su distribución espacial. Regiones y zonas turísticas españolas . 473
　　　　　a) La oferta de alojamiento 474
　　　　　b) Regiones y zonas turísticas 477
　　4. La demanda y los mercados turísticos 482
　　　　　a) Países emisores 483
　　　　　b) La distribución estacional del turismo 485

	c)	Las vacaciones de los españoles	489
	d)	Puntos fuertes y débiles de España en los mercados turísticos	490
5.	La implantación del turismo en el territorio	493
	a)	Turismo y medio ambiente	495
	b)	Repercusiones sociodemográficas del crecimiento del turismo	496
6.	Realidad y perspectivas para el turismo español. Las políticas de intervención turística	499
	Bibliografía básica	501

CAPÍTULO 10. **La población española** 504
1. La evolución cuantitativa y cualitativa de la población española 504
2. La estructura demográfica de la población española 507
   a) La mayor presencia femenina en la estructura demográfica española . 508
   b) Una población con claros síntomas de envejecimiento 513
3. Los grandes movimientos migratorios campo-ciudad en la configuración del sistema urbano español 518
4. La distribución de la población española 522
   a) Los contrastes interregionales y urbano-rurales 522
   b) Los mapas de potenciales de población de España de 1970 y 1991 .. 524
   c) Variaciones ponderadas de potenciales poblacionales 1970-1991 ... 527
   Bibliografía básica 533

CAPÍTULO 11. **Los caracteres del poblamiento** 534
1. El sistema de ciudades 534
   a) La ordenación de los tamaños de las ciudades y las pautas de distribución espacial 535
   b) Las jerarquías urbanas y las relaciones intermetropolitanas 540
   c) Los subsistemas regionales y la organización regional 542
       1.º Subsistemas de la periferia oriental y meridional 543
       2.º Subsistemas de la periferia septentrional-valle del Ebro 543
       3.º Subsistemas del interior 544
       4.º Subsistemas insulares 545
   d) El dinamismo del sistema 546
       1.º El proceso de industrialización 546
       2.º Desindustrialización y terciarización 546
       3.º El turismo 547
       4.º Las políticas de localización industrial 547
       5.º Las funciones ligadas a la capitalidad y a las reformas político-administrativas 547
2. Las ciudades españolas en el contexto europeo 548
3. Estructura interna de las ciudades españolas. Su evolución reciente 555
4. Centros históricos: entre el deterioro y la rehabilitación 559
   a) Las herencias del proceso urbanizador 559
   b) Declive y renovación de los centros 564
   c) Problemas actuales y políticas de rehabilitación 564

5. Ensanches y núcleos de extrarradio 566
   a) Los ensanches como modelo de ciudad burguesa 566
   b) Integración y revalorización de los antiguos suburbios 571
   c) La desindustrialización de las áreas ferroviarias tradicionales 575
6. Crecimiento y contrastes en las periferias urbanas 577
   a) Evolución y pervivencias de la urbanización marginal 578
   b) Los polígonos de vivienda como paradigma de la expansión periférica 579
   c) Las nuevas morfologías suburbanas y periurbanas 585
   d) Los espacios de actividad en la periferia urbana 586
7. Los caracteres del poblamiento rural tradicional 587
   a) El origen del poblamiento rural español 588
   b) La tipología de asentamientos 589
   c) La distribución regional 592
8. Las transformaciones recientes del poblamiento y hábitat rural 594
   Bibliografía básica 600

Capítulo 12. **El sistema de transportes y comunicaciones** 602
1. Rasgos básicos del sistema de transporte 602
   a) El carácter radial de las redes de transporte terrestre y aéreo 603
   b) La hegemonía de la carretera en los tráficos interiores 604
   c) La descentralización de las competencias 605
   d) La perifericidad de las redes españolas en el contexto europeo 606
2. La red de carreteras 608
   a) La red de interés general del Estado 608
   b) La red de gran capacidad 610
   c) España y la red transeuropea de carreteras 615
   d) El impacto territorial de las infraestructuras viarias 616
3. La red de ferrocarriles 617
   a) La estructura radial de la red 617
   b) El futuro de la red española de ferrocarriles 619
   c) La integración de España en la red europea de ferrocarriles 620
4. La red aeroportuaria 623
   a) Características generales de la red 624
   b) Los tráficos de los aeropuertos 625
   c) La organización funcional 627
5. La red portuaria 628
   a) Características del sistema portuario 629
   b) Los tráficos 629
6. Las telecomunicaciones 632
   a) El desarrollo de las redes de telecomunicaciones 632
   b) La configuración espacial de los flujos telefónicos 633
   Bibliografía básica 635

Cuarta parte

DESIGUALDADES, CONFLICTOS ESPACIALES Y POLÍTICAS DE INTERVENCIÓN

Capítulo 13. **Desequilibrios territoriales y política regional** 639
   1. Interpretaciones sobre los desequilibrios territoriales 639
   2. Los desequilibrios heredados 640
      a) El modelo de crecimiento polarizado en la fase desarrollista 640
      b) Orígenes y características de la política regional 645
   3. Los desequilibrios regionales en la actualidad 648
      a) Los desequilibrios regionales de producción y renta 649
      b) La pervivencia de fuertes contrastes de centralidad 652
      c) Los desequilibrios sociales 654
   4. Hacia una nueva política regional 655
      a) Las regiones españolas en la Comunidad Europea y la reforma de los Fondos Estructurales 657
      b) La política de incentivos y el Fondo de Compensación Interterritorial 664
      c) La política regional hoy: una valoración crítica 666
      Bibliografía básica 666

Capítulo 14. **Hacia una gestión integrada del espacio: las políticas de ordenación** 668
   1. La necesidad de una gestión responsable del territorio y de los recursos: fundamentos de la planificación territorial 668
   2. La ordenación del territorio 669
   3. Inexistencia de práctica de ordenación del territorio en España 672
   4. La ordenación del territorio desde las Comunidades Autónomas 673
   5. Planificación territorial y medio ambiente 678
      a) La incorporación del medio físico en la planificación territorial 680
      b) La planificación integrada: un enfoque sistémico 681
   6. Ordenación de los usos del suelo y zonificación en la ciudad 682
      a) El marco legal del urbanismo español 686
      b) La reforma de la Ley del Suelo de 1975 696
   7. La evolución de las ciudades españolas en la época de crisis: la demanda de calidad en el urbanismo 699
   8. Las políticas asistenciales de la ciudad 706
      Bibliografía básica 707

Bibliografía general 709

Impreso en el mes de octubre de 1993
en Talleres Gráficos DUPLEX, S. A.
Ciudad de Asunción, 26
08030 Barcelona